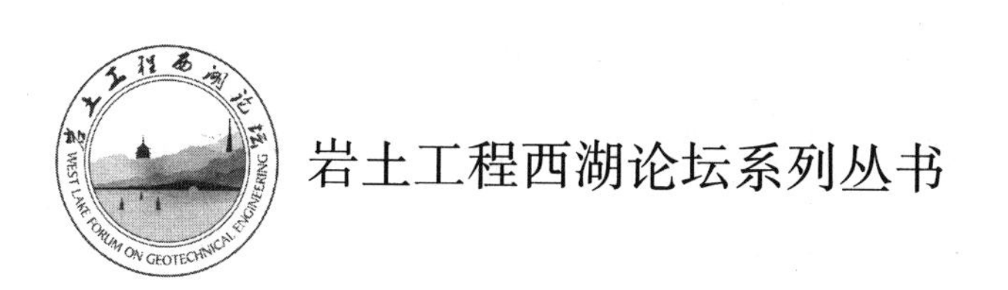

岩土工程西湖论坛系列丛书

海洋岩土工程

龚晓南　王立忠　主编

中国建筑工业出版社

图书在版编目（CIP）数据

海洋岩土工程/龚晓南，王立忠主编．一北京：中国建筑工业出版社，2022.10
（岩土工程西湖论坛系列丛书）
ISBN 978-7-112-27906-7

Ⅰ．①海… Ⅱ．①龚… ②王… Ⅲ．①海洋工程-岩土工程 Ⅳ．①P752

中国版本图书馆 CIP 数据核字（2022）第 168132 号

本书为“岩土工程西湖论坛系列丛书”第 6 册，介绍海洋岩土工程。全书分 14 章，主要内容为：绪论；海洋岩土工程勘察；海洋土工程性质；近海基础工程类型；深远海基础工程类型；海洋基础工程受力特点及荷载分析；跨海桥梁基础工程；海上风电基础工程；海洋采油平台基础工程；海底管缆工程；海底隧道工程；人工岛工程；海床不稳定性；海底资源开发与利用。

本书可供土木工程、海洋工程、水利水电工程、石油工程、力学等专业的研究工作者、工程技术人员及高等学校相关专业的师生参考使用。

责任编辑：辛海丽
责任校对：孙　莹

岩土工程西湖论坛系列丛书
海洋岩土工程
龚晓南　王立忠　主编
*
中国建筑工业出版社出版、发行（北京海淀三里河路 9 号）
各地新华书店、建筑书店经销
霸州市顺浩图文科技发展有限公司制版
北京圣夫亚美印刷有限公司印刷
*
开本：787 毫米×1092 毫米　1/16　印张：32¼　字数：783 千字
2022 年 10 月第一版　　2022 年 10 月第一次印刷
定价：**108.00** 元
ISBN 978-7-112-27906-7
（39933）

岩土工程西湖论坛理事会

（排名不分先后，持续增补）

前　言

岩土工程西湖论坛是由中国工程院院士、浙江大学龚晓南教授发起，由中国土木工程学会土力学及岩土工程分会、浙江省科学技术协会、浙江大学滨海和城市岩土工程研究中心、岩土工程西湖论坛理事会和“地基处理”理事会共同主办，中国工程院土木、水利、建筑学部指导的一年一个主题的系列学术讨论会。自2017年起至今，岩土工程西湖论坛已经累计举办六届。2017年岩土工程西湖论坛的主题是“岩土工程测试技术”，2018年论坛的主题是“岩土工程变形控制设计理论与实践”，2019年论坛的主题是“地基处理新技术、新进展”，2020年论坛的主题是“岩土工程地下水控制理论、技术及工程实践”，2021年论坛的主题是“岩土工程计算与分析”，今年论坛的主题是“海洋岩土工程”。每次岩土工程西湖论坛前，由浙江大学滨海和城市岩土工程研究中心邀请全国有关专家编著论坛丛书，并由中国建筑工业出版社出版发行。

2022年论坛丛书分册《海洋岩土工程》由浙江大学龚晓南、王立忠担任主编。全书共14章，第1章，绪论，编写人：龚晓南，国振（浙江大学滨海和城市岩土工程研究中心）；第2章，海洋岩土工程勘察，编写人：汪明元，王宽君，杨娟（中国电建集团华东勘测设计研究院有限公司），周波翰，赵留园（浙江华东建设工程有限公司）；第3章，海洋土工程性质，编写人：张建民，王睿，潘锦宏，王荣鑫（清华大学）；第4章，近海基础工程类型，编写人：冯伟强（南方科技大学海洋科学与工程系）；第5章，深远海基础工程类型，编写人：冯伟强（南方科技大学海洋科学与工程系）；第6章，海洋基础工程受力特点及荷载分析，编写人：刘海江，程思学，沈佳，曾俊，孟文简，杨铭哲，罗琳（浙江大学滨海和城市岩土工程研究中心）；第7章，跨海桥梁基础工程，编写人：高宗余，谭国宏，别业山，张洲，陈翔，胥润东，邱远喜，唐超，孙立山（中铁大桥勘测设计院集团有限公司），王寅峰（中铁大桥局集团有限公司）；第8章，海上风电基础工程，编写人：王立忠，洪义，国振，周文杰（浙江大学滨海和城市岩土工程研究中心）；第9章，海洋采油平台基础工程，编写人：国振，芮圣洁（浙江大学滨海和城市岩土工程研究中心）；第10章，海底管缆工程，编写人：高福平，汪宁，师玉敏，漆文刚（中国科学院力学研究所；中国科学院大学工程科学学院）；第11章，海底隧道工程，编写人：周建，朱成伟（浙江大学滨海和城市岩土工程研究中心），应宏伟（河海大学岩土工程研究所），张迪（中铁第四勘察设计院集团有限公司），李玲玲（浙江大学建筑工程学院）；第12章，人工岛工程，编写人：刘汉龙，周航（重庆大学土木工程学院），董志良，陈平山（中交四航工程研究院有限公司）；第13章，海床不稳定性，编写人：王栋，朱志鹏，杨秀荣，申志聪，刘柯涵，韩锋（中国海洋大学海洋岩土工程研究所）；第14章，海底资源开发与利用，编写人：陈旭光（中国海洋大学工程学院），魏厚振（中国科学院武汉岩土力学研究所），马雯波（湘潭大学土木工程与力学学院），张宁（华北电力大学水利水电学院），陈合龙（湖北理工学院）。

书中引用了许多科研、高校、工程单位及研究生的研究成果和工程实例。在成书过程中浙江大学滨海和城市岩土工程研究中心宋秀英女士在组稿联系，以及汇集、校稿等方面做了大量工作。在此一并表示感谢。

由于作者水平有限，书中难免有错误和不当之处，敬请读者批评指正。

龚晓南

2022年8月21日于杭州景湖苑

目　录

1　绪论 …… 1
1.1　海洋岩土工程发展简史 …… 1
1.2　海洋岩土工程的重要性 …… 3
1.3　本书主要内容 …… 4
2　海洋岩土工程勘察 …… 6
2.1　概述 …… 6
2.2　海洋岩土工程勘察的任务与内容 …… 6
2.3　海洋水文气象调查 …… 9
2.4　海洋工程测绘 …… 16
2.5　海洋工程物探 …… 21
2.6　海洋工程钻探 …… 30
2.7　海洋岩土室内试验 …… 34
2.8　海底地层原位测试 …… 37
2.9　海底管线路由勘察 …… 43
2.10　海洋灾害地质调查 …… 46
2.11　海洋工程地质评价 …… 50
3　海洋土工程性质 …… 53
3.1　海洋土的来源 …… 53
3.2　海洋土分类与分布 …… 55
3.3　海洋土工程特性 …… 60
3.4　特殊海洋土 …… 71
4　近海基础工程类型 …… 84
4.1　概述 …… 84
4.2　重力式基础 …… 85
4.3　单桩基础 …… 93
4.4　吸力筒基础 …… 98
5　深远海基础工程类型 …… 111
5.1　概述 …… 111
5.2　拖曳锚和板锚 …… 112
5.3　动力贯入锚基础 …… 124
6　海洋基础工程受力特点及荷载分析 …… 141
6.1　概述 …… 141
6.2　风荷载 …… 141

6.3 波浪荷载 …… 148
6.4 海流荷载 …… 156
6.5 海底土压力 …… 163
6.6 海冰及漂浮物荷载 …… 171
6.7 特殊荷载 …… 180
7 跨海桥梁基础工程 …… 193
7.1 概述 …… 193
7.2 钻孔灌注桩基础 …… 203
7.3 打入桩基础 …… 212
7.4 扩大（设置）基础 …… 222
7.5 复合基础 …… 231
7.6 跨海桥梁基础防腐蚀技术 …… 234
7.7 结语和展望 …… 241
8 海上风电基础工程 …… 245
8.1 海上风电基础工程简介 …… 245
8.2 海上风机大直径单桩基础 …… 250
8.3 海上风机导管架基础 …… 261
9 海洋采油平台基础工程 …… 283
9.1 海洋油气平台 …… 283
9.2 油气平台桩靴基础 …… 289
9.3 海洋锚泊系统 …… 296
9.4 锚泊基础 …… 303
10 海底管缆工程 …… 322
10.1 海底管缆地基极限承载力 …… 322
10.2 海底管道侧向在位稳定性 …… 334
10.3 深水海底长输管道的整体屈曲 …… 345
10.4 结语与展望 …… 354
11 海底隧道工程 …… 359
11.1 概述 …… 359
11.2 海底隧道类型及选型 …… 361
11.3 海底隧道结构设计 …… 367
11.4 海底隧道施工 …… 378
11.5 海底隧道工程研究新进展 …… 392
11.6 典型工程实例 …… 411
12 人工岛工程 …… 419
12.1 概述 …… 419
12.2 人工岛建造 …… 419
12.3 人工岛地基加固 …… 429
12.4 人工岛防灾 …… 448

12.5 智慧人工岛…… 454
13 海床不稳定性…… 469
13.1 概述…… 469
13.2 海洋地质灾害类型…… 469
13.3 海洋地质灾害识别手段…… 474
13.4 浅层气灾害…… 478
13.5 海底滑坡灾害…… 480
13.6 侵蚀堆积与沙波评价…… 486
13.7 结论…… 489
14 海底资源开发与利用…… 494
14.1 多金属固体矿产资源…… 494
14.2 含天然气水合物土的岩土力学特性…… 499

1 绪论

龚晓南，国振
（浙江大学滨海和城市岩土工程研究中心，浙江 杭州 310058）

1.1 海洋岩土工程发展简史

因海而生，向海而兴，千百年来，海洋一直在默默地为人类文明发展注入源源不断的活力。同时，人们也对变化无常的海洋充满了畏惧。面对着惊涛骇浪、暗潮汹涌，在没有海洋工程的时代，人们只能“望洋兴叹”。顾名思义，海洋工程一般是指与海洋有关的工程建设，如围海造陆、跨海大桥、海底隧道、海洋油气工程、海上风电工程、海港码头、岛礁工程、海洋牧场等。海洋工程建设可以帮助我们走向海洋、亲近海洋，更大程度地去开发利用海洋。

海洋也是历来世界各国角力的重要阵地。21 世纪以来，世界各国加快了海洋开发进程，掀起高新海洋科技的竞争。全球各大国都提出了自己的海洋战略，如美国的“21 世纪海洋蓝图”、日本的“21 世纪海洋发展战略”。英国、澳大利亚、加拿大、荷兰等也陆续制定了本国的海洋开发计划与规划。海洋开发，同样关乎着我国社会经济可持续发展和国家安全的大局。2012 年 11 月 8 日，党的十八大明确提出了“建设海洋强国”的战略目标；2017 年 10 月 18 日，党的十九大报告指出“要坚持陆海统筹，加快建设海洋强国；要以‘一带一路’建设为重点，形成陆海内外联动、东西双向互济的开放格局”，继续深化了海洋强国战略目标的原则、重点和方向。毋庸置疑，发展海洋工程是我国实施海洋强国战略的重要基础和支撑。

从时间尺度上来看，世界海洋工程的发展大致可分为 7 个时期，主要包括：萌芽期（1887—1947 年）、膨胀期（1947—1959 年）、专业化和国际化期（1959—1973 年）、革新期（1973—1985 年）、反思期（1985—1995 年）、成熟期（1995—2008 年）和转型期（2008 年至今）。

1）海洋工程萌芽期（1887—1947 年）

海洋工程的萌芽源于对近海石油资源的开采，最初主要采用木结构平台等。1945 年，马格诺利亚石油公司首先在固定式钻井平台建造中引入了 52 根工字钢，之后，钢材开始用来建造海洋工程平台。

2）海洋工程膨胀期（1947—1959 年）

1947 年被认为是海洋工程真正诞生的第一年，科麦吉石油工业公司在墨西哥湾建造了世界上第一个钢结构海洋平台，钻出了世界上第一口商业性的上油井。这一时期出现了很多新的海洋工程方法和理念，如波浪力计算、简易自升式/导管架/酒瓶式平台、直升飞机、气象学、无线电技术、雷达技术等。

3）海洋工程专业化和国际化期（1959—1973年）

1959年后，海洋石油工程开始变成一个特殊的领域。这一时期的标签是粗放的、多事故的。因此，这一时期开始加强了工业界和大学的合作，增加了海洋工程研发投入。1965年，英国在北海开辟了海洋石油工业的第二战场。1966年，在休斯敦开创了第一届世界著名的海洋技术国际会议（OTC）。

4）海洋工程技术革新期（1973—1985年）

1973年，一方面第四次中东战争爆发，石油输出国组织大幅提价，这直接导致了世界石油危机；另一方面，实践证明，墨西哥湾海工技术在北海并不适用。混凝土平台、单点系泊、柔性立管、重型海上浮吊等技术革新巩固了北海的重要地位。

5）海洋工程反思期（1985—1995年）

1986年石油价格大幅下跌，海洋石油工程遭受重击。1988年7月6日，英国北海Piper Alpha平台发生火灾，228人中死亡了167人，对海洋石油工业的安全法规造成了剧烈冲击。1995年，壳牌Brent Spar浮动储油平台的废弃处置方案（拖回大陆拆卸或者沉入海底）引起大众关注，绿色和平组织强烈抗议沉入海底方案。废弃的海洋平台需要制定新的、严格的安全和环保法律文件。

6）海洋工程成熟期（1995—2008年）

美国墨西哥湾、欧洲北海等地区的石油勘探，带动了钻井设备的迅速发展，帮助工业界向更深的海洋进军。国际海洋工程界对于深水一直没有统一的定义，但较为公认的深水通常指大于500m水深，超深水是超过1500m水深的海域。这期间海洋工程的发展体现出几个特点：废弃平台再利用、深水和超深水开发、中小型油田技术、降低工程投资、新设计理念等。

7）转型期（2008年至今）

2007年11月，国际油价一路上冲，在2008年7月达到顶峰；2008年10月，全球金融危机引爆油价急速下坠。这一时期深水及超深水油气高效开采成为重点领域，从区域看，形成三湾、两海、两湖（内海）的格局。“三湾”即波斯湾、墨西哥湾和几内亚湾，“两海”即北海和南海，“两湖（内海）”即里海和马拉开波湖。2020年3月，全球新冠疫情暴发，国际油价跌破30美元，国际能源格局发生了剧变，全球开启了“碳中和”竞赛。海洋工程技术开始走向海上风电、海洋牧场、海洋潮流能、海洋空间、海底可燃冰及海底矿产等领域。

海洋岩土工程是随着海洋工程的发展而逐步建立起来的一门学科，属于海洋工程与岩土工程的交叉领域，主要面向海洋工程中与海床相关的部分内容。海洋岩土工程的理论核心是海洋土力学，其框架主要包括海洋土性状与本构理论、海床地基稳定与变形理论、海洋工程地质灾害理论等，涉及的知识结构包括土力学、流体力学、结构动力学、土与结构相互作用、流固耦合理论、波浪理论等。

海洋岩土工程，真正作为一门学科，首先出现在海洋油气资源开采中，涉及的主题十分广泛和丰富[1-3]，主要包括：海洋土工程性状、海底管道敷设力学、海底管线在位稳定性与热屈曲、海洋立管动力触底与开槽效应、海底稳定性与滑坡、波浪-海床结构物相互作用、海床液化、吸力锚/拖曳锚/鱼雷锚贯入控制与承载力、锚泊线-海床相互作用、桩靴基础贯入与稳定性、海洋桩基承载力、重力式基础稳定性、海床静力触探、新型触探技术等。

近十几年来，海洋风电工程发展迅猛，尤其是在英国、德国、挪威、中国等。目前，大部分已建成海洋风机的工作水深不超过 40m，主流的基础形式是大直径单桩。针对不同底质条件（密砂、淤泥质软土、粉土等），以及不同的环境荷载条件（台风、巨浪等），大直径单桩的变形控制和长期稳定性一直是海洋风电工程中的关键问题。随着水深增加，海上风机建设逐渐走向深远海，海洋基础形式也逐渐变为导管架桩基、导管架桶基，甚至锚泊定位的浮式基础[4]。除此之外，岛礁工程、跨海大桥、海底隧道、海港码头等建设过程中，还有海洋新能源-可燃冰、海底矿产等的开采，同样面临海床稳定性等海洋岩土工程问题的挑战。

发展到今天，海洋岩土工程已经成为海洋工程、岩土工程等交叉领域非常热门且富有创新性的一门核心学科。近年来，在海洋岩土工程领域已经涌现出一大批成果和人才。海洋岩土工程的发展将为人类迈向海洋发挥重要的支撑作用。

1.2 海洋岩土工程的重要性

随着我国海洋开发利用力度的不断加大，海洋岩土工程问题出现越来越频繁。海洋工程建设对岩土工程设计的要求也越来越高，海洋岩土工程已成为海洋工程建设领域必不可少的重要组成部分。实际上，我国海洋岩土工程起步较晚，相比国际顶级研究机构（挪威国家土工所、西澳大学 COFS 研究中心、帝国理工大学等）的科研水平还有较大差距，迫切需要推进我国海洋岩土工程研究水平的提升。

特别的，当从浅水迈向深海，在深海海底进行基础设施建设，需要克服一系列巨大挑战，如高水压环境、复杂微观结构和特殊力学特征的深海疑难土体、高风险和超规范的深海工程设计及作业技术等。

已有勘察结果显示：深海土主要以饱和淤泥质黏土为主，往往具有高孔隙度、高含水量、高灵敏性、高触变性、低抗剪强度等特点。深海土颗粒细小、沉积速度慢，又处于多种盐分和微生物环境，易形成胶结的絮凝结构。根据十字板和圆锥贯入试验，深海土具有很强的结构性，初始强度高，但在工程扰动下组构易坍塌、性能弱化、强度骤降。对我国南海中沙、南海西部、西沙海槽东部和西太平洋等区域海底沉积物的研究表明，由于受水深、洋流和沉积环境等因素影响，深海土具有不同于近海土的物理力学性质[5-7]。然而，受取样技术、费用成本等限制，现有关于深海土的试验研究基本以成分分析、简单力学特性测试为主，较少涉及真实环境复杂应力路径的材料试验。

由于深海土体存在这些特性，其在海洋结构施工与作业过程中发生扰动时，极易导致海底结构物沉陷甚至发生失稳，加之深海极其复杂的环境致使海底结构物的回收变得更加困难。此外，深海环境下海底滑坡事故多发，海底滑坡作为一种极具破坏力的海洋地质灾害，会造成各种海底结构破坏、例如海底结构基础破坏、海底电缆断裂等。必须针对深海工程复杂海床环境和特殊需求开展系统研究，以应对我国深海开发利用过程中的海洋岩土工程挑战。然而，目前还受限于研究手段和条件，面向深海环境的海洋岩土工程研究还存在很大技术空白，亟待从测试手段、现象观测、机理规律和理论方法等方面开展研究，进一步增强认知，推动技术更新。

1.3 本书主要内容

全书分 14 章。第 1 章绪论，主要介绍海洋岩土工程发展简史和海洋岩土工程的重要性，并简要介绍本书主要内容。第 2 章海洋岩土工程勘察，主要介绍海洋岩土工程勘察的任务与内容、海洋水文气象调查、海洋工程测绘、海洋工程物探、海洋工程钻探、海洋岩土室内试验、海底地层原位测试、海底管线路由勘察、海洋灾害地质调查和海洋工程地质评价等方面的内容。第 3 章海洋土工程性质，主要介绍海洋土的来源、分类与分布、海洋土的工程特性和特殊海洋土等方面的内容。第 4 章和第 5 章分别介绍近海和深远海基础工程类型。近海基础工程类型主要有：各类重力式基础、桩基础和吸力筒基础；深远海基础工程包括各类浮式平台和固定式平台，各类海床锚体，以及各类连接海床锚体与上部浮体（平台）的荷载传递机构锚链。海床锚体类型主要有：吸力锚基础、拖曳锚和板锚、动力贯入锚基础等。第 6 章海洋基础工程受力特点及荷载分析，主要对由风、波浪、海流、海底土、海冰及漂浮物以及地震和海啸等作用所引起的荷载进行分析。从基础理论出发，介绍当前研究进展，列举现行规范中的相关条款，并结合具体的海洋工程结构形式，分析各种海洋结构在荷载作用下的受力特点。第 7 章跨海桥梁基础工程，主要介绍跨海桥梁及其基础发展历程，介绍跨海桥梁钻孔灌注桩基础、打入桩基础、扩大（设置）基础和复合基础的技术特点、设计、施工及工程应用，还介绍了跨海桥梁基础防腐蚀技术。第 8 章海上风电基础工程，首先介绍海上风电发展现状和海上风机主要基础结构形式（包括重力式浅基础、大直径单桩基础、高桩承台基础、桶形基础和导管架基础等），然后介绍海上风机大直径单桩基础和各类导管架基础的技术特点、设计、施工以及工程应用等方面的内容。第 9 章海洋采油平台基础工程，主要介绍海洋油气平台、油气平台桩靴基础、海洋锚泊系统和锚泊基础等方面的内容。第 10 章海底管缆工程，主要围绕海底管缆与海床土体相互作用主题，阐述海底管缆地基极限承载力、波浪和海流水动力作用下的海底管道侧向在位稳定性、深水海底长输管道在高温高压工况条件下的结构整体屈曲等方面的分析理论及预测方法。第 11 章海底隧道工程，主要介绍海底隧道类型及选型、钻爆法隧道结构设计、沉管法隧道结构设计、盾构/TBM 法隧道设计、海底隧道结构耐久性与抗震设计、海底隧道钻爆法施工、沉管法施工、盾构法施工、隧道掘进机（TBM）法施工、堰筑法施工、海底隧道工程研究新进展、典型工程实例等方面的内容。第 12 章人工岛工程，主要介绍人工岛建造、人工岛地基加固、人工岛防灾和智慧人工岛等方面的内容。第 13 章海床不稳定性，首先介绍主要的海洋地质灾害类型，初步展示海洋地质灾害的形成条件、发育规律、成灾过程及成因机制；然后介绍灾害识别手段；最后以三类海洋地质灾害为例，讨论致灾机制与评价方法，为海洋工程建设的监测、预报或避让提供依据。第 14 章海底资源开发与利用，简要介绍近年海底资源开发与利用情况。

参考文献

[1] Randolph M, Cassidy M, Gourvenec S, Erbrich C. Challenges of offshore geotechnical engineering [M]. Proc 16th Int Conf Soil Mech Geotech Engrg. Osaka, 2005: 123-176.

[2] Randolph M, Gaudin C, Gourvenec D, et al. Recent advances in offshore geotechnics for deep water oil and gas developments [J]. Ocean Engineering, 2011, 38: 818-834.
[3] Mark Randolph, Susan Gourvenec. Offshore Geotechnical Engineering [M]. Spon Press, 2011.
[4] Byrne B W, Houlsby G T. Foundations for offshore wind turbines [J]. Philosophical Transactions of The Royal Society A: Mathematical, Physical & Engineering Sciences, 2003, 361: 2909-2930.
[5] 魏巍. 南海中沙天然气水合物资源远景区海底沉积物的物理力学性质研究 [J]. 海岸工程, 2006, 25 (3): 33-38.
[6] 刘文涛, 石要红, 张旭辉, 等. 西沙海槽东部海底浅表层土工程地质特性及水合物细粒土力学性质试验 [J]. 海洋地质与第四纪地质, 2014, 34 (3): 39-47.
[7] 于彦江, 段隆臣, 王海峰, 等. 西太平洋深海沉积物的物理力学性质初探 [J]. 矿冶工程, 2016, 36 (5): 1-4.
[8] 龚晓南. 海洋土木工程概论 [M]. 北京: 中国建筑工业出版社, 2018.

2 海洋岩土工程勘察

汪明元[1~4]，周波翰[2,3]，王宽君[1~3]，赵留园[2,3]，杨娟[1,4]
(1. 中国电建集团华东勘测设计研究院有限公司，浙江 杭州 311122；2. 浙江华东建设工程有限公司，浙江 杭州 310014；3. 海洋岩土工程勘察技术与装备浙江省研发中心；4. 浙江省深远海风电技术研究重点实验室，浙江 杭州 311122)

2.1 概述

海洋工程主要包括海洋平台、海缆路由、海底管道、人工岛、跨海道路桥梁、海底隧道、海上机场、围海造陆、海港码头、海洋牧场、近岸海堤、水下生产系统等基础设施，还包括新兴的海洋风力发电场、潮汐能电站、潮流能电站等海洋能源和资源开发工程等。海洋工程和海洋勘探开发的各建设阶段，均需开展海洋岩土工程勘察，以满足不同建设阶段工程任务的需求。

海洋工程勘察涉及的专业一般可划分为海洋工程测量、海洋岩土勘察和海洋工程环境调查三个子专业，也可将海洋工程勘察称为海洋岩土工程勘察，包括上述三个方面。海洋岩土工程勘察的场址位于不同水深的海洋上，离岸距离也各不相同，受海洋水文气象、海水动力条件、海床地质条件、海洋地质灾害等方面的影响。我国江苏盐城海域受海水涨潮和退潮的急潮流影响显著，海床移动沙丘、沙波明显。浙江海域的海床深厚软土层分布，如温州海域海床淤泥和淤泥质土厚度可达 80 余米，而浙江舟山、象山、嘉兴一带海域则常受海底浅层气影响，强台风、急潮流显著。福建海域的土层较薄，遍布风化程度不同的花岗岩、海底裂隙和断层比较发育。广东海域的强台风频现，海水比较深，而我国北方则显著受到冬季海冰的影响。

针对海洋岩土工程勘察的特点和我国近海海床地层结构特征，海洋岩土工程勘察主要涉及海洋岩土工程勘察的任务、方法与内容，海洋水文气象调查，海洋地质测绘，海洋物探，海洋钻探与取样，海洋岩土室内试验，海底地层原位测试，近海典型地层结构及其基本特性，海底管线路由勘察，海洋灾害地质调查，海洋工程地质评价等。

2.2 海洋岩土工程勘察的任务与内容

2.2.1 海洋岩土工程勘察的任务

海洋岩土工程勘察应考虑工程建设阶段划分及各阶段的主要任务，海洋建筑物或构筑物的类型、特点、稳定性和变形控制要求，海域水文气象等自然条件、动静力荷载特性，以及离岸距离和具体的环境等。勘察工作应有目的性和针对性，按照各建设阶段的任务，认识海洋工程地质条件，正确分析地质灾害和不良地质问题，进行工程地质评价，提出工程地质建议，为海洋工程的规划、设计、施工、运行、评估提供可靠的地质依据。

根据海洋工程和海洋勘探开发各建设阶段的基本任务，结合海洋建筑物或构筑物的特点，海洋工程勘察的任务主要包括：（1）水深和海底地形地貌测绘；（2）海底面状况以及自然的或人为的海底障碍物调查；（3）海底地层结构特征、空间分布勘探；（4）海洋岩土物理力学性质试验研究；（5）海洋灾害地质和地震因素调查评价；（6）海洋腐蚀性环境参数分析；（7）海洋开发活动调查等。

海洋工程建设前期的规划选址阶段，主要任务一般是收集区域地质地层、地质构造和地震资料，初步评价场区区域地质构造的稳定性，并对场地稳定性和适宜性进行初步评价，提供地震设计基本参数。评估海洋工程地质条件、不良工程地质问题、灾害地质类型及其影响等。海洋资源和能源调查、评价，工程压覆矿评价。海洋水文环境、风力、潮汐、潮流等调查评价。前期的规划选址阶段，海洋工程勘察一般采用资料收集、部分海洋物探调查、少量底质取样为主的勘察方法，必要时开展少量地质钻探工作。

在（预）可行性研究阶段，侧重于明确区域地质构造和地震对工程建设的影响，初步查明拟建场区海底地形、地貌，场地的地层结构、分布与变化规律，形成时代和成因类型，地基土物理力学性质。初步查明不良地质作用，环境水质与腐蚀性评价。对场地及地基的地震效应，包括抗震设防烈度，50年超越概率10%的地震峰值加速度，建筑场地类别等做出初步评价。初步评价场址的工程地质条件，提出土层物理力学性质参数的建议值，对海洋工程拟建主要建筑物基础的类型提供初步建议。（预）可行性研究阶段的海洋工程勘察一般采用资料收集和调查，区域构造与地震等专题研究，大量海洋物探调查及部分地质钻探和试验为主，必要时开展一定的原位测试工作。

在招标及施工图设计阶段，一般侧重以详细查明工程场区工程地质条件，为各海洋建（构）筑物设计提供详细的地质依据。该阶段海洋工程勘察一般采用大量海洋物探调查、地质钻探、原位测试和试验为主的方法，并根据需要开展专门的海洋岩土工程静动力试验研究。

2.2.2　海洋岩土工程勘察的方法

海洋工程勘察的目的在于：通过海底钻探、取样、原位测试、室内试验、海底地形地貌测绘、海洋物探调查等手段，获取海底地形、地貌、障碍物、暗礁、深部断裂、海底地层结构及其物理状态、海洋岩土试验等成果，开展区域稳定性、海床稳定性、海洋水动力环境、海洋地质灾害、海洋水土腐蚀性、海洋地层空间分布、海洋岩土工程特性及其参数等方面的研究与评价，以满足海洋工程选址、设计、施工、运行、评价和地质灾害防控等方面的需求。有时需要开展地基基础的原位静载试验或高应变动力测试，以检验海洋地基基础的承载特性，或者对海洋地基基础的力学参数进行反分析、验证或修正。

海洋岩土工程勘察的方法通常包括：（1）海底地形地貌测绘和水深测量，一般可采用单波束或多波束手段；（2）海底障碍物探测，可采用侧扫声呐、海洋磁力仪；（3）海底地层结构物探，一般可采用浅地层剖面仪和中地层剖面仪（高分辨率多道数字地震）调查；（4）海底底质与底层水采样；（5）海洋工程地质钻探与取样；（6）海洋地层原位测试；（7）室内岩土动静力特性试验；（8）水土腐蚀性环境参数测定；（9）海洋水文监测与气象观测，包括波浪、潮流、风向、风速等。

海洋岩土工程勘察的程序一般包括：（1）前期资料收集；（2）海洋勘察方案策划；（3）勘察大纲编制，包括勘察目的、任务、手段、方法、内容、勘点与勘线布置、组织机构与分工、进度计划、室内试验与原位测试等；（4）海洋勘察质量、安全与环境管理方案编制与培训，包括交通、通信、救生、逃生、急救、消防、信号、防撞、标识、应急预案等；（5）海上勘察作业实施，水文环境测试、气象调查、物探、测绘、钻探、取样、原位测试；（6）岩、土、水样品分析测试；（7）成果、资料解释、分析与整理，工程地质条件分析与评价；（8）勘察报告编制和审核，成果验收，资料归档。

2.2.3 海洋岩土工程勘察的内容

海洋岩土工程勘察涉及海洋工程测量、海洋岩土勘察和海洋工程环境调查。海洋工程测量包括海底地形地貌测绘、海底面状况侧扫、底床稳定性测绘、水深测绘。海洋岩土勘察包括海底近表层沉积地层结构探测、海底岩土的物理力学性质研究等。海洋工程环境调查包括海洋气象、水文、水动力及腐蚀环境的调查。对海洋风能、潮汐能、潮流能等海洋可再生能源和海洋资源勘探开发，海洋勘察还包括资源和能源调查与测试。

针对海洋建筑物和构筑物的地基基础，海洋岩土工程勘察的主要内容包括：

（1）搜集建筑总平面图，场区地面平整标高，建筑物的性质、规模、荷载、结构特点，基础形式、埋置深度，地基允许变形等资料。

（2）查明场地范围内岩土层的埋藏条件、地层组成及结构、形成时代和成因类型、物理力学性质和分布规律，判断黏性土地层稠度、含水量、孔隙比、液性指数，判断无黏性土地层的密实性、相对密度、孔隙比，提供地层的物理力学性质指标，分析和评价地基的稳定性、均匀性和承载力。

（3）对天然地基和桩基础条件进行评价，提出基础选型及持力层建议，提供基础计算参数。分析单桩竖向、水平向承载性能，估算极限承载力，必要时分析土体对桩的侧向抗力与桩侧向位移曲线，分析基础施工存在的地质问题并提出处理措施建议。

（4）评价沉桩可能性，论证桩基施工条件及其对环境的影响。

（5）收集区域地质构造及地震资料，评价海底断裂活动型及区域构造稳定性，分析场地地震效应及地震参数，提供抗震设计所需的地层剪切波速、地层类别、特征周期，划分抗震地段。

（6）根据需要开展针对性的专题试验研究，例如场地电阻率、动模量、动阻尼、动强度、残余强度、空心扭剪、控制应力路径试验等。

（7）查明环境水的类型和赋存状态及补给排泄条件，评价环境水对建筑物本身和基础设计、施工的影响，判定地表水、地下水和土对建筑材料的腐蚀性，评价地基土对钢结构的腐蚀性。

（8）查明不良地质作用和海洋灾害地质，查明场地特殊岩土分布及其对基础的危害程度，并提出防治措施建议。

2.3 海洋水文气象调查

2.3.1 海洋水文气象概述

海洋水文要素表征海水各种变化和运动的现象，主要包括海水温度、盐度、密度、海浪、潮汐、海流、海冰等。大气中物理现象与物理过程的物理量称为气象要素，以气温、气压、湿度和风最为重要。

1. 海水的盐度、温度和密度

盐度是海水含盐量的标度，海水中无机盐类的总和称为海水的盐度。可以根据电导率来求盐度值，以15℃和1个大气压为标准状态下测定。海水盐度受蒸发、降水、海流、海水混合、结冰和融冰等因素影响。全球海水盐度的平均值约为35‰。在垂直方向上，表层或上层盐度高，随着深度的增加，盐度将逐渐降低。海水盐度有微小的日变化，潮汐作用很大，海水盐度年度变化与气温引起的蒸发量变化和季节降雨量变化有关。

海水表层温度主要取决于太阳辐射，其次与洋流有关，低纬度表层海水温度高，高纬度区水温低，温差可达30℃，全球等温线大致平行纬度线，南半球尤为显著，但递减率是不规则的，在北半球，大洋西部等深线密集，东部等深线较稀，北纬35°处，西岸水温高于东岸，这与洋流体系有关，同时东岸多有上升流存在。

海水密度是单位体积海水的质量，现场海水密度一般为1.0255～1.0285g/cm^3。各海区盐度和温度有差别，因此形成不同密度的海流和水团，在大洋深处，盐度和温度比较稳定，海水稍具压缩性，则海水的密度仅与压力有关。赤道区温度高、盐度低，表层海水密度也低，两极海水温度低，海水密度大。在垂直方向上，从海面到1500m深度的海水密度梯级大，1500m水深以下，海水密度递减慢，密度梯度小。一年中，冬季水温低，密度较大，夏季水温高，密度小。浅海区，海水温度和盐度变化大，密度变化也大。

2. 海浪

波浪有显著的运动形态，在风和其他动力因素作用下，海面水体做周期性的起伏运动，成为波浪。一般为谐振运动，即做正弦曲线或余弦曲线运动。波浪尺度的描述通常以波高、周期来表示。通常波高定义为两个相邻上/下跨零点间最大波峰与最小波谷间的垂直距离，周期则为连续两个相邻上/下跨零点之间的时间间隔。在近岸波中由于波剖面明显向前倾斜，故一般取上跨零点来定义波高、周期。此外，将波浪传播的来向定义为波向。

1）按成因分类

风浪（用“F”表示）：风直接作用于水面而形成的波浪，通常风浪会较不规则，且波峰甚短。

涌浪（用“U”表示）：风浪离开风区传至远处或者风区中风停息后所留下来的波浪。

混合浪：风浪和涌浪同时存在时，称为混合浪（“F/U”表示以风浪为主，“U/F”表示以涌浪为主，“FU”表示风浪与涌浪相差不大）。

近岸浪：风浪或涌浪传至浅水或近岸区后，因受地形影响将发生一系列变化，称为近岸浪。

通常，将海上的风浪、涌浪以及近岸破波（崩破波、卷破波、踏破波、涌破波）统称为海浪。

2）按周期分类

表面张力波：周期小于0.1s，波长小于2mm，恢复力为表面张力。

重力波：周期在0.1～30s，恢复力为重力；在重力波中，通常关注的是波周期在5～15s的风成重力波，因为它的能量较大，是海岸演变及工程设计中的主要动力因子。

3）按波浪形态分类

规则波：空间上属二维性质，波面平缓光滑、波形规则，具有明显的波峰和波谷，一般涌浪的波形更接近于规则波。

不规则波：波高、波周期，以及波浪传播方向不定，空间上具有三维性质，这是波浪真实的反映，又称随机波。

4）按波浪传播海域的水深分类

理论分析和实验均表明，水质点的运动速度是由水面向下逐渐衰减的，如果水足够深，则不影响表面波运动，这时的波浪称为深水波，否则称为浅水波或有限水深波。数学表示为：深水波，$d/L \geqslant 0.5$；有限水深波，$0.05 < d/L < 0.5$；浅水波，$d/L \leqslant 0.05$。其中，d 表示水深，L 表示波长。

5）按波浪运动状态分类

波浪形成后向岸边传播称为前进波。当前进波遇到海岸陡崖或直墙式建筑物时便反射回去，形成反射波；前进波和反射波相干涉后形成驻波，其特点为波形不向前传播，波峰和波谷在原地做周期性升降运动。此外，还根据运动学和动力学处理方法，把波浪分为小振幅波和有限振幅波两类，前者微分方程是线性的，而后者是非线性的，故又称线性波和非线性波。

3. 潮汐

潮汐现象是指海水在天体（主要是月球和太阳）引潮力的作用下所产生的周期性运动，潮汐与波浪运动一样，又可称为潮波，但其周期长，可达12～24h。习惯上把海面铅直向涨落称为潮汐，而海水在水平方向的流动称为潮流。

4. 海流

海流是海水因天体作用、风，或者因热辐射、蒸发、降水和冷缩等引起海水密度和盐度差异而造成大规模海水定向流动，大洋一般称为洋流，浅海区称为海流。海（洋）流可以分为：潮流，是由于日、月等天体引潮力作用引起的，伴随潮汐产生的周期性海水水平运动；风海流，大洋区是由大气环流，浅海区由季风等引起的海流，由大气环流引起的海流，流速、流向比较稳定，海流由季风引起，流速流向多变；密度流，由于水层温度和盐度分布不均匀，因此海区的水团密度分布也不均匀，由此产生的海流称为密度流；补偿流，海水的流动必然引起某些海区形成海水的亏缺，由其他处海水来补充，如由于风形成的离岸流作用，造成近岸海水质量亏损，由底层海水上升来补偿，形成上升流。

5. 海冰

海水有三种物理状态，即固态海冰、液态海水和气态海雾。固态海冰主要集中在南极洲和北冰洋等高纬度区。北冰洋几乎全为冰所覆盖，多为3～4m厚的“多年冰”。南极洲是全球最大的冰库，全球85%的冰集中于此，南极海区多2～3m厚的“冬冰”。我国的渤海和黄海北部，每年冬季有不同程度的结冰，冰期约 3 个月，冰厚 20～40cm，大多数为海上浮冰块。

6. 海洋气象

一般需要进行风向和风速两个项目的测量。

2.3.2 海洋水文气象调查的仪器设备

1. 海洋水文仪器

海洋水文仪器主要包括温盐深仪、测波仪、潮汐测量仪、海流测量仪、海冰测量仪等。

1）温盐深仪

温盐深仪（CTD，见图 2.3-1）可测量海水的电导率、温度和深度 3 个基本的水体物理参数。根据 3 个参数，可以计算出其他多种海水物理参数，如盐度、密度、声速等，是海洋及其他水体调查的必要设备。温盐深仪参数根据观测方法不同，有定点观测、走行观测、抛弃式测量等方法，可以在不停船的情况下实现快速、大面积、连续剖面测量，所得到的资料更具有代表性和实用性，并且极大地提高了调查船的工作效率。

2）测波仪

测波仪是观测波浪时空分布特性的仪器。波浪观测要素为浪的波高、周期、波形、波向和海况。常见的测波仪可分为视距测波仪、测波杆、压力测波仪、声学测波仪、重力测波仪、激光测波仪、测波雷达和卫星高度计等类型仪器。

压力式测波仪较早使用的压力传感器主要是弹簧式和气囊式，目前主要使用测量精度较高的压电传感器。声学式测波仪可分为水下声学测波仪（坐底式）和水上声学测波仪（气介式）。水下声学测波仪与压力式传感器和声学多普勒海流计结合的技术是目前波浪观测水下测波中较为先进和常用的一种方法。挪威 Nortek 公司生产的浪龙 AWAC。该仪器是声学多普勒剖面流速及海浪测量仪，多应用于沿海长期的波浪监测，并提供相应的剖面海流监测数据，波向精度为 2°，波高压力精度为量程的 0.25%，见图 2.3-2。重力式测波仪是指放置在水面随波浪上下起伏的浮标，通过重力加速度传感器测量波浪。激光式测波仪是利用激光测距原理测量波高、波周期参数的仪器，一般应用在岸基、石油平台和飞机

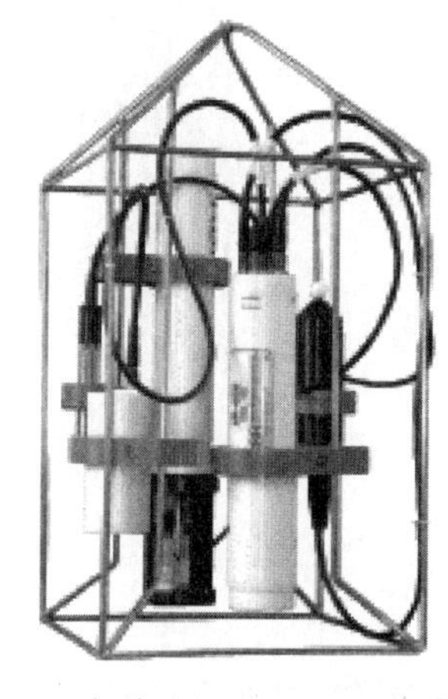

图 2.3-1　加拿大 RBR 公司 XR-420CTD

图 2.3-2　挪威 Nortek 公司浪龙 AWAC

上。测波雷达是国内应用较多的一种海浪与表层流监测测波雷达。近年来遥感测波仪的应用发展很快，已经应用于飞机和海洋卫星，因而为大面积快速提供精确的海洋信息开辟了更加广阔的前景。

3）潮汐测量仪

潮汐测量仪通常又称为验潮仪，主要用于测量海水水位参数。目前常用的验潮仪有水尺验潮仪、浮子验潮仪、引压钟式验潮仪、声学验潮仪、压力验潮仪、雷达水位计、差分GPS验潮仪、卫星遥感等。目前已经很少使用水尺验潮仪，主要用于短期的验潮。浮子式验潮仪和引压钟式验潮仪，两者属于井验潮，结构简单、使用方便，需要建立验潮井，适用于需要长期测量潮位的沿海区域；其余几种属于无井验潮，不需要高昂的建井费用，安装环境要求低，测量精度高，维护、运行成本低。利用卫星监测技术进行大面积潮汐测量是潮汐监测技术的重要突破，但岸边常规潮汐观测仍然依靠传统的验潮仪。

4）海流测量仪

海流测量仪器用于测量海流流速、流向等参数。海流测量仪器多种多样，根据测量原理分为机械式、电磁式、声学式等类型海流计以及表面漂流浮标；根据测量纬度分为二维和三维海流计；根据测量方法分为漂流法、定点法、走航法和岸基测量；根据测量范围分为单点海流计、剖面海流计。机械螺旋桨式海流计的测流原理是依据螺旋桨受水流推动的转速来确定流速，对低流速测量时存在较大的误差。电磁海流计利用法拉第电磁感应原理，通过测量海水流过磁场时的感应电动势来测定海水的流速。声学海流计主要分为3种。时差式声学海流计关键技术是精确测量两种换能器之间声波传播的时间差，精度一般在纳秒级，通常采用锁相环频计数法和相位差法来精确测量。聚焦式声学海流计最大特点是能测量近底海流，是研究海底近底异重流的重要工具。声学多普勒海流剖面仪（ADCP）是目前常用的海流计，也是当前测弱流的主要仪器。挪威Nortek公司生产的小阔龙流速仪（Aquadopp）流向测量精度为3°，流速测量精度为0.5cm/s。挪威AANDERAA仪器公司生产的RCM9海流计，流向测量精度为5°，流速测量精度为1cm/s，分别见图2.3-3和图2.3-4。

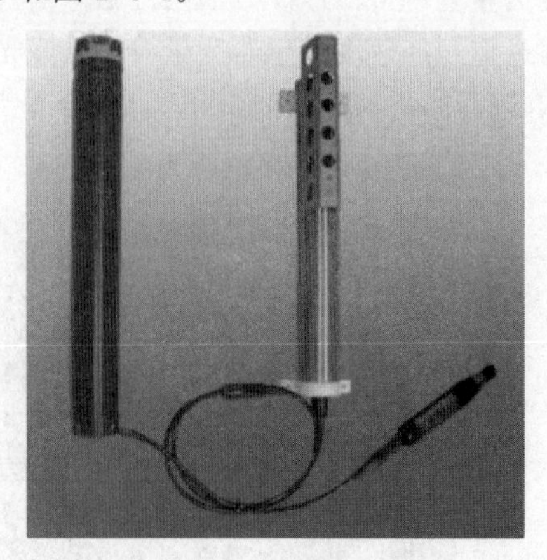

图2.3-3　小阔龙流速仪

图2.3-4　RCM9海流计

5）海冰测量仪

海冰测量仪用于测量海冰厚度、密集度和速度等海冰参数。目前常用的监测方法有目测法、直接测量法和遥感测量法。目测法是一种较为传统的测量方法，通过人眼对海冰进行观测。直接测量法是通过工具和仪器对海冰要素进行现场直接测量，常用的仪器有冰尺、冰钻、棒冰温度计、海冰浮标、海冰船等。遥感遥测法是通过卫星、飞机、船舶、浮标等平台上搭载测冰仪器或利用雷达对海冰进行测量。用于海冰厚度测量的电磁感应海冰厚度探测仪主要有加拿大 Geonics 公司生产的 EM31-ICE 型产品，该仪器依据海冰电导率与海水电导率之间存在明显的差异进行测量。卫星遥感是获取海冰覆盖范围、冰外缘线和密集度信息的有效手段，用于监测极地冰情变化。海冰浮标是一种常用的无人值守海冰观测设备，可以监测浮冰的运动轨迹，还可通过观测空气温度、海表面温度、气压、GPS 信号、雪厚等参数分析掌握冰灾形成和变化规律。

2. 海洋气象仪器

海洋气象仪器主要包括测风仪、气温湿度传感器、气压计、能见度仪等。

测风仪用于获取海洋风速、风向。根据工作原理不同主要分为机械式、热线式、压力式、超声波式、激光式、遥感式等类型。气温的测量方法主要有电学测温法、磁学测温法、声学测温法、频率测温法等。目前，海洋测温主要采用电学测温法，主要温度计有热电偶测温仪、电阻测温仪和半导体热敏测温仪。湿度传感器主要有电阻式、电容式两大类。湿敏电阻的特点是在基片覆盖一层用感湿材料制成的膜，当空气中的水蒸气吸附在感湿膜上时，元件的电阻率和电阻值都会发生变化，利用这一特性即可测量湿度。气压是海洋气象观测的重要参数之一，气压计主要用来测量海面以上空气的压强，传统测量采用水银气压计和无液气压计，随着技术发展，目前自动化程度高的数字气压计使用广泛，感应部分通常是采用硅压阻式或电容式压力敏感元件。

2.3.3 海洋水文气象调查的内容和方法

1）气象观测

风速、风向测量要素主要包括海面上 10min 的平均风速及相应风向。在定点连续观测中，还应观测日最大风速、相应风向及出现时间；日极大风速、相应风向及出现时间。

风速、风向传感器应安装于船舶大桅顶部，四周无障碍，不挡风的地方；传感器与桅杆之间的距离至少应为桅杆直径的 10 倍；风向传感器的 0°，应与船首方向一致。当船只航行时，观测到的合成风速、风向，要根据船只的航速、航向换算成风速和相应风向。

2）水位观测

水位测量的准确度规定为三级：一级为±0.01m；二级为±0.05m；三级为±0.10m。潮位观测 1 年以上为长期观测，1 个月以上为中期观测。连续观测在 30d 以内时，采样时间间隔为 5min；连续观测超过 30d 时，采样时间间隔定为 10min。水位测站应选择在与外海畅通，水流平稳，不易淤积，波浪影响较小的海域；应避开冲刷严重、易坍塌的海岸；在理论最低潮时，水深应大于 1m。水位观测应防止仪器下陷，确保仪器在垂直方向没有变动。

3）海浪观测

主要观测要素为波高、波周期、波向、波型和海况。辅助要素为风速和风向。应根据项目要求以及观测现场的海洋环境，选用测波仪类型。观测位置附近出现的障碍物，如珊瑚暗礁、岛屿及养殖场等，将影响波浪观测资料在空间中的代表性。测量位置的平均水深、平均潮差、高低潮位以及最大流速等，将影响测波精度或其空间代表性。因此，一般情况下，波浪测站设置应遵循：（1）测站应投放在水面宽阔、无岛屿、无暗礁、无沙洲和无水产养殖的海域，并避开陡岸和急流区；（2）测点水深应不小于观测海区常见波波长的一半，一般不小于10m；（3）对于水较浅、地形复杂的潮间带，波浪测站应放置在对强浪向（或常浪向）水较深且水面开阔的水域。测点附近有障碍物时，应记录影响海浪的情况。

海况及波形观测，根据观测员目力观测海面上波峰的形状、峰顶的破碎程度和浪花出现的多少，按表2.3-1判断海况等级。

海况等级 **表2.3-1**

海况(级)	海面征状
0	海面光滑如镜
1	波纹
2	风浪很小,波峰开始破碎,但浪花不显白色
3	风浪不大,波峰破裂,其中有些地方形成白色浪花——白浪
4	风浪具有明显的形状,到处形成白浪
5	出现高大波峰,浪花占了波峰上很大面积,风开始削去波峰上的浪花
6	波峰上被风削去的浪花开始沿海浪斜面伸长成带状
7	风削去的浪花带布满海浪斜面,有些地方到达波谷,波峰布满浪花层
8	稠密浪花布满海浪斜面,海面变成白色,只在波谷某些地方没有浪花
9	整个海面布满稠密浪花层,空气中充满水滴和飞沫,能见度显著降低

观测时，按表2.3-2判定所属波型。海面无浪时，波型栏空白。

波型分类 **表2.3-2**

波型	符号	海浪外貌特征
风浪	F	受风力的直接作用,波形极不规则,波峰较尖,波峰线较短,背风面比迎风面陡,波峰上常有浪花和飞沫
涌浪	U	受惯性力作用,外形较规则,波峰线较长,波向明显,波陡较小
混合浪	FU	风浪和涌浪同时存在,风浪波高和涌浪波高相差不大
	F/U	风浪和涌浪同时存在,风浪波高明显大于涌浪波高
	U/F	风浪和涌浪同时存在,风浪波高明显小于涌浪波高

4）海流

海流主要观测要素为流速和流向。流向通常为瞬时值；流速值通常使用3min的平均流速。否则，应在观测记录上说明采样时段。海流连续观测的时间长度不应少于25h，可从低潮位（涨潮前1h）开始观测。目前常用的海流测量方法有浮标漂移测流法、定点测流法和走航测流法3种。一般观测层次按实测水深进行分层，如表2.3-3所示。

海流观测层次 **表 2.3-3**

水深范围(m)	观测层次
$H \leqslant 5$	三点法(0.2H、0.6H、0.8H)
$5 < H \leqslant 50$	六点法(表层、0.2H、0.4H、0.6H、0.8H、底层)

注：1. 表层指水面以下 0.5m 处的水层；
2. 底层指离海底 0～1.0m 处的水层；
3. 水深不足 5m 时，可免测底层；
4. 0.2H、0.4H、0.6H、0.8H 分别指水面以下相应深度处的水层，H 为总水深；
5. 观测底层时，应保证仪器不触底。

5）水温观测

水温观测的准确度规定为三级，见表 2.3-4；水温应采用连续观测，每小时观测一次。水温观测方法有多种，宜采用温盐深仪（CTD）定点测温。

水温观测的精准度和分辨率 **表 2.3-4**

准确度等级	精准度(℃)	分辨率(℃)
1	±0.02	0.005
2	±0.05	0.001
3	±0.2	0.05

为保证测量数据的质量，取仪器下放时获取的数据为正式测量值，仪器上升时获取的数据作为水温数据处理时的参考值。如发现缺测数据、异常数据、记录曲线间断或不清晰时，应立即补测。如确认测温数据失真，应检查探头的测温系统，找出原因，排除故障。

6）盐度观测

主要根据项目的要求和研究目的，同时兼顾观测海区和观测方法的不同以及仪器的类型，按表 2.3-5 确定盐度测量的准确度。应连续观测，每小时观测一次。

盐度测量的准确度和分辨率 **表 2.3-5**

准确度等级	准确度	分辨率
1	±0.02	0.005
2	±0.05	0.01
3	±0.2	0.05

温盐深仪（CTD）定点测量盐度基本步骤和要求如下：利用 CTD 测量盐度与测量温度是在同一仪器上实施，利用 CTD 测盐度时，每天至少应选择一个比较均匀的水层，与利用实验室盐度计对海水样品的测量结果比对一次。

7）海冰观测

浮冰观测的要素为：冰量、密集度、冰型、表面特征、冰状、漂流方向和速度、冰厚及冰区边缘线。固定冰观测的要素为：冰型、冰厚和冰界。海冰的辅助观测要素为：海面能见度、气温、风速、风向及天气现象。各观测要素的单位和准确度见表 2.3-6。

海冰观测要素的单位和准确度　　表 2.3-6

观测要素	单位	准确度
海冰冰量、密集度	成	±1
漂流方向	°	±5
漂流速度	m/s	±0.1
冰厚	cm	±1

我国海冰现场调查研究包括三大措施，即沿岸台站的定点、定时观测；海上破冰船常规观测和海上专项调查；沿岸观察和近海定点专项实验调查。船上观测海冰的位置，应尽可能选在高处。观测对象应以两倍于船长以外的海冰为主，以避免船只对海冰观测的影响。目前我国已开展了包括 NOAA 卫星遥感、环渤海和黄海北部十几个岸站日常观测，破冰船和飞机航测、雷达站和平台实时观测等各种不同观测手段。

2.4 海洋工程测绘

海洋测绘的对象可分成两大类：自然现象和人文现象[1]。自然现象包括海岸和海底地形，海洋水文和海洋气象等自然界客观存在的对象，如曲曲折折的海岸，起伏不平的海底，动荡不定的海水，风云多变的海洋上空。自然现象可分解成各种要素，如海岸和海底的地貌起伏形态、物质组成、地质构造、重力异常和地磁要素、礁石等天然地物，海水温度、盐度、密度、透明度、水色、波浪、海流，海空的气温、气压、风、云、降水，以及海洋资源状况等。人文现象是人工建设、人为设置或改造形成的现象，如岸边的港口设施——码头、船坞、系船浮筒、防波堤等，海中的各种平台，航行标志——灯塔、灯船、浮标等，人为的各种沉物——沉船、水雷、飞机残骸，捕鱼的网、栅，专门设置的港界、军事训练区、禁航区、行政界线（国界、省市界、领海线）等，以及海洋生物养殖区。

2.4.1 海洋工程测绘的内容与手段

海洋测绘的主要内容包括：控制测量（大地测量、海洋定位）；水下地形地貌测量、水深测量、水位观测。本部分主要从定位、验潮及测深三个方向介绍相关测量手段。

1. 定位

现代微波测距、激光测距等先进仪器的使用，极大地提高了海洋定位精度。随着航海、海洋开发事业向深海发展，光学仪器和陆标定位已不能满足要求，多种无线电定位仪器大力发展，近程的如无线电指向标、无线电测向仪、高精度近程无线电定位系统等；中远程的如罗兰 C、台卡、奥米加、阿尔法等双曲线无线电定位系统。这些系统定位距离较远，但精度一般较低。随着水声定位系统和卫星定位系统，尤其是全球定位系统引入海洋测量，可使海洋定位的精度达到米级，并且还可进一步提高。

2. 验潮

验潮也称水位观测，又称潮汐观测，是海洋工程测量、航道测量等方面的重要组成部分，目的是了解潮汐特性，应用潮汐观测资料，计算潮汐调和常数、平均海平面、深度基准面、潮汐预报，并提供不同时刻的水位改正数等。为掌握海区潮汐规律，首先需选择合适的位置布设验潮站，设立水尺或自动验潮站（井式自记验潮、超声波潮汐计验潮、压力式验潮仪验潮、声学式验潮仪、GPS 验潮、潮汐遥感测量）。验潮站分为长期验潮站、短期验潮站、临时验潮站和海上定点验潮站[2]。长期验潮站是测区水位控制的基础，主要用于计算平均海面和深度基准面，计算平均海面需要两年以上连续观测的水位资料。短期验潮站用于补充长期验潮站的不足，它与长期验潮站共同推算确定区域的深度基准面，一般要求连续 30d 的水位观测。

3. 测深

海洋测深的方法和手段主要有测深杆、测深锤（水铊）、回声测深仪、多波束测深系统、机载激光测深等[3]。

（1）测深杆：主要用于水深小于 5m 的水域。由木制或竹质材料支撑，直径为 3～5cm，长约 3～5m，底部设有直径 5～8cm 的铁制圆盘[3]。

（2）测深锤（水铊）：适用于 8～10m 水深且流速不大的水域。由铅砣和砣绳组成，其重量视流速而定，砣绳一般为 10～20m，以 10cm 为间隔[3]。

（3）回声仪：简称测深仪，根据回声测深原理设计的水深测量仪器，分为单波束、多波束、单频或双频测深仪等[3]。其中多波束测深系统，也称“声呐列阵测深系统”“条带测深系统”，可同时获得与测线垂直方向上连续多个水深数据。

（4）机载激光测深系统：又称“机载主动遥感测深系统”，是由飞机发射激光脉冲测量水深的系统。机载部分由激光测深仪、定位与姿态设备组成，用于采集水深数据；地面部分由计算机、磁带机等数据处理设备组成，用于对采集数据进行综合处理和分析[3]。

2.4.2 海洋工程测绘的特点与基准

1. 海洋工程测绘的特点

海洋工程测绘是海洋测量和海图编制的总称，包括对海洋及其相邻陆地和江河湖泊进行测量和调查，获取海洋基础地理信息，制作各类海图和编制航行资料等。由于海洋水体的存在，海洋工程测绘在基本理论、方法、仪器、技术等方面具有明显不同于陆地的特点：

（1）实时性。在起伏不平的海上，大多为动态测量，无法重复观测，精密测量施测难度较大。

（2）不可视性。不能通过肉眼观测到海底，一般采用超声波和传统的回声测深等仪器，只能沿测线测深，测线间则是空白区。近年全覆盖的多波束测深系统，可大大提高水下地貌的分辨率。

（3）基准的变化性。深度基准面有区域性，无法在全国范围内统一。

（4）测量内容综合性。需同时完成多种观测项目，需多种仪器设备配合施测。

2. 海洋工程测绘的基准

海洋工程测绘的基准是指测量数据所依靠的基本框架，包括起始数据、起算面的时空位置及相关参量，包括大地基准、高程基准、深度基准和重力基准等[3,4]。

海洋工程测绘根据测绘目的不同，平面控制也可采用不同的基准。海道测量的平面基准通常用 2000 国家大地坐标系（CGCS2000），投影通常采用高斯-克吕格投影和墨卡托投影两种投影方式[3]。我国的垂直基准分为陆地高程基准和深度基准两部分。陆地高程基准采用“1985 国家高程基准”，是青岛验潮站 1952—1979 年 10 个 19 年平均海面的平均值。对于远离大陆的岛礁，其高程基准可采用当地平均海面。深度基准采用理论最低潮面，深度基准面的高度从当地平均海面起算，一般应与国家高程基准进行联测[3]。

2.4.3 海洋控制测量

海洋控制测量分为平面控制测量和高程控制测量，在国家大地网（点）和水准网（点）的基础上发展起来。国家各时期布测的三角（导线、GNSS）点，凡符合现行《国家三角测量规范》GB/T 17942 精度要求的，均可作为海洋测量的高等控制点和发展海控点的起算点[3]。

1. 平面控制测量

1）常用坐标系

海上测绘平面控制测量离不开坐标系的选取，目前我国平面控制测量主要选取的坐标系有 2000 国家大地坐标系、WGS-84 大地坐标系以及 1980 西安坐标系三种。2000 国家大地坐标系是我国当前最新的大地坐标系，原点为包括海洋和大气的整个地球质量中心，正越来越广泛地被运用于海洋工程控制测量中[5]。

2）基本测量方法

（1）常规三角测量

建立平面控制网的传统方法是三角测量和精密导线测量。常规三角测量方法建立海岸控制网主要步骤包括：收集测区已有的测量成果及精度分析资料；控制图网上设计，一般采用常用的三角网型，也可布设导线网；对布设图形进行精度估算；进行观测作业；对观测成果平差计算及精度评定[5]。海上平面控制测量应按现行《工程测量标准》GB 50026 的有关规定建立四等高程控制网或一级平面控制网。

（2）GNSS 控制测量

随着科学技术进步，传统的三角测量技术逐步被 GNSS 控制测量技术替代。GNSS 以其全天候、无需通视、高精度等特点，在海上工程测量中正越来越被广泛应用。海洋工程 GNSS 控制测量工序主要包括方案设计、外业实施及内业数据处理三个阶段。GNSS 网的布设、观测、数据处理应符合现行《工程测量标准》GB 50026 及《海上风电场工程测量规程》NB/T 10104 等相关标准的有关规定。

2. 高程控制测量

1）垂直基准

高程基准和深度基准统称为垂直基准，海洋工程中既可以基于高程基准绘制海底地形图，也可以基于当地深度基准绘制海底水深图。

（1）高程基准面的确定

高程基准为地面点高程的统一起算面，通常采用大地水准面作为高程基准面。大地水准面是假设海洋处于完全静止的平衡状态时的海水面延伸到大陆地面以下所形成的闭合曲面。但因风力、潮水等的影响，不可能完全处于理想平衡状态，这就需要长期观测海水面的平均位置，也即验潮。目前我国采用的基准面是根据青岛验潮站 1952—1979 年 27 年的验潮资料确定，成为 1985 国家高程基准[5]。

（2）深度基准面确定

海洋测深的本质是确定海底表面至某一基准面的差距。目前常用的基准面为深度基准面、平均海面和海洋大地水准面。前一种是指按潮汐性质确定的一种特定深度基准面，即狭义上的深度基准面，也是海洋测深实际用到的基准面。我国 1956 年以后统一采用理论深度基准面作为海图深度基准面，如图 2.4-1 所示。目前我国规定以理论最低潮位为海图深度基准面，亦为潮位基准面。

(3) 深度基准面计算与传递

海洋测量中，验潮站的水位应归算到深度基准面（即理论最低潮面）上。长期验潮站深度基准面可沿用已有的深度基准，由陆地高程控制点进行水准联测，也可利用连续 1 年以上水位观测资料，通过调和分析采用弗拉基米尔法计算。

短期验潮站和临时验潮站深度基准面的确定，可采用几何水准测量法、潮差比法、最小二乘曲线拟合法、四个主分潮与 L 比值法，由邻近长期验潮站或具有深度基准面数值的短期验潮站传算，当测区有两个或两个以上长期验潮站时取距离加权平均结果[3]。

2) 基本测量方法

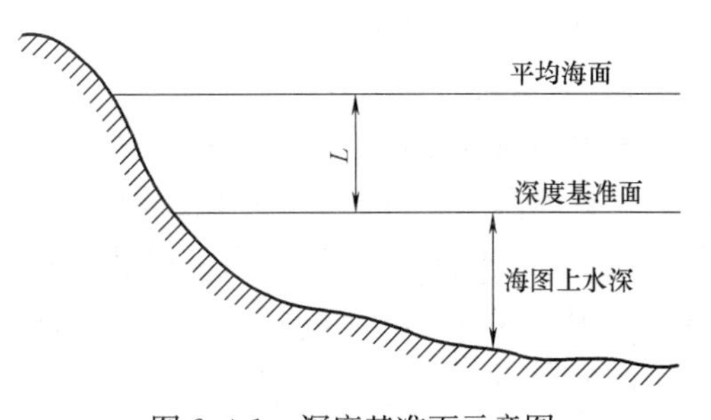

图 2.4-1　深度基准面示意图

高程控制测量的方法主要有几何水准测量、三角高程测量、GNSS 高程测量等。据相关规范规定，海洋高程控制测量应建立四等或五等高程控制网，作为测区首级高程控制。在有一定密度的水准高程点控制下，三角高程测量和 GNSS 高程测量是测定控制点高程的基本方法[3,4]。控制测量的实施方法、精度要求等可参照现行《工程测量标准》GB 50026 及《海上风电场工程测量规程》NB/T 10104 等相关标准执行。

几何水准测量是采用水准仪和水准尺测定地面上两点间高差的方法。在两点间安置水准仪，通过前后视尺读数推算两点间高差。为满足海上工程高程控制测量的需要，需在测区埋设并测定高程控制点，也即水准点，从水准点引测其他测点高程。三角高程测量是通过两点间的水平距离以及高度角来推算两点之间高差的方法，操作相对简单灵活，地形条件限制小。四等、五等电磁波测距三角高程测量宜与平面控制测量结合布设和同时施测，也可单独布设成附合高程导线、闭合高程导线或高程导线网。GNSS 高程测量是利用 GNSS 技术直接测定地面点的大地高，或间接确定地面点正常高的方法。经过基线向量三维无约束平差后，可求得各点大地高平差值，根据测区内已知点的高程，拟合求得各地面待测点的正常高。GNSS 高程测量精度可达厘米级，在海洋工程中的应用已经越来越广泛[5]。

2.4.4　海洋定位

海洋定位是在海洋中的船舶上应用各种测量仪器来测定船舶所在位置的方法，是海洋测绘和海洋工程的基础。海洋定位主要有天文定位、光学定位、无线电定位、卫星定位和水声定位等手段。

1) 天文和光学定位

传统的海道测量主要是在沿岸海域进行。沿岸海域在天气较好、风浪较小的时候测量，通常使用光学仪器，利用陆地目标定位。这与陆地测量定位相似，但因测量船摇摆不定，定位精度要比陆地低很多。光学定位借助光学仪器，如经纬仪、六分仪、全站仪等，主要包含前方交会法、后方交会法、侧方交会法和极坐标法等。天文定位借助天文观测，确定船只的航向及经纬度，从而实现导航和定位，该方法受观测条件限制，阴天或云层过厚时无法实施，难以实现实时连续定位。

2）无线电定位

无线电定位通过在岸上控制点安置无线电收发机（岸台），在船舶等载体上设置无线电收发、测距、控制、显示单元，测量无线电波在船台和岸台间的传播时间或相位差，求得船台至岸台的距离或船台至两岸台的距离差，进而计算船位。无线电定位多采用圆-圆定位或双曲线定位方式。所用定位系统，按确定距离或距离差等定位参数的原理，可分为脉冲式无线电定位系统、相位式无线电定位系统及脉冲-相位式无线电定位系统。如今，在海洋工程定位中，利用高精度中短程无线电波的传播特性测定目标的位置、速度和其他特性正被广泛地运用。

3）卫星定位

卫星定位是通过空间卫星的瞬间位置确定地面位置的方法，属于空基无线电定位方式，为目前海上定位的主要手段。卫星定位系统（GNSS）主要包括美国的 GPS、俄罗斯的格洛纳斯（GLONASS）、我国的北斗定位系统以及欧洲的伽利略（Galileo）定位系统。现在利用广域卫星差分 GNSS 进行海洋测量定位的实时精度可达到分米级，并且还在进一步研究提高。

4）水声定位

相对于无线电波信号来说，声波信号可以在水下传播较远的距离，因此声波发射设备可以作为信号标进行导航。水下声学技术利用水下声标作为海底控制点，通过精确联测其坐标，可直接为船舶、潜艇及各种海洋工程提供导航定位服务。当一个待定船位的测量船，通过发射设备向水中发射声脉冲询问信号时，水下声标接收该信号并发回应答信号，应答信号被测量船接收并经计算机处理后，可得到测量船的定位结果。目前在水下进行定位和导航最常用的就是水声定位方法[6]。

2.4.5 海洋水深与地形测绘

1）单波束测深

单波束测深也叫回声测深（Echo Sounding），是根据超声波在均匀介质中将匀速直线传播和在不同介质界面上将产生反射的原理，选择对水的穿透能力最佳、频率在 1500Hz 附近的超声波，垂直地向水底发射声信号，并记录从声波发射至信号由水底返回的时间间隔，通过模拟法或直接计算而确定水深的工作。单波束测量一般要做以下改正：声速、静态吃水、动态吃水、姿态改正。

2）多波束测深

多波束测深系统，又称为多波束测深仪、条带测深仪或多波束测深声呐等。多波束测深系统每发射一个声脉冲，不仅可以获得船下方的垂直深度，而且可以同时获得与船的航迹相垂直的面内的多个水深值，一次测量即可覆盖一个宽扇面。

多波束测深系统组成：（1）多波束声学子系统，包括多波束发射接收换能器阵和多波束信号控制处理单元；(2) 波束空间位置传感器子系统：电罗经等运动传感器、GNSS卫星定位系统和SVP声速剖面仪。运动传感器将船只测量时的摇摆等姿态数据发送给多波束信号处理系统，进行误差补偿。卫星定位系统为多波束系统提供精确的位置信息。声速剖面仪为准确计算水深提供精确的现场水中声速剖面数据；(3) 数据采集、数据存储、处理子系统（包括多波束实时采集、后处理计算机及相关软件和数据显示、储存、输出设备）。

多波束参数校正：多波束系统组成复杂，各传感器、换能器不是同轴、同面安装，因此需要进行参数校正。通常有时延（Latency）、横摇（Roll）、纵摇（Pitch）、艏摇（Yaw）的校正。按照多波束系统校正要求，在一定水深且变化明显的水域作为校正场，进行四对测线的测量，分别用于时延、横摇、纵摇、艏摇的校正。

3) 测线布设

测线是测量仪器及其载体的探测路线，一般布设为直线，又称测深线。测深线分为主测深线和检查线两大类。测线布设的主要因素是测线间隔和测线方向。测深线的间隔，根据对所测海区的需求、海区的水深、底质、地貌起伏的状况，以及测深仪器的覆盖范围而定。测深线方向选择的基本原则是，有利于显示海底地貌，有利于发现航行障碍物，有利于测深工作。

2.5 海洋工程物探

海洋地球物理勘探，主要涉及导航定位技术、海洋重磁测量技术和海底声学探测技术、到海底热流探测技术、海底大地电磁测量技术、海底放射性测量技术，以及海底钻井地球物理观测技术等。海洋物探技术主要基于重力场理论、磁力场理论、地震波振动理论和海底热流理论等。

2.5.1 海洋物探的方法与设备

根据海洋物探的原理，可衍生出多种海洋物探方法，一般依据各类物探原理、适用条件或适用范围，甚至具体到参数设置来划分物探方法。

1) 导航及定位

近岸海域内多使用无线电定位系统，海上接收陆地岸台发射的定位信号，用圆法或双曲线法定位。近年海域内普遍使用卫星定位系统，通过卫星接收机记录导航卫星发射的信号，在两个卫星定位点之间，依靠多普勒声呐测定航行中船只的速度变化，由陀螺罗经测定船只的航向。卫星定位的精度受多种误差影响：卫星通信带宽、数据刷新频率、地面参考站、电离层、对流层、太阳风暴等，可通过增加数据链带宽频率、地面站的数量、改进计算模型来提高定位精度。

2) 侧扫声呐探测

侧扫声呐是一种主动式声呐，从安装在船体两侧（船载式）或安装在拖鱼内（拖曳式）的换能器中发出声波，利用声波反射原理获取回声信号图像，根据回声信号图像分析海底地形、地貌和海底障碍物，识别海底沉积物类型，确定海底裸露基岩分布范围，识别裸露的海底管道等。侧扫声呐探测原理见图2.5-1。

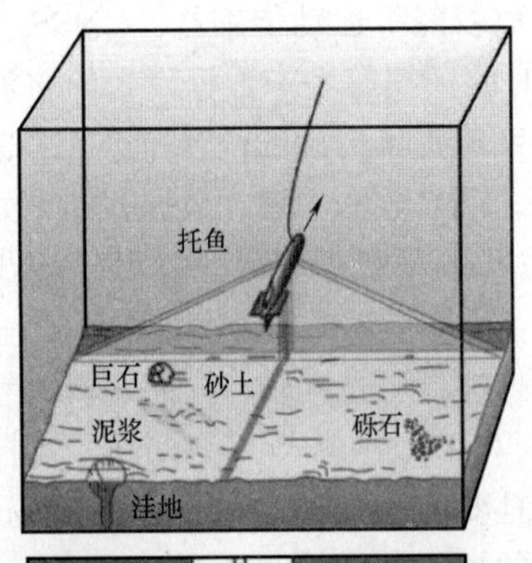

图 2.5-1 侧扫声呐探测原理

侧扫声呐能直观提供海底形态的声成像，在海底测绘、海底地质勘测、海底工程施工、海底障碍物和沉积物的探测，以及海底矿产勘测等方面得到广泛应用。根据声学探头安装位置，侧扫声呐可分为船载和拖体两类。船载型声学换能器安装在船体的两侧，该类侧扫声呐工作频率一般较低（10kHz 以下），扫幅较宽。多数拖体式侧扫声呐系统为深拖型，拖体距离海底仅有数十米，位置较低，航速较低，但获取的侧扫声呐图像质量较高，侧扫图像甚至可分辨出十几厘米的管线和体积很小的油桶等，最近深拖型侧扫声呐系统也具备高航速的作业能力，10kn 航速下依然能获得高清晰度的海底侧扫图像。目前，数字式侧扫声呐仪主要有美国 Edge-Tech 公司、英国 C-MAX 公司、美国 Klein 公司、芬兰 Meridata 公司和韩国 DSME E&R 公司等的产品。

3）浅地层剖面探测

浅地层剖面探测是一种基于声学原理的连续走航式探测水下浅部地层结构和构造的方法，通过换能器将控制信号转换为不同频率（一般在 100Hz～10kHz 之间）的声波脉冲信号并向海底发射，声波在传播过程中遇到声阻抗界面时将产生回波信号，在走航过程中逐点记录声波回波信号，形成反映地层声学特征的记录剖面，根据声学剖面分析判断浅部地层的结构和构造。一般地层穿透深度达到 30～50m。根据声学探头安装位置的不同，浅地层剖面探测分为船体固定式和拖曳式两类。浅地层剖面探测工作原理见图 2.5-2。

4）高分辨率单（多）道地震探测

高分辨率单（多）道地震探测原理类同于浅地层剖面探测，与浅地层剖面相对应也称中地层剖面探测，但人工激发的地震波比声波频率低、能量强，具有更大的穿透能力，一般地层穿透深度达到 200～300m，作业方式多采用船尾拖曳式。

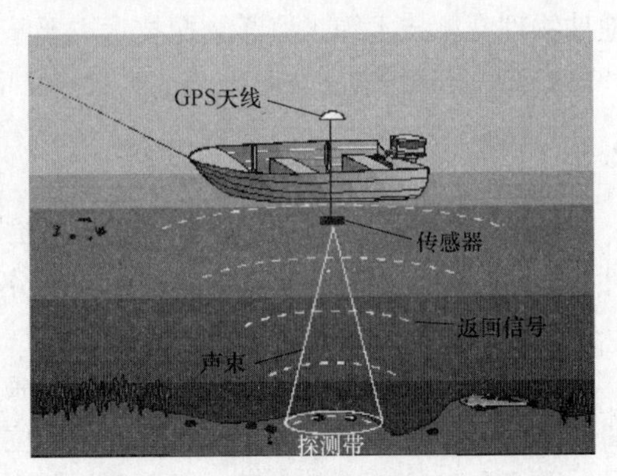

图 2.5-2 浅地层剖面探测工作原理

高分辨率单（多）道地震剖面仪一般使用电火花或空气枪震源，通过单道反射波信号组成的反射波图像，探测海底以下 150m 深度内的地层变化情况和不良地质现象，包括浅气层、古河床、滑坡、塌陷、断层、泥丘、基岩、浊流沉积、盐丘、海底软土夹层、侵蚀沟槽等地质构造与不良地质体。目前，高分辨率单（多）道地震剖面仪多为单道电火花震源系统，生产厂家有法国 SIG 公司、英国 CODA 公司和荷兰 Geo 公司等。相关高分辨率单（多）道地震剖面仪器见图 2.5-3。

5）海洋磁力探测

海洋磁力探测是通过测量海底磁性异常识别海底管道、电缆、井口、炸弹、沉船等铁磁性障碍物，结合侧扫声呐、浅地层剖面确定障碍物的性质、位置、形状、大小、走向及

图 2.5-3 荷兰 GeoSurveys 公司 SPARK 系列地震探测设备（华东院）

埋深等。目前，海洋磁力仪生产厂家主要有美国 Geometrics 公司和加拿大 Marine Magnetics 公司。相关海洋磁力测量仪器见图 2.5-4。

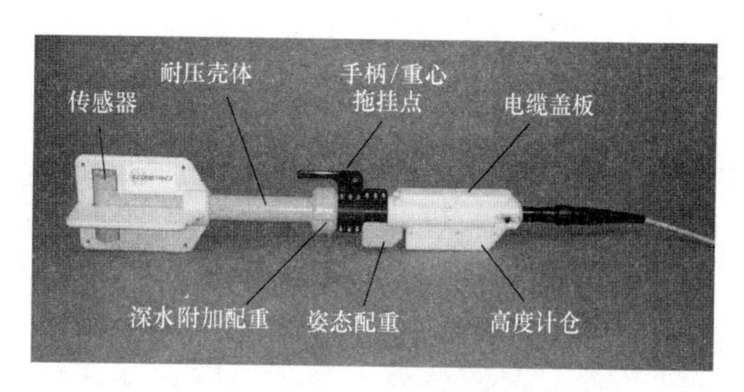

图 2.5-4 美国 Geometrics 的 G-882 SX 型铯光泵磁力仪拖鱼

6）水深测量

水深测量一般使用单波束回声测深仪或多波束测深系统，传统的单波束回声测深仪是记录声脉冲从固定在船体上的或拖曳式传感器到海底的双程旅行时间，根据声波传播的双程旅行时间和声波在海水中的传播速度确定各测点的水深。通过声波发射与接收换能器阵进行声波广角度定向发射和接收，利用各种传感器（卫星定位系统、运动传感器、电罗经、声速剖面仪等）对各个波束测点的空间位置归算，从而获取在与航向垂直的条带式高密度水深数据，进行海底地形地貌测绘，其工作原理见图 2.5-5。

图 2.5-5 多波束声呐的工作原理

2.5.2 海洋地层剖面探测

浅地层剖面探测和高分辨率单（多）道地震探测（即中地层剖面探测）都以地震波反射理论为基础，根据声波或地震波反射波的到达时间形成时间剖面图，利用地层声速或地震波速度转换为深度剖面图。各方法的主要区别在于震源激发方式、发射能量、发射频率、波长，造成穿透能力和分辨率的差异。

1）反射图像

浅地层剖面测量所获取的声学记录剖面是地质剖面的反映。声地层层序是沉积层序在浅地层声学记录剖面上的反映。根据反射波的振幅、频率、相位、连续性和波组组合关系等，界定声阻抗界面，进而划分声学反射界面[7]。典型的浅地层剖面和中地层地震剖面图像见图 2.5-6。

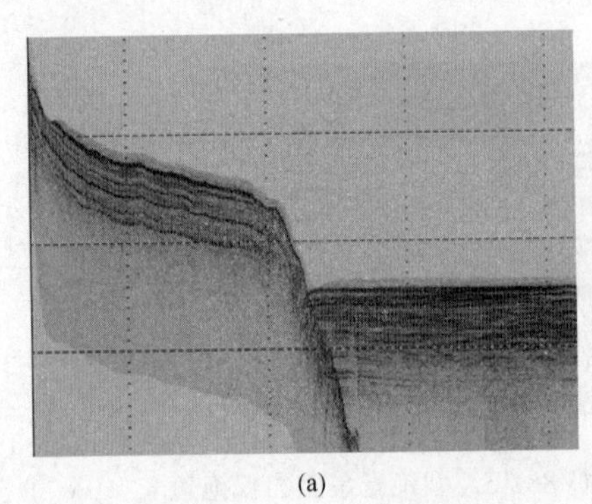

(a)

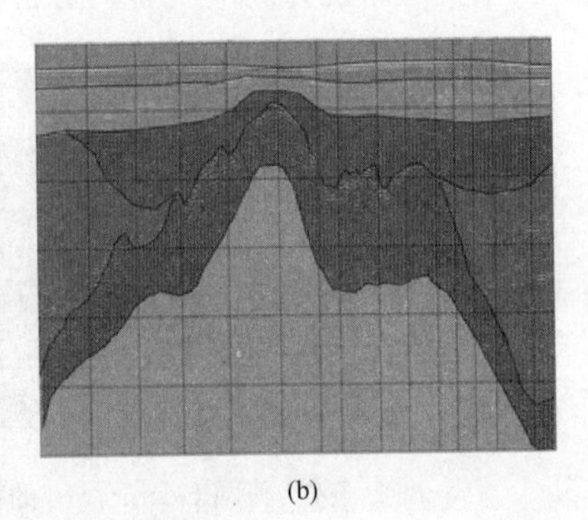

(b)

图 2.5-6　典型的地层剖面图像

(a) 浅地层剖面；(b) 中地层地震剖面

波在某个界面反射后可能在另一个界面或地面又进行一次或多次的反射，再返回声呐接收系统，形成多次反射。不整合面、基岩面、硬质土层等强反射界面容易产生多次波，多次反射波多为一种干扰信号，对资料解释有较大影响，处理不当也会得出不合理的推断。可利用相关钻井资料、区域地质资料或与其他海洋物探成果进行校正，也可采用速度谱分析、共反射点叠加等办法消除多次波[8]。

2）剖面声图层理特征

剖面声图层理特征，是指剖面声图显示具有一定灰度的点状、块状和线状图形组成的图像，反映不同性质的海底地层图像的特征。

简单层理特征：(1) 平行简单层理特征，沉积层界面呈现平行特征，其层位图像也呈平行特征，表明沉积物平稳且较均匀一致的下沉积淀，显示了在低能量沉积环境中细粒沉积物。(2) 发散简单层理特征，点状和线状图像由密集扩散成稀疏图像，表示沉积物沉积速率的区域变化。

复杂层理特征：(1) 复杂斜层理特征，由点状、块状和点线状图形组成的不平行倾斜状图形特征，通常表示河流及河流三角洲，近岸平原沉积物的沉积层图像特征。(2) S形复杂层理特征，由形成S形的线状或块状组成的图像特征，通常表示三角洲及浅海环境的沉积层图像特征，沉积物从细到相对粗的粒度。(3) 杂乱层理特征，不连续、不整合的点状、线状图形组合的图像特征，表示相对高能量沉积环境，包括各种不同沉积速率，沉积后基底瓦解、崩积后残积堆积。

3）反射图像同相轴追踪技术[9]

同相轴是反射记录在时间剖面上各道振动相位相同的极值（波峰或波谷）的连线，有效波的同相轴具有以下特征：(1) 振幅显著增强；(2) 波形相似；(3) 同相轴圆滑且有一定延伸长度。

反射图像同相轴主要表现如下特征：(1) 反射波同相轴平行或圆滑起伏，正常情况，水深变化、沉积层或基岩埋深变化的一般表现为时间剖面上反射波同相轴平行或圆滑起伏，无明显错动或缺失。(2) 反射波同相轴发生明显的错动，断层或其他大型构造会造成正常地层发生突变，表现为时间剖面上反射波同相轴明显错动，或反射能量特征、频率特征、相位特征突然变化，且往往存在断面反射波伴生，一般来说断层两侧差异越大，反射波同相轴的错动就越明显。(3) 反射波同相轴局部缺失，破碎带、地层突变和风化状况的改变会对反射波的吸收和衰减产生影响，可能会造成连续追踪的反射波同相轴局部缺失或不易识别，或伸延范围较大时甚至可能产生新的连续或不连续的反射波同相轴。(4) 反射波波形发生畸变，地层内部不均或淘空时，反射波在时间剖面上的表现特征为波形畸变。(5) 反射波频率发生变化，沉积层矿物成分、砂石含量及盐碱性质对于地震波（声波）的衰减和吸收影响差异较大，对反射波波形改变的同时也会使反射波频率发生变化。以上各种现象在反射波时间剖面上往往是多种形式同时存在，在不同的地质情况下表现出不同特征，需要物探解释人员充分了解区域地质条件，并具备丰富的解释经验。

4）浅、中地层地震剖面技术

浅、中地层地震剖面技术是大规模划分海底沉积地层的重要手段，还可同时进行海水深度的探测，是水深、定位及其他海洋勘察手段的重要校验方法。

浅地层剖面的探测效果可见图 2.5-7。其中图 2.5-7（a）为海底浅层反射同相轴图像，可见海水与底界面介质差异明显，海底沉积层从上到下依次为粉砂层、粉土层夹层，淤泥质粉质黏土夹粉砂层、粉砂层和粉质黏土夹粉砂层。结合钻探资料，可较精确地识别该区域的海底沉积层层序特征，图 2.5-7（b）为解译成果。

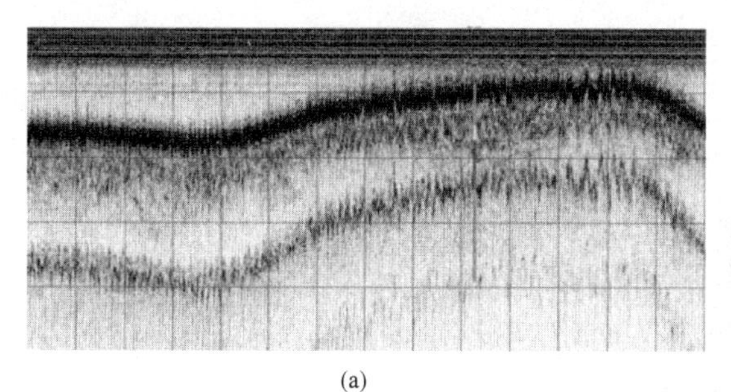

(a)

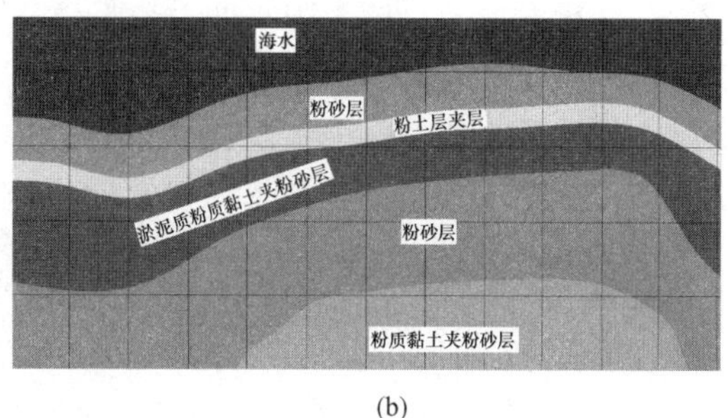

(b)

图 2.5-7 浅地层地震剖面海底沉积探测图

(a) 反射图像；(b) 解译图

基岩与海水和沉积物之间的物性差异较大，地震波发生折射和反射现象更为明显，反射波回波能量也较强，同相轴也更容易识别，在地震波激发能量较大的情况下，海底基岩延伸和埋深的探测效果较为理想，见图 2.5-8。

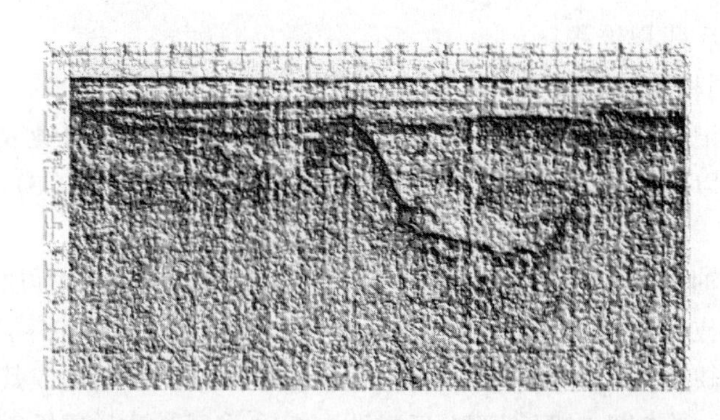

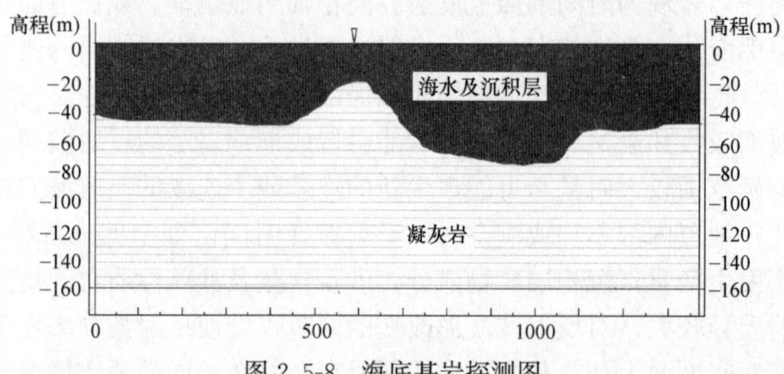

图 2.5-8 海底基岩探测图

5）浅层气探测

浅层气是储存在沉积物中的天然气。滨海浅层气形成后经过一定时间的运移和聚集，以层状浅层气、团块状浅层气、高压气囊、气底辟等形式存在于海底。利用含气地层与非含气地层的波阻抗（密度和波速的乘积）差异和吸收衰减性质不同，根据声反射信号或地震波反射信号的幅度、频率、相位以及同相轴形态，分析与识别海底浅层气及其赋存形态。通常利用浅地层剖面、单道地震和侧扫声呐等物探方法识别浅层气。在浅地层剖面上的状态主要表现为声学幕、声学空白、声学扰动、不规则强反射顶界面和两侧相位下拉等。

2.5.3 海底障碍物探测

根据障碍物特性分别采用磁力仪、重力仪、侧扫声呐等。侧扫声呐也适用于高出海底平面的凸物或水体中的物体，如沉船、礁石、水雷甚至鱼群等。海底凸起的目标，其朝向换能器的一面，波束入射角小，回波能量强，显示在声呐图像上较暗；相反，背向换能器的一面，波束入射角大或目标遮挡了声束的传播，被遮挡部分的目标没有回波信号或回波很弱，显示在图像上很浅，声呐图像呈现浅色调或白色。

1）渔网定位

定置渔具的种类多，规模不一，以中、小型居多。小型定置渔网一般以单独形态或按规则分散分布，分布范围十米或数十米，根据侧扫声呐图像纹理形态和相关渔汛资料可以较容易地判断简单定置渔网的位置和分布，见图 2.5-9（a）。

大型定置渔网一般大面积分散在海底，范围可达数十米甚至上百米，虽然覆盖范围很大，但侧扫声呐图像仍不能识别出其网络，根据其可能对海底泥、沙造成了扰动和自身的

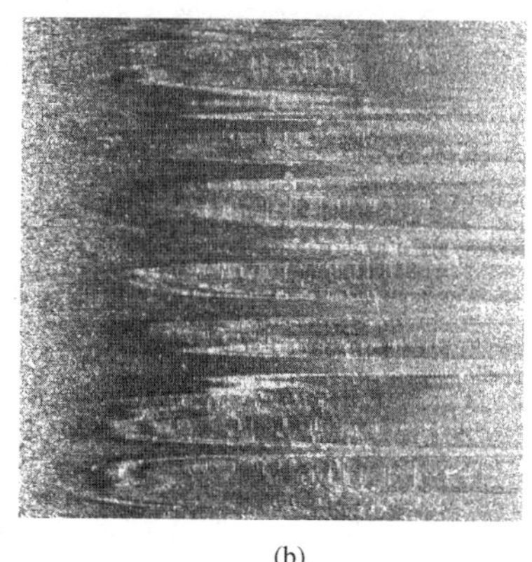

(a) (b)

图 2.5-9 渔网的侧扫声呐图像

(a) 小型渔网的侧扫声呐图像；(b) 大范围定置渔网的侧扫声呐图像

收缩，产生的侧扫影像形态依然能够清晰地识别，同时参考相关渔汛资料和经验，可准确判断出该类定置渔网位置和分布，见图 2.5-9 (b)。

2) 海底落沉物

海底落沉物种类很多，根据侧扫声呐图像纹理特征与实体外部影像的相似性和规模的一致性可进行判断。

(1) 水下大型物件。其判断主要还依靠图像形态、规模等明显特征，若这类物体只要未被掩埋，一般来说极易识别和寻找，典型的水下飞机和船体的侧扫声呐图像见图 2.5-10。

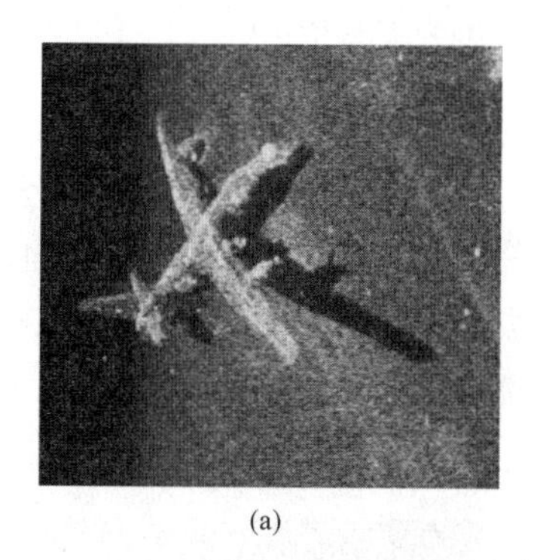

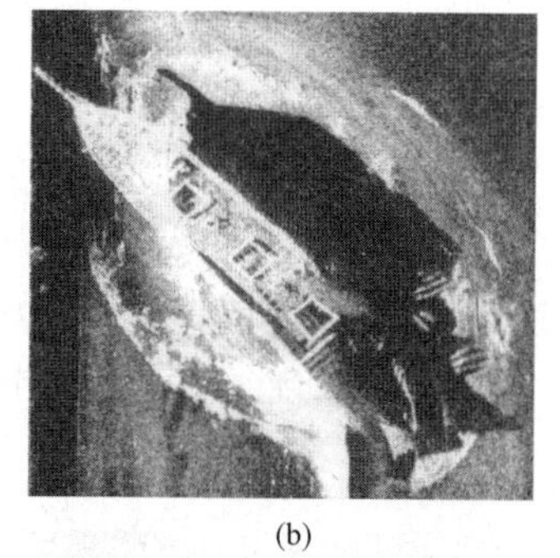

(a) (b)

图 2.5-10 飞机和船体的侧扫声呐图像

(2) 水下缆绳。海产养殖用于固定的绳索的影像，这些绳索的直径一般为 2～4cm，在特定条件下清晰可辨，见图 2.5-11。其中 (a) 的缆绳位于海底；(b) 的缆绳位于海水中，勘探船只从缆绳上方经过。

(3) 杂物。还有一类水下沉落物由于其外形不规则，又缺乏相关参考信息，无法对其进行准确的识别，相关例子见图 2.5-12，(a) 中有一半径约 20m 的梅花形堆砌物，(b) 有一尺寸约为 24m×10m 的特征区。

3) 海底管线探测

海底管线主要包括供水、供油、供气、排污等铁质管线和水泥质管线以及供电、通信

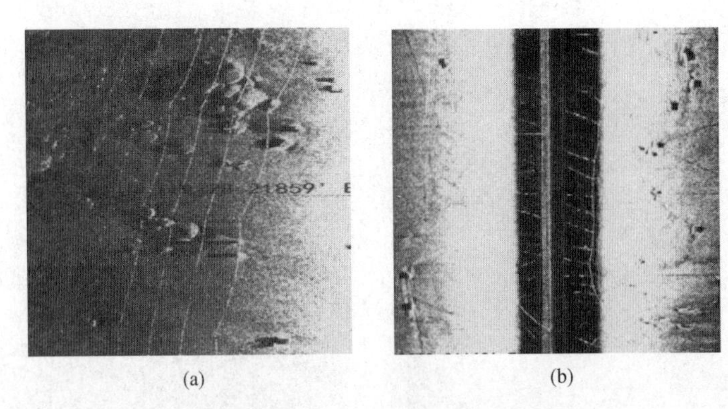

(a) (b)

图 2.5-11 水下缆绳侧扫声呐图像

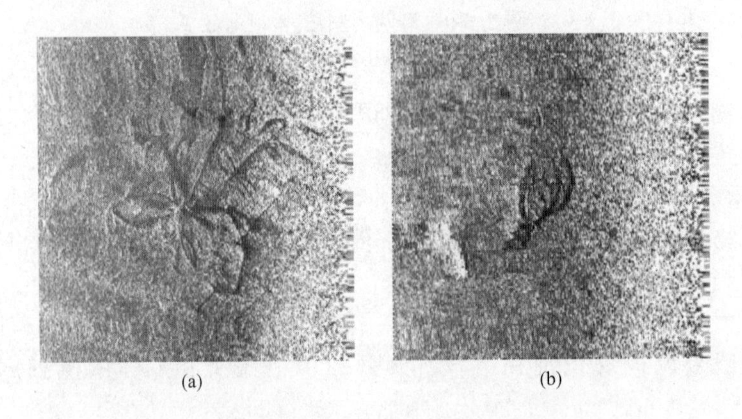

(a) (b)

图 2.5-12 未知沉落物体的侧扫声呐图像

等电缆和光缆，均存在明显的磁异常状况，可以用磁力探测快速准确探明海底管线的平面位置和走向，完全不受海底管线的埋深限制。对露于海底面的管道，因较强的散射，侧扫声呐会形成黑色条状目标物，凸出海底面管道对声线的屏蔽。采用管道自埋和人工埋设方式施工的海底管道，在一定阶段其下方有沟槽存在，侧扫声呐可对这种自然回淤状态进行检测。图 2.5-13（a）为垂直航线方向的管道影像，图 2.5-13（b）为平行航线方向的管道影像。

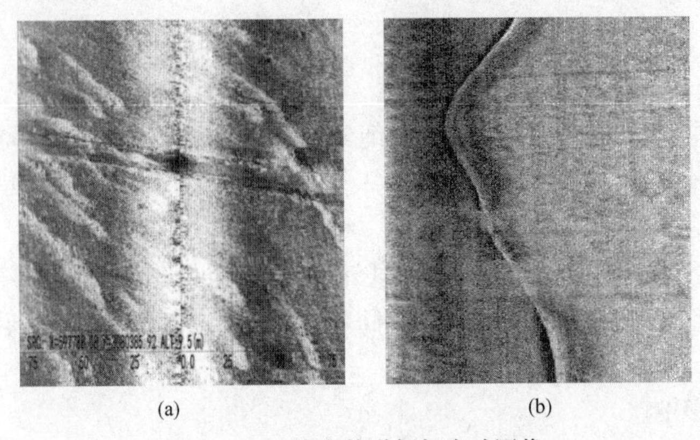

(a) (b)

图 2.5-13 海底管道侧扫声呐图像

2.5.4 海底微地貌及地质结构探测

1）海底地质分类

当研究区的地质取样资料稀少或因是沙质海底而难以取样及需要了解大面积沉积物类型面上分布时，声学方法显示出极大优越性，我国在海底地质分类方面的研究程度还较低。图 2.5-14 为浙江温州海域灰岩侧扫纹理图像。

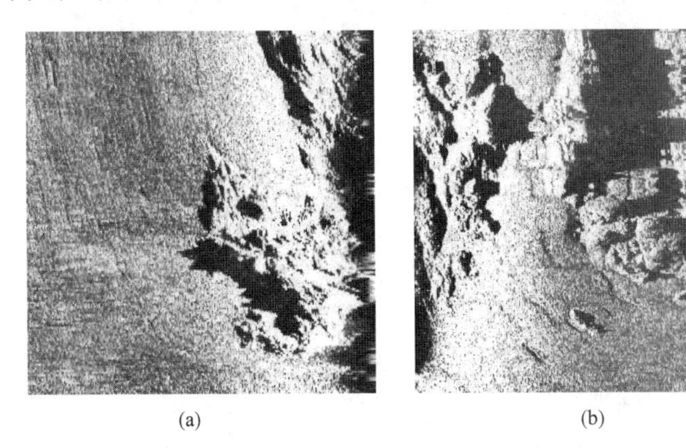

(a) (b)

图 2.5-14 浙江温州海域灰岩侧扫纹理图像

2）海底起伏识别

利用声学探测时，地形起伏除了会引起透视收缩等几何畸变，也会产生形状各异的阴影。一般而言，海底地形凸起时，阳面回波信号强而阴面回波信号弱，向上形成先黑后白的图像特征，相反，海底地形为凹陷的坑时，阴面在前，阳面在后，形成先白后黑的图像特征。典型的隆起或凹陷的海底侧扫声呐图像纹理特征详见图 2.5-15。

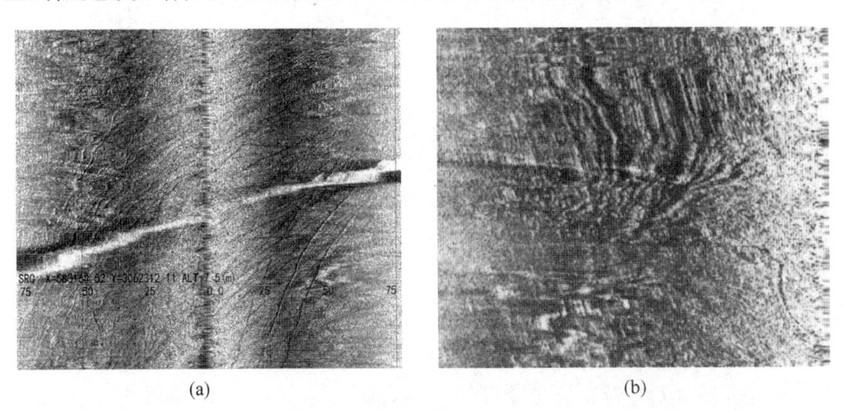

(a) (b)

图 2.5-15 隆起和凹陷的海底侧扫纹理图像特征

3）沙（泥）波识别

沙（泥）波又称“波痕”，广布于河滩、海滩、湖滩及风成沙地表面的波状微地貌，泥沙颗粒在流水、波浪作用下沿地表移动中形成。按成因可分为流水沙波、浪成沙波，按形态可分为直线状、链状、菱片状、舌状、新月状等。其运动和变化对海底水力阻力、输沙（泥）能力和冲淤演变有重要影响。图 2.5-16（a）为海底泥波侧扫纹理图像特征，图 2.5-16（b）为海底沙波侧扫纹理图像特征。

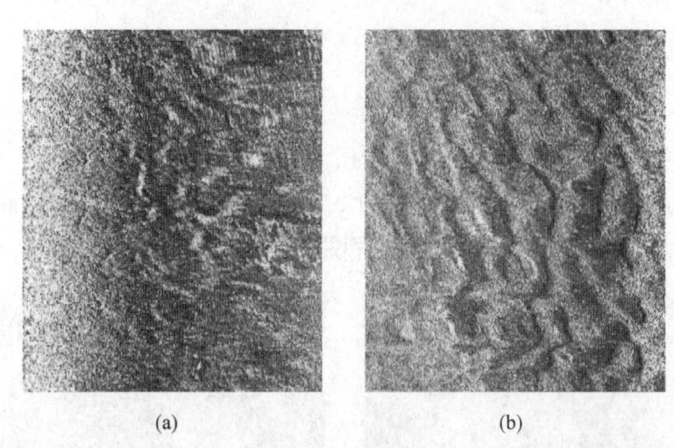

(a) (b)

图 2.5-16 海底泥波、沙波侧扫纹理图像特征

4）潮流冲刷地貌识别

海底潮流冲刷地貌与水沙交换活跃有关。海底潮流冲刷地貌的侧扫声呐图像纹理具有相对粗糙、不规则、图像对比强烈且有较明显的亮暗变化、多可找到有一定形状的边界等特点。典型的海底潮流冲刷地貌的侧扫声呐图像纹理特征详见图 2.5-17，(a）为粉土底质有明显冲蚀痕迹，(b）为淤泥底质有冲蚀凹陷。

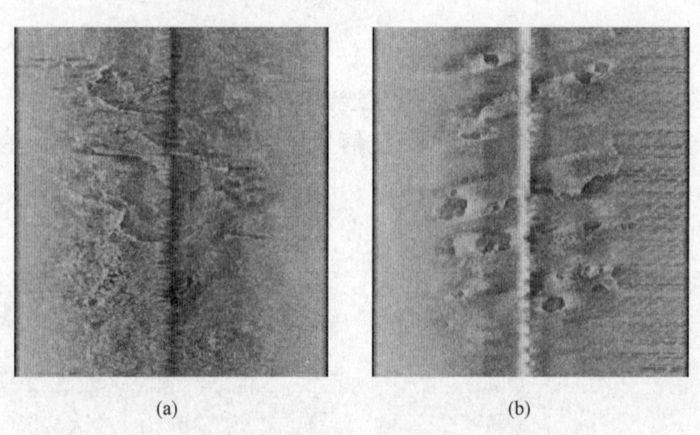

(a) (b)

图 2.5-17 海底冲刷地貌侧扫声呐特征图像

2.6 海洋工程钻探

海洋钻探是地质环境调查、资源调查和工程地质勘察的必要手段之一。海洋钻探可分为近海浅钻钻探、海上石油钻探和大洋钻探。近海浅钻钻探一般以工程建设需要为目的，通过地质钻探取芯查明地层结构，再通过室内土工试验获得地层的物理力学参数，也称岩芯钻探。而为开采海洋能源和资源所进行的钻探，一般称钻井工程。为研究海底地壳结构和构造及大洋底部的矿产，用动力定位船对深洋底进行的钻探称为大洋钻探。

2.6.1 海洋钻探的特点

(1）钻探设备和技术要求高。海洋钻探工期长、投入大、离岸远、钻进工艺复杂，钻探平台一般为自升式平台或大吨位移动式勘探船。

（2）水上作业环境影响大。钻机与海底孔口间存在深度不等的海水，增大了海上钻探的复杂性。水上钻探施工时，受潮汐、潮流、风暴、波浪等因素影响，勘探船会产生水平和竖向运动，对水上钻探、取样和测试造成影响。

（3）需要护孔导管及升沉补偿装置。孔口位于水下海床，需要在水底孔口和水上钻探机具间安装特殊隔水装置，确保孔内泥浆循环，并用于引导钻具和套管。对勘探船作业，还需要安装升沉补偿装置以克服海浪和潮水位变化的影响。

（4）测试与试验困难。受海洋动力环境影响，海洋钻探获得的试样，取样和运输都可能造成不同程度的扰动。由于远离陆地实验室，不易及时开样试验，海上试验和原位测试受海洋环境的影响也较大。

（5）消防管理严格。勘探作业、人员生活、淡水等均在勘探平台上，而平台上还有机械燃油、润滑油、液化气、氧气瓶等易燃物，钻探时还可能遭遇有害易燃气体喷发，因此需严格执行消防措施和管理制度。

（6）安全管理要求高。勘探现场远离海岸，在交通、通信、急救、救生、逃生、照明、标识、信号、防撞、消防、平台检测、作业许可等方面，海洋钻探都有特别的要求。

（7）培训和应急预案。需要专门培训，并需制订完善的应急预案。

2.6.2 海洋钻探设备

受水深、风浪、潮流、地形等限制，应结合海域地形地貌、水文条件和气候特点，本着安全、经济的原则，根据滩涂、近海、远海作业环境的特点，选择合适的钻探设备，并采取相应的钻进技术。

1）海上平台与勘探船

近海海域勘探不同于潮间带，适用的勘探平台主要有自航双体勘探船、自航单体勘探船和自升式平台。自航双体勘探船为两艘吨位和尺寸相同的钢质船拼装而成，单艘吨位不应小于 55t，两船用工字钢和钢筋绳固定，特别适用于海域地形地貌变化大，沙脊分布较多的海域，具有适用性好、作业效率高、抛锚和起锚时间短，定位快速等特点。

自航式单体勘探船吨位一般不小于 200t，船长、宽需满足作业要求，作业区与生活区分开，勘探平台搭建于船体一侧或中间，平台四周设置防护栏杆和安全防护网。可根据不同钻探环境需求，考虑吨位足够大、自稳能力好的船只。当 30m＜水深＜100m 时，应选择 500t 以上的自航式工程船。

自升式平台由平台、桩腿和升降机构组成，平台能沿桩腿升降，一般无自航能力。桩腿插入土中承受平台和设备自重，平台可根据海面自由升降。该平台稳定性好，除可满足钻探作业外，还可进行多种原位测试，但受水深影响较大，一般适于水深小于 90m。自升式平台见图 2.6-1。

远海钻探主要包括：以科学考察为目的的大洋钻探；以石油、天然气、可燃冰等为目的的油气井钻探；以海底矿产资源勘探开发为目的的钻探。

2）海洋钻机

海洋勘探开发经历了一个由浅水到深水的过程，海洋钻探设备也由简单到复杂、由固

图 2.6-1　自升式平台

定向移动发展，目前的海上钻机主要分为海底支撑钻机和浮动钻机两大类。其中，海底支撑钻机包括固定平台钻机、自升式钻井平台钻机、潜水式钻机等；浮动钻机主要配置于半潜式钻井平台、步行式钻井平台、自升式组合气垫钻井平台、浮式钻井船、钻井供应船、钻井驳船等。世界钻机的发展除了智能化方向，目前也正向深水发展，自动化海底钻机是新一代钻机的趋势所在[10]。

2.6.3　海洋钻探工艺

1）勘探船抛锚定位及位移

在潮间带区域，可利用陆地控制点进行定位。当海洋钻探远离海岸，岸上控制点无法满足，可直接利用卫星定位，满足海洋钻探的需要。为减少勘探船抛锚定位受到水深、潮流、波浪、风暴等因素影响，应选择在平潮定位，船头应朝向潮流和风浪的方向。近海钻探用的双船平台需 6 只锚，前后各布置 2 只锚，锚链成八字形，锚重及型号需一致，在船头部位应布置 1 只。单船平台需 4 只锚，抛锚后钢丝绳与水面夹角控制在 10°左右，主锚钢丝绳与船轴线夹角控制在 35°～45°。抛锚前须在每个锚上系上尼龙绳，并且在绳的另一端接上一个泡沫浮标，以确定锚的具体位置和便于起锚。起锚时，需先起船尾两只锚，再起船头两只锚。平台位移应选择风浪较小时，当风力大于 5 级，勘探船不得移动和定位。

2）钻孔放样

钻探点定位，远离海岸，宜选用全站仪或星站差分 GPS 卫星定位，再通过勘探船的 GPS 系统校核。水位变化大时，在钻探点附近设置水深探测仪，多次读取，取平均值，并用水中套管的长度做校核，定时进行水位观测，校正水面高程，计算钻进深度。探点孔位变动时，应进行孔口高程和孔位的复测。

3）简易升沉补偿护孔

为减轻波浪和潮汐对钻探的影响，可采用双套管组合的简易升沉补偿护孔技术。将外套管深入海底地层一定深度，内套管套入外套管内，并在最高潮水位时，内外套管重叠长度不小于 3.0m，内套管上端与平台固定。为解决两套管的间隙返浆问题，在外套管上端加装导向装置，通过导向装置调节套管间的间隙。

常见钻井船水下护孔，从海底井口到水上平台构成隔绝海水的通道，以供起下各种钻探工具、返回与导出钻井液。由防喷器组、压井-防喷管线对海底井口与井内压力实行控制。由球接头、滑动短节、张紧系统的偏斜和伸缩，以适应钻井船的升沉与摇动。井口装置与防喷器组、防喷器组与隔水管系统之间，采用液压连接器，紧急状态下钻井船与隔水管系统快速脱开。

4）石油钻探补偿器

波浪作用下海洋浮式平台前后左右摇摆，并产生上下升沉运动。采用升沉补偿系统，以减少钻杆柱和隔水管系统与海底的相对运动，并保持恒定的张力载荷。

5）海上钻探冲洗液护孔

可采用护孔管和冲洗液护壁的裸眼钻进法。配制冲洗液泥浆一般用海水，而普通膨润土为酸性，会出现膨润土与水分离的现象，无法满足护孔的要求。需要根据海上地层，有针对性地配制浆液。海洋石油钻井由于采取全断面不取芯钻进，而且钻孔深度达上千米，一般采取混合型多种类外加剂泥浆护壁。

2.6.4 海洋取土技术

1）取土器结构分类

按取土器侧壁层数分为单壁式和复壁式，其中单壁式为一般的活塞取土器，适用于砂层；复壁式为最常见的取土器。

根据取土管结构不同分为圆筒式、半合焊接式、可分半合式三种。圆筒式取土器带有两对退土槽，退土时，将退土棍插入退土槽中，用退土器顶退土棍将取土衬筒顶出，这种退土方法可能会引起二次扰动，在软土地层中一般不宜采用；半合焊接式取土器的取土管分成两半，一半的下端与管靴焊在一起，另一半可抽出，取土管上部用螺钉固定，这种形式可避免退土时的人为扰动；可分半合式取土器在软土地层中普遍使用，取土管上部用丝扣与余土管连接，下部用丝扣与管靴对接，卸土时只需将余土管和管靴拧下。

按取土深度来划分，可分为浅层取土器和深层取土器。浅层取土器又分为柱状取样和表层取样两种：柱状取样有振动式和重力式，表层取样有蚌式和箱式。海洋钻探过程中使用的深层取土器主要分为贯入式和回转式两种。其中，贯入式取土器可分为敞口取土器和活塞取土器两大类型：敞口取土器按照管壁厚度分为厚壁式、薄壁式和束节式三种；活塞取土器则分为固定活塞薄壁式、水压固定活塞式、自由活塞薄壁式等几种。回转取土器可分为单动和双动两类[5]。

2）海上常用取土器

蚌式采泥器是专为表层沉积物调查而设计的底质取样设备，用于海底 0.3～0.4m 深的浅表层采样，如图 2.6-2（a）所示。

振动活塞取样器是一种柱状取样器，适用于水深 5～200m 以内水底致密沉积物取样。采用 7.5kW 交流垂直振动器，如图 2.6-2（b）所示。利用高频锤击振动将取样管贯入沉积物中获取柱状样品，取样管内使用标准 PVC 衬管，采用活塞、单向球阀门和分离式刀口技术以提高采样率，减少扰动和漏失。

重力活塞柱状取样器在软土地层中广泛应用，取样长度可达 8m，试样直径 104mm，适用于水深大于 3m 各类水域软～中硬底质取样。如图 2.6-2（c）所示（图 2.6-2 摘自青岛宝球科技公司产品介绍）。

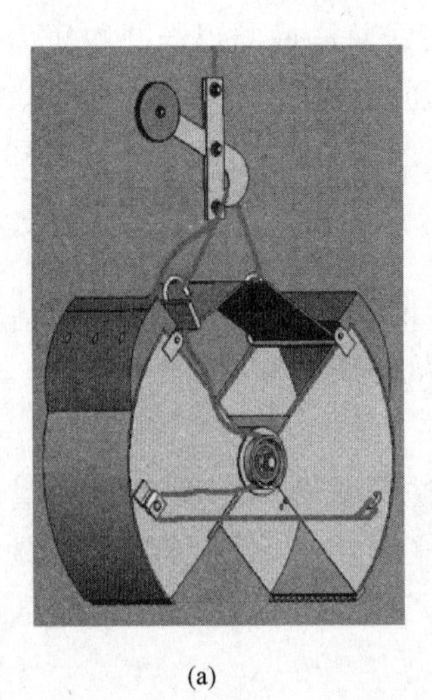

(a)

(b)

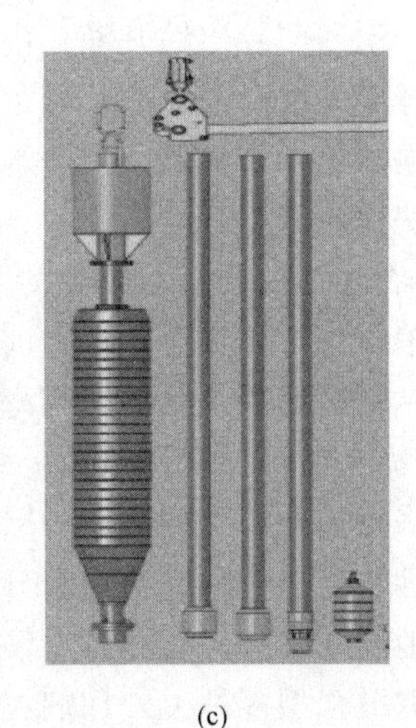

(c)

图 2.6-2 海上常用取土器

(a) 蚌式采泥器；(b) 振动活塞取样器；(c) 重力活塞柱状取样器

海上钻探需要护孔管，浅表层土一般呈松散或流塑状，取样时应减少扰动。通过对多种取土器的研究，能满足原状取土要求的有敞口式薄壁取土器、自由活塞式薄壁取土器、固定活塞式薄壁取土器，取样 6 管直接安装在取土器底部，采样后与取样管相连部位拆除后分离。

2.7 海洋岩土室内试验

海洋工程结构物经常受到海上风浪的影响，例如海上风电基础，因此在设计时需要对动力工况进行计算。海洋工程勘察中常需要获取土体的动力参数，例如土体的动模量、动强度和阻尼比。由于不同方法测得的土体小应变刚度范围不一致，需要获取全应变范围土体动刚度衰减曲线，需要联合不同方法进行测定，一般可采用动三轴试验、动单剪试验和共振柱试验。另外由于海上风电基础常采用大直径单桩基础，与陆上的小直径桩基础不同，其桩基础的侧摩阻力很难通过规范确定，需要通过测定桩-土的界面参数后来计算桩基础的侧摩阻力。

2.7.1 振动三轴试验

振动三轴试验可用于饱和黏性土、粉土和砂土，可测定海相饱和土体在动应力作用下的动强度、动应力-应变关系（图 2.7-1）、动弹性模量、阻尼比及残余变形等。动三轴试验中试样的动应变幅值一般大于 10^{-4}，采用霍尔效应传感器可以进行动应变幅值为 10^{-6}～10^{-4} 之间的动三轴试验。

主要包括三种试验：一是动强度特性试验，确定土的动强度，用以分析动态作用条件下地基和结构物的稳定性，特别是砂土的振动液化问题；二是动力变形特性试验，确定动弹性模量和阻尼比，用以计算土体在一定范围内引起的位移、速度、加速度或应力随时间变化等动力反应；三是残余变形特性试验，确定动力残余体应变和残余剪应变特性，用于计算动荷载作用下引起的永久变形。

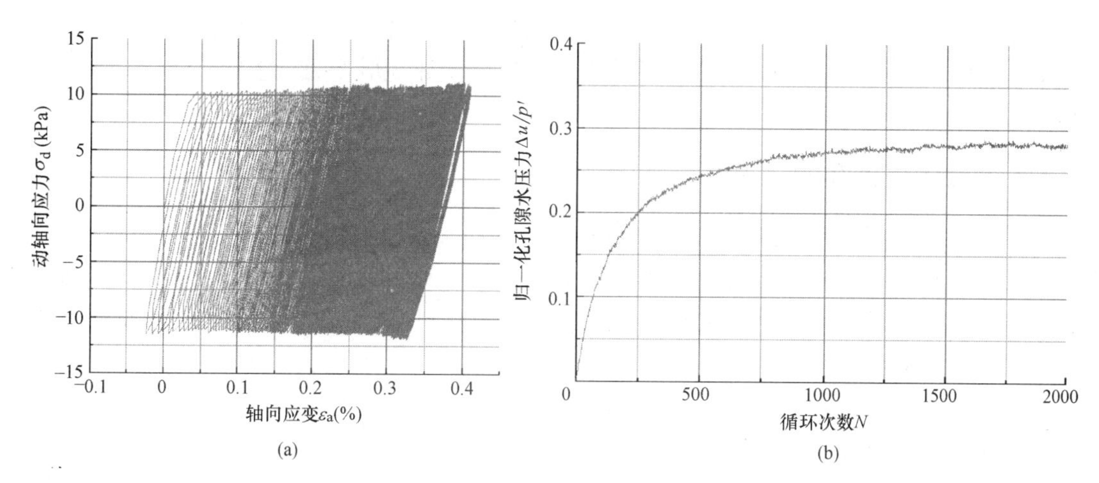

图 2.7-1 动应力-应变曲线与孔压累积

（a）动应力-应变曲线；（b）循环振次 N 与超孔压累积

土体的动强度试验一般采用固结不排水试验。试样安装完成后对土样进行固结，固结完成后关闭排水阀，试验一般采用正弦波激振，振动荷载幅值和振动频率按照试验方案设置，达到破坏标准后再振动 5～10 周停止试验。

固结方式有等压固结和偏压固结两种，其试样的破坏标准也不同。对于等压固结试验，试样孔隙水压力达到有效侧向固结应力（通常称为初始液化状态）可以作为饱和粉土和砂土的液化破坏标准；对于偏压固结试验，建议采用双幅轴向动应变极大值与极小值之差达到 5%或单幅轴向动应变峰值达到 5%作为土样液化失效标准。在外荷载作用下会导致砂土液化，其中包括波浪荷载以及地震作用，对于可液化土的抗液化强度试验，可以将初始液化作为破坏标准。判断地震作用使砂土液化可以根据振动循环次数 N 达到预估地震的相应限值，表 2.7-1 列出了不同地震震级对应的等效循环次数参考值。动强度试验结果整理时，一般以破坏振次 N_f 的对数值为横坐标，动剪应力 τ_d 为纵坐标，在半对数坐标上绘制不同侧向固结应力下的关系曲线；或者以破坏振次 N_f 的对数值为横坐标，动孔隙水压力 u_d 为纵坐标，在半对数坐标上绘制关系曲线。

地震作用的等效循环次数参考值 **表 2.7-1**

地震震级 M	6	6.5	7.0	7.5	8.0
等效循环次数 N	5	8	10	20	30

土体的动模量和阻尼比试验一般也是采用固结不排水的形式，动应力由小到大逐级增加，后一级的动应力一般设定为前一级的 2 倍，每级最大振动次数一般为 10 次，每个试样一般用 4～5 级动应力逐级施加。同一密度的试样，在同一固结应力比下一般采用 1～5 个不同的侧向压力。动模量和阻尼比试验结果整理时，一般以轴向动应变 ε_d 为横坐标，动弹性模量 E_d 为纵坐标，绘制动弹性模量 E_d 与轴向动应变 ε_d 的关系曲线。

动残余变形特性试验需要采用固结排水试验形式，对同一密度的试样，一般选择 1～3 个固结应力比；在同一固结应力比下，一般采用 1～3 个侧向压力；每一侧向压力下一般采用 3～5 个动剪应力水平进行试验；试样固结完成后，可以采用正弦波激振，设定相关的振动波形、激振频率、动荷载幅值、振动次数等参数进行试验。动残余变形特性试验结果整理时，可以采用振次的对数值为横坐标，动残余体积应变为纵坐标，在半对数坐标上绘制关系曲线。

2.7.2 动单剪试验

单剪试验设备是在直剪试验设备的基础上发展而来的，单剪试验解决了直剪试验中，剪切面固定为中部平面，应力分布不均衡，并且不能实际控制土样排水条件等不利因素[11]。动单剪试验设备在单剪试验设备的基础上实现了对土样的循环加载，在海洋岩土工程中具有极其重要的作用。

动单剪试验可以用于海相细粒土和粒径小于 20mm 的砾类土和砂土，用来测定土体的动剪应力-剪应变关系、动剪切模量、阻尼比和动强度。动单剪试验可以采用不排水剪切和排水剪切两种方式，不排水剪切试验形式可用于渗透系数较小的黏性土、粉土、砂土，排水剪切形式可用于渗透系数较大的砂土、粉土。

伺服控制式动单剪试验仪（图 2.7-2）主要包括主机、竖向加载控制系统、横向剪切控制系统、测量系统、数据采集系统等。约束环一般需要采用低摩擦的试样滑环，这样可以使土试样在剪切过程中，试样的横截面面积保持不变。圆柱形试样的侧向约束环常采用多层刚性环或金属丝强化膜；正方形试样的侧向约束环常采用带铰链的固体板或堆叠的空心板，叠环或板的厚度需要小于 1～10 试样厚度。

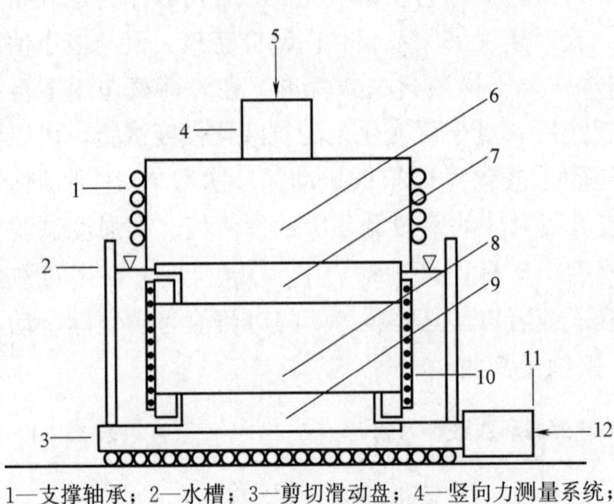

1—支撑轴承；2—水槽；3—剪切滑动盘；4—竖向力测量系统；5—竖向力；6—轴向加载活塞；7—上剪切板；8—土试样；9—下剪切板；10—侧向约束环或者侧限加筋橡皮膜；11—剪切力测量系统；12—剪切力

图 2.7-2 伺服控制式动单剪试验仪

动单剪试验在安装好试样后进行加载固结，法向应变小于 0.05%/h 时，可以认为试样基本固结完成，后面的剪切过程需要根据实际工程情况选择振幅、频率、波形、振次等动态参数、排水条件和试验终止条件。波形一般采用正弦波，逐级施加动应力幅，每个试样一般选择 4～5 级的动应力幅，后一级的动应力幅值一般控制为前一级的 2 倍左右，每级的振动次数一般不大于 5 次；对于同一干密度试样，一般选择 1～3 个法向压力。

动单剪试验可以得到不同法向应力下阻尼比与动剪应变的关系曲线和不同法向压力下的动剪应力比与破坏振次的关系曲线。动单剪试验相较于动三轴试验来说更为简便，动单剪的试样高度也小于动三轴试验，对于黏土的测试效率较高，适用于工程领域获取土体的动力特性参数。

2.7.3 共振柱试验

共振柱试验是根据圆柱状试样中弹性波的传播理论来测定土的动模量和阻尼比的试验。该试验适用于海相饱和细粒土和砂土，可测定海相饱和土体在周期荷载作用下的动剪切模量、动弹性模量和阻尼比等。试样的动轴向应变和动剪应变范围为 10^{-6}～10^{-4}。

共振柱试验的基本原理就是利用特制的装置对一个圆柱形试样施加动荷载，使之产生扭转振动或者垂直振动，并测得一条包括共振峰在内的完整的幅频曲线，共振柱试验具有应力条件明确、试验结果可靠、稳定等优点。广泛应用于研究土在小应变范围内的动力特性，并用它来确定土的基本动力参数。

共振柱试验按照试样的约束条件，可以采用一端固定一端自由的形式，或一端固定一端用弹簧和阻尼器支承的形式；按照激振方式可以采用稳态强迫振动法或者自由振动法；按振动方式可分别采用扭转振动或纵向振动。

2.7.4 环剪试验

土-结构界面特性试验一般采用环剪法，其可以很好地测得不同土体与结构的界面参数，还可以获得大变形阶段的土体残余强度，环剪试验一般可用于细粒土和粒径小于 2mm 的砂土。土-结构界面特性试验的其他方法还包括直接剪切试验和拉拔试验，当模拟钢管桩打入过程时，桩土产生较大切向相对位移，采用环剪法较为合理。

目前，国内外广泛采用 Bishop 和 Bromhead 环剪仪。试验时，首先要根据原位地层水平向有效应力施加法向的压力，在确定好法向压力后可以采用一级荷载施加或者多级荷载施加。试样上施加给定的法向压力后，每小时法向位移的变化量不大于试样初始高度的 0.25‰时，可认为试样固结完毕。一般情况下 Bishop 与 Bromhead 环剪仪法向压力的最小值不应该低于 50kPa；对于 Bromhead 环剪仪，其固结变形量不应超过试样初始高度的 15%。

2.8 海底地层原位测试

海洋工程勘察中使用最多的原位测试方法是孔压静力触探（Piezocone Penetration Test，CPTU），其余方法例如球形静力触探试验（Ball Penetration Test）、十字板剪切试验（Vane Shear Test）、标准贯入试验（Standard Penetration Test）和扁铲侧胀试验（Flat Dilatometer Test）也有采用。

2.8.1 海洋静力触探试验

静力触探试验（Cone Penetration Test，CPT）采用静压形式以恒定贯入速率 20mm/s 将圆锥探头压入土中，同时测量并记录贯入过程中的探头阻力等测试结果来反算土体参数的一种原位测试方法。静力触探试验具有数据连续、对土体扰动小、再现性较好、作业速度快等特点。随着海洋工程勘察发展，传统的单桥（仅量测探头阻力 q_c）和双桥（量测探头阻力 q_c 和侧摩阻力 f_s）静力触探已不能满足工程需要，因此常在传统的静力触探探头上增加孔压、电阻率、剪切波速等不同传感器，形成多功能静力触探探头。目前海洋工程勘察使用最多的是孔压静力触探（CPTU）探头（图 2.8-1），其可以同时测量锥尖阻力 q_c、锥肩孔压 u_2 和侧壁摩阻力 f_s，由于可以量测贯入过程的土体孔压，因此可以用于土类分层[12]。

CPTU 不仅可以用于土样分类，还可以获取土的天然重度。对于黏性土，可以对前

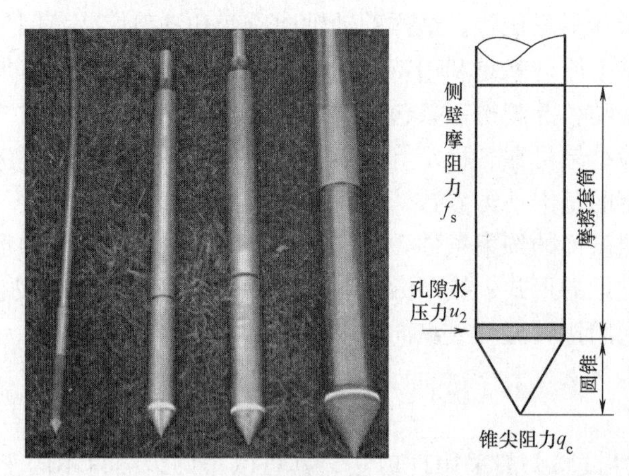

图 2.8-1　孔压静力触探（CPTU）探头

期固结压力和超固结比（OCR）、侧压力系数 K_0、不排水抗剪强度、灵敏度、压缩模量、不排水杨氏模量、小应变剪切模量、渗透系数、固结系数等进行估算。对于无黏性土，可以估算相对密实度 D_r、状态参数 y（描述高应变下砂土的压缩性和剪胀性）、有效内摩擦角 φ'、割线杨氏模量 E_s、测限模量 M_0、小应变剪切模量 G_0。除此之外，CPTU 还可以用于桩基承载力计算和砂土液化可能性判别分析等[13]。

根据作业方式，海洋静力触探可分为三类（图 2.8-2）：（1）平台式 CPT（Platform mode CPT）；（2）海床式 CPT（Seabed mode CPT）；（3）井下式 CPT（Downhole mode CPT）。

(a)

(b)

(c)

图 2.8-2　海洋静力触探测试方式

(a) 平台式；(b) 海床式；(c) 井下式

平台式 CPT 与陆上 CPT 类似，区别在于平台式 CPT（图 2.8-2a）需要依托自升式勘探平台开展作业，同时为了保护探杆不受海浪的拍击影响，需要增设外套管保护 CPT 探杆。

海床式 CPT（图 2.8-2b）一般采用勘探船，利用船上的吊车或者 A 形吊架将其放至海床上，测试设备直接在海床上进行试验。测试时首先需要将探头进行真空饱和 4～6h，吊起主机，同时将探头安装至主机，将主机放入海中后，可进行测试（图 2.8-3）。

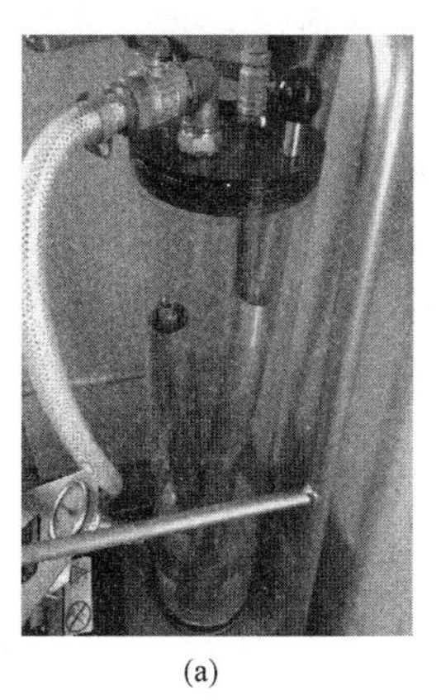
(a)

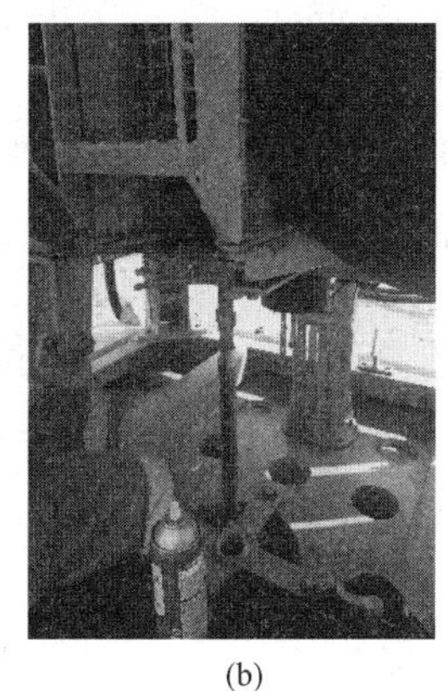
(b)

(c)

(d)

图 2.8-3 海床式 CPTU 测试过程

(a) 探头饱和；(b) 探头安装；(c) 主机吊装；(d) 数据采集

井下式 CPT（图 2.8-2c）是一种钻探和 CPT 测试相结合的系统，一般依托大型综合勘探船（带波浪补偿）开展工作，其探头可从钻孔底部压入土中，如遇到 CPT 无法贯入地层（密实中粗砂、砂砾层等），可采用钻头扫孔钻探取样替代。

2.8.2 海洋球形静力触探试验

球形静力触探试验适用于灵敏度较高的软黏土，球形静力触探试验与 CPTU 类似，区别在于其探头为球形，而 CPTU 为锥形。球形静力触探试验也是通过静压的形式以 20mm/s 的恒定速率将球形探头逐渐贯入土层中，通过量测球形探头受到的阻力 q_{ball} 来计算软黏土强度的一种满流形（full flow）原位测试方法[14]。标准球形触探探头（图 2.8-4a）的直径一般是 113mm，对应的最大横截面面积为 $100cm^2$，探头的粗糙度一般为 0.4±0.25m，一般配套采用直径 36mm（横截面面积 $10cm^2$）的探杆。

海上球形触探系统（图 2.8-4b）由球形探头、探杆与外套管组成，外套管起到保护

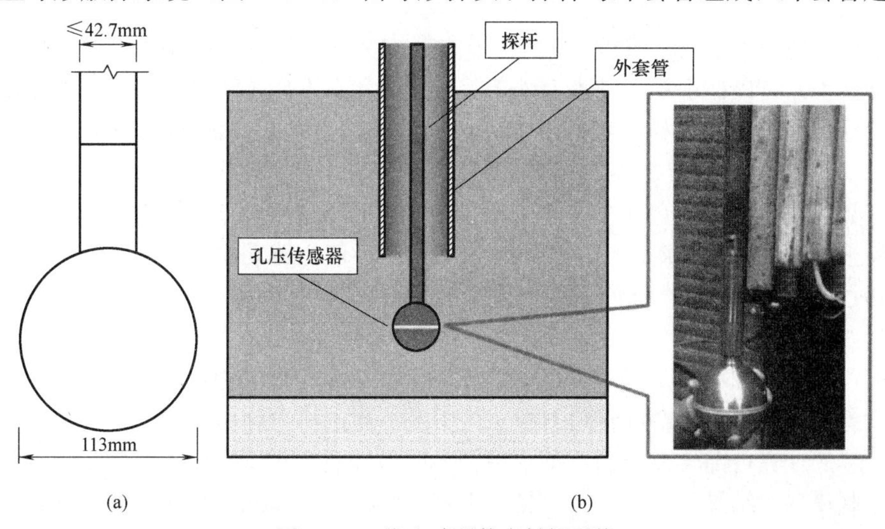

(a) (b)

图 2.8-4 海上球形静力触探系统

(a) 球形探头尺寸；(b) 海上球形静力触探示意图

探头的作用。球形触探探头刺入土体引起周边土体流动，测试阻力受土体刚度和各向异性影响较小；探头上下断面的上覆压力基本相同，测试精度受上覆压力影响小；探头刺入和拔出过程均受到阻力，单次贯入-上拔试验可用于测定原状土的不排水抗剪强度，反复贯入-上拔试验可用于测定扰动土的不排水抗剪强度，并计算得到土体的灵敏度。

球形静力触探试验的测试方式与孔压静力触探试验基本类似（图 2.8-5），区别在于其探头形状为球形，球形探头的受力面积比锥形探头受力面积大，因此在软黏土区域有更高的测试精度，但是其适用范围受限，一般只适合 0～50kPa 的黏土，中间如果遇到硬夹层，无法穿透，需要进行清孔操作，因此仅在浙江海域深厚软黏土区域适用性较好。球形触探试验不仅可以测定软黏土连续的不排水抗剪强度，还可以通过单次贯入-上拔测定软黏土连续的灵敏度 S_t。

(a)

(b)

(c)

图 2.8-5　海洋球形静力触探测试过程

（a）探头饱和；（b）探头安装；（c）探头贯入

2.8.3　海洋十字板剪切试验

十字板剪切原位测试具有以下显著的优势：（1）不用取样，特别是对难以取样的灵敏度高的黏性土，可以在现场对基本上处于天然应力状态下的土层进行扭剪，对测试土体不易形成扰动，所求软土抗剪强度指标与其他方法相比较可靠；（2）野外测试设备轻便，操作容易；（3）测试速度较快，效率高，成果整理简单。十字板剪切试验与静力触探试验相比，具有数据非连续的缺点，在海洋工程勘察中常作为辅助测试手段，与 CPTU 结合来确定软黏土的强度参数。海洋十字板剪切试验设备一般由驱动主机、探杆、十字板头、扭力装置和数据采集器组成。十字板头的高宽比为 2∶1（图 2.8-6a），尺寸越大，十字板头的量程越小。

根据扭力装置和数据采集的类型可以分为扭力弹簧式和电测式。扭力弹簧式一般为手动施测设备，标定扭力弹簧的转角与扭矩的关系，通过扭力弹簧转动的角度得到剪切过程的扭矩，然后计算得到软黏土的不排水抗剪强度，其缺点在于需要人工扭动十字板头，无法准确控制速率，结果可靠性低。电测式十字板设备是目前海洋勘察中的主流设备，电测式十字板设备配备有扭转驱动设备，可以匀速控制十字板头的扭转速率。

十字板剪切试验需要采用固定式平台或海床式设备消除风浪影响。采用固定式平台

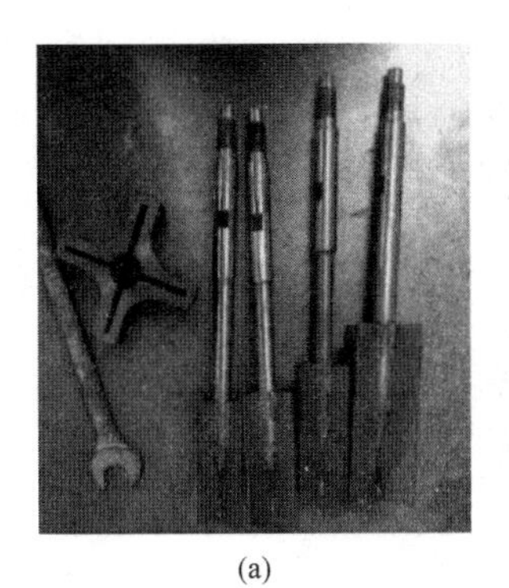

(a)　　　　　　(b)

图 2.8-6　海床式十字板剪切系统

(a) 十字板头；(b) 海床式设备

时，常采用外套管保护探杆消除海浪拍击影响，将套管预先贯入海床表层土中，再将探杆和十字板头缓慢压入土中直至指定位置，而后维持扭转速率（1°～2°）/10s 转动十字板头，数值达到峰值后再测记 1min 停止，原状软黏土的不排水抗剪强度 s_u 采用峰值计算。

采用海床式设备（图 2.8-6b）作业时，需要通过勘探平台的起重装置将设备吊装入水中，待海床式设备稳定坐落于海床表面后，将十字板板头缓慢贯入土中的指定位置进行试验，试验结束后将直接吊装回收。

2.8.4　标准贯入试验

标准贯入试验可用于判断砂土、粉土物理状态（密实度），评价砂土的有效内摩擦角，判别砂土和粉土的液化可能性；评价黏性土的不排水抗剪强度；估算地基承载力和桩基础侧阻和端阻等；还可以对桩基础的沉桩可行性进行评价。

海洋勘察环境相较于陆地更为复杂且恶劣，因此仅推荐在固定式平台（例如自升式勘探平台）上进行，漂浮式平台（例如小型勘察船）受到风浪的影响较大，得到的标贯击数波动较大且失真。另外，海洋勘察作业时环境对标准贯入试验的影响因素更多，例如自升式平台与海床面的距离越大，在标准贯入试验进行时其杆长越长，其能量的传递会随着杆长增加而衰减，因此采用标准贯入试验数据分析土体参数时应该考虑锤击能量的传递效率，同时也更具有场地经验性。

2.8.5　海洋扁铲侧胀试验

扁铲侧胀试验（Flat-plate Dilatometer Test，DMT）适用于松散至中密的砂土、粉土和黏性土[15]。在海洋工程中，扁铲侧胀试验可代替标准贯入试验，配合静力触探试验使用，是海洋工程原位测试中一种可靠的测试手段。

扁铲侧胀试验设备主要包括测量系统、贯入系统和压力源：

(1) 测量系统包括扁铲侧胀板头、气电管路和控制装置（图 2.8-7a）。扁铲侧胀板头（图 2.8-7b）一般采用不锈钢钢板制作，一般规格为厚度 15mm、宽度 95mm，长度 235mm，在板头的一侧中心安装一块直径约 60mm 的圆形钢膜，厚约 0.2mm。

(2) 贯入系统包括主机、探杆和附属工具，在海洋岩土工程中，一般直接采用静力触探的静压贯入设备，通过安装变径接头将扁铲侧胀板头安装于静力触探探杆上，可实现一

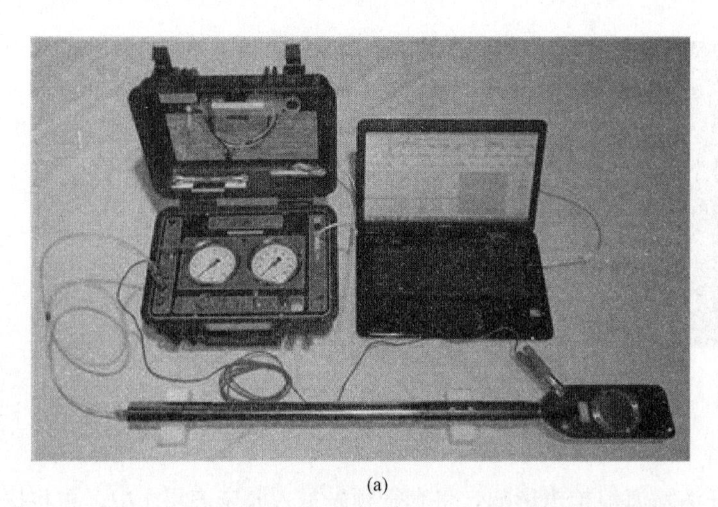
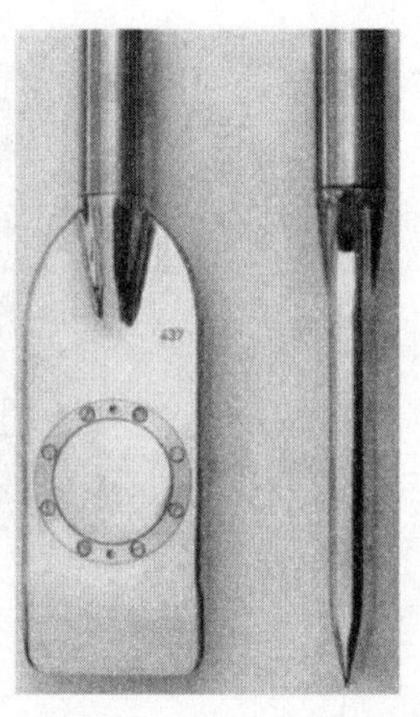

(a) (b)

图 2.8-7 扁铲侧胀试验设备

(a) 扁铲侧胀试验测量装置；(b) 扁铲侧胀板头

台贯入设备两用，降低使用成本。

(3) 压力源一般采用氮气瓶。由于试验的耗气量随着管路的增长而增加，试验前需要对氮气瓶中气量进行检查，避免试验中途更换压力源，增加操作难度。

扁铲侧胀试验一般用静压的形式将扁铲形探头贯入到预定的地层深度，通过气压将扁铲侧胀板头侧面的圆形钢膜向外扩张，通过测读侧胀至不同位置时候的实测压力值，得到土体受力与位移（变形）的关系，进而计算土体的参数指标（侧胀模量 E_D、侧胀水平应力指数 K_D、侧胀土性指数 I_D 和侧胀孔压指数 U_D）。其原理与旁压试验类似，但是扁铲侧胀试验仅适用于松散至中密的砂土、粉土和黏性土，对于砂砾、碎石土等粒径更大的土体则无法使用。

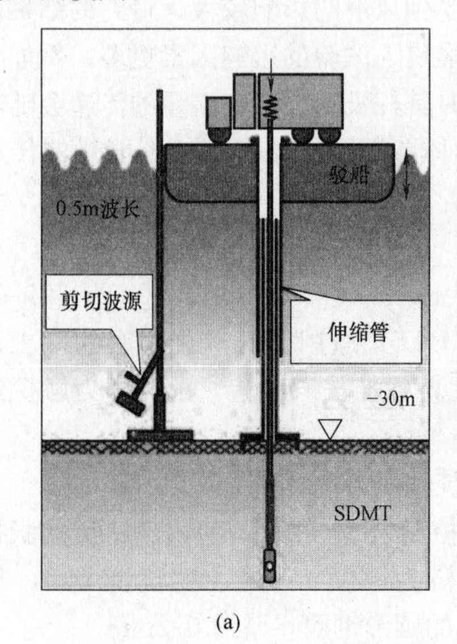

(a) (b)

图 2.8-8 S波地震扁铲侧胀试验

(a) 海床式扁铲侧胀试验设备；(b) 平台式扁铲侧胀试验设备

S波地震扁铲侧胀试验设备（图2.8-8a）是在扁铲侧胀试验设备中增设地震波速测量模块与激震器形成的。在测量压力与位移关系时，还可以测量地层的剪切波速V_s。海洋工程勘察时，风浪较为平稳时可采用漂浮式平台作业（图10-22），配合伸缩外套管，采用静压设备将扁铲侧胀板头缓慢贯入地层中进行试验，同时通过船头放置的剪切波震源激励后测量剪切波速，这种方法在海上作业过程中可以大大节约测试工期，降低作业成本。风浪较大时需要采用固定式平台，其操作方法与漂浮式平台一致。

海床式扁铲侧胀试验设备（图2.8-8b）是将S波地震扁铲侧胀试验设备安装于海床式作业平台上形成的，海床式扁铲侧胀试验设备可在水较深的海域（>30m）作业。

2.9　海底管线路由勘察

2.9.1　海底管线路由勘察方法

海底管线包括海底电缆和海底管道，如图2.9-1所示。海底电缆包括铺设于海底用于通信、电力输送的电缆，包括海底光缆、海底输电电缆等。海底管道包括海底输水、输气、输油或输送其他物质的管状设施。

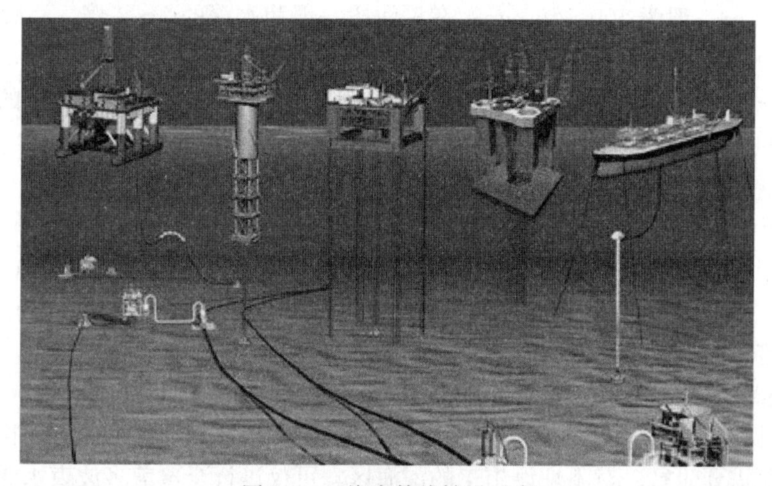

图2.9-1　海底管线铺设示意

海底管线路由勘察包括路由预选勘察和铺设后调查。勘察工作程序包括：前期资料收集、勘察方案策划与编制、海上勘察、实验室测试分析、资料解译、图件与报告编制、成果验收、资料归档[16]。

海底管线路由勘察方法主要包括：（1）水深测量、水下地形地貌测绘；（2）侧扫声呐探测；（3）地层剖面探测；（4）磁法探测；（5）底质与底层水采样；（6）工程地质钻探；（7）原位测试；（8）土工试验与腐蚀性环境参数测定；（9）海洋水文与气象要素观测。

2.9.2　海底管线路由预选勘察

路由预选应收集路由区的地形地貌、地质、地震、水文、气象等自然环境资料，尤其要收集灾害地质因素等，如裸露基岩、陡崖、沟槽、古河谷、浅层气、浊流、活动性沙丘、活动断层等；应尽可能收集路由区已有的腐蚀性环境参数，并评估其对电缆管道的腐蚀性；应尽可能收集路由区海洋规划和开发活动资料。

1）登陆段勘察

登陆段的勘察范围包括登陆点岸线附近的陆域、潮间带及水深小于5m的近岸海域，以预选路由为中心线的勘察走廊带一般为500m，自岸向海方向至水深5m处，自岸向陆方向延伸100m。

登陆段勘察内容[16]：

(1) 平面位置测量精度达到GPS-E等级要求，高程精度达到四等水准要求；

(2) 登陆段陆域地形、地物测绘，重要地物拍照、标识；

(3) 垂直岸线布设3～5条剖面，对潮滩进行地形测量、地貌调查、底质采样，详细描述底质类型及其分布，分析岸滩冲淤动态；

(4) 登陆段水下区域（水深小于5m）地形测量、底质采样、浅地层探测。

2）海域路由勘察范围

包括近岸段、浅海段和深海段。近岸段指岸线至水深20m的路由海区，浅海段指水深20～1000m的路由海区；深海段指大于1000m的路由海区。

勘察沿路由中心线两侧一定宽度的走廊带进行。勘察走廊带的宽度在近岸段一般为500m，在浅海段一般为500～1000m；在深海段一般为水深的2～3倍，海底分支器处的勘察在以其为中心的一定范围内进行，在浅海段勘察范围一般为1000m×1000m。在深海段勘察范围一般为3倍水深宽的方形区域，路由与已建海底电缆管道交越点的勘察在以交越点为中心的500m范围内进行。

3）海域路由导航定位

海域导航定位分为走航式地球物理导航定位和定点式导航定位。导航定位应满足作业误差要求：当测图比例尺大于1∶5000时，定位误差应不大于图上1.5mm；当测图比例尺不大于1∶5000时，定位误差应不大于图上1.0mm。定位作用距离覆盖作业区域，并需连续、稳定、可靠。定位数据更新率不小于1次/s。

4）海域路由物探调查

工程地球物理调查包括水深测量、侧扫声呐探测、地层剖面探测、磁法探测，其中磁法探测可根据需要进行。对不埋设施工的深海区，可仅进行全覆盖多波束水深测量。

近岸段和浅海段主测线应平行预选路由布设，总数一般不少于3条，其中一条测线应沿预选路由布设，其他测线布设在预选路由两侧，测线间距一般为图上1～2cm。检查线应垂直于主测线，其间距不大于主测线间距的10倍。多波束水深测量时，应全覆盖路由走廊带。主测线布设应使相邻测线间保证20%的重复覆盖率；检测线根据需要布设，间距一般不大于10km。勘察方法应符合现行《海底电缆管道路由勘察规范》GB/T 17502[16]。

其中，水下地形测量分为单波束测深和多波束测深。深度测量中误差应满足水深20m以上不大于0.2m，20m以下不大于水深的1%。

侧扫声呐探测要求根据测线间距选择合理的声呐扫描量程，在路由勘察走廊带内应100%覆盖，相邻测线扫描应保证100%的重复覆盖率，当水深小于10m时可适当降低重复覆盖率。

地层剖面探测可获得海底面以下 10m 深度内的声学地层剖面记录；海底管道路由勘察时，根据需要同时进行浅地层剖面探测和中地层剖面探测，以获得海底面以下不小于 30m 深度内的声学地层剖面记录。

磁法探测用于确定路由区海底已建电缆、管道和其他磁性物体的位置和分布。磁力仪灵敏度应优于 0.05nT。探测海底已建电缆、管道等线性磁性物体时，测线应与根据历史资料确定的探测目标的延伸方向垂直，每个目标的测线数不少于 3 条，间距不大于 200m，测线长度不小于 500m，相邻测线的走航探测方向应相反。探头离海底的高度应在 10m 以内，海底起伏较大的海域，探头距海底的高度可适当增大。采用超短基线水下声学定位系统进行探头位置定位；在近岸浅水区域也可采用人工计算进行探头位置改正[17]。

5）海域路由地质钻探

钻探沿路由中心线布设钻孔。近岸段钻孔间距一般为 100～500m，浅海段一般为 2～10km。站位布设需考虑工程要求和物探成果。钻孔孔深根据管道的埋深而不同，一般为 8～10m 或管道埋深的 5 倍。

2.9.3 海底管线铺设后调查

海底管线铺设后或重大地质灾害发生后需进行调查，采用多波速测深仪、侧扫声呐探测和地层剖面探测等物探方法，查明海底沟槽开挖与管线附近的海底面状况、管线平面位置、埋设深度、悬跨高度、悬跨长度及管道保护层外观状况等。

对于重要或复杂的海底管道工程，应同时采用水下机器人（ROV）调查。ROV 配备运动传感器、水下声学定位系统、水下罗经、水下摄像机，可搭载水深测量设备、高分辨率导航声呐、侧扫声呐、浅地层剖面仪、管线跟踪仪等设备，具有数据传输通道。调查作业前，应进行 ROV 工作母船、导航定位系统与 ROV 等调查设备的联调，直至检测目标、ROV 工作母船、ROV 的相对位置在 ROV 控制室和调查船驾驶室有正确的显示。根据水下能见度和设备采样率，调整前进速度达到最佳探测效果。进行海底电缆调查时，距离海底高度应不大于 0.2km。进行海底管道调查时，距离海底高度应不大于 1.0m。作业中 ROV 的所有仪器参数和视频信息都应传输到 ROV 控制室和工作母船驾驶室，并及时保存数据。相邻区段调查的重叠范围应不小于 50m[16]。

2.9.4 海底管线路由地质评价

路由条件评价在路由勘察、试验分析和收集已有资料的基础上，结合工程特点和要求进行。评价内容主要包括海底工程地质条件、海洋水文气象环境、地震安全性、腐蚀环境、海洋规划和开发活动等[16]。

1）工程地质条件

路由区的地形、地貌、地质、海底面状况、底质及其土工性质等工程地质条件，灾害地质因素（如冲刷沟、浅层气、海底塌陷、滑坡、浊流、基岩、古河谷、活动沙波、泥底辟、盐底辟、软土夹层等）对海底电缆管道工程的影响，相应的工程措施或对策建议。

2）海洋水文气象环境

路由区的波浪、潮汐、海流、水温、海冰、气象等因素，对海底电缆管道施工、运行及维护可能的影响，适宜电缆管道铺设的最佳施工期。

3）地震安全性评价

路由区域及近场区地震构造及地震活动环境，地震危险性分析计算，50年超越概率10%的基岩地震动水平向峰值加速度值。

根据地震危险性概率分析结果，编制海底电缆管道路由场地地震动峰值加速度区划图、地震烈度区划图。对海底电缆管道路由场地在地震作用下可能产生的砂土液化、软土震陷和断层地表错断作用进行评价。

4）腐蚀性环境

海底土和底层水的腐蚀性环境参数，海底电缆管道防腐设计依据。

5）海洋规划与开发活动

路由与海洋功能区划、海洋开发规划的复合型，路由区的渔捞、交通、油气开发、已建海底电缆管道、海洋保护区等海洋开发活动与路由的交叉和影响，电缆管道设计、施工及维护对策或建议。

2.10 海洋灾害地质调查

海洋地质灾害的研究内容主要包括：海洋灾害地质的类别；海洋地质灾害的形成条件、发育规律、成灾过程及成因机制；海洋地质灾害的评估、监测、预测、预报、防治或避让措施。海洋灾害地质勘察研究，源于近海陆架海洋油气资源勘探、开采和海洋工程建设，逐步由近岸发展到浅海和深海。

2.10.1 海洋灾害地质类型

主要包括成因分类方法或成因-危害性综合分类方案，根据成灾地质因素的属性和诱发灾害的特征及其危害性进行分类。不同区域可能存在不同类型的灾害地质组合。

1）成因分类

按海洋灾害地质的成因分为自然成因和人为成因两大类。自然成因的海洋灾害地质又分为五类：构造活动、重力（斜坡）作用、侵蚀-堆积作用、海岸（洋）动力作用和特殊地质体（岩土体）。人为成因的海洋灾害地质可分为海岸人类活动与离岸人类活动两类。我国海洋灾害地质成因分类见表2.10-1。

海洋灾害地质成因分类[18]　　表2.10-1

成因		主要灾害地质类型
自然成因	构造活动	地震、火山、活动断层、地裂缝
	重力(斜坡)作用	崩塌、滑坡、泥石流、地面塌陷、海底浊流
	侵蚀-堆积作用	海岸与海床侵蚀、沙波、沙脊、河口与海湾淤积
	海洋动力作用	海岸侵蚀、海面升降、海水入侵、风暴潮、海啸、砂土液化
	特殊地质体	泥底辟、泥火山、易液化砂层、软土夹层、含气沉积、生物岩礁、海滩岩、沙丘岩、气体液体矿床、麻坑、古河道、古三角洲、古侵蚀面、浅埋起伏基岩
人为成因	海岸人类活动	地面沉降、海水入侵、海岸侵蚀、港口航道淤积、崩塌、滑坡、沙漠化、土地盐渍化、地下水污染、地面塌陷
	离岸人类活动	海床侵蚀、砂土液化

自然成因为主的海洋灾害地质主要有地震、火山、活动断层、砂土液化、滑坡、浊流、沙脊、含气沉积、海啸、风暴潮等。

人为成因的海洋灾害地质主要有港口航道淤积、地面沉降等。某些海洋灾害地质，例如崩塌、滑坡、海水入侵、地面沉降等是自然和人为复合成因的。

2）成因-危害性综合分类

综合考虑成因和危害程度。按危害程度分为活动性灾害地质和潜在灾害地质两类。活动性灾害地质指具有活动能力和高度潜在危害性的灾害地质类型，如地震、火山活动、活动断层、滑坡、活动性砂波、海岸侵蚀等。潜在灾害地质则是指不具有活动能力的灾害地质类型，如泥底辟、易液化砂层、软土夹层、生物岩礁、古河道、古侵蚀面、浅埋起伏基岩、陡坎、冲刷槽等，不具有直接破坏能力，但在海洋工程勘察、设计和施工中应予重视，以免诱发工程事故。我国海洋主要灾害地质类型见表 2.10-2。

我国海洋主要灾害地质类型[18] **表 2.10-2**

类型		自然成因					人为成因
		构造活动	重力（斜坡）作用	侵蚀-堆积作用	海岸（海洋）动力作用	特殊地质体（岩土体）	
危害性分类	活动性灾害地质	地震、活动断层、火山活动、地裂缝	滑坡、崩塌、泥石流、浊流	海岸侵蚀、海床冲刷、潮流沙脊、活动性沙波、河口、海湾淤积	海岸侵蚀、海面上升、海水入侵、风暴潮、海啸	含气沉积、泥火山	海岸侵蚀、海水入侵、地面沉降、港口、航道淤积
	潜在灾害地质	断层崖、断层陡坎、休眠火山	陡坎、倒石堆	海蚀崖、海蚀阶地、滩脊、离岸坝、冲刷槽、海底峡谷	易损湿地、古海滩	泥底辟、易液化砂层、软土夹层、生物岩礁、海滩岩、沙丘岩、气体液体矿床、麻坑、古河道、古三角洲、古侵蚀面、浅埋起伏基岩	沙漠化、土地盐渍化

3）详细分类

近海浅层气分类可见表 2.10-3，沙丘沙波按活动性分类可见表 2.10-4[19]。

我国海域近海浅层气分类[19] **表 2.10-3**

类型		特征
按赋存形态分	层状浅层气	沉积环境比较稳定，沉积物中有机质丰富，分解生成的气体与沉积物相伴生，埋藏深度不一、大面积的层状分布
	团块状、囊状浅层气	分布受沉积层中有机质含量、孔隙率大小控制，呈团块状、囊状相对富集于某一区块或某几个区块
	柱状或羽状、烟囱状浅层气	较深部位生成的气体沿断层带、孔隙或裂隙等通道向海底浅部土层运移，形成柱状、羽状、烟囱状分布。常与底辟、泥火山和断层相伴生

续表

类型		特征
按气体压力分	高压浅层气	气体压力大于或等于 0.4MPa
	中压浅层气	气体压力在 0.2～0.4MPa 之间
	低压浅层气	气体压力小于 0.2MPa

我国海域沙丘沙波按活动性分类[19] **表 2.10-4**

活动性分类	判别依据		
	特征		迁移速率
活动性强	脊线弯曲，两坡交切尖锐，沙波指数和不对称指数均大，坡表面光滑，或叠置顺流小沙丘	细、中砂分选好，松散、轻、重矿物比高，有孔虫壳，有磨损，破碎	迁移速率大于或等于 1m/a，底砂活动层大于或等于 5cm
活动性中等	脊线直，两坡交切尖锐，沙波指数和不对称指数较大，坡面叠置异向小沙波	松散的中、细砂，分选较好，有孔虫壳，有磨损，破碎	迁移速率小于 1m/a，底砂活动层小于 5cm
活动性弱	两坡交切浑圆，脊线模糊，沙波指数和不对称指数均较小，表面有植物碎屑和生物痕迹	细、中砂为主，含 5%～10%以上的粉砂黏土，硬度较大，有孔虫壳，有锈染	轻微移动，无底砂活动层
不活动	丘状起伏可见，脊线模糊不清，表面见植物碎屑和生物活动痕迹	丘表面粉砂黏土层覆盖砂层，致密或胶结	长期不移动

2.10.2 典型海洋灾害地质调查

1）海底浅层气

我国海底浅层气分布广泛，主要以生物气为主，多由大量陆源碎屑物质带来的丰富生物碎屑和有机质，沉积在海底时经甲烷菌的分解逐步转化成气体而埋藏存储。尤其在我国东南沿海平原、河口、海湾和近海区域第四纪沉积物中，富含有机质，浅层气分布广泛，埋深一般不大于 100m。

海底含气沉积物压缩性高、强度低，可引起海底地层膨胀，使土层原始骨架受到破坏，自重作用下的固结过程减缓。浅层气区域地基承载力降低，易引起地基基础剪切失稳和不均匀沉降，并可能触发海岸滑坡、土体液化、基础沉陷、油气井喷、平台倾覆、井壁垮塌、管线断裂等灾害事故，或酿成海难，对海洋工程建设和近海岸基础设施造成严重破坏。浅层气可稳定埋藏于储气层中，也可向上逸散。按其埋藏存储状态可分为 4 种形态：层状、团块状、高压气囊和气底辟[20]。

我国东南沿海和长江中下游的工程建设中，已发生过数次由浅层气引发的工程灾害性事故。例如，杭州湾某工程建设中遭遇浅层气喷发，引起钻探船井口烧毁。海底浅层气灾害可见图 2.10-1[20]。

2）海床液化

地震、波浪等动力荷载作用，海底砂土容易产生液化，导致地基强度减小或消失，造成海底土体失稳，导致海洋工程构筑物破坏。其产生机理为动力循环荷载作用，饱和的无

(a)

(b)

图 2.10-1　海底浅层气灾害

(a) 勘探遭遇海底浅层气；(b) 浅层气井喷导致钻探平台烧毁

黏性土海床中产生超孔隙水压力积累而发生瞬时液化。

目前关于海床砂土液化的勘察判别，我国主要采用规范液化判别法，包括标准贯入试验判别、静力触探判别以及剪切波速试验判别。国外主要采用 Seed 简化法液化判别方法，包括循环剪应力比计算法、砂土液化应力比计算法。液化的勘察判别方法手段均以标贯、静力触探和剪切波法为基础。

目前海洋砂性土液化 CPTU 方法为主。国际主流方法是美国国家地震研究中心（National Center for Earthquake Engineering Research，NCEER）推荐的 CPT 判定方法，即 NCEER 方法。该方法是将饱和砂土或砂性土的循环抗力比（Cyclic Resistance Ratio，CRR）与地震引起的等效循环应力比（Cyclic Stress Ratio，CSR）的比值定义为饱和砂土的抗液化安全系数 F_s，当 $F_s>1.0$ 可判定为不液化土层，$F_s<1.0$ 则判定为液化土层[21]。

3）海流冲刷

冲刷是在波浪和潮流等作用下海床发生的侵蚀现象，其根源在于泥沙输运的不平衡。海洋构筑物改变了原有水动力条件，造成冲刷加剧而导致构筑物失效。我国东海平湖油气田海底管道工程、北部湾某海区输气管道，曾因局部冲刷管道多处多次裸露悬空，甚至断裂，造成严重的海域污染和巨大的经济损失。

海洋构筑物基础冲刷的勘察主要采用海底声学探测技术，对构筑物周围的冲刷状态进行调查，获取真实的冲刷状态信息。勘察手段主要包括单波速探测技术、浅地层剖面探测技术、多波速探测技术以及侧扫声呐检测技术。对海底构筑物地表及浅表层地层进行探测，分析不同时期的海底冲刷状态，建立冲刷数学模型进行数值模拟。

4）海底滑坡

海底滑坡指组成海底斜坡的物质发生顺坡运动，可导致海洋工程构筑物损坏。一般海底斜坡在坡度很小时就可失稳；滑坡体积和运动距离通常较大；必须有相应的诱发因素。海底地震活动、风暴潮、潮位变化、渗流作用、沉积物快速堆积、孔隙气体释放、天然气水合物溶解、海啸和海平面变化等均可形成海底滑坡。

海底滑坡的勘察，受研究手段和方法的限制而发展缓慢。到 20 世纪 80 年代中期，多波束测深系统、旁侧声呐系统、海底地层剖面仪等数字式高分辨率的海底探测设备广泛应用，使获得详细、准确、直观的海底地形地貌，地层剖面结构，沉积物性质等信息成为可能。20世纪90年代后，深拖、无人潜水器等技术得到应用，使海底的探测范围逐步扩大到大陆坡以及深海盆地，开展深海油气等资源开发区的工程场址调查，以及海底滑坡等地质灾害研究。

2.11 海洋工程地质评价

2.11.1 海洋工程地质评价的相关因素

1）岩土分类方法

对地层和岩土分类、地层物理状态判断，我国国家标准、行业标准和地区标准均未统一。例如，对粉土，某些规范分为高液限粉土和低液限粉土，某些规范划分为黏质粉土和砂质粉土，有规范划分为砂壤土和壤土。对黏性土，有规范细分出粉质黏土，而有规范未细分为粉质黏土。对粉土地层的密实性，有规范采用孔隙比为依据进行判识，某些规范则综合采用静力触探的锥尖阻力、标贯击数和孔隙比进行划分。对液性指数或液限的联合测试方法，建筑规范采用落锥深度为10mm，而水利规范采用落锥深度为17mm。

海洋工程地质评价需要考虑岩土定名、无黏性土密实性、黏性土稠度状态、岩土压缩性判断等方面的差异。

2）区域稳定性与海洋灾害地质

区域稳定性与海底活动性断层有关，目前地震区划图尚未覆盖海域，必要时需进行专门的地震安全性评价。此外，场地适宜性和海床稳定性评价，也应考虑海洋动水力的作用。海洋工程建设还需专门研究海洋灾害地质特征，进行地质灾害评估和压覆矿评估。

3）工程建设阶段

海洋工程建设涉及多个方面，各阶段的任务、目标、项目推进程度等不同，海洋工程勘察手段和地质评价，与工程建设阶段的主要任务应匹配。一般前期阶段以资料收集、物探为主，必要时布置少量钻探；招标设计和施工图设计阶段，以钻探、测试、试验为主。

4）工程地质评价指标体系

海洋工程遭受地震、机器振动、波浪、潮流、台风等动力荷载（多为循环往复荷载），不同荷载组合使海洋地层经历不同的应力状态和应力路径。需考虑荷载组合特性、地层排水或不排水条件，结合地基基础计算方法，提出室内试验和原位测试方法、试验参数的控制以及地质评价指标体系。

5）区域性岩土特性

工程地质评价需要注意区域性岩土特性，否则易引起误判。福建海域和海岸广泛分布花岗岩残积土，其峰值强度很高，然而剪应力越过峰值后迅速降低，呈强应变软化特性，易引起地基渐进性破坏。新疆、甘肃等西北地区的茫茫戈壁滩，其工程地质特性一般较好，然而由于海相沉积成因，往往存在大量的盐渍土或易溶盐含量甚高的地层，属区域性特殊土，其工程地质特性复杂且受水的影响显著。老黏土一般呈硬塑状，其不排水强度和不排水条件下地基承载力特征值一般较高，然而部分区域性老黏土含蒙脱石、伊利石等膨胀性黏土矿物，属膨胀土且具有强应变软化特性。

6）地层参数试验方法与取值方法

涉及地层参数的试验和测试方法选择、试验参数的统计分析方法、地层参数的取值方法三个相关课题。土体具有多孔介质、多相介质和摩擦介质的属性。地层物理力学参数可通过多种原位测试手段和多种室内方法进行试验。

同一地层指标的试验方法不同，其统计方法和取值方法也不同，需要建立在行业或地区经验积累的基础上。例如，对黏性地层的不排水强度，可分别采用十字板原位测试、静力触探推算、室内三轴不固结不排水试验、无侧限压缩试验推算或者直剪的快剪试验，不同试验方法获得不同的试验值，各有其统计特征和应用经验，试验参数的统计方法和参数取值方法也应与试验方法和工程经验对应。

7）海洋基础的计算方法

目前我国各行业的计算方法均未统一，海洋工程地质评价与基础的计算方法直接相关。

对钢管桩竖向承载力的计算，建工行业规范将土塞的承载力归于端阻，考虑土塞效应系数进行折减，对不同桩基、不同状态和土性的地层，建议了详细的极限侧阻力标准值和极限端阻力标准值，其侧阻力并不包括土塞对管桩的内侧阻。而港口行业规范的桩基础测试规程中，侧阻力包括了内侧阻和外侧阻的总和，管桩基础的端阻力仅为管桩圆环截面部分的端阻力，并不包括土塞部分的端阻力。我国海工规范，目前沿用了美国石油协会（API）的桩基础计算方法，与建筑行业和港口行业规范存在差异，该规范对土塞效应、抗拔系数、内外侧阻力和端阻力的发挥给予了提示和建议，对内外侧阻力的计算方法给予了建议。

2.11.2　海洋工程地质评价的内容

海洋工程地基基础设计前，需查明海洋地层成因、结构、物理状态，海床地形地貌，水下障碍物，区域地质，水土腐蚀性等，明确地层指标及其参数取值，对地基类型、基础形式、地基处理、水文条件、不良地质作用和地质灾害防治提出建议。对地震基本烈度等于或大于6度的场地，一般需提供抗震设防烈度、设计基本地震动加速度和设计地震分组，划分场地类别。

海洋工程地质评价的主要内容包括：(1）海洋地层的年代、成因、结构及基本物理力学特性；(2）海底地形地貌、暗礁、障碍物；(3）区域稳定性、场地稳定性和适宜性；(4）场地地震效应、地震参数、场地类别；(5）水、土对建筑材料的腐蚀性；(6）水文地质条件；(7）地基处理方法；(8）地层指标与物理力学参数；(9）基础选型及参数建议；(10）基础持力层建议；(11）基础施工方法及注意事项；(12）特殊土体的岩土工程问题；(13）不良地质现象；(14）海底滑坡、浅层气、冲刷等灾害地质；(15）压覆矿。

参考文献

[1]　赵建虎. 现代海洋测绘［M］. 武汉：武汉大学出版社，2008.

[2]　海军司令部. 海道测量规范：GB 12327—1998［S］. 北京：中国标准出版社，1999.

[3] 国家测绘地理信息局职业技能鉴定指导中心. 测绘综合能力 [M]. 北京：测绘出版社，2012.

[4] 刘雁春，肖付明，暴景阳，等. 海道测量学概论 [M]. 北京：测绘出版社，2006.

[5] 汪华安，周川，王占华，等. 海上风电场工程勘测技术 [M]. 北京：中国水利水电出版社，2021.

[6] 曾凡辉. 海洋学基础 [M]. 北京：石油工业出版社，2015.

[7] 李平，杜军. 浅地层剖面探测综述 [J]. 海洋通报，2011，30 (3)：344-340.

[8] 郭梦秋，赵彦良，左胜杰. 海上地震资料处理中的组合压制多次波技术 [J]. 石油地球物理勘探，2012，47 (4)：537-544.

[9] 胡宁杰. 反射波同相轴与反射界面的确定 [J]. 中国水运，2007，5 (11)：101-111.

[10] 张汉泉，陈奇，万步炎，等. 海底钻机的国内外研究现状与发展趋势 [J]. 湖南科技大学学报，2016，31 (1)：1-7.

[11] Low H E，Randolph M F. Strength measurement for near-seabed surface soft soil using manually operated miniature full-flow penetrometer [J]. Journal of Geotechnical and Geoenvironmental Engineering，2010，136 (11)：1565-1573.

[12] Marchetti S. A new in situ test for the measurement of horizontal soil deformability [C] //Proceedings of the Conference on In Situ Measurement of Soil Properties. Raleigh：ASCE Spec. Conf，1975，2：255-259.

[13] 蒋正波，张照玉，戴少军，贾巍. 动单剪试验在海洋岩土工程中的应用 [J]. 海洋工程装备与技术，2019，6 (S01)：34-39.

[14] Lunne T，Powell J J M，Robertson P K. Cone penetration testing in geotechnical practice [M]. CRC Press，2002.

[15] Robertson P K，Cabal K L. Guide to cone penetration testing for geotechnical engineering. Signal Hill，California：Gregg Drilling &Testing [J]. 2015.

[16] 国家海洋局第二海洋研究所. 海底电缆管道路由勘察规范：GB/T 17502—2009 [S]. 北京：中国标准出版社，2010.

[17] 国家海洋局第二海洋研究所，国土资源部广州海洋地质调查局，等. 海洋调查规范 第 8 部分：海洋地质地球物理调查：GB/T 12763. 8—2007 [S]. 北京：中国标准出版社，2008.

[18] 叶银灿. 中国海洋灾害地质学 [M]. 北京：海洋出版社，2012.

[19] 中国电建集团华东勘测设计研究院有限公司，中国能源建设集团广东省电力设计研究院有限公司，等. 海上风力发电场勘测标准：GB 51395—2019 [S]. 北京：中国计划出版社，2020.

[20] 叶银灿，陈俊仁，潘国富，等. 海底浅层气的成因、赋存特征及其对工程的危害 [J]. 东海海洋，2003，21 (1)：27-36.

[21] Youd T L，Idriss I M. Liquefaction resistance of soils：summary report from the 1996 NCEER and 1998 NCEER/NSF workshops on evaluation of liquefaction resistance of soils [J]. Journal of geotechnical and geo-environmental engineering，2001，127 (4)：297-313.

3 海洋土工程性质

张建民，王睿，潘锦宏，王荣鑫
（清华大学，北京 100084）

3.1 海洋土的来源

3.1.1 陆源物质

陆源物质，即陆地岩石风化剥蚀的产物，主要包括砂、粉砂及泥质物等较细的碎屑和少量砾石，主要通过河流、风、海流、波浪、冰川等输运入海。其中，河流输运入海是陆源物质向海洋输送的主要方式（图 3.1-1）。据统计，全世界每年经河流从陆地输入海洋的泥沙总量约为 190 亿 t。另外，河流每年还以溶运的方式把约 23.4 亿 t 的物质输送入海，其中包括 SiO_2、$CaCO_3$ 及大量的微量元素、生物残体、花粉等。近海波浪和潮汐的侵蚀作用每年产生约 5 亿 t 海洋沉积物，大部分堆积在滨海和近海陆架上，极少部分可以被长距离搬运至深海大洋中[1]。

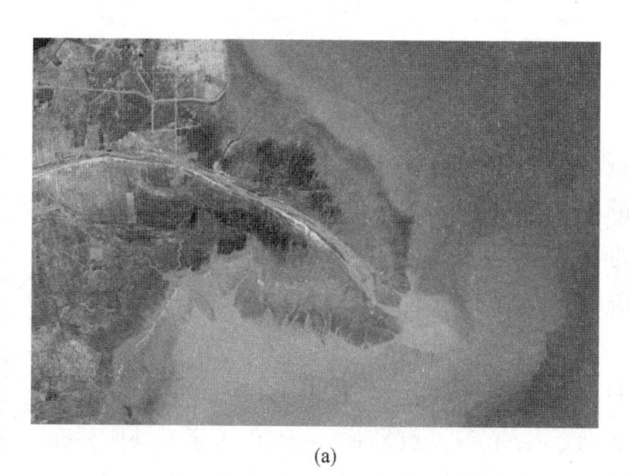
(a)

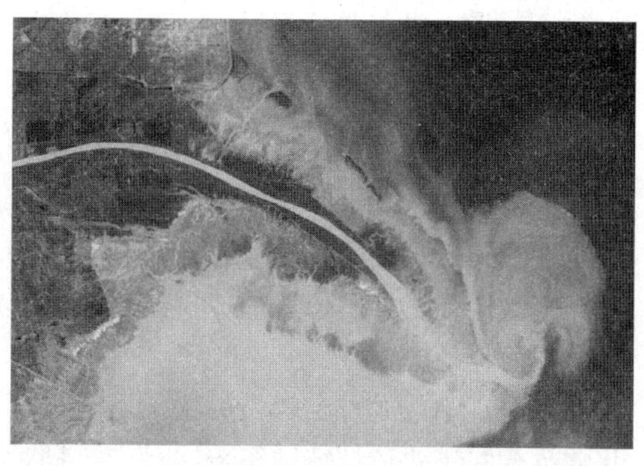
(b)

图 3.1-1　黄河三角洲演变
（a）1989 年 02 月 13 日；（b）1995 年 09 月 18 日

此外，信风或季风可将陆地上的黄土、沙漠中的物质输送至浅海乃至大洋中心。通过风输入大洋的物质每年约有 16 亿 t。大西洋和印度洋上空信风中尘沙的含量很高，达到 0.68～7.7μg/m^3，临近撒哈拉大沙漠的大西洋海区风起时尘沙遮天蔽日。有“昏暗海”之称。太平洋信风带中的尘沙则要少得多，中国海上空的尘沙量为 0.21μg/m^3 左右。

3.1.2 海洋源物质

1. 海洋生物沉积

海洋生物沉积颗粒主要包括钙质沉积和硅质沉积。钙质沉积主要来源于动物的壳体、骨骼及藻类等钙质遗体，广泛分布于包括大陆边缘和大洋底。根据固结程度不同，钙质沉积可分为钙质软泥、白垩（固结）和石灰岩（硬），其中钙质软泥分布最广，钙质软泥根据生物种类可分为有孔虫软泥、钙质超微化石软泥及翼足虫软泥，它们约占洋底面积的47.7%。硅质沉积是含生物碎屑50%以上，硅质生物遗骸大于30%的沉积物，主要分布于高纬度和赤道太平洋地区，这是由于赤道地区和夏季时期的高纬度地区光照充分，养分供给充足，硅藻和放射虫高效生长。根据固结程度不同，硅质沉积可分为硅质软泥、硅藻土、放射虫土、瓷质岩和燧石。根据生物类型不同，可将硅质软泥进一步分为硅藻软泥和放射虫软泥，它们占洋底面积的14.2%[2]。表3.1-1总结了三大洋中各类沉积物的分布频率，钙质软泥在大西洋的分布频率最高，太平洋最低，印度洋居中；硅质软泥则相反，印度洋最高，太平洋次之，大西洋最低。

深海沉积颗粒组成在各大洋中分布频率（%）[3] **表3.1-1**

成因类型		大西洋	太平洋	印度洋	总计
钙质软泥沉积	钙质软泥	65.1	36.2	54.3	47.1
	翼足类软泥	2.4	0.1	—	0.6
硅质软泥沉积	硅藻软泥	6.7	10.1	19.9	11.6
	放射虫软泥	—	4.6	0.5	2.6
深海黏土沉积		25.8	49.1	25.3	38.1
占大洋的总面积的百分率		23.0	53.4	23.6	100.0

2. 海底风化和自生化学沉积

海底基岩经海解作用（海底风化作用）所形成的物质也是深海沉积的一部分。海底的海解速率远低于陆上风化作用，但在洋底地形高起或陡峭的部位，如陆坡、峡谷的岩壁以及断裂破碎带等处的海解速率较高，其产物堆积在附近低洼处，粗细不一，磨圆度较差。大洋底流能促进海解作用加速进行，还可把海解产物搬至较远处，使得碎屑颗粒的分选性和磨圆度也随之变好。

在海水中，通过电解质的化学反应可沉淀出各种水成矿物，称为自生化学沉积。自生化学沉积物主要包括铁锰结核、结壳、钙十字石、重晶石、黄铁矿、蒙脱石等，其中部分为固体物质水化蚀变所成。化学沉淀反应在海水和沉积物界面上以及有海底火山和热液喷出的富含溶解和挥发性组分的海区尤为重要。

3.1.3 其他物质

1. 火山源

大洋周围和大洋内部（火山岛屿和海底火山）的火山活动每年约向海洋提供3.0×10^{10}t的沉积物。火山喷发的火山碎屑物质可以散落在火山周围数十千米乃至更远的海域内，火山灰在大气中可飘扬几千千米，甚至绕地球几圈后才慢慢散落入大洋中。因此，火山源沉积物广泛分布于全球各大洋中。在邻近火山弧或热点附近的洋盆中，火山源沉积物可成为主要的沉积类型。

2. 宇源沉积物

宇源沉积物是指降落在海底的来自宇宙的物质（陨石和尘埃），每年约有几千吨（每日有1000万～2000万颗）宇源物质落到地球表面，其中约有3/4落入海洋中，主要见于沉积速率非常低的褐色黏土中。它们常呈直径0.1～0.5mm的黑色强磁性小球，多者在每平方米内可发现20～30颗，甚至几千颗。宇源沉积从沉积物表层向下迅速减少，5m以下便难以检出，其可能原因，一是石陨石不易和其他沉积物相区别，二是微玻璃陨石易被蚀变而较难辨认。

3. 海底热液源

热液过程，亦称“海底热液循环”，指海水通过岩石裂隙或构造断裂带渗入海底地壳深层，并同地壳岩石发生化学成分交换。下渗的海水被地下岩浆房或未冷却的玄武岩加热后，上升并以海底热泉形式喷出海底。喷出的热液在微量元素组成和大多数金属元素（Fe、Mn、Cu、Pb、Zn、Hg、Ni和Co等）含量上，与一般海水有很大的差异。由于环境条件（例如温度、Eh值和pH值等）的突然变化，热液发生沉淀，从而在热液喷口附近形成热液沉积物——多为金属软泥或块状金属硫化物。现代热液沉积主要分布在大洋中脊和弧后扩张盆地。但在地质历史中，海底热液活动沉积构成了大洋沉积的最底层。

3.2 海洋土分类与分布

3.2.1 基于海洋沉积学的分类系统

海洋沉积物的分类依据主要为其粒度成分、生物组分（钙质、硅质）及非生物（陆源、自生、火山及宇源）组分组成的相对丰度，一般采用三角图。在我国海洋地质地球物理调查中，长期采用谢帕德（Shepard）沉积物分类方法，该方法是谢帕德于1954年提出的[4]。他认为研究沉积物需要用沉积物的各种特征来描述，而任何沉积物样品中砂、粉砂、黏土的含量都是固定不变的，因此可以根据沉积物中砂、粉砂和黏土的比值来对沉积物进行类型划分。谢帕德沉积物分类是奠定的描述性分类方法，缺乏成因意义，因此在各国海洋地质调查中也常采用Folk等（1970）的沉积物结构分类方法，该方法考虑了不同粒度沉积物颗粒的动力学性质，利用砾、砂、粉砂和黏土组分在沉积过程中的不同行为和动力学性质及其间量比的成因意义进行分类[5]。

海洋沉积学的分类系统被广泛运用于世界各地的海洋地质调查，使用该方法进行工程评价有助于运用已有的大量地质调查资料。但这种方法没有考虑黏土矿物成分及其水化能力对细粒土的影响，不能全面反映土的工程性质。

以下介绍《海洋调查规范 第8部分：海洋地质地球物理调查》GB/T 12763.8—2007[6] 中采用的分类方案。

1）粒级标准

标准采用尤登-温德华氏等比制 φ 值标准。该分级标准以等比数列关系排列，即粒级划分将 2^n 的毫米值作为粒级的界限。φ 粒级按照颗粒直径以2为底的负对数 $\varphi=-\log_2$

(d/d_0) 划分粒级，$d_0=1\text{mm}$（表 3.2-1）。

海洋沉积物的粒级分类与名称 **表 3.2-1**

粒级名称		颗粒直径 d(mm)	φ
砾石	巨砾	＞256	＜－8
	粗砾	64～256	－8～－6
	中砾	8～64	－6～－3
	细砾	2～8	－3～－1
砂	极粗砂	1～2	－1～0
	粗砂	0.5～1	0～1
	中砂	0.25～0.5	1～2
	细砂	0.125～0.25	2～3
	极细砂	0.063～0.125	3～4
粉砂	粗粉砂	0.016～0.063	4～6
	细粉砂	0.004～0.016	6～8
黏土		＜0.004	＞8

2）粒度分类及命名

对于大陆边缘沉积物，陆架和陆坡的沉积物都以陆源碎屑沉积物为主，可按照谢帕德的粒度三角图解法（图 3.2-1）进行分类和命名；部分海域陆坡沉积物中会含有生物碎屑及火山物质（10%≤生物含量≤50%），可在谢帕德法的基础上，在陆源碎屑名称前增加生物或火山碎屑进行命名。

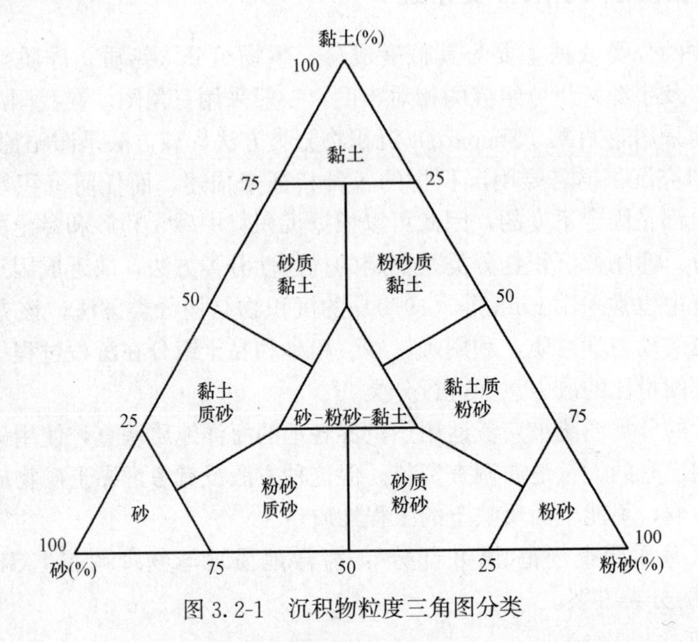

图 3.2-1 沉积物粒度三角图分类

对于深海沉积物，可采用三角图解分类法（图 3.2-2）进行分类和命名。该分类方法依据沉积物中黏土、钙质生物和硅质生物含量的不同，将深海沉积物分为 26 种。

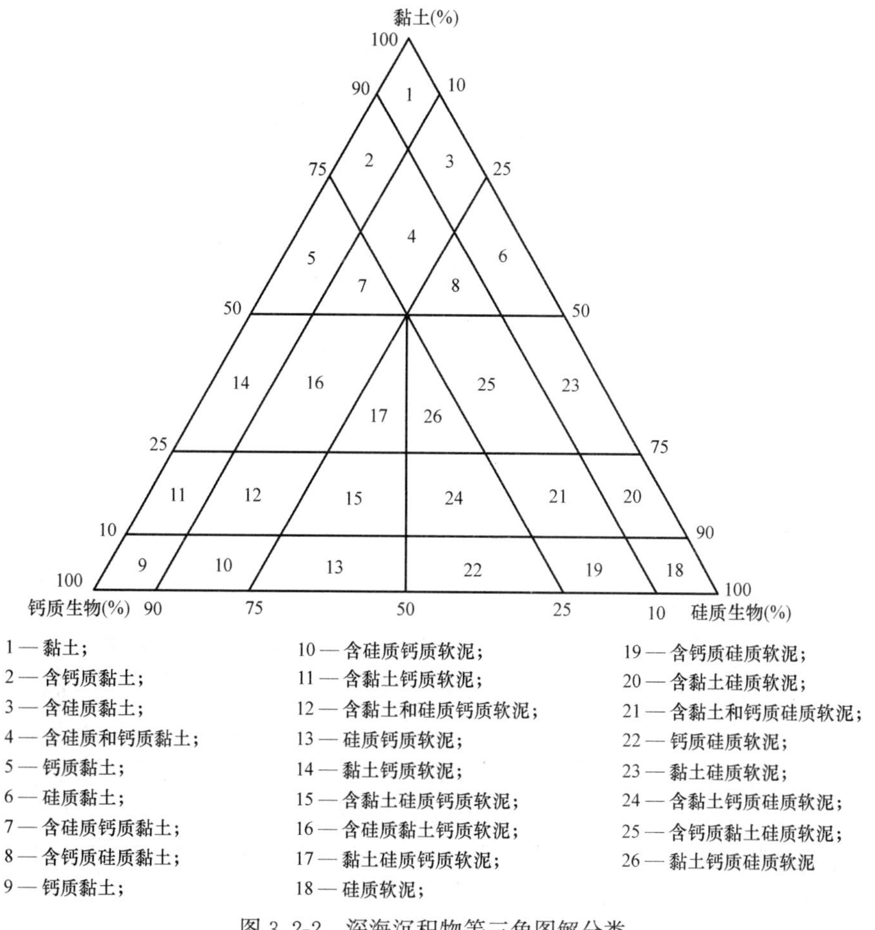

图 3.2-2　深海沉积物等三角图解分类

3）粒度参数计算

粒度参数采用福克和沃德公式计算：

$$M_z=\frac{\varphi_{16}+\varphi_{50}+\varphi_{84}}{3} \tag{3.2-1}$$

式中　M_z——平均粒径（mm）；

φ_{16}、φ_{50}…——概率累积曲线上第 16、第 50…百分数所对应的值粒径 φ（mm）。

$$\sigma_i=\frac{\varphi_{84}-\varphi_{16}}{4}+\frac{\varphi_{95}-\varphi_{5}}{6.6} \tag{3.2-2}$$

式中　σ_i——分选系数；

φ_{16}、φ_{84}…——概率累积曲线上第 16、第 84…百分数所对应的值粒径 φ（mm）。

$$S_{ki}=\frac{\varphi_{16}+\varphi_{84}-2\varphi_{50}}{2(\varphi_{84}-\varphi_{16})}+\frac{\varphi_{5}+\varphi_{95}-2\varphi_{50}}{2(\varphi_{95}-\varphi_{5})} \tag{3.2-3}$$

式中　S_{ki}——偏态；

φ_{16}、φ_{50}…——概率累积曲线上第 16、第 50…百分数所对应的值粒径 φ（mm）。

$$K_g=\frac{\varphi_{95}-\varphi_{5}}{2.44(\varphi_{75}-\varphi_{25})} \tag{3.2-4}$$

式中　K_g——峰态；

φ_{16}、φ_{50}…——概率累积曲线上第16、第50…百分数所对应的值粒径 φ（mm）。

根据式（3.2-1）和式（3.2-2）计算结果，判断沉积物粒度分选程度，按分选程度等级（表3.2-2）划分粒度分选程度等级。

粒度分布曲线峰值位于平均值之左称为正偏态，位于平均值之右称为负偏态。正态分布曲线的峰态为1.00。正态分布曲线平缓，称为低峰态，反之，称为尖峰态。

分选程度等级　**表3.2-2**

分选等级	σ_i	分选等级	σ_i
极好	$<0.35\varphi$	差	$1.00\varphi \sim 4.00\varphi$
好	$0.35\varphi \sim 0.71\varphi$	极差	$>4.00\varphi$
中等	$0.71\varphi \sim 1.00\varphi$		

3.2.2　基于陆地工程的海洋土分类系统

陆地工程中，土的分类方案的主要依据是粒度成分、液限、塑性指数、有机质含量（含腐殖质）。该方案强调液限和塑性指数在细粒土或含细颗粒较多的粗粒土中的作用，能够全面反映土的工程性质。但它没有把海洋沉积物中存在较多的生物组分及除陆源沉积物外的其他非生物（自生、火山及宇源）组分考虑进去，也没有突出海洋沉积物特点，对研究全球海洋沉积物的工程性质有不足之处。由于目前大量的海洋工程建设都分布在大陆边缘，很少在深海中，故该方案在实际工程中被广泛使用。

以下介绍《海洋调查规范 第11部分：海洋工程地质调查》GB/T 12763.11—2007[7]中采用的分类方案：

该规范分类方法适用于近海工程非钙质海底土的分类，其分类依据为土的颗粒组成特征，土的塑性指标——液限 ω_L、塑限 ω_P、塑性指数 I_P 和土中有机质含量。标准规定土的分类和定名原则如下。

（1）按有机质含量可划分为无机土、有机质土、泥炭质土、泥炭。有机质含量小于5%的土称为无机土；有机质含量大于5%、小于10%的土称为有机质土；有机质含量大于10%、小于60%的土称为泥炭质土；有机质含量高于60%的土称为泥炭。

（2）按颗粒级配或塑性指标可划分为碎石土、砂土、粉土和黏性土。碎石土定名标准见表3.2-3，砂土、粉土、黏性土定名标准见表3.2-4。

碎石土分类　**表3.2-3**

土的名称	颗粒形状	颗粒级配
漂石	圆形及亚圆形为主	粒径大于200mm的颗粒超过总质量50%
块石	棱角形为主	
卵石	圆形及亚圆形为主	粒径大于20mm的颗粒超过总质量50%
碎石	棱角形为主	
圆砾	圆形及亚圆形为主	粒径大于2mm的颗粒超过总质量50%
角砾	棱角形为主	

砂土、粉土和黏性土的分类　　**表 3.2-4**

土的名称		颗粒组成		塑性指数 I_P(%)	天然含水率 ω(%)	孔隙比 e
		粒径(mm)	含量(%)			
砂土	砾砂	＞2	25～50			
	粗砂	＞0.5	＞50			
	中砂	＞0.25	＞50			
	细砂	＞0.075	＞85			
	粉砂	＞0.075	＞50			
粉土	砂质粉土	＞0.075 ＜0.005	＜50 ＜10	$3<I_P\leqslant 7$		
	黏质粉土	＞0.075 ＜0.005	＜50 ＞10	$7<I_P\leqslant 10$		
黏性土	粉质黏土			$10<I_P\leqslant 17$		
	黏土			＞17		
	淤泥质黏土			＞10	＞液限 ω_L	$1.0\leqslant e<1.5$
	淤泥			＞10	＞液限 ω_L	$\geqslant 1.5$

注：1. 定名时根据颗粒级配由大到小以最先符合者确定。
2. 当砂土中小于 0.005mm 的土的塑性指数大于 10 时，应冠以含黏性土定语，如含黏性土粗砂等。

3.2.3　海洋土分布规律

海洋土分布主要受到物源、水动力条件、水深和地形地貌等因素控制。物源是海陆相互作用和气候变化的物质表现，直接控制沉积物的原始粒度组成，如由河流输入的大量陆源碎屑物质往往直接影响到整个大陆架的沉积作用。水动力条件包括潮流、波浪、风海流、密度流、洋流等，这些动力作用是陆架沉积物侵蚀、搬运、沉积和海底地貌塑造的主要营力，是沉积物搬运路径的基础。水深影响了海洋沉积物的沉积环境，生物组成在沉积物中占有重要地位，而水深控制了大量生物地球化学因素，故半深海-深海和陆架区具有不同的沉积模式。此外，海底地形也是影响沉积物分布格局的因素[8]。

全球海洋土的分布具有明显的地带性规律，包括：气候（纬度）地带性、环陆地带性、垂直地带性及构造地带性等[9]。

（1）气候地带性。不同气候带具有不同的基岩风化和物质运输方式，大幅影响了陆源沉积物的特性。不同气候带及其所造成的大洋环流又控制着海洋生物的繁衍和分布规律，也影响着海洋生物沉积的分布。

（2）环陆地带性。在环绕陆地的大陆边缘，广泛发育了陆源沉积，而在远离陆地的远洋地带，则沉积了深海黏土、钙质软泥、硅质软泥等远洋沉积物。

（3）垂直地带性。碳酸盐沉积物严格服从于垂直地带性，它见于水深小于碳酸盐补偿深度的海域，相反，深海黏土总是分布在深水区。

（4）构造地带性。大洋沉积作用是在板块运动的背景下进行的，沉积层的厚度随到洋中脊距离的增加而增加。在水深较浅的洋中脊顶部，通常覆盖着钙质沉积物；洋中脊轴部是热地幔物质上涌的地方，形成特有的重金属软泥；海底火山活动可形成玄武质玻璃组成的火山碎屑夹层，随着新形成的洋流向洋中脊两侧运动，水深增大，沉积物逐渐过渡为硅质软泥或深海黏土。

3.2.4 我国海洋土分布

中国管辖海域包括渤海、黄海、东海、南海和台湾以东海区，领海面积约 $484\times10^4\text{km}^2$。渤海是中国内海，周边入海河流较多，包括我国输沙量最大的黄河，以及海河、滦河和辽河等。黄海为西太平洋边缘岛弧与亚洲大陆之间的边缘海，根据大别-临津断裂带将黄海分为南北两部分，南黄海地形比较复杂，受长江、黄河等径流及潮汐、黄海暖流和沿岸流等影响，物质来源多样，沉积环境多变。东海是西太平洋典型的开放型边缘海，是世界上最宽阔、最平缓的陆架海之一。陆架每年接纳长江和黄河携带的大量陆源碎屑物质，使其成为我国东部大陆边缘主要的陆源沉积汇。南海是西太平洋最大的边缘海，处在欧亚板块、印度板块、澳大利亚板块和太平洋板块相互作用的交接处，其沉积物来源多样，既有湄公河、红河及珠江等河流携带的大量陆源碎屑物质，又有海底火山物质，还有深海区大量的自生物质。此外，由于南海处于季风强烈作用地带，具有特征的海洋环流，随季节变化的沿岸流与上升流交相作用，与周边海域存在的诸多水道贯通形成物质交换，因此南海的沉积物形成过程复杂，类型多样[10]。

中国海及邻域海区沉积物由四类组成，分别是陆源碎屑沉积物、陆源碎屑生物源沉积物、深海沉积物和生物源沉积物。其中，北部的渤海、黄海、东海和周边邻域海区，以及南部的南海沿岸海湾、陆架和部分上陆坡地区，以陆源碎屑沉积物为主；陆源碎屑-生物源沉积物主要分布在南海陆坡大部分及周边海域；深海沉积物主要分布在南海中央海盆及周边深海海域，北部只有在东海的东南部海区有局部斑块状分布；生物源沉积物主要分布于岛礁附近生物生产力较高海域。

3.3 海洋土工程特性

3.3.1 海洋土物理状态特性

1. 土的物理指标

1）三相比例指标

土是由土粒（固相）、水（液相）和空气（气相）三者所组成的，因此其物理性质和三相的质量比例、体积比例及相互作用密切相关。土的三相比例指标就是用来表征相应比例关系的物理量，包括含水量、密度和土粒相对密度等试验测定的指标，以及孔隙比、孔隙率和饱和度等换算得到的指标[2]。具体指标包括：

（1）土粒相对密度 G_s：土粒质量与4℃下同体积水的质量之比，称为土粒相对密度。计算公式如下：

$$G_s=\frac{m_s}{V_s\rho_w^{4℃}}=\frac{\rho_s}{\rho_w}$$

式中　ρ_s——土粒密度（g/cm^3）；

ρ_w——4℃时纯水的密度，等于1g/cm^3。

显然，土粒相对密度是一个无量纲量。

土粒相对密度主要受矿物成分和有机质含量的影响。一般土粒相对密度见表 3.3-1，通常处于2.65～2.75，其中有机质土为2.4～2.5，泥炭土为1.5～1.8，而含铁质较多的黏性土可达2.8～3.0。同一类土的土粒相对密度变化幅度通常都很小。

土粒相对密度参考值 **表3.3-1**

土的名称	砂土	粉土	黏性土	
			粉质黏土	黏土
土粒相对密度	2.65～2.69	2.70～2.71	2.72～2.73	2.74～2.75

（2）土的含水量 w：土中水的质量与土粒质量之比，称为土的含水量，采用百分数表示。计算公式如下：

$$w=\frac{m_{\mathrm{w}}}{m_{\mathrm{s}}}\times 100\%$$

天然土层的含水量变化范围很大，一般干的粗砂含水量接近于零，而饱和砂土可以达到40%；坚硬黏性土的含水量一般小于30%，而饱和软黏土（如淤泥）可达60%以上。

（3）土的天然密度 ρ：土在天然状态下，单位体积土的质量称为土的天然密度，单位是 g/cm^3。计算公式如下：

$$\rho=\frac{m}{V}$$

一般黏性土的天然密度为1.8～2.0g/cm^3，砂土为1.6～2.0g/cm^3，腐殖土则为1.5～1.7g/cm^3。

（4）土的干密度 ρ_{d}：单位体积土中土颗粒的质量称为干密度。类似天然密度，其计算公式如下：

$$\rho_{\mathrm{d}}=\frac{m_{\mathrm{s}}}{V}$$

（5）土的饱和密度 ρ_{sat}：是指土孔隙充满水时，单位体积土的质量。计算公式如下：

$$\rho_{\mathrm{sat}}=\frac{m_{\mathrm{s}}+V_{\mathrm{v}}\rho_{\mathrm{w}}}{V}$$

和密度相关的另一个指标是土的重度，是指单位体积土受到的重力。重度的单位是 kN/m^3，通常可以由土的密度计算得到。计算公式如下：

$$\gamma=\rho g$$

式中 g——重力加速度，通常取9.8m/s^2，工程上有时为了计算方便，取 $g=10m/s^2$。

根据不同密度可以得到天然重度 γ、干重度 γ_{d} 和饱和重度 γ_{sat}。

此外，还定义了土的浮重度，即地下水位以下的土中，单位体积土所受的重力扣除浮力后的重度。计算公式如下：

$$\gamma'=\frac{m_{\mathrm{s}}-V_{\mathrm{s}}\rho_{\mathrm{w}}g}{V}=\gamma_{\mathrm{sat}}-\rho_{\mathrm{w}}g=\gamma_{\mathrm{sat}}-\gamma_{\mathrm{w}}$$

式中 γ_{w}——水的重度，一般取10kN/m^3。

（6）土的孔隙率 n 和孔隙比 e：土的孔隙率是指土中孔隙体积与土总体积之比的百分

率，计算公式如下：

$$n=\frac{V_v}{V}\times100\%$$

土中孔隙体积与土颗粒体积之比值称为孔隙比，计算公式如下：

$$e=\frac{V_v}{V_s}$$

土的孔隙率和孔隙比是反映土体密实程度的重要物理性质指标。一般情况下，n 或 e 越大，土越疏松，反之土越密实。一般黏性土 e 在 0.4～1.2，砂土 e 在 0.3～0.9，淤泥孔隙比大于 1.5。

(7) 土的饱和度 S_r：土中水的体积与孔隙体积之比称为土的饱和度，通常用百分数表示。计算公式如下：

$$S_r=\frac{V_w}{V_v}\times100\%$$

土的饱和度是反映水填充土孔隙的程度，即反映土潮湿程度的物理性质指标。根据饱和度，砂土的湿度可分为三种状态：$S_r<50\%$为稍湿的；$S_r=50\%\sim80\%$为很湿的；$S_r>80\%$为饱水的。

对于粉土，由于毛细作用引起的假塑性，按液性指数评价状态已失去意义，通常按含水量评述粉土的含水（湿度）状态，详见表 3.3-2。

按含水量 w 确定粉土湿度 **表 3.3-2**

湿度	稍湿	湿	很湿
w(%)	$w<20$	$20\leqslant w\leqslant30$	$w>30$

2) 无黏性土的密实度指标

无黏性土一般是指砂土和碎石土，这两类土一般黏粒含量甚少，不具有可塑性，呈单粒结构。这两类土的物理状态主要取决于土的密实程度：无黏性土呈密实状态时，强度较大，是良好的天然地基；呈松散状态时则是一种软弱地基，尤其是饱和的粉、细砂，稳定性很差，在振动荷载作用下，还可能会发生液化。用于衡量无黏性土密实度的指标主要包括天然孔隙比、相对密度等。

(1) 天然孔隙比

我国地基规范曾采用天然孔隙比作为砂土紧密状态的分类指标，划分标准见表 3.3-3。

按天然孔隙比，划分砂土的紧密状态 **表 3.3-3**

土的名称	密实度			
	密实	中密	稍密	疏松
砾砂、粗砂、中砂	$e<0.60$	$0.60<e<0.75$	$0.75<e<0.85$	$e>0.85$
细砂、粉砂	$e<0.70$	$0.70<e<0.85$	$0.85<e<0.95$	$e>0.95$

按照天然孔隙比评定砂土密实度的方法虽然简单，但却没有考虑土颗粒级配的影响。

(2) 相对密度

考虑级配因素，在工程上提出了相对密度 D_r 的概念，来表示砂土的密实程度：

$$D_r = \frac{e_{max} - e}{e_{max} - e_{min}}$$

式中 e_{max}——砂土在最松散状态时的孔隙比，即最大孔隙比；

e_{min}——土在最密实状态时的孔隙比，即最小孔隙比；

e——砂土的天然孔隙比。

对于不同的砂土，其 e_{min} 与 e_{max} 的测定值是不同的，因此孔隙比可能变化的范围也是不一样的。一般粒径较均匀的砂土，其 e_{max} 与 e_{min} 之差较小，对不均匀的砂土二者之差则较大。

若无黏性土的天然孔隙比 e 接近于 e_{min}，即相对密度 D_r 接近于 1 时，土呈密实状态；当 e 接近于 e_{max} 时，即相对密度 D_r 接近于 0，土呈松散状态。根据 D_r 值，我国海洋工程地质调查规范采用表 3.3-4 划分砂土的密实状态。

按相对密度划分砂土的密实状态 **表 3.3-4**

密实状态	D_r	密实状态	D_r
密实	$0.67<D_r\leqslant 1$	稍密	$0.2<D_r\leqslant 0.33$
中密	$0.33<D_r\leqslant 0.67$	松散	$0\leqslant D_r\leqslant 0.2$

无论是按天然孔隙比 e 还是按相对密度 D_r 来评定砂土的紧密状态，都要采取原状砂样，经过土工试验测定砂土天然孔隙比。所以，目前国内外已广泛使用标准贯入或静力触探试验现场评定砂土的紧密状态。表 3.3-5 为国家标准《岩土工程勘察规范》GB 50021—2001 规定按标准贯入锤击数 N 值划分砂土紧密状态的标准。

按标准贯入锤击数 N 值确定砂土的密实度 **表 3.3-5**

密实度	N 值	密实度	N 值
密实	$N>30$	稍密	$10<N\leqslant 15$
中密	$15<N\leqslant 30$	松散	$N\leqslant 10$

对于粉土的密实状态，《岩土工程勘察规范》GB 50021—2001 仍用天然孔隙比 e 作为划分标准，详见表 3.3-6。

按天然孔隙比 e 确定粉土的密实度 **表 3.3-6**

密实度	e	密实度	e
密实	$e<0.75$	稍密	$e>0.90$
中密	$0.75\leqslant e\leqslant 0.90$		

按上述规范，碎石土可以根据野外鉴别方法，划分其紧密状态，如表 3.3-7 所示。

碎石土密实度野外鉴别方法 **表 3.3-7**

密实度	骨架颗粒含量和排列	可挖性	可钻性
密实	骨架颗粒质量大于总质量的70%，呈交错排列，连续接触	锹镐挖掘困难，用撬棍方能松动，井壁一般较稳定	钻进极困难，冲击钻探时钻杆、吊锤跳动剧烈，孔壁较稳定
中密	骨架颗粒质量等于总质量的60%～70%，呈交错排列，大部分接触	锹镐可挖掘，井壁有掉块现象，从井壁取出大颗粒处，能保持颗粒凹面形状	钻进较困难，冲击钻探时钻杆、吊锤跳动不剧烈，孔壁有坍塌现象
稍密	骨架颗粒质量小于总质量的60%，排列混乱，大部分不接触	锹可以挖掘，井壁易坍塌，从井壁取出大颗粒后，砂土充填物立即坍落	钻进较容易，冲击钻探时，钻杆稍有跳动，孔壁易坍塌

注：1. 骨架颗粒是指与表中碎石土分类名称相对应粒径的颗粒。
2. 碎石土的密实度，应按表列各项特征综合确定。

3）黏性土的状态指标

黏性土随着本身含水量的变化，可以处于不同的物理状态，其工程性质也相应地发生很大的变化。黏性土因含水量变化而表现出的不同物理状态，称为土的稠度，可呈现出固态、半固态、塑性状态和液性状态。随着含水量的变化，黏性土由一种稠度状态转变为另一种状态，相应于转变点的含水量称为界限含水量，包括以下三种：

（1）液限：土由可塑状态转到流塑、流动状态的界限含水量称为液限 w_L（也称塑性上限或流限）。

（2）塑限：土由半固态转到可塑状态的界限含水量称为塑限 w_P（也称塑性下限）。

（3）缩限：土由半固体状态不断蒸发水分，则体积逐渐缩小，直到体积不再缩小时土的界限含水量称为缩限 w_S。它们都以百分数表示。

此外，对于黏性土还定义了塑性指数和液性指数两种指标：

（1）塑性指数：液限和塑限的差值，用不带百分数符号的数值表示，即

$$I_P = w_L - w_P$$

显然塑性指数越大，土处于可塑状态的含水量范围也越大，可塑性就越强。土的塑性指数 I_P 是组成土粒的胶体活动性强弱的特征指标，常用塑性指数作为黏性土分类的标准。

此外，还可用塑性指数 I_P 与小于 0.002mm 的颗粒含量的比值来表示黏性土的亲水性，称为活动度或活性指数 A。

$$A = \frac{I_P}{P_{0.002}}$$

式中 $P_{0.002}$——粒径小于 0.002mm 颗粒的质量占土总质量的百分比。

I_P 相同时，微小颗粒含量越少，A 越大，活动度越大，根据活性指数 A，可把黏土分为三类：$A<0.75$，非活性黏土（或非亲水性的）；$A=0.75\sim1.25$，正常黏土（或亲水性的）；$A>1.25$，活性黏土（或强亲水性的）。高岭石黏土一般属非活性黏土，而蒙脱石黏土属强活性黏土。活性指数越大，则黏土的膨胀、收缩性能也越强。

（2）液性指数：指黏性土的天然含水量和塑限的差值与塑性指数之比，用小数表示，即

$$I_L = \frac{w - w_P}{w_L - w_P}$$

黏性土根据其液性指数值可划分为坚硬、硬塑、可塑、软塑及流塑五种，如表 3.3-8 所示。

黏性土的状态 **表 3.3-8**

状态	坚硬	硬塑	可塑	软塑	流塑
液性指数 I_L	$I_L \leqslant 0$	$0 < I_L \leqslant 0.25$	$0.25 < I_L \leqslant 0.75$	$0.75 < I_L \leqslant 1.0$	$I_L > 10$

应当指出，由于塑限和液限都是用扰动土进行测定的，土的结构已彻底破坏，而天然土一般在自重作用下已有很长的历史，具有一定的结构强度，以致土的天然含水量即使大于其液限，一般也不会变为流塑。含水量大于液限只是意味着土的结构一旦遭到破坏，它将转变为流塑、流动状态。

2. 高孔隙比

海洋土的孔隙比大多超过 1，说明土体中孔隙的体积超过了固体体积的 1 倍甚至 2 倍。黏土质海洋沉积物由于海水的长期作用呈现典型的絮凝结构，絮凝的细小粒子堆聚成巨大的絮凝物，这些粒子排列较凌乱，因此孔隙比一般都大于 1.5，有的深海沉积土孔隙比可达 5.4 以上。

3. 高含水量

海洋土大部分为软土，其含水量大都超过了 50%，说明孔隙中充满了水，而且天然含水量可能大于液限，特别是海底泥炭类土，天然含水量高达 1000%。所有黏土质海洋沉积物的含水量都在塑限以上，且大部分又都在液限以上，呈软塑态。有的深海沉积土含水量高达 423%，跟流体差不多。

3.3.2 海洋土的强度特性

材料的强度是指材料抵抗外荷载的能力。相比于陆地土，海洋土由于沉积物质、过程、环境不同，其强度也表现出一些特殊性。

1. 高灵敏性

土的结构形成后就获得一定的强度，且结构强度随时间推移而增长。在含水量不变的条件下，将原状土破碎，重新按原来的密度制备成重塑土样。由于原状结构彻底破坏，重塑土样的强度较原状土样将有明显降低。定义原状土样的无侧限抗压强度与重塑土样的无侧限抗压强度之比为土的灵敏度 S_t，即

$$S_t = \frac{q_u}{\overline{q}_u}$$

式中 q_u——原状土的无侧限抗压强度；

$\overline{q}_u$——重塑土的无侧限抗压强度。

显然结构性越强的土，灵敏度 S_t 越大，通常根据表 3.3-9 划分黏性土的灵敏性。

黏性土的结构性分类 **表 3.3-9**

S_t	结构性分类	S_t	结构性分类
$2 < S_t \leqslant 4$	中灵敏性	$8 < S_t \leqslant 16$	极灵敏性
$4 < S_t \leqslant 8$	高灵敏性	$S_t > 16$	流性

由于海水的离子作用，海洋土的灵敏度都在 4 以上，受扰动时丧失 75%以上的强度。有的深海沉积物灵敏度高达 88，受扰动时丧失 98.8%的强度。

目前，在我国的勘察报告中，灵敏度 S_t 指标反映不多，工程设计人员对这个指标的认识不够。实际上这是一个非常重要的指标。所谓灵敏度是指保持天然结构状态时的强度与结构完全破坏后的强度之比，现举渥太华 Lada 黏土来说明，该类土的不排水强度可达 38～96kPa，但其灵敏度为 7～32，这类土一旦受到外力的影响，如振动、边坡的位移等，土的结构遭到破坏，土的强度很快下降为原来的 1/28～1/7。工程很可能遭到毁灭性破坏。灵敏度越高，表示结构性对强度的影响越大。

2. 高触变性

黏性土的触变性是与土的结构性密切相关的一种特性。结构受破坏，强度降低以后的土，若静置不动，则土颗粒和水分子及离子会重新组合排列，形成新的结构，强度又得到一定程度的恢复。这种含水量和密度不变，土因重塑而软化，又因静置而逐渐硬化，强度有所恢复的性质，称为土的触变性。

黏土质海洋沉积物的胶体特性很强，在海洋环境中黏土粒子之间有一定的结构链连接。当沉积物受到扰动而破坏了结构链连接时，便发生胶溶作用，强度大大降低。

海洋环境中，黏土颗粒接触面的胶结对沉积物的性质影响很大，正常情况下，土粒间因胶结作用有一定的结构联结，外力扰动时，破坏了这种联结，强度骤然降低，土体呈软塑和流动状态。若外力撤除，土体处于静置状态后，由于土粒间的凝聚作用，沉积物的强度又随时间的延长而恢复。此触变过程可以多次重复发生，但在整个过程中，没有成分的改变。

3. 低强度性

由于海洋土具备上述高灵敏性、高触变性等性质，其表现出明显的低强度性，这也是海洋土的主要特性之一，是造成地基承载力和边坡失稳的主要原因。在海底地基上修筑海洋平台、油罐，敷设海底管线等，常常由于对软土的强度特性掌握不够造成工程事故。

3.3.3 海洋土的变形特性

土的压缩性是指土在压力作用下体积缩小的特性。试验研究表明，在一般压力（100～600kPa）作用下，土粒和水的压缩与土的总压缩量之比是很微小的，因此完全可以忽略不计，所以把土的压缩看作土中孔隙体积的减小。此时，土粒调整位置，重新排列，互相挤紧。饱和土压缩时，随着孔隙体积的减少，土中孔隙水被排出。

在荷载作用下，透水性大的饱和无黏性土的压缩过程在短时间内就可以结束。然而，黏性土的透水性低，饱和黏性土中的水分只能慢慢排出，因此其压缩稳定所需的时间要比砂土长得多。土的压缩随时间而增长的过程，称为土的固结。饱和软黏性土的固结变形往往需要几年甚至几十年时间才能完成，因此必须考虑变形与时间的关系，以便控制施工加荷速率，确定建筑物的使用安全措施；有时地基各点由于土质不同或荷载差异，还需考虑地基沉降过程中某一时间的沉降差异。所以，对于饱和软黏性土而言，土的固结问题是十分重要的[11]。

1. 高蠕变性

蠕变是指固体材料在保持应力不变的条件下，应变随时间延长而增加的现象。黏土质海洋沉积物在固定不变的或连续变化的没有超过极限临界值的应力作用下，随时间的增长会发生缓慢长期的变形，当沉积物的变形和强度降到一定的程度将导致土体的破坏，即呈现出高蠕变性。

2. 高压缩性

由于海洋土的高孔隙比特性，在压力作用下孔隙体积能够显著减小，因此其压缩系数非常大，即呈现出高压缩性。一般海洋土在受压缩后，往往会发生大量沉降。

3. 高液化性

细粒砂质海洋土，在某种动力作用的瞬间会表现出像液体一样不能承担剪应力，称为土的液化现象。细颗粒砂质沉积物在外力作用下，孔隙水压力增高，相应地降低了土粒中的有效应力；当有效应力趋近于零时，全部荷载由孔隙水压力承担，土粒则悬浮于水中，土体液化处于流动状态。

4. 高流变性

对于淤泥类软土，因其含水量较高，在一般情况下，会表现出一定程度的流变特性。其中一种是在外加荷载不变的条件下，变形仍随时间推移而增加。另外一种是在外加荷载不变的条件下，剪切强度随时间推移而降低。前者为固结流变，后者为剪切流变。在工程设计中，如果不能充分考虑这两种效应，可能会给工程带来严重的后果。

5. 易分解性

某些海洋土物理化学性质不稳定，当周围出现扰动时容易产生分解，往往伴随着相变。此时，土体的物理特性、强度特性都会发生明显变化。例如海底天然气水合物，对温压条件非常敏感——温度和压强的改变或者环境的轻微扰动，都会使天然气水合物分解产生大量的水，从而释放岩层孔隙空间使含气土层的固结性变差。严重的水合物分解会破坏海洋地基的结构，易触发海岸滑坡、土体液化、基础沉陷、油气井喷、钻机平台倾覆、井壁垮塌、管道断裂等灾害事故[12]。

3.3.4 海洋土的渗透固结特性

由于土的碎散性和多相性，在土力学中存在一个“土骨架”的概念。土骨架是由相互接触的土颗粒组成的，它具有整块土体的体积与截面面积，但不包括孔隙中的气体与液体。正如一块丝瓜瓤或者海绵一样，只考虑它所占据的全部空间中的固体部分。土骨架中含有连通的孔隙，孔隙中包含有流体，这些流体在势能差的作用下会在孔隙中流动，这就是土中的渗流。土具有被水等液体透过的性质称为土的渗透性。非饱和土的渗透性与土的饱和度关系很大，问题较复杂，饱和土的渗透性则与土体的孔隙比、颗粒等性质有关[13]。

1. 低渗透性

黏土质海洋土渗透性能都很低，渗透系数很小，在很多情况下可认为是不透水的。水分渗出条件很差，这对地基的固结排水不利，反映在海洋工程建筑物地基的沉降方面则表现出沉降发生的总时间很长。

从海洋土的液限可知，都在 40%～54%（除泥炭外），说明土的颗粒成分以细粒为主，矿物成分以亲水的活动性矿物为主，扩散层水膜厚，渗透性很低。

2. 固结特性

天然土层在历史上所受过的固结应力（指土体在固结过程中所受的有效压力）称为前期固结压力。在分析土的原位应力状态时（图 3.3-1），通常用到超固结比（Over Consolidation Ratio，OCR，又称前期固结比)，为土的前期固结压力与现有土层自重压力之比，即有效上覆压力与目前土层承受的自重压力的比值，即

$$\mathrm{OCR}=\frac{P_c}{P_0}$$

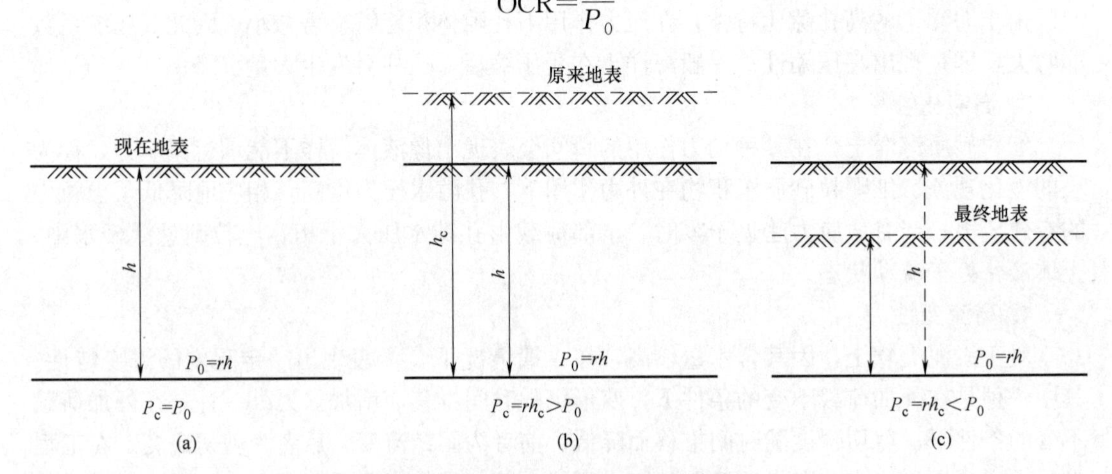

图 3.3-1 海洋土的原位应力状态

(a) 正常固结状态（深海平原）；(b) 超固结状态（陆架、陆坡）；(c) 欠固结状态（三角洲、河口）

黏性土的压缩性因所经历的应力历史不同而异，按照土层所受的前期固结压力与现有压力相对比的情况，可将黏性土分为正常固结土（OCR=1)、超固结土（OCR>1）和欠固结土（也称不完全固结土，OCR<1）三种。

一般而言，陆架和陆坡上的沉积物处于超固结状态，三角洲沉积物处于不完全固结状态，深海平原沉积物处于正常固结状态。海洋正常沉积过程所形成的海洋土应是正常固结的，但因沉积环境的改变海底土有时在同一地区上下土层可能处于不同的固结状态。

超固结作用起因于固结后的应力解除，这是陆上条件下的主要机制，如图 3.3-2 所

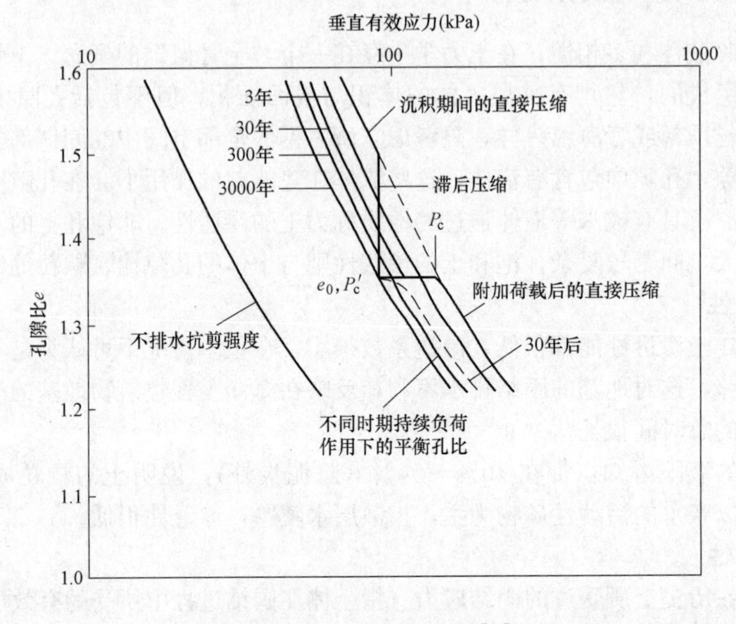

图 3.3-2 二次固结曲线[14]

示，虚线表示以前的地表，后来由于流水或冰川的剥蚀作用而形成现在的地表。海洋条件下它可能是由浅水环境下的海洋侵蚀和以前冰川作用的影响而引起，也可能由于以往波浪加载的影响引起，特别是浅水区，前期固结压力得以增加，其过程包括蠕变或者二次固结、胶结作用及触变硬化等。

欠固结通常与土体中超孔压的存在有关。按有效应力原理，欠固结土的原位有效应力要小于上覆土的有效覆盖压力，如果总应力不变，则有效应力与孔隙压力有关。因此造成超孔隙水压力的因素，也就是欠固结土存在的可能机制包括快速沉积作用、沉积物中气体的产生、沉积物中渗透压力的存在以及波浪诱导的重复加载等。

3.3.5 海洋土的微结构及其对工程特性的影响

在岩土工程中，土的结构是指土颗粒本身的特点和颗粒间相互关系的综合特征，具体有土颗粒本身的特点（土颗粒大小、形状和磨圆度及表面性质等）和土颗粒之间的相互关系特点，包括粒间排列及其连接性质。

根据土颗粒之间的相互关系可以把土的结构分为两大基本类型：单粒结构和集合体结构。单粒结构，也称散粒结构，是碎石（卵石）、砾石类土和砂土等无黏性土的基本结构形式，主要受到重力作用；集合体结构，也称团聚结构或絮凝结构，为黏性土所特有，受范德华力、库仑力、胶结作用和毛细压力等的共同作用。

细粒土会在沉积过程中形成天然结构。一般在淡水中沉积的细粒土，由于淡水中的离子浓度低，颗粒表面存在较大的负电位，呈现出斥力，形成面对面的片状堆积，称为分散结构；与之相反的，海水中含有大量阳离子，颗粒表面吸附阳离子使得斥力减少而引力增加，形成以角、边与面或边与边搭接的排列形式，称为絮凝结构。海洋中粗粒土也可能因盐晶和黏性土的存在形成一定的胶结。

我国沿海和近海海洋土中的矿物成分 X 射线衍射分析表明，我国沿海软土和海洋土中非黏土矿物成分，主要为石英、长石、云母和碳酸盐，在北方地区（黄海、渤海沿海）的沉积物中，长石和碳酸盐的含量较高，而南方地区（东海和南海地区）的沉积物中，长石和碳酸盐的含量明显减少，甚至消失，黏土矿物成分北方以伊利石为主，而东南沿海以高岭石为主。根据我国近海海相沉积物显微照片分析认为，我国沿海海洋沉积物的微结构特征大体可以分为以下 4 种类型：

1）粒状胶结结构

粒状胶结结构是指以粒状土为骨架，粒间颗粒基本上互相接触，粒间孔隙较小的土体结构。这种结构存在于渤海和黄海近岸沉积物中，其孔隙比较小，属低压缩性的土，由于胶结材料的不同，可分为粒状盐晶胶结结构和粒状黏土胶结结构两个亚类。

2）粒状链连接结构

粒状链连接结构是指以粒状土为骨架，颗粒之间有一定距离，粒间由黏土构成的链把粒状体连接在一起，是粒间孔隙较大的土结构，这类结构一般存在于黄海和渤海浅层沉积物中，根据连接链的长细比，可分为粒状长链连接结构和粒状短链连接结构两个亚类。

3）絮凝链连接结构

絮凝链连接结构是指以絮凝体为骨架，由黏土构成的链把絮凝体连接在一起，形成絮状结构。这种结构一般存在于水深大于 6m 的近表层的海相淤泥质黏土中，在各个海域都有发现。根据絮凝体的疏密程度和连接链的长短，可分为致密絮凝长链结构、致密絮凝短链结构、开放絮凝长链结构和开放絮凝短链结构四个亚类。

4）黏土基质结构

黏土基质结构是指大量黏土凝聚成规则或不规则的凝聚体，凝聚体进一步聚合形成的黏粒基质结构。如果黏土基质中凝聚体排列比较紧密，而生成面-面叠聚形态，则称之为定向黏粒基质结构，一般存在于较深的沉积物中。如果凝聚体内“畴”的排列比较疏松，则称之为开放黏粒基质结构，这种结构一般存在于浅层土中。

根据以上分类原则，可将我国沿海海洋沉积物的微结构特征归纳如表 3. 3-10 所示。

海洋土微结构分类[15] **表 3. 3-10**

<table>
<tr><th colspan="2">颗粒形态</th><th colspan="2">胶结和链接</th><th>结构类型</th><th>结构亚类</th></tr>
<tr><td colspan="2" rowspan="2">集粒或粉粒</td><td rowspan="2">胶结</td><td>盐晶</td><td rowspan="2">粒状胶结结构</td><td>粒状盐晶胶结结构</td></tr>
<tr><td>黏土</td><td>粒状黏土胶结结构</td></tr>
<tr><td colspan="2" rowspan="2">集粒或粉粒</td><td rowspan="2">链接</td><td>长链</td><td rowspan="2">粒状链连接结构</td><td>粒状长链连接结构</td></tr>
<tr><td>短链</td><td>粒状短链连接结构</td></tr>
<tr><td rowspan="4">絮凝体</td><td rowspan="2">致密</td><td rowspan="4">链接</td><td>长链</td><td rowspan="4">絮状链连接结构</td><td>致密絮凝长链结构</td></tr>
<tr><td>短链</td><td>致密絮凝短链结构</td></tr>
<tr><td rowspan="2">开放</td><td>长链</td><td>开放絮凝长链结构</td></tr>
<tr><td>短链</td><td>开放絮凝短链结构</td></tr>
<tr><td rowspan="2">黏粒基质</td><td>致密</td><td colspan="2" rowspan="2">无链</td><td rowspan="2">黏粒基质结构</td><td>黏粒定向基质结构</td></tr>
<tr><td>开放</td><td>黏粒开放基质结构</td></tr>
</table>

土的微结构与它的工程性质之间存在密切的关系。表 3. 3-11 给出了各类微结构和工程特性之间的关系。

不同结构类型的海洋沉积物的工程特性[15] **表 3. 3-11**

结构类型	工程特性				
	强度	孔隙度	压缩性	灵敏度	流变性
粒状盐晶胶结结构	中偏高	低	低	中	低
粒状黏粒胶结结构	中偏高	低	低	中	低
粒状长链连接结构	较低	中	中偏高	高	中偏高
粒状短链连接结构	中	中偏高	中	中	中
致密絮凝长链结构	中偏高	高	中偏高	高	中偏高
致密絮凝短链结构	中	中	中	中	中
开放絮凝长链结构	很低	很高	高	高	高
开放絮凝短链结构	低	高	中偏高	中	中偏高
定向黏粒基质结构	中偏高	中	中	中	中
开放黏粒基质结构	中偏低	中偏高	高	高	高

（1）海洋沉积物的微结构对其工程性质具有重要的影响。粒状胶结结构的土具有较高的强度、较低的压缩性、较小的孔隙度；粒状链式连接的土强度中到较低，孔隙度中偏高，压缩性中等偏高；絮凝结构的沉积物强度变化较大，孔隙度较高，压缩性较高，往往具有高压缩性、高流变性、高灵敏性和低强度等特点，这种不良的工程性质在开放絮凝长链结构中表现尤为突出。黏粒基质结构强度中偏高或中偏低，孔隙度中偏高，压缩性中到高。定向黏粒基质结构的情况比开放絮凝长链结构稍好。

（2）海洋沉积物的工程性质和微结构类型密切相关。进一步研究表明，海洋沉积物的微结构是比较复杂的，将不同地区不同类型的沉积物的微结构和土工试验成果进行对比发现，高压缩性一般发生在开放长链结构之中，“长链”连接意味着存在大量的不稳定的粒间孔隙。“开放”絮凝结构意味着有较多的絮凝体内粒内孔隙，因此具有这种结构的土，在一定的压力作用下会发生较大的变形。高流变性主要产生在长链结构中，不管骨架颗粒是粒状体还是絮凝体，在长期应力作用下都将发生长期的流动变形。据一些学者的研究，它主要是剪切应力使连接链条拉长和畸变的结果。灵敏度则和胶结的排列方式有关，当具有一定的空间刚度的排列结构被破坏时，土的强度将急剧降低，因此表现为高灵敏性。

3.4 特殊海洋土

在广阔的海底，地质条件复杂，有很多陆地上见不到的土类，工程性质各异，由于地质环境、物质成分及次生变化等原因，这些海洋土具有与一般土类显著不同的特殊工程性质。当其作为建筑场地、地基和建筑环境时，如不注意这些特点，并采取相应的措施，将会造成工程事故。我们把这种具有特殊性质的土称为特殊海洋土。

海底分布着大量的快速沉积或者絮凝沉积的不完全固结的无机黏土，如深海红黏土，珊瑚岛礁附近的富含碳酸钙的钙质土及深海盆地的生物硅质土等。

3.4.1 无机黏土

海洋黏土沉积与陆上黏土沉积的差异在于海洋沉积物中保存了原位应力状态并可能有气体存在，但大量试验资料证明，海洋黏土和陆地黏土的基本性质是相同的，因此陆地黏土工程性质中的某些关系可应用到海洋中，特别是在滨海地区，如天津、塘沽等地的软土性质与渤海中的软土在成因、物质来源、结构特性及工程性质等方面都是基本上相同的。又如，陆上及近岸沉积物中粉砂和黏土的平均相对密度为 2.67，深海红色黏土的平均值为 2.70，其塑性指数随深度增大而增大，由于水深对沉积作用的影响，液性指数在软黏土中为 1～1.5 的比较常见。

Meyerhof[16] 总结了近岸滨外黏土塑性特征的一些资料，连同一些大洋、陆架黏土的资料一起显示在图 3.4-1 中。这些土体中有许多种土几乎都由同一线上的点来代表，这些线在图上的位置大都平行于 A 线，有的在 A 线之上，有的在 A 线之下，前者代表不同程度压缩性和塑性的无机黏土，后者为取自大西洋、波罗的海和东太平洋的黏土，具有较高的有机质含量。

Meyerhof[16] 的资料表明，塑性指数随深度增加而增大，可能是由于水深对沉积作用的影响。液性指数在软黏土中为 1～1.5 比较常见，但在硬黏土中可能很小，甚至小于零。

前人总结了不同海洋土的一些资料，列于表 3.4-1 和表 3.4-2 中。黏土和粉砂的相对密度一般在 2.60～2.75，与陆地上的土具有相似的特征。陆上及近岸沉积物的平均相对密度为 2.67，深海红色黏土的平均值为 2.70，深水中沉积物的塑性指数和含水量往往很大。

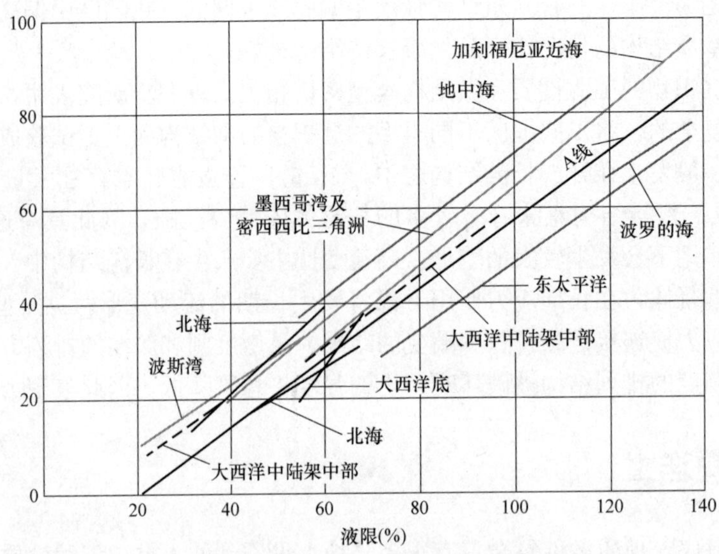

图 3.4-1 海洋黏土的塑性关系[16]

圣地亚哥海槽黏土质粉砂的工程性质[17] **表 3.4-1**

特性	分析的样品数(个)	平均值	标准差	变化范围	
				最小值	最大值
粉砂(%)	44	11.4	3	1	17
粉砂(%)	44	61	6	52	77
黏土(%)	44	35	7	15	46
孔隙比	226	3.4	0.6	1.3	4.7
含水量(%)	583	125	28	43	249
液限(%)	58	111	19	50	144
塑限(%)	58	47	6	35	59
塑性指数	58	64	6	14	85
天然密度(原位)(g/cm^3)	1044	1.27	0.04	1.21	1.35

缅因湾陆架水深 245～287m 处的粉砂、黏土的工程性质[17] **表 3.4-2**

特性	分析的样品数(个)	平均值	标准差	变化范围	
				最小值	最大值
砂(%)	162	<1	1	0	7
粉砂(%)	162	44	11	23	75

续表

特性	分析的样品数(个)	平均值	标准差	变化范围	
				最小值	最大值
黏土(%)	162	56	11	25	77
孔隙比	224	4.2	0.5	2.5	6.2
含水量(%)	496	163	25	87	322
液限(%)	32	124	17	67	142
塑限(%)	32	47	5	29	53
塑性指数	32	78	13	38	91
天然密度(原位)(g/cm^3)	224	1.33	0.04	1.24	1.50

下面从抗剪强度、固结特性、变形参数等几个方面来讨论海洋无机黏土的工程特性。

1）抗剪强度

研究表明，在正常固结或不完全固结的情况下，海洋黏土的不排水抗剪强度不高，它虽随深度增加而增大，但增大的数值并不高，如加里曼丹岛第四纪三角洲沉积的黏土在45m深度处的抗剪强度仍然只有25～30kPa，渤海湾的黏土沉积也有类似情况，超固结的北海硬黏土的不排水抗剪强度也出现不随深度改变的趋势。

由于取样扰动、测试过程及使用仪器的影响，不排水抗剪强度的测定可能会不准确或比较发散。为了消除这些影响可将室内测定的强度进行标准化（归一化），并与固结比建立关系。实现步骤就是把高质量的未扰动样品在无侧向应变（角状态）下固结到垂直有效应力超过原位有效覆盖压力，然后卸荷到某一合适的垂向压力来给出所需的OCR，接着对样品垂直加荷直到破坏，获得不排水抗剪强度 S_u，尽管在高强度结构或胶结的黏土中有特例，标准化后许多黏土发现具有相似的性质。标准化的概念可用到海洋黏土中。

对于正常固结的黏土，S_u/σ'_{v0} 和 OCR 之间关系近似如下：

$$\frac{(S_u/\sigma'_{v0})_{oc}}{(S_u/\sigma'_{v0})_{nc}}=(ORC)^m, \ m>0.8$$

在陆上或海上的岩土勘察中，经常使用不排水抗剪强度 S_u。按照摩尔-库仑破坏准则，不排水抗剪强度应包括两个强度参数 c' 和 φ'。对于正常固结的黏土，$c'=0$，φ' 随 I_P 而变化。标准的不排水抗剪强度可用有效应力强度参数 c' 和 φ' 来表示：

$$\frac{S_u}{\sigma'_{v0}}=\frac{k_0+A_f(1-k_0)\sin\varphi'-(c'/\sigma'_{v0})\cos\varphi'}{1+(2A_f-1)\sin\varphi'}$$

式中 k_0——静止土压力系数；

A_f——破坏时的孔隙压力系数；

σ'_{v0}——初始垂向有效应力。

对于正常固结的黏土，$k_0\approx1-\sin\varphi'$；对于超固结土，$k_0\approx(1-\sin\varphi')(OCR)^{\sin\varphi'}$。

A_f 取决于 OCR，随 OCR 增大而快速减小，典型情况下，OCR=1，$A_f=0.6\sim1.0$；OCR=8～10，$A_f\to0$；当 OCR 最高时，A_f 有可能为负值。

2）固结特性

土体的固结特性主要通过土体的压缩特征来体现，即压缩系数 a_{1-2}、固结系数 C_v、

压缩指数 C_c 和固结度 U。土体的一维压缩性普遍采用的是 $C_c=\dfrac{e_1-e_2}{\lg p_2-\lg p_1}$，它代表有效应力变化的每个对数周期孔隙比的变化。

对于正常固结的黏土，C_c 往往会随液限 w_L 的增加而增加，在相同的液限下，海洋土的压缩性高于陆地。一般来说，C_c 有随离岸距离增加而增大的趋势，这可能是由于沉积速率较低，沉积后土的结构松散所致。

海洋土的固结系数 $C_v=\dfrac{K(1+e)}{a_v r_w}$，大致在 $10^{-4}\sim10^{-3}\text{cm}^2/\text{s}$ 范围内变化。表 3.4-3 收集了世界各地海洋土的固结系数资料，从表中可看出，尽管在有些黏土中 C_v 值可能超过 $0.1\text{cm}^2/\text{s}$，它们与陆上相似塑性的土还是类似的。

海洋土的固结系数 C_v 值[18] **表 3.4-3**

地点	土的类型	e_0	$C_v(\times10^{-4}\text{cm}^2/\text{s})$
缅因湾	粉砂质黏土	4.2	5
拉霍亚峡谷	黏土质粉砂	3.2	2.7
拉霍亚扇形地	粉砂	4.0	5
Bird 礁	粉砂	1.2	35
Loma 角	粉砂质砂	1.5	7
科罗拉多陡坡	粉砂质黏土	4.6	1
圣地亚哥海槽	黏土质粉砂	4.6	2.8
大西洋	浊流沉积	1.5	63
阿拉斯加湾	冰川黏土	—	11
大西洋中部	粉砂质黏土	0.5	20～140
大陆架	黏土	2.2	20～140
日本播磨滩	黏土质粉砂	2.0	4

Poulos 和 Marine[18] 介绍的已发表的海洋黏土蠕变资料很少，对陆上黏土，Mesri 和 Godlewski[19] 发现其次压缩（二级压缩）系数 $C_{ae}=\Delta e/\lg(t/t_c)$ 与压缩指数 $C_e=\Delta e/\lg(p_2/p_1)$ 之间存在紧密的关系，除含有机质高的泥炭和高灵敏度的黏土外，陆上黏土的 C_{ae}/C_e 值在 0.03～0.07。Bryant 等（1974）发表的 Desoto 峡谷扇形地样品的资料表明，C_{ae}/C_e 值在 0.03～0.05，其值也在上述范围内，它再次证明了海洋无机黏土与陆上无机黏土的工程地质性质是可以比较的。

3）变形参数

土体的变形参数一般通过压缩试验获得，通过弹性模量 E_s、剪切模量 G_s 和泊松比 ν 三个参量来反映，对于高度非线性的土体，三轴试验可获得侧限压缩模量或侧限变形模量 E。除此之外，还可以通过原位测试（测定声音在土体中的传播速度 V_p）来求得，因此很多研究者通过声波速度 V_p 和空隙率或平均粒径之间的相互关系，来估计土中的弹性模量 E_s。

$E=\rho V_p^2$，其中 ρ 为土的质量密度。对于弹性物质，E 与 E_s 和 ν 的关系如下：

$$E_s=\frac{(1-\nu)E}{(1+\nu)(1-2\nu)}$$

表 3.4-4 提供了不同沉积环境和类型海洋沉积物中的土的质量密度（Mass Density）和土体中的声波传播速度V_p。从这份资料中可以看出，V_p 和密度 ρ 均随粒径减小而减小，这就意味着土的弹性模量也随粒径减小而减小。

海洋土的密度和声波传播速度[20]

表 3.4-4

沉积环境	土的类型	ρ(g/cm³)	V_p(m/s)
大陆阶地	粉砂	1.77	1623
	粉砂质黏土	1.42	1520
深海平原	粉砂	1.60	1563
	黏土	1.36	1504
深海丘陵	黏土质粉砂	1.35	1527
	红色黏土	1.34	1499

Ladd 等[21] 采用标准化的岩土工程性质提供了七种不同类型的正常固结土的典型不排水单剪试验的结果，表明标准化的不排水弹性模量随施加应力的增大显著地减小，随超固结比 OCR 的增大而减小。特别是当 OCR 超过 2 时，Esrig 等[22] 提供的对于正常固结的密西西比三角洲土体的研究结果与美国波士顿蓝黏土数据非常一致，再次证明海洋黏土与陆地黏土性质的相似性。

3.4.2 钙质土

在海洋工程地质中，将钙质碳酸盐含量大于 15%的各种海洋土都归于钙质的海洋土。因为当碳酸盐含量超过 15%时，对土的工程性质已有比较明显的影响。表 3.4-5 给出了钙质土有效抗剪强度特征的一些资料，可以看出其有效内摩擦角 φ 比较大，通常大于硅质砂。表中试验类型一栏中的 CIU 是固结不排水三轴试验，CID 是固结排水三轴试验。

钙质土的有效应力强度参数[23]

表 3.4-5

取土地点	土的类型	碳酸盐含量(%)	试验类型	围压或轴向压力(kPa)	c(kPa)	φ(°)
拉布拉多海盆	硅质灰泥岩	20.65	CIU		2～7	31～37
印度西海岸和阿拉伯海	生物碎屑碳酸盐	＞85	CID	100	0	49.5～51.0
				1500	3～9	29～30
				100	0	42.0～44.5
				6400	0	40.5～42.0
巴士海峡、澳大利亚	碳酸盐砂	88	CID	138～897	0	46.3～40.4

影响土的抗剪强度的因素很多，对钙质土（碳酸盐沉积物）而言，主要考虑以下四种效应。

(1) 碳酸盐含量效应。研究(表 3.4-6)发现，碳酸盐含量对抗剪强度的影响，随着碳酸盐含量增加，φ 值增大，土被破坏时，孔隙水压力系数 A_f 减小。碳酸盐含量与土塑性之间也存在重要的关系，研究显示，随着碳酸盐含量的增加，这类土的液限和塑限指数在减小，表现为具有粒状土的特征[24,25]。

碳酸盐含量对强度参数的影响[26]

表 3.4-6

碳酸盐含量	c'(kPa)	φ'(°)	A_f
25	0	27.7	0.70
25～40	0	29.4	0.55
40 ～ 60	0.7	31.0	0.40
>60	0.7	31.3	0.25

(2) 胶结效应。在已经胶结起来的碳酸盐沉积物上进行固结不排水三轴试验结果表明，在很小应变下($\varepsilon<5\%$)，胶结的样品实际上不产生孔隙压力，但在较大的应变下，颗粒胶结开始破坏，并产生出显著的孔隙压力。在应变 $\varepsilon=5\%$ 的情况下，孔隙压力系数能达到 1.2。澳大利亚大陆架碳酸盐样品的试验表明，在小应变的情况下，此种样品如同一块软的岩石，在较大的应变下(当应力状态超出胶结作用的屈服轨迹时)胶结作用破坏，碳酸盐样品会变成像未胶结的粉砂一样，此样品的胶结作用破坏大约发生在 1～5MPa 的压力上，它取决于胶结物胶结的强度。表 3.4-7 给出了一些钙质土的不排水抗剪强度 S_u 的资料，S_u 已根据初始垂向有效应力 σ'_{v0} 进行了标准化。从表中可见，除明显超固结的致密含钙质的软泥外，S_u/σ'_{v0} 及 A_f 值都与陆上粉砂的经验值相似(为了减小实验室强度测定和原位强度测定的差别，Ladd 提出测定的不排水抗剪强度按有效覆盖压力进行标准化)。

钙质土的不排水抗剪强度[27]

表 3.4-7

土的类型	碳酸盐含量(%)	地点	S_u/σ'_{v0}	A_f
硅质泥灰岩	25 ～ 65	拉布拉多湾	0.5～0.7	0.3～0.6
致密的含钙质软泥(含钙的粉砂)		大西洋	1.46～1.87	0.23～0.27
松散沉积的含钙的软泥(含钙的粉砂)		大西洋	0.34～0.37	0.19～0.40
含钙的软泥(含钙的粉砂)		太平洋	0.58	0.29
碳酸盐黏土(含少量泥)	>90	大洋洲的西北部	0.35～0.87	

(3) 平均有效应力效应。根据峰值应力比来定义，φ 值将随平均有效应力 p 的增大而减小，Poulos 等(1982)发现 φ' 和 p' 之间的关系可以表示如下：

$$\varphi'=a-b\lg p'$$

式中 p'——平均有效应力(kPa)；

φ'——以度表示；

a、b——经验值，取决于土的类型，与土的初始密度和组分有关。

随着平均有效应力增加，土从破裂时膨胀变化到更具塑性的性质，在此情况下剪切时呈现出体积的减小。此种转变一般在较低的围压时出现，量级为 200kPa，它与硅质砂的性能形成鲜明的对照，陆上砂通常在 2MPa 量级的围压下呈现出这样的转变。在基础设计中，周围应力低时土体积减小性质有很大的意义，因为它往往会减小承载力。

(4) 压碎效应。Datta 等（1979）把 φ' 值随平均有效应力增大而减小归因于颗粒工的压碎效应，并找到了以下颗粒压碎程度和三轴试验中测定的摩擦角减小之间的经验关系[23]：

$$\frac{k}{k_1}=C_c^{0.6}$$

式中 k——最大主有效应力比；

k_1——在 100kPa 围压下的 k 值；

C_c——压碎系数，表示受压土小于 d_{10} 值的颗粒百分含量与原状土小于 d_{10} 值的颗粒百分含量之比（d_{10} 为小于土粒重量 10%的粒径）。

对承受高围压并在随后的排水三轴试验中破裂的土而言，Datta 等（1979）测出可达 7 的 C_c 值。在随后的一系列不排水三轴试验中，他们发现，根据峰值有效应力比定义的 φ' 值仍随平均有效应力的增大而减小[23]。但是，如果根据最大偏应力来定义，φ' 值仍保持明显的稳定，并不依赖于围压。但是最大偏应力下的 φ' 值在所有情况下都小于根据峰值应力比确定的值，他们推断，压碎的发生随平均有效应力的增加、剪应力的施加、颗粒棱角的增加、颗粒尺寸的减小、颗粒间孔隙的增加和片状贝壳碎片的增加而增长，随矿物硬度减小而降低。Datta 等（1980）的试验表明压碎基本上取决于土中形成的永久应变，并不受加荷类型的影响（不论是静态还是周期的）[24]。

珊瑚砂是一种典型的钙质土，海洋工程建设过程中，由于距离陆地遥远、运输不便，获取传统陆源建筑材料成本高昂，不符合工程建设的经济性。珊瑚砂作为一种天然材料，具有就地取材、来源充足的优势，在岛礁填筑、海洋建筑物地基等海洋工程中被广泛采用，其中珊瑚礁土是钙质土类中用于工程建设最主要、最广泛的一种。我国南海多个岛礁的堆积物以珊瑚碎块、砂为主，占比高达 60%～80%，就地取材进行岛礁工程建设可节约费用，赢得施工时间。

珊瑚砂外观洁白至淡黄色，其形态如图 3.4-2 所示。物理性质方面，相对密度大、高孔隙比、高摩擦角和低颗粒强度是其典型特征。由于碳酸钙含量高，珊瑚砂的相对密度高于陆源硅质砂，一般在 2.7 以上，高者可达 2.9。特殊的生物成因和大量原生生物构造的留存导致珊瑚砂颗粒内孔隙密布。密布的内孔隙和特殊的化学组成导致珊瑚砂颗粒强度低、易破碎，进行试验时，由于内孔隙的存在，试样难以饱和。另外，由于风化过程中搬运和磨蚀少，珊瑚砂颗粒棱角明显，磨圆度差。细长颗粒多为珊瑚断肢，中空颗粒多为小型动物的外骨骼。丰富的内孔隙与棱角分明的颗粒形状使得珊瑚砂有着远大于陆源硅质砂的孔隙比[28]，后者的孔隙比一般介于 0.43～0.85 之间[29]，而较为密实的珊瑚砂其孔隙比也超过 1.0。珊瑚砂与陆源砂的工程特性也表现出明显不同，主要表现为：(1) 珊瑚砂强度和摩擦角远高于陆源硅质砂，摩擦角可以达到 40°以上；(2) 珊瑚砂的压缩性高于石英砂，甚至可达后者的 30 倍；(3) 珊瑚砂在高应力水平下较容易发生颗粒破碎，这是由其特殊的化学成分、棱角分明的颗粒形状，以及较为发育的内孔隙导致的；(4) 珊瑚砂发挥出峰值强度所需的应变水平高于陆源硅质砂，表现为更小的模量；(5) 在一致的相对密度、加载条件下，珊瑚砂的抗液化强度高于石英砂。

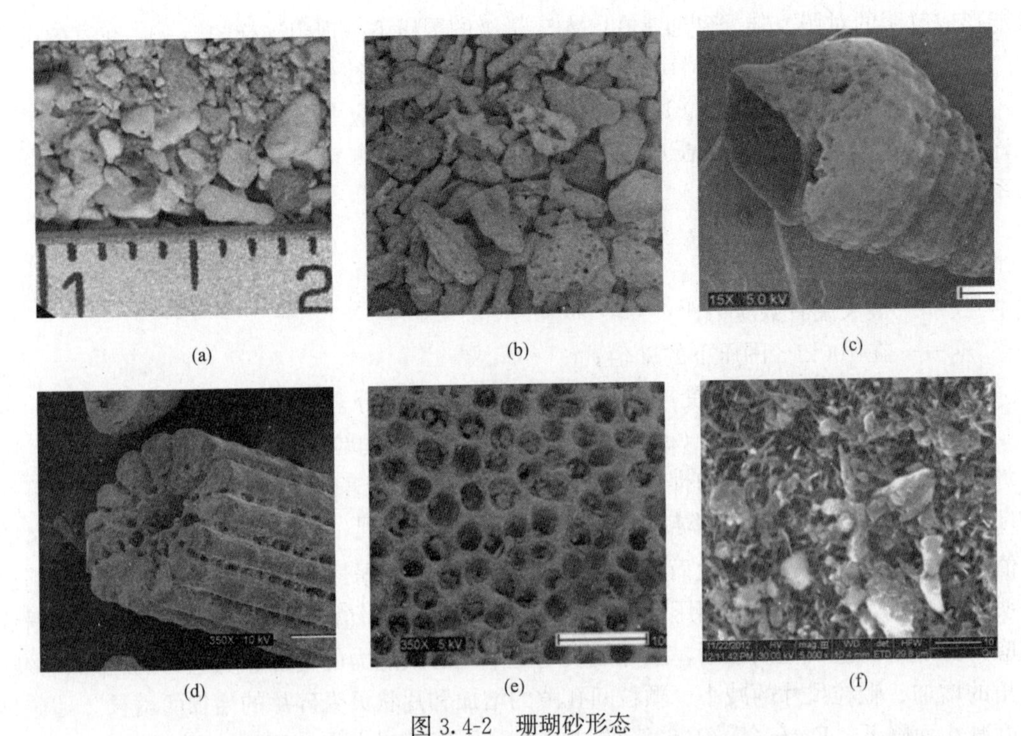

图 3.4-2 珊瑚砂形态

(a) Maui Dune 珊瑚砂 (mm)[30]；(b) 中国南海珊瑚砂[31]；
(c) Cabo Rojo 珊瑚砂原生生物残骸[32]；(d) Cabo Rojo 珊瑚砂原生生物残骸[33]；
(e) Cabo Rojo 珊瑚砂内孔隙剖面[32]；(f) 中国南海珊瑚砂剖面[31]

珊瑚砂的特殊成因使其静动力性质与一般陆源硅质砂有诸多不同（图 3.4-3），主要表现为以下几点：(1) 珊瑚砂最典型的特征是强度和摩擦角比陆源硅质砂高得多，摩擦角一般可达40°以上；(2) 珊瑚砂的压缩性高于石英砂，甚至可达后者的30倍；(3) 由于珊瑚砂特殊的化学成分和棱角分明的颗粒形状，导致珊瑚砂在高应力水平下易发生颗粒破碎；(4) 珊瑚砂发挥出峰值强度所需的应变水平高于陆源硅质砂，表现为更小的模量；(5) 学界普遍认为在同样的相对密度和加载条件下，珊瑚砂的动强度高于石英砂。

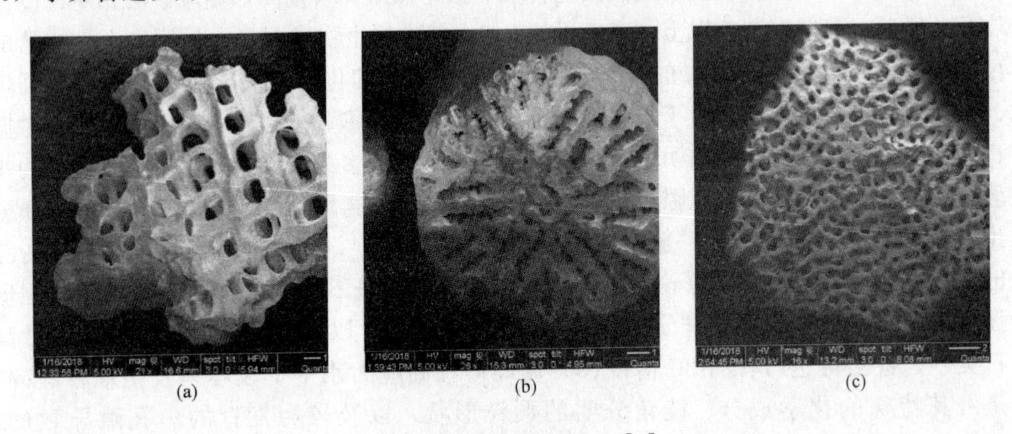

图 3.4-3 珊瑚砂微观电镜照片[34]（一）

(a) 珊瑚砂颗粒；(b) 珊瑚断枝内孔隙构造；(c) 断面显示的内孔隙构造

(d) (e) (f)

图 3.4-3 珊瑚砂微观电镜照片[34]（二）

(d) 珊瑚断枝；(e) 0.5～1.0mm 粒组；(f) 表面形态

3.4.3 硅质土

与无机黏土和钙质土相比，生物硅质土性质的资料很少。这类沉积物多半存在于相对较深的水中，远离大陆边缘、油气开采区，长期以来，工程界对它的重视比较少，这是造成目前资料不足的原因之一。

1）硅质软泥

在海洋沉积学中将生物骨屑含量占 50%以上，硅质生物遗骸含量大于 30%的沉积物称为远洋硅质沉积物，在这类沉积物中最常见的是硅质软泥，根据生物类型又可分为硅藻软泥和放射虫软泥两种。硅质软泥在各大洋中的分布面积占大洋总面积的 14.2%，主要分布在三个带：太平洋赤道带、环北极的不连续带和环南极连续带。赤道带以放射虫软泥为主，两极地区以硅藻软泥为主。

硅质软泥具有相对密度小（平均相对密度为 2.45，最低值为 2.30）和低密度（平均为 1.12g/cm^3），高孔隙度（89%）和高含水量（平均为 389%）的特点，其强度很低，压缩性很高。

2）硅藻黏土

在北太平洋盆地的北边有一广阔的区域，其中分布有混杂着硅藻贝壳、浮冰搬运的岩屑以及火山灰和邻近陆地搬运来的陆源组分，以斑状结构为特征的硅藻黏土，其平均粒径为 2.42μm，平均有效密度为 1.34g/cm^3，平均含水量为 152%，平均孔隙度为 77%，同样具有低强度和高压缩性的特点。

3.4.4 海底含天然气水合物土

天然气水合物是由天然气与水在高压低温条件下组成的白色结晶状固态物质，外形如冰，因此又名“可燃冰”。天然气水合物燃烧后仅生成二氧化碳和水，污染远小于传统化石燃料。作为一种清洁能源，天然气水合物普遍存在于世界各大洋沉积层空隙中或陆地永久冻土下。在海洋中赋存的天然气水合物则与海床土体一起，形成海底含天然气水合物土，又名海底含天然气水合物沉积物，或海底含水合物沉积物。据国际天然气潜力委员会初步统计，世界各大洋天然气水合物的总量大约相当于全世界煤、石油和天然气等总储量的两倍以上，是一种潜力很大的、提供21世纪开发的新型能源。

全球发现的天然气水合物主要位于各个大陆向海延伸的大陆边缘水深超过300～500m地带和高纬度永久冻土带地区以及向海延伸的永冻层带。由于90%以上的天然气水合物分布于海洋中，因此主要依靠地球物理方法（即似海底反射层BSR来推断天然气水合物的存在）进行探测，但资料证实，出现BSR的地方不一定存在天然气水合物，而有些采到天然气水合物的地方也并没有出现BSR。由于天然气水合物极易随温度压力的变化而分解，海底浅部沉积物中常常形成天然气地球化学异常。

海底含天然气水合物在海床土孔隙中主要以四种方式赋存（韦昌富等，2020；Sánchez等，2017）：(1) 孔隙填充模式。天然气水合物颗粒漂浮在土颗粒的孔隙中，不与土颗粒接触。(2) 持力体模式。天然气水合物颗粒与土颗粒接触，并承担一定的原位应力。(3) 胶结模式。天然气水合物不再完全以颗粒形式存在于孔隙中，而是首先在土颗粒接触处生成，并逐渐生长胶结土颗粒，形成一个复合骨架。(4) 包裹模式。水合物体积较大，将土颗粒包裹于其间，土颗粒可能不再互相接触。四种水合物赋存模式如图3.4-4所示[35,36]。

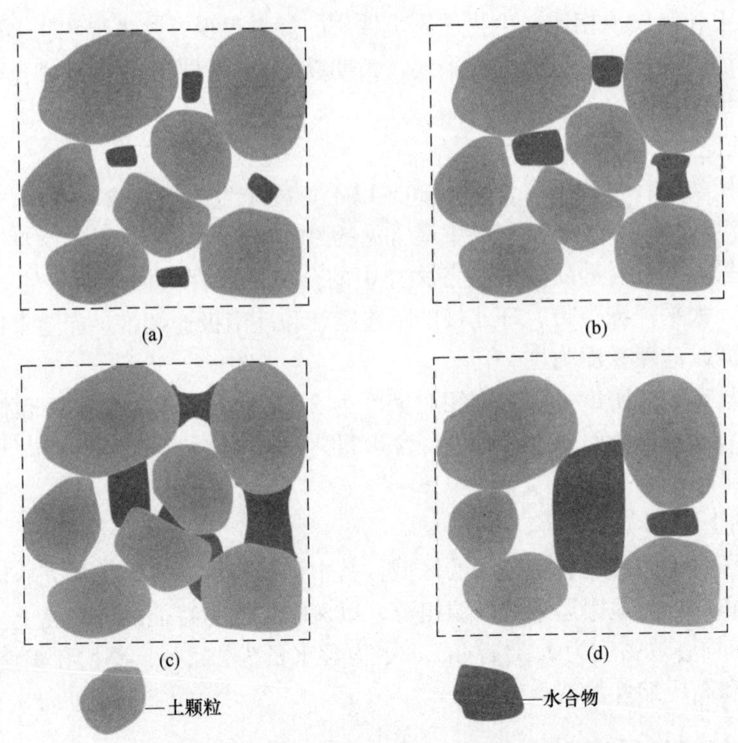

图3.4-4　天然气水合物在海洋土中的赋存模式

(a) 孔隙填充模式；(b) 持力体模式；(c) 胶结模式；(d) 包裹模式

目前，天然气水合物开采方法主要有注热法、注化学制剂法、CO_2置换法、降压法、固态流化法。注热法主要通过向水合物层注入热流体，打破水合物相平衡的条件，促使水合物分解出天然气；注化学剂法通过向地下水合物层注入化学剂改变水合物固有相平衡，进而使水合物在原有温度压力条件下分解；CO_2置换法基于CO_2分子更易于与水结合的特点，通过向地层注入 CO_2 将天然气置换出来；降压法通过降低水合物储层压力以打破水合物相平衡状态，促使水合物分解；固态流化法是在原位保证流化水合物为固态，待水合物进入密闭空间后再促进其分解。

因天然气水合物具有相变分解的特点，海底含天然气水合物土层的工程力学特性相比其他类型土层显得更为复杂。当温度升高或压力降低等条件下，天然气水合物会分解成天然气气体和水，含水合物土整体的强度因水合物分解而降低，骨架压缩性变大，同时伴随着热量的交换和土层力学性态的演化，这种特性使得海底天然气水合物开采的过程本质上成为一个力学-渗流-化学-温度多场耦合的问题，并且极易诱发诸如海底滑坡、地层沉陷、涌泥喷砂等工程问题[37]。因此，目前海底天然气水合物的开采方法尚不成熟。对含水合物土的工程力学特性的研究，特别是其在水合物分解条件下特性的研究，是海底水合物安全开采的重要部分。

根据水合物分解后地层是否保持完整骨架结构，天然气水合物可分为成岩和非成岩两种类型；除少数砂岩型及砂岩裂隙型水合物属于成岩型，占水合物总量绝大多数的细粒裂隙型和分散型水合物均属于非成岩型水合物。其中，分散型的天然气水合物资源存在于海底土中，约占水合物资源总量的 90%，具有饱和度低（<10%的孔隙体积）、胶结性弱、渗透性差的特点，开采此类水合物存在技术难度高、经济性差、风险大等问题，我国南海天然气水合物多属于此种类型。

参考文献

[1] 乔璐璐，徐继尚，丁咚. 海洋地质学概论 [M]. 北京：科学出版社，2020.

[2] 李安龙，林霖，赵淑娟. 海洋工程地质学 [M]. 北京：科学出版社，2020.

[3] Berger W H，Adelseck C G，Mayer L A. Distribution of carbonate in surface sediments of the Pacific Ocean [J]. Journal of Geophysical Research，1976，81 (15)：2617-2627.

[4] Shepard F P. Nomenclature based on sand-silt-clay ratios [J]. Journal of Sedimentary Research，1954，24 (3)：151-158.

[5] Folk R L，Andrews P B，Lewis D W. Detrital sedimentary rock classification and nomenclature for use in New Zealand [J]. New Zealand Journal of Geology & Geophysics，1970，13 (4)：937-968.

[6] 国家海洋局第二海洋研究所，国土资源部广州海洋地质调查局，等. 海洋调查规范 第 8 部分：海洋地质地球物理调查：GB/T 12763.8—2007 [S]. 北京：中国标准出版社，2008.

[7] 国家海洋局第一海洋研究所，第二海洋研究所，国土资源部广州地质调查局和国家地震局. 海洋调查规范 第 11 部分：海洋工程地质调查：GB/T 12763.11—2007 [S]. 北京：中国标准出版社，2008.

[8] 梅西，李学杰，密蓓蓓，等. 中国海域表层沉积物分布规律及沉积分异模式 [J]. 中国地质，2020，47 (5)：1447-1462.

[9] 翟世奎. 海洋地质学 [M]. 青岛：中国海洋大学出版社，2018.

[10] 吴自银，温珍河，等. 中国近海海洋地质 [M]. 北京：科学出版社，2021.

[11] 张其一. 海洋土力学与地基稳定性 [M]. 青岛：中国海洋大学出版社，2020.

[12] 赵阳阳，刘润. 海洋含气土工程特性研究现状 [J]. 石油工程建设，2013 (1)：5.

[13] 李广信，张丙印，于玉贞. 土力学 [M]. 北京：清华大学出版社，2016.

[14] Bjerrum L. Engineering geology of Norwegian normally-consolidated marine clays as related to set-

tlements of buildings [J]. Géotechnique，1967，17，81-118.

[15] 高国瑞. 中国海洋土微结构特征 [J]. 工程勘察，1984，0 (4)：32-36+83.

[16] Meyerhof G G. Geotechnical properties of offshore soils [C]. 1st Can. Conference on Marine Geotechnical Engineering，1979，253-260.

[17] Richards A F. Palmer H D，Perlou M. Review of continental shelf marine geotechnics：Distribution of soils，measurement of properties and environmental hazards [J]. Marine Geotechnology，1975，1 (1)：33-67.

[18] Poulos H G，Marine G. School of civil and mining engineering university of sydney [M]. London：Academic Division of London Unwin Hyman Ltd.，1988.

[19] Mesri G，Godlewski P M. Time-and stress-comprehensibility interrelationship [J]. Journal of Geotechnical Engineering，1977，103 (5)：417-430.

[20] Hamilton E L. Sound velocity gradient in marine sediments [J]. Journal of Acoustic Society of America，1979，65 (4)：909-922.

[21] Ladd R S. Specimen preparation and cyclic stability wands [J]. J Geotech Engng Div，ASCE，1977，103 (NGT6)：535-547.

[22] Esrig M I，Bea R G. Material properties of submarine Mississippi Delta sediments under simulated wave loadings [C]. Proceedings of the 7th Annual Offshore Technology Conference，1975，2188：399-411.

[23] Datta M，Gullhati S K，Rao G V. Crushing of calcareous sands during shear [C]. Proc 11th Annual OTC. Houston，1979，3535：1459-1467.

[24] Datta M，Gullhati S K，Rao G V. An appraisal of the existing practice of determining the axial load capacity of deep penetration piles in calcareous sands [C]. Proceeding of the12th Annual Offshore Technical Conference，1980，3867：119-130.

[25] Dean E T R. Offshore geotechnical engineering：principles and practice [M]. London：Thomas Telfond，2010.

[26] Demars K R，Nacci W E，Wang M C. Carbonate content：an index property for ocean sediments [C]. Proc 8th Annual OTC，Houston，1976，2627：97-106.

[27] 英德比岑 A I. 深海沉积物物理及工程地质性质 [M]. 梁元博，李粹中，卢博，译. 北京：海洋出版社，1981.

[28] Ha Giang P H，Van Impe P O，Van Impe W F，et al. Small-strain shear modulus of calcareous sand and its dependence on particle characteristics and gradation [J]. Soil Dynamics and Earthquake Engineering，2017，100：371-379.

[29] Terzaghi K，Peck R B，Mesri G. Soil mechanics in engineering practice [M]. 3rd ed. New York：John Wiley & Sons，Inc，1993.

[30] Brandes H G. Simple shear behavior of calcareous and quartz sands [J]. Geotechnical and Geological Engineering，2010，29 (1)：113-126.

[31] Wang X Z，Wang X，Jin Z C，et al. Shear characteristics of calcareous gravelly soil [J]. Bulletin of Engineering Geology and the Environment，2017，76 (2)：561-573.

[32] Catano J. Stress strain behavior and dynamic properties of Cabo Rojo calcareous sands [D]. Puerto Rico：University of Puerto Rico，2006.

[33] Sandoval E A，Pando M A. Experimental assessment of the liquefaction resistance of calcareous biogenous sands [J]. Earth Sciences Research Journal，2012，16 (1)：55-63.

[34] 刘和鑫. 可液化地基中码头结构抗震性能与设计方法研究 [D] 北京：清华大学，2021.

[35] 韦昌富，颜荣涛，田慧会，等. 天然气水合物开采的土力学问题：现状与挑战 [J]. 天然气工业，2020，40 (8)：116.
[36] Sánchez M，Gai X，Santamarina J C. A constitutive mechanical model for gas hydrate bearing sediments incorporating inelastic mechanisms [J]. Computers and Geotechnics，2017，84，28-46.
[37] 宁伏龙. 天然气水合物地层井壁稳定性研究 [D]. 武汉：中国地质大学，2005.

4 近海基础工程类型

冯伟强
（南方科技大学海洋科学与工程系，广东 深圳 518055）

4.1 概述

海底蕴藏着丰富的石油和天然气资源。据不完全统计，海底蕴藏的油气资源储量占全球油气储量的1/3。世界海洋石油的绝大部分存在于大陆架上。中东地区的波斯湾，美国、墨西哥之间的墨西哥湾，英国、挪威之间的北海，中国近海，包括南沙群岛海底，都是世界公认的海洋石油最丰富的区域。大陆架的深度一般不超过200m，我国的黄海和东海的海底基本处于大陆架上。黄海水深一般在50～70m，而东海平均深度也不过100m。各国对“浅海”或“深海”的分类并不相同，按我国的现行标准，把小于500m水深的区域称为“浅海区”；把大于500m水深的区域称为“深海区”。随着开采大陆架海域的石油与天然气，以及海洋资源开发和空间利用规模不断扩大，与之相适应的近海工程成为近30年来发展最迅速的工程之一，其主要标志是出现了钻探与开采石油（气）的海上平台。海上平台按其基础支承情况主要可分为固定式和漂浮式两大类。对于近海尤其是水深小于50m的海域而言，固定式基础是海洋工程中最常使用的基础形式，如大型的混凝土重力式基础，在海上风电工程中应用最广泛的单桩基础，以及框架类结构如三脚架基础、导管架基础等（图4.1-1）。此外，近些年还发展出了混凝土和钢质桶形基础替代桩基础作为浮式平台的锚定系统或是导管架平台的永久性支撑结构。

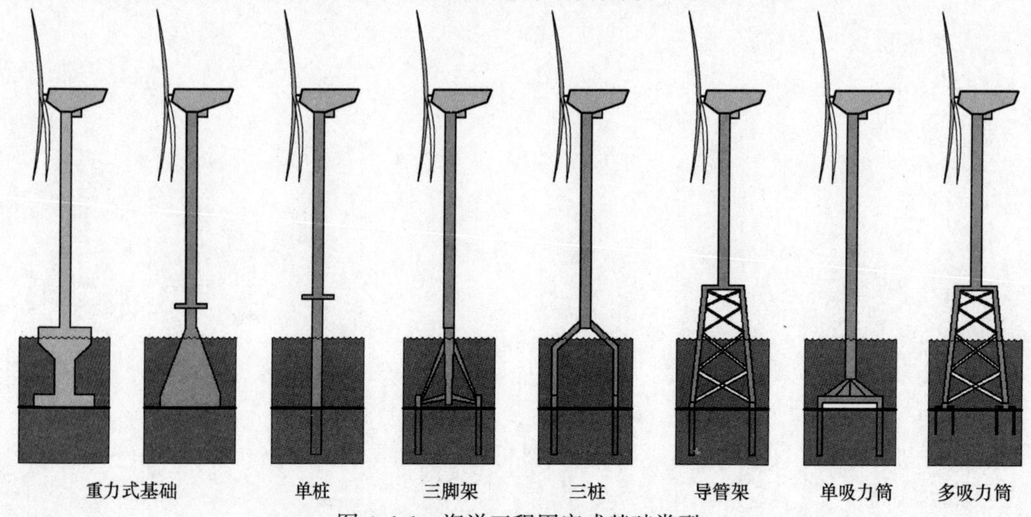

图4.1-1 海洋工程固定式基础类型

4.2　重力式基础

4.2.1　基本特征

重力式基础（Gravity Based Foundation）（也称为重力式结构 Gravity Based Structure，GBS）是一种常见的海洋工程浅基础类型，适用于地基承载力较高的海床，靠自身重量和压载物的重量稳定坐落在海床上，但是不适用于软基海床，并且对海浪冲刷比较敏感。重力式基础最初应用于海上油气领域，称为“Condeep”，而后逐渐应用于海上风机领域。世界上第一个 Condeep 重力式基础于 1973 年在北海建成，作为 Ekofist Ⅰ 油气平台的基础[1]。世界上最深的 Condeep 重力式基础——TrollCondeep 于 1995 年在北海建成，水深 330m[2]。然而，随着浮式平台和锚固基础的不断发展，重力式基础逐渐在经济性方面展现出颓势，截至目前，重力式基础主要应用于海上风机领域，已成为海上风电机组常用的基础形式之一，适用于浅海海域，水深不超过 50m。欧洲国家最先开始发展海上风电工业，丹麦于 1991 年在 Vindeby 建成世界上最早的海上风电场并投入使用，风电场包含 11 个 45kW 的风力发电机并采用重力式基础[3]。丹麦、英国、荷兰、德国等国家已建立现代的海上风电场。此后，北美以及亚洲国家也开始发力海上风电领域，其中以美国、中国、韩国、日本发展较为迅速。

重力式基础的工作原理与陆上风电机组常见的重力式扩展基础工作原理类似，主要依靠基础结构和内部压载的自重抵抗上部结构和外部环境产生的倾覆力矩和滑动力，使基础和上部结构保持稳定。重力式基础一般采用陆上预制的方式建造，然后通过船运或浮运送至安装位置，并用砂砾等填料填充初级内部空腔以获得所需自重，再将其沉入经过平整处理的海床上。重力式基础适用于地基承载力较高的海床，如岩石或坚硬土层，并且要求海床相对平缓、冲刷不严重。当重力式基础应用于 10m 以内水深的海域时，可不限制海床条件，而应用于 10～50m 水深的海域时，为确保基础自身重力足以抵抗风、海浪等外部荷载，保证基础稳定性，重力式基础的尺寸需逐渐增大，建设成本也随之提高。重力式基础通常为钢筋混凝土结构，材料成本低于钢结构，只有单桩结构的 50%，并且不需要海上打桩作业，但是重力式基础结构的安装成本较高，因此，总成本约为单桩基础的 80%[4]。重力式基础施工所需设备类似于重力式码头中的沉箱码头，国内有许多企业有着丰富的沉箱式码头施工经验，不存在相关的技术障碍。国外重力式基础风机应用案例如表 4.2-1 所示。

国外重力式基础风机应用案例　　　　**表 4.2-1**

风电场	国家	年份	总发电功率(MW)	单机发电功率(MW)	水深(m)
Vindeby	丹麦	1991	4.95	0.45	2～4
Tunø Konb	丹麦	1995	5	0.5	4～7
Middelgrunden	丹麦	2001	40	2	3～6
Nysted Ⅰ	丹麦	2003	166	2.3	6～10
Breitling	德国	2006	2.5	2.5	0.5

续表

风电场	国家	年份	总发电功率(MW)	单机发电功率(MW)	水深(m)
Lillgrund	瑞典	2007	110	2.3	4～13
Sprog ø	丹麦	2009	21	3	10～16
Thorntonbank Phase 1	比利时	2009	30	5	20～28
Nysted Ⅱ	丹麦	2010	207	2.3	6～12
Avedøre Holme	丹麦	2011	10.8	3.6	2
Vindpark Vanern	瑞典	2012	30	3	—
Karenhamn	瑞典	2013	48	3	6～20
Blythdemo	英国	2017	40	8.0	36～42

第一代重力式结构为重力式扩展基础，由混凝土底板（扩展部分）、圆柱段壳体、抗冰锥和工作平台组成，如图 4.2-1 所示。基础安装在经过平整的碎石垫层上，抗冰锥高度位于海平面上下，呈外凸形状，用于抵抗浮冰和船舶的撞击作用。重力式基础的底部扩展部分为实心结构，直径可达 16m，底板上部与圆柱段壳体相连，壳体在接近海平面高度时与抗冰锥结构相连，这与具有相同几何尺寸的空心结构相比，运输和安装所需考虑的重量非常高。采用这种设计的第一代重力式基础通常只能应用在水深 10m 以内的浅水海域，例如 1991 年建造的 Vindy 风电场（水深 2～4m）、1995 年建造的 TunøKnob 风电场（水深 4～7m）和 2001 年建造的 Middelgrunden 风电场（水深 3～5m），并且这些风电场所处海床普遍为岩石或硬黏土。

(a)

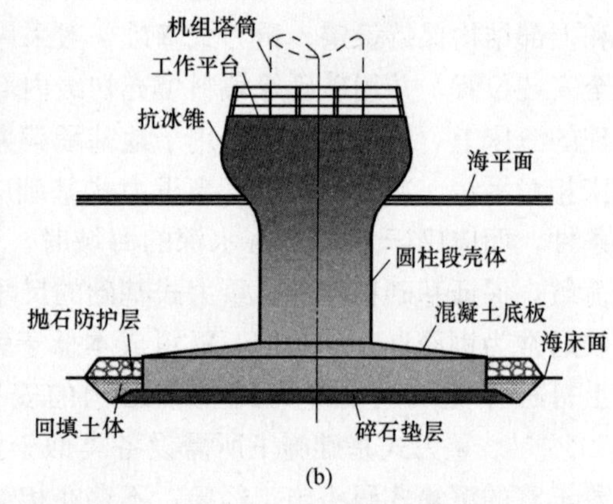

(b)

图 4.2-1　重力式拓展基础

(a) 实物图；(b) 设计图

第二代重力式沉箱基础，由多边形敞口沉箱（通常为六边形）、圆柱段壳体、抗冰锥和工作平台组成，如图 4.2-2 所示。与第一代重力式扩展基础相比，沉箱基础将混凝土底板换成了上方敞口的六边形沉箱，这使得基础的初始自重显著降低，极大地降低了运输难度，不再需要特殊的起重机和驳船，也增加了驳船单次运输的基础数量。当重力式沉箱基础运输至目标海域后，使用浮吊船进行安装下沉工作，向沉箱的 6 个隔舱内填充砾石和卵石压舱物，最终使沉箱基础达到设计自重。2003 年 Nysted Ⅰ风电场（水深 6～10m）、2007 年 Lillgrund 风电场（水深 4～13m）、2009 年 Sprogø 风电场（水深 10～16m）和

(a)

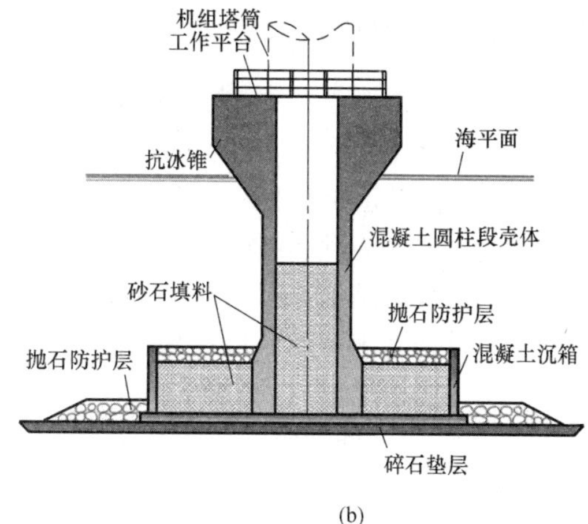

(b)

图 4.2-2 重力式沉箱基础
(a) 实物图；(b) 设计图

2013 年 Kårehamn 风电场（水深 6～20m）均采用了重力式沉箱基础。

第三代为重力式壳体基础，由圆锥形底座和圆筒柱身组成，内部几乎全为空腔，结构整体上细下粗，如图 4.2-3 所示，波浪和海流作用较小，重心较低，有利于提高基础的整体稳定性。该结构设计为使用半浮式方法进行运输，从而减少该阶段结构的重量，进而降低安装过程中使用的运输船舶和起重机的要求。重力式壳体基础在码头预制完成后，可采用夹具固定后用重型浮吊船吊运，到达目标海域后，先向空腔内注水使之下沉，再向空腔内装填中粗砂使结构达到设计自重。2009 年建成的 Thornton Bank 风电场的风电机组采用了重力式壳体基础，水深 20～28m，海床以下地质条件为 10m 厚的中粗砂。

(a)

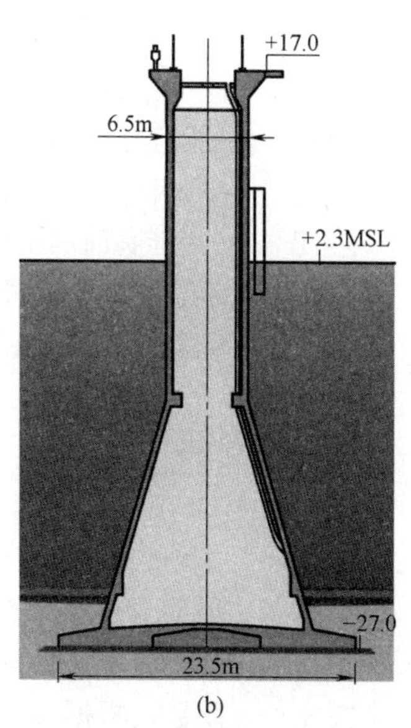

(b)

图 4.2-3 重力式壳体基础
(a) 实物图；(b) 设计图

4.2.2 重力式基础设计理论

重力式基础在服役过程需要承受来自各个方向的偏心荷载，基础底板一般设计为多边形或圆形。作用在重力式基础上的荷载主要包括上部结构传递的竖向荷载 N，基础自重 G，由风和波浪引起的水平荷载 H、弯矩 M、扭矩 T，以及静水压力，地基反力和摩擦力等。重力式基础为预制结构，主要验算基础在永久荷载、可变荷载以及偶然荷载作用下基础抗滑、抗倾，结构强度以及在荷载标准值作用下验算基础的沉降，主要规范包括《重力式码头设计与施工规范》JTS 167—2—2009、《高耸结构设计标准》GB 50135—2019、《风电机组地基基础设计规定》FD 003—2007 等国内规范，以及 API-RP-2A-WSD、DNV-ST-0126 等国外规范。

1）地基承载力

《高耸结构设计标准》GB 50135—2019[5]

轴心荷载作用：

$$p_{\mathrm{k}} \leqslant f_{\mathrm{a}} \tag{4.2-1}$$

式中 p_{k}——相应于作用的标准荷载时，基础底面的平均压力值（kPa）；

f_{a}——修正后的地基承载力特征值，应按现行国家标准《建筑地基基础设计规范》GB 50007 的规定采用。

偏心荷载作用：

$$p_{\mathrm{kmax}} \leqslant 1.2 f_{\mathrm{a}} \tag{4.2-2}$$

式中 p_{kmax}——相应于作用的标准荷载时，基础底面边缘的最大压力值（kPa）。

对于圆形底板，当承受偏心荷载时，基础边缘压力值计算如下：

$$p_{\mathrm{kmax}}=\frac{F_{\mathrm{k}}+G_{\mathrm{k}}}{A}+\frac{M_{\mathrm{k}}}{W}$$

$$p_{\mathrm{kmin}}=\frac{F_{\mathrm{k}}+G_{\mathrm{k}}}{A}-\frac{M_{\mathrm{k}}}{W} \tag{4.2-3}$$

式中 M_{k}——相应于作用的标准荷载时，上部结构传至基础对 x 轴、y 轴的力矩值（kN·m）；

W——基础底面的抵抗矩（m^3）。

当重力式基础在核心区外承受偏心荷载，且基础脱开基底面积不大于全部面积的 1/4 时，验算地基承载力的基础底面压力可按下列公式确定：

$$p_{\mathrm{kmax}}=\frac{F_{\mathrm{k}}+G_{\mathrm{k}}}{\xi r_1^2} \tag{4.2-4}$$

$$a_{\mathrm{c}}=\tau r_1 \tag{4.2-5}$$

式中 r_1——基础底板半径（m）；

r_2——环形基础空洞的半径（m），当 $r_2=0$ 时即为圆形基础；

a_{c}——基础受压面积宽度（m）；

ξ、τ——系数，根据 r_2/r_1 及 e/r_1 查表可得。

当基础底面脱开地基土的面积不大于全部面积的 1/4，且符合地基承载力要求时，可不验算基础的倾覆。

2）抗倾覆稳定性

(1) API 规范[6]

API 规范并未对重力式基础抗倾覆稳定性给出计算公式，这是因为抗倾覆稳定性验算已经包含在了地基承载力计算的规定中，当重力式基础满足地基承载力的要求时，抗倾覆稳定性能够自动满足。

(2)《高耸结构设计标准》GB 50135—2019[5]

正常使用状态下荷载效应的标准组合不允许脱开地基土，极限状态下底面允许脱开地基土的面积不大于底面全面积的 25%。

(3)《风电机组地基基础设计规定》FD 003—2007

$$\frac{M_R}{M_S}=\frac{(N_k+G_k)}{M_k}>1.6 \tag{4.2-6}$$

式中 M_R——荷载效应基本组合下的抗倾覆力矩；

M_R——荷载效应基本组合下的倾覆力矩。

当基础底面脱开地基土的面积不大于全部面积的 25%时，式（4.2-6）的计算结果为 2.3，基础的抗倾覆稳定能够自动满足规范要求的安全系数。这也能够说明《高耸结构设计标准》特意强调“基底脱空面积不超过 25% 时可不验算基础的倾覆稳定性”的原因。

(4)《重力式码头设计与施工规范》JTS 167—2—2009[7]

$$\frac{M_R}{\gamma_0 M_S}>1.35 \tag{4.2-7}$$

式中 γ_0——结构重要性系数。

3）地基变形

(1) API 规范[6]

竖直方向（短期沉降）：

$$u_v=\left(\frac{1-\nu}{4GR}\right)Q \tag{4.2-8}$$

水平方向：

$$u_h=\left(\frac{7-8\nu}{32(1-\nu)GR}\right)H \tag{4.2-9}$$

旋转：

$$\theta_r=\left(\frac{3(1-\nu)}{8GR^3}\right)M \tag{4.2-10}$$

扭转：

$$\theta_t=\left(\frac{3}{16GR^3}\right)T \tag{4.2-11}$$

竖直方向（长期沉降）：

$$u_v=\frac{hC}{1+e_0}\log_{10}\frac{q_0+\Delta q}{q_0} \tag{4.2-12}$$

式中 u_v，u_h——竖向变形（沉降），水平位移；

Q，H——竖向荷载，水平荷载；

θ_r，θ_t——倾覆转角，扭转转角；

M，T——倾覆力矩，扭矩；

G——土的弹性剪切模量；

ν——土的泊松比；

R——基础的半径；

h——地层厚度

e_0——土的初始孔隙比；

C——土的压缩系数；

q_0——初始竖向有效应力；

Δq——附加竖向有效应力。

(2)《高耸结构设计标准》GB 50135—2019[5]

地基最终沉降量应按现行国家标准《建筑地基基础设计规范》GB 50007 的规定计算，且不应大于地基变形允许值。对于高度低于 100m 的高耸结构，当地基土均匀，又无相邻地面荷载的影响时，在地基最终沉降量能满足允许沉降量的要求后，可不验算倾斜。高耸结构地基沉降量允许值为 100mm，倾斜 $\tan\theta$ 允许值为 0.0040。

基础倾斜计算：

$$\tan\theta=\frac{s_1-s_2}{d} \tag{4.2-13}$$

式中 s_1、s_2——基础倾斜方向两端边缘的最终沉降量（mm）对圆板形基础可按现行国家标准《烟囱设计规范》GB 50051 计算；

d——圆板形基础底板的外径（mm）。

(3)《风电机组地基基础设计规定》FD 003—2007，地基变形允许值和倾斜率参见表 4.2-2。

地基变形规定 **表 4.2-2**

塔筒高度(m)	沉降量允许值(mm)		倾斜率允许值 $\tan\theta$
	高压缩性黏性土	低中压缩性黏性土	
$H<60$	400	150	0.006
$60<H\leqslant80$	300		0.005
$80<H\leqslant100$	200		0.004
$H>100$	100		0.003

4.2.3 工程应用

在 20 世纪末，欧洲开始对海上风电产业进行相关的研究与探索。随着海上风电技术与产业的发展，丹麦、英国、荷兰、德国等国家相继建立了发达的海上风电场。英国作为岛国，具有绵长的海岸线，也拥有非常丰富的海风资源。这些优势加上其雄厚的工业基础，使英国海上风电技术与产业应用均在世界上处于领先水平。丹麦的海上发电量目前约占其国内总发电量的十分之一，这主要得益于其海上风电产业、技术发展的较早。在新的国家能源计划中，丹麦设定了海上风电发电量占总风电发电量的四分之一、风电发电量占国家总发电量一半的目标，此计划将进一步加速丹麦风电技术与产业的发展。我国的海上风电产业起步虽晚，但近年来发展较快。在江苏、浙江、福建等地，正在建设、规划的海上风电项目已有二十多个。然而与陆上风电行业相比，海上风电产业的体量仍然较小，在风电总量中只占了很小的比重，因而我国的海上风电产业仍有非常广阔的发展空间。

海上风力发电与陆上风力发电的最大区别在于两者所处的位置，由于海上风电机组的基础处于海上，增加了许多额外载荷和不确定因素，因而设计较为复杂，结构形式也由于不同的海况而多样化。因而，基础设计成了海上风电场设计的关键技术之一。海上风力发电场大规模的商业应用关键在于成本，根据资料显示，基础成本占了整个工程成本的24%[8]。由于风机成本一定，因而如何设计一个能满足技术条件并能有效减少成本的基础将成为课题研究的重点方向。重力式基础结构的材料成本低于钢结构，只有单桩结构的50%，但重力式基础结构的施工成本较高，因此，总成本约为钢结构的80%，如表4.2-3所示[4]。

London Array West 基础的成本估算[4]　　**表 4.2-3**

	平均水深(m)	重量(t)	费用(欧元/t)	建设费用(百万欧元)	安装费用(百万欧元)	额外安装费用(百万欧元)	其他费用(百万欧元)	总费用(百万欧元)
钢管单桩	10	500	1500	0.8	0.3	0	0.2	1.3
重力式基础	10	1350	200	0.3	0.3	0.2	0.2	1.0

欧洲国家最先开始发展海上风电工业，1991年，世界第一座海上风电项目——Vindeby海上风电场在丹麦Lolland岛附近的低水位海域并网运行。该风电场水深2～4m，安装11台450kW风电机组，总容量为4.95MW，其基础设计为图4.2-2所示的重力式扩展基础。Tunø Knob海上风电场（丹麦，1995年）、Middelgrunden海上风电场（丹麦，2001年）均采用类似的重力式基础结构。Middelgrunden海上风电场的海域水深3～5m，安装20台2.0MW风电机组，总容量为40MW，是当时世界上规模最大的海上风电场。Middelgrunden和Nysted项目中，已经对钢管桩和重力式基础两种基础方案进行了比较，其结果显示，重力式基础相对钢管桩造价较少，在安装运输过程中更加经济高效，如表4.2-4所示。由于重力式基础不适用于软土层或淤泥层很厚的地基条件，在Nysted风电项目中，该场地海床表层有4～8m厚的软土地基，施工过程中需将这层土清理掉，换成碎石土等承载力良好的土层。

Middelgrunden 和 Nysted 项目中成本控制　　**表 4.2-4**

项目名称	安装年份	机组功率(MW)	基础数量	费用(欧元/MW)
Middelgrunden	2000	40	20	0.32
Nysted	2002	165.6	72	0.26

我国可开发利用的风能资源初步估算约为10亿kW，其中，海上可开发和利用的风能储量约7.5亿kW。在我国沿海，特别是东南沿海及附近岛屿拥有非常丰富的风能资源。我国海岸线约为1800km，岛屿6000多个，海上风速高，很少有静风期，适合建设

有效利用风能的海上风电场。这意味着在我国海上风力发电发展前景广阔[3]。我国 5～30m 水深范围内近海海上风电的开发潜力约为 2.5 亿 kW，30～60m 水深范围深远海上风电的开发潜力约 5 亿 kW[9]。然而，我国幅员辽阔，海域范围较大，纬度范围涵盖热带、亚热带、北温带等，因此海洋气象条件较为复杂。2020 年，我国风电新增并网装机容量 7167 万 kW，其中陆上风电新增装机容量 6861 万 kW、海上风电新增装机容量 306 万 kW。从新增装机分布看，中东部和南方地区占比约 40%，“三北”地区占比约 60%。到 2020 年底，全国风电累计装机容量 2.81 亿 kW，其中陆上风电累计装机容量 2.71 亿 kW，海上风电累计装机容量约 900 万 kW[9]。2021 年我国海上风电异军突起，全年新增装机容 1690kW，是此前累计建成总规模 1.8 倍，目前累计装机规模达 2638kW 跃居世界第一。截至 2021 年底，全国风电装机容量 3.3kW，同比增 16.6%。2021 年我国风电新增装机容 4757kW，在我国众多的清洁能源形式当中，风电目前占有最大的容量比例和市场份额。重力式风电机组基础施工所需的设备类似于重力式码头中的沉箱码头，国内许多企业有着丰富的沉箱式码头施工经验。目前国内海上风电场还没有建设完成的重力式基础，但是相关的研究和试验都在开展。

4.2.4 发展现状及展望

我国海上风电开发建设正处于快速发展阶段，福建、广东沿海作为我国海上风能资源储备最为丰富的地区，存在着大范围浅覆盖层甚至裸岩地基海床，海域水深超过 30 m，这在国内外海上风电场建设中是罕见的，大直径钢管桩嵌岩施工周期长，成本高，不确定性因素多。而我国福建、广东沿海地区受台风影响严重，导致机组极限荷载多受暴风工况控制，荷载量级与欧洲海上风电场同类机型相比高出 30% 以上，对基础设计提出了更高的要求。海上风电机组重力式基础的设计关键环节包括基础结构设计、运输安装设计、海床处理设计。发电成本是海上风电发展的瓶颈，研究表明，按照目前的技术水平和 20 年设计寿命计算，海上风电的发电成本约合人民币 0.42 元（或 0.05 美元）/kWh。而影响海上风电成本的主要因素是基础结构成本（包括制造、安装和维护）。目前，海上风电场的总投资中，基础结构占 15%～25%，而陆上风电场仅为 5%～10%。因此，发展低成本的海上风电基础结构是降低海上风电成本的一个主要途径[10]。

我国目前尚没有海上风电场建设的法规、规范，但却有海洋石油开发的经验和相应的法规、规范，我们也可以借鉴国外相应的法规、规范，如 DNV 规范《Design of Offshore Wind Turbine Structures》DNV-OS-J101。海上风电机组支撑结构与海洋石油平台的结构形式与功能相似，而与码头的结构形式与功能有较大区别，采用码头的概念来设计海上风电机组支撑结构是不可取的。码头是大型结构物，其结构在环境载荷作用下的振动对于结构的正常服役是微不足道的，结构设计时也不允许有明显的振动。因此，码头设计不涉及结构疲劳问题。而海上风电机组支撑结构是小的单体结构，在海洋环境载荷作用下将产生明显的振动，这也是此类结构设计时必须考虑的一个主要因素，要进行结构的动力设计和疲劳设计。这正是海洋工程结构与海岸工程结构最大的区别。成本和海域使用及对环境的影响决定了海洋工程结构不能按照码头结构的形式设计，必须设计成单体结构。因此，它的振动与疲劳问题是此类结构设计的关键[11]。

4.3 单桩基础

4.3.1 基本特征

单桩基础（Monopile）结构是目前世界上应用最多的风力发电基础结构之一，由大直径钢管组成。当地基的软弱土层较深厚，上部荷载大而集中，采用浅基础已不能满足高耸结构对地基承载力和变形的要求时，宜采用桩基础，如图 4.3-1 所示[5]。与重力式基础形式相比，桩基础对地质条件和荷载环境的适应能力强、对海床表面处土体特性无要求，也不需要施工的前期准备工作，具有结构形式简单、设计制造及施工方便等优点，因而工程中采用大直径单桩的比例最高，约占全球已建成海上风力机基础的 70%。单桩基础的桩径一般在 4.5～9.0m，壁厚约是直径的 1%，适用于 20～40m 水深的海域。由于来自海水、海风和风机运行荷载的承载形式所限，这种风电设施基础形式对海床工程地质的要求相对较高，而且，由于目前海上风力发电机组的单机容量越来越大，单桩的直径过大导致其经济性变差和面临施工技术瓶颈。因此在实践应用过程中又演化出了单立柱三桩、导管架式以及多桩承台式等多种桩基式基础，通过复杂的结构形式来增强基础的稳定性和对施工地质条件、荷载变化规律的适应性。其中的导管架式基础由于良好的经济性和广泛的适用性而获得了较多应用，而多桩承台式基础在海上石油和天然气开采平台建设中有着广泛应用，在我国有着比较丰富的设计使用经验和施工技术资源。不同基础类型在我国的海上风力发电场建设中有所应用，如表 4.3-1 所示。在目前已经建成的海上风力发电场当中，桩式基础的应用占有最大的比例，尤其是单桩式基础，是海上风电大国丹麦海上电场建设的主要基础形式。这一方面主要是因为单桩设计形式的施工技术相对简单和经济，另一方面与丹麦沿海的海床工程地质条件有关。Horns Rev、Samsø 等风电场均采用了单桩基础。其他欧洲国家如荷兰、英国、瑞典等也建设了采用单桩基础的风电场，如 Kentish Flats、Yttre 风电场等，如表 4.3-2 所示[12]。我国近海海域风能资源丰富，可开发量超过 5 亿 kW，已成为新能源发展的重要方向[13]。单桩基础具有结构简单、受力明确的优点，是海上风电的主要基础形式。随着海上风力发电机单机容量的不断增加，目前我国海上风电单桩基础的最大直径已达 10m，桩长超过 100m，桩重近 2000t。

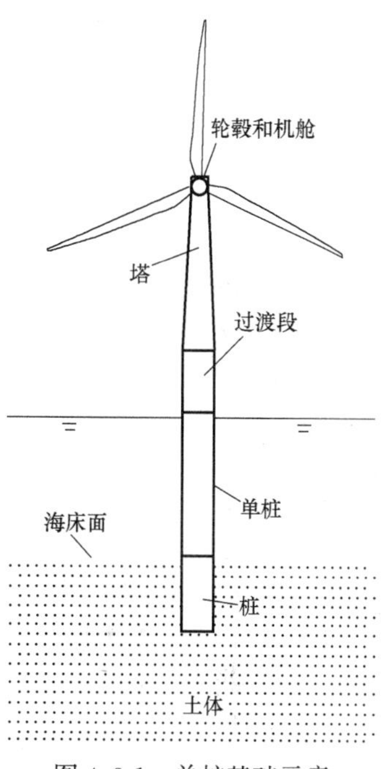

图 4.3-1 单桩基础示意

不同海工基础适用水深及优缺点 表 4.3-1

基础类型	适用水深(m)	优点	缺点
重力式基础	<40	安装成本低，没有打桩施工噪声	重量大，运输困难，需要平整海床

续表

基础类型	适用水深(m)	优点	缺点
单桩基础	<40	加工方便,施工快	施工设备要求高,施工噪声大
多脚基础	≥40	强度高,结构整体刚度大	结构节点多,焊缝处理工作量大,运输困难
导管架基础	≥40	节省材料,刚度大	节点众多,疲劳问题复杂

国外单桩基础海上风机应用案例 **表 4.3-2**

风电场	国家	时间	装机容量(MW)	总容量(MW)	水深(m)
Blyth	英国	2000	1.9	3.8	6
Uttgrunden	瑞典	2001	1.5	10.5	7～10
Yttre	瑞典	2001	2.0	10	8～9
Horns Rev	丹麦	2002	2.0	160	6～14
Samsø	丹麦	2003	2.3	23	11～18
North Hoyle	英国	2003	2.0	60	12
Arklow Band	爱尔兰	2004	3.6	25.2	4～6
Scroby Sands	英国	2004	2.0	60	21
Kentish Flats	英国	2005	3.0	90	5

单桩基础一般由钢板卷制而成的焊接钢管组成，桩和上部结构之间的连接可采用焊接连接，也可采用套筒连接。套筒成为连接桩基与上部结构的组件，也称为单桩基础的过渡段结构。套筒与桩基的连接大多采用灌浆连接，套筒直径一般大于桩基直径，但也有少部分工程套筒放置在桩基内侧连接。通过桩基侧面土体的抗力来承担上部结构荷载和各种环境荷载。当采用单桩基础形式时，相对于其他基础形式中的桩基而言，单桩桩径较大，直径一般在3～7m，壁厚约为桩径的1%。海上风电机组所用单桩基础包括贯入桩、钻孔灌注桩、扩底桩三种类型。对于软土地基，可采用贯入桩，采用冲击锤和振动打桩机安装单桩基础，如丹麦的Horns Rev项目，瑞典Utgrunden项目、爱尔兰Arklow Bank项目和英国的Kentish Flats项目。对于岩石地基，可采用钻孔的方法，边形成钻孔边下沉钢桩，如瑞典的Bockstigen项目和英国的North hoyle项目，也可以在岩石地基内形成大直径钻孔灌注桩，桩顶位置适当扩大后安装风塔，但是这种方案也会使成本增加。对于三种类型的单桩基础，大直径空心柱钢管桩由于可在陆上预制、安装过程简便而被广泛应用，其结构简单、受力明确、制造成本和安装成本均较低[11]。单桩基础插入海床的深度不仅与上部结构荷载和环境荷载有关，还与地基土的强度有关。土体强度不同，插入海床的深度也不一样，依靠土体提供的侧摩阻力传递荷载。然后，在钢管桩上设置靠船设施、钢爬梯及平台等，钢管桩顶部通过灌浆或直接通过法兰连接顶部塔筒。由于单桩基础重量较大，对安装设备提出了较高要求，并且桩径较大，进入持力层后阻力逐步增大，对于打桩设备的能力也提出了较高要求。钢管桩定位于海底后承受波流荷载及风电机组荷载，为防止桩周冲刷，沿单桩一定范围内进行防冲刷处理[14]。单桩基础一般适用于水深小于30m且海床浅层土体较好的海域，尤其是在浅海水域，更能体现其经济价值。当水深较深时，海床表面以上部分桩基悬臂段长度较大，采用单桩基础可能使得基础刚度无法满足上部结构正常运维要求。

4.3.2　单桩基础设计理论

海上风机受风浪流等荷载的联合作用，承受非常大的水平力和弯矩荷载作用[12]。对于大直径单桩基础而言，竖向承载能力较易满足设计要求，水平承载能力成为关键的控制因素[15]。海上风力机允许的基础转动角度仅约 0.5°，因而，基于桩基变形控制的允许承载力一般远小于桩基破坏失稳时对应的极限承载力，工程设计中更关注桩基在水平荷载下的变形特性[16]。

无论单桩基础还是群桩基础，在进行结构计算时，都需要确定桩与土的相互作用模式，其相互作用是十分复杂的问题。桩在轴向力作用下，土对桩的作用力主要有桩侧的摩阻力和桩端阻力两部分，其中桩端阻力只在桩承受压力时起作用，轴向土对桩的约束，可以简化为对桩端的约束。桩承受切向力作用时，在土体中，桩与土共同变形，由于土的弹塑性问题，土的抗力问题十分复杂，可以分为两类，一类按弹性变形考虑，另一类按非弹性变形考虑[17]。按弹性变形考虑有 4 种方法：m 法、常数法、k 法、c 值法。m 法认为土体的抗力系数随深度线性增加，地面处为 0；常数法即张氏法，认为土的抗力系数是一固定值，不随深度变化。按非弹性变形考虑，有 p-y 曲线法，如图 4.3-2 所示。

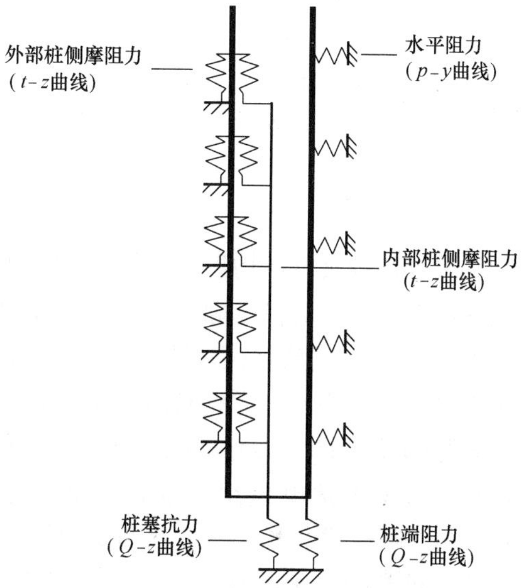

图 4.3-2　桩土相互作用的弹簧模型[12]

（1）竖向承载力：API 规范[6]

$$Q_{\mathrm{d}}=Q_{\mathrm{f}}+Q_{\mathrm{p}}=fA_{\mathrm{s}}+qA_{\mathrm{p}} \tag{4.3-1}$$

式中　Q_{f}——桩侧摩阻力；

Q_{p}——桩端承载力；

f——单位面积桩侧摩擦力；

A_{s}——桩侧面积；

q——单位面积桩端承载力；

A_{p}——桩端面积。

对于黏性土：

$$f=\alpha c$$
$$q=9c \tag{4.3-2}$$

式中　α——无量纲系数；

c——土的不排水抗剪强度。

$$\alpha=0.5\psi^{-0.5}\quad(\psi\leqslant 1.0)$$
$$\alpha=0.5\psi^{-0.25}\quad(\psi>1.0) \tag{4.3-3}$$

式中　ψ——对应土体的 c/p'_0 值；

p'_0——对应深度的有效覆土压力。

对于欠固结黏土（黏土正在承受固结过程中的超孔水压），α 可取 1.0。

（2）竖向承载力：《码头结构设计规范》JTS 167—2018[18]

$$Q_{\mathrm{d}}=\frac{1}{\gamma_{\mathrm{R}}}(U\sum q_{\mathrm{f}i}l_i+\eta q_{\mathrm{R}}A) \tag{4.3-4}$$

式中 Q_{d}——单桩轴向承载力设计值；

γ_{R}——单桩轴向承载力抗力分项系数；

U——桩身截面外周长；

$q_{\mathrm{f}i}$——单桩第 i 层图的极限侧摩阻力标准值；

l_i——桩身穿过第 i 层土的长度；

η——承载力折减系数；

q_{R}——单桩极限端阻力标准值；

A——桩端外周面积。

4.3.3 工程应用

单桩基础具有结构形式简单、设计制造及施工方便等优点，因而工程中采用大直径单桩的比例最高，约占全球已建成海上风力机基础的 70%。大多数欧洲海上风电场都是在深度小于 30m 的浅水区建造的。其次，北海的土壤主要由砂和砾石组成，钻孔桩所需的工作量相对较小，考虑到欧洲的海底条件，单桩是迄今为止最经济的解决方案。2014 年完全并网发电的 91%海上风电场采用了单桩基础[19]。丹麦 Samsø 海上风电场，由 10 台 Bonus2.3MW 风电机组组成，装机容量为 23MW，采用单桩基础结构，水深 13.5～19.5m，距岸线 3.5～6.5km，部分海底为软黏土。2020 年我国主要海上风电场统计数据，单桩基础占比达到 65%以上。随着风机单机容量增大及建设水深增加，海上风电单桩基础采用的钢管桩直径也越来越大，长度也越来越长，钢管桩沉桩施工方式比常规沉桩工艺有更高的要求。单桩通常用运输驳船运输至现场，然后使用自升式船舶或重型起重船起吊。由于自升式平台需要时间将自身提升出水面，因此具有动态定位的重型起重船是一种更有效的选择。如图 4.3-3 所示，应使用起吊架将单桩从运输驳船上竖立起来，再使用大型液压锤（图 4.3-3c）将单桩打入海床。打桩前和打桩过程中，还考虑使用夹持器等桩处理工具（图 4.3-3b 中的圆圈）垂直固定和定位单桩。之后，使用灌浆设备将单桩和过渡段浇筑在一起（图 4.3-3d）。对于没有过渡件的创新单桩基础，可以跳过最后一步[20]。

(a)

(b)

(c)

(d)

图 4.3-3 海上单桩安装过程[20]

东海大桥风电场的备选基础结构为三角架基础、四角架基础、高桩承台群桩基础和单桩基础[21]。这四种基础结构中，单桩基础的经济性最优，但其施工机具和技术均要求较高，故东海大桥风电场最终选择了四角架结构[10]。三峡新能源大连市庄河Ⅲ海上风电场是我国已建的最北海上风电场，平均水深约 20m，以软土地基为主，局部机位有基岩和溶洞存在。该项目总装机容量为 300MW，安装 3.3MW 和 6.45MW 风电机组，场址主要以单桩基础为主，由于受海冰影响，基础安装抗冰锥结构[14]。工程第一期 200MW 中布置了金风 3.3MW 单桩基础风机 48 台，部分单桩基础需沉入强风化岩层[22]。单桩基础为变截面钢管桩，桩顶直径均为 5.5m，通过变截面过渡到 6～6.5m。钢管桩最大直径 6.5m、最大重量 900t、最大桩长 86m。沉桩以标高控制为主，桩顶标高均为＋12m，沉设完成后安装抗冰锥、J 型管等附属构件，基础防冲刷保护采用砂被铺设形式。本工程沉桩采用当前国内比较成熟的“导管架式保持架稳桩，浮吊船吊打沉桩”施工工艺，即 4 根辅助桩支撑导管架形成稳桩保持架定位平台，超大型钢管桩植桩后再通过起重船吊 MHU2400S 孟克液压锤进行锤击沉桩，如图 4.3-4 所示[22]。2011 年，中国首个潮间带风电场——江苏龙源如东 150MW 海上风电场一期示范工程首次进行无过渡段单桩基础施工，实现 5m 直径单桩基础沉桩过程中有效导向和纠偏，保证基础法兰水平度误差在 0.5%以内，形成了一套科学合理的单桩基础施工技术[23]。2021 年，广东某海上风电项目采用大直径单桩基础，该项目施工水深 5～11m，离岸平均 15km。风电场设计采用大直径无过渡段单桩基础，钢管桩直径为 6.5～7.0m，长度为 73～81m，基础材质为 DH36 钢板，板厚为 65～80mm，钢管桩重量为 900～950t。依据潮汐表（85 高程数据）和海面高程，可算出施工现场海域各机位水深，并依水深及打桩船满载吃水深等资料选择打桩船作业方式。由于大部分工程施工作业船舶吃水深在 4.0m 左右，故施工中低潮水深≥5m 时，采用全浮态方式进行钢管桩沉桩施工，低潮水深＜5m 时采用坐滩方式钢管桩沉桩施工[24]。

图 4.3-4 锤击沉桩

4.3.4 研究进展及展望

我国第一座海上风电场——上海东海大桥海上风电场，从 2010 年实现并网发电至今，已经安全运行12年。12年间，风电机组单机容量逐渐增加（从3MW到10MW），建设场址从滩涂到近海，已经开始走向深远海。中国海上风电的大规模开发建设带动了相关产业链发展，反之，产业链的发展又推动着风电技术的不断创新和升级[14]。我国沿海地区大部分近海海域90m高度的年平均风速在7～8.5m/s之间，适合大规模开发建设海上风电场。特别是台湾海峡，年平均风速基本在7.5～10m/s之间，局部区域的年平均风速可达10m/s。然而，我国的福建、广东、台湾地区每年都要经历多场台风，阵风风速可超70m/s，高风速必然对风电机组、基础提出高要求[14]。

海上风机的单桩基础的长细比（嵌入深度与直径之比）通常小于10[25]，打入海底土体的单桩的外径和贯入深度取决于风机的发电能力。单桩基础的外径通常为4～12m，贯入深度在20～40m。由于采用的设计方法越来越不保守，典型的长细比已约从早期安装的5降到最近设计的3或更少，在实践中，可以假设嵌入部分作为刚性结构。单桩的设计应满足极限、可用性和长期疲劳荷载条件[25]。由于海上风力涡轮机结构的几何结构，风和波浪的水平荷载产生了较大的弯矩，这决定了基础设计。与单桩基础相关的岩土工程问题的现有研究主要集中在不同荷载下单桩的承载力、单桩的荷载-挠度响应、结构响应研究中桩-土相互作用的建模以及单桩周围的冲刷[12]。单桩需要重型设备（如自升式驳船）进行安装，这会造成相当大的振动、噪声和悬浮泥沙，因此，在安装带有该下部结构的海上风电场时，应考虑渔业和其他环境问题[19]。

4.4 吸力筒基础

4.4.1 基本特征

吸力筒（suction buckets）（又称为吸力沉箱suction caisson，吸力桩suction piles或吸力锚suction anchors）是固定平台或浮式平台锚的一种形式。吸力筒是顶部密封，底部开口的巨型钢管，顶部有抽水孔以连接抽水泵系统，安装至海底后可以承受竖向荷载和水平荷载，如图4.4-1所示。其长度大多为5～30m，长径比（桩长与桩直径的比值）约为3～6[26]，最典型的长径比为6，最大长度可达为40m，质量高达250t[27]。与传统的海上基础相比，吸力筒具有成本低、定位精确、安装周期短、易拆卸、可重复使用等优点，且可适用于砂土、黏土等不同海床土质以及各种系泊系统，是目前深水系泊定位中应用最广泛的基础形式。

图4.4-1　吸力筒

吸力筒在安装过程中利用“吸力”将其安装至海床中，沉筒完成后，吸力筒形如大型短桩固定于海底。其具体的安装过程为[26]：首先将其竖直放置于海床上，在自重与负压的作用下将其贯入海床至一定深度，封闭排水口使得筒内形成密闭环境；随后利用吸力泵向外抽水，当内、外压差所产生的下贯力超过海床土体对吸力筒的阻力时，吸力筒继续向下沉贯；随着潜水泵持续不断地抽水，吸力筒保持沉贯，直至吸力筒内顶盖与海床泥面相接触为止；最后，卸去潜水泵，筒内外压差逐渐消散，当内部压力恢复至周围环境压力时关闭抽水口，吸力筒安装结束，如图 4.4-2 所示。吸力筒的安装可分为两个阶段：一是自重与负压共同作用下为沉贯力的压力沉贯阶段；二是除了自重和负载外，吸力筒内、外压差作为附加沉贯力的吸力贯入阶段。

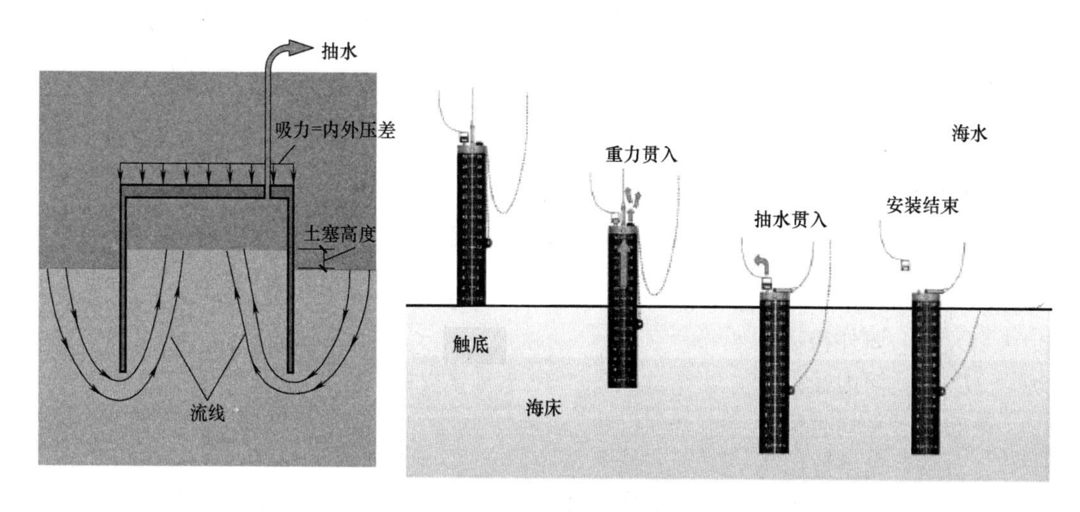

图 4.4-2 吸力筒的安装过程

4.4.2 设计理论

吸力筒在使用过程中，要解决两个关键问题：一是吸力筒的贯入过程，二是服役期间吸力筒的承载特性。本节将分别介绍两个关键问题的设计理论。

1. 贯入过程理论

吸力筒的贯入过程可分为两个阶段：自重沉贯阶段和吸力沉贯阶段。贯入过程的分析主要包括贯入阻力的计算、临界吸力等。贯入力包括筒体水下浮重量 W 和筒内外压差，当沉贯力大于等于贯入阻力 R 时，吸力基础才会下沉，此时施加的最小吸力即为所需吸力 s_{req}。

$$W'+s_{req}A_{in}=R \tag{4.4-1}$$

式中 W'——基础自重（浮重度）；

A_{in}——吸力作用面，$A_{in}=\pi D_i^2/4$；

R——贯入阻力，具体计算方法后文详细介绍。

1）贯入阻力

吸力筒贯入过程中的阻力主要有内筒壁摩擦力 f_i、外筒壁摩擦力 f_o、筒端阻力 q_t 组成，如图 4.4-3 所示。

首先，对于自重沉贯阶段的贯入阻力计算较为简单，阻力主要由内部摩擦力、外部摩擦力以及端阻力组成，具体计算公式如下：

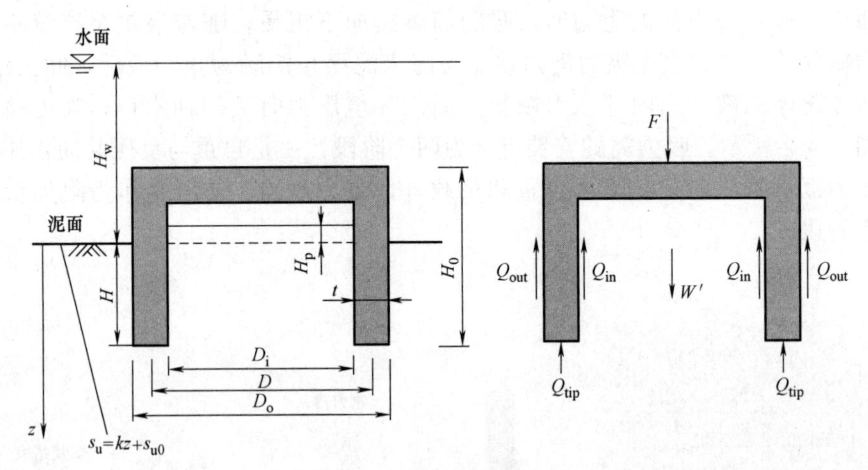

图 4.4-3　贯入过程受力图

$$R=h\alpha_o c_{u1}(\pi D_o)+h\alpha_i c_{u1}(\pi D_i)+(\gamma' h N_q+c_{u2}N_c)(\pi Dt) \tag{4.4-2}$$

式中　D_o——筒外径；

D_i——筒内径；

D——平均直径；

t——筒壁厚；

c_{u1}——泥面到 h 深度处的平均不排水抗剪强度，$c_{u1}=c_{uo}+\rho h/2$；

c_{u2}——在 h 深度处的不排水抗剪强度，$c_{u2}=c_{uo}+\rho h$；

α_o——筒外壁黏附系数；

α_i——筒内壁黏附系数；

N_q、N_c——承载力系数。

在吸力沉贯阶段中，贯入阻力的计算公式复杂多样，且在黏土与砂土中有很大区别。在黏土中，常用的沉贯阻力计算公式有 API 法[28]、NGI（Anderson）法[29]。

API 法基于承载力计算模型，根据桩侧摩阻力和端阻力来计算吸力筒的侧摩阻力和端阻力：

$$R=\alpha' c_u A_{wall}+N_c c_u A_{tip} \tag{4.4-3}$$

式中　N_c——桩的承载力系数；

α'——$\alpha'=0.5\phi^{-0.5}$　($\phi\leqslant 1.0$)，$\alpha'=0.5\phi^{-0.25}$　($\phi>1$)，其中 $\phi=c_u/\gamma' h$；

c_u——相应点土体的不排水抗剪强度；

A_{tip}——裙尖面积；

A_{wall}——内外裙墙总面积。

NGI 法采用黏附系数与不排水抗剪强度的乘积表征吸力筒的贯入机理：

$$R=\alpha s_{u,D}^{av}A_{wall}+(N_c s_{u,tip}^{av}+\gamma' z) \tag{4.4-4}$$

式中　α——黏附系数，等于 $1/S_t$（S_t 是土体的灵敏度）；

$s_{u,D}^{av}$——筒基沉贯深度范围内的平均不排水抗剪强度；

$s_{u,tip}^{av}$——筒端处的平均不排水抗剪强度；

A_{wall}——内外裙墙总面积；

N_c——承载力系数，一般取5.1～9.0。

马文冠等[30] 对比了API、DNV两种规范对吸力筒的贯入阻力计算值均小于试验值，且两种方法中均未提及负压贯入过程中筒形基础的减阻效果。API计算粉土中筒形基础沉贯阻力时，侧阻力系数按砂土情况取值，忽略了黏聚力的影响，从而低估了侧阻力系数值，从而导致计算结果小于实测值。DNV计算方法中对砂土和黏土中的摩阻力系数与端阻力系数取值范围有明确规定，但并未提供粉土中的取值范围。因此，上述两种规范方法对筒形基础在粉土中沉贯阻力预测有待进一步研究。

贯入理论可以分为两种：CPT法和Beta法。CPT法是基于经验，建立端阻力和侧摩阻力与锥尖阻力关系的方法。Beta法是基于有效应力原理，建立端阻力和侧摩阻力关系的方法。从输入参数的角度来看，使用CPT法比使用Beta法更有工程价值。因为现场土体特性通常以CPT数据的形式提供，同时CPT的贯入模式、速率等与吸力筒相近，这也是DNV、Senders和NGI法受到业界青睐的原因。DNV、NGI、Sender公式给出了k_f、k_p不同的取值范围，具体如表4.4-1所示。

k_f、k_p取值 **表4.4-1**

k_f	k_p	参考文献
0.001～0.003	0.3～0.6	DNV
0.002, $k_f=C[1-(D_i/D_o)^2]^{0.3}\tan\delta$	0.2	Sender
0.0015(0.01～0.55)	0.001(0.3～0.6)	NGI

2）吸力和临界吸力

在吸力筒吸力沉贯阶段中，施加的吸力会在筒顶部产生压力，提供向下的贯入力，以使筒下沉到设计的贯入深度。在此期间，既要求所需的吸力能克服沉贯阻力保证基础顺利下沉，同时要避免筒内出现过大的土塞而导致基础无法下沉到预期深度。除此之外，吸力作用下渗流引起的筒内、外土体中接触应力的改变还可以减小在非黏性土（砂土）的贯入阻力。土体类型为黏性土，当吸力过大时，筒外向筒内的渗流强度过大从而出现类似管涌的现象，负压无法继续施加。可见，吸力在负压贯入过程中起着决定性作用。

基于内外压差所产生的沉贯力与海床土体贯入阻力的静力平衡，API规范[28]、DNV规范[31]、NGI（Andersen）等[29]、Houlsby和Byrne[32] 分别给出了在砂土和黏土中实现吸力筒沉贯所需吸力的计算方法。

在黏土中常见的临界吸力S_{crit}计算公式如下：

API法

$$S_{crit}=N_c s_{u,tip}^{av}+\alpha A_{in} s_{u,D}^{av}/A_{top} \tag{4.4-5}$$

DNV法

$$S_{crit}=\frac{F_{in}}{A_{in}}+\frac{N_c s_{u,tip}^{av}}{F_s} \tag{4.4-6}$$

式中 S_{crit}——临界吸力；

$s_{u,D}^{av}$——筒基沉贯深度范围内的平均不排水抗剪强度；

$s_{u,tip}^{av}$——筒端处的平均不排水抗剪强度；

A_{in}——筒壁内侧入土面积；

A_{top}——吸力作用面积；

N_c——承载力系数，一般取 5.1～9.0；

F_{in}——内部吸力；

F_s——安全系数，DNV 规范建议取值为 1.5。

在砂土中常见的临界吸力 S_{crit} 计算公式如下：

Feld 法

$$\frac{S_{crit}}{\gamma' D}=1.32\left(\frac{h}{D}\right)^{0.75} \tag{4.4-7}$$

Houlsby 法

$$\frac{S_{crit}}{\gamma' D}=\left(\frac{h}{D}\right)\left(1+\frac{\alpha_1 k_{fac}}{1-\alpha_1}\right) \tag{4.4-8}$$

Senders 法

$$\frac{S_{crit}}{\gamma' D}=\left\{\pi-\arctan\left[5(h/D)^{0.85}\right]\left(2-\frac{2}{\pi}\right)\right\}\left(\frac{h}{D}\right) \tag{4.4-9}$$

Ibsen 和 Thilsted 基于 Senders 法改进临界吸力计算公式

$$\frac{p_{cr}}{\gamma' D}=\left\{2.86-\arctan\left[4.1(h/D)^{0.85}\right]\left(\frac{\pi}{2.62}\right)\right\}\left(\frac{h}{D}\right) \tag{4.4-10}$$

式中 S_{crit}——临界吸力；

h——筒的贯入深度；

D——筒的直径；

γ'——土的浮重度；

α_1——$\alpha_1=0.45-0.36(1-e^{-2.08h/D})$；

k_{fac}——负压下筒内和筒外渗透系数之比（$k_{fac}=k_{inside}/k_{outside}$）。

临界吸力的对比：

Senders[33] 指出当 h/D 较大或较小时，三种计算方法的临界吸力差别较大，但大部分结果差距较小，如图 4.4-4 所示。国振等[34] 发现采用 API 计算的临界吸力值偏大，吸力沉贯过程中土塞隆起明显大于规范结果，应进行折减。

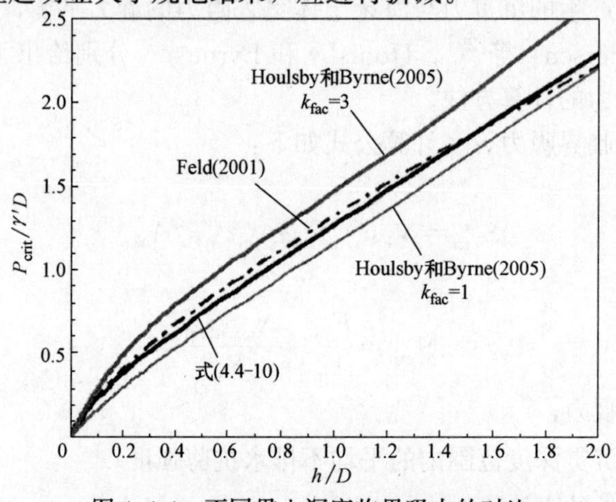

图 4.4-4　不同贯入深度临界吸力的对比

2. 承载力设计理论

传统的海床地基侧重于确定地基的竖向承载力，吸力筒在服役工作中不仅承受上部结构引起的竖向荷载，还有波浪海流荷载引起的水平承载力。因此，吸力筒承载力的计算主要有竖向承载力计算、水平承载力计算。

1）单向承载力

竖向承载力 V_0 由沿筒体外表面的摩擦阻力和端阻力组成。吸力筒除了承受自重和上部结构的重力外，还要承受上部结构传递的风、浪和流等环境荷载，这些荷载会以水平荷载的形式施加在吸力筒上。在水平荷载作用下，吸力筒筒底截面下一定深度范围内土体也被带动旋转。竖向、水平、抗弯极限承载力为：

$$V_0=\alpha\pi DLs_{\mathrm{uav}}+As_{\mathrm{utip}}N_{\mathrm{cV}} \tag{4.4-11}$$

$$H_0=N_{\mathrm{cH}}s_{\mathrm{u}}DL \tag{4.4-12}$$

$$M_0=N_{\mathrm{cM}}s_{\mathrm{u}}D^2L \tag{4.4-13}$$

式中 α——土体弱化系数；

D——筒的直径；

L——筒的长度；

s_{uav}——土体表面至筒体裙端处土体不排水抗剪强度的平均值；

s_{utip}——筒体裙端处土体的不排水抗剪强度平均值；

N_{cV}——竖向承载力系数；

N_{cH}——水平承载力系数，取值为 9.14～11.94；

N_{cM}——抗弯承载力系数；

s_{u}——不排水抗剪强度。

2）抗拔承载力

吸力筒在系泊系统中作为基础与锚链相连，锚链张力以水平、斜向上的力传递到吸力筒上。吸力筒承受倾斜上拔荷载时，当加载点位于最佳受载点，吸力筒只产生平动（无转动），对于纯平动破坏由于加载角度的不同又分为竖向破坏和水平破坏。当加载点位于最佳受载点以上时，吸力筒发生向前转动，反之则发生向后转动，倾斜荷载作用下吸力筒的破坏模式如图 4.4-5 所示。对于张紧式筒链系统，其荷载角度与水平向夹角较大，因此对于这一类筒链系统，吸力筒的控制设计承载力一般为竖向承载力。

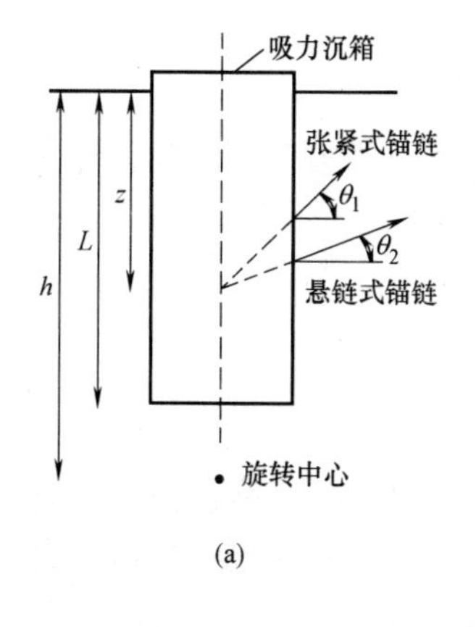

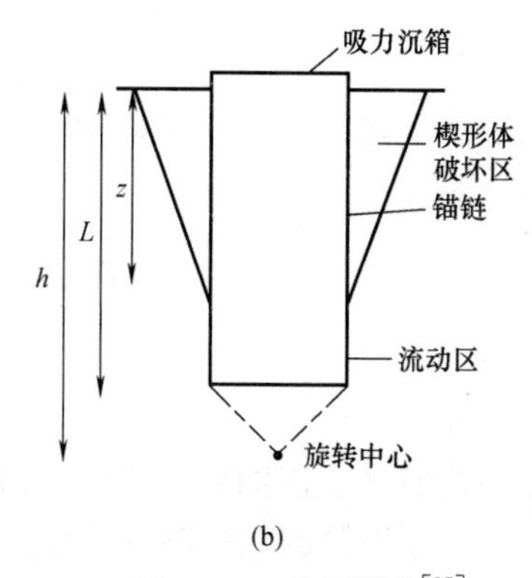

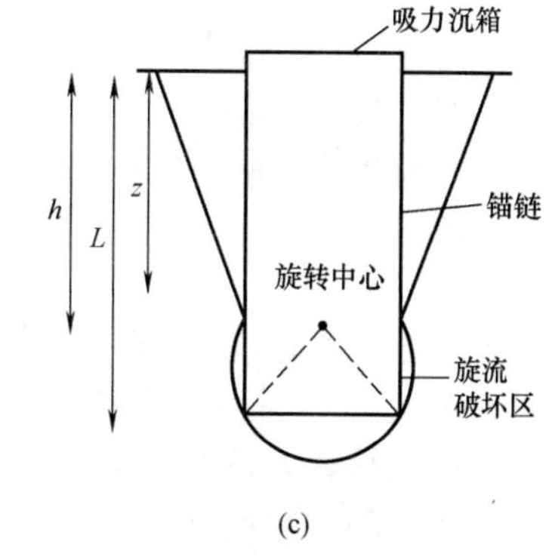

图 4.4-5 破坏模式[35]

吸力筒在竖向上拔荷载作用下的破坏模式有三种，如图 4.4-6 所示，由于吸力筒顶和底部不同的排水条件，荷载作用的时间长短将导致不同的破坏模式。

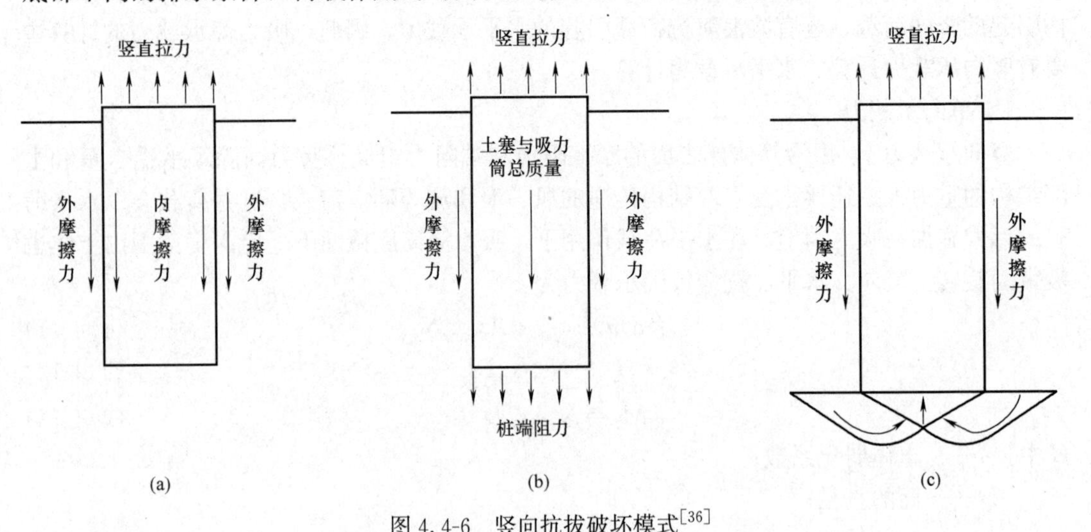

图 4.4-6　竖向抗拔破坏模式[36]

(a) 滑移破坏；(b) 底部抗拉破坏；(c) 反向承载力破坏

对于滑移破坏模式的抗拔承载力由以下三部分计算得到：吸力筒浮重度、内侧土体的摩擦力和外侧土体的摩擦力。

$$V_0=\alpha_{\text{out}}\pi D_0 L s_{\text{uav}}+\alpha_{\text{in}}\pi D_{\text{i}} L s_{\text{uav}}+W' \tag{4.4-14}$$

式中　V_0——竖向承载力；

α_{out}——外侧土体弱化系数；

D——筒的直径；

L——筒的长度；

s_{uav}——土体表面至筒基裙端处土体不排水抗剪强度的平均值。

对于底部抗拉破坏模式的抗拔承载力由以下四部分计算得到：吸力筒浮重度、外侧土体的摩擦力、内部土塞浮重度、吸力筒底部阻力。

$$V_0=\alpha_{\text{out}}\pi D_0 L s_{\text{uav}}+Aq_{\text{t}}+W'+W'_{\text{plug}} \tag{4.4-15}$$

式中　A——吸力筒底部面积；

W'_{plug}——土塞浮重度。

对于反向承载力破坏模式的抗拔承载力由以下三部分计算得到：吸力筒浮重度、外侧土体的摩擦力、吸力筒底部的抗拉承载力。

$$V_0=\alpha_{\text{out}}\pi D_0 L s_{\text{uav}}+s_{\text{u,tip}}N_{\text{c}}A+W' \tag{4.4-16}$$

式中　N_{c}——反向承载力系数；

$s_{\text{u,tip}}$——端部不排水抗剪强度。

反向承载力系数取决于土体的性质（土体的剪切强度、渗透系数等）、荷载条件、测试方法、吸力筒相对埋深（h/D）和吸力筒侧壁摩擦系数等。许多学者通过模型试验和离心机试验对反向承载力系数做过研究，具体取值如表 4.4-2 所示。

承载力系数　　表 4.4-2

承载力系数	吸力筒长径比	参考文献
8.1～10.6	2	Fuglsang 和 Steensen-Bach[37]
13.8	2	Clukey 和 Morrison[38]
9.1～14.6	4	Randolph 和 House[35]
9	—	El-Gharbawy 和 Olson[39]

4.4.3 工程应用

吸力筒在海洋工程的应用有超过 40 年的历史，1981 年吸力筒首次在北海丹麦 Gorm 油田的悬链线锚泊系统中使用[40]，我国 1995 年在渤海 CDF 1-6-1 进行了首次吸力筒的工程应用[41]。现如今，随着国内外对吸力筒的深入研究，目前已被广泛应用于大型海上设施，如石油平台、海上钻井、海上风电等。吸力筒根据筒的个数可分为单筒基础、多筒基础和单筒多舱复合型基础。

4.4.4 研究进展及展望

目前，国内外开展了大量关于吸力筒的研究，可分为两个方面：一是沉贯过程的研究，主要集中在贯入阻力的预测，其中紧密相关的临界吸力以及土塞现象也被广泛关注。二是承载特性的研究，主要考虑了静动荷载作用下（包括波浪、海流、海冰、海风等荷载）吸力筒基础的稳定性及其动力响应，竖向及水平荷载作用下的失效模式和极限承载力等。

1. 沉贯过程研究

国内外学者通过物理模型或现场试验、理论分析、数值模拟等手段对吸力筒的沉贯过程进行了大量的研究。基于导管架平台 Europipe16/11-E，Tjelta[42] 通过现场试验对吸力筒贯入过程进行研究，发现在砂土（高渗透土）中吸力作用会产生渗流现象，通过降低吸力筒内和裙端土的有效应力，从而降低端阻力和侧摩阻力。Ibsen 等[43]、Harireche 等[44] 利用数值模拟方法分析了引起渗透破坏的条件，以出口水力梯度为控制条件建立了临界吸力计算公式。

与高渗透土不同，吸力筒贯入响应在黏土（低渗透土）中有明显差异，其渗流减阻效果降低。其中值得注意的是，在黏土中吸力筒沉贯会产生土塞现象，即在吸力筒下沉过程中，筒体内泥面在筒体内外压力差或渗流力的作用下不断隆起，并在下沉之前即与筒盖相接触，阻碍筒体。该现象最早由 Senpere 等[40] 在室内试验中发现，随后许多学者在通过模型试验或理论分析研究了土塞形成机理、土塞发展等问题[45-50]。

不同学者针对不同土对吸力筒贯入开展研究，Tran 等[46,51,52] 针对在砂土及分层土中吸力筒沉贯过程开展了一系列室内模型试验，揭示了土塞发展的过程、吸力值、沉贯速度等因素对最终沉贯量的影响；朱斌等[53] 通过大比尺模型试验研究了在粉土中吸力筒的沉贯特性。丁红岩[54,55]、张浦阳等[56,57] 进行了一系列室内试验，研究了砂土中自重沉贯和负压沉贯过程中吸力筒与饱和砂土相互作用的机理，分析了筒壁内、外侧土压力的变化和吸力大小对其的影响，并对以前计算贯入阻力和所需吸力的公式进行了修正和评估，随后关注了孔隙水压力及土压力的变化情况以及沉贯过程的渗流特性。

展望：虽然上述研究较好地认识了吸力筒的安装机理，但仍有许多问题有待解决。第一，贯入速率是安装过程中的可控参数，但并未对其进行深入研究。第二，吸力筒的几何形状（包括尺寸和壁厚）对吸入压力和贯入过程的影响仍不清楚。第三，沉箱内部土塞的形成机理和发展尚不清晰，是由土体膨胀引起的还是由渗流作用下周围土的流入引起的，目前还未得到充分的研究。第四，实际工程中的土层情况十分复杂，土层呈层状土的情况十分多见，甚至可能包括有淤泥土软弱夹层，钙质粉土夹层、钙质砂。有软弱夹层时，需要关注筒体是否会“穿透”这些层，类似桩靴贯入中的“穿刺破坏”。其中的渗流机理更为复杂，低渗透土会阻碍渗流，从而减小渗流减阻效应，但这种情况渗流堵塞不像纯黏土，因为淤泥受到冲刷，仍然会存在一定的渗流。另外，在粉土中尖端阻力要比在黏土中大得多，这意味着可能需要更高的贯入压力才能使吸力筒贯入预设的设计高度，而这种高压产生的吸力可能导致筒体周围土体出现管涌现象。第五，目前许多新型单筒多舱型筒型基础被应用，下沉调平过程中水-土-筒之间相互作用比传统吸力筒更加复杂，筒中的分舱板使基础下沉调平过程中土体渗流特性与传统型筒型基础不同。需要完善新型单筒多舱型筒型沉贯过程的理论分析，建立吸力筒的吸力控制标准，确保基础在贯入调平过程中的安全性和可靠性[58]。

2. 承载力特性研究

吸力筒的极限抗拔承载能力是海上浮式平台安全设计的关键，它决定了在极端载荷条件下系统的安全性。许多学者通过缩尺的现场试验或物理模型测试[59-61]和数值分析[62-64]对吸力筒的单调承载力做了大量研究，这些研究主要讨论了吸式筒的极限承载力与各种因素的关系，如荷载偏心率、几何形状和安装方法等，但仅限于单层土。由于排水条件对承载力影响显著，Deng 和 Carter[36]提出了针对软黏土中筒形基础排水、部分排水和不排水三种条件下的破坏模式。Waston 和 Randolph[65]也通过离心机试验，在不排水或部分排水荷载条件下，在高岭土、钙质粉土或钙质砂中进行了吸力筒在竖向、水平和弯矩荷载联合作用下的抗拔承载力研究。随后学者们关注到循环荷载的影响，如 Chen 和 Randolph[66]以常规固结、轻度超固结和敏感黏土为研究对象，通过离心试验研究吸力筒在持续加载和循环加载下的抗拔承载力和外径向应力变化。筒在持续荷载作用下的承载能力仅为单调不排水荷载作用下的72%～85%，摩擦系数降至0.67～0.75，反向端承载系数降至7.5～9.4。循环荷载作用下沉箱抗拔承载力为单调荷载的72%～86%，摩擦系数降低到0.65～0.80，反向端承载系数降低到6.4～9.0。

有许多学者通过极限平衡分析承载力，如 Murff 和 Hamilton[67]提出了上线解的方法计算承载力。而吸力筒基础一般会同时受到自重、上部结构力、波浪和风等环境荷载的共同作用，受竖向荷载 V，水平荷载 H 和弯矩荷载 M。对于这种复合加载共同作用一般采用建立包络面的方法，如 Palix 和 Kay[68,69]提出了三种不同土的 H-M 空间。

展望：第一，循环荷载对承载力的影响，循环荷载导致筒体周围土体应变软化和循环累积变形。前人的研究大多考虑了较大的循环荷载幅值和较少的循环次数（如 $N<1000$），而真实海洋环境中，循环荷载幅值会变化，且荷载方向具有多变性[70]，有必要进一步对真实的循环荷载（变幅值，多方向）下的吸力筒承载力进行研究。第二，在吸力筒服役过程中受循环荷载，桩-土相互作用十分复杂，该问题也十分值得关注。第三，虽然

已经有学者研究了层状土对吸力筒承载力的影响，但仍缺乏完善的规范。因此，需要进一步研究土层（如含有软弱夹层的土体）对吸力筒极限承载力的影响。第四，目前群筒基础多为导管架，对浮式的群筒基础试验研究极少，群筒基础破坏机制和群筒效应研究也有待进一步深入[71]。

参考文献

[1] Eide D T，Larsen L G. Installation of the Shell/Esso Brent B Condeep production platform [C]. Proceedings of the Offshore Technology Conference，1976.

[2] Esteban M D，López-gutiérrez J S，Negro V. Gravity-based foundations in the offshore wind sector [J]. Journal of Marine Science and Engineering，2019，7 (3)：64.

[3] 葛川，何炎平，叶宇，等. 海上风电场的发展、构成和基础形式 [J]. 中国海洋平台，2008，23 (6)：31-5.

[4] Vølund P. Concrete is the future for offshore foundations [J]. Wind Engineering，2005，29 (6)：531-63.

[5] 同济大学. 高耸结构设计标准 [M]. 中华人民共和国住房和城乡建设部；国家市场监督管理总局. 2019：208.

[6] API R A-W. American Petroleum Institute Recommended Practice for Planning，Designing and Constructing Fixed Offshore Platforms—Working Stress Design [J]. Washington：American Petroleum Institute，2007，

[7] 中交第四航务工程局有限公司，中交四航局港湾工程设计院有限公司. 重力式码头设计与施工规范：JTS 167-2-2009 [S]. 北京：人民交通出版社，2009.

[8] Musial W. Why go offshore and the potential of the Unite State [C]. Proceedings of the Southeast Regional Offshore Wind Power Symposium，2007.

[9] 李铮，郭小江，申旭辉，等. 我国海上风电发展关键技术综述 [J]. 发电技术，2022，43 (2)：186-97.

[10] 黄维平，刘建军，赵战华. 海上风电基础结构研究现状及发展趋势 [J]. 海洋工程，2009，27 (2)：130-4.

[11] 黄维平. 我国海上风电场开发面临的机遇和挑战及解决方案 [C]. 第二届全国海洋能学术研讨会，中国黑龙江哈尔滨，2009.

[12] Wu X，Hu Y，Li Y，et al. Foundations of offshore wind turbines：A review [J]. Renewable and Sustainable Energy Reviews，2019，104：379-393.

[13] 王淼，吴云青，苏萌，等. 单桩式基础应用于我国海上风电的可行性探讨 [J]. 电力建设，2013，34 (4)：63-66.

[14] 黄俊. 海上风电基础特点及中国海域的适用性分析 [J]. 风能，2020，2：36-40.

[15] 王国粹，王伟，杨敏. 3.6MW 海上风机单桩基础设计与分析 [J]. 岩土工程学报，2011，S2：6.

[16] Leblanc C，Houlsby G，Byrne B. Response of stiff piles in sand to long-term cyclic lateral loading [J]. Géotechnique，2010，60 (2)：79-90.

[17] 吴志良，王凤武. 海上风电场风机基础型式及计算方法 [J]. 水运工程，2008，10：249-58.

[18] 码头结构设计规范 [M]. 国内-行业标准-行业标准-交通 CN-JT. 2018.

[19] Oh K Y，Nam W，Ryu M S，et al. A review of foundations of offshore wind energy convertors：

Current status and future perspectives [J]. Renewable and Sustainable Energy Reviews, 2018, 88: 16-36.

[20] Jiang Z. Installation of offshore wind turbines: A technical review [J]. Renewable and Sustainable Energy Reviews, 2021, 139: 110576.

[21] 林毅峰，李健英，沈达，等. 东海大桥海上风电场风机地基基础特性及设计 [J]. 上海电力，2007，20 (2)：5.

[22] 王金龙，张立，庄桂清，等. 海上风电超大型单桩沉设入岩的垂直度控制 [J]. 低碳世界，2019，9 (4)：274-5.

[23] 陈强，刘凤松，肖纪升. 潮间带风电场无过渡段单桩基础施工关键技术 [J]. 中国港湾建设，2016，36 (6)：56-9，80.

[24] 刘晋超. 海上大直径单桩基础沉桩施工关键技术研究 [J]. 南方能源建设，2022，9 (1)：47-51.

[25] O'kelly B, Arshad M. Offshore wind turbine foundations - analysis and design [M]. Offshore Wind Farms. Elsevier, 2016, 589-610.

[26] 国振，王立忠，李玲玲. 新型深水系泊基础研究进展 [J]. 岩土力学，2011，32 (S2)：469-77.

[27] Andersen K, Murff J, Randolph M, et al. Suction anchors for deepwater applications [C]. Proceedings of the 1st International Symposium on Frontiers in Offshore Geotechnics, ISFOG, Perth, 2005.

[28] Institute A P. Recommended Practice for Planning, Designing, and Constructing Fixed Offshore Platforms-Working Stress Design: Upstream Segment [M]. API Recommended Practice 2A-WSD (RP 2A-WSD): Errata and Supplement 1, 2002.

[29] Andersen K H, Jostad H P, Dyvik R. Penetration resistance of offshore skirted foundations and anchors in dense sand [J]. Journal of geotechnical and geoenvironmental engineering, 2008, 134 (1): 106-16.

[30] 马文冠，刘润，练继建，等. 粉土中筒型基础贯入阻力的研究 [J]. 岩土力学，2019，40 (4)：1307-12，23.

[31] Veritas D N. Foundations, classification notes No. 30. 4 [M]. Hovig, Norway, 1992.

[32] Houlsby G T, Byrne B W. Design procedures for installation of suction caissons in clay and other materials [C]. Proceedings of the Institution of Civil Engineers-Geotechnical Engineering, 2005, 158 (2): 75-82.

[33] Senders M, Randolph M F. CPT-based method for the installation of suction caissons in sand [J]. Journal of geotechnical and geoenvironmental engineering, 2009, 135 (1): 14-25.

[34] 国振，王立忠，袁峰. 粘土中吸力锚沉贯阻力与土塞形成试验研究 [J]. 海洋工程，2011，29 (1)：9-17.

[35] Randolph M, House A. Analysis of suction caisson capacity in clay [C]. Proceedings of the Offshore Technology Conference, 2002.

[36] Deng W, Carter J. A theoretical study of the vertical uplift capacity of suction caissons [J]. International Journal of Offshore and Polar Engineering, 2002, 12 (2): 89-97.

[37] Fuglsang L, Steensen-Bach J. Breakout resistance of suction piles in clay [C]. Proceedings of the international conference: centrifuge, 1991.

[38] Clukey E C, Morrison M J. A centrifuge and analytical study to evaluate suction caissons for TLP applications in the Gulf of Mexico [C]. Proceedings of the Design and performance of deep foundations: Piles and piers in soil and soft rock, 1993.

[39] El-Gharbawy S, Olson R. Suction caisson foundations in the Gulf of Mexico [C]. Proceedings of

the Analysis, Design, Construction, and Testing of Deep Foundations, 1999.
[40] Senpere D, Auvergne G A. Suction anchor piles-a proven alternative to driving or drilling [C]. Proceedings of the Offshore Technology Conference, 1982.
[41] 徐继祖，史庆增，宋安，等. 吸力锚在国内近海工程中的首次应用与设计 [J]. 中国海上油气(工程)，1995，7 (1)：32-36.
[42] Tjelta T. Geotechnical experience from the installation of the Europipe jacket with bucket foundations [C]. Proceedings of the Offshore Technology Conference, 1995.
[43] Ibsen L B, Thilsted C. Numerical study of piping limits for suction installation of offshore skirted foundations and anchors in layered sand [M]. Frontiers in offshore geotechnics II London: Taylor & Francis Group, 2011.
[44] Harireche O, Naqash M T, Farooq Q U. A full numerical model for the installation analysis of suction caissons in sand [J]. Ocean Engineering, 2021, 234: 109173.
[45] Andersen K H, Jeanjean P, Luger D, et al. Centrifuge tests on installation of suction anchors in soft clay [J]. Deepwater Mooring Systems: Concepts, Design, Analysis, and Materials, 2003: 13-27.
[46] Tran M N, Randolph M F, Airey D W. Experimental study of suction installation of caissons in dense sand [C]. Proceedings of the International Conference on Offshore Mechanics and Arctic Engineering, 2004.
[47] 杨少丽，李安龙，齐剑峰. 桶基负压沉贯过程模型试验研究 [J]. 岩土工程学报，2003，2：236-238.
[48] 丁红岩，刘振勇，陈星. 吸力锚土塞在粉质粘土中形成的模型试验研究 [J]. 岩土工程学报，2001，23 (4)：441-444.
[49] 王胤，朱兴运，杨庆. 考虑砂土渗透性变化的吸力锚沉贯及土塞特性研究 [J]. 岩土工程学报，2019，41 (1)：184-190.
[50] 李大勇，张雨坤，高玉峰，等. 中粗砂中吸力锚的负压沉贯模型试验研究 [J]. 岩土工程学报，2012，34 (12)：2277-2283.
[51] Tran M, Randolph M. Variation of suction pressure during caisson installation in sand [J]. Géotechnique, 2008, 58 (1): 1-11.
[52] Tran M N. Installation of suction caissons in dense sand and the influence of silt and cemented layers [J]. University of Sydneyschool of Civil Engineering, 2015, 105-112.
[53] 朱斌，孔德琼，童建国，等. 粉土中吸力式桶形基础沉贯及抗拔特性试验研究 [J]. 岩土工程学报，2011，33 (7)：1045-1053.
[54] 丁红岩，于瑞，张浦阳，等. 海上风电大尺度预应力筒型基础结构预应力优化设计 [J]. 天津大学学报，2012，45 (6)：473-480.
[55] 丁红岩，练继建，李爱东，等. One-Step-Installation of Offshore Wind Turbine on Large-Scale Bucket-Top-Bearing Bucket Foundation [J]. Transactions of Tianjin University, 2013, 19 (3): 188-194.
[56] Zhang P, Guo Y, Liu Y, et al. Experimental study on installation of hybrid bucket foundations for offshore wind turbines in silty clay [J]. Ocean Engineering, 2016, 114: 87-100.
[57] Zhang P, Zhang Z, Liu Y, et al. Experimental study on installation of composite bucket foundations for offshore wind turbines in silty sand [J]. Journal of Offshore Mechanics and Arctic Engineering, 2016, 138 (6): 061901.1-061901.11.
[58] 贾楠. 海上风电单筒多舱型筒型基础沉放调平机理及沉贯阻力研究 [D]. 天津：天津大

学，2017.
[59] Byrne B W，Houlsby G T. Experimental investigations of the response of suction caissons to transient combined loading [J]. Journal of geotechnical and geoenvironmental engineering，2004，130 (3)：240-53.
[60] Villalobos F A，Byren B W，Houlsby G T. An experimental study of the drained capacity of suction caisson foundations under monotonic loading for offshore applications [J]. Soils and foundations，2009，49 (3)：477-88.
[61] Chen F，Lian J，Wang H，et al. Large-scale experimental investigation of the installation of suction caissons in silt sand [J]. Applied Ocean Research，2016，60：109-20.
[62] Barari A，Ibsen L B. Undrained response of bucket foundations to moment loading [J]. Applied ocean research，2012，36：12-21.
[63] Achmus M，Akdag C，Thieken K. Load-bearing behavior of suction bucket foundations in sand [J]. Applied Ocean Research，2013，43：157-65.
[64] Vulpe C. Design method for the undrained capacity of skirted circular foundations under combined loading：effect of deformable soil plug [J]. Géotechnique，2015，65 (8)：669-83.
[65] Watson P，Randolph M，Bransby M. Combined lateral and vertical loading of caisson foundations；proceedings of the Offshore technology conference [C]. OnePetro，2000.
[66] Chen W，Randolph M. Uplift capacity of suction caissons under sustained and cyclic loading in soft clay [J]. Journal of Geotechnical and Geoenvironmental Engineering，2007，133 (11)：1352-63.
[67] Murff J D，Hamilton J M. P-ultimate for undrained analysis of laterally loaded piles [J]. Journal of Geotechnical Engineering，1993，119 (1)：91-107.
[68] Kay S，Palix E. Caisson capacity in clay：VHM resistance envelope—Part 2：VHM envelope equation and design procedures；proceedings of the Proceedings of 2nd international symposium on frontiers in offshore geotechnics [C]. 2010.
[69] Palix E，Willems T，Kay S. Caisson capacity in clay：VHM resistance envelope - Part 1：3D FEM numerical study；proceedings of the Frontiers in offshore geotechnics ISFOG 2010：proceedings of the second international symposium on frontiers in offshore geotechnics [C]. 2010.
[70] 罗仑博. 砂土地基海上风电吸力桶基础长期循环承载特性模型试验研究 [D]. 北京：北京科技大学，2020.
[71] 代加林. 软黏土中吸力式桶形基础上拔离心模型试验与数值分析 [D]. 杭州：浙江大学，2020.

5 深远海基础工程类型

冯伟强
（南方科技大学海洋科学与工程系，广东 深圳 518055）

5.1 概述

鉴于深海资源丰富，油气资源开采与海上风电逐渐向深海区域发展。深远海基础作为深远海海上结构物的“生命线”，关乎海上结构物的安全与正常服役，有必要加强对深远海基础的认识。目前，在海洋工程中没有明确的临界水深来区分浅海和深海，一般认为水深大于 500m 为深海。相对于浅海岩土基础工程，为适应海洋资源开发的需求，深水中的基础工程类型有很多不同类型，与海床土体条件和海洋环境有很大关系。

海洋基础工程中有不同类型的平台，主要包括浮式平台和固定式平台。固定式平台如导管架平台等适用于浅海海域环境。浮式平台主要适用于深海海域，如张力腿平台（TLP）、船形浮式系统（FPSO）、立柱式平台（SPAR）、半潜式平台和海上风电等，如图 5.1-1 所示。与浅海的固定式平台不同，浮式平台需要利用锚固系统将其系泊在深海海床中，其锚固基础形式多样，主要有吸力锚基础、拖拽锚基础、板锚基础、鱼雷锚基础、桩锚基础以及其他新型锚基础等，如图 5.1-2 所示。基于锚固基础的不同特点，不同的锚固基础适用于不同的海上平台，其优缺点如表 5.1-1 所示。

锚基础优缺点 **表 5.1-1**

基础类型	优点	缺点	适用平台
法向承力锚	体积小，质量轻；一次可以运输多个锚，减少运输经费；完善的设计和安装程序	需要拖曳安装，很难精确定位和保证贯入深度；仅限于安装船的系柱拉力；需要 2～3 艘船和 ROV；除了巴西以外，缺少使用永久浮式系统的经验	悬链锚系统
板锚	采用吸式锚安装方法，可以精确定位和保证贯入深度，且可回收；锚体成本在所有深水锚中最低；定位的精确测量；较完善的板锚设计理论	安装时间大约比吸式锚长 30%；需要 keying 过程和验证测试；需要 ROV；有限的现场测试和应用，目前仅限于 MODU	悬链锚系统
动力贯入锚	设计简单；安装只需一艘船，无需 ROV；定位准确，安装时无特定定位和验证要求	安装时需要保证垂直度；除了巴西以外，缺少应用经验；缺乏理论设计规范	悬链锚系统
桩锚	设计规范体系成熟，经验丰富	材料成本高；安装需要依托起重船和打桩设备，成本高	TLP

注：悬链锚系统包括 Spars、FPSO、Semi-FPS。

图 5.1-1　海上平台类型

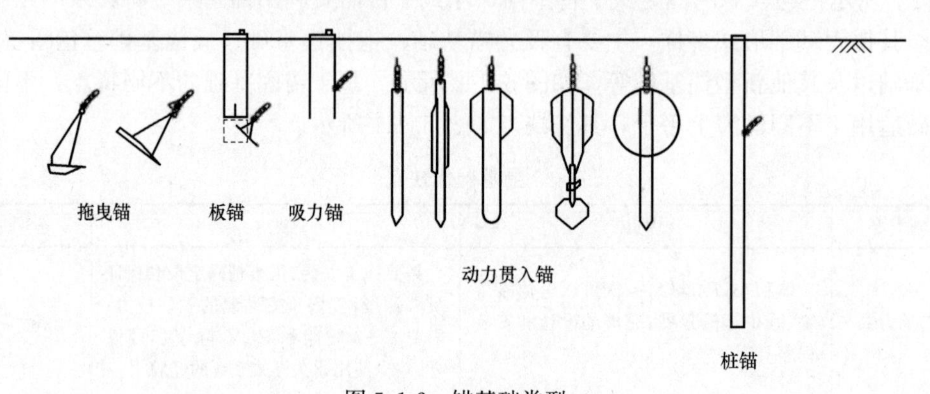

图 5.1-2　锚基础类型

5.2　拖曳锚和板锚

5.2.1　基本特征

（1）拖曳锚

拖曳锚（Drag Embedded Anchor，DEA）是面向较小荷载的系泊系统中最为常用的锚固基础，承载力取决于荷载类型、锚自身重量、锚尺寸以及土体性质等。拖曳锚主要由锚胫（Shank）、锚爪（Fluke）、锚钩（Shackle）、反悬链（Inverse catenary）组成，如图5.2-1所示，其中锚角（Fluke angle）范围一般为30°～50°。

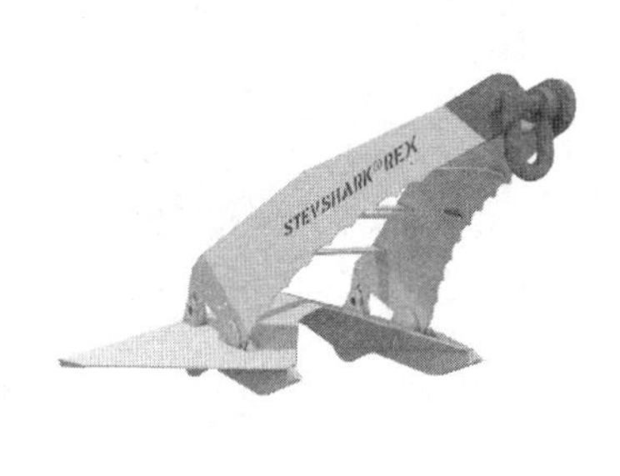

图 5.2-1 拖曳锚 DEA

传统的拖曳锚承载力与锚自重之比约为20～50（20适用于黏土，50适用于砂土）。目前新型法向承力锚抗拔承载力能达到锚自身重量的100倍以上或2～2.5倍的安装张拉荷载[1]。拖曳锚常用于临时系泊系统，也用于浮式平台的永久系泊，具有效率高，可重复使用的特点。其存在的缺点是在实际工程中由于拖曳锚安装需要一定的嵌入深度和拖曳距离，在土质较为坚硬的海底，拖曳锚的性能较差。

拖曳锚的安装方式为：首先将锚缓慢沉入水中并平置在海床上，通过张紧缆绳或安装船的运动使锚沿一定轨迹缓慢嵌入海床，达到设计深度后，激发角度调节器并调整缆绳，使锚板转变为法向受力状态，即系缆力的作用方向垂直于锚板平面，如图5.2-2所示。

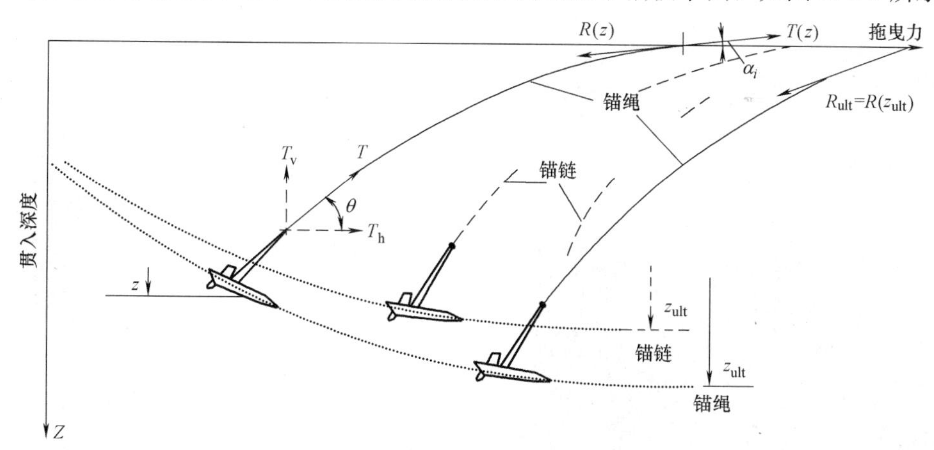

图 5.2-2 拖曳锚的拖曳轨迹（DNV）

（2）板锚

板锚种类按照安装方式可以分为两种：吸力贯入式板锚（Suction embedded plate anchor，SEPLA）和动力贯入板锚（Dynamically embedded plated anchor，DEPLA）。板锚主要组成部分包括锚板（Plate）、通过合页（Flap hinge）连接的可翻转翼（Keying flap）、锚胫（Shank），以及锚眼（Padeye），如图5.2-3所示。有的翼还能与锚板存在一个夹角，最大角度为20°，如图5.2-4所示[2]。锚眼在锚中是偏心的，这样可以激发摩擦力以使得翼向上移动，同时增加锚爪的水平投影面积以提高抗拔承载力。板锚具有定位精确、造价低廉、便于操作和可承受较大竖向张拉荷载的优点。

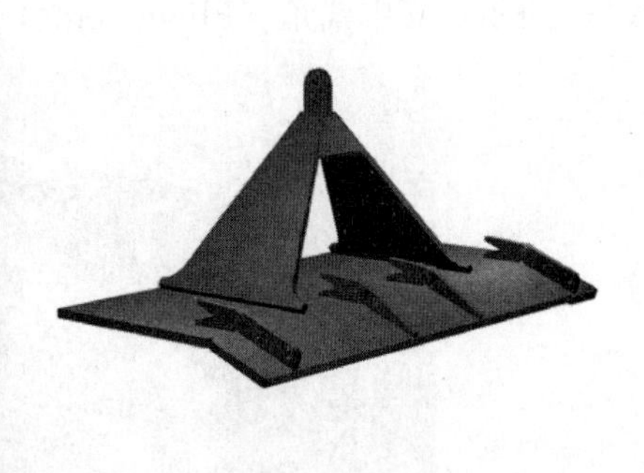

图 5.2-3　板锚

吸力贯入式板锚借助吸力锚的贯入方式，避免了在海床中拖曳轨迹控制困难的问题。其安装过程，如图 5.2-5 所示[3]。首先，在吸力筒底部的槽口中插入板锚，吸力筒在压力差作用下将板锚贯入至预定深度；向吸力筒内泵水并回收吸力筒，板锚埋在地基土中；安装后需要收紧缆索，在达到预定的张力期间，使得锚胫发生转动，锚爪垂直或几乎垂直于锚链，此时板锚转动到最大承载力的位置，这个过程一般称为翼控（Keying，鉴于暂无明确翻译，后文统一称为翼控），如图 5.2-6 所示。在翼控过程中，板锚会被锚链从最开始的深度被拉到离土体表面更近的深度，这个过程称为嵌入深度的损失（Loss of embedment）。板锚中，翼（Flap）的作用是在翼控过程期间限制锚的嵌入损失。

图 5.2-4　翼与锚板的夹角[2]

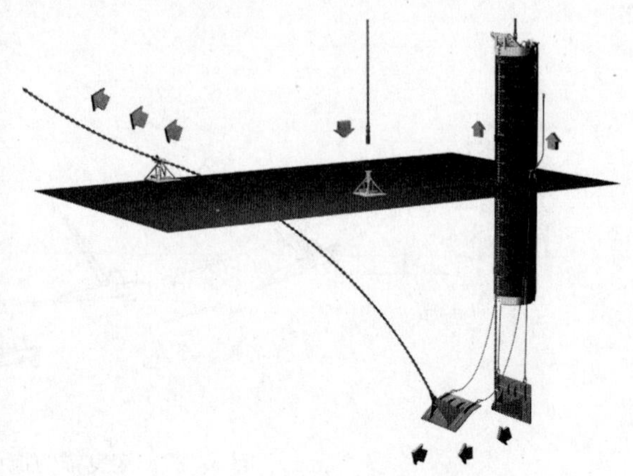

图 5.2-5　板锚安装过程

5.2.2　理论计算分析

1. 拖曳锚理论分析

拖曳锚的理论分析可分为三个方面：拖曳轨迹、承载特性和锚链力学。对于拖曳轨迹理论分析法主要有 API 法和 DNV 法。

API 法基于 NCEL（Naval Civil Engineering Laboratory）实验室和 Vryhof 公司提出的公式如下：

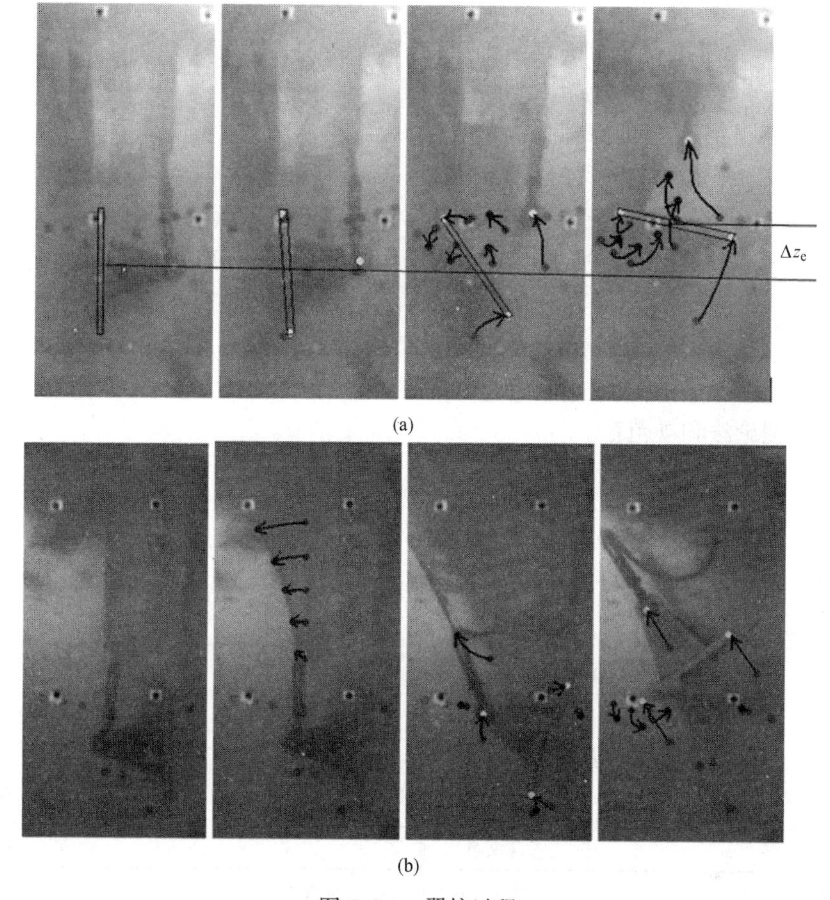

图 5.2-6 翼控过程

(a) 垂直加载；(b) 倾斜加载[4]

$$D_v = c_1 A^{n_1} \tag{5.2-1}$$

$$D_h = c_2 A^{n_2} \tag{5.2-2}$$

式中 D_v——锚板最终贯入深度；

D_h——锚板水平运动距离；

c_1、c_2——尺寸有关常数；

n_1、n_2——无量纲指数；

A——锚板面积。

DNV 法指出拖曳锚的拖曳过程主要满足以下条件，即在深度 z_i 处锚的总阻力 $R_d(z_i)$ 不低于锚链拉力 T_d：

$$R_d(z_i) - T_d \geqslant 0 \tag{5.2-3}$$

$$R_d = R_i + (\Delta R_{cons} + \Delta R_{cy} + \Delta R_{fric})/\gamma_m \tag{5.2-3a}$$

$$T_d = T_{C\text{-}mean}\gamma_{mean} + T_{C\text{-}dyn}\gamma_{dyn} \tag{5.2-3b}$$

式中 $R_d(z_i)$——拖曳过程中在深度 z_i 的总阻力；

T_d——锚链拉力；

R_i——锚的阻力；
ΔR_{cons}——固结对锚阻力的影响；
ΔR_{cy}——循环荷载对锚阻力的影响；
ΔR_{fric}——锚链-土的摩擦力的影响；
γ_m——安全系数，取 1.3；
$T_{C\text{-}mean}$——特征静态链张力（由预张力和静环境载荷影响）；
$T_{C\text{-}dyn}$——特征动态链张力（张力的增加由低频振荡和波浪效应引起）；
γ_{mean}——静力安全系数，取 1.1～1.4；
γ_{dyn}——动力安全系数，取 1.5～2.1。

抗拔承载：拖曳锚承担上拔荷载时，锚爪接近平行于土体表面，其承载力计算方法主要有经验法、理论法和规范法。

1）经验法

拖曳锚最常用的承载力计算公式为经验法，具体如下：

$$Q_u = N_c A s_u \tag{5.2-4}$$

式中 Q_u——抗拔承载力；
N_c——承载系数，取值参见表 5.2-1；
A——锚的面积；
s_u——土体不排水抗剪强度。

承载力系数取值　　表 5.2-1

N_c	参考文献	N_c	参考文献
11.42	Rowe 和 Davis[5]	当埋深大于 3 倍锚长，取 12	Ruinen[7]
光滑取 12.42；粗糙取 13.11	Mark Randolph	当埋深大于 4 倍锚宽，取 12	DNV
12	Elkhatib[6]		

2）幂函数法

当锚的自重大于约 90kg 时，

$$Q_u = mW_A^b \quad (W_A > 200\text{lb}) \tag{5.2-5}$$

式中 Q_u——承载力；
m，b——无量纲系数，取决于锚和土体的类型，取值参见表 5.2-2；
W_A——锚的自重。

m，*b* 取值　　表 5.2-2

锚类型	黏土		砂土	
	m	*b*	*m*	*b*
BOSS	24.1	0.94	31.0	0.94
BRUCE Cast	3.9	0.92	39.6	0.80
BRUCE Flat Fluke Twin Shank (FFTS)	30.0	0.92	34.4	0.94
BRUCE FFTS MK4	42.5	0.92	—	—

续表

锚类型	黏土		砂土	
	m	b	m	b
BRUCE Twin Shank	22.7	0.92	24.1	0.94
Danforth	10.5	0.92	20.0	0.80
Flipper Delta	16.7	0.92	—	—
G. S. (AC-14)	10.5	0.92	20.0	0.80
Hook	22.7	0.92	15.9	0.80
LWT	10.5	0.92	20.0	0.80
Moorfast	10.5	0.92	15.9[a]	0.8
NAVMOOR	24.1	0.94	31.0	0.80
Offdrill Ⅱ	10.5	0.92	15.9[a]	0.80
STATO	24.1	0.94	28.7[b]	0.94
STEVDIG	16.7	0.92	46.0	0.80
STEVFIX	22.7	0.92	46.0	0.80
STEVIN	16.7	0.92	26.2	0.80
STEVMUD	30.0	0.92	—	—
STEVPRIS MK3 (straight shank)	22.7	0.92	24.1	0.94
STEVPRISMK5	42.5	0.92	—	—
Stockless (fixed fluke)	5.5	0.92	11.1	0.8
Stockless (movable fluke)	2.9	0.92	11.1[c]	0.8
	—	—	7.0[d]	0.8

[a] 锚角度 28°；[b] 锚角度 30°；[c] 锚角度 35°；[d] 锚角度 48°。

当自重约小于 90kg 时，

$$Q_u = eW_A{}^b \qquad (W_A \leqslant 200\text{lb}) \tag{5.2-6}$$

式中 e——无量纲系数，取决于锚和土体的类型，取值参见表 5.2-3；

W_A——锚的自重。

无量纲系数取值[8] **表 5.2-3**

锚类型	无量纲系数 e	
	软黏土	砂土或硬黏土
BRUCE	6	30
CQR Plow	10	40
Danforth	20～40	50～100
Fortress (Aluminum)	35；50[c]	100～180
LWT	2～10	40
NAVMOOR 100	25	40～50
STATO 200	25	20；30[a]
Stockless	2～3	5；10[b]

[a] 锚角度 28°；[b] 锚角度 35°；[c] 锚角度 45°。

Thompson[8] 提出的计算公式如下：

$$H_A = N_c f B L s_u \tag{5.2-7}$$

式中 N_c——承载系数，取决于锚的破坏模式和几何尺寸，如表 5.2-4 所示；

f——矩形面积转换为实际投影锚爪面积的修正系数，如表 5.2-4 所示；

B——锚爪的宽度；

L——锚爪的长度；

s_u——不排水抗剪强度（锚的中心处）。

承载系数取值[8] **表 5.2-4**

锚类型	N_c	f	锚类型	N_c	f
Stockless(固定锚爪)	13.0	0.54	Offdrill Ⅱ	12a	0.95
Danforth	11	0.60	STEVFIX	6.4	0.72
LWT	11	0.60	STEVMUD	6.8	0.77
STATO/NAVMOOR	12	0.95	Hook	6.2	0.80
Moorfast	12	0.95	BRUCE Cast	4.0	036

3）理论法

Majer 法根据破坏模式提出的公式如下，破坏模式如图 5.2-7 所示。

$$Q_u = T_u + W = \gamma K_0 D^2 \tan\varphi + \gamma BD \tag{5.2-8}$$

式中 γ——砂土的重度；

K_0——土压力系数；

φ——平面应变内摩擦角；

B——锚的宽度；

D——锚的埋深。

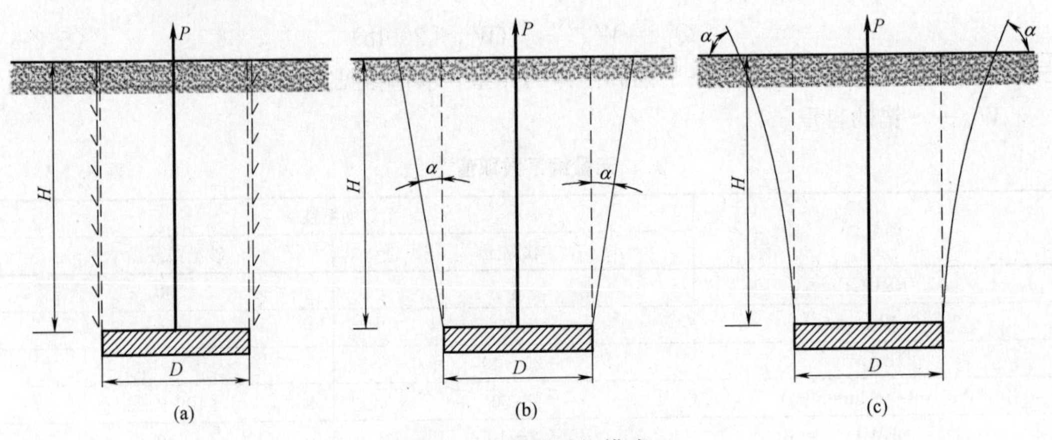

图 5.2-7 板锚破坏模式

(a) 摩擦破坏；(b) 锥形破坏；(c) 圆弧破坏

4）规范法

DNV 法考虑了循环荷载效应的影响，计算公式如下：

$$R_c(z_i)=R_s(z_i)U_{cy}=N_c s_c \eta s_{u,mean}(z_i)A_{plate}U_{cy}\frac{1}{\gamma_m} \quad (5.2\text{-}9)$$

式中　$R_c(z_i)$——总抗拔力；

$R_s(z_i)$——静力抗拔力；

U_{cy}——循环荷载因子，静力荷载时值为1；

N_c——承载系数；

s_c——形状系数，$s_c=1+0.2B/L$，B 和 L 分别为板的宽度和长度；

η——经验衰减系数，一般选取0.75；

$s_{u,mean}$——平均不排水抗剪强度；

A_{plate}——板锚面积；

z_i——贯入深度；

γ_m——安全系数。

当深度 $z_i=z_{plate}\leqslant 4.5B$，$N_c$ 取值为：

$$(N_c)_{shallow}=5.14\times\left[1+0.987\arctan\left(\frac{z_i}{B}\right)\right] \quad (5.2\text{-}9\text{-}1)$$

当深度 $z_i=z_{plate}>4.5B$，N_c 取值为12。

当土体为成层土时，计算公式如下：

$$R_c(z_i)=N_c s_c \eta[s_{u,0}+k_1 z_1+\Delta s_u(z_1)+k_2(z_i-z_1)]A_{plate}U_{cy}\frac{1}{\gamma_m} \quad (5.2\text{-}10)$$

式中　$s_{u,0}$——初始抗剪强度；

k_1、k_2——各层的深度抗剪强度梯度；

$z_i=z_1$——土体分层处。

由于循环荷载较为复杂，其循环荷载因子的计算方法如下：

$$U_{cy}=\frac{\tau_{f,cy}}{s_u} \quad (5.2\text{-}11)$$

$$U_{cy}=U_{cy,Drammen}\left[\frac{U_{c0}}{U_{oq,Drammen}}\left(1-\frac{\tau_a}{s_{u,D}}\right)+\frac{\tau_a}{s_{u,D}}\right] \quad (5.2\text{-}11a)$$

$$U_{cy,Drammen}=a_0+a_1\left(\frac{\tau_a}{s_{u,D}}\right)+a_2\left(\frac{\tau_a}{s_{u,D}}\right)^2+a_3\left(\frac{\tau_a}{s_{u,D}}\right)^3 \quad (5.2\text{-}11b)$$

$$U_{cy0,Drammen}=a_0 \quad (5.2\text{-}11c)$$

$$a_0=-0.1401\cdot \ln N_{eqv}+1.2415$$

$$a_1=0.0995\cdot \ln N_{mgv}+1.0588$$

$$a_2=-05795\cdot \ln N_{eqv}+0.3426$$

$$a_3=0.6170\cdot \ln N_{eqv}-1.6048$$

根据式 $R_c(z_i)-T_d\geqslant 0$ 得，

$$N_c s_c \eta[s_{u,0}+k_1 z_1+\Delta s_u(z_1)+k_2(z_i-z_1)]A_{plate}U_{cy}\frac{1}{\gamma_m}-T_d\geqslant 0 \quad (5.2\text{-}12)$$

设 $z_i=z_{plate}$，由此可得最小贯入深度为：

$$Z_{\text{plate}} \geqslant \frac{1}{k_1}\left[\frac{T_{\text{d}}\gamma_{\text{m}}}{N_{\text{c}}S_{\text{c}}\eta A_{\text{plate}}U_{\text{cy}}} - S_{\text{u},0}\right] \tag{5.2-13}$$

基于以上计算公式，工程中较多用锚的效率系数 e（Efficiency Ratio）来评价拖曳锚的承载力性能：

$$e = \frac{H_{\text{M}}}{W_{\text{A}}} \tag{5.2-14}$$

式中 e——锚的效率系数（Efficiency Ratio）；

H_{M}——承载力；

W_{A}——锚的自重。

2. 板锚理论分析

板锚的理论设计主要包括 keying 阶段和抗拔承载力设计。对于板锚贯入过程中，利用吸力沉箱贯入，其贯入过程设计理论见第 4 章，此处不再赘述。板锚的承载力与拖曳锚类似，其计算方法相似，具体计算过程如前文所述。

锚板的抗拔承载力计算方法包括重力法、剪切法和被动土压力半经验方法等。重力法以 Mors 的理论为代表，该方法假设土体破坏面为锥形，从锚板边界向上延伸与地表相交，锚板承载力等于破坏面内土体的重量。重力法没有考虑土的抗剪性能，其计算结果往往与实际情况有较大差别。传统的剪切法假定土体破坏面为竖直平面，往往与实际土体的破坏面有较大差别。

很多锚板的设计理论都是从条形锚板入手，得出抗拔承载力计算公式，再引进形状系数，将条形锚板的计算公式推广到矩形锚板、圆形锚板等情况[9]。砂土中的板锚承载力系数通常表示为无量纲系数 N_{qu}：

$$N_{\text{qu}} = Q_{\text{u}}/\gamma BLD \tag{5.2-15}$$

式中 L——板锚长度，对条形锚板取单位长度；

B——板锚宽度；

D——板底至土体表面距离；

γ——土体重度；

Q_{u}——极限抗拔力，$Q_{\text{u}} = \gamma D^2 K_{\text{u}} \tan\varphi + W$。

5.2.3 工程应用

从 20 世纪 70 年代起，国外学者开展了传统拖曳锚的大比尺试验和现场原型测试。1998 年，VLA 首次成功应用于实际工程，也被证明可以替代传统拖曳锚[6]。法向承力锚 VLA 区别于传统拖锚 DEA 的主要特点是可以承受竖向的抗拔承载力，其结构形式有略微不同，这使得其在深水张紧与半张紧式锚泊系统中得以广泛应用。在工程应用中，法向承力锚主要用于深水工程，水深可以超过 1000m，其大部分用于浮式采油平台的永久性系泊水深为 1.0～1.5km，锚板面积为 11～14m^2[10]。目前有两种典型的法向承力锚，分别是荷兰 Vryhof 公司的 Stevmanta 锚，以及英国 Bruce 公司的 Dennla 锚。Stevmanta 锚包括永久式和移动式两种，如图 5.2-8 所示。Dennla 锚由锚板和刚性锚胫组成，如图 5.2-9 所示。

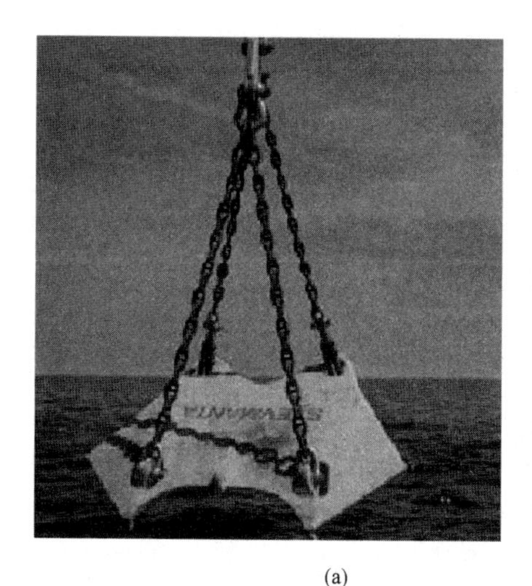

(a)

(b)

图 5.2-8 Stevmanta 锚

(a) 移动式；(b) 永久式

板锚是由 Intermoor 公司于 1998 年首次提出，在 1999 年，Aker Marine Contractors (AMC) 公司在 1500m 水深采用直径 4.5m 的吸力锚将锚板贯入至海床以下 25m 深度，首次通过现场试验验证了吸力式贯入平板锚（SEPLA）概念的可行性。目前板锚的实际工程应用较少，按锚板在土中的埋设方向及受力方向来分，有水平埋设垂直受力的水平锚板，垂直埋设水平受力的竖向锚板和倾斜埋设倾斜受力的锚板。水平锚板及与倾斜锚板常用于地下结构物的抗浮、海洋及港口工程中的缆绳和锚固基础[9]。表 5.2-5 总结了 VLA 在深水（水深＞300m）永久性浮式设施中的应用。

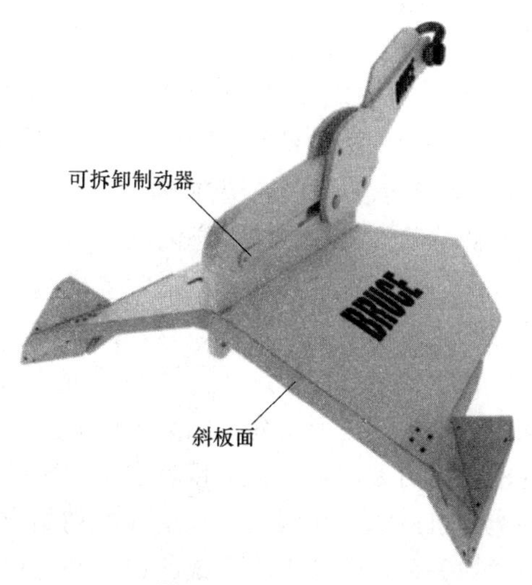

图 5.2-9 Dennla 锚

法向承力锚应用[11] **表 5.2-5**

年份	应用结构	地点	水深(m)	锚的种类	锚板面积(m^2)
1995	Nkossa FSO	Guinea 湾	1125	SBM 'Mag'	—
1996	流花 11-1	中国南海	310	Bmce FFTSMk4	16.4
1998	Voador P27 Semi-FPU	巴西近海	530	Stevmanta	11
1999	Marlim South EPS FPSO-Ⅱ	巴西近海	1215	Bruce Dennla	10
1999	Roncador P36 Semi-FPU	巴西近海	1350	Stevmanta	13
2000	Marlim P40 Semi-FPU	巴西近海	1080	Stevmanta	13
2002	Roncador FPSO	巴西近海	1150～1475	Stevmanta	14
2003	Fhuminese FPSO	巴西近海	700	Stevmanta	11
2004	Marlim FPSO	巴西近海	1210	Stevmanta	13
2010	Cascade 和 Chinnook FPSO	墨西哥湾	2500	Stevmanta	—

5.2.4 研究进展及展望

1. 拖曳锚

国内外关于拖曳锚的研究主要针对以下两个方面：锚的运动轨迹和承载力分析。

拖曳锚轨迹的预测是拖曳锚的重要环节，在工程中用相对成熟的经验法进行预测，根据现场数据以及经验总结来预测锚的嵌入性能。

与反悬链形态的研究类似，拖曳锚运动轨迹的理论需要进行增量数值计算，主要可分为极限平衡法和塑性极限法。极限平衡法，是一种典型的增量方法，假设土体在极限状态下土体对锚板的作用力，然后进行增量求解。最初由 Stewart[12] 提出，随后 Neubecker 和 Randolph[13]、Thorne[14]、Ruinen[15] 进行了相关的研究。塑性极限法与极限平衡法类似，通过嵌入缆的反悬链方程来计算，主要区别于使用塑性概念确定锚的受力模式，通过有限元运算得到多元荷载作用下的屈服面，并利用虚工原理确定其运动方向，进而进行迭代求解运动轨迹，不涉及锚板在土中的具体受力。最初，O'Neill 和 Randolph[16] 引入了塑性极限法预测拖曳锚的运动轨迹。随后 Aubeny[17-19] 利用塑性极限分析法分析了拖曳锚的运动轨迹；王立忠[20] 研究了不同安装方式拖曳锚运动轨迹的区别。

目前，由于拖曳锚在海床中运动行为的复杂性，需要通过数值模拟分析拖曳锚运动。张春会等[21] 基于增量迭代法开发了预测固定锚腚拖曳锚嵌入运动轨迹和锚眼拉力的模型，并编制了相应的计算程序。王忠涛等[22] 基于塑性方法建立数值模型，针对 Stevmanta 法向承力锚引入塑性方法对其安装轨迹和承载性能进行研究。研究发现：在拖曳嵌入的初始阶段，锚胫的形态改变能够使锚板发生显著旋转从而获得良好的下潜姿态；在拖曳嵌入与系泊调节过程中，锚胫最终都会达到稳定状态，形态不再发生变化；锚胫几何参数的变化对锚的运动轨迹、承载性能均有明显影响。

对于拖曳锚的轨迹运动试验研究十分多，O'Neill 等[16,23-25] 通过离心机试验对拖曳锚的运动轨迹进行研究，结果表明，锚的承载力和倾角可以根据土体的抗剪强度来确定锚的基本阻力参数，当锚爪接近水平时发挥其最佳承载性能。刘海笑等[26] 提出 5 个影响锚的拖曳轨迹的关键因素，包括锚的初始方向、锚胫角度、锚的贯入方向、锚爪方向与拖曳角度的关系，以及土体中锚的位移与拖曳距离的关系。张炜和刘海笑等[10] 通过模型试验表明锚胫角增大，对应锚板的方位角、嵌入深度和拖曳力均成倍增加。许多学者进行了拖曳锚现场试验，Chow 等[27] 根据在澳大利亚西北大陆架现场试验得出在单调加载条件下法向承立锚的承载力与锚自重比值约为 15～17，而在循环荷载作用下则会下降到 10 左右。

展望：拖曳锚研究中仍有许多问题需要进一步研究，例如，拖曳速度与拖曳力的关系、安装缆绳长度和拖曳角对拖曳锚嵌入特性的影响、拖曳锚是否存在极限嵌入深度、锚达到极限嵌入深度之后的嵌入行为。Aubeny 等[28] 在小比尺试验中发现，拖曳力随着拖曳速度的增加而增大，当拖曳锚拖曳速度由 0.13m/s 增大到 0.19m/s 时，拖曳力由 4N 增大到 35N；Dahlberg 和 Strom[29] 发现拖曳速度每增加 10 倍，拖曳力增大 15%～20%。目前拖曳力与拖曳速度的关系尚不明确。由于海洋土体分布复杂，Randolph[2] 指出对于成层土，例如在碳酸盐砂中的胶结层会阻碍锚的贯入，从而降低锚的使用效率。因此急需考虑特殊土体情况对拖曳锚性能的影响。虽然循环荷载对拖曳锚的影响被逐渐关注，但是海床土的复杂特性尤其是循环荷载作用下材料特性的演变对锚承载力影响很大。而且在深海中多为软黏沉积土，其土体的固结效应使得锚固能力会随着时间的推移而增加，这与循环荷载作用可能相互抵消。需要进一步深入研究循环荷载和固结效应长期作用下拖曳锚的承载性能。另外，在深海中系泊力作用方向的改变，以及锚定位深度及角度的变化对拖曳锚承载力的影响尚未明确，急需加强锚与系泊链相互位置关系的研究。

2. 板锚

板锚最开始应用于临时系泊系统，随着板锚的应用经验积累，逐渐应用到长期系泊系统中。板锚的研究主要可以分为两类：贯入阶段和服役阶段的承载特性。

Wang[30] 通过数值模拟研究了翼控过程，并与 Song[4] 的试验进行对比，指出埋深损失主要取决于以下因素：锚几何特性、土体的影响、加载偏心率 e/B（锚长与锚板宽度之比）、锚链角度。许多学者也对埋深损失进行了量化，如 Gourvenec[31] 指出埋深损失约为 0.9～1.5 倍板锚高度；Wilde 等[32] 指出在黏土中（土体灵敏度 1.8～4.0），埋深损失为锚杆宽度的 0.5～1.7 倍，土体灵敏度越高，埋深损失越低。Wang[30] 指出，当 $e/B<0.5$ 时，随着偏心率的增加，埋深损失显著降低；当 $e/B>0.5$ 时，埋深损失继续逐渐降低。在实际应用中，建议偏心率不应小于 0.5，而 O'Loughlin[33] 通过离心机试验指出偏心率 e/B 要小于 1。许多学者通过数值模拟分析了板锚形状对受静荷载下的板锚的影响，如 Tian[34-37] 研究了锚眼的最佳位置，指出对于在锚施加纯垂直荷载情况下，最佳偏心率通常在 0～0.2 范围内。

许多相关学者分别对在砂土和黏土中板锚的承载力进行研究，如 Ilamparuthi 等[38]、丁佩民等[9]、Liu 等[39] 研究了不同密实度砂土中板锚的承载力模型试验，分析了砂土密实度、锚板埋深比、几何形状以及上拔倾斜角度对锚板承载能力的影响，提出松砂、中密砂和密砂对应的埋深比值为 4.8、5.9 和 6.8。随后相关学者关注到循环荷载对板锚承载力的影响，如 Chow[40,41] 研究了排水条件下循环荷载以及固结对砂土中锚板承载力的影响，结果表明，密砂中板锚的排水循环承载力可能高于单调承载力；当由排水变为不排水条件时，在密砂中板锚的极限单调承载力增加 173%；排水和不排水的不规则循环荷载均可提高板锚承载力 33%以上。由于黏土中存在固结效应显著，这会影响板锚服役期间性能，许多学者关注了循环荷载和固结对正常固结黏土中板锚承载力的影响，如 Cheng 等[42] 采用有限元分析方法，研究了正常固结黏土中板锚在静荷载和循环荷载组合作用下的承载力，并对 DNV 法中循环系数 U_{cy} 计算公式进行了修正；Han 等[43] 指出当持续荷载超过单调极限承载力的 85%时，锚会发生破坏，其特征是锚运动加速，向土体表面的竖向位移较大，低于 85%时，锚的不排水承载力由于固结而增加。当持续荷载约为单调承载力的 50%时，锚承载力相对单调锚杆承载力的最大增幅为 23%。可见持续荷载可以增加板锚承载力，然而在没有预先固结增加承载力的情况下，持续荷载和循环荷载最大值分别为静荷载的 80%和 75%[2]。

展望：第一，倾斜荷载下板锚的承载特性。以往的大多数研究都集中垂直加载下板锚的承载特性，然而大多数的系泊系统中板锚受到斜向上荷载，这将导致土体的被动土区域发生改变，同时剪切面也会拉长，关于板锚在倾斜荷载作用下的破坏机理的研究还很少。第二，循环荷载和与固结效应对承载力的影响。随着板锚的应用广泛，板锚将会逐渐被用以永久式浮式基础，需要考虑长期运行循环荷载下土体弱化和随着时间土体固结效应对板锚承载力的影响。此外，还需要考虑极端环境下，特别是在风暴条件下可能产生的部分排水或不排水的响应等问题。第三，吸力锚回收时对周围土体扰动对板锚的承载力的影响。板锚的承载力取决于其埋深，这也决定了板锚附近的初始应力。在回撤吸力锚后，由于锚附近土被扰动，其承载性能随之下降[44]。随着时间的推移，黏土恢复强度，板锚的承载力也随之增加，因此贯入和翼控之间的时间间隔也会影响其埋深。第四，目前针对都是单层土（黏土或砂土），实际海床土体分布十分复杂，有学者还对随机土中的板锚承载力进行研究[45]，因此需要进一步研究更接近实际土体中板锚的承载特性。

5.3 动力贯入锚基础

5.3.1 基本特征

动力贯入锚（Dynamically Installed Anchor，DIA）是利用自重贯入的一种新型锚，根据不同的几何形式可分为：鱼雷锚（Deep Penetrating Anchor，DPA）、动力式贯入板锚（Dynamically Embedded Plate Anchors，DEPLA）、OMNI-Max 以及新型的组合锚（Light Weight Gravity Installed Plate Anchor，L-GIPLA）、DPAⅢ，如图 5.3-1 所示。动力贯入锚从在海床以上一定的高度，自由下落穿过水柱，在撞击海床时速度达到 15～30m/s，甚至高达 68m/s[46]，其最常见的锚尖端处的埋深约为锚长度的 2～3 倍。其优点是[3]：鱼雷锚几乎可以部署在任何水深。动力贯入锚造价低廉，海上安装作业时间短，且无须额外的操作船进行配合，是目前深水系泊基础中安装费用最低廉的基础形式[1]。

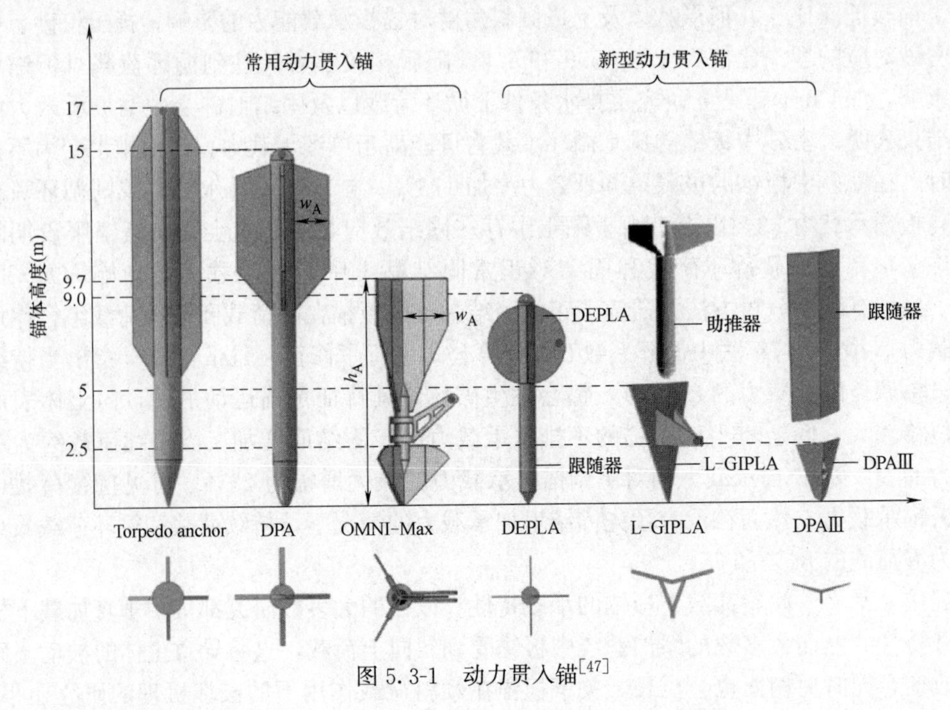

图 5.3-1 动力贯入锚[47]

1）鱼雷锚

鱼雷锚由四部分组成：柱形锚杆、锚翼、锚尖、吊耳，如图 5.3-2 所示。锚尖角度一般为 30°～60°，典型的鱼雷锚长度为 12～17.5m，直径为 0.75～1.2m，重达 23～115t、锚翼长约为 1/3～2/3 锚长、锚翼宽 0.75～1.5m[48,49]。鱼雷锚的安装一般分为三个阶段：(1) 鱼雷锚在水中无初速度自由下落，此过程鱼雷锚在自重作用下不断加速，获得贯入海床所需的动能；(2) 鱼雷锚逐渐加速贯入海床，在此阶段内锚体获得最大贯入速度，锚体一部分位于水中，另一部分进入海床；(3) 鱼雷锚在海床中逐渐减速，直到速度减小到零，锚体安装完成。为了增加鱼雷锚的贯入稳定性和贯入深度，空心柱形锚杆内部可填充混凝土和废金属。鱼雷锚安装结束后，连接鱼雷锚和海洋装备之间的锚链与海床之间成 30°～45°的夹角。

图 5.3-2 鱼雷锚[50]

2) 多向受荷锚 OMNI-Max

多向受荷锚由三片间隔角度为 120°的锚翼组成，锚翼间设有加载臂，通过加载臂上的锚眼与锚链连接。常用的锚长为 9.15～9.7m，锚宽和加载臂分别为 3.0～3.7m、贯入深度为 1～2 倍锚长。OMNI-Max 的前期安装过程与鱼雷锚基本一致，但在最后阶段时，需要通过锚链使锚的加载臂旋转，即"keying"过程，如图 5.3-3 所示。现场试验中，其贯入速度约为 19m/s，释放高度约为 30m[51]。由于 OMNI-Max 的冲击速度较低，获得的动能较低，最终贯入深度相对较浅。在贯入过程中，由于其形状的特殊性，锚体与土体接触面积大，较大的摩擦阻力进一步限制了最终贯入深度。

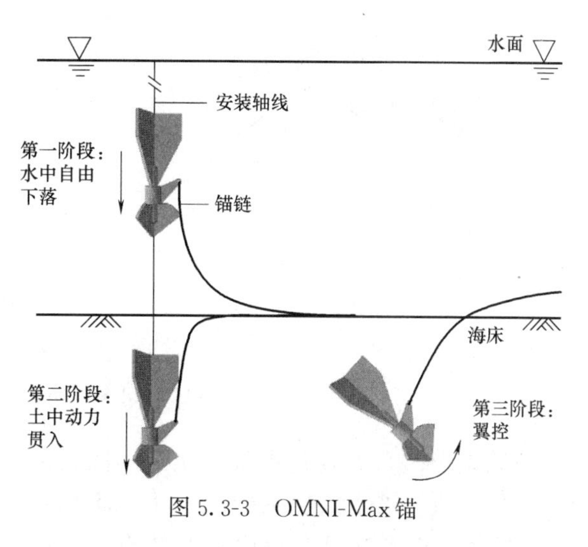

图 5.3-3 OMNI-Max 锚

3) 动力平板锚 DEPLA

动力平板锚是外形近似鱼雷锚，带有 4 个夹角是 90°的半圆形锚翼，其锚杆可以从锚翼套筒中抽出，工作锚链连接在其中一片锚翼的中部，如图 5.3-4 所示。动力平板锚的安装方式与鱼雷锚类似，从一定设计高度依靠其自身重力贯入，贯入完成后锚杆从锚翼套筒(平板锚) 中抽出，在锚链的作用下板锚发生旋转，最终与工作锚链垂直，提供法向承载力，如图 5.3-4 所示。常用锚长 15.2m，锚径 0.85m、半圆形锚翼高 3.5m，锚翼宽 3.6m。

图 5.3-4 动力平板锚安装过程

4）组合锚

组合锚由尾部重力助推器（Booster）和锚体组成。锚体主要有三角形、盾牌形[52-54]。三角形锚由两片锚板和两个锚胫组成，锚板长度为 5m，总宽度为 3.86m，锚板之间的角度为 150°，锚胫之间的夹角为 40°。盾牌形锚由两片锚板和两个锚胫组成，锚板长度为 5m，总宽度为 3.97m，锚板之间的角度为 165°，锚胫之间的夹角为 40°，三角形、盾牌形锚体的具体尺寸如图 5.3-5 所示。其安装过程包括 4 个阶段[55]，如图 5.3-6 所示：（1）组合锚从距离海床表面预设高度（30～75m）处释放，在海水中加速下落；（2）组合锚从海床表面以高初速度（20～30m/s）

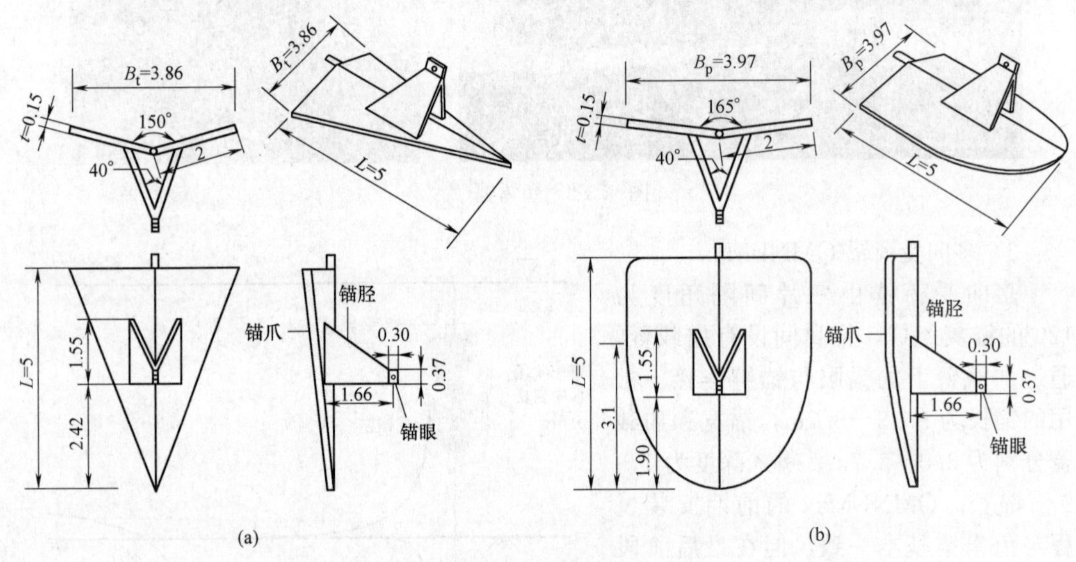

图 5.3-5 组合锚

(a) 三角形锚；(b) 盾牌形锚[56]

贯入海床土中；（3）通过助推器尾部的回收绳将助推器回收，锚体留在海床中；（4）即"keying"阶段，张紧连接在锚眼处的锚链，使锚体在海床中旋转，以提供足够的抗拔承载力。

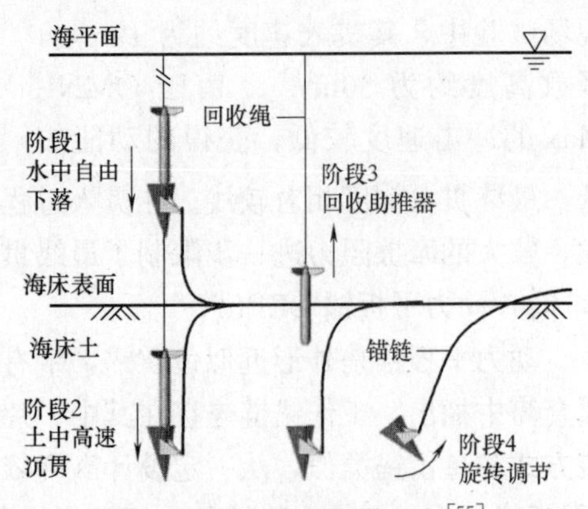

图 5.3-6 组合锚安装过程[55]

DPAⅢ锚与现有的动态安装锚相比，该锚采用了鱼鳍设计，以提高在砂土中的贯入力。DPAⅢ由锚板和跟随器（Follower）两部分组成，锚板与上部可移动的组件跟随器连接，下板锚上的片成锥形。跟随器的顶部有两个翼，以提高在水中自由落体期间的水动力稳定性。

DPAⅢ的安装方式与其他的动态安装锚类似，利用上部可拆卸的组件提供的额外动力以实现所需的锚贯入力。

5.3.2 鱼雷锚理论设计

1. 贯入过程

鱼雷锚安装可以分为两个过程，分别为水中下落和土中贯入。在水中依靠自重下落，到达海床表面获得初始贯入速度，以初速度贯入土体。由于贯入海床初期，土体阻力较小，锚仍然处于加速状态。随着贯入深度增加，贯入阻力不断增加，贯入速度逐渐减小，直到为零。贯入阻力主要包括：端阻力、侧摩阻力。

1）True 法（NCEL）

该方法考虑了应变率对土体强度，贯入路径周围土体的重塑以及拖曳力的影响。该公式适用速度范围为 0.9～122m/s，当速度小于 0.9m/s 时，则可以忽略动力的影响。

$$Ma=W_s'-R_f(F_t+F_f)-F_d \tag{5.3-1}$$

式中 W_s'——锚的浮重度；

F_t——端部承载力；

F_f——侧摩阻力；

F_d——拖曳力；

R_f——土体应变率；

M——锚的质量。

随后，西澳大学的学者 Chow 和 Kim[57] 对其进行了改进和细化，计算简图见图 5.3-7：

$$Ma=W_s'-R_{f1}(F_{tb}+F_{fb})-R_{f2}(F_{sf}+F_{ff})-F_d-F_\gamma \tag{5.3-2}$$

其中，端部阻力和侧摩阻力的计算如下：

$$\begin{cases} 端部阻力\begin{cases} F_{tb}=N_c s_u A_{b,A} \\ F_{fb}=N_c s_u A_{b,F} \end{cases} \\ 侧摩阻力\begin{cases} F_{sf}=\alpha s_u A_{s,A} \\ F_{ff}=\alpha s_u A_{s,F} \end{cases} \end{cases} \tag{5.3-3}$$

式中 W_s'——锚的浮重度；

F_{tb}——锚尖部贯入阻力；

F_{fb}——锚翼端部贯入阻力；

F_{sf}——锚的侧摩阻力；

F_{ff}——锚翼的侧摩阻力；

F_d——拖曳力；

F_γ——土体中锚的浮力；

R_{f1}——端部阻力应变率系数；

R_{f2}——侧摩阻力应变率系数，$R_{f2}=aR_{f1}$，a 的取值见表 5.3-1；

N_c——承载力系数，取值见表 5.3-2；

s_u——不排水抗剪强度；

$A_{b,A}$——锚尖投影面积；

$A_{b,F}$——锚翼投影面积；

$A_{s,A}$——锚杆侧面面积；

$A_{s,F}$——锚翼侧面面积；

α——侧摩阻力系数，$\alpha=1/S_t$，取值见表5.3-3；API取式（5.3-3a）。

$$\alpha=0.5\left(\frac{s_u}{\sigma_v'}\right)^{-0.5}\leqslant 1 \quad \left(\frac{s_u}{\sigma_v'}\leqslant 1\right) \tag{5.3-3a}$$

$$\alpha=0.5\left(\frac{s_u}{\sigma_v'}\right)^{-0.25}\leqslant 1 \quad \left(\frac{s_u}{\sigma_v'}>1\right) \tag{5.3-3b}$$

α 的取值 **表 5.3-1**

α	参考文献	α	参考文献
1.8	Medeiros[58]	1.9	Hossain[60]
1.2	Einav[59]	1.0	Kim[61]
1.3	Richardson[49]		

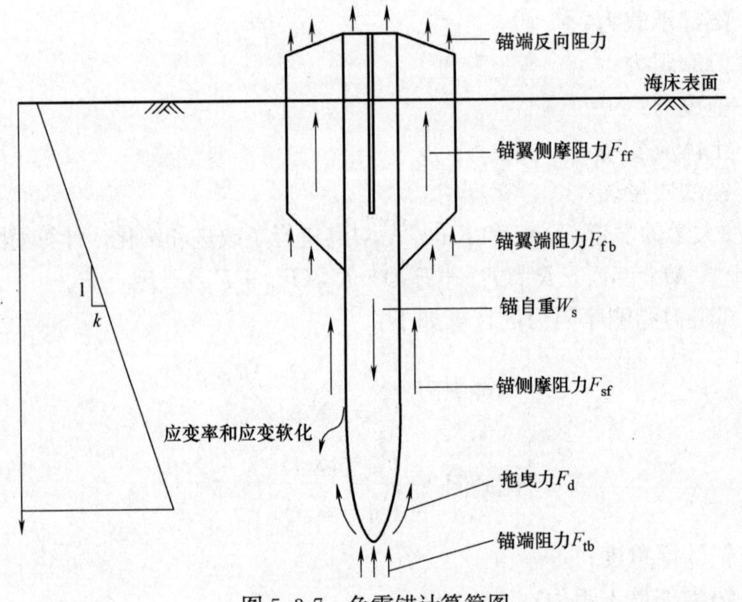

图5.3-7 鱼雷锚计算简图

鱼雷锚承载力系数 N_c **表 5.3-2**

锚尖贯入阻力系数	锚翼	锚眼(锚尾)	参考文献
9	—	—	API
圆形 9;条形 7.5	—	—	Skempton[62]
圆形 9;圆锥形 10	—	—	True[63]
圆锥形:12,18(ER:40%,25%)	7.5	9	O'Loughlin[64]
半球形 7~12	—	—	Chung[65]
半椭球形、圆锥形 12;半球形 10	7.5	9	Richardson[49];Fu[66]
圆锥形 13.56	7.5	9	Kim[57];Hossain[67]

侧摩阻力系数 α　　表 5.3-3

α	参考文献
短期取 0.4～0.5(典型高岭土)；长期取 API 公式	Richardson[68]
0.36～0.39	Chen 和 Randolph[69]
0.4	O'Loughlin[64,70]
0.30～0.36	Einav[59]

对于 L-GIPLA 的承载力系数，刘君[53] 提出可利用下式计算：

$$N_c=(2+\pi)\{1+0.189B/L-0.108(B/L)^2+c_1\ln[1+c_2(z/B)]\}$$
$$\begin{cases}B/L\leqslant 0.064 & c_1=5.599B/L+0.337 \quad c_2=0.940-8.904B/L\\ B/L>0.064 & c_1=0.697-0.022B/L \quad c_2=0.284+1.339B/L\end{cases} \tag{5.3-4}$$

式中 L——矩形基础的长度；

B——矩形基础的宽度；

c_1、c_2——与基础 B/L 相关的参数；

z——基础埋入深度。

拖曳力 F_d 是结构物在流体移动中受到的平行移动方向的阻力。土颗粒从静止状态加速到足够的速度移开锚杆的贯入路径，加速土颗粒所需要的力则被称为拖曳力。海床表面沉积土是一种近似为宾汉流体的水土混合物，因此需要考虑拖曳力对带有一定冲击速度的锚贯入的影响[63]。拖曳力的表达式：

$$F_d=\frac{1}{2}C_d\rho_s A_p v^2 \tag{5.3-5}$$

式中 ρ_s——土体密度；

A_p——锚的投影面积；

v——锚的贯入速度；

C_d——锚的拖曳系数，取值见表 5.3-4。

拖曳系数取值　　表 5.3-4

拖曳系数 C_d	参考文献
0.7	True[63]；Sturm[71]
0.15～0.18(速度 10～50m/s)	Freeman1984
0.63	Øye[72]；Richardson[72]
0.33	Fernandes[73]
0.63 半椭圆鱼雷锚(带 4 个翼)	O'Loughlin[70]
0.35(长径比 1)；0.23(长径比大于 4)	Richardson[49]
0.24(椭圆形无鳍锚)	O'Beirne[74]
0.6～0.66(北海)；1.25～3.04(坎波斯盆地)	Hossain[75]
1.4～0.87(OMNI-Max)	Liu[52]

土体应变率 R_f：True[63] 提出土体应变率的经验公式（NCEL1985）

$$R_{\mathrm{f}}=\frac{R_{\mathrm{f}}^{*}}{1+\dfrac{1}{\left[C_{\mathrm{e}}v/s_{\mathrm{u}}D_{\mathrm{eq}}+C_{\mathrm{o}}\right]^{0.5}}}\geqslant 1 \tag{5.3-6}$$

式中 R_{f}^{*}——最大应变率系数；

C_{e}——经验应变率系数；

v——锚的贯入速度；

D_{eq}——等效贯入直径[49]，$D_{\mathrm{eq}}=\sqrt{4A_{\mathrm{p}}/\pi}$；

s_{u}——不排水抗剪强度；

C_{o}——经验应变率，$C_{\mathrm{o}}=0.11$。

Biscontin[76] 基于十字板剪切试验提出的应变率表达式，目前式（5.3-8）是现场试验和离心机常用的公式[77]：

$$R_{\mathrm{f}}=1+\lambda\log\left(\frac{\dot{\gamma}}{\dot{\gamma}_{\mathrm{ref}}}\right)=1+\lambda\log\left[\frac{v/d}{(v/d)_{\mathrm{ref}}}\right] \tag{5.3-7}$$

$$R_{\mathrm{f}}=\left(\frac{\dot{\gamma}}{\dot{\gamma}_{\mathrm{ref}}}\right)^{n}=\left[\frac{v/d}{(v/d)_{\mathrm{ref}}}\right]^{n} \tag{5.3-8}$$

式中 λ——应变率参数；

$\dot{\gamma}$——应变率；

$\dot{\gamma}_{\mathrm{ref}}$——参考应变率；

d——结构物尺寸；

$(v/d)_{\mathrm{ref}}$——取值为 $0.17\sim0.5\mathrm{s}^{-1}$[70,78]。

Mitchell[79] 提出反双曲线正弦函数表达土体应变率：

$$R_{\mathrm{f}}=1+\lambda'\sinh^{-1}\left(\frac{\dot{\gamma}}{\dot{\gamma}_{\mathrm{ref}}}\right) \tag{5.3-9}$$

式中 λ'——应变率参数[59]，取值见表 5.3-5，一般取 $\lambda'=\lambda/\ln 10$。

应变率参数 **表 5.3-5**

λ	n	参考文献
0.01～0.6	—	Biscontin[76]
0.19～0.33（平均值 0.26）	—	O'Loughlin[64]
0.2～0.5	0.06～0.12	O'Loughlin[78]
0.2～1.0	0.06～0.17	O'Loughlin[70]
0.09～0.4	0.07～0.1	Richardson[49]
—	0.07	O'Beirne[80]
0.15～0.2	0.05～0.09	Low[81]
0.64～0.82	0.14～0.16	Hossain[67]

Zhu 和 Randolph[82] 提出基于流体力学的 Herschel-Bulkley 模型：

$$R_{f}=\frac{1}{1+\eta_{i}}\left[1+\eta_{i}\left(\frac{\dot{\gamma}}{\dot{\gamma}_{ref}}\right)^{n}\right] \tag{5.3-10}$$

式中 η_i，n——应变率参数，Hossain 等[67] 建议 $\eta_i=3$，$n=0.16\sim0.17$；Boukpeti 等[83] 推荐 $\eta_i=2\sim4$，$n=0.15\sim0.25$。

Einav 和 Randolph[59] 提出应变率的表达式，随后被改进为幂函数形式[82]，式（5.3-11）和式（5.3-12）是目前大变形数值方法最常用的公式。

$$R_{f}=[1+\lambda\log(\dot{\gamma}/\dot{\gamma}_{ref})][\delta_{rem}+(1-\delta_{rem})e^{-3\xi/\xi_{95}}] \tag{5.3-11}$$

$$R_{f}=[1+\eta_{1}(\dot{\gamma}/\dot{\gamma}_{rdf})^{n}][\delta_{rem}+(1-\delta_{rem})e^{-3\xi'/50s}] \tag{5.3-12}$$

式中 $\dot{\gamma}$——土体的剪切应变率；

$\dot{\gamma}_{ref}$——参考应变率；

ξ——累积塑性应变；

ξ_{95}——土体达到 95%重塑程度时的累积塑性剪应变；

δ_{rem}——重塑强度比。

2）最终贯入深度预测（能量守恒法）：

O'Loughlin[70] 根据能量守恒定律提出土体表面的动能和势能之和来计算锚的贯入深度：

$$\frac{z_{e}}{d_{eff}}\approx\left(\frac{E_{total}}{kd_{eff}^{4}}\right)^{1/3} \tag{5.3-13}$$

其中，

$$E_{total}=\frac{1}{2}mv_{i}^{2}+m'gz_{e} \tag{5.3-14}$$

式中 z_e——鱼雷锚锚尖的埋深；

m'——鱼雷锚在土中浮质量；

d_{eff}——鱼雷锚的有效直径；

k——土体不排水抗剪强度梯度；

v——鱼雷锚的冲击速度；

g——重力加速度。

Hossain[67] 预测钙质粉土中的深度：

$$\frac{z_{e}}{d_{eff}}\approx2.56\left(\frac{E_{total}}{kA_{s}d_{eff}^{2}}\right)^{1/2.5} \tag{5.3-15}$$

式中 A_s——锚体总表面积，等于锚杆表面积与锚翼表面积之和。

随后刘君等[84] 基于此公式，针对 OMNI-Max 提出改进公式：

$$\frac{z_{e}}{d_{eff}}=2.48\left[\frac{E_{total}}{\alpha^{0.28}kA_{s}d_{eff}^{2}}\right]^{0.36} \tag{5.3-16}$$

Young 法[85] 计算贯入深度：

当 $v_i<61\text{m/s}$

$$z_e=0.3SNK_s\left(\frac{m}{A_p}\right)^{0.7}\ln(1+2\times10^{-5}v_i^2) \quad (5.3\text{-}17)$$

当 $v_i\geqslant61\text{m/s}$

$$z_e=0.00178SNK_s\left(\frac{m}{A_p}\right)^{0.7}(v_i-100) \quad (5.3\text{-}18)$$

式中 z_e——鱼雷锚锚尖的埋深；

S——贯入系数，见表5.3-6；

N——尖部系数，见式（5.3-19）；

m——入射粒子质量；

v_i——冲击速度；

K_s——修正系数，当 $m<27\text{kg}$ 时，$K_s=0.2m^{0.4}$，其他情况取 $K_s=1$。

$$\begin{cases}\text{椭圆形尖端}:N=0.18\dfrac{L_{tip}}{D}+0.56\\ \text{锥形尖端}:N=0.25\dfrac{L_{tip}}{D}+0.56\end{cases} \quad (5.3\text{-}19)$$

式中 L_{tip}——尖端长度。

贯入系数 **表5.3-6**

土体类型	S取值范围	土体类型	S取值范围
密实、干燥的砂(胶结)	2～4	粉土和黏土(低含水率)	5～10
十分坚硬和干燥的黏土	4～6	粉土和黏土(高含水率)	10～20
中密到松散的砂(无胶结)	6～9	十分软弱饱和黏土(低强度)	20～30
填料土	8～10	海洋沉积黏土(墨西哥湾)	30～60

2. 承载特性

动力贯入锚贯入海床后，关于其抗拔能力的资料很少。然而，动力贯入锚和打入桩（driven piles）之间的几何相似性证明动力贯入锚的承载力可以用常规的桩承载力方法来评估。尽管动力贯入锚和常规打入桩的安装速率存在一定差异，但这些方法为考虑计算锚的承载力以及安装速率对锚承载力的影响提供了依据。海上桩承载力的预测常用方法有两种：一是API（American Petroleum Institute，2000）法，二是MTD（Marine Technology Directorate）法（Jardine和Chow，1996）。这两种方法的极限抗拔力 F_v 等于桩的埋设重度 W_s、端阻力 F_b、摩擦力 F_s。

$$F_v=W_s+F_b+F_s \quad (5.3\text{-}20)$$

1）API法

$$\begin{cases}F_b=N_c s_{u,tip}A_p\\ F_s=\alpha s_{u,ave}A_s\end{cases} \quad (5.3\text{-}21)$$

式中 N_c——承载力系数，通常取9；

$s_{u,tip}$——桩端处不排水抗剪强度；

A_p——桩的截面面积；

$s_{u,ave}$——桩身处的平均不排水抗剪强度；

A_s——锚的嵌入表面积（与土接触）；

α——经验系数，见式（5.3-3a）。

2）MTD法

$$\begin{cases} F_b = 0.8 q_c A_p \\ F_s = \bar{\tau}_{sf} A_s = \sigma'_{hf} \tan\delta A_s \end{cases} \tag{5.3-22}$$

式中　q_c——单位锥尖阻力；

A_p——桩的投影面积；

σ'_{hf}——桩身处的平均不排水抗剪强度；

A_s——锚的嵌入表面积（与土接触）；

δ——内摩擦角，由界面环剪切试验测得。

对于侧摩阻力，MTD法基于土体特性的经验相关性来确定，其水平有效应力σ'_{hc}与垂直有效应力σ'_{v0}关系为：

$$\sigma'_{hc} = K_c \sigma'_{v0} \tag{5.3-23}$$

其中，

$$K_c = \left[2.2 + 0.016 \frac{\sigma'_{vy}}{\sigma'_{v0}} - 0.87 \log S_t\right] \left(\frac{\sigma'_{vy}}{\sigma'_{v0}}\right)^{0.42} \left(\frac{h}{r}\right)^{-0.20} \tag{5.3-24}$$

式中　h——锥尖的垂直距离；

r——桩的半径；

σ'_{vy}——屈服应力。

假设到桩尖四个直径的垂直距离的轴阻力恒定，应使用$h/r=8$（下限）。荷载试验表明，水平有效应力通常在受荷期间下降约20%。因此失效时的水平有效应力为$\sigma'_{hf}=0.8\sigma'_{hc}$。

虽然MTD法比API法更难应用，因为它需要使用更复杂的土体性状，但MTD法更能反映桩承载力的过程。特别地，随着h/r的增加，K_c的衰减反映了摩擦疲劳的影响，屈服应力比$\sigma'_{vy}/\sigma'_{v0}$和土体敏感性$S_t$是与经验相关。MTD法是根据近期荷载试验的大量数据进行校准的，如果有相关地输入参数和信息，可能会比API法更准确地计算桩承载力。

3）破坏包络面法

$$(F_i \sin\delta_i / F_v)^{p_0} + (F_i \cos\delta_i / F_H)^{q_0} = 1 \tag{5.3-25}$$

式中　δ_i——相对于水平面的倾斜角度；

F_v——竖向承载力；

F_H——水平向承载力；

F_i——倾斜承载力。

5.3.3　工程应用

1999年Lieng[86,87] 首次介绍了鱼雷锚在巴西浮式海洋平台的应用，到目前为止，鱼雷锚已经广泛应用于巴西、挪威西海岸北海（the North Sea），墨西哥湾（the Gulf of Mexico），几内亚湾（the Gulf of Guinea）和大西洋的浮式采油平台[51,88-90]。2000—2001年，首先在巴西的坎普斯盆地（Campos Basin）油田应用了动力贯入锚，随后在欧洲和墨西哥湾深水区都有应用。巴西石油公司开发了一种新型的鱼雷锚，型号分别为 T-43 和 T-98，重量分别为 43t 和 98t。2002 年 10 月，T-43 在巴西坎普斯盆地进行了海上测试并得到了法国船级社（Classification Society Bureau Veritas）的认证。分为三种类型：Ⅰ、Ⅱ、Ⅲ[58]。2004 下半年，巴西国家石油公司为了在 Albacora Leste 油田安装一艘超大型油轮（P-50 FPSO）。由于其系泊要求较高，一般拖曳锚无法满足要求，2003 年 4 月完成了 T-98 的设计和实地测试[50]。

随后发展了许多新型锚，如多向受荷锚 OMNI-Max、DEPLA、L-GIPLA、DPAⅢ。OMNI-Max 在 2007 年被应用在墨西哥海湾，用以系泊 MODU 系统[91]。2009 年 8 月，重量为 80t 的 TA Ⅳ型鱼雷锚被安装在挪威西海岸的北海 Gjoa 油田[89]，用于系泊 MODU 系统。2015 年，Blake 和 O′Loughlin[92,93] 对 DEPLA 进行了一定缩尺比例（1∶12，1∶7.2，1∶4.5）的现场试验。L-GIPLA 与 DPAⅢ目前仍处于研究阶段，缺少工程应用实例。动力贯入锚的应用如表 5.3-7 所示，对应的锚类型如图 5.3-8 所示。

锚的应用类型 **表 5.3-7**

锚类型	锚长（m）	锚径（m）	锚翼宽×长（m）	重量（t）	海床以上落下高度(m)	埋深（m）	速度（m/s）	参考文献
DPA(T75)	10～15	1.2	4×6	75	20～40		20～25	Lieng[86,87]
DPA(T98)	17	1.07	0.9×10	98	40/97/135	30～37	26.8	de Araujo[50]
TA Ⅰ	12	0.762	—					Medeiros[58]
TA Ⅱ	12	0.762	0.45×9					
TA Ⅲ	15	1.067	0.9×10					
TA Ⅳ	13	1.2	1.4×(4～6)	80	50/75	24.5/31	24/27	Lieng[89]
OMNI-Max	9.7	—	3×3	38	30/45	22/24	23	Shelton[91]
L-GIPLA	5	—	1.44	8.4				Liu[53][47]
DEPLA	9	0.72	3.6×3.5	15.2				Blake[92,93]
DPAⅢ	2.5		1.04	1.3				Chow[94]

DPA(T75)

TAⅠ

图 5.3-8 锚类型（一）

图 5.3-8 锚类型（二）

5.3.4 研究进展与展望

对于动力贯入锚（DIA）的研究主要集中在安装过程，安装过程决定了其最终承载力。

第一，锚的垂直度和冲击速度是影响动力贯入的两个关键因素，这涉及了流体动力学问题，流体动力特性对锚体的贯入影响十分重要，包括锚体下落时方向的稳定性、拖曳系数等。其中冲击速度也与最终贯入深度有直接联系[47]，如 O'Loughlin[64,78] 通过离心机试验发现无翼鱼雷锚的尖端贯入深度为 2～3 倍锚长，冲击速度达到 30m/s。

第二，准确预测动力贯入锚的最终贯入深度是评估承载能力的关键。在量化最终贯入深度时，需要考虑高应变率硬化和应变软化对海床土体的不排水剪切强度的影响，以及流体动力学问题，包括水和土体对锚和锚链的拖曳力和锚-土界面的潜在夹带水。

第三，动力贯入锚安装完成后，需要为浮式平台提供不同方向的抗拔承载力。服役阶段承受着复杂的循环荷载，现有一些理论方法预测其承载力。瑜璐[77] 基于塑性极限分析理论上限法提出一种简化模型用于计算鱼雷锚水平承载力，为优化锚型设计提供参考。由于海床土层复杂，有学者用破坏包络面的方法来评估承载性能。但深海黏土差异性较大，随机土广泛存在海床之中，这些方法尚未普遍使用，因此有必要进一步展开深入研究。锚眼的位置、锚链的角度对承载力影响很大，许多学者对锚眼的最佳位置进行了研究[95]。

第四，目前动力贯入锚的形状十分多样，有学者不断研究提出新型组合锚，如大连理工大学刘君教授团队研究带有助推器（Booster）的组合锚。韩聪聪和刘君等[55]通过现场试验探究了组合锚板的形状、助推器重量以及组合锚在水中的释放高度对最终沉贯深度的影响。

参考文献

[1] 国振，王立忠，李玲玲，新型深水系泊基础研究进展［J］. 岩土力学，2011，32（S2）：469-77.

[2] Randolph M F. Design of Anchoring Systems for Deep Water Soft Sediments［M］. Advances in Offshore Geotechnics，Springer，2020：1-28.

[3] Ehlers C J，Young A G，Chen J H. Technology assessment of deepwater anchors［C］. Proceedings of the Offshore Technology Conference，2004.

[4] Song Z，Hu Y，O'Loughlin C，et al. Loss in Anchor Embedment during Plate Anchor Keying in Clay［J］. Journal of Geotechnical and Geoenvironmental Engineering，2009，135（10）：1475-1485.

[5] Rowe R，Davis E. The behaviour of anchor plates in clay［J］. Geotechnique，1982，32（1）：9-23.

[6] Elkhatib S，Lonnie B，Randolph M F. Installation and pull-out capacities of drag-in plate anchors［C］. Proceedings of the The Twelfth International Offshore and Polar Engineering Conference，2002.

[7] Ruinen R，Degenkamp G. Anchor selection and installation for shallow and deepwater mooring systems［C］. Proceedings of the The Eleventh International Offshore and Polar Engineering Conference，2001.

[8] Thompson D，Beasley D J，True D G，et al. Naval Facilities Engineering Command Port Hueneme CA Engineering Service Center，2012.

[9] 丁佩民，肖志斌，张其林，等. 砂土中锚板抗拔承载力研究［J］. 建筑结构学报，2003，5：82-91，7.

[10] 张炜，刘海笑. 拖曳锚嵌入机理及运动特性实验研究［J］. 东南大学学报（自然科学版），2010，40（3）：581-586.

[11] Murff J，Randolph M，Elkhatib S，et al. Vertically loaded plate anchors for deepwater applications［C］. Proc Int Symp on Frontiers in Offshore Geotechnics，2005.

[12] Stewart W. Drag embedment anchor performance prediction in soft soils［C］. Proceedings of the Offshore Technology Conference，1992.

[13] Neubecker S，Randolph M. The performance of drag anchor and chain systems in cohesive soil［J］. Marine georesources & geotechnology，1996，14（2）：77-96.

[14] Thorne C. Penetration and load capacity of marine drag anchors in soft clay［J］. Journal of geotechnical and geoenvironmental engineering，1998，124（10）：945-953.

[15] Ruinen R M. Penetration analysis of drag embedment anchors in soft clays［C］. Proceedings of the The Fourteenth International Offshore and Polar Engineering Conference，2004.

[16] O'Neill M，Randolph M. Modelling drag anchors in a drum centrifuge［J］. International Journal of Physical Modelling in Geotechnics，2001，1（2）：29-41.

[17] Aubeny C P，Murff J D，Kim B M. Prediction of anchor trajectory during drag embedment in soft clay［J］. International Journal of Offshore and Polar Engineering，2008，18（4）.

[18] Aubeny C, Chi C. Mechanics of drag embedment anchors in a soft seabed [J]. Journal of geotechnical and geoenvironmental engineering, 2010, 136 (1): 57-68.

[19] Aubeny C, Chi CM. Analytical model for vertically loaded anchor performance [J]. Journal of Geotechnical and Geoenvironmental Engineering, 2014, 140 (1): 14-24.

[20] Wang L-Z, Shen KM, Li LL, et al. Integrated analysis of drag embedment anchor installation [J]. Ocean engineering, 2014, 88: 149-163.

[21] 张春会，王兰，田英辉，等. 饱和黏土中固定锚腚拖曳锚嵌入轨迹预测模型 [J]. 岩土力学，2018，39 (6)：1941-7.

[22] 王忠涛，王春乐，杨庆，等. 柔性锚胫法向承力锚安装轨迹和承载性能分析 [J]. 岩土工程学报，2018，40 (9)：1698-705.

[23] O'Neill M, Randolph M, Neubecker S. A novel procedure for testing model drag anchors [C]. Proceedings of the The Seventh International Offshore and Polar Engineering Conference, 1997.

[24] O'Neill M, Randolph M, House A. The behaviour of drag anchors in layered soils [J]. International Journal of Offshore and Polar Engineering, 1999, 9 (1).

[25] O'Neill M, Bransby M, Randolph M. Drag anchor fluke soil interaction in clays [J]. Canadian Geotechnical Journal, 2003, 40 (1): 78-94.

[26] Liu H, Zhang W, Zhang X, et al. Experimental investigation on the penetration mechanism and kinematic behavior of drag anchors [J]. Applied Ocean Research, 2010, 32 (4): 434-442.

[27] Chow F, Banimahd M, Tyler S, et al. Investigating drag anchor behaviour in calcareous materials on the North West Shelf of Australia [C]. Proceedings of the Offshore Site Investigation Geotechnics 8th International Conference Proceeding, 2017.

[28] Aubeny C, Gilbert R, Randall R, et al. The performance of drag embedment anchors (DEA) [J]. 2011.

[29] Dahlberg R, Strøm P J. Unique onshore tests of deepwater drag-in plate anchors [C]. Proceedings of the Offshore Technology Conference, 1999.

[30] Wang D, Hu Y, Randolph M F. Keying of rectangular plate anchors in normally consolidated clays [J]. Journal of Geotechnical and Geoenvironmental Engineering, 2011, 137 (12): 1244-1253.

[31] Gourvenec S. Shape effects on the capacity of rectangular footings under general loading [J]. Géotechnique, 2007, 57 (8): 637-646.

[32] Wilde B, Treu H, Fulton T. Field testing of suction embedded plate anchors [C]. Proceedings of the The Eleventh International Offshore and Polar Engineering Conference, 2001.

[33] O'Loughlin C, Lowmass A, Gaudin C, et al. Physical modelling to assess keying characteristics of plate anchors [C]. Proceedings of the 6th international conference on physical modelling in geotechnics, 2006.

[34] Tian Y, Cassidy M J, Gaudin C. The influence of padeye offset on plate anchor re-embedding behaviour [J]. Géotechnique Letters, 2014, 4 (1): 39-44.

[35] Tian Y, Gaudin C, Cassidy M J. Improving Plate Anchor Design with a Keying Flap [J]. Journal of Geotechnical and Geoenvironmental Engineering, 2014, 140 (5): 04014009.

[36] Tian Y, Gaudin C, Randolph M F, et al. Influence of padeye offset on bearing capacity of three-dimensional plate anchors [J]. Canadian Geotechnical Journal, 2015, 52 (6): 682-693.

[37] Tian Y, Randolph M, Cassidy M. Analytical solution for ultimate embedment depth and potential holding capacity of plate anchors [J]. Géotechnique, 2015, 65 (6): 517-530.

[38] Ilamparuthi K, Dickin E, Muthukrisnaiah K. Experimental investigation of the uplift behaviour of

circular plate anchors embedded in sand [J]. Canadian Geotechnical Journal, 2002, 39 (3): 648-664.

[39] Liu J, Liu M, Zhu Z. Sand deformation around an uplift plate anchor [J]. Journal of Geotechnical and Geoenvironmental Engineering, 2012, 138 (6): 728-37.

[40] Chow S H, Diambra A, O'Loughlin C D, et al. Consolidation effects on monotonic and cyclic capacity of plate anchors in sand [J]. Géotechnique, 2020, 70 (8): 720-731.

[41] Chow S, O'Loughlin C, Corti R, et al. Drained cyclic capacity of plate anchors in dense sand: Experimental and theoretical observations [J]. Géotechnique Letters, 2015, 5 (2): 80-85.

[42] Cheng X, Jiang Z, Wang P, et al. Bearing capacity of plate anchors subjected to average and cyclic loads in clays [J]. Ocean Engineering, 2021, 235: 109343.

[43] Han C, Wang D, Gaudin C, et al. Capacity of plate anchors in clay under sustained uplift [J]. Ocean Engineering, 2021, 226: 108799.

[44] Gaudin C, O'Loughlin C, Randolph M, et al. Influence of the installation process on the performance of suction embedded plate anchors [J]. Géotechnique, 2006, 56 (6): 381-391.

[45] Cai Y, Bransby M F, Gaudin C, et al. Accounting for Soil Spatial Variability in Plate Anchor Design [J]. Journal of Geotechnical and Geoenvironmental Engineering, 2022, 148 (2): 04021178.

[46] Freeman T, Murray C, Schuttenhelm R. The Tyro 86 penetrator experiments at Great Meteor East [C]. Proceedings of an International Conference, 1988.

[47] Han C, Liu J. A review on the entire installation process of dynamically installed anchors [J]. Ocean Engineering, 2020, 202: 107173.

[48] Randolph M, Cassidy M, Gourvenec S, et al. Challenges of offshore geotechnical engineering [C]. Proceedings of the International Conference on Soil Mechanics and Geotechnical Engineering, 2005.

[49] Richardson M D. Dynamically installed anchors for floating offshore structures [D]. University of Western Australia Australia, 2008.

[50] de Araujo J B, Machado R R D, de Medeiros Junior C J. High holding power torpedo pile: results for the first long term application [C]. Proceedings of the International Conference on Offshore Mechanics and Arctic Engineering, 2004.

[51] Zimmerman E H, Smith M, Shelton J T. Efficient gravity installed anchor for deepwater mooring [C]. Proceedings of the Offshore Technology Conference, 2009.

[52] Liu J, Han C, Ma Y, et al. Experimental investigation on hydrodynamic characteristics of gravity installed anchors with a booster [J]. Ocean Engineering, 2018, 158: 38-53.

[53] Liu J, Sun X, Han C. An innovative light-weight gravity installed plate anchor and its dynamic performance in clayey seabed [J]. Ocean Engineering, 2021, 238: 109729.

[54] Liu J, Han C, Zhang Y, et al. An innovative concept of booster for OMNI-Max anchor [J]. Applied Ocean Research, 2018, 76: 184-198.

[55] 韩聪聪，沈侃敏，李炜，等. 新型组合动力锚安装性能现场试验研究 [J]. 岩土工程学报，2021，43 (9): 1657-1665.

[56] Tong Y, Han C, Liu J. An innovative lightweight gravity installed plate anchor and its keying properties in clay [J]. Applied Ocean Research, 2020, 94: 101974.

[57] Kim Y, Hossain M, Wang D. Effect of strain rate and strain softening on embedment depth of a torpedo anchor in clay [J]. Ocean Engineering, 2015, 108: 704-715.

[58] Medeiros C. Low cost anchor system for flexible risers in deep waters [C]. Proceedings of the Off-

shore Technology Conference，2002.

[59] Einav I，Randolph M. Effect of strain rate on mobilised strength and thickness of curved shear bands [J]. Géotechnique，2006，56 (7)：501-504.

[60] Hossain M S，Kim Y，Gaudin C. Experimental investigation of installation and pullout of dynamically penetrating anchors in clay and silt [J]. Journal of Geotechnical and Geoenvironmental Engineering，2014，140 (7)：04014026.

[61] Kim Y，Hossain M，Wang D，et al. Numerical investigation of dynamic installation of torpedo anchors in clay [J]. Ocean Engineering，2015，108：820-832.

[62] Skempton A. The bearing capacity of clays [J]. Selected papers on soil mechanics，1951，50-59.

[63] True D G. Undrained vertical penetration into ocean bottom soils [M]. University of California，Berkeley，1976.

[64] O'Loughlin C，Randolph M，Richardson M. Experimental and theoretical studies of deep penetrating anchors [C]. Proceedings of the Offshore Technology Conference，2004.

[65] Chung S，Randolph M. Penetration resistance in soft clay for different shaped penetrometers [C]. Proceedings of the Penetration resistance in soft clay for different shaped penetrometers，2004.

[66] Fu Y，Zhang X，Li Y，et al. Holding capacity of dynamically installed anchors in normally consolidated clay under inclined loading [J]. Canadian Geotechnical Journal，2017，54 (9)：1257-1271.

[67] Hossain M，O'Loughlin C，Kim Y. Dynamic installation and monotonic pullout of a torpedo anchor in calcareous silt [J]. Géotechnique，2015，65 (2)：77-90.

[68] Richardson M，O'Loughlin C，Randolph M，et al. Setup following installation of dynamic anchors in normally consolidated clay [J]. Journal of Geotechnical and Geoenvironmental Engineering，2009，135 (4)：487-496.

[69] Chen W，Randolph M. External radial stress changes and axial capacity for suction caissons in soft clay [J]. Géotechnique，2007，57 (6)：499-511.

[70] O'Loughlin C，Richardson M，Randolph M，et al. Penetration of dynamically installed anchors in clay [J]. Géotechnique，2013，63 (11)：909-919.

[71] Sturm H，Lieng J T，Saygili G. Effect of soil variability on the penetration depth of dynamically installed drop anchors [C]. Proceedings of the OTC Brasil，2011.

[72] Øye I. Simulation of trajectories for a deep penetrating anchor [J]. CFD Norway Report，2000.

[73] Fernandes A C，Dos Santos M F，de Araujo J B，et al. Hydrodynamic aspects of the Torpedo anchor installation [C]. Proceedings of the International Conference on Offshore Mechanics and Arctic Engineering，2005.

[74] O'Beirne C，O'Loughlin C，Gaudin C. Assessing the penetration resistance acting on a dynamically installed anchor in normally consolidated and overconsolidated clay [J]. Canadian Geotechnical Journal，2017，54 (1)：1-17.

[75] Hossain M S，Kim Y，Wang D. Physical and numerical modelling of installation and pull-out of dynamically penetrating anchors in clay and silt [C]. Proceedings of the International Conference on Offshore Mechanics and Arctic Engineering，2013.

[76] Biscontin G，Pestana J M. Influence of peripheral velocity on vane shear strength of an artificial clay [J]. Geotech Test J，2001，24 (4)：423-429.

[77] 瑜璐. 深海黏土地基鱼雷锚承载性能与机理研究 [D]. 大连：大连理工大学，2021.

[78] O'Loughlin C D，Richardson M D，Randolph M F. Centrifuge tests on dynamically installed anchors [C]. Proceedings of the International conference on offshore mechanics and arctic engineering，2009.

[79] Mitchell J K, Soga K. Fundamentals of soil behavior [M]. John Wiley & Sons New York, 2005.

[80] O'Beirne C, O'Loughlin C, Gaudin C. A release-to-rest model for dynamically installed anchors [J]. Journal of Geotechnical and Geoenvironmental Engineering, 2017, 143 (9): 04017052.

[81] Low H, Randolph M, Dejong J, et al. Variable rate full-flow penetration tests intact and remoulded soil [C]. Proceedings of the Variable rate full-flow penetration tests intact and remoulded soil, 2008.

[82] Zhu H, Randolph M F. Numerical analysis of a cylinder moving through rate-dependent undrained soil [J]. Ocean Engineering, 2011, 38 (7): 943-953.

[83] Boukpeti N, White D, Randolph M, et al. Strength of fine-grained soils at the solid - fluid transition [J]. Géotechnique, 2012, 62 (3): 213-226.

[84] Liu J, Liu L, Han C. Innovative Booster for Dynamic Installation of OMNI-Max Anchor in Clay: Numerical Modeling [J]. Journal of Waterway, Port, Coastal, and Ocean Engineering, 2022, 148 (1): 04021043.

[85] Young C. Penetration Equations. Contractor report. SAND97-2426 [J]. Sandia National Laboratories, Albuquerque, N Mexico, 1997, 37.

[86] Lieng J T, Hove F, Tjelta T I. Deep penetrating anchor: Subseabed deepwater anchor concept for floaters and other installations [C]. Proceedings of the The Ninth International Offshore and Polar Engineering Conference, 1999.

[87] Lieng J T, Kavli A, Hove F, et al. Deep penetrating anchor: further development, optimization and capacity verification [C]. Proceedings of the The Tenth International Offshore and Polar Engineering Conference, 2000.

[88] Brandão F, Henriques C, Araújo J, et al. Albacora Leste field development-FPSO P-50 mooring system concept and installation [C]. Proceedings of the Offshore Technology Conference, 2006.

[89] Lieng J T, Tjelta T I, Skaugset K. Installation of two prototype deep penetrating anchors at the Gjoa Field in the North Sea [C]. Proceedings of the Offshore Technology Conference, 2010.

[90] Bhattacharjee S, Majhi S, Smith D, et al. Serpentina FPSO mooring integrity issues and system replacement: unique fast track approach [C]. Proceedings of the Offshore Technology Conference, 2014.

[91] Shelton J T. OMNI-Maxtrade anchor development and technology [C]. Proceedings of the OCEANS, 2007.

[92] Blake A, O'Loughlin C. Installation of dynamically embedded plate anchors as assessed through field tests [J]. Canadian Geotechnical Journal, 2015, 52 (9): 1270-1282.

[93] Blake A, O'Loughlin C, Gaudin C. Capacity of dynamically embedded plate anchors as assessed through field tests [J]. Canadian Geotechnical Journal, 2015, 52 (1): 87-95.

[94] Chow S, O'Loughlin C D, Gaudin C, et al. An experimental study of the embedment of a dynamically installed anchor in sand [C]. Proceedings of the 8th Offshore Site Investigation and Geotechnics Conference (OSIG17), London, UK, 2017.

[95] Tian Y, O'Loughlin C D, Cassidy M J. Optimisation of the padeye location for dynamically embedded plate anchors [J]. Computers and Geotechnics, 2021, 138: 104335.

6 海洋基础工程受力特点及荷载分析

刘海江，程思学，沈佳，曾俊，孟文简，杨铭哲，罗琳
（浙江大学滨海和城市岩土工程研究中心，浙江 杭州 310058）

6.1 概述

随着人类海洋开发和海洋空间利用的脚步，各种各样的海洋结构物不断涌现。这些海洋结构物的基础部分长期处于开敞海域中，气象、海况等环境条件对其结构安全和开工作业率具有重要影响。因此，在海洋基础工程设计时，海况和气象条件，包括海底土况、地形、水深、风、波浪、潮流、海冰，以及部分地区的地震和海啸等，都是重要的前提要素。

海洋基础工程中的荷载有多种分类方法。根据荷载的稳定性，可以分为稳定荷载和振荡荷载。其中，稳定荷载主要由稳定的风和流引起，振荡荷载则是由波浪以及结构物自身的振动所引起的。一般而言，稳定荷载都可以根据经验公式估算，主要与风和流的平均速度，以及结构自身暴露部分的几何形状相关。根据荷载的时间变化特征，主要有静荷载和动荷载两种类型。其中，静荷载主要包括重力、甲板荷载、静水荷载、水流荷载、土压力和静冰荷载等；动荷载主要包括由风的变化和波浪运动所引起的荷载，以及极端工况下的地震和海啸荷载等。对于动力敏感的构件，如细长型杆件，需要进行动力响应分析。一般而言，结构动力响应不仅取决于荷载的动力特性，还与结构自身的动力特性相关。因此，对于不同的结构物，其动力响应特性往往千差万别。此外，在海洋环境中，部分荷载还具有显著的随机性特征，主要涉及波浪、水流、海冰及船舶撞击力、地震以及海啸等荷载作用。对于随机荷载，需要采用统计学方法进行研究。综上所述，由于海洋环境的复杂性，海洋基础工程中的荷载也极为复杂，对相关科学研究和工程设计提出了挑战。

本章旨在对由风、波浪、海流、海底土、海冰和漂浮物以及地震和海啸等作用所引起的荷载进行分析。本章将从基础理论出发，介绍当前研究进展，列举现行规范中的相关条款，并结合具体的海洋工程结构形式，分析各种海洋结构在荷载作用下的受力特点。

6.2 风荷载

6.2.1 概述

作为一种重要的天气因素，风与人类的生产生活有密切关系。对于形式多样的海洋基础工程而言，风既可以直接作用在设备上，也可以影响海水运动的方式，引起海浪的发展与传播、海流的变化，对一些浮式结构物造成影响[1-2]。因此，风是影响海洋基础工程的重要环境因素之一。

大气压力在水平方向上分布的不平衡，是形成风的最直接因素[3]。风的特征可以用风向和风速来表述。风向指风的来向，通常以正北方向为始，顺时针方向每隔 22.5°确定一个风向。风速，即在单位时间里空气所经过的距离，一般认为 13.9～17.1m/s 及以上的 7 级大风才会对生活与工程结构造成威胁。

为了便于结构设计计算，通常会将风速转化为风压来表征风的强弱。当速度为 V 的气流冲击物体时，由于受阻壅塞，使气流外围部分变向，扩大了冲击面。结果造成物体承受压不均，而中心处气流产生的压强最大，称为风压 P[4]。一般意义上的海洋基础工程风荷载可以简单地理解为风压。

6.2.2 风速基本理论

为了能使海洋基础工程结构得到合理的设计风荷载，首先需要确定工程海域的风速资料与工程结构的设计基本风速。如图 6.2-1 所示，风速并非恒定，这一点已经由大量的实测数据资料证明。在瞬时风速过程中存在着长（10 分钟以上）、短（数秒左右）周期部分。因而在工程上通常会把风划分为平均风（属于静力性质）和脉动风（属于动力性质）分别进行分析计算[5]。

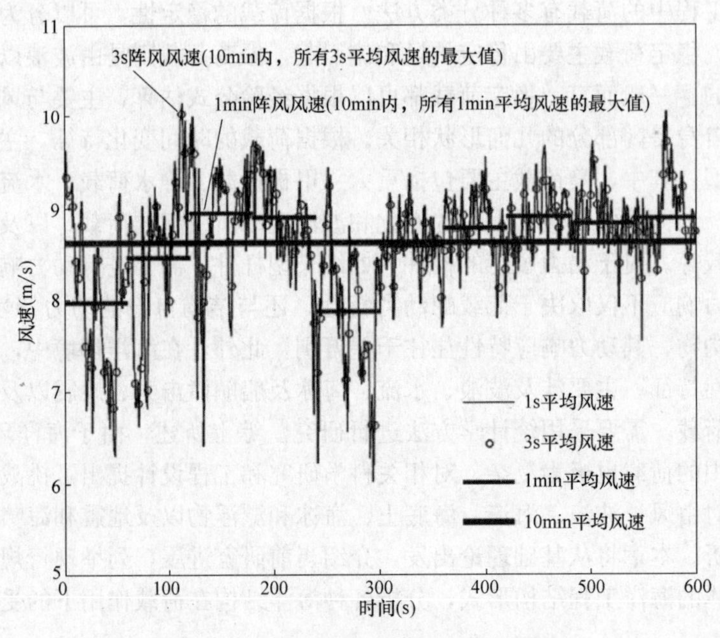

图 6.2-1 平均风速和阵风风速（示例）

1. 平均风

1）风剖面

实际情况下，在大气边界层内，由于有地表摩擦的影响，近地面的风速大小会随高度而变化，具体规律表现为高空风速大，近地风速减小。为统一风速间的换算与比较，一般规定以海平面以上 10m 高程处的风速为标准。平均风速随高度变化的规律被称为风剖面

（图 6.2-2），其一般有对数律与指数律两种表达形式[6]（表 6.2-1）。我国的《建筑结构荷载规范》[7]（后简称《荷载规范》）选用计算更为简便的指数律作为风剖面的表达式。

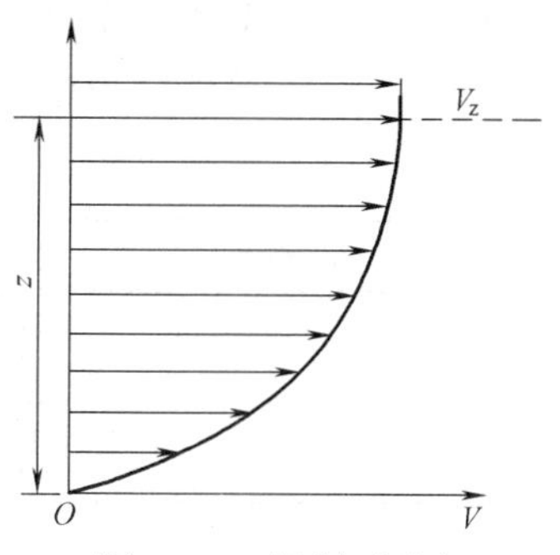

图 6.2-2　风剖面示意

2）时距

在计算平均风速时，所选取的时间段长短即为时距。由于脉动风影响，一般时距越短，平均风速越大[8]。在我国的相关计算规范中，普遍取 10min 为标准时距，其他时距的平均风速需要乘相应的系数进行换算，如表 6.2-2 所示。

两种常用风剖面对比　　**表 6.2-1**

对比类别	对数风剖面	指数风剖面
计算公式	$\frac{V_z}{V_{10}}=\frac{\lg\left(\frac{z}{z_0}\right)}{\lg\left(\frac{10}{z_0}\right)}$	$\frac{V_z}{V_{10}}=\left(\frac{z}{10}\right)^{\alpha}$
适用范围	近地表小于 100m 高度	高于 100m 高度

注：V_z 为高度 z 处的风速；V_{10} 为 10m 标准高度处的风速；z_0 为地面粗糙度，表示风速接近零处的高度，反映了不同地貌对风速的摩擦作用；指数 α 主要取决于表面粗糙度及距地表高度 z 的大小。

常用的时距换算系数　　**表 6.2-2**

时距	1h	10min	5min	2min	1min
换算系数	0.94	1	1.07	1.16	1.20
时距	30s	20s	10s	5s	瞬时
换算系数	1.26	1.28	1.35	1.39	1.50

3）最大风速与重现期

出于安全性考虑，在选取设计风速时都会选取年最大风速作为风速样本。重现期指选定的设计风速被超越的平均时间间隔，我国现行海上结构物通常选取 50 年为重现期。伴随着海洋事业的发展，实际工程当中愈发趋向于选取 100 年至 1000 年的超长重现期。而一般情况下，可用的观测或后报数据时长至多数十年，因此需要将分布函数外推以获得所需重现期的环境参数。我国一般采用极值Ⅰ型概率分布函数（即 Gumbel 型）对风速进行分析，形式如下：

$$P_1(x)=e^{e^{-y}} \tag{6.2-1}$$

式中，y——变量函数，$y=\alpha(x-\beta)$，其中系数 $\alpha=\sigma_{yN}/\sigma_x$，$\beta=E(x)-E(yN)/\alpha$；$E(x)$ 与 σ_x 分别为风速样本的数学期望与均方差，$E(yN)$ 与 σ_{yN} 分别为变量函数 y 的数学期望和均方差，均与风速样本量 N 有关，可查相关图表得到[9]。

4）设计风速

实际设计工作中，应根据工程作业区风速的统计资料和相关规范的具体规定去选择设计风速。中国船级社给出的《海上移动平台入级规范》[10]（后简称《入级规范》）规定，对具有营运限制附加标志的平台正常作业工况，设计风速不得小于 25.8m/s。对无限作业区域的平台，其结构用最小设计风速应为：自存模式，51.5m/s；正常作业模式，36m/s。表6.2-3给出了中国、美国和日本的设计风速选取标准[11]。

三国规范设计风速确定方法　　表6.2-3

国家	标准高度	重现期	时距	风速样本	标准地貌类型	概率线型
中国	10m	50年	10min	年最大风速	空旷平坦	极值Ⅰ型
美国		300/700/1700年	3s		空旷开敞	
日本		100年	10min		空旷平坦	

2. 脉动风

1）湍流强度

大气的湍流程度，或者说其中脉动风能量的多寡，可以用湍流强度加以衡量。其值越大，表明脉动成分越多。通常将高度 z 处的湍流强度 $I(z)$ 表示为：

$$I(z)=\frac{\sigma_{\mathrm{V}}(z)}{\overline{V}(z)} \tag{6.2-2}$$

式中　$\overline{V}(z)$——平均风速；

$\sigma_{\mathrm{V}}(z)$——顺风向（与平均风速方向平行）脉动风速的均方根值。

湍流强度与地面粗糙度类型以及高度有关，在地面附近一般可以达到10%～20%[6]。

2）风谱与风速随机过程

尽管风的脉动变化通常被认为是随机的，但从统计学的角度出发，可以使用谱来描述脉动风的概率特性。表6.2-4列举了几个工程中常用的风谱[12-14]。

其中，Davenport谱是基于世界90多个地区的资料得到的，数据较为可靠[15]，成为世界各国建筑风荷载取值的依据[16]，我国《荷载规范》采用的便是该风谱形式。

工程中常用的风谱　　表6.2-4

谱名	表达式	特点
Davenport谱	$\begin{cases} S(f)=\dfrac{CV^2}{f}\dfrac{4X^2}{(1+X^2)^{4/3}} \\ X=1200\dfrac{f}{V} \end{cases}$	沿高度不变
Harris谱	$\begin{cases} S(f)=\dfrac{CV^2}{f}\dfrac{4X^2}{(2+X^2)^{5/6}} \\ X=1200\dfrac{f}{V} \end{cases}$	沿高度不变
Simiu谱	$\begin{cases} S(z,f)=\dfrac{CV^2}{f}\dfrac{200f}{(1+50f)^{5/3}} \\ f=\dfrac{fz}{V} \end{cases}$	沿高度变化
Hino谱	$\begin{cases} S(z,f)=\dfrac{CV^2}{f}\dfrac{0.475X}{(1+X^2)^{5/6}} \\ X=250\dfrac{fz^{0.42}}{V} \end{cases}$	沿高度变化

续表

谱名	表达式	特点
NPD 谱	$\begin{cases} S(f)=\dfrac{320\left(\dfrac{V}{10}\right)^{2}\left(\dfrac{z}{10}\right)^{0.45}}{(1+X^{n})^{5/1.404}} \\ X=172\left(\dfrac{V}{10}\right)^{-0.75}\left(\dfrac{z}{10}\right)^{2/3}f \end{cases}$	沿高度变化

注：各式中，z 为平均海平面以上的高度；V 为高度 z 处风速；f 为风速脉动频率（Hz）；$S(f)$ 与 $S(z,f)$ 表示频率为 f、高度为 z 的风谱（m^2/s）；C 为粗糙度系数，变化范围较大。

然而，风谱这类频域描述方法只适用于稳定的风况。在暴风或龙卷风等环境条件下，风速的时空变化无法用风谱描述，此时只能通过建立风速时间序列这一随机过程的时域模型来分析相应的力与响应[17]。一般在工程领域中主要有三种时域模拟方法，即谐波叠加法、傅里叶逆变换法与线性滤波法[18]。这里以谐波叠加法为例，其思想为将一系列随机相位的正余弦函数叠加，得到平稳随机过程 $g(t)$ 即需要的脉动风速时程曲线，其中最常用的是 Shinozuka 和 Jan 的理论[19]：

$$g(t)=\sum_{j=1}^{N}\sqrt{2S_{\mathrm{v}}(f)\Delta f}\cos(\omega_j t+\phi_j) \tag{6.2-3}$$

式中 N——正整数，当其足够大时可认为 $g(t)$ 是高斯随机过程；

$S_{\mathrm{v}}(f)$——$g(t)$ 的功率谱密度函数；

Δf——频率分段的增量；

ϕ_j——均匀分布在区间（0，2π）内的随机变量。

6.2.3 风荷载计算基本理论

风速随时间、空间的变异性和结构的阻尼特性等很多因素都会影响结构的风荷载响应，进而关系到结构的整体性安全。对于受力主体部位，我国《荷载规范》规定以平均风压乘以风振系数 β_z 来计算风荷载标准值。

1. 顺风向风荷载计算

垂直于建筑物表面上的风荷载标准值 w_k，应按下式确定：

$$w_k=\beta_z\mu_s\mu_z w_0 \tag{6.2-4}$$

式中 β_z——高度 z 处的风振系数；

μ_s——风荷载体型系数；

μ_z——风压高度变化系数；

w_0——基本风压（kN/m^2）。

具体应用中，还会在上式基础上，考虑受风构件的正投影面积 S，以获得风力 F：

$$F=\beta_z\mu_s\mu_z w_0 S \tag{6.2-5}$$

1）基本风压 w_0

基本风压 w_0 是根据上一节中所述各项标准，即标准高度、地貌、时距、最大风速、重现期等要求，得到基本设计风速，再依照伯努利公式计算得到：

$$w_0=\frac{1}{2}\rho v_0^2 \tag{6.2-6}$$

式中 ρ——标准空气密度，一般取 $\rho=1.25\text{kg/m}^3$；

v_0——设计风速。

需要注意的是，由上式计算得到的基本风压，只能代表空旷水平面上 10m 高程处单位面积所受风压强弱。实际情况下风压在工程结构上的分布并不均匀，这时就必须考虑用相关参数来修正基本风压。

2）风荷载体型系数 μ_s

风荷载体型系数 μ_s 是指风作用在结构表面一定范围内所引起的平均压力与来流风的速度压的比值，它主要与结构物的体型和尺度有关，也与周围环境和地面粗糙度有关。由于该部分内容涉及的流体及固体力学问题过于复杂，难以给出理论解，相关规范中只针对部分体型给出了参考值；而对于重要且体型复杂的工程结构，目前只能在风洞内根据相似性原理对工程模型进行试验。

3）风压高度变化系数 μ_z

由式（6.2-6）知，风压与风速平方成正比关系，因此根据指数风剖面形式可以推算出风压高度变化系数 μ_z 的表达式：

$$\mu_z=\frac{w}{w_0}=\left(\frac{V_z}{V_{10}}\right)^{2\alpha}=\left(\frac{z}{10}\right)^{2\alpha} \tag{6.2-7}$$

式中 w——任意高度 z 处的风压；其他变量含义同前。

在实际应用中，μ_z 的值也可以直接根据结构的高度 z 查取相关规范选取。

4）风振系数 β_z

风振指风压的动态作用。一般结构可仅考虑静态作用，忽略风的动态作用，以式（6.2-6）直接计算风荷载。但当脉动风的频率与工程结构的自振频率接近时，结构会产生振动作用，特别是对于高耸结构和高层建筑，则必须要考虑动态效应，此时可将脉动风压假定为各态历经随机过程，依照随机振动理论导出。

对于高耸结构和高层建筑而言，我国《荷载规范》规定可仅考虑结构第一阶振型（与第一自振频率相应）的影响，这里给出高度 z 处的风振系数 β_z 的计算方法：

$$\beta_z=1+2gI_{10}B_z\sqrt{1+R^2} \tag{6.2-8}$$

式中 g——峰值因子，可取 2.5；

I_{10}——10m 高度名义湍流强度，对应海洋表面粗糙度可取 0.12；

R——脉动风荷载的共振分量因子；

B_z——背景分量因子。

其中，共振分量因子 R 可按下式计算：

$$\begin{cases} R=\sqrt{\dfrac{\pi}{6\zeta_1}\dfrac{x_1^2}{(1+x_1^2)^{4/3}}} \\ x_1=\dfrac{30f_1}{\sqrt{k_w w_0}} \end{cases} \tag{6.2-9}$$

式中 f_1——结构第一自振频率；

k_w——地面粗糙度修正系数，对应海洋表面粗糙度可取 1.28；

ζ_1——结构阻尼比，需依照结构材料特性以及有无填充部分选取；

w_0——基本风压。

背景分量因子 B_z 可按下式计算：

$$\begin{cases} B_z = kH^{a_1}\rho_x\rho_z \dfrac{\phi_1(z)}{\mu_z} \\ \rho_z = \dfrac{10\sqrt{H+60e^{-H/60}-60}}{H} \\ \rho_x = \dfrac{10\sqrt{B+50e^{-B/60}-50}}{B} \end{cases} \tag{6.2-10}$$

式中 $\phi_1(z)$——结构第一振型系数，应根据结构动力计算确定；

H——结构总高度；

B——结构迎风面宽度，一般 $B \leqslant 2H$；

ρ_z、ρ_x——脉动风荷载竖直方向和水平方向相关系数；

μ_z——风压高度变化系数；在海洋环境下，对于高耸结构，k 和 a_1 通常取 1.276 和 0.186。

2. 横风向荷载计算

结构除了受顺风向荷载外，还会在横风向受风压作用产生平移和振动，其主要激励有尾流激励、横风向紊流激励以及气动弹性激励。通常情况下，当风速在亚临界（一般认为雷诺数 $Re < 3\times10^5$）或超临界范围（$3\times10^5 \leqslant Re < 3.5\times10^6$）时，结构不会在短时间内破坏；当风速进入跨临界范围（$Re \geqslant 3.5\times10^6$）时，结构有可能出现严重的振动甚至破坏。并且，由于各立面截面形状与湍流程度等因素造成的风压非对称性，实际工程结构会产生扭转风荷载。在脉动风作用下，结构的顺风向荷载、横风向荷载和扭转风荷载一般是同时存在的，因此需要依照情况进行荷载组合设计。考虑到相关的影响因素之多，工程结构的等效荷载宜通过风洞试验或对比相关资料确定。

3. 风荷载研究方法

1）现场实测

借助仪器测量工程周围实际风环境与结构风响应的现场实测是最直接也是最准确的手段，也是检验其他方法结果准确性的判据[20]。然而现场实测时间与费用成本较高，且无法对可能变化的环境做出外推，因此局限性较大。

2）风洞试验

风洞试验法是另一种较为常见的方法。通过将实际风场与工程结构物按相似准则缩小比例后，可人为控制各种试验条件，对风效应加以模拟，试验效率高且成本较低，可重复取得数据。由于在缩小几何尺寸时需要简化模型，故风洞试验无法精确反映实际特征，也无法准确再现实地风的随机性，因此存在一定的问题。

3）数值模拟

随着计算流体力学的飞速发展，“数值风洞”基于相关理论，可以通过计算机模拟工程结构周围风场的变化并求解风荷载[21]。通过建立数值模型并求解偏微分方程的方法，将工程结构周围的风场等大型而复杂的物理现象用计算机加以模拟。该方法不受实际条件制约，可以快速模拟各类型风场以及所需的物理量，但结果还需要得到其他数据资料的验证方可使用。

6.2.4 海洋基础工程风荷载研究

对于不同的工程结构物，其表面的风压分布与结构响应特性也会有所差异，且在工程实际中，多种环境荷载往往同时作用于结构上，因此需要重点考虑的荷载组合也不尽相同。

桩基作为海洋基础工程中最为常见的构件，在复杂多变的环境中承受着多种荷载的不断影响，研究其动力响应特性对结构安全保障有着极为重要的现实意义。廖迎娣等[22] 建立了三脚架基础海上风电设备的ANSYS整体模型，并对其进行静力校核，结果发现风荷载在各环境荷载联合作用下，主导控制了结构响应的稳态波动。李宛玲等[23] 建立了风浪-海床-单桩的三维单向耦合数值模型，探究风浪荷载共同作用条件下桩基的动力响应规律，结果表明风速、风剪切系数和波高的增长会加剧桩身周围流体变形，进而影响桩身的水平位移与弯矩。

随着跨海桥梁日益增多，桥梁构件受风荷载影响的研究也逐渐变为热点问题。对于框架结构的栈桥，刘戈等[24] 搭建了杆式结构数值模型，分析了横向风荷载对迎风、背风面杆件的等效应力影响。罗浩等[25] 建立了大跨度刚构桥的有限元模型，并通过研究发现风浪共同作用时，风荷载在对结构的横向位移响应有较大影响的同时，其风速本身也会受到波浪的作用而发生变化。

海洋平台是海上生产作业和生活的基地，为了更好地抵御恶劣环境的影响，学者也在持续推进着对其动力响应性能以及所受风荷载情况的研究。柳淑学等[26] 利用Fluent模拟试验了海洋平台模型尺寸与风向角以及平台倾角对雷诺数效应的影响。王磊[27] 通过对一实际高耸塔架的数值计算分析发现，吊重荷载会导致结构风振系数增大、风荷载效应增加。李芳菲等[28] 通过建立半潜式海洋平台系统一体化模型，分析探讨了平台倾斜角度对整体风荷载的影响，并建议应将遮蔽效应作为实际工程中的重要参考因素。

6.3 波浪荷载

6.3.1 概述

海浪中蕴藏着巨大的能量，据估算，波高增加1倍，其能量将增加4倍[29]。极端波浪如海啸可以搬移巨石，风暴潮大浪可以冲毁海堤，大风浪作用也可严重破坏航行船舶的结构。对于海洋工程结构物来说，波浪荷载是其受到的主要作用，其设计参数选取直接关系到海洋工程结构物的建造成本、生产作业和安全问题。海域水深、波浪高度和周期等，以及结构物的结构形式与布置、截面形状等均会影响波浪荷载对结构物的作用。本节将对波浪理论做简要的介绍，然后重点介绍不同类型结构物上的波浪荷载。

6.3.2 波浪理论

1. 常见波浪理论概述

1）微幅波理论

微幅波作为最简单的二维波动，是研究较为复杂的有限振幅波和随即波的基础，其水面呈简谐形式起伏，水质点以固定圆频率 ω 做简谐运动，同时波形以常数波速向前传播，波高的平均中分线与静水面线相重合。微幅波理论包含如下假定：①波面高度远小于波长；②流体质点的运动速度缓慢；③流体是无黏性不可压缩的均匀流体；④流体做有势运动；⑤重力是唯一的外力；⑥流体自由表面上的压强等于大气压强；⑦海底水平且边界固定不可穿越。该理论由 Airy[30] 提出，所以又称为艾里波理论。

2）斯托克斯[31] 波浪理论

微幅波只保留了 H/L 的一阶小量，而斯托克斯波则考虑了 H/L 的高阶小量。斯托克斯波理论假定速度势 ϕ 和波面 η 展开为 H/L 的幂级数形式，每一级展开的势函数都将满足拉普拉斯方程、底部边界条件、运动学和动力学自由表面边界条件，于是可求得斯托克斯二阶波要素的表达式。

3）椭圆余弦波理论

在逐渐变浅的水域中，斯托克斯波理论将不再适用。此时 H/L 和 H/d（d 为静水水深）都成为决定波动性质的主要因素。椭圆余弦波是指水较浅条件下的有限振幅的长周期波，其波剖面用椭圆余弦函数来描述。此理论最早由 Korteweg 和 de Vries[32] 提出。当椭圆余弦函数的模量趋于零时，椭圆余弦波转化为类似微幅波的浅水余弦波；而当模量趋于 1 时，则转化为孤立波。孤立波整个波峰都处于静水面上，表现为一个孤立的移动波。

2. 随机波浪理论

在实践中，线性波理论被用来模拟不规则海浪并获得统计预测。沿水平坐标轴正向传播的长峰不规则波的波面升高可看作大量单元规则波的组合，波幅则可由波谱 $S(\omega)$ 表达。由波浪的测量可获得波谱，它假设海况可描绘为一平稳随机过程。这实际上指从半小时到 10 小时左右的一段时间内，在文献中常称之为海浪的短期描述。该时段内有义波高和平均周期均视为常数。海浪具备了平稳性和各态历经性的条件，能够利用单个或少数几个测点的波浪记录，从任意时刻开始选取合适的时段进行统计分析，求出相关统计特征值来表示海浪的总体特征。

1）设计波

海洋结构物的服役寿命可达 30 年甚至更长时间。这种服役寿命用符号 T_L（年）来表示。在设计实践过程中，应注意结构物在服役寿命期间内可能遭遇极小概率的极端条件。将海洋结构物遭遇极端海况的重现周期记作 T_C（年），规范规定为 100 年。这个百年一遇的波即称为设计波。此处，定义设计波为每隔 T_C 年发生一次的最大波。设计波是将实际不规则波以等效的规则波替代。规则波的周期和波长可用观测值来确定，为便于考虑波浪荷载的非线性因素，水质点的速度和加速度可用非线性波理论计算，并可简单估算流的影响，从而应用于海洋结构物的初始设计。

（1）设计波参数的确定

在工作海况下，平均波周期是 T_Z 秒，在 T_C 年内出现的波浪个数为 N：

$$N = T_C \times 365 \times 24 \times 3600 / T_Z = 3.15 \times 10^7 \frac{T_C}{T_Z} \tag{6.3-1}$$

于是，最大波在 T_C 年内发生一次的概率为：

$$P(H_M)=\frac{1}{N}=3.17\times10^{-8}\frac{T_Z}{T_C} \tag{6.3-2}$$

假定最大波高 H_M 为极端海况条件下的有义波高 H_S，则上述概率可用 Weibull 函数表达：

$$1-P(H_S)=\exp\left[-\left(\frac{H_S-H_0}{H_C-H_0}\right)^{\xi}\right]=3.17\times10^{-8}\frac{T_Z}{T_C} \tag{6.3-3}$$

按定义，式中的 H_S 就是待定的设计波高 H_D，可解得为：

$$H_D=(H_C-H_0)[17.27+\ln T_C-\ln T_Z]^{\frac{1}{\xi}}+H_0 \tag{6.3-4}$$

根据随船波浪资料，中国沿海海域的设计波计算结果由 Wang[33] 给出，如下式：

$$H_D=0.19+\{\ln[1-P(H_D)]^{-0.7165}\}^{0.939} \tag{6.3-5}$$

式中 $1-P(H_D)=P(H>H_D)$ 为 H_D 的超越概率。

（2）设计波遭遇概率的确定

结构物在服役寿命期内遭遇的波浪总数为：

$$M=T_L\times365\times24\times3600/T_Z=3.15\times10^7\frac{T_L}{T_Z} \tag{6.3-6}$$

现假定 M 个波是相互独立的，那么 $H_i\leqslant H_D$ 的概率为：

$$P(H_D)=\prod_i^M P(H_i\leqslant H_D) \tag{6.3-7}$$

代入平均概率：

$$P(H_D)=\left(1-3.17\times10^{-8}\frac{T_Z}{T_C}\right)^M \tag{6.3-8}$$

写成指数形式：

$$P(H_D)=\exp\left[M\ln\left(1-3.17\times10^{-8}\frac{T_Z}{T_C}\right)\right]=\exp\left[3.15\times10^7\frac{T_L}{T_Z}\times\ln\left(1-\frac{T_Z}{3.15\times10^7 T_C}\right)\right] \tag{6.3-9}$$

根据泰勒展开近似，可得到：

$$P(H_D)=\mathrm{e}^{-\frac{T_L}{T_C}} \tag{6.3-10}$$

因此，海洋结构物在设计寿命期间遭遇设计海况的概率，为上式的超越概率，即：

$$P_E=1-P(H_D)=1-\mathrm{e}^{-\frac{T_L}{T_C}} \tag{6.3-11}$$

例如，工作时间 20 年的海洋结构物在其工作海域遭遇百年一遇的设计波概率为 18%。因此，应该引起海洋工作者的足够重视。

2）海浪的谱分析

随机过程海浪可由具有不同单频的规则过程以随机相位叠加构成，如图 6.3-1 所示为某固定点 5 个简谐波叠加得到的合成海面波动结果。波浪可视作由无数个振幅不同、频率不同、方向不同、位相杂乱的波组成，这些组成波便构成海浪谱。海浪谱是对海浪进行理论研究的有效手段，如描述海浪内部组成结构，研究海浪的生成机制及对海浪进行观测与分析、海浪预报等方面都主要借助谱的概念和方法进行。

由于海浪谱与海区位置和环境密切相关，所以难以找到一个通用的海浪谱表达式。但是，大量的调查研究表明，相当大一部分风浪谱具有 Neumann 于 1953 年提出的一般形式：

$$S(\omega)=\frac{A}{\omega^{p}}\exp\left(-\frac{B}{\omega^{q}}\right) \tag{6.3-12}$$

式中 p——常取 4～6；

q——常取 4～6；

A、B——常以风要素（风速、风时、风区）或海浪要素（波高、周期）作为参量。

上述参数均由同海区的实测资料确定。常见的海浪谱包括 Pierson-Moscowitz 谱[34]（P-M 谱）、ITTC 双参数谱和 JONSWAP 谱。

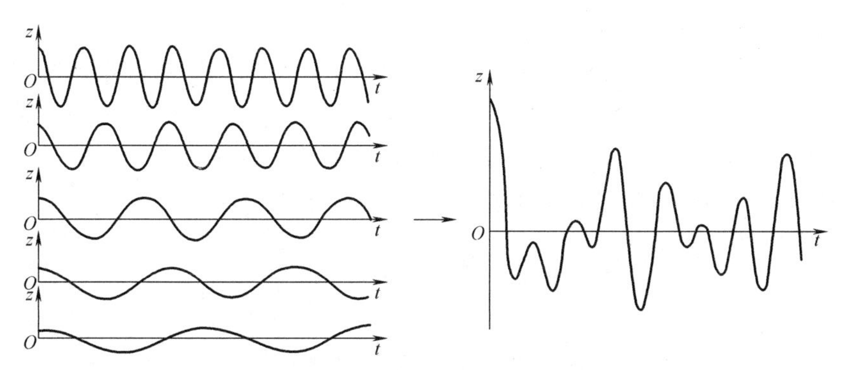

图 6.3-1 简谐波叠加的合成海面波动

6.3.3 波浪载荷对圆柱形构件的作用

随着我国海洋石油开发事业的发展，海上孤立建筑物的桩柱或墩柱式结构物上波浪力计算显得尤为重要。未破波波浪对圆形、方形或长宽比 $a/b\leqslant 1.5$ 的矩形断面的垂直柱柱体的作用，当桩体直径 D（或垂直于波向的宽度 b）与波长之比 D/L（或 b/L）小于 0.2 时，称为小尺度桩柱，可以不考虑桩柱对波场的影响，通常按莫里森（Morison）公式计算波浪荷载。当 D/L（或 b/L）大于 0.2 时，这种大尺度桩柱称为墩柱，波浪经过墩柱时，墩柱将使波浪形态发生变化，改变波浪原始状态，此时波浪力计算多采用绕射理论[35]。

1. 小直径桩柱上的波浪荷载

特征波法通常按规范确定的设计波要素，按规则波计算波浪力。

按莫里森公式，小尺度桩柱上的波浪力由速度力 $P_{\mathrm{D}}(t)$ 和惯性力 $P_{\mathrm{I}}(t)$ 两部分组成，波浪作用于单位长直桩柱上的波浪力 $P(t)$ 为：

$$\left.\begin{aligned}P(t)&=P_{\mathrm{D}}(t)+P_{\mathrm{I}}(t)\\P_{\mathrm{D}}&=\varphi_{\mathrm{D}}u(t)\left|u(t)\right|\\P_{\mathrm{I}}(t)&=\varphi_{\mathrm{M}}\frac{\partial u}{\partial t}\end{aligned}\right\} \tag{6.3-13}$$

式中 $\varphi_{\mathrm{D}}=C_{\mathrm{D}}(\gamma_{\mathrm{W}}/g)D/2$，$\varphi_{\mathrm{M}}=C_{\mathrm{M}}(\gamma_{\mathrm{W}}/g)A$；

D——柱体的直径，当柱体为矩形断面，D 改用 b；

A——柱体断面积；

C_D——速度力系数，圆形断面取值 1.2，方形或长方形 $a/b<1.5$ 的矩形断面可用 2.0；

C_M——惯性力系数，圆形断面取值为 2.0，方形或长方形 $a/b<1.5$ 的矩形断面可用 2.2；

$u, \partial u/\partial t$——水质点轨迹运动的水平速度和水平加速度；

γ_W——水的重度；

g——重力加速度；

$P_D(t)$——波浪力的速度分力（kN/m）；

$P_I(t)$——波浪力的惯性分力（kN/m）。

1）水质点水平速度和加速度计算

当 $H/d\leqslant 0.2$ 和 $d/L\leqslant 0.2$ 或 $H/d>0.2$ 和 $d/L\geqslant 0.35$ 时，采用小振波理论和高阶有限振幅波理论计算的水质点水平速度和水平加速度沿水深的分布，与水槽实测资源相比均较接近。在计算最大速度分力时，小振幅波理论偏小不超过 1%，故在应用中，式（6.3-13）中可采用小振幅波理论计算水平速度和加速度：

$$\left.\begin{aligned} u &= \frac{\pi H}{T}\frac{\cosh kz}{\sinh kd}\cos\omega t \\ \frac{\partial u}{\partial t} &= -\frac{2\pi^2 H}{T^2}\frac{\cosh kz}{\sinh kd}\sin\omega t \\ k &= \frac{2\pi}{L},\ \omega=\frac{2\pi}{T} \end{aligned}\right\} \tag{6.3-14}$$

关于速度力系数 C_D 和惯性力系数 C_M，一般认为他们是 KC 数（$KC=u_{max}T/D$）和雷诺数 Re（$Re=u_{max}D/\nu$）的函数，ν 为水的运动黏度，宜通过模型试验，采用合适的方法（峰值法，最小二乘法或傅里叶分析法等）来确定。上述的 C_D 和 C_M 是我国《港口与航道水文规范》[36] 规定的。其他各国对圆柱常采用 $C_D=0.7\sim1.2$，$C_M=1.7\sim2.0$；方形或矩形断面的 C_D 和 C_M 分别为圆形断面的 1.7 和 1.1 倍；《海上固定平台规划、设计和建造的推荐作法—荷载抗力系数设计法》SY/T 10009—2002[37] 对非遮蔽圆柱形构件的取值：光滑面，$C_D=0.65$，$C_M=1.6$；粗糙面，$C_D=1.05$，$C_M=1.2$。关于式（6.3-14）中的波要素确定，特征波法一般采用设计波要素，即设计波高和周期，例如我国《海港水文规范》和《海上固定平台规划、设计和建造的推荐作法—荷载抗力系数设计法》SY/T 10009—2002 均采用设计波高为 $H_{1\%}$，周期为平均周期。

2）波浪作用于整个柱体上最大速度分力 P_{Dmax} 和最大惯性力 P_{Imax} 的计算

由于 P_D 和 P_I 的最大值 P_{Dmax} 和P_{Imax} 分别出现在 $\omega t=0°$，$\omega t=270°$的相位上，因此沿柱体高度选取不同 z 处，按照式（6.3-14）分别依 $\omega t=0°$，计算 P_{Dmax}；依 $\omega t=270°$，计算 P_{Imax}，计算点不宜少于 5 个点，其中包括 $z=0$，d，$d+\eta$ 三个点。η 是任意相位时波面在静水面以上的高度，当 $\omega t=0°$时，$\eta=\eta_{max}$，η_{max} 是波峰在静水面以上的高度，按图 6.3-2 确定；当 $\omega t=270°$时，$\eta=\eta_{max}-H/2$。若沿柱体高度断面有变化时，应在交界面的上、下分别计算。

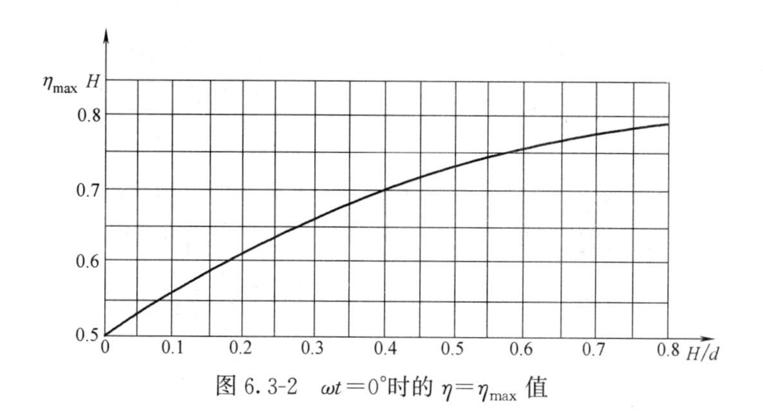

图 6.3-2 $\omega t=0°$时的 $\eta=\eta_{max}$ 值

当 z_1 和 z_2 间柱体断面相同时，作用于该段上的最大的速度力和惯性计算分别按下列公式计算：

$$P_{Dmax}=C_D\frac{\gamma_W DH^2}{2}K_1 \tag{6.3-15}$$

$$P_{Imax}=C_M\frac{\gamma_W AH}{2}K_2 \tag{6.3-16}$$

其中，
$$K_1=\frac{(4\pi z_1/L)-(4\pi z_2/L)+\sinh(4\pi z_2/L)-\sinh(4\pi z_1/L)}{8\sinh(4\pi d/L)} \tag{6.3-17}$$

$$K_2=\frac{\sinh(2\pi z_2/L)-\sinh(2\pi z_1/L)}{\cosh(2\pi d/L)} \tag{6.3-18}$$

P_{Dmax} 和 P_{Imax} 对 z_1 断面的力矩 M_{Dmax} 和 M_{Imax}，分别有：

$$M_{Dmax}=C_D\frac{\gamma_W DH^2L}{2\pi}K_3 \tag{6.3-19}$$

$$M_{Imax}=C_M\frac{\gamma_W AHL}{4\pi}K_4 \tag{6.3-20}$$

其中，

$$K_3=\frac{1}{\sinh(4\pi d/L)}\left[\frac{\pi^2(z_2-z_1)^2}{4L^2}+\frac{\pi(z_2-z_1)}{8L}\sinh(4\pi z_2/L)\right]-\frac{1}{32}[\cosh(4\pi z_2/L)-\cosh(4\pi z_1/L)] \tag{6.3-21}$$

$$K_4=\frac{1}{\cosh(2\pi d/L)}\left[\frac{2\pi(z_2-z_1)}{L}\sinh(2\pi z_2/L)-\cosh(2\pi z_2/L)+\cosh(2\pi z_1/L)\right] \tag{6.3-22}$$

当沿整个柱体高度断面相同时，在计算整个柱体上的 P_{Dmax} 及其对水底面的力矩 M_{Dmax} 时，应取 $z_1=0$ 和 $z_2=d+\eta_{max}$；而在计算整个柱体上的 P_{Imax} 及其对水底面的力矩 M_{Imax} 时，应取 $z_1=0$ 和 $z_2=d+\eta_{max}-H/2$。

位于浅水破波区的直立圆柱桩建筑物上波浪力的计算，莫里森公式已不再适用。宋祁等[38] 通过规则波试验，建议当水底坡度 $i\leqslant1/15$ 时，波浪作用于直立圆柱体上的最大破波力 P 为：

$$P=\gamma_{\mathrm{W}}DH'_0A\left(\frac{H'_0}{L_0}\right)^{B_1}\left(\frac{D}{H'_0}\right)^{B_2} \tag{6.3-23}$$

式中 H'_0——计算深水波高（m）；

L_0——深水波长；

A,B_1,B_2——经验系数，$B_2=0.35$，A 和 B_1 是水底坡度 i 的函数。

当 $i\geqslant 1/20$ 时，直立圆柱上最大破波力的作用点在水底面上的高度 l 为：

$$\frac{l}{d}=1.4-0.2\left[\lg\left(\frac{H'_0}{L_0}\right)+2\right] \tag{6.3-24}$$

而当 $i\leqslant 1/30$ 时，

$$\frac{l}{d}=1.2-0.2\left[\lg\left(\frac{H'_0}{L_0}\right)+2\right] \tag{6.3-25}$$

当 $1/30<i<1/20$ 时，根据以上方程计算结果进行线性内插。

2. 大直径墩柱上的波浪载荷

当桩体直径 D（或垂直于波向的宽度 b）与波长 L 之比大于 0.2 时，称为大直径墩柱。大直径墩柱的存在将改变波浪形态，绕射力开始起主要作用，莫里森公式不再适用。对于大直径墩柱波浪力的计算，MacCamy 和 Fuchs[39] 发展了以绕射理论为基础的波浪力计算方法，当波浪力遇到墩柱后，产生一个自墩柱向外的散射波，由入射波与散射波叠加形成一个新的波浪场。假定波浪运动为势运动，并考虑高 H 与墩柱直径 D 之比小于 1，速度力可忽略，采用绕射理论的一次近似，依小振幅波动理论，最大水平总波浪力为最大惯性力。根据线性化 Bernoulli 方程，可推出在深度 z（z 轴零点在静水面，向上为正）处，波浪作用于单位高度墩柱上的水平波浪力（顺波向）为：

$$P_z(z,t)=\frac{\rho_{\mathrm{w}}gHL}{\pi}\frac{\cosh k(z+d)}{\cosh kd}f_{\mathrm{A}}\cos(\omega t-\alpha) \tag{6.3-26}$$

其中，

$$f_{\mathrm{A}}=\{[J'_1(ka)]^2+[Y'_1(ka)]^2\}^{\frac{1}{2}} \tag{6.3-27}$$

$$\alpha=\arctan[J'_1(ka)/Y'_1(ka)] \tag{6.3-28}$$

式中 J'，Y'——分别为一阶的第一类和第二类贝塞尔函数的导数；

a——墩柱半径；

f_{A}，α——ka 或 D/L 的函数，由图 6.3-3 决定。

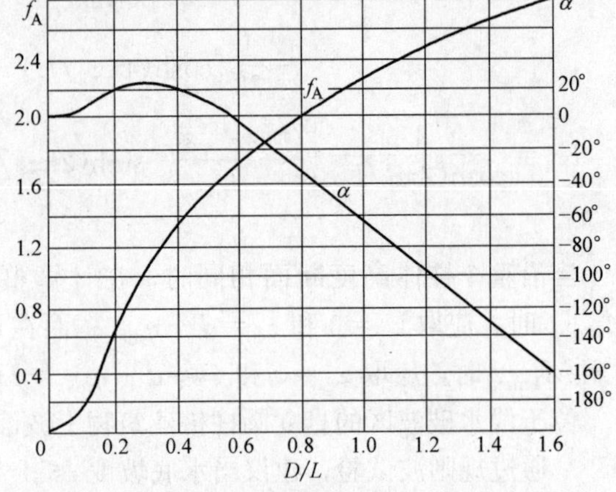

图 6.3-3 f_{A} 和 α 与 D/L 的关系

波浪作用于墩柱时，主要计算总波浪力和力矩。

墩柱上的总波浪力 $P(t)$ 可由式（6.3-26）对水深 z 积分，有：

$$P(t)=\frac{2\rho_{\mathrm{w}}gH}{k^2}\frac{\sinh k(\eta+d)}{\cosh kd}f_{\mathrm{A}}\cos(\omega t-\alpha) \tag{6.3-29}$$

最大总波浪力 P_{m} 可取 $\cos(\omega t-\alpha)=1$ 时的近似值，有：

$$P_{m}=\frac{2\rho_{w}gH}{k^{2}}\frac{\sinh k(\eta_{m}+d)}{\cosh kd}f_{A} \tag{6.3-30}$$

式中 $\eta_{m}=\frac{H}{2}f_{A}J'_{1}(ka)$。

对墩柱底的总波浪力力矩 $M(t)$ 为：

$$M(t)=\frac{2\rho_{w}gH}{k^{3}}\frac{f_{A}}{\cosh kd}[k(\eta+d)\sinh k(\eta+d)-\cosh k(\eta+d)+1]\cos(\omega t-\alpha) \tag{6.3-31}$$

最大波浪力矩 M_{m} 为：

$$M_{m}=\frac{2\rho_{w}gH}{k^{3}}f_{A}f_{B}\left[\frac{k^{2}Hd}{2f_{B}}\sin(\theta_{m}+\alpha)+1\right]\theta_{m} \tag{6.3-32}$$

其中，

$$f_{B}=[kd\sinh k(\eta_{m}+d)-\cosh k(\eta_{m}+d)+1]/\cosh kd \tag{6.3-33}$$

$$\eta_{m}=\frac{H}{2}f_{A}f_{B}\sin(\theta_{m}+\alpha) \tag{6.3-34}$$

$$\sin\theta_{m}=\frac{-1+[1+2(k^{2}Hd/f_{B})^{2}]^{1/2}}{2(k^{2}Hd/f_{B})} \tag{6.3-35}$$

为了方便，把计算最大总波浪力公式写成与莫里森公式相似形式，而惯性力系数：

$$C'_{M}=4f_{A}/[\pi(ka)^{2}] \tag{6.3-36}$$

作用于 $z_{1}\sim z_{2}$ 间墩柱体最大总波浪力 $P_{max}=P_{\mathrm{I}max}$ 为：

$$P_{\mathrm{I}max}=C'_{M}\frac{\gamma_{W}AH}{2}K_{2} \tag{6.3-37}$$

$$K_{2}=\frac{\sinh(2\pi z_{2}/L)-\sinh(2\pi z_{1}/L)}{\cosh(2\pi d/L)} \tag{6.3-38}$$

$P_{\mathrm{I}max}$ 对 z_{1} 断面的力矩 $M_{\mathrm{I}max}$ 为：

$$M_{\mathrm{I}max}=C'_{M}\frac{\gamma_{W}AHL}{4\pi}K_{4} \tag{6.3-39}$$

$$K_{4}=\frac{1}{\cosh 2kd}[k(z_{1}-z_{2})\sinh kz_{2}-\cosh kz_{2}+\cosh kz_{1}] \tag{6.3-40}$$

当墩柱放置在基床上，如突基床面水深为 d_{2}，基床前沿水深为 d，则作用于墩柱上的 $P_{\mathrm{I}max}$ 和其对墩底面的力矩 $M_{\mathrm{I}max}$ 中 K_{2} 和 K_{4} 公式中的高度 z_{1} 和 z_{2} 分别为：

$$z_{1}=d-d_{1} \tag{6.3-41}$$

$$z_{2}=d+\eta_{max}-\frac{H}{2} \tag{6.3-42}$$

6.4 海流荷载

6.4.1 概述

1. 海流现象

海流也被称为洋流，是海水在海洋中沿一定路径的大规模流动而产生的。海流是海水运动的重要形式之一，在海洋中的物质和能量交换中起着重要作用，并影响海水的物理特性和化学特性[5]。

海流是海洋工程物理环境的重要因素之一，对建筑物的选址规划、结构物的设计和受力稳定性有很大影响。海洋工程中，大多数建筑物都有水下结构，如平台的水下部件、海底管道等，海流荷载对这些结构物影响很大。对于船舶系统，还应分析海流的大小和方向，以确定不同情况下船舶受到的牵引力和系泊力等。海流荷载也关系到海底泥沙的冲淤与迁移规律及港口航道的淤积等问题，对海岸岸滩的形成及港口通航等影响极大。此外，海流对细长构件还会产生特殊的作用力，也就是涡激振动。涡激振动的产生可能导致海洋工程结构物出现共振，对建筑结构的安全产生极大威胁。因此，充分认识海流荷载对结构的作用对海洋工程的设计以及风险防范具有极大科学意义与工程价值。

2. 海流的成因与分类

海流的成因主要有三种：引潮力作用（潮汐现象），风力作用，以及海水温度、盐度、密度等的梯度作用。

1）引潮力作用（潮汐现象）

在太阳、月亮等天体引潮力的作用下，海水周期性地水平流动，形成潮流。潮流现象复杂，与海岸、浅海地形、海底摩擦和地球自转有关。潮流周期变化有半日周期、日周期、年周期和多年周期几种形式，也分为规则、不规则半日潮流和规则、不规则全日潮流。根据水流方向和水流速度的变化，潮流运动形式可分为往复流和旋转流。在沿岸区域的河口、湾口、水道、海峡和缩窄的港湾内，由于地形条件的限制，海流基本上在正反两个方向上周期性地交换变化，形成往复式潮流[40]。在开阔海域，一般存在旋转式潮流。潮流方向旋转变化，每个潮周期大约旋转一周[41]。

2）风力作用

风在海面产生的切向作用力引起的大规模水体流动，称为风海流或漂流。下层水体可视为静止水体，上层水体因风的作用而发生流动，因而不同层水体之间存在着摩擦力。由于风的作用，水体会向一定的方向进行输送，海洋表面因此会变得不再水平，出现海水的垂向运动，这种垂直的循环流动称为倾斜流。由于海床摩擦力的作用，在海床附近的倾斜流性质会发生改变，形成底层流[1]。

3）海水温度、盐度、密度等的梯度作用

海水的密度、温度和盐度的不均匀变化会导致海水流动，这一类海流称为梯度流。海水的流动受海洋压力场的影响，等压面的倾斜使得同一水平面上存在水平压强梯度力，从而海水发生运动。它的结构分布受到海水密度的直接影响，因而海水密度不均会直接导致海水流动（密度流）。此外，海水密度又受到海水温度和盐度的影响，所以同样会导致海水流动（热盐环流）。

如上所述，根据成因可以把海流分为三类：潮流、风海流（漂流）、梯度流。在海洋工程中，通常潮流和余流引起的影响建筑物结构稳定性的环境荷载是需要着重考虑的。潮流如上所述，而余流是指水文、气象等因素引起的海水流动，例如，风海流、热盐环流、在近海岸区由于波浪破碎所引起的海水流动的海底回流等，总之，可以将非潮流部分的海流统称为余流。在余流中，起重要影响作用的是风海流。海洋工程中主要考虑潮流和风海流的荷载。

6.4.2　海流的作用力与运动方程

1. 海流运动作用力

海流运动中受到的外部作用力多种多样，比如重力、风应力、科里奥利力等，海水会在这些力的共同作用下保持相对稳定的运动。

1）重力

地心引力和地球自转产生的惯性离心力共同作用就构成了地球上物体所受的重力，所有物体都会受到重力的作用，包括海水。重力的方向与等势面垂直。一般用重力加速度，即单位质量物体受到的重力来代表重力的作用，可表示为：

$$g=9.80616-0.025928\cos 2\varphi+0.00069\cos^2 2\varphi-0.000003086z \tag{6.4-1}$$

式中　g——重力加速度；

φ——纬度；

z——水深。

2）压强梯度力

不同海洋深度对应不同的等压面，压强梯度力是由具有不同压力的等压面之间的压强差产生的。压强梯度力的方向垂直于等压面，从高压指向低压。海水的流动就是由于压强梯度力的水平分量造成的。海水压强梯度力计算如表 6.4-1 所示。

压强梯度力计算　　　　**表 6.4-1**

压强梯度力	描述	计算公式
正压梯度力	海水静止不动以及海水密度为常数或仅仅随深度变化时，所有等压面处于水平平行状态并与等势面平行，海洋的压力变化只是深度的函数，压强梯度只在垂向存在	$g=-\frac{1}{\rho}\frac{\mathrm{d}p}{\mathrm{d}z}$
斜压梯度力	大多数情况下，海水表面是倾斜的，同时海水密度分布也存在差异，因而等压面也是倾斜的，与等势面间存在夹角	$p_{\mathrm{n}}=-\frac{1}{\rho}\nabla P$

注：计算公式中 p_{n} 为单位质量的压强梯度力（N/kg），下标 n 代表与等压面的法线方向重合；ρ 为海水密度（kg/m^3）；P 为海水压强（Pa）。

3）科里奥利力（地转偏向力）

由于地球的自转，地球上的物体会受到惯性力的作用，这种力被称为地转偏向力或科里奥利力。当海水运动时，海水会受到与垂直于运动方向的科氏力（在南半球科里奥利力方向向左，反之亦然）。作用在海流运动中的科里奥利力的水平分量表达式为：

$$\begin{cases} f_x = 2\omega\sin\varphi \cdot v \\ f_y = -2\omega\sin\varphi \cdot u \end{cases} \tag{6.4-2}$$

式中 f_x、f_y——x、y 方向单位质量的地转偏向力；

ω——地球自转角速度，$\omega = 7.292\times10^{-5}$ rad/s；

u、v——x、y 方向流速。

4）摩擦力（切应力）

当海流运动时，不同层的流体由于流速不同存在相对运动，相邻流体层之间会产生切向力，单位面积的切向力称为切应力（摩擦力）。对于切应力的计算主要考虑两种情况，层流和湍流。

少数处于层流运动的海水，可以用牛顿内摩擦定律来表示切应力，如下式所示：

$$\tau = \mu \frac{\partial v}{\partial n} \tag{6.4-3}$$

式中 τ——切应力；

μ——内摩擦系数，也称为动力学分子黏滞系数；

$\frac{\partial v}{\partial n}$——流速梯度，$n$ 为界面法线方向。

切应力在 x、y、z 方向上有三个分量，但是一般垂直方向远大于侧向的两个切应力，所以在计算中主要用到的是 z 方向上的切应力 τ_z。单位质量流体垂直方向上所受的内摩擦力 F 可以由下式计算：

$$F = \frac{1}{\rho}\frac{\partial \tau_z}{\partial z} \tag{6.4-4}$$

对于实际的海水流动，绝大多数都处于湍流状态。海水运动不仅存在海水分子运动，还存在海水微团或小水块的随机运动，后者在海水内部进行动量交换，是海水混合的主要形式。假定湍流的切应力也与流速梯度成正比，此时的切应力可表示为：

$$\begin{cases} \frac{\partial \tau_x}{\partial x} = K_x \frac{\partial^2 u}{\partial x^2} + K_y \frac{\partial^2 u}{\partial y^2} + K_z \frac{\partial^2 u}{\partial z^2} \\ \frac{\partial \tau_y}{\partial y} = K_x \frac{\partial^2 v}{\partial x^2} + K_y \frac{\partial^2 v}{\partial y^2} + K_z \frac{\partial^2 v}{\partial z^2} \\ \frac{\partial \tau_z}{\partial z} = K_x \frac{\partial^2 w}{\partial x^2} + K_y \frac{\partial^2 w}{\partial y^2} + K_z \frac{\partial^2 w}{\partial z^2} \end{cases} \tag{6.4-5}$$

式中 τ_x、τ_y、τ_z——x、y、z 方向切应力；

u、v、w——x、y、z 方向流速；

K_x、K_y、K_z——x、y、z 方向湍流黏性系数。

由湍流引起的内摩擦力也可以由式（6.4-4）计算。

2. 海流运动基本方程

由牛顿定律得到的直角坐标系下的一般海水运动方程为：

$$\begin{cases}\dfrac{\partial u}{\partial t}+u\dfrac{\partial u}{\partial x}+v\dfrac{\partial u}{\partial y}+w\dfrac{\partial u}{\partial z}=-\dfrac{1}{\rho}\dfrac{\partial p}{\partial x}+f_{\mathrm{x}}+F_{\mathrm{x}}\\ \dfrac{\partial v}{\partial t}+u\dfrac{\partial v}{\partial x}+v\dfrac{\partial v}{\partial y}+w\dfrac{\partial v}{\partial z}=-\dfrac{1}{\rho}\dfrac{\partial p}{\partial y}+f_{\mathrm{y}}+F_{\mathrm{y}}\\ \dfrac{\partial w}{\partial t}+u\dfrac{\partial w}{\partial x}+v\dfrac{\partial w}{\partial y}+w\dfrac{\partial w}{\partial z}=-\dfrac{1}{\rho}\dfrac{\partial p}{\partial z}-g+F_{\mathrm{z}}\end{cases} \tag{6.4-6}$$

式中　　p——压力（Pa）；

F_{x}、F_{y}、F_{z}——x，y，z 方向上的切应力（Pa）。

对于垂向运动尺度远小于水平运动尺度的大范围海流运动，垂向运动方程满足静力平衡假定，从而可简化为：

$$0=-\frac{1}{\rho}\frac{\partial p}{\partial z}-g \tag{6.4-7}$$

海水运动还必须满足质量守恒定律，对于不可压缩的海水的连续性方程表示为：

$$\frac{\partial u}{\partial x}+\frac{\partial v}{\partial y}+\frac{\partial w}{\partial z}=0 \tag{6.4-8}$$

由以上表达式再结合海流运动边界条件，海流运动方程便可进行求解。

6.4.3　海洋工程设计中海流特征值

海流的尺度和特征是确定工程区域动力条件的主要因素之一，对海洋工程的设计和建造有很大影响。海洋工程设计中海流设计特征值主要根据现场实测资料整理分析后确定。若缺少海洋平台及其附近区域的海流的实际测量数据，那么还应该对其进行现场观测[42]。

1. 海流观测

由于地形、水深以及水文、气象等因素的影响，致使海流的变化比较复杂，在海洋工程设计和施工之前，需要对现场的海流进行实测，并对观测数据进行整理、分析，对理论计算结果对比和验证。

1）海流观测方法

海流观测方法一种是跟随一个海水质点（流体元）移动，找出它在不同时刻的位置，但这种方法很难实现。过去一般用漂流瓶测表层流，但这只能测得一种近似的平均流迹。现代则用斯瓦罗中性浮子测定各层海流。中性浮子是一种与周围海水密度相同、随水流动的浮子，通常是固定一个空间点，测定不同时刻海水质点流过这个空间点时的流速和流向，可通过以三种途径实现：单站或单船定点连续观测、多站或多船同步连续观测、大面流路观测[2]。

2）海流观测仪器

在海洋中，通常使用无线电或雷达卫星等测向和定位系统来跟踪和观测海面洋流，而中性浮子则用于跟踪和观测深海中下层海流，悬挂式海流计在锚泊浮标和平台的定点海流观测中使用较多。

3）观测数据分析

海流资料的数据分析包括：①用实测海流值绘制海流图，选定有关特征值；②用断面测点实测海流值，计算断面流量；③用大面流路观测得到的资料绘制测区的流路图。

2. 海流速度计算

海流速度是海洋工程设计的一个重要参数。水深不同，海流速度也不同，海流速度的变化规律严格来说只有现场测量的数据才是准确的，但是现场资料很难得到准确和实时的测量，因此人们对海流速度的计算一般按经验公式近似计算。经验性以及现有设计规范中的做法是将浅水或近底流剖面受潮流驱动部分采用幂指数表示。根据挪威船级社[43] 和我国规范[44] 推荐的海流速度沿垂向分布经验计算公式，潮海流速度可以近似按下式计算：

$$u_{c,tide}(z)=u_{c,tide}(0)\left(\frac{z+h}{h}\right)^{\alpha} \tag{6.4-9}$$

式中 $u_{c,tide}(z)$——（海拔）高度 z（表层 $z=0$）处的流速；

$u_{c,tide}(0)$——表层流速；

h——水深；

α——幂指数，通常取 1/7。

风海流部分则可简化为线性函数，速度随着水深变化线性衰减，计算如下：

$$u_{c,wind}(z)=u_{c,wind}(0)\left(\frac{z+h_0}{h_0}\right),\ -h_0\leqslant z\leqslant 0 \tag{6.4-10}$$

式中 $u_{c,wind}(z)$——高度 z 处的流速；

$u_{c,wind}(0)$——表层流速；

h_0——风海流作用的最大水深。

总海流速度 u 为潮海流速度与风海流速度之和，按下式计算：

$$u(z)=u_{c,tide}+u_{c,wind} \tag{6.4-11}$$

此外，设计流速应为平台使用过程期间可能出现的最大流速，其值可在整理和分析现场实测资料后确定。海流的最大可能流速为余流与潮流最大可能值之和。余流主要指风海流，其流向近似与风向一致。当实测资料不足时，利用其与风速的近似关系，最大可能余流流速 U_V 可由文献［45］给出的公式估算：

$$U_V=K_cV \tag{6.4-12}$$

式中 V——10min 平均最大风速（m/s）；

K_c——系数，一般 $0.024\leqslant K_c\leqslant 0.05$，渤海 K_c 采用 0.025，南海 K_c 采用 0.05。

潮流的最大可能流速 V_{max} 可按下列公式计算[2]。

（1）在规则半日潮流海区

$$V_{max}=1.295W_{M_2}+1.245W_{S_2}+W_{K_1}+W_{O_1}+W_{M_4}+W_{S_4} \tag{6.4-13}$$

式中 W_{M_2}，W_{S_2}，W_{K_1}，W_{O_1}，W_{M_4}，W_{S_4}——分别为 M_2 分潮、S_2 分潮、K_1 分潮、O_1 分潮、M_4 分潮、S_4 分潮的椭圆长半轴矢量，流速单位为 cm/s。

（2）在规则全日潮流海区

$$V_{max}=W_{M_2}+W_{S_2}+1.600W_{K_1}+1.450W_{O_1} \tag{6.4-14}$$

（3）在不规则半日潮流或不规则全日潮流海区可选取两者之中较大者

对于海上移动平台和浮式装置还应考虑风暴涌流速，设计流速应取为在平台或浮式装置作业海区范围内可能出现的最大流速值。我国船级社《海上移动平台入级与建造规范》[46] 与《海上浮式装置入级规范》[47] 建议的海流设计流速计算公式为：

$$u=\begin{cases}u_{c,tide}+u_{s}+u_{c,wind}[(h_{0}-z)/h_{0}] & z\leqslant h_{0}\\ u_{c,tide}+u_{s} & z>h_{0}\end{cases} \tag{6.4-15}$$

式中 u_s——风暴涌流速（m/s）；

z——水质点在静水面以下的垂直距离。

6.4.4 海流荷载受力分析

海流的运动复杂，流经海洋中的建筑物或构件时，会对其产生作用力，影响其安全性。海流荷载对海洋工程中的建筑和结构物的影响主要体现在两个方面：一方面，建筑或结构物在海流流经时可能受到其产生的强拖曳力，这类海流作用引起的拖曳力会在拖航和定位过程中产生较强阻力，平台系泊和立管系统张力极可能因此受到破坏而失效；另一方面，当海流流经细长立管时，除了产生上述的拖曳力以外，还会引发管道的涡激振动，长此以往，立管会由于涡激振动发生疲劳破坏[48]。因此，海流荷载的受力分析在海洋工程的设计和防护中应引起足够重视。

1. 静力作用

与波浪的运动相比，海流运动过程中的水质点的运动速度和周期随时间的变化要慢得多。在计算海流对结构物的作用力时，可以将海流视为稳定流动，认为其对结构物的作用力仅有阻力，可近似看作静力作用[49]。稳定流中的单位长度构件经受与流速的平方成比例的阻力，其所受到的海流力为：

$$f_{D}=C_{D}\frac{1}{2}\rho U_{C}^{2}A \tag{6.4-16}$$

整个构件受到海流作用力的总和为：

$$F_{D}=\int_{0}^{h}f_{D}\mathrm{d}z \tag{6.4-17}$$

式中 C_D——阻力系数，随 Re 变化，可查图表得到，中国船级社海上固定平台规范与海上移动平台规范以及 LR 规范建议参照莫里森公式速度力系数取值；

ρ——流体密度；

U_C——距海底高度为 z 处的流速；

A——计算构件在垂直于流向上的投影面积。

图 6.4-1 为定常流的光滑圆柱体 C_D 值随 Re 的变化，在 $Re<2.0\times10^5$ 时 C_D 值可取为常数 1.2；在 $2.0\times10^5\leqslant Re\leqslant5.0\times10^5$ 区间，C_D 值急速下降；到 $Re>5.0\times10^5$ 时，C_D 值约为 0.6～0.7。

由式（6.4-16）可以看出，海洋中的结构物受到海流速度的影响非常大，因为构件受到的海流作用力与海流速度的平方正相关，因此在海洋工程的受力分析中流速是非常重要的因素。在实际的海洋中，海流的运动形式十分复杂，流动速度和流动方向时空变化没有规律性，并且海流中还包含有多种成分的运动，比如漂流、潮流、梯度流等，因而目前最严谨的计算方法就是使用实测的海流资料进行计算。海流荷载的研究最为可靠的手段就是结合现场实测数据[51-53]，在实际测量的海流荷载数据前提下，同时考虑时空分布特征进行分析。当然海流资料的实测比较困难，当缺乏时，如前 6.4.3 节所述可对各类流速做简单合成计算，但还需要考虑流速剖面。

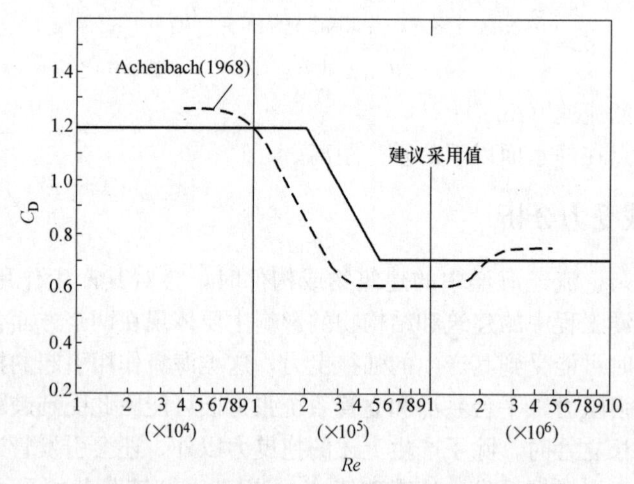

图 6.4-1 光滑圆柱体C_D值随雷诺数的变化[50]

2. 涡激振动

涡激振动可由任何流体流过结构引起。漩涡在结构的尾流中脱落，产生垂直于流动方向的力，可能导致垂直于流体的运动，反过来又可能加强旋涡脱落，导致大的振荡，特别是在长轴方向的细长的物体上[54]。

影响涡激振动的参数包括：长细比 L/D，质量比 $m^*=\dfrac{m}{1/4\pi\rho D^2}$，阻尼系数 ξ，雷诺数 $Re=UD/\nu$，折算速度 $V_R=U/(f_n D)$ 以及流动特性，如振动、紊流（σ_U/U）以及剖面形状。其中 U 表示垂直于构件的流速，L 表示构件长度，D 表示构件直径，m 表示单位长度质量，ξ 表示阻尼和临界阻尼的比值，ρ 表示流体密度，ν 为流体黏性系数，f_n 表示构件自振周期，σ_U 表示流速的标准偏差。

对于稳流，旋涡脱落频率 f_s 为：

$$f_s=S_r\frac{U}{D} \tag{6.4-18}$$

式中 S_r——斯特劳哈尔数。

在稳流中的光滑固定的圆柱体，斯特劳哈尔数是关于雷诺数的函数，如图 6.4-2 所示。

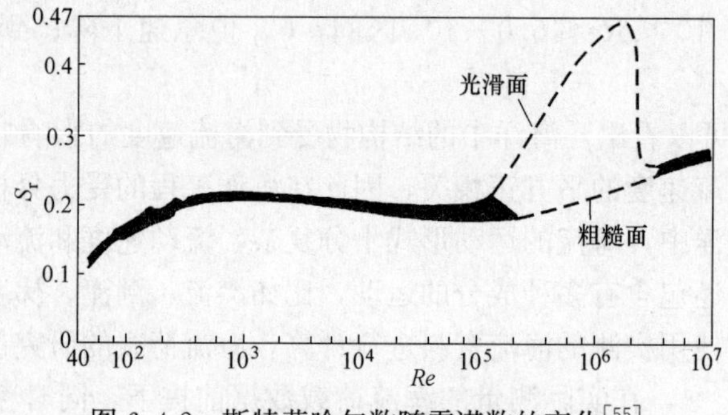

图 6.4-2 斯特劳哈尔数随雷诺数的变化[55]

细长构件上的涡激振动会造成疲劳损伤，可能会增加构件的阻力系数，产生额外的荷载并可能发生碰撞，也可能激发下游物体的振动和涡激振动。此外，如果构件的自振频率接近于漩涡的发放频率，结构还会发生严重的共振响应并发生破坏。因此，涡激振动会威胁结构物安全稳定，需要尽量避免，比如从理论上进行流-固耦合分析，然后针对性地采取防范措施。

为防止涡激振动对结构物的危害，可以采用如下两类方法：(1) 因为不同的结构性质产生涡激振动难易不同，所以通过调整结构本身的动力特性来减小结构物在涡旋作用下的响应，比如改变结构的截面形状；(2) 除了改变结构本身的性质，还有一种相对简单的方法，通过干涉和改变漩涡发生的条件和尾流流态来减小流体所产生的振荡力[56]，比如在单柱式平台（Spar）水下部分设置螺旋线导板、在海底电缆上设置塑料飘带等。

6.5 海底土压力

6.5.1 概述

与陆地土相同，多数海底土是岩石循环变化的结果。陆生岩石表面暴露在大气中，长期受风化作用、雨水干湿交替变化等众多因素的影响，会缓慢而持续地解体；其他影响因素还包括随昼夜及季节变化的温度使岩石内部应力循环改变，冰使岩石发生物理破坏，雨水的成分及岩石表面流失现象使岩石发生化学性质上的改变，以及所有生命体活动对岩石的影响[57]。岩石解体产生的碎片在重力作用下向低处聚集，这些碎片进一步发生风化、冲击以及磨损。重力或地表水会将部分岩石碎片运移至河流，在河流中，极细的粉土和黏土颗粒以悬浮态运移，而较粗的岩石碎片沿河床运移，土随河流流入海洋后便沉积在海底。风也可运移砂和粉土，比如把非洲撒哈拉沙漠砂粒带至美洲。冰川可以将大至巨砾、小到黏土的各种粒径的颗粒运移到离岸几百公里的海中。碳酸盐土是海中的一种特殊土，由海里微生物的骨架形成[58,59]。海洋微生物死亡后，其骨架缓慢沉到海底，百万年后形成厚沉积层。Keller[60] 建议将海洋沉积物分为六类：第一类和第二类是河流冲刷形成的粉砂和粉土，均由陆上岩石经反复风化后被河流运至大海；第三类是无机深海黏土，它是一种深海无机沉淀物；第四类和第五类是硅质软泥和钙质软泥，含有深海沉积物；大部分为细小的骨质材料；第六类是钙质砂和粉砂，主要是贝壳碎片和珊瑚残骸。

图 6.5-1 给出了运用 USCS 的 ASTM 标准为岩石和土分类的基本步骤。首先区分土体是细粒还是粗粒。细粒土主要根据塑性图确定土类型，同时根据颗粒大小数据给出附加描述信息。粗粒土主要根据颗粒直径确定土类型，再根据颗粒大小和塑性给出附加的描述性信息，分类最终是为某土样准确命名，并用对应的字母来标识。例如，ASTM D 2487

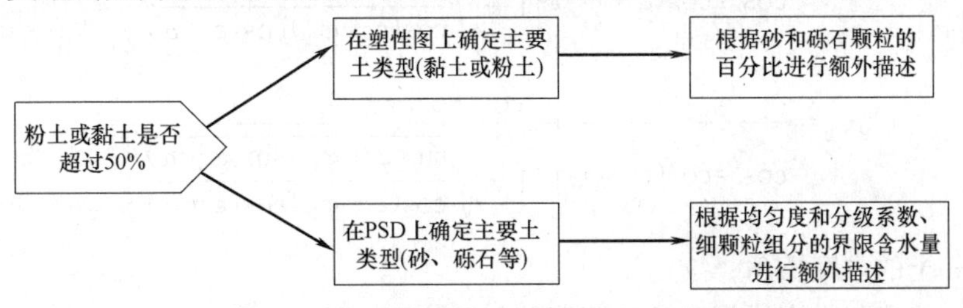

图 6.5-1 USCS 标准中土体分类的基本步骤

采用“多砾石的低塑性测土混合砂”准确表示一种无机物 CL 材料，这种材料有超过 30% 的颗粒粒径大于 NO.200（75μm）筛眼孔径，砂含量不低于 15%，且砂含量大于砾石含量。

6.5.2 海洋基础工程中常见土压力荷载及计算

土压力是土力学中的重要研究课题之一，18 世纪以来，众多学者针对挡土墙上的土压力开展了系统的研究，提出了各种土压力计算理论和计算方法，但整体而言土压力的理论还有待研究。目前常用的经典理论为库仑土压力和朗肯土压力理论，这两个理论由于概念明确，计算简单，广泛应用于工程建设中结构物与土相互作用土压力的计算。

在海洋基础工程中，土压力只限于对固定式平台和座底式平台发生影响[29]，海洋结构物与土相互作用关系与结构物运动速度、结构物几何尺寸和土体性质等因素有关，作用机理变得更加复杂，土压力作用形式也多种多样，本节对常见的海洋基础工程结构物设计所涉及的土压力及其计算做简要介绍。

1. 经典土压力理论

计算土压力的理论主要有库仑土压力理论、朗肯土压力理论和索科洛夫斯基土压力理论。前两者为古典土压力理论，尽管假定不够严谨，但因计算方法简单，能够满足工程需要，所以港口工程中通常采用古典土压力理论[61]。

库仑土压力理论最早由法国科学家库仑于 1773 年提出，这也是首次提出了主土压力和被动土压力的概念及计算方法，后来的研究者在此基础上不断发展。库仑土压力理论通过考虑整个滑动土体上力的平衡来确定挡土墙上的土压力。单位长度挡土墙的墙背上总的主动土压力 P_a 和总的被动土压力 P_p 分别为：

$$P_a=\frac{1}{2}\gamma H^2 K_a \tag{6.5-1}$$

$$P_p=\frac{1}{2}\gamma H^2 K_p \tag{6.5-2}$$

式中 γ——土体重度；

H——挡土墙的高度；

K_a,K_p——主动土压力系数和被动土压力系数，其数值可由下式计算或从有关设计手册查得。

$$K_a=\frac{\cos^2(\varphi-\varepsilon)}{\cos^2\varepsilon\cos(\varepsilon+\varphi_0)\left[1+\sqrt{\frac{\sin(\varphi+\varphi_0)\sin(\varphi-\alpha)}{\cos(\varepsilon+\varphi_0)\cos(\varepsilon-\alpha)}}\right]^2} \tag{6.5-3}$$

$$K_p=\frac{\cos^2(\varphi+\varepsilon)}{\cos^2\varepsilon\cos(\varepsilon-\varphi_0)\left[1-\sqrt{\frac{\sin(\varphi+\varphi_0)\sin(\varphi+\alpha)}{\cos(\varepsilon-\varphi_0)\cos(\varepsilon-\alpha)}}\right]^2} \tag{6.5-4}$$

式中 φ——土的内摩擦角；

ε——墙背与竖直线间夹角，墙背俯斜时为正，反之为负值；

φ_0——墙背面与填土之间的摩擦角，决定于墙背面倾斜形状、粗糙程度和填土内摩擦角；

α——填土表面与水平面的夹角，在水平面以上为正，在水平面以下为负。

英国科学家朗肯（1857）在假设挡土墙墙背直立、光滑以及墙后土体表面水平并无限延伸的条件下，根据半无限弹性土体处于极限平衡状态时的土体单元应力状态，计算挡土墙上的土压力，从而提出了土力学理论中另一经典理论，即朗肯土压力理论。深度为 h 处的主动土压力强度 P_a、被动土压力强度 P_p 分别为：

$$P_a=(q+\sum\gamma h)K_a-2c\sqrt{K_a} \tag{6.5-5}$$

$$P_p=(q+\sum\gamma h)K_p+2c\sqrt{K_p} \tag{6.5-6}$$

主动土压力系数 K_a 和被动土压力系数 K_p 分别为：

$$K_a=\tan^2\left(45°-\frac{\varphi}{2}\right) \tag{6.5-7}$$

$$K_p=\tan^2\left(45°+\frac{\varphi}{2}\right) \tag{6.5-8}$$

式中 γ——土体重度；

c——土体黏聚力；

φ——土的内摩擦角。

2. 土体重量

1）上覆土重

$$P_1=\sum_{i=1}^{i=n}\gamma'_i h_i A \tag{6.5-9}$$

式中 γ'_i——桩靴上部各层覆土的有效重度；

h_i——桩靴上部各层覆土的厚度；

A——桩靴的最大横截面面积。

2）扩散角引起的桩靴上部重量

$$P_2=\sum_{i=1}^{i=n}\frac{\gamma'_i \pi h_i}{3}(2R_i^2-r_i^2-R_i r_i) \tag{6.5-10}$$

式中 γ'_i——桩靴上部各层覆土的有效重度；

h_i——桩靴上部各层覆土的厚度；

R——土层顶面土体破坏圆的半径；

r——土层底面土体破坏圆的半径，当土体为第一层时，若桩靴为方形结构，r 为等效圆的半径。

3. 端阻力

1）桩尖阻力 q

打入黏性土中的桩，单位面积桩尖阻力 q 取桩尖处土的不排水抗剪强度 C 的 9 倍。砂土中的单位面积桩尖阻力 q 可按下式计算[10]：

$$q=p_0N_q \tag{6.5-11}$$

式中 N_q——阻力系数，可参考表 6.5-1 选用。

阻力系数 表 6.5-1

砂土类型	内摩擦角 φ(°)	桩土摩擦角 δ(°)	N_q
砂	35	30	40
粉质砂土	30	25	20
砂质粉土	25	20	12
粉土	20	15	8

注：此表用于中密～密实的砂性土。

计算砂性土中的单位面积桩尖阻力 q 时，应考虑土质及埋深等情况，并应符合下列条件：

$$q \leqslant 100\text{MPa} \tag{6.5-12}$$

2）桩端抵抗力

Dean 将桩的工作模式分为取心模式和堵塞模式两种。在取心模式下，点抵抗力的计算为[62]：

$$Q_{\text{P(coring)}}=\pi(D-t)tq=\int_0^z \pi(D-2t)f\,\mathrm{d}z \tag{6.5-13}$$

式中 t——壁厚；

D——桩的直径；

f——单元表面摩擦力；

q——单元端部承载力。

第一项是端部承载力 Q_a；第二项是内部土和桩的摩擦力。积分从海床（或桩内部土表面的假设平面）开始到桩尖端深度。如果假设平面低于海床，要考虑桩内外土层高度差异。

在堵塞模式下，端部抵抗力或点抵抗力等于单元端部承载力 q 和桩的全部横截面面积的乘积：

$$Q_{\text{P(plugged)}}=\frac{\pi D^2}{4}q \tag{6.5-14}$$

3）底部吸附力

拔桩过程中，桩靴底部会受到吸附力作用，当土体的超静水孔压消散时：

$$F_t=5As_u\left(1+0.2\frac{H}{D}\right)\times\left(1+0.2\frac{D}{L}\right)-\tau \tag{6.5-15}$$

当土体没有固结时：

$$F_t=As_u\left(1+0.1\frac{H}{D}\right) \tag{6.5-16}$$

式中 A——桩靴最大横截面面积；

s_u——桩靴底面土体平均不排水抗剪强度；

H——插桩深度（包括桩靴的高度 h），即桩靴的最终入泥深度；

D——桩靴等效圆直径；

L——桩靴底面宽度，如果桩靴为圆形，则 $L=B$；

τ——桩靴侧面摩擦阻力。

4. 贯入阻力

当自升式平台桩靴贯入上层砂土、下层黏土地层时，ISO 规范推荐基底荷载扩展法或冲剪法计算穿刺贯入阻力[63]。

1）荷载扩展法（图 6.5-2）

将上部砂土承受的荷载传递到黏土土层顶面，桩靴连同下部砂土等效直径为 $D+2h/n_s$，仅考虑桩靴底部土体剪切抗力的贯入阻力计算式：

$$q=\left(1+2\frac{h}{n_s D}\right)^2(s_u N_c s_c d_c+P'_0) \tag{6.5-17}$$

式中　h——桩靴最大截面最低点处距离下部黏性土层距离；

n_s——荷载扩展因子，介于 3～5。

2）冲剪法（图 6.5-3）

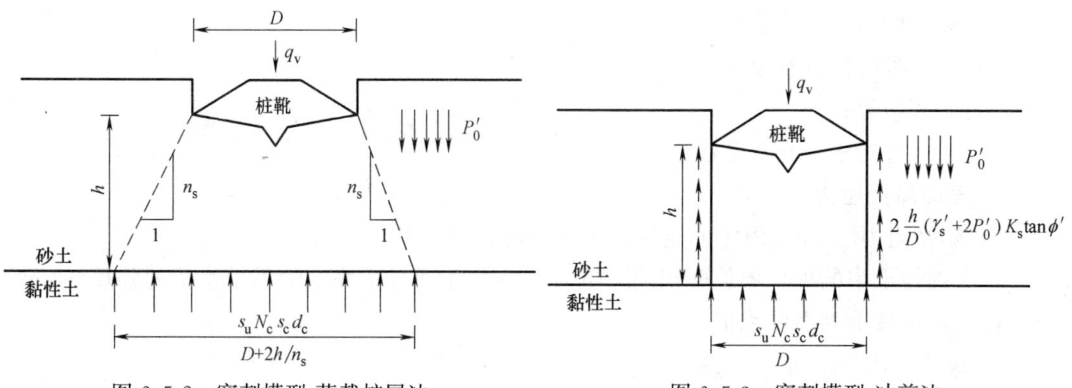

图 6.5-2　穿刺模型-荷载扩展法　　图 6.5-3　穿刺模型-冲剪法

桩靴总贯入阻力应该考虑桩靴自身浮力与桩靴上部回填土的影响。荷载扩展法忽略了砂层对承载力的作用，冲剪法则假定荷载沿着与桩靴相同的垂直破坏面传递至黏性土顶面，冲剪贯入阻力有黏性土层顶面承载力和沿砂层破坏面的摩擦力组成：

$$q=(s_u N_c s_c d_c+P'_0)+2\frac{h}{D}(\gamma'_s h+2P'_0)K_s\tan\varphi \tag{6.5-18}$$

式中　K_s——冲剪系数，依赖于两层土的强度比和砂土的有效内摩擦角。

5. 桩侧土抗力

1）《海上固定平台入级与建造规范》

桩侧土抗力 P 应按下式计算求得：

$$P=-E_s y \tag{6.5-19}$$

式中　P——桩侧土抗力；

E_s——计算点的土抗力模量，其值随土质、深度和位移而变；

y——计算点的桩侧位移。

其中，桩在横向荷载作用下，其侧向位移较小时可不考虑土的非线性特性，按一般公认的线性假定确定土抗力模量。考虑土的非线性时，宜以计算点的 P-y 曲线为依据，取其割线斜率作为土抗力模量。P-y 曲线的线型与土质、深度及荷载性质等有关。一般应根据现场或室内试验资料的分析结果绘制。缺乏资料时，可以参考使用规范中的 P-y 曲线。

2）弹性地基反力法

弹性地基反力指桩土产生相对位移 x 时，地基土体作用在弹性基上的反力。弹性地基反力法将地基土体假定为弹性体，通过梁弯曲理论求解地基抗力 $p(x, y)$：

$$p(x,y)=(a+mx^4)y^n=k(x)y^n \tag{6.5-20}$$

式中 $p(x, y)$——单位面积上的桩侧土抗力；

y——水平方向变形；

x——地面以下深度；

a、m、n——待定常数或指数。

我国规范推荐的桩基水平抗力计算方法为 Winkler 地基梁法，假定地基土体抗力方程为：

$$p(x,y)=k(x)x^m y^n b_0 \tag{6.5-21}$$

式中 y——桩基水平位移；

b_0——桩的计算宽度；

m、n——系数；

$k(x)$——桩的水平变形系数。

6. 表面摩擦阻力

1）侧摩阻力 f——《海上固定平台入级与建造规范》

打入黏性土中的桩，单位面积侧摩阻力 f 应小于或等于黏土的不排水抗剪强度 c，缺乏资料时，可按下列条件取值：

当 $c \leqslant 24$kPa 时，取 $f=c$；

当 $c \geqslant 72$kPa 时，取 $f=0.5c$；

当 24kPa$<c<$72kPa 时，f 值按内插法确定。取 f 值时应考虑施工对土体扰动的影响。

砂性土中的单位面积侧摩阻力 f 可按下式计算：

$$f=k_0 p_0 \tan\delta \tag{6.5-22}$$

式中 k_0——土层的侧压力系数，一般为 0.5～1.0；

p_0——有效上覆压力（kPa）；

δ——桩土摩擦角（°），可参考表 6.5-1 选用。计算砂土中的单位面积侧摩阻力 f 时，应考虑土质及埋深等情况，并应符合下列条件：

$$f \leqslant 100\text{kPa} \tag{6.5-23}$$

2）桩靴侧面摩擦阻力

$$\tau=fA_s \tag{6.5-24}$$

式中 f——单位表面摩擦力；

A_s——桩靴最大截面处的侧表面积。

单位表面摩擦力 f 按下式确定：

对于黏性土，计算公式如下：

$$f=\alpha s_u \tag{6.5-25}$$

式中 α——无量纲系数，$\alpha \leqslant 1.0$。

$$\alpha=0.5\varphi^{-0.5}(\varphi \leqslant 1.0) \tag{6.5-26}$$

$$\alpha=0.5\varphi^{-0.25}(\varphi>1.0) \tag{6.5-27}$$

式中 φ——s_u/P_0 的比值，P_0 为相应点处的有效覆盖土压力；

s_u——相应点土体的不排水抗剪强度。

对于粒状土，计算公式如下：

$$f=KP'\tan\delta \leqslant f_{max} \tag{6.5-28}$$

式中 K——无量纲横向土压力系数，K 值常规取 1.0；

P'——平均有效上覆土压力；

δ——土和桩腿侧面之间的摩擦角；

f_{max}——摩擦力最大值，在较深的贯入深度时用。

关于桩土间不同摩擦角 δ 所对应的极限单位表面摩擦力 f_{max} 和极限桩端承载力 q_{max} 在《海上固定平台规划、设计和建造的推荐作法 工作应力设计法》SY/T 10030—2018 中有推荐，如表 6.5-2 所示。

粒状土设计参数 **表 6.5-2**

密度	土的类别	桩-土摩擦角 δ(°)	极限单位表面摩擦力 f_{max}(kPa)	极限单位桩端承载力 q_{max}(MPa)
很松 松 中松	砂土 砂质粉土 粉土	15	47.8	1.9
松 中等 密实	砂土 砂质粉土 粉土	20	67	2.9
中等 密实	砂土 砂质粉土	25	81.3	4.8
密实 很密实	砂土 砂质粉土	30	95.7	9.6
密实 很密实	砾石 砂	35	114.8	12.0

3）桩基表面摩擦力

桩表面承受的摩擦阻力计算公式为：

$$P_u=\int_{z_0}^{L} f_s C \mathrm{d}z \tag{6.5-29}$$

式中 f_s——桩身单位面积最大表面阻力（通常成为最大表面摩擦力）；

L——桩的埋入长度；

z_0——土层表面以下假定没有表面阻力的距离；

C——桩的周长。

其中，z_0 和一些因素有关，例如安装时的扰动和侧面周期荷载的影响，这些可能导致桩穿孔而阻止了土和桩之间的摩擦力完全发挥。通常，z_0 大约为桩直径的 3 倍或 5m。

估算极限表面摩擦力 f_s 的传统方法，依赖于 f_s 与不排水抗剪强度（对于黏土而言）或有效覆盖压力（对于砂土而言）之间经验或半经验的相互关系。近几年中，一直在尝试更严格的方法来分析影响 f_s 的因素，并且在掌握运动机理方面取得显著进展[64]。然而，传统的方法仍然在实际应用中占主导地位，尤其对于砂土中的桩基来说，与深度有关的最大表面摩擦力和桩端抵抗力受限制的现象，仍未能得到满意的解释和量化。此外，一些案例中，用不同方法计算得到的 f_s 有很大差别，所以工程实际经验判断是很重要的。

7. 土体剪切破坏力

桩侧土体破坏时的剪切力：

$$f_s=\sum_{i=1}^{i=n}s_{ui}\times A_i \tag{6.5-30}$$

式中 s_u——第 i 层土的平均不排水抗剪强度，此处为原状土受扰动后并固结一段时间的 s_{ui} 值，可能比原状土的 s_u 值要小，从保守角度考虑，此处 s_{ui} 值由原状土强度确定；

A_i——第 i 层土的土体锥形面侧面积。

6.5.3 对于不同海洋结构物的土压力分析

与陆地上传统的土木、水利工程不同，海洋结构物、构筑物在运行过程中往往面对恶劣的海洋环境，海床土层的成因与工程特性也同陆地很不相同。海床土体物理力学特性与海洋结构物的地基稳定性决定结构物是否安全运营。因此，海洋土力学的深入研究是海洋工程能够安全作业的基础保障，对于海底土荷载的研究与海洋资源开发利用紧密相关。

目前，常见的海洋工程结构物有海洋平台、桩基、贯入锚、海底管线、海底平板锚等，各类海洋结构物形式多样且各不相同，故相应的土压力计算也有所不同，本节将对几种常见海洋结构物与土压力之间的作用关系做简要介绍。

1. 插入式大直径圆筒基础

大直径圆筒结构广泛地运用于岸壁码头、突堤码头、系船柱、突堤、防波堤及护岸等港口水工构筑物[65]，软土地基对下部结构的作用影响整个结构物的安全稳定。土体对结构物作用的特点为：（1）下部结构的受力机理比较复杂，筒内筒外都有土体作用，并且圆筒内往往设有横纵两个方向的隔板，这些隔板将筒内的土体分成一个个小块，破坏了土体的整体性，所以筒内的土压力分布也不太相同；（2）结构排列呈连续拱形，会引起土压力重新分布；（3）与一般的基础不同，圆筒结构没有底部构件，其地基反力的分布与其他有底结构（如桩基，平板锚等）有差异；（4）在圆筒结构的设计中，需要考虑多种因素的相互作用，包括波浪、结构、土体等，这些因素之间的作用机理十分复杂，作用力大小与结构物、土体的相对位移、土体性质等多种因素有关；（5）在荷载作用下，维持圆筒结构的稳定性主要是靠位移或者变形引起的摩阻力。

我国目前还没有发行有关大直径薄壳圆筒结构的设计规范，尤其是涉及土压力的部分。在当下的实际工程应用中，往往把大直径薄壳圆筒看成直立平面墙，其上作用的土压力一般采用库仑理论或者朗肯理论来计算。但还是存在许多问题。目前常用的计算土压力的方式有以下四种：（1）按朗肯理论、库仑理论这些土压力经典理论来计算；（2）引入形状系数，形状系数与圆筒外部的形状有关；（3）根据力的等效原理将筒外壁的曲面折算成假想的平面宽度，再用土压力经典理论计算筒外的土压力；(4) 由筒外壁微元体的力的平衡方程来求解。

2. 海底管线

海洋油气工程中，海底管线的设计是一个重要环节，在设计海底管线时，必须充分考虑海床地基所能提供的支持作用，来确定海底管线的稳定性。目前海底管线工程中的常见问题有管道失稳、管道隆起和管道横向变形。管道失稳原因主要有海床滑坡或沉降，以及土体液化问题等；管道隆起一般是因为管道覆盖层厚度不足；管道横向变形是受到波浪和海流的侧向压力等[66]。管道不稳定的问题主要有海床滑坡或下沉。此外，在安置海管时，由于土体剪切强度受土体应变率及软化程度等因素影响，海管竖向埋深很难估算；在供油期间，由于输入海管中的物质高压高温作用，以及循环往复的开关控制作用，海管在温度应力、内压力及管周土体约束下发生侧向屈曲；在正常运行时，由于管线具有伸缩性，使得管线在冲刷过程中发生位移，管道几何形状不断变化。这种动态的演变使研究内容更加多元，同时也增加了模型精准描述的难度以及细致描述现象的复杂性。因此，全面正确理解海底管线的管土相互作用机理，是确定海管安全稳定性的根本。

Westgate 等[67] 采用大变形有限元方法研究海管竖向沉降情况下的管土相互作用，采用变量分析法，通过改变应变率参数及软化参数来研究速度对贯入阻力的影响，并给出了动阻力的计算表达式，最后通过离心试验验证了该理论的正确性。Wang 等[68] 结合与速率相关的土体强度软化模型，用大变形有限元方法研究海管自沉及产生的侧向位移。并将分析结果同离心机试验数据对比。文章采用幂函数来表示海管侧阻力及有效沉降深度之间的关系。用超贯入比 R，来表征“轻”管和“重”管，建立独立的有限元模型。证明土体受到的侧向阻力是关于有效埋深的幂函数，并且不受海管移动轨迹的影响。

6.6　海冰及漂浮物荷载

6.6.1　概述

在海洋资源的综合开发利用中，海冰及漂浮物等环境荷载是影响结构物安全性、稳定性的重要因素。

寒冷海域的冰荷载是设计水工建筑物的控制荷载之一。海冰荷载已经被证明甚至会高于波浪和风对结构物的作用，因此需要有效确定海冰对水工结构物的作用方式和荷载大小[69]。以船舶荷载为代表的漂浮物荷载是港口等水工建筑物的重要荷载之一。船舶作为一种廉价的运输工具，在国际物流运输中承担了十分重要的角色。随着国际贸易体系日益扩大，船舶自身吨位和载重量也在不断变大，水工建筑物的安全性和稳定性将承受更大的考验。

1. 国内海冰区域介绍

中国渤海湾和黄海以北等地属于中高纬度地带，冬季受西伯利亚南下冷空气影响，都会有一定的冰冻期。中国的结冰区南北纬度跨度约 4°，但各个海区的冰情差别很大。因此，关注各个海区的冰情有助于进一步认识研究冰荷载的重要意义[70]。

(1) 辽东湾每年约有四个月的冰期，是我国冰情最重的区域。通常来说，辽东湾初冰日发生在11月中旬，终冰日一般在次年3月中旬，盛冰期发生在1月中旬至3月初。在盛冰期，辽东湾北部冰厚通常为20～40cm，最大能达到60cm。固定冰宽度和海冰堆积高度在不同区域差别较大，辽东湾顶端河口和浅滩附近受到浅滩效应影响，固定冰宽度一般为5～10km，海冰堆积高度2～3m，最大可达4m以上。

（2）渤海湾每年约有三个月的冰期。通常来说，渤海湾初冰日发生在12月上旬，终冰日一般在次年3月初，盛冰期发生在1月下旬至2月中旬。在盛冰期，海冰厚度多为15～30cm，最大能达到45cm。沿岸固定冰宽度一般为0.1～0.5km，在部分区域可达5～10km。海冰堆积高度多为1～2m，最大能达到3m。

（3）莱州湾每年约有两个半月的冰期。通常来说，莱州湾初冰日发生在12月中旬，终冰日一般在次年2月底，盛冰期发生在1月下旬至2月上旬。在盛冰期，莱州湾海冰厚度多为10～25cm，最大能达到40cm。沿岸固定冰宽度一般小于0.5km，部分区域可达2～5km。海冰堆积一般在1m以内，河口和浅滩附近堆积高度约2～3m。

（4）黄海北部每年约有四个月的冰期。通常来说，初冰日发生在11月中下旬，终冰日一般在次年3月中旬，盛冰期发生在1月中旬至2月中旬。鸭绿江口是黄海北部冰情最严重的区域。在盛冰期，黄海北部海冰厚度一般为10～30cm，最大能达到50cm。沿岸固定冰的宽度一般为0.1～5km。海冰堆积高度多为1m以下。

2. 船舶情况介绍

随着海洋强国战略逐步深入，我国海洋事业快速发展，海洋船舶运输作为国际贸易的主要运输手段也日益凸显。据相关数据统计，2021年，国内集装箱吞吐量为2.8亿TEU，同比增长7%，货物吞吐量为155.5亿t，同比增长6.8%。针对国内不同港口，上海港在2021年全年集装箱吞吐量为4703万TEU，同比增速8.1%，货物吞吐量为76970万t，同比增速8%；宁波舟山港全年集装箱吞吐量为3108万TEU，同比增速8.2%，货物吞吐量为122405万t，同比增速4.4%。

船舶的吨位是船舶大小和运输能力的计量标志，也是决定船舶对结构物荷载的重要因素，可以分为重量吨位和容积吨位两类。

1）船舶重量吨位

重量吨位可以表示船舶的载重能力，是决定船舶荷载的重要因素，可以分为排水量吨位和载重吨位两种。排水量吨位是船舶排开水对应的吨数，可以分为轻排水量、重排水量和实际排水量三种：（1）轻排水量是船舶最小重量，包括船舶本身、航行中船员和必要给养物品的总和；（2）重排水量是船舶最大重量，又称满载排水量，是船舶达到最大吃水线时对应的重量；（3）实际排水量是船舶装载一定货物后对应的实际排开水重量。

载重吨位表示船舶的载重能力，可以分为总载重和净载重两种：（1）总载重是船舶的最大载重能力；（2）净载重是船舶总载重减去满足船舶航行期间必须配备的燃料、淡水等给养储备的差值。

2）船舶容积吨位

船舶容积吨位可以分为容积总吨和容积净吨两种：（1）容积总吨又称注册总吨，指船舱内及甲板上所有关闭场所内部空间的总和；（2）容积净吨又称注册净吨，是指容积总吨扣除不供营业用的空间所剩余的吨位，也就是船舶可以用来装载货物的容积折合成的吨数。

6.6.2 现有研究成果

1. 冰荷载

冰是水的结晶体，通常来说单冰晶体大多以片状、粒状或柱状的形式存在，尺寸几乎在1毫米左右到几厘米之间。淡水冰是一种纯净物单质，海冰区别于淡水冰，在结晶过程中将一部分无机盐和气体包裹在晶体间形成混合物。冰的力学性能参数一般可以包括抗压强度、抗拉强度、抗剪强度和抗弯强度四种[71]。冰荷载主要包括静冰荷载和动冰荷载两类[72]。

1）静冰荷载

从20世纪20年代开始，国内外一些学者对静水荷载开展了一系列研究，得到了丰富的研究成果。徐伯孟[73]以实测资料为基础，考虑了气温、积雪覆盖和冰层厚度等因素的影响，给出了考虑温度膨胀的静冰压力计算公式：

$$P_i = K_i K_s \frac{(t_i + \mathrm{r})^{\mathrm{n}} S_i^{\mathrm{b}}}{t_i^{\alpha}} (T_i^{\mathrm{d}} - \mathrm{e}) \tag{6.6-1}$$

式中 P——某层平均冰压力；

t_i——某层起始平均冰温；

S_i^{b}——某层平均温升率；

T_i——升温持续时间；

K_i——综合影响系数；

K_s——雪覆盖影响系数；

r、n、b、α、d、e——常数。

谢永刚[74]发现静冰压力场在冰盖厚度方向呈桃形分布，基于这一特性给出冰压力公式：

$$P = k_{\alpha} k_s C_h \frac{\Delta t_{\alpha}^{\frac{1}{3}} (t_i + \mathrm{r})^{\mathrm{n}} S_i^{\mathrm{b}}}{(-t_{\alpha})^{\frac{1}{5}}} (T_{\alpha}^{\frac{2}{5}} - 1) \tag{6.6-2}$$

式中 P——冰盖平均膨胀压力；

t_{α}——气温起始值；

Δt_{α}——气温升高值；

T_{α}——对应的升温持续时间；

k_{α}——综合影响系数，一般取2.5～5；

k_s——覆雪影响系数，无雪时取1.0，雪厚度是0.1～0.2m时取0.5；

C_h——冰厚度换算系数。

史庆增等[75]基于层合板理论对冰层进行有效分割，每层相互粘结具有共同边界，每层有限元分析结果叠加后可以得到完整冰层的应力场。Comfort等[76]基于实测数据，研究了温度变化和不同水位对冰荷载的影响，结果表明水位的变化对冰荷载影响显著。Dorival等[77]提出了一种离散的数学模型来模拟冰和结构之间的相互作用，该方法使用二维晶格模型，在模型中引入了冰破坏时的不均匀性，该模型能够模拟冰开裂的过程。

2）动冰荷载

卢泽宇等[78] 引入梁单元理论，通过构建海冰离散元粘结模型模拟二维条件下海冰和斜面相互作用过程。在研究中，结构物受到的荷载包括使冰排破裂的力和破裂后使冰块沿斜面上滑的力，受力情况可以通过库仑摩擦定律分析，水平和垂直方向的分力为：

$$F_{\mathrm{H}}=N\sin\alpha+N\cos\alpha \tag{6.6-3}$$

$$F_{\mathrm{V}}=N\cos\alpha-\mu N\sin\alpha \tag{6.6-4}$$

式中 F_{H}，F_{V}——水平和垂向分力；

μ——冰和斜面的摩擦系数；

N——作用于斜面的正压力。

考虑极值荷载，冰排垂直力通过弯曲理论得到：

$$F_{\mathrm{H}}=0.68\sigma_{\mathrm{f}}b\left(\frac{\rho_{\mathrm{w}}gh^{5}}{E}\right)^{\frac{1}{4}} \tag{6.6-5}$$

式中 σ_{f}——矩形截面梁纯弯曲强度；

ρ_{w}——海水密度；

g——重力加速度；

h——冰排厚度；

E——冰排的弯曲刚度。

假设一定的上爬高度，使冰排爬坡的力可以表示为：

$$P=\frac{z}{\sin\alpha}bh\rho g(\mu\cos\alpha+\sin\alpha) \tag{6.6-6}$$

式中 P——使得冰排上爬的受力；

z——冰排最大上爬的高度；

ρ——冰块的密度。

因此，作用于结构物上的单位宽度水平冰力计算公式可以表示为：

$$\frac{F_{\mathrm{x}}}{b}=0.68\sigma_{\mathrm{f}}\left(\frac{\rho_{\mathrm{w}}gh^{5}}{E}\right)^{\frac{1}{4}}\frac{\sin\alpha+\mu\cos\alpha}{\cos\alpha-\mu\sin\alpha}+zh\rho g(\sin\alpha+\mu\cos\alpha)\left(\frac{\sin\alpha+\mu\cos\alpha}{\cos\alpha-\mu\sin\alpha}+\frac{\cos\alpha}{\sin\alpha}\right) \tag{6.6-7}$$

王国军等[69] 在研究海上风电基础锥体的冻冰荷载中发现，实测冰荷载周期和冰荷载幅值在时间上的函数呈正态分布关系，学者在此基础上建立了随机冰荷载模型。一个周期内的冰荷载函数可以定义为：

$$f_i(t)=\begin{cases}6\dfrac{F_{0i}t}{T_i} & 0<t<\dfrac{T_i}{6}\\[2ex] 2F_{0i}-6\dfrac{F_{0i}}{T_i} & \dfrac{T_i}{6}<t<\dfrac{T_i}{3}\\[2ex] 0 & \dfrac{T_i}{3}<t<T_i\end{cases} \tag{6.6-8}$$

式中 i——第 i 个周期；

t——时间；

$f_i(t)$——t 时刻的冰力；

T_i——第 i 个冰力周期值；

F_{0i}——该周期上的冰力幅值。

在任意时间长度的随机冰力函数可以表示为：

$$F(t)=\sum_{i=1}^{N} f_i(t-t_i^0) \tag{6.6-9}$$

式中 N——冰力周期数；

t_i^0——第 i 个冰力周期对应的时间。

N 个冰荷载周期后，冰荷载幅值和冰荷载周期构成两个随机时间数列，经分析均服从正态分布。统计特征参数可以根据实测数据确定。根据前人研究成果（Yan 等[79]），冰荷载周期的标准差通常为冰荷载周期平均值的 40%～70%，冰荷载幅值的标准差一般取测量冰荷载平均值的 0.2～0.6 倍。

2. 船舶荷载

理论研究船舶荷载需要构建外力-船舶-结构整体模型[80]。在现有研究中，大多条件流速满足均匀、不可压缩、无黏的理想流体假设。若理想流体在初始条件无旋，则在整个过程均满足无旋的特征，该问题可以利用势流理论进行处理。系泊船舶运动方程需要考虑外力条件建立微分方程，包括风、浪等复杂因素。在外力作用下，船舶一般有六个运动自由度，包括横移、纵移、升沉、纵摇、横摇和艏艉摇。

现有对船舶荷载的研究主要包括系缆力、撞击力和挤靠力的计算。邹志利等[81,82]基于数值模拟的方法，研究了风、浪、流作用下采油平台系泊船舶的运动反馈，对船舶荷载中的系缆力和护舷碰撞力进行了分析，还重点讨论了外界条件，包括不同水位和风、浪、流夹角对船舶系缆力和碰撞力的作用。邹志利等[81]为考虑非线性的影响，系泊船舶运动方程采用时域方法表示：

$$(M+A)X+\int_0^{\infty} K(\tau)X(t-X)\mathrm{d}t+CX=f(t) \tag{6.6-10}$$

式中 $X(t)$——船体位移向量；

M——船体质量矩阵；

A——船体附加质量；

C——船体浮力恢复力系数矩阵；

$f(t)$——船体所受外力，$f(t)$＝黏性力＋风力＋波浪力（一阶波浪力和二阶波浪力)＋缆绳力＋护舷力；

$K(\tau)$——船体运动脉冲响应函数。

邱拓荒等[83]将船舶、结构物和土体纳入一个整体系统中，模型考虑了土体的弹塑性、土体和桩的流固耦合效应、船体自身和护舷材料的接触等多种因素，基于显式动力分析软件建立了船舶撞击高桩码头系统动力仿真模型，分析了船舶载重量、船舶撞击方式等对最大船舶撞击力和撞击历时曲线的影响。朱奇等[84]通过实验室物理模型试验，分析风、浪、流共同作用下泊位长度与系缆方式对船舶运动量和系缆力的影响。Nagai 等[85]在对系泊船舶进行大量假设的基础上运用理论分析的方法，给出了撞击力的解析解。Bomze[86]基于数值模拟的方法，考虑船舶六个自由度的运动状态，分析了外力作用下的船舶系缆力。Yao 等[87]建立了一套数学模型计算船舶系缆力，学者将船舶在六个自由度上的平衡方程的解转化为求解全局最小值的优化问题，随后用蒙特卡罗方法求解这些系泊方程，得到不同荷载作用下的船舶系缆力。

6.6.3 国内工程规范

1. 冰荷载

我国《港口工程荷载规范》JTS 144—1—2010[88] 为强制性行业标准。标准指出的作用在水工结构物上的冰荷载介绍如下。

1）挤压力

冰排在直立桩（墩）前发生连续挤碎时，极限挤压冰荷载标准值可按下式计算：

$$F_l = ImkBH\sigma_c \tag{6.6-11}$$

式中 F_l——极限挤压冰力标准值；

I——冰的局部挤压系；

m——桩、墩迎冰面形状系数；

k——冰和桩、墩之间的接触条件系数，可取 0.32；

B——桩、墩迎冰面投影宽度；

H——单层平整冰计算冰厚，宜根据当地多年统计实测资料按不同重现期取；

σ_c——冰的单轴抗压强度标准值。

2）撞击力

孤立流冰对直立圆桩（圆墩）的撞击力标准值可按下式计算：

$$F_z = 2.22HV\sqrt{IkA\sigma_c} \tag{6.6-12}$$

式中 F_z——流冰对圆桩圆墩产生的撞击力标准值；

H——单层平整冰计算冰厚；

V——流冰速度；

I——冰的局部挤压系数；

k——冰与圆桩、圆墩之间的接触条件系数，可取 0.32；

A——流冰块平面面积；

σ_c——冰的单轴抗压强度标准值。

河港中流冰块在桩、墩前滞留时，冰排对直立桩（墩）产生的冰压力标准值可按以下式计算：

$$F_q = (f_\mu + f_v + f_i + f_\alpha)A \tag{6.6-13}$$

$$f_\mu = 5\times10^{-3}V_{max}^2 \tag{6.6-14}$$

$$f_v = 0.5(H/L_m)V_{max}^2 \tag{6.6-15}$$

$$f_i = 9.2Hi \tag{6.6-16}$$

$$f_\alpha = 0.02\times10^{-3}V'_{max} \tag{6.6-17}$$

式中 F_q——冰排在桩、墩前滞留时对桩、墩产生的冰压力标准值；

f_μ——水流对流冰的拖曳力强度；

f_v——水流对流冰的推力强度；

f_i——河道坡降对流冰块产生的驱动力强度；

f_{α}——风对流冰的拖曳力强度；

A——流冰块平面面积，其中流冰块计算宽度按现场实测资料取值，对于闸、门或类似的建筑物取不大于建筑物跨度；

V_{max}——流冰期内保证率为1%的最大水流速；

H——单层平整冰计算冰厚；

L_m——沿水流方向的流冰块平均长度按现场观测数据取值，缺少现场观测数据，对河流可取3倍河宽；

i——河道坡降；

V'_{max}——流冰期内保证率为1%的最大风速。

3）堆积力

冰排作用于混凝土斜面结构时的冰荷载标准值可按以下公式计算：

$$F_h = KH^2\sigma_f \tan\alpha \tag{6.6-18}$$

$$F_v = KH^2\sigma_f \tag{6.6-19}$$

式中 F_h，F_v——水平冰力和竖向冰力标准值；

K——系数，可取0.1倍斜面宽度值，斜面宽度以米计；

H——单层平整冰计算冰厚；

σ_f——冰弯曲强度标准值，宜根据当地多年实测资料按不同重现期取值，无当地实测资料时，可按当地有效冰温计算；

α——斜面与水平面夹角（°），应小于75°。

作用于正锥体上的冰荷载标准值可按以下公式计算：

$$F_{H1} = [A_1\sigma_f H^2 + A_2\gamma_w HD^2 + A_3\gamma_w H_R(D^2 - D_T^2)]A_4 \tag{6.6-20}$$

$$F_{V1} = B_1 F_{H1} + B_2\gamma_w H_R(D^2 - D_T^2) \tag{6.6-21}$$

式中 F_{H1}，F_{V1}——正锥体上的水平冰力、竖向冰力标准值；

$A_1 \sim A_4$，B_1，B_2——无量纲系数；

σ_f——冰弯曲强度标准值，宜根据当地多年实测资料按不同重现期取值，无当地实测资料时，可按当地有效冰温计算；

H——单层平整冰计算冰厚；

γ_w——海水重度；

D——水线面处锥体的直径；

H_R——碎冰的上爬高度；

D_T——锥体顶部的直径。

作用于倒锥体上的冰荷载标准值可按以下公式计算：

$$F_{H2} = \left[A_1\sigma_f H^2 + \frac{1}{9}A_2\gamma_w HD^2 + \frac{1}{9}A_3\gamma_w H_R(D^2 - D_T^2)\right]A_4 \tag{6.6-22}$$

$$F_{V2} = B_1 F_{H1} + \frac{1}{9}B_2\gamma_w H_R(D^2 - D_T^2) \tag{6.6-23}$$

2. 船舶荷载

船舶等漂浮物对水工建筑物的荷载是影响结构物稳定性的重要因素。按照《港口工程荷载规范》JTS 144—1—2010[88]，作用在固定式系船、靠船结构上的船舶荷载介绍如下。

1）系缆力

系缆力应考虑风和水流对计算船舶共同作用产生的横向分力总和与纵向分力总和。系缆力标准值以及其垂直于码头前沿线的横向分力、平行于码头前沿线的纵向分力和垂直于码头面的竖直分力可按以下公式计算：

$$N=\frac{K}{n}\left(\frac{\sum F_{\mathrm{x}}}{\sin\alpha\cos\beta}+\frac{\sum F_{\mathrm{y}}}{\cos\alpha\cos\beta}\right) \tag{6.6-24}$$

$$N_{\mathrm{x}}=N\sin\alpha\cos\beta \tag{6.6-25}$$

$$N_{\mathrm{y}}=N\cos\alpha\cos\beta \tag{6.6-26}$$

$$N_{\mathrm{z}}=N\sin\beta \tag{6.6-27}$$

式中 N，N_{x}，N_{y}，N_{z}——系缆力标准值及其横向、纵向和竖向分力；

$\sum F_{\mathrm{x}}$，$\sum F_{\mathrm{y}}$——可能同时出现的风和水流对船舶作用产生的横向分力总和与纵向分力总和；

n——计算船舶同时受力的系船柱数目；

K——系船柱受力分布不均匀系数（当实际受力的系船柱数目 $n=2$ 时，$K=1.2$，当 $n>2$ 时，$K=1.3$）；

α——系船缆的水平投影与码头前沿线所成的夹角；

β——系船缆与水平面之间的夹角。

2）挤靠力

船舶挤靠力应考虑风和水流对计算船舶作用产生的横向分力总和。当橡胶护舷连续布置时，挤靠力标准值可按以下公式计算：

$$F_j=\frac{K_j}{L_{\mathrm{n}}}\sum F_{\mathrm{x}} \tag{6.6-28}$$

式中 F_j——橡胶护舷连续布置时，作用于系船、靠船结构的单位长度上的挤靠力标准值；

K_j——挤靠力分布不均匀系数，一般取 1.1；

$\sum F_{\mathrm{x}}$——可能同时出现的风和水流对船舶产生的横向分力总和；

L_{n}——船舶直线段和橡胶护舷的接触长度。

当橡胶护舷间断布置时，挤靠力标准值可按下式计算：

$$F'_j=\frac{K'_j}{n}\sum F_{\mathrm{x}} \tag{6.6-29}$$

式中 F'_j——橡胶护舷间断布置时，作用于一组或一个橡胶护舷上的挤靠力标准值；

K'_j——挤靠力分布不均匀系数，一般取 1.3；

n——与船舶接触的橡胶护舷的组数或个数。

3）撞击力

船舶靠岸时的撞击力标准值应根据船舶有效撞击能量、橡胶护舷性能曲线和靠船结构的刚度确定。船舶靠岸时的有效撞击能量可按下式计算：

$$E_0=\frac{\rho}{2}mV_{\mathrm{n}}^2 \tag{6.6-30}$$

式中 E_0——船舶靠岸时的有效撞击能量；

ρ——有效动能系数，取 0.7～0.8；

m——船舶质量（t），按设计船型满载排水量；

V_n——船舶靠岸法向速度。

系泊船舶在横浪作用下的撞击能量可以按下式计算：

$$E_0=\frac{1}{2}kC_m mV_B^2 \tag{6.6-31}$$

式中 E_0——船舶靠岸时的有效撞击能量；

k——偏心撞击能量折减系数；

C_m——考虑附加水体影响的系数；

m——按照船舶装载相对应的船舶质量；

V_B——船舶法向撞击速度。

船舶撞击力沿码头长度方向的分力标准值可按下式计算：

$$H=\mu F_x \tag{6.6-32}$$

式中 H——船舶撞击力沿码头长度方向的分力标准值；

μ——船舶与橡胶护舷之间的摩擦系数，取 0.3～0.4，当橡胶护舷设防冲板时可取 0.2；

F_x——船舶撞击力法向分力标准值。

4）风对漂浮物的荷载

风对漂浮物的荷载参考苏联规范。风对船舶的横向和纵向分力应按以下公式确定：

$$R_x=73.6\times10^{-5}A_x v_x^2\xi_1\xi_2 \tag{6.6-33}$$

$$R_y=49.0\times10^{-5}A_y v_y^2\xi_2\xi_2 \tag{6.6-34}$$

式中 R_x，R_y——横向和纵向分力；

A_x,A_y——漂浮物侧面和正面的水上受风面积（轮廓）；

v_x,v_y——设计风速横向分量和纵向分量；

ξ_1——风压不均匀折减系数；

ξ_2——风压高度变化修正系数。

5）水流对漂浮物的荷载

（1）开敞式海港透空式系船、靠船结构，流向角＜15°或流向角＞165°时，水流对船舶的荷载，其船首横向分力和船尾横向分力应按以下公式确定：

$$Q_{xc}=C_{xc}\frac{\rho}{2}BV^2 \tag{6.6-35}$$

$$Q_{xs}=C_{xs}\frac{\rho}{2}BV^2 \tag{6.6-36}$$

式中 Q_{xc}，Q_{xs}——船首横向分力和船尾横向分力；

C_{xc},C_{xs}——水流对船首和船尾的横向分力系数；

ρ——水的密度，海水取 $\rho=1.025\text{t/m}^3$；

B——船舶吃水线以下的横向投影面积；

V——来流流速。

水流对船舶的荷载，其纵向分力应按下式确定：

$$Q_{yc}=C_{yc}\frac{\rho}{2}SV^2 \tag{6.6-37}$$

式中 Q_{yc}——纵向分力；

C_{yc}——水流力的纵向分力系数；

ρ——水的密度，海水取 $\rho=1.025\mathrm{t/m^3}$；

S——船舶吃水线以下的表面积；

V——来流流速。

（2）开敞式海港透空式系船、靠船结构，15°≤流向角≤165°时，水流对船舶的荷载，其横向分力和纵向分力应按以下公式确定：

$$Q_{xc}=C_{xc}\frac{\rho}{2}A_{yc}V^2 \tag{6.6-38}$$

$$Q_{yc}=C_{yc}\frac{\rho}{2}A_{xc}V^2 \tag{6.6-39}$$

式中 Q_{xc}，Q_{yc}——横向分力和纵向分力；

C_{xc}，C_{yc}——水流力的横向和纵向分力系数；

ρ——水的密度，海水取 $\rho=1.025\mathrm{t/m^3}$；

A_{xc}，A_{yc}——装载情况下船舶水下部分垂直和平行水流方向的投影；

V——来流流速。

（3）河港透空式系船、靠船结构，水流方向与船舶纵轴平行或流向角<15°或流向角>165°时，水流对船舶作用产生的水流力的船首横向分力、船尾横向分力及纵向分力可分别按式（6.6-35）～式（6.6-37）计算，其中有关系数的取值将会改变。

6.7 特殊荷载

6.7.1 概述

地震和海啸一直是人类面临的严重自然灾害。我国地处环太平洋地震带和欧亚地震带之间，地震多发。根据中国科学院地球物理研究所的资料，我国渤海、台湾东部和西部，以及东南沿海均属于地震带。我国所发生的地震具有震源浅、频度高、烈度大、区域差异大及灾害重等特点。在海啸方面，我国地处太平洋西部，属于海啸密集区域[89]。近年来太平洋、印度洋和欧亚板块地质运动加剧，东海的琉球海沟成为潜在的中危险地区，而马尼拉海沟更是地震海啸的高危险地区[90,91]。从海啸发生概率来说，21 世纪前 15 年，全球已发生灾难性海啸事件共计十余次，显著超过 20 世纪六年一次的平均水平。因此，设计和建造海洋工程时，应当考虑地震及海啸等特殊荷载。在地震和海啸所释放的能量中，一部分能量会通过波的形式向周围传播，这种波就是地震波和海啸波。结构在地震波和海啸波的激发下会发生振动，其位移、速度、加速度、应力和变形等（统称为响应）将随时间变化，呈现出复杂的动力响应特征。

6.7.2 地震作用下结构动力响应分析

关于地震的研究已有近百年的历史。结构地震响应分析大致经历了静力法、反应谱法和动力法三个阶段。

静力法最早于19世纪末由日本学者提出。该方法假设结构与地面是刚性连接的，结构视为完全刚性，没有考虑结构的动力特性，因此被称为静力法。然而，结构的动力特性恰恰是海洋结构设计中不可忽视的重要指标之一。随后，20世纪40年代，美国学者们提出了反应谱法，考虑了结构动力特性和地震特性之间的动力关系。由于该方法保留了静力法的形式，因此也被称为拟静力法或等效荷载法。该方法以实测地震地面运动记录为基础计算得到反应谱曲线，然后通过统计分析得到设计反应谱曲线。然而，强震记录表明反应谱法的计算结果不足以保证结构的安全性，需要考虑地震的全过程，进行实时的结构动力响应分析。随着计算机技术的普及和数值模拟技术的提高，地震响应分析进入动力法阶段，亦被称为时程分析法。目前，国内外都已经有了比较成熟的地震动力响应模拟程序。

1. 结构动力运动方程式的建立

无论是反应谱法还是时程分析法，都以结构动力运动基本方程式为基础。假设结构上作用有惯性力、阻尼力、弹性力及外加动力荷载 $F(t)$，将实际结构简化为质点体系，其质量为 m，阻尼系数为 c，刚度为 k。假设在任一时刻 t，质体的总位移为 $x(t)$。由各力平衡条件可得到运动方程式：

$$m\ddot{x}(t)+c\dot{x}(t)+kx(t)=F(t) \tag{6.7-1}$$

注意到，式（6.7-1）是常系数的二阶非齐次微分方程，通解由一个齐次解和一个特解组成。

2. 单自由度系统的动力响应

反应谱法以单自由度质点体系的动力响应为基础，对结构的最大动力响应进行估算。对于式（6.7-1），令等号右侧的外加荷载项 $F(t)$ 为零，得到单自由度系统有阻尼自由振动的基本运动方程：

$$m\ddot{x}(t)+c\dot{x}(t)+kx(t)=0 \tag{6.7-2}$$

上式可以简化为：

$$\ddot{x}+2\zeta\omega\dot{x}+\omega^2x=0 \tag{6.7-3}$$

式中 ω——结构的自振角频率，$\omega=\sqrt{\frac{k}{m}}$；

ζ——结构的阻尼比，$\zeta=\frac{c}{2m\omega}$，是无因次量。

式（6.7-3）是一个常系数齐次线性微分方程，特征方程为：

$$r^2+2\zeta\omega r+\omega^2=0 \tag{6.7-4}$$

上述特征方程有两个根：

$$r_{1,2}=-\zeta\omega\pm\omega\sqrt{\zeta^2-1} \tag{6.7-5}$$

根据结构阻尼比 ζ 的取值，式（6.7-5）的解可以分为四种情况：超阻尼（$\zeta>1$）、临界阻尼（$\zeta=1$）、小阻尼（$0<\zeta<1$）和负阻尼（$\zeta<0$）。实际测量表明，一般的钢筋混凝土杆系结构的阻尼比约为0.05；拱坝结构的阻尼比约为0.03～0.05；重力坝的阻尼比约为0.05～0.10；土坝和堆石坝的阻尼比约为0.10～0.20；强震时，结构的阻尼比会有所

增大，但最终值也不会很大[92]。因此，实际的工程结构一般对应于小阻尼情况。

对于小阻尼情况，式（6.7-4）的通解为：

$$x(t)=e^{-\zeta\omega t}(A\cos\omega_d t+B\sin\omega_d t) \tag{6.7-6}$$

式中 ω_d——考虑阻尼的自振角频率，$\omega_d=\omega\sqrt{1-\zeta^2}$；

A，B——常数，由初始条件决定。

在初始时刻（$t=0$），有：

$$A=x(0) \tag{6.7-7}$$

$$B=\frac{\dot{x}(0)+\zeta\omega x(0)}{\omega_d} \tag{6.7-8}$$

代入式（6.7-6），有阻尼单自由度系统的自由振动解为：

$$x(t)=e^{-\zeta\omega t}\left[x(0)\cos\omega_d t+\frac{\dot{x}(0)+\zeta\omega x(0)}{\omega_d}\sin\omega_d t\right] \tag{6.7-9}$$

该自由振动解也是式（6.7-1）的齐次解。

式（6.7-1）的特解则对应于外荷载作用下的强迫振动解，可以根据杜哈姆（Duhamel）积分求解得到。由动量定理可知，在冲量 $F(\tau)\mathrm{d}\tau$ 作用下，质体获得的初始加速度为$\frac{F(\tau)\mathrm{d}\tau}{m}$。基于式（6.7-9），令 $x(0)=0$，$\dot{x}(0)=\frac{F(\tau)\mathrm{d}\tau}{m}$，用（$t-\tau$）代替 t，就可以得到实时位移：

$$\mathrm{d}x(t)=e^{-\zeta\omega(t-\tau)}\frac{F(\tau)\mathrm{d}\tau}{m\omega_d}\sin\omega_d(t-\tau) \tag{6.7-10}$$

根据叠加原理，荷载 $F(t)$ 作用下的位移响应为

$$x(t)=\frac{1}{m\omega_d}\int_0^t F(\tau)e^{-\zeta\omega(t-\tau)}\sin\omega_d(t-\tau)\mathrm{d}\tau \tag{6.7-11}$$

上式即为式（6.7-1）的特解。

结合式（6.7-9），式（6.7-1）的通解为：

$$x(t)=e^{-\zeta\omega t}\left[x(0)\cos\omega_d t+\frac{\dot{x}(0)+\zeta\omega x(0)}{\omega_d}\sin\omega_d t\right]+\frac{1}{m\omega_d}\int_0^t F(\tau)\,e^{-\zeta\omega(t-\tau)}\sin\omega_d(t-\tau)\mathrm{d}\tau \tag{6.7-12}$$

工程上常用动力系数 β 来衡量最大动力位移，即：

$$\beta=x_{max}/x_{st} \tag{6.7-13}$$

式中 x_{max}——结构最大动力位移；

x_{st}——结构最大静力位移。

实际的海洋结构常常是较为复杂的，将结构简化为单自由度体系难以保证所得结果的可靠性。因此，需要将实际结构简化为多自由度体系，以提高动力响应分析的计算精度。多自由度质点体系动力响应分析的基本方法是振型叠加法。实践中，先分析系统的自由振

动，求解得到前几阶的振型和频率；随后利用振型正交关系，通过坐标变换等方法对振动方程进行解耦，最后转化为广义单自由度响应问题进行求解。

3. 反应谱法

反应谱理论以单自由度弹性质点体系的动力响应为基础。对于复杂结构，需要将实际结构转化为多自由度线性系统，然后进行动力响应分析。单个地震波的反应谱是指在选定的地震波作用下，单自由度结构最大响应与结构自振周期的关系曲线。根据不同的地震记录所做出的地震反应谱各不相同，即使是在同一次地震中，不同场地上所得到的反应谱也存在差异。此外，实际工程中，结构所遭遇的地震具有很强的随机性。因此，单个地震波的反应谱并不能准确反映结构在地震作用下的动力响应特性。事实上，在各地震响应谱中，不同地震记录所对应的加速度反应谱差别较大，而不同地震记录所对应的动力系数反应谱则比较相似。因此，收集结构所在场地附近的所有地震记录，对每个地震地面运动时程曲线绘制相应的动力系数反应谱曲线，然后对所有的反应谱曲线进行统计分析，得到最具代表性的反应谱曲线，并认为这条代表曲线适用于该场地条件下的所有地震。工程实践中，这种具有代表性的反应谱曲线称为设计反应谱曲线。在各国的不同规范中，设计反应谱曲线不尽相同，详见 6.7.4 节。

我国《水工建筑物抗震设计标准》GB 51247—2018[93] 中的设计反应谱如图 6.7-1 所示。由图可知，当自振周期 T 较小时，曲线急剧上升；当 T 达到 0.1s 时，动力系数达到最大值 $\beta_{\max}$；当 $T>T_g$ 后，曲线单调下降。

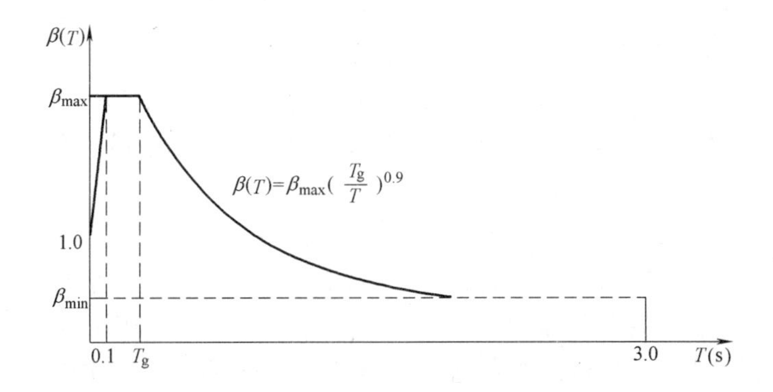

图 6.7-1 《水工建筑物抗震设计规范》中的设计反应谱

研究表明，地基土质条件与结构地震响应密切相关。相比于普通地基上的结构，坚硬地基上的结构所对应的动力系数响应谱中，下降段会向左偏移，即坚硬地基上的结构的动力系数比普通地基上的动力系数小。反之，相比于普通地基上的结构，位于软弱地基上的结构的动力系数响应谱的下降段会向右偏移，即软弱地基上的结构动力系数偏大。因此，各规范中的地震反应谱都会将场地土分类，对不同土质条件给出不同的动力系数反应谱曲线，详见 6.7.4 节。

与地基土的固有周期接近的地震波周期被称为卓越周期。在地震过程中，地震波从震源出发，在不同土层之间传播。其中，各土层的深度不同，地质条件也不同。地震波会在这些土层中反复穿越，地震波的周期也随之改变。在地震波传播过程中，如果其自身周期接近地基土的固有周期，就会与地基土产生共振，从而产生更大的振幅。

4. 时程分析法

时程分析法本质上是一种积分方法。该方法首先需要选定地震波和结构恢复力特性曲线，然后对结构的动力运动方程，即式（6.7-2）输入选定的地震记录，逐步积分，得到在整个过程中结构的位移、速度和加速度等动力响应的时间过程曲线。

在时程分析过程中，结构恢复力特性曲线反映了结构在承受外力变形后恢复到原有状态所需要的抵抗力，概括了结构强度、刚度、延展性等力学特性，是时程分析的重要根据。常用的恢复力特性曲线有多种：双线性模型、三线性模型、曲线型模型、双轴恢复力模型等[94]。

地震波曲线主要包括两类：有记录的实际地震波曲线和人工合成的地震波曲线[95]。在时程分析过程中，一般尽量选择结构所在场地中有记录的实际地震波曲线作为输入。如果结构所在场地没有实际的地震波记录，可以选择相近场地条件下的实际地震波，一般不采用人工合成波。对于有多条实际地震波曲线的情形，优先选择所在场地的卓越周期接近结构自振周期的地震波记录。

相对于反应谱法，时程分析法的主要区别在于：(1）时程分析法可以得到整个地震过程中结构的位移、速度和加速度等响应的实时数据，进而可以推算得到结构的内力和变形等的实时变化；因此，时程分析法的精度更高，并且可以校正反应谱法计算结果的误差。(2）反应谱法需要基于叠加原理计算多自由度系统的最大响应，只适用于线性弹性结构；而时程分析法能够很好地反映结构在弹性阶段及进入塑性阶段后的内力情况和变形损伤情况，从而描述结构从开裂、破坏到倒塌的全过程，并且能更精确细致地暴露结构的薄弱部位，充分利用结构的塑性，可以帮助优化结构设计，更大程度地发挥结构潜力。

目前时程分析方法在海洋结构方面的应用研究已取得了一系列进展。姜峰和骆成[96]采用时程分析法对海洋立管在地震作用下的速度、位移和加速度的时程响应进行了计算，考虑了烈度和场地条件的影响。结果表明，地震烈度提高，海洋立管的各动力响应均呈增大趋势。陈峰[97]针对桥梁深水基础在地震、波浪及其联合作用下的动力响应问题，采用有限元动力分析方法进行了三维数值计算。结果表明，波浪单独作用下，结构动力响应的强度相对较弱；地震-波浪耦合作用下，结构的动力放大效应显著；桩基顶部出现应力集中，当横向荷载很大时，材料容易进入屈服状态。翟墨[98]采用时程分析法，基于USFOS软件，输入4条典型的地震时程记录，对导管架式海洋平台的动力响应进行了分析，包括基底剪力、倾覆力矩、桩头轴向力、桩头最大侧向位移等。

6.7.3 海啸作用下结构动力响应分析

在海啸的相关研究中，海啸对结构物的荷载作用是领域的热点问题。海啸作用下的结构动力响应研究的主要手段有物理模型试验以及数值模拟研究等。其中，既往的物理模型试验以大尺度试验为主。Arikawa[99]基于物理模型试验研究了海啸作用下不同厚度的混凝土直墙的破坏机制，试验结果表明，厚度为6cm的混凝土墙体主要表现为墙体底部的冲切破坏，而厚度为10cm的墙体则主要表现为局部破坏，并且在直墙与支撑柱之间有脱离趋势。在Linton等[100]的大尺度物理模型试验中，海啸作用于木质直墙并造成结构破坏，试验探讨了结构参数的影响，认为相比于刚性直墙，柔性直墙所受到的海啸荷载更大，并且在大海啸情况下发生结构破坏的概率更大。

结构动力响应的数值模拟包括海啸荷载的参数化和结构动力模型两方面。其中，海啸荷载的参数化应当抓住真实的海啸荷载过程的时间变化特性。典型的海啸作用时间过程中，海啸初始作用时会对结构产生一个“瞬时冲击作用”，其数值很大而作用时间很短。该瞬时冲击作用表现为脉冲压强作用，叠加在随时间缓慢变化的“准静态作用”之上。现有的参数化方法中，常常将该瞬时冲击作用简化为三角形脉冲。

结构物动力模型的选取与实际结构物的建筑形式密切相关。对于海啸作用下的沉箱式防波堤墙体，Kirkgoz 和 Mengi[101] 基于弹性板理论计算了理论动力响应，包括力矩和横断面位移，并进行了结构模态分析。对于以滑移和倾覆破坏为主的防波堤，Oumeraci 和 Kortenhaus[102] 将其假设为拥有水平和旋转两个自由度的非线性刚性结构模型，研究了其在海啸作用下的动力响应，分析了结构质量、刚度和阻尼等各结构参数，以及外荷载作用形式等水动力参数的影响。Takahashi 等[103] 则通过有限元法，放松了结构刚性约束，研究了海啸作用下沉箱式防波堤墙体的应力等动力响应。Cuomo 等[104] 的模型同时考虑了海啸荷载的非线性和结构模型的非线性，改进了土压力-结构物相互作用模块，对防波堤滑移距离的数值模拟结果与其大尺度物理模型试验结果拟合较好。在国内，孟涛[105] 基于 FLOW-3D 和 ANSYS 等软件对四层钢筋混凝土框架结构进行了动力响应模拟。文志彬[106] 对房屋结构在海啸作用下的动力响应进行了流固耦合计算。

需要指出，早期的动力响应模拟中并没有考虑海啸荷载时间过程中的瞬时冲击作用。近年来，一些学者尝试将瞬时冲击作用纳入设计，提出了一些新的结构设计方法。Cuomo 等[104] 基于等效荷载的理念，认为最大海啸可以表达为准静态荷载、结构动力系数与比尺效应的乘积的形式。其中，结构动力系数由瞬时冲击作用决定。在该设计方法中，实际的海啸荷载被简化为三角形脉冲形式，直墙结构被简化为单自由度线性系统，而三角形脉冲荷载下单自由度系统的动力位移响应可以很方便地由式（6.7-11）得到。与实地数据的对比分析结果表明，该设计方法能较好地反映瞬时冲击作用下结构的动力响应特性。Chen 等[107] 则抓住了瞬时冲击作用的脉冲状特性，以荷载冲量为基础，提出了基于冲量的结构设计方法。Chen 等[107] 认为最大海啸荷载是准静态荷载与瞬时冲击荷载相加的形式。其中，类似于 Cuomo 等[104]，海啸荷载时间过程被简化为三角形脉冲形式，直墙结构被简化为单自由度线性系统。以动力系数为纽带，建立起最大瞬时冲击荷载、动力系数、结构自振周期、冲击持续时间的相关关系，从而确定考虑瞬时冲击作用的海啸最大荷载。Chen 等[107] 进行了大尺度物理模型试验，试验结果表明，基于动量的设计方法所预测的最大荷载与试验值较为吻合。

6.7.4 国内外规范中的地震与海啸荷载及响应计算方法

1. 地震相关规范

中国船级社的《海上固定平台入级与建造规范》[45] 对作用于海洋平台的地震进行了详细规定。地震作用主要由地震惯性力和动水压力两部分组成。其中，惯性力可以根据平台的质量分布情况，按照单质点体系或者多质点体系计算。如果按照单质点体系计算，平台甲板处的水平向总地震惯性力 P_{H} 可以根据下式计算：

$$P_{\mathrm{H}}=CK_{\mathrm{H}}\beta mg \tag{6.7-14}$$

式中 C——综合影响系数，取值范围是0.35～0.5；

K_{H}——水平地震系数，与设计烈度相关；

β——对应计算方向自振周期为 T 的动力系数；

g——重力加速度；

m——平台甲板处的质量。

动力系数 β 可根据结构自振周期 T 从设计反应谱曲线（图6.7-2）上插值得到，或者根据反应谱曲线中不同类型场地土的计算公式得到。

如果按照多质点体系计算地震惯性力，则对应于振型 i，j 的水平向地震惯性力 $P_{i,j}$ 可根据下式计算：

$$P_{i,j}=CK_{\mathrm{H}}\gamma_j\phi_{i,j}\beta_j m_i g \tag{6.7-15}$$

式中 β_j——振型 j 中，自振周期为 T_j 时的动力放大系数；

γ_j——振型 j 的参与系数，即：

$$\gamma_j=\frac{\sum_{i=1}^{n}\phi_{i,j}m_i}{\sum_{i=1}^{n}\phi_{i,j}^2 m_i} \tag{6.7-16}$$

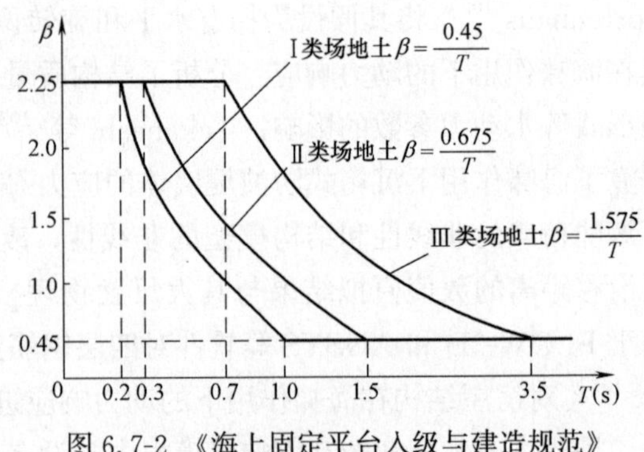

图6.7-2 《海上固定平台入级与建造规范》的设计响应谱

式中 n——质点总数；

$\phi_{i,j}$——在振型 j 中，质量 i 处相对水平位移；

m_i——堆积在质点 i 处的质量。

地震时，任一方向细长构件的水下部分所受到的动水压力 P 为：

$$P=CK_{\mathrm{H}}\psi C_{\mathrm{m}}V\gamma\sin^2\varphi(i,j) \tag{6.7-17}$$

式中 C_{m}——附加水体质量系数，可以通过试验确定；

V——构件水下部分的体积；

γ——海水重度；

$\varphi(i,j)$——地震振型方向与构件之间的夹角。

2. 海啸相关规范

国外的研究人员和工程设计人员基于大量的海啸模拟及海啸与结构相互作用的研究，提出了海啸荷载和抗海啸结构的设计要求，相关的设计规范规定主要有：

（1）美国夏威夷州檀香山市规划和许可部（Department of Planning and Permitting of Honolulu，DPP）所制定的建筑规范（The City and County of Honolulu Building Code[108]，CCH，2000），给出了位于海啸潜在危险区域的抗海啸建筑结构设计准则，该规范基于Dames和Moore[109]的研究工作，将海啸荷载分为浮力、静水压力、拖曳力、涌波冲击力以及漂浮物撞击力等。

（2）日本建筑中心（Building Center of Japan，BCJ）所制定的抗海啸建筑物结构设计方法（Structural Design Method of Buildings for Tsunami Resistance，SMBTR，2005），给出了海啸避难建筑的荷载及结构设计规范；起初，该规范根据一系列物理模型试验结果[110-112] 给出了一套海啸避难建筑的设计方法及计算公式；2004 年印度洋海啸发生后，该规范结合实地数据进行了调整。

（3）美国土木工程师协会（America Society of Civil Engineerings）所制定的 ASCE/SEI 24-05[113]，将海啸荷载分为静水压力、动水压力、波浪力、漂浮物撞击力等。之后该规范又进行了更新：ASCE 7-10[114] 给出了特定结构构件上海啸荷载的详细规定；而 ASCE/SEI 7-16[115] 则考虑了结构物开孔等对海啸荷载的削减作用。

（4）美国国家联邦应急管理署（Federal Emergency Management Agency）所制定的 FEMA P-55[116]，也是基于 Dames 和 Moore[109] 的研究而来，于 2012 年进行了更新，即 FEMA P-646[117]，对抗地震和海啸的结构提出了新的设计准则；根据该规范，海啸荷载主要有静水压力、浮力、动水压力、涌波冲击力、漂浮物撞击力和拖曳力等。

综上所述，不同设计规范提出了不同的荷载计算方法和计算公式，所涉及的海啸荷载分力也不尽相同。综合各规范来看，海啸荷载的主要作用力有：

（1）静水压力，指建筑物在静止或缓慢移动的流体中所受到的静水作用力；

（2）浮力，指由结构物所排开水体引起的力，一般涉及地下室等结构；

（3）动水压力，指建筑物周围流动的水体对建筑物所产生的力，主要是上游面的正向碰撞力、侧面的拖曳力以及下游面的吸引力，一般与水流速度和结构几何形状相关；

（4）涌波冲击力，指由于来波前端水体对结构物的瞬时冲击所产生的力，物理模型试验中该冲击力具有很大的离散性，规范中通过经验公式给出；

（5）动水升力，指海啸爬坡时对结构所产生的升力，一般发生在迎水面；

（6）漂浮物撞击力，来流水体中往往夹带有漂浮物，这些漂浮物会随水流撞击结构，从而产生一个额外的力，该撞击力有很大随机性，很难预测，并与撞击物体刚度相关；

（7）附加水重力，结构在海啸作用下会发生振动，带动周围的水体随结构一起运动，计算中将这种情况简化为有一定体积的附加水体黏附于结构上，与结构同步运动，这部分附加水体的重力即为附加水重力。

目前，我国现行的海岸和水工结构设计规范中尚未对海啸荷载做出详细规定。

参考文献

[1] 孙丽萍，聂武. 海洋工程概论［M］. 哈尔滨：哈尔滨工程大学出版社，2000.

[2] 董胜，孔令双. 海洋工程环境概论［M］. 北京：中国海洋大学出版社，2005.

[3] 康海贵. 海洋环境专题讲座简介第一讲风及风荷载［J］. 中国海洋平台，1995（2）：6.

[4] 于峰. 杆式结构风荷载计算及响应分析［D］. 大连：大连理工大学，2004.

[5] 曾一非. 海洋工程环境［M］. 上海：上海交通大学出版社，2007.

[6] 黄滢. 基于 FLUENT 软件的建筑物风场数值模拟［D］. 广州：华中科技大学，2005.

[7] 中华人民共和国建设部. 建筑结构荷载规范［M］. 北京：中国建筑工业出版社，2012.

[8] 刘德平，赵永胜，陈全勇，等. 国内外基本风速标准的比较研究［J］. 电力勘测设计，2013（2）：30-33.

[9] 朱红钧. 海洋工程环境与安全保障［M］. 北京：科学出版社，2020.

[10] 中国船级社. 海上移动平台入级规范［M］. 北京：人民交通出版社，2020.

[11] 湛杰. 近海工程风浪荷载的中美日规范比较及取值方法探讨［D］. 广州：华南理工大学，2016.

[12] 张云彩，姚美旺，王敏声，等. 阵风及其谱模拟 [J]. 海洋工程，1996 (2)：21-28.

[13] Andersen O J，Lovseth J. The Frya database and maritime boundary layer wind description [J]. Marine Structures，2006，19 (2/3)：173-192.

[14] 时军. 海洋平台上的风荷载计算研究 [D]. 大连：大连理工大学，2009.

[15] 张相庭. 结构风工程 [M]. 北京：中国建筑工业出版社，2006.

[16] 葛新广，张梦丹，龚景海，等. 频响函数二次正交法在 Davenport 风速谱下结构系列响应简明封闭解的应用研究 [J]. 振动与冲击，2021，40 (21)：207-214.

[17] 埃尔泰金，罗迪耶. 海洋油气技术 [M]. 上海：上海交通大学出版社，2019

[18] 侯传亮，张永林. 工程平稳随机过程的数值模拟研究 [J]. 武汉工业学院学报，2003 (3)：27-29.

[19] Shinozuka M，Jan C M. Digital simulation of random processes and its applications [J]. Journal of Sound & Vibration，1972，25 (1)：111-128.

[20] 杨帅. 海洋平台风荷载模型试验雷诺数效应的研究 [D]. 大连：大连理工大学，2013.

[21] 郭刘潞. 环境荷载激励下海上风力发电塔响应分析与控制 [D]. 济南：山东大学，2018.

[22] 廖迎娣，王露，张鹏程，等. 环境荷载联合作用下海上风电结构动力响应分析 [J]. 水利水电技术 (中英文)，2021，52 (03)：206-216.

[23] 李宛玲，张琪，周香莲. 风浪荷载共同作用下的海洋桩基动力响应 [J]. 上海交通大学学报，2021，55 (9)：1116-1125.

[24] 刘戈，宋克新，张海. 海洋平台栈桥动力分析 [J]. 海洋技术，2009，28 (2)：84-87.

[25] 罗浩，吕海龙，谢献忠，等. 风浪荷载共同作用下大跨度刚构桥动力响应规律研究 [J]. 公路交通科技，2019，36 (8)：78-85.

[26] 柳淑学，杨帅，李金宣，等. 海洋平台风荷载物模试验的雷诺数效应研究 [J]. 中国海洋平台，2013，28 (6)：45-50.

[27] 王磊. 某海洋平台提升塔架风振系数分析 [J]. 低温建筑技术，2014，36 (6)：54-56.

[28] 李芳菲，周岱，马晋，等. 半潜式海洋平台风场模拟及风浪致结构动力效应分析 [J]. 振动与冲击，2017，36 (18)：112-117.

[29] 广州船舶及海洋工程设计院，交通部广州海上打捞局. 近海工程 [M]. 北京：国防工业出版社，1991.

[30] Airy G B. Tides and waves. Encyclopaedia Metropolitana [M]，1845.

[31] Stokes，G G. On the theory of oscillatory waves [J]. Transactions of the Cambridge Philosophical Society. 1847，8：441-455.

[32] Korteweg D J，de Vries G. On the change of form of long waves advancing in a rectangular canal and on a new type of long stationary waves [J]. The London，Edinburgh and Dublin Philosophical Magazine and Journal of Science. 1895，5 (39)：422 - 443.

[33] Wang Y Y. Investigation of design wave parameters for Chinese coastal areas [J]. China Ocean Engineering. 1988，(4)：74-81.

[34] Pierson W J，Moscowitz L. A proposed spectral form for fully developed wind sea based on the similarity theory of S. A. Kitaigorod ski [J]. Journal of Geophysical Research. 1964，69：5181-5190.

[35] 蒋德才，刘百桥，韩树宗. 工程环境海洋学 [M]. 北京：海洋出版社，2005，338-392.

[36] 中华人民共和国行业标准. 港口与航道水文规范：JTS 145—2015 [S]. 北京：人民交通出版社，1998.

[37] 中华人民共和国石油天然气行业标准. 海上固定平台规划、设计和建造的推荐作法——荷载抗力

系数设计法：SY/T 10009—2002 [S]. 北京：石油工业出版社，2002.
[38] 宋礽，李炎保. 浅水破碎波对直立圆柱的作用力 [R]. 全国水运工程标准技术委员会系列文献，1990，018.
[39] Mac Camy R C，Fuchs R A. Wave forces on piles：a diffraction theory [J]. Beach Erosion Board，Technical Memorandum，1954，69：75-86.
[40] 陈士荫，顾家龙，吴宋仁. 海岸动力学第 2 版 [M]. 北京：人民交通出版社，1988.
[41] 赵今声，赵子丹，员瑛，等. 海岸河口动力学 [M]. 北京：海洋出版社，1993.
[42] 潘锦嫦. 海洋环境专题讲座 第三讲 海面高程变化与海流 [J]. 中国海洋平台，1995 (4)：42-48，5.
[43] Environmental-conditions and environmental loads [M]. DNV-CN-30. 5-2000.
[44] 中国海洋石油总公司企业标准. 环境条件和环境荷载指南：Q/HS3007—2003 [S]，2003.
[45] 中国船级社. 海上固定平台入级与建造规范 [M]. 北京：人民交通出版社，1992.
[46] 中国船级社. 海上移动平台入级与建造规范 [M]. 北京：人民交通出版社，2005.
[47] 中国船级社. 海上浮式装置入级规范 [M]. 北京：人民交通出版社，2020.
[48] 刘明. 面向水下结构失效模式的流荷载模型研究 [D]. 大连：大连理工大学，2018.
[49] 陈建民，娄敏，王天霖. 海洋石油平台设计 [M]. 北京：石油工业出版社，2012.
[50] 李玉成，滕斌. 波浪对海上建筑物的作用 [M]. 北京：海洋出版社，2015.
[51] Jeans G，Prevosto M，Harrington-Missin L，et al. Deepwater Current Profile Data Sources for Riser Engineering Offshore Brazil [C]. ASME 2012，International Conference on Ocean，Offshore and Arctic Engineering. 2012：155-168.
[52] Jeans G，Fox J，Channelliere C. Current Profile Data Sources for Engineering Design West of Shetlands [C]. ASME 2014 33rd International Conference on Ocean，Offshore and Arctic Engineering. American Society of Mechanical Engineers，2014.
[53] Forristall G Z，Cooper C K. Metocean Extreme and Operating Conditions [M]. Springer Handbook of Ocean Engineering. Springer International Publishing，2016.
[54] Ertekin R C，Roddier D. 海洋油气技术 [M]. 上海：上海交通大学出版社，2019.
[55] Blevins R D. Flow-induced vibration [J]. New York，Van Nostrand Reinhold Co.，1977. 377.
[56] 聂武，刘玉秋. 海洋工程结构动力分析 [M]. 哈尔滨：哈尔滨工程大学出版社，2002.
[57] Price D G. Engineering Geological：Principles and Practice. Springer，2008.
[58] Murff J D. Pile capacity in calcareous sands：State if the art [J]. Journal of Geotechnical Engineering，1987，113 (5)：490-507.
[59] Le Tirant P，Nauroy J F，Marshall N. Design guide for offshore structures，Vol. 5，Foundantions in carbonate soils [M]. Editions Technip，1994.
[60] Keller G H. Shear Strength and Other Physical Properties of：of Sediments from Some Ocean Ba*sin*s [C]. Civil Engineering in the Oceans. ASCE，1967：391-417.
[61] 邱驹. 港口水工建筑物 [M]. 天津：天津大学出版社，2002.
[62] Dean. 海洋岩土工程 [M]. 北京：石油工业出版社，2017.
[63] 张其一. 海洋土力学与地基稳定性 [M]. 青岛：中国海洋大学出版社，2020.
[64] Randolph M F，Wroth C P. Recent developments in understanding the axial capacity of piles in clay [M]. University of Oxford Department of Engineering Science，1982.
[65] 张红涛. 波浪作用下圆筒及海床稳定性研究 [D]. 天津：天津大学，2007.
[66] 王菁. 海洋结构物动土压力研究 [D]. 天津：天津大学，2016.
[67] Westgate Z J，White D J，et al. Modelling the embedment process during offshore pipe-laying on

fine-grained soils [J]. Canadian Geotechnical Journal，2013. 50 (1)：15-27.

[68] Wang D，White D J，et al. Large-deformation finite element analysis of pipe penetration and large-amplitude lateral displacement [J]. Canadian Geotechnical Journal，2010. 47 (8)：842-856.

[69] 王国军，张大勇，王帅飞，等. 寒区海上风电基础锥体动冰荷载 [J]. 科学技术与工程，2020，20 (31)：12820-12826.

[70] 张方俭. 我国的海冰 [M]. 北京：海洋出版社，1986.

[71] 孙金亮. 海上结构冰荷载的有限元分析和试验研究 [D]. 天津：天津大学，2007.

[72] 吴甜宇. 动冰荷载作用下渤海海域桥梁结构反应分析和安全评估方法研究 [D]. 大连：大连理工大学，2020.

[73] 徐伯孟. 水库冰层的膨胀压力 [J]. 人民黄河，1981 (1)：9-15.

[74] 谢永刚. 黑龙江省胜利水库冰盖生消规律 [J]. 冰川冻土，1992 (2)：168-173.

[75] 史庆增，宋安，薛波. 半圆形构件冰力和冰温度膨胀力的试验研究 [J]. 中国港湾建设，2002 (3)：7-13.

[76] Comfort G，Gong Y，singh S，et al. Static ice loads on dams [J]. Canadian Journal of Civil Engineering，2003，30 (1)：42-68.

[77] Dorival O，Metrikine A V，Simone A. A lattice model to simulate ice-structure interaction [C]. International conference on offshore mechanics and arctic engineering. 2008，48203：989-996.

[78] 卢泽宇，谢丰泽，万德成. 二维海冰与斜面相互作用的离散单元模拟 [C]. 第三十一届全国水动力学研讨会论文集（上册），2020：934-946.

[79] Yan Q，Qianjin Y，Xiangjun B，et al. A random ice force model for narrow conical structures [J]. Cold Regions Science and Technology，2006，45 (3)：148-157.

[80] 宗绍利. 船舶撞击力及系泊船舶波浪作用下的撞击力研究 [D]. 重庆：重庆交通大学，2008.

[81] 邹志利，张日向，张宁川，等. 风浪流作用下系泊船系缆力和碰撞力的数值模拟 [J]. 中国海洋平台，2002 (2)：24-29.

[82] 邹志利. 水波理论及其应用 [M]. 北京：科学出版社，2005.

[83] 邱拓荒，张颖，孙克俐. 船舶撞击高桩码头的系统动力仿真研究 [J]. 港工技术，2013，50 (1)：37-39.

[84] 朱奇，王震，王梦琪. 泊位长度与系缆方式对系泊船舶的影响 [J]. 水道港口，2020，41 (1)：44-49.

[85] Nagai S，Oda K，Shigedo M. Impacts exerted on the dolphins of sea-berths by roll，sway，and drift of supertankers subjected to waves and swells [C]. 20nd International Navigation Congress，Ocean Navigation，Section II，Subject.，1969，3：63-90.

[86] Bomze H. Analytical determination of ship motions and mooring forces [C]. Offshore Technology Conference，OnePetro，1974.

[87] Yao Q，Liu G. Analysis and calculation of the moored ship cable tension based on Monte Carlo Method [C]. 2011 International Conference on Image Analysis and Signal Processing. IEEE，2011：395-399.

[88] 中华人民共和国交通运输部. 港口工程荷载规范：JTS 144—1—2010 [S]. 北京：人民交通出版社，2010.

[89] 候京明，李涛，范婷婷，等. 全球海啸灾害事件统计及预警系统简述 [J]. 海洋预报，2013，30 (4)：87-92.

[90] 李家彪，金翔龙，阮爱国，等. 马尼拉海沟增生楔中段的挤入构造 [J]. 科学通报，2004，49 (10)：1000-1008.

[91] 赵曦. 海啸波生成、传播与爬高的数值模拟 [D]. 上海：上海交通大学，2011.
[92] 张子明，杜成斌，江泉. 结构动力学 [M]. 南京：河海大学出版社，2009.
[93] 中华人民共和国水利部. 水工建筑物抗震设计标准：GB 51247—2018 [S]. 北京：中国计划出版社，2018.
[94] 尚春. 恢复力模型 [J]. 城市建设理论研究：电子版，2011 (24).
[95] 刘保东. 工程振动与稳定基础 [M]. 北京：北京交通大学出版社，2010.
[96] 姜峰，骆成. 极端海况下海洋立管的动态可靠性分析 [J]. 科学技术与工程，2014，11，190-193.
[97] 陈峰. 地震力、波浪力联合作用下跨海大桥深水基础动力响应分析 [D]. 上海：上海交通大学，2016.
[98] 翟墨. 导管架固定平台在地震作用下的动力响应 [D]. 太原：中北大学，2019.
[99] Arikawa T. Structural behavior under impulsive tsunami loading [J]. Journal of Disaster Research，2009，4 (6)：377-381.
[100] Linton D，Gupta R，Cox D，et al. Evaluation of tsunami loads on wood-frame walls at full scale [J]. Journal of Strunture Engineering，2013，139：1318-1325.
[101] Kirkgoz M S，Mengi Y. Dynamic Response of Caisson Plate to Wave Impact [J]. Journal of Waterway，Port，Coastal，and Ocean Engineering，1986，112 (2)：284 - 295.
[102] Oumeraci H，Kortenhaus A. Analysis of the dynamic response of caission breakwaters [J]. Coastal Engineering，1994，22 (1)：159-183.
[103] Takahashi S，Tsuda M，Suzuki K，et al. Experimental and FEM simulation of the dynamic response of a caisson wall against breakig wave impulsive pressures [C]. Coastal Engineering Proceedings，1998，1 (26).
[104] Cuomo G，Lupoi G，Shimosako K，et al. Dynamic response and sliding distance of composite breakwaters under breaking and non-breaking wave attack [J]. Coastal Engineering，2011，58：953-969.
[105] 孟涛. 海啸对结构作用分析与工程防控方法研究 [D]. 天津：天津大学，2015.
[106] 文志彬. 低矮砌体房屋海啸力及破坏特征研究 [D]. 成都：西南交通大学，2018.
[107] Chen X，Hofland B，Molenaar W，et al. Use of impulses to determine the reaction force of a hydraulic structure with an overhang due to wave impact [J]. Coastal Engineering，2019，147：75-88.
[108] CCH. City and County of Honolulu Building Code [M]. Department of Planning and Permitting，Honolulu，Hawaii，2000.
[109] Dames M. Design and construction standards for residential construction in tsunami-prone areas in Hawaii [R]. Prepared for the Federal Emergency Management Agency by Dames and Moore，Washington D. C.，1980.
[110] Asakura R，Iwase K，Ikeya T，et al. An experimental study on wave force acting on on-shore structures due to overflowing tsunamis [J]. Proceedings fo Coastal Engineering，Japan Society of Civil Engineering，2000，47：911-915.
[111] Ohmori M，Fujii N，Kyouya O，et al. Numerical simulation of water level，velocity and wave force overflowed on upright seawall by tsunamis [J]. Proceedings of Coastal Engineering，Japan Society of Civil Engineering，2000，47：376-380.
[112] Ikeno M，Mori N，Tanaka H. Experimental study on tsunami force and impulsive force by a drifter under breaking bore like tsunamis [J]. Proceedings of Coastal Engineering，Japan Society

of Civil Engineering，2001，48：846-850.

[113] ASCE 24-5. Flood Resistant Design and Construction，ASCE Standard 24-05 [M]. American Society of Civil Engineers，Reston，Virginia，USA，2005.

[114] ASCE/SEI 7-10. Minimum Design Loads for Buildings and Other Structures，ASCE/SEI Standard 7-10 [M]. American Society of Civil Engineerings，Reston，Virginia，USA，2010.

[115] ASCE/SEI 7-16. Minimum Design Loads and Associated Criteria for Buildings and Other Structures，ASCE/SEI Standard 7-16 [M]. American Society of Civil Engineers，Reston，Virginia，USA，2017.

[116] FEMA P-55. Coastal Construction Manual，FEMA P-55 Report，4th Edition [M]. Federal Emergency Management Agency，Washington，DC.，USA，2011.

[117] FEMA P-646. Guidelines for Design of Structures for Vertical Evacuation from Tsunamis，4th Edition [M]. Federal Emergency Management Agency，Washington，DC.，USA，2012.

7 跨海桥梁基础工程

高宗余[1]，谭国宏[1]，别业山[1]，王寅峰[2]，张洲[1]，陈翔[1]，胥润东[1]，邱远喜[1]，唐超[1]，孙立山[1]
（1. 中铁大桥勘测设计院集团有限公司，湖北 武汉 430056；2. 中铁大桥局集团有限公司，湖北 武汉 430050）

7.1 概述

我们生活的地球表面积约 5.1 亿 km^2，陆地面积占比近 1/3，其余部分是浩瀚的海洋。目前，全球有 233 个国家和地区，其中的 189 个拥有海岸线，海岸线总长接近 77.8 万 km。此外，占全球陆地面积的 1/15、总面积约 997 万 km^2 的陆地，是散布于海洋中大小不一的岛屿，它们的数量超过了 5 万个。陆地间、陆地与岛屿间，分布着数量众多的海湾和海峡。著名的海湾有墨西哥湾、孟加拉湾、波斯湾、几内亚湾、阿拉斯加湾、哈德逊湾、卡奔塔利湾、巴芬湾、大澳大利亚湾、暹罗湾、苏尔特湾、比斯开湾、芬兰湾、格但斯克湾、基尔湾、渤海湾、北部湾、缅因湾、旧金山湾等；全世界海峡的数量更是超过了 1 万个，著名的海峡有马六甲海峡、霍尔木兹海峡、英吉利海峡、直布罗陀海峡、土耳其海峡、白令海峡、朝鲜海峡、德雷克海峡、曼德海峡、巴士海峡、津轻海峡、台湾海峡、琼州海峡、渤海海峡等。在海湾和海峡上修建桥梁，是人们千百年来的梦想。随着人类社会的发展、科技的进步，这些梦想有的已经变为现实，有的即将实现。世界各国已经修建的跨海桥梁工程超过百座，跨海桥梁建造技术取得了长足的进步；规划研究中的跨海桥梁则更加具有挑战性，如跨越亚喀巴海的桥梁、跨越渤海湾的桥梁，还有墨西拿海峡大桥、白令海峡大桥、直布罗陀海峡大桥、琼州海峡大桥、台湾海峡大桥等。

跨海桥梁工程规模宏大、结构庞大、构造复杂，这些会给桥梁建造带来困难，而复杂多变的海洋环境，如深水、坚硬的裸岩海床、深厚软弱地基、台风、雷暴、洋流及波浪等，则是桥梁建造所面临的巨大难题。跨海桥梁基础的可行性和建设难易程度，直接关系跨海桥梁建设的成败，是桥梁建设者首先也是必须要攻克的难题。

7.1.1 跨海桥梁发展历程

在人类历史发展的长河中，桥梁作为跨越障碍、连通四方的建筑成为文明进步的标志。而技术难度高、建设环境复杂的跨海桥梁极大地促进了桥梁技术的创新和发展，一系列经典的跨海桥梁闪烁着人类智慧之光，加速了人类文明的进步和世界经济的发展。

1. 国外跨海桥梁[1]

20 世纪初以来，现代工业文明和科学进步推动了桥梁技术的发展，欧美发达国家为了满足日益增长的陆路交通需求，率先修建了众多跨海桥梁。

20世纪30年代，美国旧金山奥克兰海湾便建成两座创纪录的桥梁，即联络旧金山和马林（Marin）半岛的金门大桥，另一座为连接旧金山和奥克兰的旧金山—奥克兰桥（Sanfrancisco Oakland Bridge），如图7.1-1所示。金门大桥为主跨1280m的两塔三跨悬索桥，奥克兰桥分为东西两组：西桥为两联主跨704.09m悬索桥，东桥主要为钢桁梁式桥，在1989年旧金山大地震中，海湾大桥东桥部分桥面脱落，发生破坏。当地政府决定新建一座大桥来替代旧桥。新海湾大桥采用主跨385m、边跨180m的自锚式单塔悬索桥方案，全桥均为钢结构，具有优良的抗震性能，于2013年9月3日建成通车。

图7.1-1　美国旧金山—奥克兰海湾大桥

加拿大诺森伯兰跨海大桥（图7.1-2）位于加拿大东南部，跨越诺森伯兰海峡，连接本土新布伦斯威克省和爱德华皇子岛。海峡最窄处宽约13km，每年1～4月为海峡冰封期，联系只能采用破冰轮渡。主桥采用43孔250m跨度变截面预应力混凝土箱梁，全桥上下部结构均采用预制安装的施工技术，于1997年5月31日建成通车。

图7.1-2　加拿大诺森伯兰跨海大桥

西欧与北欧的陆上交通必经丹麦，位于波罗的海和北海之间的丹麦岛屿众多，1935年通车的小贝尔特海峡大桥跨越日德兰半岛至菲因岛，为主跨220m的公铁两用钢桁梁桥。35年后又修建小贝尔特海峡二桥，为主跨600m的三跨悬索桥。大贝尔特海峡位于丹麦菲因岛与西兰岛之间，由于东航道为国际航道，采用主跨1624m悬索桥跨越主航道，大桥于1987年开工，1998年6月建成通车，替代了效率低下的轮渡，极大地促进了两岸的沟通与发展[2]（图7.1-3）。

丹麦和瑞典之间，隔以波罗的海东北口的厄勒海峡，峡口南侧西岸为丹麦首都哥本哈根，东岸为瑞典城市马尔默，厄勒海峡跨海工程为桥隧组合方案，跨海大桥为主跨490m的钢桁梁斜拉桥及多跨钢桁连续梁桥组成。2000年通道建成通车，使哥本哈根与马尔默实现了直达运输，对推动欧洲一体化进程、促进北欧地区社会和经济的发展，产生了深远

图 7.1-3 大贝尔特海峡东桥

图 7.1-4 厄勒海峡大桥

的影响（图 7.1-4）。

土耳其西跨欧亚两州，黑海经伊斯坦布尔（Istanbul）海峡，即博斯普鲁斯（Bosporous）海峡，入马尔马拉海，过恰纳卡莱（达达尼尔）海峡，流入地中海东北部的爱琴（Aegean）海。第一座博斯普鲁斯海峡大桥 1973 年 8 月建成通车，主跨为 1074m 双向 6 车道公路悬索桥，取代了轮渡。由于交通量逐步增加，1988 年建成第二座跨海大桥，为主跨 1090m 双向 8 车道公路悬索桥。2016 年博斯普鲁斯海峡三桥建成通车，是一座主跨 1408m 的公铁两用斜拉-悬索组合桥梁，如图 7.1-5 所示。为增进欧洲与土耳其第三大城

图 7.1-5 博斯普鲁斯海峡三桥

市伊兹密尔（Izmir）的联系，土耳其政府2017年开工修建跨越达达尼尔海峡大桥，即恰纳卡莱1915大桥（Çanakkale 1915 Bridge），大桥主跨2023m，2022年3月建成后成为世界上跨度最大的桥梁（图7.1-6）。

图7.1-6 恰纳卡莱1915大桥

现代奥林匹克运动会的发祥地奥林匹亚城位于希腊的伯罗奔尼撒半岛，半岛与希腊大陆被科林斯湾阻隔，主要交通工具为汽车轮渡，常受大风和恶劣气候影响而停摆。2004年建成通车的里翁—安蒂里翁（Rion-Antirion）大桥[4]，使车辆通过科林斯湾的时间从45min缩短到5min，而且不再受恶劣气候的影响。这座大桥建成后不但方便旅行，而且促进希腊本土与伯罗奔尼撒半岛之间的交往，使两岸的人民受益（图7.1-7）。

图7.1-7 里翁—安蒂里翁大桥

日本岛屿众多，1955年建成的长崎县大村湾口的西海桥为216m钢桁拱桥，1962年通车的北九州洞海湾若户大桥为主跨367m的悬索桥，1973年修建关门海峡的关门公路桥为中跨712m悬索桥。20世纪70年代，为了进一步连通本州岛和四国岛，研究建设本州—四国联络通道，共提出三条线路通道，尾道—今治线、儿岛—坂出线、神户—鸣门线。尾道—今治线、共设置桥梁11座，比如生口桥，多多罗大桥，来岛第一、二、三大桥；儿岛—坂出线的桥梁有北、南备赞濑户大桥（图7.1-8）；神户—鸣门线的大桥有大鸣门桥、明石海峡大桥（图7.1-9），明石海峡大桥更是以主跨1991m保持世界第一跨度桥梁纪录很多年。

沙特和巴林隔海相望，过去两国人民来往除坐飞机外，便是乘坐轮渡，1986年，巴林—沙特跨海大桥（图7.1-10）建成通车，只需20min即可到达对岸，大桥建成极大地便捷了两国的交流，同时也加强了两国与海湾各国乃至整个阿拉伯国家的经贸融合。

槟城是马来西亚第二大城市，著名旅游胜地，其所在的槟岛和马来半岛之间被槟城海

图 7.1-8　日本北、南备赞濑户大桥

图 7.1-9　明石海峡大桥

图 7.1-10　巴林—沙特跨海大桥

峡隔开，槟城第二跨海大桥（图 7.1-11）跨越槟城海峡[3]，主桥为主跨 240m 的两塔三跨预应力混凝土斜拉桥，桥梁建成后大大缓解了槟城一桥的交通压力。

马尔代夫中马友谊大桥（图 7.1-12）位于马尔代夫北马累环礁，跨越 Gaadhoo Koa

图 7.1-11　槟城第二跨海大桥

海峡，连接环礁上马累岛、机场岛（胡鲁马累岛），是首座建设在礁灰岩地层上的跨海大桥，大桥由中国援建，于 2016 年 3 月开工，2018 年 8 月建成，通车后极大地便捷了首都马累岛和机场岛的交通，实现了马尔代夫人民长久以来的梦想。

图 7.1-12　马尔代夫中马友谊大桥

克罗地亚佩列沙茨跨海大桥（图 7.1-13）项目位于克罗地亚南端，横跨亚得里亚海的小斯通湾，连接该国大陆与佩列沙茨半岛，大桥采用六塔中央单索面钢箱梁斜拉桥方案，最大跨度 285m，2021 年 7 月 28 日实现主桥合拢，2022 年开通运营。

2. 国内跨海桥梁

中国的跨海桥梁建设始于 20 世纪 90 年代初的汕头海湾大桥以及香港新机场线联岛工程中的三座大桥，即青马大桥、汲水门桥及汀九桥。此后东海大桥、杭州湾跨海大桥、舟山联岛工程、港珠澳大桥、平潭海峡大桥等跨海大桥相继建成通车，中国的跨海桥梁建设在过去 20 多年中取得了巨大的进步和成就。

1）东海大桥

2005 年建成的东海大桥（图 7.1-14）是中国第一座在外海海域建造的跨海桥梁工程。

图 7.1-13 佩列沙茨跨海大桥

大桥位于杭州湾口、黄海和东海的交界处，连接上海南汇区与洋山深水港，全长32.5km，是上海国际航运中心的集装箱深水港必不可少的配套工程。大桥全面推广工厂预制、大节段整体吊装技术，并研发了2500t大型浮吊；为了确保桥梁耐久性，研制了海上高性能混凝土和多种防腐措施；建造了大型耐风浪的施工平台，保证了海上施工的顺利进行。东海大桥是一座具有里程碑意义的跨海大桥，它的建成为后来杭州湾大桥、港珠澳大桥等其他跨海桥梁工程建设提供了宝贵的经验。

2）湛江海湾大桥

2006年底建成通车的广东湛江海湾大桥（图 7.1-15）是广东省道 S373 线上跨越麻斜海湾的一座特大桥，位于湛江市麻斜海段，连接湛江市霞山、赤坎两区，正桥全长2530m，主桥采用主跨 480m 的斜拉桥，以满足 5 万 t 海轮双向通航的要求。

图 7.1-14 东海大桥

图 7.1-15 湛江海湾大桥

3）杭州湾跨海大桥

2008年建成通车的杭州湾跨海大桥（图 7.1-16），北起嘉兴市海盐郑家埭，跨越宽阔的杭州湾海域后止于宁波市慈溪水路湾，全长 36km。大桥设两个通航孔，北通航孔为主跨 448m 的双塔双索面钢箱梁斜拉桥，南通航孔为主跨 318m 的单塔单索面钢箱梁斜拉桥。大桥的建设较为系统地解决了潮差大、流速大、波浪高、冲刷深、软弱地基等恶劣海洋环境建桥问题，缩短宁波至上海间的陆路距离 120 余千米，形成以上海为中心的江浙沪两小时交通圈。

4）舟山大陆连岛工程

2009年建成通车的舟山大陆连岛工程，起自舟山本岛的国道 329 线鸭蛋山的环岛公路，经舟山群岛中的里钓岛、富翅岛、册子岛、金塘岛至宁波镇海区，与宁波绕城高速公

图 7.1-16　杭州湾跨海大桥

路和杭州湾大桥相接。工程共建岑港大桥、响礁门大桥、桃夭门大桥、西堠门大桥和金塘大桥五座大桥，全长 48km。其中西堠门大桥为主跨 1650m 悬索桥（图 7.1-17）。

图 7.1-17　舟山联岛工程西堠门大桥

5）港珠澳大桥工程

港珠澳大桥（图 7.1-18）是粤港澳三地首次合作共建的超大型基础设施项目，大桥东接香港特别行政区，西接广东省（珠海市）和澳门特别行政区，是国家高速公路网规划中珠江三角洲地区环线的重要组成部分和跨越伶仃洋海域、连接珠江东西岸的关键性工程。2009 年 12 月 15 日港珠澳大桥正式开工，大桥主体工程采用桥隧组合方式，全长约 29.6km，海底隧道长 6.7km。在桥梁工程方面，包括青州航道桥、江海直达船航道桥、九洲航道桥三座通航孔桥和约

图 7.1-18　港珠澳大桥

20km 非通航孔桥。2018 年 10 月 24 日港珠澳大桥开通运营。

6）平潭海峡公铁大桥工程

平潭海峡公铁两用大桥（图 7.1-19）位于福建省中东部沿海，起于长乐市松下镇，共跨越海坛海峡北口的四个岛屿和四条航道，全长约 16.348km。大桥为双层桥面，上层是六车道高速公路，下层为双线Ⅰ级铁路，为适应桥址区风大、水深、礁多、浪高、流急、涌险、地质复杂、冲刷严重、航道等级高、有效作业时间短的建设特点，全桥水中基础均设计成钻孔灌注桩，采用长栈桥加施工平台方案将海上施工转化为栈桥及平台施工，降低了安全风险，减少了浪、涌对施工作业的不利影响。三座主要航道桥均设计成钢桁混合梁斜拉桥，钢桁梁首次采用两节间整段架设技术，减少了拼接接头，缩短了海上作业时间；深水高墩区桥梁设计为简支钢桁双层结合梁，采用整孔钢梁全焊、整孔浮运及吊装施工，加快了施工进度，确保了工程质量。

大桥于 2020 年 12 月 26 日全面通车。平潭海峡公铁大桥是中国第一座真正意义上的公铁两用跨海大桥，是连接福州城区和平潭综合实验区的快速通道，远期规划可延长到台湾省。

图 7.1-19　平潭海峡大桥

3. 跨海桥梁建设特点

相比内陆跨越江河湖泊或山谷的桥梁，跨海桥梁工程跨越宽阔水域，往来船舶的种类及数量繁多，通航标准高、船撞风险大；再加上海峡工程地质复杂，气候条件恶劣，可供施工的窗口期有限。复杂的建桥条件决定了跨海桥梁工程从桥型的选择上多采用跨越能力强的斜拉桥、悬索桥、斜拉悬索协作体系桥，可减少水中基础的数量，降低施工难度；从桥梁结构材料的选择上，桥梁下部多采用工厂预制的钢或混凝土结构，桥梁上部采用大节段预制吊装的钢结构、钢-混凝土组合结构或预制混凝土结构，可减少海上现浇、焊接工作量，确保桥梁施工质量；从桥梁施工工艺的选择上，多采用预制架设法，在岸边预制工厂内生产预制件，再通过自浮或船舶运送到墩位处，依靠大型浮吊安装成桥，可显著减少海上作业时间，降低施工风险。

与内陆桥梁相比，跨海桥梁长期处在高温、高湿、盐害、冻融及海雾等强腐蚀自然环境下，结构性能退化更早、更快、更严重，结构耐久性问题突出，且由于跨海桥梁的重要性，其设计使用寿命有向 120 年延长的趋势。随着工程师们对既有跨海桥梁腐蚀问题的不断认识与研究，跨海桥梁全寿命的耐久性保障措施将贯穿桥梁设计、施工及运营全过程。

7.1.2 跨海桥梁基础发展历程

1. 国外跨海桥梁基础

水中基础对跨海桥梁的发展甚为重要。早期的跨海大桥，多采用气压沉箱基础。由于早期沉箱基础固有的缺点（作业人员易得沉箱病），工程人员在其基础上加以改进，发明了沉井基础。1936 年建成的美国旧金山—奥克兰大桥在水深 32m，覆盖层厚 54.7m 的条件下，采用 60m×28m 浮运沉井，定位后射水、吸泥下沉，基础入土深度达 73.28m。一年后建成的金门大桥再将气压沉箱浮运下沉。因风浪太大，沉箱浮运不易，且基础位置处无覆盖层，最终修改为钢壳沉井方案，并用爆破法下沉后嵌入基岩。新海湾大桥主桥采用主跨 385m 的自锚式单塔悬索桥方案，主塔采用桩基础。

1935 年丹麦小海带桥在水深达 30m 的条件下采用 43.5m×22m 的钢筋混凝土沉箱，穿透了细密均匀坚硬的不透水深层黏土，基础深度达 39m。到了 1937 年，斯托司脱隆桥采用了当时较为流行的沉井基础。1970 年建成的新小海带桥也采用混凝土沉井，1998 年建成跨度 1624m 的大海带桥主桥主塔基础采用了重 32000t 的设置基础。2000 年建成连接丹麦与瑞典的厄勒海峡大桥，其主塔墩设置基础长 37m、宽 35m、高 22.5m，自重 20000t，基础施工采用整体预制和现场拼装的方案。

日本桥梁建造技术也很有特点。1970 年建成的岐阜县大桥和新木曾川桥，均采用无人挖掘系统开挖沉箱，分别将 21.5m 和 18m 的沉箱下沉就位。在 1970～2000 年间，日本所建的数量众多的桥梁中很大比例采用了沉箱基础，如濑户大桥、日本港大桥、神户的波特彼河大桥等。日本备赞濑户大桥的两座公铁两用悬索桥也采用了沉箱基础，最大锚墩基础尺寸为 75m×59m×50m。还有一部分桥梁采用了沉井基础，如广岛大桥、早濑大桥等。日本所建的世界第一大跨度的明石海峡大桥采用了圆形的设置基础，其直径达 80m，高 79m。日本桥梁也有采用钟形基础、锁口钢管桩基础和多柱式基础等特殊基础，可谓种类繁多，对各种基础形式都有所涉及和发展。

2. 国内桥梁基础发展历程

我国幅员辽阔、水系发达、江河众多，跨海桥梁基础的发展首先从跨江、跨河的桥梁积累经验并不断创新。新中国成立后，桥梁工程快速发展，桥梁基础领域也取得重大突破。发明了管柱基础，大力发展了沉井基础和桩基础，首创了双承台管柱基础，成功应用了地下连续墙和锁口钢管桩等特殊桥梁基础，发展了复合基础，成果引人注目。

1955 年，管柱基础首创于新中国成立后修建的第一座现代化桥梁——武汉长江大桥。管柱基础自诞生以来，以其预制、强迫下沉、嵌岩等优势，一度取代沉井、沉箱等传统深水基础，成为桥梁深水基础的首选。在其后的二十多年间，管柱直径由 1.55m 增大到 3.0m、3.6m，直至 5.8m，适用的地层范围也不断拓展。

1953 年 3 月开工、1954 年 3 月建成的沈山线锦县大凌河下行线桥，开启了新中国沉井基础的序幕。1960 年开工建设的南京长江大桥则首次将沉井基础应用到深水领域，极大促进了沉井的发展。1973 年 12 月开工建设的九江长江大桥，系统研究应用了泥浆套和空气幕下沉沉井工艺，使得沉井的自重大大减轻，下沉速度明显提升。随着我国经济的发展，20 世纪末出现的众多超大跨度的桥梁工程，沉井基础迎来新发展，相比桩基础，沉井基础能承受更大的荷载、更能适应对基础的刚度、抗震、抗冲刷以及抗船撞等方面有高要求的超大跨度桥梁。

1963年在河南安阳冯宿桥的两座桥台中首先利用了钻孔灌注桩基础，钻孔使用人力推磨方式钻孔，孔径为0.6～0.7m。1964年在修建河南省竹竿河大桥时，将这种技术大量地应用到桩基础中。从此以后，开始了我国钻孔桩基础飞速发展的序幕。据统计，在所建的公路、铁路桥梁中，钻孔桩基础占比达90%以上。2008年12月开工、2013年7月建成的嘉绍跨海通道中，水中区引桥首次采用直径3.8m的独桩独柱基础，桩长达110m。2013年10月开工建设的平潭海峡公铁两用大桥基础均采用钻孔灌注桩基础，鼓屿门水道桥的Z03号主墩采用了18根ϕ4.5m钻孔桩，Z04号主墩采用了16根ϕ4.5m钻孔桩，创造了我国钻孔桩直径的新纪录。

组合基础于1960年修建南京长江大桥时得以应用，大桥的2～7号墩位处水深超过30m，覆盖层厚约40m，按当时的设计与施工条件，如果采用单一基础形式，如管柱基础、沉井基础，在设计和施工方面困难很大，难以实现。这种情况下，将这两种基础组合起来使用，发明了沉井＋管柱的复合基础形式：基础上部采用浮式钢沉井，解决水深、管柱长受力大的问题；基础下部采用管柱嵌入岩层，减少沉井高度及下沉等困难。

2011年10月开工、2015年10月建成的大连星海湾大桥锚碇基础采用设置基础。大桥为双塔三跨地锚式悬索桥，其锚碇基础平面尺寸为69m×44m，高17m，重达2.6万t，在船坞内制作，浮运到位后下放至已处理好的海床上。

随着国民经济的发展，我国桥梁建设开始向海洋延伸，跨海桥梁的兴建，极大地推动了桥梁基础的发展。在海洋环境中，风大浪高，有效作业时间短，采用常规的钻孔桩基础需建立施工平台，且施工周期长，混凝土预制桩又桩径太小，入土深度也受限，而大型的钢管桩更易运输和插打，更适应海洋恶劣的施工条件。2002年6月开工建设的东海大桥，海上打桩、承台安装、浇筑混凝土等绝大部分施工都是在远离岸边几千米到三十几千米的海上进行，桥墩基础主要选用直径1.5m的钢管桩，桩长约50～70m。2003年11月开工的杭州湾跨海大桥，中引桥水中低墩区的单幅桥钢管桩基础布置9ϕ1.5m钢管桩，桩长71～89m，最大斜率6∶1。南引桥水中低墩区的标准段单幅桥钢管桩基础布置10ϕ1.6m钢管桩。

7.2 钻孔灌注桩基础

7.2.1 技术特点

钻孔灌注桩基础泛指在工程现场通过机械方法取土成孔并灌注混凝土成桩的基础，是工程中最常用的基础形式之一。在成孔过程中，根据土层情况和钻孔机械可分为采用泥浆护壁和不采用泥浆护壁两类。在地下水位以上土层时，也可采用人工挖孔法。钻孔灌注桩根据竖向荷载传递机理分为摩擦桩、端承桩和端承摩擦桩三类。钻孔灌注桩的优点有：(1) 施工速度快、造价低；(2) 基础承载力高、沉降小，桩长、桩径可根据土层特性和受力需要灵活选取；(3) 针对各种地形地质条件，可灵活选用施工机械和施工工艺，基础适用范围广，施工受环境影响小；(4) 施工中无挤土或挤土少，对周围建筑物影响小。钻孔灌注桩的缺点有：(1) 成孔过程中产生的桩侧泥皮、孔底沉渣会在一定程度上影响单桩承载力的发挥；(2) 施工中产生的泥浆废液不利于环保，需要妥善处理。

自20世纪40年代初，大功率钻孔机具在美国研制成功以来，钻孔灌注桩开始在世界范围内被广泛应用。自20世纪60年代起，钻孔灌注桩基础在我国桥梁工程中逐渐大量应用。20世纪80年代起，我国逐步开始修建跨海桥梁工程。在各类不同的海洋环境建设条件下，钻孔灌注桩基础均得到了广泛应用。如青岛海湾大桥、东海大桥通航孔桥、杭州湾大桥通航孔桥、湛江海湾大桥通航孔桥、金塘大桥通航孔桥、厦漳跨海大桥、港珠澳大桥、平潭海峡公铁两用大桥、援马尔代夫中马友谊大桥、甬舟铁路西堠门公铁两用大桥等。

7.2.2 工程应用

因跨海桥梁中采用钻孔桩基础的工程案例较多，本节选取其中具有代表性的五座桥梁进行介绍。

1. 青岛海湾大桥

2011年6月建成通车的青岛海湾大桥位于胶州湾北部，是我国北方寒冷海域第一座大型海上桥梁工程[6]。大桥主线全长约26.7km，其中跨海大桥长25.881km，设计标准为双向六车道城市快速路兼高速公路。桥址区极端最低气温－14.3℃，海域一般年份12月下旬开始结冰，次年2月中旬消融，100年重现期冰厚约20～27cm。海域平均潮差约4m，最大流速约1.1m/s。场区地层为第四纪松散层和白垩系基岩，松散层岩性主要为淤泥、淤泥质（粉质）黏土、（粉质）黏土和中粗砂、砾砂，基岩埋深30～40m，岩性主要为角砾岩、泥岩、流纹岩和凝灰岩，岩层软硬相间分布。

工程共包含三座航道桥（沧口、红岛、大沽河）、海上非通航孔桥、陆域引桥及接线工程。沧口航道桥采用主跨260m双塔平行稀索钢箱梁斜拉桥，红岛航道桥采用主跨120m独塔平行稀索钢箱梁斜拉桥，大沽河航道桥采用主跨260m独塔自锚式钢箱梁悬索桥。三个航道桥桥墩基础均采用钻孔桩基础，以沧口航道桥为例（图7.2-1），两幅桥索塔分离，单幅索塔为H形结构。索塔基础为双幅整体基础，采用28根直径2.5m钻孔灌

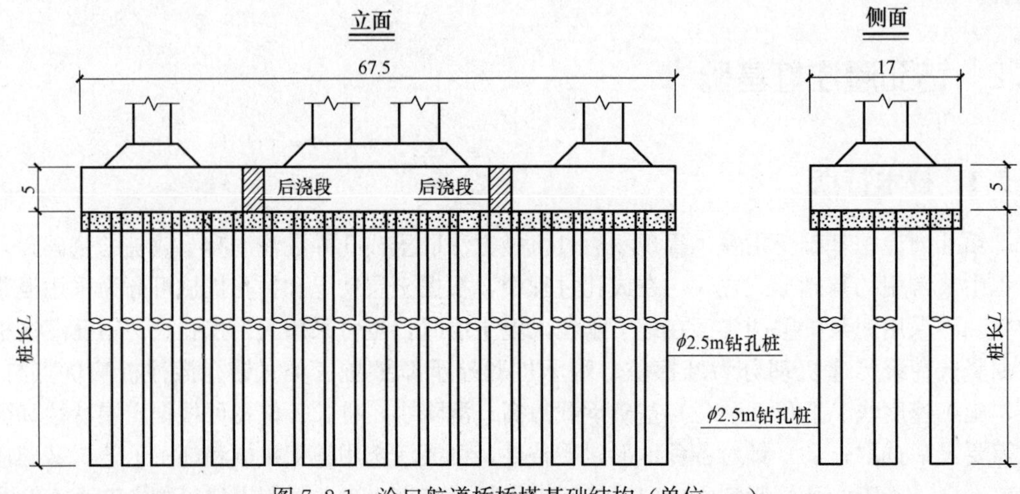

图7.2-1　沧口航道桥桥塔基础结构（单位：m）

注桩，基础均按照端承摩擦桩设计。非通航孔桥全长 24.191km，占总规模的 90%以上，桥墩及基础采用双幅分离式，单个基础设 4 根直径 1.5～2.2m 钻孔灌注桩[7]。

2. 港珠澳大桥

港珠澳大桥[8] 主体工程总长 29.6km，其中桥梁工程长约 22.9km。大桥设计为双向六车道高速公路，设计时速 100km/h，设计基准期为 120 年。项目地处珠江伶仃洋入海口，海域宽度超过 40km。桥位所处海域为不规则半日潮混合潮型，平均潮差 1.24m，水深介于 5～10m。桥址区覆盖层为第四系海相沉积层，自上而下依次为淤泥、淤泥质黏土、粉砂、砾砂、粉质黏土等，覆盖层厚度 30～89m。下伏基岩主要为燕山期花岗岩，基岩面起伏变化较大。

港珠澳大桥桥梁工程包括三座航道桥（青州、江海直达船、九洲）及深、浅水区非通航孔桥共五部分。青州航道桥采用主跨为 458m 的双塔钢箱梁斜拉桥，江海直达船航道桥采用双主跨为 258m 的三塔钢箱梁斜拉桥，九洲航道桥采用主跨为 268m 的双塔钢箱组合梁斜拉桥。深水区非通航孔桥采用 110m 等跨径钢箱连续梁桥。浅水区非通航孔桥采用 85m 等跨径钢箱组合连续梁桥。全桥均采用大直径钢管复合群桩基础，将以往只是作为钻孔桩护筒的钢管与钢筋混凝土共同组成桩结构主体。桩身由两部分组成：有钢管段、无钢管段。有钢管段的长度根据地质条件、结构受力、沉桩能力、施工期承载等综合确定。通航孔桥采用现浇承台，非通航孔桥采用预制承台，全桥桥墩采用预制墩身。

青州航道桥[9] 主墩基础（图 7.2-2）共采用 76 根直径 2.50～2.15m 变截面钢管复合桩基础，桩长 103～137m，按照端承摩擦桩设计。复合桩钢管内径 2.45m，管底部约 2m 范围壁厚为 36mm，其余壁厚为 25mm。钢管对接时内壁对齐，采用全熔透对接焊。在顶部一定区段钢管内壁设置多道剪力环。桩身根据受力需要配置钢筋。

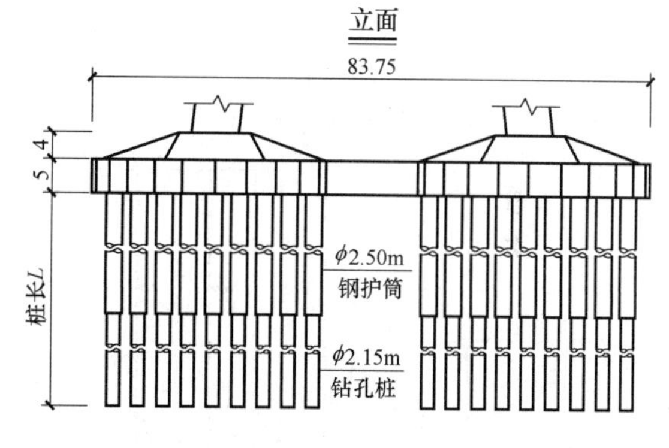

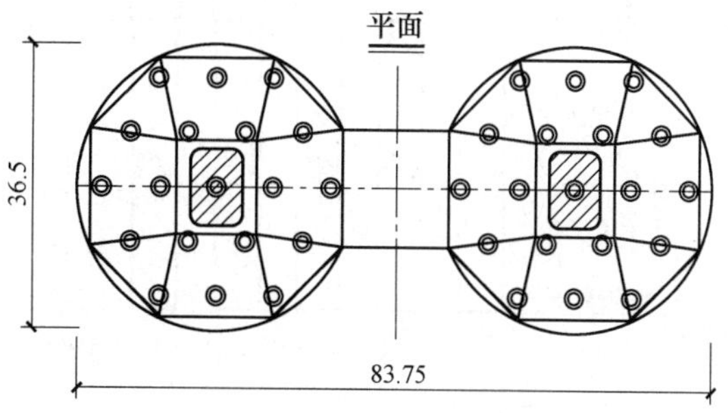

图 7.2-2 青州航道桥主墩基础结构图（单位：m）

3. 马尔代夫中马友谊大桥

中马友谊大桥跨越 Gaadhoo Koa 海峡，由桥梁、填海路堤及岛上道路组成，是马尔代夫最重要的岛屿连接线工程[10]，线路全长 2.0km，其中桥梁长度 1.39km。大桥为双向四车道城市主干路，行车速度 60km/h，设计基准期为 100 年，执行中国标准。主桥为主跨 180m 的 V 形支腿混合梁连续刚构桥，孔跨布置为（100＋180＋180＋140＋100＋60）m。主桥立面布置如图 7.2-3 所示。

项目位于赤道线附近，属典型的热带海洋性气候。平均气温为 28.3℃，温差不大。年平均降雨量达 1949.3mm，平均湿度在 74%～89%之间。海水平均盐度高达 33.1‰，

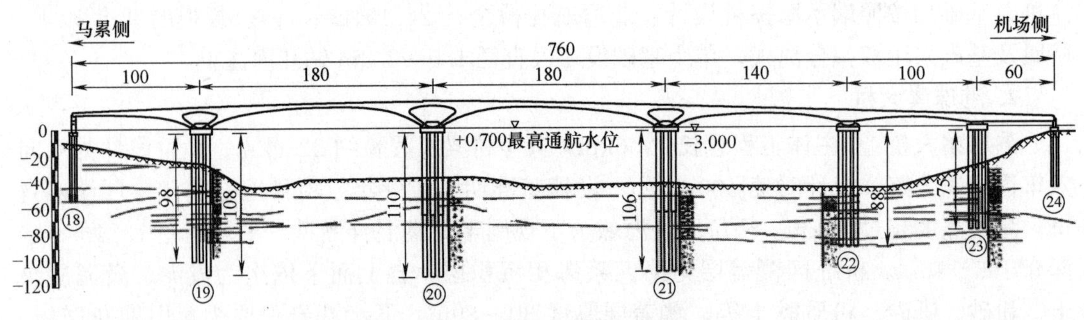

图 7.2-3　主桥立面布置（单位：m）

海水中含砂量 0.189kg/m^3，环境特点为高温、高湿、高盐分。桥位处潮汐为正规半日潮，海峡通道内潮流受涨落潮影响呈现往复流形态，最大垂向平均洋流流速为 4.33m/s，最大波高 5.22m，涌浪周期 14～20s。主桥跨越的海沟呈宽缓 U 形海槽，水深约 35～46m。

项目所处地质条件为珊瑚礁地层，表层为钙质砂混砾块层，呈松散状，层厚 5～11m；中间为礁灰岩层，岩体骨架多由珊瑚砾石和钙质生物碎屑组成，孔隙发育，岩质软硬不均，层厚 15～23m；底层为较厚的中密角砾混砾块层。

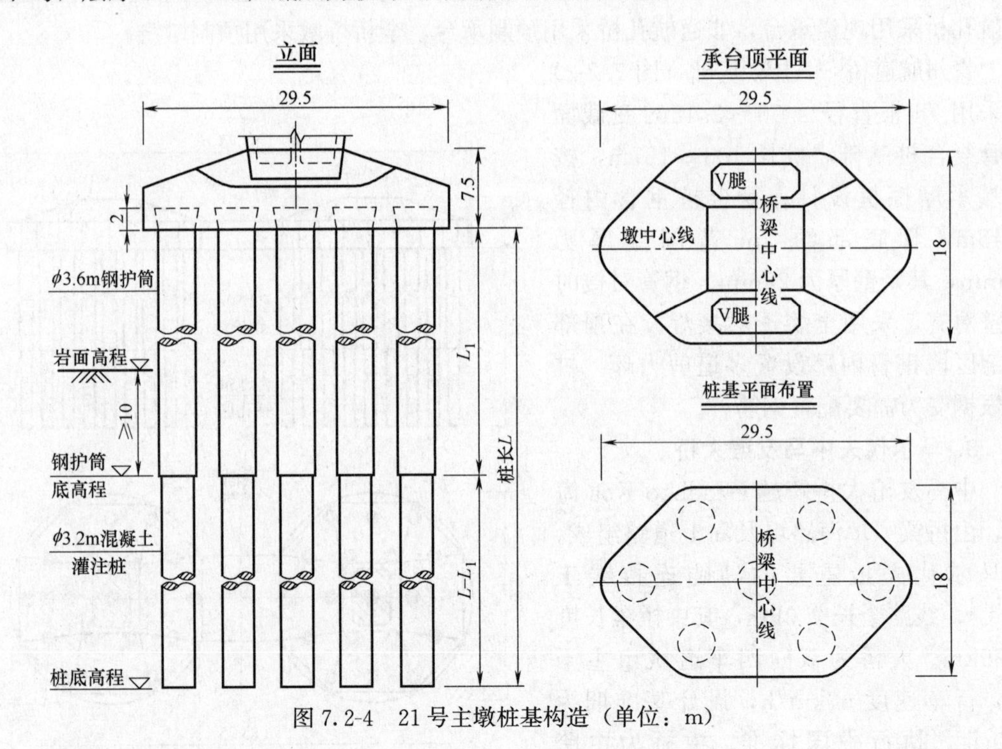

图 7.2-4　21 号主墩桩基构造（单位：m）

主桥基础采用变截面钢管复合桩基础[11]，桩基按摩擦桩设计。19 号、23 号墩采用 7 根 3.2～2.8m 桩基础，20～22 号墩采用 7 根 3.6～3.2m 桩基础（图 7.2-4），承台为空间流线型，以减少波流力。钢护筒既是施工措施，也参与桩基结构受力。护筒壁厚 32mm，底部 3m 长度范围内壁厚增加至 50mm，并在底口增设刃角。护筒顶深入承台内的 2.0m 范围切成板条状，板条外侧焊接钢筋以增强锚固作用。施工时首先施打钢护筒，嵌入礁灰岩层不小于 10m，钢护筒需在波浪作用下实现自稳，逐根施打并连成平台，然后钻孔、灌注混凝土成桩。

4. 平潭海峡公铁两用大桥

平潭海峡公铁两用大桥[12] 所在的平潭海峡是世界三大风口海域之一，每年 6 级以上大风 307d，7 级以上大风 216d，8 级以上大风 121d，年平均风速 9m/s。海域潮型属正规半日潮，海峡内海流呈往复流形态，海水深度约 10～40m，最大水深 45m，平均高潮位 2.43m，平均低潮位－2.13m，极端高潮位 4.65m。最大浪高 9.69m，最大潮差 7.09m，最大流速 3.09m/s。桥址区海床面起伏较大，无覆盖层或浅覆盖层区段长 7km，下伏基岩主要为花岗岩，强度 120MPa 以上，岩石球形风化严重，节理裂隙发育，海床下遍布大孤石。

全桥通航孔桥共 4 座，从北至南依次为元洪航道桥、鼓屿门水道桥、大小练岛水道桥、北东口水道桥（图 7.2-5）。元洪航道桥、鼓屿门水道桥、大小练岛水道桥分别采用

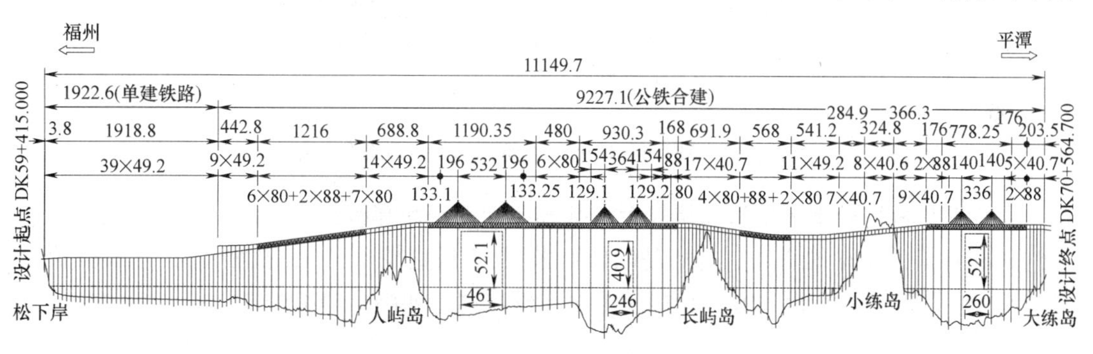

图 7.2-5 全桥桥式立面概略图（单位：m）

主跨 532m、364m、336m 的两塔五跨钢桁混合梁斜拉桥。深水区（水深大于或等于 15m）引桥采用跨径 80m 和 88m 的简支钢桁梁桥。浅水区引桥采用跨径 49.2m、40.7m 的预应力混凝土梁桥。

鼓屿门水道桥[13] 桥址处海床面高程－39.0m，水深超过 40m，下伏基岩为花岗岩，基岩埋深浅且承载力高，主塔墩基础（图 7.2-6）采用 18 根直径 4.5m 钻孔桩，平均桩长约 60m。元洪航道桥[14] 主墩及边辅墩基础、大小练岛水道桥主墩基础均采用直径 4.0m 钻孔桩基础。深水区引桥基础桩径为 3.0m，浅水区引桥基础桩径为 2.0m、2.2m。

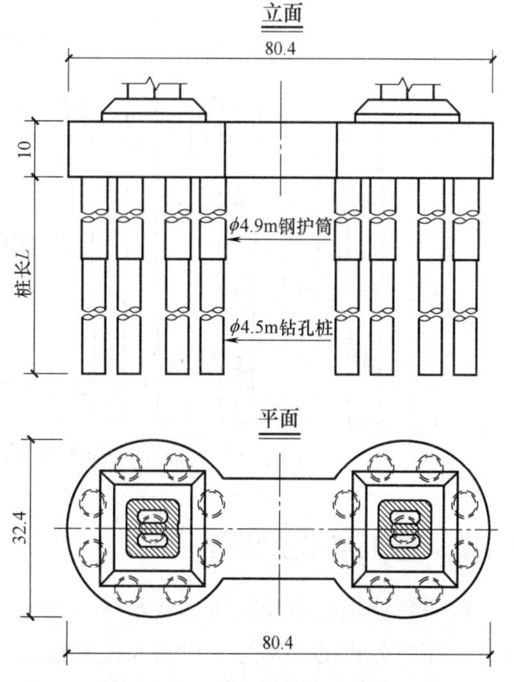

图 7.2-6 鼓屿门水道桥主墩基础结构（单位：m）

5. 西堠门公铁两用大桥

拟建的西堠门公铁两用大桥（图 7.2-7）为甬舟铁路及甬舟高速公路复线跨越西堠

门水道的共用跨海桥，连接金塘岛和册子岛，位于既有西堠门公路大桥以北 2.8km 处。主桥推荐采用主跨 1488m 斜拉悬索协作体系桥[15]。大桥铁路为设计速度 250km/h 的双线客运专线，公路为设计时速 100km/h 的双向六车道高速公路。

桥址处年平均气温 16.7℃，极端最高气温 42.3℃，极端最低气温－6.6℃。设计基本风速 44.8m/s；设计最高潮位＋3.82m，最低潮位－2.69m，最大潮差 4.87m；设计最大流速为 5.84m/s，最大波高为 8.81m；桥址区水域宽约 2.7km，最大水深超过 90m。桥址处水道中间基本无覆盖层，下伏基岩主要为熔结凝灰岩、流纹岩、英安岩，局部分布有脉岩辉绿岩及花岗斑岩，以及受到构造影响形成的流纹质角砾岩、碎裂岩。

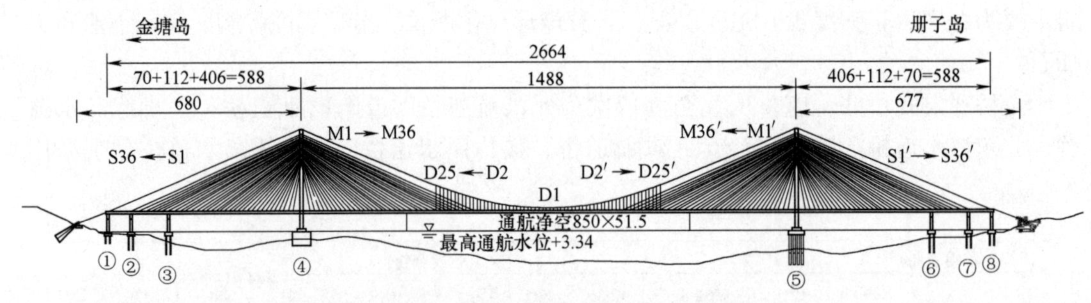

图 7.2-7　西堠门公铁两用大桥总体布置（单位：m）

大桥 5 号桥塔处水下地形起伏较大，基础范围海床面高程约为－60～－45m，平均水深约 55m，最大水深约 60m。桥塔基础推荐采用 18 根直径 6.3m 钻孔灌注桩[16]，桩顶设直径 6.8m 钢护筒，桩长 88m，按照端承摩擦桩设计，如图 7.2-8 所示。

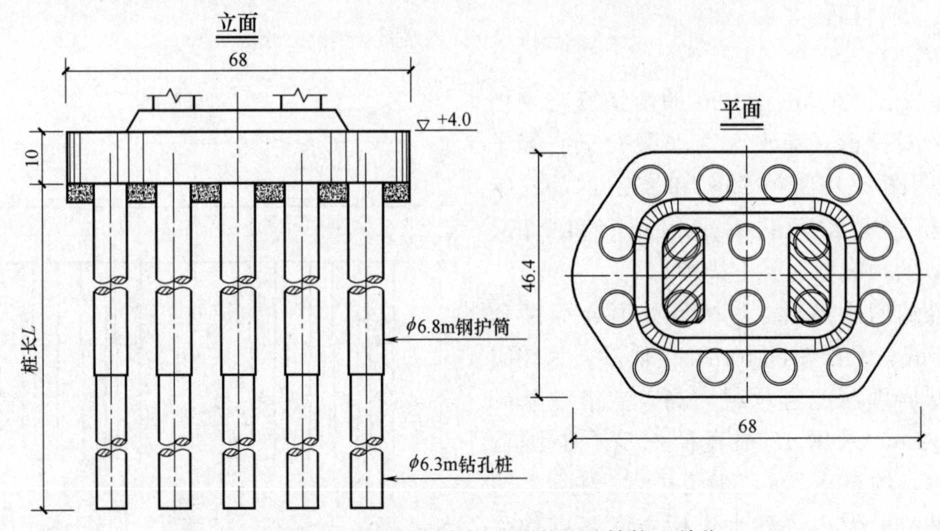

图 7.2-8　西堠门公铁两用大桥 5 号墩基础结构（单位：m）

7.2.3　施工技术及装备

跨海桥梁钻孔灌注桩施工受水深、涌浪、潮流、潮差、大风等不利环境影响，施工难度大，需要先进的桩基施工设备及配套设备。为降低恶劣海洋环境对施工的影响，变海上施工为陆地施工，减少施工船舶投入，海上桥梁钻孔桩基础一般采用独立海中平台或栈桥＋海中平台的总体施工方案，主要施工流程如下：(1) 建立海上钻孔平台；(2) 钢护筒定位插打；(3) 桩基成孔施工；(4) 钢筋笼制作安装；(5) 混凝土灌注成桩。对于钢护筒定位插打、桩基成孔、钢筋笼制作安装、混凝土灌注施工技术与常规水上或陆地钻孔桩施工并无明显特殊性，本节重点介绍海上钻孔平台及钻孔设备。

1. 海上钻孔平台

海上钻孔平台形式应根据水文地质条件、安全、经济等因素综合比选确定，一般有打入钢管桩平台、导管架平台、自升式平台等类型。

1) 打入钢管桩平台

打入钢管桩平台适用于有覆盖层区域，或钢管桩能打入且可实现自稳的无覆盖层区域，根据浪涌情况不同，一般最大可适应 30m 左右水深。打入桩平台主要由打入钢管桩基础、桩间连接系、平台梁部结构、桥面结构组成。平台梁部结构一般可采用贝雷梁、军用梁、型钢梁、大型焊接钢桁架梁等形式。桥面结构一般可采用钢桥面或混凝土桥面。钻孔平台根据功能需求在平面上一般分为支栈桥区和钻孔作业区，支栈桥区主要承受车辆、吊机等设备通行和作业荷载，钻孔区主要承受钻孔设备及相关堆放荷载。

平潭海峡公铁两用大桥除鼓屿门水道桥 Z02 号辅助墩和 Z03 号主塔墩外，其余钻孔桩基础均采用栈桥＋打入钢管桩平台的总体施工方案。以元洪航道桥 N03 号主塔墩为例（图 7.2-9），墩位处水深 24.93～28.21m，覆盖层厚度为 0～4.5m，全风化岩厚度为 0～

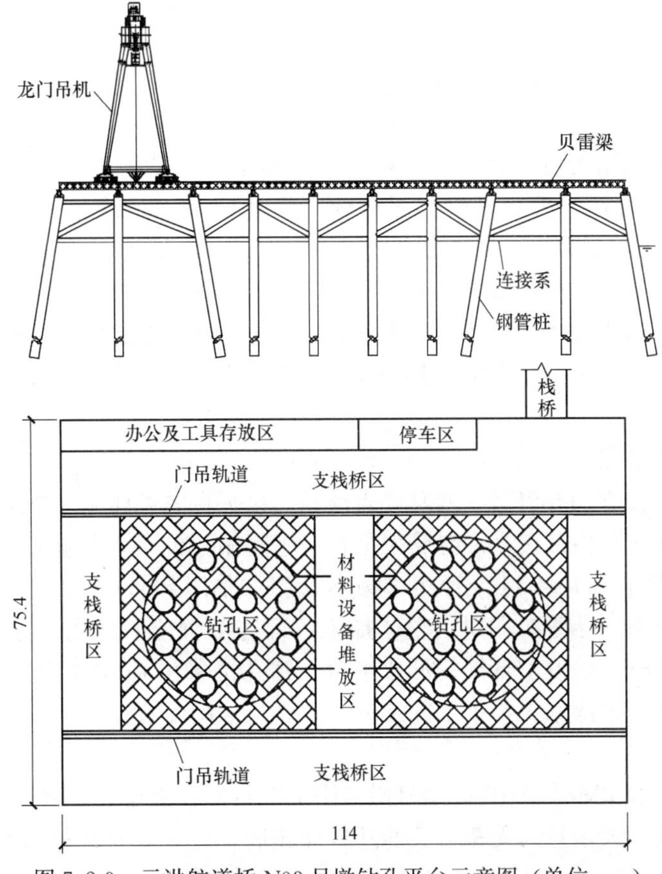

图 7.2-9　元洪航道桥 N03 号墩钻孔平台示意图（单位：m）

10.25m。钻孔平台下部结构采用“钢管打入桩”方案，共布置 52 根 ϕ1800×25mm 钢管桩。平台上部结构钻孔区采用整体式平台桁架+钢桥面板、四周支栈桥采用贝雷梁+混凝土桥面板方案。钻孔桩钢护筒在工厂一次性加工制造成型，运输至桥址后采用两艘大型浮吊抬吊，经平台上设置的多层限位导向插入海床，先用双联 APE400 液压振动锤插打至护筒稳定，再用 IHC-S800 液压冲击锤将钢护筒插打嵌入岩层。ϕ4.0m/ϕ4.4m 钻孔桩选用 KTY4000 及 KTY5000 型全液压动力头回旋钻机钻进成孔，配备滚刀/锲齿钻头钻孔，气举反循环排渣，钻孔泥浆采用海水造浆。钢筋笼采用长线法分节制造，标准节段长度 12m，节段间采用直螺纹机械接头。混凝土灌注导管采用垂直单导管，型号为 ϕ426×6mm 无缝钢管[23]。

2）导管架平台

导管架平台与打入桩平台结构相仿，一般用于超深水、覆盖层浅薄、涌浪等水平荷载较大的区域，对于桥梁基础施工导管架平台一般由导管架、支撑桩、平台梁部结构、桥面结构组成。与打入桩平台相比，二者主要区别在于以下两点：

（1）打入桩平台是将钢管桩逐根打入，然后连成整体，再安装上部结构。这种工艺仅适用风浪条件和地质条件较好的海域。而导管架则是根据现场浮吊起重能力，可以加工为一个整体，也可以加工成数个分体，在工厂已形成结构，就像一只多腿的凳子，浮吊放在海床上即可自稳，承受较大的水平荷载，之后即可将钢管支撑桩插入导管架导管中，进行沉桩施工，该工艺对恶劣海境下的平台建立极为有利。

（2）导管架既是支撑桩插打的施工、定位平台，还兼作支撑桩间的水下连接系，也正是由于支撑桩间具有水下连接系，大大提高了平台的整体水平刚度，可适应更大的水深和水平荷载。

平潭海峡公铁两用大桥鼓屿门水道桥 Z02 号和 Z03 号墩，最大水深达到 46m，且为无覆盖层的光板岩海域，采用导管架平台施工钻孔桩基础。以 Z03 号墩为例（图 7.2-10），导管架平台总体平面尺寸、平面布置、平台上设备布置等与前述的 N03 号墩基本相同。导管架共分为 3 组，单组最大平面尺寸为 70m×39m，高约 50m，最大吊重约 1200t。导管架在桥位附近码头加工成整体，再由秦航工 1 号 2000t 浮吊吊装、运输至设计位置沉放。3 组导管架均吊装就位后现场焊接组间连接系，最后安装平台上部结构，完成钻孔平台建立。

东海大桥主通航孔离岸约 18km，桥址海域风大、浪高、流急，有效施工天数少。主墩钻孔桩基础采用独立的导管架+蜂窝式自浮钢套箱平台的总体施工方案，即主墩横桥向承台两侧材料供应区和生活区采用导管架平台，中间钻孔桩、承台施工区采用蜂窝式自浮钢套箱。单个主墩平台共 4 组导管架，每端 2 组，单组导管架长 26.4m，宽 18m，高 19.2m，自重约 285t。导管架在岸上整体加工，运送至桥位后现场由浮吊沉放至设计位置，然后导管内插桩、铺设上部结构形成平台。钻孔桩采用 QJ-250 钻机成孔，气举反循环法清孔，膨润土配置淡水泥浆护壁的工艺。钢筋笼采用分节长度为 24m 的短线法制造，直螺纹套筒连接[24]。

东海大桥近岛段 PM451～PM453 号墩（图 7.2-11）靠近岸边，采用 ϕ2.0m 钻孔灌注桩。该段岩面起伏很大，且为无覆盖层的基岩裸露区，此 3 个钻孔桩基础以栈桥为依托，采用栈桥+导管架平台的总体方案施工钻孔桩。每个桥墩平台设置 2 组导管架，分别位于

图 7.2-10 Z03 号墩导管架制造、起吊、运输、沉放、支承桩插打示意图

承台的大小里程侧。导管架岸上整体制造后运至墩位，利用浮吊沉放到位，然后导管内插打钢管桩，安装分配梁、贝雷梁等上部结构，完成导管架平台建立。

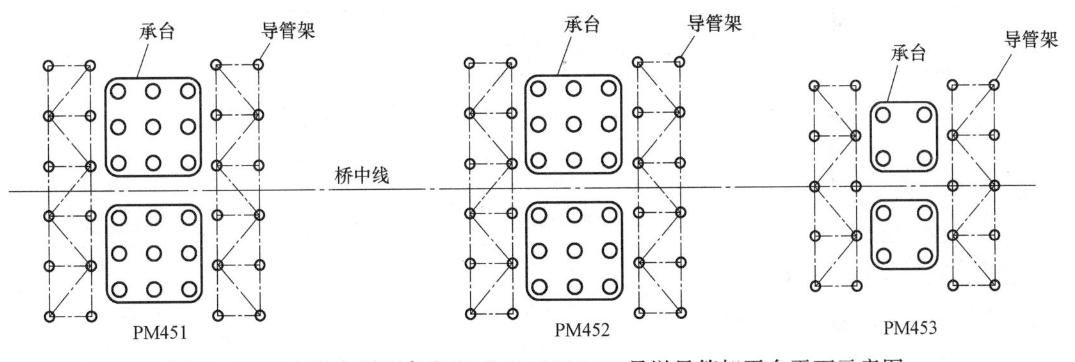

图 7.2-11 东海大桥近岛段 PM451～PM453 号墩导管架平台平面示意图

3）自升式平台

自升式平台最早应用于海上石油开采，直到 20 世纪 60 年代才被引用到桥梁桩基施工。该类型平台造价较高，目前桥梁工程应用实例较少，但自升式平台可适用于环境恶劣的超深水海上桥梁基础施工，在大型跨海桥梁工程领域具有较大的发展潜力。自升式平台一般由支腿和甲板平台组成。这种平台主要优点如下[25]：①移动方便，支腿提升后犹如一只驳船，一旦施工需要即可拖至施工海域，定位后将支腿下放，插入海床，将支腿与甲板平台夹持连接即可形成稳定平台，速度快、效率高。②甲板平台与支腿间有上、下两层液压或机械夹持、自升装置，可将甲板平台顶升至海面以上预定高度，对于浪高、流急等

水文气象条件较差海域基础施工较为有利。③平台上可集成设置大型起重设备、桩基施工设备、混凝土拌制设备、生活设施等，犹如海上基地，对离岸较远的基础施工尤为合适。

2. 海上钻孔桩施工装备

跨海桥梁钻孔桩基础施工装备主要有以下几类：①桩工机械，比如各类型钻机、打桩锤等；②起重机械，如履带吊、门吊、浮吊等；③工程船舶，如运输船、混凝土工作船、打桩船等。本节将重点介绍钻孔桩钻孔设备。

跨海桥梁钻孔桩基础钻孔施工一般采用旋挖钻机、旋转钻机、冲击钻机中的一种或多种钻机组合成孔，设备选择宜根据地层分布、地质条件、桩径、桩长、工期等因素综合比选确定。旋挖钻机成孔速度较快，价格高，一般适用于覆盖层或软质岩层中钻进，钻机移位无需额外起重设备配置。旋转钻机可适用各种地层，特别对于超大直径、地层岩石强度较高的条件下具有明显优势，但其移位需水上浮吊或者平台上大型门吊配合。冲击钻机费用成本最低，但其速度慢，适合工期宽裕的钻孔施工。常用旋挖钻及旋转钻机参数见表7.2-1、表7.2-2。

常用旋挖钻参数 表7.2-1

钻机型号	SR360C8	SR460	TR550
最大成孔直径(m)	2.5	3.5	4.0
最大成孔深度(m)	100/65(摩阻杆/机锁杆)	120	130
最大输出扭矩(kN·m)	360	470	520
钻孔转速(r/min)	5～21	5～20	6～20
主卷扬提升力(kN)	3300	6000	5100
辅卷扬提升力(kN)	90	140	130
总质量(t)	116	198	198

KTY系列动力头旋转钻机参数 表7.2-2

钻机型号	KTY3000	KTY4000	KTY5000
钻孔直径(m)	1.5～3	2～4	3.6～5
钻孔最大深度(m)	130	150	180
排渣方式	气举反循环	气举反循环	气举反循环
最大提升力(kN)	1200	1800	3000
动力头钻速(r/min),扭矩(kN·m)	0～8,200 0～16,100	0～6,300 0～15,120	0～5.8,450 0～11.6,225
封口盘承载力(kN)	1200	1500	2600
主机重量(t)	42(不含钻具)	46(不含钻具)	67(不含钻具)
总重量(t)	140	207	323

7.3 打入桩基础

7.3.1 打入桩类型及技术特点

打入桩又叫沉入桩，是指桩沉入土的过程中造成周边土体挤压的桩，是工程中最常见的基础形式之一。打入桩按沉桩方式可分为：锤击沉桩、振动沉桩、振动或锤击配合射水沉桩、静力压桩以及沉管灌注桩等。

打入桩的主要优点[17] 为：①打入桩可以通过工厂大批量预制，桩身质量有保证，同时可有效提高桩基的施工效率；②桩的单位面积承载力较高。打入桩属挤土桩，打入地层时使地层挤压更加密实，地基承载力较打桩前有所提高；③易于在水上施工，施工工效高。打入桩的施工工序较灌注桩简单，工效也高；④沉桩过程中产生的废弃物更少，有利于环境保护。

打入桩的主要缺点为：①不易穿透较厚的坚硬地层，若遇较大卵石、漂石或障碍物时造成沉桩困难；②锤击或振动打桩产生较大噪声，对附近环境有影响。

打入桩按材料分类有钢管桩、预应力混凝土桩（PHC 管桩）、木桩和组合结构桩。跨海大桥应用较多的钢管桩，主要特点有：①自重轻、抗弯能力强、施工方便、施工期稳定性好；②直径可根据设计需要确定，而且钢管桩可根据要求布置成不同斜率的斜桩，以增强基础抵抗水平荷载的能力；③制作和运输方便，抗锤击能力强，沉桩容易，施工速度快；④材料强度高，管桩抗扭性能好，沉桩过程适应气候能力强；⑤桩长易于调整以适合持力层的标高；⑥钢管桩防腐技术成熟，可根据不同部位的腐蚀特点采取相应的防腐措施，保证结构耐久性要求。

预应力混凝土管桩目前在跨海桥梁中应用的最大桩径为 1.2m。主要有以下特点：①PHC 管桩混凝土强度高、抗海水氯离子渗透性能好、价格低廉，桩基抗腐蚀能力强，在作业条件较好的近岸段桥梁结构中可适当选用；②由于海域环境条件较差，潮位、潮流、波浪、大风等影响打桩船的稳定，船体上下、左右波动，使桩锤偏心击桩，导致桩顶易破碎，有效作业时间短；③PHC 管桩直径较小，在浪高、流急、冲刷深度大时，施工期间单桩稳定性难以满足要求；④PHC 管桩桩尖处截面较大，造成挤土量大、阻力大，不利于桩基下沉，因此桩长度受限，单桩承载力较小；⑤PHC 管桩无法打入至设计高程时，截桩较困难。

近年来，大直径钢管桩以其足够大的承载力、相对简单的沉桩工艺、较小的排土量与良好的抗弯能力常应用于特大型跨海大桥的深水基础。例如，杭州湾跨海大桥、东海大桥深海区域、金塘大桥、宁波舟山港主通道等。由于 PHC 管桩在恶劣的海域环境适应性较差，桩头易开裂，耐久性不易保证，故应用较少，仅在东海大桥近岸浅海段约 1km 区段采用，桩长约 40m。

7.3.2 打入桩工程应用

1. 东海大桥[18]

东海大桥桥址区平均高潮位 1.86m，平均低潮位－1.34m，平均潮差 3.20m；最大流速 2.4m/s。重现期 20 年设计波高 3.45m。地质分层从上至下依次为淤泥、淤泥质黏土、黏土、粉质黏土、砂质粉土、粉细砂，海底泥面高程－5～－12m。

大桥浅海段为 26 孔 50m 跨连续预应力混凝土箱梁，桩基主要采用 ϕ1.60m 钻孔灌注桩和 ϕ1.20mPHC 管桩，桩长为 30～40m；非通航孔分为 60m 和 70m 跨径区段，上部结构为简支变连续的多跨等截面预应力混凝土连续箱梁，下部结构桩基为 ϕ1.50m 钢管桩，桩长约 50～70m。钢管桩上段桩 30～36m 采用壁厚 25mm 的直焊缝管，下段桩采用壁厚

18mm 的卷管。

东海大桥原设计时考虑 ϕ1.20mPHC 管桩具有桩身强度高（C80 混凝土）、混凝土密实度好、抗氯离子渗透性能佳及造价相对低廉的优点，将所有海上非通航孔低墩区桥墩基础全部采用 ϕ1.20mPHC 管桩；但施工时 PHC 管桩的沉桩存在较多的问题：海域环境条件较差，潮位、潮流、波浪、大风等影响打桩船的稳定，桩锤偏心击桩，导致桩顶易破碎，有效作业时间短；由于船机设备和锤击能量偏小，使沉桩要达到设计标高有相对大的难度，最终决定将深海区域中 ϕ1.20mPHC 管桩改为 ϕ1.50m 钢管桩（图 7.3-1）。

图 7.3-1　东海大桥钢管桩基础施工

从东海大桥桩基础使用 PHC 管桩和钢管桩的实践经验可以得出如下体会：(1) 外海海域环境条件较差，潮位、潮流、波浪、大风、大雾等不利外部条件，影响打桩作业船的稳定，桩基的选择应充分考虑外部环境条件的影响，应选择桩身强度高、抗扭性能好、抗击打能力强的钢管桩；(2) 外海海域桥梁的基础竖直承载力要求较高，一般沉桩过程中的锤击次数较高，应选用抗击打能力强的钢管桩，不宜采用抗击打能力相对较弱的混凝土桩；(3) 外海结构基础选用 PHC 管桩时，应根据地基条件合理选用，一般 PHC 管桩沉桩过程中的总锤击次数不宜大于 2000～2500 击，最后贯入度也应控制在 2～5mm，以保证沉桩过程中桩身结构的完整性和结构使用阶段的耐久性。

2. 杭州湾大桥[19]

杭州湾是世界三大强潮海湾之一，水流、泥沙和海床运动复杂多变。根据历年观测资料，桥位处最高潮位 5.54m，最大潮位差 7.57m，平均潮差 4.65m。桥位地质为第四系沉积层，主要为粉质黏土、砂质粉土、淤泥质粉质黏土和砂类土等。中引桥上部软土层厚 20～25m，南引桥上部软土层厚达 40m 左右。可作为桩基持力层的中密粉砂层，埋藏较深，其层顶高程在－60m 左右。

杭州湾跨海大桥中引桥水中区和南引桥水中区总长 15.80km，上部结构均为 70m 跨径预应力混凝土连续梁，下部结构采用桩径 1.5m 和 1.6m 两种规格的大直径钢管桩，桩长 71～88m（图 7.3-2）。

中引桥水中区 70m 箱梁单幅桥钢管桩基础布置 9ϕ1.5m 钢管桩。桩呈梅花形布置，桩顶间距 2.6m，最大斜率 6∶1。南引桥水中区标准段 70m 箱梁单幅桥钢管桩基础布置 10ϕ1.6m 的钢管桩。桩呈梅花形布置，桩顶间距 2.8m，最大斜率 6∶1。钢管桩为开口桩，材质为 Q345C 低合金钢。考虑到钢管桩不同部位的受力要求，钢管桩上节段壁厚

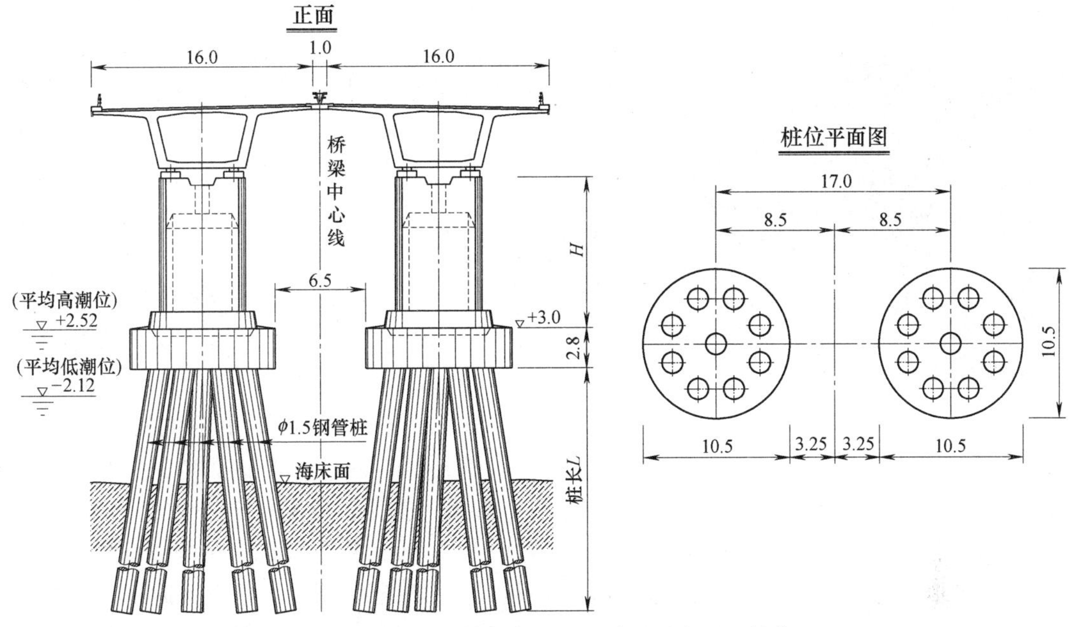

图 7.3-2　杭州湾中引桥水中区 70m 跨基础布置（单位：m）

22mm，其余壁厚 20mm。钢管桩与承台连接方式采用直埋式，为增强钢管桩局部刚度、桩基防船撞及防腐要求，钢管桩自高程−12.0m 以上范围内填筑混凝土，并设置钢筋笼，为确保钢管桩与填芯混凝土及承台之间的可靠粘结，在各自接触面上设置剪力环。

3. 金塘大桥[20][21]

金塘大桥是连接舟山市与长江三角洲中心城市——上海、杭州、宁波及其他城市陆上通道的重要组成部分。金塘大桥全长 26.54km，海上桥梁长 18.27km，其中非通航孔桥长约 16.4km，上部结构采用 60m 跨先简支后结构连续的预应力混凝土梁。

工程海域潮位为不正规半日潮，桥址处最大涨潮流速为 2.54m/s，最大落潮流速 3.02m/s。平均高、低潮位为+1.14m、−0.7m，百年一遇浪高 6.26m。桥址处第四纪覆盖层厚度大，一般大于 80～110m。场地浅部由高压缩性淤泥质土组成，物理力学性质差，海域表部为淤泥和砂质粉土，累计厚度 15.7～24.0m；中、深部物理力学性质较好的地层有粉砂、细砂、中砂、含砾中砂、含黏性土砾砂、含黏性土圆砾和粉质黏土、黏土，可作为桩基持力层。

大桥在前期阶段进行了 3 组共 7 根直径为 1.2m 的 PHC 管桩试桩、6 组共 6 根直径为 1.5m 的钢管桩试桩，其中有 3 根 PHC 管桩试桩因桩身质量、桩垫等原因在试打过程中出现开裂，而钢管桩试桩顺利下沉至设计标高，整个过程无异常。由于 PHC 管桩沉桩困难，一旦打坏修补困难，如重新补桩，桩位也难以布置，沉桩到设计标高后对管桩是否存在开裂等缺陷无法进行有效检测，耐久性无法保证，综合考虑各种因素本桥全部采用钢管桩（图 7.3-3）。

桩基采用直径 1.5m 的 Q345C 钢管桩，根据水深和不同冲刷深度，钢桩上部 25～35m 范围壁厚 25mm，其余部分壁厚 20mm。壁厚 25mm 钢桩采用直焊缝，壁厚 20mm 钢桩采用螺旋焊缝。钢桩到设计标高后，承台以下桩顶上部 10m 吸泥抽水洗壁，下钢筋

图 7.3-3　金塘大桥钢管桩基础

笼干浇混凝土。填芯混凝土与钢桩共同受力，既提高了钢桩耐腐蚀能力，又提高了基础刚度，减少了基础变位。高墩两幅桥基础连成一体，采用 16ϕ1.5m 钢管桩，圆端形承台。低墩为分离式基础，每幅桥采用 6ϕ1.5m 钢管桩，圆形承台。

4. 宁波舟山港主通道[22]

宁波舟山港主通道公路工程连接舟山本岛至岱山，海域主线桥长 16.347km，非通航孔桥主桥采用 70m 整孔预制、整孔架设箱梁。海域段路线位于杭州湾口门外灰鳖洋，地处沿海高风速带，台风风速大、风况复杂；受海洋潮汐影响大，波浪和潮流条件复杂。桥址区属水下浅滩地貌区，覆盖层上部以全新统海积淤泥质粉质黏土、粉土为主，厚度 15.5～38.2m，中部以上更新统冲湖积、海积、冲积、冲海积沉积粉质黏土、粉土、粉砂为主，厚度约 40.0～65.6m；下部以中更新统冲湖积的粉质黏土、冲积砾砂、圆砾为主，厚度约 7.6～33.5m；下伏基岩埋深 74.9～101.7m，为侏罗系晶屑凝灰岩，裂隙发育，岩体较破碎，岩质较硬。深水区绝大多数区域水深超过 6m，具备大型船机设备作业条件，下部结构形式为预制空心墩＋现浇承台＋钢管打入桩。承台采用钢套箱现浇施工方案；墩身采用预制、吊装施工方案。

图 7.3-4　宁波舟山港主通道钢管桩基础施工

非通航孔引桥采用长 80～109m 的超长钢管桩，直径采用 1.6m、1.8m、2.0m 三种规格，钢管桩为开口桩，钢管桩伸入承台 1m（图 7.3-4）。每根桩上段壁厚 24mm、下段壁厚 20mm，采用螺旋焊缝钢管。为了加强钢管桩与填芯混凝土的连接，在桩顶长 13m 范围内按间距 1m 和 1.5m 设置了 11 道剪力环，剪力环采用断面宽 50mm、厚 24mm 的定制环形钢板条，与钢管内壁通过角焊缝焊接连接。钢管桩防腐均采用涂层与阴极保护联合防护的方式。

5. 帕德玛大桥

帕德玛大桥（图 7.3-5）位于孟加拉国首都达卡偏西南约 40km，横跨帕德玛河，距印度洋入海口直线距离约 150km，是连接首都达卡与西南 21 个片区的主要交通要道，也是亚洲 A-1 高速公路和泛亚铁路的重要组成部分。帕德玛大桥主桥为 6×(6×150m)＋(5×150m) 双层钢桁与混凝土桥面板结合连续梁，上层为双向四车道公路，下层为单线铁路，全长 6.15km。

图 7.3-5　帕德玛大桥

大桥地处帕德玛河流域冲积区，为含少量云母的密实粉细砂地质。桥位处平均水位+3.41m，最大水深 31m；洪水期最大流速 4.6m/s，枯水期约 2m/s；河床冲刷变化大，一般冲刷深度−46.7m，局部最大冲刷深度达−62.0m。为抵抗竖向荷载和地震、水流力等横向荷载，同时考虑节约工程造价，每个主桥墩根据地质条件和承载力需要选用 6～7 根（18 个墩为 6 根，22 个墩为 7 根，全桥共有 262 根）直径 3m 钢管打入斜桩（6∶1）。桩顶高程+1.75m，桩底高程−104～−122m。钢管桩在高程−20m 以上部分的表面涂无机富锌底漆防腐。桩底以上 5m 范围内为土塞，土塞上部 10m 范围填充水下素混凝土，土塞和水下素混凝土之间通过高压注浆使之密实，提高桩基竖向承载力，减小桩基竖向沉降；素混凝土以上至桩顶以下 15m 范围内填充密实度大于 95%的砂子以提高刚度和承载力；桩顶以下 15m 范围内填充混凝土，内埋钢筋笼伸入到正六边形承台顶面使其紧密连接。为增强填充混凝土与钢管桩的连接，在钢管内壁的桩底和桩顶混凝土区段分别焊接 40mm×20mm（18 道）和 50mm×25mm（32 道）剪力环，间距 400mm。此外，为进一步提高钢管桩竖向承载力，部分钢管桩桩身外侧均匀布置了 10 根注浆槽，待钢管桩打入设计高程后，通过 TAM 法进行高压注浆（图 7.3-6）。

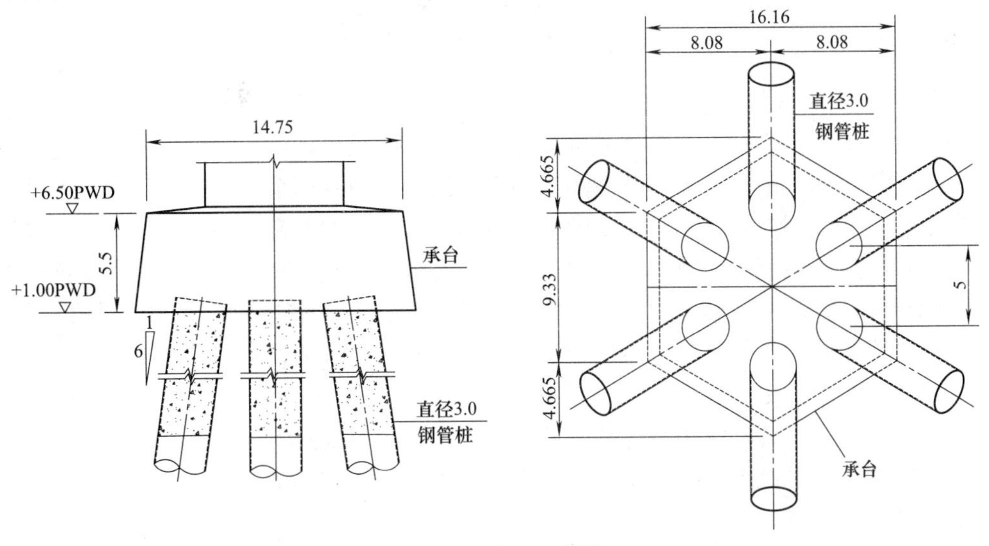

图 7.3-6　基础布置（单位：m）

钢管桩在岸上加工厂内分两段制造完成后，封闭（止水）钢管两端，下河浮运至墩位，利用浮吊将底节钢管桩装入导向架，根据打桩分析成果，分别采用打桩能量为3500kJ，2400kJ 和 1800kJ 的 MENCK 打桩锤进行插打，到达适当深度后，吊装顶节钢管并焊接接长，继续插打到设计高程。

7.3.3 施工技术及装备

1. 工厂预制

海上桥梁钢桩基础根据其结构受力，径厚比要求一般采用螺旋钢管或直焊缝焊接的钢管。螺旋钢管一般是将带钢头尾对接，采用单丝或双丝埋弧焊，卷成钢管后采用自动埋弧焊补焊，成型前需将钢材进行矫直、剪切、刨削、表面清洗、运输和弯曲。直焊缝焊接钢管的钢板切割一般均采用气体切割，钢板弯制主要分为预弯和钢板卷制。钢板端部弯制是钢管卷制的关键环节，其主要施工机械为弯头机。钢管纵缝的焊接顺序为先焊接钢管内纵缝，翻身后再焊接钢管的外纵缝（图 7.3-7、图 7.3-8）。

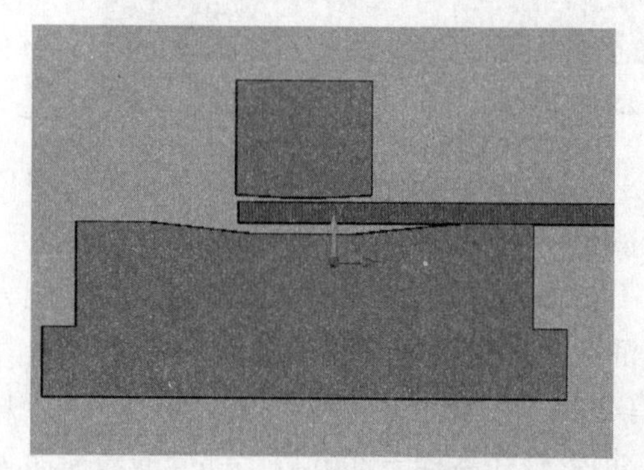

图 7.3-7 预弯钢板进料示意

图 7.3-8 钢板焊接及钢管对接示意

PHC 桩一般采用先张法预应力工艺和离心成型法进行加工，其施工顺序为（图 7.3-9）先进行钢筋笼绑扎，当钢筋笼绑扎完成后，使用吊车将其吊入预制钢模中。钢筋笼两端均设有螺帽，将钢筋笼吊入钢模后，两端采用环形的钢板与其固定，钢板上设置有与螺帽相对应的螺栓，张拉端的设置与另一端的形式不同，其钢模中的空隙即为张拉空隙。当钢筋笼安装完成以后，利用吊车将其吊入混凝土灌注区灌注混凝土，灌注完成后，在钢模周围环绕一圈棉线，以防止混凝土中的水在离心过程中损失，并吊来另一半的钢模进行封闭。随后将管桩张拉端送入特定的机器进行张拉，张拉的具体量根据不同的要求确定。将张拉好的管桩放入离心槽中进行离心，离心作用按慢速、低速、中速、高速四个阶段进行，以保证混凝土密实。经离心成型桩体随后进行蒸养，当达到蒸养时间后，将钢模调出。拆掉两侧的固定螺栓，通过吊车将模型拆开，完成桩体制作。

2. 桩体运输

桩体场地内运输主要利用大型起吊设备和运输台车来完成，大型起重设备主要为大吨

(a)

(b)

(c)

图 7.3-9 预应力混凝土管桩加工图示
（a）钢筋笼入模；（b）灌注混凝土；（c）离心

位门吊。桩体在场地内加工完成后，一般还需要通过一定方法下河，然后水上运输至墩位。对于一般桩体下河可以采用浮吊直接吊装的方式，但是若桩体长度和重量较大后就不能采用直接吊装的方法，此时一般通过专用吊具来进行吊装，随着钢桩的直径和壁厚的不断加大、长度不断加长，钢桩的重量也变得越来越大，为了便于钢桩运输，也会将钢桩分成若干段进行制作。桩体运输通常采用船运的方式进行，特殊情况下也有将钢桩直接采用浮运的方式进行运输的案例（图 7.3-10、图 7.3-11），如帕德玛桥施工期间钢桩就采用了船舶运输和水上浮运两种方式。

图 7.3-10 利用驳船运输钢桩

图 7.3-11 钢桩浮运

3. 桩体插打

桩体插打目前主要采用两种方式：一种为采用固定式导向架作为钢桩导向，利用打桩锤进行插打；另一种为直接采用打桩船进行插打。

1）固定式导向架打桩

（1）桩体翻转

桩体运输到位后，需要进行桩体的翻转吊装施工。对于直径和长度较小的桩体可采用钢丝绳或者软吊带直接吊装、翻转；对于大直径超长钢桩在翻转时一般需要专用吊具和翻转架进行辅助。钢桩翻转吊具主要有液压式和穿销式两种（图 7.3-12、图 7.3-13）；钢桩翻转架也主要有销轴旋转和原地翻转两种形式，其中销轴旋转主要用于钢桩重量较大的情况，当水较深时也可考虑直接在水中翻转（图 7.3-14、图 7.3-15）。

（2）桩体插打

目前已经施工的大直径桩中，主要采用固定式导向架进行打桩施工（图 7.3-16）。固定式导向架由上至下一共有两层或多层导向。通过多层导向的调节以保证桩体的倾斜度满足要求。

图 7.3-12 液压式钢桩翻转吊具

图 7.3-13 穿销式吊具

图 7.3-14 旋转式翻转架

图 7.3-15 水中翻转

2）打桩船打桩

打桩船打桩（图 7.3-17）的工艺较为简单，可通过船体上的吊钩直接将桩体吊起成竖直状态，通过抱桩器合拢抱桩并锁定，然后利用桩架为导向，将桩体插打至设计位置[26]。

图 7.3-16 固定式导向架插打钢桩

图 7.3-17 打桩船打桩

跨海桥梁 PHC 桩在施工中由于连续锤击，导致桩内水位持续上升，气体不断被压缩但又未能及时排出，当连续锤击次数过多会使桩内形成很大的气压并传给桩内水体，形成水锤效应，使内壁出现纵向裂缝。针对该现象，东海桥采取了在桩顶和桩中部各开一减压孔的方法进行施工。顶部孔为排气孔，使桩壁内外气压平衡；桩中为排水孔，使桩内外水位相通，桩内气压和水位便不再因连续锤击而上升，避免了水锤效应的发生。并且当桩顶接近水面时，采用打打停停法，使桩内气压与大气压保持一致[27]。

4. 桩基处理

为了充分发挥桩体的承载力，需要对桩体进行桩内处理，其主要方式有：桩底桩侧压浆、桩内填混凝土等。同时由于桩底处理器施工工序复杂，对于承载力相对较小的桥梁，也可不进行桩内处理。

5. 主要施工装备

1）打桩锤

跨海桥梁打桩锤通常采用液压振动锤和液压冲击锤两种。近年来国外 APE400、APE600 型液压振动锤均普遍应用（图 7.3-18），激振力分别达 4000kN、6000kN，其具有噪声小、效率高、无污染、不损伤桩体等优点。而国内永安机械设备有限公司生产的 YZ 系列的打桩锤也在多个项目进行了应用，其中 YZ800B 型液压振动锤的激振力更是达到了 12100kN。

图 7.3-18 APE600 液压振动锤

随着桥梁基础的桩径和打入深度不断增大，液压冲击锤因其操作方便、自动化程度高、冲击能量大、功效转化率高等优点越来越受到跨海桥梁基础施工的欢迎。其中国外液压冲击锤生产厂家以荷兰 IHC 公司和德国 MENCK 公司为主，常见的有 IHC S-800、900、1200、1400、1800、2000、2500、3000 和 MENCK1200S、1900S、2400S、3500S，其最大打击能量在 800～3500kN·m 之间。孟加拉国帕德玛大桥施工时，大桥钢桩直径 3m，壁厚 60mm，入土深度达百米，施工单位采用了 MENCK2400S 和 3500S 液压冲击锤完成了钢桩的插打施工。国内液压冲击锤随着近年来桥梁工程和海上风电工程的蓬勃发展，也涌现了如 YC-60、YC-80、YC-110、YC-120、YC-130、YC-180（图 7.3-19）等一批最大打击能量约 1000～3000kN·m 的液压冲击锤，形

图 7.3-19 YC-180 液压冲击锤

成了国产化的打桩锤梯队。

2）打桩船

为了能更好地开发利用海洋，桥梁工程师们还研制出了各种规格的打桩船，目前国内典型的打桩船主要有：（1）“大桥海威 951”打桩船（图 7.3-20），船体总长 74.75m，型宽 27m，型深 5.2m，设计吃水 2.8m，可打直径 2.5m 的桩体，适用于沿海海域水上工程的打桩作业，曾参与港珠澳大桥、平潭海峡公铁两用桥等项目的建设。（2）“海力 801”打桩船，船体总长 80m，型宽 30m，型深 6m，设计吃水 2.8m，可打直径 2.5m 的桩体，适用于沿海海域水上工程的打桩作业，曾参与杭州湾跨海大桥、宁波象山港跨海大桥、金塘跨海大桥、平潭海峡公铁两用桥等项目的建设。（3）三航桩系列打桩船，包括三航桩 15（船体尺寸长×宽×深为 73m×27m×3.5m）、三航桩 16（船体尺寸长×宽×深为 135m×27m×3m）、三航桩 18（船体尺寸长×宽×深为 72m×27m×2m）、三航桩 19（船体尺寸长×宽×深为 63m×27m×3.5m）、三航桩 20（船体尺寸长×宽×深为 119m×38m×4.4m）。（4）雄程系列打桩船，包括雄程 1（船体尺寸长×宽×深为 74m×36m×3.8m）、雄程 2（船体尺寸长×宽×深为 90m×36m×1.6m）、雄程 3（船体尺寸长×宽×深为 120m×36m×5.6m）。

目前国外典型的打桩船主要有：（1）HLV Stanislav Yudin 安装船（图 7.3-21），总长 183m，型宽 40m，吃水 5.5m，最高航速 12 节，可无限航区作业。（2）Resolution 安装船，总长 130m，型宽 38m，型深 8m，可打桩桩径达 4.75m，最大工作水深 35m，可无限航区工作。（3）Jumping Jack 安装船，于 2003 年由丹麦建造，为非自航船，总长 91.2m，型宽 33m，最大作业水深 35m，可打桩桩径达 5m，经改装后被命名为 Seajack。

图 7.3-20 “大桥海威 951”打桩船

图 7.3-21 HLV Stanislav Yudin 安装船

7.4 扩大（设置）基础

7.4.1 技术特点

设置基础是将预制好的箱形基础通过浮运的方式放置在已经处理好的水下海床上的一种扩大基础，其与沉箱类似，形状可为矩形或圆形，具有承载力高、整体刚度大、抗侧向力好的优点，已成为深海急流、强震、强风浪、易受巨轮撞击等复杂海洋环境下跨海桥梁优先考虑的基础形式。箱形基础一般具有自浮的功能。作为基础持力层的海床一般需预先处理：如为覆盖层，通常需要进行地基处理或加固；如为岩石海床，则一般需爆破或研磨整平。箱形基础可以在岸边或船坞内整体或分节制作，与墩位处的海床处理并行施工，既能保证质量，又可节省工期，特别适用于施工条件恶劣的海上大跨桥梁。

设置基础可以使基础结构走向大型整体化、建造走向预制化及施工装备大型化、自动化的发展方向，将海上大量现场作业移到岸上作业，减少海上现场作业时间，以较快速度完成环境恶劣的海上基础的修筑，大大降低施工难度，提高工程质量，缩短工期。

7.4.2 基础类型及工程应用

1. 国外工程应用

1）北、南备赞濑户公铁两用悬索桥[1]

日本北、南备赞濑户大桥位于本四连络桥工程儿岛—坂出线上，两桥均为三跨连续加劲桁梁双层公铁两用桥，南备赞濑户大桥跨度布置为（274＋1100＋274）m，北备赞濑户大桥跨度布置为（274＋990＋274）m。大桥桥墩处水深约 30m，覆盖层很薄，岩石基本裸露，海中基础采用了设置沉井基础，其中 5P 号墩处水深 22m，开挖海床表层强风化层 10m，沉井尺寸 27m×59m，高 37m。施工方案是先利用自升式平台在海床下岩盘中成群钻孔，再炸碎风化岩和凸出岩面，最后用钻机磨平岩盘，将岸边制作好的钢沉井浮运就位，注水下沉于整平的地基上，灌注井壁混凝土及井内水下封底混凝土，井孔内填片石等填筑出水面（图 7.4-1）。

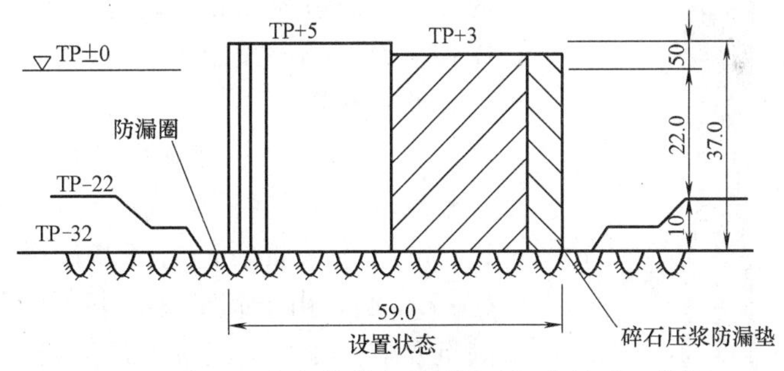

图 7.4-1　日本北、南备赞濑户大桥设置沉井基础（单位：m）

2）明石海峡大桥[1]

日本明石海峡大桥于 1988 年 5 月动工，1998 年 4 月 5 日正式通车。主桥为（960＋1990＋960）m 的悬索桥，墩位处水深 45m，最大潮流速度 4.5m/s，可以承受里氏 8.5 级强烈地震和抗 150 年一遇的 80m/s 的暴风。1 号锚碇和 3 号主塔基础持力层为神户岩层（由第三纪中新世软沉积岩和砂石、泥石层交替形成），2 号主塔基础持力层为明石岩层（第四纪更新世半固结的冲积砂和砾石层形成），而 4 号锚碇则设在风化的花岗岩上。为尽量减少海上施工作业，其 2 号、3 号主塔基础采用设置沉井基础，在工厂预制，然后浮运下沉施工。北塔的双壁钢沉井外直径 80m，高度 70m，南塔的双壁钢沉井外直径 78m，高度 67m，沉井井壁各分为 16 个隔舱。水下开挖形成基坑，底面积直径比沉井直径大 30m；边坡按 1∶1～1∶3（竖向∶水平）放坡（图 7.4-2）。

图 7.4-2　明石海峡大桥设置沉井基础浮运

3）诺森伯兰海峡大桥[1]

加拿大诺森伯兰海峡大桥全长 12.94km，跨度布置为（14×93＋165＋43×250＋165＋6×93）m。桥址水深平均为 10～20m，海床覆盖层不大，基岩为砂岩。大桥设计和施工有两大特点：一是不能延长冰封时间，否则会影响海洋生物系统；二是工期 4 年，每年只有 5 个月的施工时间。综合以上因素，经研究后决定采用钟形设置基础（图 7.4-3）。预制基础包括圆锥和圆柱部分，圆锥部分有两种规格：在 27m 水深时，底盘为圆形，直径 22m；27～38.2m 水深时，底盘为椭圆形，长边为 28m，短边为 22m。设置基础在爱德华王子岛的 Borden Carleton 预制场预制，构件吊装采用改造后的天鹅号安装。

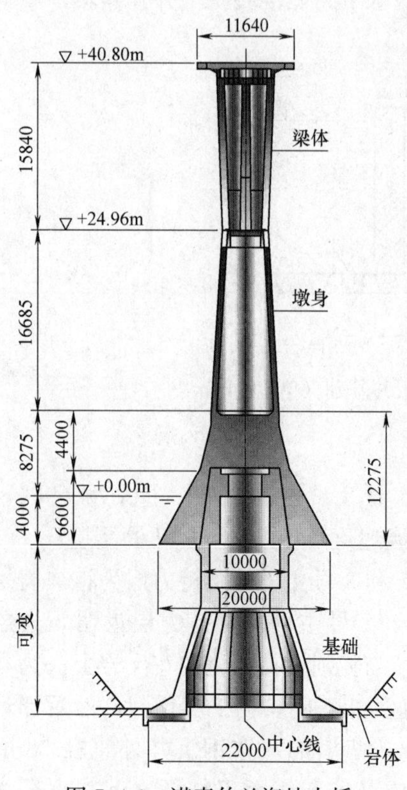

图 7.4-3　诺森伯兰海峡大桥钟形设置基础（单位：mm）

4）丹麦大贝尔特海峡东桥[2]

丹麦大贝尔特（Great Belt）海峡东桥为主跨 1624m 公路悬索桥，主塔基础采用设置沉箱基础（图 7.4-4），由于海床表层冰碛土承载能力及变形不满足要求，开挖至泥灰土层后换填 5m 厚碎石床作为持力层。设置沉箱基础长 78m、宽 35m、高 20m，重约 30000t，在岸边船坞内预制后浮运就位落床，底板与碎石床间的空隙进行灌浆。由于主塔为钢塔，重量较轻，为了确保基础满足船撞要求，在沉箱内填 37500m^3 砂增重。锚碇基础也为设置沉箱基础（图 7.4-5），矩形底面长 121.5m、宽 54.5m，分为前、中、后三部分。由于锚碇处地层为厚约 20m 的冰碛黏土层，为了减少扰动并确保抗滑效果，提出了两个楔形碎石床的设计方案，沉箱仅前后段基础底面与楔形碎石床接触。由于锚碇需要承受很大的水平力及力矩，所以在沉箱的尾端井孔内填料压重。

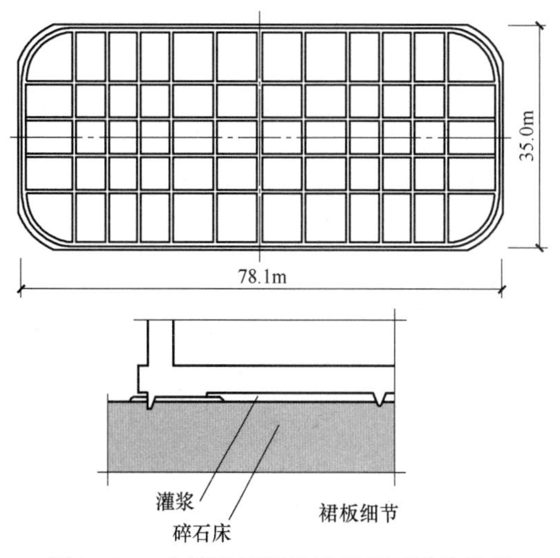

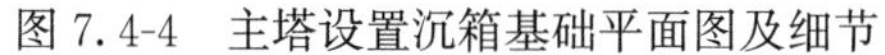

图 7.4-4 主塔设置沉箱基础平面图及细节

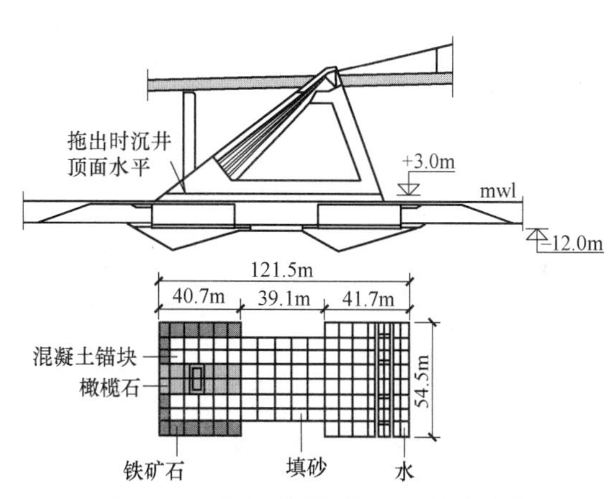

图 7.4-5 锚碇设置沉箱基础结构示意

5）厄勒海峡大桥[28]

丹麦厄勒海峡大桥是一座公铁两用跨海大桥，主桥为跨度（141＋160＋490＋160＋141）m 的钢桁梁斜拉桥，引桥为跨度 140m 的钢桁梁（图 7.4-6）。

图 7.4-6 厄勒海峡大桥主塔沉箱基础、引桥沉箱基础预制

大桥 2 个主塔沉箱基础直接坐落在开挖好的哥本哈根石灰岩上，箱底尺寸为 35m×37m，沉箱的底板、壁板、隔板、顶板均为后张预应力混凝土结构。可降低板件厚度，减小沉箱浮运自重，每个沉箱重约 20000t。沉箱在船坞预制，运到墩位后落床，然后在沉箱和岩面之间灌浆，沉井四周抛石回填防护。主塔基础设计受船撞力控制，在沉箱仓格内填充砂、卵石或压重混凝土。51 个引桥墩基础采用开口式多孔沉箱结构，沉箱底面尺寸为 18m×20m 和 18m×24m 两种规格，为了减小水阻力，所有沉箱都埋入海床面下的石灰岩上。

6）里翁-安蒂里翁大桥[29]

希腊里翁-安蒂里翁（Rion-Antirion）大桥跨径布置为（286＋3×560＋286）m，全长 2.252km。桥位处的建设条件相当复杂，水深达 65m，河床下 500m 仍没有岩床，软弱土层非常厚，并处于一些活动断层有可能造成强烈地震的区域，要求大桥能够适应断层运动中发生的竖向和水平向各 2m 的位移。主桥选用五跨全漂浮连续体系斜拉桥，大桥主墩为圆形设置基础，软弱地基的加固方法是将 ϕ2m、长 25～30m 的钢管，按一般间距 7～8m 打入土中。每个塔墩处，大约打入了 150～200 根钢管，然后在钢管顶覆盖厚 3m 的砾石层，再在其上设置塔墩基础。设置基础底座为 ϕ90m 的钢筋混凝土沉箱，沉箱由 32 片厚 1m 的放射状辐条梁加劲。横梁长 26m，梁的高度从沉箱中心处的 13.5m 递减到沉箱边缘处的 9m。在基础底座之上，是一个直径从底部 38m 向上递减为 27m 的锥形混凝土柱。沉箱在干船坞内修建至 15m 高后，拖拉至湿船坞内继续修建上部的混凝柱，完工后拖至墩位处注水下沉落床（图 7.4-7）。

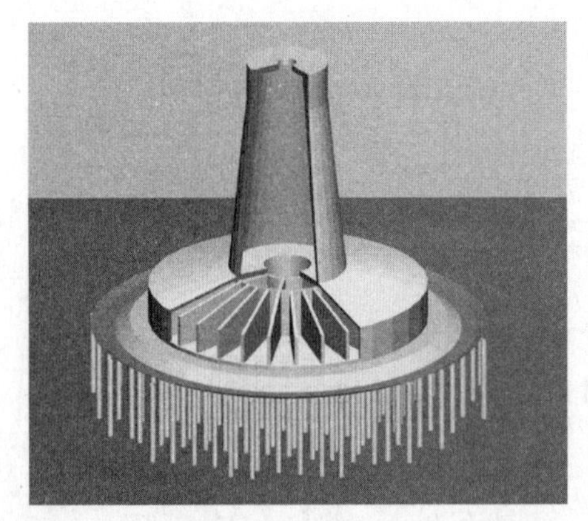

图 7.4-7　里翁-安蒂里翁大桥主塔基础示意

7）伊兹米特海湾大桥

土耳其伊兹米特海湾大桥[30] 位于马尔马拉海（Sea of Marmara）伊兹米特（Izmit）海湾最窄位置，大桥距伊斯坦布尔 50km，距安卡拉 300km，是新建 Gebze-Orhangazi-Izmir 高速公路的关键工程，大桥主跨为 1550m 的两塔三跨悬索桥（图 7.4-8）。

图 7.4-8　伊兹米特海湾大桥

为了减少强震作用时传递到桥梁结构上的荷载，主塔基础（图 7.4-9）设计为坐落在砾石垫层上的混凝土沉箱基础，基础水深 40m。砾石垫层下面用 195 根钢管桩加固海底地层，每根钢管桩长 34.5m，直径 2m，壁厚 20mm，南塔部分钢管桩壁厚 25mm，以提供足够的承载力和避免在地震作用下的液化现象。桥塔基础由混凝土沉箱、钢混组合墩身、墩帽和横梁四部分组成。预制钢筋混凝土沉箱长 68m，宽 54m，高 15m。双壁钢护筒外径 16m，内径 13.6m，总重量接近 600t。实心墩帽高 8m，通过预埋螺栓与钢桥塔相连，主要承受桥塔传递来的竖向荷载。混凝土横向连接两边墩帽形成框架结构。

图 7.4-9　主塔基础示意

主塔沉箱基础在岸边的船坞预制，施工完沉箱底板、外墙及部分高度的内隔墙后，注水起浮，拖出船坞，在深水区继续施工剩余隔墙、安装下沉用的注水系统、浇筑沉箱顶板、安装桥墩的双壁钢护筒。钢护筒吊装就位后，通过竖向预留螺栓和剪力键与沉箱连成整体，然后在双壁之间浇筑 4m 高的自密实混凝土。

墩位处河床同步疏浚，钢管桩采用驳船辅助水下液压振动锤插打。钢管桩插打完毕后，在基坑内的桩顶铺设砾石层，砾石由布料船上的抓斗转移至传送系统上并通过送料管下方间隔铺设到开挖的海床基坑上，铺设完毕后对砾石垫层整平，每 2m×2m 内的最大高差±50mm。沉箱由拖轮浮运至墩位并精确定位后注水下沉，边下沉边调整沉箱姿态直至着床。

2. 国内工程应用

1）台湾澎湖望安将军跨海大桥

台湾澎湖望安将军跨海大桥为主跨 210m 的预应力混凝土梁桥，桥址处水深约 20m，平均流速 3～4m/s，浪高常在 3m 以上，平均风力 4 级以上天数占 83%，最大阵风 7 级以上天数占 77%，基岩为玄武岩。两个主墩采用设置基础，直径 22m，壁厚 0.4m，1 号沉箱高 21.2m，2 号沉箱高 16.8m。大桥施工时，采用平台船上的长臂挖土机连接破碎机来破碎玄武岩，然后挖土机换上挖斗挖走石块，水中凿岩机处理凹凸的岩面，用砾石回填夯实形成垫层，预制好的沉箱拖至墩位处灌水沉放，沉箱底部的空隙灌浆固结。

2）大连星海湾大桥

大连星海湾大桥主桥[31] 为（180＋460＋180＝820）m 的地锚式双层悬索桥（图 7.4-10）。主桥锚碇采用空腹三角形框架混凝土重力式锚碇，上部为锚体，包括锚块、锚室、散索鞍支墩、底板等部分，下部为设置沉箱基础和碎石升浆基床，单个沉箱尺寸为 69m×44m×17m，重达 26000t。锚体部分的散索鞍支墩向外倾斜，与锚室相连，形成三角形稳定结构，增强了锚体结构的整体性。锚碇设置在水深 10～15m、覆盖层 4～14m 的海床上，海床下面为石灰岩。

图 7.4-10 大连星海湾大桥

基础施工方案为（图 7.4-11、图 7.4-12）：首先在船坞内预制整个沉箱基础，同时在墩位处海床下开挖至中风化岩面，接着采用潜水水下刮道的方法整平基床，然后在基床上铺设土工布，以防止在升浆过程中发生漏浆现象；然后将预制好的沉箱基础拖运到桥位处就位，在沉箱上搭设升浆平台，利用预埋管进行钻孔，钻孔深度至基床底面以下 0.5m；钻孔后再将注浆管和观测管打至基岩面，然后进行基床升浆作业。升浆采用平升工艺，砂

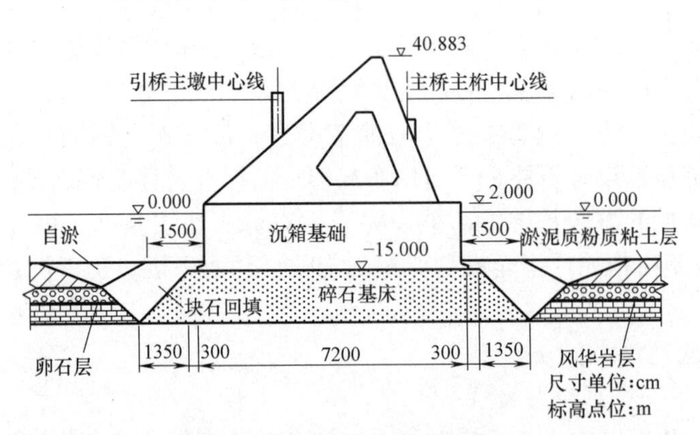

图 7.4-11　锚碇设置沉箱基础

图 7.4-12　锚碇沉箱浮运

浆从底部向上升起，逐渐充满整个碎石基床。基床底面不用设计成楔形，既方便施工，又能够达到抵抗水平力的要求；最后在沉箱基础上施工锚碇体部分。钢沉箱重达 26000t，在旅顺船坞预制完成后，采用 1 艘 7200 匹主拖、4 艘 5000 匹辅拖将其运至 80km 外的桥位处，采用 4 艘大马力拖轮，配合大型起重方驳协同进行安装作业。

7.4.3　施工技术及装备

1. 主要施工步骤

为了适应海上工作环境，减少海上作业时间，设置基础的主要意图就是将大量工序安排在岸上或船坞内进行，由大型驳船或浮运的方法将基础浮运至设计位置下沉就位，使基础快速达到稳定状态，施工主要步骤为：制造、浮运、定位及下沉。下面以超大型设置基础为例介绍主要施工步骤。

第一步：设置基础在岸边船坞内分块制造

对于超大型设置基础，可将设置基础在高度上分成若干节，除底节外，其他各节段重量均需满足浮吊整节吊装要求，且具备自浮能力，其中底节和上部各节段可在船坞内同时拼装，然后出坞浮运。

第二步：设置基础较深海域内整体拼装

底节基础在船坞内整体加工浮运到拼装位置后，利用锚碇系统进行初步定位，确保底节基础在水流力及波浪力作用下的稳定，然后利用大吨位浮吊整体吊装上部各节段，同时基础内注水下沉，满足浮吊下一节段整体吊装高度要求。在设置基础拼装过程中要随时调整锚碇系统以保持已拼装基础整体的稳定性。

第三步：设置基础整体浮运

待基础拼装完成后，采用整体助浮结构及措施，基础内抽水上浮，最大限度减少吃水深度，同时需保证基础有一定的吃水深度，满足基础在整体浮运过程中的稳定要求。浮运需考虑风荷载和波浪荷载的影响，为降低拖轮马力要求及后期精确定位需要，也可在沉井底部安装可自航式的动力装置辅助基础浮运。

第四步：墩位处定位及着床

设置基础整体浮运至墩位处需进行精确定位后方可进行注水下沉，基础在浮运至墩位之前需根据海床地质条件，对海床进行专项处理。基础定位系统有常规的锚碇系统＋动力调整装置，其中安装在基础结构上的动力装置主要用于基础着床前微调，保证基础平面偏差在允许的范围内。常规锚碇系统根据不同墩位处地形条件可采用重力锚、桩锚、铁锚、锚墩结构或动力船结构等形式。最后是注水落床工序，需要不断监控并实施调整基础平面姿态及中心位置。

2. 关键施工技术

设置基础在岸上或船坞内进行预制、出坞浮运等工序可沿用陆域施工方法，跨海桥梁设置基础施工难点主要为海床的处理及开挖后海床扫测等环节。

1）海床开挖

海床开挖可根据岩层强度的不同，选择合适的开挖方法。对于硬岩，需先采取水下爆破，再用抓斗式挖泥船清除碎石。爆破施工分裸露爆破和钻孔爆破两种，裸露爆破是在海底岩基面上设置成形的炸药，通电进行爆破。这种方法适用于基础开挖难度较大的区域，对水深也有一定的要求，故专门用于清除暗礁等突出物的水下爆破。钻孔爆破通过自升式作业平台（SEP）上的钻机在海底钻孔，在孔中放入火药进行爆破。这种方法破碎效率好，能够达到所要求的深度和形状。在深水中爆破通常要用潜水员下水设置药包。当水深超过 100m 时，通常用机器人进行设置。对于软岩或覆盖层，可直接采用挖泥船进行开挖。基槽开挖分粗挖、精挖、清淤。粗挖是开挖自然泥面至离设计底标高约 2m 间的泥层，可选用大功率耙吸式挖泥船承担粗挖施工，耙吸式挖泥船应具有动力定位及动力跟踪的功能。精挖是粗挖完成后至设计高程间的泥层，选用具有定深和平挖功能的大型抓斗挖泥船，可减少底部扰动和浮泥产生。清淤是清除粗挖结束后至精挖前基槽淤积的泥沙，以及精挖后基槽底和基床面回淤的浮泥层。

2）海底岩面整平

对坚硬岩层，水下爆破并用挖掘船掘削后，基底尚留有细土砂类及不平处。因基底处于水下，采用大直径掘削机来整平海底岩面，残渣细粒被掘削机的空气吸出装置排出。经底面整平露出基岩岩面，为了准确把握深水处的岩面状况，采用潜水员直接摸底及水下监控设备（ROV）、超声波测定等多种方法相互对照检查。

3）海底钢管桩插打

海底钢管桩插打可采用固定式半潜平台的驳船作为海上施工的作业平台，可从一个位置转移到另一个位置进行工作。抛掷在海床上的锚碇及其竖向锚链提供了驳船的稳定性，当一个位置的海上作业结束后，可将锚碇提起，并将驳船拖至下一个施工位置。可在驳船上安装精确定位框架，并在框架上设置可纵横向调整的导管，导管深入海底，精确定位后，吊机吊装打桩锤和钢管桩沿导管下放至海底，打入海床。

4）水下探测技术

适用于设置基础施工的水下探测技术主要为水下地形剖面仪。目前水下地形剖面仪主要以浅地层剖面仪为主，其原理是通过调频装置，根据拖鱼型号和测试条件，利用3～5kHz的声波向水中发射，同时接收水下地层反射回来的信号，并进行分析和处理，从而获得水下地层的地质状况的信息。水下地形剖面仪综合了声波与数字信号处理技术，具有良好的水下探测性能。

3. 主要施工装备

设置基础是国家工业化、机械化达到一定程度后产生的一种基础形式，施工过程中涉及大吨位起重船、SEP自升式平台、挖泥船、大直径掘削机、水下整平机等大型装备。

1）大吨位起重船

随着跨海桥梁工程的发展，用于深水设置基础施工的起重船的性能要求越来越高。目前世界上典型的起重船包括：（1）号称世界最大的振华重工12000t起重船；（2）在中国制造的韩国三星5号8000t起重船；（3）在丹麦斯多贝尔西桥、加拿大联邦桥投入使用的6500t（8700t）天鹅号起重船；（4）一航津泰号4000t固定臂架式起重船；（5）大桥局新制的3600t海鸥号变幅式起重船；（6）大桥局的天一号3000t中心定点起吊起重船。

2）SEP自升式平台

海上施工用SEP自升式平台是设置基础海上施工操作平台，由上部结构和桩腿组成。上部结构可沿桩腿升降（由气动、液压或电动的升降机驱动），以适应不同水深条件作业的要求。施工前，桩腿下降，插到海底，上部结构被顶起脱离海面，在平台的顶面进行作业。施工完成后，升降机构先把上部结构降回海面，再拔起桩腿即可转移。工作水深为十几米到上百米，平台无动力装置，不能自航。

以日本南、北备赞濑户大桥沉井基础为例，其利用SEP自升式平台在海床下岩盘中钻爆破孔，爆破炸碎风化岩和凸出岩面，最后用钻机磨平岩盘，将岸边制作好的沉井浮运就位、锚碇灌水下沉设置在整平的地基上，沉井内填片石等填筑出水面。

3）挖泥船

国内首艘真正具备定深平挖功能的挖泥船是由中交广州航道局完全独立自主研发的“金雄号”，它是目前国内采用Ω液力变矩器传动结构建造的最大的抓斗式挖泥船，总长68m，型宽25m，型深4.8m，平均吃水2.8m，为全钢质焊接结构的非自航抓斗式挖泥船。船舶最大挖掘深度可达75m，最大起重能力400t，具有碎岩及定深挖掘整平功能，可在离岸20海里以内疏浚作业，并能实现无限航区调遣。

图7.4-13 岩面整平掘削机

4）大直径掘削机

以濑户大桥为例，水下基底整平借助海中作业平台（SEP）上装置的大直径掘削机来整平海底岩面，掘削机直径2.5m，重量150t，残渣细粒被掘削机的空气吸出装置排出，底面整平精度可达±10cm以内（图7.4-13）。

5）水下整平机

水下整平机的代表有“航工平一号”“青平 2 号”深水基床整平船，在土耳其伊兹米特海湾大桥工程中也使用类似的整平船。该类型整平船一般由工作母船、水下步履式整平机（含刮料板）和测控系统组成。优点在于碎石整平避免了受波、浪、流的直接影响，理论上整平机定位稳妥，整平精度较易保证，在青岛港实践证明可以达到±50mm 精度，需增加碎石初抛、夯实工序和设备，适合全铺设垫层（图 7.4-14）。

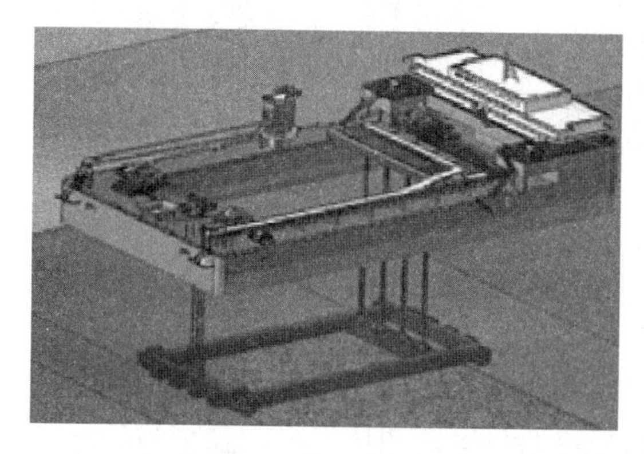

图 7.4-14 水下整平机

7.5 复合基础

沉井和沉箱是经典的桥梁深水基础，但也会遇深水、软弱覆盖层巨厚等特殊条件，这时就要考虑利用桩基或管桩先加固地基，再设置沉井或沉箱；或沉井下沉到位后，在井孔内插打桩或管柱，形成复合基础。因此，复合基础就是将不同类型的桥梁基础，根据所处的地质和水文等条件，结合施工技术水平，进行合理组合后形成的一种基础形式。这样既能发挥各自的优势，又能弥补彼此的不足，作为整体适应更复杂、更严峻的建设条件[32]。

7.5.1 复合基础种类及技术特点

复合基础常采用的形式是沉箱（沉井）+木桩（管柱、桩基）[33]，如图 7.5-1 所示。具体可根据设计要求、桥址处的地质水文条件、施工机具设备情况、施工安全及通航要求等因素，通过综合技术经济分析，因地制宜，合理选用。

当基础处于深水环境下，且软弱覆盖层较厚时，为减少沉井下沉深度，常采用沉井+管柱的复合基础。这种复合基础刚度大，承载力高，在深水环境较为适应，还可做成预制件，实现拼装化施工。沉井+管柱复合基础的施工方法，是先将工厂加工的沉井浮运至墩位处，采用辅助措施使其下沉至设计位置，再通过起重设备将管柱振动下沉至稳定持力层，最后浇筑封底混凝土，使得沉井与管柱形成整体，共同受力。

在水流湍急的条件下，砂土层极易受到河水冲刷，钻孔桩施工时，地基坍塌事故时有发生。为解决桩基施工时成孔难度大的问题，常采用沉井+桩基的复合基础，不仅可以减

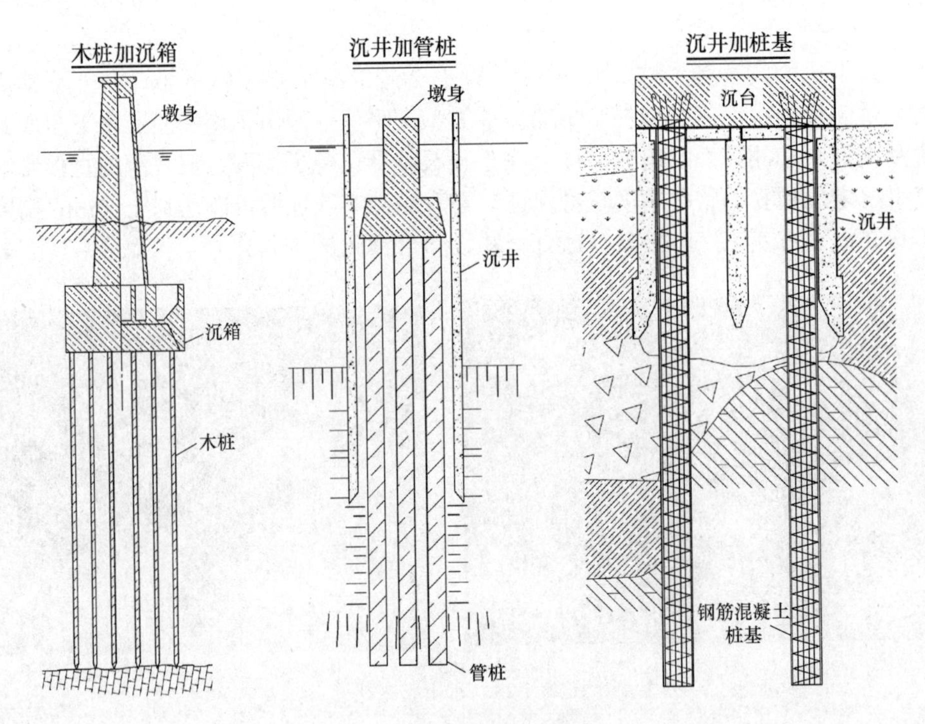

图 7.5-1　复合基础示意

小桩基自由长度，限制墩顶变位，利于稳定，同时也降低沉井的结构高度和下沉深度。施工方法有两种：一种是先插打木桩或钢桩于覆盖层中，再在其上设置沉井或沉箱；另一种是先下沉井，待沉井下沉至设计深度后，再进行井孔内钻孔桩施工，浇筑封底混凝土使沉井与桩基形成整体，此种施工方式的优势在于既满足了基础的埋深要求，又解决了深基础的水下施工难题，沉井给钻孔施工提供了一个稳固的平台，利于施工。

复合基础在施工中，要先后进行两种形式的基础如沉井、管柱或钻孔桩的施工，需用施工设备多，工艺复杂，而且要严格防止两种不同基础体系之间的沉降差和相对倾斜差。

7.5.2　复合基础工程应用

复合基础在国内跨海桥梁工程中应用较少，国外建筑工程中有所应用。1966 年的美国班尼西亚马丁尼兹桥，采用了在钢筋混凝土沉井内继续施打钢管桩的组合基础。1976 年，在澳大利亚建成了一座 13.5 万吨级出口煤码头，其基础采用的也是沉箱＋桩基的结构形式。1988 年，日本柜石岛公铁两用斜拉桥，3 号墩基础采用了 46m×29m×30.5m 的沉井与 16 根 4m 直径的灌注桩组合的复合基础[34]，如图 7.5-2 所示。

日本尻无川桥为 170m＋250m＋160m 钢箱梁，可作为持力层的砂砾石层深埋于河床以下 30m，水深 10m，采用钢管桩设置沉井复合基础[35]，如图 7.5-3 所示。

1998 年建成的日本明石海峡大桥，曾提出的一个基础方案就是采用自浮式沉井＋管柱的复合基础（图 7.5-4），但经过比选后，最终选用了设置沉井基础。20 世纪末至 21 世纪初，日本、韩国在修建一些跨海桥梁中，复合基础仍是首选。韩国南部第二居金连岛大

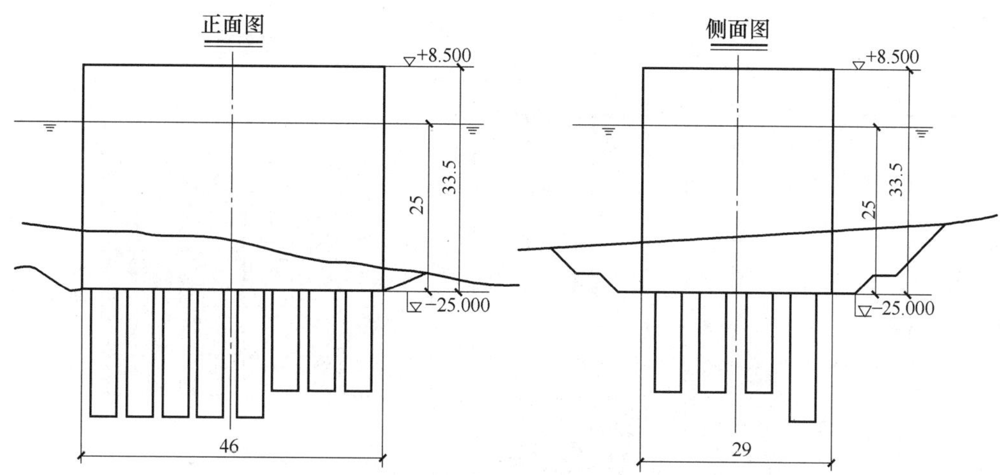

图 7.5-2 柜石岛公铁两用斜拉桥复合基础示意（单位：m）

桥于 2010 年建成，该桥为一座钢桁梁斜拉桥，主跨 480m，主墩基础采用了矩形沉井与 30 根直径 2.5m 的桩基组合的复合基础[36]，如图 7.5-5 所示。

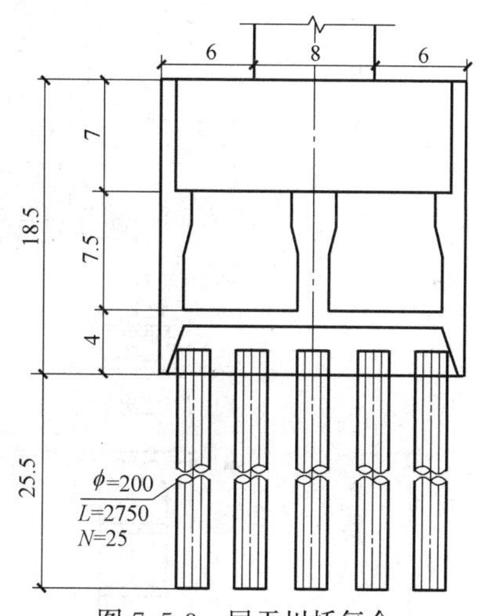

图 7.5-3 尻无川桥复合基础示意（单位：m）

伴随着我国国力的增强和桥梁走向海洋的步伐，已有越来越多的科研和设计单位在多个跨海通道的研究中，开始尝试复合基础和设置基础。例如 2010 年，在琼州海峡大桥可行性研究阶段中，考虑最大水深达 80m 以及深厚软基覆盖层，提出了两种基础比选方案：一种是直接设置沉井基础方案，另一种是沉井＋钢桩的复合基础方案（图 7.5-6）。这些尝试及创新必将给未来的桥梁基础领域注入新的活力。

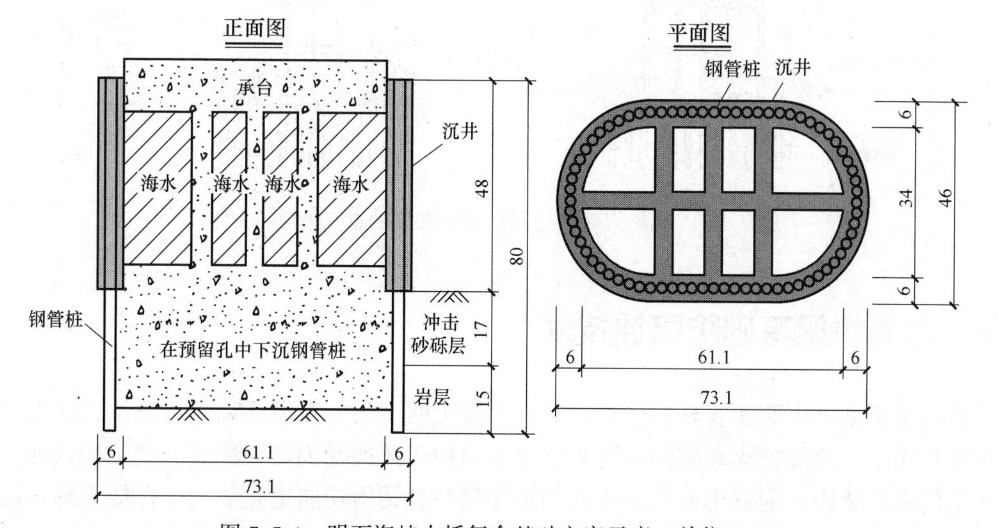

图 7.5-4 明石海峡大桥复合基础方案示意（单位：m）

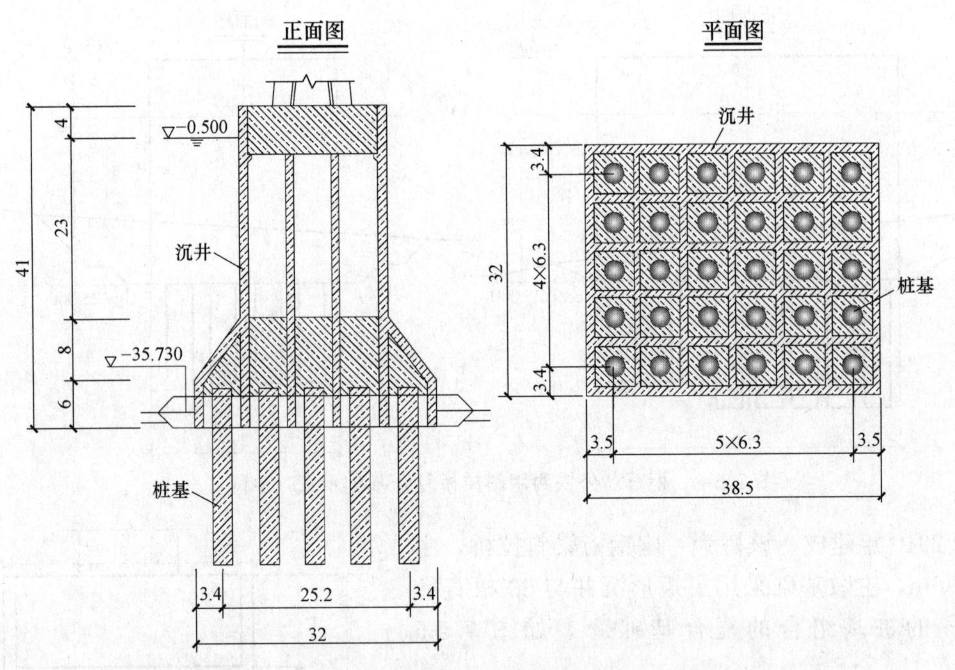

图 7.5-5　第二居金连岛大桥复合基础方案示意（单位：m）

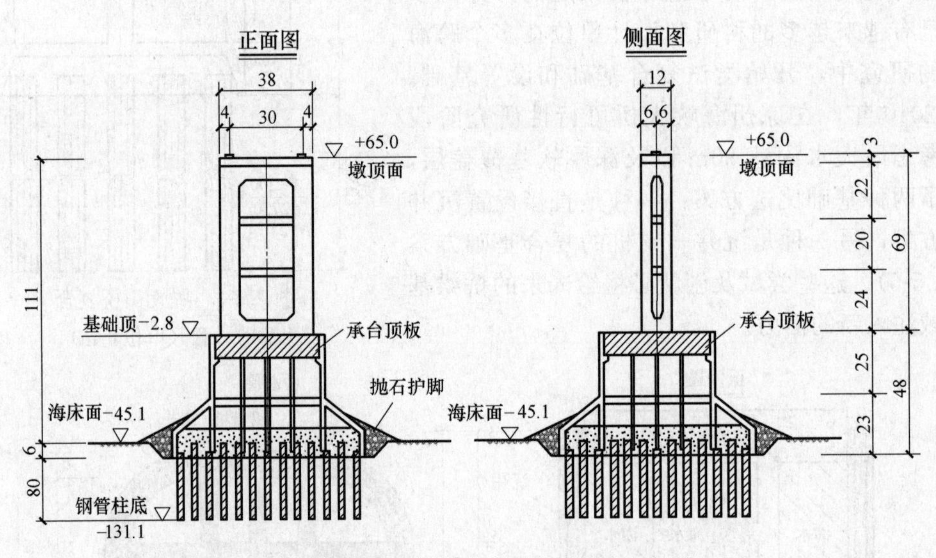

图 7.5-6　琼州海峡大桥复合基础方案示意（单位：m）

7.6　跨海桥梁基础防腐蚀技术

跨海桥梁基础主要建筑材料包括钢材和混凝土两大类，在海洋高盐、高湿、高温等腐蚀环境作用下，跨海桥梁基础钢结构和混凝土结构耐久性受到严峻挑战。钢结构锈蚀，混凝土结构钢筋锈胀、混凝土开裂剥落等均会导致基础结构功能退化、力学性能下降，以致影响整个跨海桥梁工程的耐久性、使用性、安全性和外观。除合理的结构设计和工程材料选用之外，还必须采用有效的防腐蚀措施才能确保跨海桥梁工程的耐久性[39,44]。

7.6.1 海洋腐蚀环境

由于海洋腐蚀环境的复杂性，跨海桥梁基础所处位置和暴露条件不同，其受海水或海洋大气的腐蚀等级和腐蚀特征也会随之表现出较大的差异性。根据腐蚀环境作用等级和腐蚀特征的不同，通常可将海洋腐蚀环境分为五个区带：海洋大气区、浪花飞溅区（浪溅区）、潮差区（水位变动区）、海水全浸区（水下区）、海底泥土区，如图7.6-1所示（罔本剛等，1997）[37]。

不同区带的环境条件及材料腐蚀行为存在较大差异，具体如表7.6-1所示（M. 舒马赫，1979）[37]。

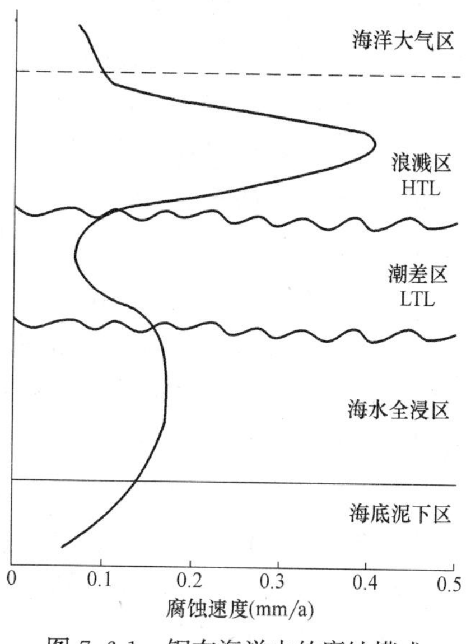

图7.6-1 钢在海洋中的腐蚀模式

海洋环境条件及腐蚀行为 表7.6-1

海洋腐蚀环境区分	环境条件	材料腐蚀行为
海洋大气区	风带来细小海盐颗粒，影响因素有距离海面的高度、风速、风向、降露周期、雨量、温度、太阳照射、尘埃、季节和污染等	阴面可能比阳面损坏得更快；雨水能把顶面的盐冲掉；粉尘与盐一起也可能对钢铁设备有特殊的腐蚀性，离开海岸腐蚀迅速减弱
浪花飞溅区	潮湿供氧充分的表面，无海生物污损	钢材在此区的侵蚀最为严重，保护涂层比在其他区域更易损坏
潮差区	随潮水涨落而干湿交替，通常有充足的氧气	在整体钢桩情况下，位于潮差区的钢可充当阴极，并可因处于潮差区以下钢的腐蚀而得到一定程度的保护；在潮差区，单独的钢样板有较严重的腐蚀性
海水全浸区	在岸边的浅海海水通常为氧饱和。污染、沉积物、海生物污损、海水流速等都可能起重要作用； 在深海区，氧含量变小，往往比表层低得多	在浅海腐蚀可能比海洋大气中更迅速，可采用保护涂层和阴极保护来控制腐蚀。在多数浅海中，有一层硬壳及其他生物污损阻止氧进入表面，从而减轻了腐蚀； 在深海区钢材的腐蚀速度较慢，腐蚀较轻
海底泥下区	往往存在硫酸盐还原菌等细菌；海底沉积物的来源、特征和性状不同	海底沉积物通常是腐蚀性的，有可能形成沉积物间隙水腐蚀电池；部分埋设的钢样板有加速腐蚀趋势；硫化物和细菌可能是影响因素

7.6.2 钢结构防腐技术

1. 钢结构的腐蚀类型

跨海桥梁基础钢结构腐蚀属于电化学腐蚀。基础结构与海洋大气、海水等腐蚀性环境介质直接接触，在介质中各种去极化的作用下形成腐蚀原电池，从而发生电化学腐蚀。跨海桥梁基础钢结构的腐蚀类型主要有均匀腐蚀和局部腐蚀。均匀腐蚀是指在金属表面上几乎以相同的腐蚀速率进行腐蚀，一般发生在阳极区和阴极区难以区分的部位。利用均匀腐蚀可有效地进行腐蚀速率的控制，也可较准确地估算腐蚀余量。局部腐蚀指发生在金属表面上局部部位的腐蚀破坏，其危害性比均匀腐蚀更大，往往在没有任何预兆的情况下导致结构突然破坏。桥梁基础钢结构的局部腐蚀主要包括点蚀、缝隙腐蚀、应力腐蚀、空泡腐蚀、冲击腐蚀、疲劳腐蚀等[38-40]。

1）点蚀

金属材料在某些环境介质中经过一定时间后，大部分表面不腐蚀或腐蚀很轻微，但在表面上个别的点或微小区域内，出现蚀孔或麻点，而且随着时间的延长，蚀孔不断向纵深方向发展，形成小孔状腐蚀坑，这种现象称为点蚀。点蚀是一种由“大阴极小阳极”腐蚀电池引起的阳极区高度集中的局部腐蚀形态。

在海水 Cl^- 含量高的沿海地区，容易诱发钢结构的点蚀行为。Cl^- 具有半径小、穿透能力强、极性强的特性，因此极易到达金属表面加速腐蚀。在 Cl^- 的催化作用下，点蚀坑会不断扩大、加深，严重时蚀孔将贯穿整个金属断面。点蚀是破坏性和隐患性极大的局部腐蚀。因此，需要特别注意钢结构在沿海地区发生的点蚀现象。

2）缝隙腐蚀

缝隙腐蚀通常发生在金属/非金属表面或沉积物之间形成的缝隙中。在腐蚀介质中，这缝隙容易形成闭塞电池，电解质一旦进入缝隙就会长期存在，由于氧供应困难，易形成氧浓差电池或难以形成钝化膜，易造成连续、长期的电化学腐蚀。由于缝隙下阳极面积很小，常会使腐蚀速率加快。

跨海桥梁基础结构复杂，金属孔隙、密封垫片表面、螺栓和铆钉下的缝隙内都会有因溶液的积留而引起缝隙腐蚀。这种腐蚀并不是一定要有缝隙才可以发生，它也可能因为在金属表面上所覆盖的泥沙、灰尘、脏物等而发生。几乎所有的腐蚀性介质（包括淡水）都能引起金属的缝隙腐蚀，而含氯离子的溶液通常是最敏感的介质。

3）应力腐蚀

应力腐蚀是指金属材料在固定拉应力和特定介质的共同作用下所引起的腐蚀破裂。金属应力腐蚀破裂只在对应力腐蚀敏感的合金上发生，纯金属极少产生。合金的化学成分、金相组织、热处理对合金的应力腐蚀破裂有很大影响。处于应力状态下，包括残余应力、组织应力、焊接应力或工作应力在内都可以引起应力腐蚀破裂。对于一定的合金来说，要在特定的环境中才会发生应力腐蚀破裂。应力腐蚀破裂前往往没有先兆，因此容易造成灾难性的事故。

4）空泡腐蚀

空泡腐蚀是指腐蚀介质在高速流动时，由于气泡的产生和破裂，对所接触的结构材料产生水锤作用，其瞬时压力可达数千个标准大气压，能将金属表面的保护膜破除，使之不断暴露新鲜表面而造成的腐蚀破坏。海水中的空泡腐蚀既对金属造成机械损伤，又使其腐蚀损坏，腐蚀后的金属表面多呈蜂窝状。

5）疲劳腐蚀

疲劳腐蚀指金属材料在交变应力与腐蚀介质共同作用下产生的腐蚀。腐蚀过程中交变应力和腐蚀相互促进，加速了裂纹的扩展。

2. 钢结构的防腐蚀措施

引起跨海桥梁基础钢结构腐蚀的因素较多，但最主要的是电化学腐蚀。桥梁基础钢结构一旦发生锈蚀，就会日趋严重，构件截面面积减小，承载能力降低，从而影响桥梁结构正常使用功能和结构安全。尽管桥梁基础钢结构在使用阶段的腐蚀是不可避免的，但其腐蚀速度是完全可以控制的，这就需要对桥梁基础钢结构采取有效的防腐措施。

跨海桥梁基础钢结构防腐蚀的关键在于：采取各种有效措施，尽可能提高钢结构的抗腐蚀性能或采取措施抑制、减缓钢结构的腐蚀速度。通常情况下，可将跨海桥梁基础钢结构防腐蚀措施分为基本措施和附加措施两类。基本措施是指通过自身性能的调节或控制来满足结构的耐久性要求；附加措施是指通过附加补充措施来满足结构的耐久性要求[38-40]。

1）钢结构防腐蚀基本措施

钢结构防腐蚀基本措施主要是指预留腐蚀裕量，它也是跨海桥梁基础钢结构防腐中最常用的防腐蚀措施。腐蚀裕量是指设计金属构件时，考虑使用期内可能产生的腐蚀损耗而增加的相应厚度。当采用涂层或阴极保护时，结构设计通常也会留有适当的腐蚀裕量。

需要注意的是，钢结构在海洋环境中的局部腐蚀速率远大于平均腐蚀速率，为平均速率的 5～10 倍。局部腐蚀会造成结构腐蚀穿孔或应力集中，成为结构的安全隐患。以平均腐蚀速率为计算依据的腐蚀裕量并不能完全弥补局部腐蚀造成的危害。因此，跨海桥梁基础钢结构防腐蚀不宜单独采用腐蚀裕量法。

2）钢结构防腐蚀附加措施

目前跨海桥梁基础钢结构常用的防腐蚀附加措施主要包括：①涂层保护；②阴极保护；③金属热喷涂；④包覆防腐等措施。基础结构不同部位采取的防腐蚀措施也不尽相同，通常视结构构件所处环境作用等级、保护年限、施工维护难易程度、经济性等情况而定，具体如下[39]：

（1）大气区的防腐蚀措施常采用涂层保护或金属热喷涂。

（2）浪溅区和水位变动区的防腐蚀措施常采用重防腐涂层或金属热喷涂层加封闭涂层保护，也可采用树脂砂浆或包覆有机复合层等耐蚀材料保护。

（3）水下区的防腐蚀措施可采用阴极保护和涂层联合保护或单独采用阴极保护。当单独采用阴极保护时，应考虑施工期的防腐蚀措施。

（4）泥下区的防腐蚀措施常采用阴极保护。当牺牲阳极埋设于海泥中时，应选用合适的牺牲阳极材料，并应考虑其驱动电压和电流效率的下降。

（5）钢管桩、钢板桩等埋地钢结构的防腐蚀措施常采用阴极保护和涂层联合保护。

3. 工程应用

1）东海大桥

大桥跨海段（除通航孔）约 24km 范围涉及 331 个桥墩基础，全部采用钢管打入桩桩，桩径为 ϕ1.5m，总桩数 5376 根。为了保障大桥钢管桩 100 年的安全防腐蚀寿命，在桩顶以下潮差区范围段采用涂敷环氧重防腐涂层保护，水下区段和泥下区段为裸管，采用高效铝合金牺牲阳极阴极保护，阴极保护设计寿命 35 年（100 年内更换两次）[41]。

2）杭州湾大桥

跨海段引桥长达 18.27km，桥墩基础采用大直径、超长钢管打入桩。桩径为 ϕ1.5m、ϕ1.6m，总桩数 5474 根，桩长 71～89m。钢管桩采用高性能环氧涂层＋阴极保护＋预留腐蚀裕量的联合防腐方案。前50年主要靠高性能环氧涂层进行防腐，阴极保护作为辅助手段对钢管桩涂层局部失效及破损区域进行防腐；50年后，前30年主要靠高效铝合金牺牲阳极阴极保护进行防护，后20年靠预留腐蚀裕量保证钢管桩的使用寿命[42]。

3）港珠澳大桥

港珠澳大桥设计使用寿命120年，以CB05合同段为例，标段范围内共67个桥墩，桥墩基础均采用钢管复合桩，桩径分为ϕ2.0m、ϕ2.2m、ϕ2.5m三种规格，共440根，桩长17～60m。钢管复合桩采用牺牲阳极阴极保护与涂层联合防腐。牺牲阳极材料采用Al-Zn-In-Mg-Ti高效铝合金。承台以下约20m范围采用高性能复合加强双层熔融结合环氧粉末涂层，其余部位采用高性能复合普通双层熔融结合环氧粉末涂层，内层为耐腐蚀型涂层，面层为抗划伤耐磨防腐涂层[43]。

7.6.3 混凝土结构防腐技术

由于跨海桥梁基础长期处于海水侵蚀、破浪冲击、干湿交替的恶劣海洋腐蚀环境中，混凝土结构耐久性问题尤为突出。特别是位于浪溅区和水位变动区的部位，经常会出现不同程度的钢筋锈蚀、混凝土破损等问题，导致跨海桥梁基础承载能力退化和结构安全度下降，严重影响跨海桥梁的正常使用功能和实际使用寿命，而且还会造成后期养护维修费用大幅增加。因此，无论设计、施工，还是管理，都必须高度重视跨海桥梁基础混凝土结构的耐久性问题。

1. 海洋环境混凝土结构腐蚀作用

海洋环境中，混凝土构件可能发生的腐蚀作用主要包括海洋氯离子导致的构件内部钢筋锈蚀，表层混凝土碳化导致的构件内部钢筋锈蚀，海水中盐类对混凝土的化学腐蚀作用和物理结晶破坏，混凝土内部碱-骨料反应造成的化学腐蚀作用，寒冷海域海水冻融循环对混凝土的物理破坏，以及海洋生物对混凝土的生化腐蚀作用[41-43]。

1）海水中氯离子侵蚀导致钢筋锈蚀

氯离子侵蚀是混凝土结构在海洋环境中腐蚀的首要因素。海水中的氯离子通过扩散、渗透、吸附等途径从构件表面向混凝土内部迁移，在钢筋表面积聚的浓度不断增加，当达到诱发电化学反应的临界浓度后，钢筋发生锈蚀。氯离子在钢筋锈蚀的电化学反应过程中起到了催化和促进作用。

氯离子引起的钢筋锈蚀可分为两个阶段，即氯离子迁移过程和钢筋锈蚀过程。对于氯离子迁移过程，影响因素主要包括氯离子浓度、混凝土密实程度、孔隙饱水率和连通率，以及胶凝材料的种类；对于锈蚀过程，影响因素主要包括氧气含量、孔隙含水率和阴阳极面积比等因素。

海水中氯离子的迁移是以混凝土中连通的孔隙溶液为介质进行的。因此，混凝土密实度越高、饱水率越小、孔隙溶液连通率越低，氯离子迁移速度越慢；同时，氯离子在孔隙溶液中迁移时会与孔隙壁发生化学和物理吸附作用，进一步降低氯离子迁移速率，已有研究成果表明，水泥中C_3A含量高的混凝土，其孔隙对氯离子的吸附能力要高得多。

2）表层混凝土碳化引起钢筋锈蚀

混凝土内部呈高度碱性，钢筋表面在高度碱性环境中会生成一层致密的钝化膜，使钢筋具有良好的稳定性。当空气中的二氧化碳扩散到混凝土内部，通过化学反应降低了混凝土的碱度（碳化），使钢筋表面失去稳定性，并在氧气与水分的作用下发生锈蚀。

对于混凝土的碳化过程，需要考虑的环境因素主要为湿度（水）、温度和 CO_2 与 O_2 的供给程度。如果周围大气的相对湿度较高，混凝土的内部充满孔隙溶液，则空气中的 CO_2 难以进入混凝土内部，碳化就不能或只能非常缓慢地进行；如果周围大气的相对湿度很低，混凝土内部比较干燥，孔隙溶液的量很少，碳化反应也很难进行。

3）海水中硫酸盐、镁盐对混凝土的化学腐蚀作用

海水盐类中的 SO_4^{2-}、Mg^{2+} 均可与混凝土中的相关成分发生化学反应，对混凝土产生腐蚀作用。

SO_4^{2-} 对混凝土的化学腐蚀包含两种化学反应的结果：一是与混凝土中的水化铝酸钙反应形成硫铝酸钙即钙矾石；二是与混凝土中氢氧化钙结合形成硫酸钙（石膏），两种反应均会造成体积膨胀，使混凝土开裂。

Mg^{2+} 与混凝土孔隙溶液中的 $Ca(OH)_2$ 反应，生成疏松而无胶凝性的 $Mg(OH)_2$，降低了混凝土的密实性和强度。但因海水中相对高浓度 Cl^- 的存在使 Mg^{2+} 的作用减弱，降低了此过程对混凝土的破坏。

4）海水中盐类结晶对混凝土的物理破坏作用

海水中的盐类可以渗入至混凝土内部，在干湿交替情况下，水分蒸发使盐分逐渐积累，当超过饱和浓度时就会析出盐结晶，体积膨胀，使混凝土表面开裂。这种作用在桥墩基础的浪溅区较为常见。各种盐类在波浪的携带下到达混凝土表面，然后在混凝土表面蒸发，导致表层混凝土孔隙中盐类的析出。

5）混凝土内部碱-骨料反应

砂、石骨料中的活性 SiO_2 与混凝土中的碱（Na_2O 和 K_2O）起反应，生成碱-硅胶凝，称为碱-硅反应；某些碳酸盐类岩石骨料也能与碱起反应，称为碱-碳酸盐反应。这些反应产物均具有较强的体积膨胀性，能引起混凝土体积膨胀、开裂。

与其他腐蚀作用不同，碱-骨料反应是在混凝土内部发生的，并不需要外部侵蚀性介质的侵入。发生碱-骨料反应的充分条件是：混凝土有较高的碱含量，骨料中有较高的活性成分，必须有水分参与。在混凝土中加入足够掺量的粉煤灰、粒化高炉矿渣粉或沸石等掺合料，能够抑制碱-骨料反应。采用密实的低水胶比混凝土能有效阻止水分进入混凝土内部，也有利于防止碱-骨料反应的发生。

6）寒冷海域中海水冻融循环对混凝土的物理破坏作用

寒冷海域中位于浪溅区和水位变动区的混凝土在冰冻过程中，其毛细孔壁同时承受了膨胀压力和渗透压力，当压力之和超过混凝土的抗拉强度时，混凝就会开裂。在反复冻融循环后，混凝土中的裂缝会互相贯通，强度也会逐渐降低，最后甚至完全丧失，使混凝土结构由表及里遭受破坏。

7）海洋生物的生化腐蚀作用

海洋生物的生化腐蚀作用主要发生在桥梁基础浪溅区以下范围。部分海洋动、植物会黏附在混凝土结构表面，如牡蛎、螺等贝壳类和藻类等，其代谢产物会使混凝土孔隙溶液中的 pH 值降低，致使混凝土中性化，破坏钢筋表面的钝化膜，加速钢筋锈蚀。

2. 海洋环境混凝土结构防腐蚀措施

跨海桥梁基础混凝土结构的耐久性应根据结构设计使用年限、结构所处环境类别及作

用等级进行设计。设计基本思路为：在确定结构耐久性的设计目标下，遵循“以防为主”的总体方针，在材料、设计和施工水平能够达到的前提下，从材料性能、结构构造和施工质量上最大限度地提高结构自身的抗腐蚀能力，同时对腐蚀风险较高的重要构件的关键部位采取适当的防腐蚀措施。

与跨海桥梁基础钢结构一样，混凝土结构防腐蚀措施也可分为基本措施和附加措施两类。

（1）混凝土结构防腐蚀基本措施

跨海桥梁基础混凝土结构防腐蚀基本措施包括：①采用海工高性能混凝土，提高混凝土自身密实度和抗裂性能；②适当增加混凝土保护层厚度，延长外部有害介质的渗透路径和渗透时间；③控制混凝土裂缝最大宽度，降低外部有害介质的渗透量；④合理设计混凝土结构构造，改善混凝土表面腐蚀环境；⑤严格控制混凝土施工质量[39,40,45-47]。

（2）混凝土结构防腐蚀附加措施

理论上采用合理的防腐蚀基本措施，便可以满足跨海桥梁100年的设计使用寿命。但考虑到实际施工偏差、材料性能波动、环境和荷载不确定性等不利因素，尚需要根据结构构件的重要程度、维护难易程度、所处腐蚀环境类别，采用一些有效的防腐蚀附加措施，使其具有一定的耐久性安全储备。

目前，跨海桥梁混凝土结构的防腐蚀附加措施（表7.6-2）主要包括：①混凝土表面涂层处理；②混凝土表面硅烷浸渍；③采用环氧涂层钢筋或不锈钢筋；④添加钢筋阻锈剂；⑤采用钢筋阴极保护；⑥采用疏水化合孔栓物；⑦采用透水模板衬里等措施[39-41,44,45]。

跨海桥梁基础不同部位采用何种防腐蚀附加措施，需根据不同腐蚀环境混凝土构件的腐蚀风险、不同防腐蚀附加措施的适用条件，以及全寿命周期成本综合考虑。

海洋环境混凝土结构防腐蚀附加措施汇总[47] **表7.6-2**

附加措施	技术特点	优、缺点	延长耐久性年限/100年全寿命成本	应用实例
涂层处理	应用于大气区、浪溅区和水位变动区。原理是将表面与环境形成物理隔绝，阻止或减缓腐蚀介质深入结构内部，消除形成腐蚀破坏的条件	优点：兼备防腐与外观装饰双重功能，具有施工简便、经济和有效的特点；缺点：易老化，后期维修困难，脱落后影响美观	15～20年；约440元/m^2	福冈博多湾跨海大桥、杭州湾跨海大桥、南澳大桥、宁波招宝山大桥、连云港海滨大道跨海大桥、中马友谊大桥
硅烷浸渍	应用于大气区、浪溅区。原理是渗入混凝土毛细孔，使孔壁憎水化，抑制水分和携带的盐类渗入	优点：简单、经济、效果较好，不改变外观，达到使用年限后重涂容易；缺点：不适用于潮湿面施涂	15～20年；约420元/m^2	东海大桥、杭州湾跨海大桥、舟山金塘大桥、港珠澳大桥、中马友谊大桥、平潭海峡公铁两用大桥
环氧钢筋	应用于浪溅区和水位变动区。原理是采用特殊喷涂技术，在钢筋表面形成均匀的保护层，阻隔外界腐蚀介质的浸入	优点：具有极好的抗腐蚀性能和稳定性；缺点：削弱钢筋与混凝土的粘结强度，结构的整体力学性能降低，且施工难度大	约15年；损坏后不可修复，若增加两次硅烷浸渍，900～1500元/m^2	杭州湾大桥、湛江海湾大桥、舟山连岛工程、港珠澳大桥、大连星海湾跨海大桥、中马友谊大桥

续表

附加措施	技术特点	优、缺点	延长耐久性年限/100年全寿命成本	应用实例
不锈钢筋	应用于浪溅区和水位变动区。原理是在钢筋中添加一定量耐腐蚀元素提高钢筋的点蚀临界氯离子浓度	优点：防腐效果较好，施工简便；缺点：价格昂贵，造成与混凝土的防腐不匹配	设计使用寿命；钢材增2.5万～3万元/t	大贝尔特海峡大桥、香港青马大桥、香港昂船洲大桥、港珠澳大桥
阻锈剂	应用于浪溅区和水位变动区。原理是通过提高氯离子促使钢筋腐蚀的临界浓度来稳定钢筋表面的保护膜，阻止或延缓钢筋腐蚀的电化学过程	优点：提高抗氯离子临界浓度，延缓钢筋脱钝时间，对难以涂层防护的钢筋较为有效；缺点：长期防效性不确定，易对混凝土性能造成影响	15～20年（待验证）；1200～2000元/m^3	杭州湾跨海大桥、青岛海湾大桥、中马友谊大桥
阴极保护	应用于大气区、浪溅区和水位变动区。原理是将金属构件变成阴极，使之阴极化，达到某一电极电势时腐蚀速率显著降低或停止	优点：能直接抑制钢筋的电化学腐蚀过程，防护时间较长；缺点：需设专人管理，维护费用较高，且电流容易短路，对结构承载力有影响	设计使用寿命；建设期：900～1500元/m^2，后期管理和维护费用不定	汕头海湾大桥、青岛海湾大桥、威海长会口海湾大桥、杭州湾跨海大桥、东海大桥
疏水化合孔栓物	应用于浪溅区和水位变动区。原理是改变水泥水化物和毛细孔的表面张力，形成疏水性水泥基体和毛细孔阻塞效应，减少对离子的吸收和氯盐的渗透	优点：不影响混凝土结构的外观颜色，施工简便，防腐时间较长；缺点：对混凝土配合比要求较高	设计使用寿命；300～480元/m^3	多伦多莱斯利桥、东海岛大桥、范和港跨海大桥、广州凤凰三桥、虎门二桥
透水模板衬里	应用于大气区、浪溅区。原理是浇筑混凝土表面的水分与气泡通过模板布排出，水胶比降低，表面更加致密，其渗透性、碳化深度和氯化物扩散系数相应降低	优点：提高表层混凝土密实度，改善混凝土表面质量和外观；缺点：易造成混凝土表面局部积水，并增加施工成本	5～10年；15～20元/m^2	杭州湾跨海大桥、青岛海湾大桥、宁波象山港大桥、厦漳跨海大桥、东海大桥、威海长会口海湾大桥、中马友谊大桥

7.7 结语和展望

7.7.1 未来跨海桥梁工程面临的挑战

随着全球化的逐步深入，国与国之间的联系越来越紧密，国际分工与产业结构深度融合，跨越海峡、沟通连接大陆板块之间的跨海桥梁工程将迎来新的发展机遇。直布罗陀海峡、巽他海峡、马六甲海峡、白令海峡、琼州海峡、台湾海峡等天险等待人类跨越。我国跨海桥梁建造技术起步较晚，但进步很快，特别近20年来，我国跨海桥梁建造取得了举世瞩目的伟大成就。丰富的工程实践使我国的跨海桥梁建设技术获得了巨大的发展和长足的进步，跨海桥梁设计技术及施工装备能力和水平也有了大幅度提升，均已达到世界先进水平。随着"一带一路"倡议的实施，我国跨海桥梁建造技术能够有更多机会走出国门，与世界上优秀的桥梁工程建设者同台竞技。随着跨海桥梁建设向更大跨度、更复杂环境区域不断进军，随着世界上更多跨海桥梁工程的规划和建设，我们将面临来自海洋和时代发展新要求的挑战。

1. 来自于海洋的挑战

(1) 水深：水深问题是基础形式的选择与施工方案研究的重点。台湾海峡大桥所处海域平均水深为 50m，琼州湾跨海大桥建设海域水深达 75m，深水基础是跨海桥梁工程建设成败的关键点。

(2) 极端气候：台风、龙卷风、暴雨、雾、雷暴、潮汐、洋流、涌、波浪等来自于大自然的挑战均需长期观测研究并一一解决。

(3) 工程地质：海相沉积的巨厚软土、坚硬岩石裸露的海床，礁灰岩、冰碛土、浅层气等，这些复杂的工程地质难题需要攻克。

(4) 结构耐久性：海洋环境对桥梁结构具有较强的腐蚀性，耐久性研究需全面考虑设计、施工、材料、环境等因素及其相互影响，是确保桥梁 100 年或更长使用寿命的关键所在，需要长期的投入与探索。

(5) 生态环境：跨海大桥的建设和使用对海洋生态环境产生深刻的影响，保护海洋生态，走绿色、健康、环保、可持续的道路需要我们持续的努力和深入研究。

2. 来自于新发展的挑战

基础理论研究和共性关键技术尚需突破，耐久性问题突出，施工精细化程度、工业化、信息化和智能化水平还有待进一步提高，科技创新与成果转化能力不足，产业化程度较低，制约了跨海桥梁向以安全、长寿、绿色、高效、智能为特征的可持续桥梁方向发展。跨海桥梁工程建设坚持走"四化"即工厂化、预制化、装配化、标准化的道路，对施工流程中的机械化程度要求更高、施工速度要求更快，节能降耗成效更加显著，工程质量更有保证，都需要新技术的持续进步与突破。

7.7.2 跨海桥梁基础工程展望

自东海大桥建设以来，我国跨海桥梁设计水平、建造技术与海上施工装备均得到了快速发展，但总体上看，跨海桥梁基础形式仍比较单一、基础理论研究与突破不够，跨海桥梁施工装备的质量与水平有待提高，尤其是深海桥梁新结构、高性能材料、施工技术、水下机器人及其自动化、桥梁信息化技术、桥梁耐久性、海洋环保等方面仍有很大的发展空间。大力推动国内跨海桥梁的建设，必将明显带动国内设计产业、智能制造、新一代信息技术、节能环保、高性能材料等战略性新兴产业以及物流、运输等第三产业的蓬勃发展，在促进产业融合升级方面发挥重要作用，我国跨海大桥设计能力、建造技术及装备的发展与进步任重道远。

我国江河纵横，海岸线长约 1.8 万 km、海域面积大，沿海有开发价值的岛屿众多。伴随国家"一带一路"倡议和路网规划，在大江大河和沿海修建规模更大的桥梁势在必行。比如长江口、钱塘江口、珠江口等大江大河入海口，浙江舟山群岛、山东长山列岛等连岛工程，渤海海峡、琼州海峡、台湾海峡三大海峡跨海工程。这些大桥水深近百米，给我们的桥梁基础工程设计及施工带来前所未有的挑战。

人类是一个整体，地球是一个家园。当今世界，各国相互联系、相互依存的程度空前加深，生活在历史和现实交汇的同一个时空里，越来越成为你中有我、我中有你的命运共同体。跨海桥梁工程能够显著缩短被大海所阻隔的地域间的交通时间，给沿海地区及岛屿的交通带来极大便利，是推动经济和社会发展的强力引擎，是促进沟通、交流、理解、融合的纽带，中国桥梁建设者正在努力为构建人类命运共同体做出新贡献，正在共同创造更加美好的未来！

参考文献

[1] 唐寰澄．世界著名海峡交通工程［M］．北京：中国铁道出版社，2004.

[2] （丹）吉姆辛．大贝尔特海峡：东桥［M］．钱冬生等译校．成都：西南交通大学出版社，2008.

[3] 田冠飞．马来西亚槟城二桥混凝土结构耐久性寿命预测研究［J］．工程质量，2015，33（07）：74-78.

[4] 董学武，周世忠．希腊里翁-安蒂里翁大桥的设计与施工［J］．世界桥梁，2004（4）：1-4.

[5] 王梦恕．渤海海峡跨海通道战略规划研究［J］．中国工程科学，2013，15（12）：4-9，2

[6] 孟凡超，杨晓滨，王麒，等．我国北方海域第一座超大型跨海大桥——青岛海湾大桥设计［C］//第十八届全国桥梁学术会议论文集，2008：77-93.

[7] 张革军，陶诗君，王麒，等．青岛海湾大桥非通航孔桥下部结构设计［J］．公路，2009，（9）：55-57.

[8] 孟凡超，刘明虎，吴伟胜，等．港珠澳大桥设计理念及桥梁创新技术［J］．中国工程科学，2015，17（1）：27-35.

[9] 刘明虎，孟凡超，李国亮，等．港珠澳大桥青州航道桥设计［J］．公路，2014，（1）：44-51.

[10] 谭国宏，肖海珠，李华云，等．援马尔代夫中马友谊大桥总体设计［J］．桥梁建设，2019，49（2）：92-96.

[11] 邱远喜，肖海珠，李华云，等．援马尔代夫中马友谊大桥深水基础设计［J］．桥梁建设，2018，48（6）：93-98.

[12] 梅新咏，徐伟，段雪炜，等．平潭海峡公铁两用大桥总体设计［J］．铁道标准设计，2020，64（增）：18-23.

[13] 孙英杰，梅新咏．平潭海峡公铁两用大桥鼓屿门航道桥主墩基础设计［J］．世界桥梁，2016，44（1）：15-19.

[14] 陈翔，梅新咏．平潭海峡公铁两用大桥主航道斜拉桥深水基础设计［J］．桥梁建设，2016，46（3）：86-91.

[15] 肖海珠，高宗余，刘俊锋．西堠门公铁两用大桥主桥结构设计［J］．桥梁建设，2020，50（S2）：1-8.

[16] 刘俊锋，肖海珠，傅战工，等．西堠门公铁两用大桥 5 号桥塔基础方案比选［J］．桥梁建设，2020，50（S2）：16-22.

[17] 龚晓南，桩基工程手册［M］．2 版．北京：中国建筑工业出版社，2016.

[18] 杨志方，过震文．东海大桥大直径钢管桩的选择和应用［J］．世界桥梁，2004（S1）：21-24.

[19] 徐力，王东晖．杭州湾跨海大桥水中低墩区钢管桩设计［J］．公路，2006（9）：16-20.

[20] 徐力，张必准．金塘大桥非通航孔桥基础方案及结构设计［J］．公路，2009（1）：168-171.

[21] 梅新咏．金塘大桥非通航孔桥设计［J］．公路，2009（1）：165-167．
[22] 张胜利．宁波舟山港主通道（鱼山石化疏港公路）工程海域桥梁总体设计［J］．公路，2021，66（11）：169-173．
[23] 刘自明，张红心，高宗余，王东辉，段学炜．平潭海峡公铁大桥建造关键技术（第一册）［M］．北京：人民交通出版社，2020．
[24] 黄融．跨海大桥设计与施工-东海大桥［M］．北京：人民交通出版社，2009．
[25] 史佩栋．桩基工程手册（桩和基础手册）［M］．北京：人民交通出版社，2008．
[26] 王勇．杭州湾跨海大桥工程总结［M］．北京：人民交通出版社，2008．
[27] 蔡福康．东海大桥近岸浅海段桥墩 PHC 桩施工技术［J］．水运工程，2011（4）：149-152，158．
[28] Gimsing，Niels J．The øresund Technical Publications：The Bridge［M］．øresundsbro Konsortiet，Copenhagen，2000．
[29] 钱建漳．希腊科林斯湾里奥-安托里恩（Rion-Antirion）大桥［J］．公路交通技术，2004（1）：102-105．
[30] 周翰斌．土耳其伊兹米特海湾大桥施工关键技术［J］．施工技术，2020，49（3）：29-32．
[31] 檀永刚，陈亮，张哲．大连星海湾跨海大桥主桥总体设计［J］．世界桥梁，2015，43（2）：6-10．
[32] 刘自明．桥梁深水基础［M］．北京：人民交通出版社，2003．
[33] 李军堂，秦顺全，张瑞霞．桥梁深水基础的发展和展望［J］．桥梁建设，2020，50（3）：17-24．
[34] 成井信，松下貞义，山根哲雄，八田政仁，戴振藩．柜石岛・岩黑岛公铁两用斜拉桥的设计［J］．世界桥梁．1982，（1）：23-55．
[35] 宋贵峰．近十年桥梁基础工程的发展［J］．中南公路工程．1993，18（1）：57-61．
[36] 游新鹏．韩国巨加大桥的设计与施工［J］．世界桥梁．2014，42（1）：1-5．
[37] 侯保荣．海洋腐蚀环境理论及其应用［M］．北京：科学出版社，1999．
[38] 侯保荣．海洋钢结构浪花飞溅区腐蚀控制技术［M］．北京：科学出版社，2016．
[39] 马化雄．海港工程构筑物腐蚀控制技术及应用［M］．北京：科学出版社，2018．
[40] 中交武汉港湾工程设计研究院有限公司．援马尔代夫中马友谊大桥耐久性设计［R］．2016．
[41] 程明山．东海大桥钢管桩运行 10 年腐蚀控制效果调查［J］．材料开发与应用，2015，30（5）：81-86．
[42] 陈涛．杭州湾跨海大桥钢管桩成套关键技术［J］．公路，2010，5：57-61．
[43] 刘俊利，徐振山．港珠澳大桥钢管复合桩牺牲阳极保护施工技术［J］．价值工程，2019，96-98．
[44] 高宗余，阮怀圣，秦顺全，马润平，梅大鹏．我国海洋桥梁工程技术发展现状、挑战及对策研究［J］．中国工程科学，2019，21（3）：001-004．
[45] 谭国宏，肖海珠，李华云，郑清刚．马尔代夫中马友谊大桥耐久性设计［J］．世界桥梁，2019，47（3）：5-9．
[46] 王胜年，李克非，范志宏，等．港珠澳大桥主体混凝土结构 120a 使用寿命耐久性对策［J］．水运工程，2015，501（3）：78-84，92．
[47] 刘志岳．海陵岛大桥跨海段混凝土桥梁耐久性设计［J］．桥隧工程，2018，159（3）：224-228．

（本章部分图片来源于网络）

8　海上风电基础工程

王立忠，洪义，国振，周文杰
（浙江大学滨海和城市岩土工程研究中心，浙江 杭州 310058）

8.1　海上风电基础工程简介

8.1.1　海上风电发展现状

从远古时代到现代社会，能源问题都是人类赖以生存的根本问题，人类社会发展的每次飞跃都与能源变革紧密相关[1]。第一次工业革命帮助人类社会实现了从“有机能源”到“化石燃料能源”的革命性转变。第二次工业革命以来，煤炭、石油、电力、核能等能源催生的各种科技发明给社会带来了翻天覆地的变化。然而，人类在利用煤炭、石油等化石燃料能源的同时也带来了一系列问题：过度开发、能源枯竭、空气污染以及温室效应等。面临能源和气候的双重挑战，发达国家都在发力新能源领域，加快占领“新能源开发利用”战略制高点，可以预见，新能源领域必将成为未来国际竞争的重要战场。目前来看，我国作为世界上第二大经济体、第一大贸易国，同时也是碳排放量最大的国家，在节能减排、低碳可持续发展方面面临着更大的国际压力。从 2020 年开始，随着“碳达峰”“碳中和”双碳目标的提出和落实，我国不断优化产业与能源结构，大力发展风能、太阳能等新能源产业。

全球各类能源的发电情况与预测趋势如图 8.1-1 所示[2]。图中可见，2021 年全球发电供给中来自风力、太阳能、水力、核能的发电占比分别为 6.64%、4.33%、15.87%、9.52%。根据 DNV 预测，到 2050 年将会有 33%的发电量来自风能：其中 20%来自陆上

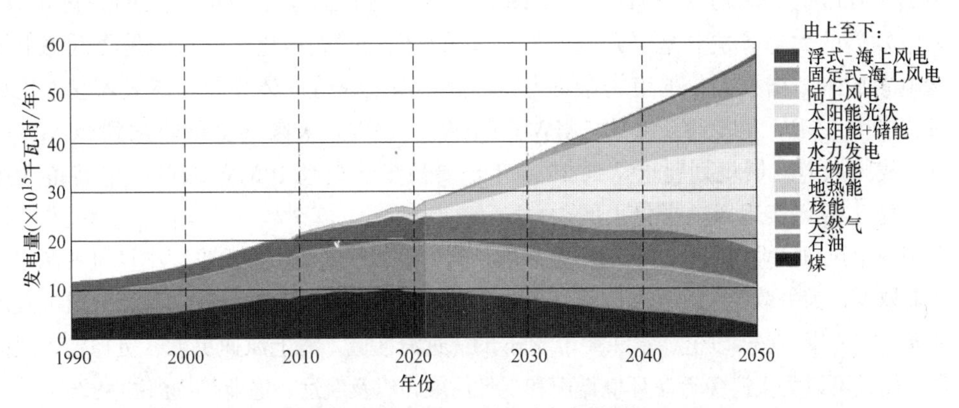

图 8.1-1　全球各类能源的发电情况与预测趋势（DNV，2021）

风电，11%来自固定式基础海上风电，2%来自浮式基础海上风电。相比于陆上风电，海上风电因具有储量大、高风速、低风切变、低湍流和不占用耕地等优势而更具发展前景[3]。图 8.1-1 预测结果显示，从 2019 年到 2050 年，海上风电的年均增长率可达 14%。

风能是一种可再生无污染的绿色能源，而风力发电是应对当前全球气候变化和实现能源转型的重要途径之一，也是各类新能源中发展最迅速、技术最成熟、最具有大规模开发和利用前景的主力电源。早在 1991 年，世界上首座海上风电场诞生于丹麦的波罗的海[4]。经过二十余年的发展，海上风电现已成为全球风能开发的重要战场。图 8.1-2 中展示了过去二十年中全球海上风电总装机容量（图 8.1-2a）与装机年增量（图 8.1-2b）的发展情况。可以看出，全球海上风电装机容量从 2000 年的 36MW 增加到 2021 年的 51.5GW，在 21 年时间里增长了 1430 倍。在 2021 年，总装机容量的年增长率达到了 58.5%，凸显出海上风电发展的巨大增长力。聚焦于我国海上风电发展情况，可见，2018 年以来我国连续 3 年的新增装机容量高居世界首位。在全球新冠疫情肆虐的 2020 年、2021 年，我国几乎以一己之力拉动了海上风电产业迅猛发展。更令人振奋的是，我国海上风电总装机容量在 2021 年超过英国并居于世界首位。

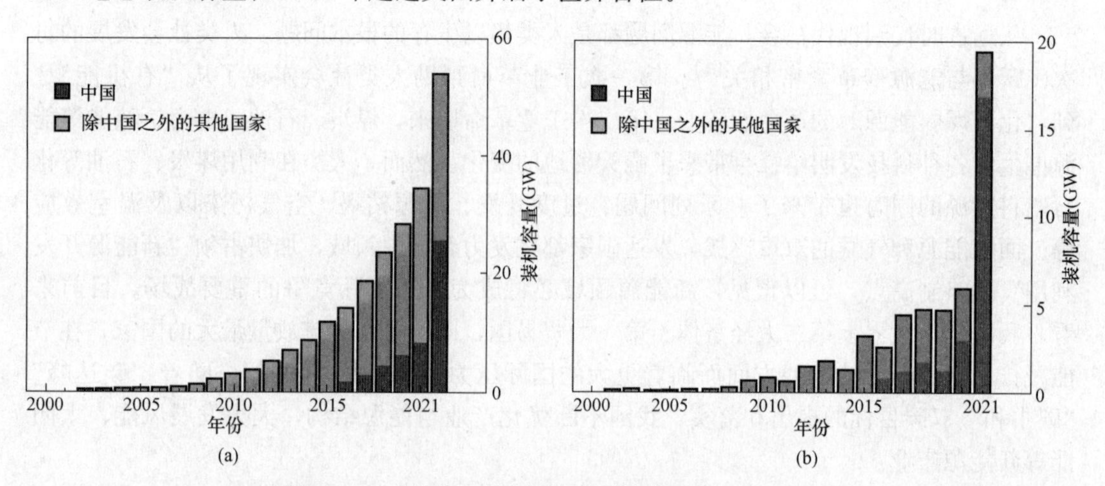

图 8.1-2　全球海上风电装机容量趋势（WFO，2021）

（a）总装机容量；（b）装机年增量

中国工程院研究课题[5] 指出，“十四五”时期是我国海上风电发展的关键培育期，海上风电发展的大趋势主要是“大型化”和“深水化”。“大型化”的目的是降低海上风电的“度电”成本，增强电价的市场竞争力。因此，海上风机的体型越来越大，发电机功率也从过去的 0.5MW 发展到今天的 5MW、7MW、8MW，未来甚至可能达到 20MW（图 8.1-3）。我国风电发展规划要求，到 2025 年，要初步建立起 10MW 级的风电装备产业链并开展示范工程，实现风电平价上网。

我国海上风电产业经过十余年的迅速发展，离岸近、水深浅、建设难度小且风资源丰富的海域越来越少，为争取更大的发展空间，走向深远海的“深水化”发展方向是海上风电发展的必然选择。在离岸 50km 以上、水深大于 50m 的深远海区域，海上风速更大、更稳定，风能产量更高，而且可以大大避免近岸环境噪声和视觉污染，以及航运、渔业等用海冲突[6]。

“大型化”和“深水化”发展要求也带来了许多技术难题，风电机组将承受更大的环

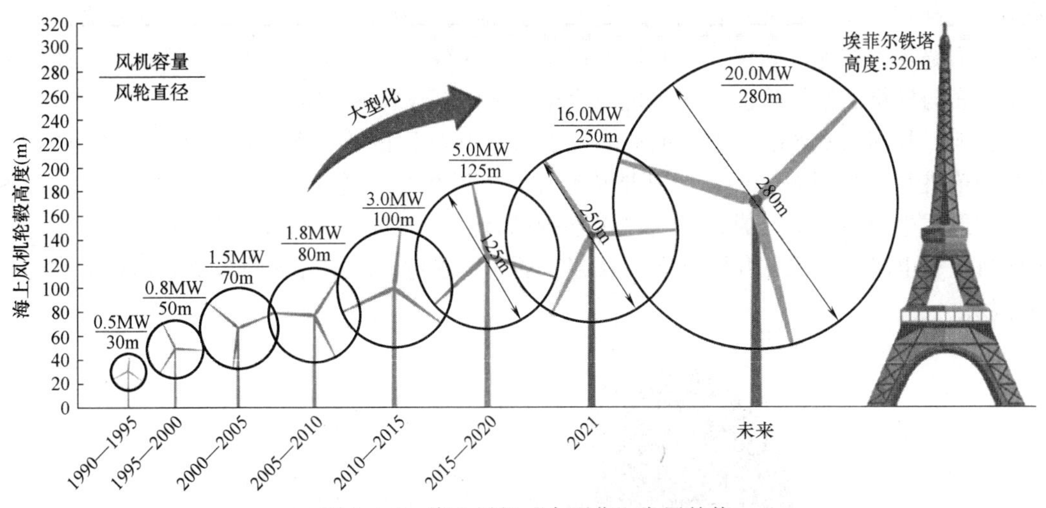

图 8.1-3　海上风机“大型化”发展趋势

境风、浪、流和运行荷载，给海上风机基础的选型与设计带来了严峻挑战，直接关系到风电场的建设成本与开发难度。

8.1.2　海上风机主要基础结构形式

如图 8.1-4 所示，目前常见的海上风机固定式基础类型主要有：(1) 重力式浅基础，该类型的基础依靠自身重力抵抗水平力和倾覆力矩，适用水深一般在 10m 以内；(2) 大直径单桩基础，大直径空心钢管桩打入到海床面以下 30～60m 深度，桩基直径一般在 4～10m，主要依靠桩-土侧向抗力抵抗外荷载，适用水深范围一般限定为 40m；(3) 高桩承台基础，一般由 6 或 8 根直径 2m 左右的钢管桩和钢筋混凝土承台组成，每根桩的入土深度为 30～50m，适用水深一般在 40m 以内；(4) 桶形基础，它是一种钢制圆柱状薄壁结构，其顶端封闭，底部开口，利用潜水泵持续抽水形成负压，在海床上实现桶基沉贯，桶径可达到 8～20m；(5) 导管架基础，导管架的概念来源于海洋油气工程，它由上部的导管架结构、海床中的多根角桩或吸力桶组成，数量为 3 或 4 个，桩基直径约为 2m，入土深度为 30～50m；桶基直径为 6～10m，长径比一般为 1∶2～1∶0.5，导管架基础形式的适用水深可达百米。此外，对于百米以上水深的海域，固定式基础往往失去经济性优势而

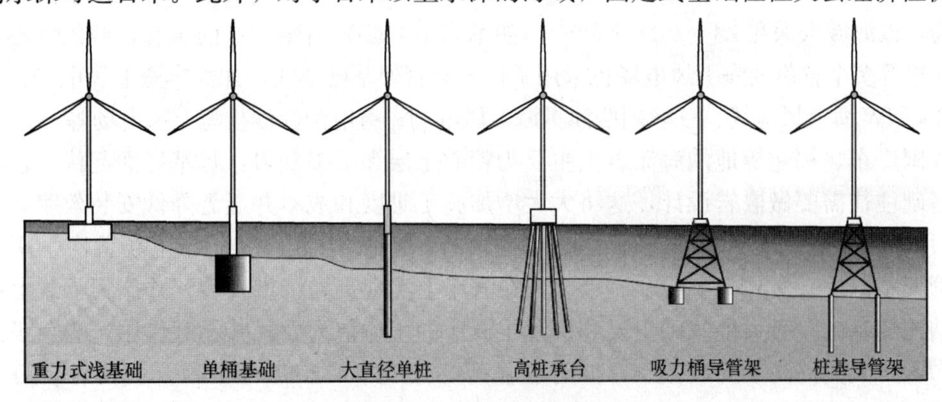

图 8.1-4　海上风机基础形式

采用浮式基础，风机安装在浮台上，浮台通过锚链与海床中的锚固基础（重力锚、吸力锚、抓力锚等）相连，确保浮台的运动在设计允许范围内。但目前来看，浮式风机尚处于技术研发与样机试运行阶段，到实现商业化应用仍有较长的路要走。

目前，我国与欧洲的海上风电场多位于水深40m以内的近海海域。在该水深范围内，大直径单桩基础（图8.1-5），因其结构简单，安装便捷，施工技术装备成熟而在上述各种基础形式中脱颖而出，成为海上风机基础的首选。大直径单桩基础被用于欧洲80%以上的海上风电场，也用在我国上海、江苏、浙江、福建、广东等地的多个已建和新建海上风电场。

图8.1-5　海上风机典型大直径单桩基础（D=7.8m）

对于大直径单桩基础，当水深超过40m后，对基础的海上安装技术和承载稳定性提出了更高的要求，成本也随之大为增加。随着海上风电向“大型化”“深水化”方向发展，必须寻求一种新的适用于深远海环境的风机基础形式。导管架基础形式因刚度大、波流荷载小等优势将成为40～100m海域内首选的基础形式[7]。根据欧洲风能协会统计数据，截至2021年，欧洲完成建设5872座海上风机，其中，导管架基础数量为568座，占比为10%，三桶基础形式占比为2%。可以预见，随着海上风电“深水化”发展的持续推进，导管架基础形式必将迎来更为广泛的应用。

2006年，英国的Beatrice海上风电示范项目首次应用了导管架基础，该项目离岸25km，水深45m，风电场内建设了一台导管架基础形式的5MW风机（文凯，2019），如图8.1-6（a）所示。2009年建成的德国Alpha Ventus风电场是世界上第一个采用导管架基础的风电场，该海域水深在28～30m之间[8]，如图8.1-6（b）所示。目前来看，我国江苏、广东、福建等多个省份的海上风电场也采用了桩基导管架基础形式，如大丰海上风电场、江苏滨海300MW海上风电场、三峡阳西沙扒海上风电场、粤电阳江沙扒海上风电场等。

我国广东、福建等地的海床岩土主要为粉砂土层和下覆基岩，且基岩面起伏大，若采用桩基础往往需要做嵌岩设计，这将大大增加施工难度和成本并显著降低安装效率。2014年10月，丹麦能源巨头DONG Energy在德国Borkum Riffgrund 1风电场首次采用了三桶导管架基础[9]，如图8-7所示。吸力桶在海床上实现吸力沉贯安装，并作为承载上部导管架结构的基础。吸力桶基础主要利用浅层海床的土体抗力发挥其承载作用，避免了海上打桩作业，大大提高了安装效率，同时也显著降低成本。2020年8月，我国首台海上风机群桶导管架基础同时在大连庄河、广东阳江海域安装成功，正式拉开了我国海上风机基

(a)

(b)

图 8.1-6 导管架基础海上风电场

(a) 英国 Beatrice 海上风电场；(b) 德国 Alpha Ventus 海上风电场

(a)

(b)

图 8.1-7 德国 Borkum Riffgrund 1 海上风电场[10]

(a) 导管架海上起吊；(b) 导管架基础安装就位

础群桶导管架的序幕。之后，陆续有多个海上风电场采用了群桶导管架基础形式，如长乐外海 C 区海上风电场、广东粤东海上风电场等。因此，在浅覆盖层海域中群桶导管架基础形式将“大显身手”。

8.1.3 海上风机基础设计准则

海上风机基础的设计通常要满足以下准则[11]：

(1) 极限状态设计准则（ULS）：首先根据风电场址风况与海洋水文条件计算风机所承受的极限环境荷载；然后进行基础尺寸设计，保证其最大承载力超过外部最为极端的环境荷载，防止风机在承受最为极端的环境荷载作用时基础周围土体完全破坏，风机整体倾覆（图 8.1-8a）。极限状态设计是风机基础设计的根本。

(2) 正常使用状态设计准则（SLS）：海上风机所受的外界风、浪、流荷载并不是恒定的静力，而是长期的循环动力。在风机服役期，风机基础所受到的循环荷载次数可达到

107～108 次[12,13]。在循环荷载作用下，基础周围土体刚度不断弱化，塑性应变不断累积，最终导致基础位移的不断累积。根据要求，为了保证海上风机在服役期内正常有效发电，风机基础正常使用状态设计准则要保证在整个服役期内风机的允许累积变形须小于 0.25°[11]，如图 8.1-8b 所示。

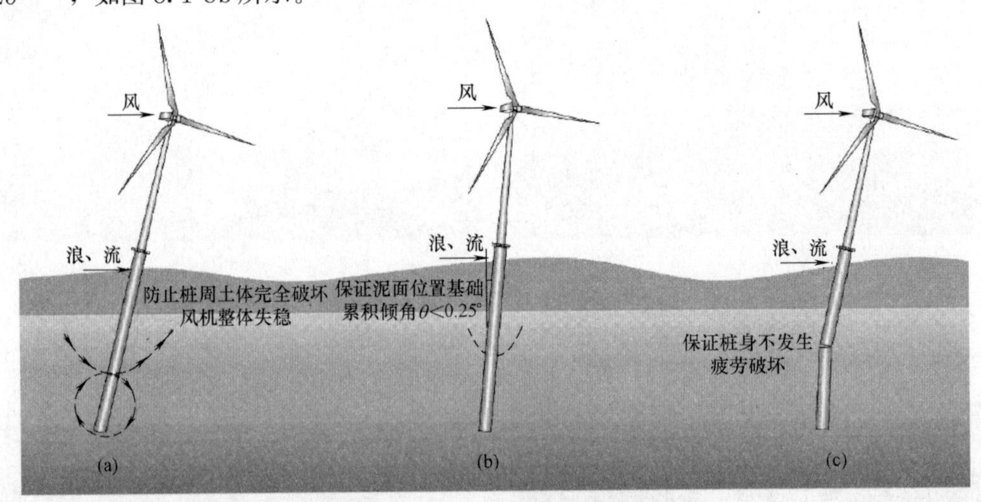

图 8.1-8　海上风机基础设计准则

(a) 极限状态设计准则；(b) 正常使用状态设计准则；(c) 疲劳状态设计准则

(3) 疲劳设计准则（FLS）：海上风机基础结构多为钢构件，在风、浪、流往复的循环荷载作用下，其疲劳性状是风机基础设计的控制因素之一[14]。海上风机基础结构潜在的主要失效模式之一也正是疲劳破坏。疲劳设计准则要求在多种环境荷载共同作用下风机基础疲劳寿命要大于风机的服役期（图 8.1-8c）。

(4) 目标频率设计准则（TFLS）：海上风机为高耸的柔性结构，其动力效应敏感[14,15]。为了防止发生共振，目标频率设计准则要求保证基础刚度下风机自振频率不与风、浪、流的频率重合，且同时避开风机叶片转动的频率（1P 频率）和叶片扫过塔筒位置时引起的遮蔽效应频率（3P 频率），如图 8.1-9 所示。目前，海上风机设计通常使得风机自振频率位于 1P 和 3P 频率间。为考虑安全冗余，DNVGL 规范进一步要求风机自振频率需位于 1P 和 3P 频率偏移±10%的范围内。

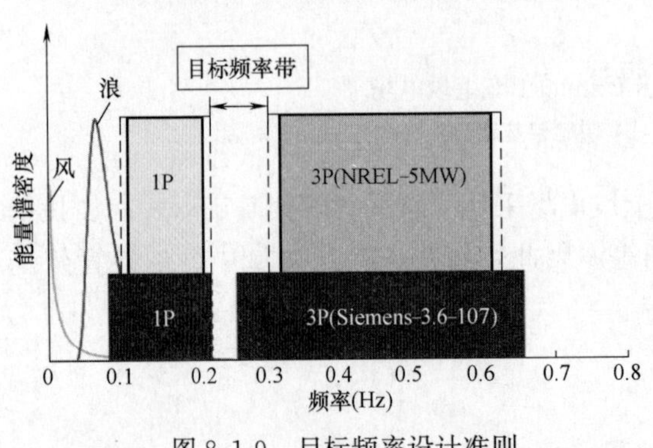

图 8.1-9　目标频率设计准则

8.2　海上风机大直径单桩基础

8.2.1　水平受荷桩设计分析方法

对于水平受荷桩的承载力和变形预测，现有的分析方法主要包括：极限状态分析法、弹性地基反力法，p-y 曲线法，弹性分析法和有限元数值模拟[16]。

1. 极限状态分析法

极限状态分析法主要用于单桩基础水平承载力计算。该方法通过假设极限承载状态下，土反力大小和沿桩身的分布形式，基于水平力和弯矩的平衡条件，得到对应状态下单桩基础的水平力和弯矩承载力。自从 Rase[17] 提出该方法，大量的学者针对土反力的大小和分布形式开展了研究[18-22]。

1）Brinch Hansen[18] 的方法

Brinch Hansen 假设浅层土体遵循楔形破坏，而深层土体为平面内破坏，推导出了刚性桩在极限状态下的土反力分布和计算公式。对于无黏性砂土，在土体表面无覆土压力的情况下，基础的极限土反力计算公式如下：

$$p_{\mathrm{ult}}=KD\sigma_{\mathrm{v}}' \tag{8.2-1}$$

$$K=\left(K_{\sigma_{\mathrm{v}}'}^{0}+K_{\sigma_{\mathrm{v}}'}^{\infty}\alpha\frac{z}{D}\right)\Big/\left(1+\alpha\frac{Z}{D}\right) \tag{8.2-2}$$

$$\alpha=\frac{K_{\sigma_{\mathrm{v}}'}^{0}}{K_{\sigma_{\mathrm{v}}'}^{\infty}-K_{\sigma_{\mathrm{v}}'}^{0}\sin\left(45^{\circ}+\frac{1}{2}\varphi\right)} \tag{8.2-3}$$

$$K_{\sigma_{\mathrm{v}}'}^{0}=\mathrm{e}^{\left(\frac{1}{2}\pi+\varphi\right)\tan\varphi}\cos\varphi\tan\left(45^{\circ}+\frac{1}{2}\varphi\right)-\mathrm{e}^{-\left(\frac{1}{2}\pi-\varphi\right)\tan\varphi}\cos\varphi\tan\left(45^{\circ}-\frac{1}{2}\varphi\right) \tag{8.2-4}$$

$$K_{\sigma_{\mathrm{v}}'}^{\infty}=N_{\mathrm{c}}dK_{0}\tan\varphi \tag{8.2-5}$$

$$N_{\mathrm{c}}=\left[\mathrm{e}^{\pi t\tan\varphi}\tan^{2}\left(45^{\circ}+\frac{1}{2}\varphi\right)-1\right]\cot\varphi \tag{8.2-6}$$

$$d=1.58+4.09\tan^{4}\varphi \tag{8.2-7}$$

$$K_{0}=1-\sin\varphi \tag{8.2-8}$$

式中 D——桩径；

z——深度；

σ_{v}'——土体竖向有效应力；

φ——土体摩擦角。

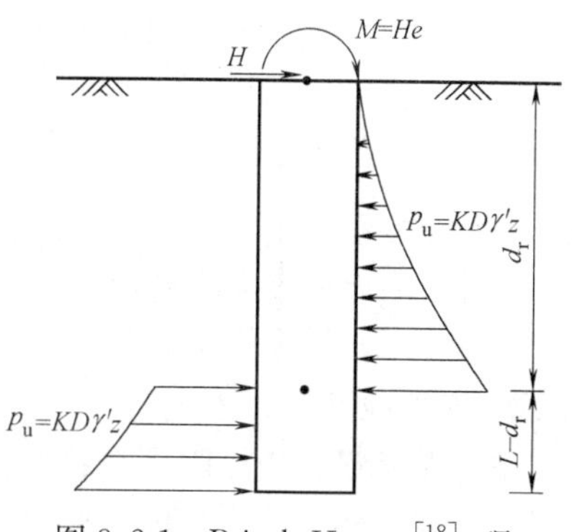

图 8.2-1 Brinch Hansen[18] 理论中极限土反力分布形式

如图 8.2-1 所示，对于已知土反力大小和分布条件，仅有的两个未知数是水平作用力 H 和转动中心位置 d_{r}，二者可通过桩身的力和弯矩平衡求得。

2）Broms[19] 的方法

Broms[19] 认为土抗力沿深度线性增加，并约等于 3 倍的朗肯被动土压力。

$$p_{\mathrm{ult}}=3K_{\mathrm{p}}D\sigma_{\mathrm{v}}' \tag{8.2-9}$$

$$K_{\mathrm{p}}=(1+\sin\varphi)/(1-\sin\varphi) \tag{8.2-10}$$

式中 D——桩径；

σ_{v}'——土体竖向有效应力；

φ——土体摩擦角。

根据 Broms[19] 的理论，对于刚性短桩，基础的承载力由土体抗力控制，并通过计算假定极限状态下土体抗力的分布计算承载力；对于柔性长桩，由于基础埋深较大，水平荷载作用下桩身弯矩首先达到单桩的屈服强度，桩身形成塑性铰，因此基础的极限承载力由单桩的屈服弯矩控制，根据假定土抗力分布下的桩身最大弯矩可以得到基础的极限承载力（图 8.2-2）。

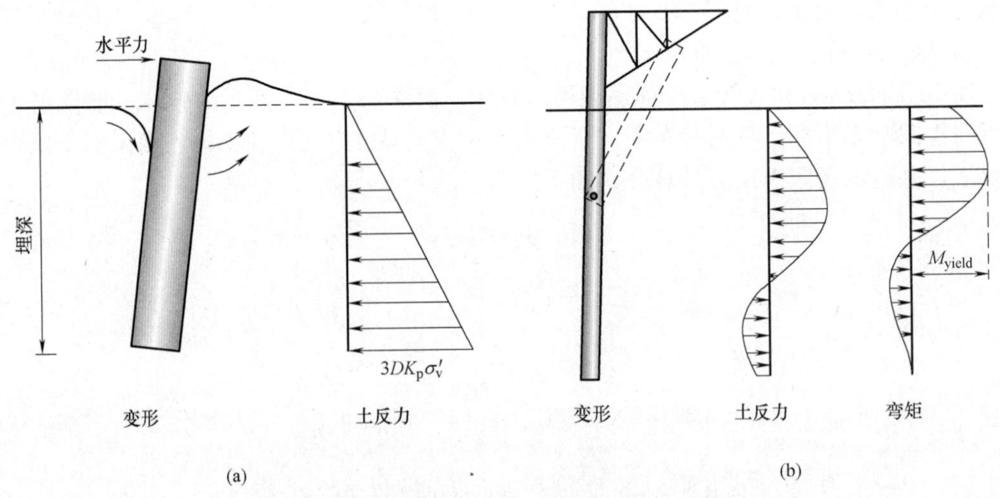

图 8.2-2 Broms[19] 理论中极限土反力分布形式

（a）刚性短桩；（b）柔性长桩

3）Petrasovits 和 Award[20]

Petrasovits 和 Award[20] 在砂土中开展刚性桩模型试验，假设土体极限抗力随深度线性增加（图 8.2-3），并给出了极限土反力的计算公式如下：

$$p_{ult}=(3.7K_p-K_a)D\sigma_v' \quad (8.2\text{-}11)$$

$$K_p=\tan^2\left(45°+\frac{1}{2}\varphi\right) \quad (8.2\text{-}12)$$

$$K_a=\tan^2\left(45°-\frac{1}{2}\varphi\right) \quad (8.2\text{-}13)$$

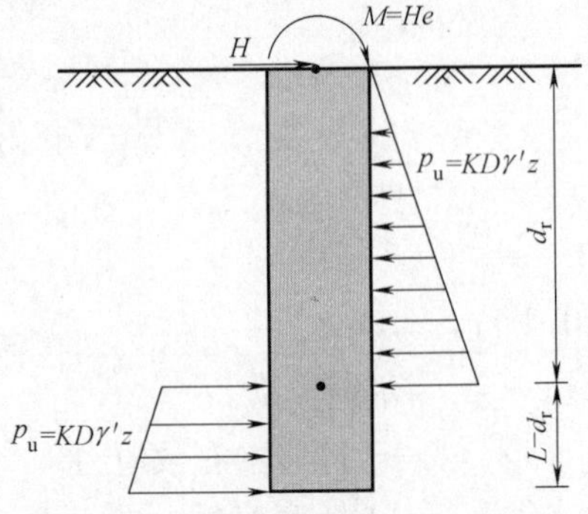

图 8.2-3 Petrasovits 和 Award[20] 理论中极限土反力分布形式

式中 D——桩径；

σ_v'——土体竖向有效应力；

φ——土体摩擦角。

2. 弹性地基反力法

早期基础设计由极限承载状态控制，主要关心基础的极限承载力是否满足设计要求。但是，对于住宅、桥梁、海上风机等结构，基础设计除了要满足极限承载状态，同时要满足正常使用状态，要求结构的变形不可过大。为了计算水平荷载下单桩的变形，弹性地基反力法应运而生。该方法是由 Winkler 地基模型演化而来，将水平受荷桩简化为梁单元，将土体等效为沿桩身离散分布的线弹性弹簧，弹簧之间彼此独立互不干扰，从而计算水平荷载下的桩体变形与桩身弯矩。我国地基设计规范中，根据选取的弹簧刚度不同，该方法又可以细分为张友龄法（土弹簧刚度为常数）和 m 法（土弹簧刚度随深度线性变化）。但是，由于弹性地基反力法假设土弹簧响应为线弹性，弹簧刚度不随桩身变形而改变，无法反映土体非线性，仅适用于小位移和小荷载工况。

3. *p*-*y* 曲线法

p-*y* 曲线法是在弹性地基反力法基础上演化而来，将线弹性弹簧替换为非线性弹簧，可以反映桩身变形过程中土体的非线性特性。如图 8.2-4 所示，通过调整 *p*-*y* 曲线可以考虑不同土层条件下水平受荷桩和桩周土体的相互作用，实现复杂土层条件下桩身变形和弯矩的计算。在所有的水平受荷桩分析方法中，*p*-*y* 曲线法是工程设计中使用最广泛的方法。

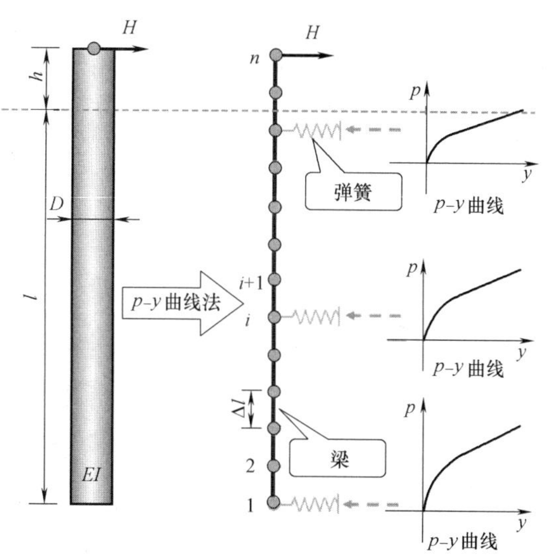

图 8.2-4 *p*-*y* 曲线法示意

4. 弹性分析法

弹性地基反力法和 *p*-*y* 曲线法由于采用离散分布的弹簧代表土体，无法反映土体的连续性和层间剪切影响，部分学者指出该方法无法准确反映水平受荷桩响应。相对地，弹性分析法是基于点荷载作用下的 Mindlin 解得到，求解过程中，将桩基等效成一根厚度约为 0 的薄梁，并离散成若干单元，每个单元上作用一个集中侧向力，假设桩的侧向位移等于对应位置土体的侧向位移，由 Mindlin 方程积分，通过边界元求解[23]。

采用该方法可以计算斜桩、不同形状桩基、分层土体等复杂工况下基础响应。Poulos[23] 系统研究了理想弹性、均质、各向同性的半无限空间中单桩基础在不同约束条件下的桩头刚度，并与土体弹性模量 E 和泊松比 ν 建立联系，给出了基础刚度矩阵的显式表达公式。Vesic [24]研究发现，对于弹性土体，弹性分析法和弹性地基反力法计算结果十分接近。但是，需要指出，Poulos[23] 的弹性分析法虽然可以考虑土体的连续性，由于弹性分析法假设土体响应为线弹性，无法反映土体的非线性，仅适用于小变形或小荷载下水平受荷桩响应分析，因此能力弱于 *p*-*y* 曲线法[25]。

5. 有限元数值模拟

进入 21 世纪，随着计算机软硬件的不断升级，大型商业有限元软件逐渐普及，越来越多的工程人员选择采用有限元进行水平受荷桩设计。相比于以上 4 种方法，有限元数值模拟方法功能更加强大，可以模拟连续土体，考虑土体的非线性，桩-土界面接触特性以及三维的边界条件。大量的学者采用三维有限元模型，研究砂土和黏土中土体非线性、土体分层、界面脱开和桩土相对刚度等因素对水平荷载作用下单桩承载特性和桩-土相互作用的影响。

尽管三维有限元数值模拟能够更全面地模拟桩-土相互作用，但是该方法对计算机性能要求较高，计算效率远低于 *p*-*y* 曲线法；其次，有限元数值分析对土体本构的参数选取和模型标定依赖性较高，计算结果的可靠性需要现场试验或者离心机试验进一步校核；此外，海上风电场规模化建设，单个风场基础数目可以达到 200 座，且需要多轮迭代设计，考虑到时间成本，工程设计单位更倾向于选择 p-y 曲线法。

8.2.2 p-y 曲线法研究综述

本节将对水平受荷桩设计方法中应用最为广泛的 p-y 曲线法做进一步介绍。如图 8.2-5 所示，桩基础受到水平荷载作用发生变形，在深度 z 处，桩身产生的变形为 y，为抵抗桩身变形，桩前土体发挥抗力作用，沿桩周将土抗力积分即为等效作用在桩径范围内的土反力 p。p-y 曲线法给出了土反力与桩身变形之间的关系。

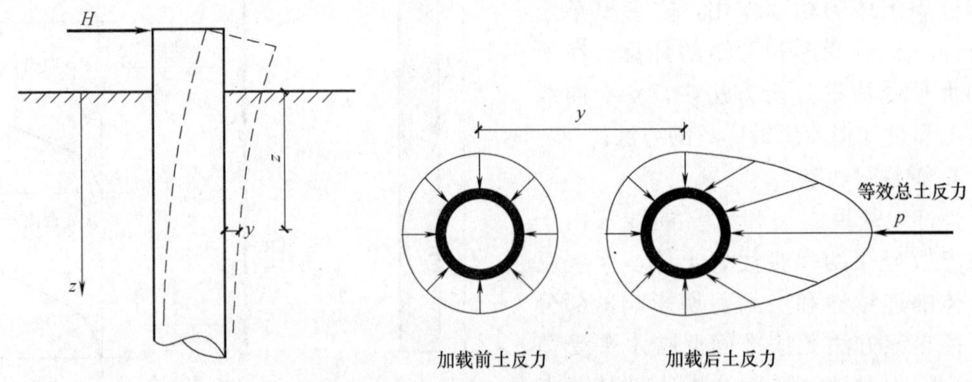

图 8.2-5　水平受荷桩桩身变形与桩周土反力

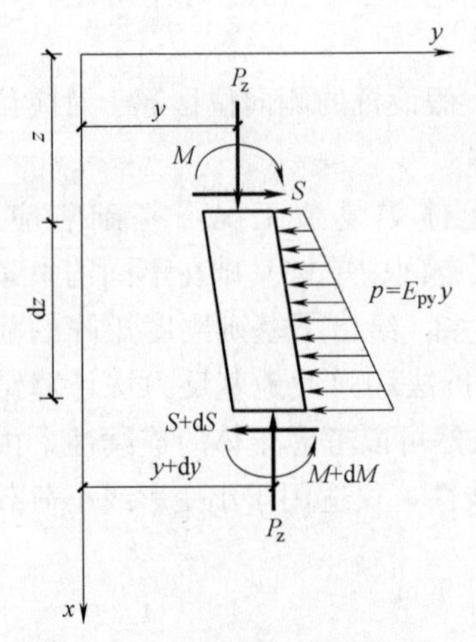

图 8.2-6　水平受荷桩单元分析

为了求解桩在受到桩头水平荷载作用下的桩身位移以及桩身应力，基于梁的弯曲理论，采用微元的方法，选取水平受荷桩的一个长度为 dz 的微元体，其受力情况如图 8.2-6 所示。根据弯矩的受力平衡可得：

$$(M+\mathrm{d}M)-M+P_{\mathrm{z}}\mathrm{d}y+S\mathrm{d}z=0 \tag{8.2-14}$$

整理可得：

$$\frac{\mathrm{d}M}{\mathrm{d}z}+P_{\mathrm{z}}\frac{\mathrm{d}y}{\mathrm{d}z}+S=0 \tag{8.2-15}$$

对上式关于 z 求导得到：

$$\frac{\mathrm{d}^2M}{\mathrm{d}z^2}+P_{\mathrm{x}}\frac{\mathrm{d}^2y}{\mathrm{d}z^2}+\frac{\mathrm{d}S}{\mathrm{d}z}=0 \tag{8.2-16}$$

基于梁理论：

$$\frac{\mathrm{d}^2M}{\mathrm{d}z^2}=E_{\mathrm{p}}I_{\mathrm{p}}\frac{\mathrm{d}^4y}{\mathrm{d}z^4} \tag{8.2-17}$$

$$\frac{\mathrm{d}S}{\mathrm{d}z}=p \tag{8.2-18}$$

$$p=E_{\mathrm{py}}y \tag{8.2-19}$$

式中　$E_{\mathrm{p}}I_{\mathrm{p}}$——桩截面抗弯刚度；

E_{py}——对应深度 p-y 曲线割线刚度。

联立上述等式，得到水平受荷桩的控制方程：

$$E_{\mathrm{p}}I_{\mathrm{p}}\frac{\mathrm{d}^4y}{\mathrm{d}z^4}+P_{\mathrm{x}}\frac{\mathrm{d}^2y}{\mathrm{d}z^2}+E_{\mathrm{py}}y=0 \tag{8.2-20}$$

对于水平受荷桩而言，轴向荷载并不是控制荷载，忽略轴向荷载项，可得：

$$E_{p}I_{p}\frac{d^{4}y}{dz^{4}}+E_{py}y=0 \tag{8.2-21}$$

利用有限元或有限差分等数值方法对上式控制方程进行求解，最终计算得到桩身变形和弯矩等响应。

1. API 规范推荐的 *p-y* 曲线

对于 p-y 曲线法，p-y 曲线的选取尤为重要。Matlock[26] 基于软黏土地基中桩径 $D=0.324$m、入土深度 $L=12.8$m 的水平受荷桩静力加载现场试验，得到了适用于软黏土地基的 p-y 曲线。该 p-y 曲线随后被美国石油协会 API 规范和挪威船级社 DNVGL 规范所采用，并广泛用于实际工程设计中。其 p-y 曲线形式为：

$$p=\begin{cases}\dfrac{p_{u}}{2}\left(\dfrac{y}{y_{c}}\right)^{1/3} & y\leqslant 8y_{c}\\ p_{u} & y>8y_{c}\end{cases} \tag{8.2-22}$$

式中 p_u——桩侧极限土阻力（kN/m）；

y_c——桩周土发挥一半极限土阻力时所需的桩水平位移（m），按 $y_c=2.5\varepsilon_c D$ 计算，其中 ε_c 为三轴不排水试验中达到 50%最大剪应力时的应变值，无实测数据时可根据土体不排水抗剪强度 s_u 按表 8.2-1 取值[27]。

ε_c 取值 **表 8.2-1**

s_u(kPa)	ε_c
0～24	0.020
24～48	0.010
48～96	0.006

API 规范推荐的 p-y 曲线极限土阻力 p_u 按下式计算：

$$p_{u}=N_{p}s_{u}D \tag{8.2-23}$$

$$N_{p}=\begin{cases}3+\dfrac{\gamma' z}{s_{u}}+\dfrac{Jz}{D} & 0<z\leqslant z_{cr}\\ 9 & z>z_{cr}\end{cases} \tag{8.2-24}$$

式中 γ'——地基土的有效重度（kN/m^3）；

J——经验系数，通常取 0.25～0.5，根据 Matlock[27] 推荐，对于正常固结黏土 $J=0.5$；

z_{cr}——极限土阻力转折点临界深度，按下式计算：

$$z_{cr}=\frac{6s_{u}D}{\gamma' D+Js_{u}} \tag{8.2-25}$$

在过去几十年中，上述规范推荐的软黏土 p-y 曲线在实际工程设计中应用广泛，但后续大量研究表明，该 p-y 曲线相比实际桩土反力曲线明显偏软，造成单桩刚度和极限承载力的显著低估[28]。此外，规范推荐的 p-y 曲线的初始刚度为无穷大，与实际桩土相互作用不符，导致其在评价结构自振频率和计算桩较小位移的响应时造成偏差。

2. 其他典型 *p-y* 曲线模型

为克服上述 API 规范推荐的 p-y 曲线的缺点，众多学者提出了其他不同的 p-y 曲线模型。其中，Georgiadis[29] 基于黏土中单桩小比尺模型试验，提出了如下式的双曲线型静力 p-y 曲线：

$$p=\frac{y}{\frac{1}{k}+\frac{y}{p_u}} \tag{8.2-26}$$

式中　k——p-y 曲线的初始刚度，可按 Vesic[24] 推荐的表达式计算：

$$k=0.65\sqrt[12]{\frac{ED^4}{E_pI_p}}\frac{E}{1-\mu^2} \tag{8.2-27}$$

式中　E，μ——地基土的弹性模量（kPa）和泊松比。

必须指出，Georgiadis[29] 提出的双曲线型 p-y 曲线初始刚度为 k，改进了 API 规范推荐的 p-y 曲线初始刚度无穷大的缺陷，但其极限土反力 p_u 的取值仍按照规范推荐，仍低估单桩极限承载力。

通过开展黏土地基水平受荷单桩（$D=0.91$m，$L=20.2$m）离心模型试验，再次证实了 API 规范推荐的 p-y 曲线较软，严重低估极限土阻力，造成设计过于保守。为此，基于离心试验结果，提出了如下双曲正切型的 p-y 曲线[30]：

$$p=p_u\tanh\left[0.01\frac{G_{max}}{s_u\left(\frac{y}{D}\right)^{0.5}}\right] \tag{8.2-28}$$

式中　G_{max}——地基土最大剪切模量（kPa）。

极限土阻力 p_u 计算表达式如下：

$$p_u=N_ps_uD \tag{8.2-29}$$

$$N_p=12-4e^{\left(\frac{-\xi z}{D}\right)} \tag{8.2-30}$$

$$\xi=\begin{cases}0.25+0.05\lambda & \lambda<6\\ 0.55 & \lambda\geqslant 6\end{cases} \tag{8.2-31}$$

$$\lambda=\frac{s_{u0}}{s_{u1}D} \tag{8.2-32}$$

式中　s_{u0}——泥面处土体不排水抗剪强度（kPa）；

s_{u1}——土体不排水抗剪强度随深度的变化速率（kPa/m）。

在饱和高岭土中开展一系列水平受荷桩（$D=0.88$m，$L=10.8$m）离心模型试验，考虑了不同截面形状（圆形、方形和 H 形）以及不同超固结比特性（$OCR=1$ 和 2）对桩静力承载特性的影响[31-33]。基于离心机试验结果并结合三维有限元模拟，提出了考虑不同桩截面形状的 p-y 曲线：

$$p=p_u\tanh\left[5.45\left(\frac{y}{D}\right)^{0.52}\right] \tag{8.2-33}$$

$$p_u=N_ps_uD \tag{8.2-34}$$

$$N_p=10.5(1-0.75e^{\frac{-0.6z}{D}})S_p \tag{8.2-35}$$

式中 S_p——截面形状修正系数，对于圆形桩、方形桩和 H 形桩 S_p 分别取 1、1.25 和 1.35。

以上所述 p-y 模型都是基于特定的地基土体的模型试验所得到的经验性 p-y 表达式，因此可能仅适用于类似的地基条件，而对于其他呈现不同力学特性的地基土体，适用性仍存在很大疑问。

基于三维有限元模拟系统性探究了满流区 p-y 曲线与地基土体单元应力-应变关系、桩土界面粗糙度的联系。基于上述广泛数值分析结果建立了基于土单元应力-应变曲线的缩放得到满流区 p-y 曲线的模型[34]，如图 8.2-7 所示。该模型通过引入土单元弹性剪应变的缩放系数（$\xi_y^e=2.8$）和土体塑性剪应变缩放系数（$\xi_y^p=2.8=1.35+0.25\alpha$），对土单元应力-应变曲线的横坐标进行缩放，从而得到归一化满流区 p-y 曲线。该模型基于土体最根本的应力-应变关系，解决了传统经验性 p-y 模型大多仅针对特性土体条件的缺陷，拓展了模型对不同地基土体的适用性。

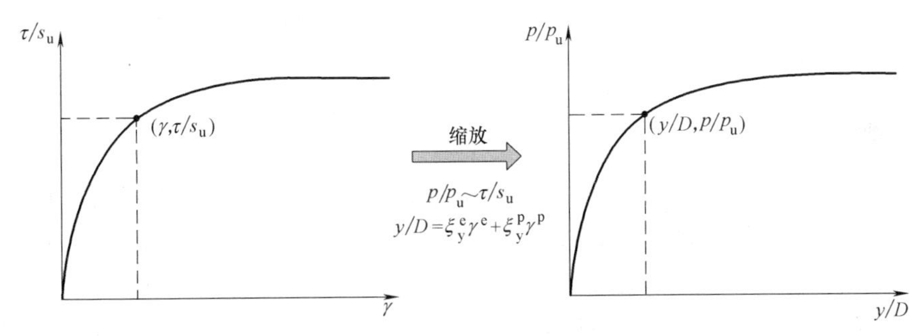

图 8.2-7 满流区 p-y 曲线模型[34]

3. 基于 p-y 曲线法拓展的多类弹簧分析法

在介绍多类弹簧分析方法之前，有必要先对单桩变形模式和破坏机理进行阐述。水平受荷桩通常可分为柔性桩、刚柔性和刚性桩，如图 8.2-8 所示。柔性桩长径比较大，埋深较大，在水平荷载作用下，一定深度以下的桩体在深部土体较强的约束下不产生变形，因此桩身的变形主要发生在浅层土体的深度范围内，如图 8.2-8（a）所示。柔性桩的承载特性主要由桩身弯矩作为判定条件，出现塑性铰可认为达到屈服。刚性桩长径比较小，桩身刚度较大，在水平荷载作用下基本不产生桩身变形，而表现为绕着某一深度点发生刚性转

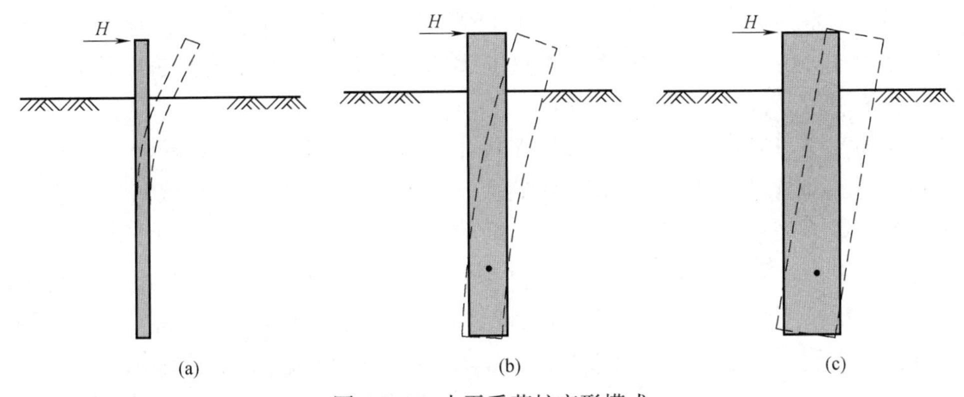

图 8.2-8 水平受荷桩变形模式

（a）柔性桩；（b）刚柔性桩；（c）刚性桩

动，转动点以下会出现与水平荷载相同方向的土阻力，如图 8.2-8（c）所示。刚性桩的承载破坏主要以土体发生屈服作为判定条件。介于柔性桩和刚性桩之间的为刚柔性桩，其表现为浅层柔性变形和深层刚性转动的结合体（Hong 等，2017），如图 8.2-8（b）所示。

一般通过桩-土相对刚度概念区分桩体刚柔性，E_pI_p/E_sL^4（E_pI_p 为桩截面抗弯刚度，E_s 为土体杨氏模量，L 为桩入土深度），并被众多学者广泛采用。由该表达式可知，当桩径与桩身材料模量增大时，桩-土相对刚度增大，表现出刚性桩的特性；当桩长较大、埋深较大时，则会逐渐表现出柔性桩的特性；刚柔性桩则介于两者之间。具体的判断条件如下：

$$
\begin{aligned}
&E_pI_p/E_sL^4<0.0025 && \text{柔性桩}\\
&0.0025<E_pI_p/E_sL^4<0.208 && \text{刚柔性桩}\\
&E_pI_p/E_sL^4>0.208 && \text{刚性桩}
\end{aligned}
\tag{8.2-36}
$$

需指出，上述判断条件仅针对土体杨氏模量随深度线性变化的均一地层。非均一地层对桩体刚柔性的表现也将有明显影响，此时需根据桩身变形模式进一步判断其刚柔性。

目前海上风电建设中采用的基础主要为大直径单桩基础，其直径可达 6～8m，在未来设计中将会超过 10m[35]；其长径比主要在 4～8 范围内，未来预计将小于 3[36]。因此，目前海上风机大直径单桩多表现出刚柔性和刚性桩特性[31]。大量研究表明，利用 API 规范推荐的 p-y 曲线在分析单桩基础时，会严重低估桩体刚度和极限承载力，低估程度将随着单桩桩径 D 的增大（即长径比 L/D 的减小）而愈发显著，这种现象被称为“桩径效应”[37]。造成该“桩径效应”的原因在于：

显著区别于柔性长桩，桩底几乎无变形，对于海上风机大直径单桩（通常为刚柔性或刚性桩），其桩底往往存在反向踢脚，全桩也表现出较明显的位移和转角。在这种情况下，桩底剪力、桩底弯矩和桩侧摩阻力对水平抗力的贡献不可忽略，且这些贡献占比将随着 D 的进一步增大、L/D 的进一步减小而凸显。API 规范 p-y 曲线模型仅考虑了水平向的土阻力，忽略了上述额外抗力贡献，导致对大直径单桩桩体刚度和承载力的低估，这是造成“桩径效应”的主要原因。为解决这个问题，基于单一弹簧 p-y 模型拓展的多类弹簧桩土分析模型，以考虑上述额外抗力贡献，成为目前主流趋势。

英国碳信托公司联合牛津大学、帝国理工大学和都柏林大学等顶尖科研院校，开展了一项工业界与学术界联合项目，PISA 项目（Pile Soil Analysis project），旨在提出新的海上风机单桩基础分析模型。该项目针对黏土地基单桩基础开展了系统性的现场试验和精细化有限元数值模拟分析，如图 8.2-9 所示。

基于现场实测与数值模拟结果，PISA 提出了 4 类-弹簧类型的单桩分析模型，如图 8.2-10 所示[38]。相比传统的单类弹簧类型的 p-y 模型，PISA 模型在该基础上引入了考虑桩底剪力的集中水平弹簧 H_B-y_B 弹簧、考虑桩底反力弯矩的集中转动弹簧 M_B-ψ_B 弹簧和沿桩身分布考虑桩侧摩阻力的分布式转动弹簧 M_z-ψ_z 弹簧，形成了 4 类-弹簧类型的分析模型。该分析模型能够充分考虑上述额外抗力贡献，全面地描述复杂桩土相互作用。

在该分析模型中，各弹簧所代表的桩土反力曲线均采用圆锥函数来表示：

$$
-n\left(\frac{\bar{y}}{y_u}-\frac{\bar{x}}{x_u}\right)^2+(1-n)\left(\frac{\bar{y}}{y_u}-\frac{\bar{x}k}{y_u}\right)\left(\frac{\bar{y}}{y_u}-1\right)=0
\tag{8.2-37}
$$

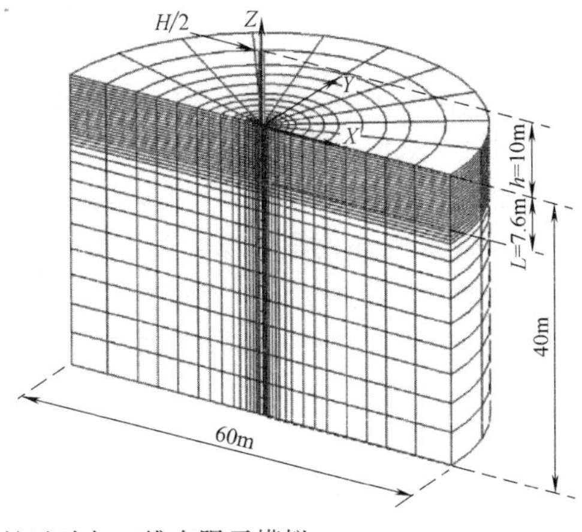

图 8.2-9 PISA 项目典型现场试桩试验与三维有限元模拟

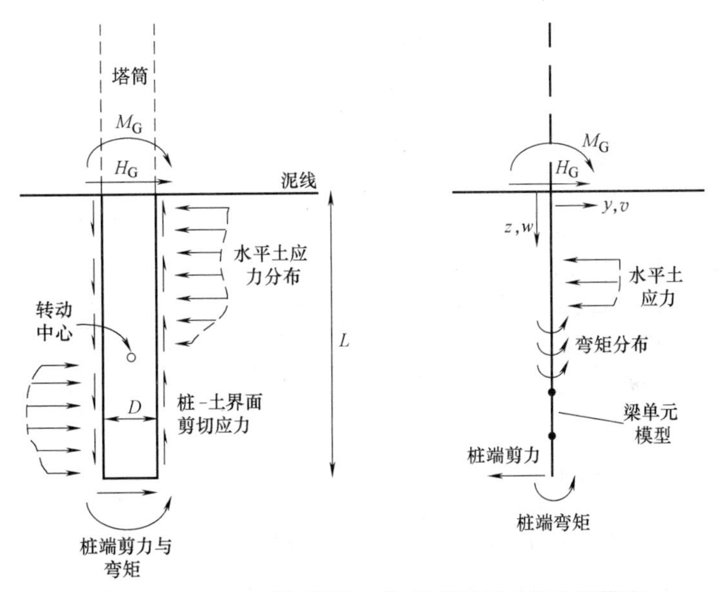

图 8.2-10 PISA 项目所提 4 类-弹簧类型单桩分析模型

式中 n——用于控制曲线初始段到极限状态间过渡段的非线性程度的模型参数；

$\overline{y}$，$\overline{y_u}$——无量纲的弹簧抗力和极限抗力；

$\overline{x}$，$\overline{x_u}$——无量纲的变形和极限抗力对应的变形；

k——无量纲曲线的初始刚度。求解上式可得下式显示表达：

$$\overline{y}=\begin{cases}\overline{y_u}\dfrac{2c}{-b\pm\sqrt{b^2-4ac}} & \overline{x}\leqslant\overline{x_u}\\ \overline{y_u} & \overline{x}>\overline{x_u}\end{cases} \tag{8.2-38}$$

其中：

$$a=1-2n \tag{8.2-39}$$

$$b=2n\frac{\overline{x}}{\overline{x_u}}-(1-n)\left(\frac{\overline{y}}{\overline{y_u}}-\frac{\overline{x}k}{\overline{y_u}}\right) \tag{8.2-40}$$

$$c=(1-n)\frac{\overline{x}k}{y_{\mathrm{u}}}-n\frac{\overline{x}^2}{\overline{x_{\mathrm{u}}}^2} \tag{8.2-41}$$

必须指出PISA模型运用4种类型的土弹簧综合考虑了水平土阻力、桩底剪力、桩底反力弯矩和桩侧摩阻力贡献，克服了“桩径效应”的问题。但是，该4类-弹簧类型的分析模型中桩土反力曲线参数较多（共16个模型参数），使得应用起来复杂繁琐。虽然PISA项目基于大量有限元参数分析推荐了针对特定土质条件、桩基尺寸和加载特性的模型参数取值，但是其仅能作为参考，在进行实际工程设计分析时，仍需根据实际情况开展三维有限元分析标定具体的模型参数，这也给工程设计人员带来不小的挑战。

除了PISA模型外，Zhang和Andersen[34]提出了一个简化版的2类-弹簧类型的单桩分析模型，如图8.2-11所示。该模型除了传统的代表水平土阻力的 p-y 弹簧，还在桩底增加了一个集中的水平弹簧 s-u 弹簧，用于描述单桩桩底剪力的影响。

在Zhang和Andersen[34]的2类-弹簧类型分析模型基础上，Fu[39]提出了3类-弹簧类型的单桩分析模型，如图8.2-12所示。除了考虑水平土阻力的 p-y 弹簧和桩底剪力的 s-u 弹簧，该模型还引入了分布式的转动弹簧 M-θ 弹簧，用于考虑桩侧摩阻力贡献。

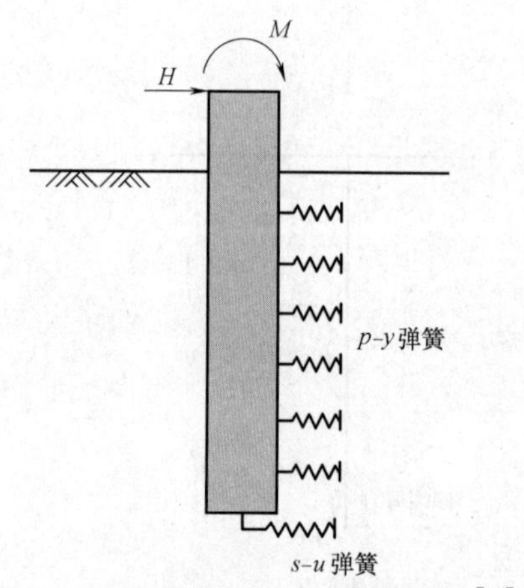

图8.2-11　2类-弹簧类型单桩分析模型[34]

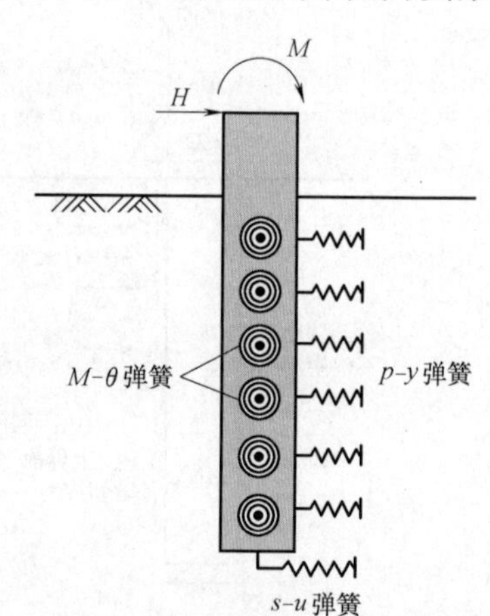

图8.2-12　3类-弹簧类型单桩分析模型[39]

此外，在上述多类弹簧分析模型中（包括PISA模型），不同深度的 p-y 曲线仍采用相同的表达式，而对于水平受荷的单桩而言，不同深度处桩周土破坏模式存在较大的差异，取决于桩的刚柔性。Hong[31]基于水平受荷桩离心机试验和三维数值模拟发现：对于柔性桩，其桩周土体破坏模式主要为浅层楔形破坏和深层满流破坏；对于刚柔性桩，其深层将出现绕桩转动点的旋转剪切破坏；而对于刚性桩，其主要为浅层的楔形破坏和深层的旋转剪切破坏控制，如图8.2-13所示。不同桩周土体破坏模式将直接影响到桩土 p-y 曲线，因此模型中若不考虑不同深度处桩周土破坏模式的影响而采用同一 p-y 曲线模型，将给模型预测准确度带来很大不确定性。

综合本节所梳理的单桩静力分析模型方面的国内外研究现状可知，传统的单类弹簧类型 p-y 模型因不能考虑单桩基础桩底剪力、反力弯矩等额外土阻力贡献而将显著低估桩承载性能，造成“桩径效应”现象；而目前现有的多类弹簧类型单桩分析模型中，要么存在模型参数多、标定困难的问题，要么就仍忽略了关键的额外抗力贡献，且模型中桩土反力曲线（如 p-y 曲线）大多未考虑桩周土不同破坏模式的影响。因此，有必要开展进一

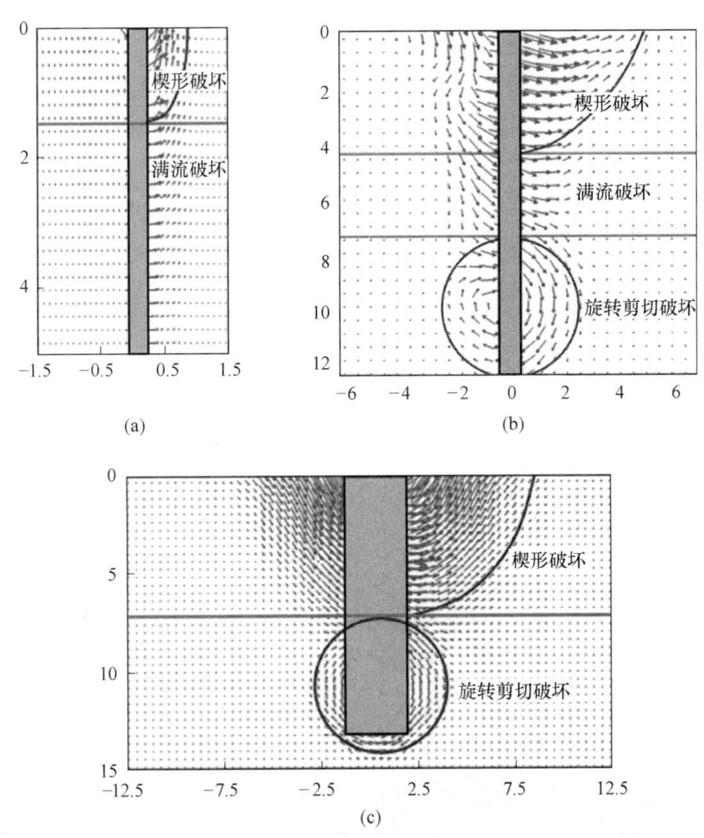

图 8.2-13 不同刚度桩桩周土体破坏模式及土阻力分布[31]

(a) 柔性桩；(b) 刚柔性桩；(c) 刚性桩

步研究，提出能够充分考虑最重要的桩底额外抗力贡献和桩周土破坏模式影响且简单实用的单桩静力分析模型，使其能够解决目前“桩径效应”问题，同时适用于不同桩径、不同长径比的柔性、刚柔性和刚性桩的分析预测。

8.3 海上风机导管架基础

8.3.1 海上风机导管架基础受力特征

导管架基础作为多足基础，受力模式与单桩基础具有显著不同。如图 8.3-1 所示，在风、浪、流荷载形成的巨大倾覆力矩作用下，单桩基础侧向桩-土相互作用对风机基础的刚度、变形行为起控制作用。但对于导管架基础而言，上部倾覆力矩主要以竖向荷载的形式传递到下部基础[40]，导管架结构的下部基础将主要承受竖向循环荷载作用。台风期间，桩基在极端循环荷载作用下会出现承载力以及刚度下降等问题，最终可能引起整个导管架基础的倾斜甚至倒塌。Chen [41]报道了 2008 年墨西哥湾三桩导管架油气平台 EC368A 的倾斜破坏事故（图 8.3-2）。事故原因是在飓风 Ike 袭击下，导管架基础受拉桩发生了循环拔出破坏，进而引起导管架基础发生整体倾斜，累积变形超过设计标准，无法继续服役。

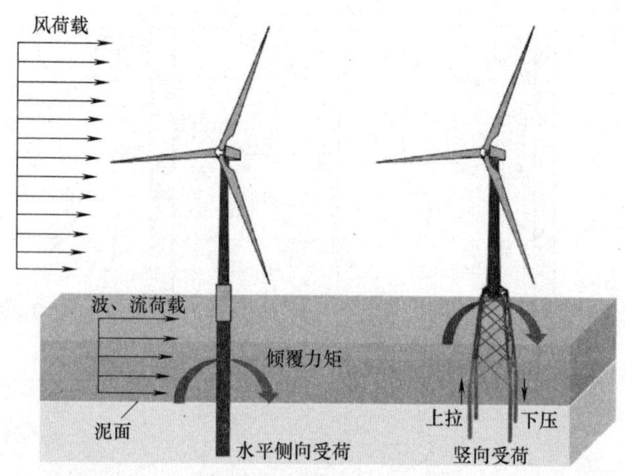

图 8.3-1 单桩基础和导管架基础海上风机受荷模型

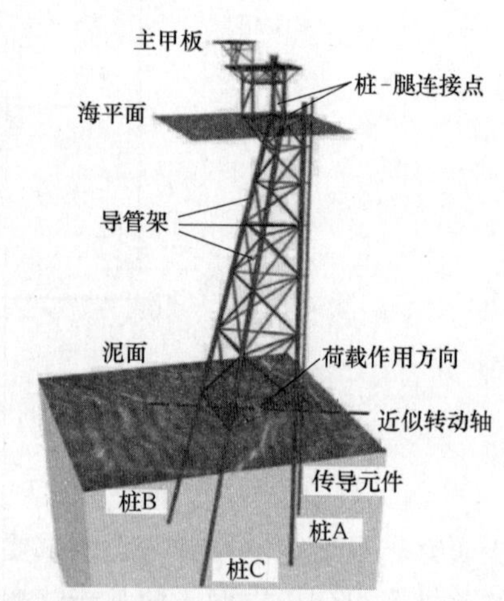

图 8.3-2 墨西哥湾导管架平台 EC368A 在飓风 Ike 袭击中发生倾斜破坏文献[41]

由此可见，在导管架基础设计中必须重视下部桩基的竖向循环受荷问题，尤其是在上拉荷载条件下。

已有研究表明，土体与基础结构通过两者之间的接触界面产生相互作用，界面由结构面及其附近的一薄层土共同构成，力学性质复杂。在竖向荷载下，桩基通过界面将荷载传递到周围土体，因此界面成为决定桩基安全的最关键部位之一[42]。研究指出循环荷载下界面强度弱化后，抗拔结构的承载力将减小 25%～35%，结构面临严重失效风险。因此，竖向循环受荷桩的桩-土界面特性会对导管架基础的安全性与稳定性产生重要影响[43]。

8.3.2 桩-土界面剪切特性研究

1. 界面剪切试验边界条件

在桩基安装与竖向循环受荷过程中，桩-土体系受力特性可通过等刚度边界条件反映[44]。如图 8.3-3 所示，桩侧土体根据应变量大小可分为三个区域，分别是：(1) 剪切破碎区（剪切带），桩-土“界面”一般就是指该区域，该区域紧贴桩壁，厚度大概为

$10\sim20d_{50}$[45]，d_{50}为颗粒中值粒径，该区域土体呈现出显著的应变局部化特征，颗粒发生剧烈运动并产生破碎现象，会对桩基响应特性产生显著影响，需要重点关注；(2) 弹性变形区，该区域位于剪切破碎区外侧，受桩基扰动较小，土体呈现出弹性变形的特点，其作用类似于等刚度弹簧，故此种边界条件称之为等刚度边界；(3) 未扰动区：该区域位于弹性变形区外侧，基本不受桩基影响，可等效为固定端。在该力学模型中，当剪切破碎区产生 Δt 的厚度变化时，法向应力也会随之改变，法向应力变化量为：

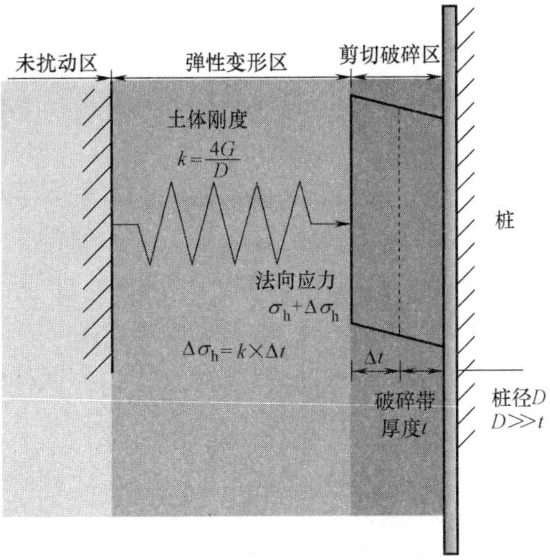

图 8.3-3 桩-土界面力学模型

$$\Delta\sigma_{\mathrm{h}}=\frac{4G\Delta t}{D}=k\Delta t \qquad (8.3\text{-}1)$$

式中 G——桩周土体的剪切模量，$k=\dfrac{4G}{D}$为等效弹簧刚度；

D——桩基直径。

2. 桩-土界面单向剪切

界面单向剪切试验旨在研究土-结构界面之间的单调剪切行为。目前来看，国内外学者已对界面的单向剪切特性进行了大量的试验研究，包括小位移剪切和大位移剪切试验。

对于小位移剪切试验，研究主要聚焦于界面强度的影响因素上，开展砂-钢、砂-混凝土、砂-木材界面之间的剪切试验，发现界面粗糙度、法向应力显著影响界面强度发挥[46]。通过界面环剪试验系统研究了界面粗糙度、砂土密实度等因素对界面强度的影响，试验中通过 X 射线观察了剪切带的形成过程，结果表明，相比于界面粗糙度，砂土密实度对界面强度影响不大[47]。通过界面单剪试验研究了砂-钢界面剪切特性，研究因素主要有砂土类型（粒径、密实度）、界面粗糙度、法向应力等，结果表明界面粗糙度、颗粒粒径对界面强度具有显著影响，而密实度影响较小[48]。利用界面直剪仪研究了不同粒径砂颗粒与不同的加筋材料之间的界面剪切特性，结果表明颗粒粒径对界面强度影响显著[49]。通过砂-钢界面直剪试验研究了界面粗糙度、颗粒级配、颗粒形状等因素对界面摩擦角的影响，结果表明，界面粗糙度对界面强度具有显著影响，不规则形状颗粒的界面摩擦角更大[50]。通过自制大型直剪仪开展了不同粒径、密实度的砂样与钢界面之间的剪切试验，并将界面剪切强度与土体剪切强度之比定义为"抗剪糙度"，结果表明，砂土的"抗剪糙度"值波动较小，介于 0.45～0.65 之间[51]。开展常应力边界条件下粉土-钢界面的直剪试验，研究了法向应力、界面粗糙度、土体含水率等因素对界面剪切特性的影响，结果表明，相比于其他因素，界面粗糙度对界面黏聚力和摩擦角具有更为显著的影响[52]。利用界面直剪仪研究了不同法向刚度对砂-钢界面剪切特性的影响，并对比分析了钙质砂和石英砂的响应差异，结果表明，界面剪胀特性具有明显的法向应力相关性[53]。

相比于小位移界面剪切试验，大位移界面剪切试验相对较少且聚焦于大位移剪切过程中界面特性的演化过程，包括界面摩擦角、颗粒破碎、级配、界面粗糙度等。Yang[54]研究了环剪试验中的颗粒破碎和颗粒级配变化规律，并指出大位移环剪试验可以得到有效的桩-土界面摩擦角。通过大位移界面环剪试验研究了界面位置、剪切距离、法向应力和颗粒级配等对界面特性演化的影响，结果表明，大位移剪切造成的颗粒破碎、界面粗糙度下降等界面特性改变会显著影响界面摩擦角发挥[55]。通过界面环剪仪对大位移剪切过程中剪切带形成和演化过程（图 8.3-4）进行研究，指出在剪切初始阶段，土样在高度方向上会发生均匀的剪切变形，如图 8.3-4（a）所示。在图 8.3-4（b）阶段，应变局部化开始在土样下部形成，此时往往发挥出界面峰值摩擦角[56-58]。随着剪切位移的进一步增加，剪切带厚度也逐渐增大直至稳定，如图 8.3-4（d）所示阶段。之后，土样的局部化变形均发生在剪切带内，剪切带以上的土体保持静止。

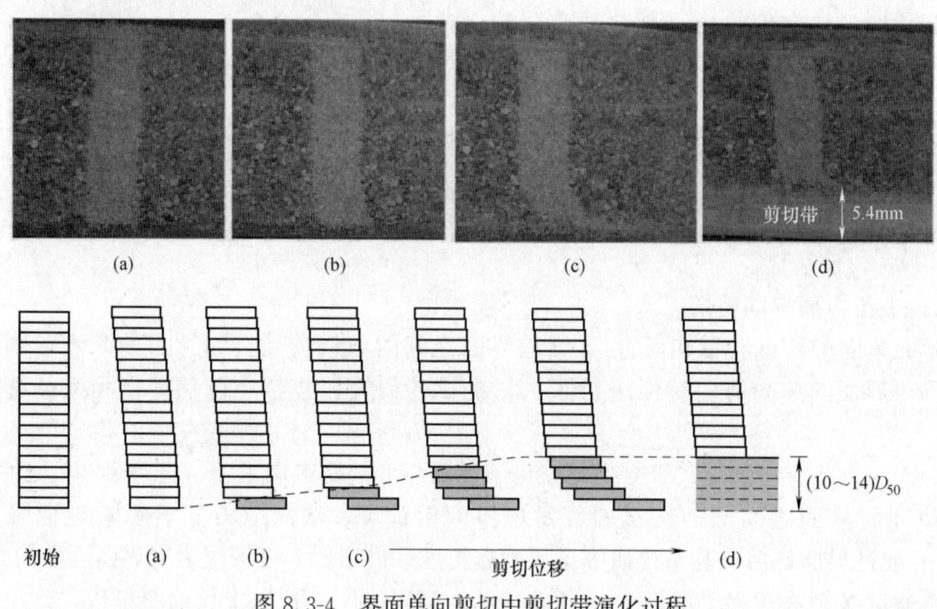

图 8.3-4　界面单向剪切中剪切带演化过程

3. 桩-土界面循环剪切

界面循环剪切试验旨在研究土-结构界面在循环剪切作用下的响应规律，包括界面强度弱化、界面摩擦角、颗粒级配、颗粒运动等。

通过桩段的压力模型试验，研究了循环剪切幅值、砂颗粒类型对桩段界面强度弱化特性的影响，研究指出循环加载能够显著降低桩身侧摩阻力，降低幅度主要取决于循环荷载大小[58]。在压力仓中开展了单桩竖向循环加载模型试验，研究桩-土界面强度的循环弱化规律，提出了“循环滑移位移”模型来模拟桩-土界面的弱化过程[59]。

利用界面直剪仪研究了常应力、等刚度两种边界条件下钙质砂与钢界面的循环剪切特性，研究指出等刚度界面循环剪切试验可有效模拟竖向循环受荷桩的侧阻弱化现象[60]。通过界面直剪仪对石英砂和钙质砂开展了一系列等刚度边界条件下的界面循环剪切试验，分析了颗粒类型、循环剪切幅值、法向刚度、砂土密实度等因素对界面强度弱化的影响，研究指出等刚度边界条件可有效反映桩-土界面摩擦特性，循环剪切作用可导致界面法向应力、剪切应力降低到接近 0 的水平[61]。利用界面直剪试验对砂-钢界面的剪切特性开展研究，研究了界面粗糙度、法向刚度、循环剪切幅值对循环剪切过程和循环剪切后界面强度的影响，研究指出界面摩擦角基本取决于界面粗糙度[62]。利用大型界面直剪仪开展了等刚度边界条件下的砂-钢界面剪切试验，结果表明，循环剪切过程会显著降低界面强度，且随着循环次数的增加，界面强度呈现出对数函数衰减规律。针对石英砂、钙质砂，利用界面环剪仪研究了剪切模式和界面特征对砂-钢界面循环弱化过程的影响，结果表明颗粒粒径越小、形状越不规则、界面粗糙度越大的条件下，界面循环弱化速率越快[63]。利用可视化界面直剪仪和粒子图像测速技术（PIV），对界面循环剪切过程中颗粒的水平和竖向运动进行定量化研究，指出剪切带土体剪缩是界面发生循环弱化的根本原因，一个颗粒大小的剪缩量就可能导致界面法向力全部丧失。基于界面循环剪切试验结果，构建了一种基于孔隙比的剪缩模型来反映界面法向力的衰减[64]，主要表达式为：

$$\sigma_n=\sigma_{n0}-kh_t\frac{(e_0-e_{min})\cdot(1-e^{-\frac{N}{N_{char}}})}{(1+e_0)} \tag{8.3-2}$$

式中 σ_{n0}——初始界面法向应力；

k——法向弹簧刚度；

h_t——剪切带厚度；

e_0——初始孔隙比；

e_{min}——最小孔隙比；

N——循环次数；

N_{char}——特征循环次数。

8.3.3 砂土中竖向受荷桩承载与变形特性研究

1. 桩基极限承载力计算

桩基竖向承载力的计算主要分为基于土体力学参数和临界深度概念的传统经验方法（如 API 方法）和近 20 年来发展起来的基于静力触探（CPT）的原位测试方法（如 ICP-05，UWA-05 方法）。后者可在一定程度上再现打桩和加载过程引起的桩周应力场变化，在海洋工程中逐渐得到推广与应用。但是目前来看，在常规海洋桩基设计中，要考虑桩基在沉桩和加载过程中引起的桩周土体应力变化仍然过于复杂，因此在大量海洋桩基设计中，特别是在初步设计阶段，仍然大量采用 API 方法，利用桩侧土体竖向有效应力 σ'_{v0} 与桩侧极限摩阻力 τ_{sf} 的经验关系来确定桩侧摩阻力。

1）API（American Petroleum Institute）方法

API 方法是美国石油协会根据现有研究推荐采用的一种简化计算方法[65,66]。对于砂土中桩侧极限摩阻力的确定，API 基于“β 法”的概念建议如下：

$$\tau_{sf}=\beta\cdot\sigma'_{v0}<\tau_{s.lim} \tag{8.3-3}$$

根据相对密实状态，API 规范直接给出了不同相对密实度砂土或粉砂的 β 值及相应的最大极限侧摩阻 $\tau_{s,lim}$。

对于桩端极限端阻力，API 规范给出了桩端处土体竖向有效应力 σ'_v 与极限端阻力 q_{bf} 的经验关系：

$$q_{bf}=N_q\cdot\sigma'_v<q_{b,lim} \tag{8.3-4}$$

式中 N_q——桩端承载力系数；

$q_{b,lim}$——最大极限端阻力。

不同密实状态下的相应参数取值参见规范表格。

API 规范[65,66] 给出的砂土中桩基承载力计算方法非常简单，便于实际工程设计的应用，但其并没有合理反映桩基的破坏机理。由于该方法的简便性，使得在仅掌握一些最基本地层信息时就可以对桩基承载力进行初步评估，非常适用于工程的初步设计。本章主要基于该方法确定桩侧极限摩阻力。

2）ICP-05（Imperial College Pile）方法

ICP-05 方法是帝国理工学院（Imperial College London）Richard Jardine 教授团队根据现场、模型试验研究成果提出的一种基于 CPT 的设计方法[67]。ICP-05 方法建议桩侧极限摩阻力 τ_{sf} 按下式计算：

$$\tau_{sf}=a\left[0.029bq_c\left(\frac{\sigma'_{v0}}{p_a}\right)^{0.13}\left[\max\left(\frac{h}{R^*},8\right)\right]^{-0.38}+\Delta\sigma'_{rd}\right]\tan\delta_f \tag{8.3-5}$$

式中 σ'_{v0}——桩侧土体竖向有效应力；

q_c——CPT 试验的锥尖阻力；

p_a——一个标准大气压，为 101kPa；

h——桩身计算点到桩端的距离；

R^*——开口桩的等效半径；

$\Delta\sigma'_{rd}$——加载过程中径向剪胀应力；

δ_f——桩-土界面摩擦角；

a，b——参数，反映桩的类型和荷载条件对 σ'_{rd} 的影响。

API 规范[66] 中推荐的 ICP-05 方法忽略了上式加载过程中剪胀引起的径向应力 $\Delta\sigma'_{rd}$，并对其他系数进行了调整，即：

$$\tau_{sf}=a\left[0.023bq_c\left(\frac{\sigma'_{v0}}{p_a}\right)^{0.1}\left[\max\left(\frac{h}{R^*},8\right)\right]^{-0.4}\right]\tan\delta_f \tag{8.3-6}$$

式（8.3-6）和式（8.3-7）中的参数 a 与 b 随桩的类型和荷载工况的不同而变化。对于抗拔开口桩，$a=0.9$，其余情况下 $a=1.0$；对于抗拔桩，$b=0.8$，其余情况下 $b=1.0$。

式中加载过程剪胀引起的径向应力 $\Delta\sigma'_{rd}$ 可由下式计算：

$$\Delta\sigma'_{rd}=\frac{4G\Delta y}{D} \tag{8.3-7}$$

$$G\approx q_c(0.0203+0.00125\eta-1.216^*10^{-6}\eta^2)^{-1} \tag{8.3-8}$$

$$\eta=q_c(p_a\sigma'_{v0})^{-0.5} \tag{8.3-9}$$

$$\Delta y\approx 2R_a\approx 0.02\text{mm} \tag{8.3-10}$$

式中 G——计算点处的土体剪切模量；

Δy——加载过程中土体的径向变形，可取 $2R_a$，R_a 为桩身平均粗糙度，一般情况下取 0.01mm；

D——桩基直径。

对于桩端极限端承力 q_{bf}，ICP-05 方法取桩顶位移为 $0.1D$ 时对应的桩端阻力。对于闭口打入桩，q_{bf} 可直接采用下式进行计算：

$$q_{bf}=q_{c,avg}\max\left[1-0.5\lg\left(\frac{D}{D_{CPT}}\right),0.3\right] \tag{8.3-11}$$

式中 $q_{c,avg}$——桩端深度±1.5D 范围内的锥尖阻力 q_c 的平均值；

D_{CPT}——标准静力触探仪直径，取 36mm。

对于开口桩，ICP-05 方法将桩端条件分为未完全堵塞和完全堵塞两种情况，采用不同的计算公式，详见 Jardine 等（2005）。

3）UWA-05（University of Western Australia）方法

UWA-05 设计方法最早由西澳大学（University of West Austria）Lehane 等[68-69] 提出，后经研究[70-72] 作了进一步完善。与 ICP-05 方法相比，UWA-05 方法考虑了更多桩侧极限摩阻力的影响因素：包括成桩过程中的土体滑移，h/R 效应，加载过程中径向应力变化、加载方向变化及管桩的土塞效应等，因此计算公式也相对复杂。

UWA-05 方法采用有效面积比 $A_{r,eff}$ 来描述桩端开闭口情况对桩基竖向承载力的影响；同时定义了加载方向因子$\frac{f_t}{f_c}$，桩受压时取 1.0，抗拔时取 0.75。桩侧极限摩阻力 τ_{sf} 按下式计算：

$$\tau_{sf}=\frac{f_t}{f_c}\left[0.03q_c A_{r,eff}^{0.3}\left[\max\left(\frac{h}{D},2\right)^{-0.5}\right]+\Delta\sigma'_{rd}\right]\tan\delta_f \tag{8.3-12}$$

有效面积比 $A_{r,eff}$ 的定义为：

$$A_{r,eff}=1-\mathrm{IFR}(D_i/D)^2 \tag{8.3-13}$$

式中 D_i——开口桩内径；

IFR——土塞增长率，用来表征开口桩土塞效应。

IFR 指的是打桩过程中土塞高度的增量 ΔL_p 与桩入土深度的增量 Δz 之间的比值，需在打桩过程中进行测量记录。如果缺少记录，可用下式进行估算：

$$\mathrm{IFR}=\min\left[1,\left(\frac{D_i}{1.5}\right)^{0.2}\right] \tag{8.3-14}$$

API 规范[66] 中推荐的 UWA-05 方法忽略了加载过程中剪胀引起的径向应力 $\Delta\sigma'_{rd}$，并假设 IFR=1，即：

$$\tau_{sf}=\frac{f_t}{f_c}\left[0.03q_c A_{r,eff}^{0.3}\left[\max\left(\frac{h}{D},2\right)^{-0.5}\right]\right]\tan\delta_f \tag{8.3-15}$$

对于桩端极限端承力 q_{bf}，UWA-05 方法的计算公式为：

$$q_{bf}=(0.15+0.45A_{r,eff})q_{c,avg} \tag{8.3-16}$$

4）NGI-05（Norwegian Geotechnical Institute）方法

与上述 ICP-05、UWA-05 等方法直接利用静力触探锥尖阻力 q_c 不同，NGI-05 方法构建了 85 根桩的 NGI 数据库，通过统计分析，建立了锥尖阻力 q_c 与砂土相对密实度 D_r 之间的关系式，通过 D_r 即可对桩侧极限摩阻力 τ_{sf} 进行计算[73]。桩侧极限摩阻力表达式为：

$$\tau_{sf}=\max\left(\frac{z}{L\cdot p_a\cdot F_{D_r}\cdot F_{sig}\cdot F_{tip}\cdot F_{load}\cdot F_{mat}},\tau_{s,min}\right) \tag{8.3-17}$$

$$F_{D_r}=2.1(D_r-0.1)^{1.7} \tag{8.3-18}$$

$$F_{sig}=\left(\frac{\sigma'_{v0}}{p_a}\right)^{0.25} \tag{8.3-19}$$

式中 z——计算点深度；

L——桩长；

F_{D_r}——密实度经验参数；

F_{sig}——深度相关参数；

F_{tip}——表征桩开闭口条件的经验参数，开口桩取 1.0，闭口桩取 1.6；

F_{load}——表征荷载条件的经验参数，对受压桩取 1.3，对抗拔桩取 1.0；

F_{mat}——表征桩身材料的经验参数，钢桩取 1.0，混凝土桩取 1.2；

$\tau_{s,min}$——最小极限侧摩阻力，$\tau_{s,min}=0.1\sigma'_{v0}$。

对于闭口桩，桩端极限端承力 q_{bf} 按下式计算：

$$q_{bf}=\frac{0.8q_{c,tip}}{(1+D_r^2)} \tag{8.3-20}$$

式中：$q_{c,tip}$——桩端位置处的静力触探锥尖阻力。

对于开口桩，NGI-05 方法建议分别计算完全堵塞和未完全堵塞情况下的桩端极限承载力，然后取两者的较小值，具体计算如下：

$$q_{bf}=\min(q_{unplugged},q_{plugged}) \tag{8.3-21}$$

$$q_{unplugged}=q_{c,tip}A_r+q_{b,plug}(1-A_r) \tag{8.3-22}$$

$$A_r=1-\left(\frac{D_i}{D}\right)^2 \tag{8.3-23}$$

$$q_{plugged}=\frac{0.7q_{c,tip}}{(1+3D_r^2)} \tag{8.3-24}$$

式中 A_r——桩的面积比。

式（8.3-24）为桩未完全堵塞情况下的桩端极限端承力，需要考虑桩壁环形截面和土塞这两部分对 q_{bf} 的贡献，其中土塞的极限端承力 $q_{b,plug}$ 可用下式计算：

$$q_{b,plug}=12\tau_{sf,avg}\frac{L}{(\pi D_i)} \tag{8.3-25}$$

式中 $\tau_{sf,avg}$——打入桩的桩侧极限摩阻力 τ_{sf} 的平均值。

2. 桩基变形计算

竖向受荷桩变形分析方法主要有以下四种：弹性理论法、剪切位移法、荷载传递法和有限单元法，各方法基本概况见表 8.3-1。

竖向受荷桩变形分析主要方法总结 **表 8.3-1**

方法名称	桩	土	桩-土相互作用	优缺点
弹性理论法	弹性	弹性连续介质	满足力的平衡、位移协调条件	优点：能够反映土体连续性，理论体系较为完善； 缺点：无法准确描述土的成层性和非线性等特点

续表

方法名称	桩	土	桩-土相互作用	优缺点
剪切位移法	弹性	弹性连续介质	满足力的平衡、位移协调条件	优点：能够得到桩周土体位移场，由叠加法可以考虑群桩效应，计算较为简单； 缺点：桩-土之间不发生相对位移，层间相互作用未考虑，与实际情况不符
荷载传递法	弹性	由具体传递曲线确定，一般为弹塑性，为非连续介质	满足力的平衡、位移协调条件	优点：能方便考虑桩-土相互作用非线性和土体成层性，计算简便，工程应用方便； 缺点：未考虑土体连续性
有限单元法	弹性或弹塑性	弹塑性的连续介质	满足力的平衡、位移协调条件或允许滑移	优点：可模拟桩-土滑移等复杂情况； 缺点：计算资源要求高，计算耗时

1）弹性理论法

弹性理论法用于桩基竖向变形分析已有六十年历史。该方法基本思路为：首先将实际工程问题进行理想化抽象得到相应的数学模型，之后，在该模型的基础上不断改进，使其不断接近工程实际。针对单桩竖向受荷问题，弹性理论法假定土体为连续、均质、各向同性的弹性半空间体，土体性质不受桩体影响，桩侧面为完全粗糙，桩底面为完全光滑。对于此问题，利用集中荷载作用下弹性半空间体的 Mindlin 解来计算桩基和桩周土体响应。

D'Appolonia 和 Romualdi[74] 最早利用弹性理论法研究桩基的沉降问题。Poulos[75-76] 利用弹性理论法对桩基沉降进行研究，基于计算结果归纳提出了一系列桩基设计图表以方便工程使用。Butterfield 和 Banerjee[77] 在 Poulos 研究[75-76] 的基础上，在弹性理论法中引入桩侧径向应力变量，发现桩侧径向力与竖向位移之间的相互影响较小。吕凡任[78] 提出了能够考虑桩-土相对位移的“广义弹性理论法”，该方法可以反映桩周土体的塑性变形特性。基于 Mindlin 解和 Poulos 弹性理论法[79]，考虑群桩加筋效应的三桩模型分析方法，在群桩沉降计算中更具优越性。

2）剪切位移法

Cooke[80] 最早利用剪切位移法分析竖向受荷桩的变形问题，假定单根摩擦桩的沉降只与桩周土体的剪切变形有关。该方法的其他基本假设还有：（1）桩-土界面不发生相对滑移；（2）桩-土体系视为同心圆柱体；（3）剪应力径向传递导致桩周土体沉降。

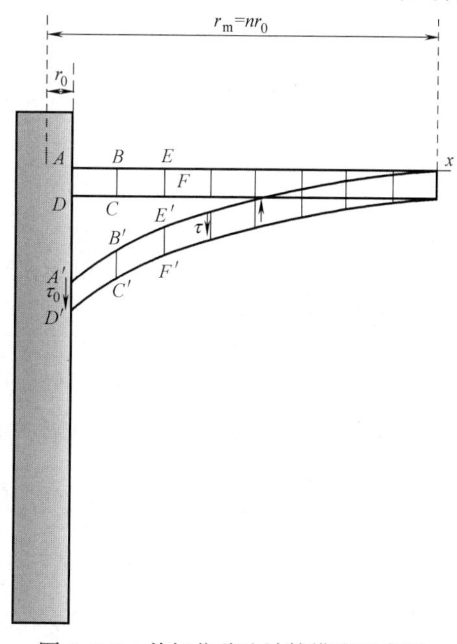

图 8.3-5　剪切位移法计算模型示意图

图 8.3-5 为竖向荷载作用下桩周土体的剪切变形模式。忽略桩身压缩，假定桩-土界面不发生滑移。对于桩-土系统中的某截面，选取沿桩侧的环形单元 $ABCD$。初始状态下，单元 $ABCD$ 位于水平面位置，桩受荷发生沉降后，单元 $ABCD$ 将随之发生变形而变成 $A'B'C'D'$。在变形过程中，剪应力也由桩侧传递到下一单元 $B'E'F'C'$，以此类推，直到变形传递至 x 点处，

此处剪应变可忽略不计，至桩心轴线的距离 r_m 为 nr_0。同时，分析中假设变形为弹性。

Randolph 和 Wroth[81] 在该方法的基础上，构建了能够考虑桩身压缩性的新方法，同时，也把单桩解推广、应用至群桩基础。进一步地，Kraft[82] 发展了能够反映土体非线性的解析解。Chow [83]构建了考虑土体非线性的群桩基础分析方法。杨嵘昌和宰金珉[84] 考虑了土体的塑性行为，将弹性解推广至塑性解。剪切位移法能够得到桩周土体位移场，利用叠加法可以考虑群桩效应，计算较为简单。

3）荷载传递法（t-z 曲线法）

1957 年，Seed 和 Reese[85] 提出了荷载传递法，该方法也被称为传递函数法或 t-z 曲线法，是目前桩基竖向变形分析中应用最广泛的简化方法。该方法因概念明确、适用性强、计算方便，至今仍在工程设计中广泛应用。

在该方法中，首先将桩身划分为若干个桩段单元，桩-土之间的相互作用通过一系列互相独立的弹簧（t-z 弹簧）进行代替，利用弹簧来模拟桩-土之间的荷载传递关系。在分析中，不考虑土弹簧之间的相互作用。桩端与土体的相互作用也用弹簧进行代替，该弹簧称为 Q-z 弹簧。这些 t-z、Q-z 弹簧的应力-应变关系就称之为传递函数，对桩侧摩阻力 t（桩端抗力 Q）与剪切位移 z 之间的行为进行描述。荷载传递法计算模型如图 8.3-6 所示。

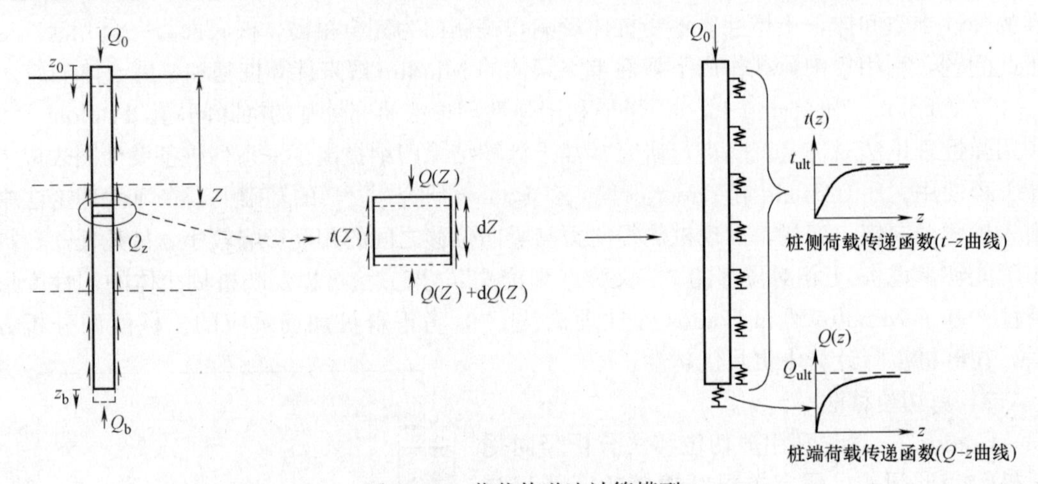

图 8.3-6　荷载传递法计算模型

由静力平衡条件可得：

$$Q(Z)+\mathrm{d}Q(Z)-Q(Z)=t(Z)\cdot U\cdot \mathrm{d}Z \tag{8.3-26}$$

上式可整理为：

$$t(Z)=-\frac{1}{U}\frac{\mathrm{d}Q(Z)}{\mathrm{d}Z} \tag{8.3-27}$$

在任一深度 Z 处，桩身截面的轴力可表示为：

$$Q(Z)=Q_0-U\int_0^Z t(Z)\mathrm{d}Z \tag{8.3-28}$$

竖向位移为：

$$z(Z)=z_0-\frac{1}{EA}\int_0^Z (Z)\mathrm{d}Z \tag{8.3-29}$$

桩段微元产生的弹性压缩可表示为：

$$dz(Z)=\frac{Q(Z)}{EA}dZ \tag{8.3-30}$$

联立可得到荷载传递微分方程：

$$\frac{d^2z(Z)}{dZ^2}=\frac{U}{EA}t(Z) \tag{8.3-31}$$

式中 $z(Z)$——深度 Z 处的桩身位移；

U——桩身横截面周长；

E——桩身材料的弹性模量；

A——桩身横截面面积；

$t(Z)$——深度 Z 处的桩侧摩阻力，$\tau(Z)$ 是 $z(Z)$ 的函数，求解该微分方程的关键就在于确定荷载传递函数。

目前来看，可通过两种方法构建桩基荷载传递函数[86]。第一种是基于现场试桩数据，利用经典函数形式进行参数拟合；第二种是基于经验或理论推导，建立具有广泛适用性的理论荷载传递函数，该方法是主流的研究方法。Kezdi[87] 构建了指数函数形式的荷载传递函数。Vijayvergiya[88] 建立了抛物线形式的荷载传递函数，可以考虑土体的非线性行为。Kraft[82] 提出了双曲线形式的荷载传递函数。潘时声等[89] 基于实际工程中桩基极限侧阻、极限端阻测试数据，也提出了一种双曲线形式的荷载传递函数。陈龙珠等[90] 提出双折线形式的硬化模型，并用该模型分析了桩侧和桩底土体基本参数对桩基荷载-沉降曲线的影响。陈明中等[91] 提出了三折线形式的荷载传递函数，推导了单桩竖向变形解析解。蒋武军等[92] 基于指数形式的荷载传递函数，提出了一种适用于回填体地层的桩基荷载传递模型，并利用实际试桩试验数据进行验证。罗晓光[93] 利用双曲线形式的荷载传递函数对多层土中的“根桩”基础进行非线性沉降计算，并通过现场载荷试验对方法的正确性进行验证。

4）有限单元法

伴随着计算机软、硬件条件的不断发展，土木工程领域中大型商用有限元软件的应用也逐渐普及，有限元数值分析成为桩基设计中的重要手段，尤其是针对复杂的地质条件或荷载工况。与上述三种方法相比，有限元数值计算方法能够有效地模拟土体非线性、应力路径相关性、桩-土界面弱化等复杂行为。目前，已有多位学者利用有限元方法对桩基的复杂受荷行为开展研究，考虑了土体非线性、土体分层性、桩-土循环弱化、桩-土脱开等因素。

需要说明的是，虽然有限元数值计算能够较好地模拟复杂桩-土行为和荷载工况，但缺点也是显而易见的，首先是对计算资源要求高，包括计算机性能和计算时间；其次是许多先进的土体本构模型复杂，参数众多且有些难以标定，而计算结果的有效性很大程度上取决于模型参数的准确性。在工程设计中，一座海上风电场的风机数量可以达到 200 台[94]，对于每台基础的设计过程还需要多轮迭代。因此，目前的设计主要采用的还是土弹簧法[95]。

8.3.4 海上风机导管架基础循环受荷特性研究

相比于海上风机大直径单桩基础，海上风机导管架基础的研究较少，且基本集中于上部结构的动力响应问题。对于桩-土相互作用的考虑大多采用了 API 规范中的非线性弹性模型，相关研究进展介绍如下。

1. 海上风机群桩导管架基础

近年来，针对导管架基础海上风机结构的动力响应特性，一些国内外学者已开展较多研究。Mostafa 和 El Naggar[96] 通过有限元数值计算对极端风、浪荷载条件下导管架海洋平台的动力响应特性开展研究，分析中采用了非线性弹性 p-y、t-z 弹簧，同时利用阻尼器反映桩-土动力相互作用的能量耗散。研究表明，相比于固定式基础，考虑桩-土相互作用会造成基础刚度下降，并导致结构运动速度、加速度增大；浅层土体对结构响应影响更为显著。

Dalhoff [97]针对英国 Beatrice 风电场中的 5MW 导管架基础海上风机，开展了耦合风、浪、流荷载的风机塔筒-结构动力时程响应研究，但是未考虑桩-土相互作用的影响。指出相比于波浪荷载，风荷载对结构的疲劳响应起控制作用；可以利用有限元分析的方法进行结构设计优化。

Sandal[98] 提出了一种海上风机导管架结构设计优化方法，并以 50m 水深条件下 DTU（丹麦科技大学）10MW 海上风机为例进行了导管架结构尺寸设计优化。计算过程中，以杆件的极限应力和疲劳应力为约束条件。研究中将基础视为固定端，未考虑桩-土相互作用的影响，耦合空气动力荷载、水动力荷载，研究了海上风机导管架结构设计过程中杆件热点应力和应力集中因子分布与演化特征，计算过程未考虑桩-土相互作用影响。Tian[99] 以导管架结构的极限承载力、刚度和自振频率以及杆件结构的应力为约束条件，提出了一种导管架结构设计优化算法，但分析中也未考虑桩-土相互作用的影响。

Shi[100] 针对 30m 水深条件设计了两种不同结构形式的导管架基础。针对导管架基础海上风机，综合考虑气动荷载、水动力荷载和结构响应，开展了全耦合动力响应分析。研究发现，相比于传统的“X”形支撑，“Z”形支撑具有更好的动力性能，同时还可以减轻结构重量，值得推广应用，但本次研究也未考虑桩-土相互作用的影响。

Shi [101]针对美国可再生能源实验室 NREL 5MW 海上风机，开展了导管架基础的桩-土相互作用研究。在研究中，详细对比了三种桩-土相互作用模型：API 规范中的 p-y 曲线，考虑群桩效应折减的 p-y 曲线以及固定式基础。结果表明，固定式基础会高估风机自振频率；是否考虑群桩效应对风机自振频率的影响不大，但对结构疲劳分析有较为明显的影响，因此，在导管架基础海上风机动力分析中应考虑桩-土相互作用的影响。

Abhinav 和 Saha[102] 研究了 70m 水深条件下桩-土相互作用对导管架基础海上风机动力响应特性的影响。研究中考虑了风、浪、流耦合环境荷载作用，桩-土相互作用采用 API 规范方法[65]。指出若不考虑桩-土相互作用，将会高估其极限强度 3%～60%，应该对桩-土相互作用予以考虑。

李涛[103]、祝周杰[104] 开展了一系列离心机模型试验，研究海上风机导管架基础的受力变形特性，研究因素包括土体类型（砂土、黏土）和荷载类型（静力加载、循环加载）。研究发现，砂土中导管架基础桩基受到显著的上拉、下压作用，会对基础的水平承载特性产生影响，进而提出了考虑桩身受力和群桩效应的 p-y 曲线；循环荷载将导致基础弱化，且前桩的弱化程度明显大于后桩；循环荷载将使导管架基础内力分配规律发生变化；构建了循环 p-y 曲线反映桩-土水平向相互作用的循环弱化效应。

Abhinav 和 Saha[105] 针对 70m 水深条件下导管架基础海上风机的动力响应特性开展研究，风机为 NREL 5MW 机型，桩-土相互作用为 API 规范中的 p-y，t-z 和 Q-z 弹簧，通过数值计算研究了砂土密实度、水动力条件对导管架基础风机响应的影响。结果表明，导管架基础海上风机的动力响应特性主要由土体刚度控制；当土体密实度较低时，导管架基础的响应更为强烈。

卢雯珺[106] 通过离心机模型试验和有限元数值分析对三桩和五桩海上风机基础的承载特性开展研究，揭示了多桩基础在个体层次和整体层次的荷载分配机制，指出结构整体层次承担的弯矩占总弯矩的 70%～90%；改进了 API 规范中的 p-y 曲线以考虑水平-竖向荷载耦合效应的影响。

2. 海上风机群桶导管架基础

本节对单桶循环上拔和群桶导管架基础受荷特性的相关研究进展进行介绍。

1）现场和室内模型试验

Byrne 和 Houlsby[107] 开展了吸力桶基础循环上拔室内模型试验，研究了循环荷载幅值和加载速率对桶基循环受荷响应的影响，并指出桶基设计应为变形控制。在 Luce Bay 开展的吸力桶循环上拔现场原位试验，结果表明：（1）在桶基的上拔过程中，桶盖下方会出现被动负压且负压会贡献出一定的抗拔力；（2）当上拔力超过桶基自重和桶壁侧摩阻力时，桶基的加载刚度会出现明显下降，此时基础的竖向位移往往超过变形要求，如图 8.3-7 所示。

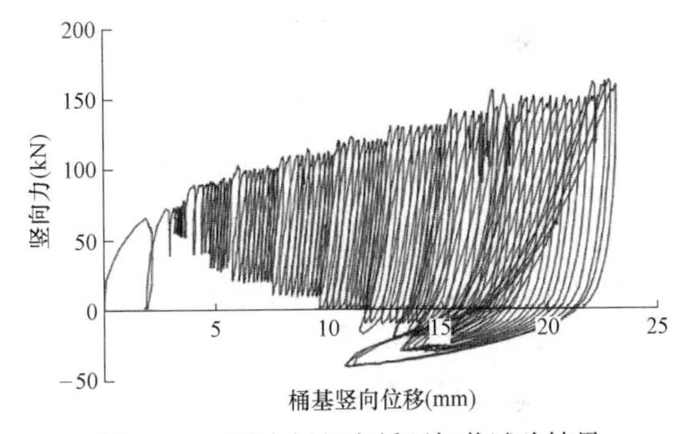

图 8.3-7 吸力桶竖向循环加载试验结果

Kelly[108] 在压力仓中开展了吸力桶竖向循环加载试验，可模拟 20m 水深条件，试验变量主要有砂土类型、相对密实度、初始孔压、加载频率和上拉速率。试验结果表明：（1）桶内孔压发挥的影响机制复杂，与加载速率、环境水压力、土体类型和加载历史均有关；（2）循环加载过程中，桶内被动负压和竖向加载刚度随加载速率的增大而增大；（3）桶基累积位移发展呈现出“棘轮效应”，即随着循环的进行，在每次循环中产生的位移增量逐渐减小，累积位移逐渐增大（图 8.3-8），由于试验组数较少未能给出累积位移发展的预测公式。

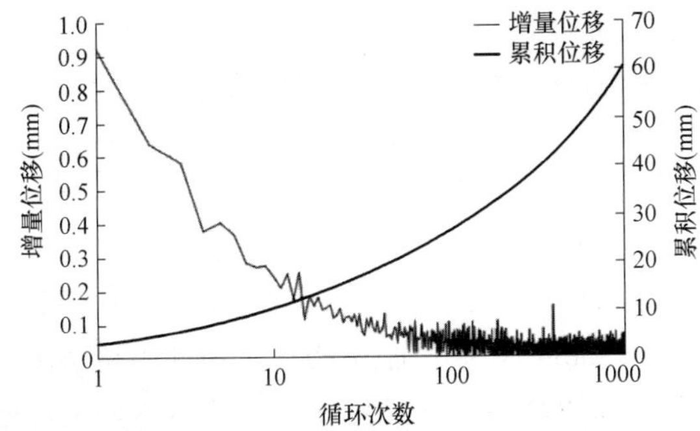

图 8.3-8 吸力桶竖向循环受荷过程中位移发展[108]

Senders[109] 开展了密砂地基中吸力桶单向、循环上拔离心模型试验，试验中采用硅油作为孔隙流体，研究发现：（1）桶基的下压承载力约为上拔承载力的 3 倍；（2）上拔过程中，桶盖下方产生的最大负压取决于上拔速率、土体渗透性和空化效应等因素。Kim[110] 通过离心模型试验研究了粉土中群桶基础的静力和循环受荷响应特性，研究发现：

当循环荷载小于屈服荷载时，群桶基础的累积变形较小。需要说明的是，该试验中的循环加载采用位移控制，与实际工况相差较远，无法评估基础累积变形与循环次数的关系。

张文龙[111]，Kong[112] 开展了粉土中群桶基础的1g大比例模型试验，研究了单向加载条件下群桶基础的倾覆过程和循环加载条件下基础的累积变形、刚度和孔压等演化特性，试验示意如图8.3-9所示。对于单向加载，随水平荷载的逐渐增加，受拉桶的竖向和水平刚度显著降低。因此，作者指出群桶基础的抗倾覆特性是由受拉桶的上拔特性决定的。对于循环荷载，当荷载幅值超过阈值后，基础将会产生过度的累积转角。由于试验条件限制，本次试验未对孔压发挥过程做深入研究。

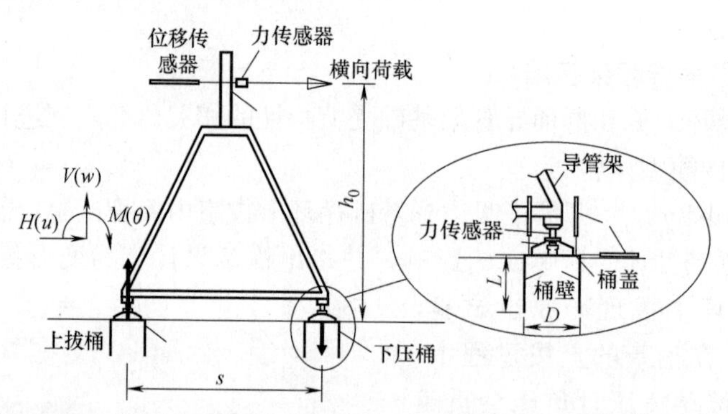

图8.3-9　四桶基础循环加载大比尺模型试验示意[112]

王欢[94] 通过离心模型试验对比研究了干砂中单桶和群桶基础在单向和循环荷载作用下的响应差异。结果表明，群桶基础在循环荷载作用下会表现出“自愈效应”，即基础变形在初始累积后会随循环次数的增加而逐渐减小，并提出了偏高斯函数拟合的方法来反映累积变形发展过程。

Jeong[113] 针对饱和砂土中的三桶基础开展了一系列离心模型试验，研究了在不同的循环加载方向（单向、双向）和荷载水平下基础的弯矩-转角、加载刚度和累积位移等响应特性。研究发现，当循环荷载较小时，随着循环次数的增加，弯矩-转角曲线的斜率保持近似恒定。但当荷载水平较大时，随着循环次数的增加，滞回阻尼增加、桶基刚度降低并产生明显的位移累积。同时，作者指出受拉桶的行为决定了群桶基础的倾覆特性。

2）计算分析方法

群桶基础受荷计算分析方法可以分为解析法和有限元法。解析法可以得到简化的快速评估公式，但由于模型过于理想化，因此解的正确性往往取决于人为假定是否正确，对于循环荷载等复杂因素也无法考虑。当采用有限元法对群桶基础的承载、变形特性进行分析时，模型中土体本构模型的选择、模型参数的标定是影响计算结果准确性的主要因素。

基于不排水条件、土体各向同性、土体强度与深度呈线性关系等假定，Aubeny[114] 提出了塑性极限分析上限法，用于评估倾斜荷载下桶基承载力。刘振纹等[115] 开展了吸力桶有限元分析，土体本构模型为理想弹塑性模型（Mises屈服准则），并基于大量有限元计算结果提出了单桶基础水平极限承载力预测公式。张金来等[116] 通过有限元计算分析了桶形基础极限承载力，土体本构为Duncan-Chang模型，桶-土相互作用利用接触单元模拟。张宏祥等[117] 通过MARC程序对桶基承载特性开展有限元分析，土体本构为改进D-P模型，在有限元分析中假定土体与桶基始终接触。

Niemunis[118] 和 Wichtmann[119] 提出了一种高循环累积模型（HCA），可反映海上风机基础在循环荷载作用下的累积变形特性以及“自愈效应”，并针对北海海域的砂土海床进行了参数标定示例。Thieken[120] 利用亚塑性本构模型模拟了吸力桶上拔过程，分析了不同排水条件下桶周孔压响应和应力分布特征，并对桶基上拔破坏机理进行讨论，研究发现桶基的上拔承载力随上拔速率呈现正相关关系，该过程会受到土体渗透性、桶基尺寸等因素的影响。Cerfontaine[121] 采用了 Prevost 弹塑性本构模型，对密实砂土中吸力桶在竖向单调、循环荷载条件下的响应特性开展研究，基于计算结果提出了相互作用图法用于评估循环荷载下桶基响应。需要说明的是，该本构模型需要确定大量的模型参数，应用上有诸多不便。Tasan 和 Yilmaz [122]利用完全耦合两相模型，采用亚塑性本构对吸力桶竖向循环受荷响应开展研究，但由于计算效率问题，对于成百上千次的循环荷载计算难以适用。Senders[109] 提出了一种弹簧-阻尼器形式的吸力桶模型，该模型所需参数少、计算效率高。但是，所有弹簧均为线弹性，无法反映循环荷载下桶-土界面强度和刚度弱化及累积塑性变形发展过程。当前主流设计规范仅考虑桶壁摩擦抗力，并未考虑循环荷载下桶内产生的被动负压对抗力的贡献。

Jalbi[123] 构建了导管架基础海上风机简化刚度分析模型，提出了自振频率计算解析解并利用有限元分析对其有效性进行验证，研究建议设计者需要优化导管架布置并选择合适的基础竖向刚度，避免风机结构因基础竖向刚度过小而导致出现“Rocking mode”振型，如图 8.3-10 所示。

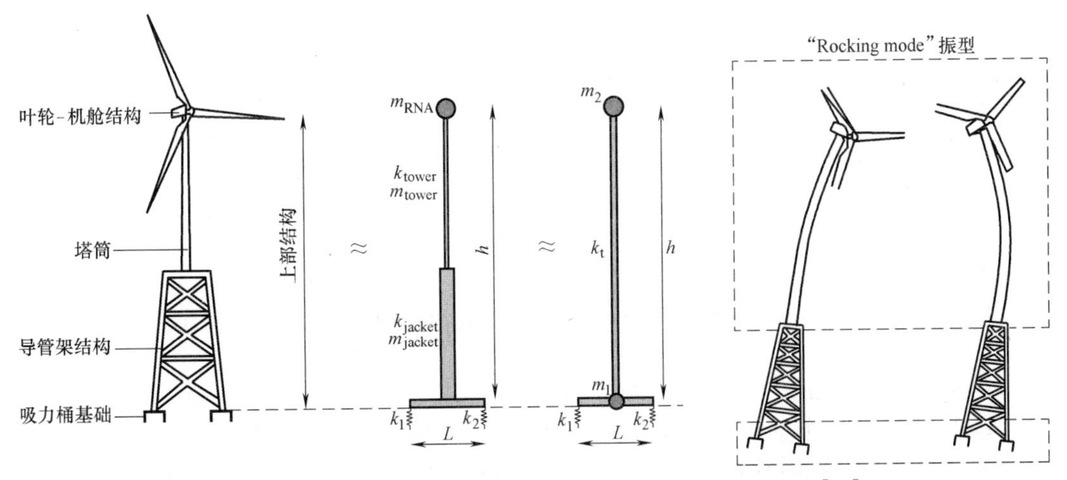

图 8.3-10 频率计算简化分析模型与“Rocking mode”振型[123]

Hung 和 Kim[124] 通过三维有限元分析研究了黏土地基中桶间距、桶贯入深度、加载方向等因素对三桶基础承载力的影响，土体本构采用了理想弹塑性模型。He[125] 通过有限元数值计算分析了单一方向加载和复合加载工况下，黏土中三桶基础的承载力特性，所用土体本构模型为理想弹塑性模型。基于计算结果，绘制了承载力包络面并提出了群桶基础承载力预测公式，利用三维有限元分析，研究了黏土和干砂中群桶基础在水平力、弯矩复合作用下基础承载特性，给出了极限承载力计算公式。

近年来，一些学者利用亚塑性模型等复杂本构对群桶基础的承载、变形特性开展研究。Wang [126]利用亚塑性模型对三桶基础单向受荷过程进行有限元分析，研究三桶基础的荷载-位移响应、基础运动模式、加载过程中刚度演化、桶周土体位移场演化等，指出传统弹性分析中建议的风机基础刚度会远远高估实际荷载作用后的基础刚度，进而导致高估风机整体自振频率。Ochmański[127] 开发了考虑土体非线性与率效应的亚塑性本构模型，模拟了 Wang[126] 开展的三桶基础循环加载离心模型试验。该方法能够有效地模拟累积转角、加载刚度以及“自愈效应”等宏观响应，同时，该方法还能揭示循环加载过程中土体运动规律，为宏观分析提供细观机制的补充说明。Barari[128] 利用 Small Strain Stiffness（HS small）和 UBC3D-PLM 模型对群桶基础循环受荷响应特性开展研究，分析了不同荷载幅值情况下群桶基础的累积变形和加载刚度演化过程。

参考文献

[1] Rhodes Richard. Energy-A human history [M]. 北京：人民日报出版社，2020.

[2] DNV. Energy Transition Outlook 2021-A global and regional forecast to 2050，2021.

[3] 沈侃敏. 海洋锚泊基础安装与服役性能研究 [D]. 杭州：浙江大学，2017.

[4] 毕亚雄，沙先华，秦海岩. 利用海上风能 [J]. 科学世界，2017，12：17-19.

[5] 牟思南，齐琛冏. 19 位院士云集！“最强智囊”为海上风电发展建言献策. 环球网能源频道 [EB/OL]. 2021-12-30.

[6] BWEA（The British Wind Energy Association）. Prospects for offshore wind energy，Report written for the EU（Altener contract XV Ⅱ/4. 1030/Z/98-395）[R]. The British Wind Energy Association，London，2000.

[7] 文凯. 海上风机四桩导管架基础水平单调与循环受荷数值分析研究 [D]. 杭州：浙江大学，2019.

[8] Wagner H J，Baack C，Eickelkamp T. Life cycle assessment of the offshore wind farm alpha ventus [J]. Energy，2011，36 (5)：2459-2464.

[9] David W. Gallery：Suction bucket foundation at BorkumRiffgrund 1 [EB/ OL]. 2014-08-29.

[10] Shonberg A，Harte M，Aghakouchak A，Brown C S D，Pacheco Andrade M，Liingaard M. Suction bucket jackets for offshore wind turbines：applications from in situ observations [C]. the TC209 Workshop，Seoul，2017.

[11] DNVGL. Det Norske Veritas. D，Support structures for wind turbines [S]. DNVGL-ST-0126，Oslo，2016.

[12] Leblanc C，Houlsby G T，Byrne B W. Response of stiff piles in sand to long-term cyclic lateral loading [J]. Geotechnique，2010，60 (2)：79-90.

[13] Yu F，Yang J. Improved Evaluation of Interface Friction on Steel Pipe Pile in Sand [J]. Journal of Performance of Constructed Facilities，2012，26：170-179.

[14] 李炜，李华军，郑永明，周永. 海上风电基础结构疲劳寿命分析 [J]. 水利水运工程学报，2011，3：70-76.

[15] 姜贞强，郇彩云，王胜利，等. 海上风电单桩基础动力特性识别及现场测试 [J]. 太阳能学报，2020，41 (7)：321-326.

[16] Fan C C，Long J H. Assessment of existing methods for predicting soil response of laterally loaded piles in sand [J]. Computers and Geotechnics，2005，32 (4)：274-289.

[17] Rase P E. Theory of Lateral bearing capacity of piles [C]，Proc. 1st ICSMFE，1936，65-79.

[18] Brinch-Hansen J. The ultimate resistance of rigid piles against transversal forces [J]. Geoteknisk Instit.，Bull.，1961.

[19] Broms B B. Lateral resistance of piles in cohesive soils [J]. Journal of the Soil Mechanics and Foundations Division, 1964, 90 (2): 26-64.

[20] Petrasovits G, Awad A. Ultimate lateral resistance of a rigid pile in cohesionless soil [C] // Proc., 5th European Conf. on SMFE. 1972, 3: 406-412.

[21] Fleming K, Weltman A, Randolph M, et al. Piling engineering [M]. CRC press, 2008.

[22] Prasad Y V S N, Chari T R. Lateral capacity of model rigid piles in cohesionless soils [J]. Soils and Foundations, 1999, 39 (2): 21-29.

[23] Poulos H G. Behavior of Laterally Loaded Piles: I-Single Piles [J]. Journal of the Soil Mechanics and Foundations Division, 1971, 97 (5): 711-731.

[24] Vesic A B. Bending of beams resting on isotropic elastic solid [J]. Journal of the Engineering Mechanics Division, 1961, 87 (2): 35-54.

[25] Murchison J M, O'Neill M W. Evaluation of p-y relationships in cohesionless soils [C] //Analysis and design of pile foundations. ASCE, 1984: 174-191.

[26] Matlock H, Reese L C. Generalized solutions for laterally loaded piles [J]. Transactions of the American Society of Civil Engineers, 1962, 127 (1): 1220-1247.

[27] Matlock, H. Correlations for design of laterally loaded piles in clay [C]. Proceedings of the Offshore Technology Conference. Offshore Technology Conference, Houston, TX, USA, 1970, 577-588.

[28] Stevens J B, Audibert J M E. Re-examination of p-y curve formulations [C]. In: Proceedings of the 11th Annual Offshore Technology Conference, Houston, TX, USA, 1979, 397-403.

[29] Georgiadis M, Anagnostopoulos C, Saflekou S. Cyclic lateral loading of piles in soft clay [J]. Geotechnical engineering, 1992, 23 (1): 47-60.

[30] Zhang Y, Andersen K H , Jeanjean P, et al. A framework for cyclic p-y curves in clay and application to pile design in GoM, OSIG SUT Conference, London, 2017.

[31] Hong Y, He B, Wang L Z, et al. Cyclic lateral response and failure mechanisms of semi-rigid pile in soft clay: centrifuge tests and numerical modelling [J]. Canadian Geotechnical Journal, 2017, 54 (6): 806-824.

[32] Poulos H G, Hull T S. The role of analytical geomechanics in foundation engineering [C]. In: Foundation Engineering: Current Principles and Practices. ASCE, 1989, 1578-1606.

[33] Byrne B W, McAdam R A, Burd H J, et al. Monotonic laterally loaded pile testing in a stiff glacial clay till at Cowden [J]. Géotechnique, 2020, 70 (11): 970-985.

[34] Zhang Y, Andersen K H. Soil reaction curves for monopiles in clay [J]. Marine Structures, 2019, 65: 94-113.

[35] Achmus M, Thieken K, Saathoff J E, et al. Un- and reloading stiffness of monopile foundations in sand [J]. Applied Ocean Research, 2019, 84: 62-73.

[36] Murphy G, Igoe D, Doherty P, Gavin K. 3D FEM approach for laterally loaded monopile design [J]. Computers and Geotechnics, 2018, 100: 76-83.

[37] Lam I P O. Diameter Effects on P-Y Curves. Deep Foundations Institute, Hawthorne, N. J. 2009,

[38] Byrne B W, Houlsby G T, Burd H J, et al. PISA Design Model for Monopiles for Offshore Wind Turbines: Application to a Stiff Glacial Clay till [J]. Geotechnique, 2020b, 70 (11): 1048-1066.

[39] Fu D F, Zhang Y H, Aamodt K K, Yan Y. A multi-spring model for monopile analysis in soft clays [J]. Marine Structures, 2020, 72: 102768.

[40] Bhattacharya S, Nikitas G, Arany L, Nikitas N. Soil-structure interactions (SSI) for offshore wind turbines [M]. IET Engineering and Technology Reference 24 (16), The Institution of Engineering and Technology, 2017.

[41] Chen J-Y, Gilbert R B, Puskar F J, Verret S. Case Study of Offshore Pile System Failure in Hurricane Ike [J]. Journal of Geotechnical and Geoenvironmental Engineering, 2013, 139: 1699-1708.

[42] Song H, Pei H. A Nonlinear Softening Load-Transfer Approach for the Thermomechanical Analysis of Energy Piles [J]. International Journal of Geomechanics, 2022, 22: 04022044.

[43] Andersen K H, Jostad H P. Foundation Design of Skirted Foundations and Anchors in Clay [C]. Offshore Technology Conference, Texas, 1999.

[44] Knodel P C, Airey D W, Al-Douri R H, Poulos H G. Estimation of Pile Friction Degradation from Shearbox Tests [J]. Geotechnical Testing Journal, 1992, 15: 388-392.

[45] Finno R, Harris W, Mooney M, Viggiani G. Shear bands in plane strain compression of loose sand [J]. Géotechnique, 1997, 47 (1): 149-165.

[46] Potyondy J G. Skin Friction between Various Soils and Construction Materials [J]. Géotechnique, 1961, 11 (4): 339-353.

[47] Yoshimi T, Kishida Y. A Ring Torsion Apparatus for Evaluating Friction Between Soil and Metal Surfaces [J]. Geotechnical Testing Journal, 1981, 4 (4): 145-152.

[48] Uesugi M, Hideaki K. Frictional resistance at yield between dry sand and mild steel [J]. The Japanese Geotechnical Society, 1986, 26 (4): 139-149.

[49] Prashanth V, Madhavi L G. Effect of particle size of sand and surface asperities of reinforcement on their interface shear behavior [J]. Geotextiles and Geomembranes, 2016, 44 (3): 254-268.

[50] Han F, Ganju E, Salgado R, Prezzi M. Effects of Interface Roughness, Particle Geometry, and Gradation on the Sand-Steel Interface Friction Angle [J]. Journal of Geotechnical and Geoenvironmental Engineering, 2018, 144: 04018096.

[51] 闫澍旺，林澍，贾沼霖，郎瑞卿. 海洋土与钢桩界面剪切强度的大型直剪试验研究 [J]. 岩土工程学报，2018，40 (3)：495-501.

[52] 于鹏，刘灿，刘红军，于雅琼. 黄河三角洲粉土-钢界面大型剪切试验研究 [J]. 中国海洋大学学报（自然科学版），2021，51 (9)：71-79.

[53] 方敏慧，李雨杰，沈侃敏，王宽君，国振. 考虑法向刚度影响的钙质砂-钢界面剪切试验研究 [J]. 地基处理，2022，4 (1)：17-24.

[54] Yang Z X, Jardine R J, Zhu B T, Foray P, Tsuha C H C. Sand grain crushing and interface shearing during displacement pile installation in sand [J]. Géotechnique, 2010, 60: 469-482.

[55] Ho T Y K, Jardine R J, Anh-minh N. Large-displacement interface shear between steel and granular media [J]. Géotechnique, 2011, 61 (3): 221-234.

[56] Sadrekarimi A, Olson S M. Particle damage observed in ring shear tests on sands [J]. Canadian Geotechnical Journal, 2010, 47: 497-515.

[57] Sadrekarimi A, Olson S M. Critical state friction angle of sands [J]. Géotechnique, 2011, 61: 771-783.

[58] Lee C Y, Poulous H G. Jacked model pile shafts in offshore calcareous soils [J]. Marine Geotechnology, 1988, 7: 247-274.

[59] Chin J T, Poulos H G. Tests on Model Jacked Piles in Calcareous Sand [J]. Geotechnical Testing Journal, 1996, 19 (10): 1520.

[60] Airey D，Al-Douri R，Poulos H. Estimation of Pile Friction Degradation from Shearbox Tests [J]. Geotechnical Testing Journal，1992，15 (10)：1520.

[61] Tabucanon J T，Airey D W，Poulos H G. Pile skin friction in sands from constant normal stiffness tests [J]. Geotechnical Testing Journal，1995，18：350-364.

[62] Mortara G，Mangiola A，Ghionna V N. Cyclic shear stress degradation and post-cyclic behaviour from sand-steel interface direct shear tests [J]. Canadian Geotechnical Journal，2007，44：739-752.

[63] 李佳豪. 2021. 砂-钢界面强度发挥特性及细观机制试验研究 [D]. 杭州：浙江大学，2021.

[64] Dejong J T，White D J，Randolph M F. Microscale observation and modeling of soil-structure interface behavior using particle image velocimetry [J]. Soils and Foundations，2006，46：15-28.

[65] API. Recommended practice for planning，designing，and constructing fixed offshore platforms [S]. API RP 2SK，Washington D. C.，2000.

[66] API. Recommended Practice Planning，Designing，and Constructing Fixed Offshore Platforms-Working Stress Design [S]. API 2A-WSD，Washington D. C.，2014.

[67] Jardine R J，Chow F C，Overy R F，Standing J R. ICP design methods for driven piles in sands and clays [M]. Thomas Telford，London，2005.

[68] Lehane B M，Schneider J A，Xu X. A review of design methods for offshore driven piles in siliceous sand [M]. UWA Rep. No. GEO 05358，The University of Western Australia，Perth，Australia，2005a.

[69] Lehane B M，Schneider J A，Xu X. The UWA-05 Method for Prediction of Axial Capacity of Driven Piles in Sand [C]. International Symposium on Frontiers in Offshore Geotechnics，Perth，2005b.

[70] Xu X. Investigation of the end bearing performance of displacement piles in sand [D]. The University of Western Australia，2006.

[71] Schneider J A，Xu X，Lehane B M. Database Assessment of CPT-Based Design Methods for Axial Capacity of Driven Piles in Siliceous Sands [J]. Journal of Geotechnical and Geoenvironmental Engineering，2008，134：1227-1244.

[72] Xu X，Schneider J A，Lehaneb B M. Cone penetration test (CPT) methods for end-bearing assessment of open- and closed-ended driven piles in siliceous sand [J]. Canadian Geotechnical Journal，2008，45：1130-1141.

[73] Clausen C J F，Aas P M，Karlsrud K. Bearing Capacity of Driven Piles in Sand，the NGI Approach [C]. International Symposium on Frontiers in Offshore Geotechnics，Perth，2005.

[74] D'appolonia E，Romualdi J P. Load Transfer in End-Bearing Steel H-Piles [J]. Journal of the Soil Mechanics and Foundations Division，1963，89：1-25.

[75] Poulos H G. Analysis of the Settlement of Pile Groups [J]. Géotechnique，1968，18：449-471.

[76] Poulos H G. Settlement of Single Piles in Nonhomogeneous Soil [J]. Journal of the Geotechnical Engineering Division，1979，105：627-641.

[77] Butterfield R，Banerjee P K. The Elastic Analysis of Compressible Piles and Pile Groups [J]. Géotechnique，1971，21：43-60.

[78] 吕凡任. 倾斜荷载作用下斜桩基础工作性状研究 [D]. 杭州：浙江大学，2004.

[79] Poulos H G. Piled raft foundations：design and applications [J]. Géotechnique，2001，51 (2)：95-113.

[80] Cooke R W. The settlement of friction pile foundations [C]. Conference on Tall Building，Kuala

Lumper, 1974.
[81] Randolph M F, Wroth C P. Analysis of Deformation of Vertically Loaded Piles [J]. Journal of the Geotechnical Engineering Division, 1978, 104: 1465-1488.
[82] Kraft L M, Focht J A, Amerasinghe S F. Friction Capacity of Piles Driven into Clay [J]. Journal of the Geotechnical Engineering Division, 1981, 107: 1521-1541.
[83] Chow Y K. Discrete element analysis of settlement of pile groups [J]. Computers & Structures, 1986, 24: 157-166.
[84] 杨嵘昌，宰金珉. 广义剪切位移法分析桩－土－承台非线性共同作用原理 [J]. 岩土工程学报，1994，6：103-116.
[85] Seed H B, Reese L C. The Action of Soft Clay Along Friction Piles [J]. Transactions ASCE, 1957, 122: 731-754.
[86] 张忠苗，张广兴，黄苿英，张乾青. 单桩沉降计算方法综述分析 [C]. 中国建筑学会地基基础分会，2008.
[87] Kezdi A. The bearing capacity of piles and pile groups [C]. the 4th ICSMFE, London, 1957.
[88] Vijayvergiya V N. Load-movement characteristics of piles [C]. the 4th Annual Symp of the Waterway Port Coastal and Ocean Division ASCE, Los Angeles, 1977.
[89] 潘时声，宰金璋，揭常青. 桩的承载力与刚度的关系 [J]. 岩土工程学报，1993，6：83-88.
[90] 陈龙珠，梁国钱，朱金颖，葛纬. 桩轴向荷载－沉降曲线的一种解析算法 [J]. 岩土工程学报，1994，6：30-38.
[91] 陈明中，龚晓南，严平. 单桩沉降的一种解析解法 [J]. 水利学报，2000，8：70-74.
[92] 蒋武军，鄢定媛，王明明，李煜，陈骅伟，蒋冲，陈兆. 特大型溶洞回填体基桩荷载-沉降规律与计算研究 [J]. 岩土工程学报，2017，39 (S2)：67-70.
[93] 罗晓光，任伟新，殷永. 多层土中根桩的非线性沉降简化计算方法 [J]. 岩土工程学报，2022，44 (2)：368-376.
[94] 王欢. 砂土海床大直径单桩基础和桶形基础水平受荷特性 [D]. 杭州：浙江大学，2020.
[95] Lau B H. Cyclic behaviour of monopile foundations for offshore wind turbines in clay [D]. University of Cambridge, 2015.
[96] Mostafa Y E, El Naggar M H. Response of fixed offshore platforms to wave and current loading including soil-structure interaction [J]. Soil Dynamics and Earthquake Engineering, 2004, 24: 357-368.
[97] Dalhoff P, Argyriadis K, Klose M. Integrated load and strength analysis for offshore wind turbines with jacket structures [C]. European offshore wind energy conference, Berlin, 2007.
[98] Sandal K. Design optimization of jacket structures for mass production [D]. Technical University of Denmark, 2018.
[99] Tian X J, Sun X Y, Liu G J, et al. Optimization design of the jacket support structure for offshore wind turbine using topology optimization method [J]. Ocean Engineering, 243: 110084.
[100] Shi W, Park H, Chung C, et al. Load analysis and comparison of different jacket foundations [J]. Renewable Energy, 2013, 54: 201-210.
[101] Shi W, Park H C, Chung C W, et al. Soil-structure interaction on the response of jacket-type offshore wind turbine [J]. International Journal of Precision Engineering and Manufacturing-Green Technology, 2015, 2: 139-148.
[102] Abhinav K A, Saha N. Coupled hydrodynamic and geotechnical analysis of jacket offshore wind turbine [J]. Soil Dynamics and Earthquake Engineering, 2015, 73: 66-79.

[103] 李涛. 近海风机导管架基础水平受荷特性研究 [D]. 杭州：浙江大学，2015.

[104] 祝周杰. 近海风机导管架基础水平受荷特性研究 [D]. 杭州：浙江大学，2017.

[105] Abhinav K A，Saha N. Nonlinear dynamical behaviour of jacket supported offshore wind turbines in loose sand [J]. Marine Structures，2018，57：133-151.

[106] 卢雯珺. 砂土地基中海上风机多桩基础承载机理与分析方法研究 [D]. 北京：清华大学，2019.

[107] Byrne B，Houlsby G，Martin C，et al. Suction Caisson Foundations for Offshore Wind Turbines [J]. Wind Engineering，2002，26：145-155.

[108] Kelly R B，Houlsby G T，Byrne B W. Transient vertical loading of model suction caissons in a pressure chamber [J]. Géotechnique，2006，56：665-675.

[109] Senders M. Suction caissons in sand as tripod foundations for offshore wind turbines [D]. University of Western Australia，2008.

[110] Kim S-R，Hung L C，Oh M. Group effect on bearing capacities of tripod bucket foundations in undrained clay [J]. Ocean Engineering，2014，79 (15)：1-9.

[111] 张文龙. 近海风机吸力式桶形基础基于变形控制的复合承载力研究 [D]. 杭州：浙江大学，2013.

[112] Kong D，Ying P，Wan J，et al. Experimental study on lateral behaviour of tetrapod caisson foundations in silt [J]. International Journal of Physical Modelling in Geotechnics，2021，21：314-328.

[113] Jeong Y H，Ko K W，Kim D S，et al. Studies on cyclic behavior of tripod suction bucket foundation system supporting offshore wind turbine using centrifuge model test [J]. Wind Energy，2021，24 (5)：515-529.

[114] Aubeny C P，Han S W，Murff J D. Inclined load capacity of suction caissons [J]. International Journal for Numerical and Analytical Methods in Geomechanics，2003，27：1235-1254

[115] 刘振纹，王建华，秦崇仁. 负压桶形基础地基水平承载力研究 [J]. 岩土工程学报，2000，22 (6)：691-695.

[116] 张金来，鲁晓兵，王淑云，等. 桶形基础极限承载力特性研究 [J]. 岩石力学与工程学报，2005，24 (7)：1169-1172.

[117] 张宏祥，张伟. 滩海桶形基础承载力三维弹塑性有限元仿真 [J]. 地震工程与工程振动，2006，26 (4)：127-131.

[118] Niemunis A，Wichtmann T，Triantafyllidis T. A high-cycle accumulation model for sand [J]. Computers and Geotechnics，2005，32：245-263.

[119] Wichtmann T，Niemunis A，Triantafyllidis T. Towards the FE prediction of permanent deformations of offshore wind power plant foundations using a high-cycle accumulation model [C]. International Symposium：Frontiers in Offshore Geotechnics，Perth，2010.

[120] Thieken K，Achmus M，Schröder C. On the behavior of suction buckets in sand under tensile loads [J]. Computers and Geotechnics，2014，60：88-100.

[121] Cerfontaine B，Collin F，Charlier R. Numerical modelling of transient cyclic vertical loading of suction caissons in sand [J]. Géotechnique，2016，66：121-136.

[122] Tasan H E，Yilmaz S A. Effects of installation on the cyclic axial behaviour of suction buckets in sandy soils [J]. Applied Ocean Research，2019，91：101905.

[123] Jalbi S，Nikitas G，Bhattacharya S，Alexander N. Dynamic design considerations for offshore wind turbine jackets supported on multiple foundations [J]. Marine Structures，2019，67：102631.

[124] Hung L C，Kim S-R. Evaluation of combined horizontal-moment bearing capacities of tripod bucket foundations in undrained clay [J]. Ocean Engineering，2014，85：100-109.

[125] He B，Jiang J，Cheng J，et al. The capacities of tripod bucket foundation under uniaxial and combined loading [J]. Ocean Engineering，2021，220：108400.

[126] Wang L Z，Wang H，Zhu B，et al. Comparison of monotonic and cyclic lateral response between monopod and tripod bucket foundations in medium dense sand [J]. Ocean Engineering，2018，155：88-105.

[127] Ochmański M，Mašín D，Duque J，et al. Performance of tripod foundations for offshore wind turbines：a numerical study [J]. Géotechnique Letters，2021，11：230-238.

[128] Barari A，Glitrup K，Christiansen L R，et al. Tripod suction caisson foundations for offshore wind energy and their monotonic and cyclic responses in silty sand：Numerical predictions for centrifuge model tests [J]. Soil Dynamics and Earthquake Engineering，2021，149：106813.

9 海洋采油平台基础工程

国振，芮圣洁
（浙江大学滨海和城市岩土工程研究中心，浙江 杭州 310058）

9.1 海洋油气平台

海洋平台是在海洋上进行作业的场所，也是一种海上大型构筑物，通常用于装载钻井，或装载提取油、天然气所需的人工和机械设备。海洋石油钻探与生产所需的平台，主要分钻井平台和生产平台两大类。在钻井平台上设钻井设备，在生产平台上设采油设备。平台与海底片口有立管相通。海洋平台通常链接在海底或者漂浮在海上，一般都高出海面，能够避免波浪、海流的冲击，如图 9.1-1 所示。形式有三边形、四边形或多边形。

图 9.1-1 海洋油气平台

按运动方式，海洋平台结构可分为固定式与移动式两大类。海洋固定式平台是一种借助于桩腿扩展基础或用其他方法支撑于海底，而上部露出水面，为了预定目的能在较长时间内保持不动的平台；海洋移动式平台是可根据需要从一个作业地点转移到另一个作业地点的海上平台，转移过程中它可以把水下结构回收到平台上，待到达地点的时候重新下放使用。移动式平台是海洋油气勘探、开发的主要设施。除了钻井平台以外，生活动力平台、作业平台、生产储油平台等也可以采用移动平台的形式。固定式和移动式平台又可根据一些特征继续细分成各种平台。

本节主要对海洋平台中的钻井平台和生产平台进行介绍。

9.1.1 钻井平台

钻井平台也分多种，主要包括坐底式钻井平台、自升式钻井平台、半潜式钻井平台。

1）坐底式钻井平台

坐底式钻井平台是早期在浅水区域作业的一种移动式钻井平台。平台分本体与下部浮体，由若干立柱连接平台本体与下部浮体，平台上设置钻井设备、工作场所、储藏与生活舱室等。作业前，坐底式钻井平台漂浮在水面，钻井时，在下部浮体中灌入压载水使之沉底，下部浮体在坐底时支承平台的全部重量，而此时平台本体仍需高出水面，不受波浪冲击。在移动时，将下部浮体排水上浮，提供平台所需的全部浮力。由于坐底式平台的工作水深不能调节，已日渐趋于淘汰。

中国石油集团海洋工程有限公司建造的“中油海 3 号”钻井平台，是我国自主设计的新一代钻井平台（图 9.1-2），平台长 78.4m，宽 41m，上甲板高 20.9m，空船总重量 5888t，仅适合 10m 以内水深的海上作业，最大钻井深度可达 7000m，上层甲板设有可供 90 人居住的生活楼，生活楼顶部为直升机平台。“中油海 3 号”是目前世界最大的坐底式钻井平台。

图 9.1-2 “中海油 3 号”坐底式钻井平台

2）自升式钻井平台

自升式钻井平台又称甲板升降式或桩腿式平台，如图 9.1-3 所示。这种石油钻井装置在浮在水面的平台上装载钻井机械、动力、器材、居住设备以及若干可升降的桩腿。钻井时，平台到达指定钻探位置，降下桩腿，待桩腿着底后，平台沿桩腿升离海面一定高度；移位时平台降至水面，桩腿升起，平台就像驳船，可由拖轮把它拖移到新的井位。这种平台既要满足拖航移位时的浮性、稳性方面的要求，又要满足作业时着底稳性和强度的要求，以及升降平台和升降桩腿的要求。

自升式平台的优点主要是所需钢材少、造价低，同时它可适用于不同海底土壤条件，且移位灵活方便，便于建造，因而得到了广泛的应用，在各种海况下都能平稳地进行钻井作业；缺点是桩腿长度有限，使工作水深受到限制，最大的工作水深在120m左右。超过此水深，桩腿重量较大，同时拖航时桩腿升得很高，对平台稳性和桩腿强度都不利。尽管现在有些设计工作水深可达到170m，但这种平台通常普遍用于水深120m以内的区域内。

图 9.1-3 自升式钻井平台

3）半潜式钻井平台

半潜式钻井平台是从坐底式钻井平台演变而来，由上层工作甲板、下层浮体结构、中间立柱或桁架三部分组成，如图 9.1-4 所示。此外，还有一些支撑与斜撑连接，连接支撑

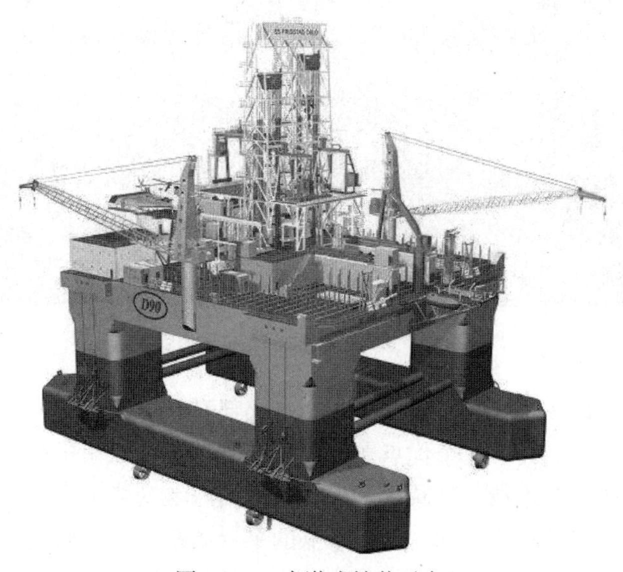

图 9.1-4 半潜式钻井平台

一般都设在下体的上方，这样当平台移位时，可使它位于水线之上，以减小阻力；平台上设有钻井机械设备、器材和生活舱室等，供钻井工作使用。当平台工作时，浮体下沉，而上层甲板高出水面一定高度，以免波浪的冲击。这时下体或浮箱提供主要浮力，沉没于水下以减小波浪的扰动力。下层浮体结构又分下船体式和浮箱式两种，下船体式更利于航行，故新建造的自航半潜式平台多采用双下船体式。半潜式钻井平台作业时处于半潜状态，需采用锚泊定位或动力定位，这个半潜式平台采用的就是锚泊定位。在平台作业后，像坐底式钻井平台一样，排出浮体压载舱内的水，上浮至拖航吃水线，即可收锚移位。通常用于水深60～3050m的区域，但随着技术开发的进步，工作水深也越来越大。

9.1.2 生产平台

1）重力式平台

对海洋石油的开发，特别是北海的开发，促生了一种完全不同的固定式平台设计——重力式平台。不用打桩固定在海底而是直接坐于海底，通过自身的巨大重量进行稳定。一般都是如图9.1-5所示的这种钢筋混凝土结构，作为采油、储存和处理的大型多用途平台，底部通常是一个巨大的混凝土基础，用三四个或更多的空心混凝土立柱支撑着甲板结构，巨大基础被分隔为许多圆筒形的储油舱和压载舱，规模较大的，可开采几十口井，储油十几万吨。混凝土平台广泛用于钻探、勘测、油气生产和储存等领域，其结构重量可达85万吨甚至更大。现在已有大约20座混凝土重力式平台用于北海。

图9.1-5　北海重力式采油平台

重力式平台有许多优点：（1）储量大，它在底部设有若干圆筒形储油罐，增加了储油能力，特别是在大型的油区，这个优点尤为显著。（2）海上工作量小，重力式平台大部分设备安装和吊装都在岸上进行，这减少了较为昂贵的海上安装工作量。（3）规模大，可进行更大规模的生产，同时减少了同一地区所需的平台数量。（4）耐久性强，重力式平台的结构材料一般采用混凝土，混凝土不需要维护而且其承重能力不会随着时间的推移而降低。

当然重力式平台也有两个明显的缺点：(1) 它相比于导管架平台来说，因为工程量过大，导致成本较高。(2) 因为此类平台一般采用混凝土结构，规模大，因此没有拆卸此类结构的可行方法。

2）导管架平台

钢质导管架式平台通过打桩的方法固定于海底，它是目前海上油田使用最广泛的一种平台，如图 9.1-6 所示。

导管架先在陆地预制好后，拖运到海上安装就位，然后顺着导管打桩，桩是打一节接一节的，最后在桩与导管之间的环形空隙里灌入水泥浆，使桩与导管连成一体固定于海底。这种施工方式，使陆上工作量减少。平台设于导管架的顶部，高于作业区的波高，具体高度须视当地的海况而定，一般高出 4～5m，这样可避免波浪的冲击。桩基式平台的整体结构刚性大，适用于各种土质，是目前最主要的固定式平台。但其尺度、重量随水深增加而急骤增加，所以在深水中的经济性较差。

3）牵索塔式平台

牵索塔式平台是一瘦长的桁架结构，如图 9.1-7 所示，其下端靠重力支座，坐落于海底，或是依靠支柱加以支撑，其上端支承作业甲板。桁架的四周用钢索、重块、锚链和锚所组成的锚泊系统加以牵紧，使它能保持直立状态。相比于导管架式平台和重力式平台，牵索塔式平台更适合于 300～600m 水深的深水海域作业。

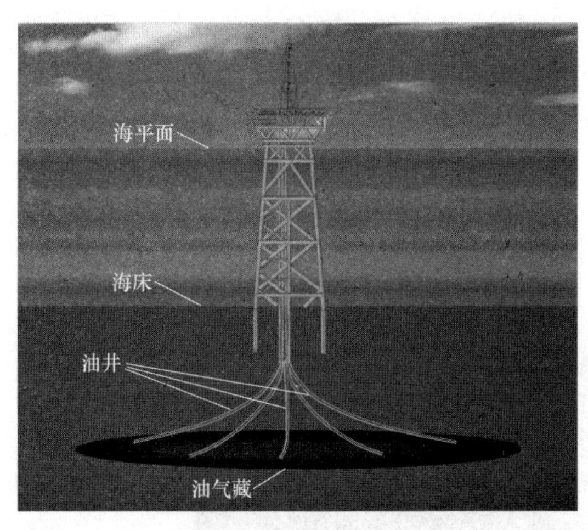

图 9.1-6 导管架平台

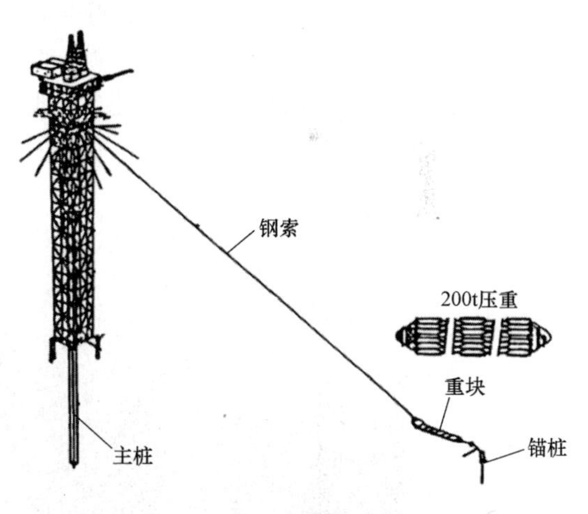

图 9.1-7 牵索塔式平台

4）张力腿式平台

张力腿式平台是利用绷紧状态下的锚索产生的拉力与平台的剩余浮力相平衡的钻井平台或生产平台，如图 9.1-8 所示。张力腿式平台也是采用锚泊定位的，但与一般半潜式平台不同。其所用锚索绷紧成直线，不是悬垂曲线，钢索的下端与水底不是相切的，而是几乎垂直的。用的是桩锚或重力式锚等，不是一般容易起放的抓锚。张力腿式平台的重力小于浮力，相差的力量可依靠锚索向下的拉力来补偿，而且此拉力应大于由波浪产生的力，使锚索上经常有向下的拉力，起着绷紧平台的作用。张力腿式平台自 1954 年提出设想以来，迄今已有 40 年的历史。

图 9.1-8　张力腿式平台

5）SPAR 平台

SPAR 平台也是像张力腿式平台一样锚定在海底的，但是与张力腿式平台垂直的张力腿不同的是，SPAR 平台有很多常规的锚绳，如图 9.1-9 所示。SPAR 平台通常有三种设计形式：（1）传统的单柱船体；（2）桁架式结构，其中间部分由桁架式结构组成，用于连接上部浮船体和下部包含永久压载的仓体；（3）多管式 SPAR，由多个竖直的柱体组成。

就中小型平台来说，SPAR 的建造比张力腿式平台更为经济，而且本身的稳定性更好，因为其底部有足够的配重来保持平衡而不是依靠锚来保持竖直状态。也能通过链式顶重器与锚绳相连，被水平移到油井的上方。

6）FPSO

浮式生产储存系统（FPSO）具有两个特点：一是体型庞大，船体一般 5 万～30 万吨，一艘 30 万吨 FPSO 甲板面积相当于 3 个足球场，如图 9.1-10 所示。二是功能较多，FPSO 集合了各种油田设施，对油气水实施分离处理和油气储存，故称为“海上工厂”“油田心脏”。与其他形式的石油生产平台相比，FPSO 具有抗风浪能力强、适应水深范围广、储油、卸油能力大，以及可转移、重复使用的优点，所以目前，FPSO 已成为海上油气田开发的主流生产方式。

图 9.1-9　SPAR 平台

图 9.1-10 FPSO

9.2 油气平台桩靴基础

自升式平台是近海工程勘察、油气开采与风电场建设中应用最广泛的平台形式，工作水深一般不超过 120m。近年来，随着工程需求的不断提高，新建成的大型自升式平台最大作业水深可达 150m。在役的大部分平台，其结构主要由船体、桩腿以及安装于桩腿底部的桩靴（Spudcan）基础构成，如图 9.2-1 所示。船体通常为三角形，可以浮于海面上，并通过自航或拖航移动。达到指定施工地点后，需要进行安装就位操作：首先利用平台的升降系统下放桩腿，桩靴在平台自重作用下进入海床中，达到稳定后通过升降系统上升船体使其离开海面，在船体底面和海面之间形成一定高度的空隙；接着将海水抽至船体的压载舱进行预压载，多个桩靴轮流贯入土中一定距离，几个轮次后桩靴达到预定深度。预压载的大小通常为自升式平台自重的 1.3～2 倍。开始作业前，排出压载舱水，平台在自重以及风浪流荷载作用下实施作业。作业完毕后，分几个轮次拔出桩靴，平台移动至下一个作业点。

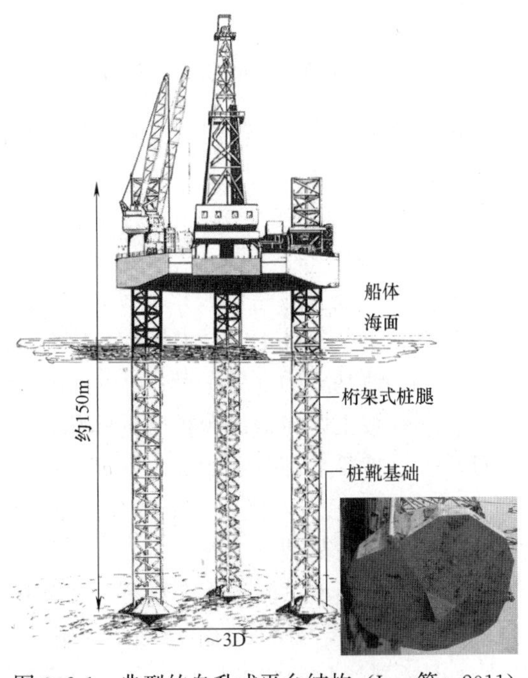

图 9.2-1 典型的自升式平台结构（Lee 等，2011）

桩靴基础的平面形状大多为多边形或近似圆形，底部为扁平锥体。进行承载力设计时，一般按照埋入土体部分的最大横截面面积 A 将桩靴等效为圆形（图 9.2-2）。对于完全埋入的桩靴，常见的等效直径范

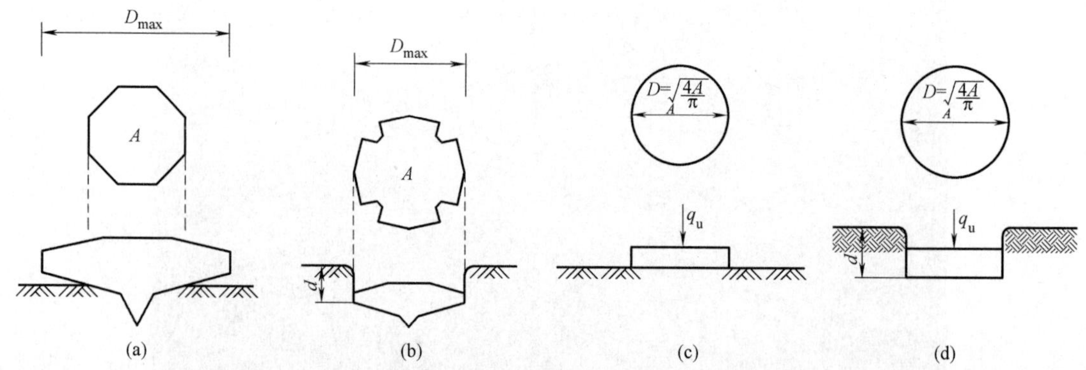

图 9.2-2　桩靴基础等效直径的计算《ISO 19905-1》[1]

(a) 部分埋入；(b) 完全埋入；(c) 部分埋入等效模型；(d) 完全埋入等效模型

围为 $D=3\sim20\text{m}$，但随着作业要求的不断提高，直径超过 20m 的桩靴基础也越来越常见。

在确认自升式平台的作业地点后，需根据工程勘察资料进行桩靴基础安装就位阶段和作业阶段的承载力设计。当前国际上广泛应用的设计规范是国际标准化组织推出的 ISO 19905-1。对于安装就位，设计计算的目标是准确预测桩靴的安装过程和最终插桩深度。由于平台就位一般选择无风浪的天气进行，因此桩靴在贯入过程中主要受竖向荷载作用，仅需预测桩靴的“竖向承载力-深度”曲线（也称为贯入阻力曲线）。而对于作业阶段，桩靴基础不仅需要提供足够的竖向承载力，还要抵抗风浪流与平台上的吊装施工造成的巨大水平力和弯矩，必须保证极端工况造成的“竖向力-水平力-力矩”复合荷载作用下桩靴稳定。

本章将对平台安装就位阶段和作业阶段的桩靴承载力设计进行介绍，重点描述 ISO 19905-1[1] 推荐的设计方法和计算公式，同时涉及最新研究进展。

9.2.1　安装就位阶段基础承载力设计

如图 9.2-3 所示，桩靴连续贯入过程中在深度 d 处所受竖向荷载等于地基提供的总竖向极限承载力 q_u：

$$q_u=q_v+\frac{\gamma' V_{spud}}{A}-\gamma'\max(d-H_{cav},0) \tag{9.2-1}$$

式中　q_v——基础上部完全开口（无回填土）时地基剪切破坏提供的竖向承载力，不同土层条件下 q_v 的计算公式将在下文进行详细介绍；

γ'——地基土的有效重度；

V_{spud}——被土体掩盖部分桩靴的体积；

H_{cav}——桩靴上部孔洞的极限深度，即孔洞所能达到的最大深度值。

式 (9.2-1) 第二项代表了土体对被掩盖桩靴的浮力，第三项代表了桩靴上部回填土对桩靴施加的竖向荷载。

基于离心机模型试验和大变形有限元分析中观察到的孔洞深度，他们提出了不排水抗剪强度 s_u 随深度线性增加的单层黏土地基（即 $s_u=s_{um}+kz$，s_{um} 是泥面处的不排水抗剪强度，k 是不排水抗剪强度沿深度的变化梯度）中 H_{cav} 的计算公式：

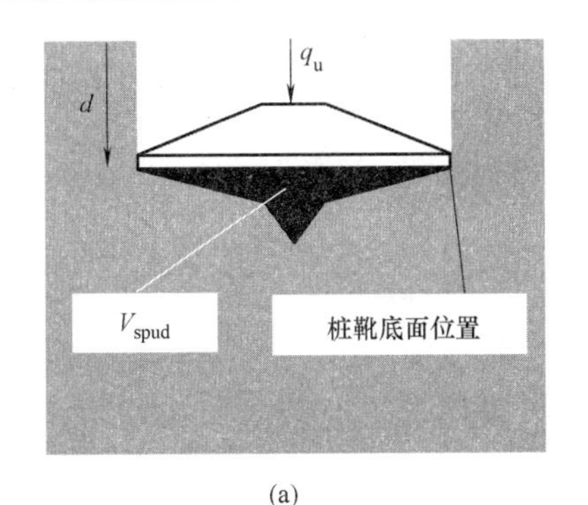

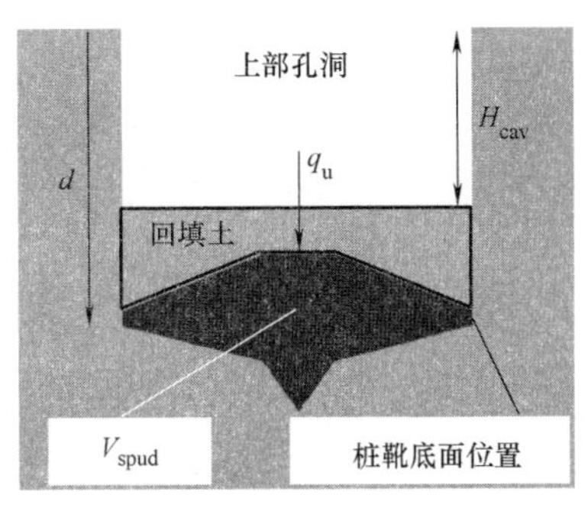

(a)　(b)

图 9.2-3　桩靴竖向承载力计算示意

(a) $d \leqslant H_{cav}$；(b) $d > H_{cav}$

$$\frac{H_{cav}}{D}=S^{0.55}-\frac{S}{4} \tag{9.2-2}$$

式中　$S=\left(\frac{s_{um}}{\gamma' D}\right)^{\left(1-\frac{k}{\gamma}\right)}$

对于多层黏土地基，《ISO 19905-1》规范推荐：

$$\frac{H_{cav}}{D}=\left(\frac{s_{uH}}{\gamma' D}\right)^{0.55}-\frac{1}{4}\left(\frac{s_{uH}}{\gamma' D}\right) \tag{9.2-3}$$

式中 s_{uH}——$z=H_{cav}$ 深度处对应的不排水抗剪强度，因此需要进行迭代计算确定 H_{cav}。

对于复杂的成层黏土地基，可在 H_{cav}-z 坐标系上分别绘制式（9.2-2）和 $z=H_{cav}$ 对应的曲线，两者的交点即为预测得到的 H_{cav} 值。若两条曲线存在多个交点，一般取最小 H_{cav} 值。

除此之外，Zheng 等通过大变形有限元分析结果，分别总结了桩靴在“硬-软-硬”和“软-硬-软”两种三层黏土地基中贯入时 H_{cav} 的预测公式。但对于其他土层条件，目前尚且没有合适的预测公式。

桩靴贯入阻力曲线预测的关键在于 q_v 的计算，设计时应根据实际土层条件选用不同的计算模型。考虑桩靴的典型尺寸以及位移速度，一般假定砂土处于完全排水条件，黏土处于完全不排水条件。以下将介绍完全排水或不排水条件下桩靴贯入阻力曲线计算方法，考虑的土层条件包括单层黏土和砂土地基、上弱下强双层土地基、上强下弱双层土地基，以及多层土（三层及以上）地基。

9.2.2　单层土地基预测模型

1）单层黏土

欧洲北海以及美国墨西哥湾广泛分布着厚度较大的表层黏土，在桩靴就位设计中可视为典型的单层黏土地基。图 9.2-4 为离心机试验中观察到的桩靴在单层黏土地基中连续贯入造成的土体破坏模式的演变：(1) 地基表现为浅基础破坏模式，土体向外、向上移动，桩靴上部形成孔洞并保持完全开口；(2) 土体开始发生回流，由桩靴底部移动至桩靴顶部；(3) 地基表现为深基础破坏模式，桩靴周围土体在一定范围内发生局部回流，桩靴上部孔洞深度保持 H_{cav} 不变。随着破坏模式发生改变，桩靴竖向承载力也随之变化。单层黏土地基中桩靴竖向承载力的计算可表达为：

$$q_v = N_c s_u + p'_0 \tag{9.2-4}$$

式中 N_c——与黏土不排水抗剪强度相关的竖向承载力系数；

p'_0——桩靴贯入深度处的压力，即最大截面最低点深度处的有效上覆压力，$p'_0 = \gamma' d$。

关于 N_c 值的确定，ISO 19905-1[1] 建议采用 Skempton[3] 或 Houlsby & Martin[2] 提出的系数。

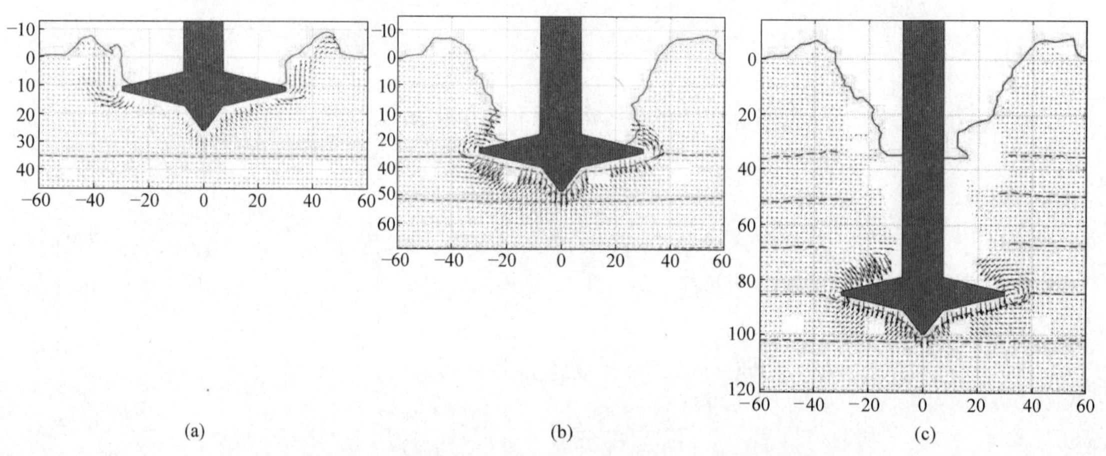

图 9.2-4 单层黏土地基中桩靴贯入造成的土体破坏模式的演变

Skempton[3] 考虑基础形状和埋深对承载力系数的影响，提出了适用于圆形基础的 N_c 表达式：

$$N_c = 6\left(1 + 0.2\frac{d}{D}\right) \leqslant 9.0 \tag{9.2-5}$$

当桩靴埋深比 $d/D \geqslant 2.5$ 时，式（9.2-5）计算得到的竖向承载力系数始终保持 $N_c = 9.0$，对应图 9.2-4（c）表示的深基础破坏模式。值得注意的是，Skempton[3] 提出的 N_c 值是针对均质黏土地基的，即 s_u 不随深度变化情况。对于不排水抗剪强度随深度线性增加的非均质黏土地基，根据墨西哥湾的现场经验，建议采用桩靴贯入深度以下 $D/2$ 范围内土体的平均强度，即 $s_u = s_{um} + k(d + D/4)$。

Houlsby 和 Martin[2] 提出的竖向承载力系数是基于特征线法的理论下限解，适用于不排水抗剪强度随深度线性增加的黏土地基上的圆锥体基础。他们列举了一系列的 N_c 值表格，覆盖了常见的地基强度参数范围以及基础顶角大小、粗糙度和埋深，可根据实际工况查表确定 N_c 值。例如对于均质黏土地基中完全粗糙的圆板基础（顶角＝180°），按表 9.2-1 查询 N_c 值。与 Skempton[3] 不同，Houlsby 和 Martin[2] 的竖向承载力系数对应桩靴最大截面最低点深度处的不排水抗剪强度值，即 $s_u = s_{um} + kd$。由于查表设计较为不便，Houlsby 和 Martin[2] 建议采用桩靴贯入深度以下 $0.09D$ 处的不排水抗剪强度值，即 $s_u = s_{um} + k(d + 0.09D)$，再结合承载力系数计算竖向承载力。这样预测得到的竖向承载力与理论解的误差在±12%以内。

墨西哥湾工程实例的反分析表明的竖向承载力系数总体上可以较为准确地预估桩靴的贯入阻力曲线，Houlsby 和 Martin 的竖向承载力系数则提供了下限预测。

黏土地基中粗糙圆板基础承载力系数[2]　　表 9.2-1

埋深比 d/D	竖向承载力系数 N_c	埋深比 d/D	竖向承载力系数 N_c
0	6.0	0.5	7.0
0.1	6.3	1.0	7.7
0.25	6.6	≥2.5	9.0

除了 ISO 19905-1 建议的上述竖向承载力系数外，Hossain 和 Randolph 利用有限元分析，总结了 $d<H_{cav}$ 与 $d \geqslant H_{cav}$ 情况下浅基础和深基础承载力系数的计算公式。但将地基土视为理想弹塑性材料，预测的贯入阻力偏高，如果进一步考虑黏土不排水强度的应变软化，可以极大改善预测效果。

2）单层砂土

当海床表面为厚度较大的砂土层时，桩靴安装就位阶段的竖向承载力可按照单层砂土地基进行计算。由于排水条件下砂土强度较高，在预压荷载作用下桩靴一般仅停留在海床表面。甚至当桩靴未完全贯入地基时，竖向承载力可能就已满足设计要求。因此，设计中更为重要的是考虑桩靴部分埋入的情况，此时可以按照图 9.2-3（a）计算桩靴的等效直径 D，进而按照下式计算桩靴在单层砂土中的竖向承载力：

$$q_v = N_\gamma \frac{\gamma' D}{2} + N_q \left[1 + 2\tan\phi'(1-\sin\phi')^2 \arctan\left(\frac{d}{D}\right)\right] p'_0 \tag{9.2-6}$$

式中　N_γ，N_q——与地基土重和上覆压力相关的竖向承载力系数；

ϕ'——砂土的有效内摩擦角。

已有研究提供了多个 N_γ 和 N_q 的计算公式，ISO 19905-1 建议采用 Martin[5] 通过特征线法分析得到的粗糙圆板基础理论解。

3）上弱下强双层土地基预测模型

当桩靴在“弱土 - 强土”地层中贯入时，随着桩靴靠近强土层，桩靴附近的土体表现为挤压破坏模式，如图 9.2-5 所示：桩靴底面和强土层顶面之间的土体受到挤压，从而向远离桩靴中心的外侧流动，此时桩靴贯入阻力急剧上升。在挤压破坏发生前，地基表现为单层土破坏模式。实际设计时一般仅需考虑黏土层的挤压破坏，包括软黏土叠置硬黏土或

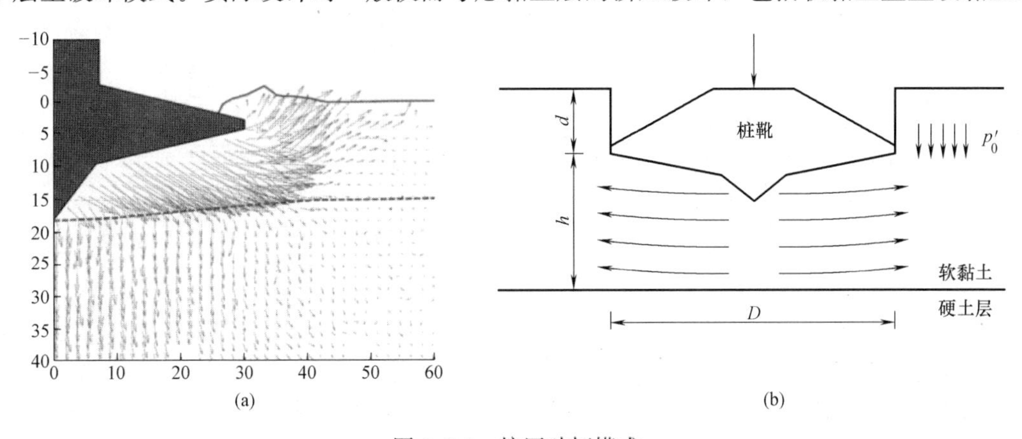

图 9.2-5　挤压破坏模式

（a）离心机半模型试验；（b）简化的挤压破坏模式

黏土叠置砂土。两种情况下的贯入阻力计算公式相同，认为土体发生挤压破坏：

$$\frac{h}{D}\leqslant\frac{1}{3.45(1+1.025d/D)} \tag{9.2-7}$$

挤压破坏模式下的竖向承载力通过下式确定：

$$q_{\mathrm{v}}=\left[6\left(1+0.2\frac{d}{D}\right)+\frac{D}{3h}-1\right]s_{\mathrm{u}}+p_0'\geqslant6\left(1+0.2\frac{d}{D}\right)s_{\mathrm{u}}+p_0' \tag{9.2-8}$$

式中不等式意味着挤压破坏提供的竖向承载力不得低于同一深度处单层土破坏模式下的竖向承载力。此外，式（9.2-8）计算得到的竖向承载力也不得大于下部强土层顶面的承载力。

4）上强下弱双层土地基预测模型

上强下弱土层中桩靴贯入阻力的预测是自升式平台安装就位阶段竖向承载力设计的重点。这是因为当上部土层的强度显著高于下卧土层时，桩靴在上部土层的贯入阻力可能增加到某一峰值后迅速减小或接近恒定。由于桩靴是通过抽排水的方式进行加卸载，已经施加的预压荷载无法立即卸除，桩腿会不受控制地快速下沉，直到重新增加的贯入阻力和船体入水所增加的浮力的合力与预压荷载平衡，这个过程称为穿刺，如图 9.2-6 所示。不受控制的穿刺可能导致平台桩腿屈曲、上部结构倾斜甚至整个平台倾覆，每次事故造成的经济损失约 100 万～1000 万美元。因此，平台预压之前必须准确预测贯入阻力曲线，从而评估穿刺的可能性以及严重程度。

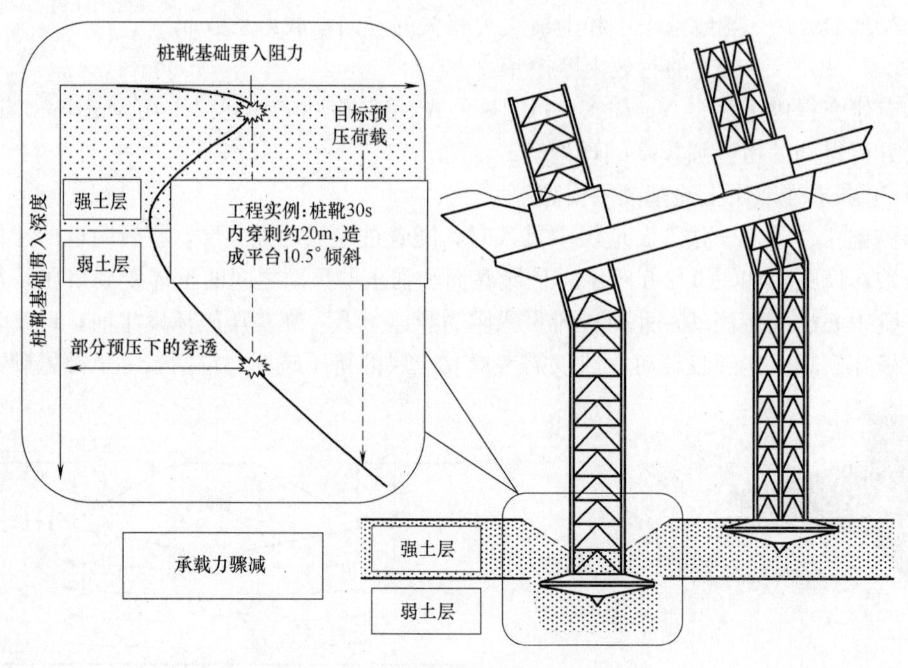

图 9.2-6　上强下弱土层中的桩靴穿刺

上强下弱土层包括硬黏土叠置软黏土和砂土叠置黏土两种土层条件，计算竖向承载力时均假定冲剪破坏模式，如图 9.2-7 所示。强土层在桩靴底面形成土塞，土塞由贯穿整个上部土层的剪切面包围。然而，两种土层条件下的竖向承载力预测公式略有不同。

5）硬黏土叠置软黏土

根据图 9.2-7 所示的冲剪破坏模式并假定与桩靴大小相同的垂直剪切面，ISO 19905-1 建议的桩靴在硬黏土叠置软黏土地层中竖向承载力的计算公式为：

$$q_{\mathrm{v}}=\frac{4h}{D}0.75s_{\mathrm{ut}}+6\left(1+0.2\frac{d+h}{D}\right)s_{\mathrm{ub}}+p_0'$$

$$\leqslant 6\left(1+0.2\frac{d}{D}\right)s_{\mathrm{ut}}+p_0' \tag{9.2-9}$$

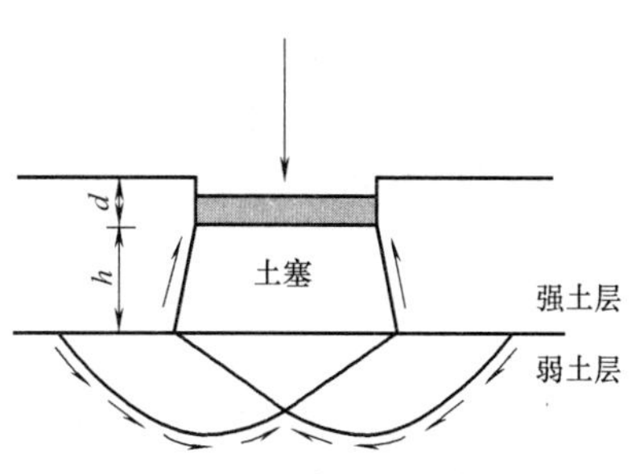

图 9.2-7 冲剪破坏模式

式中 s_{ut}——上部硬黏土的不排水抗剪强度；

s_{ub}——下部软黏土的不排水抗剪强度。

式（9.2-9）第一项代表了土塞周围剪切面提供的摩擦阻力，其中 0.75 是考虑黏土软化效应的折减系数；第二项则代表了土塞底面由软黏土层剪切破坏提供的剪切抗力，意味着冲剪破坏提供的竖向承载力不得高于同一深度处单层土破坏模式下的竖向承载力。

6）砂土叠置黏土

ISO 19905-1 建议了两种桩靴在砂土叠置黏土地层中竖向承载力的计算方法，即荷载扩散法和冲剪法。荷载扩散法如图 9.2-8（a）所示，上部砂土承受的荷载传递到黏土层顶面形成一个等效圆形基础，等效基础的直径为 $D+2h/n_{\mathrm{s}}$，其中 n_{s} 是荷载扩展因子，规范建议 $n_{\mathrm{s}}=3\sim5$，一般根据地区经验取值。桩靴基础在砂土中的贯入阻力等于等效圆形基础的竖向承载力减去桩靴与等效圆形基础之间砂土的重量：

$$q_{\mathrm{v}}=\left(1+2\frac{h}{n_{\mathrm{s}}D}\right)^2\left[6\left(1+0.2\frac{d+h}{D}\right)s_{\mathrm{ub}}+\gamma_{\mathrm{s}}'(d+h)\right]-\left(1+2\frac{h}{n_{\mathrm{s}}D}\right)^2\gamma'_{\mathrm{s}}h$$

$$=\left(1+2\frac{h}{n_{\mathrm{s}}D}\right)^2\left[6\left(1+0.2\frac{d+h}{D}\right)s_{\mathrm{ub}}+p_0'\right] \tag{9.2-10}$$

式中 γ_{s}'——砂土的有效重度。

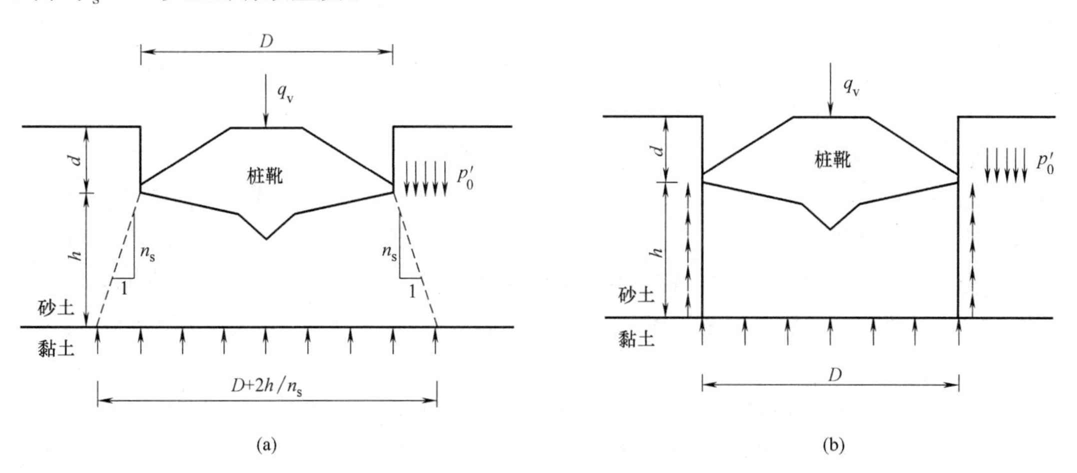

图 9.2-8 砂土叠置黏土竖向承载力预测模型示意

（a）荷载扩散法；（b）冲剪法

冲剪法如图 9.2-8（b）所示，与硬黏土叠置软黏土的预测模型相同，假定荷载沿与桩靴大小相同的垂直剪切面传递至黏土层顶面，贯入阻力由黏土层顶面的承载力和沿砂土层破坏面的摩擦力组成：

$$q_v=6\left(1+0.2\frac{d+h}{D}\right)s_{ub}+2\frac{h}{D}(\gamma'h+2p'_0)K_s\tan\phi'+p'_0 \tag{9.2-11}$$

式中 K_s——冲剪系数，其值依赖于两层土的强度比和砂土的有效内摩擦角。

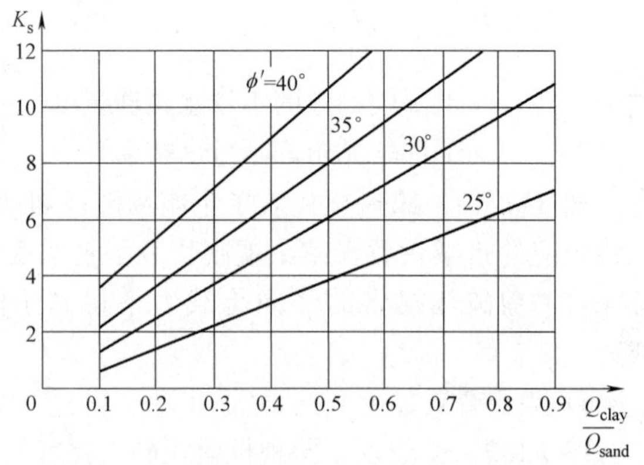

图 9.2-9　冲剪系数 K_s 查询图

ISO 19905-1 提供了图 9.2-9 所示的设计图表，图中 Q_{clay} 和 Q_{sand} 分别为黏土和砂土地基表面条形基础的竖向承载力，但规范并没有给出 Q_{clay} 和 Q_{sand} 的计算公式。简便起见，K_s 也可以根据 InSafeJIP 指南（InSafeJIP，2011）推荐的公式计算：

$$K_s\tan\phi'=2.5\left(\frac{s_u}{\gamma'_sD}\right)^{0.6} \tag{9.2-12}$$

9.3　海洋锚泊系统

9.3.1　锚泊系统

海洋工程中的油气平台在服役期间受到风、浪、流等环境荷载作用，为了满足现场作业以及生存要求，需要通过其定位系统限制其运动范围，并将受到的荷载传递至下部海床内。各类浮式结构物依靠锚泊系统（Mooring System）进行定位，包括锚泊线和锚泊基础。锚泊线上端通过导缆器连接到浮式结构物上，利用起链机调整锚泊线的长度和顶端张力；锚泊线下端连接在锚泊基础上，并利用锚泊基础来固定整根锚泊线，整个系统主要通过锚泊线的刚度和重量来给上部的浮式结构物进行定位。锚泊线将环境荷载作用力传递至下部海床内的锚泊基础，从而限制平台的位移和防止倾覆。锚泊定位系统应用广泛，结构和基础形式经济可靠，定位性能稳定，适用于长期服役锚泊。

根据锚泊线受力形态不同，可以将锚泊定位系统分为传统的悬链线式锚泊和张紧或半张紧式锚泊，如图 9.3-1 所示。悬链线式锚泊一般在浅水条件下应用广泛，其锚泊线长度-水深比通常较大，因此有一段锚泊线卧底段始终平铺于海床上，水中悬链段锚泊线的形态可以通过经典的悬链线方程来描述。悬链线式锚泊的浮体运动回复力主要由悬链段自重和锚泊线的形态变化来提供。因为卧底段的存在，锚泊线在海床切入点位置的提升角在服役期内始终保持为 0，在切入点位置只受水平张力，相应的锚泊基础只需要承受水平力。

与悬链式锚泊相比，张紧或半张紧式锚泊不需要平铺于海床上的锚泊线卧底段，因此其锚泊线长度-水深比较小。张紧或半张紧式锚泊的浮体运动回复力主要依靠锚泊线的弹性伸长来提供，因此锚泊线张力相对大得多，对锚泊线的材料强度和抗疲劳性能要求更

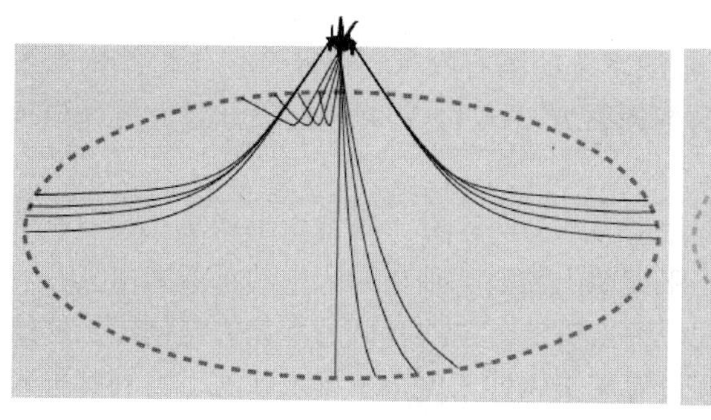
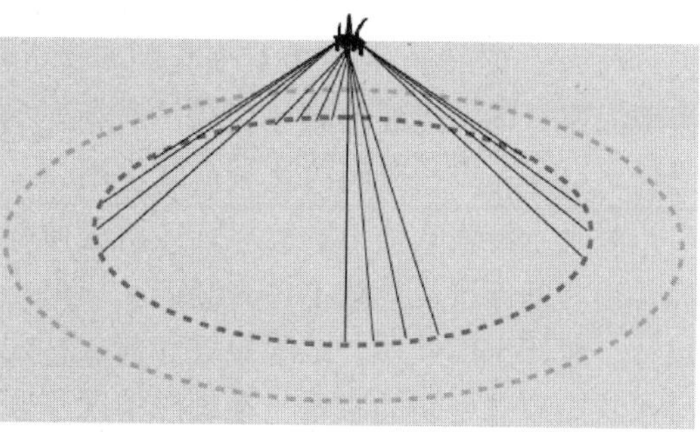

图 9.3-1　悬链线式锚泊和张紧式锚泊系统

高。由于不存在卧底段，锚泊线在海床面的切入点位置与水平面成一个夹角，锚泊线张力中同时存在水平力和竖向上拔力，要求锚泊基础在承受水平荷载的同时具有足够的抗上拔承载力。随着作业水深的增加，悬链线式锚泊需要的锚泊线长度显著增加，这既增加了锚泊线的自重，增加了成本且不利于安装，水平回复刚度较小不利于限制浮式结构物的运动，并且水中悬链段锚泊线的自重完全传递至浮式结构物上，减小了有效负载能力。而采用张紧或半张紧式锚泊在深水锚泊中，可以明显控制安装成本，减小锚泊半径，提高锚泊定位性能，因此在深水锚泊中成为更经济可靠的选择。

锚泊线的作用是将上部浮式结构物受到的海洋环境荷载传递至下部海床中的锚泊基础，同时自身又受到波浪、海流以及底部海床的作用。锚泊线的设计包括定位性能和安全性两方面的要求。定位性能要求为上部结构物的运动提供足够的回复力和阻尼，安全性要求锚泊线自身在整个服役期内不发生破断。而在各类复杂荷载的综合作用下，锚泊线的运动响应分析具有强非线性，主要包括以下四个方面：锚泊线的拉伸刚度非线性、几何形态非线性、流体载荷非线性和海底接触非线性。其中锚泊线与海床的接触作用，受海床特性以及锚泊线形态变化影响有较大不确定性，需要进一步进行分析。而锚泊线在锚泊基础系点位置处的张力角度和幅值，以及作用力随时间的特征变化，又决定了锚泊基础设计的承载力要求，需要进行准确的分析。

服役期间的锚泊基础受到了锚泊线传递来的荷载长期作用，图 9.3-2 所示为锚泊系统产生的典型锚泊线荷载时程曲线。按荷载随时间变化的不同特点可以将作用荷载分为：(1) 平均荷载，平均荷载使锚链结构具有一定平衡位置，锚体将围绕这一平衡位置做振荡

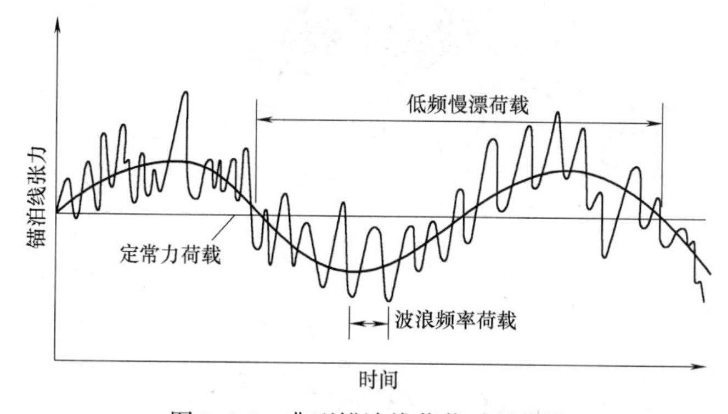

图 9.3-2　典型锚泊线荷载时程曲线

运动；(2) 缓慢变化的低频载荷，低频力是不规则波引起的浮体二阶漂移力，它的周期较长，约为 140～200s，但因其变化频率接近锚泊系统的固有频率，因此会使锚链结构产生慢漂振荡；(3) 以波浪频率变化的载荷，典型频率为 10～14s，并且在设计最大风暴出现之前，总是先有长时间的波频荷载作用。

对于悬链线式锚泊系统，锚体所受荷载近似为水平向；对于张紧或半张紧式锚泊系统时，锚泊基础所受荷载主要为竖向上拔力。服役期内锚泊基础在海床中的承载力由其几何尺寸、海床土体性质、锚眼位置和荷载特征等因素决定。锚泊基础的承载力与周围土体的排水状态有着密切的联系，在理想情况下假设海床土体处于完全不排水状态，得到其极限承载力。

然而深水条件下的锚泊基础通常受到幅值更大或作用时间更长的循环动荷载，其对锚体周围海床土的影响主要包括孔隙水压力的累积和土体刚度、强度的循环弱化，从而改变了锚泊基础的失效模式和承载力。在风暴期浮式结构物不同频率的长期往复运动下，锚泊基础受到的循环动荷载可以持续几个小时、几天甚至几周，其循环次数可以达到几千次以上。因此在动荷载作用下，锚泊基础的承载力显然不同于理想情况下短期静承载力（周围土体处于不排水状态）的情况。

目前，在锚泊基础的承载力设计中，仍然采用其短期静承载力乘以相应的安全系数来考虑其在动荷载作用下的循环衰减效应。因此，其安全系数的确定需要对锚泊基础在动、静耦合荷载作用下的失效模式变化进行详细的模拟和分析。

9.3.2 锚泊线

锚泊线作为连接海床上锚泊基础与浮式结构物的荷载传递机构，在锚泊系统中起着至关重要的作用。典型的海洋工程锚泊线结构如图 9.3-3（a）所示，上端连接于浮式结构物，下端连接于海床中的锚泊基础。当浮式结构物受到海洋环境荷载时，锚泊线限制其位移并将荷载传递至锚泊基础。浮式平台上连接锚泊线的导缆装置包括导缆孔和绞车，导缆

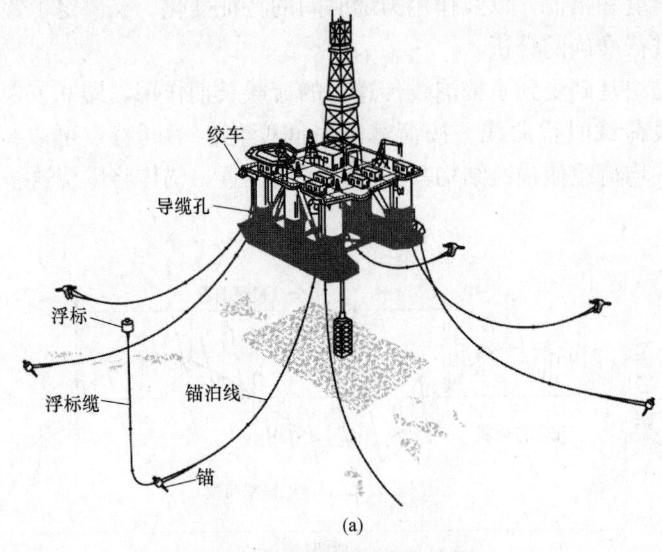

图 9.3-3　海洋工程锚泊线结构（一）

（a）浮式平台锚泊系统布置

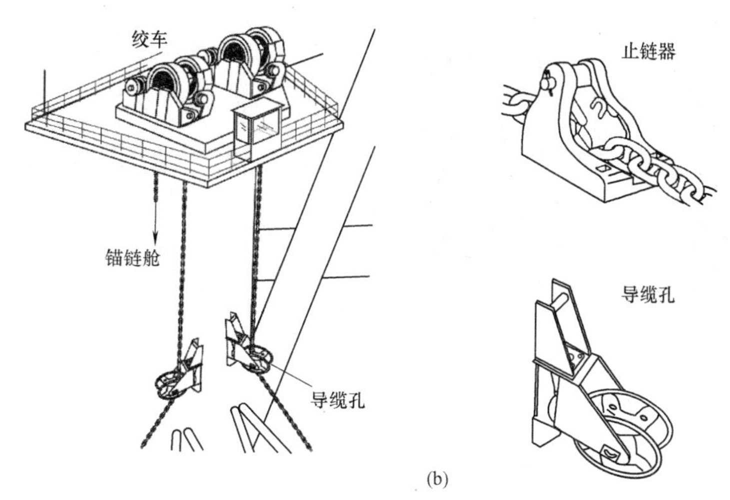

(b)

图 9.3-3 海洋工程锚泊线结构（二）
（b）锚泊线导缆装置

孔用于改变锚泊线的方向并限制其位置，绞车用于收放锚泊线。当锚泊线的长度足够时，其在水中呈悬链状。

在锚泊系统的安装过程当中，首先利用绞车对锚泊线进行预张紧，为上部的浮式结构物提供一定的回复力进行锚泊定位；在服役阶段，锚泊线将浮式结构物受到的风、浪、流环境荷载传递至海床内的锚泊基础，在海洋工程锚泊系统中起着至关重要的作用。锚泊线的组成部分包括各类锚链、钢绞线、合成纤维绳、浮子和沉子以及连接件。

1）锚链

锚链（Chain）是应用最广泛的锚泊线材料，具有强度高、耐磨损的优点，适合浅水锚泊系统；但其自重较大，造价较高，在深水条件下较少作为单一成分锚泊线使用。锚链的结构由许多链环连接而成，按照其链环可分为有档锚链和无档锚链，如图 9.3-4 所示。有档锚链的横档提高了链环的稳定性和操作性，且同样链径的有档锚链的强度比无档锚链高约 20%。无档锚链在永久式锚泊系统中应用广泛，同等强度的无档锚链单位长度自重比有档锚链减少 10%，且疲劳性能更好。按照锚链的强度可以分为四个等级，最高为 R4 级，其中 R3 级以上可以用于海洋油气工程的锚泊系统。锚链的名义直径一般指其单链环直径，目前世界上最大的锚链用于北太平洋 Schieha FPSO，名义直径达到了 159mm。

2）钢绞线

钢绞线（Wire）的结构由钢丝组成，先由若干根钢丝捻成股，再由若干股绕核芯捻成索，如图 9.3-5 所示。根据钢绞线缠绕方式的不同，可以分为六股、八股、多股和螺旋股等，如图 9.3-6 所示。钢绞线的中心构件叫作“芯”，一般由钢丝或纤维构成，用于固定周围的股保持原位。钢绞线外侧的蒙皮多为纤维材料，用于提高钢绞线的耐磨性和抗腐蚀性。与锚链相比，钢绞线具有更高的强度，且质量更轻。海洋工程中使用最广泛的是六股钢绞线，多股钢绞线一般具有更长的使用寿命。

3）合成纤维绳

随着新型材料的出现，合成纤维绳的种类和性能也不断发展，目前常见的合成纤维绳材料包括聚酯纤维、芳香族尼龙、HMPE、尼龙等，如图 9.3-7 所示。其中聚酯纤维材料

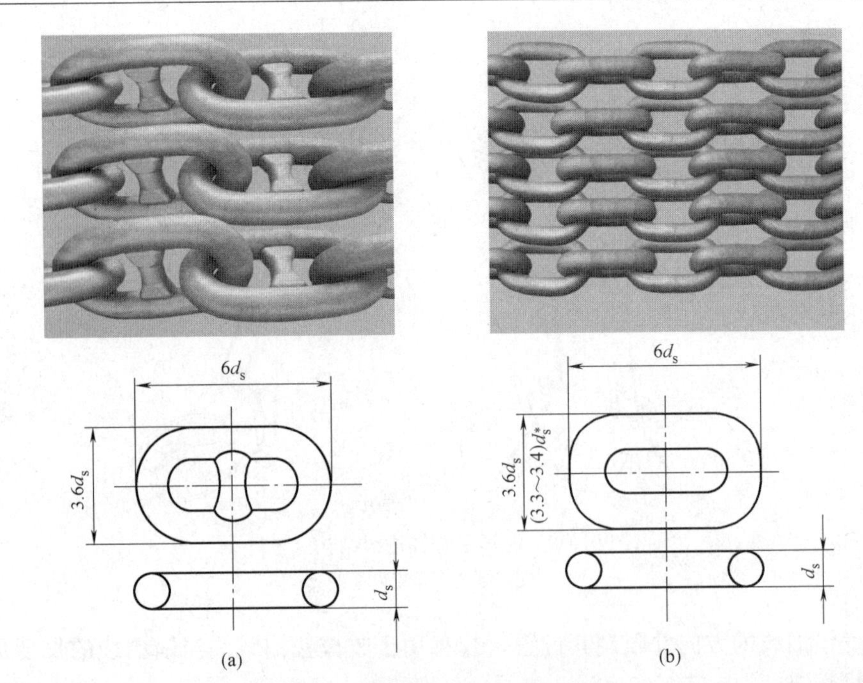

图 9.3-4　锚泊用有档锚链和无档锚链

(a) 有档锚链；(b) 无档锚链

图 9.3-5　锚泊系统钢绞线

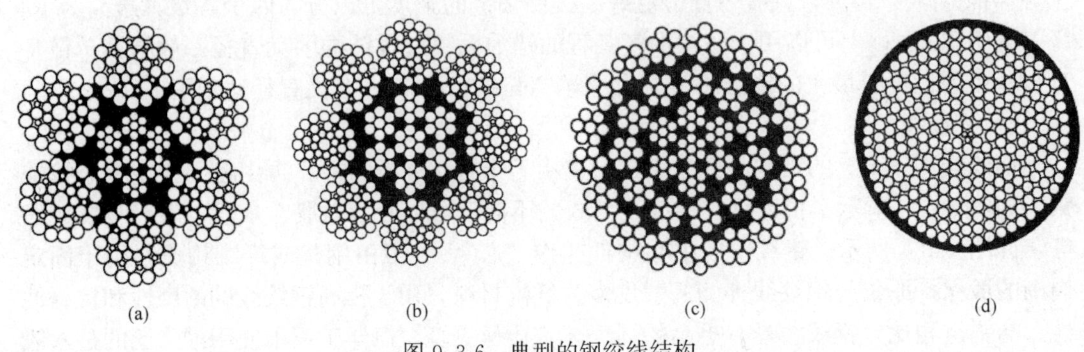

图 9.3-6　典型的钢绞线结构

(a) 六股；(b) 八股；(c) 多股；(d) 螺旋股

成本低、弹性模量小、疲劳性能好、强度高、抗蠕变能力强，在海洋工程锚泊系统中应用广泛，可以直接应用于永久性锚泊系统。相同直径的芳香族尼龙和 HMPE 材料强度更高，适用于深水锚泊系统。与锚链相比，合成纤维绳弹性模量小，自重轻，在锚泊系统中主要依靠自身的弹性变形为浮式结构物提供恢复力，适用于张紧或半张紧式锚泊。但其耐磨性能较差，不能用于导缆孔和触底区附近。

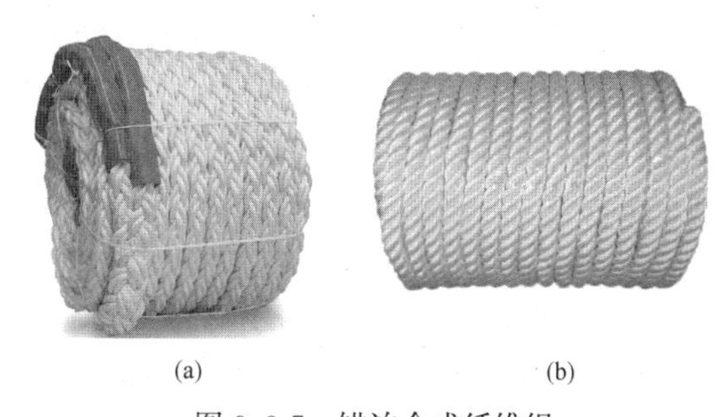

图 9.3-7 锚泊合成纤维绳
（a）尼龙锚泊线；（b）聚酯纤维锚泊线

4）浮子和沉子

在锚泊线中布置浮子和沉子主要是为了改善锚泊系统的定位性能，如图 9.3-8 所示。沉子的布置可以增加锚泊系统的刚度，分为集中重量和分布重量。集中质量的静力响应较好，分布质量的动力响应较好。浮子的形式包括浮桶、浮球和浮箱等，其作用主要是提供额外的浮力来支持锚泊线的重量。在海洋工程中常用于 FPSO 的单点式锚泊系统。

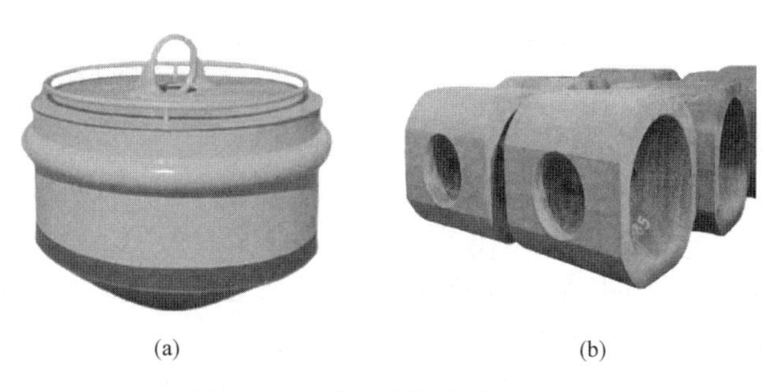

图 9.3-8 锚泊系统浮子和沉子
（a）浮子；（b）沉子

5）连接件

由于生产和运输的限制，锚泊线通常要分段，并使用连接件构成整根锚泊线；在多成分锚泊线中，连接件用于连接不同材料和结构的锚泊线，典型的锚泊线与连接件结构如图 9.3-9 所示。常用的连接件包括卸扣（Shackles）、旋转接头（Swivels）、可拆连接（Detachable Links）等。连接件的疲劳特性以及耐腐蚀性能直接影响到锚泊线的安全性，在设计中不容忽视。

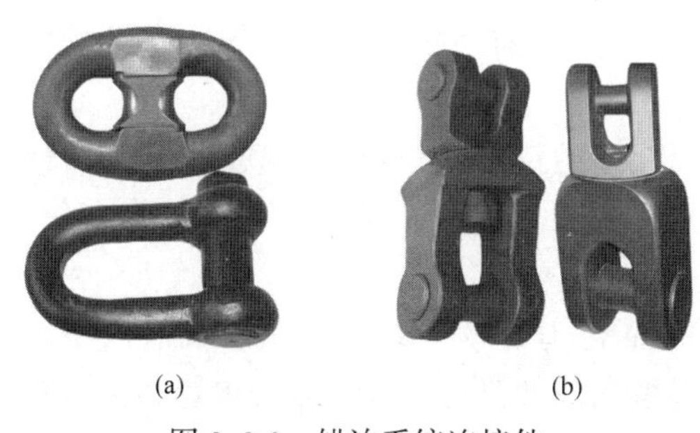

图 9.3-9 锚泊系统连接件
（a）卸扣；（b）旋转接头

9.3.3 锚泊线与土相互作用

作为连接海床锚体与上部浮体的荷载传递机构，锚泊线在深水系泊中起着至关重要的作用。由于深水锚体（吸力锚、法向承力锚、吸力式贯入锚和动力贯入锚）都深埋于海床中，因此，锚泊线的一部分悬张于海床与浮体之间，另一部分将嵌入海床中与锚体相连，沿锚泊线的荷载传递将受到流体作用力与海床土体抗力的共同影响。

目前，虽然对于锚泊线与海床接触问题的处理方法很多，例如不考虑提升、着底效应，固定触地点，采用非线性弹簧模拟提升和着底影响以及弹性基础方法等，但其本质都在于将接触问题加以简化，以研究上部系泊浮体的运动特性。关于嵌入海床中系缆的传力机制，国内外的一些学者对其计算模型与参数取值进行了一些探讨。Vivatrat 等[5]、Degenkamp 和 Dutta[6] 基于锚泊线的静力平衡方程建立了完善的计算模型，并通过试验对模型计算参数进行了讨论。Neubecker 和 Randolph[7] 给出了适用于较小入泥角度的系缆在土中荷载传递特性的解析解。Neubecker 和 Neill[8] 建立了可用于深水埋置系泊基础的系缆预张分析的快速设计图表，便于指导工程设计。Hous[9] 进行了超固结高岭土中锚泊线的张拉试验，并给出土体在锚泊线上切向和法向作用力的计算参数推荐值。Wang[10] 等建立了二维的考虑嵌入海床段系缆的锚泊线整体化分析模型，并在此基础上拓展至三维空间的锚泊线计算模型。

锚泊线与海床相互作用按照受力模式可分为两部分：躺底段和埋置段。躺底段的锚链方向始终水平，其土体抗力 F 与锚链单位重量 W 和摩擦系数 μ 成正比。API-RP-2SK、ISO-19901-7 和 DNV-OS-E301 建议静态/启动条件下的摩擦系数为 1.0，滑动条件下的摩擦系数为 0.7；而 DNV-RP-E301 建议的最佳值为 0.7，范围为 0.6～0.8，躺底段的轴向抗力发挥机制和计算方法相对简单。

埋置段是完全嵌入海底土体的反悬链段，其锚链抗力分析较为复杂。Reese[11]、Gault 和 William[12]、Vivatrat 等[5] 将埋置段离散为若干单元，推导出两个方向上土抗力的平衡方程。已有研究表明，埋置段锚泊线的形态主要由法向抗力 Q 决定，而埋置段锚泊线部分张力由轴向抗力 F 抵消。

Degenkamp 和 Dutta[6] 在饱和黏土中进行了一系列模型试验，并提出了锚链轴向抗力的计算公式。基于试验结果，提出黏土中锚链的轴向和法向等效宽度参数分别取为 $E_t=8$、$E_n=2.5$。

Wung 等（1995）采用线性弹簧-黏滞阻尼模型模拟锚链与黏土海床的动态接触，该模型能够较好地模拟锚泊线与海床的动力相互作用。

Wang 等[10,13] 建立了包括水中段和埋置段在内的锚泊线三维数值模型，研究表明，在上部浮体产生横向运动时，在吸力锚的锚眼点有一个垂直于初始预张平面的张力分量，吸力锚将承受三维受力状态。

Xiong 等[14,15] 采用集中质量法建立了考虑锚链-海床动力相互作用的数值模型，并模拟了土体的循环弱化过程，求解分析了锚链导缆孔的动张力特性、接触位置和锚泊系统响应。

Sun 等[16,17] 通过大变形有限元计算土体轴向摩擦系数，将锚链等效为一节节圆柱体，并提出了局部等效摩擦系数的计算方法，在该方法中同时考虑了土体应变软化的影响，并基于此模拟了海床沟槽的形成过程。

以上工作都集中在黏土海床上，关于锚链与砂相互作用的研究很少。

Choi 等[18] 开展了 1g 条件下锚链在砂质海床中的拖曳试验，试验结果表明发现第一链环前端的被动抗力占总抗力的 81%以上，基于单个链环中的砂粒随锚链一起移动的假设，提出了一种锚链轴向抗力的计算方法。

Stanier 等[19] 在砂质海床进行了一系列锚链单向和循环拖曳试验，获得了轴向抗力随位移的变化关系，结果表明锚链在砂中的轴向抗力比管道等结构的摩擦系数更大，揭示了被动土抗力发挥是摩擦系数增大的内在原因。

Frankenmolen 等[20] 基于离心试验研究了钙质砂中的锚链-土体单向和循环相互作用，结果表明嵌入段锚链的摩擦系数相比躺底段有显著降低，循环荷载作用下锚链与砂的摩擦系数有一定的提升。

以上研究主要在模型尺度分析锚链与土相互作用，但缺乏单元层面的系统研究，目前尚未有系统探究各个因素对锚链轴向抗力的影响分析，也缺乏轴向抗力在单向和循环荷载作用下的发挥机制分析。此外，计算所采用的参数主要参照黏土的推荐值，缺少砂土海床中的推荐值。

9.4 锚泊基础

南海海域的平均水深超过 1000m，蕴含石油资源丰富，属于世界四大海洋油气聚集中心之一。随着我国油气资源的开采逐渐步入南海深水区，对海上采油平台的深水系泊定位技术提出了更高的要求。基于降低费用和提高系泊效率的考虑，深水系泊逐渐抛弃了传统的悬链线式锚泊，而是更多地采用了由多成分锚泊线（钢链、金属索和合成纤维绳等）组成的张紧或半张紧式锚泊系统。此时，作用在锚体上的荷载角度一般超过海床平面30°，锚体需要承受较大的竖向拉拔荷载。然而，传统的重力锚、桩锚等系泊性能不佳，造价偏高且存在深水操作上的技术困难，因此，适用于深水锚泊的新型系泊基础应运而生。目前，国际上发展较快、应用广泛的深水系泊基础主要包括吸力锚、法向承力锚、吸力式贯入锚和动力贯入锚，如图 9.4-1 所示。这几类深水锚的设计、施工及承载机制方面涉及海洋工程与岩土工程的交叉领域，许多问题亟待解决。本节结合国内外研究的最新进展，对当前深水锚研究所关注的重点与热点问题加以阐述，以探索深水系泊基础的发展新趋势。

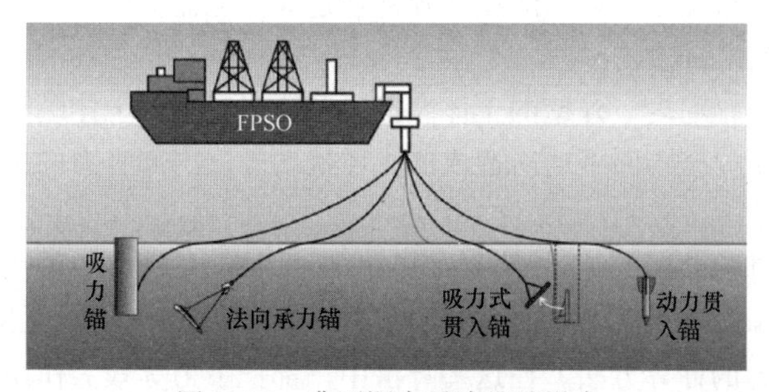

图 9.4-1 典型深水系泊基础形式

9.4.1 吸力锚

吸力锚（Suction anchor）是一种大型圆柱薄壁钢制结构，其底端敞开，上端封闭并设有抽水口，具有定位精确、费用经济、方便施工、可重复利用等特点，并能承受较大的竖向拉拔荷载，在目前几类新型深水系泊基础中技术相对成熟，应用最为广泛。其长度大多为 5～30m，长径比在 3～6 之间，在砂土、黏土或分层土海床中都具有良好的适用性。

1981 年，吸力锚首先在北海丹麦 Gorm 油田的悬链线锚泊系统中使用；1994 年，第一次应用于我国渤海 CFD16-1 油田的延长测试系统中。

1. 吸力锚的安装

如图 9.4-2 所示，在吸力锚基础原位安装时，首先将其竖直放置于海床上，在自重与压载的作用下沉贯入海床至一定深度，然后封闭排水口，在锚筒内部形成足够的密封环境；通过潜水泵持续向外抽水以降低锚筒内部的压力，当内、外压差所产生的下贯力超过海床土体对锚筒的阻力时，吸力锚继续向下沉贯；随着持续不断地抽水，吸力锚保持沉贯，直至锚筒内顶盖与海床泥面相接触为止；最后，卸去潜水泵，锚筒内外压差逐渐消散，当内部压力恢复至周围环境压力时关闭抽水口，吸力锚安装结束。

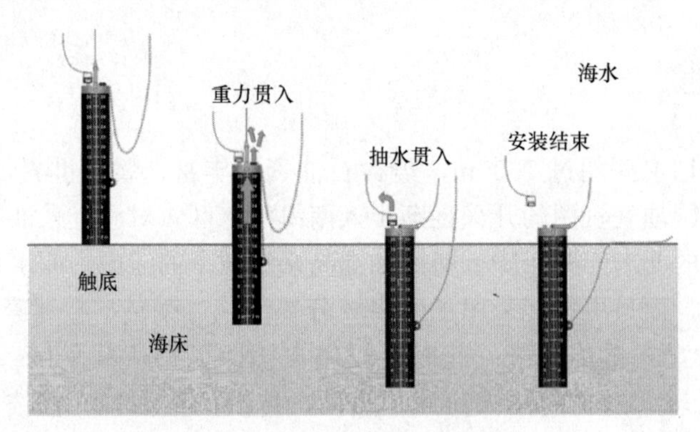

图 9.4-2　吸力锚的沉贯过程

可见，吸力锚的原位安装依次包括两个阶段：吸力锚自重和负载作为沉贯力的压力沉贯阶段；除了自重和负载外，潜水泵持续抽水所产生的吸力锚内、外压差作为附加沉贯力的吸力沉贯阶段。其中，吸力沉贯阶段历来就是研究重点，也是吸力锚区别于其他深水基础形式的最重要特点之一。在吸力沉贯时，一方面需要提供足够大的下贯力以克服海床阻力，另一方面则需要避免锚筒内部的泥面隆起量过大，从而提前与锚顶盖内表面接触，无法达到吸力锚设计安装深度。

海床阻力主要由锚筒内、外壁的土体摩擦力和筒裙底边的土体端阻力共同组成。在吸力沉贯过程中，除了筒壁不断下插所造成的土体扰动外，内部吸力的持续施加也将影响海床阻力的大小。

因此，基于内外压差所产生的下贯力与海床土体贯入阻力的静力平衡，API 规范、DNV 规范、Andersen 等[21]、Houlsby[22] 和 Byrne[23] 分别给出了在砂土和软土中实现吸力锚沉贯需求吸力的计算方法。在这些算法中，都把吸力等效为作用在锚顶盖上的均布静压力，而内部吸力对周围土体的影响仅考虑为底部土体有效应力降低所带来的筒裙底边端阻力的减小。Tjelta[24] 和 Tran[25] 认为对砂性土海床而言，吸力所产生的渗流将显著降低吸力锚内部土体的有效应力和抗剪强度，进而减小了贯入阻力；朱儒弟等进行了粉质砂土中模型桶压力和负压沉贯的室内试验，认为负压沉贯方式可以大大降低砂质粉土的土体抗力。而对于软黏土海床而言，吸力沉贯过程往往伴随着不同的海床阻力变化。Cao 等[26]和 Rauch 等[27] 均认为吸力沉贯时的土体阻力明显大于采用静载压贯方式时需克服的阻力，然而并未从机制上解释其原因。EI-Sherbiny[28] 进行了正常固结高岭土中的吸力锚沉贯试验，认为吸力贯入时的阻力与静载压贯时的总阻力相差不大，而侧壁摩擦力（内、外壁）明显小于静载压贯的侧壁摩擦，这主要是由于吸力减小了内壁与土体的摩擦力。国振等在自行研制的模型试验平台上进行了黏土中吸力锚的沉贯试验，认为吸力锚在黏土中吸力贯入时的土体阻力与锚体周围土体的流动模式密切相关，可能小于或大于静载压贯时的土体抗力。

此外，Andersen 等[21]、Zhou[29]和 Randolph[30] 对吸力沉贯时不同的筒裙底边形状所带来下部土体的流动模式变化进行了有限元研究，认为适当选择底边的形状可以有效地改变筒壁置换土体的流动方向，进而降低内部土塞的高度。区别于吸力锚沉贯时通常采取的内部吸力持续施加的方式，Allersma[31] 等提出了一种冲击式吸力的概念，并进行了相应的常规重力和离心机吸力锚安装试验，结果表明该类吸力施加方式可以显著降低在松散砂土和覆有黏土层的砂土海床中沉贯时内部土塞的隆起，但在黏土中沉贯时降低土塞的效果不明显。

当前的研究主要集中在锚筒周围土体的流动模式分析、土塞高度预测与控制、极限贯入深度、海床阻力和孔压变化，以及安装结束后 set-up 效应，采用的研究方法包括 1g 室内模型试验、离心机试验、原位试验、极限平衡理论公式和基于静力分析的大变形有限元技术等。

House 等[32] 认为吸力锚的极限贯入深度受其内部土塞高度的限制，通过室内试验建立了吸力锚下贯位移、吸力和抽水量之间的关系。试验结果表明，当内部土体发生反向承载力破坏时，其贯入深度仅为 5～7 倍锚筒直径，而基于吸力锚静力平衡计算得到的极限贯入深度明显偏大，约为 10 倍锚筒直径。

Rauch 等[27] 进行了正常固结高岭土中的模型锚沉贯试验，发现吸力可影响到内部土体和外部底边附近土体中的孔隙水压力变化；吸力沉贯时的阻力大于压力沉贯时相同深度处的阻力值，而泥面隆起量与假定筒壁置换土体全部流入得到的隆起量几乎相等；尽管存在很大的向上的水力梯度，直到沉贯至 8.2 倍的锚筒直径深度时，仍未出现内部土体的失稳。

Cao [26,33]结合离心机试验和有限元方法，分别研究了正常固结和轻微超固结黏土中吸力锚基础在压力和吸力沉贯阶段的土体阻力，周围土体中的超孔隙水压力的产生与消散过程，快速竖向拉拔时吸力锚的失效模式和孔压变化，其中在有限元建模时将锚筒内部的水等效为非常软的多孔弹性材料，以模拟拉拔时土体中被动吸力的作用。研究表明，在压力转换为吸力沉贯的过程中，土体阻力会由于锚筒外部土体的再固结而出现突然的增长；而在竖向拉拔时，反向承载力（被动吸力）快速发展，大约在位移为 4%～10%锚筒直径时达到极限承载力，此时反向承载力部分约占总承载力的 40%～60%，反向承载力系数在 6.5～10.8 之间。

Andersen 等[34] 认为吸力沉贯结束后，吸力锚外壁与土体摩擦力的降低可能是由于沉贯过程中土体大多流入锚筒内部所造成的；基于小变形有限元计算，研究了锚筒底边分别为平面和向外 45°倾角时的土体流动模式。

Maniar[35] 基于大型通用有限元软件 ABAQUS 进行了二次开发，采用轴对称模型和网格重划分工具，依次对吸力锚的压力和吸力贯入过程进行模拟，发现压力沉贯时内部泥面出现明显下降，土体大多流向锚筒外部；而在吸力沉贯启动后，土体开始流入锚筒内部，此时内、外壁的土体摩擦阻力几乎一致。

Clukey[36] 分析了在墨西哥湾软黏土中的吸力锚原位沉贯数据，发现在吸力沉贯阶段大约100％～105％的筒壁置换土体会进入锚筒内部，同时发现若锚筒底边存在向外的倾角，会明显降低土体流入量。

House[9] 进行了黏土中吸力锚沉贯的离心机试验，认为采用压力沉贯与吸力沉贯时的海床阻力没有变化，但在沉贯方式转换过程中土体可能产生再固结，从而使得海床阻力在吸力沉贯初始阶段偏高；极限平衡法可以准确估算沉贯所需最小吸力，但仅限于内部土体稳定，泥面隆起不明显的情况；在正常固结土中，土体会完全绕流经过环形加劲肋与内壁再次接触，而对于超固结土而言，可认为土体抗力仅作用在靠近底部的环形加劲肋上，其上部的内壁与土体不发生接触。

El-Sherbiny[37] 基于小尺度模型试验研究了吸力锚在正常固结黏土中的沉贯过程，认为无论在压力还是吸力沉贯时，作用在锚筒内壁的土体摩擦力都小于其外壁的摩擦力，因此锚筒下方土体倾向于流入内部；吸力贯入时的阻力与静载压贯时的总阻力相差不大，而侧壁摩擦力（内、外壁）均明显小于静载压贯的侧壁摩擦，这主要是由于吸力减小了内壁与土体的摩擦力；安装结束后，靠近外壁的土体中超孔隙水压力在48h内消散结束，而内部土体的超孔隙水压力消散至少需要96h。

Andersen 等[21] 通过离心机进行了三组 Speswhite 高岭土中的吸力锚沉贯试验，发现在内部吸力的作用下可以达到12.4～14.5倍锚筒直径的极限贯入深度，此时正好为最小需求吸力与最大容许吸力随深度变化曲线的交点；在吸力作用下，锚筒筒壁置换的土体全部流入内部，且在约极限贯入深度的一半时，泥面的隆起高度超过了筒壁置换土体全部进入内部所产生的高度；当沉贯停止4.5d和0.8d后再次沉贯时，吸力锚的贯入阻力分别增加了42％和26％。

Houlsby 和 Byrne[26] 将内部吸力等效为向下的静压力，分别给出了吸力锚基础在软黏土海床中进行压力和吸力沉贯时海床阻力的计算公式，并与工程实例数据进行了对比验证，探讨了吸力锚在成层土（如黏土上覆砂层等）、硬黏土、钙质土等其他海床中的沉贯过程。

Zhou 和 Randolph[38] 采用网格自动更新的 ALE 大变形有限元技术，模拟并分析了吸力锚在正常固结土中的压力和吸力贯入过程。研究表明，在由吸力锚触地至压力贯入到4倍锚筒直径的过程中，流入锚筒内部的土体量由45％的筒壁置换土体量逐渐降低至零；当采用吸力沉贯时，流入内部的土体量约为筒壁置换土体的65％。

Chen 和 Randolph[39]、Chen 等[40] 分别基于离心机试验，大变形有限元和圆孔扩张理论研究了吸力锚的安装方式变化对其土体流动方式，以及竖向拉拔时外壁与土体摩擦力的影响。研究表明，采用压力沉贯至4倍锚筒直径深度之前，流入锚筒内部的土体量约为筒壁置换土体量的20％，当更换为吸力沉贯后，土体流入量增至50％甚至更多。考虑到吸力锚的薄壁特征，认为这部分土体的流向对于外部土体的径向应力影响不大；当沉贯结束后土体的再固结完成时，安装方式对土体径向应力的影响更小；当竖向拉拔时，采用不同安装方式的吸力锚的锚筒外壁与土体的摩擦力系数也差别不大。

Vásquez 等[41] 发展了模拟海床的固结沉降、吸力锚压力和吸力沉贯、周围土体的再固结和竖向拉拔承载整个过程的有限元分析程序，土体采用充满水的多孔固体介质模拟，应用了边界面塑性模型，并引入了考虑有效正应力的接触面本构和特殊的网格重划分技术，最终的数值计算结果与试验数据表现出了较好的一致性。

Allersma 等[42] 提出了脉冲式吸力的概念，即取代了常规的持续抽水沉贯，而是通过不断施加一系列的吸力脉冲来完成锚体的吸力沉贯，每个脉冲的作用时间约为几十到数百毫秒。1g 和离心机试验结果均表明，该方法对于松砂或上覆软土层的砂性海床中的吸力沉贯非常有利，可以有效抑制土塞的隆起，然而在软黏土海床的效果却不明显。

Andersen 和 Jostad[43] 针对六类黏土的有限元分析结果，认为当吸力锚吸力贯入结束后，set-up 效应并不足以使得周围土体的强度恢复到其扰动前的初始强度，而采用压力贯入时虽然土体强度恢复所需的时间相对较长，但是可以恢复到较大的数值，并给出了在实际工程中判定土体 set-up 程度的一些建议。

Olson 等[44] 认为吸力锚沉贯结束后周围土体中的孔压变化对其短期静承载力的影响非常大，通过观测 1g 模型锚沉贯后超孔压消散过程，并与有限元计算结果进行对比，认为外壁土体的超孔压完全消散大约需要 48h，而内部土体中超孔压的消散过程要缓慢得多。

Andersen 和 Jostad[24] 分别探讨了环形加劲肋对吸力锚在沉贯时和沉贯结束后 set-up 过程中沿锚筒内壁土体强度和土体阻力的影响，并提出了适用于几类典型软黏土（如高岭土、墨西哥湾黏土等）的内壁附近强度恢复的计算方法。

Yoshida[45] 研究了日本大阪湾冲积性软黏土，基于 1g 和 25g 的试验结果，认为吸力式沉箱安装后其侧壁阻力由土体强度决定，而周围土体强度的恢复主要是受其触变性的影响，而超孔隙水压力消散的作用很小。现场试验也表现出与试验结果较为一致的土体强度恢复速度。

Jeanjean[46] 分析了墨西哥湾软黏土海床中吸力锚的安装、回收以及土体再固结和触变所带来的 set-up 效应，认为吸力锚的侧壁摩擦力的恢复时间不会很长，在 80d 和 1300d 时侧壁摩擦力几乎没有变化，当达到 90%固结度后侧壁（内、外壁平均）摩擦系数在 0.7～0.75 之间。

2. 吸力锚承载力研究

吸力锚安装结束后，其承载能力主要受两个因素的影响：(1) 由于周围土体的触变性和再固结所带来的承载力随时间的逐渐增大。墨西哥湾的现场经验表明，大约 5～10d 内吸力锚承载力可恢复 50%，100d 后达到全部设计承载力。(2) 吸力锚内部土体的密封性。因为吸力锚内部通常布置环形加劲肋以增强其自身的强度避免屈曲，但这同时也可能造成内部土体与锚筒的局部脱离，从而降低锚筒内部的密封性。如图 9.4-3 所示，吸力锚基础类似于刚性短桩，大多通过张紧或半张紧式锚泊线与上部系泊浮体相连接，承受着以一定角度倾斜向上的拉拔荷载。锚泊线在吸力锚上的最优加载点位置通常在泥面以下 60%～70%的贯入深度处。在最优加载点处，吸力锚承受水平和竖向拉拔的综合作

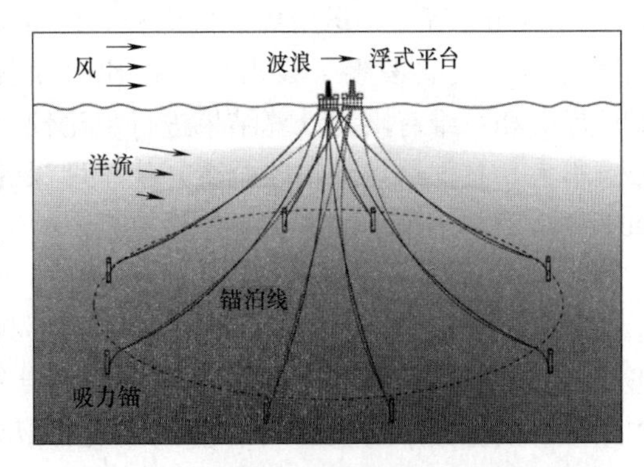

图 9.4-3 张紧/半张紧式吸力锚锚泊系统

用，其失效模式主要表现为平动破坏。此外，加载点处的荷载角度也将影响吸力锚的承载能力。吸力锚的竖向抗拔承载力通常只有水平承载力的 50%～60%，而对于张紧或半张紧式锚泊系统而言，作用在吸力锚上的张力角度一般在水平面 30°以上，此时其竖向抗拔承载力往往会对吸力锚的极限承载力起决定性作用。

吸力锚的竖向抗拔承载力由吸力锚与内部土塞的重量，外壁土体的摩阻力和底部土体的反向承载力共同构成，其中底部土体的反向承载力占总承载力的 50%甚至更多，这主要是在底部土体中产生的“被动吸力”（负孔隙水压力）的结果。目前，国内外已有许多学者对吸力锚的极限承载力进行了研究，但这些研究往往孤立地研究吸力锚在某一时刻的短期静承载力特性。然而，在吸力锚服役期间，除了锚泊线的预张力和风、浪、流等环境荷载的定常力部分外，还包括了波频循环荷载和不规则波浪力中的二阶低频慢漂力。通过连接锚泊线作用在吸力锚上的力是随时间变化的单向循环拉拔荷载，其作用时间可能持续数小时、几天甚至几周。因此，在定常力部分的持续张拉和循环荷载的作用下，一方面吸力锚周围土体中超孔隙水压力的逐渐累积或消散，改变了外壁与周围土体的摩擦力，另一方面由于持续张拉过程中锚筒底部的“被动吸力”逐渐消散，进而降低了吸力锚的抗拔承载力。Clukey[36] 等的研究表明，在经历了长期的持续张拉和波频循环荷载作用后，吸力锚能承受至少 70%的短期静承载能力。

1）试验研究

Hogervorst[47] 针对砂土和黏土地基上，直径为 3.8m，长度为 5～10m 的吸力锚进行了全比尺试验，主要研究了吸力锚的安装特性、竖向以及侧向抗拔承载力。试验为评价吸力锚工作状态下的承载力特性提供了依据，并验证了吸力锚通过吸力安装的简便性。

Fuglsang 等[48] 利用离心机试验对黏土中的吸力桩的抗拔特性进行了研究。模型桩的直径为 65mm 和 80mm，离心加速度为 40g。试验结果表明，在吸力桩拔出过程中，封闭端产生了吸力，构成了吸力式桩抗拔承载力的重要部分；吸力桩在黏土中的拔出破坏是渐进的，1g 条件下的试验不能完全反映土体的破坏机理。

Dyvik 等[49] 进行了现场小比尺静力和动力试验，研究了北海软黏土中吸力锚，在静力和循环荷载作用下的抗拔承载力特性。吸力锚的直径为 0.87m，长度为 0.9m，埋深为 0.82m。试验目的是比较测试数据和通过 NGI 开发的重力式海洋平台基础设计分析程序得到的数据，以此来检查程序的合理性。

Allersma 等[30] 运用离心机试验，研究了砂土和黏土中吸力桩的水平承载力，离心加速度为 150g。考察了吸力桩长径比、加载点位置和加载角度对承载力的影响，并与 API 标准和三维有限元计算结果进行了比较。结果表明，加载点的位置对水平极限承载力影响很大，且加载点（锚眼位置）位于埋深的 0.4～0.6 之间时，水平承载力取得最大值；水平承载力与土密度的增加呈线性关系。

Allersma 等[41] 利用离心机试验研究了循环载荷和长期竖向载荷作用下吸力桩在砂土和黏土中的承载力，分析了长径比、循环载荷、长期载荷和加载速率等因素对承载力的影响，并将试验结果与 API 标准和有限元计算结果进行了对比。研究结果表明，静荷载作用下，试验结果与 API 计算公式以及有限元计算结果比较接近。当荷载小于静拉拔承载力极限值的 80%以下时，循环和长期载荷作用不会导致基础失效。

El-Sherbiny[37] 利用模型试验研究了正常固结黏土中的吸力锚，在竖向荷载、水平荷载和倾斜荷载作用下的力学特性。试验模拟了吸力锚从贯入土体到加载整个过程，并将试验结果与理论分析结果以及数值方法的计算结果进行了对比分析。试验结果表明，吸力锚采用重力贯入或吸力贯入对其轴向极限承载力几乎没有影响。在水平荷载作用下，吸力锚和主动区土体之间没有裂缝产生，最优加载点位于吸力锚 2/3～3/4 深度处，此时吸力锚水平承载力最大。倾斜荷载作用下吸力锚的承载力试验结果表明，当加载角度处于 0°～20°时，极限状态下吸力锚的位移主要为水平位移；而当加载角度处于 30°～90°时，吸力锚主要为竖向位移。

与陆上基础及近海固定海洋平台基础不同，浮式结构吸力式沉箱基础的位移控制不太重要，工程设计中主要关心吸力式沉箱基础的极限承载力。试验研究对认识吸力锚的工作性状和失稳特性有所帮助，但是所得到的成果仍然有限。由于模型试验所得结论和成果并不一定能直接用于工程实践，所以有必要进行大量的足比尺模型试验、原位试验及离心模型试验，而这些试验方法难度大、费用高，并且一般周期都很长，因此理论研究和数值方法得到了越来越多学者的关注。

2）理论研究

Andersen 等[50] 通过三轴压缩、三轴拉伸和单剪试验，基于极限平衡分析方法，提出了吸力式沉箱基础在静力和动力荷载组合作用下抗拔承载力的计算方法，该方法可以考虑多种因素对吸力锚承载力的影响，但需要进行大量的试验，工作量很大。

Deng 等[51] 研究了不同的排水状态下（排水、不排水以及部分排水）黏土地基中，吸力式沉箱的竖向抗拔承载力性能。基于有限元分析结果，给出了计算吸力式沉箱竖向抗拔力的半经验公式。

Murff 等[52] 基于塑性理论的上限法，针对不排水黏土中受水平荷载作用的桩，提出一种三维机动容许的速度场，通过优化四个几何参数求解桩的水平极限承载力。

Aubeny 等[53-55] 在 Murff 等[56] 提出的上限解基础上，给出了一种简化的上限法模型，对桩单位抗力和相对应位移的乘积进行积分，得到能量耗散，通过优化两个待定参数得到此机构场所对应的最小极限承载力。该方法可用于求解均质土或不排水强度随深度线性变化的土中吸力锚的承载力。Aubeny 等[57] 对该方法进行了进一步修正，可以考虑吸力锚侧壁强度折减系数小于 1 的情况。

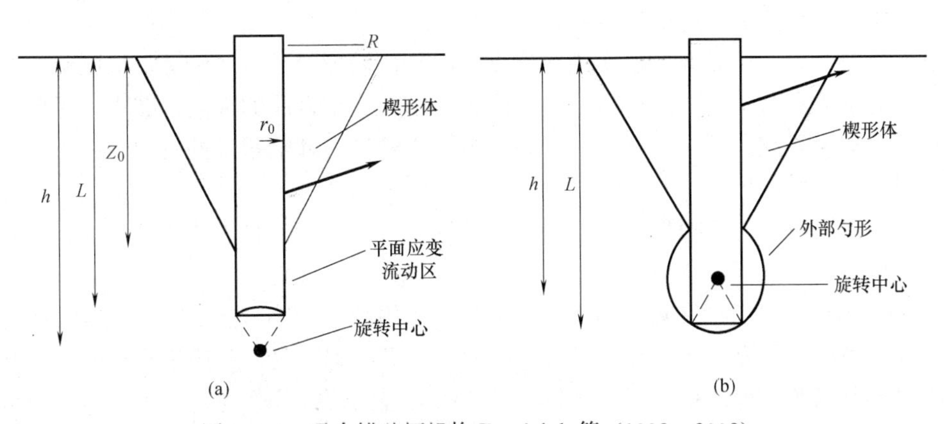

图 9.4-4 吸力锚破坏机构 Randolph 等（1998，2002）

Randolph 等[58] 提出一个机动容许的速度场，用于求解吸力锚的承载力。该速度场由三个区域组成：楔形破坏区域、平面应变流动区域和旋转流动区域，如图 9.4-4（a）所示。根据旋转中心深度所处位置和加载角度的不同，旋转流动区域可以向上延伸，甚至可导致平面应变流动区域消失［图 9.4-4（b）］。这个破坏机构有 6 个优化参数，优化过程通过 AGSPANC（2001）程序实现。该机构可以考虑主动侧土体和吸力锚开裂与不开裂，土体的各向异性以及粘结系数等因素对承载力的影响。

王乐芹等[59] 基于塑性极限分析理论的上限法，建立了水平荷载作用下饱和软黏土地基上桶形基础的三维极限分析模型，结合最优化方法求得桶形基础侧向极限承载力，并对结构相对埋深对承载机理及受力机制的影响进行了研究，探讨了桶形基础侧向极限承载力计算的简化方法，并提出了对荷载作用高度的修正，为结构整体稳定性分析提供了实用方法，并通过大比尺物理模型试验验证及工程实例的计算与分析比较，证明了该方法的可行性和有效性。

吴梦喜等[60] 基于极限平衡法，提出了成层土地基中刚性短桩的水平极限承载力近似算法，可以很方便地用于分析吸力式沉箱的水平极限承载力和确定最优系缆点。一般说来，在假设吸力式沉箱基础为刚性短桩的条件下，当沉箱外表面积一定时，长径比越大，水平承载力越高。吸力锚的最优系缆点的位置与土层的厚度和强度有关。

严驰等[61] 指出，当桶型基础长径比不大时，具有浅基础特点，可采用经典的地基承载力公式计算承载力，并通过试验数据进行了土性参数的敏感性分析，阐明在特定工程的基准参数集下土性参数对地基极限承载力的不同贡献，认为黏聚力是主要的高敏感性参数，内摩擦角和有效重度是次要的、低敏感性参数。建议在设计和施工时，应该给予黏聚力更多的关注。

施晓春等[62] 在模型试验的基础上，考虑土压力的位移效应，提出了一种计算桶形基础水平承载力的近似方法。计算结果表明，该方法计算所得到的桶形基础水平承载力与试验结果吻合较好。对进一步探讨桶形基础水平承载力的计算方法有一定的实际意义和应用价值。

刘振纹等[63] 参考极限平衡方法中的 Engel 假设，将地基反力假设为二次曲线分布，分析了水平荷载作用下单桶基础地基达到极限平衡时的受力状态，建立了计算水平荷载作用下单桶地基水平极限承载力的关系式。对具有不同条件的单桶基础进行了计算比较，结果表明，所得关系式有较好的适用性。

虽然极限平衡方法具有简单实用等优点，但是根据极限分析的概念，极限平衡方法计算所得到的承载力既不是上限解也不是下限解，一般不是真实的极限承载力，因此，在吸力锚承载力理论研究方面，学者们一般采用具有比较严密理论基础的极限分析方法。

3）数值方法

为了深入探讨吸力式桶形基础结构与软基的复杂相互作用和土体的破坏模式，有限元等数值分析方法得到了广泛应用。

Sukumaran 等[64,65] 针对软黏土中吸力锚，利用 ABAQUS 软件建立了二维和三维弹塑性有限元模型，研究了吸力锚的承载力特性。计算结果表明，利用半解析的傅里叶展开轴对称单元可以较好地模拟倾斜荷载作用下，吸力锚的抗拔承载力，并可以节约大量的计算时间。

Deng 等[51] 利用 AFENA 有限元程序，分析了饱和黏土中吸力锚的抗拔承载力，主要研究了土体的变形特性、破坏机理和极限承载力。

Bransby 等[66]、Yun 等[67] 利用有限单元法和上限法，研究了海洋黏土中桶形基础在竖向荷载、水平荷载以及弯矩组合作用下的力学性能，得到了桶形基础的破坏包络图，并给出了包络面的推荐方程式。研究了桶形基础的裙板长度对破坏包络图的形状和大小的影响。

Zdravkovic 等[68] 利用半解析的傅里叶展开有限元法，针对软土中吸力锚的抗拔承载力进行了弹塑性有限元分析。考虑了荷载倾斜角度、吸力锚长度、吸力锚直径、土体黏聚力以及土体各向异性等因素对承载力的影响。

Supachawarote 等[69,70] 应用有限元软件 ABAQUS 分析了软黏土中吸力锚的水平、竖向和倾斜承载力，得到了不同长径比吸力锚基础的破坏包络面。计算结果表明，对于长径比较小的吸力锚，主动土压力区不会发生开裂，是否考虑土体与吸力锚界面的开裂对承载力影响不大。正常固结土中吸力锚的最优加载点位于 0.7 倍吸力锚埋深附近，而超固结土中长径比较小的吸力锚，其最优加载点在 0.6 倍吸力锚埋深附近。

Maniar[35] 基于大型通用有限元软件 ABAQUS，开发了用户子程序，对吸力锚的沉贯安装过程及工作状态的承载力特性进行了数值模拟。首先利用轴对称有限元模型，基于二次开发的重划分网格工具，对吸力锚的贯入过程进行模拟分析；然后以上一步的计算结果作为初始条件，分析了三维条件下吸力锚的水平、竖向和倾斜承载力；最后将有限元计算结果与试验数据进行了对比分析，验证了用户子程序的有效性。

Supachawarote[71] 利用 ABAQUS，对软黏土地基中的吸力锚在倾斜荷载作用下的承载力和破坏模式进行了研究。分析了吸力锚长径比、加载角度、加载位置、土质以及吸力锚和土体界面性质对承载力影响。有限元计算结果与上限法分析结果比较分析表明，上限法高估了吸力锚在倾斜荷载作用下的承载力，特别是当长径比较小时，二者相差较大。

上述数值分析采用的是有限单元法，而且研究的基本上是海洋软黏土中的吸力锚的承载力特性，对一般的摩擦材料中吸力锚的承载力特性鲜有研究。另外，常规有限元方法虽然有很多优点，但是在求解岩土工程极限承载力问题时，极限状态的评判还没有统一的标准。特别是当土体服从非相关联流动法则时，即使应力状态处于塑性极限包络面（破坏面）内，土体仍存在局部非稳定区。此区域内，可能存在微小的扰动导致土体产生无限制的响应，这种响应不符合破坏面上的塑性流动，不能利用传统的标准预测这种状态，因此，提出新的判别岩土结构极限状态的标准有一定的实际意义。

9.4.2 法向承力锚

1. 法向承力锚的安装

法向承力锚（Vertically Loaded Anchor，VLA）属于一种新型的拖曳贯入式板锚。其安装方式与传统的拖曳锚相似，首先将锚缓慢沉入水中并平置在海床上，通过张紧缆绳或安装船的运动使锚沿一定轨迹缓慢嵌入海床，达到设计深度后，激发角度调节器并调整缆绳，使锚板转变为法向受力状态，即系缆力的作用方向垂直于锚板平面。法向承力锚区别于传统拖锚的主要特点是可以承受竖向的抗拔承载力，这使得其在深水张紧与半张紧式锚泊系统中得以广泛应用。实践证明，工作状态下法向承力锚的承载力通常可以达到 100 倍的自身重量或 2～2.5 倍的安装张拉荷载。目前，国际上具有代表性的法向承力锚是荷兰 VRYHOF 公司的 Stevmanta 锚与英国 BRUCE 公司 Denla 锚，如图 9.4-5 所示。

图 9.4-5　两种类型的法向承力锚

2. 法向承力锚的承载力研究

在 Ivan、Katrina 和 Rita 风暴中，墨西哥湾 17 座深水移动式钻井平台发生严重漂移的经验告诉我们，在浮式平台深水系泊时，非常可能发生局部锚泊线的断裂失效，之后将由剩余的锚泊线来共同承担浮体系泊任务，此时埋置于海床中的锚体将转变为三维的空间受力状态。深水系泊系统局部失效后，其后继受力状态及失效模式的分析是关系到浮式平台安全性的一个十分重要的问题，是锚泊系统安全评估和设计的一个必要部分。前文的锚板二维分析模型只包含了沿锚板切向运动、法向运动和沿锚板中心转动三个自由度，并不适用于三维空间受力状态下锚板的六自由度运动的研究。截至目前，这方面的研究也并不多见。Gilbert 等和 Yang 等基于 ABAQUS 计算结果和塑性上限理论分析，将塑性屈服面模型拓展至锚板三维受力状态下的简化模型（见图 9.4-6，F 为张力荷载；e_1 为沿 x 轴方向至锚板中心点的偏心距；e_2 为沿 y 轴方向至中心点的偏心距），并通过室内离心机试验进行了验证。

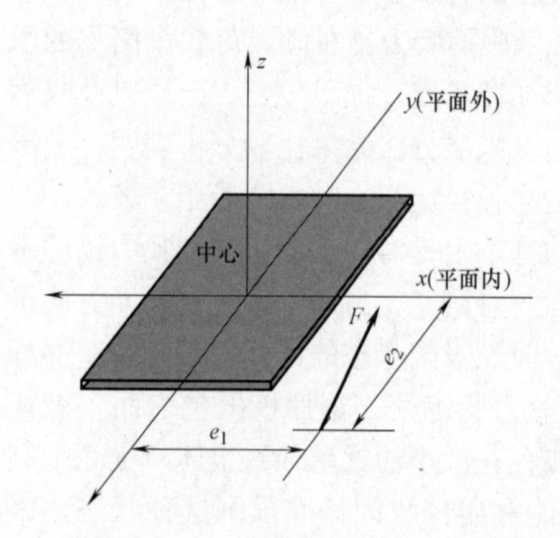

图 9.4-6　锚板的三维受力状态

锚板广泛应用于抗拔基础，抗拔承载力一直是锚板的研究重点，过去 40 多年来，许多学者研究了不同土质中不同形状锚板的抗拔承载力。从研究方法上看，主要可以分为试验研究、理论研究和数值方法。

1）试验研究

锚板承载力试验研究绝大多数是针对无黏性土中的锚板，黏土中锚板的承载力试验研究较少。

Das 等[72] 做了一系列小比尺模型试验，研究黏土中水平放置的方形、圆形和矩形锚板的抗拔承载力，主要土质为软黏土，有少量的硬黏土。Ranjan 等[73] 针对极软和软黏土中竖向放置的方形、矩形和条形锚板做了试验研究。Das 等[74] 根据试验结果指出，对于黏土中长宽比大于 5 的锚板，在实际应用中，可以简化成条形锚板。Meyerhof 等[75]

根据有限的实验室试验研究了黏土中水平锚板的承载力系数，考察了锚板的短期（不排水）和长期（排水）抗拔承载力。Vesic 做了软黏土和硬黏土中圆形锚板的承载力试验，并与自己推导的理论解做了比较。大量的试验表明，软黏土中的锚板，在达到"临界埋深"之前，其抗拔承载力随着埋深的增加而增加；达到"临界埋深"以后，其抗拔承载力保持不变。Das 等[76] 定义随着埋深的增加，锚板承载力达到一常数时的埋深为"临界埋深"，并给出了简单的经验公式。Meyerhof[77] 和 Das 等[74] 还针对黏土中倾斜锚板做了试验，研究锚板的抗拔承载力。

几十年以来，许多学者针对无黏性土中锚板做了大量的试验，提出了很多计算锚板抗拔承载力的半经验公式。Das 等[78] 研究了干砂中水平锚板的承载力，锚板长宽比 $L/B\leqslant5$，内摩擦角 $\phi'=31°$，重度为 14.8kN/m^3。试验结果表明，达到"临界埋深"后，锚板的抗拔承载力达到最大值，继续增加埋深，锚板极限承载力保持不变。Rowe[79] 也针对干砂中的锚板进行了试验研究，锚板长宽比 $L/B\leqslant8.75$，内摩擦角 $\phi'=31°\sim33°$，剪胀角 $\psi'=4°\sim10°$，重度为 14.9kN/m^3。试验结果表明，当 $L/B\geqslant5$ 时，锚板可以近似为条形锚板。与 Das 等[78] 的研究不同，Rowe[79] 的试验，在埋深比 $H/B=1\sim8$ 范围内，锚板的承载力随着埋深的增大而增大，没有发现"临界埋深"的存在。Murray 等[80,81] 针对密砂和中密砂土中水平埋置的条形、圆形和矩形锚板，做了大量的抗拔试验，砂土的内摩擦角分别为 $\phi'=43.6°$和 $\phi'=36°$。锚板宽度（直径）大约 50.8mm，长宽比 L/B 为 1、2、5 和 10。试验结果表明：密砂中矩形锚板的抗拔承载力随着埋深的增大和长宽比的减小而增大；粗糙锚板与光滑锚板的承载力差别明显；长宽比为 5 和 10 的锚板试验结果差别不大；密砂中圆形锚板的承载力大约是方形锚板承载力的 1.26 倍；试验中没发现存在"临界埋深"。

此外，Dickin[82]、Tagaya 等[83] 利用离心机试验，研究了松砂和密砂中锚板的承载力，并与常规模型试验做了比较。锚板的宽度为 25mm，长宽比 L/B 为 1、2、5 和 8，埋深范围为 $H/B\leqslant8$，加速度为 $40g$。试验结果表明，离心机试验结果与常规试验结果差异很大。Dickin 认为，对于砂土中矩形锚板的抗拔承载力，常规模型试验结果直接用于实际工程是偏危险的。Tagaya[83] 等针对砂土中的矩形和圆形锚板进行了离心机试验，并与 Dickin[82] 的试验结果进行了比较。

2）理论研究

锚板的抗拔承载力计算方法，重力法、剪切法和被动土压力半经验方法等[84] 应用较为广泛。重力法以 Mors 的理论为代表，该方法假设土体破坏面为锥形，从锚板边界向上延伸与地表相交，锚板承载力等于破坏面内土体的重量。重力法没有考虑土的抗剪性能，其计算结果往往与实际情况有较大差别。传统的剪切法假定土体破坏面为竖直平面，往往与实际土体的破坏面不符。Matsuo[84]对剪切法进行了改进，假定破坏面为一部分圆弧或对数螺旋形曲面，研究发现，对数螺旋形滑动面的假设与实际情况比较符合。

Meyerhof 等[75] 对被动土压力半经验方法开展了研究。根据在砂和黏土中进行的模型试验，指出对于埋深率 H/B 小于"临界埋深"的浅埋基础锚板或其他抗拔基础，抗拔承载力随着埋深增大而增大，在密实的砂土可以观察到明显的滑动破坏面，从基础边缘以一定的弧形向地表延伸。对于条形锚板，观察到的是曲面破坏面，但是为了方便计算，假定破坏面竖直，由于采用的名义土压力系数隐含了实际破坏面与竖直破坏面的等效因素，能够较为准确地反映实际情况，有着广泛的应用基础。Vesic 基于圆孔扩张理论提出了一个新的计算锚板极限抗拔力的方法，对于黏土中的浅埋锚板具有一定的准确性。YU[85] 也根据圆孔扩张法，考虑了土的剪胀性，推导了 c-ϕ 摩擦材料中条形和圆形锚板的承载力系数。当塑性区到达地表时，锚板达到极限承载力，即塑性流动不能被外部的弹性区约束，成为自由流动。

Murray 等[81] 提出了一种塑性机构，基于塑性力学的上限定理计算锚板的极限承载力。Rowe[79] 利用塑性极限分析的上限法得到了均质黏土中深埋条形锚板极限承载力的上限解，但从严格的力学意义上讲，其建立的速度场并不是机动容许的。Martin[3] 利用滑移线场方法得到了均质黏土中深埋圆形锚板极限承载力。Kumar[86] 等利用极限分析的上限法，求解了双层砂土地基中条形和圆形锚板的极限承载力。

Merifield 等[87] 使用基于塑性理论的有限元极限分析方法分析锚板的承载力，得到了不同土质中水平、竖直以及倾斜的条形、圆形和矩形锚板承载力的近似计算公式。有限元极限分析方法把求解极限承载力问题转化为一个优化问题，随着优化规模的扩大，计算规模会以几何级数增加，即使对于简单的结构，有限元离散后计算量也非常大，在有限时间内难以完成。

3）数值方法

随着数值方法和计算机技术的发展，越来越多的学者用有限元法计算锚板的承载力。Rowe 等[88] 把锚板分成“立即脱离”（immediate breakaway）和“无脱离”（no breakaway）两类。所谓“立即脱离”，就是假设锚板和土之间的界面不能承受拉应力，锚板一旦受力，锚板底面的正应力立即减至 0，锚板与土不再接触。而在“无脱离”的情况下，锚板和土的界面可以承受充分的拉应力，保证锚板与土一直接触，模拟锚板与土之间的黏聚力和吸力。实际情况是，锚板与土之间的脱离状态处于“立即脱离”和“无脱离”之间。锚板与土之间的黏聚力和吸力与很多因素有关，大小很难确定[87]。Rowe 等[88] 给出了饱和均质黏土中水平和竖直放置的条形、圆形和矩形锚板的承载力数值计算结果。Rowe 等[88] 使用基于土-结构相互作用理论的弹塑性有限元分析方法，求解了砂土中锚板的抗拔承载力。Sakai 等[89] 利用弹塑性有限元法，采用能考虑砂土渐进式破坏的本构模型，考察了双层砂土中浅埋圆形锚板的抗拔承载力及其尺度效应。Dickin 等[90] 利用 Plaxis 软件，采用土体硬化模型计算了砂土中条形锚板的承载力，并与离心机试验结果进行了比较。

于龙等[91] 基于网格重新生成和场变量映射的大变形有限元模型，探索了“立即脱离”和“无脱离”两种典型条件下均质黏土中条形锚板的极限抗拔承载力，追踪锚板整个拔出全过程中抗拉力的变化。王栋等[92] 利用大变形有限元模型分析了均质黏土中圆形锚板的极限抗拔承载力。Song 等[93] 利用小变形和大变形弹塑性有限元方法，分析了均质和正常固结黏土中，条形和圆形锚板的抗拔承载力。

于龙[94] 通过大量小变形有限元计算分析了各种因素对倾斜条形、圆形和方形锚板抗拔承载力的影响。同时，用 3D-RITSS 大变形有限元方法模拟了三维锚板旋转调节过程，探明各种因素对锚板埋深损失的影响。

综上所述，国内外学者对锚板极限承载力问题进行了一系列试验研究、理论分析和数值分析，取得了一定的研究成果。但是，如前所述，模型试验和原位试验昂贵、费时；数值分析绝大多数采用有限单元法，但是，不同的分析者选用不同的本构关系、网格密度，以及不同的结构与界面模拟方法，得到的结果往往不尽相同。极限分析和极限平衡法需要事先假设破坏机构、应力场或者破坏面形状，对于复杂的结构和接触条件很难处理。因此需要运用多种方法对锚板的承载力问题进行研究，互相比较、验证。

9.4.3 其他锚泊基础

1）吸力贯入式平板锚

1999 年，Aker Marine Contractors 公司（AMC）在 1500m 水深采用直径 4.5m 的吸力锚将锚板贯入至海床以下 25m 深度，首次通过现场试验验证了吸力贯入式平板锚（Suction embedded plate anchor，SEPLA）概念的可行性。吸力贯入式平板锚一直被用于移动钻井平台的临时系泊，直到 2006 年，才首次应用在墨西哥湾浮式生产装置的长期系泊中。吸力贯入式平板锚借鉴了吸力锚的贯入方式，从而避免了定位在海床中锚板拖曳轨迹的困难，安装后由锚板承受法向荷载，其受力方式与法向承力锚相似。吸力贯入式平板锚结合了吸力锚与法向承力锚的优点：定位精确、造价低廉、便于操作和可承受较大竖向张拉荷载。需要注意的是，吸力贯入式平板锚在其安装后需收紧缆索对其进行预张，这点与吸力锚和法向承力锚都不同。在此过程中，张紧锚链使其切入海床，同时锚板在海床中产生旋转，旋转至与系缆力垂直的方位，从而获得最大承载能力，这个过程称为吸力贯入式平板锚安装的“keying”过程，如图 9.4-7 所示。

在吸力贯入式平板锚的“keying”过程中，由于锚板的旋转，预张后其贯入深度将减小。O'Loughlin 等、Gaudin 等和 Song 等分别通过离心机试验和有限元计算研究了在锚板旋转过程可能导致的贯入深度的降低。Yu 基于三维大变形有限元研究了锚板在“keying”过程中的旋转，并认为加载偏心率 e/B（e 为锚胫长度，B 为锚板宽度）对贯入深度改变的影响远大于预张力角度，而锚板形状的影响则非常小。

2）动力贯入锚

近年来，还有一种新型的动力贯入锚（Dynamically penetrating anchor，DPA 或 Torpedo anchor）也逐渐发展起来。这种动力贯入锚一般长约 12～15m，锚身直径为 0.8～1.2m，自重达 500～1000kN，锚身对称位置布置有 4 个侧翼，如图 9.4-8 所示。在安装时通过安装船将其由距海床大约 50～100m 的高度释放，使其在自重作用下加速下沉，至海床时其速度可达 30m/s，在动能作用下完成沉贯。2000－2001 年，动力贯入锚首先在

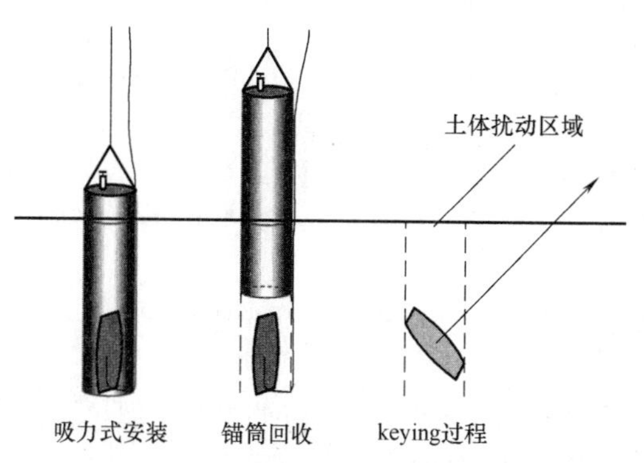

图 9.4-7 吸力贯入式平板锚的安装过程

图 9.4-8 动力贯入锚

巴西的坎普斯盆地（Campos Basin）油田得以采用，后来在欧洲和墨西哥湾深水区都有应用。动力贯入锚造价非常低廉，海上安装作业时间短，且无须额外的操作船进行配合，是目前深水系泊基础中安装费用最低廉的基础形式。

动力贯入锚由海水中释放开始自由下落，最终以高速与海床相碰撞，快速贯入海床至一定深度，整个安装过程涉及了海水中锚体与系缆的流体动力学问题和锚体与海床的动力碰撞问题，其贯入过程的影响因素众多，十分复杂。目前，国际上关于动力贯入锚的研究仍主要关注其最终贯入深度和锚体的承载力特性[95-98] 等问题，通常采用离心机模型试验和有限元分析等研究手段。

参考文献

[1] ISO 19905-1：2016. Specifies requirements and guidance for the site-specific assessment of independent leg jack-up units for use in the petroleum and natural gas industries，2016.

[2] Houlsby G T，Martin C. Undrained bearing capacity factors for conical footings on clay [J]. Géotechnique 2003，53 (5)：513-520

[3] Skempton L W. 1951. The Measurement of the Shear Strength of Soil. CMSS，1951，2：90.

[4] Martin C M，Randolph M F. Applications of thelower and upper bound theorems of plasticity to collapse of circular foundations [C]//Proceedings of 10th International Association for Computer Methods and Advances in Geomechanics. Tucson：A. A. Balkema，2001.

[5] Vivatrat V，Valent P J，Ponterio A A. The influence of chain friction on anchor pile design [C]//Proceedings of the 14th Annual Offshore Technology Conference. Houston：Offshore Technology Conference，1982.

[6] Degenkamp G，Dutta A. Soil resistances to embedded anchor chain in soft clay [J]. Journal of the Geotechnical Engineering，1989，115 (10)：1420-1438.

[7] Neubecker S R，Randolph M F. Profile andfrictional capacity of embedded anchor chains [J]. Journal of the Geotechnical Engineering，1995，121 (11)：797-803.

[8] Neubecker S R，O'Neill M P. Study of chain slippage for embedded anchors [C]//Proceedings of 36th Annual Offshore Technology Conference. Houston：Offshore Technology Conference，2004.

[9] House A R. Suction anchor foundations for buoyant offshore facilities [D]. Perth：The University of Western Australia，2002.

[10] Wang L Z，Guo Z，Yuan F. Quasi-static three-dimensional analysis of suction anchor mooring system [J]. Ocean Engineering，2010，37 (13)：1127-1138.

[11] Reese L C. A design method for an anchor pile in a mooring system [C]. In：Proceedings of 5th Annual Offshore Technology Conference. Houston，OTC 1745，1973，209-214.

[12] Gault J A，Cox W R. Method for predicting geometry and load distribution in an anchor chain from a single point mooring buoy to a buried anchorage [C]. In：Proceedings of 6th Annual Offshore Technology Conference. Houston，OTC 2062，1974，309-318.

[13] Wang L Z，Guo Z，Yuan F. Three-dimensional interaction between anchor chain and seabed [J]. Applied Ocean Research，2010，32 (4)：404-413.

[14] Xiong L Z，White D J，Neubecker S R，et al. Anchor loads in taut moorings：The impact of inverse catenary shakedown [J]. Applied Ocean Research，2017，67：225-235.

[15] Xiong L Z，Yang J M，Zhao W H. Dynamics of a taut mooring line accounting for the embedded an-

chor chains [J]. Ocean Engineering, 2016. 121, 403-413.

[16] Sun C, Feng X, Bransby M, et al. Numerical investigations of the effect of strain softening on the behavior of embedded mooring chains [J]. Applied Ocean Research, 2019b, 92, 101944.

[17] Sun C, Feng X, Neubecker S, et al. Numerical study of mobilized friction along embedded catenary mooring chains [J]. Journal of Geotechnical and Geoenvironmental Engineering, 2019a, 145 (10): 04019081. 24.

[18] Choi Y., Kim B, Kwon O, Youn H. Horizontal pullout capacity of steel chain embedded in sand [C]. In: Advances in Soil Dynamics and Foundation Engineering, 2014, 500-508, 135.

[19] Stanier S, White D, Chatterjee S, et al. 2015. A tool for ROV-based seabed friction measurement [J]. Applied Ocean Research, 2015, 50: 155-162, 49.

[20] Frankenmolen S, White D, O' Loughlin C. Chain-soil interaction in carbonate sand [C]. In Proc., Offshore Technology Conf. Houston: Offshore Technology Conference, 2016.

[21] Andersen K H, Murff J D, Randolph M F, et al. Suction anchors for deepwater applications [C]// Proceedings of International Symposium on Frontiers in Offshore Geotechnics. Perth: Taylor & Francis Inc., 2005.

[22] Houlsby G T, Byrne B W. Design procedures for installation of suction caissons in clay and other materials [J]. Geotechnical Engineering, 2005, 158 (2): 75—82.

[23] Byrne B W, Houlsby G T. Experimental investigations of the response of suction caissons to transient vertical loading [J]. Journal of Geotechnical and Geoenvironmental Engineering, 2002, 128 (11): 926-39.

[24] Tjelta T I. The suction foundation technology [M]. Frontiers in Offshore Geotechnics Ⅲ, 2015.

[25] Tran M N, Randolph M F. Variation of suction pressure during caisson installation in sand [J]. Géotechnique, 2008, 58 (1): 1-11.

[26] Cao J, Phillips R, Popescu R, et al. Penetration resistance of suction caissons in clay [C]. In: Proceedings of 12th International Offshore and Polar Engineering Conference. Kitakyushu, 2002, 800.

[27] Rauch A F, Olson R E, Luke A M, et al. Measured response during laboratory installation of suction caissons [C]. In: Proceedings of 13th International Offshore and Polar Engineering Conference. Hawaii, 2003, 780-787.

[28] El-Sherbiny R M. Performance of suction anchor anchors in normally consolidated Clay [D]. Houston: The University of Texas at Austin, 2005.

[29] Zhou H J, Randolph M F. Large deformation analysis of suction caisson installation in clay [J]. Canadian Geotechnical Journal, 2006, 43 (12): 1344-1357.

[30] Randolph M F, Cassidy M, Gourvenec S. Challenges of Offshore Geotechnical Engineering [C]. In: Proceedings of the International Conference on Soil Mechanics and Geotechnical Engineering, Plenary session D, 2005.

[31] Allersma H G B, Hogervorst J R, Dufour C. Orientation tests on suction pile installation by the percussion method [C]. In: Proceedings of 19th International Conference on Offshore Mechanics and Arctic Engineering. 2000a, OMAE 4036.

[32] House A R, Randolph M F, Borbas M E. Limiting aspect ratio for suction caisson installation in clay [C]. Proceedings of the 9th International Offshore and Polar Engineering Conference, France, 1999, 676-683.

[33] Cao J C. Centrifuge modeling and numerical analysis of the behaviour of suction caissons in clay

[D]. Newfoundland: Memorial University of Newfoundland, 2003.

[34] Andersen K H, Murff J D, Randolph M F. Deepwater Anchor Design Practice-Phase II Report to API/Deepstar-Volume II-Suction Caisson Anchors [R]. Report submitted to API/Deepstar, 2004.

[35] Maniar D R. A Computational Procedure for Simulation of Suction Caisson Behavior Under Axial and Inclined Loads [D]. Houston: The University of Texas at Austin, 2004.

[36] Clukey E C, Templeton J S, Randolph M F, et al. Suction caisson response under sustained loop current loads [C]. In: Proceedings of Offshore Technology Conference. Houston, OTC 16843, 2004, 1-9.

[37] EI-Sherbiny R M. Performance of suction anchor anchors in normally consolidated clay [M]. The University of Texas at Austin, 2005.

[38] Zhou H, Randolph M. Computational Techniques and Shear Band Development for Cylindrical and Spherical Penetrometers in Strain-Softening Clay [J]. International Journal of Geomechanics, 2007, 7 (4), 287-295.

[39] Chen W, Randolph M F. Uplift capacity of suction caissons under sustained and cyclic loading in soft clay [J]. Journal of Geotechnical and Geoenvironmental Engineering, 2007, 133 (11): 1352-1363.

[40] Chen W, Zhou H, Randolph M F. Effect of installation method on external shaft friction of caissons in soft clay [J]. Journal of Geotechnical and Geoenvironmental Engineering, 2009, 135 (5): 605-615.

[41] Vásquez L F, Maniar D R, Tassoulas J L. Installation and axial pullout of suction caissons [J]. Journal of Geotechnical and Geoenvironmental Engineering, 2010, 136 (8): 1137-1147.

[42] Allersma H G B, Hogervorst J R, Pimoulle M. Centrifuge modeling of suction pile installation in layered soil by percussion method [C]. In: Proceedings of 20th International Conference on Offshore Mechanics and Arctic Engineering. 2001, OMAE 1036, 620-625.

[43] Andersen K H, Jostad H P. Shear Strength Along Outside Wall of Suction Anchors in Clay after Installation [C]. In: Proceedings of 12th International Offshore and Polar Engineering Conference. Kitakyushu, 2002, 758

[44] Olson R E, Luke A M, Maniar D R, et al. Soil reconsolidation following the installation of suction caissons [C]. In: Proceedings of Offshore Technology Conference. Houston, OTC 15263, 2003, 1.

[45] Yoshida Y, Masui N, Ito M. Evaluation of recovery of wall friction after penetration of skirts with laboratory and field tests [C]. Frontiers in Offshore Geotechnics (ISFOG), Perth, 2005, 251-257.

[46] Jeanjean P, Znidarcic D, et al. Centrifuge testing on suction anchors: Double-wall, stiff clays, and layered soil profile [C]. Proceedings of Annual Offshore Technology Conference, Houston, 2006, OTC18007.

[47] Hogervorst, J. R. Field Trails With Large Diameter Suction Piles [C]. Offshore Technology Conference, Houston, Texas, 1980.

[48] Fuglsang L D, Steensen-Bach J O. Breakout resistance of suction piles in clay [C]//Proceedings of the international conference: centrifuge. 1991, 91: 153-159.

[49] Andersen K H, Dyvik R, Schrder K, et al. Field tests of anchors in clay II: Predictions and interpretation [J]. Journal of Geotechnical Engineering, 1993, 119 (10): 1532-1549.

[50] Andersen K H, Dyvik R, Schroder K. Pull-out capacity analyses of suction anchors for tension leg platforms [J]. 1992.

[51] Deng W, Carter J P. A theoretical study of the vertical uplift capacity of suction caisson [C]. In: Proceedings of the Tenth International Offshore and Polar Engineering Conference. Seattle, California: ISOPE, 2000, 342-349.

[52] Andersen K H, Murff J D, Randolph M F, et al. Suction anchors for deep water applications [C]. Proceedings of International Symposium on Frontiers in Offshore Geotechnics, 2005, 19-21.

[53] Aubeny C P, Moon S K, Murff J D. Lateral undrained resistance of suction caisson anchors [J]. International Journal of Offshore and Polar Engineering, 2001, 11 (2): 95-103.

[54] Aubeny C P, Han S W, Murff J D. Inclined load capacity of suction caissons [J]. International Journal for Numerical and Analytical Methods in Geomechanics, 2003a, 27: 1235-1254.

[55] Aubeny C P, Murff J D. Simplified limit solutions for the capacity of suction anchors under undrained conditions [J]. Ocean Engineering, 2005, 32 (7): 864

[56] Murff J D, Hamilton J M. P-ultimate for undrained analysis of laterally loaded piles [J]. Journal of Geotechnical Engineering, 1993, 119 (1): 91-107.

[57] Aubeny C P, Han S W, Murff J D. Refined model for inclined load capacity of suction caissons [C]. Proceedings of International Conference on Offshore Mechanics and Arctic Engineering, 2003b, OMAE2003.

[58] Randolph M F, House A R. Analysis of suction caissons capacity in clay [C]. Proceedings of Offshore Technology Conference, Houston, 2002, OTC 14236.

[59] 王乐芹，王晖，余建星，等. 软黏土中桶形基础侧向极限承载力计算的简化方法 [J]. 天津大学学报，2008，41 (5)：529-535.

[60] 吴梦喜，王梅，楼志刚. 吸力式沉箱的水平极限承载力计算 [J]. 中国海洋平台，2001，16 (4)：12-15.

[61] 严驰，李亚坡等. 土性参数对桶形基础竖向地基承载力影响的敏感性分析 [J]. 水运工程，2003，359 (12)：12-16.

[62] 施晓春，徐日庆，龚晓南，等. 桶形基础单桶水平承载力的试验研究 [J]. 岩土工程学报，1999，21 (6)：723-726.

[63] 刘振纹，王建华，秦崇仁，袁中立，陈国祥. 负压桶形基础地基水平承载力研究 [J]. 岩土工程学报，2000 (6)：691-695.

[64] Sukumaran B, Mccarron W O, et al. Efficient finite element techniques for limit analysis of suction caisson under lateral loads [J]. Computers and Geotechnics, 1999a, 24 (2): 89-107.

[65] Sukumaran B, McCarron W O. Total and effective stress analysis of suction caissons for Gulf of Mexico conditions [J]. Analysis, Design, Construction and Testing of Deep Foundations. ASCE Geotechnical Special Technical Publication, New York, 1999b, 88: 247-260.

[66] Bransby M F, Springman S. Selection of load-transfer functions for passive lateral loading of pile groups [J]. Computers and Geotechnics, 1999, 24 (3): 155-184.

[67] Ren-peng C, Zheng-zhong X U, Yun-min C. Research on key problems of pile-supported reinforced embankment [J]. China Journal of Highway and Transport, 2007, 20 (2): 7.

[68] Zdravkovic L, Potts D M, Jardine R J. A parametric study of the pull-out capacity of bucket foundations in soft clay [J]. Géotechnique, 2001, 51 (1): 55-67.

[69] Supachawarote C, Randolph M. F, Gourvenec S. Inclined pull-out capacity of suction caissons [C]. Proceedings of the 14th International Offshore and Polar Engineering Conference, Toulon, France, 2004, 500-506.

[70] Supachawarote C, Randolph M F, Gourvenec S. The effect of crack formation on the inclined pull-

out capacity of suction caissons [C]. 11th International Association for Computer Methods and Advances in Geomechanics Conference, Turin, Italy, 2005, 577-584.

[71] Supachawarote C. Inclined load capacity of suction caisson in clay [D]. The University of Western Australia, 2006.

[72] Das U N, Deka R, Soundalgekar V M. Effects of mass transfer on flow past an impulsively started infinite vertical plate with constant heat flux and chemical reaction [J]. Forschung im Ingenieurwesen, 1994, 60 (10): 284-287.

[73] Ranjan G, Arora V B. Model studies on anchors under horizontal pull in clay [C] //Proc. 3rd Aust. N. Z Conf. Geomech. , Wellington. 1980, 1: 65-70.

[74] DAs B M, Puri V K. Holding capacity of inclined square plate anchors in clay [J]. Soils and foundations, 1989, 29 (3): 138-144.

[75] Meyerhof G G, Adams J I. The ultimate uplift capacity of foundations [J]. Canadian geotechnical journal, 1968, 5 (4): 225-244.

[76] Das B M, Moreno R, Dallo K F. Ultimate pullout capacity of shallow vertical anchors in clay [J]. Soils and Foundations, 1985, 25 (2): 148-152.

[77] Meyerhof G G. Uplift resistance of inclined anchors and piles [C]//Proc. 8th ICSMFE. 1973, 2: 167-172.

[78] Das B M, Seeley G R. Load-displacement relationship for vertical anchor plates [J]. Journal of the Geotechnical Engineering Division, 1975, 101 (7): 711-715.

[79] Rowe R K, Booker J R. A method of analysis for horizontally embedded anchors in an elastic soil [J]. 1978.

[80] Murray E J, Geddes J D. Uplift of anchor plates in sand [J]. Journal of Geotechnical Engineering, 1987, 113 (3): 202-215.

[81] Murray E J, Geddes J D. Resistance of passive inclined anchors in cohesionless medium [J]. Geotechnique, 1989, 39 (3): 417-431.

[82] Dickin E A. Uplift behavior of horizontal anchor plates in sand [J]. Journal of geotechnical engineering, 1988, 114 (11): 1300-1317.

[83] Tagaya K, Scott R F, Aboshi H. Pullout resistance of buried anchor in sand [J]. Soils and foundations, 1988, 28 (3): 114-130.

[84] Matsuo M. Bearing capacity of anchor foundations [J]. Soils and Foundations, 1967, 8 (1): 18-48.

[85] Fityus S G, Yu H S, Pearce A G. Failure mechanisms of vertically loaded plate anchors in sand [C]//ISRM International Symposium. OnePetro, 2000.

[86] Kumar J. Uplift resistance of strip and circular anchors in a two layered sand [J]. Soils and foundations, 2003, 43 (1): 101-107.

[87] Merifield R S, Sloan S W, Yu H S. Stability of plate anchors in undrained clay [J]. Géotechnique, 2001, 51 (2): 141-153.

[88] Rowe R K, Davis E H. The behaviour of anchor plates in clay [J]. Geotechnique, 1982, 32 (1): 9-23.

[89] Sakai T, Tanaka T. Experimental and numerical study of uplift behavior of shallow circular anchor in two-layered sand [J]. Journal of geotechnical and geoenvironmental engineering, 2007, 133 (4): 469-477.

[90] Dickin E A, Laman M. Uplift response of strip anchors in cohesionless soil [J]. Advances in engi-

neering software，2007，38（8-9）：618-625.
[91] 于龙，刘君，孔宪京．锚板在正常固结黏土中的承载力［J］．岩土力学，2007（07）：1427-1434.
[92] 王志云，王栋，栾茂田，等．复合加载条件下吸力式沉箱基础承载特性数值分析［J］．海洋工程，2007，25（2）：52-56.
[93] Song Z，Hu Y，Randolph M F. Numerical simulation of vertical pullout of plate anchors in clay［J］. Journal of geotechnical and geoenvironmental engineering，2008，134（6）：866-875.
[94] 刘君，于龙，吴利玲，孔宪京．饱和黏土中倾斜圆形锚板承载力分析［J］．大连理工大学学报，2008（2）：229-234.
[95] Chow S H，O'Loughlin C D，Gaudin C，et al. An experimental study of the embedment of a dynamically installed anchor in sand［C］. In Offshore Site Investigation and Geotechnics：Proceedings of the 8th International Conference，2017，2：1019-1025.
[96] O'Loughlin C D，Randolph M F，Richardson M D. Experimental and theoretical studies of deep penetrating anchors［C］//Proceedings of the Offshore Technology Conference. Houston：Offshore Technology Conference，2004.
[97] O'Loughlin C D，Richardson M D，Randolph M F. Centrifuge tests on dynamically installed anchors［C］//Proceedings of 28th International Conference on Ocean，Offshore and Arctic Engineering. Honolulu：American Society of Mechanical Engineers，2009.
[98] Sagrilo L V S，De Sousa J R M，de Lima E C P，et al. Reliability based design of torpedo anchor［C］// Proceedings of 29th International Conference on Ocean，Offshore and Arctic Engineering. Shanghai：American Society of Mechanical Engineers，2010.

10 海底管缆工程

高福平，汪宁，师玉敏，漆文刚

（1. 中国科学院力学研究所，北京 100190；2. 中国科学院大学工程科学学院，北京 100049）

海底管缆是铺设于海床沉积物土层上的典型细长工程结构，主要包括输送石油和天然气的海底管道、传输通讯信号的海底光缆以及海底电力电缆等。作为海洋工程的生命线，海底管缆跨越不同水深海域，受到复杂海底地形地貌和海洋环境荷载的影响。本章围绕海底管缆与海床土体相互作用的主题，阐述海底管缆地基极限承载力、波浪和海流水动力作用下的海底管道侧向在位稳定性、深水海底长输管道在高温高压工况条件下的结构整体屈曲等方面的分析理论及预测方法。

10.1 海底管缆地基极限承载力

10.1.1 管道地基极限承载力预测方法概述

海床土体的变形和强度特性与沉积物类型密切相关。海底沉积物主要基于粒度组成、沉积动力环境和地形地貌进行分类。在不同海域，海底沉积物的特征和成因通常存在较大差异。例如，我国南海是西太平洋最大的边缘海，海底沉积物具有鲜明的区域性特点，其来源多样，既有陆源碎屑物质，又有海底火山物质，还有深水区大量的自生物质[1]。

地基承载力是指地基土体承受结构物荷载的能力。在结构物作用下地基产生的破坏类型一般可分为两大类：一类是地基产生过大变形或不均匀沉降，从而导致结构物严重下沉、倾斜或扭转变形；另一类是结构物传递的荷载过大而导致地基土体出现整体剪切破坏、局部剪切破坏或冲剪破坏[2]。地基变形和承载力可简化为平面应变问题进行求解。当地基土体中的塑性变形区充分发展并形成连续贯通的滑移面时，地基所能承受的最大荷载称为地基极限承载力。塑性力学的上下限原理和滑移线场理论，已被用于计算条形基础土体发生整体剪切破坏的垂向极限承载力[3]。

在海底管道稳定性设计中，曾采用传统平底面的条形基础极限承载理论（例如 Prandtl-Reissner 解[4]）估算管道地基极限承载力。传统条形基础是一种水平底面的基础形式，而海底管缆（以下称为“管道”或“海底管道”）则具有圆形截面形状。鉴于管道地基极限承载力与管土接触面积密切相关，而后者是管道沉降量的函数，因此采用 Prandtl-Reissner 解难以科学预测管道地基的承载力。

为预测管道地基极限承载力，Small 等[5] 将海底管道视为等效均布力作用下的传统平底面条形基础，提出了一种修正承载力系数的简化分析方法。Karal[6] 则将海底管道结构简化为尖端楔形体，利用塑性力学上限定理预测管道嵌入海床土体深度。由于以上简化分析未能反映管道结构的几何外形特征，研究发现上述简化带来的误差随着管道嵌入深度增大而逐渐增大。基于塑性力学极限分析理论，Murff 等[7] 提出了预测管道嵌入理想刚塑性土体的上限和下限解。Randolph 和 White[8] 进而建立了针对管道部分嵌入理想刚塑性土体时发生垂向和侧向滑移的上限解包络面，然而其理论解是隐式表达的。

有限单元法[9] 常常被用于数值分析复杂土性条件下的管道地基或浅基础极限承载特性，例如考虑海床土体剪切强度随深度线性变化[10] 以及海床土性的空间随机分布[11]。有限元模拟发现，管道在临界垂向荷载下地基塑性区可充分发展并形成与土体表面连续贯通的塑性滑移面，荷载位移曲线存在明显拐点，管道下方土体呈现整体剪切破坏的典型特征[12, 13]。

基于塑性滑移线场理论[12, 14] 分别构建针对不排水和完全排水两种典型条件的管道地基的塑性滑移线场，推导得到了管道地基土体极限承载力的滑移线场理论解。下节将对该管道地基的滑移线场解进行详细介绍。

10.1.2 管道地基垂向承载力的滑移线场解

1. 滑移线场理论与平板条形基础承载力

滑移线场理论最初起源于材料力学领域。金属试件在荷载作用下进入塑性变形阶段时，可观察到在试件表面成组出现规则且彼此交叉的曲线条纹。此类条纹被称为滑移线，其所在位置即为材料发生剪切破坏的位置，滑移线的走向则指示了剪切屈服面的方向，而滑移线网也称为滑移线场。假设滑移线场内的介质同时满足平衡条件和屈服条件，从而获得塑性平衡微分方程组，然后将方程组转化到滑移线的曲线坐标内，再结合应力边界条件即可获得介质内的应力状态以及宏观极限荷载[15]。

平面应变问题的静力平衡方程，可表达为正应力和剪应力的微分形式：

$$\frac{\partial \sigma_{x}}{\partial x}+\frac{\partial \tau_{xy}}{\partial y}=X \tag{10.1-1}$$

$$\frac{\partial \tau_{xy}}{\partial x}+\frac{\partial \sigma_{y}}{\partial y}=Y \tag{10.1-2}$$

式中 X，Y——材料单元体沿 x 和 y 轴方向的受力；

σ_{x}、σ_{y}、τ_{xy}——x-y 坐标系下沿 x 和 y 轴的正应力及剪应力，各应力的正方向如图 10.1-1 所示。

对于金属材料，其抗剪强度受围压影响通常可以忽略，可近似认为是常数（Tresca 破坏准则），因此金属材料的滑移线方向即为材料内部的最大剪应力方向。岩土材料特殊的强度特性使控制方程的求解变得更为复杂。该复杂性主要体现在岩土材料的抗剪强度与围压相关，这不仅导致了岩土材料的滑移线方向偏离最大剪应力方向，还使得对破坏荷载的求解需要考虑荷载条件及破坏面深度等影响因素。在 Tresca 破坏准则基础上，Mohr-Coulomb 破坏准则引入有效内摩擦角，考虑了围压对材料抗剪强度的影响。Tresca 和 Mohr-Coulomb 破坏准则给出了完全不排水和排水条件下土体在极限平衡状态下的应力关系如下：

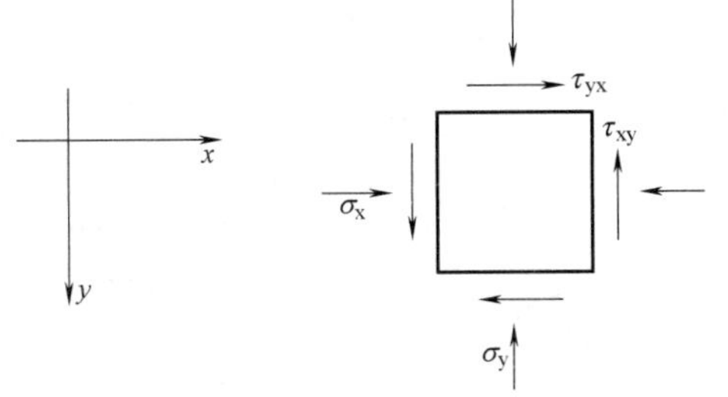

图 10.1-1 单元应力的正方向

不排水条件（undrained）：

$$\sigma_x=\sigma_0-c\cdot\cos 2\beta \tag{10.1-3}$$

$$\sigma_y=\sigma_0+c\cdot\cos 2\beta \tag{10.1-4}$$

$$\tau_{xy}=-c\cdot\sin 2\beta \tag{10.1-5}$$

排水条件（drained）：

$$\sigma_x=\sigma_0-c\cdot\cot\varphi-\sigma_0\sin\varphi\cos 2\beta \tag{10.1-6}$$

$$\sigma_y=\sigma_0-c\cdot\cot\varphi+\sigma_0\sin\varphi\cos 2\beta \tag{10.1-7}$$

$$\tau_{xy}=-\sigma_0\sin\varphi\sin 2\beta \tag{10.1-8}$$

式中 σ_0——在不排水条件下为应力圆的圆心横坐标对应的正应力值，即 $(\sigma_1+\sigma_3)/2$；在排水条件下为应力圆的圆心到破坏包线与正应力轴交点的距离，即 $(\sigma_1+\sigma_3)/2+c\cot\varphi$；

c——对于不排水条件，其为土体不排水抗剪强度；对于排水条件，则为土体黏聚力。由于二者在两种破坏准则中具有类似的物理和数学特征，因此统一采用字母 c 表示；

φ——土的内摩擦角；

β——x 轴到第一主应力面的夹角，其在应力圆上的几何含义见图 10.1-2。

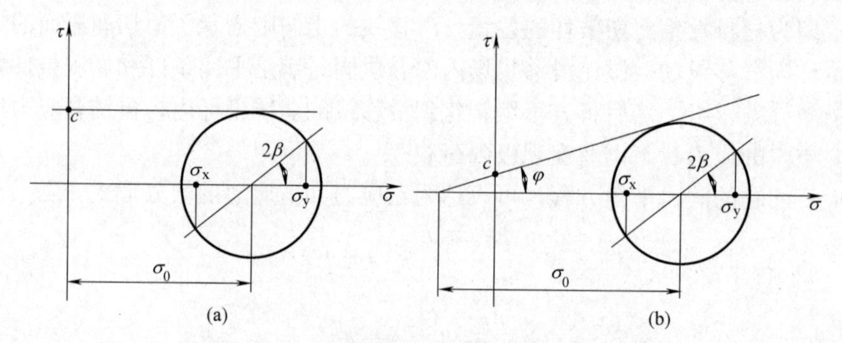

图 10.1-2　极限破坏条件下的土体单元应力圆

(a) 不排水条件（Tresca）；(b) 排水条件（Mohr-Coulomb）

由上述极限平衡条件和破坏准则，可以获得滑移线场理论的基本微分方程组：

不排水条件

$$\frac{\partial\sigma_0}{\partial x}+2c\cdot\sin 2\beta\frac{\partial\beta}{\partial x}-2c\cdot\cos 2\beta\frac{\partial\beta}{\partial y}=X \tag{10.1-9}$$

$$\frac{\partial\sigma_0}{\partial y}-2c\cdot\sin 2\beta\frac{\partial\beta}{\partial y}-2c\cdot\cos 2\beta\frac{\partial\beta}{\partial x}=Y \tag{10.1-10}$$

排水条件

$$(1-\sin\varphi\cos 2\beta)\frac{\partial\sigma_0}{\partial x}-\sin\varphi\sin 2\beta\frac{\partial\sigma_0}{\partial y}+2\sigma_0\sin\varphi\sin 2\beta\frac{\partial\beta}{\partial x}-2\sigma_0\sin\varphi\cos 2\beta\frac{\partial\beta}{\partial y}=X \tag{10.1-11}$$

$$-\sin\varphi\sin 2\beta\frac{\partial\sigma_0}{\partial x}+(1+\sin\varphi\cos 2\beta)\frac{\partial\sigma_0}{\partial y}-2\sigma_0\sin\varphi\cos 2\beta\frac{\partial\beta}{\partial x}-2\sigma_0\sin\varphi\sin 2\beta\frac{\partial\beta}{\partial y}=Y \tag{10.1-12}$$

Mohr-Coulomb 破坏准则下的极限平衡条件，当 $\varphi \to 0$ 时可退化为 Tresca 破坏准则下的极限平衡条件[16]。

对于无重材料（$X=Y=0$），通过将基本偏微分方程组［式（10.1-9）和式（10.1-10）］进行线性变换，从而获得沿剪切破坏方向（即滑移线方向）上的偏微分形式如下：

沿滑移线 I，不排水条件

$$\frac{\partial}{\partial S_{\mathrm{I}}}=\cos(\beta+\pi/4)\frac{\partial}{\partial x}+\sin(\beta+\pi/4)\frac{\partial}{\partial y} \tag{10.1-13}$$

沿滑移线 II，不排水条件

$$\frac{\partial}{\partial S_{\mathrm{II}}}=\cos(\beta-\pi/4)\frac{\partial}{\partial x}+\sin(\beta-\pi/4)\frac{\partial}{\partial y} \tag{10.1-14}$$

沿滑移线 I，排水条件

$$\frac{\partial}{\partial S_{\mathrm{I}}}=\cos(\beta+\pi/4+\varphi/2)\frac{\partial}{\partial x}+\sin(\beta+\pi/4+\varphi/2)\frac{\partial}{\partial y} \tag{10.1-15}$$

沿滑移线 II，排水条件

$$\frac{\partial}{\partial S_{\mathrm{II}}}=\cos(\beta-\pi/4-\varphi/2)\frac{\partial}{\partial x}+\sin(\beta-\pi/4-\varphi/2)\frac{\partial}{\partial y} \tag{10.1-16}$$

其中，滑移线Ⅰ和滑移线Ⅱ为滑移线场中任意两条相互交叉的滑移线。因完整的偏微分方程过于复杂，故上式仅给出了变量沿滑移线的微分方程形式。对上述偏微分方程组沿滑移线进行积分，可以获得同一条滑移线上的任意两点，其应力满足的关系（即 Hencky 应力方程）：

不排水条件，沿滑移线Ⅰ

$$\sigma_0-2c\beta=C_{\mathrm{I}} \tag{10.1-17}$$

不排水条件，沿滑移线Ⅱ

$$\sigma_0+2c\beta=C_{\mathrm{II}} \tag{10.1-18}$$

排水条件，沿滑移线Ⅰ

$$\sigma_0=C_{\mathrm{I}}\,e^{2\beta\tan\varphi} \tag{10.1-19}$$

排水条件，沿滑移线Ⅱ

$$\sigma_0=C_{\mathrm{II}}\,e^{-2\beta\tan\varphi} \tag{10.1-20}$$

式中 C_{I}、C_{II}——常数。

上述排水条件下的应力关系在土体内摩擦角 $\varphi \to 0$ 时无法直接退化为不排水条件下的应力关系式。这是因为在对应力控制方程沿滑移线进行积分时，其被积分函数是极限 $\varphi \to 0$ 的不一致收敛函数。而对不一致收敛函数进行黎曼积分运算和极限运算时，先求积分或先求极限将产生不同的计算结果，并将影响到函数的连续性和可积分性。读者如感兴趣可自行证明。通过分析极限承载力的滑移线场解析解，可以发现虽然上述滑移线上的应力关系式无法实现直接退化，但采用该关系求解获得的排水极限承载力解析解是可以通过求极限 $\varphi \to 0$ 的方式向不排水承载力解进行退化的。

采用滑移线场理论求解极限承载力的基本思路：在求解极限承载力时，当滑移线一端的土体应力已知，而另一端位置处的剪应力或正应力已知其一时，即可根据上述关系完全求解另一端处的土体应力；当另一端位于基础与地基土体界面上时，将求解的界面应力沿界面积分，即可获得基础的极限承载力。

普朗特（L. Prandtl）与瑞斯纳（H. Reissner）先后基于滑移线场理论，获得了平底面条形基础（基底为沿水平方向的平面）在未考虑和考虑埋置深度情况下的极限承载力解析解（即 Prandtl-Reissner 解）。该解答的基本假设包括，无重土假设（不考虑基底以下土体自重影响）、光滑基底假设（基底界面应力垂直于界面）、同时假设与基底连通的滑移线仅延伸到与基底相同的高度，如图 10.1-3 所示。

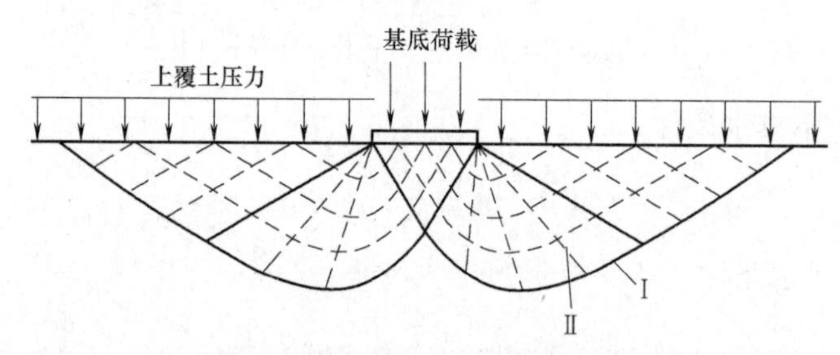

图 10.1-3　无重介质地基的滑移线场（Prandtl-Reissner 解）

基于上述控制方程和基本假设，可获得光滑条形基础极限承载力的解析解：

$$\frac{P_u}{b}=cN_c+qN_q \tag{10.1-21}$$

$$N_c=\begin{cases}\pi+1 & \text{(不排水条件)}\\ (N_q-1)\cot\varphi & \text{(排水条件)}\end{cases} \tag{10.1-22}$$

$$N_q=\begin{cases}1 & \text{(不排水条件)}\\ \tan^2(\pi/4+\varphi/2)e^{\pi\tan\varphi} & \text{(排水条件)}\end{cases} \tag{10.1-23}$$

式中　P_u——单位长度条形平板基础的极限承载力；

q——根据管道中心点以上的上覆土体水下重量折算的均布荷载；

N_c、N_q——极限承载力系数。

Prandtl-Reissner 解的推导是基于平板基底、光滑基底的假设条件的。而对于海底管道而言，其自身为圆形截面，基底与地基土体的界面为圆弧形状。当海底管道被安置在海床表面并凭借其水下重量嵌入海床地基的过程中，其和海床地基接触面的宽度随嵌入深度而变化，且接触界面上的应力条件也会因挤土过程而不同于平板条形基础。此外在实际工程应用中，海底管道的表面材质无法实现绝对光滑，其和地基土体间的剪切系数（界面抗剪强度与土体不排水抗剪强度之比）与表面材质的粗糙程度相关[17]。因此，上述滑移线场模型给出的极限承载力计算方法求解海底管道的地基极限承载力将不可避免地产生计算误差。下文将依次介绍两种分别适用于完全不排水条件和完全排水条件下的管道地基极限承载力的滑移线场理论解。

2. 不排水条件下的管道地基极限承载力

黏性土（如深海红黏土、有机硅质软泥等）广泛分布于我国南海的深海陆坡以及深海盆地区域[18]。现场测试和室内试验结果的统计分析发现，南海某深水区海底表层沉积物通常为有机质软黏土，具有高含水率、低密度、高孔隙比、高液限、高可塑性、低强度等典型特征[19]。海底管道在安装过程中，其自重和施工荷载可导致海底管道在软黏土海床上产生较大的初始嵌入深度[20]；若管道下方土体内超静孔压来不及消散，则可认为地基土体处于完全不排水状态，即遵循 Tresca 破坏准则。

基于滑移线场理论，Gao 等[12] 推导了圆形截面管道基础在黏性土地基上处于完全不排水条件下的极限承载力解析解，已被挪威船级社海底管道设计规范采纳[21]。所构造的滑移线场如图 10.1-4 所示。区域 CFG 的土体应力状态一致；CDF 为边缘形状是对数螺线形状的过渡区；CBD 为挤土区。

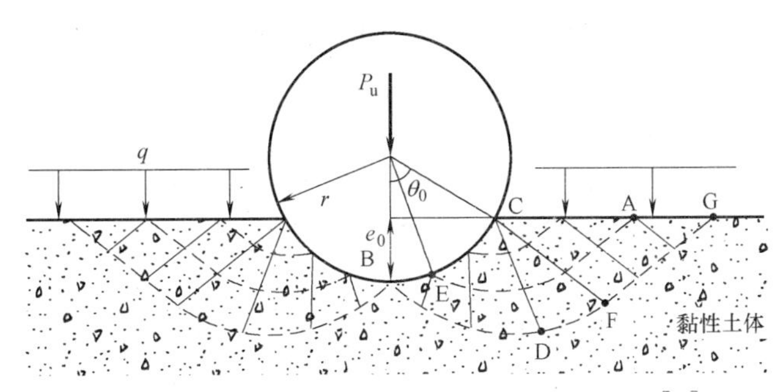

图 10.1-4 极限荷载作用下管道地基滑移线场[12]

基本假设：管道地基的滑移线场构造沿用了传统条形基础滑移线场范围内不计土体自重影响这一基本假设。该模型假设滑移线场从管道与地基土体界面延伸高度不超过管道横截面中心。而对于 $e_0/D>0.5$ 的情况，横截面中心以上的土体对极限承载力的影响则根据土体厚度和浮重度折算为均布荷载考虑。此外，该模型不再将基底限制为光滑界面，而是引入界面黏聚力系数 α（即界面抗剪强度与土体不排水抗剪强度之比[22]）描述界面的抗剪强度，从而可反映管道外表面的材料粗糙程度。

边界条件：假设沿基底界面上的剪应力均达到其极限抗剪强度，其中管道与土体界面的右半侧受到沿界面切线向右的剪切力。当嵌入深度不超过 0.5 倍外径时，假设海床土体表面不存在剪应力或正应力。当嵌入深度超过 0.5 倍外径时，与管道中心等高的土体在水平面上不存在剪力，其正应力为均匀分布的上覆土体有效重量。

基于以上基本假设和边界条件，Gao 等[12] 推导得到的管道地基极限承载力滑移线场解如下：

$$\frac{P_u}{2r\sin\theta_0}=cN_c+qN_q \tag{10.1-24}$$

$$N_c=\frac{\sin\Delta(1-\cos\theta_0)-2(\cos\theta_0-1)}{\sin\theta_0}+1+\pi+\Delta+\cos\Delta-2\theta_0 \tag{10.1-25}$$

$$N_q=1 \tag{10.1-26}$$

$$\theta_0=\begin{cases}\arccos(1-e_0/r) & (e_0\leqslant r)\\ \pi/2 & (e_0>r)\end{cases} \tag{10.1-27}$$

$$\Delta=\arcsin\alpha \tag{10.1-28}$$

式中 P_u——单位长度管道的极限承载力；

r——管道外半径（$r=D/2$）；

α——界面黏聚力系数，即界面抗剪强度与土体不排水抗剪强度之比；

θ_0——管道嵌入深度角的 1/2；

e_0——管道嵌入土体的深度，为管道底部边缘到地基土体表面的竖向距离。

极限承载力系数 N_c 反映了土体不排水抗剪强度 c 对无量纲极限承载力 $P_u/2r\sin\theta_0$

的影响。N_c 的取值主要与管道嵌入深度 e_0 以及管道与土体界面黏聚力系数 α 相关。二者对承载力系数 N_c 的影响如图 10.1-5 所示。可以发现，承载力系数 N_c 随无量纲管道嵌入深度 e_0/r 的变化规律受界面黏聚力系数 α 的影响显著。当 α 不超过 0.2 时，二者呈负相关关系，且无量纲嵌入深度对承载力系数的影响随嵌入深度的增大而降低；当 α 大于 0.2 时，承载力系数 N_c 随 e_0/r 的增大先减小而后增大。承载力系数 N_c 与 α 始终呈正相关关系，该正相关性随 α 增大而略有减弱。承载力系数 N_c 在完全粗糙管道的无量纲嵌入深度趋近于 0 时达到其最大值 5.71。

若将管道地基极限承载力表示为无量纲形式 P_u/cr，则其与无量纲嵌入深度 e_0/r 和界面黏聚力系数 α 的变化关系如图 10.1-6 所示。可以看出，P_u/cr 与 e_0/r 正相关：当无量纲嵌入深度较小时，无量纲极限承载力随嵌入深度增大而显著增大。值得注意的是，承载力系数 N_c 与 e_0/r 具有一定的负相关性（图 10.1-5），然而管道地基无量纲极限承载力 P_u/cr 却与 e_0/r 呈正相关性，这主要归因于管土接触面积随嵌入深度的增大而增大。当 e_0/r 等于或大于 1.0 时，管土界面宽度将不再变化，此时 P_u/cr 与 e_0/r 的正相关性则主要源于 N_c 与 e_0/r 正相关的贡献。从图 10.1-6 还可看出，当 e_0/r 相同时，不同 α 的关系曲线之间大致呈等间距分布，这说明 P_u/cr 与 α 近似线性相关，且随 e_0/r 的增大，界面黏聚力系数影响更趋明显。

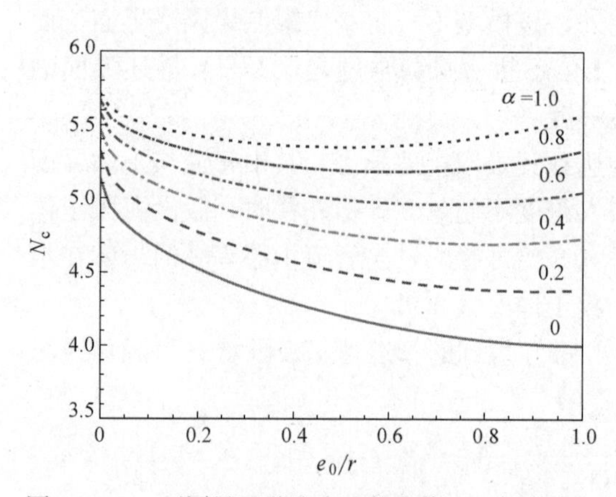

图 10.1-5　不同界面黏聚力系数取值下，管道嵌入深度对极限承载力的影响[12]

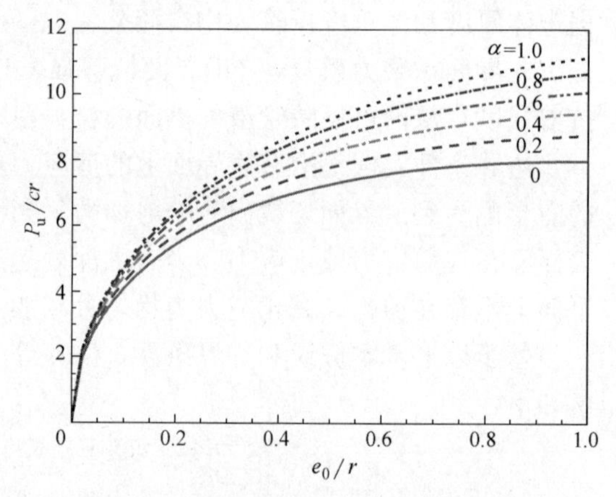

图 10.1-6　不同界面黏聚力系数取值下，管道嵌入深度对无量纲极限承载力的影响[12]

3. 排水条件下的管道地基极限承载力

对于砂质海床，海底管道在安装嵌入海床过程中其下方土体可认为处于完全排水状态。此时，海床土体的抗剪强度由黏聚力、内摩擦角以及潜在破坏面上的正应力共同确定。Gao 等[14] 基于滑移线场理论，进而推导了管道地基在排水条件下的极限承载力解析解。该理论模型对基底滑移线场的构造与前面给出的不排水解类似。其采用的基本假设和边界条件说明如下。

基本假设：(1) 滑移线场从基础底面延伸至海床土体表面，但最大高度不超过管道中心；(2) 求解滑移线场控制方程时，忽略滑移线场范围内的土体重量对极限承载力的影响。对滑移线场以上的土体，其重量按厚度折算为均布荷载参与计算；(3) 处于极限破坏条件下的土体，其应力遵循 Mohr-Coulomb 破坏准则；(4) 管土界面强度定义为 $\mu\sigma_0$，其

中 σ_0 为应力圆圆心到 Mohr-Coulomb 破坏包络线与正应力轴交点的距离（图 10.1-7）；μ 为表征管道界面粗糙程度的参数，考虑到管土界面抗剪强度 $\mu\sigma_0$ 不应超过土体发生内部破坏时的最大剪应力，即要求 $\mu \leqslant \sin\varphi$。

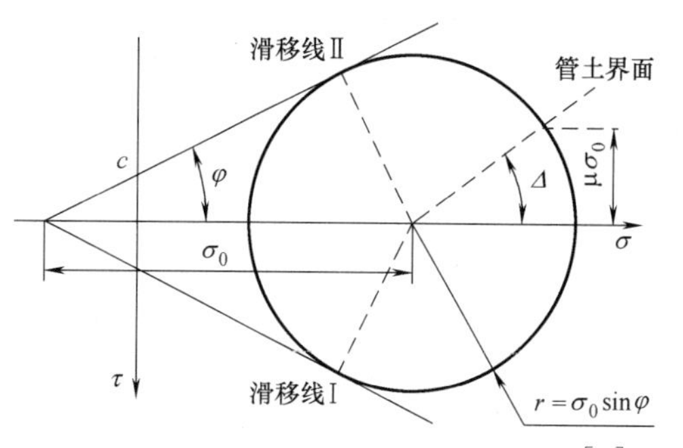

图 10.1-7 管土界面附近土体的应力圆[14]

边界条件：模型假设沿基底界面上的剪应力均达到其极限抗剪强度，其中管道在土体界面的右半侧受到沿界面向右的剪切力。当嵌入深度不超过 0.5 倍外径时，假设土体表面不存在剪应力或有效正应力。当嵌入深度超过 0.5 倍外径时，与管道横截面中心等高的土体在水平面上不存在剪力，其有效正应力均匀分布，为上覆土体的有效重量。

参考 Knappett 和 Craig[4] 关于条形基础极限承载力的表述形式，管道地基极限承载力可描述如下：

$$\frac{P_{\mathrm{u}}}{2r\sin\theta_0}=cN_{\mathrm{c}}+qN_{\mathrm{q}}+\gamma'\sin\theta_0 N_{\gamma} \tag{10.1-29}$$

$$\begin{aligned}N_{\mathrm{c}}=&\frac{\cot\varphi}{\sin\theta_0(1-\sin\varphi)(1+4\tan^2\varphi)}\{[-\sin\varphi\sin\Delta(2\tan\varphi\sin\theta_0+\cos\theta_0)\\&+(1+\sin\varphi\cos\Delta)(\sin\theta_0-2\tan\varphi\cos\theta_0)]e^{(\pi-2\theta_0+\Delta)\tan\varphi}\\&+[\sin\varphi\sin\Delta+2\tan\varphi(1+\sin\varphi\cos\Delta)]e^{(\pi+\Delta)\tan\varphi}\\&-\sin\theta_0(1-\sin\varphi)(1+4\tan^2\varphi)\}\end{aligned} \tag{10.1-30}$$

$$N_{\mathrm{q}}=N_{\mathrm{c}}\tan\varphi+1 \tag{10.1-31}$$

$$N_{\gamma}=1.8(N_{\mathrm{q}}-1)\tan\varphi \tag{10.1-32}$$

$$\theta_0=\begin{cases}\arccos(1-e_0/r) & (e_0\leqslant r)\\ \pi/2 & (e_0>r)\end{cases} \tag{10.1-33}$$

$$\Delta=\arcsin(\mu/\sin\varphi) \tag{10.1-34}$$

式中 φ——土的内摩擦角；

γ'——土的浮重度；

N_{γ}——极限承载力系数，其表达式借鉴了 Hansen[23] 给出的表达式。

上述理论解在土体内摩擦角 $\varphi \to 0$ 时，利用洛必达（L'Hôpital）法则，可实现向不排水解的退化。感兴趣的读者可以自行证明。

本解析解给出的极限承载力系数，与管道嵌入深度、管道与土体界面粗糙程度以及土体内摩擦角有关。对于光滑管道而言，不同无量纲嵌入深度下承载力系数随土体内摩擦角的变化关系如图 10.1-8 所示。承载力系数 N_{c}、N_{γ} 与土体内摩擦角 φ 呈正相关关系，且关系曲线斜率随 φ 的增加而增大。N_{c}、N_{γ} 与无量纲管道嵌入深度 e_0/r 呈负相关关系，且无量纲嵌入深度越大，其变化对承载力系数的影响越弱。当内摩擦角趋近于 0 时，承载力系数将退化为其完全不排水解的值。

$\mu/\sin\varphi$ 为管土界面摩擦力与界面附近土体最大剪应力之比。在不同 $\mu/\sin\varphi$ 条件下，承载力系数与土体内摩擦角的关系曲线如图 10.1-9 所示。不同 $\mu/\sin\varphi$ 所对应的曲线近似

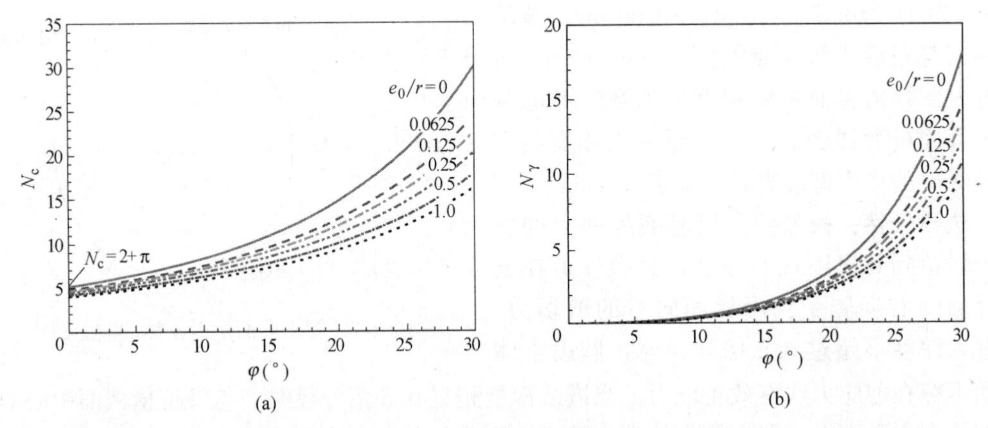

图 10.1-8　不同无量纲嵌入深度下，土体内摩擦角对光滑管道极限承载力系数的影响

(a) N_c[14]；(b) N_γ

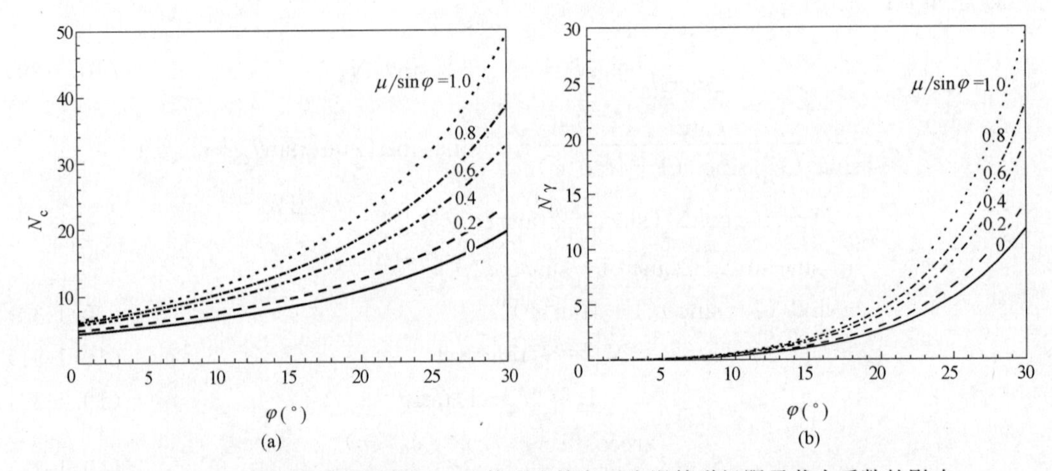

图 10.1-9　不同界面粗糙系数下，土体内摩擦角对光滑管道极限承载力系数的影响

(a) N_c；(b) N_γ

呈等间距分布，可见 $\mu/\sin\varphi$ 与承载力系数 N_c、N_γ 呈近似的线性正相关关系。随着无量纲嵌入深度的增大，不同 $\mu/\sin\varphi$ 值的关系曲线间距逐渐增大，这说明管道嵌入深度的提高有助于发挥界面粗糙度对承载力系数的影响。

10.1.3　埋设管道的抗拔极限承载力

浅水区的海底管道一般需要埋入海床土体，以保持其垂向在位稳定性，同时也起到保护管道的作用。深水区的海底管道虽然往往直接铺设于海床表面，若浅层软黏土承载力不足，管道可能过度沉陷。当埋设或者沉陷的管道产生向上运动的趋势时，上覆土体会对管道产生向下的土阻力。工程设计中需要对埋管安全埋设深度进行计算分析，保证其抗拔极限承载力满足要求。

1. 完全不排水（黏土海床）条件下的管道抗拔极限承载力

目前国际通用的挪威船级社管土相互作用设计推荐作法[21] 认为，黏土海床中埋管的竖向土阻力主要存在两种不同的失效模式：局部失效模式和整体失效模式（图 10.1-10）。

在局部失效模式下，管道附近的土体发生破坏和流动；而在整体失效模式下，管道上方土体中发展出一对竖直滑动面，管道带动其上方滑动面之间的土体一起向上运动。

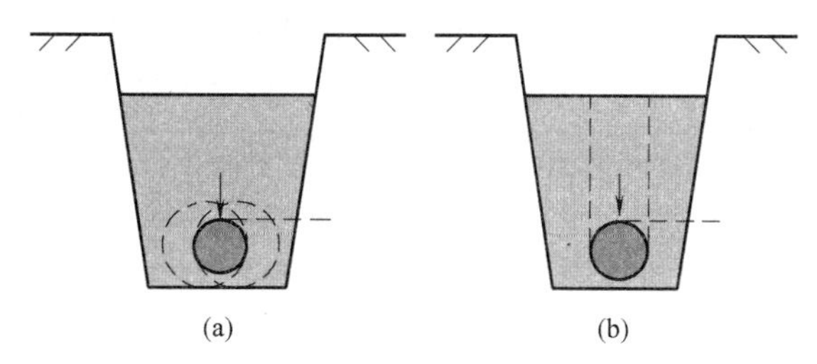

图 10.1-10 黏土海床中埋管竖向抗拔土体破坏机理[21]

（a）局部失效模式；（b）整体失效模式

局部失效模式下，管道抗拔极限承载力是管道周围土体抗剪强度的函数：

$$P=N_{c}\bar{s}_{u}D-\gamma' A_{p} \tag{10.1-35}$$

式中 P——埋管抗拔极限承载力；

N_c——对应于深层失效模式的承载力系数，取值在 9～12 之间[22]；

$\bar{s}_u$——管道周围土体破坏面的均值抗剪强度；

D——管道直径；

γ'——土体浮重度；

A_p——管道横截面面积。

整体失效模式下，管道抗拔极限承载力可用下式计算：

$$P=\gamma'\left(H-\frac{D}{2}\right)D+\gamma' D^{2}\left(\frac{1}{2}-\frac{\pi}{8}\right)+2\bar{s}_{u}H \tag{10.1-36}$$

注意式（10.1-35）和式（10.1-36）中的土体抗剪强度 $\bar{s}_u$ 为土体破坏面上的平均值，在进行计算时应当结合对应的失效模式进行选取，两个式子中所使用的取值可能不同。

由于黏土的低渗透性，海底埋管上拔时下侧的管土界面处存在向下的吸力[24]。但是，目前大部分的有限元和塑性理论研究都忽略了界面拉应力对管土相互作用的影响，当前国际通用的挪威船级社管土相互作用设计推荐作法［式（10.1-35）和式（10.1-36）］中也尚未考虑管土界面吸力对管道抗拔极限承载力的影响。西澳大学针对超固结高岭土海床开展了管土相互作用离心模型试验研究[25]，结果发现抗拉承载力可达到抗压的 0.75 倍，且承载力主要由吸力提供。Zhou 等[26] 基于有限元模拟，探究了管土界面拉应力对部分嵌入软黏土海床的管道竖向破坏包络面的影响，进而建立了承载力系数的经验公式。目前的管土竖向相互作用模型只能模拟吸力存在的现象，海床土体中的吸力效应及消散机理尚待深入研究。

2. 排水（砂质海床）条件下的管道抗拔极限承载力

众多学者针对砂质海床中埋管的竖向抗拔土体破坏机理和抗拔极限承载力开展了研究，并提出了多个分析模型对抗拔极限承载力进行预测。White 等[27] 总结了已有的抗拔极限承载力理论解，将其分为极限平衡理论解和塑性理论解两类。极限平衡理论解不必受限于特定的流动法则，可对任何假定的破坏模式进行平衡分析，进而求解。基于上下限原理的塑性理论解相较极限平衡理论解虽然更为严格，但其假定的正交流动法则对于土体而言一般并不适用，因此难以对埋管抗拔极限承载力进行准确预测。

基于极限平衡理论进行管道抗拔极限承载力分析时，通常采用两种典型的破坏模式：竖直滑动模式和倾斜滑动模式（图 10.1-11）。竖直滑动模式假定管道上方土体沿一对竖直滑动面发生剪切破坏，滑动面从管道两侧起始并贯穿至土体表面；对应的抗拔极限承载力包括滑移面中间的土体自重及沿滑移面分布的剪切力。倾斜滑动模式则假定滑移面向外侧存在一定程度倾斜（倾角为 α），对应的抗拔极限承载力由滑动土体自重和滑移面上的竖向合力构成。

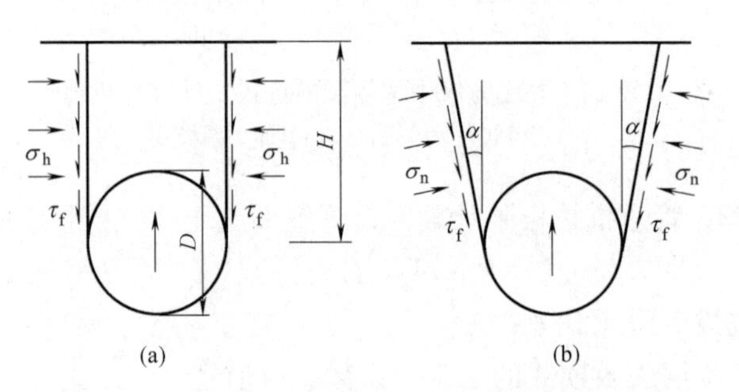

图 10.1-11　砂土中埋管竖向抗拔土体破坏机理[27]

（a）竖直滑动模式；（b）倾斜滑动模式

常见的砂土中埋管抗拔极限承载力预测公式汇总[28]　　**表 10.1-1**

参考文献	预测公式	破坏模式
Schaminée 等[29]	$P=\gamma' HD+\gamma' H^2 K\tan\varphi$	竖直滑动
Ng 和 Springman[30]	$P=\gamma' HD+\gamma' H^2 \tan\varphi_{\max}$	倾斜滑移
Vermeer 和 Sutjiadi[31]	$P=\gamma' HD+\gamma' H^2 K\tan\varphi_{\max}\cos\varphi_{\text{crit}}$	倾斜滑移
White 等[32]	$P=\gamma' HD+\gamma' H^2\tan\psi$ $+\gamma' H^2(\tan\varphi_{\max}-\tan\psi)\left[\frac{1+K_0}{2}-\frac{(1-K_0)\cos 2\psi}{2}\right]$	倾斜滑移

Cheuk 等[28] 对砂土中埋管抗拔极限承载力的预测公式和对应的破坏模式进行了总结，几个常见的预测公式如表 10.1-1 所示。这些预测公式中均假定管土界面不存在拉应力。表 10.1-1 中公式的各个参数含义为：

H 为管道埋深（管道中心距床面高度）；K 为土压力系数；K_0 为静止侧压力系数；φ 为土体内摩擦角；φ_{crit} 为土体临界状态摩擦角；$\varphi_{\max}$ 为土体峰值摩擦角；ψ 为土体剪胀角。

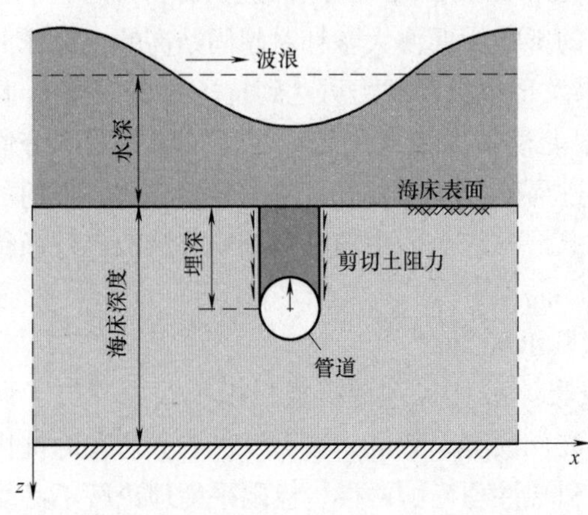

图 10.1-12　波谷区下方砂土海床中的埋管竖向抗拔示意[33]

在实际计算时，土压力系数 K 一般可取与 K_0 相等，并用土体内摩擦角进行计算：$K_0=1-\sin\varphi$。

当水深较浅时，波浪在波谷区下方海床土体中可诱导产生向上的渗透力，导致较浅层海床土体中的有效应力降低，从而削弱波谷区下方砂土海床中埋管的抗拔极限承载力（图 10.1-12）。对于密度较小的管道，若埋深不足，甚至可能由于波浪作用而引发管道起浮失稳。

Qi 等[33] 为分析波浪诱导孔压响应对砂土海床中埋管抗拔极限承载力的影响，建立了多孔弹塑性管土相互作用数值分析模型。模型综合考虑了竖向管土相互作用及波浪作用对土体应力场的影响，对土体弹塑性变形过程和波浪诱导超静孔隙水压在多孔海床中分布进行了同步模拟，计算分析了波浪参数对管道上拔过程的影响。

图 10.1-13 中给出了不同波高下（水深 12.0m，波浪周期 7s）埋管抗拔力-位移曲线的对比，以及埋管抗拔失稳时塑性应变云图对比。从图中可以看出，随着波高的增加，抗拔力-位移曲线逐渐下移，埋管抗拔极限承载力随波高增大而显著减小。塑性应变云图表

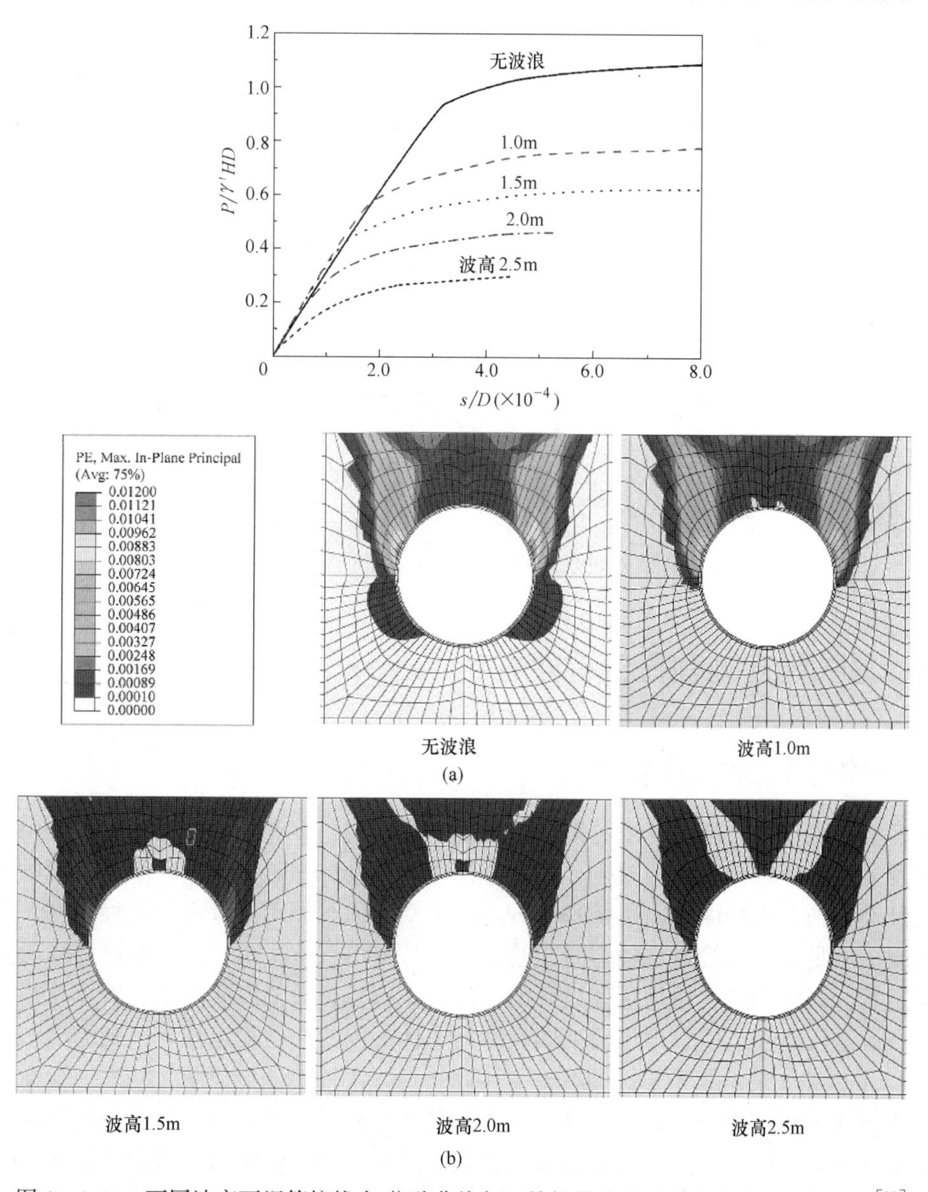

图 10.1-13 不同波高下埋管抗拔力-位移曲线与埋管抗拔失稳时的塑性应变云图对比[33]

（a）抗拔力-位移曲线；（b）塑性应变云图

明，管道上方土体中的塑性破坏区从管道两侧肩部位置起始，大致沿竖向贯穿至海床表面形成了一对竖向滑动面，符合类似于图 10.1-11（a）中所示的竖直滑动破坏模式。随着波高的增加，管道失稳时的土体塑性区面积和塑性应变值逐渐减小。

为了定量表征波浪诱导孔压对埋管抗拔极限承载力的影响，计算得到了有波浪影响时的土阻力 P 与无波浪影响时的土阻力 P_0 之比（P/P_0），并给出了 P/P_0 随无量纲床面波压力（$p_0/\gamma' H$，其中 p_0 为波浪诱导的床面波压力幅值）的变化（图 10.1-14）。土阻力之比随无量纲床面波压力的变化规律可用下式描述：

$$P/P_0=1.0-0.82(p_0/\gamma' H) \quad (H/D=1.0,D=1.0\text{m}) \tag{10.1-37}$$

利用上式对没有波浪影响时的埋管抗拔极限承载力进行修正，即可获得考虑波浪影响的抗拔极限承载力。

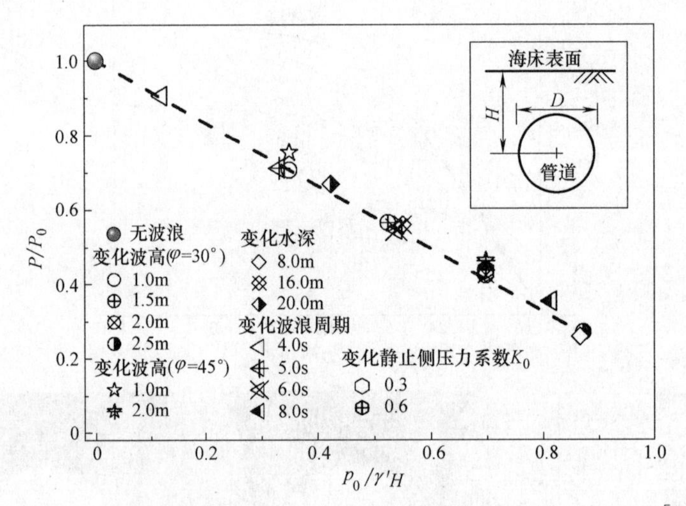

图 10.1-14 埋管抗拔极限承载力之比随无量纲床面波压力的变化[33]

10.2 海底管道侧向在位稳定性

10.2.1 侧向管土相互作用

海底管道是一种大空间跨度的海底浅基础工程结构，在安装和使役过程中受到海洋环境荷载及复杂海床地质条件的影响。在波流作用下，具有一定初始嵌入海床深度的海底管道将受到水平拖曳力和惯性力以及垂向升力的水动力荷载作用。管道侧向稳定性，是指当海床土阻力不足以平衡管道水动力时，管道从原位滑出（breakout）产生较大侧向位移的动力学过程。海底管道在位稳定性设计的目的是，选择合适的海底路由、管道材料、内径和壁厚及配重层厚度，使管道运营期间在海床土体上保持在位稳定性，以抵御极端波流环境荷载。

对于海底工程结构而言，波浪是浅水海域的主要海洋环境荷载；而在有些海域，往往受到波浪和海流的联合作用。随着水深的增大，表面重力波浪对海底管道和海床土体的作用力将逐渐减弱，海流的影响则变得更为显著。Morison 方程主要用于计算远离边壁的柱体波浪荷载，而海底管道的水动力计算则需要考虑近床面效应。Wake 模型假定管道所受波浪荷载的水平拖曳力和惯性力分量以及垂向升力分量具有与 Morison 方程类似形式，但水动力系数是加载时间的函数。Soedigdo 等[34] 对 Wake 模型进行了改进，提出了考虑起动效应和尾迹效应的 Wake Ⅱ模型；进而扩展应用于波浪和海流两种情况[35]。

经典库仑摩擦理论曾被用于描述侧向管土相互作用[36]。Wagner 等[37] 采用机械加载方法，即对放置在海床模型上的管道分别施加水平向和垂直向的机械力，用以模拟波浪对管道的水平拖曳力及惯性力和垂向升力，开展了系统的管土相互作用试验研究。观测分析发现，经典库仑摩擦理论难以描述海底管道失稳过程中复杂的管土相互作用。基于机械加载试验结果，对经典库仑摩擦理论进行改进，通过考虑侧向被动土压力对管道侧向稳定性的贡献，提出了一种改进的描述波浪荷载下管道侧向稳定性的管土相互作用经验模型（简称 Wagner 模型）：对于砂质海床而言，管道极限侧向土阻力 F_R 假设为滑动摩擦阻力 F_{Rf} 与被动土压力 F_{Rp} 之和，即

$$F_R=\underbrace{\mu_0(W_S-F_L)}_{F_{Rf}}+\underbrace{\beta_0\gamma' A_{0.5}}_{F_{Rp}} \tag{10.2-1}$$

式中 μ_0——海床土体对管道的侧向滑动阻力系数（对于砂质海床，μ_0 的推荐值为 0.60）；

W_S——单位长度管道的水下重量（kN/m）；

F_L——单位长度管道所受的升力（kN/m）；

$A_{0.5}$——管土接触的特征面积，通常取管道嵌入土体部分的横截面面积的一半（m^2）；

β_0——与砂土密实度和加载历史相关的无量纲经验系数，其建议取值范围 $\beta_0\approx38$（松砂）～79（密砂）。

对于黏性土海床，被动土压力 $F_{Rp}=\beta_0 cA_{0.5}/D$，其中 c 为黏性土的不排水剪切强度，经验系数 β_0 取值为 39.3。Wagner 模型是将管道水动力与侧向土阻力进行解耦分析的；当管道所受水动力大于极限侧向土阻力时，则认为管道发生侧向失稳。

钙质砂是一种海底常见的沉积物类型。海底管道与钙质砂的相互作用与石英砂海床相比存在差异性[38]。离心模型试验发现，在相对密度较小的钙质砂床上，管道发生大约两倍以上管径的侧向位移时，侧向土阻力方达到极限值，其荷载位移响应表现出较突出的应变强化的特点；而对于常规石英砂床，极限侧阻通常发生在约一半管径的侧向位移处，其荷载位移响应则通常表现为应变软化特征。

弹塑性有限元模拟发现，管道侧向失稳过程中的土体塑性区扩展模式与被动土压力挡土墙的失稳模式类似。基于库仑挡土墙理论和极限平衡分析方法，Gao 等[39] 提出了管道侧下方土体的“虚拟挡土墙”概念，推导建立了管道上坡和下坡失稳两种模式下的管道极限侧向土阻力的预测模型。图 10.2-1 给出了海底管道在下坡失稳模式下的被动土压力分析模型。图中 E_1 为虚拟挡土墙所受的总压力，W_b 为管道侧壁与虚拟挡土墙和底部滑动面之间的楔形土体的水下重量；$\delta=\arctan[F_D/(W_S-F_L)]-3\theta/4$ 为管土界面摩擦角，δ 应不大于最大界面摩擦角 δ_{max}，否则管道将从管土界面滑脱。

值得注意的是，Wagner 经验模型［式（10.2-1）］包含了 μ_0 和 β_0 两个经验性较强的系数。而图 10.2-1 所描述的极限侧向土阻力预测模型则基于严格的准静态平衡分析：与管土界面压力 P 平衡的管道侧向土阻力 F_R，可分解为被动土压力 E_1、滑动摩擦阻力 E_2，以及携土重量 W_b 三个分量。对于水平海床情况，W_b 的影响可以忽略，管道极限侧向土阻力 F_R 预测公式可简化为

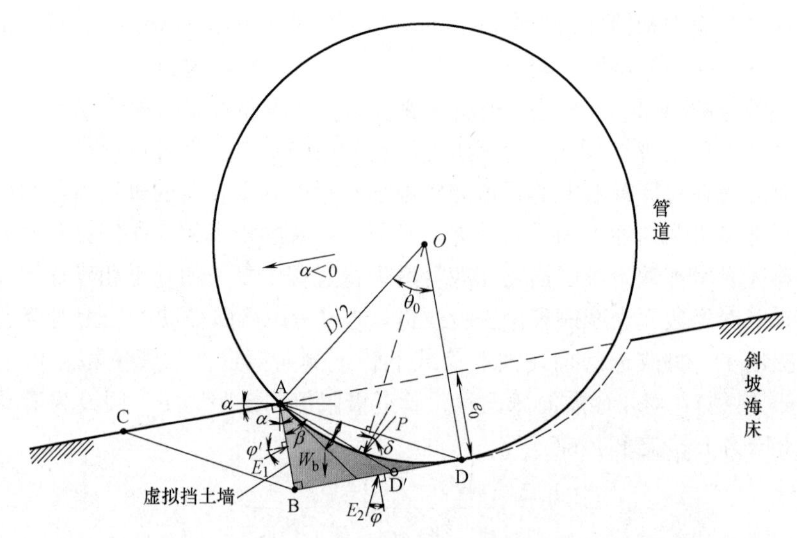

图 10.2-1　海底管道在下坡失稳模式下的被动土压力分析模型[39]

$$F_{\mathrm{R}}=F_{\mathrm{Rf}}+F_{\mathrm{Rp}}=(1/R_{\mathrm{pf}}+1)\times 0.5\gamma' e^2 K_{\mathrm{p}}\cos\varphi' \tag{10.2-2}$$

式中　R_{pf}——管道被动土压力分量 F_{Rp} 与侧向滑动摩擦阻力分量 F_{Rf} 之比：

$$R_{\mathrm{pf}}=F_{\mathrm{Rp}}/F_{\mathrm{Rf}}=\cos\omega\cos(\beta-\delta+\varphi)/[\sin\varphi\sin(\beta-\delta-\omega)] \tag{10.2-3}$$

$$\beta=\pi/2-3\theta/4$$

$$\omega=\arctan[(E_1\sin\varphi'-W_{\mathrm{b}})/(E_1\cos\varphi')]$$

K_{p}——被动土压力系数：

$$K_{\mathrm{p}}=\{\cos\varphi/[\sqrt{\cos\varphi'}-\sqrt{\sin(\varphi+\varphi')\sin\varphi}]\}^2 \tag{10.2-4}$$

φ——砂土的有效内摩擦角；

φ'——虚拟挡土墙的界面摩擦角；

通常挡土墙与土体的界面摩擦效应仅可被部分触发，即 $\varphi'<\varphi/3$[4]；从工程安全设计的角度考虑，可取 $\varphi'\approx 0$。

10.2.2　考虑流固土耦合效应的管道侧向失稳预测模型

在海底水动力环境和地质条件下，床面边界层流动、表层土体颗粒起动与运移等动力学过程相互耦联并影响管道在位稳定性。海底管道在位失稳是波流、管道和海床之间复杂的流固土耦合作用过程。10.2.1 节所述的机械加载模型试验，采用机械力模拟管道所受的水动力，忽略了波流对管道周围海床土体的冲刷耦合作用，因此无法真实反映流固土耦合效应。确切地讲，波浪荷载既作用于管道上，同时又对海床产生影响；管道局部冲刷及海底砂波，可改变管道绕流流场和土体超静孔压场，进而影响管道水动力和土阻力。

相似理论分析和水槽物理模拟，是揭示海底管道在位失稳机理的重要手段。相似理论分析表明，波浪或振荡流模型试验可同时满足 Keulegan-Carpenter 数（简称 KC 数）和 Froude 数（简称 Fr 数）两个水动力学相似准则数[40]。KC 数和 Fr 数分别定义为：

$$KC=U_{\mathrm{m}}T/D \tag{10.2-5}$$

$$Fr=U_{\mathrm{m}}/\sqrt{gD} \tag{10.2-6}$$

式中 U_m——波浪诱导水质点的最大运动速度；

T——波浪周期；

g——重力加速度。

试验观测发现，海底管道侧向失稳具有显著的流固土耦合特征，即结构绕流、土体局部冲刷、管道附加沉降与侧向位移之间存在动力耦合作用。管道侧向失稳包括土体局部冲刷而管道完全稳定、管道周期性晃动、侧向失稳触发的三个典型阶段（图 10.2-2）。土体局部冲刷导致土水界面渐变演化，管道的小幅值周期性晃动可引起管道结构发生附加沉降，而管道侧向失稳则表现为突发的侧向大位移。

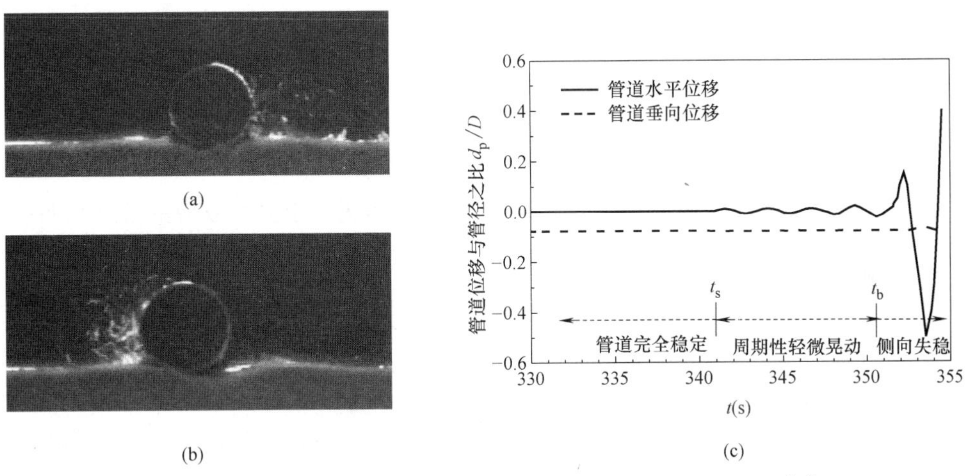

图 10.2-2 振荡流水槽模型试验观测的管道侧向在位失稳现象[40]

（a）管道周期性轻微晃动（$t \geqslant t_s$）；（b）管道侧向失稳（$t \geqslant t_b$）；（c）管道位移随时间的变化

管道侧向失稳判据是预测波浪和海流水动力荷载作用下管道结构在位稳定性的关键。Gao 等[40, 41] 开展了系统的振荡流水槽模型试验观测和相似理论分析。研究发现，控制海底管道侧向稳定性的主要水动力学参量是管道 Fr 数，而非 KC 数。KC 数主要控制波浪诱导振荡流引起圆柱结构的尾涡脱落及发展。另一控制参量则是无量纲管道水下重量 G：

$$G=W_s/\gamma' D^2 \tag{10.2-7}$$

式中 W_s——单位长度管道的水下重量；

γ'——砂质海床土体的浮重度。

基于试验结果，Gao 等[41,42] 分别建立了描述周期波浪（$KC=5\sim25$）和稳态海流（$KC\rightarrow\infty$）两种典型水动力荷载情况下两端自由管道发生侧向失稳的临界 Froude 数（Fr_{cr}）与无量纲管重 G 之间的关系，如图 10.2-3 所示。

图 10.2-3 中给出的拟合关系式，将波浪或海流水质点运动速度 U_m 与管道直径 D 和水下重量 W_s，以及土体浮重度 γ'等参量建立关联，可作为考虑流固土耦合效应的管道侧向失稳的判据[43]。需要指出的是，管道侧向稳定性与环境荷载类型、管道端部约束条件以及海床土性等因素密切相关。对比图 10.2-3（a）与（b）可以看出，周期波浪与稳态海流作用下海底管道侧向失稳的临界 Froude 数（Fr_{cr}）存在差异：在相同土体和管道参数条件下，周期波浪引起的 Fr_{cr} 值小于稳态海流情况，这与波浪运动的惯性效应相关。另外，砂质海床土颗粒的粒径大小会影响管道局部冲刷耦合效应的强弱，进而影响管道在位稳定性。

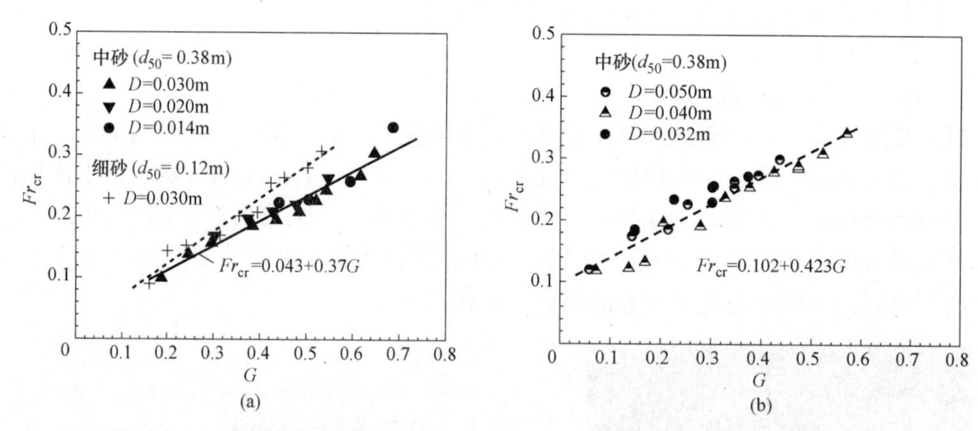

图 10.2-3　管道侧向失稳临界 Froude 数（Fr_{cr}）随无量纲管重 G 的变化关系

（a）周期波浪条件（$KC=5\sim25$）[41]；（b）稳态海流条件（$KC\rightarrow\infty$）[42]

基于管道侧向失稳判据，高福平等[44] 提出了考虑流固土耦合效应的管道侧向在位稳定性分析方法。该方法与挪威船级社 DNV 推荐方法有着较好的可比性。当 Fr_{cr} 较小时，分别按照两种方法计算得到的维持管道侧向稳定的无量纲管重 G 的最大值趋于一致；随着 Fr_{cr} 增大，两值之间的差异逐渐增大，流固土耦合效应愈加显著。

10.2.3　管道侧向失稳与土体侵蚀悬空的竞争机制

1. 海流作用下管道冲刷悬空

危及海底管道结构安全的失稳模式，除了在位失稳，还包括管道下方土体侵蚀冲刷引起管道发生悬空，进而可诱发涡激振动甚或导致管道发生断裂破坏。

1）管道悬空触发的渗透侵蚀破坏机制

单向流作用下海底管道附近常出现前缘冲刷（Luff erosion）、尾迹冲刷（Lee erosion）和侵蚀悬空（Tunnel erosion）三种典型冲刷类型[45]。前缘冲刷和尾迹冲刷是由于海床表面沉积物颗粒承受水流所施加的拖曳力和上举力而产生的推移质及悬移质运动[46]；侵蚀悬空则涉及海床内部的超静孔压和渗流。国际上针对地基冲刷的研究，主要侧重于分析床面表层土颗粒的推移质及悬移质运动。海底管道悬空曾被普遍归因于海床表层土体颗粒运移；然而现场监测发现，在静床条件下海底管道悬空仍会发生，这说明表层土颗粒运移并非管道悬空的物理机制。

在稳态水流作用下管道绕流流场可导致管道后方及前方一定距离内产生局部冲刷。水槽试验观测发现，管道悬空触发则发生在管道下游侧壁的渗流出口处，继而沿管线轴向扩展而形成悬跨。Gao 和 Luo[47] 通过建立同步求解雷诺平均 Navier-Stokes 方程和多孔介质土体渗流方程的有限元模型，获得整体构建管道绕流流场及其下方土体渗流场（图 10.2-4）。多场耦合分析发现，水力梯度最大值出现在管道下游侧壁的渗流出口处，且渗流方向沿管道壁的切线斜向上，这与试验观测的悬空触发位置相同。海流作用下部分嵌入土体的海底管道发生悬空的物理机制，并非通常认为的表层土颗粒运移机制，而是结构绕流压差诱导的管道结构下方土体的渗透侵蚀破坏。推导得到了考虑土体内摩擦影响的切线向上渗流侵蚀破坏的临界水力梯度公式：

$$i_{cr}=(\sin\theta+\cos\theta\tan\varphi)(1-n)(s-1)$$

式中 n——砂土的孔隙率；

s——砂粒的密度。

进而建立了诱发管道悬空的临界流速 U_{cr} 预测公式[47]：

$$\theta_{cr}\approx 2.51+0.068\varphi \quad (0<e/D<0.25) \tag{10.2-8}$$

式中 θ_{cr}——以管道埋深 e（取正值）为特征长度的修正希尔兹数：

$$\theta_{cr}=\frac{U_{cr}{}^{2}}{eg(1-n)(s-1)} \tag{10.2-9}$$

以上分析表明，当海底流速大于临界流速 U_{cr} 时，海底管道底部土体可发生渗透破坏而导致悬跨出现。

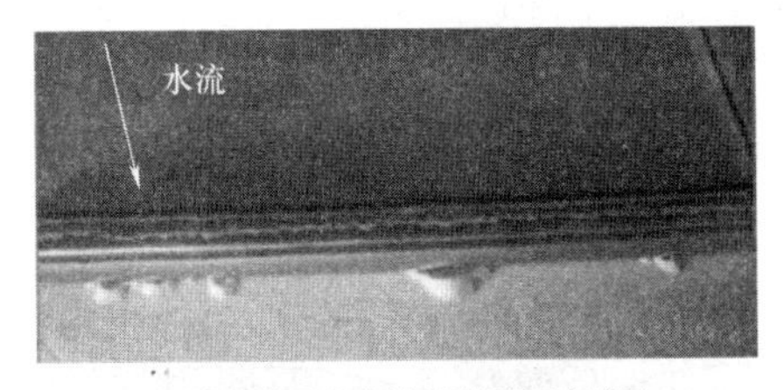

(a1) 管道下方土体的渗透侵蚀破坏

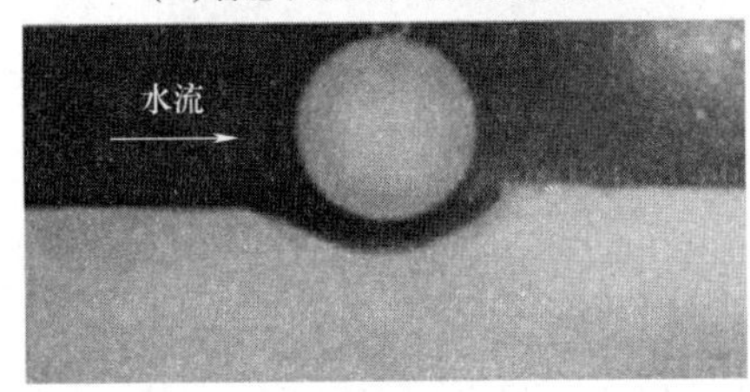

(a2) 管道发生悬空

(a)

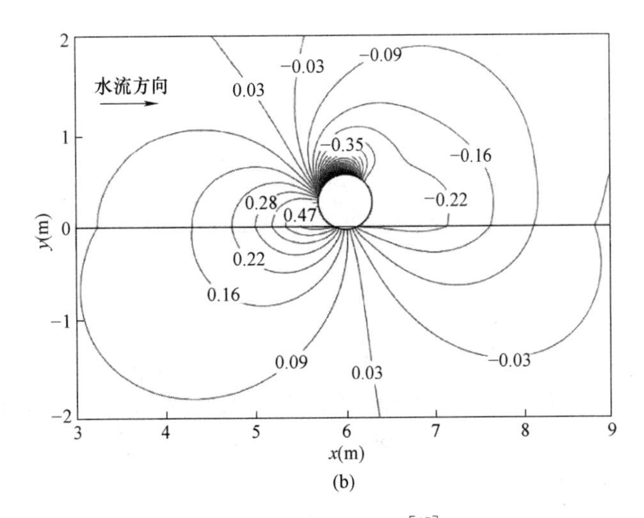

(b)

图 10.2-4 单向海流诱导海底管道悬空的土体渗透侵蚀破坏机制[47]

（a）流固土耦合水槽模型实验观测的管道悬空现象；（b）管道绕流与土体渗流压力分布的数值模拟

2）失稳模式的关联分析

由前述可知，海底管道的侧向失稳和侵蚀悬空均涉及流体-结构-土体的耦合作用（参见图 10.2-5），它们各自的物理机制存在差异：两者的主要无量纲流速控制参量分别为管道 Froude 数［式（10.2-6）］和修正 Shields 数［式（10.2-9）］。利用管道侧向失稳的极限侧向土阻力公式［式（10.2-2）］并结合考虑近床面效应的 Morison 方程[48]，以及侵蚀悬空的临界流速预测公式［式（10.2-8）］，可分析建立稳态海流作用下管土相互作用系统失稳的临界流速[49]：

$$U_{cr}=\begin{cases}\sqrt{(1-n)(s-1)(2.51+0.068\varphi)ge} & \text{当}\ e/D<(e/D)_{T}\ (\text{冲刷悬空})\\ \sqrt{\left(1+\dfrac{\sin\varphi\sin(\beta-\delta-\omega)}{\cos\omega\cos(\beta-\delta+\varphi)}\right)\dfrac{\gamma' e^{2}K_{p}}{r_{emb,H}C_{D}\rho_{w}D}} & \text{当}\ e/D\geqslant(e/D)_{T}\ (\text{侧向失稳})\end{cases} \tag{10.2-10}$$

式中 $(e/D)_{T}$——“侵蚀悬空”向“侧向失稳”模式转换的临界无量纲管道嵌入土体深度，其显式表达可参考 Shi 和 Gao（2018）[49]；

$r_{\mathrm{emb,H}}$——管道嵌入土体引起的管道拖曳力系数，C_{D} 的折减系数。

式（10.2-10）表明，在给定海床和流动的基本参数条件下，系统失稳的临界流速 U_{cr} 则主要受管道嵌入土体深度 e 和管道水下重量 W_{s} 两个参量控制；利用量纲分析 π 定理，可相应地导出两个无量纲量，即 e/D 和 $G=W_{\mathrm{s}}/(\gamma' D^2)$。

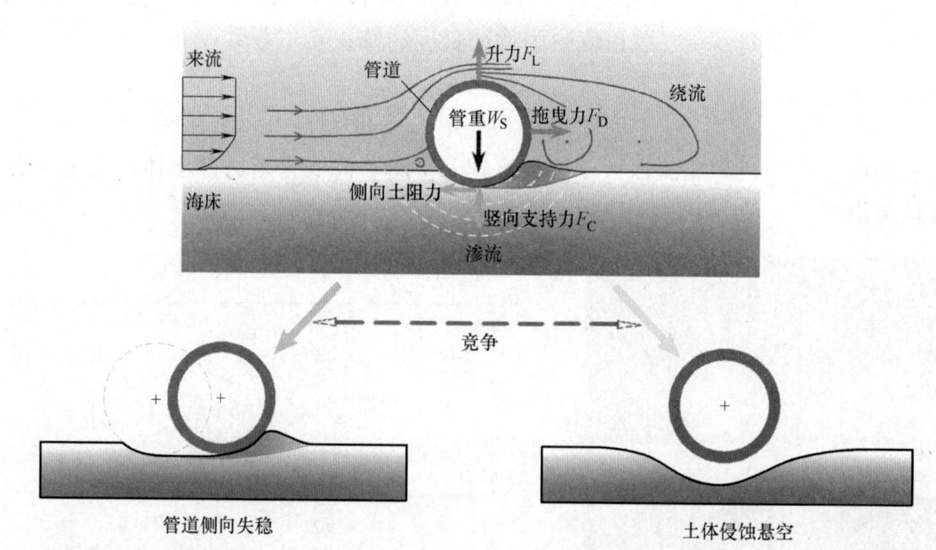

图 10.2-5　海底管道侧向在位失稳的流-管-土相互作用：管道侧向失稳及土体侵蚀悬空[50]

基于管土系统失稳的临界流速［式（10.2-10）］，表明海底管道的侧向失稳和侵蚀悬空两种失稳模式存在竞争：当管道嵌入深度 e/D 较小时 $[e/D<(e/D)_{\mathrm{T}}]$，管道下方土体将发生侵蚀渗透破坏而导致管道悬空；但随着 e/D 的增大 $[e/D\geqslant(e/D)_{\mathrm{T}}]$，侵蚀悬空将受到抑制而发生管道侧向失稳。

2. 失稳模式竞争机制的多场耦合分析

为揭示单向流引起的管道的侧向失稳和冲刷悬空两种失稳模式的竞争机制，本节建立了能够实现管道上方绕流流场，下方土体内的渗流场，以及弹塑性应力-应变场同步计算的绕流-渗流-弹塑性变形多场耦合有限元模型。

1）控制方程

（1）结构绕流

采用雷诺平均动量方程及连续方程描述管道上方绕流流场，二维直角坐标系下表示为：

$$\frac{\partial \overline{u_i}}{\partial t}+\overline{u_j}\frac{\partial \overline{u_i}}{\partial x_j}=-\frac{1}{\rho_{\mathrm{f}}}\frac{\partial p}{\partial x_i}+\nu_{\mathrm{f}}\frac{\partial^2 \overline{u_i}}{\partial x_j \partial x_j}-\frac{\partial}{\partial x_j}(\overline{u_i' u_j'}) \tag{10.2-11}$$

$$\frac{\partial \overline{u_i}}{\partial x_i}=0 \tag{10.2-12}$$

式中　$\overline{u_i}$、$\overline{u_j}$——流体的平均速度；

u_i'、u_j'——流体的脉动速度；x_i（或 x_j）分别对应于 x 和 y 两个方向；

t——时间；

ρ_{f}——流体的质量密度；

p——压力；

ν_f——流体的运动黏滞系数。

由于管道绕流和海床内渗流可视为稳态问题，因此式（10.2-11）中的$\partial u_i/\partial t$ 项为零。采用 Boussinesq 涡黏假设，方程中的湍流脉动项$-\overline{u_i'u_j'}$ 可表示为：

$$-\overline{u_i'u_j'}=\nu_t\left(\frac{\partial \overline{u_i}}{\partial x_j}+\frac{\partial \overline{u_j}}{\partial x_i}\right)-\frac{2}{3}k\delta_{ij} \tag{10.2-13}$$

式中 k——湍动能 $k=\overline{u_i'u_i'}/2$；

ν_t——湍流黏性系数。

引入湍流模型[51,52] 以提供湍流黏性系数。本节采用标准 $k-\varepsilon$ 模型[53]：

$$\frac{Dk}{Dt}=\frac{\partial}{\partial x_j}\left[\left(\nu_f+\frac{\nu_t}{\sigma_k}\right)\frac{\partial k}{\partial x_j}\right]+G_k-\varepsilon \tag{10.2-14}$$

$$\frac{D\varepsilon}{Dt}=\frac{\partial}{\partial x_j}\left[\left(\nu_f+\frac{\nu_t}{\sigma_\varepsilon}\right)\frac{\partial \varepsilon}{\partial x_j}\right]+C_{1\varepsilon}\frac{\varepsilon}{k}G_k-C_{2\varepsilon}\frac{\varepsilon^2}{k} \tag{10.2-15}$$

式中 ε——湍能耗散率；

$\nu_t=C_\mu k^2/\varepsilon$；$G_k=-\overline{u_i'u_j'}(\partial\overline{u_i}/\partial x_j)$；常数 $C_{1\varepsilon}=1.44$，$C_{2\varepsilon}=1.92$，$C_\mu=0.09$，$\sigma_k=1.0$，$\sigma_\varepsilon=1.3$。

（2）土体渗流

假定海床土体是饱和、均匀、各向同性的多孔弹塑性介质。海床土体内的渗流符合达西定律，根据孔隙水的质量连续性方程可得：

$$\frac{k_s}{\gamma_w}\nabla^2 u_w=\frac{n}{K'}\frac{\partial u_w}{\partial t}+\frac{\partial \varepsilon_{ii}}{\partial t} \tag{10.2-16}$$

式中 k_s——土的渗透系数；

K'——孔隙水的体积模量；

γ_w——孔隙水的重度；

ε_{ii}——土体的体应变，即 $\varepsilon_{ii}=u^s_{i,i}$（$i=1$，2）。

对于稳态渗流问题，该方程中的瞬态效应（$\partial\varepsilon_{ii}/\partial t$）以及超静孔压变化（$\partial u_w/\partial t$）可以忽略，方程可进一步可简化为$\nabla^2 u_w=0$，即拉普拉斯方程。

（3）土体的弹塑性变形

为模拟管道的多力学过程，本模型同时考虑土体内的渗流及其弹塑性行为。

土体应力平衡方程可表示为：

$$\sigma_{ij,j}+\rho b_i=0 \tag{10.2-17}$$

式中 σ_{ij}——总应力张量（压为正），下标 i 和 j（i，$j=1$，2）表示方向；

ρb_i——体力；

b_i——体加速度（$b_1=0$，$b_2=g$，即重力加速度）；

ρ、ρ_s——土体和土颗粒的密度，其中 $\rho=n\rho_f+(1-n)\rho_s$；

n——土的孔隙率。

基于太沙基有效应力原理，总应力可表示为：

$$\sigma_{ij}=\sigma'_{ij}+\delta_{ij}u_w \tag{10.2-18}$$

式中 σ'_{ij}——有效应力张量；

σ_{ij}——总应力张量；

u_{w}——绕流引起的土体内的超孔隙水压力；

δ_{ij}——Kronecker 符号，$i=j$，$\delta_{ij}=1$；$i\neq j$，$\delta_{ij}=0$。

根据变形协调方程，应变与几何变形之间的关系可表示为：

$$\varepsilon_{ij}=\frac{1}{2}(u^{s}_{i,j}+u^{s}_{j,i}) \tag{10.2-19}$$

式中 ε_{ij}——应变张量；

u^{s}_{i}——土体位移分量。

采用弹塑性的本构方程，对于各向同性弹塑性介质，其增量形式为[16]：

$$\mathrm{d}\sigma'_{ij}=D^{ep}_{ijkl}\mathrm{d}\varepsilon_{kl} \tag{10.2-20}$$

式中 D^{ep}_{ijkl}——刚度矩阵；

$\mathrm{d}\varepsilon_{kl}$——应变增量，可以表示为弹性 $\mathrm{d}\varepsilon^{e}_{kl}$ 和塑性 $\mathrm{d}\varepsilon^{p}_{kl}$ 分量之和：

$$\mathrm{d}\varepsilon_{kl}=\mathrm{d}\varepsilon^{e}_{kl}+\mathrm{d}\varepsilon^{p}_{kl} \tag{10.2-21}$$

此外，应力增量 $\mathrm{d}\sigma'_{ij}$ 还可通过弹性应变增量 $\mathrm{d}\varepsilon^{e}_{kl}$ 及弹性刚度矩阵 D^{e}_{ijkl} 计算：

$$\mathrm{d}\sigma'_{ij}=D^{e}_{ijkl}\mathrm{d}\varepsilon^{e}_{kl}=[\lambda\delta_{ij}\delta_{kl}+\mu(\delta_{ik}\delta_{jl}+\delta_{il}\delta_{jk})](\mathrm{d}\varepsilon_{kl}-\mathrm{d}\varepsilon^{p}_{kl}) \tag{10.2-22}$$

式中 λ、μ——拉梅常数，$\lambda=\nu_{s}E_{s}/[(1+\nu_{s})(1-2\nu_{s})]$，$\mu=E_{s}/[2(1+\nu_{s})]$；

E_{s}——弹性模量；

ν_{s}——泊松比。

$\mathrm{d}\varepsilon^{p}_{kl}$ 可基于屈服函数和流动法则计算：

$$\mathrm{d}\varepsilon^{p}_{ij}=\mathrm{d}\lambda\frac{\partial Q_{p}}{\partial\sigma'_{ij}} \tag{10.2-23}$$

式中 Q_{p}——塑性势。

$\mathrm{d}\lambda=\frac{1}{H}\frac{\partial F_{y}}{\partial\sigma'_{ij}}D^{e}_{ijkl}\mathrm{d}\varepsilon_{kl}$，其中，

$$H=\frac{\partial F_{y}}{\partial\sigma'_{ij}}D^{e}_{ijkl}\frac{\partial Q_{p}}{\partial\sigma'_{kl}} \tag{10.2-24}$$

式中 F_{y}——屈服函数。

排水条件下土体的弹塑性行为，采用理想弹塑性模型，即 Drucker-Prager（D-P）屈服准则进行模拟：

$$F_{y}=\sqrt{J_{2}}+\alpha I_{1}-K=0 \tag{10.2-25}$$

式中 I_{1}——有效应力张量第一不变量；

J_{2}——有效偏应力张量第二不变量；

α、K——材料参数，可以与 Mohr-Coulomb 屈服准则的材料参数进行匹配。对于二维平面应变问题，可以表示为：

$$\alpha=\frac{\tan\varphi}{\sqrt{9+12\tan^{2}\varphi}},\ K=\frac{3c}{\sqrt{9+12\tan^{2}\varphi}} \tag{10.2-26}$$

式中 φ——土体内摩擦角；

c——土的黏聚力。

假定无硬化/软化准则、摩擦角等于膨胀角（即 $Q_p = F_y$）。

2）边界条件

假定海流方向垂直于管道轴线且沿管道轴线均匀，管道的侧向失稳以及悬空问题均可视为平面二维问题。图 10.2-6 给出了几何模型，主要包含三个计算区域：流体区域、管道以及土体区域。管道放置在海床表面，具有一定的初始嵌入深度。

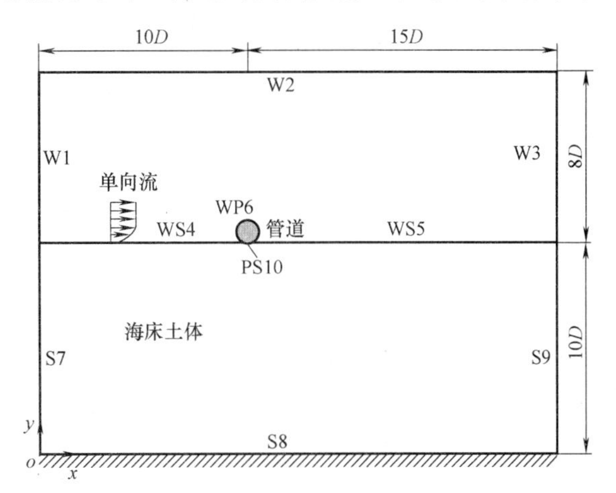

图 10.2-6 几何模型

（1）W1（绕流场入口，如图 10.2-6 所示）：给定来流速度 $\overline{u_1}\,|_{x=0} = U$；湍动能以及耗散率可以通过经验公式进行估算 $k = 3(UI_t)^2/2$，$\varepsilon = C_\mu{}^{3/4} k^{3/2}/L_t$，湍流强度 $I_t = 0.05$，湍流长度尺度为 $L_t = 0.07 \times 8D$[54]。

（2）W2（绕流场上表面）：无流动的对称边界条件。

（3）W3（流场出口）：给定相对压力值 $p=0$，其他流场变量沿 x 轴的梯度为零。

（4）WS4，WS5（水-土界面）：①采用对数型的壁面函数[55]；②超孔隙水压力等于绕流场计算的床面压力，海床表面法向有效应力为零，即 $\sigma'_{ij}\,|_{i(j)=1,2} = 0$，$u_w\,|_{y=-10D} = p$。

（5）WP6（管-水界面）：①不透水壁面（$\partial p/\partial n = 0$）；②采用对数型的壁面函数。

（6）S7，S9（海床土体区域的侧边界）：无流动边界$\partial u_w/\partial x = 0$，法向位移 $u_i^s\,|_{i=1} = 0$。

（7）S8（海床土体区域的底面）：不透水的固定边界。

（8）PS10（管-土界面）：①超静孔压梯度 $\partial u_w / \partial n = 0$；②允许管道滚动和滑动。

（9）采用接触对算法模拟管土界面接触、滑移和分开等过程。界面上摩擦剪应力通过摩擦系数与接触压力描述。

3）耦合算法

通过耦合算法可以实现管道绕流、土体渗流和弹塑性变形三个物理场的同步计算，获得各控制变量。绕流场的计算可以确定沿管道表面的压力分布，以及海床表面压力分布；进而得到作用于管道的拖曳力和升力，以及海床土体内超静孔压的边界条件。求解 RANS 方程和孔隙水连续方程时，需要保证水-土界面上的压力（p-u_w）在每个计算步的连续性。因此，绕流场和渗流场的耦合效应属于单向耦合。求解孔隙水连续性方程，有效应力原理，应力平衡方程，应力-应变本构方程，便可通过孔隙水压力（u_w）实现渗流场-弹塑性变形场之间的双向耦合。

为量化管道侧向失稳与冲刷悬空之间的竞争机制，采用上述的模型开展了系列模拟。与关联分析结果一致，由“侵蚀悬空”（T 模式）到“侧向失稳”（L 模式），存在一个转换点（图 10.2-7）。当管道嵌入深度 e/D 较小时，T 模式比 L 模式更容易被触发。随着管道重量 G 的增加，模式转换点对应的 e/D 也相应增大。对于重管（如 $G=1.29$，$0.01 < e/D < 0.30$），只有 T 模式被触发（L 模式被压制）；而当管道埋深较大时（如 $e/D = 0.25$，$0.22 < G < 1.29$），L 模式更容易被触发。图 10.2-8 给出了考虑流管土耦合效应的

管道失稳包络面，整个包络面为一个光滑的曲面，由两部分组成：模式Ⅰ（L模式）和模式Ⅱ（T模式）；介于L模式和T模式之间的为模式转换过渡线。当海流流速高于包络面时，管道可能发生T或者L失稳模式。对于浅埋轻管，侧向失稳更容易发生；反之侵蚀悬空则更容易发生。

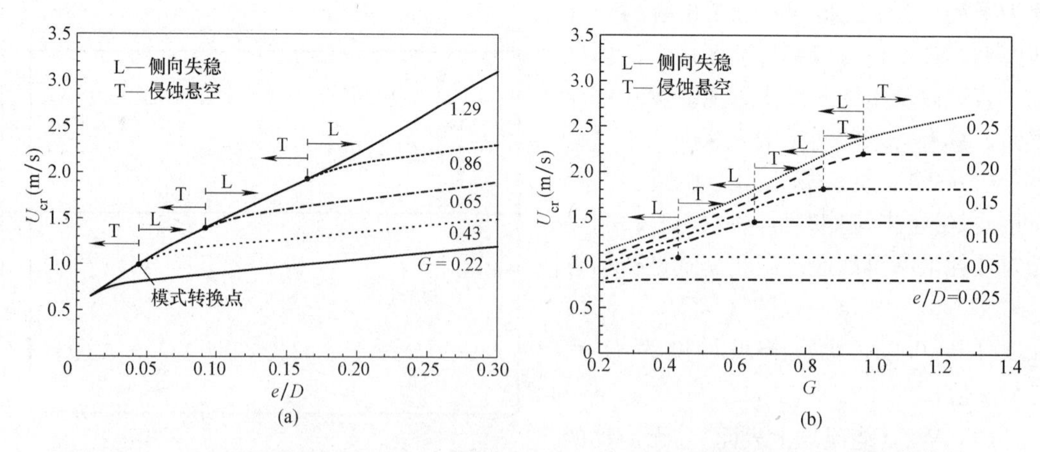

图 10.2-7　管道失稳临界速度 U_{cr} 随管道埋深 e/D、无量纲管道重量 G 的变化[50]

(a) U_{cr} 随 e/D 的变化；(b) U_{cr} 随 G 的变化

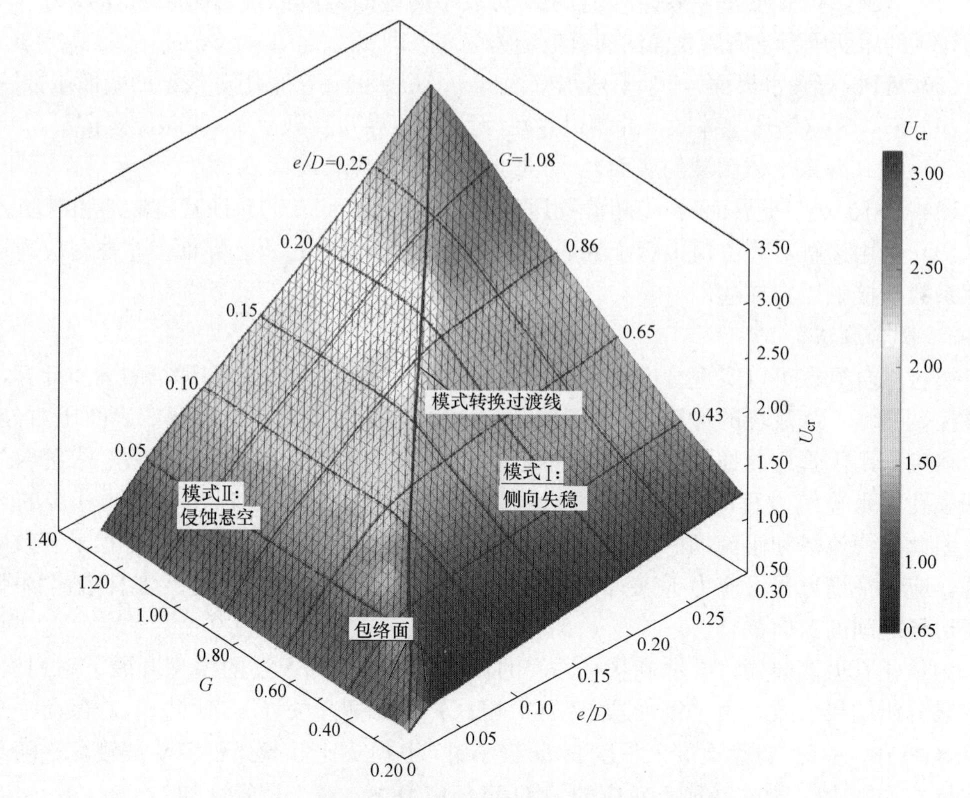

图 10.2-8　考虑流管土耦合效应的管道失稳包络面：

临界速度 U_{cr} 随 e/D 和 G 的变化[50]

10.3 深水海底长输管道的整体屈曲

本章10.2节侧重于水动力荷载作用下海底管道侧向在位稳定性分析。对于海底长输管道而言，复杂多变的海床土体性质[56, 57]、高温高压（内流压力可达约70 MPa以上、油气温度高于180℃[58]）逐渐成为影响其稳定性的主导因素。在高温和高压内流联合作用下，细长管道将发生类似压杆失稳的结构整体屈曲。除了竖向和侧向，轴向管土相互作用影响管道轴向压力的沿程分布，进一步影响管道整体屈曲的预测和发展。本节将分别阐述轴向管土相互作用和管道整体屈曲两方面的分析理论及预测方法。

10.3.1 轴向管土相互作用

与侧向管土相互作用不同的是，当管道相对海床土体发生轴向相对运动时，并不涉及大范围的土体变形和破坏，但由于剪切作用会在管道下方较小的土体区域内形成较高梯度的局部应变集中[59, 60]，即剪切带。SAFEBUCK项目研究结果表明[61]：描述轴向管土相互作用的三个重要特征参量为峰值土阻力、残余阻力及二者分别对应起动位移；极限土阻力受管道重量、嵌入深度、土体类型、排水条件、管土界面条件，以及加载历史等多种因素的影响；其关键控制参数——等效摩擦系数常相差近一个数量级。因此，评估管道轴向阻力时需明确四个方面[62, 21]：(1)管道圆弧形截面引起的轴向土阻力的提高可通过楔形效应反映；(2)轴向土阻力受管土界面粗糙度、有效应力水平的影响；(3)不排水阻力包含峰值和残余值；(4)排水阻力受土体大位移/应变的影响并不明显。

对于传统平底面条形基础，极限轴向土阻力通常采用管土界面法向接触力 F_N 与轴向界面摩擦系数 μ_A 的乘积进行估算，即 $F_{RAu}=\mu_A F_N$。鉴于管道-土体之间圆弧形的接触条件，管土接触界面上的正压力 F_N 除了平衡管道水下重量 W_S 以外，还将在两侧分别产生等大反向的水平分量。White和Randolph[63]提出了黏土海床条件下的“楔形效应系数”(Wedging factor) ζ 表征界面压力的提高效应，即 $F_N=\zeta W_S$，其中 ζ 表示为：

$$\zeta=\frac{2\sin\theta}{\theta+\sin\theta\cos\theta} \tag{10.3-1}$$

式中 θ——管道嵌入深度角的一半，$\theta=\arccos(1-2e/D)$。当管道半埋（即 $\theta=\pi/2$）时，ζ 由1.0增大至1.27，表明楔形效应使得界面总压力提高近30%。

海底管道在轴向运动过程中，周围土体的排水条件取决于管道运动速率（通常介于0.001～5mm/s）、间歇时间（通常为数天）、管道表面涂层与土体之间的排水特征。对于海床土体为粗颗粒砂土，管土相互作用通常认为完全排水；而对于海床土体为粗颗粒黏土，轴向管土相互作用可能为不排水、排水或部分排水。排水与不排水条件下轴向阻力之间的差别取决于管道周围是否产生超孔隙水压力；且依赖于土体状态、剪胀/剪缩特性、排水与管道运动速率二者的比值[21]。当管道历经多次循环运动之后，周围土体由于多次破坏-再固结过程，其状态可能改变，导致轴向土阻力由不排水条件逐渐过渡至排水条件。因此，当存在超孔隙水压力时，须依据相应的有效应力调整管土界面的接触压力 F_N。在任意排水条件下，部分埋设管道的极限轴向土阻力 F_{RAu} 可表示为[64]：

$$F_{\mathrm{RAu}}=\mu_{\mathrm{A}}\zeta W_{\mathrm{S}}(1-r_{\mathrm{u}}) \tag{10.3-2}$$

式中 r_{u}——管土界面的平均超静孔压与平均法向应力的比值，$r_{\mathrm{u}}=(\Delta u/\sigma_{\mathrm{n}})_{\mathrm{average}}$。Randolph 等[65] 建立了由有效应力表征的理论模型，采用临界状态的概念定量描述超静孔压。此外，该研究假设土体剪切带厚度正比于管道直径，提出了判别管土轴向剪切过程中在排水条件下的无量纲控制参量 VD/C_{V}，其中，V 为管道轴向运动速度；C_{V} 为海床土体的固结系数。

由式（10.3-2）可知，超静孔压的产生（若为正值）能够降低轴向土阻力，管道运动速度的增大带来的高剪应变率也能够通过土体的黏滞效应提高土体抗剪强度和轴向极限土阻力。

上述估算轴向土阻力的方法［式（10.3-2）］又称为“有效应力法”或“β 方法”。此外，“总应力法”或“α 方法”在工程中也普遍采用，即：

$$F_{\mathrm{RAu}}=\alpha_{\mathrm{c}}s_{\mathrm{u}}A_{\mathrm{c}} \tag{10.3-3}$$

式中 A_{c}——单位长度管道的管土接触面积；

α_{c}——管土界面的黏滞系数。

该模型适用于完全不排水的情况。相比之下，“有效应力法”能够估算任意排水条件下的轴向土阻力，更具普适性。

目前针对斜坡海床上轴向管土相互作用的研究尚不充分。Shi 等[66] 提出了描述斜坡海床上管道轴向极限抗滑力的无量纲参数——表观抗滑力系数 $\kappa_{\mathrm{u}}=F_{\mathrm{Au}}/(W_{\mathrm{S}}\cos\alpha)$，即 κ_{u} 为极限轴向抗滑力 F_{Au} 与管道-床面之间的法向接触力 $W_{\mathrm{S}}\cos\alpha$ 之比。通过系列机械加载模型试验，研究了斜坡砂质海床顺坡铺管的条件下无量纲管道表面粗糙度、水下重量、床面坡度对轴向管土相互作用机理、极限抗滑力的影响。结果表明，光滑管道和粗糙管道的轴向管土相互作用机理的不同导致前者极限抗滑力远小于后者。对于光滑管道，剪切破坏发生在管土接触界面；而对粗糙管道，剪切破坏出现在管道下方的土体内部。床面坡度对管道轴向抗滑能力的线性影响主要体现在其对管道水下重量沿轴向下滑分量的影响。此外，基于管道的受力平衡（图 10.3-1），推导了适用于砂质海床的楔形效应系数：

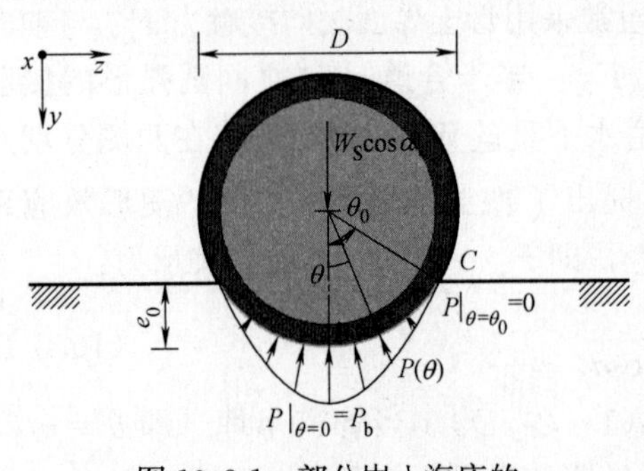

图 10.3-1 部分嵌入海床的管道的受力平衡[66]

$$\zeta=\frac{1-(2\theta_0/\pi)^2}{\cos\theta_0} \tag{10.3-4}$$

如图 10.3-2 所示，随着管道嵌入海床深度 e_0 的增大，楔形效应愈加显著，是估算轴向土阻力时不可忽视的影响因素。对于半埋管道而言，楔形系数高达 $4/\pi$ $\left(\zeta|_{\theta_0\to\pi/2}\left(=\frac{1-(2\theta_0/\pi)^2}{\cos\theta_0}|_{\theta_0\to\pi/2}\right)=4/\pi\right)$。值得注意的是，尽管 θ_0 趋近于 0（无嵌入深度）或者 $\pi/2$（半埋）时，砂土和黏土海床条件下的楔形系数均相等。若采用式（10.3-1）用于预测砂土海床上部分埋设管道（$0<\theta_0<\pi/2$）的轴向土阻力时，预测值则显然会被高估。

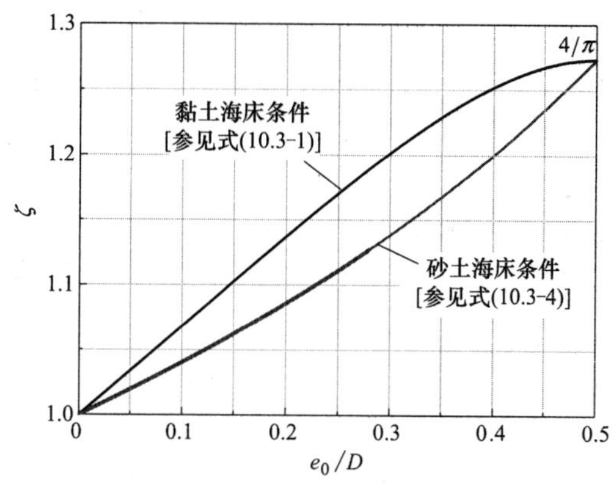

图 10.3-2 楔形系数随着管道嵌入海床深度 e_0/D 的变化[66]

10.3.2 管道竖向和侧向整体屈曲理论解

根据海底管道的初始几何形态，可分为具有初始几何缺陷管道和理想平直管道，其中理想平直管道的初始状态为绝对平直、无任何挠曲或变形。

1. 理想直管情况

Hobbs[67] 分析得到了理想直管整体屈曲的理论解，即采用刚性摩擦面上无限长欧拉梁力学模型，基于小坡角假设条件，推导了竖向和侧向屈曲的管道轴向力、屈曲波长及屈曲幅值的解析公式。

1）竖向整体屈曲

图 10.3-3 为 Hobbs[67] 提出的管道竖向屈曲模型。受整体屈曲影响的管道分为三段：长度为 L 的悬跨段和两个长度为 L_s 的轴向滑移段。

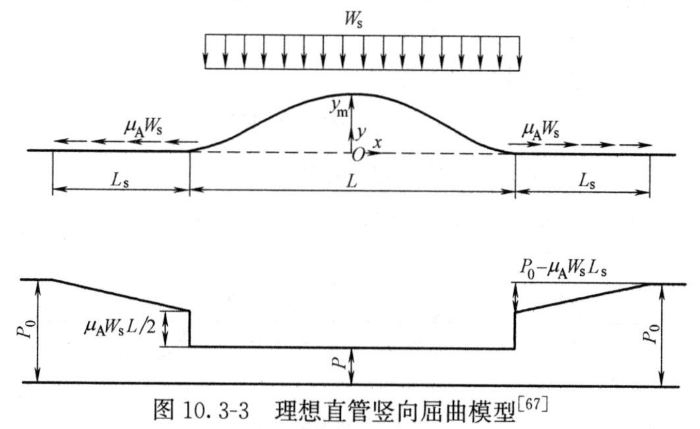

图 10.3-3 理想直管竖向屈曲模型[67]

在小坡角变形假设条件下（屈曲后管道几何形态的斜率小于 0.1），通过求解屈曲管段微分方程，推导了理想直管在刚性海床上竖向屈曲时的屈曲段轴向力 P_b 及管道远端轴向力 P_0 的解析解：

$$P_b=80.76\frac{EI}{L^2} \tag{10.3-5}$$

$$P_0=P_b+\frac{W_s L}{EI}[1.597\times10^{-5}EA\mu_A W_s L^5-0.25(\mu_A EI)^2]^{0.5} \tag{10.3-6}$$

式中 E——管道弹性模量；
I——管道截面惯性矩；
W_s——管道自重及上覆土重；
A——管道截面面积；
μ_A——管道与海床轴向摩擦系数；
L——管道屈曲长度。

竖向屈曲的最大隆起高度 y_m 为：

$$y_m = 2.408 \times 10^{-3} \frac{W_s L^4}{EI} \tag{10.3-7}$$

最大的弯矩 M_m 为：

$$M_m = 0.06938 W_s L^2 \tag{10.3-8}$$

管道远端（不受屈曲段影响区域）的轴向力 P_0 与温度增量 ΔT 的关系为：

$$P_0 = EA\alpha_T \Delta T \tag{10.3-9}$$

式中 α_T——管道材料的热膨胀系数。

根据式（10.3-6）和式（10.3-9），可以得到管道屈曲长度 L 与温度增量 ΔT 的关系。

2）侧向整体屈曲

Hobbs 提出了五种典型的管道侧向屈曲模态，如图 10.3-4 所示。求解方法与竖向屈曲类似，管道轴向力解析解可表示为：

$$P_b = k_1 \frac{EI}{L^2} \tag{10.3-10}$$

$$P_0 = P_b + k_3 \mu_A W_s L \left[\left(1.0 + k_2 \frac{\mu_L{}^2 W_s}{\mu_A EI} \cdot \frac{A}{I} L^5 \right)^{0.5} - 1.0 \right] \tag{10.3-11}$$

式中 μ_L——海床与管道侧向摩擦系数。

最大幅值 y_m 与最大弯矩 M_m 分别为：

$$y_m = k_4 \mu_L W_s L^4 / EI \tag{10.3-12}$$

$$M_m = k_5 \mu_L W_s L^2 \tag{10.3-13}$$

上述各式中 k_1、k_2、k_3、k_4、k_5 的取值见表 10.3-1。

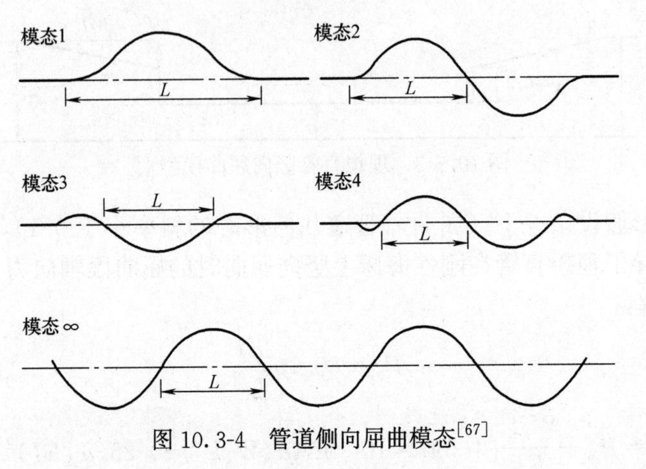

图 10.3-4 管道侧向屈曲模态[67]

管道侧向屈曲解析解参数[67] **表 10.3-1**

屈曲模态	常数				
	k_1	k_2	k_3	k_4	k_5
1	80.76	6.391×10^{-5}	0.5	2.407×10^{-3}	0.06938
2	$4\pi^2$	1.743×10^{-4}	1.0	5.532×10^{-3}	0.1088
3	34.06	1.668×10^{-4}	1.294	1.032×10^{-2}	0.1434
4	28.20	2.144×10^{-4}	1.608	1.047×10^{-2}	0.1483
∞	$4\pi^2$	4.7050×10^{-5}		4.4495×10^{-3}	0.05066

以表 10.3-2 中的参数为例，利用该解析解预测管道侧向整体屈曲。如图 10.3-5 所示，M 点对应的是管道发生屈曲的最低温度 T_{cr}，当 $T<T_{cr}$ 时管道不会发生侧向屈曲，所以 T_{cr} 也称为管道的安全温度或者临界温度。由于热应力分散在多个屈曲段，模态∞的临界屈曲温度最高（57℃），屈曲长度、幅值相对最小。模态 1～4 的临界屈曲温度均介于 45～50℃之间，相差不显著。在相同温度的情况下，模态 1 和 3 的屈曲幅值大于 2 和 4，这是因为模态 2、4 相比模态 1、3 包含两个主屈曲段，从而减小了热应力的集中。实际情况下，由于初始缺陷的存在，管道不可能发生屈曲模态∞。

材料参数 **表 10.3-2**

外径 D(mm)	壁厚 t(mm)	截面面积 A(cm^2)	水下重量 W_s(kN/m)	弹性模量 E(GPa)	截面惯性矩 I(cm^4)	轴向摩擦系数 μ_A	侧向摩擦系数 μ_L	热膨胀系数 α_T(℃$^{-1}$)
650	15	299.2	3.8	210	150900	0.5	0.5	1.05×10^{-5}

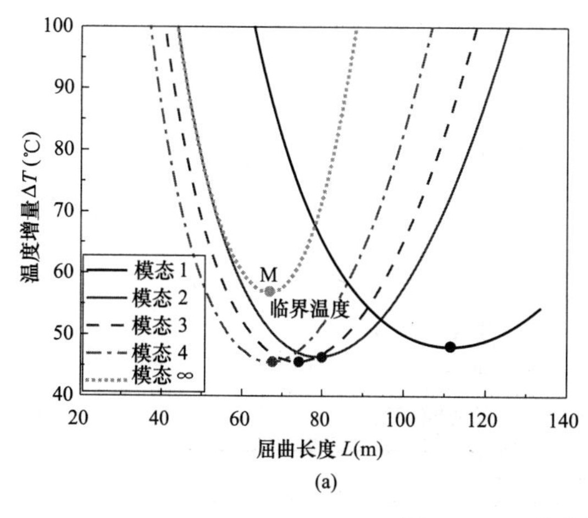

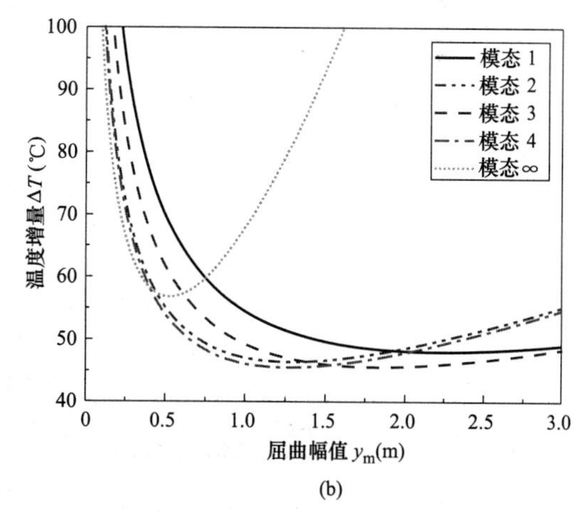

图 10.3-5 管道侧向屈曲计算结果

（a）屈曲长度与温度增量的关系；（b）屈曲幅值与温度增量的关系

2. 具有初始缺陷的管道

实际工程中，海底管道在制造、铺设及运行过程中会因风、浪、水流荷载作用，海床不平坦以及渔业活动等因素而产生初始几何缺陷。Taylor 和 Gan[68] 在 Hobbs 解析解的基础上，假设管道屈曲后的形态相似于初始几何缺陷，推导了管道发生竖向整体屈曲（图

10.3-6)、发生模态1和2侧向屈曲（图10.3-7）的解析解。

1）竖向整体屈曲

假设管道初始几何缺陷形态由 Hobbs 解确定，即（图10.3-6）：

$$y_0=\begin{cases}\dfrac{y_{0m}}{K_1}\left(-\dfrac{\cos n_0 x}{\cos\dfrac{n_0 L_0}{2}}-\dfrac{n_0{}^2 x^2}{2}+\dfrac{n_0{}^2 L_0{}^2}{8}+1\right) & (|x|\leqslant 0.5L_0)\\ 0 & (|x|>0.5L_0)\end{cases} \tag{10.3-14}$$

$$y_{0m}=2.407\times10^{-3}\frac{\mu_L W_s L_0{}^4}{EI} \tag{10.3-15}$$

式中　y_0——初始几何缺陷的变形形态；

y_{0m}——初始缺陷位移幅值；

L_0——初始缺陷波长；y_{0m}/L_0 为初始缺陷比；

K_1、n_0L_0——常数，$K_1=15.698465$，$n_0L_0=8.9868$。

通过求解管道变形前后的能量方程，推导了管道屈曲段轴向力 P_b 及管道远端轴向力 P_0 的解析解：

$$P_b=80.76\frac{EI}{L^2}\left[1-\frac{R_1}{75.60}\left(\frac{L_0}{L}\right)^2\right] \tag{10.3-16}$$

$$P_0=P_b+\frac{W_s L}{2}\left\{\left\{1.0+6.3904\times10^{-5}\frac{\mu_L W_s}{\mu_A EI}\cdot\frac{A}{I}\left[L^5-L_0{}^5\left(\frac{L_0}{L}\right)^2\right]\right\}^{0.5}-1.0\right\} \tag{10.3-17}$$

其中，

$$R_1=4.603\left\{\sin\left(4.4935\frac{L_0}{L}\right)+2.301\left\{\frac{\sin\left[4.4935\left(1+\dfrac{L_0}{L}\right)\right]}{\left(1+\dfrac{L}{L_0}\right)}+\frac{\sin\left[4.4935\left(1-\dfrac{L_0}{L}\right)\right]}{\left(\dfrac{L}{L_0}-1\right)}\right\}\right\} \tag{10.3-18}$$

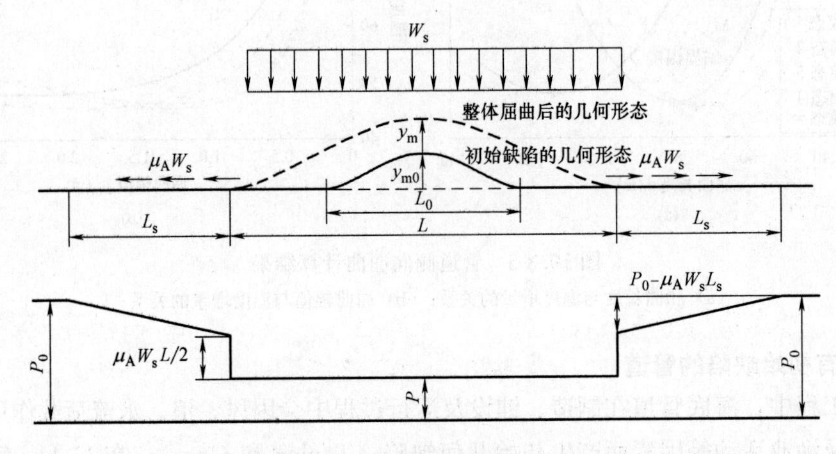

图10.3-6　具有初始几何缺陷的管道竖向整体屈曲模型[68]

2）侧向整体屈曲

对于模态 1（图 10.3-7）侧向屈曲，求解方法与竖向屈曲类似，轴向力解析解只需将式（10.3-17）中 W_s 替换成 $\mu_L W_s$ 即可。

对于模态 2（图 10.3-7）侧向屈曲，管道屈曲段轴向力 P_b 及管道远端轴向力 P_0 的解析解为：

$$P_b=4\pi^2\frac{EI}{L^2}\left[1-\frac{3}{5}\left(\frac{R_2}{3\pi+\pi^2}\right)\left(\frac{L_0}{L}\right)^2\right] \tag{10.3-19}$$

$$P_0=P_b+\mu_A W_s L\left\{\left\{1.0+1.743\times10^{-4}\frac{{\mu_L}^2 W_s}{\mu_A EI}\cdot\frac{A}{I}\left[L^5-{L_0}^5\left(\frac{L_0}{L}\right)^2\right]\right\}^{0.5}-1.0\right\} \tag{10.3-20}$$

式中，

$$R_2=\sin\left(2\pi\frac{L_0}{L}\right)\left[\frac{(L/L_0)(\pi^2+L/L_0)}{1-L/L_0}\right]+2\pi\frac{L_0}{L}+\pi\left[1-\cos\left(2\pi\frac{L_0}{L}\right)\right]\left(\frac{L}{L+L_0}\right) \tag{10.3-21}$$

根据式（10.3-17）、式（10.3-20）和式（10.3-9），可以得到管道屈曲长度 L 与温度增量 ΔT 的关系。

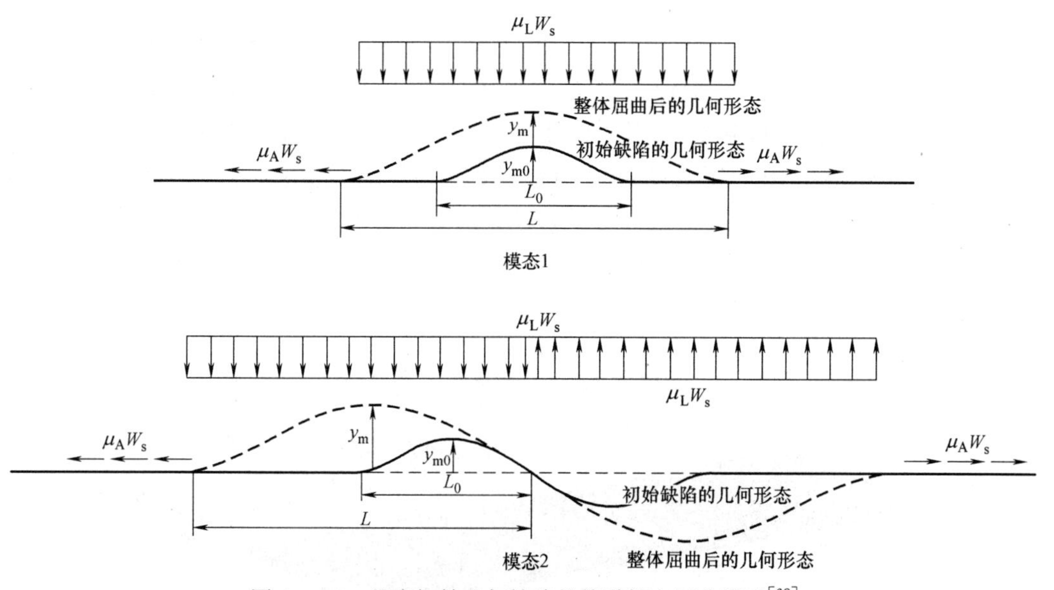

图 10.3-7 具有初始几何缺陷的管道侧向屈曲模型[68]

根据 Taylor 和 Gan 解析解，以屈曲模态 1 和表 10.3-2 参数为例，温度增量随屈曲段长度与屈曲幅值的变化曲线如图 10.3-8 所示，管道临界温度增量随着初始几何缺陷的减小而增大。当初始几何缺陷较小时（如 $y_{0m}/L_0=0.001$）存在跳跃屈曲现象（Snap-through），温度增量不改变的情况下管道屈曲幅值和长度均发生了不连续的跳跃。当初始几何缺陷增大后（如 $y_{0m}/L_0=0.01$），跳跃屈曲逐渐消失，温度荷载与屈曲状态呈单调函数；此时，管道的荷载形变曲线没有极值点。鉴于跳跃型屈曲失稳会使管道更容易发生突然破坏，实际工程设计中需要避免管道发生跳跃型屈曲失稳。

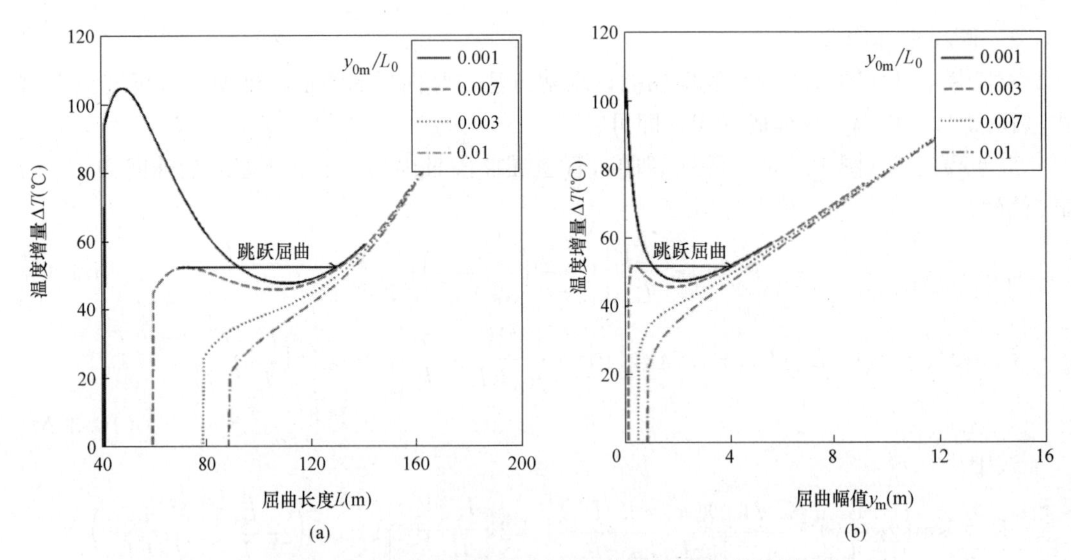

图 10.3-8 具有初始缺陷的管道侧向屈曲计算结果

(a) 屈曲长度与温度增量的关系；(b) 屈曲幅值与温度增量的关系

10.3.3 考虑海床参数空间随机分布的管道侧向整体屈曲预测模型

上述经典理论模型是在小坡角变形假设的基础上推导而出，它可用于判别管道是否屈曲，却难以展现后屈曲发展。数值方法是目前国内外学者研究整体屈曲的主要手段之一。

由于地质环境和物理化学作用，自然界原位土体的性质沿竖向和水平向不断变化[56, 57]。太沙基早在 1936 年就曾提出“自然状态下的土层绝不会是均匀的”观点。同样，受随机海洋环境荷载、沉积条件等的影响，海床土体性质也表现出显著的空间变异性[11]，如图 10.3-9 所示。高温高压管道整体屈曲分析中海床约束力是难确定的参数，存

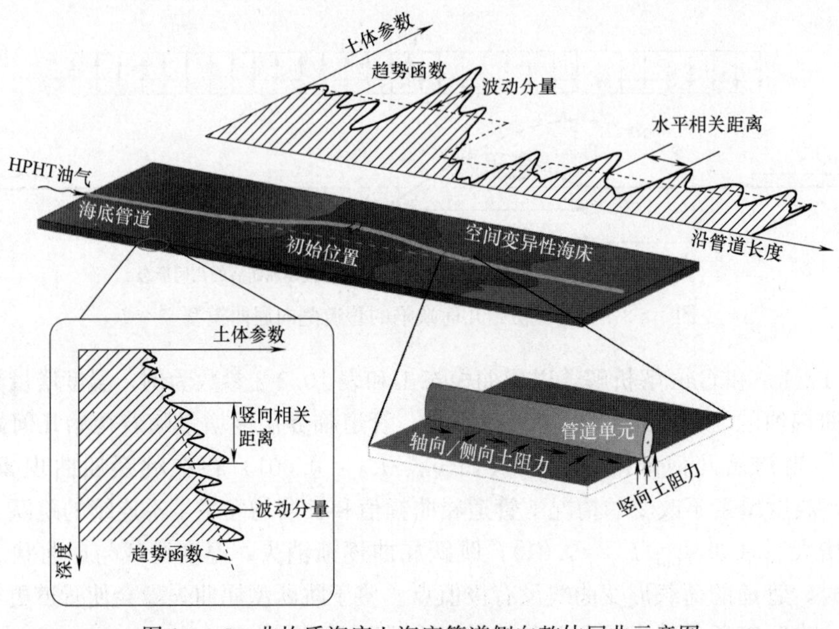

图 10.3-9 非均质海床上海底管道侧向整体屈曲示意图

在大量不确定性[69]。鉴于长输管道的大跨度空间特点，忽略海床土性参数的空间变异性，将海床土体视为单一均质材料的传统做法仍有待改善。

基于随机场理论，建立了能够描述土体性质空间相关性和随机性的岩土随机场模型[70]。随机场模型的提出为岩土参数空间分布的模拟及岩土工程可靠度分析奠定了基础。基于此，我们提出了能够考虑海床参数空间随机分布的海底管道侧向整体屈曲的随机有限元方法。

(1) 管道结构的热弹性整体屈曲

大跨度海底长输管道的整体屈曲可采用欧拉-伯努利梁的挠曲行为描述。将管道沿长度离散成有限单元，各管段单元认为是三维梁单元。热应力引起的管道的屈曲变形采用线弹性本构方程描述。

(2) 垂向、侧向、轴向管土相互作用模型

考虑非对称边界条件下的管土相互作用。该方法中，各离散管段单元和海床土体的相互作用则各自基于线弹性模型和极限土阻力理论模型。若海床类型为软黏土，轴向采用式(10.3-3)，侧向采用式(10.2-2)，垂向采用式(10.1-16)。也可依据实际海床类型选择其他合适的极限土阻力理论模型。

(3) 土性参数的空间随机场模型

土性参数的空间变异性包含空间随机性和包含空间相关性（图 10.3-9）。该模型仅考虑土性参数沿管道长度的空间随机性，采用指数衰减型相关函数描述空间相关性。通过局部平均细分算法生成满足某一概率分布类型（如对数正态分布）的随机场，如图 10.3-10 所示。

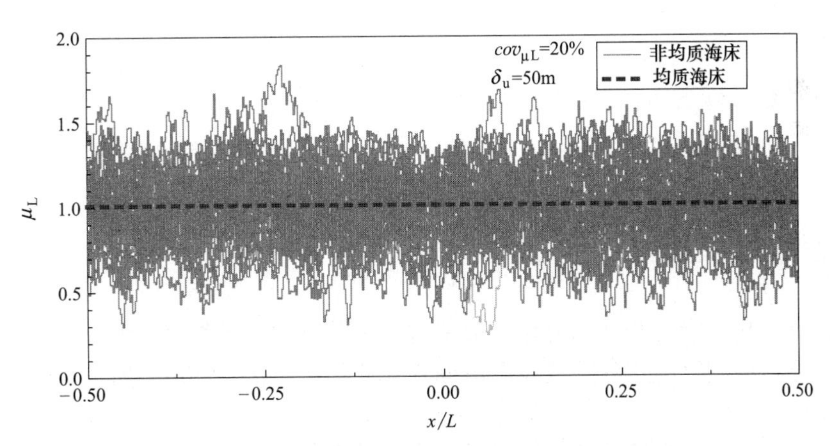

图 10.3-10 侧向管土相互作用的等效摩擦系数随机场模拟结果

开展蒙特卡洛模拟可对管道侧向屈曲的临界温度、后屈曲变形进行统计特征分析，依据管道设计温度预测管道发生侧向屈曲的概率。相比于均质海床，非均质海床上管道发生整体屈曲的概率 p_f 可表示为：

$$p_{\mathrm{f}}=P(Z\leqslant 0)=\frac{1}{N}\sum_{i=1}^{N}I_i \tag{10.3-22}$$

$$I_i=\begin{cases}1 & (\Delta T_{\mathrm{cr\_var}}/\Delta T_{\mathrm{cr\_0}}\leqslant 1)\\ 0 & \text{其他}\end{cases} \tag{10.3-23}$$

式中　Z——极限状态函数，$Z=\Delta T_{cr\_var}/\Delta T_{cr\_0}-1$；

ΔT_{cr_0}——均质海床上管道整体屈曲的临界温度；

$\Delta T_{cr,var}$——非均质海床上管道整体屈曲的临界温度；

N——蒙特卡洛模拟次数。

以非均质海床上具有单拱初始缺陷［式（10.3-14）］的管道侧向屈曲为例，蒙特卡洛模拟结果显示，若随机场的空间相关距离趋于零或者无穷时，管道发生侧向整体屈曲的临界温度的统计均值趋于均匀场结果；反之，该临界温度均值相比于均匀场结果不同程度地升高（图 10.3-11）。当相关距离介于离散单元长度与初始缺陷波长之间时，临界温度均值存在峰值。表明相比于均匀海床，非均质海床上管道的整体稳定性被提高。随着相关距离的增大，越来越多的蒙特卡洛模拟结果低于均匀场临界温度，管道发生整体屈曲的概率也随之增大。当相关距离趋于无穷时，管道侧向屈曲概率可达 50%（图 10.3-12）。

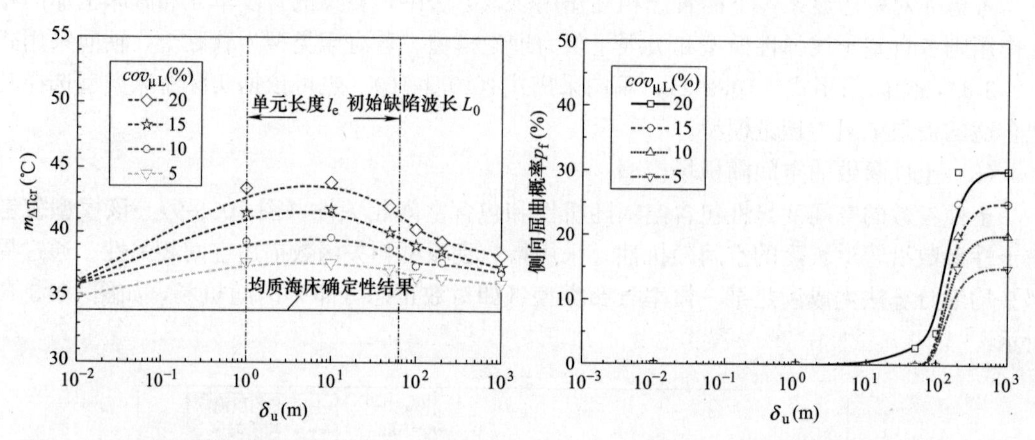

图 10.3-11　海床随机场相关距离 δ_u 与变异系数 $cov_{\mu L}$ 对屈曲临界温度统计均值 $m_{\Delta Tcr}$ 的影响

图 10.3-12　海床随机场相关距离 δ_u 与变异系数 $cov_{\mu L}$ 对管道侧向屈曲概率的影响

10.4　结语与展望

我国具有漫长海岸线和辽阔海域，蕴藏着丰富的石油和天然气、海上风能、波浪能及深海矿产资源。海底管缆工程系统在海洋油气介质输运、信号和电力跨海传输中发挥着至关重要的作用。

本章主要介绍了海底管缆地基极限承载力、管道侧向在位稳定性、长输管道整体屈曲等方面的一些理论进展及预测方法。从传统平底面条形基础，到圆形截面管缆结构的地基极限承载力理论；从预测管道侧向失稳的管土相互作用经验模型，到反映流固土耦合效应的侧向失稳判据；从海底管道的单一失稳模式分析，到多种失稳模式之间的竞争；从管土相互作用的确定性分析，到考虑海床参数空间变异性的长输高温高压管道整体屈曲的随机性分析。本章以海底管缆与海床土体相互作用为主线，期望以点带面地向读者描绘海底管缆工程的大致图景。然而由于篇幅限制，仍难以全面准确地涵盖国内外重要的相关研究进展。

随着海洋工程实践从“近海浅水”迈向“远海深水”海域，海底管缆等海底工程结构安全面临深远海特殊的海床沉积条件和极端环境荷载的挑战。亟待发展完善深海管缆工程的基本理论及相关技术，为海底管缆结构设计与建造及全生命周期的运行维护提供科学依据和技术支撑。

参考文献

[1] 吴自银，温珍河，等. 中国近海海域地质 [M]. 北京：科学出版社，2021.

[2] 赵成刚，白冰，等. 土力学原理 [M]. 2 版. 北京：清华大学出版社，北京交通大学出版社，2009.

[3] Chen W F. Limit Analysis and Soil Plasticity [M]. New York: Elsevier Scientific Publishing Co., 1975.

[4] Knappett J A, Craig R R F. Craig's Soil Mechanics [M]. London: Taylor & Francis, 2012.

[5] Small S W, Tambuvello R D, Piaseckyj P J. Submarine pipeline support by marine sediment [J]. In: Proceedings of Annual Offshore Technology Conference, Houston, USA, 1971, Paper OTC-1357, 309-318.

[6] Karal K. Lateral stability of submarine pipelines [C]. In: Proceedings of Annual Offshore Technology Conference, 1977, Paper OTC-2967, 71-78.

[7] Murff J D, Wagner D A, Randolph M F. Pipe penetration in cohesive soil [J]. Géotechnique, 1989, 39 (2): 213-229.

[8] Randolph M F and White D J. Upper Bound Yield Envelopes for Pipelines at Shallow Embedment in Clay [J]. Géotechnique, 2008, 58 (4): 297-301.

[9] 黄茂松，吕玺琳，石振昊，等. 有限单元法 [M]. 岩土工程西湖论坛系列丛书：岩土工程计算与分析，龚晓南，杨仲轩，北京：中国建筑工业出版社，2021.

[10] Aubeny C P, Shi H, Murff J D. Collapse load for cylinder embedded in trench in cohesive soil [J]. International Journal of Geomechanics, 2005, 5 (4): 320-325.

[11] Li J, Tian Y, Cassidy M J. Failure mechanism and bearing capacity of footings buried at various depths in spatially random soil [J]. Journal of Geotechnical and Geoenvironmental Engineering, 2015, 141 (2): 04014099.

[12] Gao, F P, Wang N, Zhao B. Ultimate bearing capacity of a pipeline on clayey soils: Slip-line field solution and FEM simulation [J]. Ocean Engineering, 2013, 73: 159-167.

[13] Wang N, Qi W G, Gao F P. Predicting the instability trajectory of an obliquely loaded pipeline on a clayey seabed [J]. Journal of Marine Science and Engineering, 2022, 10: 299.

[14] Gao F P, Wang N, Zhao B. A general slip-line field solution for the ultimate bearing capacity of a pipeline on drained soils [J]. Ocean Engineering, 2015, 104: 405-413.

[15] 陈惠发. 极限分析与土体塑性 [M]. 北京：人民交通出版社，1995.

[16] Potts D M, Zdravkovic L. Finite Element Analysis in Geotechnical Engineering: Theory [M]. Thomas Telford: London, UK, 2001.

[17] Dingle H R, White D J, Gaudin C. Mechanisms of pipe embedment and lateral breakout on soft clay [J]. Canadian Geotechnical Journal, 2008, 45: 636-652.

[18] 刘昭蜀，赵焕庭，范时清，等. 南海地质 [M]. 北京：科学出版社，2002.

[19] 刘剑涛，师玉敏，王俊勤，等. 南海北部深水区表层沉积物工程性质的统计特征分析 [J]. 海洋工程，2021, 39 (6): 90-98.

[20] Yuan F, Randolph M F, Wang L, et al. Refined analytical models for pipe-lay on elasto-plastic seabed [J]. Applied Ocean Research, 2014, 292-300.

[21] Det Norske Veritas and Germanischer Lloyd (DNV-GL). Pipe-Soil Interaction for Submarine Pipelines, Recommended Practice DNVGL-RP-F114 [S]. Det Norske Veritas: Oslo, Norway, 2017.

[22] Randolph M F, Houlsby G T. The limiting pressure on a circular pile loaded laterally in cohesive soil [J]. Géotechnique, 1984, 34: 613-623.

[23] Hansen J B. A revised and extended formula for bearing capacity [J]. Danish Geotechnical Institute, Copenhagen, 1970, 28: 5-11.

[24] Aubeny CP, Biscontin G, Zhang J. Seafloor Interaction with Steel Catenary Risers [R]. Final Project Report, 2006, OTRC, Texas AM University, 1-27.

[25] Hodder M S, Cassidy M J. A plasticity model for predicting the vertical and lateral behaviour of pipelines in clay soils [J]. Geotechnique, 2010, 60 (4): 247-263.

[26] Zhou T, Tian Y, Cassidy M J. Effect of tension on the combined loading failure envelope of a pipeline on soft clay seabed [J]. International Journal of Geomechanics, 2018, 18 (10): 04018131.

[27] White D J, Cheuk C Y, Bolton M D. The uplift resistance of pipes and plate anchors buried in sand [J]. Geotechnique, 2008, 58 (10): 771-779.

[28] Cheuk C Y, White D J, Bolton M D. Uplift mechanisms of pipes buried in sand [J]. Journal of Geotechnical and Geoenvironmental Engineering, 2008; 134 (2): 154-163.

[29] Schaminée P E L, Zorn N F, Schotman G J M. Soil response for pipeline upheaval buckling analyses: Full-scale laboratory tests and modeling [C]. Proc., 22nd Annual Offshore Technology Conf., 1990, Paper OTC-6486, 563-572.

[30] Ng C W W, Springman S M. Uplift resistance of buried pipelines in granular materials [C]. Centrifuge 94, Leung, Lee, and Tan, eds., 1994, 753-758.

[31] Vermeer P A, Sutjiadi W. The uplift resistance of shallow embedded anchors [C]. Proc. of 11th Int. Conf. of Soil Mechanics and Foundation Engineering, Vol. 3, San Francisco, 1985, 1635-1638.

[32] White D J, Barefoot A J, Bolton M D. Centrifuge modeling of upheaval buckling in sand [J]. International Journal of Physical Modeling in Geotechnics, 2001, 21: 19-28.

[33] Qi W G, Shi Y M, Gao F P. Uplift soil resistance to a shallowly-buried pipeline in the sandy seabed under waves: Poro-elastoplastic modeling [J]. Applied Ocean Research, 2020, 95: 102024.

[34] Soedigdo I R, Lambrakos K F, Edge B L. Prediction of hydrodynamic forces on submarine pipelines using an improved wake II model [J]. Ocean Engineering, 1999, 26: 431-462.

[35] Sabag S R, Edge B L, Soedigdo I R. Wake II model for hydrodynamic forces on marine pipelines including waves and currents [J]. Ocean Engineering, 2000, 27: 1295-1319.

[36] Lyons C G. Soil resistance to lateral sliding of marine pipeline [C]. In: Proceedings of 5th Annual Offshore Technology Conference, 1973, Paper OTC-1876, 479-484.

[37] Wagner D A, Murff J D, Brennodden H, Sveggen O. Pipe-soil interaction model [J]. Journal of Waterway, Port, Coastal and Ocean Engineering, 1989, 115: 205-220.

[38] Zhang J, Stewart D P, Randolph M F. Modelling of shallowly embedded offshore pipelines in calcareous sand. Journal of Geotechnical and Geoenvironmental Engineering, 2002, 128 (5): 363-371.

[39] Gao F P, Wang N, Li J H, Han X T. Pipe-soil interaction model for current-induced pipeline instability on a sloping sandy seabed [J]. Canadian Geotechnical Journal, 2016, 53: 1822-1830.

[40] Gao F P, Gu X Y, Jeng D S, Teo H T. An experimental study for wave-induced instability of pipe-

lines: The breakout of pipelines [J]. Applied Ocean Research, 2002, 24 (2): 83-90.

[41] Gao F P, Gu X Y, Jeng D S. Physical modeling of untrenched submarine pipeline instability [J]. Ocean Engineering, 2003, 30 (10): 1283-1304.

[42] Gao F P, Yan S M, Yang B, Wu Y X. Ocean currents-induced pipeline lateral stability [J]. Journal of Engineering Mechanics, 2007, 133 (10): 1086-1092.

[43] Freds? e J. Pipeline-seabed interaction [J]. Journal of Waterway, Port, Coastal and Ocean Engineering, 2016, 142: 1-20.

[44] 高福平，顾小芸，吴应湘. 考虑‘波-管-土’耦合作用的海底管道在位稳定性分析方法 [J]. 海洋工程，2005，23 (1): 6-12.

[45] Mao Y. The Interaction between a Pipeline and an Erodible Bed [D]. Lyngby: Technical University of Denmark, 1986.

[46] 钱宁，万兆惠. 泥沙运动力学 [M]. 北京：科学出版社，2003.

[47] Gao F P, Luo C C. Flow-pipe-seepage coupling analysis of spanning initiation of a partially-embedded pipeline [J]. Journal of Hydrodynamics, 2010, 22: 478-487.

[48] Det Norske Veritas (DNV). On-Bottom Stability Design of Submarine Pipeline, Recommended Practice DNV-RP-F109 [S]. Det Norske Veritas: Oslo, Norway, 2010.

[49] Shi Y M, Gao F P. Lateral instability and tunnel erosion of a submarine pipeline: competition mechanism [J]. Bulletin of Engineering Geology and the Environment, 2018, 77 (3).

[50] Shi Y M, Gao F P, Wang N, Yin Z Y. Coupled flow-seepage-elastoplastic modeling for competition mechanism between lateral instability and tunnel erosion of a submarine pipeline [J]. Journal of Marine Science and Engineering, 2021, 9 (8): 25.

[51] Shih T H. Some developments in computational modeling of turbulent flows [J]. Fluid Dynamics Research. 1997, 20: 67-96.

[52] Durbin P A. Some recent developments in turbulence closure modeling [J]. Annual Review of Fluid Mechanics [J]. 2018, 50: 77-103.

[53] Launder B E, Spalding D B. The numerical computation of turbulent flow [J]. Computer Methods in Applied Mechanics Engineering, 1974, 3: 269-289.

[54] Versteeg H K, Malalasekera W. An Introduction to Computational Fluid Dynamics-The Finite Volume Method [M]. Pearson Prentice Hall: England, UK, 1995.

[55] Launder B E. Numerical computation of convective heat transfer in complex turbulent flows: Time to abandon wall functions [J]. International Journal of Heat and Mass Transfer, 1984, 27: 1482-1491.

[56] Baecher G B, Christian J T. Reliability and Statistics in Geotechnical Engineering. Chichester [M]. England: John Wiley and Sons Ltd, 2013.

[57] Fenton G A, Griffiths D V. Risk Assessment in Geotechnical Engineering [M]. New York, John Wiley & Sons, 2008.

[58] Shadravan A, Amani M. HPHT 101-What petroleum engineers and geoscientists should know about high pressure high temperature wells environment [J]. Energy Science and Technology, 2012, 4 (2): 36-60.

[59] Dejong J T, White D J, Randolph M F. Microscale observation and modeling of soil-structure interface behavior using particle image velocimetry [J]. Soils and Foundations, 2006, 46 (1): 14-28.

[60] Wijewickreme D, Karimian H, Honegger D. Response of buried steel pipelines subjected to relative axial soil movement [J]. Canadian Geotechnical Journal, 2009, 735-752.

[61] White D J, Clukey E C, Randolph M F, et al. The state of knowledge of pipe-soil interaction for on-bottom pipeline design [C]. In: Proceedings of the Offshore Pipeline Technology Conference, Houston, Texas, USA, 2017, Paper OTC-27623.

[62] Hill A, White D J, Bruton D A S, et al. A new framework for axial pipe-soil interaction illustrated by a range of marine clay datasets [C]. In: Proceedings of the International Conference on Offshore Site Investigation and Geotechnics, 2012, SUT, London, 367-377.

[63] White D J, Randolph M F. Seabed characterisation and models for pipeline-soil interaction [C]. Proceedings of the Seventeenth International Offshore and Polar Engineering Conference, Lisbon, 2007: 758-769.

[64] White D J, Ganesan S A, Bolton M D, et al. SAFEBUCK JIP-Observations of axial pipe-soil interaction from testing on soft natural clays [C]. In: Proceedings of Annual Conference on Offshore Technology Conference, Houston, USA, 2011, Paper OTC-21249.

[65] Randolph M F, White D J, Yan Y. Modelling the axial soil resistance on deep-water pipelines [J]. Geotechnique, 2012, (9): 837-846.

[66] Shi Y M, Wang N, Gao F P, Qi W G. Anti-sliding capacity for submarine pipeline walking on a sloping sandy seabed [J]. Ocean Engineering, 2019, 178: 20-30.

[67] Hobbs. In-service buckling of heated pipelines [J]. Journal of transportation engineering, 1984, 110: 175-189.

[68] Taylor N, Gan A B. Submarine pipeline buckling-imperfection studies [J]. Thin Wall. Struct, 1986, 4 (4), 295-323.

[69] Det Norske Veritas and Germanischer Lloyd (DNV-GL). Global Buckling of Submarine Pipelines Due to High Temperature/High Pressure, Recommended Practice DNVGL-RP-F110 [S]. Det Norske Veritas: Oslo, Norway, 2018.

[70] Vanmarcke E H. Probabilistic modeling of soil profiles [J]. Journal of the Geotechnical Engineering Division, ASCE, 1977, 103 (GT11): 1227-1246.

11 海底隧道工程

周建[1]，应宏伟[2]，张迪[3]，李玲玲[4]，朱成伟[1,5]
（1. 浙江大学滨海和城市岩土工程研究中心，浙江 杭州 310058；2. 河海大学岩土工程研究所，江苏 南京，210098；3. 中铁第四勘察设计院集团有限公司，湖北 武汉 430063；4. 浙江大学建筑工程学院，浙江 杭州 310058；5. 奥地利维也纳自然资源与生命科学大学，维也纳）

11.1 概述

海底隧道是在海峡、海湾和河口等处用于连接陆地间交通运输的海底交通管道。世界上第一条海底隧道可以追溯到 19 世纪英国伦敦的泰晤士隧道，全长 396m，高 6m，宽 11m，高潮时位于水面下 23m，该隧道同时也是世界上第一条盾构隧道。此后数十年间，该技术被应用于英国多个类似工程，包括跨越利物浦默西河口的默西铁路隧道（Mersey Railway Tunnel），连接威尔士与英格兰的塞文隧道（Severn Tunnel）以及跨越泰晤士河同时也是世界上第一条公路隧道的黑墙隧道（Blackwall Tunnel）。继英国之后，世界上许多国家也纷纷修建多条海底隧道，例如著名的连接英国和欧洲大陆的英法海底隧道（Channel Tunnel），连接日本本州和北海道的青函隧道（Seikan Tunnel），位于挪威的世界上最长、最深的海底隧道莱法斯特隧道（The Ryfast Tunnel）等。

随着我国经济建设的发展，特别是沿海地区经济实力的增强，连接沿海各大城市，促进区域经济交流一体化重任的跨海交通建设需要日趋迫切。近年来我国已建的跨海隧道有：厦门翔安海底隧道（大陆地区第一条海底隧道）、青岛地铁 1 号线海底隧道（中国最深海底隧道）、港珠澳大桥的沉管隧道段（世界上最长跨海大桥）、厦门地铁 2 号线海底隧道（中国第一条盾构海底隧道）等；在建以及规划中的海底隧道还有直径 15.5m 的超大盾构隧道深圳妈湾海底隧道、中国首条跨海高铁隧道——甬舟铁路隧道。琼州海峡跨海工程、渤海湾（大连—蓬莱）跨海工程等跨海隧道也正在策划和筹建中。表 11.1-1 总结了世界已建主要跨海隧道工程。

世界已建主要跨海隧道工程 **表 11.1-1**

隧道	地点	长度(km)	水深(m)	修建时间	特点
泰晤士隧道	英国伦敦	0.4	23	1825—1843	最早的跨河隧道
默西铁路隧道	英国利物浦	1.21	—	1881—1886	最早的水下铁路隧道
塞文隧道	英格兰/威尔士	7.01	—	1873—1886	世界早期的水下铁路隧道之一

续表

隧道	地点	长度(km)	水深(m)	修建时间	特点
黑墙隧道	英国伦敦	1.35	—	1907—1911	世界最早的水下公路隧道
易北河隧道	德国汉堡	0.426	24	1907—1911	世界最早的水下行人及公路隧道
荷兰隧道	美国纽约/新泽西	2.6	28.3	1920—1927	建成时为世界最长的海底公路隧道
统营海底隧道	韩国统营	0.483	13.5	1932	亚洲首条海底隧道
金斯威隧道	英国利物浦	3.24	—	1925—1934	刷新海底公路隧道记录
马西隧道	加拿大温哥华	0.629	23	1957—1959	北美第一条沉管隧道
跨湾隧道	美国旧金山	5.8	41	1965—1969	北美最长的跨海隧道
艾哈迈德哈姆迪隧道	埃及苏伊士	1.63	—	1979—1981	穿越苏伊士运河,连接非洲和亚洲大陆的海底隧道
青函隧道	日本青函	53.8	340	1971—1988	刷新世界最长海底隧道记录
英法海底隧道	英国/法国	50.4	—	1988—1994	水下段最长(37.9km)的海底隧道
埃克森德隧道	挪威默勒-鲁姆斯达尔	7.7	287	2003—2008	世界第二深海底隧道
翔安海底隧道	中国厦门	6.05	70	2005—2010	大陆地区第一条海底隧道
青岛胶州湾隧道	中国青岛	7.808	84.2	2006—2011	中国最长的海底隧道
马尔马拉铁路	土耳其伊斯坦布尔	1.39	—	2004—2013	连接欧亚大陆的海底铁路隧道
欧亚隧道	土耳其伊斯坦布尔	5.4	109	2011—2016	连接欧亚大陆的海底公路隧道
港珠澳大桥	中国香港/澳门/珠海	6.7	—	2009—2018	全世界最长的沉管隧道
厦门地铁2号线过海隧道	中国厦门	2.1	—	2016—2019	中国首条盾构海底隧道
Ryfast隧道	挪威斯塔万格	14.3	293	2013—2020	全世界最长最深的公路隧道
东岛隧道	法罗群岛	11.24	187	2017—2020	修建有一个海底交通环岛
青岛地铁1号线过海隧道	中国青岛	8.1	88	2015—2021	中国最深海底隧道

海底隧道通常用于取代经济或者技术上不具备竞争优势的桥梁或者轮渡方案。与桥梁相比，虽然修建成本往往更高，但是隧道具有优化交通线路，对环境破坏小，受天气影响弱，几乎不阻碍航道等突出优势。与轮渡相比，虽然隧道在建设费用和线路灵活性方面不具备优势，但是其运营维护成本较低，低碳环保，运输效率高。例如同样是穿越英吉利海峡，选择轮渡方案，一般需要75～90min；在英吉利海底隧道建成通车之后，乘坐欧洲之星列车，这一时长则缩短到了21min。并且大部分的海底铁路隧道都是电气化运营，其碳排放量相较于采用柴油作为动力来源的轮渡则要小得多。另外，在纬度较高的地区，比如欧洲的波罗的海以及我国的渤海湾地区，轮渡还会受到海冰灾害影响，而修建海底隧道则可以避免这一困扰。

相较于陆地隧道，海底隧道长期处于海洋环境，还具有明显不同的力学特征。一方面海底隧道面临着海水侵蚀可能导致的材料和结构强度弱化的风险，另一方面则承受着高水压，高围压以及强风暴潮所带来的动水循环作用下产生的复杂水土压力。根据陆地隧道建设经验，许多隧道即使在衬砌外注浆加固了，还是会出现大量渗水漏水的情况，这是因为隧道衬砌存在大量的变形裂缝以及拼装缝隙，海洋环境下这一问题则更加严重。

盾构隧道在开挖掘进的过程中，需通过设置合理的支护力来维持开挖面的稳定性，若开挖面上的支护力不足，难以平衡开挖面上的水土压力时，则隧道前方土体会产生失稳现象。图 11.1-1 展示了城市地铁盾构事故致地面塌陷的典型案例，这一问题在海底高水压及变水头等作用下将变得更加复杂。因此，在当下中国修建海底隧道的高潮中，提出一套完整的，包括施工及运营在内的全寿命周期设计方案，既安全可靠又经济环保，就显得格外重要。

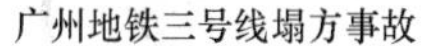

广州地铁三号线塌方事故

南京地铁二号线塌方事故

图 11.1-1　盾构开挖面失稳造成的事故

11.2　海底隧道类型及选型

早期的海底隧道往往采用矿山法，如挪威已建成的十几座海底隧道，均采用矿山法。但矿山法施工安全性较低，且工程规模受限，已不太采用。目前海底隧道的主要修建方法有钻爆法、沉管法、隧道掘进机法（TBM）和盾构法。从长远来看，沉管法和盾构法的发展空间更大一些，并且各具特色。

11.2.1　钻爆法

人们一般把埋置于基岩，用传统钻爆法或臂式掘进机开挖隧道的方法称为钻爆法（也称矿山法），这些隧道被称为深埋隧道或暗挖法隧道。钻爆法早期用于山岭隧道，主要适用于地质条件良好的中硬岩层，隧道规模较大[1]。钻爆法在国外海底隧道施工中的应用很多，20 世纪 40 年代日本修建的关门海峡海底隧道，是世界最早用钻爆法修建的海底隧道，之后又用钻爆法修建了世界闻名的青函隧道[2]。作为世界上最长的水下隧道，日本青函海底隧道穿过津轻海峡，全长 53.85km，海底段长 23.30km，该隧道在水平钻探，超前注浆加固地层，喷射混凝土等技术上有巨大发展，尤其在处理海底涌水技术方面，独具一格，为工程界所津津乐道。大陆地区第一条海底隧道就是利用钻爆法修建的厦门翔安海底隧道（图 11.2-1）。

图 11.2-1 大陆地区第一条海底隧道——厦门翔安海底隧道（钻爆法）

挪威采用钻爆法修筑水下隧道的技术发展迅速，在应对海底不良地质段的施工方面，除采用注浆法之外，还针对不同地质情况和围岩条件，设置二次混凝土衬砌[3]。通过这些工程，挪威积累了大量经验，当然也包括教训，最终形成了被称为“挪威海底隧道概念”的一整套技术[4-6]，其中包括勘探、设计、施工和管理，同时也培养了一大批经验丰富、高水平的技术队伍。

钻爆法[7,8] 的前身是传统矿山法，是最古老的方法。该方法施工隧道断面可以灵活变化，随机设置，空间利用率高；施工方法和施工顺序易于调整，机动性好，对地层地质适应能力好；借助中间辅助坑道或平行导坑开辟工作面，可以较大幅度地提高整个隧道的施工进度。机械化程度可高可低，便于成本控制。钻爆法掘进施工中采用的锚固、注浆、管棚等工程措施在通过断层破碎带和软弱地层时是很有效的，工程风险相对较低。

11.2.2 沉管法

沉管法是先在陆地上建好一段一段的隧道主体结构，两端用不透水的隔墙先封起来，就像一根根密闭的管子，同时疏浚海底，挖出平整的沟槽。将隧道分段（管段）浮运至隧道轴线处水下沟槽的上方，下沉就位，完成管段间的水下连接并做防水处理，回填沟槽保护沉管，并在隧道顶部加盖护石，从而形成一个完整的水下通道[9]。

1896 年，美国首次利用沉管法建造了穿越波士顿港 Shirley Gut 的输水隧道。在欧洲，第一条沉管法隧道（马斯隧道）建成于 1942 年，这是一条矩形断面混凝土沉管法隧道，位于荷兰鹿特丹市。自马斯隧道建成至 1986 年底，欧洲就修建了 24 条混凝土沉管法隧道，其中荷兰就占了一半[10]。我国香港在 1969—1997 年的 28 年间建成了跨越维多利亚港湾的 5 座沉管隧道，其中钢壳沉管 1 座、预应力混凝土沉管 2 座和普通钢筋混凝土管 2 座，并采用了先铺法、喷砂法和砂流法 3 种不同的沉管法基础[11]，为沉管法工程发展积累了宝贵的经验。图 11.2-2 为港珠澳大桥岛隧工程沉管隧道。

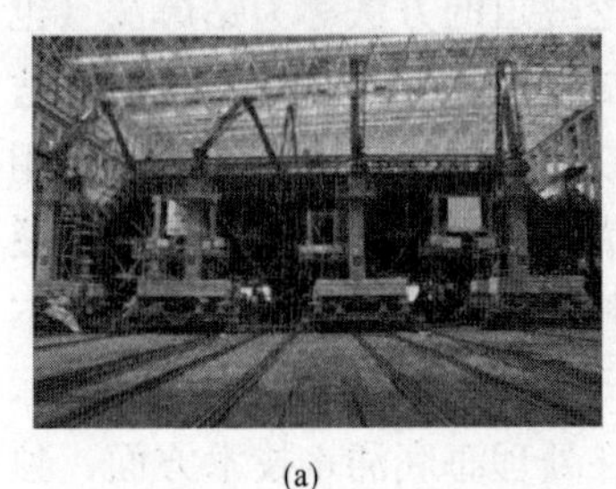

(a)

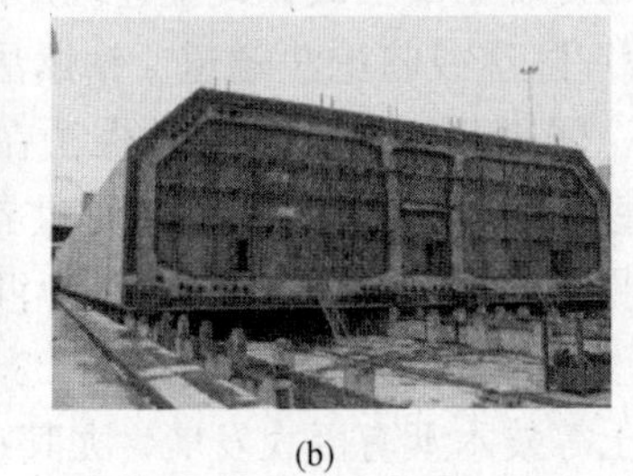

(b)

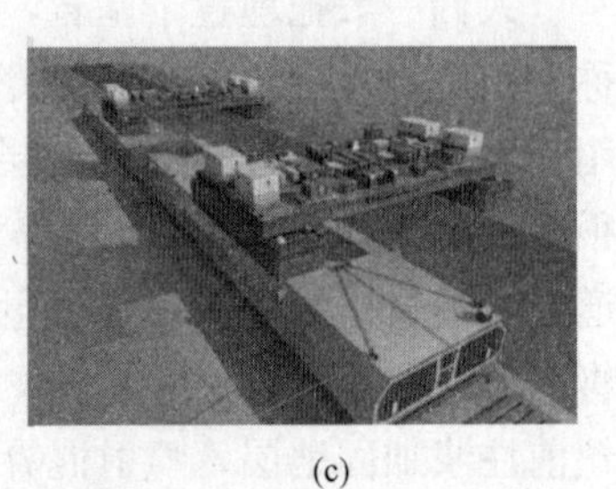

(c)

图 11.2-2 港珠澳大桥岛隧工程沉管隧道[12]

（a）沉管管节整体浇筑；（b）沉管管节顶推完成；（c）沉管浮驳模型

截至目前，全世界已建成的沉管法隧道数量已超过100座，沉管法已经成为修建跨江越海隧道的重要工法[12]。近几十年来，陆续建成的大型混凝土沉管隧道工程，进一步拓展了在高水压、复杂水流和复杂地质条件下的施工技术，能够跨越更深、更宽阔的河口及海峡水道[13]；新技术、新工艺和新设备的不断涌现，推进了沉管法隧道技术再上新台阶[14]。

沉管隧道可根据使用功能需要确定断面大小和形状，断面利用率较高，且沉管隧道断面的增大对工程的单位工程量造价影响不大，因此沉管隧道的断面适应性最好，断面越大，沉管的优势越明显。沉管隧道埋深只要0.5～1.0m即可，也可为零覆盖，甚至可凸出河床面，与盾构隧道埋深至少为1倍洞径，钻爆隧道的埋深要求更大相比，沉管隧道的坡降损失最小，回填覆盖层薄，埋深小，可以有效地缩短路线长度。沉管隧道的基槽开挖较浅，且沉管由于受到水浮力的作用，作用于地基的荷载较小，因而对基础承载力的要求较低，对各种地质条件的适应能力较强。沉管的管段每节长一般超过100m，这样沉管隧道的接缝很少，并且管段是在工作条件较好的露天干坞内进行预制的，混凝土浇筑质量易于控制，管段的防水性能有保证。

沉管隧道施工时，平行作业点比盾构隧道和钻爆隧道多，如管段预制可以和基槽开挖以及岸上主体结构等工序平行作业，水面作业和水下作业周期均较短，安全可控性较好。施工组织在时间、空间和人员的安排及工期上有较大的优越性和灵活性，具有高效，经济的特点。

沉管隧道主要的缺点是基槽（呈倒梯形）开挖的土方量大，相应的回填量也较大；另一个缺点是主体结构的圬工量较大，一般而言，比钻爆隧道衬砌结构工程造价要高出20%～30%。此外沉管隧道在基槽开挖、管片浮运、沉放和对接阶段都将对航道产生一定的影响，一些地区需要采取封航措施才能保证施工的顺利进行，若航道交通异常繁忙，则无法为管节拖放提供时间与空间。沉管法施工受气象、水文等自然条件影响较大，当水流速度过大（目前受限于3m/s），管节沉放对接工作困难。

11.2.3 隧道掘进机（TBM）法

隧洞掘进机（TBM）是目前国际上最先进的隧洞施工机械之一，它依靠机械的强大推力和剪切力破碎岩石，使隧洞掘进、出渣、衬砌、灌浆、采用激光导向等工序平行作业，实现一次成洞[15]。在国外，欧美将全断面隧道掘进机统称为TBM，日本则一般统称为盾构机，细分可称为硬岩隧道掘进机和软地层隧道掘进机，也就是说TBM包括了岩石隧道掘进机和广义盾构机；而在国内则一般习惯将硬岩隧道掘进机（硬岩TBM）简称为TBM，将软地层掘进机称为盾构机。这里按照国内划分习惯，将TBM法和盾构法分开讨论，TBM单指硬岩TBM掘进机。图11.2-3为开敞式（TBM）硬岩掘进机。

图11.2-3 开敞式（TBM）硬岩掘进机

TBM法适用于山岭隧道硬岩掘进，可以代替传统的钻爆法，在相同的条件下，其掘进速度约为常规钻爆法的4～10倍，最佳日进尺可达40m，因此具有高效、快速、高质量、安全等优点。适合长距离隧道掘进开挖，对短隧道不能发挥其优越性。该方法对围岩扰动小，开挖面平整圆顺，超欠挖少，可以有效降低地质灾害发生风险。

但TBM法很大程度上依赖于地层条件，对地质条件的适应性较差，开挖线性一旦确定，很难进行修改，灵活性较差，岩石强度和裂隙分布会影响TBM的掘进速度，通过自承能力较差围岩时，如土层、断层破碎带、溶洞等不良地质条件时，会发生机头下沉，拱顶坍塌，甚至会埋没TBM，TBM法的投资费用将大大提升。

11.2.4 盾构法

盾构法是用被称作盾（Shield）的钢壳在保持掌子面稳定的同时进行安全掘进，而后面则装上管片衬砌组件，利用其反作用力掘进的一种隧道施工方法。盾构法也是修建水下隧道的一种重要施工方法，尤其是在软土地层中。自从1843年第一条盾构法隧道在伦敦泰晤士河建成以来，盾构法隧道的设计和施工技术得到了很大发展，出现了泥水平衡式和土压平衡式盾构，衬砌由铸铁转向钢筋混凝土或钢材组成。用盾构法施工的世界著名水下隧道有英吉利海峡隧道（图11.2-4）和后来日本东京湾海底隧道。

图11.2-4　英吉利海峡隧道（盾构法）

盾构法采用现代化的生产手段，速度快，效率高，工作人员作业环境较好，安全保证程度高。随着盾构掘进机的发展，适用地层范围越来越广。盾构隧道管片及防水系统工厂化预制，机械化拼装，质量稳定。施工通风易于解决，已实现长距离独头掘进，适用于特长的海湾、海峡隧道建设。施工时对航道没有任何干扰。与钻爆法相比，隧道埋深要求较低，因此线路长度可以缩短。

盾构隧道断面形式和线型受盾构机制约，灵活度不大，一般为圆形，如采用异形断面，则盾构机需要专门订购和加工。在隧道掘进中途需要更换刀具和整修刀盘，工艺复杂，操作困难。盾构隧道采用预制管片作为衬砌结构，因此施工缝分布广泛，尽管采用各种密封及防水措施，但保证隧道不发生渗漏仍然是相当困难的。盾构设备昂贵，机件复杂，建设成本中设备费用比率较高；对地层地质和水文情况敏感度极高，建设风险较大[16]。

11.2.5 海底隧道选型案例

在实际工程中海底隧道的修建方式取决于隧道的用途、场地条件和场地约束、隧道尺寸、隧道长度、隧道线型、地面条件、海洋影响、生态影响和通航影响等[17]。下面结合具体工程案例讨论实际工程中的隧道选型问题。

1. 港珠澳桥隧工程

港珠澳大桥是中国境内一座连接香港、珠海和澳门的桥隧工程，位于中国广东省珠江口伶仃洋海域内，大桥主体长度约为35km，隧道部分约为6km。

根据该工程自身特点及环境地层情况，可选择的盾构开挖形式包括沉管法和盾构法，对比分析主要在上述两种方法之间进行[8,18,19]。

（1）施工难度。若隧道采用沉管隧道，施工难度主要体现在外海自然条件恶劣，水流大、浪高，在海底挖沟成槽、管节浮运安装困难。首先，若采用盾构隧道，则国内能够满足大直径（17m）、长距离（6000m）、高水压（0.6MPa）复杂地层（淤泥质类、黏性土类、风化岩以及断层）盾构推进要求的盾构机械国内还没有制造先例，这是最大的难度；其次，盾构机在近人工岛的覆土深度仅有0.6D（D为盾构外径），海底距隧道顶约10m，且穿越人工基础，在此条件下盾构推进控制难度很大；再次，盾构机械自重大，在软弱地层且纵向坡度段极易产生“磕头”现象，盾构机姿态控制困难。

（2）造价。由于沉管隧道比盾构隧道短500m左右，改善了与人工岛的接线条件，减少了人工筑岛面积600m^{2}左右，节约工程造价2亿元左右。

（3）对环境的影响。沉管隧道设计由于埋深小，其设计与施工受外界条件（如水文、河床等）影响较大。同时，沉管隧道属于明挖隧道，其施工过程中基槽开挖、管节浮运沉放均需占用一定的水域，对防洪、通航、锚地均会产生不同程度的影响。盾构隧道由于采用暗挖技术，很少受到外界条件或对外界因素产生影响。

通过沉管隧道与盾构隧道同等深度比较研究，港珠澳大桥采用沉管隧道和盾构隧道方案修建跨海通道技术上均可行，两方案各有优劣。但是比较而言，沉管隧道更有优势，这也是最终工程选用的方案。沉管隧道造价低、风险小、工期短，虽然采用沉管隧道与外界的相互影响较大，但是采取必要的措施后影响可控。图11.2-5、图11.2-6分别为港珠澳沉管隧道纵断面和结构标准横断面。

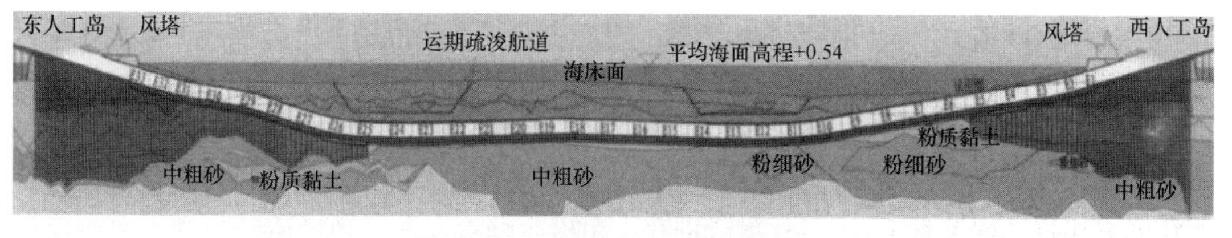

图11.2-5 港珠澳沉管隧道纵断面

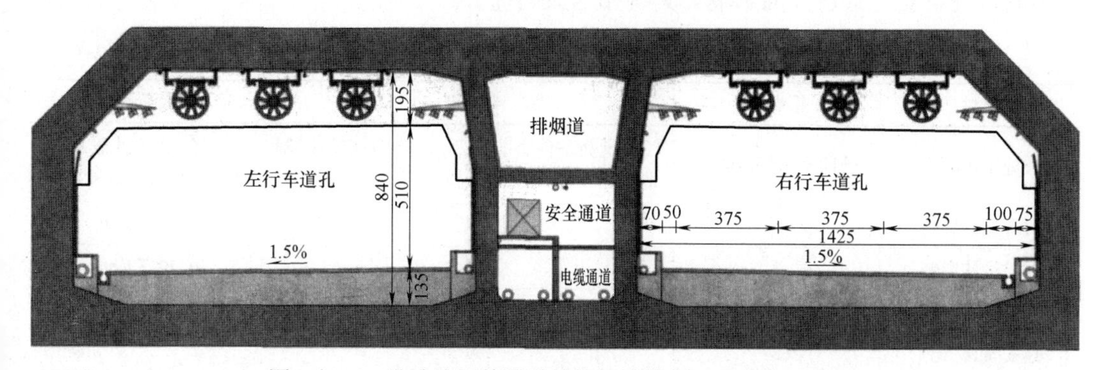

图11.2-6 港珠澳沉管隧道结构标准横断面（单位：cm）

2. 宁波象山港海底隧道

宁波象山港跨海通道工程项目，起自宁波绕城高速公路云龙互通，向南跨越象山港，止于象山县戴港，近接38省道，全长约47km。根据本项目的建设条件特点，尤其是有基岩的存在，且基岩埋深差异大，可供选择的隧道施工方案有钻爆法、盾构法和沉管法[20]。

1）盾构法方案

盾构隧道与钻爆法隧道相比，隧道长度小，养护费用低，施工周期短，同时对航道无影响，受天气的影响小，具有可实施性。从本工程看，盾构机制造、养护技术虽然成熟，但盾构推进长度大，推进过程中盾构机的维修困难；隧道穿越部分岩层，地层不均匀导致盾构机的姿态控制难度大，不均匀沉降对结构的影响很大；盾构机推进段后支座设置和维护困难；泥水压力平衡等技术原因保障性差。综上所述，盾构隧道施工较为困难，施工风险大[21,22]。

2）沉管法方案

从象山港口的海洋工程地质、水文、气象条件、航道及航运要求、施工技术、施工工艺、风险性分析和环境控制等方面综合来看，采用沉管法具有工程可行性。沉管隧道具有断面利用率高，结构防水性能好等优点，但对于本工程而言主要有以下方面的问题[21,22]：

（1）国内当时尚无沉管隧道设计规范，缺乏沉管段2km以上的大型海底沉管隧道的设计经验，需要借鉴美国、丹麦、瑞典、荷兰等国经验。

（2）两个沉管隧道方案隧道纵身大部分位于淤泥质黏土、部分位于粉质黏土中，沉管隧道整体沉降控制和不均匀沉降控制难度较大。

（3）后华山沉管隧道方案与南岸竖井连接有一段沉管隧道位于岩石中，因此基槽开挖需进行水下爆破，水下爆破对于南岸竖井的稳定性有一定影响。

（4）沉管隧道方案岸上浅埋段均为联拱隧道结构形式，隧道造价高。

（5）沉管隧道施工受外界自然因素影响大，其设计、施工风险性较大。设计中需充分考虑隧道结构的稳定性、可靠性和耐久性，并根据具体实施方案对各关键环节进行详细的风险评估与分析。

（6）由于海滩段水深不能满足要求，需要对干坞至海中段进行航道疏浚。

根据工程方案及各方案工程地质水文条件，结合各方案的可实施性分析，经过经济技术优缺点比较（详见表11.2-1），最终推荐了钻爆法隧道方案。钻爆法隧道施工对航运没有影响，且不受气象条件的影响，具有相当大的优势。

隧道方案比选[20] **表11.2-1**

项目	钻爆法	盾构法	沉管法
施工风险	受地质条件影响大	受地质条件影响大，特大盾构机设计、制造缺乏经验，施工经验较少	受自然条件影响较大，设计、施工风险较大
对环境的影响	无	无	有（施工期间）
对航运的影响	无	无	有（施工期间）
后期不均匀沉降	小	较大	大
建安费（亿元）	26.77	27.25	30.15
推荐意见	推荐	比较	比较

11.3 海底隧道结构设计

11.3.1 设计原则与标准

海底隧道设计原则如下：

(1) 满足施工和运营安全要求，并具有足够的耐久性，做到安全、经济、适用、先进。

(2) 隧道内净空尺寸满足建筑限界和功能使用以及施工工艺的要求，并考虑施工误差、测量误差、结构变形及后期沉降的影响。

(3) 根据施工阶段和运营阶段可能出现的最不利荷载组合，分别进行强度、刚度、稳定性验算。

(4) 隧道构件在永久荷载和基本荷载作用下，应按荷载短期效应组合，并考虑长期效应组合的影响进行结构构件裂缝验算（混凝土构件的裂缝宽度应不大于0.2mm）。当计及地震等偶然荷载作用时，可不验算结构的裂缝宽度。

(5) 结构防水贯彻“以防为主，刚柔结合，多道设防，综合治理”的原则。

海底隧道设计时，首先需要查明工程沿线的工程地质及水文气象与环境条件，包括海底地层分布及各地层物理力学指标、特殊地质情况、地震等级及地震动参数、海水高低潮位、流速、冲刷淤积、海水深度等。环境条件包括航道分布及等级、抛锚区分布及等级、是否渔业、生态等环境敏感区，沿线岸线码头及企业分布等影响海底隧道选线、工法选择、埋深深度、结构设计等方面的基础资料。

海底隧道设计标准要根据隧道的服务功能、类型、长度及重要性，结合水文地质，地震与环境条件等综合确定，对海底隧道设计标准通常如下：

(1) 主体结构设计，使用年限不低于100年（重要的提高至120年），结构安全等级为一级，重要性系数取1.1；

(2) 设计洪水位，按100年一遇设计，按300年一遇校核；

(3) 抗浮稳定性，分别对施工期和运营期进行验算，满足规范要求；

(4) 抗震，按100年基准期超越概率10%的地震动参数设计，按超越概率3%的地震动参数验算，并按地震基本烈度等级计算后采取抗震构造措施提高一级设计，高烈度地段抗震措施单独分析后确定；

(5) 耐火，根据隧道长度，按相应规范确定地下结构中主要构件的耐火等级；

(6) 防腐，根据隧道所处地下水的腐蚀性确定环境作用等级；

(7) 防水，隧道防水等级通常确定为二级，但以高铁通行为目标的隧道明确为一级。

11.3.2 钻爆法隧道结构设计

钻爆法修建海底隧道，分为单线单洞与双线单洞结构形式，在满足行车限界、机电设备及疏散救援要求条件下，采用马蹄形或圆形断面形式。典型断面形式如图11.3-1所示。

钻爆法隧道结构设计主要包括衬砌结构设计。钻爆隧道应采用复合式衬砌，设计参数应根据使用要求、地质条件、隧道埋置深度、施工及运营期间结构受力、环境作用等级、

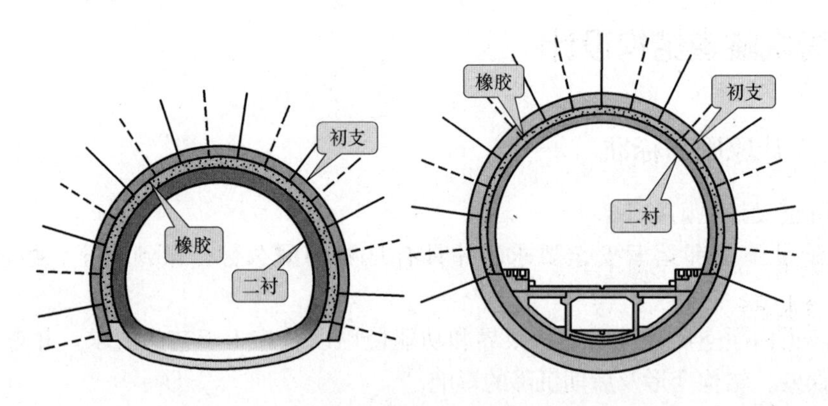

图 11.3-1　钻爆法马蹄形与圆形隧道典型断面

运营期渗水量控制要求等因素综合分析确定（图 11.3-2）。初期支护采用喷锚支护，辅以围岩注浆降渗止水；二衬衬砌采用模筑钢筋混凝土，根据埋深及水压考虑采用抗水压衬砌或限水压衬砌。

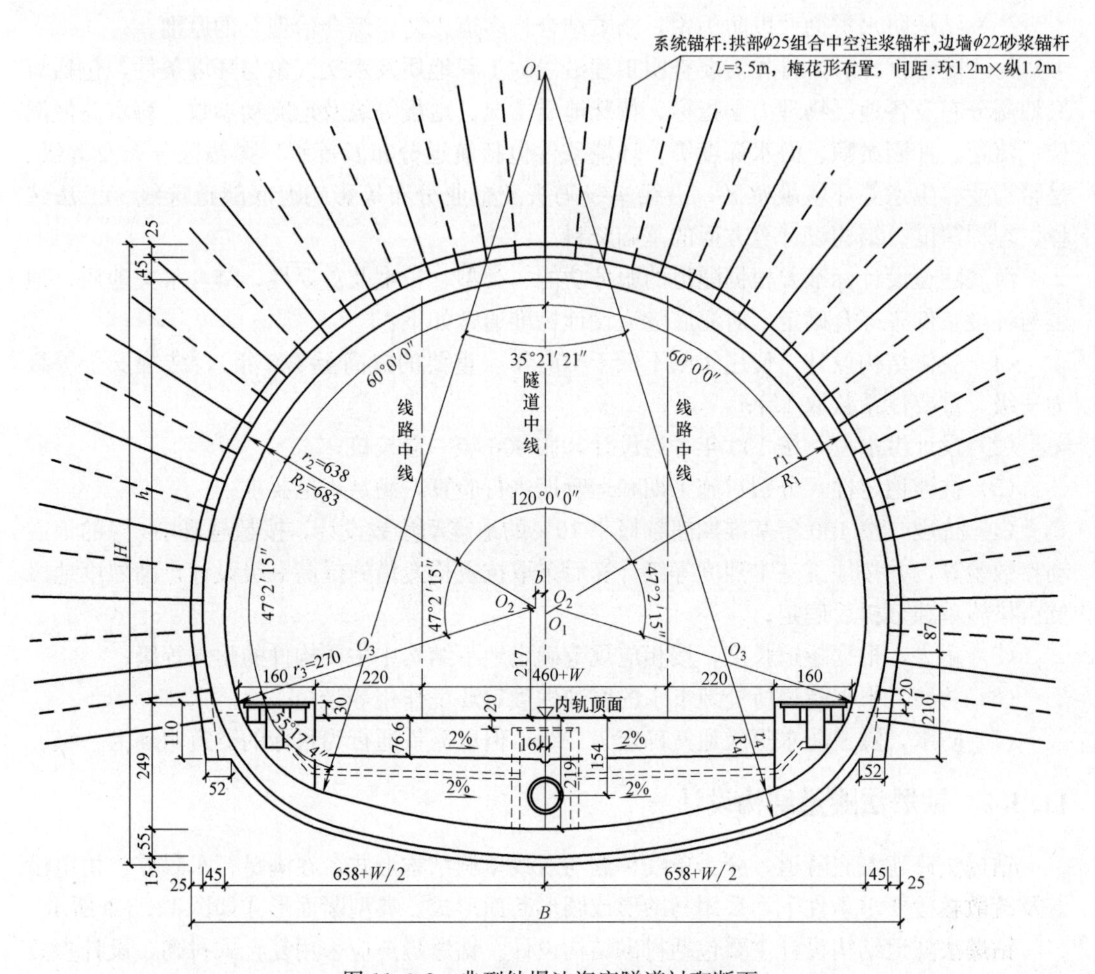

图 11.3-2　典型钻爆法海底隧道衬砌断面

钻爆法隧道防排水设计遵循“以堵为主，限排为辅，多道设防，综合治理”的原则，结合埋置深度、地质条件及衬砌结构类型等因素，确定作用于隧道衬砌结构上的水压力。钻爆隧道要进行可靠的辅助施工措施设计，并对施工过程中可能出现的风险进行施工安全保障措施和应急预案设计。

钻爆隧道的防水根据隧道开挖方法、结构特点、水压力及容许渗水量等因素，制定钻爆隧道衬砌的防排水方案，隧道的二次衬砌应达到二级防水标准，配电房等特殊地段应达到一级防水标准。隧道的二次衬砌要采用防水混凝土，防水性能根据外水压力及结构厚度确定。隧道渗水量较大时，宜通过注浆保证施工期间的安全和减轻运营期间的排水压力。注浆防水方式应符合下列规定：（1）在软弱或破碎围岩地段，通过超前注浆，在隧道洞室四周形成注浆堵水圈，封闭围岩裂隙和渗流通道；（2）对于设置了钢架的初期支护地段宜进行补充注浆，将地下水封闭于初期支护外；（3）未设置钢架的初期支护地段要及时对围岩进行注浆封堵；（4）二次衬砌背后回填注浆，且回填应密实；（5）注浆材料宜采用纯水泥浆液等在地下水长期作用下强度不显著降低的材料。

钻爆隧道若采用全封闭、限排、排放复合衬砌，衬砌之间应采取隔水措施，防止不同防水分区之间地下水相互连通，对地下水封闭要求高的衬砌应向封闭要求低的衬砌延伸15～20m，不同衬砌类型之间隔水措施的纵向长度宜为8～12m，在地质条件较好的地段可取消初期支护与二次衬砌之间的无纺布，并在防水层与初期支护之间设置软质橡胶等防串流垫层。

隧道防水层应选用强度高、延性好、耐老化的合成高分子类防水卷材，卷材外观质量、品种规格要符合现行国家标准或行业标准。全封闭复合衬砌段防水卷材宜采用双面自粘型材料，排水复合衬砌及限排复合衬砌的防水卷材宜采用单面自粘性类型[23]。

11.3.3 沉管法隧道结构设计

沉管隧道的断面结构形式一般为矩形结构，典型隧道断面如图11.3-3和图11.3-4所示。沉管隧道结构设计主要包括管节结构设计。管节结构设计应根据管节长度、管节接头类型及最终接头构造与位置等因素进行，并与隧道平、纵面线形设计相匹配。管节横断面宜左右对称，采用钢筋混凝土结构。在特殊情况下，可根据管节结构受力、结构耐久性及施工要求等因素，选择钢壳混凝土结构或预应力钢筋混凝土结构。

图11.3-3 沉管结构形式

管节干舷高度取值应根据管节外形尺寸、混凝土重度、结构配筋率、水体重度、施工荷载、管节制作误差等因素确定，完成舾装后的管节干舷高度宜控制在10～25cm。

沉管管节先在干坞内预制。根据沉管隧道与管节的规模、隧址周边环境、水域与航道条件、工期要求等，对移动式、岸上轴线式、异地式三种干坞形式进行综合比选后确定。图11.3-5所示为干坞预制场。

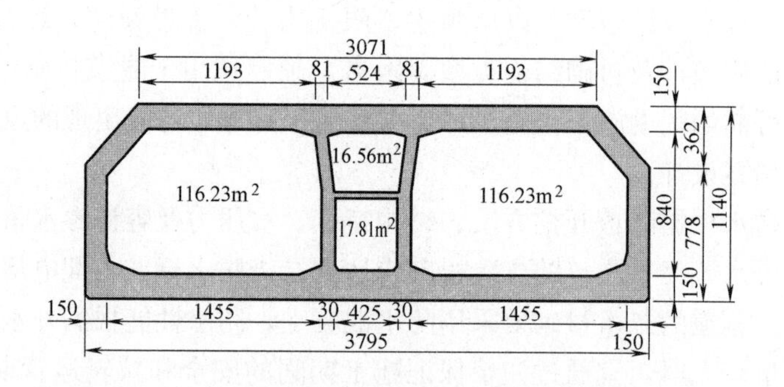

图 11.3-4　典型沉管法隧道断面示意（单位：cm）

图 11.3-5　干坞预制场

管节可采用整体式结构或节段式结构，应结合沉管段长度及分段长度、地质条件、作用及组合、工期等要求合理选用。管节长度不宜大于 180m，管节浇注分段或节段长度宜为 15～25m。管节两端的端封门可采用钢结构或钢筋混凝土结构，端封门周边与管节断面的接缝应具有良好的水密性，并应根据隧道最大水深进行强度验算。钢结构端封门宜采用 H 型钢和钢面板的结构形式，可重复使用。钢筋混凝土端封门应保证 H 型钢骨架与钢筋混凝土面板的紧密贴合，两种端封门均应设置通气管、给排水管、人孔、观测用人孔等。

沉管隧道应在沉管段与岸上段之间、管节与管节之间、节段与节段之间设置接头，管节接头应采用 GINA 与 Ω 止水带，在沉管隧道贯通位置应设置最终接头，最终接头应根据设计的岸上或水下具体位置，选用柔性连接或刚性连接方式。最后还应根据隧道抗震计算结果，选择接头设置抗震限位装置或采用可适应大变形的专用止水带。

节段式管节应采用自防水混凝土。整体式管节应以混凝土自防水为主，尚宜辅助设置全外包防水层。底钢板作为底部防水层时，应与侧墙及管顶的防水卷材或涂料、两侧的钢端壳连接，形成完整的防水体系。防水层应满足设计耐久性要求。管节结构的防水还应符合现行《地下工程防水技术规范》GB 50108 的规定。节段混凝土宜全断面一次浇注成型。整体式管节应在纵向与水平向施工缝处采用可靠、耐久的止水措施。管节预制完成后应在干坞内进行试漏试验。

11.3.4 盾构/TBM法隧道设计

盾构法海底隧道断面形式通常为圆形，公路隧道一般为单洞，有单层两车道隧道、单层三车道隧道与双层四车道隧道，隧道直径约 11～17.5m 不等，见图 11.3-6。铁路隧道一般分为单线单洞与双线单洞形式，其中两个单线单洞隧道组成双线铁路，两个单洞之间设置用于疏散互为救援的横通道，或另设置通风与疏解救援的专用纵向疏散通道。双线双洞与双线单洞的典型断面如图 11.3-7 所示，隧道断面直径一般约 9～15m。

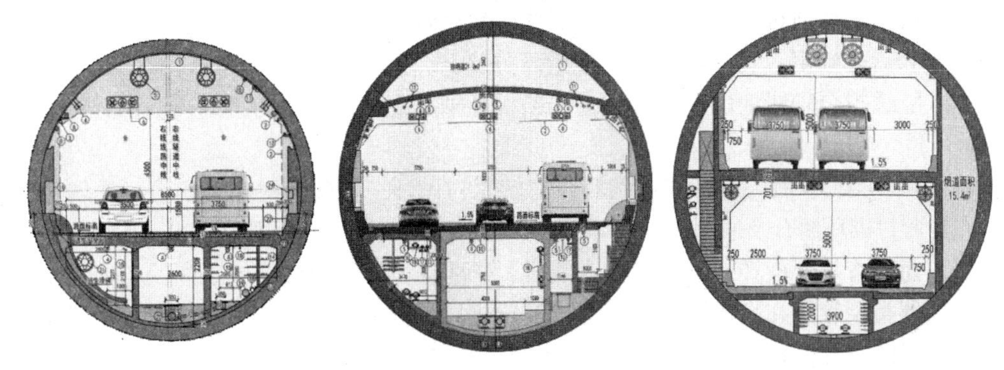

图 11.3-6 典型盾构/TBM法海底公路隧道断面示意

图 11.3-7 典型盾构法海底铁路隧道断面示意

隧道工作井（图 11.3-8）在施工阶段用作盾构机/TBM的始发和接收井，也是海底盾构/TBM段与明挖接地段的转换结构。运营阶段用作隧道设备用房，同时可作为隧道人员的安全疏散出口。

图 11.3-8 典型工作井

盾构隧道的结构设计主要包括隧道断面内径、衬砌、衬砌环选择、管片结构设计以及防水设计[24]。

1. 断面内径

隧道内径首先应满足规划交通功能、运营管理设施、安全设施所需要的空间要求，同时在此基础上，考虑隧道施工误差、结构变形、设计管片拟合误差及隧道后期不均匀沉降等因素所需的富余空间。设计时在隧道限界要求的基础上在半径方向考虑 150～200mm 的富裕尺寸量，隧道内径根据设计以及规范要求而定。

2. 衬砌

从国内外各种水文地质条件下江（海）底盾构隧道的实践经验看，采用单层衬砌可以满足圆形衬砌环变形、接缝张开量及混凝土裂缝等的设计要求，单层衬砌同时结合管片外同步注浆和二次注浆加强管片防水效果的方案，工艺简单、工期短、投资节省。当然根据抗震、防撞等要求也可以采用附加二衬现浇结构措施。从国外盾构隧道二次衬砌的作用来看，主要是对一次衬砌的管片起到加固效果并用来防震、修正蛇行、防水及防蚀。

3. 衬砌环类型

盾构隧道主要通过管片环的拼装达到线路拟合的目的，管片环采用双面楔形，楔形量依照设计和规范确定。管片环之间采用错缝拼装。经衬砌拟合专用程序计算其隧道轴线拟合误差（隧道拟合轴线上的任意一点与线路设计轴线上最近一点的距离）确保其符合相关规定。

就衬砌环类型来看，有标准衬砌环＋左转弯衬砌环＋右转弯衬砌环组合、左转弯衬砌环＋右转弯衬砌环组合及通用楔形环等形式。工程设计中常采用通用楔形环，其优点在于：

（1）通过管片环旋转，满足全线直线段、平曲线段、竖曲线及施工纠偏要求，特别是避免了其他类型管片在高水压条件下通过设置垫片拟合竖曲线施工的缺点，减少了施工风险，加强了防水性能；

（2）工程单线隧道较长时，可以减少钢模数量，不需要再设计直线环或专用转弯环；

（3）通过管片不同的旋转角度实现曲线拟合，可最大限度地减小曲线拟合误差的积累，隧道轴线偏差可控制在 5mm 以内，满足隧道轴线拟合误差的要求；

（4）通过管片的精确定位，提高了管片拼装质量；

（5）便于管片贮存、运输及施工管理。

通用楔形环的缺点在于管片需根据拟合需要旋转不同角度，拼装方式不固定，但可以通过计算机软件实现线路拟合自动化，辅助管片拼装，并通过优化结构设计，使管片环纵向螺栓及榫槽具备精确定位的效果，提高管片拼装质量。

从通用楔形环的理论上看，衬砌环楔形量只要比工程圆形隧道段最小曲线半径对应的楔形量大就可以拟合成所需的线路，而最合适的楔形量应使线路拟合的误差最小，并满足线路纠偏等实际施工需要。如某工程圆形隧道段线路曲线半径均为 1000m，经拟合计算，衬砌管片环采用曲线半径 600m 对应的楔形量，则可以精确地完成线路拟合，并满足盾构施工纠偏的要求。

4. 管片结构设计

管片设计参数包括环宽、衬砌环分块与管片厚度等。

1）衬砌环宽度

按国内外已建盾构隧道的情况，小直径的地铁区间隧道较多采用 1000～1500mm 的环宽，如南京地铁 1 号线一期工程、广州地铁 1 号线、北京地铁的环宽为 1200mm，广州地铁 2 号线的环宽为 1500mm。大直径隧道较多采用 2000mm 环宽，如武汉长江隧道、南京长江隧道、杭州庆春路隧道、杭州环城北路隧道、上海崇明越江隧道、荷兰“绿色心脏”隧道均采用 2000mm 的环宽。

2）衬砌环分块

衬砌环分块方式需综合考虑结构受力、管片运输、拼装等因素确定，通常分块由 1 块封顶块 F、2 块邻接块 L1～L2 及多块标准块管片组成。主要的封顶块分块方式有等分块、1/2 分块、1/3 分块方式。管片示意见图 11.3-9。

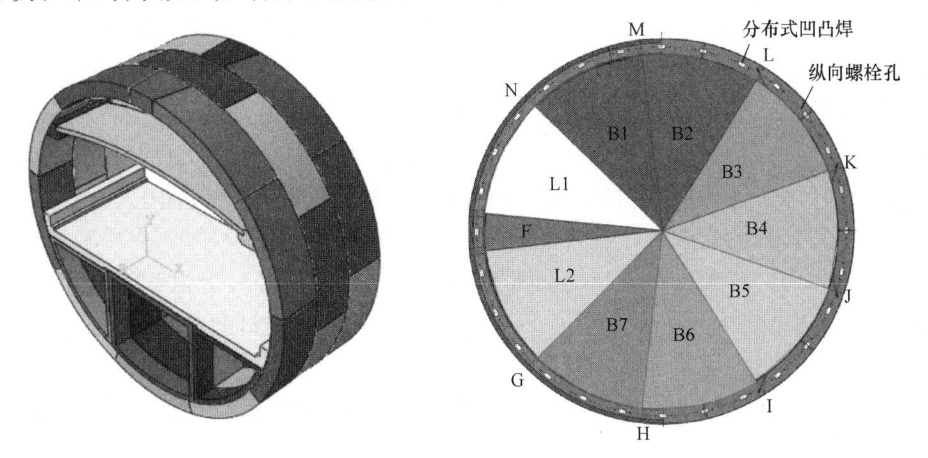

图 11.3-9　管片示意

3）管片厚度

管片厚度要根据不同厚度下管片结构的受力状态，并结合工程类比，综合考量后确定。管片厚度设计过小，容易导致盾构隧道的变形量较大，影响管片拼装和使用，对结构防水也有影响；若管片厚度设计过大，则盾构隧道最大正弯矩增加、相应轴力减小，势必要求配置更多的钢筋来满足结构的受力要求，总体上会增加工程造价。

4）管片接缝

管片接缝应满足防水构造设计、结构强度及盾构施工要求，并根据通用楔形环的特点为管片拼装提供一定的定位功能。根据管片接缝防水设计方案，接缝上设置双道防水，即外侧海绵橡胶条＋多孔 EPDM 弹性密封垫＋遇水膨胀止水条，内侧预留嵌缝槽。为防止管片外侧损坏，在接缝设置丁腈软木橡胶垫片。在管片环、纵缝上均设置凹凸榫槽。

管片采用螺栓连接时一般有直螺栓、弯螺栓及斜螺栓等形式，见图 11.3-10。弯螺栓刚度小，较易变形，螺栓较长，材料消耗较大，且在螺栓预紧力、高水土压力和地震作用下对端头混凝土产生较大的挤压作用，易造成混凝土破坏，对结构的长期安全不利。直螺栓抵抗弯矩的能力较大，但是对管片的削弱也较大，施工中螺栓的安装工序也较斜螺栓复杂。斜螺栓在结构上加强了构件的联结，防止接头两边错动，可有效承担接头处的剪力和

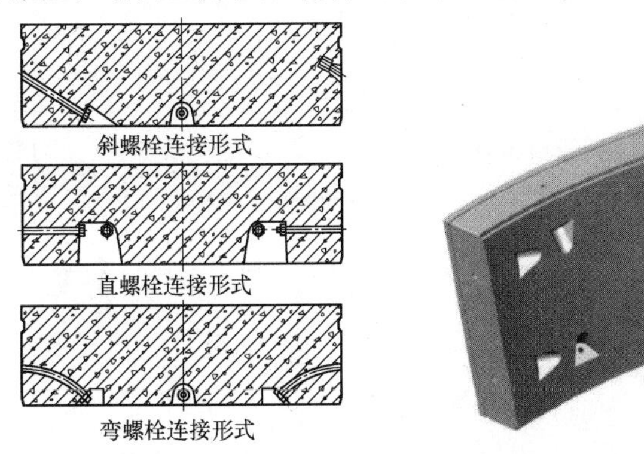

图 11.3-10　管片接缝及块体示意

弯矩，且螺栓较短，材料消耗小。日本东海岸大地震发生后，根据新的建筑抗震要求及地震条件下次生灾害的严重性，设计中要强化螺栓的抗震性能。

5. 防水设计

盾构/TBM 法隧道结构防水以混凝土衬砌结构自防水为根本，衬砌接缝防水为重点，确保隧道整体防水。防水技术要求管片抗渗等级 P12；裂缝宽度不得大于 0.2mm。密封垫设计应保证在管片接缝张开量为 8mm、接缝错位 15mm、水压力 1.5MPa 作用下不渗漏。管片完全接触条件下防水材料沟槽面积与防水材料面积的比值在 1.05～1.15 之间。防水材料应具有良好的耐久性，有效使用年限大于 100 年。

管片自防水设计主要是对管片的防水设计。隧道管片的混凝土强度等级不低于 C50，抗渗等级 P12，限制裂缝开展宽度≤0.2mm。管片采用高性能硅酸盐水泥，掺入二级以上优质粉煤灰和粒化高炉矿渣等活性粉料（掺量≤20%）配置以抗裂、耐久为重点的高性能混凝土，减缓碳化速度和地下水的侵蚀速度。为了提高管片的抗渗性能，管片外侧刷涂水泥渗透结晶型防水涂层[25]。

当工程盾构段穿越粉砂层，局部穿越强透水圆砾层，最高水压较高时，施工中不可避免会出现局部的管片错台，严重时可引起密封垫沟槽混凝土局部剥落，导致接缝出现局部的渗漏，为减少渗漏水的概率，确保工程及周边环境的安全，推荐采用双道防水方案。双道防水方案的具体做法主要有以下两种：

（1）外侧海绵橡胶条＋外侧多孔 EPDM 弹性密封垫＋内侧遇水膨胀止水条，如图 11.3-11 所示。

（2）外侧海绵橡胶条＋外侧多孔 EPDM 弹性密封垫＋外侧遇水膨胀止水条，如图 11.3-12 所示。

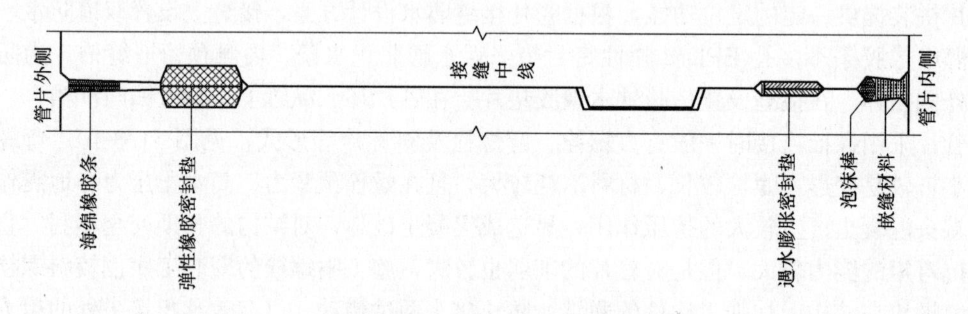

图 11.3-11　管片接缝防水方案一

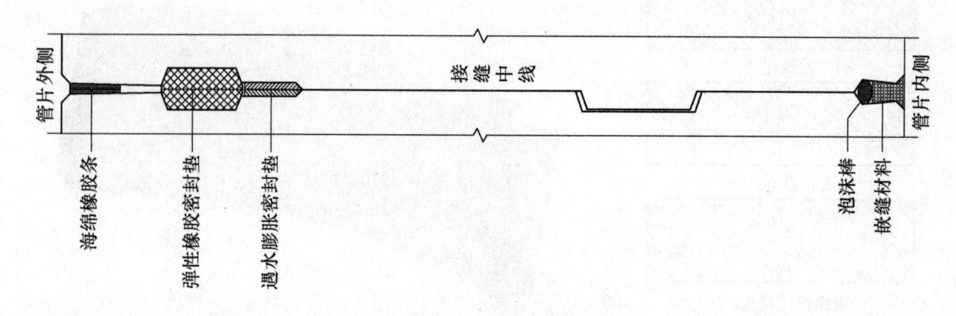

图 11.3-12　管片接缝防水方案二

管片内侧嵌缝采用泡沫橡胶棒与聚硫密封胶。

螺栓孔采用遇水膨胀橡胶密封圈作为螺栓孔密封圈。对隧道水平中轴线以上区域手孔采用内部充满硫铝酸盐超早强（微膨胀）水泥的塑料保护罩套螺栓上的方式封堵；隧道水平中轴线以下区域手孔可接填混凝土封堵。管片螺栓孔防水设计如图 11.3-13 所示。

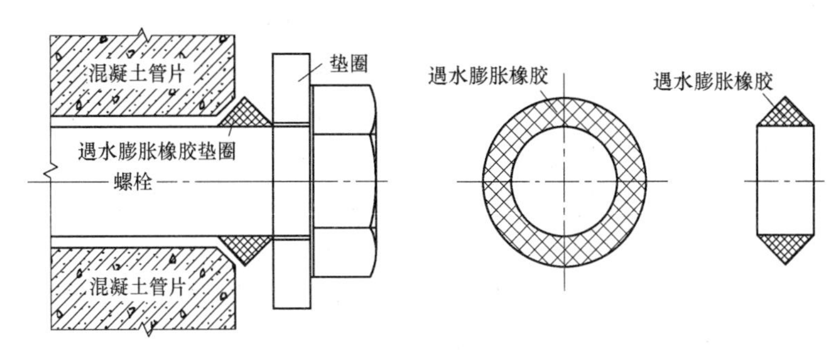

图 11.3-13 管片螺栓孔防水设计

11.3.5 海底隧道结构耐久性与抗震设计

1. 耐久性设计

海底隧道应根据所处环境条件，考虑结构所处位置及衬砌内外环境条件的差异，按现行规范的相关规定，对水下隧道结构进行耐久性设计。

隧道结构所采用的各类材料应与使用环境相适应，可结合结构重要性、可维修性以及环境作用等级，采取附加防护措施。混凝土或钢筋混凝土构件应具有抵抗腐蚀性离子渗透的能力。金属结构与构件可不考虑冻融环境（Ⅱ类）的影响，普通钢材和非合金铝等金属材料不宜用于海洋氯化物腐蚀环境（Ⅳ类）及化学腐蚀环境（Ⅴ类），必须使用时应注意采取附加防腐蚀处理措施。采用聚合物类有机材料的结构或构件应避免直接暴露于高温或紫外线直射环境。考虑结构表面防护层（防水层或其他防护层）对结构耐久性的有利影响时，应保证防护层的完整性及耐久性[26]。

环境作用等级如表 11.3-1 所示。

环境作用等级 **表 11.3-1**

环境作用类别	环境作用等级					
	轻微	轻度	中度	严重	非常严重	极端严重
一般环境（Ⅰ类）	A	B	C	—	—	—
冻融环境（Ⅱ类）	—	—	C	D	E	—
海洋氯化物（Ⅲ类）	—	—	C	D	E	F
除冰盐环境（Ⅳ类）	—	—	C	D	E	—
化学腐蚀环境（Ⅴ类）	—	—	C	D	E	—

（1）处于腐蚀性地下水环境中的钻爆隧道支护结构应符合下列规定：①处于 E、F 级腐蚀环境下的初期支护不宜作为永久支护。必须作为永久承载结构时，锚杆、钢支架、钢筋网等应做防腐蚀处理；②处于 D、E、F 级环境下的钢筋混凝土二次衬砌，混凝土宜添加阻锈剂[27]。

(2) 处于氯离子及其他化学腐蚀性环境条件下的沉管隧道结构设计应符合下列规定：①环境作用等级为 D、E、F 级且采用普通钢筋时，宜添加钢筋阻锈剂；②环境作用等级为 E、F 级时，宜选用环氧涂层钢筋；③环境作用等级为 F 级时，可选用不锈钢钢筋，结构应增设防护涂层。

(3) 对于盾构隧道，处于腐蚀性地下水环境中的钢筋混凝土管片，应对预制管片和接缝防水密封垫进行耐久性设计。处于氯盐腐蚀及化学腐蚀环境时，管片应采取防腐蚀措施。环境作用等级为 E、F 级时，管片的外侧应附加防护涂层，或采用双层衬砌。

(4) 堰筑隧道的结构需要防腐设计如下：环境作用等级为 D、E、F 级且采用普通钢筋时，宜添加钢筋阻锈剂。环境作用等级为 E 级时宜选用环氧涂层钢筋，为 F 级时可选用不锈钢钢筋。环境作用等级为 E、F 级时，结构外侧应设防腐蚀层。处于海洋氯化物及化学腐蚀环境时，地下连续墙及钻孔灌注桩等基坑支护结构不宜作为永久结构。冻融环境条件下隧道结构伸缩缝的间距不宜大于 25m。

目前混凝土结构设计方法主要是针对承载力极限状态进行安全设计和考虑约束变形作用进行适应性的验算，对结构随时间变化和环境条件的影响导致结构性能的退化则考虑得较少。具体的混凝土指标如表 11.3-2 所示。

混凝土指标　　表 11.3-2

工程部位		隧道主体结构
混凝土抗渗等级		明挖主体结构≥P8，盾构管片结构 P12，盾构内部结构 P6
耐久性措施		1. 高性能混凝土；2. 外表面采用全包防水
水泥及添加材料	水泥及添加材料	强度等级≥42.5MPa 的低水化热的 PⅠ或 PⅡ型水泥＋高炉矿渣微粉或优质粉煤灰等超细矿物掺合料
	用量(kg/m^3)	320～400
	水胶比	≤0.45
混凝土氯离子扩散系数(m^2/s)		$\leqslant 7\times10^{-12}$
碱含量(kg/m^3)		≤2
氯离子含量(%)		≤0.6

混凝土结构中混凝土强度等级需满足表 11.3-3，环境作用等级见表 11.3-1。

满足耐久性要求的混凝土最低强度等级　　表 11.3-3

环境作用等级	设计使用年限		
	100 年	50 年	25 年
A	C30	C25	C25
B	C35	C30	C25
C	C40	C35	C30
D	C45	C40	C40
E	C50	C45	C45
F	C50	C50	C50

用于氯盐腐蚀环境中的钢筋混凝土构件，其混凝土 28d 龄期的氯离子扩散系数 D_{RCM}

值，应符合表 11.3-4 所示，环境作用等级见表 11.3-1。

混凝土中的氯离子扩散系数 D_{RCM}（28d 龄期，$10^{-12}m^2/s$） 表 11.3-4

结构设计年限(年)	环境作用等级	
	D	E 以上
100	≤7	≤4
50	≤10	≤6

预埋金属构件的耐久性按如下方式进行设计：

（1）连接螺栓表面采用锌基铬酸盐涂层＋封闭的防腐蚀法，涂层总厚度为 6～8μm。

（2）钢构件采用环氧富锌底漆和超厚浆型环氧沥青漆，两道漆的干膜总厚度为 290μm。

（3）隧道内金属预埋件采用乙烯基脂玻璃鳞片涂料，其底漆与面漆干膜总厚度为 350μm，此涂层自身的耐久性和对混凝土的有效防护时间不低于 20 年。

2. 海底隧道抗震设计

1）抗震设防目标

海底隧道抗震设防目标为：当遭受低于本工程抗震设防烈度的多遇地震影响时，隧道结构不损坏，对周围环境和结构正常运营无影响；当遭受相当于本工程抗震设防烈度的地震影响时，隧道结构不损坏或仅需对非重要结构部位进行一般修理，对周围环境影响轻微，不影响结构正常运营；当遭受高于本工程抗震设防烈度的罕遇地震（高于设防烈度 1 度）影响时，隧道主要结构支撑体系不发生严重破坏且便于修复，无重大人员伤亡，对周围环境不产生严重影响，修复后可正常运营。

2）抗震设计技术路线

工程抗震设计主要采用拟静力分析法，针对相应的工程合成人工地震波，以 100 年概率水准为 2％的加速度时程曲线的前 10s 作为输入，首先计算分析工程场地地层的地震响应，在获得地层地震响应，尤其是位移响应和剪切力响应的基础上，利用拟静力法对工程典型地段隧道横截面进行横断面方向的地震响应分析。

根据上述技术路线，通常需要对隧道抗震分析的周围地基的稳定性、横断面及纵断面进行计算，集中在以下三方面：①场地地层地震响应分析；②隧道横断面方向地震响应分析；③提出工程抗震建议和工程抗（减）震措施。

地层地震响应分析抗震计算采用反应位移法进行，以地层位移差和地层剪应力作为地震作用，对结构进行静力计算，其中地层的地震响应（位移差、剪应力）是计算的关键。

3）抗震设计措施

为了加强盾构隧道的抗震性能，需要采取相应的减震措施。由于在地震时，隧道具有随着地层的变形而变形的动力特性，增加隧道的刚度，地震产生的断面力也将增大，如果按照地震附加断面力与常时荷载在断面的作用力叠加结果进行结构设计，其结果是衬砌断面的厚度和配筋率都将增加。因此隧道的抗减震措施中应尽量避免用增大隧道的刚度来抵抗地震影响的抗震措施，而应优先选用减震措施。减震措施是指在隧道的构造方面采用一些工程方法来吸收地震时地层内所产生的位移，以降低地震对隧道的损害。

对于盾构隧道，可以采取以下减震措施提高工程的抗震水平：

(1) 增强盾构隧道纵向接头的变形能力是减震的有效措施，因为盾构隧道的纵向拉伸量主要产生在隧道纵向接头处；此外也可采用加长纵向螺栓长度、在接头处加弹性垫圈等方式吸收位移，达到减震目的。

(2) 在盾构隧道接头处采用回弹能力强的止水弹性胶片，且适当增加密封垫厚度，施加预应力紧固，可达到地震时有效止水的目的，保证隧道的正常运营。另外，采用可更换的遇水膨胀橡胶密封圈作为螺栓孔密封垫圈，不仅可止水，还可以消震。

(3) 盾构隧道与竖井的结合部位适当设置变形缝，增加接头柔性。

11.4 海底隧道施工

与山岭隧道、城市地铁隧道相比，海底隧道具有如下显著特点[28-31]：

(1) 深水海底地质勘测比陆地地质勘测更困难、造价更高，准确性较低，遇到未能预测到的不良地质情况的风险更大。因此，需要加强隧道工作面前方很长范围内的超前水平钻探，以及不良地质和可能涌水点的预测和预报。

(2) 海底隧道衬砌上的作用荷载与陆地隧道有很大不同。海底隧道除了实际覆盖岩层的压力外，还有很高的静水压力。有效覆盖岩层荷载可以被地层成拱作用降低，而静水压力仍保持全值，不能用任何成拱作用来降低。为了建成不透水的隧道，并且使衬砌上的静水压力降低到可以承受的程度，有必要在衬砌周围地层中注浆形成一个注浆密封环，这样，静水压力会首先作用在注浆环上，避免直接作用在衬砌上。

(3) 高孔隙水压力会降低隧道围岩的有效应力，使成拱作用和地层稳定性降低。高水压形成的高渗透压力可能导致水通过高渗透性或有扰动的地层大量涌入隧道，特别是断层破碎带的涌水。

(4) 由于受水体长期浸泡和腐蚀，以及受汽车尾气 CO_2 等因素的影响，对结构安全性、可靠性和耐久性的考验十分严峻，要求衬砌混凝土耐腐蚀性能高、抗渗性能好，另外洞内装修与机电设施要求做到严格的防潮去湿。

(5) 沿海底隧道线路布置施工竖井费用大，导致连续的单口掘进长度很大，工期长，财政投资高，而且对施工期间的后勤和通风有更高的要求。

(6) 水下隧道进口和出口都选用向上倾斜的倒“人”字坡，当发生塌方、突水灾害时，后果难以想象；而且隧道内的渗涌水不能自然流出，增加了施工难度和工程投资。

(7) 在高水压下开挖横通道是一大技术难题。采用特殊的施工方法，如超前探孔、注浆防渗加固，可保证施工顺利进行。

由以上分析可见，海底隧道建设面临的问题多、挑战大。目前海底隧道主要采用的施工方法有钻爆法、沉管法、TBM 法和盾构法。由于海底地形地质条件以及海洋环境条件的复杂性，海底隧道的修建方法必须综合考虑各方面因素慎重选择，也可以组合应用。

11.4.1 钻爆法施工

钻爆法是隧道工程中通过钻眼、爆破、出渣、支护而形成结构空间的一种开挖方法，强调喷射混凝土支护、锚杆加固以及监控测量与信息反馈，及时掌握围岩和支护变形动态，保持围岩变形与容许变形、围岩压力与结构抗力动态平衡。

钻爆法在海底隧道施工具有明显的特点：与盾构法比，能在较短的开挖地段使用，经济性好；与掘进机法（TBM 法）相比，对围岩匀质性无要求；与沉管法相比，可以极大地减少对环境及水上交通的影响[32]。掘进过程中若遭遇不良地质，如突水、涌泥、溶岩时容易治理，工程风险相对较低。但钻爆法也有以下缺点：工人劳动强度大，洞内作业环境差；爆破作业对隧道围岩扰动大，不利于围岩稳定；对海底隧道的埋置深度要求高，增加了隧道长度等。

国外采用钻爆法修建的海底隧道有：日本的青函隧道、关门铁路隧道、关门公路隧道、新关门隧道，瑞典的 Forsmarkl 隧道等，它们均是完全或部分采用钻爆法施工，挪威的海底隧道几乎全部采用钻爆法施工。国内采用钻爆法修建的海底隧道主要有青岛胶州湾海底隧道、厦门翔安海底隧道（图 11.4-1）等。

图 11.4-1　厦门翔安海底隧道

由于海底隧道下地质环境复杂多变，存在风化槽、断层破碎带分布密集等不良地质条件，施工风险高，这些隧道的成功修建为海底隧道钻爆法施工积累了一定的成功经验。综合海底隧道的特点及相关隧道的工程实践，钻爆法修建海底隧道的部分关键技术介绍如下。

1. 海底隧道地质保障技术（超前地质预报）

超前地质预报通过对隧道掘进方向的地质构造、围岩性状及结构面发育进行超前预测，能够有效避免地质原因造成的施工事故。开挖前严格按照“有疑必探，无疑也探，先探后掘”的预报原则，采用物探钻探相结合，长短距离相结合，地质雷达低高频相结合等手段进行相互验证、取长补短，减少判断失误，提高预报效果[33]。

1）TSP（Tunnel Seismic Prediciton）长距离地质预报

TSP 地质预报主要对掌子面前方 100～150m 左右范围内进行宏观地质预测，通过在隧道掌子面后方边墙上一定范围内布置爆破点，依次进行微弱爆破，利用产生的地震波在不均匀地质体中产生的反射波特性，预报掌子面前方及周围邻近区域的地质情况。

TSP 可以解决的主要技术问题有[34]：预报掌子面前方的断层破碎带、软岩、岩溶陷落柱等不良地质体的性质、位置和规模；预报涌水量大于 $5m^3/h$ 以上的富水地质体和采空区的存在、位置和规模；预报煤系地层的边界和其中的煤层、富水砂岩；粗略地预报围岩级别（类别）；以及定性地预报发生塌方、突泥突水等施工地质灾害的危险性。

TSP 探测系统布置时，根据工程地质资料，在正常段采用单侧布孔预报；在接近风化深槽等不良地质体时，在隧道左右两侧同时布置炮孔，对两侧接收的地震波图进行对比分析。

2）短距离超前地质预报

短距离超前地质预报是在长期超前地质预报的基础上进行的，预报精度一般超过长期超前地质预报，预报距离为掌子面前方 15～30m。主要适用于地质复杂标段，一般不适合在全隧道进行。目前国内外主要采用地质雷达探测、红外线和声波探测等仪器探测方法和掌子面编录预测法[33]。

根据隧道的实际施工情况，在进行超前地质预报时，探测方式一般采用连续测量方式，必要时可对异常点位进行探测。实际探测时，测线通常沿隧道开挖轮廓附近围岩进行探测，因为根据经验，隧道拱顶附近围岩的好坏往往对隧道掌子面是否稳定起决定性作用。同时，探测过程中为保证资料解释的有效性，一般要对同一探测线附近进行双向重复探测，通过对两者相互验证、对比，以避免探测过程中台车、电线等干扰体形成噪声而导致误判。

3）超前探孔结合孔内成像

在已有地质预报的基础上，布设一定数量的超前探孔，布孔数量视不良地质的性质和可能发生施工地质灾害的严重程度来决定。对于较大的断层破碎带，布置 1 孔，至多 2～3 孔即可达到目的；对于溶洞、暗河或岩溶淤泥带等可能突水区段，则以布置 5 孔为宜，必要时可增加探孔数量，探孔施作时，拱部要留有仰角，进一步探明拱顶岩板厚度，两侧要有外插角，判定隧道轮廓线，探孔深度一般为 30m，并进行孔内成像，掌握掌子面前方地层信息，并描绘地质纵断面，指导开挖施工[33,34]。

超前钻探既对隧道洞身长期、短期超前地质预报进行验证，又为施工地质灾害临近警报提供信息。

2. 水下隧道控制爆破技术

钻爆法施工由于爆破振动对隧道围岩产生扰动，当隧道围岩受到爆破扰动时，会在隧道周边产生一定厚度的围岩松弛圈，使得围岩的抗渗性及支撑能力大大降低。因此，研究隧道钻爆法施工须控制爆破对围岩体的损伤破坏和爆破振动对周边围岩和邻近隧道的影响。海底隧道钻爆法施工要控制爆破，采用光面爆破技术，以减少围岩松弛圈的厚度；同时采用减震爆破技术，保护隧道围岩结构的稳定性。

为了做到既降低爆破对围岩的损伤，又能实现较大的进尺，在隧道开挖爆破中采用光面爆破技术。根据大量隧道爆破的经验数据，结合翔安海底隧道围岩地质条件和光面爆破控制技术特点（图 11.4-5），提出以下主要控制措施。

（1）控制单段药量及爆破规模以达到控制原点振速的目的。

（2）掏槽区尽量位于底部，加大掏槽区爆源至地表的距离。周边光爆孔按设计间距布置，并在施工中视效果调整循环进尺，少装药，短进尺，多循环。

（3）最大起爆药量的控制。根据以往工程经验及萨道夫斯基公式，最大振动主要是掏槽过程中产生的，因此最大起爆药量控制掏槽眼的起爆药量即可。

（4）个别地段为减小对拱部围岩的振动破坏作用，在拱部钻密排眼，以达到降低振动的目的。

针对工程对海洋生态环境的保护及减少爆破振动对围岩的影响，海底隧道爆破开挖时在软弱破碎围岩段宜采用台阶分部法或交叉中隔壁（CRD，Cross Diaphram）法开挖，在较完整硬岩段采用风钻人工钻爆，分上下断面开挖支护，出渣运输采用机械配套。

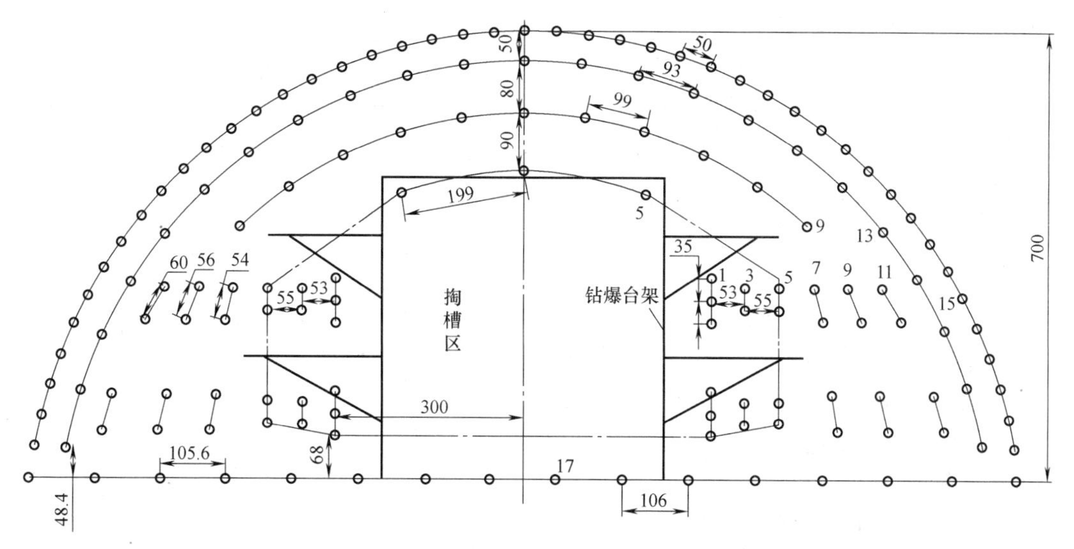

图 11.4-2 翔安隧道光面爆破炮眼布置

3. 隧道围岩复合注浆技术

注浆施工中常采用前进式分段注浆、钻杆后退式注浆、钢管孔底注浆三种工艺。为了阻挡开挖轮廓线外的海水进入开挖面，控制浆液扩散范围，开挖轮廓线外的孔一般采用分段前进式注浆工艺，逐段钻孔，一旦涌水量超过标准，立即停止钻孔，并进行注浆，这样逐段加固和堵水，可防止钻孔过程中的涌水突泥现象发生。

为了改善周边孔底注浆效果，提高周边土体的强度和刚度，抑制隧道开挖后的变形，上半断面开挖轮廓线外的第一圈在完成分段前进式注浆后，再采用钢管孔底注浆进行加固，开挖轮廓线外的孔注浆完成后，开挖轮廓线内的钻孔水主要来自开挖面前方，涌水量已经大大减小，钻头可以一次性钻到孔底，为了改善孔底注浆质量，在注浆段底部形成质量较高的止水帷幕，形成“水平桶状止水效应”。

开挖轮廓线内的孔一般采用孔口止浆钻杆后退式注浆工艺，浆液从钻杆中进入，经过钻头排出，从孔底开始注浆，减少了重复钻孔工作量，实现了钻注一体化，注浆效率和注浆质量大大提高，对于成孔条件较好的补孔，可采用全孔一次性注浆工艺[35]。

为确保注浆质量、保证安全施工，应对注浆效果进行合理评价。根据水下隧道的特点结合相关工程经验，水下隧道富水软弱破碎地层注浆效果检查方法一般可采用分析法、检查孔法、开挖取样法、变位推测法和物探法。水下隧道穿越富水，软弱破碎地层时，对超前注浆效果的检查应以分析法、检查孔法和开挖取样法为主进行，变位推测法和物探法可以作为检查注浆效果的辅助手段[32]。

11.4.2 沉管法施工

沉管法是指在干坞内或大型半潜驳船上先预制管节，再浮运到指定位置下沉对接，进而建成过江隧道或水下构筑物的施工方法。国外采用沉管法施工的著名海底隧道有美国的旧金山海湾地铁隧道、丹麦和瑞典的厄勒海峡隧道等。我国最早采用沉管法修筑的海底隧道是香港于1972年建成的穿越维多利亚海港的红磡海底隧道，已竣工的港珠澳大桥沉管隧道是目前世界最长、埋深及体量最大的沉管隧道。

沉管法修筑的海底隧道具有较多优势：隧道埋置深度小，也可为零覆盖，甚至可凸出河床面，线路相对较短；隧道断面形式灵活，大断面容易制作、断面利用率高；隧道施工水下作业少，质量容易保障；隧道管节长度大、接缝少，防水结构可靠；地质条件的适应能力较强，且抗震性能较好；技术成熟，工程风险相对较低。但是，使用沉管法施工也存在明显缺点：在施工期间基槽开挖和管节浮运安装作业对社会通航有一定影响；沉管隧道的施工受水文条件以及河床稳定条件影响较大；对海洋生态环境影响较大等[35]。由于沉管隧道自身特点及离岸条件下海流潮汐条件、气象条件等因素的影响，沉管隧道施工过程中，沉管隧道的浮运与安装是需要克服的关键技术。

1. 管节浮运施工技术

沉管法建设水下隧道的独特魅力之一就是充分利用了水的浮力作用，使得大型结构物可以漂浮在水中，从而相对省力地进行浮运转场。浮运法是指管节利用自身浮力在水中保持漂浮状态，使用拖轮提供动力拖航至目的地的方法。浮运方式主要受航道条件、浮运距离、水文和气象等多种因素控制，浮运方法主要有拖轮浮运法、岸控绞车与拖轮配合湿拖法、半潜驳运输法。

受可能出现的台风、大径流等恶劣天气以及海流、波浪等水文条件的影响，选用拖轮时应精确计算拖轮拖航阻力及转向阻力，合理确定管节浮运的拖带方式。

管节出坞，起拖时应微速前进，不要使缆绳突然拉紧或突然停车，交替用车减小拖缆的瞬时拉力，靠惯性使拖缆拉紧，如此反复地缓慢拖带前进（图 11.4-3、图 11.4-4）。拖航过程中根据具体情况适当调整拖缆长度，如风浪较大、航经水域水深足够时可适当增加拖缆长度；航经潜水水域或船舶通行密度较大时，可适当减速航行，收短拖缆。

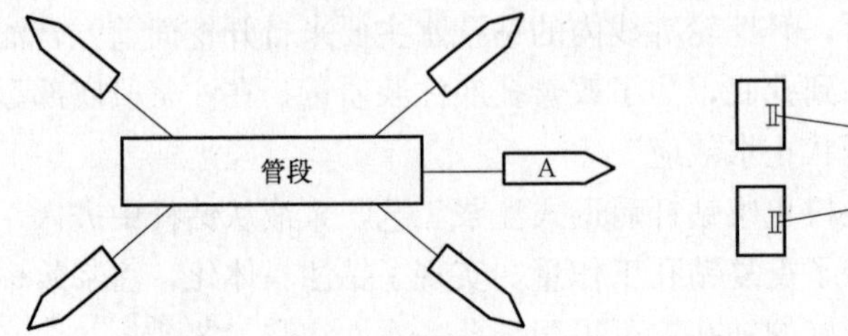

图 11.4-3　拖轮浮运管节示意

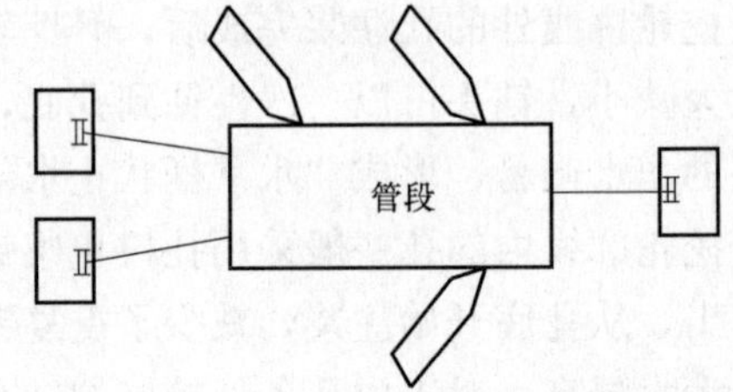

图 11.4-4　绞车拖运、拖轮顶推管节示意

2. 沉管沉放和对接施工技术

1）管节沉放

管节沉放是指管节浮运到安装位置并在水面完成系泊定位后，开始下沉直至坐落于基床顶面槽内临时支撑上的过程。由于受自然条件、航道条件、管段规模以及设备条件等因素的影响，具体施工方法并无统一方案[36]。涉及的关键施工技术包括沉放设备选择和沉放控制方法、管节压载控制方法、测量定位方法等。管节沉放方法主要包括吊沉法（图 11.4-5）和拉沉法[37]（图 11.4-6）。

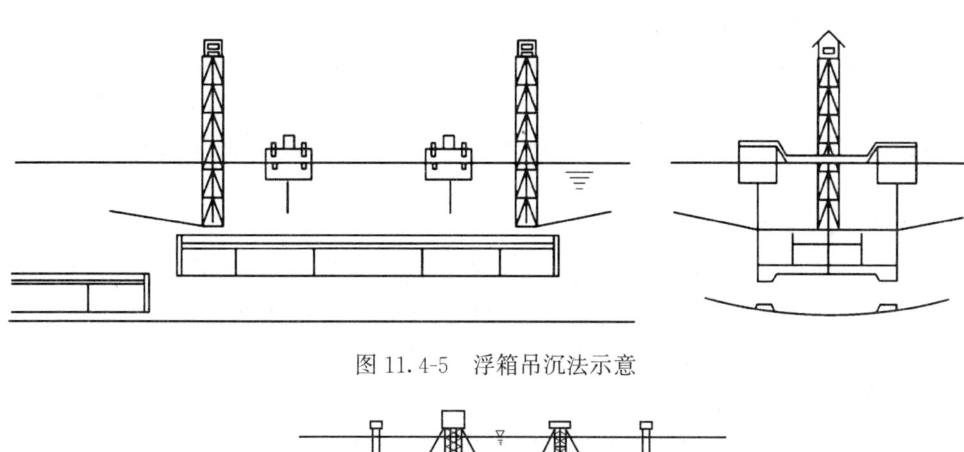

图 11.4-5　浮箱吊沉法示意

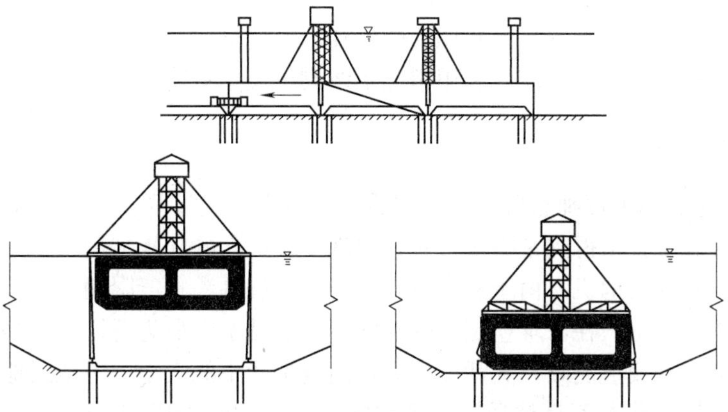

图 11.4-6　拉沉法示意

管节与安装驳船的组合体浮运到位后，首先进行锚泊定位工作，将管节从拖轮拖航状态转换为锚缆系泊定位状态。管节系泊后进行潜水船系泊、管顶舾装准备、基槽边坡扫测、管节压载等沉放准备工作。管节压载完成后即可开始管节沉放作业，下沉时的水流速度宜小于 0.15m/s，如流速超过 0.5m/s，需采取措施。每段下沉分初次下沉、靠拢下沉和着地下沉三步进行[36]。

下放全程要对封门应力应变、管节姿态、管内视频监控和海流状态进行持续监测。下放过程同步下放管节压载水系统线缆、安装船吊钩液压油管及拉合系统线缆油管。安装船绞移时潜水船跟随绞移，绞移过程保证两船间距大于 10m。

2）管节对接

管节对接是指管节利用沉放控制系统准确定位下沉至预先铺设好的基床上，或者沉放至基槽内预设的临时支撑上，与已安装管节进行精确对接、连接的过程。管节对接的关键技术包括导向定位技术、水下拉合技术、水力压接技术、管节定线调整技术及最终接头技术等。

管节沉放到位后立即开展对接工作，水下拉合千斤顶系统将待安管节拉向已安管节，并压缩设在管节接头部位的橡胶止水带形成密闭结合腔；之后利用水力压接技术，排除结合腔内封闭的水，在管节尾端巨大的水压力作用下，两管节的橡胶止水带被充分压缩，管节初步对接完成。

以下介绍水下连接的两种主要方法[36]。

(1) 水下混凝土连接法

采用水下混凝土连接法时，先在接头两侧的端部安设平堰板（与管段同时制作），待管段沉放完后，在前后两块平堰板左右两侧水中安放圆弧形堰板，围成一个圆形钢围堰，同时在隧道衬砌的外边，用钢堰板把隧道内外隔开，最后往围堰内灌注水下混凝土，形成管段的连接。

(2) 水力压接法

水力压接法是利用作用在管段后端（亦称自由端）端面上的巨大水压力，使安装在管段前端（即靠近已设管段或管节的一端）端面周边上的一圈橡胶垫（GINA 橡胶止水带，在制作管段时安设于管段端面上）发生压缩变形，并构成一个水密性良好且相当可靠的管段间接头。用水力压接法进行水下连接的主要工序是：对位→拉合→压接→拆除端封墙。

管节对接完成之后在管内打开封门上的人孔门进行贯通测量，确认管节尾端轴线位置是否满足设计要求，不满足时需要利用精确定线调位技术对管节的轴线进行调整。

11.4.3 盾构法施工

自从 1818 年法国工程师布鲁诺尔发明盾构法以来，经过两百年的应用与发展，盾构法隧道的设计和施工技术得到了很大发展，出现了现代化的气压平衡、土压平衡和泥水加压平衡等多种形式的盾构机。由于盾构机自身特点，盾构法一般限制在港湾下的浅水区和沿海地带的软土层施工，在深堆积层等软弱的不透水黏土中最为适用。但是盾构掘进机构筑的隧道断面形式和线形受限，灵活度不大，曲线半径不能太小；对地层地质和水文情况敏感度极高，在掘进前方不良地质、严重水害和障碍物难以探明的情况下，建设风险较大；在隧道掘进中途需要更换刀具和整修刀盘，工艺复杂，操作困难。

目前海底隧道盾构法施工主要存在的部分关键技术有盾构隧道地中对接施工技术、长距离掘进施工技术及超高水压条件下盾构防水密封与常压换刀技术。

1. 盾构隧道地中对接施工技术

随着盾构法隧道施工距离越来越长，对盾构机设备一次性掘进长度、设备可靠性与稳定性等提出了更高要求。为保证长距离隧道施工顺利进展，单条隧道可同时投入多台盾构机施工，采用相向掘进、地中对接的施工方式能够极大减少施工工期，降低设备故障概率。

盾构隧道地中对接有两种情况：两台盾构机相向掘进至结合地点正面对接，新建隧道盾构与已建隧道结合。盾构正面对接方式有机械对接和土木对接（图 11.4-7）。盾构在地中对接技术存在以下关键技术要点[38]。

1）对接地点的选取

对接地点的选取是整个对接工程中至关重要的部分，应重点考虑以下几个方面：

(1) 水文地质条件。对于软弱土层来说，砂性土层自立性较差，渗透性强，常伴随有微承压水或承压水，对盾构机对接部位密封止水较为不利。而黏性土层渗透性低，适合作为对接施工地层。因此，应尽量避开在砂性地层进行盾构对接施工。

(2) 承压水。盾构对接施工除考虑周边土体的稳定支护外，对接部位的密封止水也是关键问题。软弱地层中地下水非常丰富，选择对接地点时应尽量避开承压含水层及下卧承

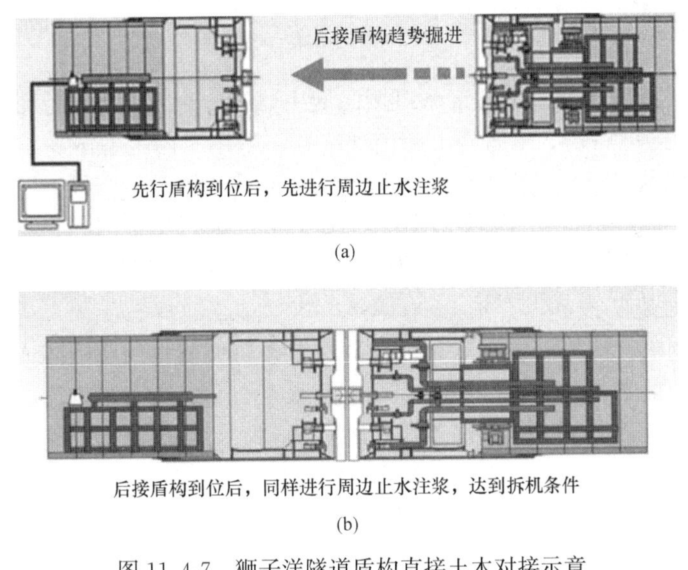
后接盾构趋势掘进
先行盾构到位后，先进行周边止水注浆
(a)
后接盾构到位后，同样进行周边止水注浆，达到拆机条件
(b)

图 11.4-7 狮子洋隧道盾构直接土木对接示意

(a) 先行盾构到位后情况；(b) 2 台盾构均到位后情况

压含水层。

(3) 隧道平面线型。2 台盾构机本体均有一定长度，经过长距离掘进施工后，可能与隧道轴线存在一定偏差。因此，盾构对接段宜为直线段。

(4) 隧道纵向线型。隧道纵向坡度过大也不利于盾构对接精度控制和盾构机姿态控制，对接地点处的坡度应尽可能小。

(5) 尽可能避开主航道。如盾构机隧道穿越江河，江河内主航道存在大量航运活动，且水位较深，隧道上部覆土较浅，为避免航运影响盾构对接，应尽量避开主航道。

2) 对接高精度测量技术

为准确掌握对接盾构机的相对位置，保证最终对接精度，在盾构对接实施前，需采用特殊对接测量技术。当先行盾构机到达对接地点后，对先行盾构机及已建隧道进行加固和稳定施工，探测 2 台盾构机的相对位置。以先行盾构机的位置与姿态为基准，对后行盾构机的掘进方向与姿态进行调整。为使后行盾构机能正确地与先行盾构机对接，对接前相距 50m、30m、5m 的地方从先行盾构机向后行盾构机打设水平钻孔，确认相互间的相对位置。

3) 对接区域加固止水

对接区域加固止水施工主要包括后部管片背后注浆止水、盾壳背后注浆止水、对接地层超前注浆加固止水和直接加固止水施工等。

(1) 管片背后加固止水施工。在最后 200m 的掘进中，应加强相向施工的 2 台盾构同步注浆注浆量；对接位置确定后，先停机盾构对盾尾后管片（至少 60m）及时进行双液浆补强注浆止水处理。2 台盾构对接后，后停机盾构也同样对盾尾后管片进行注双液浆处理。

(2) 盾壳背后加固止水施工。2 台盾构对接后，在仓内采用快硬型水泥对盾壳与地层间隙进行全环封闭，完成封堵后在前盾盾壳上开孔注入化学浆液，注入范围为盾壳前端

2m。化学浆液注入后，利用盾构 22 个超前注浆孔及在盾壳上开孔对盾壳背后注入超细水泥浆液。

（3）对接地层超前加固止水施工。对接区域主要为 2 台盾构对接范围外周的地层，第 1 台盾构达到对接区域后，利用盾构上超前注浆孔，采用专门配备的超前钻机，对对接区域前方外围的地层（裂隙）进行注浆加固，超前注浆孔为沿盾构圆周方向均布设置超前注浆孔，利用专门的超前钻机通过该孔洞钻孔注浆，施工时设置专门的止浆塞，以达到钻孔、注浆时的保压和注浆效果，同时可利用注浆管作为辅助超前管棚支护。

2. 长距离掘进施工技术

位于广东省的湛江湾跨海隧道工程，是我国首条跨海输水的盾构隧道，由于其地理位置特殊性和地形地质条件复杂性，面临着隧道外水压力高、跨海距离长、穿越多种不同类别土层等诸多技术挑战。下面以湛江湾跨海隧道为例，对盾构机长距离掘进施工技术进行说明。

1）掘进速度

（1）盾构启动时，必须检查千斤顶是否可靠，开始推进和结束推进之前速度不宜过快。

（2）一环掘进过程中，掘进速度值应尽量保持恒定，减少波动，以保证切口水压稳定和送、排泥管畅通。

（3）推进速度必须满足每环掘进注浆量的要求，保证同步注浆系统始终处于良好工作状态。

（4）在调整掘进速度的过程中，应保持开挖面稳定。正常掘进条件下，掘进速度应设定为 3cm/min 左右；如盾构正面遇到障碍物，掘进速度应低于 1cm/min。

2）盾构掘进方向控制

采用分区操作盾构机推进油缸控制盾构掘进方向。在上坡段掘进时，适当加大盾构机下部油缸的推力与速度；在下坡段掘进时，适当加大盾构机上部油缸的推力与速度；在直线平坡段掘进时，则应尽量使所有油缸的推力和速度保持一致。在均匀的地质条件时，保持所有油缸的推力和速度一致；在软硬不均的地层中掘进时，则应根据地层断面的分布情况，遵循硬地层一侧推进油缸的推力和速度适当加大，软地层一侧推进油缸的推力和速度适当减少的原则来操作。

3）盾构掘进姿态调整与纠偏

在掘进施工中，盾构机推进方向可能会偏离设计轴线并超过管理警戒值。在稳定地层中掘进，因地层提供的滚动阻力小，可能产生盾体滚动偏差；在线路边坡段或曲线段掘进，可能产生一定的偏差。可参照以下措施进行调整：①参照分区操作推进油缸来调整盾构机姿态，纠正偏差，将盾构机的方向控制调整到符合要求的范围内；②在急弯和变坡段，必要时可利用盾构机的超挖刀进行局部超挖来纠偏；③当滚动超限时，盾构机会自动报警，此时应采用盾构刀盘反转的方法纠正滚动偏差；④采用铰接千斤顶进行纠偏，通过适当调整铰接的伸缩量，对盾构机进行姿态纠偏；⑤通过管片的楔形量进行纠偏，通过合理地布置管片的拼装点位来调整管片的转弯量，从而达到纠偏的效果。

4）管片安装的质量保证措施

管片安装的质量保证措施主要包括：①管片生产时要严格控制生产，加强检测，保证管片的抗渗等级、强度以及各项质量指标符合设计要求。管片进厂时应进行严格的检查验收，破损、裂缝的管片不用；下井吊装管片和运送管片时应注意保护管片和止水条，以免损坏；②止水条及衬垫粘贴前，应将管片进行彻底清洁，以确保其粘贴稳定牢固；③管片安装前应对管片堆放区进行清理，清除污泥、污水，保证安装区及管片相接面的清洁；④严禁非管片安装位置的推进油缸与管片安装位置的推进油缸同时收缩；⑤管片安装时，必须运用管片安装的微调装置将待装管片与已安装管片块的内弧面纵面调整到平顺相接，以减少错台；调整时动作要平稳，避免管片碰撞破损；⑥同步注浆压力必须得到有效控制，注浆压力不得超过限值；⑦管片安装质量应以满足设计要求的隧道轴线偏差和有关规范要求的椭圆度及环、纵缝错台标准进行控制。

3. 超高水压条件下盾构防水密封与常压换刀技术

在海底超高水压环境下的盾构掘进，主轴承密封、盾尾密封、管片接缝密封的可靠性将决定其成败。针对大埋深超高水压条件下（水压最高将达到1.7MPa）盾构密封的高防水要求，要研究主轴承密封、盾尾密封、管片接缝密封的材料、制造工艺及密封结构形式，开发新型高黏度的密封油脂，研究多道高效密封技术，以确保超高水压下的盾构施工安全。

由于海底隧道地质的复杂性及长距离条件下盾构机长时间的工作，在掘进施工中，盾构机的掘进速度将下降，掘进效率降低，需要及时检查、更换刀具。一般情况下，需要施工人员带压进入开挖仓内检查、更换刀具。由于人体能承受的水压一般在0.45MPa以下，带压进仓作业不仅施工难度大、工作效率低，而且施工风险高，极易发生安全事故。针对超高水压（>0.45MPa）条件下的刀具快速更换难题，设计在常压条件下进入刀盘轮辐的常压换刀装置，实现超高水压下的常压换刀，能有效提高施工效率。对于直径大于14m的盾构机，刀盘可以单独设计，即刀盘辐条内部设计成空腔，施工人员可以在常压下进入该空腔内检查、更换刀具，从而避免施工人员带压进入开挖仓检查、更换刀具；对于直径小于14m的盾构机，由于受刀盘尺寸的限制，无法进行这种设计，所以不具备该项功能。

在常压下检查、更换刀具时，为了确保施工安全，需要注意以下几点：

（1）在工地组装盾构机前，需要对常压更换刀具的刀腔和闸门进行耐压测试，测试压力一般为工作压力的1.5倍，确保刀腔和闸门在此压力下密封性能良好。

（2）定期检查拆装刀具导杆和螺杆的状况，如果发现裂纹、拉伸或螺纹损坏等情况及时更换，防止拆装刀具导杆或螺杆失效。

（3）制定、完善施工应急预案，确保发生意外时施工人员能够及时从刀盘的辐条内撤离，并及时关闭刀盘辐条闸门。

11.4.4 隧道掘进机（TBM）法施工

与盾构法不同，隧道掘进机（TBM）法通常适用于中硬以下岩石的隧道掘进施工。国外使用TBM掘进技术建成的世界著名大型隧道有英吉利海峡隧道、东京湾海底隧道、荷兰生态绿心隧道等。我国的TBM技术始于20世纪60年代，经过60余年的发展，在自主研发水平和施工技术方面均取得飞跃式发展，建造了香港地铁中环线和地铁将军澳线海底隧道及青岛地铁2号线、万安溪引水隧洞等工程。

TBM与盾构机的主要区别是不具备泥水压、土压等维护掌子面稳定的功能，常用于山岭隧道施工。TBM 法施工海底隧道具有以下优点：①快速。其施工速率为常规钻爆法的 3～10 倍。能同时完成破岩、出渣、支护等作业，实现了工厂化施工，掘进速度较快，效率较高。②优质。用 TBM 施工，改善了作业人员的洞内劳动条件，减轻了体力劳动量，施工质量能够得到充分保证。③高效。由于施工速度快，缩短了工期，较大地提高了经济效益和社会效益；同时由于超挖量小，节省了大量衬砌费用。④安全。避免了爆破施工可能造成的人员伤亡，事故大大减少。对围岩的扰动小，几乎不产生松弛、掉块、崩塌的危险，较安全。⑤环保。TBM 施工不用炸药爆破，施工现场环境污染小。

但是 TBM 法也存在一些缺点，具体如下：①地质适应性较差。TBM 对隧道的地层最为敏感，不同类型的 TBM 适用的地层也不同。②不适宜中短距离隧道的施工。由于 TBM 体积庞大，运输移动较困难，施工准备和辅助施工的配套系统较复杂，加工制造工期长，对于短隧道和中长隧道很难发挥其优越性。③断面适应性较差。一般地说，较适宜采用 TBM 施工的隧道断面直径为 3～12m。对直径为 12～15m 的隧道应根据围岩情况和掘进长度、外界条件等因素综合比较。

这里主要介绍超前地质预报技术和 TBM 穿越不良地层施工的关键技术。

1. 超前地质预报技术

由于 TBM 机身占据大量的隧道空间，其对未知不良地质（体）的应对能力弱，一旦遭遇不良地质，其受到的威胁，如人机具安全、建设时间等方面远超过钻爆法施工。为保证施工安全，加快施工进度，需要对不良地质体进行超前预报，采取合理的超前加固手段以减少或避免地质灾害发生。

由于 TBM 施工工艺特点与其独特的空间结构，限制了部分传统地质预报方法的应用。超前地质预报技术主要包括水平声波剖面（HSP）法、三维地震法等。

1）HSP 法

因 TBM 庞大机身结构及施工特点，很多常规地质预报方法在 TBM 施工隧道内部无法使用或受到很大限制。HSP 超前地质预报技术利用 TBM 刀盘滚刀破岩产生的振动信号作为激发震源，通过 HSP 系统接收处理后，定位 TBM 刀盘前方及圆周 1～2 倍洞径范围内不良地质体，可实现超前地质预报的目的（图 11.4-8）。

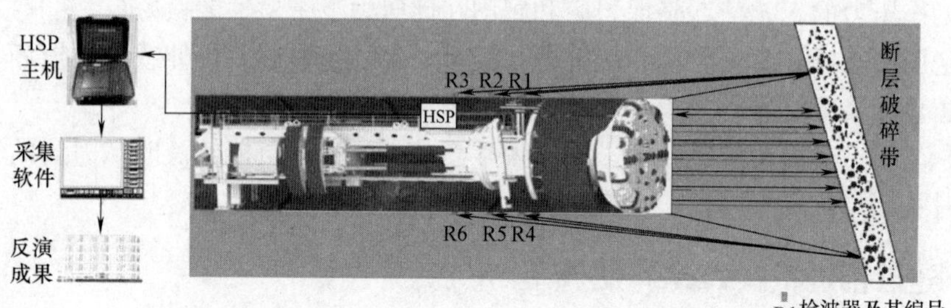

图 11.4-8 HSP 法观测系统布置示意

HSP 法采用弹性波探测，主要适用于探测岩溶、孔洞、水害、软弱夹层、破碎地层、断层、节理密集带、孤石等存在波阻抗差异的不良地质（体）。HSP 主机可以集成在 TBM 主机，将 HSP 仪器与 TBM 设备融为一体，实现小型化和适于 TBM 集成的超前地质预报系统，达到实时探测的目的。

青岛地铁 8 号线大洋站—青岛北站区间，采用双模式 TBM 施工技术，运用 HSP 技术进行超前预报，以 TBM 刀盘滚刀剪切岩石产生的振动信号作为震源激发信号，获取掌子面前方地层特征参数，进而分析不良地质体分布情况，探测成果与围岩揭露情况一致性较好。证明了 HSP 法预报技术测试便捷且准确率较高，是适用于双模式 TBM 施工隧道地质预报的高效方法之一。

2）三维地震法超前地质预报技术

三维地震法的基本原理为当地震波遇到声学阻抗差异界面时，一部分信号被反射回来，一部分信号透射进入前方介质，其探测原理见图 11.4-9。当地震波从软岩传播到硬质围岩时，回波的偏转极性和波源是一致的；当岩体内部有破碎带时，回波的极性会反转。反射体的尺寸越大，声学阻抗差别越大，回波就越明显。通过地震波反射分析，可判别隧道工作面前方地质体的性质（如软弱带、破碎带、断层、含水等）、位置及规模。

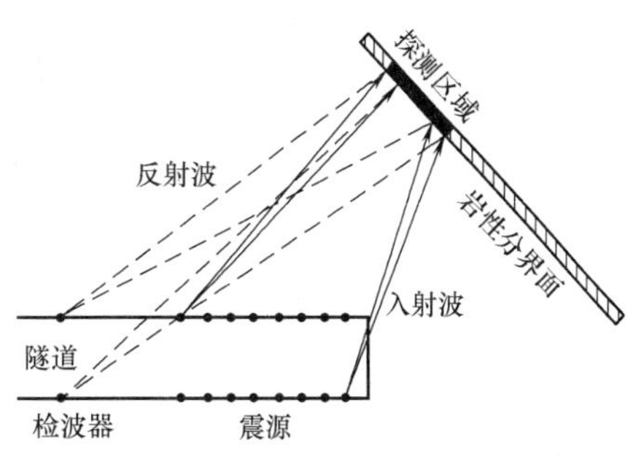

图 11.4-9 三维地震法探测原理示意

三维地震法利用 TBM 停机时间进行探测，探测时检波器自动快速安装到隧道壁上，主机控制检波器进行测量，测量结束后，检波器和震源自动收回。采用三维地震法可对隧道掌子面前方 100m 范围地质情况进行超前探测，通过对地层地震波反射成像结果的分析，判别围岩破碎情况，以及节理发育带的分布位置，为 TBM 施工提供指导。

2. TBM 穿越不良地层施工的关键技术

TBM 在施工时，可能会经过断层破碎带等不良地质段，易发生坍塌、涌水及卡机等事故。为了克服地层稳定性差对隧道施工的不利影响，越来越多工程应用超前支护及加固技术。超前加固是通过注浆等方式，改良开挖面前方围岩特殊性的方法；超前支护是开挖前预支护前方围岩，可增加围岩的自稳能力，并使开挖面周围应力干扰达到最小。

1）超前管棚注浆加固及超前锚杆加固技术

（1）超前管棚注浆加固技术

超前管棚预支护法，是向钢管内注浆，并通过梅花形布置的注浆孔向地层注浆，以加固软弱破碎的地层，提高地层的自稳能力；再与强有力的型钢或格栅钢拱架组合，形成强大的预支护加固体系。

（2）超前锚杆加固技术

超前锚杆加固主要是沿着开挖方向的拱顶，以一定角度向前方钻设锚杆，锚固掌子面前方围岩，形成较短长度的“拱棚”来保证开挖安全进行。该方法具有柔性较大，整体刚度较小，围岩应力不大的特点，适用于地下水较少的地质情况，也适用于砂质地层、弱膨胀性、流变性较小的地层，断层破碎带、浅埋无显著偏压地层及裂隙较发育的围岩。

2）出现围岩塌滑、坍塌后的主要处理措施

在软弱围岩地带围岩自稳时间较短，若出现围岩塌滑、坍塌等事故应按以下方法处理。

（1）围岩破碎地段的处理

对于围岩局部破碎地段，利用 TBM 刀盘护盾上部的指形防护栅，在隧道顶部 120°范围安全地安装砂浆锚杆，挂双层钢筋网，及时超前喷护稳定围岩。

（2）拱顶处坍塌的处理

岩石开挖后在刀盘护盾处出现部分崩塌或局部掉块，可采用加密锚杆处理；如在刀盘或刀盘护盾处出现较大坍塌，必须停机处理。先停机处理护盾顶部危石，进行超前喷护，同时架立钢拱架，在钢拱架与护盾顶部搭焊短钢管、焊接钢板封闭塌腔，随刀盘前进，逐一架立钢架，钢板封闭，用细石混凝土回填密实，将塌腔与周围岩石连为一体。

（3）拱墙处（撑靴处）坍塌的处理

一般小范围的软弱结构可通过锁死部分撑靴通过。此时外机架支撑面积较小，要相应调整掘进参数，TBM 才能安全通过，此时 TBM 不用停机。拱墙处发生较大坍塌时，造成 TBM 外机架一侧的撑靴无法支撑，必须停机处理。施工中采用联合支护方式，先清理危石，塌腔及其周围利用超前喷头喷射混凝土，架立钢拱架，在钢拱架与塌腔之间用钢板封闭，用棉纱堵塞漏洞，用混凝土回填密实，钢板外围再喷射混凝土，使回填混凝土与围岩连成一体，待混凝土初凝后方可掘进。

11.4.5 堰筑法施工

堰筑法是在水中修建临时性围堰，防止水和土进入修建隧道位置，在围堰内排水，形成干法施工环境，开挖基坑，利用明挖顺作法修筑隧道。

堰筑法平面宜采用直线或不设超高的平曲线。纵面要求与沉管隧道基本相似，可参考沉管隧道纵面控制因素。堰筑法海底隧道断面形式一般采用现浇矩形结构形式，其围堰及结构示意如图 11.4-10 所示。

(a)

(b)

图 11.4-10　堰筑法围堰及结构示意

（a）施工现场航拍图；（b）围堰及隧道结构剖面图

堰筑法隧道施工的关键是围堰施工，围堰的设计主要从布置、结构、形式、水力计算和稳定计算、围堰基础与监测几个方面展开。

围堰布置应考虑隧道线位、堰内排水、施工开挖、材料堆放及施工道路布置等因素，围堰坡脚距离基坑边缘应不小于 1 倍基坑深度，且不宜小于 8m。围堰设置区域可根据隧道施工工序要求及水域宽度，采用分仓布设。最后应考虑水流冲刷影响以及是否便于临时围堰的拆除。

围堰结构设计应满足使用功能、稳定、抗渗、抗冲刷要求，应结构简单，施工方便，就地取材。围堰基础应易于处理，堰体便于与岸坡或已有建筑物连接。围堰形式及填料应结合防渗处理方案确定。

围堰形式可采用土石围堰、钢板（管）桩围堰、混凝土（砌石）围堰等，在挡水水头小于5m时，宜采用土石围堰；挡水水头较高但不高于15m时，可采用钢板桩或钢管桩围堰，如图11.4-14所示。围堰作为永久结构考虑且基础条件良好时，可采用混凝土或砌石围堰。堰顶高程不应低于设计洪水的静水位、波浪高度、下游支流顶托及堰顶安全加高值之和，即不应低于表11.4-1的规定。围堰堰顶宽度应满足施工需要和防汛抢险要求，可按下列数值选用：土石围堰7～10m，混凝土或砌石围堰、钢板（管）桩围堰3～6m。

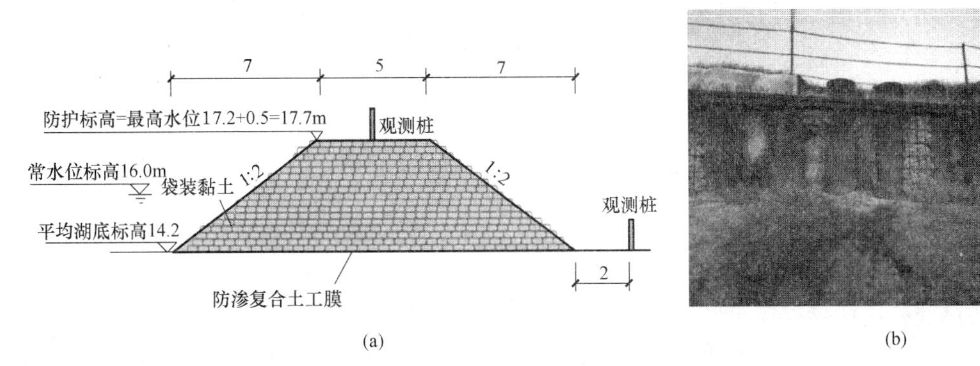

图11.4-11　典型土石围堰及钢管桩围堰示意

（a）土石围堰；（b）钢管桩围堰

堰顶最小安全加高值（m）　　　　**表11.4-1**

围堰形式	围堰级别		
	1级	2级	3级
土石围堰	1.0	0.7	0.5
混凝土或砌石围堰、钢板(管)桩围堰	0.5	0.4	0.3

围堰需要进行水力计算。隧道穿越河流时，围堰应按束窄河床进行各期导流水力计算，确定河道各束窄断面的设计洪水水位和流速、流态，确定围堰防冲措施及河道通航条件。土石围堰应进行渗流计算，根据浸润线分析堰体、堰基渗透稳定并计算其渗流量。混凝土或砌石围堰，应分析堰基渗透稳定并计算渗流量。围堰渗流计算应考虑围堰运行中各种条件，选择最不利工况核算堰体及堰坡稳定。围堰防渗体及堰基的安全渗透比降宜根据试验成果经论证后取用。

围堰的稳定计算应考虑下列荷载：堰体自重、静水压力、扬压力、浪压力、动水压力、泥沙压力、冰压力、孔隙水压力等。土石围堰宜按极限平衡法计算边坡稳定，均质土石围堰可采用不计条块间作用力的瑞典圆弧法，黏土斜墙和心墙土石围堰可采用折线滑动静力计算法或滑楔法。混凝土或砌石围堰稳定应按抗剪或抗剪断强度公式进行计算，应核算围堰基面和围堰岸坡断面抗滑稳定，当围堰基础内有软弱夹层、缓倾角结构面及不利的地形地质时，应核算沿最不利结构面的抗滑稳定。

围堰基础应满足堰体稳定、基础抗渗要求，覆盖层厚度小于3m的地段，围堰基础可作挖除处理。同时为防止堰基变形、液化、不均匀沉陷，可进行振冲加固、强夯等技术处理。

围堰防渗处理应根据地质条件，结合隧道基坑支护防渗方案，比选水泥或黏土水泥灌浆、高压喷射灌浆、钢板（管）桩墙、防渗土工膜等处理方式。

地下水较丰富时，堰筑法施工隧道的围护墙宜选用地下连续墙或钢板桩等具有防水能力的围护形式；选用钻孔灌注桩或SMW工法桩时，接缝处宜采取防水措施。

关于海底隧道施工方法还有管幕（管棚）法等其他方法，限于篇幅不再赘述。

11.5 海底隧道工程研究新进展

11.5.1 支护结构水土压力

本节主要从施工期和运营期两方面，介绍水位波动对水下隧道支护结构水土压力影响的最新研究进展。

1. 考虑水位波动的盾构开挖面稳定分析

依托钱塘江过江隧道庆春路隧道工程[39]，结合经典的“楔形体—棱柱体”极限平衡分析模型，与COMSOL渗流计算结果，分析潮汐水位波动条件下盾构隧道开挖面极限支护压力的变化规律。庆春路隧道为钱塘江上首次采用盾构法技术施工的隧道。工程概况为：盾构段总长3553m，其中东线1766m，西线1767m，管片外径11.3m、内径10.3m、厚0.5m，其穿越土层为含粉砂夹粉土、淤泥质粉质黏土、粉质黏土、粉细砂和圆砾等，埋深13～32m，基岩位于江底面50m以下。

图11.5-1给出了该问题的数学模型和坐标体系。图中H_w为平衡水位，h_F为开挖处总水头，A为水位波动幅度，C为覆土厚度，D为隧道直径，H为土层厚度，β为楔形体滑裂面与z轴的夹角。具体的土性、水位参数如表11.5-1所示。表中T为水位波动周期，k为渗透系数，n为孔隙率，E_s为压缩模量，γ_w为水的重度，γ_{sat}为土的饱和重度，c'为黏聚力，φ'为摩擦角，K为侧向土压力系数。采用数值软件COMSOL，一款优秀的多物理场耦合问题的数值模拟软件，关于该软件的性能以及在岩土工程问题中的表现可以参见相关文献[40,41]。

土性、水位参数　　表11.5-1

H	50m	H_w	15m	k	5×10^{-6}m/s	γ_w	10kN/m^3	φ'	30°
D	10m	T	0.5月	n	0.42	γ_{sat}	19kN/m^3	K	0.8
C	15m	A	5m	E_s	15MPa	c'	10kPa		

1）“楔形体-棱柱体”极限平衡模型

图11.5-2所示为Anagnostou和Kovari（1996）[42]提出的“楔形体-棱柱体”极限平衡模型。该模型假定开挖面前方失稳区由一个楔形体和一个棱柱体组成。Anagnostou和Kovari（1996）所采用的矩形$abcd$的面积与盾构隧道的面积一致，而这里出于安全考虑，取能包络住盾构圆面积的矩形$abcd$（图11.5-2），这与Broere（2001）的假定一致，故本节计算所得的极限支护压力较Anagnostou和Kovari（1996）计算所得的值大。

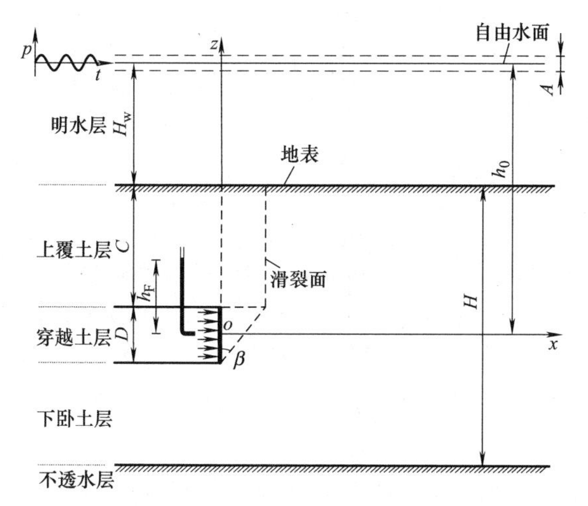

图 11.5-1 潮汐作用盾构隧道开挖面稳定性简化分析模型

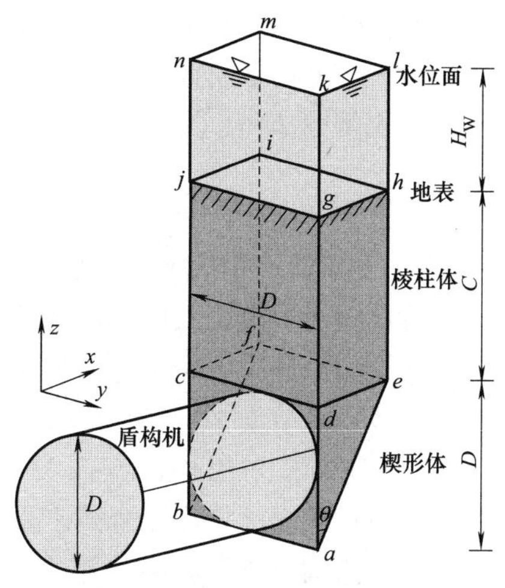

图 11.5-2 经典“楔形体-棱柱体”极限平衡模型

在该模型中，通过对楔形体的受力分析得到开挖面极限支护压力。由图 11.5-3 可知，作用在楔形体上的力主要包括：(1) 楔形体有效自重 G'；(2) 作用在楔形体顶面 $cdef$ 上的由棱柱体传递来的有效竖向上覆土压力 V'；(3) 作用在楔形体倾斜滑裂面 $abef$ 上的有效法向力 N'_1 和有效切向力 T'_1；(4) 作用在竖直滑裂面 ade 和 bcf 上的两个有效法向力 $2N'_2$(由于对称性，法向力 $2N'_2=0$) 和两个有效切向力 $2T'_2$(切向力 $2T'_2$ 方向平行于倾斜滑裂面 $abef$)；(5) 渗流作用引起的渗流力 F_x、F_y 和 F_z (由于对称性，$F_y=0$)；(6) 作用在开挖面 $abcd$ 上的有效极限支护压力 S'。特别指出在本模型中忽略作用在“楔形体”顶面 $cdef$ 上的摩擦力，这是出于安全考虑，与 Anagnostou 和 Kovari (1996) 的假定是一致的。

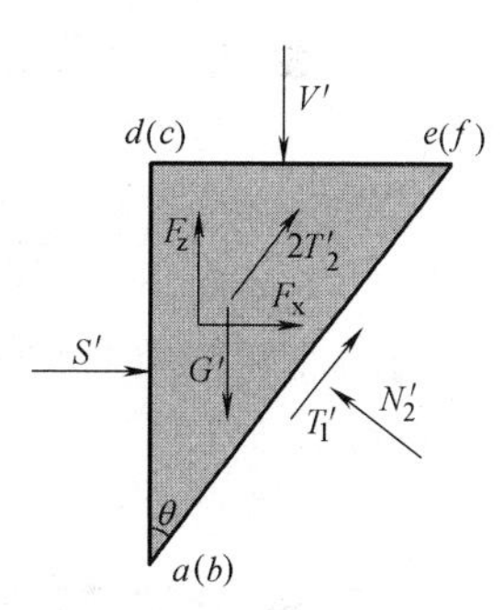

图 11.5-3 楔形体受力平衡分析

根据“楔形体”的受力平衡并结合摩尔-库仑破坏准则，可得：

$$G'+V'=F_z+T'_1\cos\theta+N'_1\sin\theta+2T'_2\cos\theta \tag{11.5-1}$$

$$S'+F_x+T'_1\sin\theta+2T'_2\sin\theta=N'_1\cos\theta \tag{11.5-2}$$

$$T'_1=c'+N'_1\tan\varphi' \tag{11.5-3}$$

$$T'_2=c'+N'_2\tan\varphi' \tag{11.5-4}$$

式中 θ——楔形体的滑裂面与竖直方向的夹角，$\theta=45°-\varphi'/2$。在本例中，根据表 11.5-1 的数据，该夹角为 30°。

由式 (11.5-1)～式 (11.5-4) 可得作用在开挖面上的极限支护压力：

$$S'=-F_x-3c'\sin\theta-2N'_2\tan\varphi'\sin\theta+\frac{G'+V'-F_z-3c'\cos\theta-2N'_2\tan\varphi'\sin\theta}{\sin\theta+\tan\varphi'\cos\theta}(\cos\theta-\tan\varphi'\sin\theta) \tag{11.5-5}$$

N'_2 可由下式求得：

$$N'_2=K\int_0^D\gamma'(C+D-z)z\tan\theta\mathrm{d}z=\left(\frac{1}{2}CD^2+\frac{1}{6}D^3\right)K\tan\theta \tag{11.5-6}$$

式中　K——取 Anagnostou 和 Kovari（1996）所采用的值 0.8；

　　γ'——土的有效重度。

G'可由下式求得：

$$G'=\frac{\pi}{8}\gamma' D^3 \tan\theta \tag{11.5-7}$$

2）考虑渗流作用的上覆松动土压力计算

当盾构隧道上覆土层的厚度大于隧道外径时，地基土中形成拱效应的概率较大，常采用松动土压力来计算上覆土体传递下来的土压力。在砂性土中，$C>(1\sim2)D$ 时多采用松动土压力计算；在黏性土中，地基土体良好、为硬质黏土（标准贯入锤击数 $N\geqslant8$），$C>(1\sim2)D$ 时多采用松动土压力计算，对于中等固结的黏土（$4\leqslant N<8$）和软黏土（$2\leqslant N<4$），常直接将隧道全覆土重力作为上覆土压力。

在计算松动土压力时多采用太沙基松动土压力理论，太沙基理论是将地层看作松散体，认为隧道在开挖后，顶部土体在重力作用下向下移动，在隧道洞室两侧至地表出现了两个剪切面，当上覆土体的厚度大于（特别是远大于）隧道外径时，由于隧道开挖引起上方土体发生位移，土体颗粒的相互错动使得土体颗粒之间发生应力传递，导致隧道上方周围土体对下移的土体有一定阻碍作用，使其最小支护压力远小于土体原始应力[43]。

在盾构掘进过程中的开挖面稳定分析时，棱柱体内的土体向下发生位移，棱柱体周边的土体对下移的棱柱体内的土体有阻碍作用，如果上覆土层厚度远大于隧道直径时，该作用就更为明显。故本节在计算棱柱体传递给楔形体的上覆土压力时，可按太沙基松动土压力理论计算，取棱柱体水平微单元体进行受力平衡分析，为简化计算，水平微单位体的坐标系取竖向向下为 z 轴正方向，如图 11.5-4 所示。

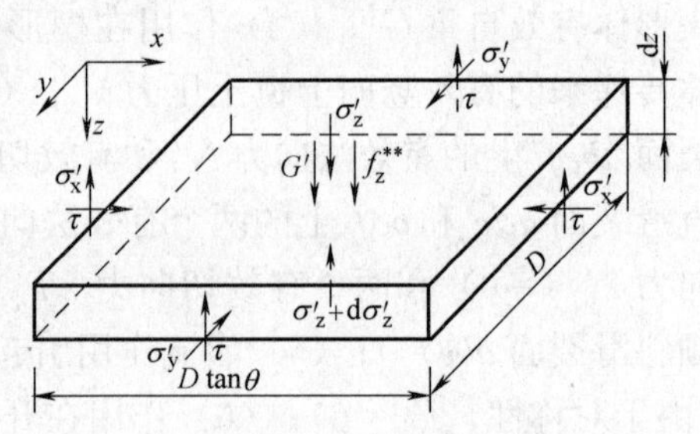

图 11.5-4　棱柱体水平微单元体受力分析

根据竖向力平衡：

$$(\sigma'_z-\sigma'_z-d\sigma'_z)D^2\tan\theta+\gamma' D^2\tan\theta dz+f_z^{**}D^2\tan\theta dz$$
$$=2(K\sigma'_z\tan\varphi'+c')(D+D\tan\theta)dz \tag{11.5-8}$$

并假定 $R=\dfrac{D\tan\theta}{2(1+\tan\theta)}$，$R$ 为棱柱体水平微单元的面积与周长之比，可得：

$$\frac{d\sigma'_z}{dz}+\frac{K\tan\varphi'}{R}\sigma'_z=\gamma'-\frac{c'}{R}+f_z^{**} \tag{11.5-9}$$

式中　f_z^{**}——作用在高度为 z 的截面上的均布渗透力，$f_z^{**}=\gamma_w i_v$。

为方便计，棱柱体中轴线处的竖向渗透力替代整个棱柱体内的渗透力。

将竖向水力坡降沿深度方向离散成 N 段，假定 $z_i\sim z_{i+1}$ 区间内水力坡降为定值 $i_{v,i}$，则可以通过 COMSOL 计算所得的竖向水力坡降和式（11.5-8）计算得到楔形体顶面的上覆土压力。

3）考虑水位波动的楔形体渗透力

同理可获得考虑水位波动的楔形体水平渗透力 F_x 和竖向渗透力 F_z 随时间的变化，

可以发现 F_x 和 F_z 均随着时间呈现周期性波动，且存在相位滞后现象，相对水平渗透力 F_x 而言，楔形体的竖向渗透力 F_z 较小。

4）考虑水位波动的开挖面有效极限支护压力

将基于 COMSOL 渗流计算结果考虑水位波动的 F_x、F_z 和 V' 代入式（11.5-5），可求得有效极限支护压力 S'，并与 Anagnostou 和 Kovari（1996）的稳态渗流下的计算结果（假定 $h_0=35$m 恒定不变）进行对比，如图 11.5-5 所示。可见，这里半解析解计算所得的盾构隧道开挖面有效极限支护压力值较 Anagnostou 和 Kovari（1996）的稳态渗流下的计算结果大 17%左右，这是由于偏保守考虑将破坏体的范围扩大导致的。如图 11.5-5 所示，S' 随着时间呈现周期性波动，且存在相位滞后现象，同时也可以看出楔形体中的水平渗透力在开挖面有效极限支护压力合力中的占比较大，将各时刻的 F_x/S' 占比绘于图 11.5-6 上，可知水平渗透力在该计算工况下占有效支护压力合力的 79%左右，因此水平渗透力是构成有效支护压力的最主要部分，也就是说地下水渗流是引起开挖面失稳的最主要因素，这与 Seidenfub（2006）、乔金丽（2010）和刘维（2013）等结论一致。同时也可以得出，由于边界水位波动向粉土地基中传播时存在相位滞后现象，故最终计算所得的有效极限支护压力也存在滞后性，本算例中有效极限支护压力大约滞后 $T/4$。因此在工程施工时在最低水位时的有效极限支护压力并不一定是最小值，需要考虑孔压传递的滞后性带来的不利影响。

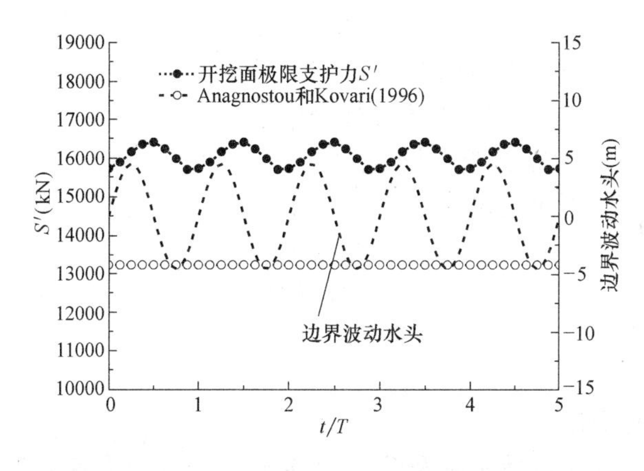

图 11.5-5 有效极限支护压力随时间变化曲线

2. 运营期间波浪作用下衬砌外渗流场

从上述可知，海底隧道的支护结构将同时受到动水压力作用以及衬砌渗水的影响，但同时考虑这两个因素将给理论求解带来难以想象的困难。为了克服这一问题，可以采用叠加原理，将该问题转变为平衡水位工况渗流场的稳态解答以及在平衡水位基础上动水压力作用下渗流场响应两个部分。由于篇幅所限，关于前一个工况的讨论，可以参见相关论文[44,45]，本节主要讨论波浪作用下衬砌外的渗流场响应。

1）数学模型

如图 11.5-7 所示，研究域分为两个部分，半无限海床（区域 I）和衬砌（区域 II）。隧道的埋置深度为 h，内外半径分别为 r 和 R。本章的研究基于以下假定：

（1）海床均质各向同性；

（2）渗流服从达西定律；

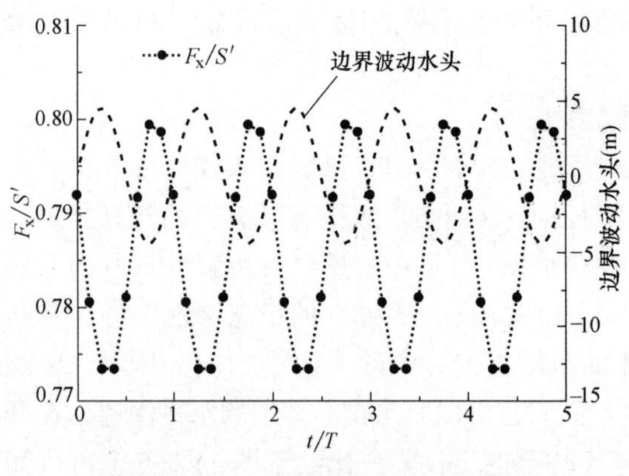

图 11.5-6　F_x/S'随时间变化曲线

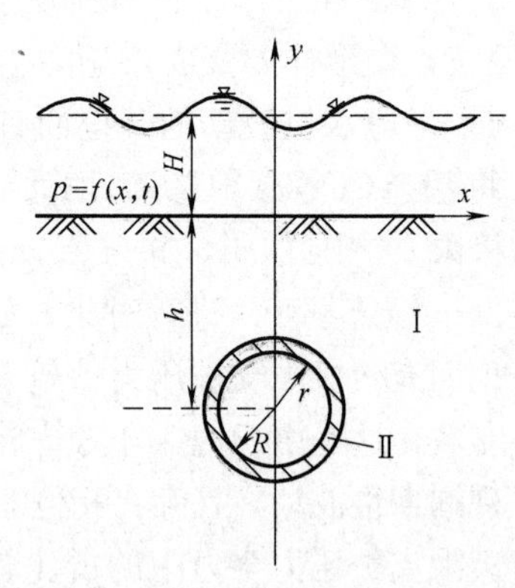

图 11.5-7　波浪作用下水下隧道示意

(3) 隧道超静孔压为 0；

(4) 海床表面作用微幅波。

上述假定可以给出以下边界条件：

BC1：
$$p\,|_{y=0}=p_0\exp[i(kx-\omega t)] \tag{11.5-10}$$

BC2：
$$p\,|_{\sqrt{x^2+(y+h)^2}=r}=0 \tag{11.5-11}$$

式中　i——虚数单位；

k——波数，$k=2\pi/L$，L 为波长；

ω——波浪频率，$\omega=2\pi/T$，T 为波浪周期；

p_0——土层表面超静孔压波动幅值。

根据微幅波理论有如下表达式：

$$p_0=\frac{\gamma_f H_w}{2chkH} \tag{11.5-12}$$

式中　γ_f——水的重度；

H_w——波高；

H——静止水位深度。

另外，超静孔压在无限深处应该等于 0，这提供了第 3 个边界条件，即：

BC3：
$$p\,|_{y=-\infty}=0 \tag{11.5-13}$$

2) 解析解推导

在区域Ⅰ部分，可以把问题分解成波浪作用下纯海床响应 p_{I}^1 以及隧道引起的摄动压力 p_{I}^2。

假定海床表面作用线性波，则波浪引起的纯海床孔压响应 p_{I}^1 为：

$$p_{\mathrm{I}}^1=p_s(x,y)e^{-i\omega t} \tag{11.5-14}$$

$$p_s(x,y)=\frac{p_0}{1-2\nu}\left\{(1-2\nu-\kappa)D_1e^{ky}+\frac{\lambda^2-k^2}{k}(1-\nu)D_2e^{\lambda y}\right\}e^{ikx} \tag{11.5-15}$$

式中　ν——泊松比；

κ、λ、D_1、D_2——常数并有如下所示的表达式：

$$\kappa=\frac{(1-2\nu)n\beta_f G}{n\beta_f G+1-2\nu} \tag{11.5-16}$$

$$\lambda^2=k^2-i\omega\frac{\gamma_f}{k_s}\left[n\beta_f+\frac{1-2\nu}{2G(1-\nu)}\right] \tag{11.5-17}$$

$$D_1=\frac{\lambda-\lambda\nu+k\nu}{\lambda-\lambda\nu+k\nu+k\kappa} \tag{11.5-18}$$

$$D_2=\frac{k\kappa}{(\lambda-\lambda\nu+k\nu+k\kappa)(\lambda-k)} \tag{11.5-19}$$

式中　β_f——水的压缩系数；

G——剪切模量。

由于 p_I^1 已经满足 BC1，故由隧道引起的部分 p_I^2，需要在海床表面满足超静孔压响应为 0。基于此，可以得到关于该部分超静孔压的控制方程为[41]：

$$\frac{\partial^2 p}{\partial\rho^2}+\frac{1}{\rho}\frac{\partial p}{\partial\rho}+\frac{1}{\rho^2}\frac{\partial^2 p}{\partial\theta^2}=C_{ss}\frac{\partial p}{\partial t} \tag{11.5-20}$$

假定其有如下的表达式，

$$p_I^2=P(\rho,\theta)e^{-i\omega t} \tag{11.5-21}$$

将式（11.5-21）代入式（11.5-20）可以推导出一个新的偏微分方程：

$$\frac{\partial^2 P}{\partial\rho^2}+\frac{1}{\rho}\frac{\partial P}{\partial\rho}+\frac{1}{\rho^2}\frac{\partial^2 P}{\partial\theta^2}+i\omega C_{ss}P=0 \tag{11.5-22}$$

考虑边界条件 BC3，式（11.5-22）可以得到以下通解：

$$P(\rho,\theta)=\sum\nolimits_{n=0}^{\infty}H_n^{(1)}c_{sk}\rho(A_n\cos n\theta+B_n\sin n\theta) \tag{11.5-23}$$

式中　$H_n^{(1)}$——第一类汉克尔函数；

$c_{sk}=\sqrt{i\omega C_{ss}}$；

A_n，B_n——待定的未知数。

注意到通解式（11.5-23）仅满足控制方程，还无法满足边界条件。为了使其能够满足海床表面的边界条件，采用如图 11.5-8 所示的镜像法，通过构造虚拟隧道和实际隧道构成“源-汇”系统。该系统关于海床表面对称。至此，通过叠加纯海床的波浪渗流压力和隧道引起的摄动压力，最终获得区域 I 的超静孔压响应的表达式，如下式所示：

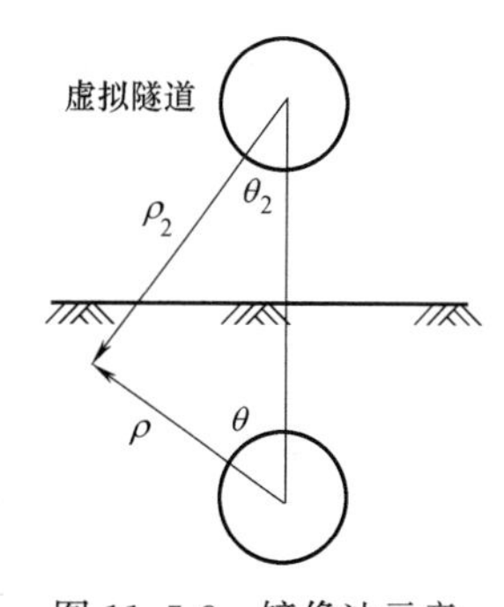

图 11.5-8　镜像法示意

$$p_I=e^{-i\omega t}\left[p_s(x,y)+\sum_{m=1}^{2}(-1)^{m-1}\sum_{n=0}^{x}H_n^{(1)}(c_{sk}\rho_m)(A_n\cos n\theta_m+B_n\sin n\theta_m)\right] \tag{11.5-24}$$

式中　$\rho_1=\rho$，$\theta_1=\theta$，$\rho_2=\sqrt{\rho^2+4h^2-4h\rho\cos\theta}$，$\theta_2=\arctan\dfrac{-\rho\sin\theta}{2h-\rho\cos\theta}$。

而衬砌部分的超静孔压响应通解为：

$$p_{II}=e^{-i\omega t}\left\{\sum_{n=0}^{x}[H_n^{(1)}(c_{lk}\rho)C_n+H_n^{(2)}(c_{lk}\rho)D_n]\cos n\theta+\sum_{n=1}^{x}[H_n^{(1)}(c_{lk}\rho)E_n+H_n^{(2)}(c_{lk}\rho)F_n]\sin n\theta\right\} \tag{11.5-25}$$

式中　C_n，D_n，E_n，F_n——待定的未知数。

在区域 II 中，当 $\rho=R$ 或者 r 时，根据边界条件 BC2 和界面上的渗流连续性条件可以得到衬砌的两个傅里叶级数形式的边界条件，可推得 C_n，D_n，E_n 和 F_n 的表达式。再通过区域Ⅰ和区域Ⅱ界面上的渗流连续方程展开程傅里叶级数，并取 $2n+1$ 项则能够得到一个 $2n+1$ 阶的方程组，通过求解这个方程组便能够得到 A_n 和 B_n 的具体数值，限于篇幅，此处略去具体表达式。将 A_n 和 B_n 回代到式（11.5-24）和式（11.5-25）便得到了波浪作用下海底隧道渗流场响应的近似显示表达式。具体计算时发现式（11.5-24）和式（11.5-25）具有较强的收敛性，通常令 $n=10$ 便可以得到较高的精度。因此从计算效率以及计算精度双方面考虑，在下面的验证以及参数分析中，计算式（11.5-24）和式（11.5-25）时仅取前 11 项。

3）参数分析

受篇幅所限，选取讨论海床渗透系数 k_s 以及波浪周期 T 的影响。为叙述方便，假定 $\theta=0$ 周围为"顶部"；$\theta=\pm\pi/4$ 周围为"肩部"；$\theta=\pm\pi/2$ 周围为"腰部"；$\theta=\pm3\pi/4$ 周围为"踵部"；$\theta=\pi$ 周围为"底部"；面向波浪传播方向为"迎波侧"；背向波浪传播方向为"背波侧"。由于取虚部进行分析，所以隧道左侧为迎波侧，隧道右侧为背波侧。

（1）海床渗透性 k_s

图 11.5-9 展示了不同海床渗透性条件下，波浪荷载作用下海底隧道渗流场响应规律。

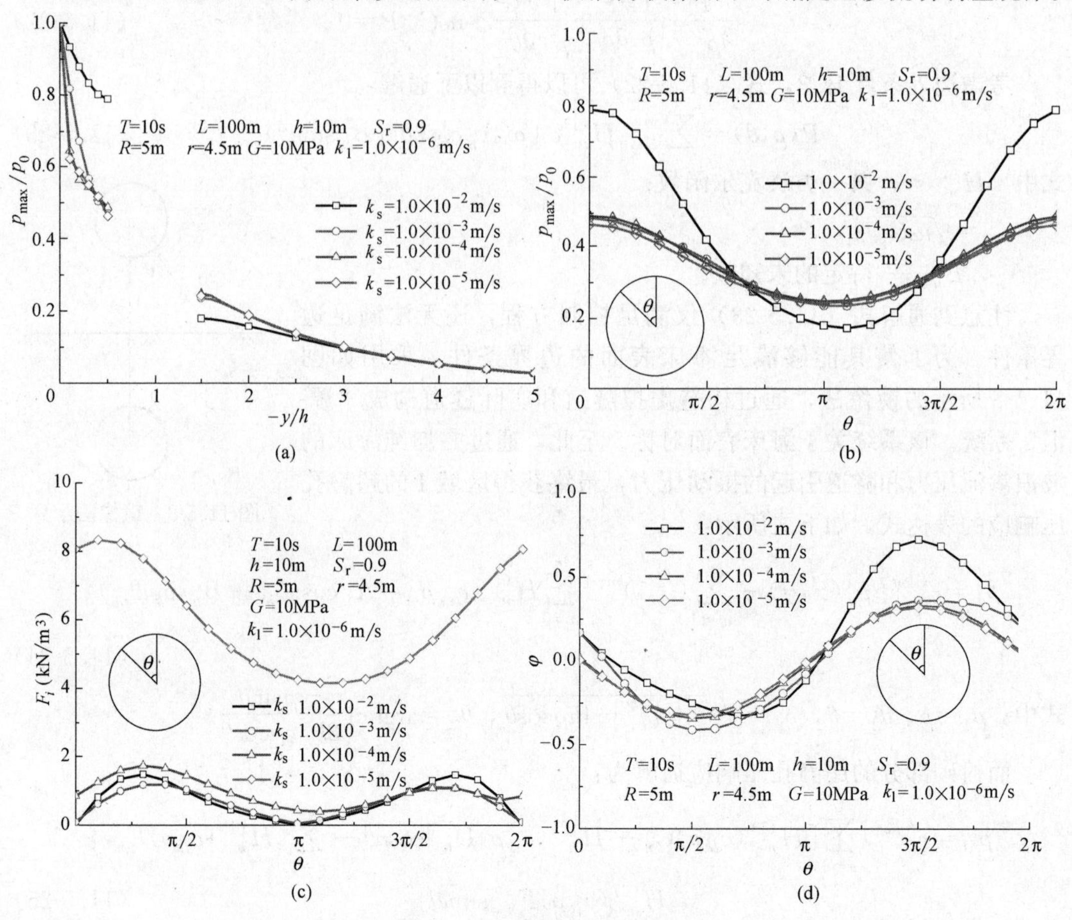

图 11.5-9 海床渗透性的影响

（a）y 轴上超静孔压幅值；（b）衬砌外超静孔压幅值；（c）衬砌外渗透力；（d）衬砌外相位滞后

可以发现，海床渗透系数是另一个影响隧道周围渗流场响应的重要因素。由图 11.5-9（a）可知，随着海床渗透性的增加，隧道上方的归一化超静孔压幅值会增加，且变化幅度较大；而隧道下方的会减小，且变化幅度较小。由图 11.5-9（b）可以观察到隧道迎波侧的超静孔压幅值要大于背波侧对应位置的超静孔压幅值。并且随着海床渗透系数的增加，这一现象会变得更加明显。由图 11.5-9（c）可知，当海床渗透系数较大时，衬砌外渗透力呈“M”形分布。在隧道顶部以及底部，衬砌的渗透力都接近于 0，最大渗透力出现在隧道的肩部。但是随着海床渗透系数的下降，最大渗透力出现在迎波侧的肩部，最小渗透力出现在背波侧的踵部。总体上，随着海床渗透性的下降，衬砌外的渗透力呈上升趋势，但是迎波侧的渗透力大于背波侧对称的位置。由图 11.5-9（d）可知，在本例中迎波侧相位滞后受海床渗透性影响不大，背波侧随着渗透系数的下降，相位滞后也随之下降。这是由影响深度 h_c 随着渗透系数下降而下降导致的。

（2）周期 T

如图 11.5-10（a）所示为不同周期，波浪荷载作用下海底隧道对称轴上归一化超静孔压幅值 p_{max}/p_0 分布。可以发现，随着周期的增加，隧道上方的 p_{max}/p_0 增加，而下方

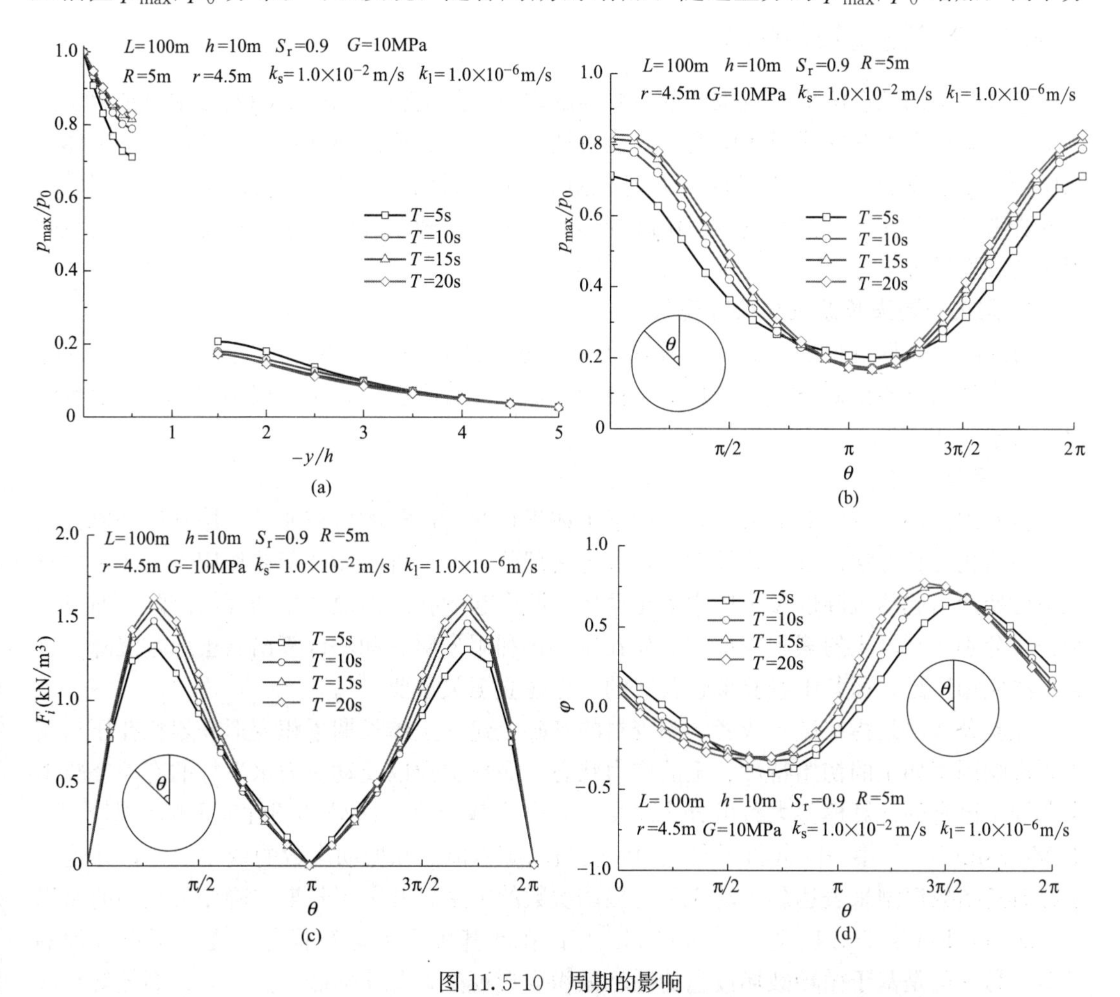

图 11.5-10 周期的影响

（a）y 轴上超静孔压幅值；（b）衬砌外超静孔压幅值；（c）衬砌外渗透力；（d）衬砌外相位滞后

的 p_{max}/p_0 减小。需要指出的是，由于本节研究采用线性波理论，因此周期 T、水深 H_w 以及波长 L 之间不是互相独立的。这三者之间受如式（11.5-26）所示的色散方程互相约束。

$$L=\frac{gT^2}{2\pi}\tanh\left(\frac{2\pi H_w}{L}\right) \tag{11.5-26}$$

因此，在讨论周期 T 的影响时，根据式（11.5-26）可以知道，为了保持波长不变，需要改变水深。这会影响到孔隙水的压缩性。因此本节的讨论假定孔隙水的参考孔压为 10atm。据此可以获得饱和度为 90%情况下水的压缩系数为 $1.0\times10^{-7}\text{Pa}^{-1}$。

图 11.5-10（b）展示了周期对衬砌外超静孔压幅值分布的影响。可以发现，在隧道底部附近 p_{max}/p_0 随着周期的增加而减小，但是在其他区域随着周期的增加而增加。图 11.5-10（c）、（d）展示了衬砌外渗透力及相位滞后的情况。可以发现，随着周期的增加，衬砌外的渗透力也随之增加。相位滞后方面，随着周期的增加，下半个衬砌外相位滞后增加，而上半个衬砌外相位滞后减小。这是因为随着周期的增加，影响深度 h_c 增加，所以离海床表面越近滞后效应越小。

11.5.2 海底隧道长期沉降

海底隧道的长期沉降是运维期的主要问题之一。隧道施工期的沉降变形主要是由于土体受到扰动后而引起的隧道沉降变形，运营期的变形主要由波浪和交通荷载作用下土体中孔压积累和消散引起的固结变形，以及隧道周围土体弱化产生的塑性变形组成。根据已有研究资料分析可知，直接影响隧道沉降变形的因素有：施工开挖、水位深度、波浪荷载和列车荷载作用等[46]。

1. 国内外隧道长期沉降研究现状

海底隧道长期沉降的研究，主要沿袭陆地隧道的思路，重点考虑交通循环荷载的作用，国内外已有不少研究成果。目前主要的分析方法有经验公式法、现场实测法、解析法以及有限元法[47]。

1）经验公式法

目前国内外学者针对交通荷载作用下土体累积变形进行的研究通常采用基于经验公式的实用简化计算方法。首先将长期沉降分为两部分，即不排水循环荷载作用下土体中的累积塑性变形引起的沉降以及土体中由于循环荷载引起的孔压消散产生的固结沉降。通过经验公式分别得到软土的累积变形与累积孔压，再利用分层总和法计算出软土地基沉降。这类方法应用广泛，而其中经验拟合公式的合理建立至关重要[48]。

经验公式法是指在试验或者实测资料的基础上建立土体长期累积变形和累积孔压与其主要影响因素如土的初始特性、土的应力状态、循环次数以及动应力水平等的有关经验拟合曲线。已有的计算模型大致可分为两类，一类为基于第一次循环塑性变形的计算模型，如 Monismith[49] 第一次分析了黏土动应变随动应力幅值和振动次数的变化规律，并建立了经典的指数模型来表达黏土动应变与振动次数的关系，开辟了长期沉降变形预测的新思路，之后，Kenis[50]、Li 等[51] 和 Chai[52] 都在此基础之上进行优化，提出了更合理的模型；另一类是基于循环破坏概念的循环累积变形模型，如 Hyodo 等[53,54]、周健等[55]，这些模型的关键是引入达到所定义破坏标准时的循环应力比，并建立累积孔压与循环应力比以及循环加载次数之间的指数关系。

这方面的研究大多从早期地震作用研究得到启发，通过波浪荷载和交通荷载作用下不同类型土体的强度、变形和孔压的变化试验研究，建立相应经验公式。然而鉴于土体类型差异很大，影响因素的侧重性和动力试验的复杂性，试验结果往往“百花齐放”（Henkel，1970；杨少丽等，1995；栾茂田等，2004）。其中频率对孔压发展影响很大（Matsui等，1992；唐益群等，2003，王军等，2010），交通荷载和波浪频率范围不同，土体中孔压积累积变化与单纯经历波浪荷载或交通荷载不同，海底盾构隧道周围土体的孔压变化目前还未得到解决。

2）现场实测法

现场实测分析是基于水下隧道运营期变形实测数据的研究，主要的研究内容包括：（1）总结盾构隧道工后纵向沉降的分布形式及沉降表达式，以 Mair 等[56]、林永国[57]、赵慧岭等[58] 为例；（2）用于分析影响隧道纵向沉降的主要因素，以张向霞等[59] 为例。

现场实测法所得结果最直观，也最具权威性，但测试过程容易受到监测周期、监测环境、监测仪器性能等多方面的影响，同时投入成本大，观测时间久，现实操作过程中存在一定的难度，大量的、全生命周期的隧道变形监测是隧道变形研究的重要基础，这方面的积累还远远不够。

3）解析法

近年来随着高速铁路的兴建和发展，移动荷载作用下土体的动力响应问题成为热点，主要分为两个方向：一种是将土体作为弹性介质或黏弹性介质进行研究；另一种是将土体作为饱和多孔介质进行研究。

移动荷载作用下弹性或黏弹性土体模型的动力响应研究已较为成熟和完善，它考虑了各种移动荷载形式（线荷载、条形荷载、点荷载、圆面荷载、矩形荷载等）和荷载移动速度（亚音速，跨音速和超音速）（Sneddon，1952、Cole 和 Huth，1958、Georgiadis 和 Barber，1993、Gunaratne，1996；Mesgouez 等，2000；Lansing，1966；Eason，1965；Bierer 和 Bode 等，2007。）

实际土体是饱和多孔介质，不是上述单相介质。Burke 和 Kingsbury（1984）首次研究了平面应变条件移动荷载作用下成层饱和多孔土体的动力响应问题，后续 Theodorakopoulos（2003）、刘干斌等（2006）陆续考虑了水土耦合作用。三维条件下，Lu 和 Jeng（2007）利用势函数展开法研究了移动点荷载作用下饱和土体的动力响应问题；Xu 等（2008）在 Lu 等（2007）的研究基础上利用传递矩阵法研究了移动点荷载作用下成层地基的动力响应问题，并详细探讨了土层性质不同对土体位移响应的影响。刘干斌等（2006）引入势函数，研究了矩形分布荷载作用下有限层厚软土地基的三维振动，分析了荷载速度对位移及孔隙水压力分布的影响。层状多孔饱和固体中应力与孔压随荷载移动速度的增加而明显变化，层状多孔饱和固体在移动荷载作用下的动力响应与相应的单相弹性固体和半平面固体的动力响应有较大的差别。

4）有限元法

一方面，有限元法操作更加方便简单，理论性和功能性也更强，通过嵌入不同本构模型可以进行考虑多种因素及复杂边界条件的影响计算工况，而且结果可视化，张学钢等[60] 和丁祖德等[61] 都应用有限元法很好地反映了软土长期沉降变形的发展规律，预测了基底软岩在车载作用下的累积沉降值；另一方面，有限元模拟过程中操作步骤繁琐，模拟结果与实际结果间也会存在一定的偏差。

2. 考虑主应力轴循环旋转的沉降计算方法

国内外学者对循环交通荷载作用下软黏土的长期沉降研究主要有两种方法：一是经验拟合法，即通过室内外试验，研究土体强度和变形模量的变化，进而考虑其对变形的影响；这类方法很难综合反映多因素的影响，且由于没有考虑初始静应力和循环动应力的影响，参数取值的离散性大，计算结果往往与实测的误差较大。二是建立较为复杂的软黏土本构模型模拟每次循环过程。由于交通荷载往复作用次数常高达几十万次，采用循环本构模型追踪每次荷载循环过程中塑性变形的发展过程，计算工作量巨大。现有研究重点考虑大主应力方向不变的循环荷载对土体变形的影响，实际交通荷载作用下地基土中大主应力方向将发生循环旋转，主应力旋转引起土体应变增加已被众多试验结果验证，但实际应用中还未计及，导致预测值与实测值有较大误差。

基于此，可以通过主应力轴循环旋转试验，详细研究主应力轴循环旋转作用下动模量的变化特性，建立软土动模量随荷载循环周数衰减的经验公式，然后结合此经验公式提出考虑主应力轴旋转对沉降影响的计算方法，为提高实际交通工程中沉降预测精度提供依据。

首先从当前被广泛应用的沉降计算方法——分层总和法的计算公式出发。分层总和法计算公式为：

$$S=\sum_{i=1}^{n}\varepsilon_i H_i=\sum_{i=1}^{n}\frac{\Delta\sigma_{si}}{E_{si}}H_i \tag{11.5-27}$$

从式（11.5-27）中可以看出沉降量 S 将随土体模量 E 减小而增大，因此可以定义修正系数 ϕ 来考虑由模量衰减造成沉降增大的影响。修正后的分层总和法计算式为：

$$S_R=\phi S=\phi\sum_{i=1}^{n}\frac{\Delta\sigma_{si}}{E_{si}}H_i \tag{11.5-28}$$

为确定修正系数 ϕ，需要先从试验结果中分析求得动模量 E_d 随主应力轴循环次数的应变关系式，由于动模量 E_d 和动剪切模量 G_d 之间有唯一的对应关系，因此以动剪切模量 G_d 为基础进行分析。通常循环荷载作用下土体的动应力-应变关系可假定为双曲线形式，即：

$$\sigma_d=\frac{\varepsilon_d}{a+b\varepsilon_d} \tag{11.5-29}$$

式中 σ_d、ε_d——动应力幅值与动应变；

a、b——试验参数。

根据式（11.5-29），动模量可以定义为：

$$E_d=\frac{\sigma_d}{\varepsilon_d}=\frac{1}{a+b\varepsilon_d} \tag{11.5-30}$$

目前，拟合循环荷载作用下累积塑性应变的常用模型是 Monismith（1975）提出的指数模型：

$$\varepsilon_p=aN^b \tag{11.5-31}$$

式中 a、b——与动应力水平和土的性质有关的拟合参数；

ε_p——累积塑性应变；

N——循环周次。

采用式（11.5-31）来计算累积塑性变形时，随着 N 的增大，ε_p 也会不断增大，也就意味着 E_d 不断减小，这与主应力轴循环旋转一定次数后试样的模量及变形都趋于稳定的现象不一致。为此，建议用下式拟合累积塑性应变与循环周次的关系曲线。

$$\varepsilon_d=\frac{AN^B}{1+CN^B} \tag{11.5-32}$$

式中　N——循环周次；

A、B、C——与应力条件和土性质有关的参数；其中 A、C 具有累积塑性应变极限的物理意义，B 可反映累积塑性应变曲线形状。

将式（11.5-32）代入式（11.5-30），并根据动模量 E_d 和动剪切模量 G_d 的对应关系得到动剪切模量 G_d 随主应力轴循环次数 N 之间的关系式：

$$G_d=\frac{1+cN^d}{a+bN^d} \tag{11.5-33}$$

式中　N——循环周次；

a、b、c、d——与应力条件和土性质有关的试验参数，其中 $(1+c)/(a+b)$ 表示初次循环时剪切模量值，c、b 具有动剪切模量极限的物理意义；b 可反映累积塑性应变曲线形状。

通过试验和拟合分析，得到了动剪切模量随循环次数的变化关系，就可以计算出式（11.5-28）中的修正系数 ϕ。

这样就可以得到考虑主应力轴循环旋转的沉降计算方法：

第一步，计算不考虑主应力轴循环旋转影响的土体沉降，此时土体模量保持定值 E 不发生改变，土体随循环次数的累积变形采用 Monismith（1975）提出的指数模型式（11.5-31）计算，每次循环土体的变形量为 $\Delta\varepsilon=abN^{b-1}$；第二步，计算考虑主应力轴循环旋转影响的土体沉降，即考虑土体模量随主应力轴旋转改变对沉降的影响。

以第一步为基础结合式（11.5-33）可得，主应力轴循环旋转作用下土体每次循环的变形量 $\Delta\varepsilon_d$ 为：

$$\Delta\varepsilon_d=\frac{E}{E_d}\Delta\varepsilon=\frac{G}{G_d}\Delta\varepsilon \tag{11.5-34}$$

对式（11.5-34）在总的 n 次循环过程中积分后即可得到考虑主应力轴循环旋转影响的总变形表达式：

$$\varepsilon_d=\int_1^n\Delta\varepsilon_d=\int_1^n\frac{G}{G_d}\Delta\varepsilon=a\int_1^n b\frac{G}{G_d}N^{b-1}\mathrm{d}N \tag{11.5-35}$$

结合式（11.5-28）可得修正系数 ϕ 的表达式即为：

$$\phi=\frac{\varepsilon_d}{\varepsilon}=a\int_1^n b\frac{G}{G_d}N^{b-1}\mathrm{d}N/an^b=\frac{1}{n^b}\int_1^n b\frac{G}{G_d}N^{b-1}\mathrm{d}N \tag{11.5-36}$$

式中　G——初始剪切模量，即等于式（11.5-33）中 $(1+c)/(a+b)$；

G_d——动剪切模量见式（11.5-33），b 为式（11.5-31）参数，取值见表 11.5-2（李进军等[62]）。

陶冶（2012）利用空心圆柱扭剪仪开展主应力轴循环旋转试验，基于试验数据得到修正系数 ϕ 表达式。与常规土工试验相比，主应力轴循环旋转试验对试验仪器要求较高，试验过程较为繁琐，后期的数据处理也更加复杂，无法在实际工程中推广运用。为此建议一般黏性土 ϕ 取 1.5～2.5，便于实际应用。

参数 *b* 取值范围 **表 11.5-2**

参数	土的分类			
	ML	MH	CL	CH
范围	0.06～0.17	0.08～0.19	0.08～0.30	0.12～0.34
平均值	0.10	0.14	0.19	0.23

注：ML—低液限粉土；MH—高液限粉土；CL—低液限黏土；CH—高液限黏土。

11.5.3 盾构隧道衬砌结构接缝防水

水下隧道在施工和使用过程中，长期处于水环境甚至高水压作用下，水的渗透作用、毛细作用、侵蚀作用等导致隧道发生渗漏。隧道渗漏会加剧隧道以及地表的不均匀沉降，而不均匀沉降又会加剧隧道渗漏的发生，如不加以防治，将会形成恶性循环，危及隧道的结构以及运营安全。上海金山海水引水隧道由于接缝渗漏及动水压力的作用，下卧土层的水土流入隧道，隧道随之产生纵向沉降和弯曲，使环向接缝进一步张开和水土流失增加，最终导致破坏性纵向变形和破坏性横向受力状态，最大相对不均匀沉降达到了 180mm，横向直径变化最大超过 100mm，部分管片已出现破坏裂缝，如图 11.5-11 所示[63]。

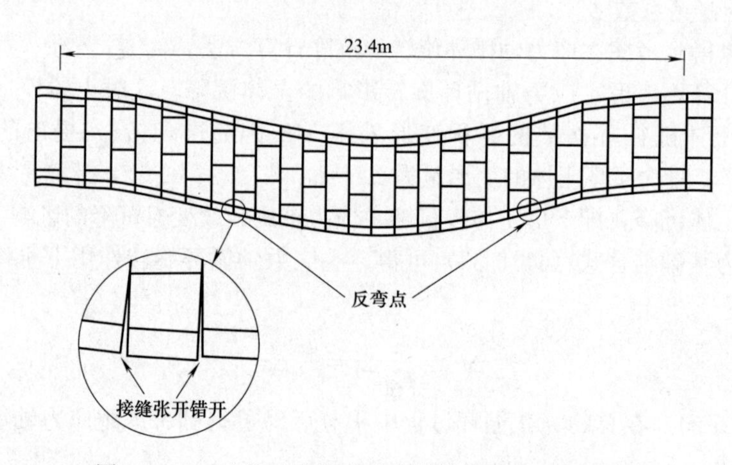

图 11.5-11 上海金山海水引水隧道由于接缝渗漏示意

盾构隧道的渗漏水并不是指隧道衬砌的混凝土发生渗漏水，从现场观察来看，漏水点主要集中在接缝处，如图 11.5-12 所示。目前盾构隧道接缝防水的主要方式是密封垫防水。管片接缝橡胶密封垫防水是海底隧道防水的关键。

1. 密封垫种类

密封垫主要分为弹性橡胶密封垫和遇水膨胀橡胶密封垫，如图 11.5-13（a）、（b）所示。

20 世纪 60～70 年代，随着高精度钢模制作高精度管片方式的推行，由氯丁橡胶或氯

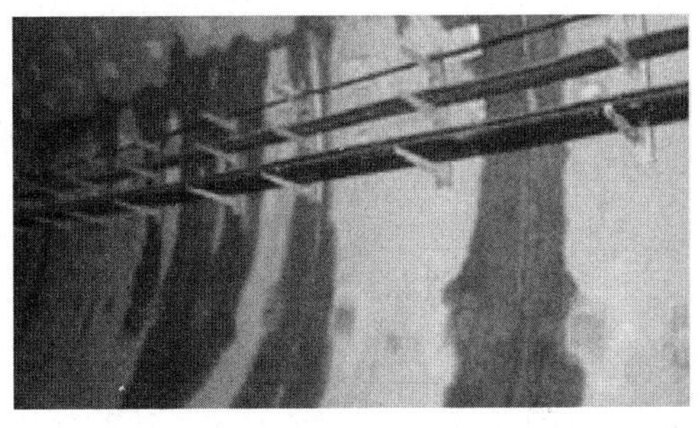

图 11.5-12 某隧道接缝渗漏

丁胶与天然橡胶等混合胶、三元乙丙胶等制成特殊断面构造形式的弹性橡胶密封垫防水技术在欧洲和北美被推行，其结构断面上开设多个圆孔（一般呈中心对称），以增高密封垫高度改善密封垫受力性为特征。

遇水膨胀橡胶作为隧道衬砌密封材料是日本率先创造的，具有靠膨胀密封止水、固有断面尺寸小的特点，不仅节省材料，而且有助于安装、拼装等施工。但是遇水膨胀橡胶在吸水后，容易产生应力松弛、蠕变，而且反复吸水后，密封材料内的吸水组分会相分离而析出，使其性能下降等。目前大多数国家主要采用弹性橡胶密封垫来实现管片接缝之间的止水密封要求。

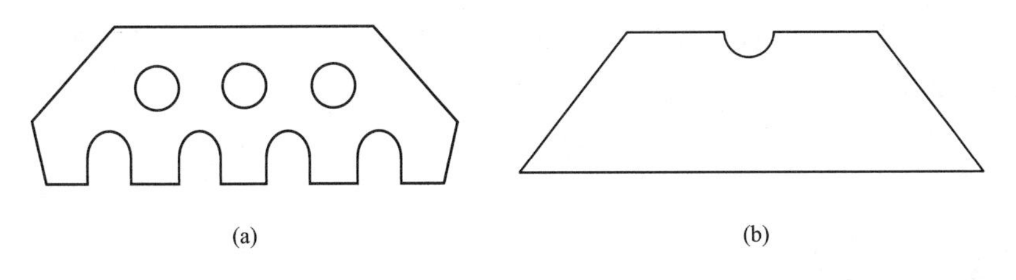

图 11.5-13 两大类密封垫结构断面示意

(a) 弹性橡胶密封垫；(b) 遇水膨胀橡胶密封垫

2. 弹性密封垫防水机理

弹性密封垫的防水机理可以用图 11.5-14 来表示。根据密封垫的静态密封原理，密封垫在工作状态下具有把压力传递到接触面的特性。当弹性橡胶密封垫承受一定的压力时，会在弹性密封垫间接触面上产生相应的接触应力，当接触应力与水压力满足式（11.5-37）时，可以认为弹性密封垫防水正常。其中 P_w 为水压力，P_0 为弹性密封垫初始应力，k 为与材料性质有关的常数，对于非膨胀密封材料，k 取 1.32（严家梁，2006）。

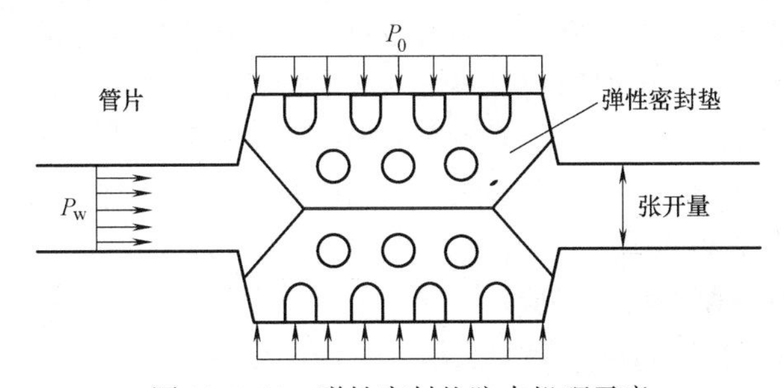

图 11.5-14 弹性密封垫防水机理示意

$$P_w < kP_0 \tag{11.5-37}$$

3. 接缝防水研究方法

受现场监测条件的限制，对接缝弹性密封垫防水的研究方法主要集中在试验研究和数值模拟两个方面。

1）试验研究

Paul（1978，1984）开展了弹性密封垫的防水性能试验，发现弹性密封垫防水失效发生的位置位于弹性密封与金属模板之间，主要是弹性密封垫与金属模板间的粘结力不足造成了弹性密封垫与金属模板的分离。Girnau（1978）对弹性密封垫的短期防水性能展开了测试，试验发现在隧道的 T 字缝处更易发生防水失效。

Kurihara（1998）通过试验来调查弹性密封垫的形状以及体积对其密封性能的影响。研究结果表明，对于相同形状的弹性密封垫，弹性密封垫体积与密封垫沟槽体积的比越大，其防水性能越好，对于相同的体积比，弹性密封垫的防水性能取决于弹性密封垫的形状。

Shalabi[64] 对弹性密封垫在钢性密封垫沟槽和混凝土密封垫沟槽中分别进行了试验，并对四种不同弹性密封垫材料的应力松弛规律进行了试验研究。其结果表明，在钢性密封垫沟槽中弹性密封垫的防水性能要优于在混凝土密封垫沟槽中的弹性密封垫；密封垫接触应力随时间对数呈线性减小的关系，对于不同材料的弹性密封垫，其减小的幅值不一样。

国内早期结合工程对接缝的防水要求（陆明，1997，2008；赵运臣，2008；何太洪，2009 等），对弹性密封垫开展了较为简单的一字缝和 T 字缝的防水试验，研究了不同张开和错开量情况下弹性密封垫的防水性能。

同济大学（2013）基于南京市纬三路过江隧道工程，研制了全新的高水压、全自动三向加载防水性能试验系统，并运用工程实际 1∶1 的弹性密封垫和混凝土试件，进行了多组密封垫装配力及一字缝、T 字缝防水性能试验，研究优化出了性能、结构优异的三元乙丙橡胶弹性密封垫断面形式。

伍振志等[65]、钟小春等[66] 则对防水弹性密封垫材料——三元乙丙橡胶展开了恒定压缩永久变形和老化等长期防水性能试验研究。通过热氧化老化加速试验，对不同老化温度以及接缝位移下的接触应力随老化时间的变化进行了分析，并采用三元老化模型对各种接缝位移下防水密封垫应力松弛数据进行了回归；认为适当减小管片接缝位移可增加防水密封垫作为防水材料的使用寿命，以及三元经时老化模型能够较好反映防水密封垫的老化规律。

2）数值模拟

对弹性密封垫防水性能的数值模拟主要集中在弹性密封垫的接触应力研究上，用于弹性密封垫构型的优化设计。以向科（2008）、雷震宇（2010）为代表，用刚体模拟弹性密封垫混凝土沟槽，基于不可压缩橡胶材料 Mooney-Rivlin 本构模型，利用 ANSYS 软件对不同形状的弹性密封垫在不同压缩量下的变形特性、接触面压应力分布进行数值模拟，提出了以橡胶密封垫表面接触应力和完全压缩到沟槽内的闭合压力作为盾构隧道管片接头弹性密封垫断面设计的双控指标。

4. 密封垫防水失效数值模拟研究

杭州地铁 1 号线盾构隧道防水采用高精度钢模制作高精度管片，以管片结构自身防水为根本，接缝防水为重点，确保隧道整体防水。其具体防水要求为：区间隧道及旁通道每昼夜渗水量不大于 0.05L/m^2，任意 100m^2 每昼夜渗水量不大于 10L，隧道顶部不允许滴水，侧面允许有少量、偶见湿渍，即隧道内表面潮湿面积不大于 2/1000 的总内表面积，任意 100m^2 湿渍不超过 2 点，任意湿渍面积不大于 0.2m^2，衬砌接头不允许漏泥砂和滴漏。

衬砌防水措施采用以下三种方式：(1) 管片混凝土结构自防水；(2) 衬砌接缝设弹性橡胶密封垫；(3) 衬砌接缝设挡水条。接缝防水构造如图 11.5-15 所示，管片接缝防水采用单道防水，外侧设置挡水条和 EPDM 弹性橡胶密封垫，弹性橡胶密封垫断面结构如图 11.5-16 所示，每个密封垫压缩 6.5mm。

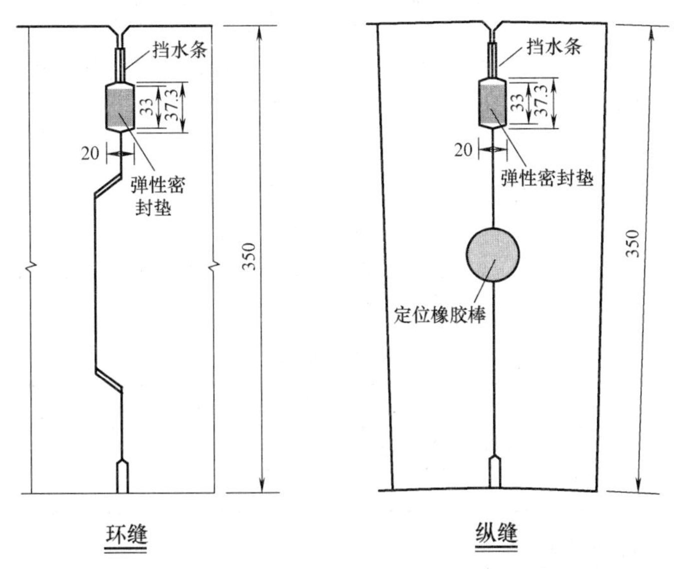

图 11.5-15　隧道衬砌接缝防水构造（单位：mm）

杭州地铁 1 号线盾构隧道在陆地段底部最大埋深约为 20m，静水压力取 0.2MPa，由于弹性密封垫在设计年限内会受到应力松弛和老化的影响，因此其防水压力设计值一般会在最大实际防水压力值的基础上乘以一个安全系数。根据《盾构法隧道防水技术规程》DBJ 08-50-1996 中设计水压应为实际承受最大水压的 2～3 倍，本工程中的安全系数取为 3，故设计水压为 0.6MPa。考虑到密封垫沟槽制作误差、拼装误差以及后期接缝受力变化等因素，防水设计要求弹性密封垫在环缝张开 6mm、纵缝张开 6mm 时，能长期抵抗 0.6MPa 的水压。

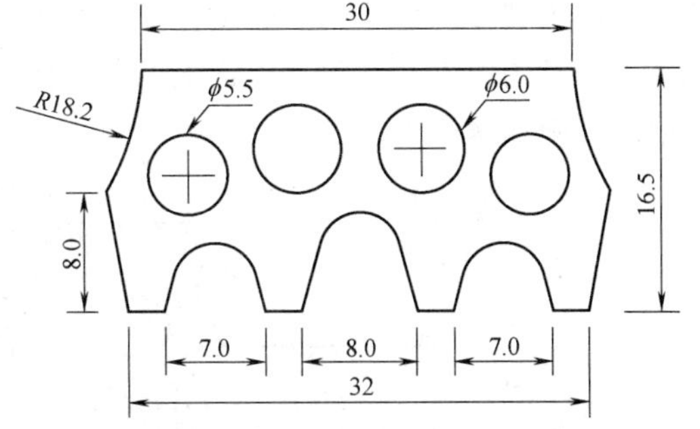

图 11.5-16　杭州地铁 1 号线弹性密封垫断面构造（单位：mm）

为了研究弹性密封垫在水压力作用下的防水失效机制，混凝土密封垫沟槽采用刚体、弹性密封垫采用实体单元进行模拟。橡胶密封垫属于超弹性材料，其压缩过程是大变形过程，分析过程中涉及非线性问题，因此，接触的设置和网格的划分尤为关键。网格采用三角形单元，共划分 2396 个单元，以保证网格划分的均匀和对称性（图 11.5-17）。密封垫

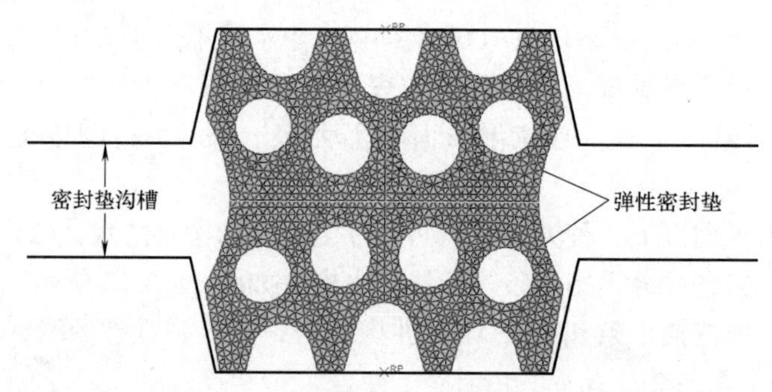

图 11.5-17　弹性密封垫及沟槽有限元模型

具有多个孔洞，断面形式复杂，弹性密封垫间以及弹性密封垫与沟槽间分别设置自接触、面与面的接触。在法向采用硬接触，在切向采用罚函数接触。

1）材料本构及参数

橡胶材料采用工程上常用的 Mooney-Rivlin 模型，C_{10} 和 C_{01} 两个材料参数的取值见表 11.5-3（雷震宇，2010）。弹性密封垫间摩擦系数参考谭文怡（2015）取为 0.5；密封垫与沟槽间的摩擦系数参考《公路钢筋混凝土及预应力混凝土桥涵设计规范》JTG 3362—2018，取为 0.3。

材料参数取值　　**表 11.5-3**

C_{10} (MPa)	C_{01} (MPa)	接触面切向摩擦系数	
		弹性密封垫间	弹性密封垫与沟槽间
0.7	0.035	0.5	0.3

2）边界条件与荷载工况

密封垫沟槽采用刚体模拟，荷载及初始边界条件如图 11.5-18 所示，在上下沟槽的参考点处约束其竖向、侧向和转动位移。当模拟密封垫在不同张开量受水压力作用时，首先维持下沟槽约束不变，改变上沟槽的竖向约束至所要计算的张开量处，然后维持上沟槽的约束，并施加水压力。

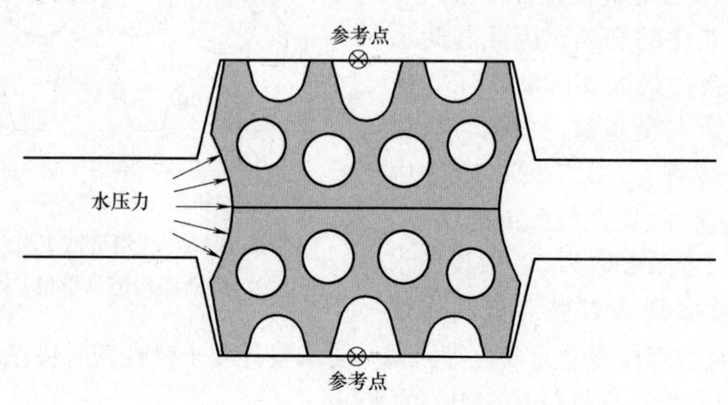

图 11.5-18　荷载及初始边界条件

以施加水压力的方式来更为真实地模拟弹性密封垫在水压力作用下的防水失效过程。水压力初始以均布荷载的形式垂直施加在弹性密封垫的侧方，取值参考工程中的设计水压，取为 0.6MPa，随着水压力施加后弹性密封垫的变形，水压力的施加范围也随之发生变化。

研究表明弹性密封垫的错开对弹性密封垫防水效果影响不大，甚至有时可以增强其抗水压力（Shalabi，2001；向科，2010），本节主要研究弹性密封垫在张开时的防水失效机制。

3）基于施加水压力方法的防水性能评价

当以施加水压力的方式来判定密封垫防水是否失效时，以密封垫间或密封垫与沟槽间的接触应力是否为 0 来进行判定。当接触应力为 0 时，则防水失效；当接触应力大于 0 时，则满足防水要求。

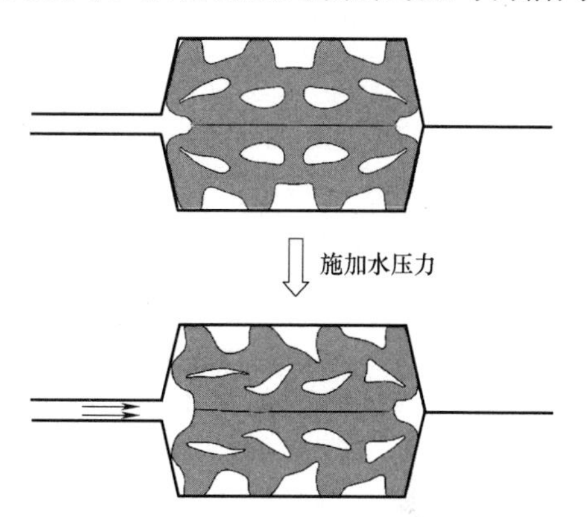

图 11.5-19　弹性密封垫变形示意

图 11.5-19、图 11.5-20 分别给出了弹性密封垫压缩至设计高度（即张开量为 0 时）的变形，以及密封垫间、垫底与沟槽间的接触应力。弹性密封垫压缩至设计高度时，左侧并未闭合，这是由于实际中左侧设置了挡水条而计算中未考虑。当没有施加水压力时，其变形基本呈上下和左右对称；当在左侧施加水压力后，弹性密封则会向右侧发生一定的挤压，变形基本还是呈上下对称。

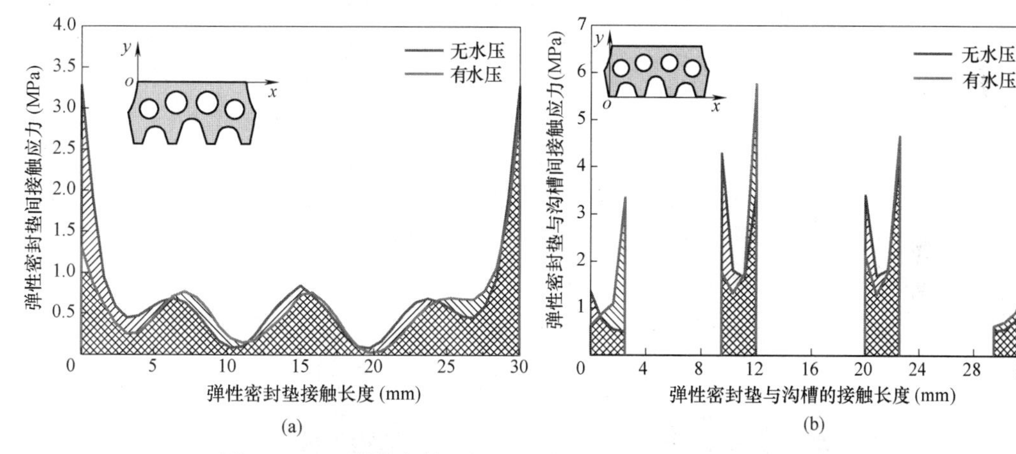

图 11.5-20　弹性密封垫间以及弹性密封垫底部接触应力分布

在单纯压缩情况下，其弹性密封垫间和弹性密封垫与沟槽间的接触应力沿弹性密封垫的中轴线呈对称分布，且垫间接触应力呈现出两端大的现象。当施加水压力后，弹性密封垫左侧受到水压力的作用，靠近水压力一侧的垫间接触应力明显下降，远离水压力一侧的接触应力基本维持不变。密封垫腿部与沟槽间受水压力的影响，将会形成不均匀接触，腿部接触应力呈现出左低右高的现象。

根据受水压力后弹性密封垫的接触应力来看，密封垫间以及密封垫和沟槽间接触应力都大于 0，在此种情况下，密封垫是满足防水要求的。

图 11.5-21 给出了不同张开量下弹性密封垫受 0.6MPa 水压作用变形。弹性密封垫在张开 3mm、6mm 时，向右侧发生一定挤压，但是弹性密封垫间以及弹性密封垫与沟槽间均未脱离接触。而当弹性密封垫张开 9mm 时，密封垫间明显发生了接触分离，即弹性密封垫在张开的情况下，防水失效发生在弹性密封垫间。

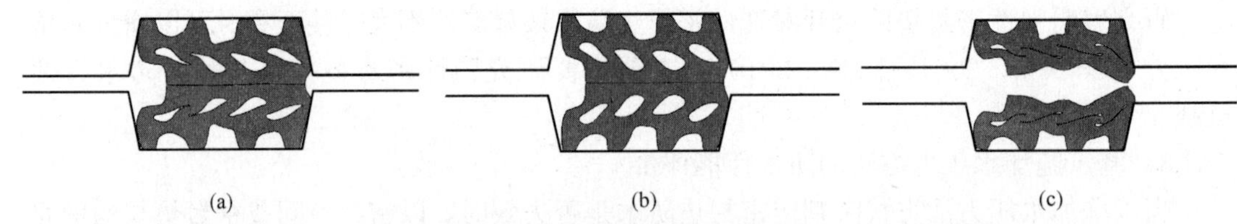

图 11.5-21　不同张开量下弹性密封垫受 0.6MPa 水压作用变形示意

（a）张开 3mm；（b）张开 6mm；（c）张开 9mm

图 11.5-22 是不同张开量下弹性密封垫间接触应力分布。密封垫张开 3mm、6mm 时，垫间接触应力基本都大于 0，垫间最大接触应力发生在远离水压一侧的密封垫端部。而密封垫张开 9mm 时，垫间接触应力全部变为 0，密封垫间已经发生了接触分离，防水失效。

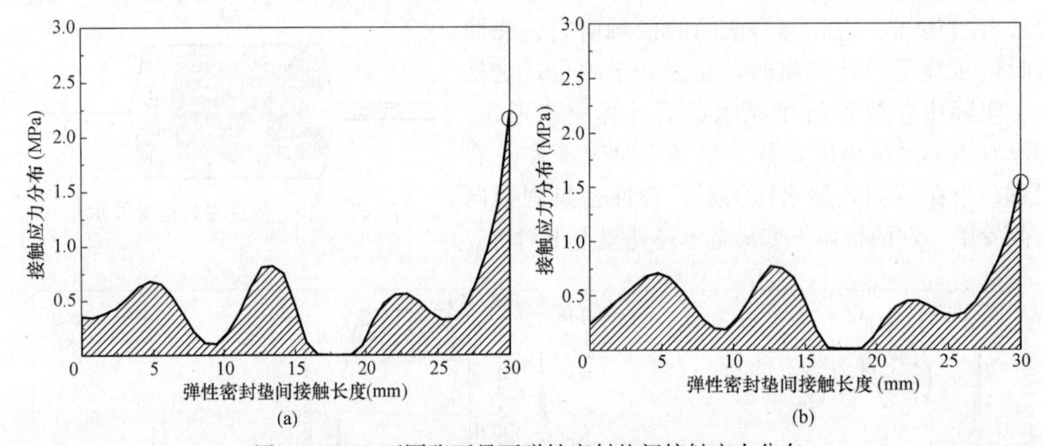

图 11.5-22　不同张开量下弹性密封垫间接触应力分布

（a）张开 3mm；（b）张开 6mm

4）密封垫张开防水失效机理

图 11.5-23 给出了防水失效整个过程中弹性密封垫的变形。接缝张开的情况下，初始

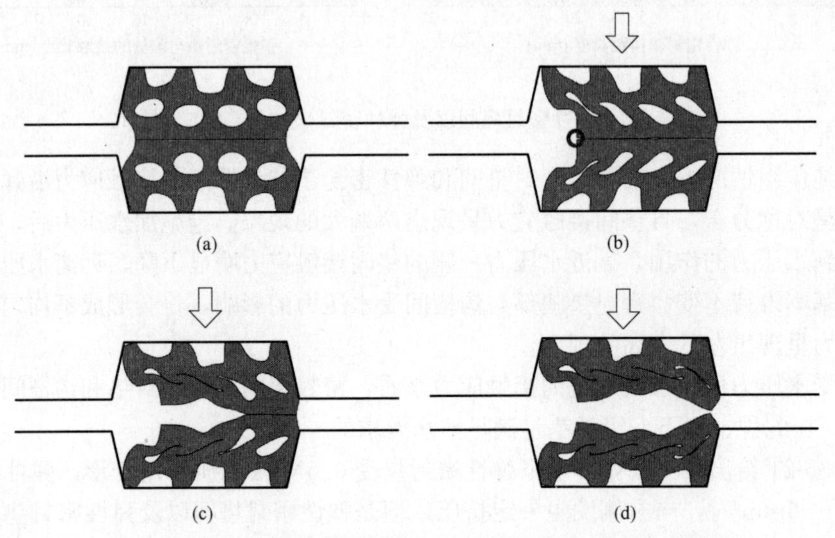

图 11.5-23　弹性密封垫在不同水压力作用下防水失效过程模拟

（a）水压力为 0MPa；（b）水压力为 0.43MPa；（c）水压力为 0.52MPa；（d）水压力为 0.58MPa

阶段没有施加水压力，变形沿中轴线对称分布；当水压力施加到 0.43MPa 左右，在弹性密封垫间靠近水压力的一端最先出现了接触面分离的情况（图中圆圈处所示）；此后水进入到密封垫间，水压力继续增大，密封垫间接触面相继脱开，当水压力达到 0.58MPa 时弹性密封垫间接触面全部脱开，造成密封垫防水失效。

图 11.5-24 所示给出的是密封垫间接触应力在不同水压力作用下的变化。在施加水压力前，垫间接触应力沿密封垫中轴线呈左右对称分布；当水压力达到 0.43MPa 时，靠近水压力侧的垫间接触应力率先变为 0；随着水压力继续增大，垫间接触应力沿接触面长度逐渐变为 0，直到最后水压力变为 0.58MPa，垫间接触应力全部变为 0，也就是密封垫间完全脱开，防水失效。

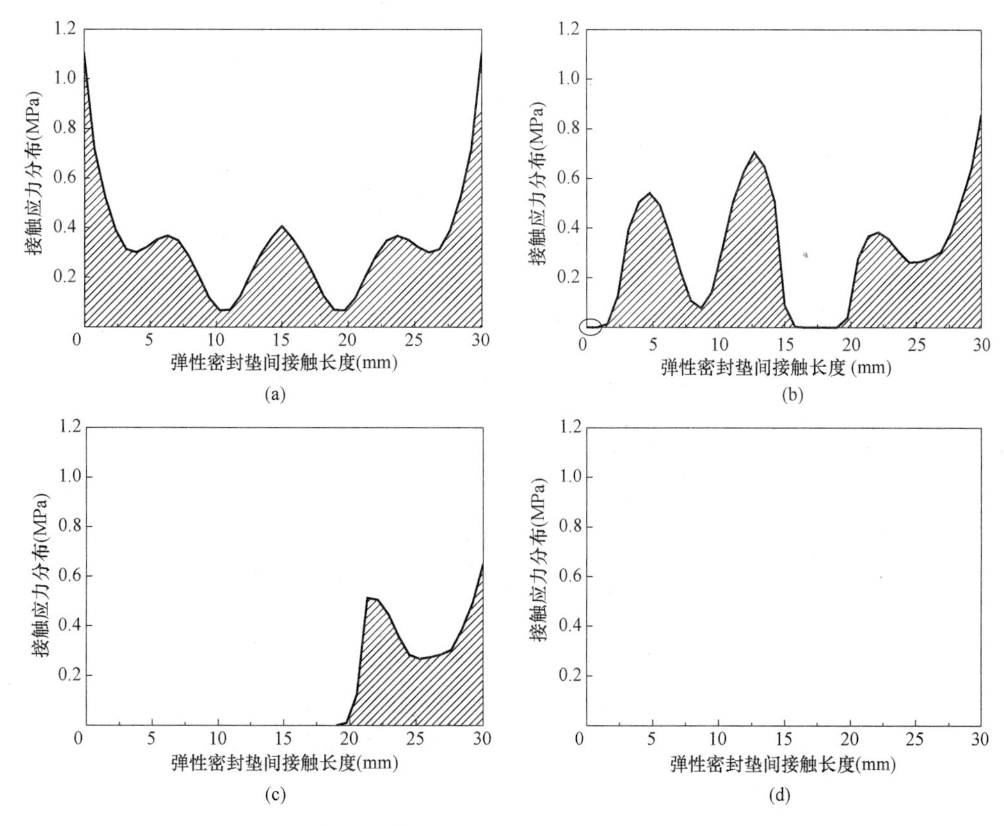

图 11.5-24　弹性密封垫间接触应力分布

11.6　典型工程实例

11.6.1　广深港狮子洋隧道

狮子洋隧道全长 10.8km，起止里程为 DK33＋000～DK43＋800，时速目标值 250km，三次穿江越洋。其中狮子洋水面宽 3300m，水深达 26.6m，为珠江航运的主航道，设计水压达 0.67MPa，是国内首次在软硬不均和岩层中采用大直径泥水盾构长距离掘进。狮子洋隧道如图 11.6-1 所示。

图 11.6-1　狮子洋隧道

狮子洋隧道工程为全线控制性工程，分SDⅡ标和SDⅢ标两个标，全长10.8km，其中盾构段长9277m，工作井长46m。盾构段采用四台泥水平衡式盾构施工。隧道施工方案为“两个工作井、四台盾构地中对接”。隧道段内径9.80m，外径10.80m，采用“7+1”分块式的通用楔形环钢筋混凝土单层管片衬砌。

狮子洋隧道SDⅢ标位于东莞侧，左线正线长5.25km，右线正线长5.55km。其中包括引道段180m，明挖暗埋段597m，盾构井23m，盾构段左线4450m，右线4750m。附属工程包括轨下混凝土填充、沟槽、联络通道、敞开段雨棚及设备用房等。隧道采用两台直径11.18m泥水盾构进行掘进施工，其中泥水盾构机被命名为“跨越号”和“卓越号”。衬砌为单层装配式钢筋混凝土管片。管片外径10.8m、内径9.8m，环宽2m、厚0.5m，为“5+2+1”形式，管片接缝设定位榫和定位杆槽。工程总工期35个月。该工程为国内最长、标准最高的水下隧道，同时也是世界上速度目标值最高的水下隧道，是广深港客运专线的控制性工程。

在安全设计上，隧道可满足“抗震抗火抗爆抗洪”要求。抗震设计可抗7级强震，抗爆设计可抵御5kg炸药的冲击，抗洪设计可以满足300年一遇洪水水位下，河道的冲刷变形对隧道的影响。防水采用了双道密封条，可以防渗防漏，满足100年耐久性要求。此外，隧道内设计的19条逃生横通道，可以有效应对火灾、火车意外撞击等事故发生时人员的安全撤离。

狮子洋隧道水下工程占总量的57%，开掘难度极高，而且是内地铁路首次以盾构法进行水下隧道施工，列为全线最高风险等级，其间将遭遇长距离掘进中盾构设计与配置、地下防坍和控制变形、特殊环境下结构耐久性、水下隧道防救灾等九项重大技术难关，譬如盾构机在水深仅7m的小虎沥水道，隧道顶距水底仅7～9m，且全为淤泥或软硬不均地层下作业，风险极大，加上高铁运行时速250km的速度目标值，都是世界级的考验。

该标段工程具有规模大、工期紧、设计标准高、涉及工法多、地质复杂、水压大、盾构掘进距离长等特点。同时，还存在明挖基坑地层软弱、刀具管理难度大、高水压带压作业以及江底地中盾构对接与拆解等工程难点。

自狮子洋隧道第一台盾构机开始掘进以来，建设、设计和科研部门联合展开攻关，先后攻克了“高水压、强渗透”地质条件下，掘进机水中带压更换刀具等多项世界性的技术难题，成功穿越深水、淤泥和超浅埋地段，实现了盾构机的水下精确对接。直径超过11m的巨型盾构机在水下60m深处的精确对接，标志着我国长距离水下铁路隧道的施工和科研取得了重大突破。这座隧道多项世界性技术难题全部破解，填补了我国泥水加压平衡盾构机施工多项技术空白。

整体耦合设计思路如下。

1）采用净空预留的方法保证结构耐久性和断层部位的抗震安全

盾构隧道有单层衬砌和双层衬砌两种主要结构类型。采用双层衬砌时，受断面空间限制，如采用二次衬砌与盾构掘进同步施工，则对盾构掘进和洞内作业安全影响较大：如果待盾构隧道贯通后再全隧道施作二次衬砌，则难以满足总工期的要求。此外，从所处地质和运营环境分析，结构本身无须设置二次衬砌。在采用单层衬砌时，考虑以下因素对结构内净空进行预留：

（1）考虑到海底通道资源的重要性、特殊性以及水下隧道极难修复的特点，一旦隧道发生质量损伤，影响巨大，如采用当前国内常用的内径 5.5m 的盾构管片，则隧道内无补强加固空间；而根据多座隧道的建设经验，在复合地层段，管片错台的可能性以及错台量较均一地层大，客观上有加大净空富余的必要。

（2）虽然所在区域地震基本烈度为 7 度，但地震频繁，且隧道穿越多处水下断层，地震时断层的错动量如何还没有可靠的计算方法。

因此最终确定内净空预留 250mm，相应管片内径为 6.0m，该富余空间既可用于特殊情况下局部设置二次衬砌，也可应对断层部位的抗震安全。

2）通过盾构机合理选型和采用一侧矿山法施工的应急预案保证工期可靠

适合该隧道施工的盾构机类型有土压平衡盾构和泥水平衡盾构，两种类型盾构机各有优缺点。土压平衡盾构的主要优点有设备费低、施工场地占地少、渣土处理容易；泥水平衡盾构的主要优点有刀具更换次数少和对高渗透性、高水压有更强的适应性。

该隧道大部分地段为基岩，断层和节理密集带透水性强，富水性强，且地下水与海水连通，弱透水地段仅占 21%。如地层稳定，则从降低造价、提高掘进速度看，由于土压平衡盾构可以在密闭式和敞开式之间转换，因而更合适；但如果基岩由于地下水的因素容易软化坍塌，或水压力较大，则宜采用泥水平衡盾构。从基岩情况看，大部分地段基岩较稳定，土压平衡式盾构和泥水平衡式盾构均能安全施工。在局部地段由于水压力大，采用土压平衡式盾构时应采取特殊措施。

11.6.2　胶州湾第二海底隧道

胶州湾第二海底隧道工程主线起点位于西海岸新区淮河东路千山南路路口以东，终点位于市北区杭州支路新冠高架路口以东，全长约 17.9km，其中隧道长约 15.9km（海域段 11.2km＋陆域段 4.7km）。胶州湾第二海底隧道工程定位为以客运为主、兼顾中小型货运的跨海通道；主线双向六车道；道路等级为城市快速路（兼一级公路）；设计速度为主线 80km/h、匝道 40km/h；设计使用年限 100 年；抗震设防类别为乙类，抗震设防烈度 7 度。具体建设规模和内容以政府部门最终的批复方案为准。胶州湾第二海底隧道如图 11.6-2 所示。

图 11.6-2　胶州湾第二海底隧道

胶州湾第二海底隧道工程主要建设内容包括隧道工程、两端出入口接线工程、机电设备工程、服务管理用房和设施及附属工程。其中，隧道工程线路西起西海岸新区淮河东路，向东沿淮河东路—刘公岛路地下敷设，进入海域后向北偏直至胶州湾东岸，由海泊河口进入陆域。在海泊河口附近转入陆域前隧道分岔，北接环湾路，在环湾路两侧设进出地面匝道，东接海泊河两岸地面道路，设出口后沿地面向东敷设，增设桥梁匝道接杭鞍高架和新冠高架，预留隧道向北接温州路的条件。主线隧道采用双孔行车隧道＋中间服务隧道的布置方式。主线隧道设置双向六车道。

两端出入口接线工程方面，黄岛端设 1 主＋2 辅出入口，主出入口接至淮河东路，南向辅出入口设在澎湖岛街，预留北向辅出口接至秦皇岛路。青岛端设 1 主＋3 辅出入口，主出入口接至杭鞍高架（东）与新冠高架（南）；北向辅出入口接至环湾路；东向辅出入口接至杭州支路地面道路；预留东北向快速辅出入口接温州路—重庆路；机电设备工程包括通风、给水排水与消防、供电与照明、监控等系统；附属工程包括管理中心、收费站、服务区、风塔等。

整体耦合设计思路如下。

1）采用全封闭防水抗水压衬砌结构减少运营期排水及对地面环境的影响。

超大断面防水型复合式衬砌结构能否成功应用取决于合理的结构设计、完善的防排水系统设计、施工过程中地下水位控制以及施工质量控制四个方面。其要点有：(1) 防水型复合式衬砌隧道宜应用于最大水压力不超过 60m 的地段，二次衬砌宜承受全部围岩压力和水压力；(2) 由于仰拱承受的水压力大，应适当加大仰拱深度和曲率，以减小仰拱的内力；(3) 防水板宜采用可与现浇混凝土粘结的自粘式防水板，避免因防水板损坏引起地下水在防水板与二次衬砌之间串流，且自粘式防水板连接应采用焊接；(4) 加强结构自防水和施工缝防水，二次衬砌混凝土的抗渗等级可采用 P10～P12，施工缝设置“可反复注浆”的注浆管；(5) 对于隧道顶为软弱地层的地段，为减少失水沉降，施工开挖前对围岩进行注浆止水十分必要；(6) 对于凹形纵坡隧道，应设置分区防水；(7) 施工中应加强质量管理，每道工序均应进行严格的检查，否则漏水修复难度大。

2）采用弱爆破结合机械开挖（铣挖法）的方法减少对围岩的扰动和施工振动

浏阳河隧道开挖断面大、埋深浅，若采用常规钻爆法开挖，则对地面建筑物的影响较大，下穿河床段还可能引起塌方，因此在一些特别敏感地段采用弱爆破结合机械开挖（铣挖法）的方法。首先采用铣挖机或单臂掘进机进行拱部预切槽，完成初期支护后，再采用弱爆破法开挖剩余部分。

3）采用水下疏散救援定点的方式保证运营安全

隧道距离长沙南站很近，列车在隧道内发生火灾时，只要未丧失动力，应牵引出洞外实施消防救援。但考虑到该隧道为凹形纵坡，如列车失去动力依靠重力自行滑行至最低点的可能性很大，因此在最低点前后段设置了一个疏散救援定点。虽然为缩短隧道施工工期设置了三座竖井，但其深度较大，如将其作为运营期的疏散通道则使用不方便，且位于城区，运营期的安全管理工作量和管理难度也很大，因此，竖井采用封闭处理。

4）采用水下浅埋暗挖技术，合理确定隧道的最小埋置深度

为满足隧道两端接线要求，如何保证安全施工是整个工程成败的关键所在，其中防止塌方是各项安全措施的重中之重。为此，采取了如下安全措施：

(1) 施工时机选择

由于洪水期水位高于城市地面，如洪水期施工出现塌方涵水，江水可能倒灌，且由于

洪水期水位高，孔隙水压力增大，不利于围岩稳定，因此，水下段施工应尽量安排在枯水期。

（2）做好超前地质预报

施工过程中采取 SP 超前地质预报地质雷达红外线探水、超前水平钻孔等措施，探明前方地质和地下水情况，为施工处理方案提供依据。

（3）选择合理的开挖方法

根据施工先后顺序，先行隧道采用三台阶临时仰拱法施工，后行隧道采用 CD 法施工，且先开挖支护内侧导坑。施工时合理控制后行隧道开挖面与先行隧道二次衬砌终点之间的距离，一般不小于 30m。此外，为防止水下浅埋地段爆破施工引起坍方，隧道拱部采用铣挖机或单臂掘进机进行预切槽开挖，完成拱部支护后再采用弱爆破法开挖其余部分。

（4）辅助施工措施

由于水下环境的特殊性，超前支护应有足够的长度和刚度在开挖周边和掌子面时采取措施。全断面深孔预注浆及周边径向注浆：为确保暗挖隧道安全施工，应加强开挖前的堵水措施。隧道开挖前采用超前预注浆堵水和加固围岩。封闭围岩裂隙，降低渗流速度，为隧道开挖和及时支护提供足够的时间。对于开挖后的局部渗漏水，采用径向注浆封堵。

长管棚加超前小导管预支护：采用长管棚加超前小导管对拱部开挖进行预支护，可以保证隧道掌子面和拱部围岩的稳定。掌子面超前锚杆预支护：采用掌子面超前锚杆预支护措施，进一步稳定开挖面。超前锚杆采用玻璃纤维锚杆。采取上述措施后，施工进展极为顺利，没有出现较大险情，表明采取的施工措施是合理的。

参考文献

[1] 王勇. 深埋长大沉管隧道沉降分析及控制措施研究 [D]. 北京：北京交通大学，2018.

[2] Tsuji H，Sawada T，Takizawa M. Extraordinary inundation accidents in the Seikan undersea tunnel [J]. International Journal of Rock Mechanics and Mining Sciences and Geomechanics Abstracts，1996，119 (1)：1-14.

[3] 王梦恕. 水下交通隧道发展现状与技术难题——兼论“台湾海峡海底铁路隧道建设方案”[J]. 岩石力学与工程学报，2008，27 (11)：2161-2172.

[4] 薛建设. 反复清淤回淤荷载作用下海底沉管隧道软土固结变形特征及地基沉降计算研究 [D]. 北京：北京交通大学，2018.

[5] 吕明，GRØV E，NILSEN B，等. 挪威海底隧道经验 [J]. 岩石力学与工程学报，2005，24 (23)：4219-4225.

[6] Gronhaug A. Requirements of geological studies for undersea tunnels [J]. Rock Mechanics，1978，15 (5)：978.

[7] 郭陕云. 关于我国海底隧道建设若干工程技术问题的思考 [J]. 隧道建设，2007，27 (3)：1-5.

[8] Yanxi Zhao，Zhongxian Liu. Research on TBM type selection risk for long draw water tunnel [J]. IOP Conference Series：Materials Science and Engineering，2019，490 (3)：1-5.

[9] 俞国青，傅宗甫. 欧美的沉管法隧道 [J]. 水利水电科技进展，2000，20 (6)：11-14.

[10] Culverwell D R. Comparative merits of steel and concrete forms of tunnel [C]. Proceedings of the

Immersed Tunnel Techniques Symposium，Manchester，UK，1989.
[11] 杨文武，毛儒，曾楚坚，等. 香港海底沉管隧道工程发展概述 [J]. 现代隧道技术，2008（增刊1）：41-46.
[12] 李志军，王秋林，陈旺，等. 中国沉管法隧道典型工程实例及技术创新与展望 [J]. 隧道建设(中英文)，2018，38（6）：879-894.
[13] 杨文武. 沉管隧道工程技术的发展 [J]. 隧道建设，2009，29（4）：397-404.
[14] 陈越. 沉管隧道技术应用及发展趋势 [J]. 隧道建设，2017，37（4）：387-393.
[15] 张镜剑. TBM的应用及其有关问题和展望 [J]. 岩石力学与工程学报，1999，18（3）：363-367.
[16] Arild P. The challenge of subsea tunneling [J]. Tunneling and Underground Space Technology，1994，9（2）：145-150.
[17] Martin Morris，Morgan W. W. Yang，Chor Kin Tsang，et al. An overview of subsea tunnel engineering in Hong Kong [J]. Proceedings of the Institution of Civil Engineers-Civil Engineering，2016，169（6）：9-15.
[18] 卢普伟，梁邦炎，资利军，等. 港珠澳大桥隧道工程沉管法与盾构法比选分析 [J]. 施工技术，2012，41（372）：89-91.
[19] 资利军，梁邦炎，卢普伟. 港珠澳大桥隧道工程沉管法与盾构法方案比选 [J]. 建筑施工，2012，34（8）：838-839.
[20] 刘鸿雁，张洪波. 宁波象山港跨海通道桥隧方案技术经济评价及比选研究 [J]. 公路，2007，(7)：51-55.
[21] 王延伯. 宁波象山港海底隧道方案比选研究 [D]. 西安：长安大学，2007.
[22] 刘鸿雁. 宁波象山港跨海通道桥隧方案技术经济评价及比选研究 [D]. 杭州：浙江大学，2007.
[23] 李涛. 邕宁水利枢纽工程二期围堰导截流施工技术 [J]. 石家庄铁道大学学报（自然科学版），2018，31 (S2)：91-96.
[24] 裴利华. 盾构隧道管片结构设计研究 [J]. 铁道标准设，2009（12）：86-91.
[25] 李围，何川. 大断面越江盾构隧道管片衬砌结构设计力学分析 [C]. 中国土木工程学会第十二届年会暨隧道及地下工程分会第十四届年会论文集，2006：305-309.
[26] 史世波，李波，拓勇飞. 海外高水压大直径盾构法隧道防水设计 [J]. 隧道与轨道交通，2019，(S1)：71-74，80.
[27] 王梦恕. 水下交通隧道的设计与施工 [J]. 中国工程科学，2009，11（7）：4-10.
[28] 洪代玲. 大型海底隧道与隧道工程技术的发展 [J]. 世界隧道，1995（3）：50-60.
[29] 孙钧. 对兴建台湾海峡隧道的工程可行性及其若干技术关键的认识 [J]. 隧道建设，2009，29（2）：131-144.
[30] 孙钧. 海底隧道工程设计施工若干关键技术的商榷 [J]. 岩石力学与工程学报，2006（8）：1513-1521.
[31] 魏新江，张孟雅，丁智，等. 初始固结度影响下地铁运营引起的长期沉降预 [J]. 现代隧道技术，2016，53（2）：114-120.
[32] 洪开荣，邹翀，贺维国. 钻爆法修建水下隧道的创新与实践 [M]. 北京：中国铁道出版社，2015：295.
[33] 孙磊. 复杂环境条件下海底隧道大断面钻爆法安全管控综合施工技术 [J]. 施工技术（中英文），2021，50（18）：57-60.
[34] 张顶立. 大型跨海隧道钻爆法修建技术 [M]. 北京：人民交通出版社，2018.
[35] 李术才，徐帮树，蔚立元. 钻爆法施工的海底隧道最小岩石覆盖厚度确定方法 [M]. 北京：科学出版社，2013：308.

[36] 杨新安，丁春林，徐前卫. 城市隧道工程 [M]. 上海：同济大学出版社，2015：228.

[37] 林鸣，王强，尹海卿，刘晓东，宿发强. 港珠澳大桥岛隧工程外海沉管安装 [M]. 北京：科学出版社，2019：542.

[38] 袁风波. 软弱土层盾构地中对接施工若干关键技术探讨 [J]. 中国市政工程，2014 (1)：57-59，95.

[39] 林存刚. 盾构掘进地面隆陷及潮汐作用江底盾构隧道性状研究 [D]. 杭州：浙江大学，2014.

[40] 章丽莎. 滨海地区地下水位变化对地基及基坑渗流特性的影响研究 [D]. 杭州：浙江大学，2017.

[41] 朱成伟. 常动态水位水下隧道水土压力响应研究 [D]. 杭州：浙江大学，2020.

[42] Anagnostou G，KKovari. Face stability conditions with earth-presure-balanced shields [J]. Tunneling and Underground Space Technology，1996，11 (2)：165-173.

[43] 乔金丽. 盾构隧道开挖面的稳定性分析 [D]. 天津：天津大学，2008.

[44] Ying H W，Zhu C W，Shen H W，et al. Semi-analytical solution for groundwater ingres intolined tunnel [J]. Tunneling and Underground Space Technology，2018，76：43-47.

[45] 应宏伟，朱成伟，龚晓南. 考虑注浆圈作用水下隧道渗流场解析解 [J]. 浙江大学学报（工学版），2016，50 (6)：1018-1023.

[46] 熊启东，胡俊强，李成芳. 水位和覆土厚度对不同形式过江隧道的影响 [J]. 地下空间与工程学报，2010 (增刊 2)：1578-1583.

[47] 张鹏军. 深圳前海隧道基底软土层动力特性及长期沉降研究 [J]. 深圳：深圳大学，2018.

[48] 刘明，黄茂松，柳艳华. 车振荷载引起的软土越江隧道长期沉降分析 [J]. 岩土工程学报，2009，31 (11)：1703-1709.

[49] Monismith C L，Ogawa N，Freeme C R. PERMANENT DEFORMATION CHARACTERISTICS OF SUBGRADE SOILS DUE TO REPEATED LOADING [M]. 1975：1-17.

[50] Kenis W J. Predictive design procedures，VESYS users manual：An interim design method for flexible pavements using the Vesys structural subsystem [J]. Final Report Federal Highway Administration Washington Dc，1978，1.

[51] LI D，SELIG E T. Cumulative plastic deformation for fine-grained subgrade soils [J]. Journal of Geotechnical Engineering. 1996，122 (12)：1006-1013.

[52] CHAI J C，MIURA N. Traffic-load-induced permanent deformation of road on soft subsoil [J]. Journal of Geotechnical and Geoenvironmental Engineering，2002，128 (11)：907-916.

[53] HYODO M，YASUHARA K，HIRAO K. Prediction of clay behaviour in undrained and partially drained cyclic tests [J]. Soils and Foundations，1992，32 (4)：117-127.

[54] YAMAMOTO Hyodo M，et al. Undrained cyclic shear behaviour of normally consolidated clay subjected to initial static shear stress [J]. Soils and Foundations，1994，34 (4)：1-11.

[55] 周健，屠洪权，YASUHARA K. 动力荷载作用下软黏土的残余变形计算模式 [J]. 岩土力学，1996，17 (1)：54-60.

[56] R. J. Mair，R. N. Taylor. Bored Tunneling in the Urban Environment [C]. Proceedings of The Fourteenth International Conference on Soil Mechanics and Foundation Engineering，1997.

[57] 林永国. 地铁隧道纵向变形结构性能研究 [D]. 上海：同济大学，2001.

[58] 赵慧岭，柳献，袁勇，等. 软土隧道长期沉降的纵向作用效应研究 [J]. 特种结构，2008，25 (1)：79-84.

[59] 张向霞，张中杰. 虹梅南路越江隧道沉降监测研究 [J]. 中国市政工程，2017，(1)：41-43.

[60] 张学钢，黄阿岗，郭旺军. 列车荷载长期作用下隧道地基固结变形的数值分析 [J]. 铁道工程学报，2011，28 (4)：22-26.

[61] 丁祖德，彭立敏，施成华，等. 循环荷载作用下富水砂质泥岩动变形特性试验研究 [J]. 岩土工程学报，2012，34 (3)：534-539.

[62] 李进军，黄茂松，王育德. 交通荷载作用下软土路基累积塑性变形分析方法 [J]. 中国公路学报，2006，19 (1)：1-5.

[63] 刘建航，候学渊. 盾构法隧道 [M]. 北京：中国铁道出版社，1991.

[64] Shalabi F I. Behavior of gasketed segmental concrete tunnellining [D]. Urbana，University of Ilinoisat Urbana Champaign，2001.

[65] 伍振志，杨林德，季倩倩，等. 越江盾构隧道防水密封垫应力松弛试验研究 [J]. 建筑材料学报，2009，12 (5)：539-543.

[66] 钟小春，秦建设，朱伟，等. 盾构管片接缝防水材料防水耐久性实验及分析 [J]. 地下空间与工程学报，2011，7 (2)：281-285.

12 人工岛工程

刘汉龙[1]，董志良[2]，周航[1]，陈平山[2]
（1. 重庆大学土木工程学院，重庆 400045；2. 中交四航工程研究院有限公司，广东 广州 510220）

12.1 概况

人工岛是利用人力在海上建造的陆地，一般可在既有小岛和暗礁基础上进行回填形成可用于人们正常活动的陆域，或是在水域中通过工程行为所形成的陆地，总体而言都是属于填海造地范畴。人工岛的大小不一，由扩大现存的小岛、建筑物或暗礁，或合并数个自然小岛建造而成。或是独立填海而成的小岛，用来支撑建筑物或构造体的单一柱状物，从而支撑其整体。如图 12.1-1 和图 12.1-2 所示港珠澳大桥人工岛、美济岛等工程。

图 12.1-1　港珠澳大桥人工岛

图 12.1-2　美济岛

现代人工岛用途广泛，可用于兴建停泊大型船舶的开敞深水港；起飞着陆安全、不对城市产生噪声污染的机场；易于解决冷却和污染问题的大型电站或核电站；开采离岸不远的海上石油（气）田和建造石油、天然气加工厂；开采海底煤、铁矿或建造海上选矿厂和金属冶炼厂；建造水产加工厂、纸厂、废品处理厂、毒品与危险品仓库等。还可以建造海上公园，甚至新的海上城市。人工岛的位置一般选在靠近海岸，水深不超过 20m，掩蔽良好，附近有足够土石材料的海域。如利用岩质小山岛修建人工岛更为经济。人工岛工程主要包括岛身填筑、护岸和岛陆之间交通联系三部分。

12.2 人工岛建造

人工岛岛身填筑，一般有先抛填后护岸和先围海后填筑两种施工方法。先抛填后护岸适用于掩蔽较好的海域，用驳船运送土石料在海上直接抛填，最后修建护岸设施。先围海后填筑适用于风浪较大的海域。先将人工岛所需水域用堤坝圈围起来，留必要的缺口，以便驳船运送土石料进行抛填或用挖泥船进行水力吹填。护岸的结构形式常采用斜坡式和直墙式。斜坡式护岸采用人工砂坡，并用块石、混凝土块或人工异形块体护坡。直墙式护岸采用钢板桩或钢筋混凝土板桩墙，钢板桩格形结构或沉箱、沉井等。人工岛连接陆上的交通方式，一般采用海底隧道或海上栈桥连接，通过公路或铁路进行运输。距离陆地较近也可以用皮带运输机、管道或缆车等设备运输。人工岛距离陆地较远，又无大宗陆运物资时，则常常采用船舶运输。

12.2.1 人工岛围堰建造

人工岛围堰建造是指在海上通过人工围堰的方式形成一定建造人工岛的界限，为后期的吹填、造岛做准备，是围海造陆工程的基础。按施工方法的不同，目前我国的围堰形成技术可大致分为4类：（1）抛石围堰；（2）模袋围堰；（3）复合围堰；（4）临时围堰[1,2]。下面分别介绍几种围堰。

1. 抛石围堰

抛石围堰是通过向海中抛掷一定的石料，石料在自重或外力的作用下堆积密实，露出水面，形成人工的分隔带，将围海建造人工岛区域与海域进行分隔，以便后续吹填施工。抛石围堰是一种传统的围堰施工技术，具有施工进度快、稳定性强、工程寿命长等优点，广泛应用于港口工程及水利工程。根据抛石的作业方式可分为水抛法和陆抛法：水抛法是利用自带吊机的运输船（如方驳、开底驳等）运输石料，采用GPS定位装卸石料在水上进行抛填；陆抛法主要是自卸汽车运输，挖掘机和推土机配合施工，在陆上进行逐步推进式抛填，在人工岛围堰施工方案中，由于水域环境复杂，很少采用陆抛法，更多时候采用的是水抛法。

2. 大砂袋围堰

大砂袋围堰（图12.2-1）是模袋围堰的一种形式，其施工原理是先将防老化编织土工布缝制成袋形，再用水力吹填的方法，将砂土填充到模袋中，最后构筑成定型的围堰。大砂袋围堰具有造价低廉、取材方便、施工简单等优点，现在已经广泛应用于围海造陆工程、水利工程、海防工程等。大砂袋围堰施工主要采用抛填袋装砂和充灌袋装砂两种工艺：抛填袋装砂主要包括翻板抛袋和网络抛袋；充灌袋装砂分为水下充灌和水上对拉充灌。

图12.2-1 大砂袋围堰

充灌砂袋的方法有两种：一是直接利用低潮时人工在滩地上铺展、固定大砂袋进行充灌，该工艺已相当成熟；二是利用船机设备在水相对较深区域进行水下充灌砂袋，施工时先将砂袋卷在施工船舶滚筒上，砂袋另一端入水，然后边充灌边移船同时转动滚筒以沉放砂袋，直至砂袋充灌成型，沉放到位。这两种充灌砂袋的施工工艺适合于水较浅、河床泥面较平、水流风浪条件较好的浅水区域以及滩地施工[3,4]。

当围堰下部为软弱土层时，水深条件无法满足一般施工船舶时，可采用铺设砂被、打设排水板等工艺，以达到排水固结的目的。中交四航工程研究院有限公司在宁波大榭招商国际集装箱码头围堤造陆工程中，基础护底结构采用铺设砂被、施打排水板，袋充砂通长袋及软体排作加筋层，围堤上部为水抛镇脚棱体、陆抛堤心石[5]。

3. 复合围堰

复合围堰由两种或两种以上结构组合而成，如模袋围堰结合抛石围堰、土石围堰结合土工织物、土工格栅，等等。该类结构形式结合土工合成材料的特性，发挥土工材料的优势，具有结构形式灵活、整体性好、对复杂地基适应性强等特点，被越来越多的工程所采用，成为围海造岛工程围堰的一个重要发展方向。

大多数围堰建在深水、浅水或滩涂地面，地基下部多为海相淤泥，上覆堰体自重和波浪荷载极易引发海床孔隙水压力的动态累计，降低有效应力，不利于围堰结构的稳定[6]。为有效消散土体中的超静孔隙水压力，防止围堰在施工过程中滑移失稳，须在围堰填筑前进行水下铺排和水上插板，形成更为稳定的复合型砂袋围堰。

港珠澳大桥珠澳口岸人工岛填海工程岛壁区临时围堰（图 12.2-2），砂袋围堰施工前先在原泥面上铺设一层土工布和土工格栅，之后抛填中粗砂垫层，并在砂垫层上插设塑料排水板，由此可以起到加筋护底、促使砂袋地基软土排水固结的作用，更为有效地弥补单一砂袋围堰形式在结构稳定性方面的不足。

图 12.2-2　港珠澳大桥东人工岛临时复合围堰

1）新型水下铺排关键技术

传统的水下铺排技术是利用滑板等辅助设备，利用排体的自重将其沉放至泥面[6]。而海上作业时风、浪、流等荷载作用和潮位的涨落影响较大，现有的水下铺排技术，难以准确控制铺设范围和轴线偏移量，铺设过程中船体移位易发生航迹偏离，排体铺放易出现扭结和漂浮等情况，使得基础稳定性和工程质量无法保证。为克服现有技术在铺设精度、质量和工效上的不足，中交四航局董志良等研发了一种快速可靠的水下铺排新技术。该技术利用端头锚固，下舷压排筒熨压及系、抛结合式压载的原理，将排体的定位、平铺、熨压和压载 4 个重要环节有机地结合在一起，可极大地提高作业工效和施工质量。

该项技术成功应用于珠澳口岸人工岛填海工程岛壁区临时围堰的护底施工，有效地解决了近海作业时，风、浪、流等荷载作用及潮位涨落对施工的影响，使排体快速、准确地铺设于涂面之上，工作效率得以成倍提升。

2）新型水上插板关键技术

塑料排水板可以为下部淤泥层的排水固结提供竖向通道，加速淤泥层的固结变形。在围堰底部软弱土层中插设塑料排水板，可有效提高土体强度，有利于围堰结构的稳定。

排水板的打设可由专业的插板船实施，传统的水上插板船一般作业深度有限，打设效率较低。因此，董志良等对水上插板技术进行了研发，设计了一种插深可达 30m、8 个独立桩架的水上插板船，并成功应用于港珠澳大桥珠澳口岸人工岛填海工程。

插板船分为船体和桩架两部分。船体主要作为施工作业操作平台，其上搭设钢柜架作为插板桩架的支撑，柜架间采用圆钢和斜拉索互相紧固，避免柜架松动，柜架焊接在船体上固定。行走轨道采用工字钢焊接在船体上。船舷两侧各安装 4 台振动式插板桩架，桩架上端采用行走小车与钢柜架相连接，底端行走跑车支撑在行走轨道上，每台插板机独立工作。

3）非自航船舶施工智能控制技术

作为围海造陆水上施工的一部分，由于受风浪、潮流、水深等多种因素制约，加之现有水上施工船舶的自动化和智能化程度低，移船以及定位主要依靠简单的人力控制装置[7]，未能形成计算机智能控制一体化，这大大影响了施工精度和工作效率。为提高工效，董志良等基于自适应算法开发了非自航船舶智能控制系统软件，实现了在施工精度要求范围内对船舶的智能控制与定位[2]。

非自航船舶控制系统利用计算机连接 CPS，自动获取船舶当前精确坐标，并根据输入目标点的位置，利用遗传算法，计算船舶移动的路径。船舶将按照预定路径精确定位移动到目标位置，算法结构见图 12.2-3。在移位期间，该系统会根据当前的风、浪影响，自动调整各锚机的收放速度，有效地解决了近海作业时，风、浪等荷载作用对施工的影响，保证高精度定位移动，实现自动化定位移船。

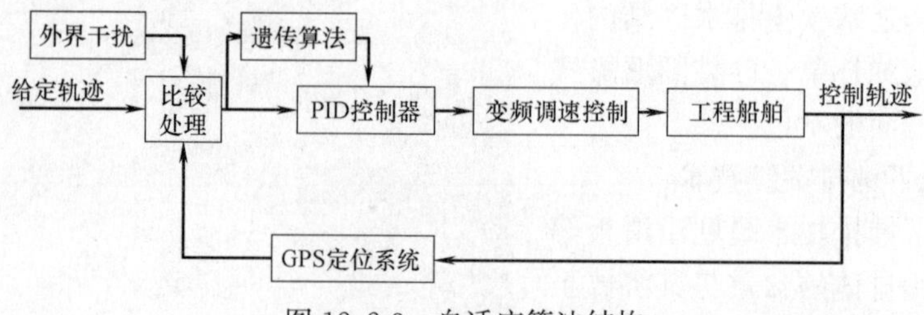

图 12.2-3　自适应算法结构

经过现场使用和验证，该系统能较好地适应风、浪、流作用等复杂环境，又能满足工程施工的精度要求，同时极大地提高了工效，实现了施工作业的智能化、自动化。

4. 插入式混凝土结构与钢结构围堰

在一些重要的围堰修筑工程中，可考虑采用插入式混凝土结构或钢结构围堰。插入式混凝土结构要求施工区域水流平缓且有条件筑岛变水上作业为陆上作业；插入式钢结构围堰则应用较广，理论研究也较为成熟[8]。大直径钢圆筒即是其中一种广泛应用的结构形式。

港珠澳大桥香港人工岛大直径钢圆筒沉放，由 8 台液压锤组成的联合振动系统将直径 27～31m、高 32～44m 的钢圆筒振沉到设计高程。大圆筒内回填砂料，打设砂石桩并使其固结稳定。大圆筒和内部加固土体共同组成人工岛的围堰结构。

插入式大圆筒可以直接插入软土地基，避免了地基土体的大开挖或采用特殊的地基加固处理，而且能充分发挥地基土体对结构的稳定作用，在圆筒沉设完毕后结构自身即可满足稳定性要求，可直接作为后方陆域形成的围堰。因此，在一些特定的地质条件下，该结构在工期及造价上比其他传统的围堰结构形式有较大优势。

12.2.2 人工岛护岸建造

1. 人工岛护岸分类

为防止人工岛与水域交界处的填筑土砂流失，同时为防止波浪、潮水对人工岛侵蚀冲击的护岸设施，称为人工岛护岸。人工岛护岸大致具有以下四种功能：①防止波浪及潮水的冲击，为人工岛填筑地提供必要的防护高度，且使越过护岸的波浪及潮水能够顺利排放；②在人工岛施工及使用时，作为抵抗波浪冲击力和砂土外力的稳定构造物；③防止人工岛填筑土砂的流失；④防止人工岛上的污水流出污染环境。

1）人工岛护岸的构造形式（表 12.2-1）

填筑护岸构造形式的分类　　表 12.2-1

序号	分类	构造形式
1	抛石式	抛石式、抛块状物体式
2	重力式	沉箱(开口及压气沉箱)块体、现浇混凝土式
3	板桩式	自立板桩式、装框包装式、斜拉桩式、双重板桩式
4	容器式	直线板桩容器式、钢管板桩容器式、钢板桩容器式、混凝土容器式等

2）各类构造形式的应用

(1) 抛石式护岸，主要适用于临时护岸、小规模护岸及受自然条件影响较小的护岸工程。

(2) 重力式护岸，对水较浅、施工条件较好的工程可采用现浇混凝土式及块状式。对在深水及波浪条件比较恶劣的情况下，多采用沉箱式。

(3) 板桩式护岸，适用于除了岩磐地基以外的其他各种地基。

(4) 容器式护岸，适用于深水及软弱地基。

2. 人工岛护岸的施工

人工岛护岸的施工包括基础地基的处理与护岸本体的施工。

1）施工方法

(1) 抛石式护岸，应按地基处治、防冲刷、堤体基础部、堤体部、覆盖部等工序进行。在进行各工序之前，一定要对海况条件进行慎重地研究和探讨。为保持堤体的稳定和功能，应重视选择好覆盖石。抛石式护岸施工顺序：先投入基础碎石，后投入覆盖石块，并用设置盖垫防止石块卷走。

(2) 沉箱式护岸，一般根据地基的性质及经济性同抛石基础结合起来使用。先投入基础石块，再安放预制好的沉箱。在沉箱内填砂石，补浇混凝土，内侧投入填石，上部浇混凝土。

(3) 板桩式护岸，施工的安定性非常低，因此对其施工顺序、维持安定的方法应考虑好。钢板桩的打入用打击工法同振动工法。施工顺序：先打设控制钢板桩，再打设钢板桩，横梁、拉杆的设置，内填材料的投入，浇混凝土。

(4) 容器式护岸，采用钢板桩容器式（直线板桩式、钢管板桩式）及钢板板桩式。钢板桩容器式的施工方法：在施工现场一片一片组合打入形成容器式，或先在基地或特殊的船台上组装好，再搬运到施工现场进行安装打入。此法为“锤击钢板桩容器工法”。钢板桩容器式施工是先挖掘平整场地，后安置钢板，接着进行内部填充，投入填充砂，浇上部混凝土。

2）构造形式与施工工法的选定

(1) 护岸的构造形式选定条件（表 12.2-2）。

护岸的构造形式选定条件 **表 12.2-2**

计划条件	填筑地及护岸的利用条件 越波的容许限度维修的难易程度 反射波对周围环境的影响
自然条件	波浪、潮沙、潮流、水深、土质条件、地震
施工条件	工事规模工期 材料 施工机械、设备
经济性	建设费维修费

(2) 施工工法的选定（表 12.2-3）。护岸形式的选定主要决定于波浪、水深、基础地基的土质条件。

施工工法的选定 **表 12.2-3**

形式		水深(m)				土质			波浪 $H_{1/3}$(m)		
		0～10	10～20	20～40	40～60	软弱 $N<10$	一般	坚硬	<0.5	0.5～1.0	1.0<
抛石式	抛石式	○	○	○	○	△	○	○	○	○	△
	抛块状式	○	○	○	○	△	○	○	○	○	△
重力式	沉箱式	○	○	○	○	△	○	○	○	○	△
	块体式	○	△	×	×	△	○	○	○	○	△
	现浇混凝土式	△	×	×	×	△	○	○	○	△	×
板桩式	自力板桩式	△	×	×	×	△	○	×	○	△	×
	包装式	○	△	×	×	△	○	×	○	△	×
	斜拉桩式	○	△	×	×	△	○	×	○	△	×
	双重板桩式	○	△	×	×	△	○	×	○	△	×
容器式	钢板桩式	○	○	△	×	△	○	×	○	△	×
	钢板容器式	○	○	△	×	△	○	△	○	△	×
	混凝土容器式	○	○	△	×	△	○	○	○	△	△

注：○—适合；△—根据条件基本不适合；×—不适合。

12.2.3 人工岛吹填场地建造

我国南沙群岛的海洋工程建设在国土资源和海洋环境保护、油气资源开采以及海洋科学研究的发展等各方面都具有重要的战略意义。我国近年来逐步加大对南海珊瑚礁人工岛的建设力度，通过绞吸、耙吸等方式把珊瑚礁泻湖和航道内沉积的钙质沉积物吹填到礁盘上（图 12.2-4)，填筑成具有一定面积的人工岛。

图 12.2-4 吹填造岛

近年来，吹填法填海造地在我国工程建设中得到了广泛应用，港珠澳大桥填海造地工程就是典型成功案例。土石料资源的匮乏使得人们开始寻找新的适应于吹填造地的物料，如吹填淤泥造陆，将港口航道淤积的泥土以及码头基槽开挖产生的废弃土变废为宝，既可以防止清理航道时淤泥的近海弃淤，对环境产生不利的影响，又节约了土石料这些短缺资源、降低成本，成为近些年人们吹填造地的新方法，其社会、经济利益显著，更重要的是，可以减少对海洋生态环境的破坏[9,10]。

1. 人工岛填料来源

根据调查资料分析，可用于人工岛吹填的填料主要有周边海域内的海砂资源、水下疏浚土和陆上开山土石三个来源。

1）海砂资源

海砂作为吹填造岛工程比较理想的填料，便于采用大型专业化施工船舶进行采、运、吹作业，施工效率高，填筑后的工程地质性质较好，后期地基处理成本低[11]。近年来随着国家对自然生态环境愈来愈重视，特别是对于海洋资源的开发和利用，地方政府一直持谨慎态度，因此，海沙资源作为造岛填料将受到较大制约，也不利于生态环境的保护。然而，在远海水域建造人工岛，出于经济和工期考虑，往往会就地取材，即在场址附近利用耙吸或绞吸将岩（土）体破碎后进行吹填，其中就包括了珊瑚礁砂。

2）疏浚土

利用航道或港池的疏浚土，将其吹填至指定区域。疏浚土历来主要是采取废弃或倾倒于外海水域的方式进行处理，将其作为造陆材料是“疏浚土有益利用”的重要方式。同时也应该注意到，疏浚土本身是经过机械方式如耙吸或绞吸等方式将海床以下一定深度范围的土体以水力吹填的形式输送到围堰内，经过了严重的扰动，且含水率高。因此，疏浚土所形成的陆域难以直接使用，需要地基加固后方能提供足够的地基承载力。

3）陆上开山土石

过去，填海造陆多采用开山土石作为回填料，所形成的陆域基本可直接使用，但该方法会对生态环境造成较大破坏，目前多地政府已明文禁止开采山石用以填海造地。

2. 分层吹填法

1）分层吹填法简介

目前，国内常用的吹填施工方法是直接吹填法，即将指定区域划为若干吹填分区，然后根据挖泥船的开挖顺序，以逐步推进的方式进行吹填。这会导致各吹填分区内的土性过于单一，而不同分区间的土质差异较大，吹填陆域的不同位置地基承载力差别较大，容易引起后期地基沉降不均匀，地基处理的难度大。

分层吹填法的核心是利用不同土质的固结、沉降特点，使吹填物质分层、等厚分布，使不同区域吹填土的固结时间和沉降量基本相同。分层吹填的施工方法针对吹填土的不同特性，在挖泥施工时采用分区、分段的方式，有目的地开挖特定土层，再进行分层吹填。

2）分层吹填法的原则

分层吹填法主要是针对拥有不同性质土源的情况而采取的施工方法。在施工前需要了解开挖区的土质特点和分布情况。准确计算所需的吹填量，确定开挖顺序。吹填施工控制的关键是根据土体的力学特性确定分层顺序。分层吹填时宜采用高渗透性土（如砂土、粉土等）与低渗透性土（如黏土、淤泥土等）交叉吹填，在低渗透性土的上、下均会形成渗透层。最上层应为砂土等具有较高承载力的土层，下部的软土层可视为软弱下卧层。应在施工现场检测吹填土的力学特性，并根据土体渗透性和吹填厚度确定分层厚度，一般低渗透性土的厚度应控制在 2.0m 左右，高渗透性土的厚度在 1.5m 左右。应综合考虑固结速率和施工效率确定吹填分层数，一般以 3～4 层为宜。

3）分层吹填与地基处理

对－3.0m 等深线以外的深水区域，可选用绞吸船、耙吸船和抓斗船，采用多船开挖、按序吹填的施工方法，直接进行吹填或抛填：在－3.0～－1.0m 等深线之间的浅水区，应选用绞吸式挖泥船施工，可利用辅助艇拖动浮管至指定的吹填位置；在 0m 等深线附近的滩涂水域，当吹填土超出海平面时，排泥管要随着陆域形成的进展而逐步推进，移动吹填口的位置就比较困难，此时仅适合吹填具有一定承载力的砂性土质。

吹填土地基一般需经过加固处理才能成为建设用地，软基处理方式包括爆破挤淤、置换、爆土桩、灰土桩、灌入固化物等多种。吹填土加固处理中最常用的是真空预压法或堆载预压法，当采用分层吹填法形成的吹填区范围较小时，可不另设排水设施，靠分层土体的自重和横向排水效应进行固结排水。

3. 无围埝吹填

无围埝吹填施工技术流程如图 12.2-5 所示。

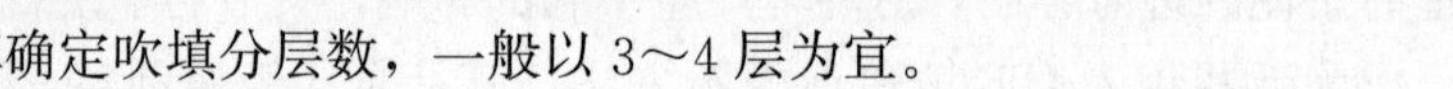

设置防污帘 → 吹填管头沿边界吹填 → 闭合吹填边界 → 主岛内部吹填、整平

图 12.2-5　无围埝吹填施工流程

这里以沙巴（沙特-巴林）大桥人工岛 A 岛工程项目为例说明[12]。

1）设置防污帘

(1) 设置防污帘的原因

由于前期吹填施工非封闭吹填，边界无围埝遮挡，若不设置防污帘，吹填过程产生的悬浮颗粒随潮流至下游海水淡化厂取水口，工程将面临全面停工整改的风险，因此，吹填区必须设置防污帘。

（2）防污帘参数的选择

防污帘的帘体高度需根据吹填区原始海床的高程调整，常规标准为：帘体高度 H = 平均低潮位高程 H_L − 原始海床高程 H_S。浮体直径为 0.2m，加强带强度需满足拖带速度 ≤6 节的拖带力要求，配重链条根据连体高度调整，一般为 3.0m 高帘体配备 8mm 直径的锁链。

（3）防污帘布放原则

防污帘布放时，应根据流量、涨落潮的速度，以及泥沙沉降的速度，结合实际防污帘长度及生产需要来综合确定围控的范围。

2）吹填

（1）沿边界吹填

防污帘布置完成后，可直接架设水上管沿吹填边界内侧一定距离实施吹填。

吹填中心线设置：工程吹填砂土质以中砂为主，在工程前期对吹填水下边坡比进行试验，测算水下坡比为 1∶10～1∶15，同时，根据吹填边界的水深数据计算吹填管头与防污帘的距离，并进行水上放浮标控制吹填中心线。

（2）设置排水口

待沿边界吹填施工至深水区与抛石工作面对接闭合后，设置箱体式排水口，最大限度地减少吹填砂的流失，并在排水口外侧布置防污帘，以达到环保要求。

（3）封闭吹填

封闭吹填的关键环节在于吹填围埝与设计边线之间的补填施工，此环节需使用陆域设备如挖掘机、推土机等，利用推土机将已形成的围埝设计顶边线推砂，同时利用挖掘机在设计边线修筑临时砂堤，并铺设防水薄膜，最后利用已安装的三通管接出支管进行补填，补填施工按照每个阶段 300m 进行。

12.2.4 沉井（箱）人工岛建造

1972 年帝国石油公司在波弗特海建了第一个人工岛，为牺牲海滩式人工岛。在这以后，又采用各种方法在各种水深的水域中建造了 20 个人工岛。采用砂袋筑人工岛护坡或用砂砾石筑海堤可以降低砂石填充量，但是这种提高人工岛护坡坡度的技术劳动强度大，仅限于在浅水区使用。如果深水超过 9m，建岛现场又没有合适的砂石填料，采取措施减少砂石填充量便具有一定的经济优越性。沉箱式人工岛砂石用量与水深正相关，沉箱式人工岛填料明显减少，这里以波弗特海人工岛建设为例说明。

1）设计

沉箱人工岛主要由 8 个沉箱组成，每个沉箱长 48m，高 12.2m，上宽 7.3m，下宽 13.1m，8 个沉箱用钢销和连接头将其端部连接在一起，形成一个八角形的结构。这种结构的内平面直径 92m，采用 16 根钢丝绳后加拉力来保证其稳定性。

2）施工过程

在确定打井之后，沉箱的预制和现场水下基础土平台的施工同时进行，这样第二年即可把预制好的沉箱拖到已建好的水下平台上。

3）水下平台施工

人工岛选在波弗特海的卡得卢科建造，该处水深 14m，砂层较厚，砂层上面是一层硬黏土，硬黏土层上面是一层薄薄的松软黏土。未发现永冻土层。最后确定不清除黏土层而将其作为滑动表面。

为了寻找土石料，进行了广泛的研究工作，先后采用了浅层地震，扫描声呐和钻取土样技术，找到了几个重要取料区。最大的一个在尤卡勒科，该处取料也最容易；另一个在艾斯加科，该处主要取砂砾石。

4）挖泥船

所有材料场地距建岛现场都较远，不适合采用固定式虹吸挖泥船，因而采用了两艘现代化的牵引式虹吸挖泥船。这两艘挖泥船的主要特点是吃水深度小，可以在其他挖泥船不能到达的浅水区作业。

5）填筑

挖泥船到达人工岛现场后，卸掉荷载，当材料高度低于挖泥船吃水线时，再用船首的排放系统往外打。由于用泵向外排放海泥的时间较长，最后将泵排放和开底式泥驳卸料相结合。结合采用开底式泥驳有几个好处：可以卸掉表面的松软黏土，材料的就位性能好，堆积的位置容易预测，堆积的坡度 1∶15～1∶12。

6）表面平整

由于采用了上述填筑技术，这样便大大地减少了上表面的平整工作量。采用牵引臂和专用牵引头，平整质量高，可以达到要求的设计误差±0.1m。开始填筑时考虑到第一个冬天的下沉留有 0.7m 的余量，可实际上没有下沉这么多，因此只能把超过设计标高的部分除去。

7）拖航

拖航采用三个拖船，两个拖船在前边牵引，一个拖船在后边掌握航向。在前边牵引的拖船，其中一个动力为 16000MJ，另一个后边的拖船为 9000MJ。根据天气预报，天气理想即可开始拖船。一路拖航平稳，没有偏离航向和左右摇摆。实际拖船仅使用 3/4 的动力，在平静的海面上的平均航速为 5.6km/h。

8）就位

沉箱拖到卡得卢科现场，用拖船使其基本就位后接到四点锚泊系统上。锚定后去掉拖引缆绳，采用 Syledir 定位系统，通过系泊绞盘定位。不断调整位置，拉紧缆绳，这样便很容易地使沉箱就位到理想的位置，精度可以达到 1m。最后定位开始加压舱水，可以加海水。这样 6h 后沉箱即可下沉坐到水下预制的土台上。

9）填充

在沉箱下沉时施工驳船即已停泊在沉箱附近，驳船上装有砂料传送装置。每个砂料传送装置连接两条 300m 浮动管线，管线接挖泥船，这样挖泥船取的砂料通过管线和传送装置填充到沉箱中，砂料传送装置上装有多个接头，可以连接多条管线，这样不同方向、多个地点的挖泥船均可通过同一个砂料传送装置将挖取的海泥填充到沉箱中。

10）冲刷保护

沉箱下部易于被海流掏刷。为了防止掏刷和管线故障，需要进行防冲刷保护。办法是在沉箱周围堆放砾石，放 2m 厚，5m 宽。也进行了在沉箱两侧贴加钢丝聚酯编织物的防冲刷试验，结果是一侧上面有几英寸冲刷现象，没有其他冲刷现象。但从长远考虑，也不可采用。

11）重新就位

灵活易移动是沉箱式人工岛的最大优点之一。1984 年 7 月便对其浮起和重新就位进行了验证。在紧张的 10d 中，首先卸掉了人工岛上的钻井装置，存放在驳船上，把人工岛上所有设备和材料都搬下来，在人工岛表面四周开浅槽排出人工岛表面的压舱水；然后排出沉箱各舱中的压舱水，于是沉箱产生了浮力，开始垂直移动，接着沉箱周围连接的管道也开始浮起；浮起后将整个沉箱结构一分为二，用拖船拖离原处，在风平浪静的天气拖往浅水区进行检修。

12.3 人工岛地基加固

正如前面所述，通过机械回填土、石或水力吹填砂、疏浚土等填料的方式，形成人工岛陆域。由于需要在人工岛内进行建（构）筑物设施的建设，通常尚需对人工岛地基进行加固处理。常用的地基处理技术有动力密实法如强夯（包括强夯置换）、振冲（振冲置换），排水固结法如真空预压法、堆载预压法等。近十多年来，在常规处理技术原理基础上，研发了动-静力相结合的加固方法，如真空预压联合强夯加固技术、深井降水联合强夯加固法等，以及在利用微生物固化机理加固珊瑚砂土的技术[13]。诸如此类的方法，均是根据人工岛陆域回填料的性质以及地基使用要求等条件而定，但工程实践表明，这些方法都是行之有效的，下面将重点介绍几种常用的技术。

12.3.1 强夯法加固

1. 强夯法简介与应用

1）强夯法简介

强夯法是指在施工过程中，通过对地基产生极大的冲击荷载，从而压实地基，降低地基的压缩性。其产生的巨大冲击波能够使地基均匀有致，且具有强大的承载力，防止因巨大压力而导致地基沉降。强夯法能加固一些加固难度较大的土体，例如碎石土、建筑类杂填土以及生活垃圾填土等。

强夯法处理大块石高填方地基列为推广应用的新技术之一。其适用范围为大面积、大块石高填方地基，如开山填谷、开山填海、西部机场和道路工程。主要技术性能与特点为：适用于填料粒径大（最大可达 800mm）的高填方地基分层强夯处理。与分层碾压法相比，可减少填料破碎和分层铺填费，分层出来的厚度可达 4m，可降低造价、缩短工期，在山区和丘陵地区有广泛的应用前景。

2）加固机理

（1）填石层强夯：用冲击型动力荷载，使填石、填渣等粉碎，填石层中的孔隙体积减小，石层变得更为密实，从而提高其强度。检验指标主要是密度和变形模量。碎石土体由固相、液相和气相三部分组成。在压缩波能量的作用下，碎石土颗粒相互靠拢，因为气相的压缩性比固相和液相的压缩性大得多，所以气体部分首先被排出，颗粒进行重新排列，由天然的紊乱状态进入稳定状态，孔隙大为减少，当然，在波动能量作用下，碎石土颗粒和其间的液体也受力而可能变形。也就是说，非饱和碎石土的夯实过程，就是碎石土中的气相被挤出的过程。

(2) 浅层置换强夯：在土体表面铺设一定厚度的渣料（石渣、矿渣等）。在冲击型动力荷载作用下，一方面使填渣层的孔隙体积减小，另一方面又对下面土体间接加固，从而在场地表面形成一层硬壳层，达到处理地基的目的。

(3) 深层置换强夯：在强夯过程中，采用柱状锤锤击，在夯坑内填块石、碎石、砂等其他颗粒材料，通过夯击排开软土，从而在地基中形成块（碎）石墩，由于块（碎）石墩具有较高的强度，因此和周围的软土构成复合地基，其承载力和复合模量大大提高，而且（碎）石墩中的空隙为软土的空隙水排出提供了良好的通道，从而缩短软土的排水固结时间。增强地基的整体强度，检测指标主要是强度和加固深度。

2. 岛礁地基强夯法施工工艺

岛礁以及滨海附近含水率较高的地基具有承载力低、不能压实等特点，因此含水率较高的地基处理是强夯施工中遇到的一大难题，如果处理不好，强夯就不能进行施工作业，达不到地基夯实的效果。下面以工程实例介绍一种管井降水+强夯处理施工工艺[14]。

1）岩土工程条件

拟建工程场区位于滨海相沉积地貌单元。场区第四系地层厚度不大，根据本次勘察钻孔揭露，第四系地层上部为素填土，中部为淤泥、残积土，下部为花岗岩。淤泥和素填土层含水量大，且场区地下水位较高，地下水不能有效排出。

2）试夯施工

该工程地下水位较高，为了检验强夯法地基处理对该建筑场地条件的适应性及实际效果，确定适应本场地的施工工艺，并为以后大面积施工提供施工参数及有关质量控制标准，选取目前初勘完成的区域进行不降水试夯和降水试夯。

(1) 不降水试夯

施工现场不降水+试夯工作，分别进行了 3000kN·m 和 2000kN·m 的试夯试验，发现试夯过程中 3000kN·m 能级仅进行了 3～5 点夯，埋锤和吸锤情况严重，夯坑四周隆起现象严重，夯坑内及夯坑外冒水严重，无法达到收锤标准，且已无法继续夯击。2000kN·m 的试夯情况比 3000kN·m 的情况稍好，但大部分达到 6 击也无法继续夯击，冒水和隆起现象严重，个别夯坑仅 3 击就大量出水，效果很差。

(2) 降水试夯

降水施工参数：采用塑料管管井降水，管井底进入残积土层，管井入土平均深度约 8.0m，其中孔底部 1～2m 为防淤段，管井直径为 0.4m，管井间距暂定为 24m。管井布置在两次点夯的中心，管井地下水位降至起夯面下 5m 才可强夯，强夯期间应一直保持管井中的地下水位。根据提供的本标段区域的初勘资料，在已做完勘察的 ZK234 区域布置 1 组试夯降水试验，布置 4 眼降水井，降水井兼作观测井，成孔直径 600mm，井管外径 400mm；西南角单独设 3 眼水位观测井，中间设置 1 眼水位观测井；另外布置 2 个孔隙水压力检测点[15]。

(3) 降水试夯情况

降水井成孔采用 GZ-150 型工程钻机进行成孔施工，于 2017 年 3 月 4 日开始施工，3 月 8 日完成，成孔深度为 8m，管井直径为 0.4m，井间距为 26m。抽水于 3 月 8 日 18：00 开始，每天对地下水位及出水量进行监测，日出水量约 5t/井，降水井水位维持在夯面以下 5m。第一遍点夯在抽水 7d 后 3 月 15 日开始施工，夯点共计 20 个，3 月 15 日完成9个夯点，16日完成11个夯点。夯点沉降量情况：除一个夯点沉降量为203cm外，其他夯点沉降量在120～189cm之间[16]。

(4) 试夯结论

通过现场降水和不降水强夯试验得知，针对本场地的地层和地下水情况，该场地需要进行降水工作后，方可开始强夯，才能保证强夯处理的效果。

通过现场管井降水后强夯试验得知，降水处理后，第一遍点夯6击可以收锤，未出现拔锤困难、夯坑内冒水等现象，强夯效果较好，因此管井降水能够满足该工程降水施工要求。

在强夯过程中，做好管井的维护工作，保证降水性能，保证连续降水，从而更好地达到地基处理的效果。

3) 降水施工

(1) 本工程降水井成孔设备拟采用旋挖钻机成孔，直径为500～600mm，成孔深度暂定8.0m。

(2) 成孔后，下入塑料滤管，塑料滤管在下入时外缠100目的滤网，底部封底。检查井管有无残缺、断裂及弯曲情况。

(3) 安装完井管后，在塑料管外侧与井壁之间填砾料，完成管井施工。抽水用水泵的出水量应根据地下水位降深和排水量大小选用，采用QD4-15-0.55M型潜水泵，流量$4m^3/h$，扬程15m。

(4) 降水效果：10d内地下水位降至3m以下。强夯施工过程中持续降水，保证地下水位一直保持在起夯面以下3m。

4) 强夯施工

(1) 当场地水位降至起夯面以下3m时，开始进行大面积强夯施工。

(2) 第一、二遍点夯2000kN·m，每点夯击6次后可以收锤。

(3) 第三遍点夯3000kN·m，每点夯击12次且满足末两击平均夯沉量≤50mm。

(4) 满夯一遍1000kN·m，每点夯击2次且满足末两击平均夯沉量≤50mm。

(5) 碾压：用16t振动碾碾压2遍以上且无轮迹。

12.3.2 振冲法地基处理技术

振冲法，也称振动水冲法，包括振冲密实法和振冲置换法。因操作简单、成本低且加固深度大[17]，加固后地基的相对密度可达80%以上，被广泛用于国内外砂性地基处理中，尤其是人工吹填地基[18-21]。相对于振冲置换法，振冲密实法易于质量控制，且经济易行，广受青睐。随着“一带一路”倡议和“走出去”战略的推进，中交第四航务工程有限公司及中交四航工程研究院有限公司在中东和非洲地区采用振冲密实法处理了大量砂性工程地基，如沙特吉达RSGT工程、埃及塞得东港集装箱二期码头工程、卡塔尔多哈新港一期工程等。

1. 科威特LNGI工程简介

科威特LNGI工程是大型液化石油天然气项目，人工岛吹填量1000万m^3，吹填料为中细～粗砂，通过绞吸船和耙吸船疏浚回填而成。工程需要地基处理面积约50万m^2，处理深度达20m，地基处理采用无填料振冲法。地基加固质量验收要求为：①水面上和水面下的压实度分别达 95%和 90%；②在满足地基承载力 200kPa 时，10 年工后沉降不大于 25mm；③液化势指数 LPI<2。

2. 疏浚吹填料精细控制

根据工程所在地地质钻孔资料显示，疏浚区域地层从上往下主要分布为表层淤泥、板结岩、松散砂层、密实砂层。基于钻孔资料，根据技术规格书的要求、地基处理设备、疏浚吹填设备将港池地质钻孔资料表述如图 12.3-1 所示。图 12.3-1 反映了港池材料的可开挖性，可为疏浚吹填和地基处理提供参考依据，表层淤泥和岩帽及贝壳砂为不合格回填料，作为弃料，需进行清表处理。板结岩下方的松散砂层（标贯值 $N<50$）作为本工程主要合格回填料，也即为主要疏浚层，但该砂层局部区域存在不同程度高细颗粒含量。对于较硬的底部密实砂（$N>50$），需考虑相应的疏浚开挖设备和工艺，对于淤泥质砂可考虑耙吸取砂工艺。

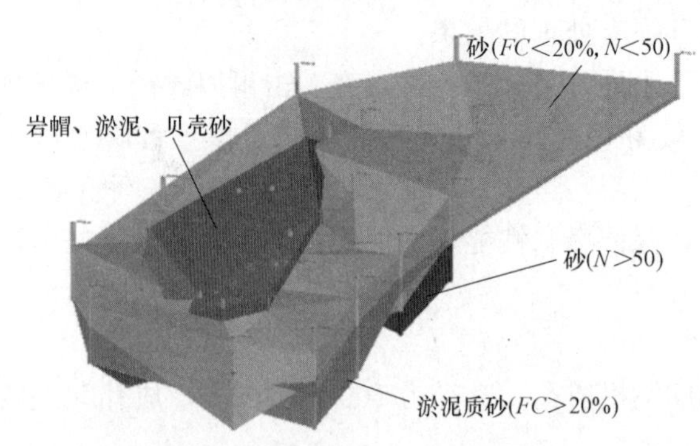

图 12.3-1　基于地质钻孔的港池砂料可开挖性分布

该工程对地基工后沉降要求严格，对吹填料要求细粒含量小于 15%。而实际疏浚料中细粒含量较高，且吹填过程粗细颗粒容易分选沉积，如不采用合适吹填设备与吹填工艺，则容易导致局部细粒含量高，甚至出现局部较厚高细粒含量夹层，无法满足吹填料均匀性和细粒含量控制要求，进而影响后期的振冲地基处理质量。

为此，针对疏浚吹填过程提出了全面的监控流程[22]，以便控制吹填料中的细粒含量。通过确定不合格材料的位置和厚度，结合水下取样结果，利用泵站或绞吸船、耙吸船及时清淤，监控过程如图 12.3-2 所示。

图 12.3-2　人工岛吹填砂料质量监控

3. 地基处理振冲密实法加固工艺

振冲器如图 12.3-3（a）所示，图 12.3-3（b）为现场振冲地基处理。对于振冲施工而言，选择合理的振点布局、点距、密实电流、留振时间等各种施工技术参数，以及设备能力和人员配置相当重要。影响振冲效果直接因素之一是振冲器设备选择。振冲器频率高低，功率大小直接影响到地层的振冲密实效果，结合工程类比，现场采用 S700 型振冲器双点共振，振动频率 37/25Hz，偏心振动力 700kN，电机功率 180kW，最大可达 290kW。

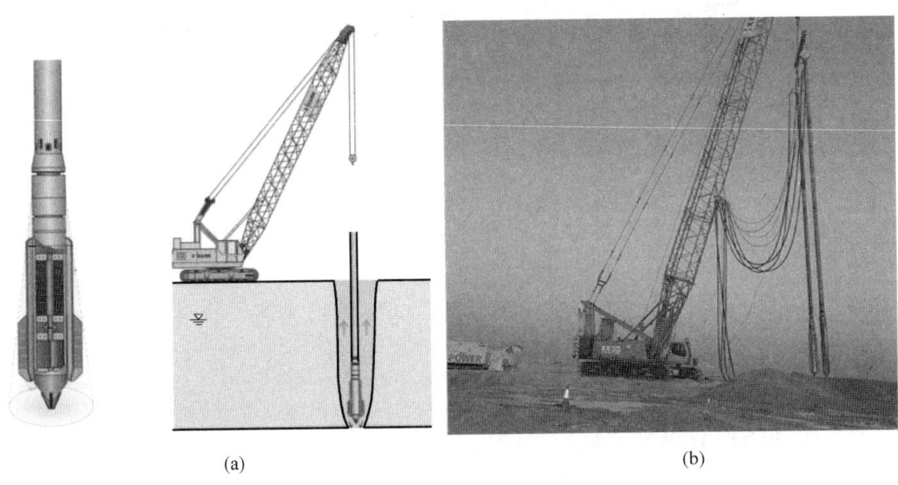

(a) (b)

图 12.3-3 依托工程航拍图及振冲地基处理

（a）S700 振冲器；（b）现场振冲地基处理

除振冲器外，应在振冲过程严格把控相关工艺参数，选取合理的下沉速率、水压力、水流量、上提速率、上提间距、密实电流和留振时间。振冲密实采用等边三角形布局，根据现场试验，振冲间距为 3.75m，其他振冲工艺参数见表 12.3-1。

振冲工艺参数 **表 12.3-1**

序号	工艺流程	工艺参数
1	下沉时间	8～10min
2	下沉速度	6.0～7.7m/min
3	孔底留振时间	4～6min
4	密实电流和留振时间	采用双控指标，留振时间 40s 或者密实电流达到 420A，其一满足即可
5	上提间隔	1m
6	上提速度	4.8～7.2m/min
7	总时长	23～35min
8	振冲器水压	0.83MPa
9	振冲器水流速	约 1.83m^3/min

对于中粗砂区域，若振冲器上提过快，留振时间短，振冲密实度相对较差；若上提过慢，留振时间越长，则容易造成振冲器卡住。对于坚硬而难以贯入的密实砂层，可采取如下两个措施：一是加大水量；另一个是加快造孔速度。这些措施能否奏效，通过正式施工前的现场试验加以仔细验证。

水下振冲特别是深水海洋环境下振冲的工程实践与经验较少，目前有少量水下振冲工程实例的文献报道，规范中的经验参数大多是针对30kW的振冲器。对于深水海洋环境下砂土换填地基的振冲密实处理，在科特迪瓦阿比让港口开展了大量的现场试验[23]。该工程换填砂层厚度最大达到17.5m，基槽砂层底水深高达43.0m，在试验区设计振冲标高为−24～−32m。

试验表明：①采用75kW、100kW、132kW振冲器对该区进行振冲，但试验显示振冲器下插至−28m左右就无法继续下穿，提高密实电流和增加留振时间也无济于事；②深水条件下100kW电压振冲单次加固深度仅4～6m，超过6m极容易出现振冲器被卡；③180kW电压振冲器单次加固深度为6～8m，且水深对该类型振冲加固深度仍产生严重不利影响；④230kW液压振冲器单次加固深度达到8～10m，很少出现上拔困难等问题。

阿比让港口230kW液压振冲器的振冲基本工艺参数为：水深20～25m，功率100～230kW，处理厚度10～19m，水平间距2～3.5m，留振时间30s，处理的水更深、加固土层厚度更大、施工效率更高，可为今后"一带一路"港口工程、人工岛等海洋工程地基加固处理提供参考。

4. 地基处理检测及工后长期沉降评价

鉴于大面积现场检测以静力触探（CPT）检测为主，结合科威特LNGI工程现场原位试验分析，建立了综合考虑相对密度指标、地基承载力、工后沉降允许值三大指标评价准则，验收曲线如图12.3-4所示。CPT的缺点是对碎石土和密实砂土难以贯入，不能取样以致无法直接观测土层及判别土的类别。对这类情况，常将钻探取样（SPT）和静力触探（CPT）联合使用，基于建立的SPT～CPT的相关关系综合评判地基处理效果，如图12.3-5所示。

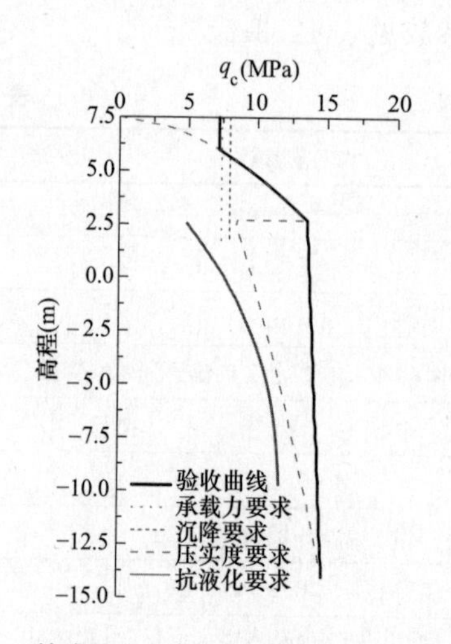

图12.3-4 科威特LNGI工程地基处理综合验收曲线

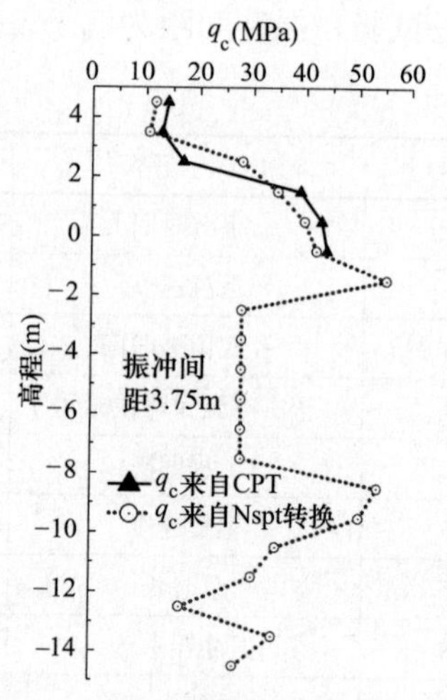

图12.3-5 给定振冲间距下SPT-CPT转换

除了CPT检测外，为了检验振冲密实处理后的地基是否满足沉降要求，还需进行大型荷载板试验（Zone Load Test，ZLT）。设计如图12.3-6所示，承压板采用3m×3m的刚性板，配重块由16个11.5t方块和8个8.2t方块组成。

地面最终沉降包括施工期间沉降和工后长期沉降。ZLT试验加载到100%时，测得的

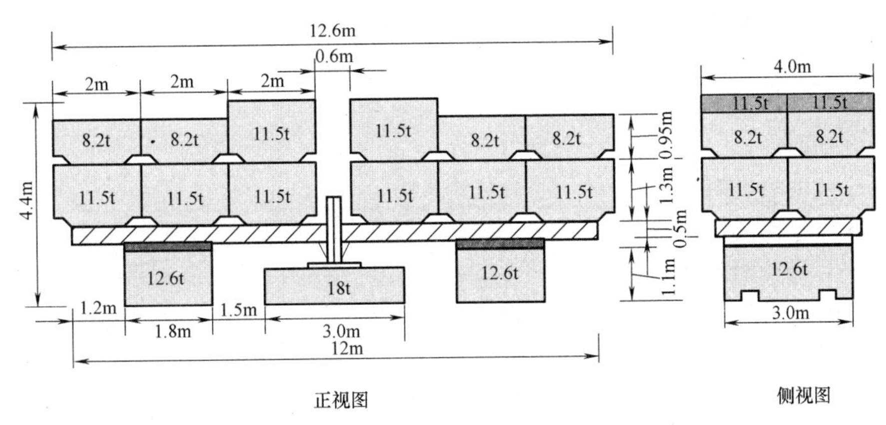

图 12.3-6 ZLT 试验平台设计

施工期沉降为 9.98mm。Briaud 和 Garland [24]通过地基加载试验证明加载后地基沉降与时间的关系在双对数坐标系中是一条直线，即有：

$$\frac{S}{S_1}=\left(\frac{T}{T_1}\right)^n \tag{12.3-1}$$

式中 S_1——时间 T_1 对应的沉降值，为实测值；

S——时间 T 对应的蠕变沉降；

n——与时间有关的因子，称为蠕变指数，对砂土 $n=0.005 \sim 0.03$；对黏土 $n=0.02 \sim 0.08$。

根据文献［25］，弹性模量可由下式获得：

$$E'=\alpha(q_t-\sigma'_{v0}) \tag{12.3-2}$$

式中 α——经验系数，与土性类别有关；

q_t——修正锥尖阻力；

σ'_{v0}——地基底部的初始上覆地层应力。

利用分层总和法沉降计算公式及下式反演锥尖阻力与弹性模量的经验系数 α。

$$S=\sum_{i=1}^{n}\frac{\Delta P_i \cdot \Delta h_i}{E_{si}}=\sum_{i=1}^{n}\frac{\Delta P_i \cdot \Delta h_i}{\alpha \cdot q_i}=\frac{1}{\alpha}\sum_{i=1}^{n}\frac{\Delta P_i \cdot \Delta h_i}{q_i} \tag{12.3-3}$$

$$\alpha=\frac{1}{S}\sum_{i=1}^{n}\frac{\Delta P_i \cdot \Delta h_i}{q_i} \tag{12.3-4}$$

式中 S——最终沉降量（mm）；

ΔP_i——第 i 土层承受的平均附加应力（kPa）；

Δh_i——第 i 土层厚度（m）；

q_i——第 i 土层的平均锥尖阻力（MPa）。

通过 ZLT 试验结果反算得到：$\alpha=4.3$，然后可以根据此 α 值利用下式[26] 计算所代表区域的沉降量。

$$s=C_1 \times C_2 \times (q-\sigma'_{v0}) \times \int_0^{Z1}\frac{I_Z}{C_3 \times E'}dz \tag{12.3-5}$$

式中 C_1——基于上覆地层应力修正的因子，$C_1=1-0.5\times[\sigma'_{v0}/q-\sigma'_{v0}]$，取 1.0；

C_2——时间修正因子，$C_2=1.2+0.2\lg t$，t 为 10 时，$C_2=1.4$；

C_3——基于基础形状的修正因子，方形基础取 1.25，条形基础（$L>10B$）取 1.75；

t——时间；

I_Z——应变影响因子；

E'——杨氏弹性模量，基于 ZLT 试验反算而得。

试验时间 T_1 为 2d；n 取 0.03，根据式（12.3-1）可以预测若干年后的蠕变沉降。根据图 12.3-7，竣工验收期和 10 年后检测所代表区域蠕变沉降量分别为 2.15mm 和 2.64mm，那么 10 年总沉降值为 12.62mm，满足沉降小于 25mm 的要求。

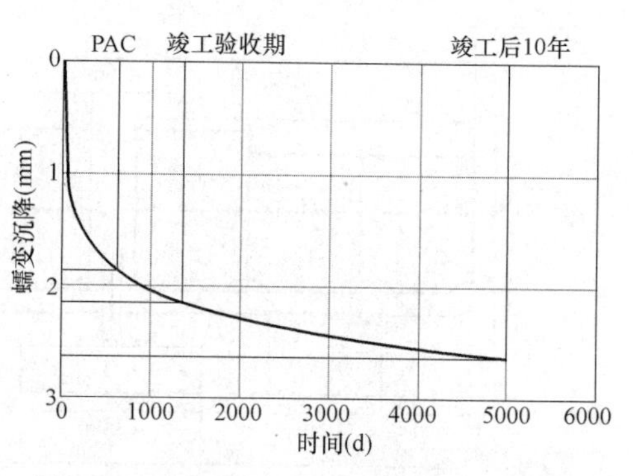

图 12.3-7　基于 ZLT 试验的残余沉降计算

12.3.3　真空联合堆载预压地基处理技术

我国东南沿海和东南亚菲律宾、新加坡、马来西亚等国家广泛分布着海相、湖相及河相沉积的软弱黏土层，这种土的特点是含水量大、压缩性高、强度低、透水性差，地基承载力、稳定性及沉降往往不能满足工程要求。真空联合堆载预压法，是将真空预压法和堆载预压法整合并同时进行。真空预压期间，受真空预压荷载的影响，加固土体产生侧向收缩变形；而在堆载预压期间，土体受堆载影响，加固土体产生侧向挤出变形。上述两种变形在施工过程中可相互抵消，从而使地基处理的预压速度加快，且地基在预压过程中不会产生变形失稳。以珠澳口岸人工岛为例，介绍真空预压技术在人工岛软基处理中的应用。

1. 珠澳口岸人工岛简介

珠澳口岸人工岛工程是港珠澳大桥的重要组成部分，是先期工程。人工岛东西宽 930～960m，南北长 1930m，护岸总长 8000 余米，填海造地总面积 217.56 万 m^2。自然水深－2.5～－3.0m，原泥面以下为 15～18m 厚的淤泥，东南护岸为大开挖清除淤泥抛石护岸，西北护岸为半直立式护岸，即对原地基进行处理，然后其上安装预制的空心方块（小沉箱）。西、北护岸真空联合堆载预压范围：长 2551.6m、宽 110m 带状，面积 266123m^2，分 11 个区域施工；其中北标段 7 个区域，面积 171524m^2。北标段岛内区由于陆域形成吹填施工造成原泥面变形，局部淤泥相对集中，原泥面挤压抬高，淤泥层变深，为保证地基处理的效果及工期要求，设计变更后将井点降水联合堆载改为真空预压联合堆载及堆载预压，面积 511235.6m^2，分 18 个区域施工。北标段地基处理由中交四航工程研究院有限公司施工，如图 12.3-8 所示。

2. 真空预压联合堆载地基处理

1）新型水上插板技术

为加快西、北护岸区的施工速度，岸壁区采用真空预压进行处理。地基处理须在岸壁区的陆域形成标高达到＋3.0m 后进行。岸壁区地基处理卸载后，陆上施打水泥土搅拌桩，以保证西、北护岸使用期的稳定。

中交四航工程研究院有限公司针对珠澳口岸人工岛工程特点，对传统的铺排船以上不足进行创新和改进，采用了双轴提高效率，对端头固定，采用熨压工艺，其工效由原传统

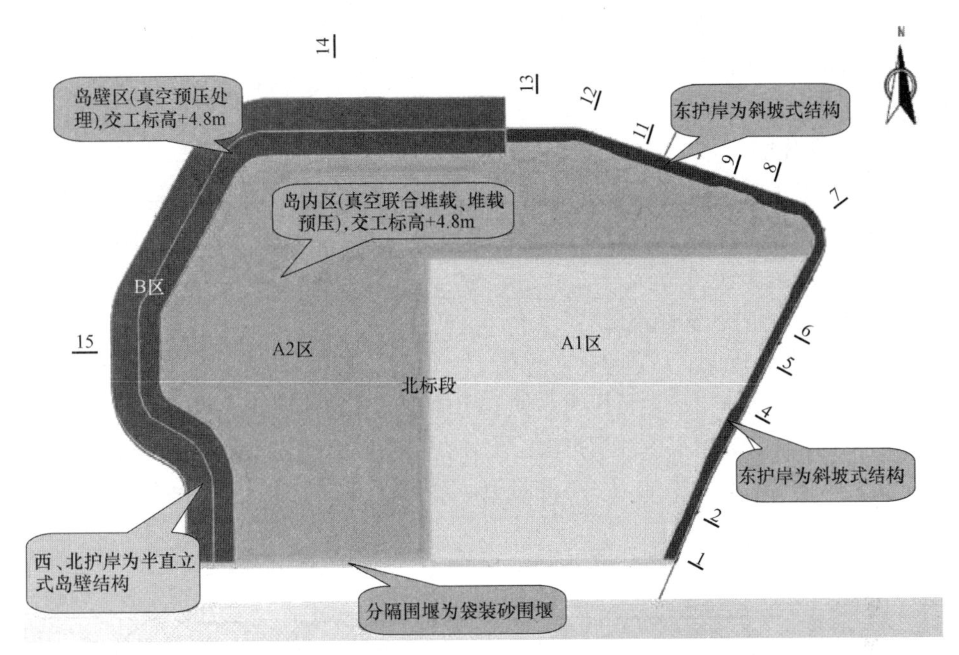

图 12.3-8 珠澳口岸人工岛北标段平面图

船只不足 2000m²/d 提高至 5000m²/d，铺排质量得到了显著提高。改良大型水上插板船是珠澳口岸人工岛项目部为世纪工程提速的又一举措，在新型的水上插板船安装船舶智能控制系统后，可以通过电脑键盘按键控制船舶移动，并按照移船定位需要控制船舶移动速度。新型水上插板关键技术施工工效可提高 2 倍，间接经济效果 200 万元。

2）真空联合堆载预压处理工艺

港珠澳大桥珠澳口岸人工岛填海工程半直立式的西、北护岸（岛壁区）及岛内区部分采用了真空联合堆载预压法进行地基处理，具体方法如下：

（1）西、北护岸陆域回填到＋1.0m 标高后，西、北护岸铺设 1 层 1.0m 厚中粗砂垫层；岛内区陆域回填到±0.0m 标高后，铺设 1 层 2.0m 厚中粗砂垫层。以保证水平方向的透水，在中粗砂垫层顶面按 1.0m 间距打设塑料排水板，以保证淤泥土体中垂直方向排水。

（2）砂垫层铺设完成后，按划分区域打设泥浆搅拌墙进行竖向密封。泥浆搅拌墙按照设计技术标准和要求，外侧采用双排桩，直径准 700mm，纵横两桩彼此搭接 200mm，间距 500mm；分区之间采用单排桩，直径准 700mm，两桩彼此搭接 200mm，间距 500mm。

（3）铺设密封膜前在砂垫层中埋设各种监测和检测设备。

（4）铺设真空滤管道，真空滤管道采用 UPVC 塑料花管。

（5）铺设密封膜，密封膜与泥浆搅拌墙将真空联合堆载区域围成完全封闭的整体。

（6）真空泵安装与连接，在需预压处理区域的边界四周，真空泵按每 800 ～1000m² 均匀布置 1 台与主干管出膜口连接抽气。

（7）真空联合堆载预压，真空泵与出膜口连接完成后，开始抽气，当膜下真空度达到 85kPa 开始恒载计时；恒载计时 15d 后，在密封膜上铺设 1 层土工布或纺织布，防止堆载料破坏密封膜，然后分级上料堆载；西、北护岸堆载厚度为 3.6m，分 1.5m、1.5m、

0.6m 三级加载，预计堆载预压时间 105d；岛内区堆载厚度为 5.6m，分 1.5m、1.5m、1.5m、1.1m 四级加载，预计堆载预压时间 135d。

3. 地基处理效果分析

1）地表沉降分析

真空联合堆载预压法通过地表沉降速率观测指导堆载施工的速度，通过地表沉降观测推算土体固结度和残余沉降量，以及确定堆载预压的卸载时间。设计要求满载期间膜下真空度 85kPa 以上，残余沉降不大于 250mm，差异沉降按坡度不大于 1/400，西、北护岸固结度 80％以上、岛内区固结度 85％以上。

2）孔隙水压力分析

真空预压法在软土体中产生负压力，使软土体中的孔隙水吸出；堆载预压法在荷载作用下，使软土体中孔隙水沿排水板沟槽排出；土体中的孔隙水压力不断消散，有效应力不断增加，从而使土体固结。5 区、B5 区实测孔压与荷载、时间曲线如图 12.3-9、图 12.3-10 所示。

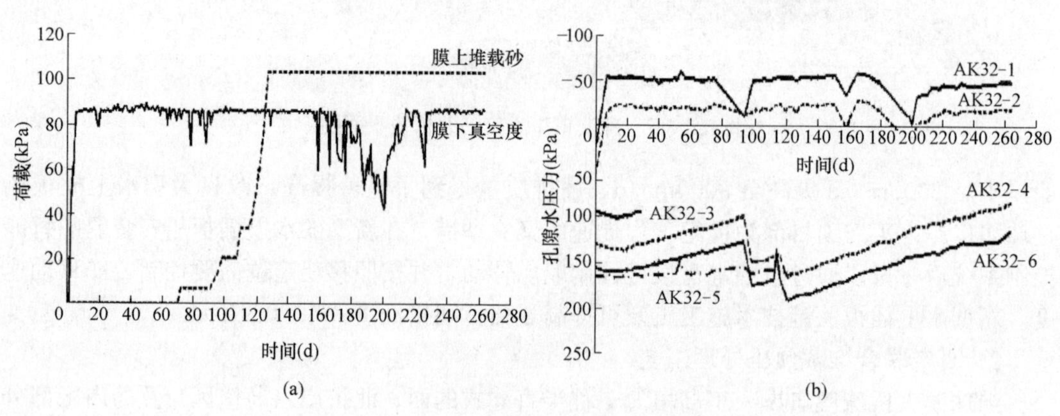

图 12.3-9　5 区孔隙水压力-荷载-时间曲线

（a）荷载-时间曲线；（b）孔隙水压力-时间曲线

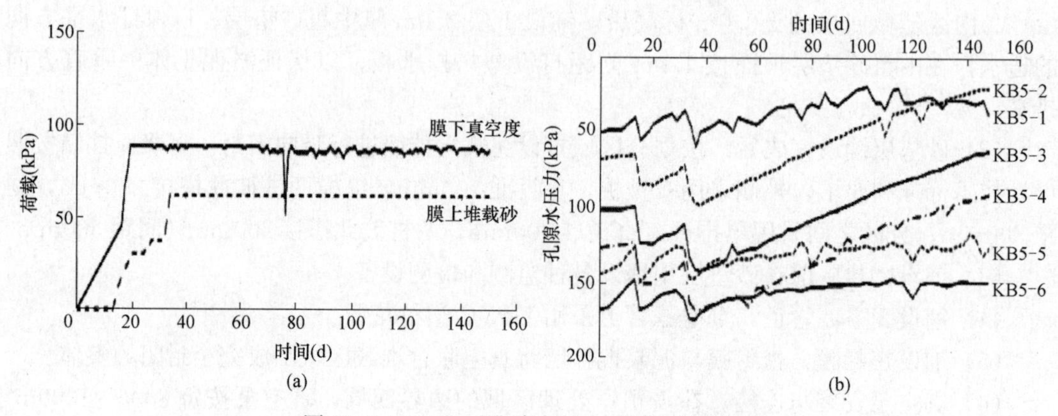

图 12.3-10　B5 区孔隙水压力-荷载-时间曲线

（a）荷载-时间曲线；（b）孔隙水压力-时间曲线

可以看出：抽真空的前期，在负压的作用下，孔压迅速减小；随着堆载的增加，孔压有所增大，满载后又逐渐消散。且观测测头附近土体中孔隙水消散良好，说明真空联合堆载预压区域均取得较好的效果。

3）地基原位测试

真空联合堆载区域卸载后进行了室内土工试验及现场十字板试验，并与地基处理前勘察资料进行对比。

B5 区和 5 区卸载后分别进行原状取土钻孔、室内主要力学指标土工试验，并与该区域真空联合堆载预压前勘察的力学指标对比，详见表 12.3-2。可知，软土地基经真空联合堆载预压后，软土层的含水量 w、孔隙比 e、液性指数 I_L、压缩系数 $a_{1\text{-}2}$ 等指标均变小；剪切强度指标（c、φ）、无侧限抗压强度 q_u 等指标均有所增大；土质明显改善，压缩性降低，强度增加，已由淤泥改变为黏土。

地基处理前后十字板强度对照　　表 12.3-2

区号	指标	土名	含水量(%)	孔隙比	液限(%)	液性指数	直剪快剪		三轴 UU		压缩系数
							c(kPa)	φ(°)	c(kPa)	φ(°)	(MPa^{-1})
B5	处理前	淤泥	76.9	2.095	54.8	1.85	3.8	0.6	6.9	0.7	1.856
	处理后	黏土	49.7	1.450	53.5	0.86	17.0	2.7	25.0	0.8	0.965
5	处理前	淤泥	77.5	2.108	55.0	1.89	3.8	0.6	7.9	0.4	1.919
	处理后	黏土	49.3	1.420	54.8	0.81	28.0	3.4	27.8	0.8	0.931

B5 区和 5 区卸载后分别进行现场十字板强度试验，并与该区域真空联合堆载预压前勘察的十字板强度对比，详见表 12.3-3。分析可知，十字板抗剪强度明显提高，处理后的十字板抗剪强度比处理前提高 5.6～6.2 倍。

地基处理前后十字板强度对照　　表 12.3-3

区号	指标	十字板强度(kPa)	
		原状	重塑
B5	处理前	7.80	2.98
	处理后	43.78	8.38
	变化值	35.98	5.40
5	处理前	8.02	3.13
	处理后	49.95	10.85
	变化值	41.93	7.72

12.3.4　水下深层水泥搅拌法（DCM）地基处理技术

在人工岛护岸修筑时，若对护岸稳定性要求较高，可考虑采用水下深层水泥搅拌法(Deep Cement Mixing，简称 DCM 法)，这也是一种软弱地基处理方法，其主要工作原理是以水泥作为主要的固化剂（可掺入粉煤灰等外掺料），通过特制的搅拌机械，就地将固化剂或固化剂浆液（必要时可添加外加剂，如早强剂）和软土在地基深处强制搅拌，固化剂与软土产生一系列物理化学反应，使软土硬结成具有整体性、水稳性和一定强度的水泥加固土，加固体和天然地基形成复合地基，共同承担荷载。

1. 水下 DCM 技术发展历程

20 世纪 50 年代，美国首先成功研制深层水泥搅拌法（就地搅拌法，简称 MIP 法），并应用于陆域工程。随着工程应用的深入，以及建筑材料与工程机械行业的快速发展，深层水泥搅拌法开始在水下工程得到推广应用，形成了水下深层水泥搅拌法软基处理技术（简称水下 DCM 技术）。

1977 年我国从日本引入 DCM 技术，并逐渐大规模地应用于陆域软基处理工程实践。近些年来，水下 DCM 技术开始大规模地在我国涉海工程地基处理中推广应用，尤其是粤港澳大湾区。其中，中交第四航务工程局有限公司研发团队以打破日、韩等发达国家技术垄断，自主研发关键核心技术与装备，通过室内与现场试验、理论研究以及数理建模等方法，对 DCM 法加固水下软土地基成套核心技术及装备进行了研究攻关[27]。研发团队成功自主研制了国内首艘、集多项先进技术于一体的三处理机水下 DCM 船（“四航固基”号），首次形成了新一代集持力层数字化实时判别、施工工艺优化及自动化执行等于一体的 DCM 法加固水下软基施工控制核心技术。

2. 关键核心技术

1）施工装备

结合国内首次大规模应用 DCM 法加固水下软基的重大建设项目——香港国际机场第三跑道工程的重难点及技术要求，从船舶功能需求、船舶总体设计、处理机系统、桩架系统、制浆系统、粉料泵送及储存系统、船舶浮态调节系统、施工控制系统等方面，对国内首艘三处理机水下 DCM 船舶（“四航固基”号，如图 12.3-11 所示）及其施工控制系统进行了自主研制，并基于工程实践（包括深圳至中山跨江通道工程）对船舶进行了性能优化提升。

结合潜在的被加固地层参数，通过对处理机钻进过程进行扭矩分析，确定了处理机搅拌刀片设计方案；此外，将四轴处理机齿轮设计为通过中间过渡齿轮两两啮合，有效增强了处理机搅拌能力，具有过载保护功能，有效满足了地质复杂区域（如香港国际机场第三跑道工程垃圾填埋区）的土体加固要求。

将桩架系统设计为可移动式，可实现桩架间距快速便捷调整（每次调整仅需 2～3d，其他同类型船舶通常需 15d 左右），实现了进入不同桩间距区域施工时快速调整桩架，极大提高施工效率。配置有自主研发且高度集成的施工控制系统，以及浮态智能调节系统，实现了深水区域（如深圳至中山跨江通道工程址区水深超 15m）高效优质施工。

图 12.3-11 “四航固基”号 DCM 船及控制系统界面

“四航固基”号 DCM 船为国内自主研发建造的首艘三处理机水下 DCM 船，具有高度集成的自动化、数字化施工控制系统，集深层复杂土体切割搅拌、桩架间距便捷调整、浮态智能调节、水泥粉料快速安全环保入仓、水泥浆拌制多层级精准计量、浆液管路一键高效冲洗等多项先进技术于一体。

2）施工工艺参数

选取了 5 个不同地区的滨海相软土作为试验土样，通过无侧限抗压强度试验、电阻率测试及电镜扫描等方法，并设计正交试验方案，从宏观及微观层面对滨海相水泥土强度影响因素（包括土体类别、土体性质参数、水泥强度等级及掺量、水灰比、外掺料类别及掺量、掺砂量、龄期等）及其增长规律进行了系统研究，如图 12.3-12 所示。其中，揭示了水泥土强度随土体总含水率变化的发展规律及其土层适用性，为施工下贯过程中确定合理的喷水量提供了科学依据。

在室内试验结果及构建的多层级数据库基础上，开展了 DCM 法加固水下软基施工决策分析（图 12.3-13）。包括：①下贯阶段土层判别分析，论证了施工下贯过程中以处理机电流值感知、识别土层以及判别搅拌头达到持力层的合理性，并提出了喷水量等因素的影响；②土层参数—工艺参数—桩体强度相关性分析，由 Pearson 相关系数得到了不同土层中影响成桩质量的主要施工工艺参数及其敏感性；③特殊土层成桩质量分析，提出了加固处理浅层淤泥质黏土、深层硬黏土、砂质黏土等特殊土层时的主要控制参数；④智能施工决策体系建立，基于上述分析，构建了“感知、识别土层→分析、决策→控制、行动”的智能施工决策体系，以实现对不同地层条件下的 DCM 桩采用针对性的施工工艺参数。

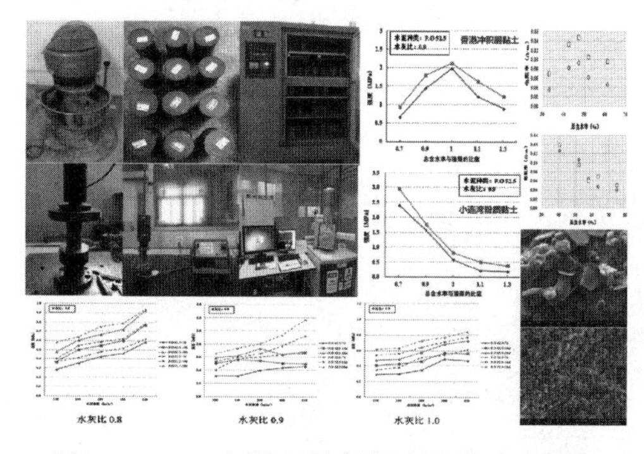

图 12.3-12　水泥土强度影响因素试验研究

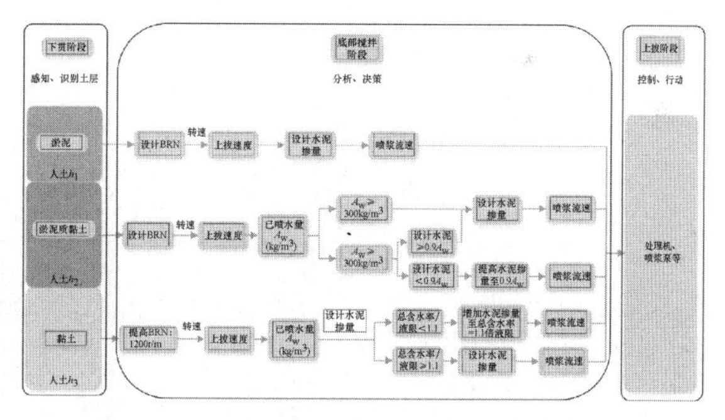

图 12.3-13　勘察-施工-检测多层级数据分析

通过室内与现场试验研究，揭示了水泥土强度随土体总含水率变化的发展规律及其土层适应性；通过构建勘察-施工-检测数据库，开展多层级数据相关性分析，提出了确定不同土层施工工艺参数的方法。

3）施工质量控制

通过室内与现场试验，结合多层级数据分析结果，研发提出了四项保障水下 DCM 高效、高质量施工的关键技术，分别为：①自动化施工路径曲线设计——明确不同深度不同土层中下贯与提升过程施工工艺参数，并输入施工控制系统作为施工过程执行依据与标准；②持力层数字化实时判别——正式施工前，通过在工程址区进行试桩，建立不同施工工艺参数下处理机达到设计要求的桩底持力层性质与电流值之间的关系；正式施工时，以处理机电流值判别搅拌头是否达到持力层，在根据设计嵌固深度要求确定终桩位置；③喷水与喷浆实时控制——解决下贯过程中何时何处喷水以及喷水量，施工过程中何时何处喷浆以及喷浆量，通过施工控制系统中的人机交互界面予以实时控制；④每米土体切割搅拌次数（BRN）控制——通过计算分析提出了三种提高BRN值的方法，旨在确定满足施工质量与施工效率的经济技术平衡点。

4）施工质量评价

当前技术规格书或设计文件中要求的水下DCM施工质量检测方法比较多，包括钻孔取芯、静力触探、湿抓取样、振动取样、钻孔径向旁压、静载试验。受限于实施条件，实际工程应用中主要还是采用钻孔取芯法。基于检测目的、检测指标及检测阶段，对每种检测方法进行了分析，提出了不同阶段（试验桩与永久桩）检测方法的选用原则。

基于DCM复合地基整体服役的承载机理，结合水下DCM成桩质量特点以及多层级数据分析结果，提出了受检桩科学选择的主要原则，包括：①局部地质条件出现异常的区域；②施工工艺参数变化较大的区域；③存在整体失稳风险的区域。基于创建的勘察-施工-检测数据库，应用RBF神经网络算法，研究提出了桩体强度预估方法，当数据库样本数据足够大时，可通过预估结果预测桩体强度分布，进而判别存在失稳风险的区域。

3. 工程应用

香港机场管理局在现有机场北部实施围海造地，将现有的两条机场跑道扩建至三条。在现有机场以北填海拓地约650ha，并在周边建造约13.4km长的海堤。其中大约300ha的海床采用水下DCM技术进行基础加固。香港国际机场跑道项位于其中局部造陆海域，包括C4区及C1、C2、C5护岸区，如图12.3-14所示，DCM桩总计27339根，总工程量约200万m^3，桩长在5.0～29.0m范围内，为4轴梅花形，尺寸2.3m×2.3m，截面面积4.63m^2。

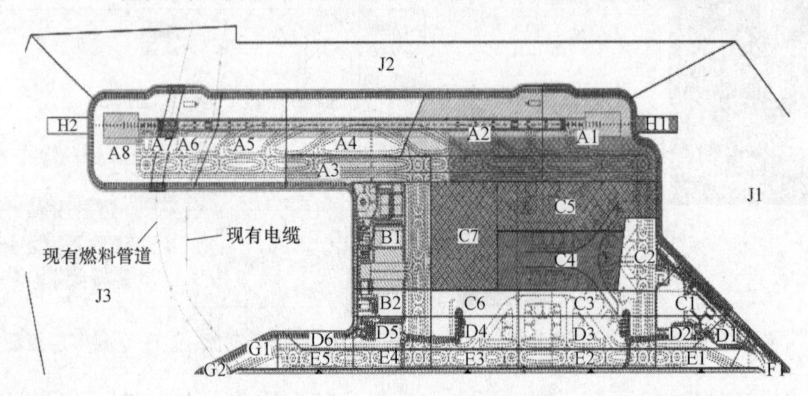

图12.3-14　工程施工平面位置

主要设计技术要求包括：

（1）搅拌程度：对于长桩，桩体上8m和下8m每米土体的有效搅拌切土次数BRN不小于900r/m，桩体其余部分每米土体的有效搅拌切土次数BRN不小于450r/m；对于5m的短桩，桩体每米土体的有效搅拌切土次数BRN不小于900r/m。

（2）持力层：DCM桩应进入持力层2～6m，持力层指的是该土层的CPT端阻大于1MPa，并满足相应的其他技术要求，嵌固深度根据覆盖软土层的厚度确定。

（3）DCM桩强度要求：DCM桩28d的取芯芯样每米范围内不得少于1个，且各芯样的 UCS 强度不得低于 1.25 倍的设计强度，每根桩的芯样合格率不得低于 90%。

根据工程施工重难点分析，通过现场试桩，确定了香港国际机场第三跑道项目水下 DCM 软基处理典型“W”施工工艺曲线，如图 12.3-15 所示。“四航固基”DCM 船共完成 DCM 桩 6085 根，约 46.31 万 m^3，其中长桩 5439 根，约 44.74 万 m^3，5m 短桩 646 根，约 1.57 万 m^3。日均工效 $1143m^3/d$，高峰期为 $2700m^3/d$，采用钻孔取芯进行 DCM 施工质量检测。

12.3.5 微生物加固（珊瑚礁砂）

1. 发展概况

微生物固化技术是利用岩土体中特定的微生物，产生生物膜或者诱导生成具有胶结作用的矿物，从而起到粘连砂土体颗粒，填充岩土体孔隙的作用，以达到固化砂土体，降低岩土体渗透系数的作用[28]。早在 20 世纪 70 年代，巴塞罗那大学的 Boquet 等就发现了微生物诱导碳酸钙沉淀反应是一种常见的自然现象。1992 年加拿大多伦多大学的 Ferris 等率先提出将微生物诱导碳酸钙沉淀反应用于降低砂土体渗透系数。21 世纪初澳大利亚莫道克大学的 Whiffin 首次将微生物诱导碳酸钙沉淀反应用于增大砂土强度[29]，并与 Kucharski 等联合申请了微生物固化土体专利。随后美国加州大学的 Dejong 在 2006 年首次发表了微生物固化砂土的剪切特性[30]。新加坡南洋理工大学的 Chu Jian 于 2008 年发表了关于以微生物固化及防渗方面的综述[31]。Van Paassen 等于 2009 年发表了微生物诱导碳酸钙沉淀固化 $100m^3$ 的大尺寸模型的试验研究结果[32]。2010 年夏天 VolkerWessels 公司联合 Deltares 及代尔夫特理工大学在荷兰开展了第一次微生物诱导碳酸钙固化现场应用[33]。国内率先关注微生物诱导碳酸钙沉淀技术的是东南大学钱春香团队（2005 年），研究了微生物诱导生成的碳酸钙的基本物理化学特征，并将微生物诱导碳酸钙沉淀技术用于重金属处理；早期将微生物诱导碳酸钙沉淀技术用于砂土加固的是西南科技大学的罗学刚和黄琰（2009 年）。

2. 微生物技术原理

微生物岩土技术主要是利用广泛分布于河流土壤中的微生物，通过其在生长繁殖过程中的新陈代谢活动发生一系列的生物化学反应，具有吸收、转化、降解或清除物质的作用，以及通过矿化反应诱导生成碳酸盐、硫酸盐等矿物沉淀，填充和胶结岩土颗粒材料，从而改变岩土体的物质成分和理化性质，并对岩土体的工程特性产生重要影响。常见的微生物矿化反应主要包括尿素水解反应、反硝化反应、铁盐还原反应、硫酸盐还原反应等。

1）尿素水解反应

微生物诱导生成碳酸盐沉淀是自然界广泛存在的一种生物诱导矿化反应，其中尿素水解细菌即脲酶菌在自然环境中普遍存在，常用的脲酶菌如巴氏芽孢八叠球菌（Sporosarcina pasteurii）。如图 12.3-16 所示。其主要的反应方程式如下所示：

$$CO(NH_2)_2+2H_2O \rightarrow H_2CO_3+2NH_3 \tag{12.3-6}$$

$$H_2CO_3+2NH_3 \leftrightarrow 2NH_4^+ +2OH^- \tag{12.3-7}$$

$$H_2CO_3 \rightarrow H^+ +HCO_3^- \tag{12.3-8}$$

$$H^+ +HCO_3^- +2OH^- \leftrightarrow CO_3^{2-} +2H_2O \tag{12.3-9}$$

$$Ca^{2+} +CO_3{}^{2-} \leftrightarrow CaCO_3(s) \tag{12.3-10}$$

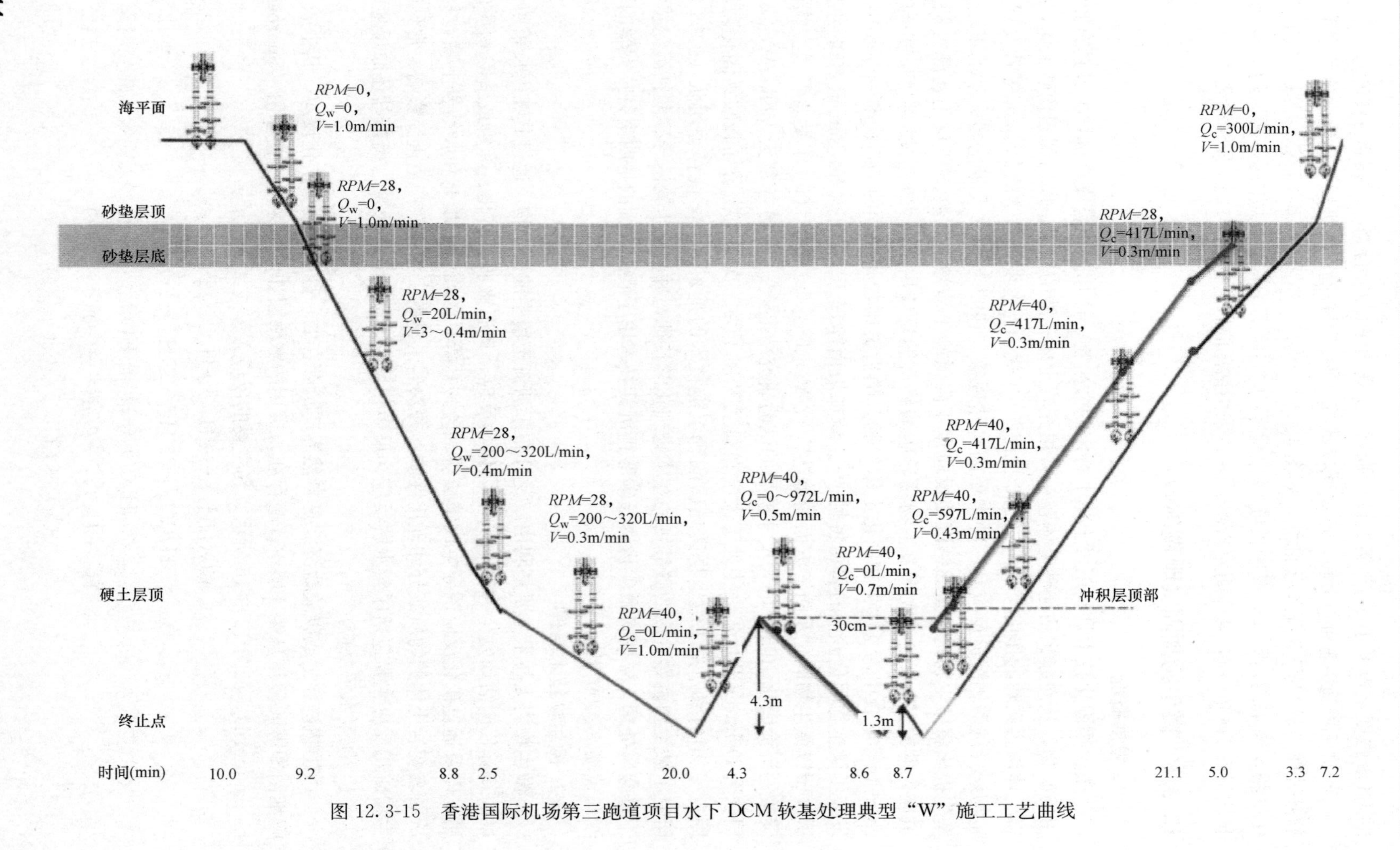

图 12.3-15 香港国际机场第三跑道项目水下 DCM 软基处理典型“W”施工工艺曲线

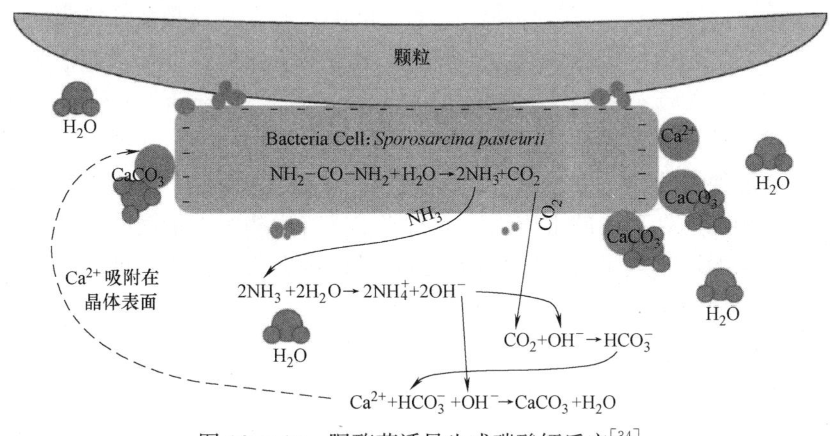

图 12.3-16 脲酶菌诱导生成碳酸钙反应[34]

纵观整个反应过程，脲酶菌主要起到两个作用，首先通过分泌脲酶加速尿素水解，提供碱性环境，其次为碳酸钙结晶提供成核位点。然而近年来，有学者发现碳酸钙并非围绕细菌生长，而是先在溶液中反应生成后，细菌逐渐靠拢于碳酸钙晶体并吸附在晶体表面。有关微生物矿化研究机理仍需进一步探究，实时微观观测的研究手段将对其原理的研究具有重要作用。

2）反硝化反应

除了脲酶菌，还有一种参与氮循环的细菌为反硝化细菌，其多为异养、兼性厌氧菌，相关原理反应方程式如下所示：

$$5CH_3COO^- + 8NO_3^- + 13H^+ \rightarrow 10CO_2 + 4N_2 + 14H_2O \tag{12.3-11}$$

$$CO_2 + H_2O \leftrightarrow HCO_3{}^- + H^+ \tag{12.3-12}$$

$$Ca^{2+} + HCO_3{}^- + OH^- \rightarrow CaCO_3(s) + H_2O \tag{12.3-13}$$

反硝化反应过程中最大优势即为反应生成产物简单，只有氮气。此外，在缺氧条件下，微生物的反硝化作用占据主导，并从硝酸盐和有机质中获取氮源与能量，从而导致其他微生物的新陈代谢活动受到抑制[40]。反硝化细菌虽具有一定的微生物矿化反应的潜力，但相较于脲酶菌通过尿素水解来诱导矿化反应，矿化反应速率明显较小。

3）硫酸盐还原反应

石膏（$CaSO_4 \cdot 2H_2O$）在自然环境下的自发溶解形成了富含钙离子和硫酸根离子的环境，其主要反应化学原理如下：

$$CaSO_4 \cdot 2H_2O \rightarrow Ca^{2+} + SO_4^{2-} + 2H_2O \tag{12.3-14}$$

$$2(CH_2O) + SO_4^{2-} \rightarrow HS^- + HCO_3{}^- + CO_2 + H_2O \tag{12.3-15}$$

$$Ca^{2+} + HCO_3{}^- + OH^- \rightarrow CaCO_3(s) + H_2O \tag{12.3-16}$$

硫酸盐还原菌对氧气十分敏感，往往需在严格的厌氧环境下培养，其矿化反应过程生成的 H_2S 具有较强的毒性，对人体身心健康有害，同时易造成环境污染。在白云石的沉淀中硫酸盐还原菌具有重要作用，反应生成的硫化物沉淀可以在岩土颗粒间起到填充与胶结的作用，进而提高土体抗剪强度，此外该类细菌还可应用于石质文物的表面清理并取得了较好的效果。

4）铁盐还原反应

铁盐还原菌可以利用有机酸等物质作为电子供体，通过其自身新陈代谢活动将三价铁还原为二价铁离子，以氢氧化铁为例，铁盐还原过程的主要反应方程式如下所示：

$$CH_2O + 4Fe(OH)_3 \leftrightarrow HCO_3^- + 4Fe^{2+} + 7OH^- + 3H_2O \qquad (12.3\text{-}17)$$

国外学者通过从深海采集到的富含铁的有机质中分离出海洋斯瓦尼氏菌，成功将三价铁盐还原。铁盐还原过程中，亚铁离子的氧化和三价铁离子的水解往往会导致溶液的酸化，采用铁基生物水泥处理后的土体虽然不如使用钙基生物水泥加固的土体强度高，但氢氧化铁沉淀对孔隙的堵塞效果优于碳酸钙材料，其原因在于用铁矿物处理后土体延展性更好，且具有一定的耐酸性。

5）微生物岩土技术的加固机理

尽管自然界中存在上述提到的多种微生物矿化反应，但目前研究最多、应用最广泛的微生物岩土技术为基于尿素水解的微生物诱导碳酸钙沉淀技术（MICP）。MICP 过程中尿素水解速率、细菌种类、酶活性及溶液运输方式等因素都可能对碳酸钙的晶体类型和形态产生影响。碳酸钙在晶体类型包括晶体尺寸和样貌在内的形貌特征以及碳酸钙生成量，很大程度上影响着微生物对岩土材料的胶结效果。MICP 起生物水泥作用的物质就是碳酸钙，其微观加固机理可以概括为碳酸钙的胶结和填充作用以及离子交换作用。

（1）胶结作用

由尿素水解反应的过程可知，碳酸根离子与吸附在细菌表面的钙离子反应生成具有一定胶结作用的碳酸钙晶体包裹在细菌周围。MICP 沉积的方解石存在两种极端的分布方式[40]：一种是在土颗粒周围形成等厚度的方解石，此时土颗粒之间的胶结作用相对较弱，对土体性质的改善并不明显；另一种仅仅是在土颗粒相互接触的位置形成方解石，这种分布使得方解石全部用于土颗粒间的胶结，对土体工程性质的提高非常有利。

（2）填充作用

碳酸钙除起到胶结作用外，还能改变土体的密实程度，起到填充作用。细菌在注入、迁移和扩散过程中，容易在土体里孔隙通道变小的地方聚集，导致这些地方的细菌浓度较高，当胶结液充足时在这些地方生成大量碳酸钙晶体，因此这些碳酸钙晶体填充在土体之间的孔隙中以及通道里，提高了土体的密实度。此外，微生物分泌的胞外聚合物（EPS）也能在一定程度上填充孔隙。

（3）离子交换作用

土中的黏粒等细颗粒物质表面本身就带有一定的负电荷，这些细颗粒会吸附钠、钾等低价阳离子。在 MICP 加固过程中，加入胶结液时会向土中引入 Ca^{2+}。吸附了 Na^+、K^+ 的土颗粒将与 Ca^{2+} 相遇，由于 Ca^{2+} 具有较强的交换能力而与土颗粒表面的 Na^+、K^+ 等发生离子交换反应，使得土颗粒表面扩散层的厚度变小，土的可塑性降低，土颗粒之间的距离也会相对减小，土体稳定性从而得以提高。

3. 微生物岛礁加固方法

1）微生物加固土体方法

土壤 MICP 胶结法主要有一相注入法、两相注入法、混合法三种。混合法包括浆液表面喷洒法、浸泡法、预混压实法等。其中以两相注入法最为常用。

两相注入法是通过将菌液和胶结液依次注入土样，使浆液在土体内反应，生成碳酸钙晶体来胶结土颗粒的一种最为常用的加固方法。通常先向土体注入菌液，静置一段时间使细菌附着在土颗粒上，随后再注入胶结液，待菌液、胶结液在土体内反应一段时间后再进行下一批次的注浆，几次注浆-排液循环后，松散土体即会胶结为一个整体。

对土体进行 MICP 处理的目的是使菌液、胶结液与土颗粒很好地接触，以诱导碳酸钙沉积在土体之间。Cheng 等[35] 提出了一种预混法来处理石油污染土，将细菌絮凝物与污染土预混后能够使细菌在土体中留存并维持较高的脲酶活性，使 MICP 反应效率更高，土体稳定效果更好，处理后的土体的无侧限抗压强度可以提高到 1200kPa。

此外，Cheng[36] 还对混合法进行了改进，以提高试样的固化效果。将尿素、氯化钙溶液与菌液混合，沉淀 6h 后除去上清液，收集沉淀制备为生物浆液。试验前首先将试验用砂与生物浆液混合并压实，后期通过注入不同次数的胶结液即可提高胶结土样的胶结强度。

微生物水解尿素，在土颗粒间诱导生成碳酸钙，并通过生物胶结作用将松散的土颗粒连接在一起，减少土体孔隙，可以有效改善土体的力学性能，提高其整体性。微生物加固反应过程可控，反应产物简单，较传统岩土加固技术，对环境影响更小，同时施工及运营过程几乎不产生碳排放，因此有望成为新一代绿色岩土加固技术。

2）微生物加固在岛礁工程的应用

吹填造陆建设是岛礁工程的基础，近年来，我国在南海地区开展了大规模的吹填造岛工程。吹填形成的岛礁地基松散、承载能力有限且易受海浪、潮水侵蚀，需要进行地基处理。然而岛礁建设常远离大陆，采用常规的物理振冲或化学固化法处理时需要面临大型机械运输及岛礁生态环境问题。微生物加固能够胶结松散颗粒，提高吹填砂土的静动力学强度，施工过程较为简便，且对环境的影响较小，适用于岛礁吹填砂土地基处理。虽然微生物加固技术开展了十余年的研究，但是将其用于吹填岛礁建设的研究仍不多见。重庆大学刘汉龙团队是较早提出将微生物加固技术应用于岛礁建设的研究队伍[37]，系统开展了微生物加固吹填钙质砂的静动力学特性、抗液化性能等方面的研究[38-41]，并于 2019 年首次报道了微生物加固岛礁地基现场试验[42]，证实了微生物加固技术应用于地基处理、道路加固、边坡防护等岛礁工程中是可行的。通过倾倒微生物溶液和反应液对吹填珊瑚砂地基加固 3～4 次就能检测到表面强度，而经 9 次加固后地基表面贯入强度大于 10MPa，开挖检测到处理深度可达 70cm。加固体取样后测得的无侧限强度均值为 400kPa 左右，其中最大值超过 800kPa。采用倾倒法微生物固化进行地基处理的技术原理是在吹填松散地基上形成后致密的硬壳层，由硬壳层直接承担上覆荷载，并将荷载产生的附加应力分布至深层地基，实现整体承载能力的提高。然而，实际应用中常规的倾倒法微生物加固仍面临一些技术困扰，加固不均匀和处理深度有限是影响倾倒法加固效果的主要原因。刘汉龙等[42] 提出通过设计相应的倾倒加固设备可避免人为因素对倾倒过程的干扰，提高加固均匀性。对于处理深度则可通过深层注浆的方法改善倾倒法中自由渗透路径有限的问题从而提高对深层地基的处理。由于微生物技术在岛礁钙质砂加固应用方面的前景，关于钙质砂的微生物加固技术近年来成为研究热门。方祥位等[43] 制备了无侧限强度达 14MPa 的微生物加固珊瑚砂室内试样，已超过常用砌块/建筑砖块的强度。研究者还提出通过添加纤维减少加固次数改善钙质砂强度的方法[44]。此外，研究表明天然海水可用于钙质砂加固[45,46]，在现场微生物培养不便的情况下，通过原位激发的方法加固钙质砂也是可行的途径之一[47]。综上所述，微生物加固在岛礁工程中具有较好的应用前景，但是目前岛礁微生物加固的应用研究还处于起步与探索阶段，微生物加固实现大规模实际工程应用还存在较多问题，其中最为显著的是如何降低施工过程中的材料成本，需要岩土工作者建立跨学科学习与合作机制，努力探索微生物加固的微细观作用机理，提出更为有效的加固方法，从而打造环境友好的绿色微生物岩土技术体系。

12.4 人工岛防灾

12.4.1 人工岛抗震

1. 岛礁地震简介及危害

许多珊瑚砂场地，特别是我国岛礁工程建设区位于欧亚板块、太平洋板块和印度板块交汇处及周边地区，属于强地震的高风险区。珊瑚砂主要分布在南、北纬30°之间的广阔海域，我国南海岛礁工程及大部分“海上丝绸之路”建设项目位于此区域，随着“海洋强国”战略与“一带一路”倡议的推进，珊瑚砂作为重要工程场地与新兴的工程材料将被更广泛地应用，正在引起工程界与科学界的重视。

南海海域自然资源丰富，资源开发也渐成为该区域焦点[48]。南海地区位于亚欧板块、太平洋板块和印度板块的交汇处[49]，靠近菲律宾一侧的马尼拉俯冲带是正在活动的年轻俯冲带，地震活动频繁，是危险的发震构造[50]。南沙区域自中生代晚期受几大板块联合作用，断裂构造复杂，20世纪以来多次发生中、强地震[51]。过去10年内全球地震频发，我国7.0级大地震就发生在华阳、永暑、赤瓜和美济等岛礁附近，更需注意的是，战略要地黄岩岛紧邻菲律宾地震带。由此可见，我国南海地区的岛礁工程场地未来遭遇强地震的客观风险不容忽视，而且由于岛礁工程为环形孤体结构[52,53]，会使地震动显著放大形成局部场地效应，未来地震中岛礁工程场地会遭受到高于本区域平均烈度的地震动作用。

饱和的粗粒土会在地震作用下发生液化并引起严重的震害，一般认为将导致地面裂缝、错位、滑坡和不均匀沉降等，进而导致坐落其上的建（构）筑物遭受滑动、倾斜、上浮、下沉甚至损毁、塌陷等[54,55]，但近年来全球地震液化震害调查表明，地震液化对基础设施和地下工程的严重损毁正成为其震害的突出问题，损毁范围不断突破对可液化深度的认识，目前已达地下30m。2011年新西兰Christchurch地震，部分地区甚至出现反复液化，对城市特别是地下基础设施造成毁灭性打击，甚至出现了弃城的后果[56]。

2. 岛礁地质条件以及珊瑚砂物理力学特性分析

关于珊瑚砂与陆相普通砂土物理性质和基本力学性能上的关系，刘崇权、张家铭等[57-60]开展了很好的研究，成为我国珊瑚砂研究工作的先导。

珊瑚沉积土和吹填土具有颗粒棱角度高、形状不规则、多孔、压缩性高、强度低易于破碎并且含有内孔隙等特点，其工程性质区别于一般陆相无黏性土[61,62]。珊瑚砂由海洋生物形成，主要化学成分碳酸钙含量高达90%，主要矿物成分为方解石、文石等经复杂物理、化学及生物作用形成的碳酸盐矿物，硬度较低[57]；普通砂土主要矿物成分为石英以及长石等硅酸盐矿物，硬度较高。珊瑚砂颗粒形状不规则，棱角度高，颗粒间互相形成咬合，级配类似情况下其内摩擦角较普通砂土高。普通石英砂土的颗粒强度高、颗粒难破碎，压缩性较小。珊瑚砂特性随围压变化而表现不同[58-60]，低围压颗粒破碎不明显，其压缩变形主要由于颗粒之间位置的重新调整，剪胀对于抗剪强度起重要作用；高围压时颗粒破碎加剧，颗粒破碎对压缩特性起控制作用，对抗剪强度影响显著。颗粒级配与普通砂土类似的珊瑚砂，其压缩特性类似于正常固结黏性土，卸荷曲线与再加载曲线基本重合，在压缩过程中的变形几乎是不可恢复的塑性变形，但其卸载回弹比黏土小得多。由于主要来源于海洋生物残骸，珊瑚砂具有颗粒表面多孔隙且含有颗粒内部孔隙的特征[59]。珊瑚砂内孔隙的存在是导致珊瑚砂具备易破碎、难饱和、高压缩等特殊性质的原因[60]。但对普通石英砂一般不考虑其内孔隙的作用。由于珊瑚砂的内孔隙特性，目前在实验室内对珊瑚砂还难以复现或难以稳定地复现类似普通石英砂的典型液化现象，这是目前珊瑚砂液化研究进展缓慢的重要原因之一。

3. 珊瑚砂地基地震液化机理

强地震作用下珊瑚砂场地会发生液化，历史上很多地震及近些年如2008年汶川地震、2011年新西兰地震、2011年东日本大地震和2016年我国台湾高雄地震等[56,63]均有大量地基液化震害发生，造成了严重损失，甚至成为震害主因。以往陆相砂土、砾性土液化所拥有的喷水冒砂、地裂缝、侧移、震陷等宏观现象均存在于液化的珊瑚砂场地。珊瑚砂液化会导致房屋建筑、港口、码头、道路、桩基础等大量基础设施严重受损，震害十分严重，并成为地震中港口基础设施破坏的主因。

对于岛礁工程，其可修复性差，如果岛体场地发生地震液化破坏，不仅会造成岛上建（构）筑物损坏，更重要的是机场、管线、地下井等设施会遭到严重破坏，其经济损失巨大。因此，岛礁工程场地地震稳定评价中，解析吹填珊瑚砂工程场地液化致灾机理，首先要回答珊瑚砂场地液化可能性及其抗液化能力的问题。

珊瑚砂与陆相砾性土颗粒级配相似。根据以往研究结果认为，珊瑚砂、陆相砾性土和砂土都属于粗粒非黏性土，其液化机制没有本质区别，即非密实、饱和的粗粒非黏性土在往返荷载作用下都趋于密实，造成有效应力转移和孔压增长，导致抵抗变形的能力下降，也就是所谓的液化行为。但是，就同样的松散程度，砂土层与陆相砾性土层、珊瑚砂层的原位测试指标有很大不同，导致现有砂土液化判别公式不能用于陆相砾性土层，也不能用于珊瑚砂层。还需要指出，与砾性土层类似，实际场地中渗透性较好的珊瑚砂层发生液化还需要特殊的埋藏条件，包括具备一定厚度的透水性差的上覆非液化层，以及该层与可能液化土层间可排水间隙不能过大，分别称为“帽子效应”和“间隙效应”，而砂土层液化则一般不需要这种特殊埋藏条件[64]。

4. 珊瑚砂地基抗震措施

针对陆域工程场地非线性地震反应分析国内外学者开展了全面系统的研究，取得了许多有益的成果[65-67]，相对而言，对于珊瑚岛礁场地非线性反应分析方法的报道较少，但近几年也逐渐成为国内外学者的研究热点。胡进军等[68,69]对典型岛礁场地地震效应开展了研究，在考虑海域特殊场地环境及礁岩特殊构造的基础上，通过建立一维的土层分析模型，讨论了脉冲型地震动作用下地震反应特征；李天男[70]结合地质勘测资料，建立一维场地土层剖面模型，利用DEEPSOIL研究不同地震类型输入条件下礁坪区等四类岛礁场地的地震动特性参数；徐长琦[71]选用OpenSees中开发的塑性本构模型模拟其通过物理实验测得的饱和钙质砂特性，并实现了海水和孔隙水压力的模拟，通过对岛礁资料的整理建立简化的二维分析模型，探索了不同雄灰岩倾角与上覆珊瑚砂厚度对场地反应的影响规律；陈国兴等[72]从网格划分、人工边界条件以及材料本身特性出发建立二维模型，主要分析了地表加速度谱形、持时以及地表峰值加速度放大效应的发展规律。张巍等在文献［72］的基础上，利用FLAC建立了海水-岛礁场地的精合计算模型，对比分析了海水与地震动综合作用下的地震反应规律。然而，鉴于珊瑚岛礁海洋工程地质体及钙质砂动力力学特性的特殊性，如何合理且高效地模拟珊瑚砂非线性动力特性及远场无限地基辐射阻尼的影响，以及提高计算模型的可操作性，仍值得进一步研究。

12.4.2　人工岛岸坡防护

1. 岛礁堤岸边坡简介

基于土地资源需求下的填海造地工程在不断进行和发展中，而在现有岛礁基础上建成的人工岛大多四面临海，如图12.4-1所示。现有人工岛回填材料，包括碎石土，为粒径大于2mm的颗粒超过总重量50%的土；此外，基于一定的珊瑚礁地貌如岸礁、环礁、台礁和堡礁等，均具有礁前斜坡、礁坪形态[73]，在此类环境及现有材料的基础上，也有利用珊瑚砂及珊瑚碎屑作为基础建设的吹填材料。珊瑚礁砂主要指由造礁石珊瑚群体死亡后的生物残骸如珊瑚骨架、生物碎屑等[74]，在一系列的物理、化学和生物作用下形成的以碳酸钙等碳酸盐为主要矿物成分的岩土介质材料。而珊瑚礁砂也可分为珊瑚礁块、粗砂、砾砂、细砂等，通过绞吸、耙吸等方式将砂吹填到礁盘上，如图12.4-2所示，从而在岛礁基础上填筑成具有一定面积的人工岛[75,76]。

图12.4-1　永暑礁上修建的人工岛[77]

图12.4-2　吹填施工[78]

人工岛堤岸处往往受到海水涨落、波浪、海流、泥沙运动等的影响，因而在岛堤岸处容易产生各种淤积或发生侵蚀，加之人工岛建设过程中人类的各种工程活动，同样对人工岛的稳定性造成不利影响，以上各种作用及影响会使得岛礁礁体或吹填材料产生裂隙、破碎、不均匀破坏或者使原有裂隙扩大，以致堤岸处产生斜体或坡高增加，形成岛礁堤岸边坡[79]。

2. 岛礁堤岸边坡灾害分析

岛礁地形地貌多样，以一珊瑚岛礁地形地貌为例，崔永圣（2014）将珊瑚岛礁地貌分为岛屿、沙洲、干出礁、暗滩和暗沙五种类型，如图12.4-3所示。而部分岛礁堤岸边坡所处的位置临海临空，边坡的稳定性容易受到四周环境的影响，包括海风、海水、海浪等，例如海水涨落、海水冲刷侵蚀；此外，许多岛礁上人类的工程活动频繁，在部分岛礁、人工岛上一些桥梁工程的修建，或者大量的堤防工程沿岸修建，靠近岸坡，也会对堤岸边坡的稳定性产生不利影响，甚至影响到人工岛的稳定性。因此，岛礁堤岸边坡的稳定性是一个值得关注的问题，要对岛礁堤岸边坡可能发生的灾害及其破坏机制进行分析，并且明白影响边坡稳定性的主要因素。

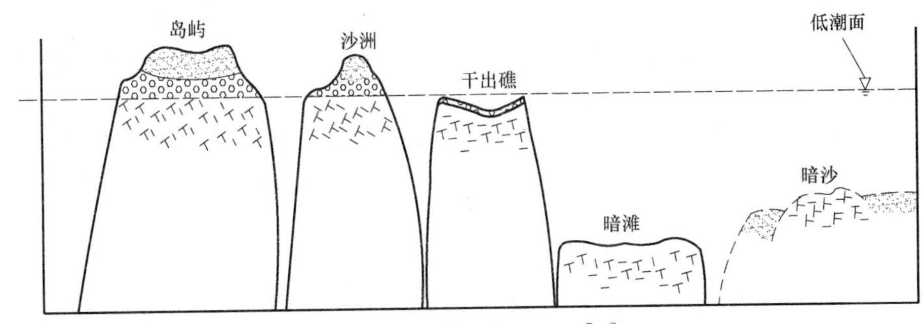

图 12.4-3 岛礁地形示意[53]

1）岸坡灾害及其破坏形式

边坡灾害对人工岛的稳定性及工程建设的安全影响较大，而岛礁堤岸边坡的失稳是其主要的破坏方式，在此基础上对堤岸边坡的破坏机理进行分析。首先，堤岸容易受到波浪、海流等的冲刷影响，在此统称为冲刷力。堤岸边坡的稳定性可以考虑为冲刷力与堤岸抗冲刷能力的动态平衡，而堤岸抗冲刷能力可以考虑为坡体自身条件与坡岸防护的综合表现。前者主要指边坡土体或岛礁的物理力学性质、坡体外形或结构等，后者主要指人类防止坡体失稳破坏而修筑的护岸工程。当冲刷力大于堤岸土体或岛礁抗冲刷力时，堤岸便不可避免地受到冲刷，而这种冲刷的结果可以表现为两种形式：（1）堤岸受到冲刷，岸坡变陡、岸高增加，长此以往使岸坡土体与岛礁发生坍塌，或淤积于岸坡前，或随海流冲走；（2）堤脚受到冲刷，使堤脚几何形状发生改变，堤脚在冲刷力的反复作用下，使堤岸高度增加，岸坡可能发生变形，稳定性逐渐降低，当岸坡的稳定性达到临界状态时，在冲刷力的作用下，岸坡可能发生滑动破坏。

2）影响岸坡稳定性的因素

影响堤岸边坡失稳的因素包括内在因素和外部因素。内在因素即边坡的物质组成及其力学性质等条件；外部因素即边坡所受的外界动力作用，主要包括潮汐、波浪、海流和地震。

（1）内在因素

人工岛建设过程的物质组成，主要考虑回填碎石土和吹填砂土两种。对于碎石土，其物理特性一般由土的级配、含水量、孔隙比及相对密度等综合表现，而碎石土的力学性质主要通过抗剪强度、弹性模量和渗透系数来表现。碎石土的物质成分复杂，含有碎石土的堤岸边坡的稳定性会受到碎石土成分、颗粒级配、含石量及土的含水量等影响[53]，对于不同成分的碎石土，其抗剪强度有明显的差异性，往往影响边坡的稳定性和破坏方式。如若为致密的硬质岩石，抗剪切和抗风化能力较强，不容易受到海水冲刷等影响，坡体较不容易失稳；若由软弱岩石等碎块形成的边坡，则很容易发生失稳破坏。对于含石量不同的碎石土，其抗剪强度和渗透能力有所差异[80]，在一定区间内，含石量越大，其抗剪强度和渗透系数较大，容易抵抗冲刷力的作用，且岸坡体内容易形成排水通道，有效限制外界环境作用下导致的坡体内水位上升，利于保持坡体的稳定性。

同样，需要对吹填珊瑚礁砂土的物理力学性质进行分析，相比于碎石土而言，珊瑚砂通常可以就地取材，不同颗粒粒径吹填砂如图 12.4-4 所示。在吹填砂中以钙质砂为主，钙质砂的物理性质包括颗粒形状、颗粒级配和基本物理参数，力学性质方面包括钙质砂的压缩特性、剪切特性和颗粒破碎。钙质砂经过长期的物理化学和生物作用形成，形状不规则，棱角多，孔隙丰富，故钙质砂的形状和级配对吹填范围内的边坡体的内部组成结构有一定的影响；钙质砂有丰富的内孔隙结构，而多孔隙导致的高压缩性也是值得注意的特点[81]。珊瑚礁砂的压缩性质和剪切特性主要受到碳酸钙含量的影响，此外，密实度和含水量对钙质砂的剪切特性有影响[81-83]，区域内土体的含水量和密实度不同，可能使得岸坡在外界力作用下存在差异变形，在堤岸受到淤积或者侵蚀的过程中，可能存在颗粒破碎或者剪缩、剪胀现象，宏观上表现为坡体发生不均匀变形或者破坏。

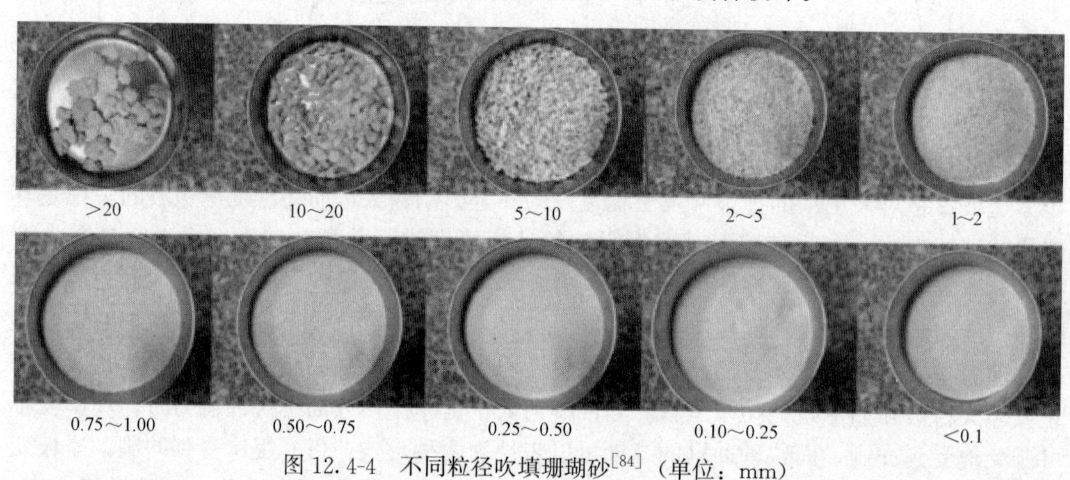

图 12.4-4　不同粒径吹填珊瑚砂[84]（单位：mm）

（2）外部因素

外部因素主要为包括潮汐、海流、波浪和地震在内的动力作用，主要表现为对岸坡的直接作用和间接作用。直接作用即外界力直接作用于岸坡上，使得岸坡发生变形或者破坏，以波浪作用下波浪的破碎形态为例，如图 12.4-5 所示，表明了波浪在靠近岛礁地形区域时经历的破碎过程；间接作用表现为改变岸坡土体的物理力学性质，降低坡体强度，使得坡体稳定情况处于或低于临界状态。潮汐主要表现为水位的波动，海水面处于不断变化之中，潮汐具有多种水位波动特征和运动形式，水位面的高低直接影响堤岸边坡的稳定性。海流主要表现为水平运动，分为潮流和海流，一定流速的海流，若携带有泥沙，往往引起堤岸岸脚的冲刷或淤积，对岸坡产生作用力。一方面波浪直接作用于人工岛，波浪的

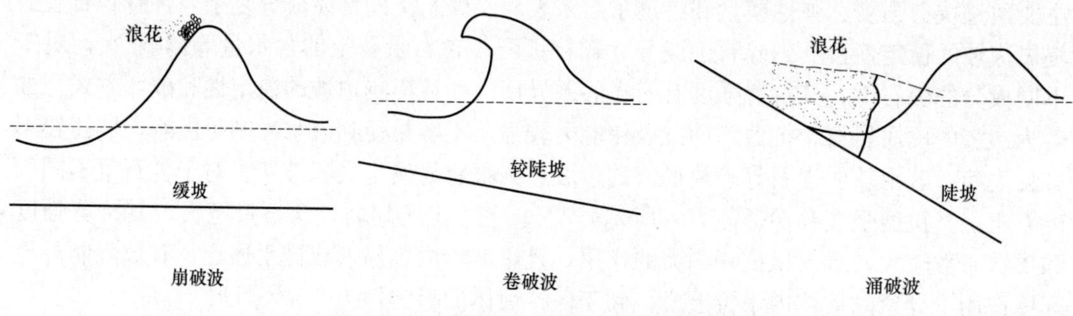

图 12.4-5　崩破波、卷破波和涌破波[85]

动力直接作用于岸坡上，在岸坡上会产生水平荷载和倾覆力矩，直接影响边坡的稳定性；另一方面波浪作用于土体上，对岸坡土体性质产生影响，对于砂土，波浪作用会在土体内产生超静孔隙水压力，使砂土发生液化，从而导致人工岛地基和边坡失稳。地震作用表现在直接产生水平和竖向的地震作用，对堤岸边坡的稳定性产生不利影响。

3. 人工岛边坡加固设计方法

基于上述三种边坡加固机理，对人工岛边坡进行加固设计，并且应当满足边坡稳定性和可靠性的要求：保证边坡的整体稳定；边坡及其护坡结构在受到外力或其他荷载作用时能够保持必要的整体稳定性；护坡结构能够满足对边坡防护加固的要求；边坡及护坡结构能在使用年限内保持必要的稳定性，而不产生有害变形。

1）坡率法

设计方法主要考虑在保持边坡稳定性条件下边坡的外形、坡度和坡高，确定边坡的形状，在此基础上考虑分段边坡的坡度和相应的坡高，设计分段坡面防护，即与其他护坡方法相结合，再分析边坡的稳定性。在此过程中，需要查明人工岛边坡以及附近所处的工程地质条件，定性与定量方法相结合。

2）斜坡式护坡

斜坡式护坡主要通过在人工岛边坡上铺砌浆砌片石、块石或者混凝土预制块等材料，如图 12.4-6 所示，以减少或者防止海水、岛上径流以及坡面水流对边坡的冲刷。

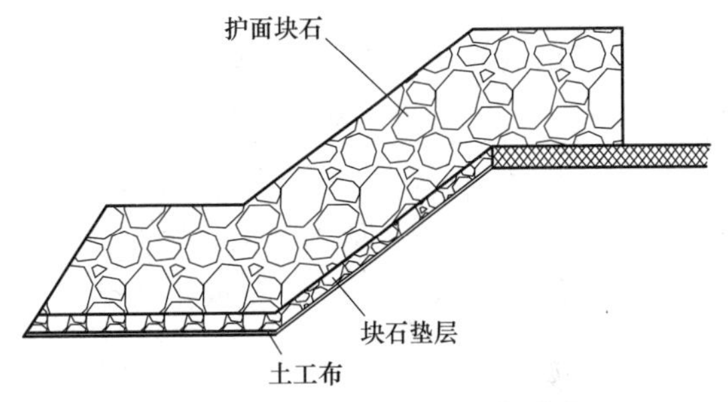

图 12.4-6 斜坡式护坡示意[86]

如块石护坡[87]，需要考虑在风浪作用下，坡体块石处于极限平衡状态下所需要的块石个体稳定重量，根据计算结合海水的实际冲刷情况和施工材料等因素选择相应的块石粒径，此外，块石护面层也需要考虑合适的级配，主要考虑块石的最大和最小质量以及块石的最大和最小粒径；砌石护坡，同样需要考虑块石在堤岸风浪作用下的直径，并基于此选择相应的块石质量和形状，最后确定所需的砌石护坡的厚度；混凝土护坡需要考虑混凝土板承受来自波浪的压力以及浮力，并且混凝土板不能发生浮起和破裂的情况，基于此确定所需的混凝土板的厚度。

上述护坡一般考虑三层滤层护坡，紧贴坡体设置一层土工织物滤层，第一层铺砌块石或者混凝土护面层，此外，宜在护面块石与土工织物之间设置垫层，避免施工以及护坡工程中块石棱角对土工织物的破坏，影响护坡的效果；通过设置垫层也可以使坡面所受压力更为均匀，并减少块石之间在施工期间可能存在的空隙，同时可以防止土工织物受岸坡外波浪的影响使局部与坡体相脱离[88]。

除以上护坡方式外，可以考虑混凝土模袋护坡。混凝土模袋是通过压力泵将混凝土浇筑到模袋中，以模袋作为模具进行混凝土的浇筑，具有适用性广、施工速度快、稳定性好等优点。模袋所采用的材料有锦纶复合材料、锦丙、涤纶和丙纶等多种形式，根据模袋所采用的不同加工工艺和材质还可以分为机织模袋和简易模袋[89]。其中简易模袋的护坡坡度较缓，施工设备更为简单，施工造价也较低。除了要对护坡混凝土模袋进行选择外，还需要确定模袋的材料与规格、模袋混凝土厚度计算及布置，并考虑护坡后的混凝土模袋抗滑稳定性验算和岸坡稳定性验算。

12.5 智慧人工岛

随着可利用的土体资源逐渐减少，人工岛的建造成了解决陆地资源不足的一个重要途径[90]。人工岛的建造是一个权衡利弊的工程，有利的方面是可以提供建设用地、减轻噪声污染、提供就业等；不利的方面是人工岛的建造改变了海域的水动力环境，减少了海洋生物物种，破坏了海洋环境，同时也伴随着海水污染等问题[91]。如何有效减少人工岛对海洋环境扰动，并满足其与周围环境的协调，需要一项势在必行的举措，即建立智慧化、现代化、信息化的“智慧人工岛工程”，以便对人工岛的建造和运营等各个过程归纳整理并进行综合化的管理，为人工岛的规划、设计、建设、监测、运维等方面以及政策和法律法规方面做出详细的规划和指导。

12.5.1 人工岛智慧建造

智慧建造是一种建立在高度社会化、信息化和工业化基础上的工程建造模式，该模式实现了信息融合、激励创新、协同运作以及全面物联在工程建造中的联合应用，图 12.5-1 为智慧建造的模型框架。刘刚针对建筑行业中智慧建造的主要思想，结合智慧城市的特点和智能建筑的关系，提出了智慧建造的信息化解决方案[92]。崔晓强通过对智慧建造的解读和延伸，指出智慧建造在实际工程中的实施，有利于绿色施工，也可以有效地实现项目安全生产的控制[93]。李久林等指出，智慧建造利用新一代信息与通信技术手段，创建智慧化的建设环境，实现建造过程和参建方信息共享和协同。智慧建造构建了产业的和谐发展，可以减少能源消耗和污染，促进工程产业与大自然的和谐可持续发展[94]。

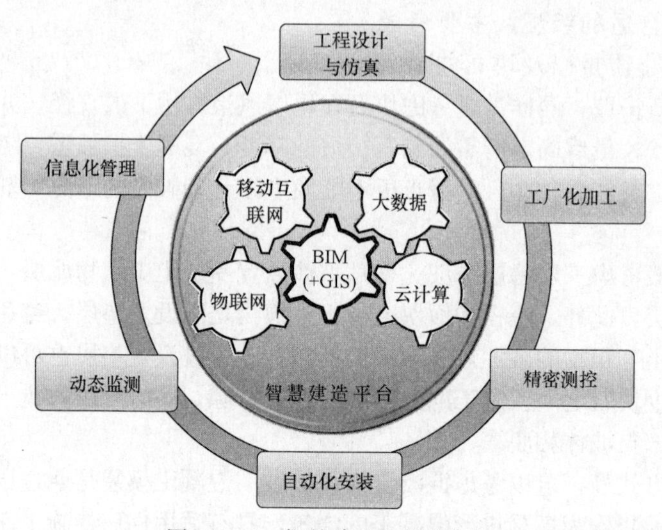

图 12.5-1 智慧建造的模型框架

人工岛智慧建造是指人工岛建造过程中应用信息化技术方法和手段等最大限度地实现项目自动化、智慧化的人工岛建设工程行动。人工岛智慧建造是建立在高度的信息化、工业化和社会化基础上的一种信息融合、全面物联、协同运作、激励创新的新型的工程建造模式。人工岛智慧建造需要运用BIM、GIS、云计算、物联网、移动互联网、大数据分析等手段进行人工岛智慧化研究，实现人工岛的智慧化运营。人工岛智慧建造由广义和狭义两种类型构成。广义的人工岛智慧建造是指在人工岛工程建设生产的整个过程中，包括立项策划、设计、施工阶段[95,96]，通过以BIM为代表的信息化技术开展的工程建设活动；狭义的人工岛智慧建造是指在设计和施工全过程中，立足于工程建设项目主体，运用信息技术实现工程建造的信息化和智慧化[94]。

1. BIM 技术

1）人工岛勘探过程中BIM技术的应用

BIM（Building Information Modelling，建筑信息模型）是在CAD等现有的计算机辅助设计技术基础上发展起来的多维模型信息集成技术。BIM技术具有可视化、协调性、优化性、模拟性和可出图性的特点[97]。由于软件具有较强的关联性，数据的修改也能及时反映在已经完成的3D模型中，节省了大量因数据修改而产生的人力[98]。同时，软件可以根据建立的3D模型直接计算土体体积，大大减轻了设计人员的工作量。

2）人工岛设计过程中BIM技术的应用

人工岛的设计所需要的工程种类繁多，主要涉及水利、建造、路桥三大类，每个方向各有十几个不同的专业[99]。在交通人工岛的建设中，各个行业往往需要了解彼此的设计意图，从而进行准确的界面设计，而传统的设计方法、概念在设计合理的界面时存在很大难度。模型制作完成后，可以快速计算和制作材料，减少重复劳动，比人工计算准确得多。综上所述，基于BIM方法，可以通过技术监控问题的质量，提高图纸的质量，减少“错误、泄漏、碰撞和空缺”[100]。

3）人工岛建设过程中BIM技术的应用

人工岛建设缺乏土地支撑，建设难度大，建设组织复杂。在人工岛建设之前，需要确定人工岛岛身填筑的最优施工方法。目前主要有先围海后填筑和先填筑后护岸两种方法。先围海后填筑适用于风浪较大的海域，需要通过BIM技术对人工岛建设海域进行建模，确定堤坝圈围范围、堤坝缺口位置、土石料抛填量或者挖泥船水力吹填的工程实际数据；对于先抛填后护岸的人工岛工程适用于掩蔽性较好的海域，同样需要BIM对其施工过程进行全生命周期建模，图12.5-2为人工岛建造过程。通过BIM＋AR技术模拟人工岛建造的施工现场，展示施工过程中每个重要节点在具体时间段内的施工步骤、施工工艺及交互式场景复现，使得人工岛建设施工完整过程的组织更加高效合理，节约时间成本，最大限度地保证施工进度和建设人员的人身安全[101,102]。通过BIM＋三维扫描技术相结合，满足人工岛建设全过程中构件的精准建模和过程快速检查[103]。

2. 物联网

物联网（Internet of Things，IoT）是通过设置在人工岛建筑设施上的各种信息传感设备，如全球定位系统、二维码、射频识别装置（RFID）、激光扫描器、红外感应器等装置与无线网络或互联网相互连接形成一个巨大的网格。其主要目的是让所有的建筑设施物品都与网格连接到一起，方便智慧化识别、跟踪、定位、监控和管理，同时形成具备集成传感和物体识别的功能[104,105]。

从技术构架角度分析，物联网可分为感知层、网络层和应用层。感知层由人工岛建设

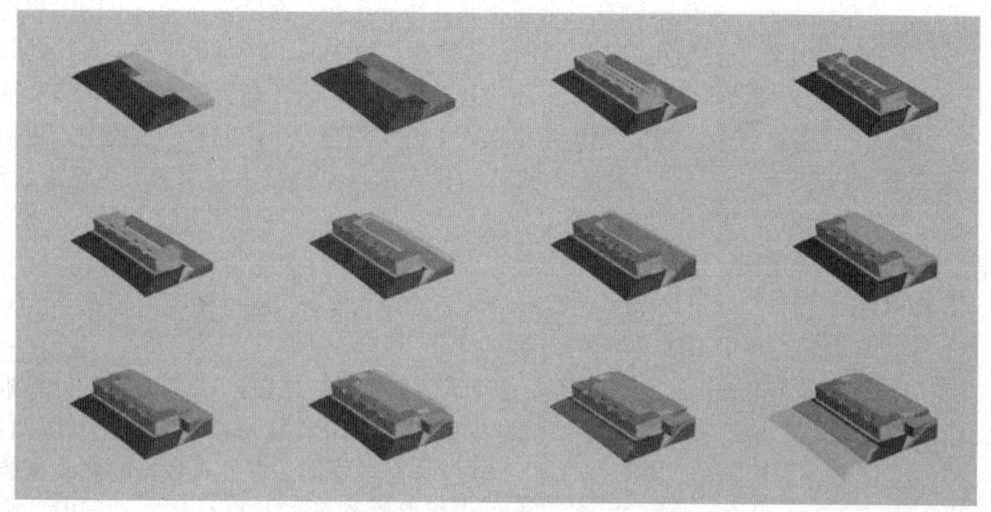

图 12.5-2　人工岛建造过程示意[97]

设施上安装的传感器与相应的网关构成。已实现通过物联网识别建筑物体，采集物体上的信息来源；网络层主要作用是传递和处理感知层得到的信息，由有线、无线互联网，云计算平台，网络管理系统等部分组成；应用层是人工岛设计、建设、施工等人员与物联网的交互界面，以实现物联网在整个智慧建造过程中的智能应用[106,107]。

BIM＋IoT 技术在人工岛智慧建设项目中，可以实现工程物料的追踪，避免清单票据不全，信息交互不及时等问题的发生。设计方、建设方、施工方和监理方等各参与者通过“BIM＋IoT 技术”实时了解人工岛项目建设情况，同时实现工程物料、工程构件有迹可循，大幅提升信息采集能力。

3. 云计算

云计算是基于互联网的相关服务的增加、使用和交付而建立，通过虚拟化、分布式存储、并行计算等技术对人工岛建设全生命周期的物联网数据进行计算、管理、储存等数据资源的处理。云计算的实现依赖于互联网，人工岛智慧建造过程中，云计算是基础应用技术中重要的一环。通过搭建人工岛全生命周期云服务平台，以实现终端设备的资源共享、数据处理，设备协同等功能。此外，基于一些移动应用所提供的公有云，设计、建造、参与等各方在手机等移动终端设备上添加相应的 APP，可以避免人工岛施工中网络服务器的部署，有利于人工岛施工过程现场信息化的普及[94,107]。

4. 大数据和移动互联网

移动互联网搭建了一个适合管理和业务的信息化移动应用平台，能够满足人工岛智慧建造的需要，具有以下优势：①兼容现有网络；②较高的安全能力和鉴权能力；③低延时及大数据吞吐；④高品质互动操作；⑤运行维护及建设成本大幅减低。由于施工人员的主要工作日常和工作发生地点在施工现场，移动应用为人工岛智慧建造的施工现场管理提供了较高的符合度，满足信息化走动式办公的需求。移动互联网与 IoT 技术、BIM 技术、云计算的集成，对多方图档协同工作、二维码跟踪扫描，现场模型检查产生了极大的价值[107]。

大数据分析是对大量结构化和非结构化的数据进行处理分析，从而得到新的价值。以一个人工岛建设工况为例，从人工岛设计施工以及随后的运维阶段，能产生多格式、多源、海量的数据。对这些数据进行收集、分类、整理、处理再利用，可以帮助设计人员等提取各项构造过程的相关指标，并将其应用于后续的项目，做到提前预测[106]。

12.5.2 人工岛智慧监测监控

人工岛建设海区多为软土地基，强度较差，地质条件特殊，此类工程施工相比在陆地上复杂得多，大多采用袋装砂围海造地，且受天气影响较大，在围堤施工和吹填陆域时，如果施工速度和位置不当，容易造成地基强度破坏或失稳事故[108]，因此有必要对人工岛施工期工程安全进行监测。而人工岛施工完成后，由于岛体受到海洋工程环境荷载较大，地面会产生长时间的沉陷，且人工岛的建设打破了原有的自然平衡，造成海洋地形地貌的变化，岛体自身的稳定性以及其对近岸环境的影响都需要进行长期的监测预警，确保安全运营[109,110]。

传统的监测监控方法主要是在人工岛以及进海路设置观测断面，施工期间在岛内埋设相应的土工原位观测仪器，对岛体的侧向水平位移、地基孔隙水压力、地基分层沉降和滩面沉降进行观测。随着计算机技术、卫星导航技术、遥感技术、雷达技术等高新技术的发展，以及人工岛建设复杂性的增加，对人工岛施工和运营的监测监控提出了更高的要求，各种科学技术也逐渐运用于人工岛的监测监控中，如图 12.5-3 所示，有效地提高了人工岛监测的效率，形成了人工岛智慧监测监控的趋势。

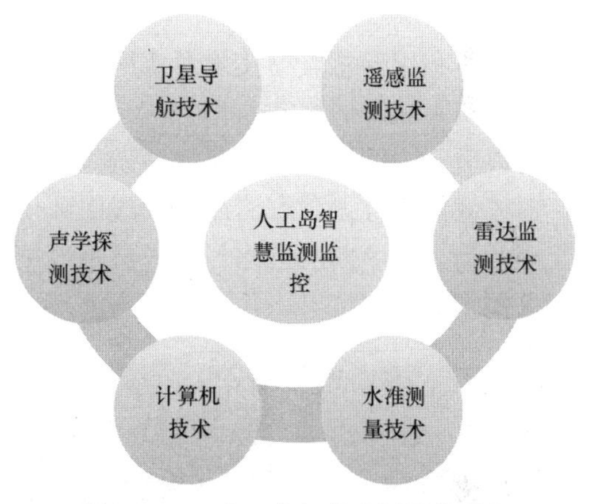

图 12.5-3 人工岛智慧监测监控系统

1. 水准测量技术

水准测量技术是用水准仪和水准尺测定地面上两点间高差的方法，由于该技术的便利性和准确性，被应用于人工岛岛体的沉降监测。利用精密水准测量技术，通过合理布设控制监测网，可对施工期以及运营期岛体的沉降进行监测。在港珠澳大桥西人工岛施工过程中使用了水准测量技术，东、西人工岛测量平台控制点是西人工岛施工放样控制网的基准点，为了增加网形强度，在岛头设置临时点，该方法顺利地完成了各项施工测量任务，特别是精确地完成了暗埋段沉管对接面的施工放样工作[111]。

对于与陆地距离较远的人工岛，可将基准点布设在岛内，地表竖向位移监测点按网格方式布置，对地质条件复杂，可能存在不均匀沉降处进行加密布点，沉陷位移监测采用常规水准测量施测，精度按国家二等水准测量要求进行，所有点形成闭合环[112]。该测量技术可对人工岛进行长期沉降监测，分析岛体沉降变化规律，提高了监测效率，并节约了监测成本。

2. 卫星导航技术

卫星导航技术可准确指导人工岛施工过程中基床平整、方块安装等水下作业，保证施工安全进行，并可对施工完成后岛体变形进行连续观测、记录[113]。卫星导航定位系统操作简单，与微机联网后计算作业很快即可完成，不受空间环境的限制，自动记录、自动处理，不受人为因素的影响，大大提高了测量质量和工作效率。北斗卫星导航系统被应用于漳州双鱼岛的位移和沉降数据系统记录，显示其中一个或多个监测点位在可选定的时间段内的位移信息，并在监测总述中对异常点位进行提醒[114]。

3. 遥感监测技术

遥感监测技术是通过航空或卫星等收集环境的电磁波信息，对远离的环境目标进行监测识别环境质量状况的技术，是一种先进的环境信息获取技术，被应用于人工岛施工悬浮物扩散、近岸海岸线变化、滩海冰情、泥沙冲淤等各类监测中。在人工岛施工建设过程中，对海洋环境最大的影响就是施工时海底搅起的悬浮物扩散。现场水质取样是监测海洋悬浮物的主要方法，但这种方法得到的样本数据有限，时间和成本较大。卫星遥感技术可以克服这一缺陷，实现大范围悬浮物扩散监测。宋南奇[115] 利用 HJ-1A 卫星和 HJ-1B 卫星遥感监测数据，建立悬浮物反演模型，对大连海上人工岛机场悬浮物浓度进行了反演，该结果与 20 个水质样本进行对比，平均相对误差为 30%，决定系数为 0.88，遥感测量反演模型精度较高。

张云飞利用遥感监测技术对海南椰林湾海上休闲度假中心人工岛、日月湾人工岛等多个人工岛实际填海面积和新增人工岸线长度、泥沙冲淤情况进行监测，由图 12.5-4 监测图像可以看到，椰林湾人工岛泥沙淤积面积逐年增大，并有形成连岛沙坝的趋势[116]。此外，对于我国北方如渤海湾海域油气田区建设的人工岛，冬期的海洋冰灾影响着油气勘探等工程活动，在冬期河道冰封、人员难以接近人工岛的时候，遥感监测技术也被用于监测人工岛周围的海冰情况[117]。

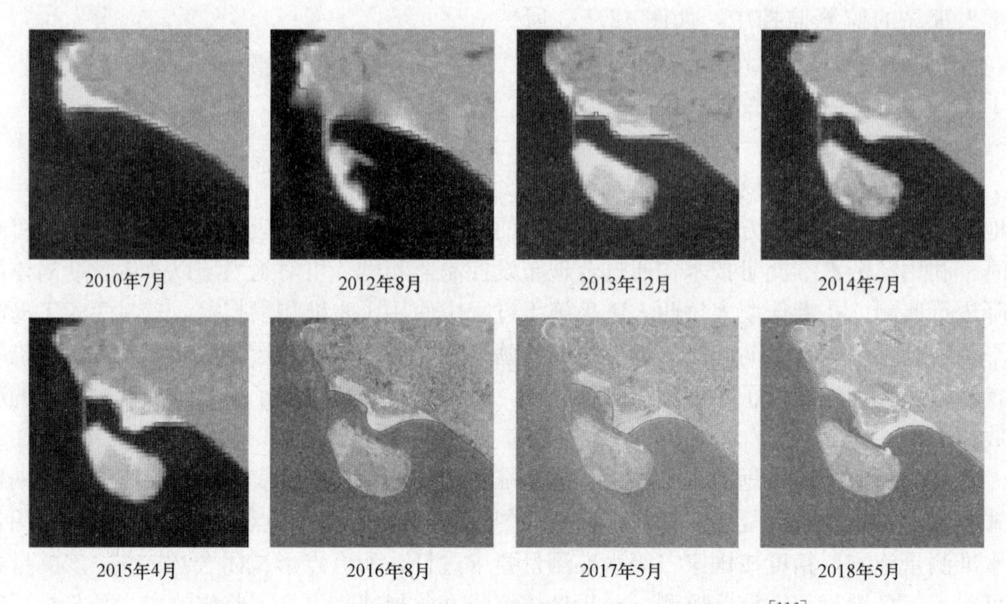

图 12.5-4　椰林湾海上休闲度假中心人工岛年冲淤变化[116]

4. 雷达监测技术

海上油气田区建设的人工岛往往承担着石油开采和运输的作用，如 2011 年 10 月大港油田建成并运行海底油气管道（赵东平台至埕海 1-1 人工岛两条海底油气管道），海上应急溢油监控成为人工岛监测监控的重要部分，以往海上溢油巡视只能依靠民用船只和直升机对附近海域进行随机巡查，受到天气、人员、资金等多方面因素影响，不确定因素较多，无法进行良好地监控以及对溢油情况进行及时处理。而海上溢油雷达监测系统利用雷达监测技术，通过分析从海面反射回来的雷达反射波，对可用信息进行处理，获取海面溢油、水流、流速、水深、海底地形等信息，较好地解决了上述问题。将该系统安装在人工岛上，可实时监测人工岛附近海域溢油情况，及时对溢油事故进行报警和应急处理。该系统硬件设备主要有雷达监控设备、电子海图机、现场声光报警器和数据库服务器；软件系统有数据采集系统、通信传输系统和远程溢油自动监控管理系统[118]。

5. 声学探测技术

抛石挤淤法是一种常用的软土地基处理方法，目前人工岛多采用这种方法在岛围堤外侧设置抛石堆体，对人工岛地基进行加固处理。抛石堆体的厚度和分布直接影响工程的安全性，因此需要对水下抛石的厚度进行监测。传统的具有陆地作业面的堤坝工程可使用地质雷达进行抛石厚度检测，而海底抛石的检测难度较大。常规的机械钻探技术施工难度较高且破坏性较大，具有很大缺陷。声学探测技术是一种较好的海底抛石质量检测方法。

声学探测的原理是利用声学换能器产生并向海底发射声波，通过观测记录并分析海底沉积物对于声波的不同反映来了解沉积物的地质属性。由于声波比较容易产生，因此可以连续、高效地进行海底探测[119]。

浅地层剖面测量和水深断面测量是两种常用的海底抛石声学探测方法。浅地层剖面测量系统主要由声源、水听器、发射控制单元、数据处理单元、图像输出单元和发电机六部分组成[120]。褚宏宪利用该技术对渤海湾某人工岛海底抛石厚度进行了测量，测量结果如图 12.5-5 所示，抛石施工前后海底地形变化量是抛石厚度的直接反映，浅地层剖面解释可以直观分辨出海底和抛石的顶界面，在测量航迹图上可以划分抛石的顶面分布范围[121]。

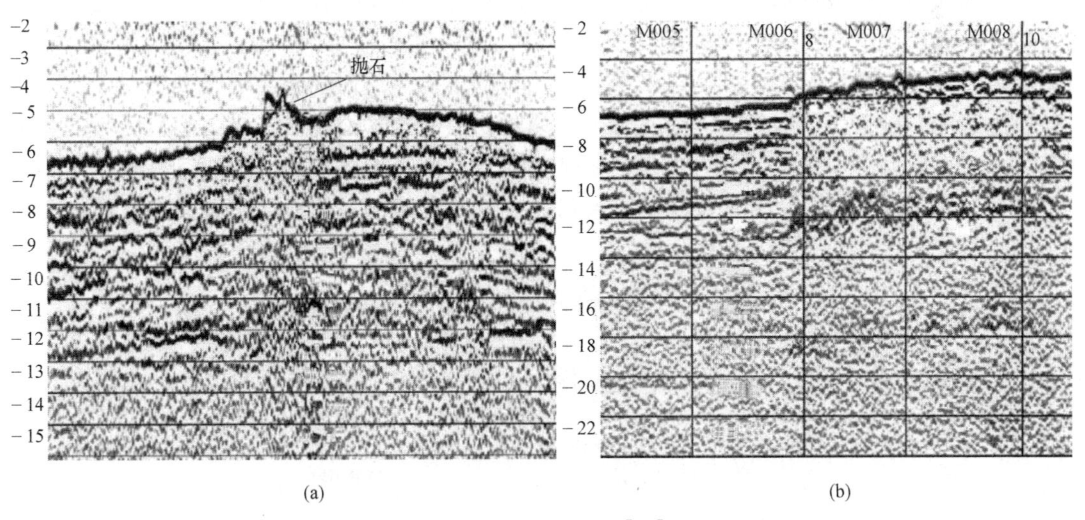

图 12.5-5 浅地层剖面测量结果[121]（单位：m）

（a）浅地层测量试验剖面；（b）高分辨率的浅地层剖面

6. 计算机技术

除了岛体自身稳定性以及岛周环境情况监测以外，岛内设施的使用安全、运营动态也需要进行合理监测，例如漳州双鱼岛作为国内第一个完全用于旅游、居住和生态开发建设的综合类城市开发人工岛，岛内功能设施复杂多样，如图 12.5-6 所示，需要对岛内各种设施的安全运营进行监控，岛内地下综合管廊是该岛与外界资源传输的主要通道，岛体长期持续沉降以及岛体渗水等问题对地下综合管廊的安全性存在较大威胁，需要对管廊结构安全、管廊周围土体性质变化进行监测[114]。而对于港珠澳大桥人工岛、深中通道人工岛，还需对岛内和桥面交通信息、海底隧道防火安全、临近海域船舶交通信息等进行监测监控。

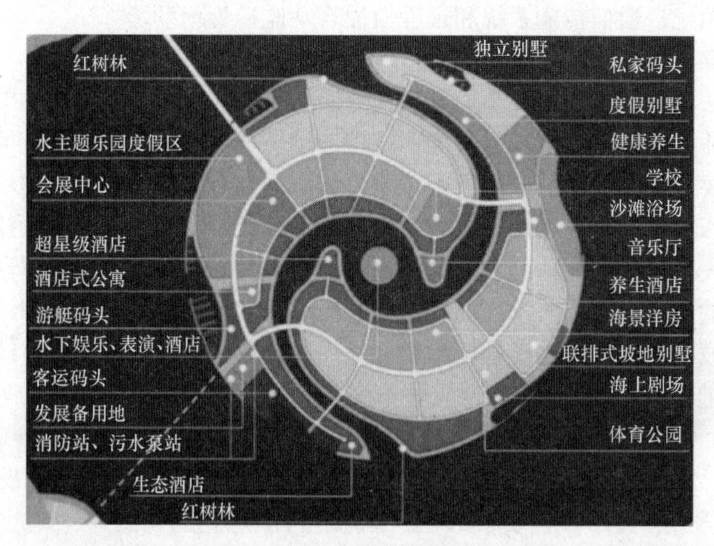

图 12.5-6 双鱼岛岛内功能设施布局[114]

通过利用计算机技术开发人工岛自动化监测系统，可以将各种庞大、复杂的监测监控信息进行整理显示，使用户能够及时了解到自己所关注的信息。如图 12.5-7 所示，该监测系统以各类监测手段为基础信息来源，监测对象主要为岛内设施及附属设施安全、岛体自身稳定性、人工岛周围生态环境安全等，通过相应的技术处理后，成为用户所需的有用信息，由于该监测信息数量庞大、内容复杂，通过开发集成度较高的智能监测监控显示平台，直观显示监测结果，该平台系统不仅可为工作人员提供岛体安全预警预报，还可为游

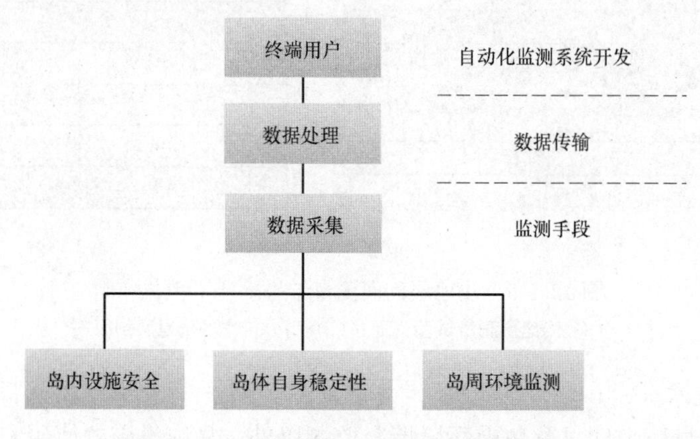

图 12.5-7 人工岛安全监测自动化系统运行

客等其他人员提供岛体相关有用信息。

与传统监测技术相比，利用计算机技术开发自动化监测平台，可连续采集监测数据信息，这种监测方式是跟踪式的，对于需要跟踪灾害体变形过程，进行预警预报和反演分析是至关重要的，且该技术将各种监测手段数据进行整合分类处理，使用户能同时观测到各类监测信息，并立即查询到自己感兴趣的信息，对于人工岛的智能智慧监测监控具有重要意义[122、123]。

12.5.3 人工岛智慧运维

由于人工岛项目具有体量大、投资大、工程结构复杂、建设风险高等特点，不论是建设阶段还是后期的运维阶段都需要大量的资金和材料消耗。长期以来，我国以建设为目标的重大基础设施中，多采用“建养分离”的模式，建设单位和运维单位由不同的主体负责，导致运维单位对运维主体实际情况了解不清楚，养护停留在理论阶段。相比于传统的工程运维技术，BIM 技术可以将真实工程项目与数据模型之间完整、准确地关联起来，在集成化、虚拟化、可视化上均体现出独特的优势。基于 BIM 的智慧运维管理平台，通过数据模型仿真计算，可以合理安排应急预案，快速准确定位工程项目老化和修复应急预案，改善人工岛运维过程中滞后、信息分散的问题，提高人工岛工程运维效率。

1. BIM 和 3DGIS 集成技术

BIM 技术和 3DGIS 集成技术是宏观场景和微观信息的结合，充分利用 BIM、GIS 各自的优势，将工程结构建造微观数据与其周围宏观实际工程环境相融合，形成建筑结构与环境的 BIM+GIS 三维一体空间[124]。通过人工岛 BIM 模型数据与三维 GIS 模型的数据交换，可以实现建筑结构语义信息和几何的转换，进一步可以定义一体化三维空间数据模型，达到人工岛及周边空间数据的无缝表达和统一管理[125]。以典型 BIM 数据（RVT）为例，基于多分辨率层次模型的 BIM-GIS 数据集成可视化的方法，在完整继承 BIM 几何、外观、语义信息的基础上，采用连续多分辨率层次模型方法，实现 BIM-GIS 轻量化，增强了大尺度 BIM-GIS 场景实时绘制能力，也提高了模型显示效率[126]。

智慧运维管理系统基于 BIM、3DGIS、5G 网络和物联网等多种先进技术，在人工岛工程中，根据竣工验收和实测数据建立人工岛 BIM 模型，并与人工岛周围环境相融合，将各类图档资料和传感器信息与三维模型关联，形成一套综合管理和储存数据库。在此数据库基础上，开展人工岛运维及监测、应急应用系统[127]。智慧运维系统框架包括标准规范与安全保证两个体系和设施层、数据层、支撑层、应用层及展示层 5 个逻辑层，智慧运维平台架构如图 12.5-8 所示。

GIS 可以对整个空间上的信息进行宏观分析和管理，在人工岛设施中可以清晰展示各个结构部分与相应的环境之间的关系[124]。通过 BIM 和 3DGIS 技术相结合的人工岛智慧运维系统，可以获得人工岛基础信息数据及每个部件实时的状态检测信息。方便直观地查询与人工岛养护相关的各类信息，基于此制定科学有效的运维方案，最终实现人工岛各级、各部分实时的高效智慧化运维管理。

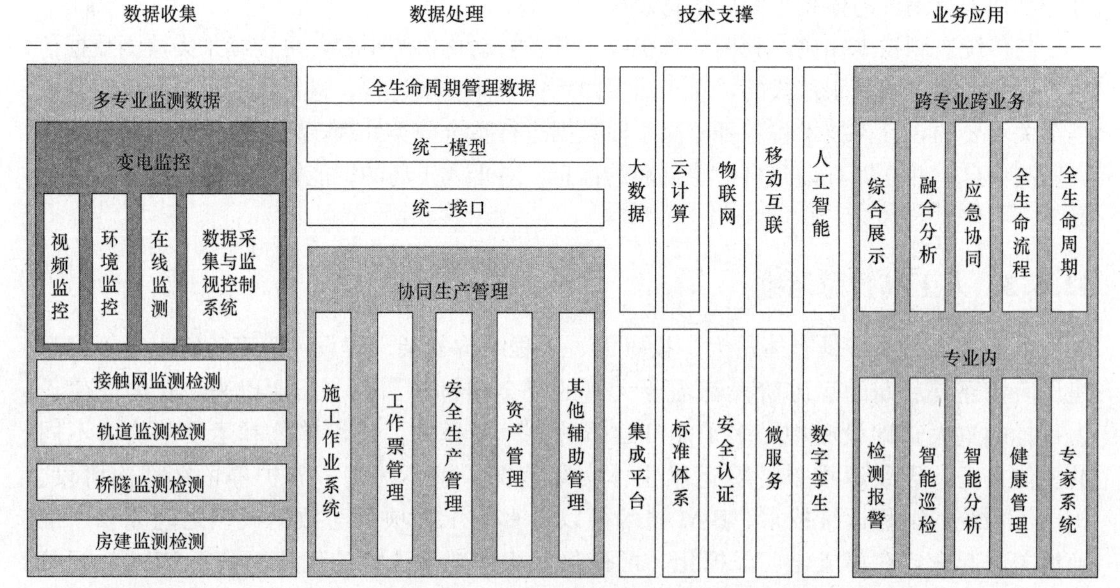

图 12.5-8 智慧运维平台架构[128]

2. BIM＋物联网技术

BIM 技术具有可视化、信息化、数字化的特点。物联网技术结合智能传感器技术、通信控制技术，通过信号接入实现了人与物、物与物之间的信息沟通。将 BIM 技术和物联网技术结合形成的运维系统，将信息模型和三维模型联动，可提高工程结构的信息化水平，其运维管理框架设计方案如图 12.5-9 所示。

该运维方案主要包括两部分内容。第一部分是基于人工岛可视化轻量运维系统搭建，包括 BIM 模型轻量化方案设计、模型可视化方案实现、运维参数预测平台搭建和信息管理系统集成。第二部分为以物联网架构为基础的信息采集节点的硬件设计与实际应用，根据外界因素对构件影响，结合信息监测参数（风速、压力、湿度等）。采集到的传感器信息通过处理后上传至服务器中并存入数据库，以备调用。因此，节点中还需存在信息传输模块（Wi-Fi 模块）[129]。基于 BIM＋物联网的系统总体架构，设计信息采集节点硬件系统。确定建筑结构信息可视化运维管理系统需满足三个性能特征：可视化、交互性和实时性。

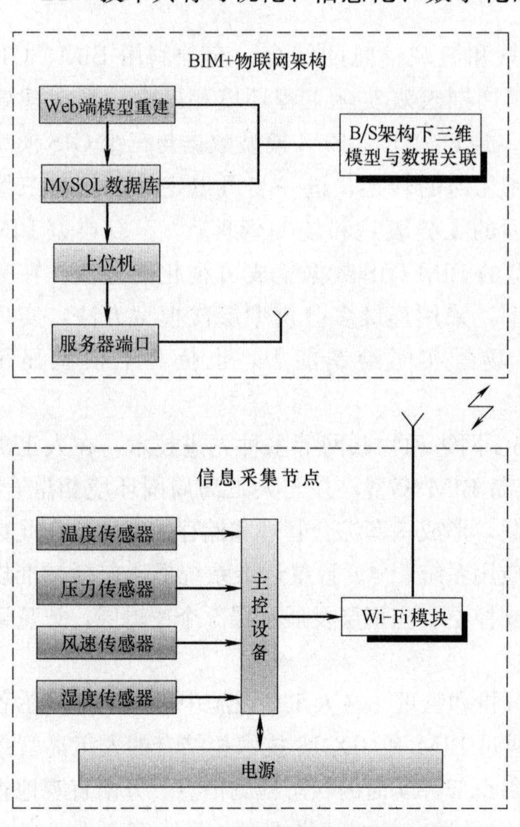

图 12.5-9 BIM＋物联网技术体系运维管理框架设计方案[129]

3. 全球导航卫星系统+数字孪生技术

全球导航卫星系统（Global Navigation Satellite System，GNSS）可用于结构运维过程中捕获实时结构信息，GNSS测量精度非常高，通常在毫米以内，可实现全天候实时监控，精准监控工程变形全过程[130,131]。数字孪生技术（Digital Twins，DT）使用高保真动态虚拟模型模拟和描述物理实体的状态和行为。DT集成了AI、机器学习和数据分析的功能，以创建实时数字仿真模型。这样的模型可以通过从多个来源不断学习、更新来表示和预测物理对应物的当前及未来状况[132]，作为连接现实物理世界和虚拟数字空间的纽带，是实现智能运维的关键技术[133]。引入“数字镜像”，可以在虚拟世界中再现智能运维过程。虚实融合、交互反馈，本质上就是数据和信息在虚实世界中传递和发挥作用的过程[134]。

通过全球卫星导航系统捕获的人工岛实时信息，实现了驱动的智慧运维闭环控制。在运维过程中，DT可以实现人工岛建筑状态的实时映射，智能分析各个因素的状态，预测各个因素未来的发展趋势。在提升结构运维智能化水平的过程中，DT的相应信息需要动态动作。因此，需要实时捕捉各种元素的信息。尤其是发生结构运维事故时，更应进行信息精准定位，辅助制定维保措施，实现结构的高效运维。DT可以作为建筑施工、运维过程中信息集成的技术基础。GNSS实时捕捉各要素的三维坐标，辅助孪生模型的建立。因此，DT与GNSS的融合可以实现楼宇信息的实时测绘、智能分析和精准维护[130]。

在2008—2018年间我国出现了人工岛建设的高峰期，近岸人工岛数量大幅增加，先后建造了大连金州湾海上机场、龙口人工岛群、漳州双鱼岛、海南凤凰岛、美济岛、南海明珠岛等大量各类用途的人工岛。如今我国人工岛对邻近海岸、海域的影响已经逐渐凸显，在人工岛长期存在的条件下如何维持人工构筑物与自然环境之间的动态平衡成为人工岛建设必须考虑的因素。针对这一问题，本章分别从人工岛的智慧建造、智慧监测监控及智慧运维等方面进行了分析阐述，为人工岛的建造及实现其与周围环境的协调提供思路和方法。

参考文献

[1] 董志良，张功新，燕李，等. 大面积围海造陆创新技术及工程实践［J］. 水运工程，2010，446（10）：54-67.

[2] 董志良，刘嘉，朱幸科，等. 大面积围海造陆围堰工程关键技术研究及应用［J］. 水运工程，2015，500（2）：9-17.

[3] 范公俊，贾延权，王艳红. 几种围堰施工技术在连云港滩涂区的应用［J］. 水利水电科技进展，2011，31（1）：62-65.

[4] 王玉东. 深水袋装砂斜坡堤堤心筑填工艺研究及应用［D］. 南京：河海大学，2005.

[5] 胡利文，李英杰，林涌潮. 大榭港区围海造陆工程软体排施工技术［J］. 水利水电科技进展，2007，27（3）：60-63.

[6] 吴梦喜，楼志刚. 波浪作用下海床的有效应力分析［J］. 海洋工程，2002，20（1）：64-68.

[7] 余振刚，徐捍卫，磊谢. 深水塑料排水板施工技术［J］. 水运工程，2009，11：163-166.

[8] Renard Y. Generalized Newton’s methods for the approximation and resolution of frictional contact problems in elasticity［J］. Computer Methods in Applied Mechanics and Engineering，2013，256：38-55.

[9] 查恩尧. 天津临港产业围海造陆工程吹填法研究 [D]. 天津：天津大学，2006.
[10] 查恩尧，李静怡. 围海造地工程中分层吹填工艺的研究 [J]. 水运工程，2008 (8)：149-152.
[11] 陈东. 横琴南人工岛填海造地工程填料来源分析 [J]. 工程建设与设计，2017 (9)：41-44.
[12] 秦艳彬. 沙巴大桥人工岛 A 岛工程无围埝吹填施工技术 [J]. 工程技术，2017，5：287-288.
[13] 中华人民共和国住房和城乡建设部. 吹填土地基处理技术规范：GB/T 51064—2015 [S]. 北京：中国计划出版社，2015.
[14] 王铁梦. 工程结构裂缝控制 [M]. 北京：中国建筑工业出版社，1997.
[15] 马勇. 强夯法加固公路地基的设计要点分析 [J]. 交通世界，2020，31：2.
[16] 王泽厚. 强夯法加固高填方地基土的应用研究 [D]. 合肥：安徽建筑大学.
[17] 周健，王冠英，贾敏才. 无填料振冲法的现状及最新技术进展 [J]. 岩土力学，2008，29 (1)：37-42.
[18] 王德咏，陈华林，梁小丛，等. 静力触探技术在吹填砂地基处理全过程中的应用 [J]. 水运工程，2018，(5)：176-182.
[19] 叶书鳞. 地基处理工程实例应用手册 [M]. 北京：中国建筑工业出版社，1998.
[20] 周健，贾敏才，池永. 无填料振冲法加固粉细砂地基试验研究及应用 [J]. 岩石力学与工程学报，2003，22 (8)：1350-1355.
[21] 楼晓明，于志强，徐士龙. 振冲法的现状综述 [J]. 土木工程与管理学报，2012，29 (3)：61-66.
[22] 王德咏，梁小丛，牛犇. 振冲密实法处理吹填地基的两个关键技术问题 [J]. 水运工程，2019，6 (557)：172-175.
[23] 秦志光，袁晓铭，牛犇，等. 深水海洋环境下砂土换填地基振冲加固应用研究 [J]. 岩土工程学报，2020，42 (10)：1940-1946.
[24] Briaud J L，Garland E. Loading rate method for pile response in clay [J]. J. Geotech. Engrg.，ASCE，1985，111 (3)：319-335.
[25] Robertson P K，Cabal K L. Guide to Cone Penetration Testing [M]. 6th Edition. U. S. A.：Gregg Drilling and Testing，Inc，2015.
[26] Schmertmann J H，Hartman J P，Brown P R. Improved strain influence factor diagrams [J]. J. Geotech. Eng. Div.，ASCE，1978，104 (8)：1131-1135.
[27] 吕卫清，董志良，王婧，等. 软弱地基加固理论与工艺技术创新应用 [M]. 上海：上海科学技术出版社，2022.
[28] 何稼，楚剑，刘汉龙，等. 微生物岩土技术的研究进展 [J]. 岩土工程学报，2016：643-653.
[29] Whiffin V S. Microbial $CaCO_3$ Precipitation for the production of Biocement [D]. Murdoch University，2004.
[30] Dejong J T，Fritzges M B，NüSSLEIN K. Microbially Induced Cementation to Control Sand Response to Undrained Shear [J]. J. Geotech Geoenviron，2006，132 (11)：1381-1392.
[31] Ivanov V，Chu J. Applications of microorganisms to geotechnical engineering for bioclogging and biocementation of soil in situ [J]. Reviews in Environmental Science and Biotechnology，2008，7 (2)：139-153.
[32] Paassen L V. Biogrout ground improvement by microbial induced carbonate precipitation [D]. Delft University of Technology，2009.
[33] Van Paassen L A. Bio-mediated ground improvement From laboratory experiment to pilot applications [C]. Proceedings of the Geo-Frontiers，2011.
[34] Dejong J T，Mortensen B M，Martinez B C，et al. Bio-mediated soil improvement [J]. Ecological Engineering，2010，36 (2)：197-210.
[35] Cheng L，Shahin M A. Stabilisation of oil-contaminated soils using microbially induced calcite crys-

tals by bacterial flocs [J]. Geotech Lett，2017，7 (2)：146-151.

[36] Cheng L，Shahin M A. Urease active bioslurry：a novel soil improvement approach based on microbially induced carbonate precipitation [J]. Can Geotech J，2016，53 (9)：1376-1385.

[37] 刘汉龙，肖鹏，肖杨，等. MICP胶结钙质砂动力特性试验研究 [J]. 岩土工程学报. 2018：38-45.

[38] 刘汉龙，张宇，郭伟，等. 微生物加固钙质砂动孔压模型研究 [J]. 岩石力学与工程学报. 2021：790-801.

[39] Liu L，Liu H，Xiao Y，et al. Biocementation of calcareous sand using soluble calcium derived from calcareous sand [J]. B Eng Geol Environ，2018，77 (4)：1781-1791.

[40] Liu L，Liu H，Stuedlein A W，et al. Strength，Stiffness，and Microstructure Characteristics of Biocemented Calcareous Sand [J]. Can Geotech J，2019，56 (10)：1502-1513.

[41] Xiao P，Liu H L，Stuedlein A W，et al. Effect of relative density and biocementation on cyclic response of calcareous sand [J]. Can Geotech J，2019，56 (12)：1849-1862.

[42] 刘汉龙，马国梁，肖杨，等. 微生物加固岛礁地基现场试验研究 [J]. 地基处理，2019：26-31.

[43] 方祥位，申春妮，楚剑，等. 微生物沉积碳酸钙固化珊瑚砂的试验研究 [J]. 岩土力学，2015：2773-2779.

[44] 尹黎阳，唐朝生，张龙. MICP联合纤维加筋改性钙质砂力学特性研究 [J]. 高校地质学报，2021：679-686.

[45] 肖瑶，邓华锋，李建林，等. 海水环境下巴氏芽孢杆菌驯化及钙质砂固化效果研究 [J]. 岩土力学，2022：395-404.

[46] 董博文，刘士雨，俞缙，等. 基于微生物诱导碳酸钙沉淀的天然海水加固钙质砂效果评价 [J]. 岩土力学，2021：1104-1114.

[47] 王逸杰，蒋宁俊. 原位激发微生物成矿加固钙质砂的剪切与压缩特性研究 [J]. 2021，27 (6)：662-669.

[48] 王新志，王星，刘海峰，等. 珊瑚礁地基工程特性现场试验研究 [J]. 岩土力学，2017，38 (7)：2065-2079.

[49] 中国科学院南沙综合科学考察队. 南沙群岛及其邻近海区第四纪沉积地质学 [M]. 武汉：湖北科学技术出版社，1993.

[50] 魏柏林，康英，陈玉桃，等. 南海地震与海啸 [J]. 华南地震，2006，26 (1)：47-60.

[51] 中国地震台网中心. 中国及邻区地震震中分布图 [Z]. 北京：地震出版社，2015.

[52] 孙宗勋，詹文欢，朱俊江. 南沙群岛珊瑚礁岩体结构特征及工程地带分带 [J]. 热带海洋学报，2004，23 (3)：11-20.

[53] 崔永圣. 珊瑚岛礁岩土工程特性研究 [J]，工程勘察，2014，42 (9)：40-44.

[54] 袁一凡. 四川汶川8.0级地震损失评估 [J]. 地震工程与工程振动，2008，28 (5)：10-19.

[55] 曹振中，侯龙清，袁晓铭，等. 汶川8.0级地震液化震害及特征 [J]. 岩土力学，2010，31 (11)：3549-3555.

[56] 陈龙伟，袁晓铭，孙锐. 2011年新西兰Mw6.3地震液化及岩土震害述评 [J]. 世界地震工程，2013，29 (3)：1-9.

[57] 刘崇权，汪稔，钙质砂物理力学性质初探 [J]. 岩土力学，1998，19 (1)：32-37.

[58] 张家铭，蒋国盛，汪稔. 颗粒破碎及剪胀对钙质砂抗剪强度影响研究 [J]. 岩土力学，2009，30 (7)：2043-2048.

[59] 张家铭，汪稔，石祥锋，等. 侧限条件下钙质砂压缩和破碎特性试验研究 [J]. 岩石力学与工程学报，2005，24 (18)：3327-3327.

[60] 刘崇权，单华刚. 钙质土工程特性及其桩基工程 [J]. 岩石力学与工程学报，1999，18 (3)：331.

[61] 沈建华，汪稔．钙质砂的工程性质研究进展与展望 [J]．工程地质学报，2010，18（增1）：26-32.
[62] 朱长歧，陈海洋，孟庆山，等．钙质砂颗粒内孔隙的结构特征分析 [J]．岩土力学，2014，35（7）：1831-1836.
[63] 李兆焱，袁晓铭．2016年台湾高雄地震场地效应及砂土液化破坏概述 [J]．世界地震工程，2016，36（3）：1-7.
[64] 袁晓铭，秦志光，刘荟达，等．砾性土液化的触发条件 [J]．岩土工程学报，2018，40（5）：777-785.
[65] Kwak Dongyeop，Jeong Changgyun，Chang-Gyun Jeong. Comparison of frequency dependent equivalent linear analysis methods [C] //14th World Conference on Earthquake Engineering，Beijing，China，2008.
[66] 王伟，刘必灯，周正华，等．刚度和阻尼频率相关的等效线性化方法 [J]．岩土力学，2010，31（12）：3928-3933.
[67] Zalachoris G，Rathje E M. Evaluation of one-dimensional site res ponse techniques using borehole arrays [J]．Journal of Geotechnical and Geo-environmental Engineering，ASCE，2015，141（12）：1-15.
[68] 胡进军，李天男，谢礼立，等．脉冲型地震动作用下典型珊瑚岛礁的场地放大研究 [J]．世界地震工程，2017，33（4）：1-10.
[69] 胡进军，徐长琦，李琼林，等．典型岛礁场地的地震效应初探 [J]．地震工程与工程振动，2018，38（6）：18-25.
[70] 李天男．珊瑚岛礁场地地震反应分析初探 [D]．哈尔滨：中国地震局工程力学研究所，2017.
[71] 徐长琦．基于OpenSees的南海典型岛礁场地地震效应分析 [D]．哈尔滨：中国地震局工程力学研究所，2018.
[72] 陈国兴，朱翔，赵丁凤，等．珊瑚岛礁场地非线性地震反应特征分析 [J]．岩土工程学报，2019，41（3）：405-413.
[73] 赵焕庭，王丽荣．南海诸岛珊瑚礁人工岛建造研究 [J]．热带地理，2017，37（05）：681-693.
[74] 吴杨，崔杰，李能，等．岛礁吹填珊瑚砂力学行为与颗粒破碎特性试验研究 [J]．岩土力学，2020，41（10）：3181-3191.
[75] 秦志光．珊瑚礁砂地震液化特性与抗液化处理方法研究 [D]．哈尔滨：中国地震局工程力学研究所，2021.
[76] 王新志，王星，胡明鉴，等．吹填人工岛地基钙质粉土夹层的渗透特性研究 [J]．岩土力学，2017，38（11）：3127-3135.
[77] 王新志．南沙群岛珊瑚礁工程地质特性及大型工程建设可行性研究 [D]．武汉：中国科学院研究生院（武汉岩土力学研究所），2008.
[78] 窦硕，杜峰，张晋勋，等．开敞式无围堰珊瑚砂岛礁吹填施工技术 [J]．施工技术，2019，48（04）：32-35.
[79] 周庆胜．宁波某跨海大桥锚碇边坡稳定性评价 [J]．长春工程学院学报（自然科学版），2014，15（3）：18-22.
[80] 李晓莲．降雨和地震影响下碎石土边坡的稳定性分析 [D]．兰州：兰州交通大学，2013.
[81] 王林，江堃，刘启超．珊瑚礁钙质砂工程力学特性研究进展综述 [J]．城市建筑，2020，17（14）：95-97.
[82] 王帅．钙质砂地基中桩基动力承载特性研究 [D]．武汉：武汉科技大学，2020.
[83] 莫洪韵．岛礁钙质砂、岩混合料工程力学性能研究 [D]．南京：东南大学，2015.
[84] 文哲，段志刚，李守定，等．中国南海岛礁吹填珊瑚砂剪切力学特性 [J]．工程地质学报，2020，28（1）：77-84.

[85] 俞聿修，柳淑学. 随机波浪及其工程应用 [M]. 大连：大连理工大学出版社，2011.
[86] 张晋勋，刘清君，李道松，等. 岛礁地形护岸工程越浪研究 [J]. 施工技术，2019，48 (3)：1-3，11.
[87] 蒋中明，高德军，杨学堂. 三峡库区库岸防护工程研究 [J]. 三峡大学学报（自然科学版），2001 (1)：32-34，37.
[88] 杜春雪，徐超，彭善涛. 土工织物反滤作用研究进展 [J]. 长江科学院院报，2022，39 (02)：108-114.
[89] 冯思宁. 那板水库大坝上游模袋混凝土护坡设计与施工 [J]. 广西水利水电，2021 (5)：95-97.
[90] 李刚. 某大型海上人工岛地基沉降的试验与数值模拟 [D]. 大连：大连理工大学，2017.
[91] 陈吉余，陈沈良. Estuarine and coastal challenges in China [J]. 中国海洋湖沼学报（英文版），2002，2：174-181.
[92] 刘刚. 智慧城市的智慧建造 [J]. 中国建设信息，2014，10：12-16.
[93] 崔晓强. 智慧建造的系统构建和设计 [J]. 建筑施工，2013，35 (2)：146-147.
[94] 李久林. 智慧建造关键技术与工程应用 [M]. 北京：中国建筑工业出版社，2017.
[95] Sun C，Jiang F，Man Q. A summary on BIM application in construction industry [J]. Journal of Engineering Management，2014，3：27.
[96] Zhang Z-M，Lian-Sheng L，Li-Ming Q. On key design technology for large offshore man-made island [J]. Port & Waterway Engineering，2011，9：1-7.
[97] 赫文. 水运工程智慧建造施工管理体系的研究 [D]：大连：东北财经大学，2020.
[98] Oh M，Lee J，Hong SW，Jeong Y. Integrated system for BIM-based collaborative design [J]. Automation in construction，2015，58：196-206.
[99] Dai C，Hao D，Zuo Z，et al. Exploration Application of BIM technology on artificial island engineering [C]. IOP Conference Series：Earth and Environmental Science，IOP Publishing，2018，012022.
[100] Dai L. Study on current applications and problems of BIM in tunnel engineering [J]. Railway Standard Design，2015，59 (10)：99-102.
[101] 姜磊，蔡军，赵崇雄，等. 基于 BIM 的装配式建筑技术在汉瑶民族建筑修建中调查研究 [J]. 价值工程，2020，39 (01)：203-205.
[102] 戴文莹. 基于 BIM 技术的装配式建筑研究 [D]：武汉：武汉大学，2017.
[103] Lee S-K，Kwon S. A conceptual framework of prefabricated building construction management system using reverse engi-neering，bim，and wsn [J]. Advanced Construction and Building Technology for Society，2014：37.
[104] Babič NČ，Podbreznik P，Rebolj D. Integrating resource production and construction using BIM [J]. Automation in construction，2010，19 (5)：539-543.
[105] Li N，Becerik-Gerber B. Life-cycle approach for implementing RFID technology in construction：Learning from academic and industry use cases [J]. Journal of Construction Engineering and Management，2011，137 (12)：1089-1098.
[106] 丁源. 智慧建造概论 [M]. 北京：北京理工大学出版社，2018.
[107] 李久林，魏来，王勇. 智慧建造理论与实践 [M]. 北京：中国建筑工业出版社，2015.
[108] 孙近阳. 人工岛施工监测 [J]. 水运工程，2012，12：200-203.
[109] 季宏，张书红. 某大型滩海人工岛施工期监测技术 [J]. 油气田地面工程，2018，37 (6)：74-78.
[110] 褚宏宪，冯京，于得水，等. 浅海人工岛施工期监测技术方法 [C]. 中国地球物理学会第二十七届年会论文集，2011.
[111] 沈家海，刘明，刘保永. 港珠澳大桥西人工岛施工测量控制网测设技术 [J]. 中国港湾建设，

2015，35（11）：32-34.

[112] 杨新发，韩孝辉，邸有鹏，郭小童. 基于水准测量技术的填海人工岛沉陷监测实践［J］. 海洋测绘，2021，41（2）：57-60.

[113] 潘洁晨，杨明东. GPS定位系统在海洋工程中的应用——以月东油田人工岛为例［J］. 河南工程学院学报（自然科学版），2010，22（4）：38-41.

[114] 吕达昕. 北斗卫星导航定位系统在人工岛安全监测中的应用［J］. 企业科技与发展，2020.

[115] 宋南奇，王诺，吴暖. 基于数值模拟与卫星遥感的填海施工悬浮物监测——以大连海上人工岛机场建设为背景［J］. 海洋通报，2018，37（2）：201-208.

[116] 张云飞. 海南人工岛对近岸环境影响遥感监测分析［D］. 赣州：江西理工大学，2019.

[117] 周红英，张友焱，张一民. 环境一号卫星数据在油田滩海冰情监测中的应用研究［C］. 第十六届中国环境遥感应用技术论坛，中国广西南宁，2012.

[118] 王兵，邳进仕. SRT-340型海上溢油雷达监视系统在大港油田埕海1-1人工岛上的应用［J］. 中国无线电，2013，3：37-40.

[119] 王润田. 海底声学探测与底质识别技术的新进展［J］. 声学技术，2002，Z1：96-98.

[120] 赵铁虎，张志，王旬，许枫. 浅水区浅地层剖面测量典型问题分析［J］. 物探化探计算技术，2002，3：215-219.

[121] 褚宏宪，白大鹏，史慧杰，尹延鸿. 海底抛石声学探测方法——以渤海湾人工岛抛石检测为例［J］. 海洋地质前沿，2011，27（4）：65-70.

[122] 焦志斌，冯京海，李凯双，等. 滩海人工岛工程安全监测自动化系统研究［J］. 水利水运工程学报，2013，1：66-70.

[123] 焦志斌，李运辉，娄炎，何宁. 滩海人工岛工程安全监测自动化系统与预警模式研究［J］. 岩土工程学报，2012，34（09）：1712-1715.

[124] 谢博全，吴嘉敏，雷鹰. 基于BIM＋3DGIS的城市基础设施物理信息融合智能化管理研究［J］. 智能建筑与智慧城市，2020，3：9-13.

[125] 陈光，薛梅，胡章杰，刘一臻. 轨道交通GIS＋BIM三维数字基础空间框架［J］. 测绘通报，2019，S2：262-266.

[126] 陈玉龙. 多分辨率层次模型支持下的BIM-GIS集成可视化［J］. 测绘通报，2018，12：69-73.

[127] 孙玉梅，李勇，聂振钢. 3DGIS与BIM集成技术在公路隧道智慧运维中的应用［J］. 测绘通报，2020，10：127-130.

[128] 蒲晓斌，侯文军. 多专业融合的地铁智慧运维平台研究［J］. 现代城市轨道交通，2021，7：22-25.

[129] 王帅举. 基于BIM的桥梁信息轻量可视化运维管理系统应用研究［D］. 西安：西安建筑科技大学，2021.

[130] Liu Z，Shi G，Meng X，Sun Z. Intelligent Control of Building Operation and Maintenance Processes Based on Global Navigation Satellite System and Digital Twins［J］. Remote Sensing，2022，14（6）：1387.

[131] Iinuma T，Kido M，Ohta Y，et al. GNSS-acoustic observations of seafloor crustal deformation using a wave glider［J］. Frontiers in Earth Science，2021，87.

[132] Lu Q，Parlikad A K，Woodall P，et al. Developing a digital twin at building and city levels：Case study of West Cambridge campus［J］. J Manage Eng，2020，36（3）：05020004.

[133] Craglia M. Digital Ecosystems for Developing Digital Twins of the Earth：The Destination Earth Case［J］. Remote Sensing，2021，13.

[134] Barari A，de Sales Guerra Tsuzuki M，Cohen Y，Macchi M. Intelligent manufacturing systems towards industry 4.0 era［J］. J Intell Manuf，2021，32（7）：1793-1796.

13　海床不稳定性

王栋，朱志鹏，杨秀荣，申志聪，刘柯涵，韩锋
（中国海洋大学海洋岩土工程研究所，山东 青岛 266100）

13.1　概述

海洋区域地质构造、水动力环境与人类活动共同塑造了海床形态，不同类型的地质灾害可能诱发海床的不稳定性。国内外海上机场、跨海桥梁和海底隧道等基础设施建设方兴未艾，海洋油气、风电和水合物等能源开发持续推进，相关工程建设都需要理解海床失稳机制，并发展针对性的评价方法。海洋水动力环境恶劣，海底地质构造与地貌类型复杂，常发育浅层气逸出、海底滑坡和侵蚀淤积等潜在地质灾害，频繁威胁平台、光缆、管道和各类海底基础。

本章首先介绍主要的海洋地质灾害类型，包括浅层气、海底滑坡与浊流、海底沉降与麻坑、泥底辟与泥火山、液化和侵蚀堆积，初步展示海洋地质灾害的形成条件、发育规律、成灾过程及成因机制；然后介绍灾害识别手段，相比于陆上，海洋地质灾害的识别更为困难，需要通过地球物理探测、钻探、原位试验和室内土工试验，识别断层、软弱层、特殊地质体等潜在致灾条件，为后续的地质灾害评估提供资料支持；最后以浅层气、海底滑坡、侵蚀堆积与沙波这三类海洋地质灾害为例，讨论它们的致灾机制与评价方法，为海洋工程建设的监测、预报或避让提供依据。

13.2　海洋地质灾害类型

13.2.1　浅层气

海底浅层气一般是指在海底面以下 1000m 之内聚集在海底沉积层之内的游离气体。海底浅层气的组成成分通常为甲烷、二氧化碳、乙烷、硫化氢等，其中以甲烷的含量居多，分布范围也最广[1]。含浅层气的海底沉积物处于固、液、气三相混合的状态，与一般海底沉积层中的两相饱和土不同。同时，其内部气相与外界大气相隔离，不同于一般意义上的非饱和土状态，属于一种特殊的非饱和土。

浅层气的存在可能严重影响近岸工程建设。以杭州湾为例，该地区在经历了第四纪时期的若干次海侵、海退过程中，形成了淤泥层与砂层的海陆交互沉积环境。沉积的淤泥层与砂层中富含有机质，在厌氧菌的生物作用下生成了以甲烷（约占 92%）为主要成分的浅层气。浅层气分布广泛，且缺乏明确的分布规律；密集存储于地下 15～30m 之间，压力最大可达 0.4MPa，部分地区生气层和盖层相互交叉。杭州湾跨海大桥，在建设中曾遭

遇浅层气，严重影响了工程进度，甚至危及施工人员安全。

海洋油气和水合物富集区也常发现浅层气。以渤海为例，该海域油气藏具有埋深浅、孔渗高、开发成本低等特点，但近30年来多次发现沿地层裂隙或桩基础侧壁迁移的浅层气进入海水中。海底水合物的形成和分解则主要受温度、压力、气体类型及海水盐度的影响，上述条件组合决定了水合物的赋存状态。构造作用、海平面下降和大规模开采都可能破坏水合物储层的稳定性。海底水合物分解产生大量游离气，游离气向上迁移到海床表面就可能成为浅层气。浅层气不仅造成沉积物中的高孔隙压力，而且降低沉积物的抗剪强度，使原本稳定的海底边坡发生滑动，如图13.2-1所示。

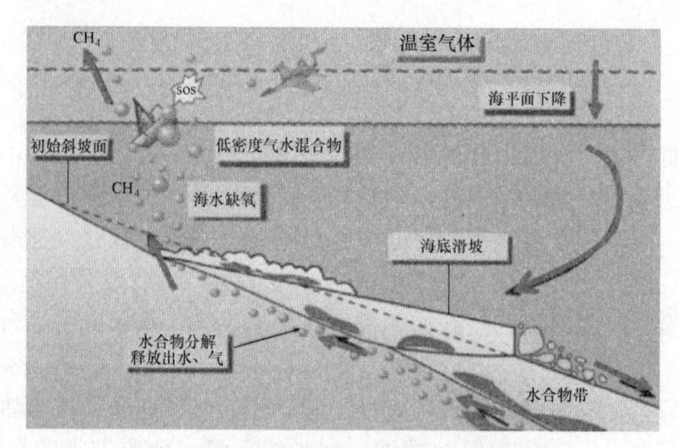

图13.2-1　水合物分解引发海底滑坡示意

13.2.2　海底滑坡与浊流

海底滑坡可对海洋工程建设和运行造成灾难性影响。海底滑坡指海底沉积物受自然过程或人类活动触发，在重力作用下沿斜坡向下快速滑动。保障海底设施安全需要理解滑坡的触发机制，量化失稳后的滑动距离及其对设施的冲击。与陆上滑坡相比，海底滑坡通常规模更大、滑动距离更长，而且即使在缓坡上也能被触发。如Storegga滑坡发生在挪威大陆架西侧，平均坡度小于2°，滑坡影响面积超过30000km^2，滑动距离达800km[2]。海底滑坡停止后形成的典型形态特征包括断裂面、主陡坎、次陡坎、冠状裂缝和位移滑坡体。

海底滑坡的流滑速度可能高达35m/s，最终滑动距离可达数百千米[3]。受强度特性、基底的几何形态和粗糙度影响，流滑体会呈现出不同形态。根据其运动特征，大致分为简单延展、扩展滑动和块体滑动三种典型形态[4]，如图13.2-2所示。简单延展的特征是流滑体沿滑动长度伸长，因此厚度变薄，如在坡度变缓等作用下突然减速，前端可能产生压缩褶皱[5]；扩展滑动是指由于应变软化，流滑体内部发生严重的剪切带扩展，剪切带内土体严重软化，产生一系列的地垒和地堑[6]；当流滑体的剪切强度足够高，而基底摩擦力相对较小时，则形成块体滑动，可以持续滑动很长的距离[7]。在流滑过程中，海水可能进入滑坡体与海床表面之间，形成所谓的水滑层，显著降低摩擦阻力，使得滑动距离增大。

海底滑坡发生后，物质逐渐由完整的固态土体演变为类似流体的碎屑流和浊流。根据

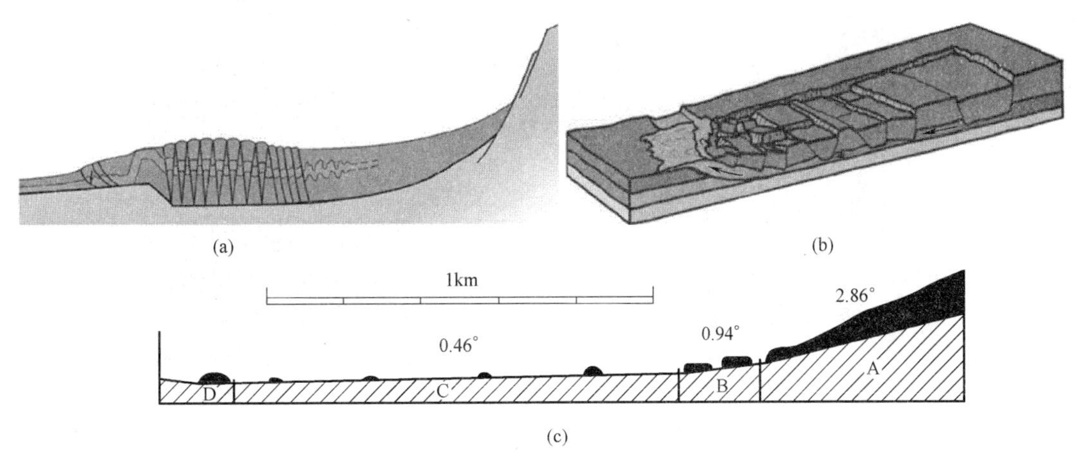

图 13.2-2 海底滑坡形态

(a) 简单延展；(b) 扩展滑动；(c) 块体滑动

Niedorodaet 等的定义[8]：(1) 碎屑流指失稳源头沉积物沿边坡向下的大规模流动。在流动过程中，滑动土体不断被扰动和重塑，含水量增加，导致土体呈现黏塑性状态，抗剪强度明显依赖应变速率。碎屑流的流动形式通常为层流。(2) 随着土颗粒与水的进一步混合，碎屑流后续形成富含泥沙的重力流，也就是浊流。土颗粒悬浮于水中，使得浊流的密度显著高于周围水体，在重力作用下顺坡向下流动。浊流流速可能不断加大，侵蚀海底并携带更多泥沙前行，流动形式变为湍流。当海底坡度变缓时，浊流速度缓慢下降，部分粗颗粒开始沉淀，大部分颗粒被继续运移，到达平坦的深海平原底部，形成浊流沉积，如浊积岩。

13.2.3 海底沉降与麻坑

海底沉降可由多种原因引起：(1) 滑坡、碎屑流和浊流等产生的堆积体沉积不稳定，常发生重复性的垮塌、搬运和沉积。(2) 在深海海底，由于沉积物的快速堆积，海底浅部容易发育欠固结地层，而深部的超压流体（如火山岩浆、油气）通过断裂带等地质构造向上运移释放后，能够剥蚀浅部地层产生大量的渗漏构造，例如海底麻坑、泥底辟和泥火山等，这些流体活动降低了浅部地层的强度，导致海底出现局部垮塌或不均匀沉降。近年来，海底地质调查发现，地层中天然气水合物的分解也能造成大量深部流体的释放和浅部地层的垮塌。

麻坑是发育在软泥中的一种海底地貌，其形成与海底流体活动关系较大。埋藏在深层的烃类气体或地下热液通过断层、不整合面和薄弱带等运移通道，向海床表面强烈快速喷发或缓慢渗漏，剥蚀浅表层的松散沉积物，形成规模不等、形态各异的海底凹坑[9]。如图 13.2-3 所示，已发现的麻坑直径通常在 10～250m、深度多为 1～25m，较大麻坑的直径可达上千米、深度可达百米以上。King 与 Maclean 在加拿大 Nova Scotia 大陆架上首次发现了海底麻坑[10]，随后全球范围内均相继发现了麻坑，例如白令海峡[11]、挪威北部陆坡[12]、黑海[13]、非洲西部陆坡[14] 以及我国南海北部与西部陆缘等。

麻坑的形成需要满足如下条件：海底欠固结的浅部沉积物、充足的深层高压渗漏流体和流体向上的运移通道[15]。其中，高压渗漏流体包括火山热液、天然气水合物分解的气体、沿断裂向上运移的深部油气以及生物成因的浅层气等。不同高压渗漏流体运移形成麻

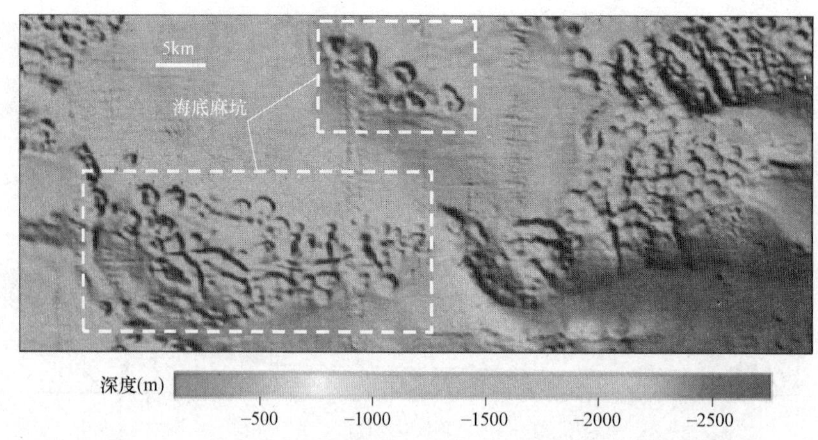

图 13.2-3　南海中建南盆地发育的海底麻坑（改自文献［9］）

坑的机制不同，如图 13.2-4 所示，由火山热液向上运移形成的麻坑，起因是深部火山活动上拱的张性作用，造成海底浅部地层的滑动，产生断裂、滑塌等地质灾害，火山热液沿火山通道和断裂向上运移到达海底，形成早期麻坑；后期火山活动停止，地层冷却，海底进一步向下塌陷，最终形成现今的麻坑。水合物分解产气形成的海底麻坑，在其周围的下部地层中有水合物发育，但在麻坑区正下部地层中却没有发现水合物。原因是地震或者断裂活动打破了水合物储层的平衡状态，导致水合物分解产气形成高压流体，流体向上运移从海底溢出，而下部储层由于水合物的分解，土体强度降低，孔隙增大，在重力作用下发生垮塌，最终形成了海底麻坑。

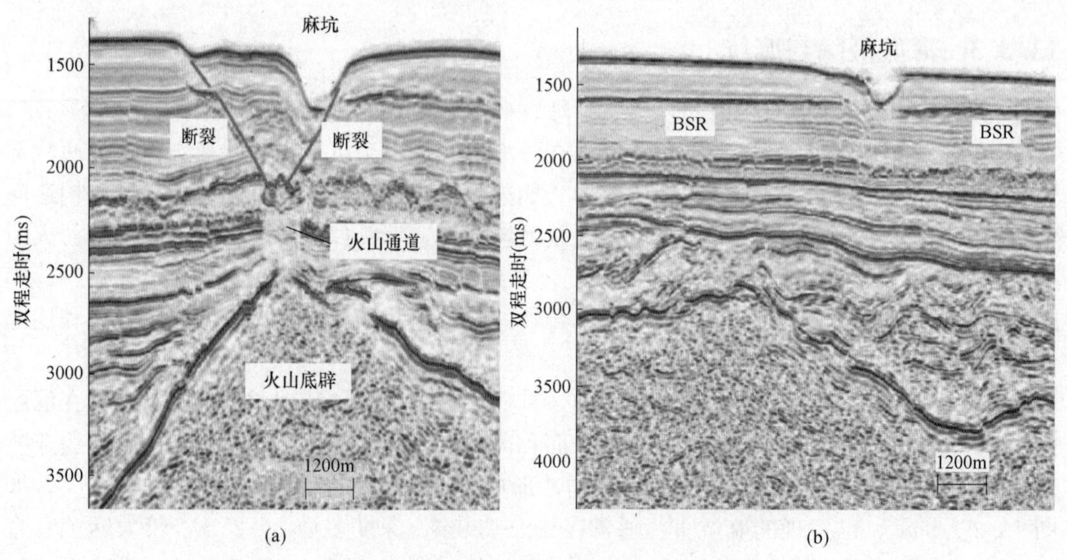

图 13.2-4　形成麻坑的典型地震剖面（改自文献［15］）

（a）火山活动；（b）水合物分解

13.2.4　泥底辟与泥火山

泥底辟和泥火山的形成机制相同，发育演化特征相似，都是由密度低、塑性高的泥岩在浮力作用下向上运移而形成的地质构造（图 13.2-5），是深层超压流体释放的结果[16]。泥底辟为深部富含甲烷流体向上运移提供了良好的通道，流体沿泥底辟或与泥底辟相连的断裂和裂隙向上运移，而泥火山一般发育在泥底辟之上，是深部流体运移到海床后喷发形成的，这也是深层泥底辟的最终发展阶段。如图 13.2-6 所示，泥底辟和泥火山活动伴生以甲烷为主的烃类流体，地质调查已发现了大量与泥底辟和泥火山相伴生的油气和天然气水合物资源，是海底资源勘查的重要标志。泥底辟和泥火山的发育，与活动断层和地震密切相关，也是新构造运动的标志。泥底辟和泥火山在以挤压构造为主的地区更容易发育，如地中海[17] 和加拿大 Barbados 湾[18]；在一些伸展构造地区也有少量发育，如黑海[19] 和南海珠江口盆地[20]。

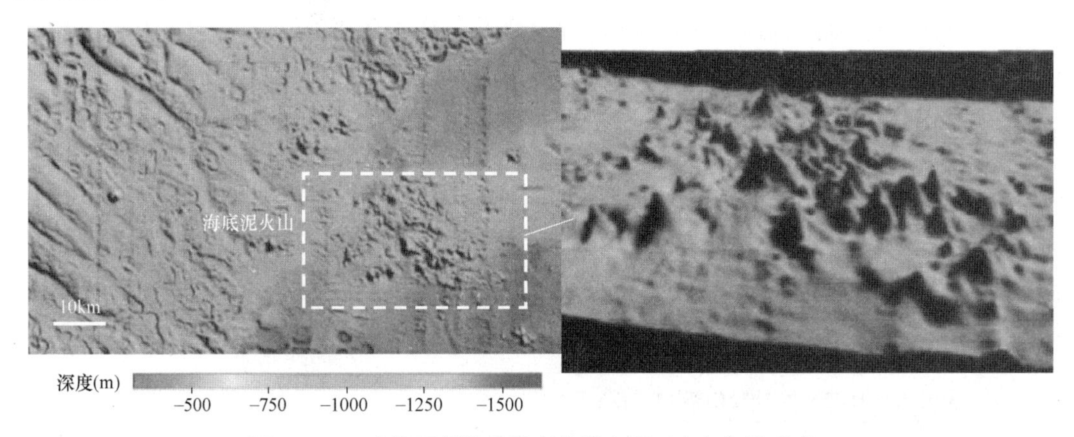

图 13.2-5　南海西部陆缘发育的泥火山（改自文献［9］）

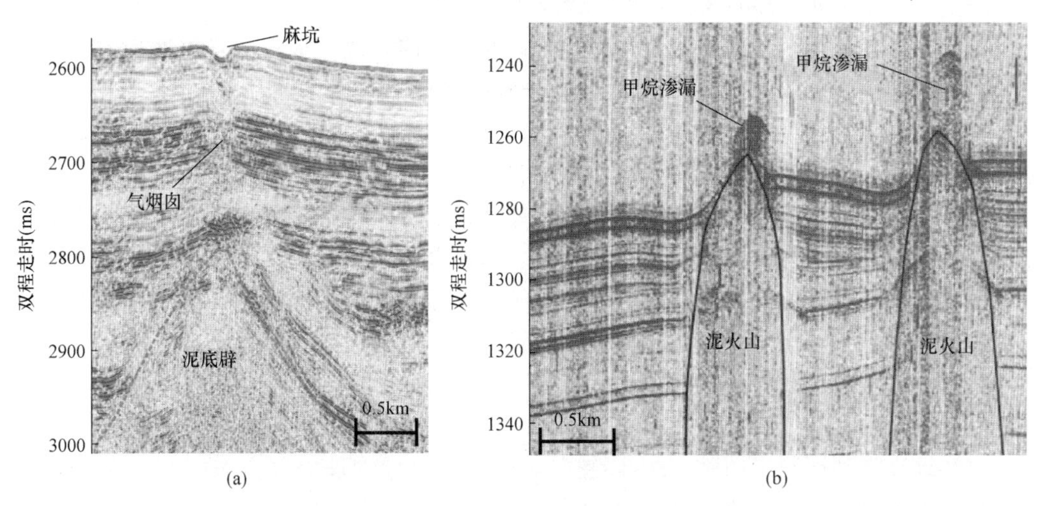

图 13.2-6　泥底辟、麻坑和泥火山剖面（改自文献［21］）

(a) 泥底辟与麻坑的地震剖面；(b) 泥火山的浅地层剖面

海底麻坑、泥底辟和泥火山都是海底深部高压渗漏流体排放形成的，当底部高压流体向上迁移时，会改变沉积物原有的性质，导致孔隙度增大、颗粒胶结作用减弱及浅层沉积物液化等，极大降低了海底沉积物的强度，可能引发大规模的海底滑坡等地质灾害，毁坏海底输电或通信电缆、海洋石油钻井平台等。麻坑、泥底辟和泥火山通常聚集性发育，如今已经稳定的地貌也有高压流体二次喷发的可能性。因此，在海洋工程规划管道路线和平台选址时应尽量避开聚集性的发育区。如果无法避开，则应通过浅层地震剖面等资料来评估发育时间和未来喷发的可能。

13.2.5 液化

海底沉积物在地震动和波浪等循环荷载作用下可能产生超孔压累积，强度弱化。对于松散砂土，当累积超孔压接近上覆有效应力时，土颗粒间的有效应力将基本散失，土颗粒悬浮于流体中，发生液化。液化后的土颗粒极易被底流裹挟带走，造成结构物附近的掏蚀。例如海底管线在土体液化并被冲刷掏蚀后下沉，引起管道悬空、断裂等事故[22]。此外，液化后砂土强度降低，意味着地基承载力弱化、变形增加。如液化后的土体对桩基础的约束能力显著减弱，较小的水平荷载即可使桩基础产生明显位移[23]。

13.2.6 侵蚀堆积

海底侵蚀堆积作用受区域水文地层条件和局部结构物的双重影响。区域的高流速潮汐流、底流或波浪等冲刷海床，引起海底侵蚀、河口与港湾淤积、沙波沙脊等灾害[24]。局部结构物的存在则改变了周围水体流动模式[25]，诱发局部冲刷或堆积。侵蚀堆积改变了原始地貌形态，进而危及油气井口、管道、浅基础等海底设施。

13.3 海洋地质灾害识别手段

海上开发项目通常涉及覆盖面广且复杂的环境地质条件。尽管单个的固定式海上作业平台可能只覆盖一个小型地质区域，但包含群井、锚固系统、输送和采集管线的深水油气项目可能延伸 1000km 以上[26]，因而面临多种类型的地质与岩土条件。海洋地质灾害评价需要涉及岩土工程、工程地质、海洋地质、地球化学、地球物理和海洋气象等多个专业领域，本节只介绍地质灾害评价中岩土工程领域的相关内容。

海洋油气开采作业中的地质灾害识别主要包括三个阶段：油气勘探前对潜在场地条件的初步解译、发现油气田后的初步工程评估、支持详细设计与工程分析的综合场地评估。完成深水开发调查需要三种类型的数据获取手段：地球物理调查、钻探与原位试验、室内土工试验。

13.3.1 地球物理调查

海洋地球物理探测，简称“海洋物探”，是通过地球物理探测方法研究海洋地质的科学。海洋地球物理探测通常用于海底科学研究和海底矿产勘探，包括海洋重力、海洋磁测、海洋电磁、海底热流和海洋地震等方法[27]。与陆上物探方法原理相同，但因海上作业，对仪器装备（图 13.3-1）和工作方法有特殊的要求。海洋物探的主要技术包括，海洋地震探测技术、导航定位技术、海底热流探测技术、海底大地电测测量技术、海底钻井技术和海底声学探测技术。

海上项目应首先用三维地震勘探数据进行评估[28]。该信息与其他数据源相结合，可揭示项目区的主要地质特征。勘探数据的分辨率相对较低：数据点中心距为 12.5～25m，

图 13.3-1 海洋勘探船及其携带的仪器装备示意

垂直分辨率为 8～10m。勘探数据的再加工能提供更详细的浅地层剖面信息。三维勘探地震分析适用于项目早期阶段，尤其是计划井位的初始选址。之后，海洋地球物理测井技术可以评价特定地点的土体条件，利用传感器收集到的数据测定地层的土体性质，这些数据包括：(1) 电阻率（土体类型变化和矿物成分变化的指标）；(2) 中子孔隙度（地层孔隙度）；(3) 垂直地震剖面（地震波速，用于场地响应分析以及建立测井数据与地震记录的相关性）[28]。

一旦探明海洋资源，应进行项目特定的地球物理调查，从而提供详细的地质信息用于地质灾害初步评价和岩土工程勘察方案规划。可使用自动水下航行器（AUV，图 13.3-2）或拖船调查，获取详细的高分辨率水深、海床和浅底层数据。AUV 调查一般包括：(1) 浅地层剖面数据，提供海底以下 70m 的详细信息，垂直分辨率受近表层条件的影响小于 0.5m；(2) 侧扫声呐，提供类似航空摄影的图像，数据点中心距约 1m；(3) 多波束回声测深仪（MBES）、条带测深和后向散射（海底反射率）数据，采样点中心距约 2m。深托系统虽然可以收集类似数据，但其效率低下且海底崎岖地形会损害数据质量。而 AUV 调查的数据参考同一组坐标位置，从而避免了不同类型数据使用不同地理参考点造成的潜在混淆[29]，因此能够提供更高质量的水深测量、侧扫声呐和地震剖面的 AUV 调查在海洋地球物理探测中更受欢迎。

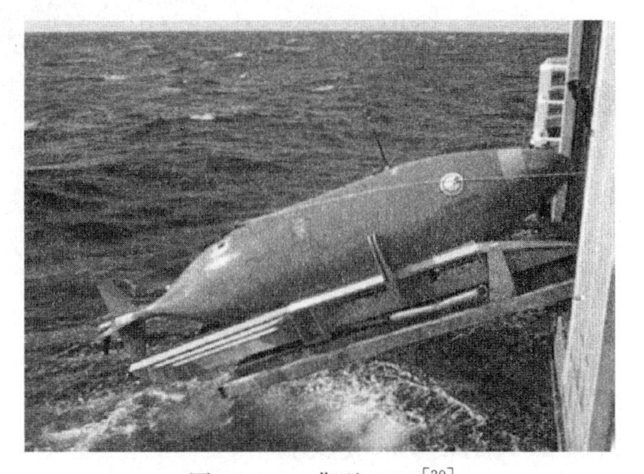

图 13.3-2 典型 AUV[30]

AUV 或深拖系统收集的数据提供了评估海底和浅基础作用范围的地质信息，然而某些海洋基础形式的影响范围超出了 AUV 所能获取数据的极限深度。当需要地质数据来支持此类基础设计，或识别更深层的地质条件或危害时，可使用其他地球物理探测技术，如超高分辨率二维（UHR2D）、高分辨率二维（HR2D）或高分辨率三维（HR3D）地震调查。UHR2D测量可以收集到海床下200～500m深处的地层数据，垂直分辨率可达1～1.5m。而HR2D调查可收集1500m深度内的数据，垂直分辨率约3m。HR3D测量能够提供三维“立体”数据，而非单个二维测线的数据。然而HR3D调查的成本明显高于HR2D，因此，通常只在存在较高风险的复杂地质区域采集三维数据[28]。

AUV勘测数据提供了海床和浅地层条件，这些信息有助于评估地质和岩土条件。例如，基于AUV数据评估现有边坡、陡坎（标志之前的边坡失稳）、先前泥石流的流动路径、泥火山和先前喷发的掉落物、标志存在胶结碳酸盐沉积物的分层或透镜体。而UHR2D、HR2D和HR3D调查对评价更深地层的断层、深层边坡失稳和底辟等特征更有用。图13.3-3是AUV获得的里海Shah Deniz油田的海床地形图。

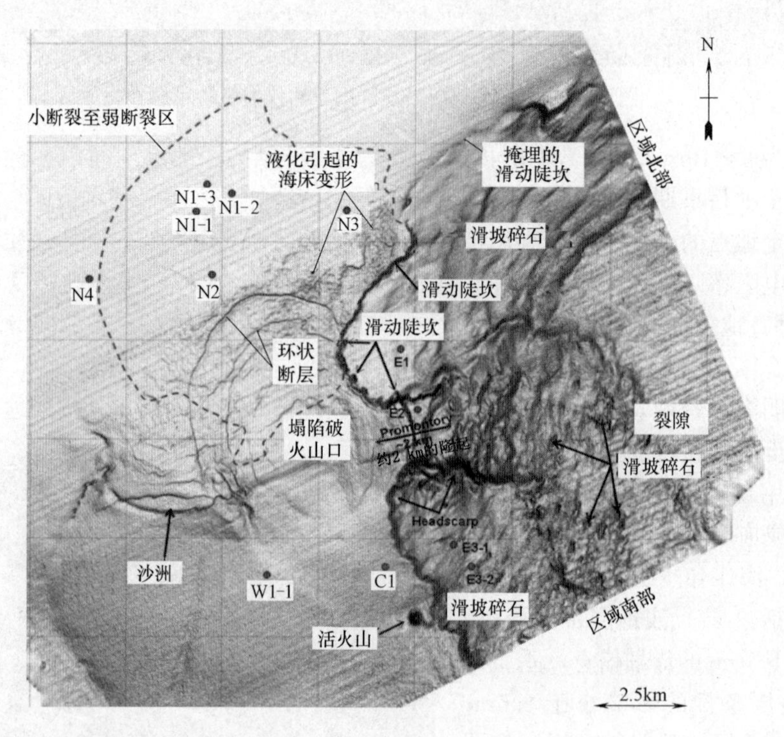

图13.3-3　里海Shah Deniz油田海床地形图[31]

13.3.2　钻探与原位试验

海洋岩土勘察中的钻探与原位测试，在轻微扰动海底土层的情况下进行测试，以获得土层的物理力学性质及地层划分。在获取特定区域的物探数据、建立初步的土体模型和完成初步地质灾害评估后，可后续再开展岩土工程场地勘察，这样不仅收集了特定岩土体的样品和力学参数，以服务工程项目的基础设计阶段，还同时获得了用于评估海床特征的数据。

海洋岩土工程原位调查有两种主要方法：海床模式和钻孔模式。海床模式主要适用于调查深度小于50m的浅层海床，应用的技术方法包括：大直径活塞取芯与现场试验、标准贯入试验、静力触探试验（CPT）、扁铲侧胀试验、十字板剪切试验、T形及球形仪贯入仪试验等[32]，如图 13.3-4 所示。而张力腿平台、顺应式平台、独柱平台/半潜式平台/浮式生产储油卸油船（FPSOs）的系泊系统等设施需要打入桩基础，其调查地层的深度超过海床模式所能达到的深度。在这些情况下需使用钻孔模式：借助钻井船的旋转钻井技术成孔（图 13.3-5），钻杆操纵取样器的推进与回收。取样器类型包括活塞式、压入式、旋转式、振动式和针对天然气水合物的加压式。

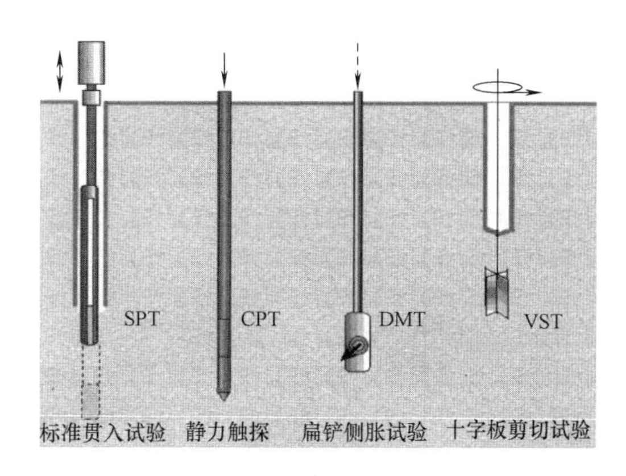

图 13.3-4 海洋岩土工程勘察部分原位试验

海洋岩土勘察原位试验用于确定原状土的抗剪强度及扰动后的残余强度、孔压条件和温度分布。十字板、标准贯入、旁压试验等原位测试方法无法给出土体随深度的连续变化曲线，且试验经验性强，相关理论基础较为薄弱。相比之下，静力触探不仅测试数据连续，所测锥尖阻力及土体孔压与沉积物力学指标之间的联系也有较为完善的理论支撑[33,34]，因此静力触探是当前应用最为广泛的海底沉积物原位测试技术。其静力触探贯入仪由两部分组成，前段的圆锥探头和后段与探头相连的贯入探杆，内设置有多种传感器，能够测量锥尖阻力和侧摩阻力（图 13.3-6）。静力触探工作原理是将设备以一定的速率压入到土体中，根据贯入过程中记录的各种指标来划分土层以及确定相应地层的物理性质，包括不排水抗剪强度、内摩擦角、液化性质和超固结压力等[34,35]。

(a)

(b)

(c)

图 13.3-5 海洋岩土工程勘察钻探平台

（a）甲板钻探作业；（b）近海自升式平台钻探；（c）决心号大洋钻探

当探头配置量测孔隙水压力的传感器时，可以量测饱和黏性土中因贯入造成的超孔隙水压力。当贯入暂停在特定位置时，保持一定的时间，土体内的超静孔隙水压力逐渐消散，此过程被称为消散试验，通过消散试验可以评估黏性土的固结特性[33,36,37]。

13.3.3 室内土工试验

室内土工试验的准确性依赖于海底沉积物试样质量。海底沉积物的取样和运输过程容易造成土体扰动，所以应采用高质量的取样技术获取室内土工试验所用的土样。室内土工试验方案应包括：（1）分类试验，用于确定土的结构性和矿物学性质、黏土矿物含量、地质年代、孔隙水盐度和热学性质；（2）强度测试，用于确定土的峰值、临界、重塑和残余

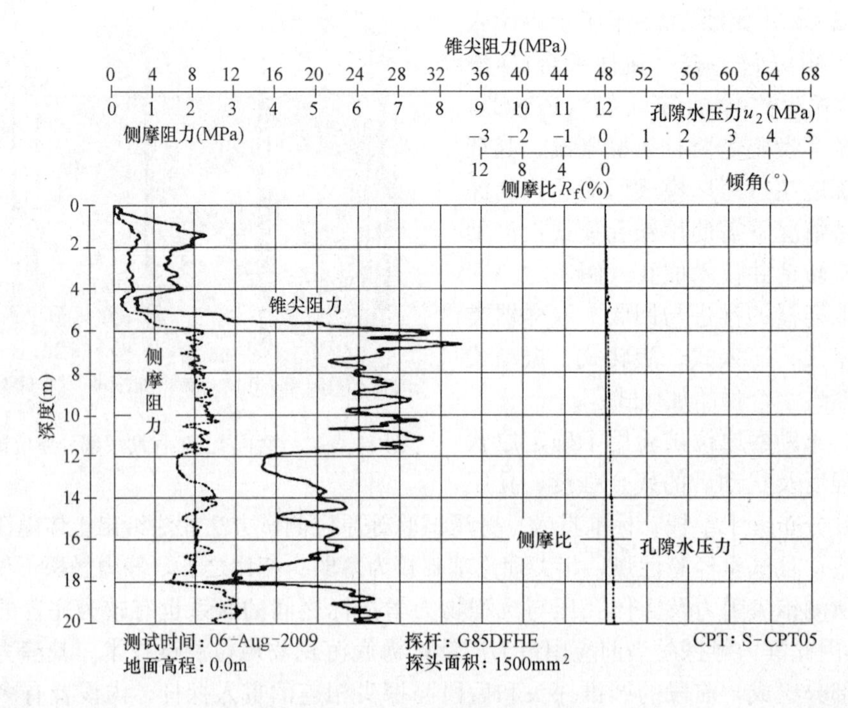

图 13.3-6 CPT 测量数据示意[26]

抗剪强度，按照设计需要也提供动强度或静强度的各向异性；(3) 渗透和固结试验，用于确定渗透系数和固结系数等。

13.4 浅层气灾害

浅层气的存在严重影响海底地层的稳定性。在工程卸荷等扰动下，浅层气可能在地层压力作用下逸出，进而诱发地质灾害和工程事故。以下从浅层气的形成与运移、浅层气造成的危害和含气土三方面介绍浅层气成灾机理。

13.4.1 浅层气的形成与运移

浅层气广泛分布于全世界的滨海地区和深海海底，通常以含气沉积物或高压气囊的形式存在，按成因主要分为：(1) 生物浅层气。陆缘碎屑物质带来的丰富有机质在海底沉积，经甲烷菌分解逐步转化为气体，进而形成浅层气藏，存在于海床表面下几米至数百米的地层中[38]。(2) 热成甲烷浅层气[39]。海底 2000m 以下的有机质在高温高压条件下裂解，形成碳氢化合物，常表现为高压气囊。甲烷沿岩层孔隙、裂隙和断层面上升或迁移，聚集成浅层气，其性质取决于原始有机物特性与温度和压力等地质环境[40]。

浅层气由结构简单的小分子气体组成，密度小、黏度低、扩散作用强、吸附能力弱。当沉积层中存在底辟或断层等通道时，浅层气可快速向上运移。以往的调查发现，浅层气在低渗透性的黏土海床中一般是垂直向上运移，在高渗透性的砂质海床中多沿地层上倾的方向聚集。

当上覆盖层的渗透性低且封闭条件较好时，浅层气可稳定储存在海底沉积层中，在地层中的形态主要有以下几种：

（1）层状浅层气：海底古河道的沉积环境中有机质丰富、地质条件稳定，浅层气多以大面积的层状形态赋存。

（2）团块状浅层气：当沉积物中有机质分布不均或储层孔隙率有显著差异时，浅层气呈团块状的富集而不是层状分布。

（3）柱状、羽状或烟囱状浅层气：浅层气通过海底断层、泥底辟、软弱带等向上运移，产生柱状、羽状和烟囱状分布的浅层气。

（4）高压气囊和气底辟：当浅层气在前期不断运移聚集，会形成高压气囊，随着气体不断聚集，高压气囊的压力不断增大，当气压超过沉积层的封闭压力时，浅层气向外喷逸，形成气底辟。

13.4.2 浅层气危害

浅层气造成的危害包括：（1）形成麻坑、气烟囱和泥火山等灾害性地质构造[41,42]，还可能诱发海底塌陷与滑坡[43]，如图 13.4-1 所示。（2）显著影响沉积物的物理力学性质[44,45,46]。（3）浅层气的迁移和释放可能导致井喷、燃爆与工程设施的破坏，造成巨大的生命和财产损失[47,48]。（4）甲烷作为仅次于二氧化碳的第二大温室气体，其吸热能力是二氧化碳的 28～34 倍，每年从海底释放到大气中的甲烷占全球甲烷排放量的 1%～13%[49]。海底浅层气的释放很大程度上影响着全球变暖趋势。

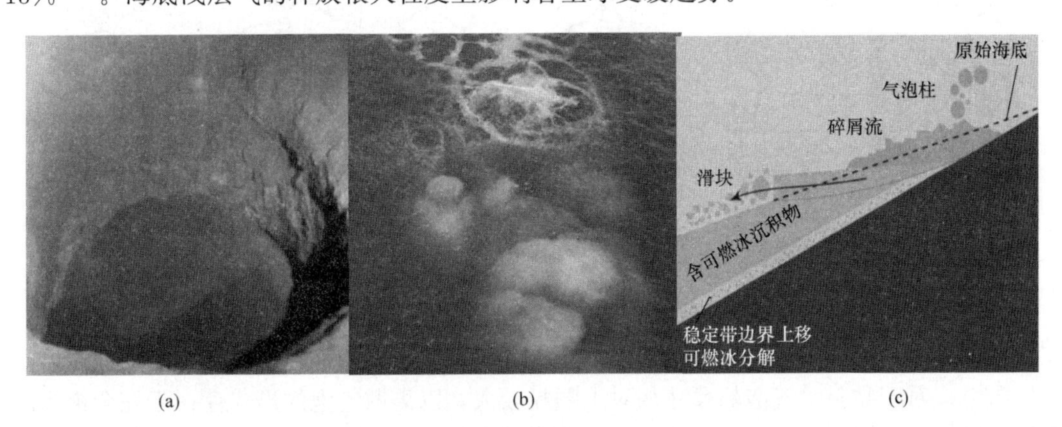

图 13.4-1 海底浅层气引起的地质灾害

（a）海底麻坑；（b）海底泥火山；（c）海底滑坡

对于含高压浅层气的砂土，一方面有控制地释放浅层气时，土体抗剪强度随气压的降低而增加，增加幅度取决于浅层气释放的程度、砂土的类型和密度[50]；另一方面，气体释放引起土体沉降和内部结构重分布，沉降量随含气层厚度及气体含量增加。研究表明，当初始基质吸力为 20～100kPa 时，浅层气释放可能产生相当于含气砂土厚度 1%～5%的沉降量[51,52]。

高压气的存在可能严重影响海底地层的稳定。浅层气的存在降低了砂土中的有效应力。无控制条件释放时，内外压力差导致砂土内部高压气体通过泄气口排出，内部气压快速减小。在此过程中，快速流出的气流带动水流，冲刷上覆土层，并不断带走土层内部的细小颗粒，引起土层坍塌，产生地表凹陷。同时也可能扰动桩基持力层，降低桩周土的强度，甚至引起桩周土沉降，产生负摩阻力，从而导致桩基承载力的降低[53]。

13.4.3 含气土

含气土一般是指内部气体封闭的土体，这也是与一般所说的非饱和土的主要区别。不同类型的含气土，气体的赋存形式也不同[54]。一般可分为三类：含可溶性气体的连续水相、密闭连续的自由气体、被封闭的自由气体。产气首先以水溶气的形式溶解于孔隙水中，如图 13.4-2（a）所示。由于连续产气，游离气经过溶解和吸附后产生饱和度。如果产出的游离气体积足够大，则气相会变得连续，但在饱和度较低的沉积物中，游离气被限制在一个较大的“口袋”中，如图 13.4-2（b）所示。当水相连续、气体不连续时，游离气以封闭气泡的形式存在，如图 13.4-2（c）所示。

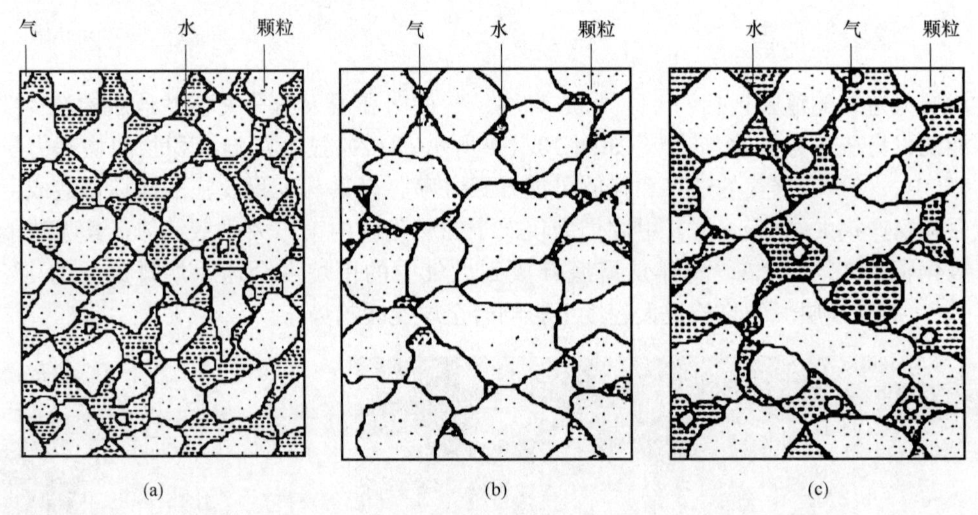

图 13.4-2 含气土的三种形式[54]

（a）含可溶气体的连续水相；（b）密闭连续的自由气体；（c）被封闭的自由气体

对于砂土，气泡的尺寸小于土颗粒，气泡被孔隙水包围，存在于颗粒之间的孔隙内；在含天然气丰富的储气砂层，封闭气体处于连通状态，土体的饱和度较低，内部气压高于大气压力；对于黏土，气泡的尺寸相对土颗粒较大，以离散气泡的形式存在于完全饱和的土体基质中。不同类型含气土的力学特性也不同，例如含气砂土，气体的存在并不会对土骨架的变形产生影响，但气体的存在使孔隙流体的压缩性增大[55]。而含气黏土，气体的存在将会影响土骨架的变形，分析其力学特性时应考虑气体的影响[56]。国内外已进行了海域含气土的室内土工试验研究，包括气体体积含量对剪切强度、承载能力、稳定性的影响[56-61]。

13.5 海底滑坡灾害

海底滑坡往往规模巨大，流滑过程中搬运大量由砂和黏土组成的沉积物，可能对滑动路线上的海底设施（如油气管线、电缆和井口等）造成严重破坏。海洋资源开发的前期勘察与设计中必须评估深海边坡的稳定性、滑坡后流滑体的移动范围和距离，预测其对海底构造物的影响。以下从触发机制、流滑过程和对海底构造物的冲击三方面介绍海底滑坡评价方法。

13.5.1 触发机制

海底滑坡的成因具有区域差异性，岩土工程和工程地质范畴的潜在触发因素包括地震、快速沉积、水合物分解、盐底辟等：（1）地震是海底大规模滑坡的主要诱因，地震动提供了额外的下滑驱动力，并导致沉积物的超孔压累积和抗剪强度降低。（2）快速沉积可能引起较高超孔压，在低渗透性的黏性土中需要很长的消散时间，导致潜在的边坡不稳定性。（3）在适当的高压和低温条件下，天然气以固态水合物的形式存在于海床中，或多或少地增强了土骨架。然而，水合物的分解使得含水合物沉积物丧失胶结结构，并产生超孔压，二者均会降低沉积物的抗剪强度。（4）盐底辟和盐构造作用造成边坡坡度逐渐增加，导致原本稳定的边坡发生破坏。除上述成因，海洋动力环境和地质构造的变化也可能触发海底滑坡，如波浪和底流造成的冲刷侵蚀、板块运动、海底火山喷发等。

传统的极限平衡法在边坡稳定性分析中得到了广泛应用，该类型的分析大多假设整个滑动面上的土体在触发后同时达到破坏，即滑动面上自重造成的平均剪应力 τ_g 超过平均峰值抗剪强度 τ_p。边坡稳定性用安全系数 *FOS* 表示，为抗滑力与下滑驱动力的比值。对于不同的排水条件，采用相应的抗剪强度指标与破坏准则。两种简单但也常用的极限平衡法为：针对浅层失稳的无限长边坡分析方法，针对深层失稳的圆弧滑动法。无限长边坡分析方法假定潜在滑动面平行于坡面，安全系数表达式如下：

$$FOS=\frac{\gamma z(\cos^2\theta-r_u)\tan\phi+c}{\gamma z\sin\theta\cos\theta} \tag{13.5-1}$$

式中 θ——坡角；

c——黏聚力；

ϕ——内摩擦角；

γ——重度；

z——深度；

r_u——超孔压比，$r_u=u_e/\gamma z$。

深层失稳伴随弧形（或圆形）滑动面的旋转运动，针对不同的滑动机制或滑动面位置计算对应的安全系数，确定安全系数最低的最危险滑动面。极限平衡法可用于预测土体抗剪强度较高或坡度较大的边坡，但不适合评估缓坡不稳定性或需要考虑土体应变软化的情况。

海底黏性土普遍存在应变软化特性，众多海底缓坡滑动被认为是渐进失稳，而非极限平衡法假定的整个滑动面同时达到破坏状态[62]。地震等因素导致边坡部分区域的土体破坏，即自重产生的滑动剪应力 τ_g 超过平均峰值抗剪强度 τ_p，不平衡力传递至相邻的未扰动土，累积应变增加使相邻区域进入应变软化，导致剪切带的进一步扩展。当激发起的抗滑阻力小于不平衡力，灾难性滑坡被触发[63,64]。以 1996 年发生在挪威的 Finneidjord 滑坡为例，超孔压引起软弱层的局部破坏，最终诱发了更大区域的滑坡[65]。

在边坡渐进失稳分析方面，Puzrin 等[63] 扩展了原有的断裂力学方法[66]，提出剪切带扩展法，将剪切带分为初始破坏区、过渡区和弹性区，如图 13.5-1 所示，根据三个区的力平衡和变形相容条件，计算边坡渐进失稳或蠕变后重新平衡。Zhang 等在此基础上考虑了剪切带和滑动层的弹性变形，给出了基于初始破坏区长度的失稳准则[67]：

$$l_0=(1-r)\frac{2l_u}{r_0} \tag{13.5-2}$$

式中 l_0——临界的初始破坏区长度；

r——自重剪应力比，$r=(\tau_g-\tau_r)/(\tau_p-\tau_r)$；

τ_g——重力剪应力；

τ_p——峰值抗剪强度；

τ_r——残余抗剪强度；

l_u——特征长度，$l_u=\sqrt{E'\delta_r^p h/(\tau_p-\tau_r)}$；

E'——平面应变条件下的杨氏模量；

δ_r^p——土体降至残余强度对应的塑性剪切位移；

h——滑动层的高度。

该方法最近已被扩展到考虑边坡表面为曲线[64]、触发过程的动力效应[68]和二维滑动面情况[69]。

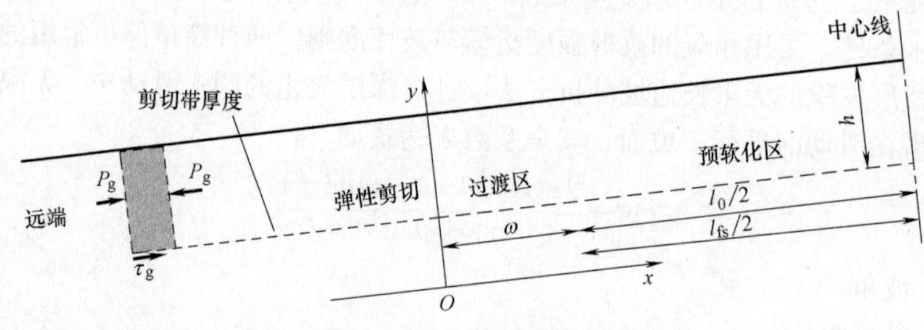

图 13.5-1 剪切带扩展法

13.5.2 流滑过程

1. 流滑体本构模型

边坡失稳引起土体以流动滑移或重力流的形式沿坡向下运动。滑移物质最初呈现固态，滑动过程中固态物质不断与周围的水混合，逐渐转变为流态。流滑体的运动过程取决于土颗粒的类型与级配、土颗粒与水的混合程度、底面的粗糙程度。土力学或流体力学分析采用了各自的流滑体本构模型。

土力学本构模型用于流滑分析时，应考虑灵敏度和应变率对土体强度 s_u 的影响，代表性的不排水抗剪强度表达式为[70,71]：

$$s_u=s_{u0}\left[1+\eta\left(\frac{\dot{\gamma}}{\dot{\gamma}_{ref}}\right)^n\right]\left[\delta_{rem}+(1-\delta_{rem})e^{-3\xi/\xi_{95}}\right] \tag{13.5-3}$$

式中 s_{u0}——抗剪强度初始值；

η——黏性系数；

n——控制指数；

$\dot{\gamma}$——剪切应变率；

$\dot{\gamma}_{ref}$——参考剪切应变率；

δ_{rem}——重塑状态强度与原状强度的比值（即灵敏度 S_t 的倒数）；

ξ——累积塑性剪应变；

ξ_{95}——达到95%重塑状态时的累积塑性剪应变。

式（13.5-3）第一个中括号项表示应变率相关特性；第二个中括号项表示应变软化特性。虽然土力学方法在模拟碎屑流上表现出较好的适用性，但从历史上看，流体力学方法的应用更广泛。虽然土力学本构模型可以描述碎屑流的早期阶段，但当流滑体的含水量继续增加时，流体力学模型更合适。

流滑体在滑动过程中含水量进一步增加，呈非牛顿流体行为，剪应力与剪应变率呈非线性关系。如果将流滑体视为宾汉流体，初始屈服应力为 τ_y，τ_y 的物理含义与土力学中低应变速率时的不排水强度 s_u 相似。在达到 τ_y 前应变率为零，之后剪应力 τ 随剪应变率线性增加。碎屑流或浊流的剪应力与剪应变率之间的关系也可以用其他非牛顿流体描述，如 Herschel-Bulkley 模型[72]，剪应变率表示为：

$$\dot{\gamma}=\begin{cases} 0 & |\tau|<\tau_y \\ \operatorname{sgn}(\tau)\left(\dfrac{|\tau|-\tau_y}{\mu}\right)^{\frac{1}{n}} & |\tau|\geqslant\tau_y \end{cases} \tag{13.5-4}$$

式中，指数 n 区分了所谓的“剪切变薄”（$n<1$）和“剪切增厚”（$n>1$）。通过选择不同的参数，该式可以简化为牛顿流体（$\tau_y=0$，$n=1$）、宾汉流体（$\tau_y>0$，$n=1$）或幂律流体（$\tau_y=0$，$n\neq1$）。此外，还有假设初始屈服应力下剪应变率可以不为零的双线性流体模型[73]。

2. 计算方法

目前国内外的海底滑坡评估中大多将流滑材料视为非牛顿流体，假定滑动形态为简单延展，采用深度平均法（Depth-averaged method）计算最终滑动距离，但不同形式的深度平均法都不能预测发生复杂形态滑动后的滑动距离。传统有限元方法无法模拟流滑过程，原因是流滑体的网格严重扭曲，计算无法进行下去。此时需要引进更先进的大变形模拟方法，如网格重新划分与小应变插值技术（RITSS）、任意拉格朗日-欧拉有限元法（ALE）、拉格朗日积分点有限元法。新近发展的物质点法和无网格方法也在流滑模拟中展现了较好的潜力[4,74]。

3. 流滑形态

海底流滑过程涉及复杂的流滑体-环境水相互作用，流滑体在动水压力作用下发生土颗粒与水混合等复杂现象，目前还很难完全考虑。为简化问题，数值模拟中一般仅考虑环境水施加的静水压力，流滑体在自重和海床界面阻力的相互作用下沿着斜坡向下滑动。以下以董友扣等的物质点法结果为例进行展示[75]。

当流滑体强度受应变速率相关特性和应变软化影响较小时，如图13.5-2所示，滑动形态呈现简单延展特征。流滑体前端速度大于后端，流滑体整体拉长，高度下降。基床界面阻力随着流滑体的拉长而不断增大；当其大于自重产生的滑动驱动力时，流滑体开始减速。

当流滑体的强度应变率特性较强，而应变软化较弱时，流滑过程表现为块体滑动的形

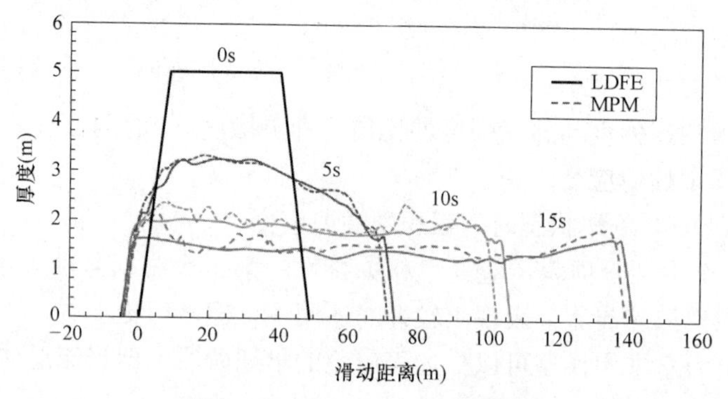

图 13.5-2　延展型滑动形态演变

态，如图 13.5-3 所示。受应变速率相关性质控制，流滑过程中流滑体的抗剪强度可增至初始抗剪强度的 2.5 倍以上。相较于延展型滑动，流滑体在长度上的变化更为缓慢。因此，基床界面阻力的增长较慢，流滑体可滑动较远距离。

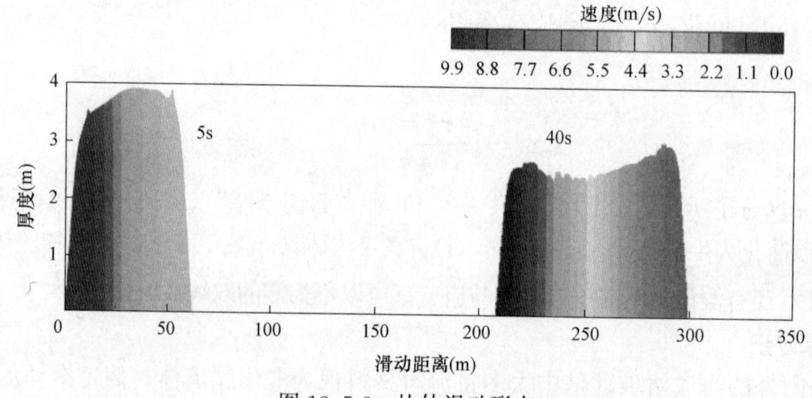

图 13.5-3　块体滑动形态

当流滑体的抗剪强度随应变率的改变较小，但有较强的应变软化时，表现为扩展滑动形态，如图 13.5-4 所示。滑动初期，流滑体从两端开始坍塌，之后剪切带向中间渐进延

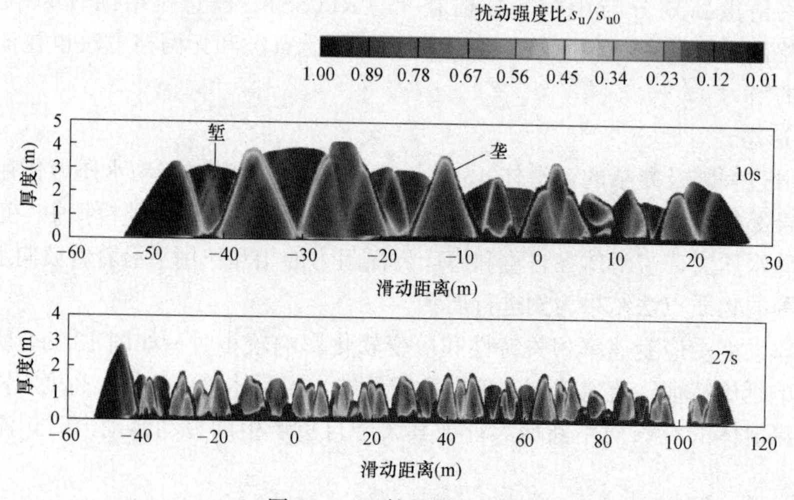

图 13.5-4　扩展滑动形态

伸。在这个过程中，由于流滑体不同部分之间的相互错位，形成了一系列的垄和堑。最初的垄呈现倒 V 形，两边与海床成 45°。虽然剪切带中的材料不断软化，但垄和堑中流滑体仅发生轻微扰动。垄之间的滑动速度各不相同，前段的速度最快，可与流滑体主体脱离。滑出的块体可能达到非常远的距离。

13.5.3 对海底构筑物的冲击

高速运动的流滑体可能对下游设施（管线、缆线、防沉板和立柱等）造成严重破坏。尤其是深海管道，延展距离长，且直接铺放在海床表面，受流滑体冲击概率高，如 Ivan 飓风引起的滑坡造成大量海底管线损害[76]。为量化海底基础设施受冲击的后果，必须评估：（1）某一冲击产生的荷载；（2）由此引起的设施响应和潜在危害。以下以深水部分掩埋管道为例，介绍流滑体冲击管道的评估方法。

1. 流滑体对管道冲击力的评估

高速移动的流滑体常采用流体力学方法进行分析，因此对其冲击力的计算也多采用流体力学模型。将流滑体视为不可压缩黏性流体，对于完全处于流滑体中的管道，流滑体对管道拖曳力可由下式计算：

$$p=0.5C_{D,Re}\rho v^2 \tag{13.5-5}$$

式中 $C_{D,Re}$——拖曳力系数，主要与流滑体材料的非牛顿雷诺数 Re 相关[77]，$Re=\rho v^2/s_u$。

然而对于低流速的流滑体，管道除受到惯性效应下的拖曳力外，还主要受到流滑体抗剪强度的影响。文献［78］对上式进行了修正：

$$p=0.5C_D\rho v^2+N_c s_u \tag{13.5-6}$$

式中 N_c——土体承载力系数；

s_u——按应变速率修正后的抗剪强度。

由于黏性的影响已通过抗剪强度 s_u 反映，所以 C_D 和 N_c 都是与滑动速度无关的常数。

上述两个式子倾向于关注管道完全被流滑体包裹的情况，然而对于部分埋地的管道受流滑体冲击时，可能在管道后方出现空腔，而导致管道只被流滑体部分包裹，如图 13.5-5 所示，此时需要考虑管道两端静压力差的影响。Dong 等采用物质点法对流滑体部分包裹条件下管道受冲击情况进行了分析[74]，对上式进一步修正：

$$p=0.5C_D\rho v^2+N_c s_u+C_\gamma(\rho-\rho_w)gH \tag{13.5-7}$$

式中 C_γ——静压力系数。

式（13.5-7）中三个参数 C_D、N_c 和 C_γ 分别表征了滑坡体的惯性力、抗剪强度和静压

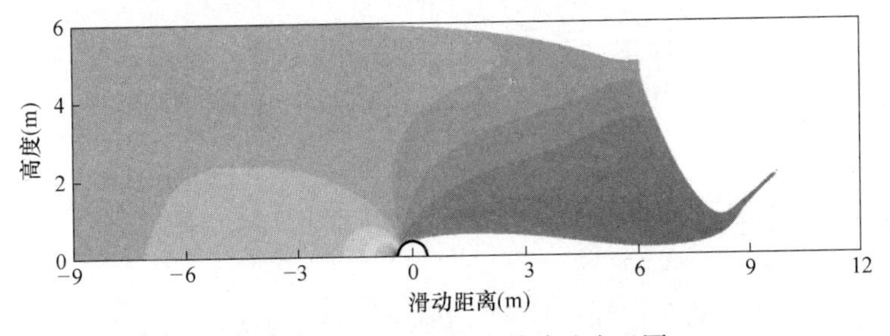

图 13.5-5 流滑体冲击管线速度云图

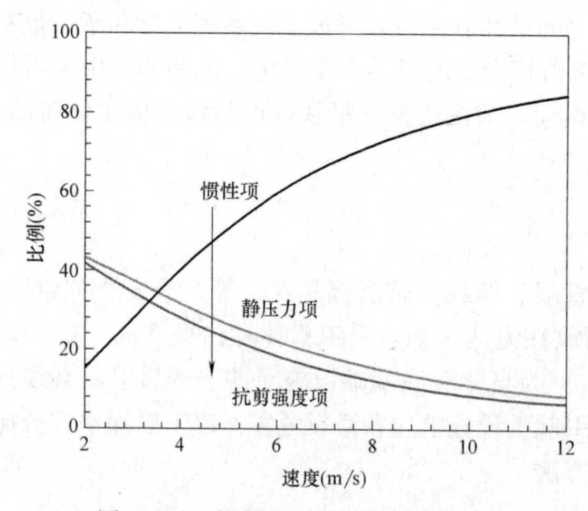

图 13.5-6　惯性力、静压力和抗剪强度对管道受流滑体冲击力的影响

力对冲击力的影响，与管道直径，流滑体初始高度、流速和强度特性等相关，可由物质点法拟合的半经验公式确定[74]。不同流滑体流速下，惯性力、抗剪强度和静压力对冲击力的影响如图 13.5-6 所示。低流速下，流滑体对管道的冲击力由抗剪强度项和静压力项占主导；而在高流速下，冲击力主要由惯性项贡献。

2. 管道响应分析

如图 13.5-7 所示，流滑体冲击管道时，管道承受的外荷载包括：一定宽度的流滑体施加的主动荷载；流滑体两侧海底土体施加的被动阻力；随着管道变形，轴向运动形成的摩擦阻力。Randolph 等将管道视为能够抵抗弯曲和轴向应变的结构元件[79]，对于给定的管道和流滑体几何形状，预测的主动荷载、被动阻力和摩擦力大小，该问题可以解析求解。通过参数分析来评估流滑体冲击下管道弯曲和拉伸引起的应力和应变。

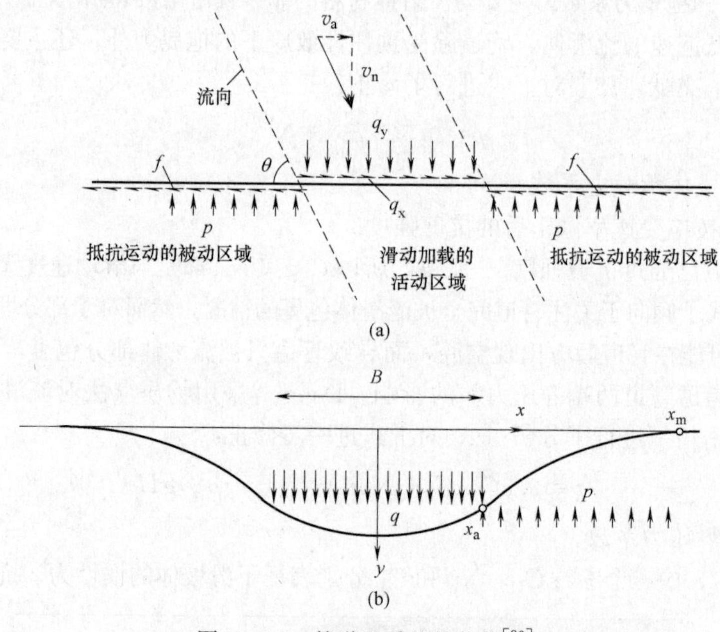

图 13.5-7　管道承受的外荷载[80]

(a) 流滑体对管线作用力；(b) 管线上的法向荷载分析参数

13.6　侵蚀堆积与沙波评价

海底侵蚀堆积、沙波的存在和迁移可能影响海底设施安全。以下将概述海底侵蚀堆积作用机理与预测方法，并介绍海底沙波的危害评价方法。

13.6.1 海底侵蚀堆积机理

高强度水动力条件下的海底侵蚀堆积不仅引起海床土体不稳定，还导致海床冲刷与沉积物的过度输移。海底活动性沙波和潮流沙脊也是侵蚀堆积作用的结果。侵蚀堆积的产生机理大致可分为两类。

(1) 区域层面。区域场地的地形演化依赖海底基质与水动力过程之间的时空相互作用。潮汐流、底流、波浪或它们结合产生的底床切应力引起泥沙流动、推移质运移与海床冲刷，导致侵蚀与堆积。

(2) 结构物局部层面。海岸工程建设可显著改变局部区域的水动力条件，如建设不当甚至可能诱发强烈的侵蚀与堆积。例如在埃及 Damietta 港下游汇水区一侧水动力条件较强，海底与海岸不断遭受侵蚀作用，岸线每年后退约 14m，而上游 Gamasa 湾与 Ras El 防波堤外的波影区内水动力条件显著减弱，泥沙颗粒实际流速低于临界启动流速，海底泥沙输出量小于输入量，沉积物发生堆积作用，岸线每年推进约 15m[80]。海底管线、防沉板和桩基等也会改变周围水体的流动模式。例如管线周围水流发生收缩，形成如图 13.6-1 所示的绕管线涡流，上游 A 点处的滞止压力与下游 B 点的低压力形成压力差，B 点压力由分离点 S 处压力值决定。该压力差使管线下方土体产生渗流通道，土体强度降低，在底流冲刷下管线下方出现局部侵蚀[81]。

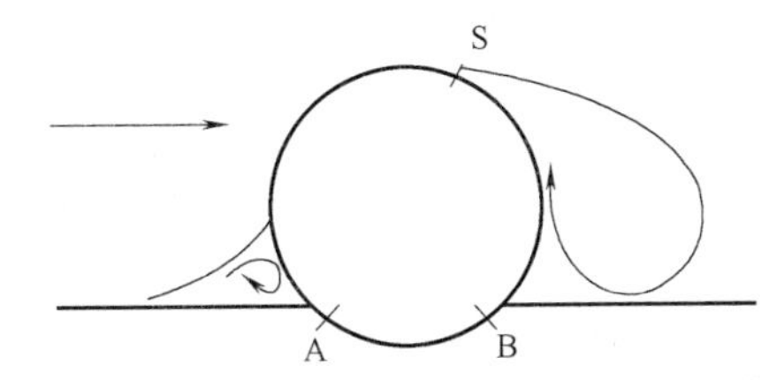

图 13.6-1　部分埋设管线周围的涡流示意[82]

13.6.2 侵蚀堆积预测

对应发生机理，海底的侵蚀堆积预测也需要综合考虑区域和结构物局部两个层面。

(1) 区域层面。目的是获得一定海域范围内的侵蚀堆积趋势，主要包含现场观测与数值模拟两种方法。一般采用现场观测法获取较精确的底床形态等直接信息，采用数值模拟分析海底侵蚀堆积作用与场地水动力条件的关系。整体来说，现阶段的数值模拟方法仍精度不高。可综合使用两种方法，通过高精度多波束测深等技术获取场地水深数据，输入水动力数值模型（如 DHI MIKE 21 等）获取海域水流、波浪的信息以评估水动力条件。将结果与现场观测到的海床土体性质参数结合，计算波浪海流相互作用下的底床切应力（图 13.6-2）与泥沙临界启动剪应力，根据经验公式预测特定时间段内底床切应力是否超过临界启动剪应力，并由此计算泥沙扰动与流动性指数，用于预测侵蚀堆积[82]。

(2) 结构物局部层面。海底管线等设施处于复杂的海洋动力环境，结构物局部层面的侵蚀堆积预测主要依靠数值模拟方法。新近的模拟方法试图求解波浪-结构相互作用与波浪-海床相互作用控制方程：前者求解带有 k-ε 湍流模型的 Reynolds-averaged Navier-Stokes (RANS) 方程，后者求解 Biot 固结理论[83,84]。对于不同形式和用途的结构物，预测目标不尽相同，例如桩基周围的预测关注冲刷深度，进而考察其对桩顶水平与垂直位移的影响；海底管线则关心管线下方局部侵蚀随时间的发展过程与平衡冲刷深度等。

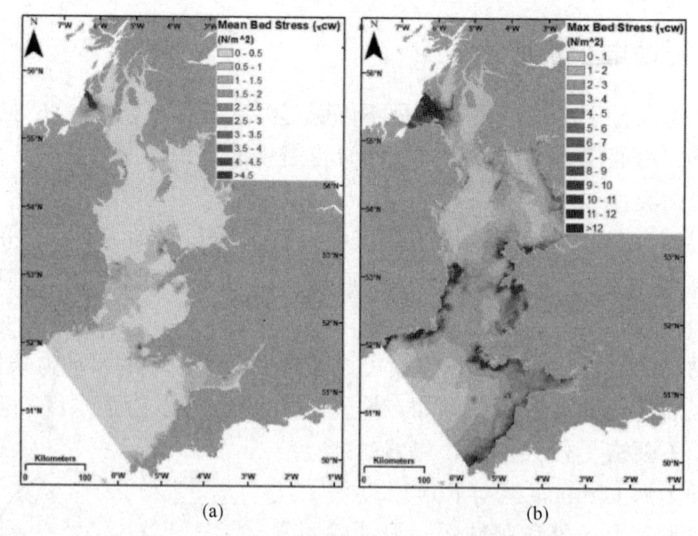

图 13.6-2 爱尔兰海域波浪海流相互作用下底床切应力分布[83]

（a）平均底床切应力；（b）最大底床切应力

13.6.3 沙波危害评价

海底沙波是在表面波、驻波、波浪与底流耦合作用下沙质沉积物推移、悬浮和再沉积的结果[85-87]。沙波形态呈丘状或新月状，波脊线垂直于陆架主水流方向[88]。沙波常在海流较强的砂质底床或一些较大的潮流沙脊表面形成，并可能持续移动，造成固定式平台安装困难或冲击已经布设的海底设施。如图 13.6-3 所示，海底沙波移动造成管道悬空，加剧了管道的疲劳乃至断裂[89]。

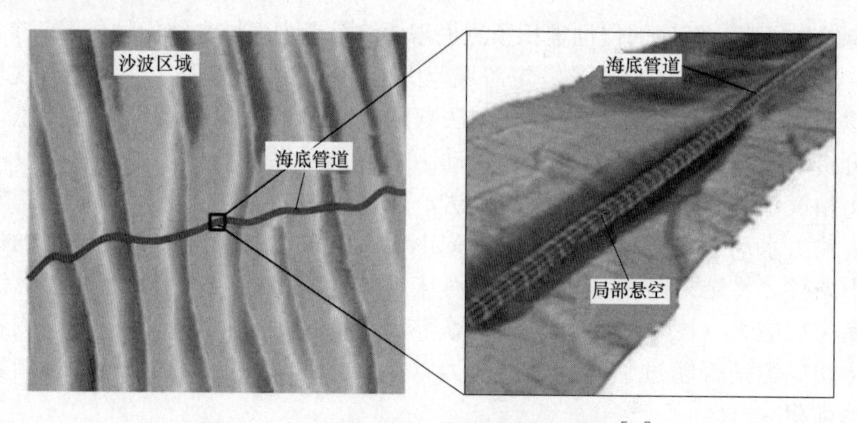

图 13.6-3 沙波区域海底管道悬空示意图[89]

海底沙波活动性评价目前主要依靠现场观测与数值模拟：（1）现场观测提供实际底床形态及沙波随时间的变化，并为数值模拟提供校正参数。观测主要依靠高精度多波束测深技术，使用 CARIS HIPS 与 SIPS 等软件进行声速校正、潮汐校正、编辑导航数据和高度数据与数据清洗[90]，最终在合适的分辨率下构建数字水深模型。为进一步评价海底沙波迁移与潮汐流的关系，可在所构建的数字水深模型基础上应用 MIKE 21 等软件，计算区域流场与水深变化。（2）数值模拟提供沙波的一般特征，并预测不同海洋动力因素导致的沙波运动。数值模拟中包含水动力模型、泥沙输运模型、海床演化模型[91]，可对沙波的波长与迁移速率等特征进行有效预测。海底沙波波脊线与水流方向垂直，所以大多采用二维垂直模式[92]，即假设沙波在水流垂直方向均匀且流动性为零。

13.7 结论

海洋岩土工程中常见地质灾害引起的海床不稳定性，威胁着海洋的油气开发与工程建设。本章首先综述了海洋地质灾害类型，然后介绍了灾害的识别手段，最后探讨了浅层气、海底滑坡、侵蚀堆积与沙波评价三种工程常见的海洋地质灾害的致灾机理和灾害评价方法。由于各类海洋地质灾害发生在海底，其诱发的海床不稳定性，受水深及技术限制，观测困难，难以找到真实准确的灾害过程。目前对海洋地质灾害的研究仍一定程度地处于定性描述阶段，未来需发展更先进的探测手段；搜集更多海床不稳定性的实例，结合实测资料进行反演；通过数值模拟和物理模型试验（如离心机试验），改进或发展新的地质灾害分析理论与数值模型，进一步理解海底地质灾害和海床不稳定过程的实质。

参考文献

[1] 丁国生，田信义. 中国浅层天然气资源及开发前景 [J]. 石油与天然气地质，1996 (3)：226-231.

[2] Kvalstad，T J，Andresen L，Forsberg C F，et al. The Storegga slide：evaluation of triggering sources and slide mechanics [J]. Marine and Petroleum Geology，2005，22 (1-2)：245-256.

[3] Jeong S W，Leroueil S，Locat J. Applicability of power law for describing the rheology of soils of different origins and characteristics [J]. Canadian Geotechnical Journal，2009，46 (9)：1011-1023.

[4] Dong Y，Wang D，Randolph M F. Investigation of impact forces on pipeline by submarine landslide with material point method [J]. Ocean Engineering，2017，146：21-28.

[5] Faerseth R B，Saetersmoen B H. Geometry of a major slump structure in the Storegga slide region offshore western Norway [J]. NorskGeologiskTidsskrift，2008，88 (1)：1-11.

[6] Locat J，Lee H J. Subaqueous debris flows [C]. In Debris-flow Hazards and Related Phenomena，2005，203-245. Springer Berlin Heidelberg.

[7] Ilstad T，De Blasio F V，Elverhø I A，et al. On the frontal dynamics and morphology of submarine debris flows [J]. Marine Geology，2004，213 (1-4)：481-497.

[8] Niedoroda A，Reed C，Hatchett L，et al. Analysis of past and future debris flows and turbidity currents generated by slope failures along the Sigsbee Escarpment [C]. Proc. Annu. Offshore Tech. Conf.，Houston，Texas，Paper OTC，2003：15162.

[9] 陈江欣，关永贤，宋海斌，等. 麻坑、泥火山在南海北部与西部陆缘的分布特征和地质意义 [J]. 地球物理学报，2015，58 (3)：919-938.

[10] King L H，Maclean B. Pockmarks on the Scotian shelf [J]. Geological Society of America Bulletin，1970，81 (10)：3141-3148.

[11] Nelson H，Thor D R，Sandstrom M W，et al. Modern biogenic gas-generated craters (sea-floor "pockmarks") on the Bering Shelf，Alaska [J]. Geological Society of America Bulletin，1979，90 (12)：1144-1152.

[12] Hovland M. Characteristics of pockmarks in the Norwegian Trench [J]. Marine Geology，1981，39 (1-2)：103-117.

[13] Çifçi G，Dondurur D，Ergün M. Deep and shallow structures of large pockmarks in the Turkish shelf，Eastern Black Sea [J]. Geo-Marine Letters，2003，23 (3)：311-322.

[14] Pilcher R，Argent J. Mega-pockmarks and linear pockmark trains on the West African continental margin [J]. Marine Geology，2007，244 (1-4)：15-32.

[15] 杨志力，王彬，李丽，等. 南海中建海域麻坑发育特征及成因机制 [J]. 海洋地质前沿，2020，36 (1)：42-49.

[16] He W G，Zhou J X. Structural features and formation conditions of mud diapirs in the Andaman Sea Basin [J]. Geological Magazine，2019，156 (4)：659-668.

[17] Mascle J，Mary F，Praeg D. Distribution and geological control of mud volcanoes and other fluid/free gas seepage features in the Mediterranean Sea and nearby Gulf of Cadiz [J]. Geo-Marine Letters，2014，34 (2)：89-110.

[18] Sumner R H，Westbrook G K. Mud diapirism in front of the Barbados accretionary wedge：the influence of fracture zones and North America - South America plate motions [J]. Marine and Petroleum Geology，2001，18 (5)：591-613.

[19] Xing J，Spiess V. Shallow gas transport and reservoirs in the vicinity of deeply rooted mud volcanoes in the central Black Sea [J]. Marine Geology，2015，369：67-78.

[20] 张伟，何家雄，卢振权，等. 琼东南盆地疑似泥底辟与天然气水合物成矿成藏关系初探 [J]. 天然气地球科学，2015，26 (11)：2185-2197.

[21] 骆迪，蔡峰，闫桂京，等. 冲绳海槽西部陆坡泥底辟和泥火山特征及其形成动力机制 [J]. 海洋地质与第四纪地质，2021，41 (6)：91-101.

[22] Ajdehak E，Zhao M，Cheng L，et al. Numerical investigation of local scour beneath a sagging subsea pipeline in steady currents [J]. Coastal Engineering，2018，136：106-118.

[23] 王涛，张琪，叶冠林. 波浪荷载及土体特性对风电单桩基础水平变形影响规律 [J]. 海洋工程，2022，40 (1)：93-103.

[24] Wei G，Changfei T，Jie L，et al. Types and formation mechanism of typical submarine geological hazards of coastal islands in China [J]. Indian Journal of Geo Marine Sciences，2019，48 (11)：1774-1782.

[25] Chen L，Lam W H. Methods for predicting seabed scour around marine current turbine [J]. Renewable and Sustainable Energy Reviews，2014，29：683-692.

[26] Randolph M F，Gourvenec S. Offshore Geotechnical Engineering [M]. Spon Press，2011.

[27] 吴时国，张健，等. 海洋地球物理探测 [M]. 北京：科学出版社，2017.

[28] Campbell K J，Humphrey G D，Little R L. Modern deepwater site investigation：getting it right the first time [C]. Proceedings of Annual Offshore Technology Conference，Houston，Paper OTC 19535，2008.

[29] Jeanjean P，Liedtke E，Clukey E C，et al. An operator's perspective on offshore risk assessment and geotechnical design in geohazard prone areas [C]. Proceedings of International Symposium on Frontiers in Offshore Geotechnics (ISFOG)，Perth，Australia，2005：115-144.

[30] Cauquil E，Stephane L，George R A T，Shyu J P. High-resolution autonomous underwater vehicle (AUV) geophysical survey of a large，deep water pockmark offshore Nigeria [C]. Proceedings of EAGE 65th Conference & Exhibition，Stavanger，Norway. 2003.

[31] Mildenhall J，Fowler S. Mud volcanoes and structural development of Shah Deniz [J]. Journal of Petroleum Science and Engineering，2001，28：189-200.

[32] Peuchen J，Rapp J. Logging sampling and testing for offshore geohazards [C]. Proceedings of Annual Offshore Technology Conference，Houston，Paper OTC 18664，2007.

[33] Teh C I，Houlsby G T. An analytical study of the cone penetration test in clay [J]. Geotechnique，

1991，41（1）：17-34.
[34] Lunne T，Robertson P K，Powell J J M. Cone Penetration Testing in Geotechnical Practice [M]. Blackie Academic & Professional，1997.
[35] Robertson P. K. Soil classification by the cone penetration test：Reply [J]. Canadian Geotechnical Journal，1991，28（1）：176-178.
[36] DeJong J T，Randolph M F. Influence of partial consolidation during cone penetration on estimated soil behavior type and pore pressure dissipation measurements [J]. Journal of Geotechnical and Geoenvironmental Engineering，2012，138（7）：777-788.
[37] Mahmoodzadeh H，Randolph M F，Wang D.（2014）. Numerical simulation of piezocone dissipation test in clays [J]. Géotechnique，2014，64（8）：657-666.
[38] Rice Dudley D，Claypool George E. Generation，accumulation，and resource potential of biogenic gas [J]. GeoScienceWorld，1981，65（1）：5-25.
[39] 叶银灿，陈俊仁，潘国富，等. 海底浅层气的成因、赋存特征及其对工程的危害 [J]. 东海海洋，2003（1）：27-36.
[40] Floodgate G D，Judd A G. The origins of shallow gas [J]. Continental Shelf Research，1992，12（10）：1145-1156.
[41] Cathles L M，Su Zheng，Chen Duofu. The physics of gas chimney and pockmark formation，with implications for assessment of seafloor hazards and gas sequestration [J]. Marine and Petroleum Geology，2010，27（1）：82-91.
[42] Sun Y B，Wu S G，Dong D D，et al. Gas hydrates associated with gas chimneys in fine-grained sediments of the northern South China Sea [J]. Marine Geology，2012，311-314：32-40.
[43] Mienert J. Methane Hydrate and Submarine Slides [J]. Encyclopedia of Ocean Sciences（Second Edition），2009，4：364-371.
[44] Hong Y，Wang L，Yang B，et al. Stress-dilatancy behaviour of bubbled fine-grained sediments [J]. Engineering Geology，2019，260：105196.
[45] Mabrouk Ahmed，Rowe R Kerry. Effect of gassy sand lenses on a deep excavation in a clayey soil [J]. Engineering Geology，2011，122（3-4）：292-302.
[46] Wheeler S J. The undrained shear strength of soils containing large gas bubbles [J]. Géotechnique，1988，38（3）：25-36.
[47] Ruppel C，Boswell R，Jones E. Scientific results from Gulf of Mexico Gas Hydrates Joint Industry Project Leg 1 drilling：Introduction and overview [J]. Marine and Petroleum Geology，2008，25（9）：819-829.
[48] Xu Y S，Wu H N，Shen J S，et al. Risk and Impacts on the Environment of Free-phase Biogas in Quaternary Deposits along the Coastal Region of Shanghai [J]. Ocean Engineering，2017，137：129-137.
[49] Saunois M，Bousquet P，Poulter B，et al. The global methane budget 2000-2012 [J]. Earth System Science Data Discussions，2016，8（2）：697-751.
[50] 王勇，田湖南，孔令伟，等. 杭州地铁储气砂土的抗剪强度特性试验研究与预测分析 [J]. 岩土力学，2008，28（增）：465-469.
[51] Thomas S D. The consolidation behavior of gassy soil [D]. UK，Jesus College，1987.
[52] Grozic J L，Robertson P K，Morgenstern N R. Cyclic liquefaction of loose gassy sand [J]. Canadian Geotechnical Journal，2000，37（4）：843-856.
[53] 李好强，王勇，雷学文，等. 嘉甬跨海高铁大桥工程浅层气地质及灾害防治分析 [J]. 防灾减灾工程学报，2022，42（1）：216-223.
[54] Wang Y，Kong L W，Wang Y L，et al. Deformation Analysis of Shallow Gas-Bearing Ground from

Controlled Gas Release in Hangzhou Bay of China [J]. International journal of geomechanics, 2018, 18 (1): 4017122.

[55] Finno R J, Zhang Y, Buscarnera G. Experimental Validation of Terzaghi's Effective Stress Principle for Gassy Sand [J]. Journal of Geotechnical and Geoenvironmental Engineering, 2017, 143 (12): 04017092.

[56] Whelan T, Coleman J M, Suhayda J N, et al. Acoustical penetration and shear strength in gas-charged sediment [J]. Marine Georesources and Geotechnology, 1977, 2: 147-159.

[57] Wheeler S J. An alternative framework for unsaturated soil behavior [J]. Geotechnique, 1991, 41 (2): 257-261.

[58] Chillarige A V. Liquefaction and seabed instability in the Fraser River Delta [D]. Alberta, University of Alberta, 1995.

[59] Christian H A, Cranston R E. A methodology for detecting free gas in marine sediments [J]. Canadian Geotechnical Journal, 1997, 34 (2): 293-304.

[60] Brandes H G. Predicted and measured geotechnical properties of gas-charged sediments [J]. International Journal of Offshore and Polar Engineering, 1999, 9 (3): 219-225.

[61] Pralle N, Külzer, M, Gudehus G. Experimental evidence on the role of gas in sediment liquefaction and mud volcanism [J]. Geological Society London Special Publications, 2003, 216 (1): 159-171.

[62] Puzrin A M, Germanovich L N. The growth of shear bands in the catastrophic failure of soils [C]. In Proceedings of the Royal Society of London A: Mathematical, Physical and Engineering Sciences, The Royal Society, 2005, 461: 1199-1228.

[63] Puzrin A M, Germanovich L N, Kim S. Catastrophic failure of submerged slopes in normally consolidated sediments [J]. Géotechnique, 2004, 54: 631-643.

[64] Puzrin AM, Germanovich LN, Friedli B. Shear band propagation analysis of submarine slope stability [J]. Géotechnique, 2016, 66 (3): 188-201.

[65] L' Heureux JS, Longva O, Steiner A, et al. Identification of weak layers and their role for stability of slopes at Finneidfjord, Northern Norway [C]. Proceedings of the Submarine Mass Movement and Their Consequences: Advances in Natural and Technological Hazards Research, 2012, 31: 321-330.

[66] Palmer A C, Rice J R. The growth of slip surface in the progressive failure of over-consolidated clay [C]. In Proceedings of the Royal Society of London A: Mathematical, Physical and Engineering Sciences, The Royal Society, 1973, 1591: 527-548.

[67] Zhang W, Wang D, Randolph MF, et al. Catastrophic failure in planar landslides with a fully softened weak zone [J]. Géotechnique. 2015, 65 (9): 755-769.

[68] Germanovich LN, Kim S, Puzrin AM. Dynamic growth of slip surfaces in catastrophic landslides [C]. Proceedings of the Royal Society, Series A: Mathematical, Physical and Engineering Sciences, 2016, 472 (2185): 20150758.

[69] Zhang W, Randolph M F, Puzrin A M, et al. Criteria for planar shear band propagation in submarine landslides along weak layers [J]. Landslides, 2020, 17 (4): 855-876.

[70] Einav I, Randolph M F. Effect of strain rate on mobilised strength and thickness of curved shear bands [J]. Géotechnique, 2006, 56 (7): 501-504.

[71] Boukpeti N, White D J, Randolph M F, et al. Strength of fine-grained soils at the solid-fluid transition [J]. Geotechnique, 2012, 62 (3): 213-226.

[72] Huang X, GarciaMH. A Herschel-Bulkley model for mud flow down a slope [J]. Journal of Fluid Mechanics, 1998, 374: 305-333.

[73] Imran J, Harff P, Parker G. A numerical model of submarine debris flow with graphical user inter-

face [J]. Computers &Geosciences, 2001, 27: 717-729.

[74] Fu L, Jin Y C. Investigation of non-deformable and deformable landslides using meshfree method [J]. Ocean Engineering, 2015, 109: 192-206.

[75] 董友扣，马家杰，王栋，等. 深海滑坡灾害的物质点法模拟 [J]. 海洋工程，2019，37 (5)：141-147.

[76] Coyne M J, Dollar J J. Shell pipeline' s response and repairs after hurricane Ivan [C]. Proceedings of Offshore Technology Conference, Houston, Texas, OTC, 2005: 17734.

[77] Zakeri A. Submarine debris flow impact on suspended (free-span) pipelines: Normal and longitudinal drag forces [J]. Ocean Engineering, 2009, 36 (6-7): 489-499.

[78] Randolph M F, White D J. Interaction forces between pipelines and submarine slides - a geotechnical viewpoint [J]. Ocean Engineering, 2012, 48: 32-37.

[79] Randolph M F, Seo D, White D J. Parametric solutions for slide impact on pipe-lines [J]. Journal of Geotechnical and Geoenvironmental Engineering, 2010, 136 (7): 940-949.

[80] El Banna M M, Frihy O E. Human-induced changes in the geomorphology of the northeastern coast of the Nile delta, Egypt [J]. Geomorphology, 2009, 107 (1-2): 72-78.

[81] Fredsøe J. Pipeline-seabed interaction [J]. Journal of Waterway, Port, Coastal, and Ocean Engineering, 2016, 142 (6): 03116002.

[82] Coughlan M, Guerrini M, Creane S, et al. A new seabed mobility index for the Irish Sea: Modelling seabed shear stress and classifying sediment mobilisation to help predict erosion, deposition, and sediment distribution [J]. Continental Shelf Research, 2021, 229: 104574.

[83] Tong D, Liao C, Chen J. Wave-monopile-seabed interaction considering nonlinear pile-soil contact [J]. Computers and Geotechnics, 2019, 113: 103076.

[84] Larsen B E, Fuhrman D R, Sumer B M. Simulation of wave-plus-current scour beneath submarine pipelines [J]. Journal of Waterway, Port, Coastal, and Ocean Engineering, 2016, 142 (5): 04016003.

[85] Yalin M S. Mechanics of sediment transport [M]. Oxford: Pergamon press, 1972.

[86] Voropayev S I, McEachern G B, Boyer D L, et al. Dynamics of sand ripples and burial/scouring of cobbles in oscillatory flow [J]. Applied Ocean Research, 1999, 21 (5): 249-261.

[87] Li M Z, Amos C L. Field observations of bedforms and sediment transport thresholds of fine sand under combined waves and currents [J]. Marine Geology, 1999, 158 (1-4): 147-160.

[88] Yi S T, Wu C Q, Lin J J, et al. Development characteristics and genesis of sand wave groups and their influence on offshore engineering applications in Minjiang estuary-Sansha bay estuary coastal area, Fujian Province [J]. Geology in China, 2020, 47 (5): 1554-1566.

[89] 孙永福，王琮，周其坤，等. 海底沙波地貌演变及其对管道工程影响研究进展 [J]. 海洋科学进展，2018，36 (4)：489-498.

[90] Zhou J, Wu Z, Jin X, et al. Observations and analysis of giant sand wave fields on the Taiwan Banks, northern South China Sea [J]. Marine Geology, 2018, 406: 132-141.

[91] Wang Z, Liang B, Wu G, et al. Modeling the formation and migration of sand waves: The role of tidal forcing, sediment size and bed slope effects [J]. Continental shelf research, 2019, 190: 103986.

[92] Van Gerwen W, Borsje B W, Damveld J H, et al. Modelling the effect of suspended load transport and tidal asymmetry on the equilibrium tidal sand wave height [J]. Coastal Engineering, 2018, 136: 56-64.

14 海底资源开发与利用

陈旭光[1]，魏厚振[2]，马雯波[3]，张宁[4]，陈合龙[5]
(1. 中国海洋大学工程学院，山东 青岛 266100；2. 中国科学院武汉岩土力学研究所，湖北 武汉 430071；3. 湘潭大学土木工程与力学学院，湖南 湘潭 411105；4. 华北电力大学水利水电学院，北京 102206；5. 湖北理工学院，湖北 黄石 435003)

14.1 多金属固体矿产资源

深海海底有丰富的多金属结核、富钴结壳以及多金属硫化物等固体矿石资源，多金属结核矿石储量达数百亿吨，其中的钴、锰、镍是新能源产业的关键原料，需求极为庞大并具有重要战略意义，也是我国严重依靠外国进口的矿产，2021 年我国对这些战略资源类金属等矿产需求的对外依存度最高超过 90%。《中共中央关于制定国民经济和社会发展第十四个五年规划和二〇三五年远景目标的建议》中，多次提到深海资源开采相关科研和产业。2021 年 9 月，中国工程院院士金东寒在中国工程科技发展战略天津研究院重大咨询研究项目“新形势下深海采矿战略研究”启动会致辞中表示：深海采矿是我国深海战略的重要组成部分，深入研究我国深海采矿战略，对于我国加快建设海洋强国，实现高水平科技自立自强具有重要意义。

14.1.1 多金属结核

自 19 世纪 60 年代人类在北冰洋首次捕捞到锰铁结石以来，陆续在大西洋、太平洋及其他海域发现了多金属结核。多金属结核中富含锰、铁、钴、镍、铜等有价金属元素，其中部分元素储量超过陆地总储量的 5000 倍，有着极高的经济价值和潜在战略价值[1,2]。随着陆地资源持续消耗和新能源产业革新发展，深海多金属结核资源的开发愈发紧迫。

1. 矿石特征

多金属结核（也称锰结核）赋存于 4000～6000m 深的海底，散落或浅埋于海底表层沉积物中，属二维面矿。多金属结核矿石常呈球形、椭圆形、板形、菜花形等，太平洋北赤道区以菜花形和盘形为主，南太平洋以球形为主。矿石尺寸从微小结节到 20cm 不等，常见尺寸为 2～8cm。如图 14.1-1 所示，多金属结核矿石取自太平洋克拉里昂-克利珀顿断裂带（Clarion-Clipperton Fracture Zone，简称 C-C 区）。

部分多金属结核矿石有明显的外壳-核心结构。外壳易被剥离，呈脆性且易破碎，由锰铁氧化物和氢氧化物构成；内核质地坚硬，主要组分为沉积物、岩屑、古结核碎片等，呈现红色或白色。部分矿石没有明显内核。图 14.1-2 所示为太平洋西北部采薇平顶海山附近采集的结核矿石剖面，两个矿石样品呈球形，铁锰氧化物包裹在沉积物或岩石碎屑周围，形成同心薄层[3]。

图 14.1-1 多金属结核矿石

2. 地域分布

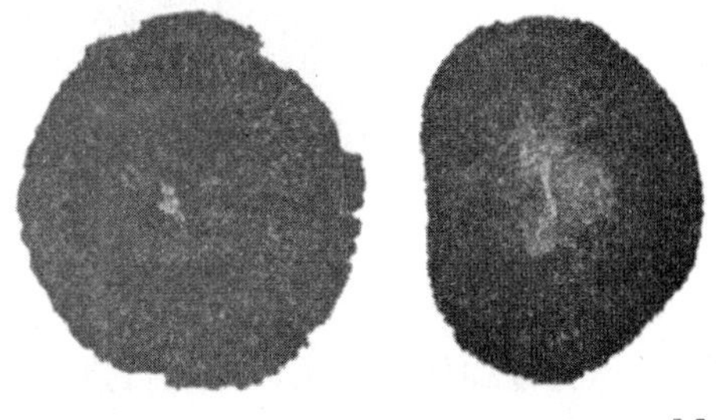

图 14.1-2 多金属结核矿石内部微观结构[4]

影响多金属结核分布情况的因素有海水深度、海底水流的氧化程度、构成结核的细碎物、与金属来源的距离等。研究表明，世界大洋底约有15%的面积被多金属结核覆盖，由于海洋地形、地质、水文、气象、洋流等环境条件的差异，各个区域的多金属结核分布覆盖率、丰度、品位等差别较大。太平洋是多金属结核分布最广泛、期望经济价值最高的地区，位于东太平洋海盆内克拉里昂、克里帕顿两层断裂之间的CC区是最具开采价值的区域。秘鲁湾、加利福尼亚、门纳尔达、中太平洋、中印度洋也是具有明显工业远景意义的区域。

3. 资源开发

从20世纪50年代开始，部分发达国家及国际财团开始了深海多金属结核的调查、采矿和选冶技术研究工作。20世纪70年代，海洋管理公司等多个国际财团成功从太平洋5000m水深处采集到多金属结核。随后，德国、俄罗斯、印度、日本、韩国等多个国家相继开展海上试验，验证其开采技术及深海装备。中国从20世纪80年代起开始深海多金属结核实地勘探，2001年在云南抚仙湖成功完成130m多金属结核采矿系统综合湖试，2019年在南海海域完成深海多金属结核采集系统500m深海试验，2021年在南海西沙海域成功完成1300m深海试验。

经过国内外多年探索，目前针对深海多金属结核的开采系统方案主要分为四种：水下拖斗式[5]、连续斗绳式、自动穿梭艇式、管道提升式。前三种采矿系统因为工作效率低下，已基本被淘汰。管道提升式采矿系统（图 14.1-3）是当前研究试验的焦点。

深海采矿系统大体可分为海面支持系统、海洋立管运输系统与海底采矿系统三大部分。深海采矿系统涉及超大水面平台-超长立管-单点海底装备的多体多尺度系统之间的相互影响，以及多体结构与多场环境之间强非线性流固耦合作用；采矿系统呈现水面平台巡弋、立管受迫振动和海底采矿车主动运动的多模态交互式干涉。我国自20世纪80年代末开始深海矿产资源勘探、开采及加工利用技术研究，已完成230m水深矿井提升试验、结核和富钴结壳采输关键技术及装备研发、500m级矿石输送系统海试。

为了实现多金属结核矿物的高效采集，采矿作业装备必须适应底质土实际力学特性。

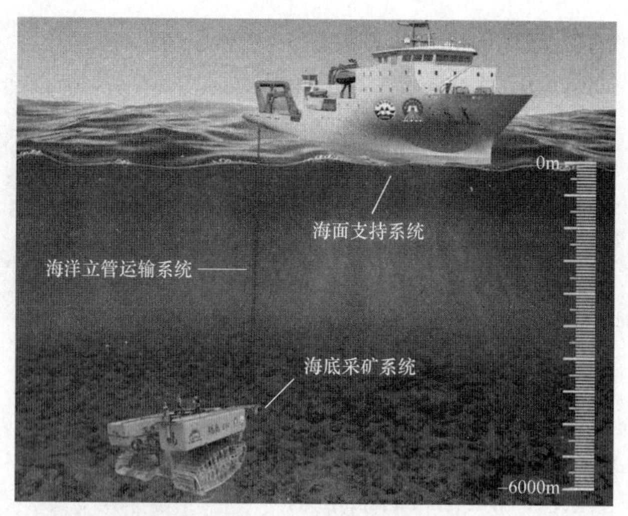

图 14.1-3　管道提升式采矿系统

与传统土力学不同，这里主要研究车辆与其工作底质土之间的相互作用。因为，工程机械只有和工作地面相互作用，才能行进、完成其功能。工程机械在地面上的行驶要靠土体来支承、借助土体的反力发挥推动力，依靠推动力牵引工程机械进行地面作业。也就是说，工程机械和土体是统一体，但是，传统研究方法往往把两者分开，分别研究机械动力特性和土体力学特性，很少涉及车辆与地面的相互作用问题。然而，随着对工程机械行驶性能要求的日益提高，迫使人们去深入研究车辆和地面的相互作用过程，于是，车辆行驶地面力学作为工程力学领域的一个新分支应运而生。可想而知，研究地面力学对于改善车辆行驶特性所起到的作用，与空气动力学对改进风机设计等所起到的作用是同等重要的。

陆域车辆地面力学自 20 世纪 50 年代已经有学者开展了相关研究，并得到了迅速发展。但是，针对深海矿物采集这一极端工况，海底稀软底质具有高含水率、大孔隙比、高灵敏度、扰动后易流体化等特殊工程性质[6,7]，与典型的陆域土体差别显著，仅依靠现有陆域车辆地面力学知识体系难以有效解决深海集矿车在海底稀软底质土上的高效作业问题。为了解决这一工程问题，必须开展有针对性的深海底质土物理力学特性研究，以及履带式集矿车行驶性能研究。深海稀软底质的物理力学性能参数可结合原位试验及室内土工试验测得，根据标定参数配制稀软底质相似材料，应用到集矿车行驶性能研究中。

4. 小结

我国能源转型已成必然，这也给用于制造生产电池的稀有金属带来了天文数字般的需求，而深海多金属结核可以大大改变包括镍和钴在内的关键金属的供应前景。由于深海特殊的极端作业环境，深海矿产资源的开采是一项极为复杂且极具挑战性的工程技术，涉及诸多领域。迄今为止，人类尚无成熟的技术和手段能够有效开采 4000～6000m 深度的多金属结核。

深海多金属结核采矿系统设计开发涉及众多领域，存在多项理论和技术瓶颈亟需突破[8]。第一，建立适应海底稀软土作业的深海装备设计理论与方法。深海多金属结核矿区底质是与陆地及近海黏土完全不同的稀软沉积物，采矿车在行走过程中极易出现履带打滑、沉陷等严重限制深海采矿效率的技术问题。深海采矿作业装备必须适应底质土力学特性，才能稳定高效作业。第二，发展海底矿产资源绿色高效采集技术。深海多金属结核赋存在海底沉积物表面，对其开采的过程本质上就是利用水射流形成的流场将结核从沉积物中剥离并输送到集矿车中。目前对水射流采集方法中各项射流参数仍需进一步优化，同时采集头需要满足根据海底地形变化自适应的要求。除此之外，深海多金属结核开采对海洋生态环境的负面影响也不容小觑，如何在保障资源开发的同时降低环境影响也是亟待解决的问题之一。

相对于西方发达国家，我国深海多金属结核开采技术起步较晚，但是，在“深海进入”“深海探测”“深海开发”等一系列国家宏观战略引领支持下，我国深海开发技术也已得到了长足发展，部分关键技术逐渐实现了与西方国家“并跑”，但是仍然存在诸多卡脖子技术亟须解决，我国深海矿物开采仍任重道远。

14.1.2 富钴结壳

深海富钴铁锰结壳（Cobalt-rich Ferromanganese Crusts，简称富钴结壳）是深海战略矿产资源之一。富钴结壳中不仅蕴含锰、铁、镍、铜等金属元素，还富含钴、铂等珍贵金属元素，其中钴的含量是多金属结核中含量的 4 倍左右，比陆地原生钴矿石高出 10 倍，铂的平均含量高于陆上铂矿床 80 倍[9]。富钴结壳有着巨大的潜在经济价值和良好的开发前景，对于古海洋和古气候以及海洋学的研究也有着重要意义[10]。

1. 富钴结壳资源赋存特征

富钴结壳（图 14.1-4）通常以“壳状”形态覆盖在 400～5000m 水深的海底山岭、山脊和高原上，厚度为 20～200mm，呈黑色，质轻性脆，构造松散，外表皮常布满花蕾似的瘤状体[11]。太平洋地区海山结壳多为典型的三层结构：下层为致密块状，硬度大，呈亮黑色；中层为疏松多孔状，易碎，呈灰黑色；上层为致密状，硬度较大，呈褐黑色。富钴结壳对其下层的岩石（主要指玄武岩、火山碎屑岩、火山砾石碎块等）有很强的黏附性，难以将其有效剥离。

图 14.1-4 富钴结壳[12]

2. 地域分布

富钴结壳资源广泛分布于世界各大洋底[13]，其中，太平洋海底分布最多，约占总储量的 80.8%，太平洋海山区是世界海底富钴结壳资源的主要产出区[9]。在太平洋 CC 区我国调查区中，富钴结壳为黑褐色、暗红褐色，大多呈斑块状赋存于硬质基岩上，大片结壳层面积可达数十平方千米，结壳层厚度在 0～10cm 之间，在水深为 800～1500m 的高集区，壳厚可达 10～20cm。据估算，各大洋底赋存的富钴结壳总量可能达到 10 亿 t。

3. 开发概况

1873 年至 1876 年，“挑战者”号在考察过程中发现了多金属结核和富钴结壳，这是人类最早接触到富钴结壳。直到 20 世纪 70 年代，富钴结壳才从多金属结核中区分出来[14]。1981 年，德国“太阳号”科考船对中太平洋富钴结壳展开专门调查，随后，海底富钴结壳相继受到世界各国的关注，美国、日本、俄罗斯、德国、法国、韩国等发达国家开展了一系列研究。2020年7月，日本在其专属经济区内开展并成功完成930m水深的富钴结壳开采试验[15]。

与发达国家相比，我国深海资源研究起步较晚，于20世纪90年代中期正式开展了针对富钴结壳的航次调查。“十五”和“十一五”期间我国也加大了富钴结壳的调查研究力度，太平洋海山区是我国开展大洋富钴结壳资源研究的重点区域。2014年，我国与国际海底管理局签订了国际海底富钴结壳矿区勘探合同，标志着我国在结壳资源勘探方面迈出重要步伐。

经过多年的研究与探索，我国已基本确定了“海底履带自行式集矿机-水力管道提升-海面采矿船”的深海采矿技术方案。2001年抚仙湖湖试和2018年500m海试验证了该技术方案的可行性。与多金属结核开采系统相似，首先由履带自行式集矿机从海底挖掘收集矿物，初步破碎后通过管道运输至海面采矿母船，完成矿产资源开采。基于富钴结壳的赋存形态，海底集矿机配备切割刀和截齿，切割破碎结壳并将其吸入提升系统（图14.1-5）。该开采方法对于开采微地形变化莫测的钴结壳而言，机构简单，具有较高的可靠性和良好的应用前景。2018年9月，我国富钴结壳采矿装备在西太平洋富钴结壳合同海山区2000m级水深处共完成了4次采掘试验，获取了150kg结壳矿样，属国际首次在结壳合同矿区开展的自行式采矿装备综合采集试验[16]。

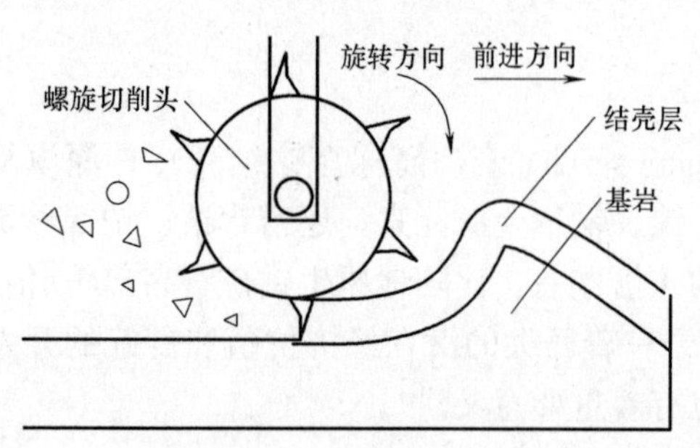

图14.1-5　切削破碎原理[12]

海底富钴结壳资源开采需要克服两项技术难题——精准开采与实时探测。精准开采指采矿工具必须将紧密连接的富钴结壳与下附基岩分离，实现只开采结壳、不开采基岩的集矿效果，避免基岩混入矿物中稀释矿物品位。然而，富钴结壳牢固地附着于基岩之上，且分离工作须在各向异性海床上进行，这要求采矿设备实时控制切削深度。减少或消除对结壳及基岩物理性质测量结果的偏差有助于解决这一技术问题。实时探测是为精准开采技术服务的另一技术难题。为实现结壳与基岩的有效分离，需要实时探测结壳厚度。由于采集过程中海水被扰动变浑浊，光学探测方法不适用于海底富钴结壳探测[17]，声学探测结果可靠性更高。目前常见的声学探测技术主要有侧扫声呐[18]、多波束[19]等，如何降噪[20]仍然是研究要点之一。

4. 小结

随着世界人口的不断增长，地球能源急剧消耗，开发和利用深海固体矿产资源已是大势所趋。与多金属结核相比，富钴结壳赋存环境更加复杂，开采难度更大。经过30多年的勘探研究，已详细了解富钴结壳在各大洋的分布情况，对其赋存特征、成矿机制等也有针对性研究。然而，人类对海底富钴结壳的认识仍然不够充分，矿产开采也面临着诸多技术难题。在国家政策支持下，我国自主研发的富钴结壳开发设备已达到国际领先水平，打破了西方先进国家在高端海工作业车关键环节的技术与装备垄断。未来富钴结壳的大规模商业化开采，很大程度上依赖于高精度实时探测技术、自适应截割技术以及新技术新方法新工艺的应用。

14.2 含天然气水合物土的岩土力学特性

天然气水合物是一种由某些小分子质量天然气体（如甲烷、硫化氢、二氧化碳等）在一定的温度和压力条件下与水分子形成的具有笼形晶体结构的固态物质。勘探资料表明，大量的天然气以水合物的形式赋存于海洋、极地和大陆多年冻土区内。天然气水合物是由一些较小分子量的气体分子，如甲烷 CH_4，在低温和高压条件下与水分子结合形成的内含笼形空隙的冰状晶体。

我国南海海域以及青藏高原多年冻土区利于天然气水合物形成的区域广阔，具有巨大的资源远景储量。我国已分别于 2007 年在南海海域、2009 年 9 月在青海祁连山多年冻土地区、2013 年 6 月至 9 月在广东沿海珠江口盆地东部海域首次钻获高纯度天然气水合物，控制储量 1000 亿～1500 亿 m^3，相当于特大型常规天然气规模[21-23]，成功钻取天然气水合物样品。我国天然气水合物资源潜力巨大，仅南海海域的天然气水合物资源量就达到了 800 亿 t 油当量[24 - 26]。近年来，我国持续加大对南海天然气水合物藏的勘探开发力度，分别于 2017 年和 2020 年成功实施了两次试采工作，使得水合物的开采实现了从“探索性试采”向“试验性试采”的重大跨越，大大推动了水合物的商业化开采进程。

天然气水合物的特殊形成与赋存条件决定了含天然气水合物沉积物赋存的环境和地质条件与常见的饱和或非饱和土、冻土等地质沉积物存在明显的不同，这主要表现在：前者埋深大、所受压力高，孔隙内赋存水合物-液态水-游离气等三相不混溶物质，且各相组分含量与分布对环境温度和压力条件非常敏感。与其他类型土相比，含天然气水合物沉积物工程力学特性与变形破坏机理更为复杂。天然气水合物开采过程中地层出现劣化甚至液化，会诱发大范围的沉降、失稳、滑坡和井壁失稳等地质灾害和工程事故，从而造成海底光缆、开采工程平台和周围环境灾难性破坏和开采失败。

14.2.1 含水合物土力学测试技术与设备

三轴剪切试验是研究与测试含水合物沉积物力学特性最为常用的方法，目前国内外多家单位研制了众多的含天然气水合物沉积物三轴仪，开展了系列的试验研究。中国科学院武汉岩土力学研究所先后研制了两代含天然气水合物沉积物三轴试验设备（图 14.2-1），

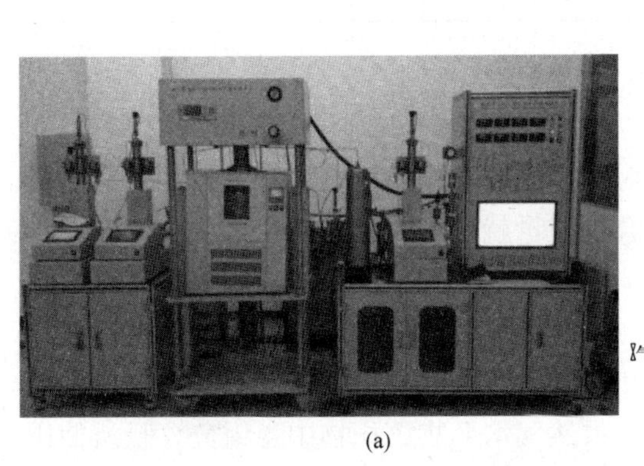

(a)

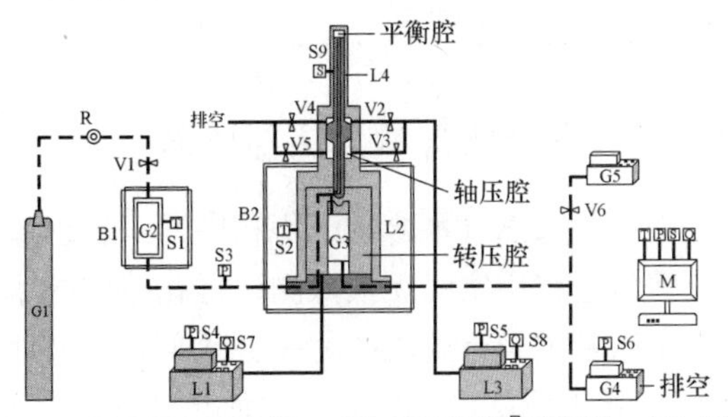

气、液阀 S-位移传感器 T-温度传感器 P-压力传感器 Q-流量计 恒温液浴槽 围压、轴压液
--- 气压 — 液压 G1-高压气瓶；G2-缓冲容器；G3-试样；G4-回压泵；G5-真空泵；
L1-围压泵；L2-压力室；L3-轴压泵；L4-轴压杆；B1、B2-恒温液浴槽；S1～S9-传感器；M-计算机；
R-调压阀：V1～V6-调压

(b)

图 14.2-1 中科院武汉岩土所水合物沉积物三轴试验系统

（a）设备照片；（b）系统组成示意

利用该设备取得了系列研究成果[27,28]。该设备拥有独立的围压、气压、轴压和温度控制模块，能执行应力控制加载和应变控制加载，水合物生成和分解过程可控，体变测量的精度较高。表14.2-1列出了国内外各主要研究单位的含水合物沉积物三轴剪切系统的基本信息[29]。各种三轴仪的主要差别在于所采用的试样制备、水合物含量测定与确定、试样体变测量等方法上，这些正是含水合物沉积物三轴试验的难点。此外，解决从深海地层中水合物沉积物获取、保存、运输和测试等环节中出现的一系列难题，实现对天然状态水合物沉积物的直接测试也是目前亟待解决的一个关键问题[30,31]。

各种含水合物沉积物三轴试验系统对比[29] **表14.2-1**

序号	设备名称	设备性能	试验材料	所在单位
1	水合物沉积物合成与力学性质试验一体化装置	最大气压10MPa，温度－20～20℃	甲烷、CO_2、四氢呋喃、粉细砂	中国科学院力学所
2	TSZ-2型三轴仪	最大轴压50kN，最大气压15MPa，温度－10～100℃	甲烷、砂土、泥质粉砂	青岛海洋地质研究所
3	TAW-60高压低温三轴仪	最大轴压60kN，最大气压30MPa，温度－20～25℃	甲烷、冰、高岭土	大连理工大学
4	低温三轴试验系统	最大轴压100kN，最大气压30MPa，温度－25～25℃	甲烷、膨润土	中国石油大学（华东）
5	可燃冰三轴原位力学测试平台	最大轴压250kN，最大气压30MPa，温度－30～50℃	甲烷、南海沉积细砂	中国科学院广州能源所
6	含水合物煤体力学性质试验装置	最大轴压78.5kN，最大气压20MPa，温度－20～60℃	甲烷、煤	黑龙江科技大学
7	沉积物力学性能三轴测试仪	最大气压20MPa，温度－30～30℃	砂土	加拿大卡尔加里大学
8	温控高压力三轴仪	最大气压30MPa，温度－35～50℃	砂土	日本山口大学
9	水合物与沉积物测试系统GHASTLI	最大气压25MPa，温度－3～25℃	沉积物	美国地质调查局
10	多功能水合物沉积物三轴试验系统	最大轴压250kN，最大气压50MPa，温度－20～30℃	甲烷、CO_2、细砂、粉土、泥质粉砂	中国科学院武汉岩土力学研究所
11	含水合物沉积物多应力路径三轴试验系统	最大轴压200kN，最大气压70MPa，温度－20～80℃	砂土、黏性土	桂林理工大学

14.2.2 水合物含量方法与技术

由于含天然气水合物沉积物中的三相组成对其物理力学性状影响非常大，如何在制样以及剪切过程中实时无损探测试样孔隙中的水合物含量就成为含天然气水合物沉积物的物理力学试验中亟待解决的另一关键问题。然而，天然气水合物对环境变化非常敏感，固-液-气三相组成随温度压力变化而迅速变化，使得测试与分析含天然气水合物沉积物孔隙中各相组分含量非常困难。国内外众多研究者在纯净水合物或含水合物沉积物测试研究的装置中应用了许多测量技术和方法。目前测试含天然气水合物沉积物中各组分含量所使用的技术方法可分为两大类。

第一类是通过水-纯净水合物或含水合物沉积物体系的声、光、电等物理指标变化分析与判断水合物相变过程和反演计算体系中水合物的含量，主要包括：(1) 超声波检测技术[32,33]，即根据实测的声学参数如声速、衰减和频率反演水合物沉积物的孔隙度、水合物饱和度以及弹性模量等参数；(2) 光学检测技术[34]，即根据水合物对光的透过率变化来判断水合物的生成和分解；(3) 电学检测技术[35]，主要是指电阻法和电容法，其中电阻法主要针对二氧化碳水合物等易溶于水并可电离的气体，由于液体水电导率变化反映水合物生成与分解相变，对于甲烷气体则要利用含有离子的水溶液进行试验，根据测量的水消耗引起的电阻的变化值判断水合物生成。以上技术方法相对较为简单、廉价、易于实现，在有关天然气水合物研究中被广泛采用，尤其可应用于试样受力过程的测试。但由于含天然气水合物沉积物系多相多组分的多孔隙混合介质，其声、光、电物理参数指标是多组分共同作用结果。因此，此类方法虽可较为准确地定性反映体系中水合物生成与分解，但定量测试出体系中各组分相对含量的精度不高，不能满足进一步深入分析研究的需要。

第二类是通过测试体系中某一组分的含量，然后根据各组分之间的换算关系计算体系中水合物、水以及游离态气体的相对含量。目前采用的主要是测试体系中水或水合物的含量，具体有：(1) 时域反射技术[36] (TDR)，根据介电常数和含水量的关系计算水合物形成和分解过程中含天然气水合物沉积物样中的含水量变化；(2) CT 技术[37~39]，利用不同水合物含量的沉积物样对 X 射线的吸收与透过率不同而形成的图像，由此计算与观测水合物体积以及剪切过程中微细观结构变化；(3) 核磁共振技术[40~42]，主要利用土孔隙中自由水的核磁共振反应探测含天然气水合物沉积物孔隙内的物质组成变化。以上几种技术均有一定的局限性，TDR 相对较为廉价，并能得到较高的精度；CT、红外扫描和核磁共振技术测试精度较高，但造价较高，且对测试的环境具有较高要求，这些都限制了其在含天然气水合物沉积物的力学试验中的应用，国内外仅有少数几家研究机构采用此类方法进行过为数不多的含天然气水合物材料的物理力学特性研究。

14.2.3 含水合物土的相平衡关系特征与模型

含水合物地层中水合物相平衡模型描述了水合物在平衡时温度、压力与其他状态变量（如水合物含量、液态水含量、含盐量等）之间的关系，是含水合物沉积物最基础的本构关系之一。20 世纪 90 年代以前，相平衡的研究主要针对纯水合物或人工介质中的水合物的稳定性判别。Parrish 和 Prausnit[43] 利用 Van der Waals-Platteeuw 理论推导出了能模拟单一气体或多种混合气体纯水合物的相平衡模型，与试验值比较具有很好的精度。Handa 和 Stupin[44] 发现小孔隙能使相平衡条件发生改变，即在温度相同条件下对应的平衡压力更高，而在压力相同条件下对应的平衡温度更低。Uchida 和 Ebinuma 等[45]，Seshadri 和 Wilder 等[46]，Anderson 和 Llamedo 等[47] 通过试验也验证了这一结论。Clennell[48] 和 Henry[49] 等分析了海底沉积物孔隙对水合物相平衡的影响机理，利用毛细效应理论对此进行了解释。在此基础上 Clarke 和 Pooladi-Darvish 等[50] 基于传统的 van der Waals-Platteeuw 模型，在模型中加入了考虑气-水界面孔隙毛细效应项，建立了能考虑单一孔径多孔介质中水合物的相平衡模型。Wilder 和 Seshadri 等[51,52] 揭示了孔隙大小分布特征对水合物相平衡的影响机理，同时通过试验测得的孔隙分布与模型计算的孔隙分布具有一致性，验证了沉积物中水合物先于大孔隙形成，在分解时先于小孔隙分解这一结论。

对于沉积物中水合物的相平衡特性的研究中只考虑孔隙水盐浓度、沉积物小孔隙单一两相界面毛细效应的影响，并且模型中毛细半径多采用沉积物的平均半径。而事实上，颜荣涛和魏厚振等[53,54] 通过对二氧化碳水合物在粉土中的形成过程试验研究表明，对水合物相平衡的具有显著毛细效应影响的孔隙半径并非恒定，而是随着水合物的分解逐渐变大，即随着水合物的分解，孔隙的毛细效应影响逐步减弱。这种影响特性可以用沉积物孔隙中水-气-水合物三相含量和分布状态与水合物相变条件的关系进行描述。Zhou 等[55] 在 Wei[56] 建立的能考虑骨架与孔隙溶液之间复杂物理化学作用的多相岩土介质化学-力学耦合理论的基础上，建立了能够考虑复杂物理化学效应的水合物相平衡方程，该方程给出了平衡温度偏移量与毛细管吸力和盐溶液浓度的关系，揭示了沉积物持水特性与相平衡条件的内在联系。最近，颜荣涛等[57] 利用沉积物孔径分布与持水特性的内在关联性，通过引入持水曲线，建立了沉积物中水合物的宏观相平衡模型。

14.2.4 含水合物土的应力-应变关系特征

以结构的观点来看，含水合物土是由水合物与土组成的复合材料，因此含水合物土的力学性质不仅取决于土骨架，还与水合物-土骨架的相互作用密切相关，而水合物饱和度和赋存形式是影响水合物-土骨架相互作用的关键因素。根据水合物的赋存形式，可将含水合物土分别用孔隙填充型、承载型和胶结型三种微观模型来描述[58]，如图 14.2-2 所示。图 14.2-2（a）所示水合物填充于孔隙中间；图 14.2-2（b）所示水合物位于颗粒接触位置，部分限制颗粒的运动，并可以传递荷载；图 14.2-2（c）所示水合物将相邻颗粒胶结在一起，极大地提高骨架的承载力。

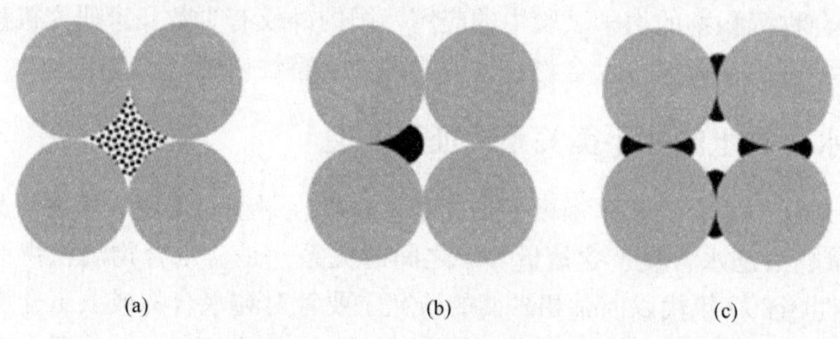

图 14.2-2 水合物在孔隙中的分布

（a）孔隙填充型；（b）承载型；（c）胶结型

由于受到试验设备和试验方法的限制，关于含天然气水合物沉积物的物理力学特性研究尚处于起步阶段，国内外研究者除少数利用原位钻探取得的少量试样进行研究以外，大多采用人工制得含甲烷水合物、二氧化碳水合物以及四氢呋喃（THF）水合物的试样进行相关试验与研究。Wu 等[59] 利用三轴仪对不同饱和度的含二氧化碳水合物砂进行了三轴剪切试验，试验结果表明水合物饱和度较大的砂具有较大的三轴强度，且水合物分解会导致试样内孔隙水压力上升导致试样破坏。Winters 等[60] 利用美国地质调查局的天然气水合物和沉积物模拟试验装置（GHASTLI）对加拿大 Mallik 多年冻土地区钻取的含水合物沉积物试样和室内合成的含甲烷水合物渥太华砂进行声波测试和三轴试验，研究了在沉积物的孔隙中分别充满水合物和冰时的声波特性、水合物形成条件对试样声波特性的影响以及水合物含量分布、沉积物性质对强度的影响等。Hyodo 等[61] 对含甲烷水合物砂进行了较为系统的室内三轴剪切试验，得到了含甲烷水合物砂的力学性质与温度、孔压、有效围压和甲烷饱和度的关系，以及甲烷分解过程中砂样应变、体变与有效围压、剪应力和临界孔隙比的关系。Masui 等[62,63] 采用相同的仪器，对日本 Nankai Trough 地区钻取的 4 个原状水合物岩芯样和室内合成水合物 Toyoura 砂样进行三轴试验研究。中国科学院力学研究所鲁晓兵、王淑云等[64,65] 利用自行研制改装的水合物沉积物合成与分解及三轴装置对含四氢呋喃、二氧化碳及甲烷水合物的细砂沉积物的三轴试验结果表明，在相同围压下的含不同水合物沉积物的应力-应变关系均呈塑性破坏行为，但其剪切强度明显不同。Yun 和 Santamarina 等[66] 测试了在不同围压条件下，砂土、粉土和黏土含不同饱和度 THF 水合物的力学强度，结果分析认为沉积物沉积物的颗粒大小及其分布、围压和水合物饱和度对强度有很明显影响，同时沉积物表面会影响 THF 水合物的形成以及分布模式，进而影响其力学强度。Lee 和 Santamarina 等[67] 研究了砂土、粉土和黏土中水合物形成和分解过程中沉积物的体积变化，证实了沉积物中水合物的相变会引起沉积物的变形，结果表明，沉积物表面积大，在相变过程中体积改变量大，同时在低饱和度情况下，水合物的合成会使含水合物沉积物体积收缩，在高饱和度、低应力情况下，体积会膨胀，然而各种含水合物沉积物在水合物分解条件下都会收缩。Clayton 和 Priest 等[68,69] 通过自制的试验设备对含天然气水合物砂土的刚度和阻尼受其中水合物影响进行了研究，认为水合物含量、水合物胶结位置和砂土颗粒大小及形状均对含天然气水合物砂土的杨氏模量和剪切模量具有很大的影响。魏厚振等[70] 利用自行改造的三轴试验机针对粉细砂开展了不同水合物含量的含二氧化碳水合物试样的三轴剪切试验。在含天然气水合物沉积物力学特性的理论分析与数值模拟方面，Brugada 和 Cheng 等[71] 利用离散元方法模拟含天然气水合物沉积物的三轴试验，研究了水合物饱和度对试验受剪过程中应力-应变关系、体积响应、摩擦角和剪胀角等宏观物理特征的影响。

14.2.5 含水合物土的本构关系模型

含水合物地层在环境荷载作用下的沉降计算和稳定性分析，开采井-含水合物土层的相互作用分析，都需要用到含水合物土的力学本构关系模型。Rutqvist[72] 和 Klar[73] 在水合物开采的流-固-热耦合分析中，引入了基于摩尔-库仑准则的含水合物土弹塑性模型来模拟地层的响应。Iwai[74] 引入了含水合物土的黏弹塑性模型，对水合物分解所涉及的化学-热学-力学耦合过程进行了模拟。引入这些模型主要是为了补充水合物开采模拟的完整性，而并不注重模型本身对试验数据的模拟。Miyazaki[75] 对人工含水合物土的三轴试验进行分析，提出了基于 Duncan-Zhang 模型的含水合物土非线性弹性模型，虽然该模型能较好地拟合试验数据，但是涉及的拟合参数较多，限制了模型的应用。Uchida[76] 在临界状态模型的基础上，建立了考虑水合物对土的强度、弹性模量和剪胀的促进作用以及胶结退化效应的含水合物土临界状态模型。Shen[77] 通过建立含水合物土的临界状态和状态变量与水合物饱和度的关系，将砂土状态相关的临界状态模型拓展到含水合物土，该模型能考虑水合物、密度和应力水平对沉积物力学行为的影响。Miyazaki [78]提出的柔度变量本构模型，考虑了含天然气水合物沉积物的物理力学参数随时间变化的因素，从而能模拟含天然气水合物沉积物与时间有关的物理力学特性。Yu 等[79] 把含水合物沉积物在受荷过程中的破坏分成结构性快速破坏和结构性完全破坏（即屈服）两个阶段，并且在初始切线模量和极限偏应力中考虑了温度的影响，建立了包含温度、围压、应变速率等不同参数的修正 Duncan-Chang 本构模型。吴二林等[80,81]较早引入弹性损伤概念来模拟含水合物沉积物的本构行为，后期经过了李彦龙、祝效华、颜荣涛等[82-84]研究者的发展。此类模型较好地反映了剪切过程中含水合物沉积物中的损伤过程，从而有效模拟了含水合物沉积物的应变软化行为，但该模型很难描述剪切过程中试样体积的变化[29]。

14.2.6 小结

经过近 20 多年来的发展，有关含水合物沉积物岩土力学特性的理论、方法和技术均取得了显著的进展，但目前仍然面临诸多难题与挑战。水合物沉积物是一种复杂的岩土介质，经过长期系统的研究，人们逐渐对这种介质的力学行为有了基本的认识：水合物沉积物的强度、抵抗变形的能力均高于普通沉积物，然而开采或者赋存环境变化将导致水合物沉积物强度降低和变形增大。这些认识大多来自于室内的模拟与测试分析，对于数据背后的规律与机理尚未系统掌握与准确揭示。此外，目前研究多集中于温度、压力条件恒定时人工试样的物理力学特性，针对现场取得的原位样品的物理力学特性及其开采动态下的变化规律的试验研究并不多见。针对微细观结构的精细探测与定量表征和开采扰动下多相多组分含水合物储层多过程耦合问题的研究，发展能有效模拟水合物分解/生成条件下含水合物沉积物本构关系模型，仍然是目前亟须解决的难题。

参考文献

[1] Baturin G N，Dubinchuk，V T. On the composition of ferromanganese nodules of the Indian Ocean [J]. Doklady Earth Sciences，2010，434 (1)：1179-1183.

[2] Goetz F W，Mccauley L，Goetz G W，et al. Using global genome approaches to address problems in cod mariculture [J]. Ices Journal of Marine Science，2006，63 (2)：393-399.

[3] Senanayake G. Acid leaching of metals from deep-sea manganese nodules-A critical review of fundamentals and applications [J]. Minerals Engineering，2011，24 (13)：1379-1396.

[4] Deng X，He G，Xu Y，et al. Oxic bottom water dominates polymetallic nodule formation around the Caiwei Guyot，northwestern Pacific Ocean [J]. Ore Geology Reviews，2022，143：104776.

[5] 陈新明. 中国深海采矿技术的发展 [J]. 矿业研究与开发，2006 (S1)：40-48.

[6] 宋连清. 大洋多金属结核矿区沉积物土工性质 [J]. 海洋学报（中文版），1999 (6)：47-54.

[7] 马雯波，饶秋华，吴鸿云，等. 深海稀软底质土宏观性能与显微结构分析 [J]. 岩土力学，2014，35 (6)：1641-1646.

[8] Zhang N，Ma N，Chen X，et al. Three-dimensional stress path in deep-sea sediment under the driving load of a nodule collector [J]. Ocean Engineering，2022，253.

[9] 陈新明，吴鸿云，丁六怀，孙大伟. 富钴结壳开采技术研究现状 [J]. 矿业研究与开发，2008，28 (6)：1-3，19. DOI：10.13827/j.cnki.kyyk.2008.06.001.

[10] Jenkyns，H. C. Stratigraphy，paleoceanography，and evolution of Cretaceous Pacific guyots：relics from a greenhouse Earth [J]. American Journal of Science，1999，299 (5)：341-392.

[11] 李江明. 富钴结壳规模取样器深海强电动力传输及供配电系统研制 [D]. 长沙：长沙矿山研究院，2019.

[12] 江敏，吴鸿云，陆新江，等. 基于螺旋截齿切削技术的深海富钴结壳切削参数计算与试验研究[J]. 矿业研究与开发，2021，41（11）：162-167.

[13] 刘永刚，何高文，姚会强，等. 世界海底富钴结壳资源分布特征[J]. 矿床地质，2013，32（6）：1275-1284.

[14] Halbach P. Co-rich ferromanganese deposits in the marginal seamount regions of the Central Pacific Basin-Results of the MIDPAC '81 [J]. Erzmetall，1982，35.

[15] 孙张涛. 日本在世界上首次取得深海海底富钴结壳的成功试采[EB/OL]. 2020-09-17.

[16] 吴鸿云，深海富钴结壳开采关键技术与装备[R]. 湖南省，长沙矿山研究院有限责任公司，2021-10-11.

[17] 潘文超. 深海富钴结壳原位探测技术研究[D]. 青岛：青岛科技大学，2019.

[18] 冯强强，温明明，牟泽霖，柴祎. 侧扫声呐在富钴结壳探测中的应用前景[J]. 地质学刊，2016，40（2）：320-325.

[19] Yong Y，Gha B，Jma B，et al. Acoustic quantitative analysis of ferromanganese nodules and cobalt-rich crusts distribution areas using EM122 multibeam backscatter data from deep-sea basin to seamount in Western Pacific Ocean [J]. Deep Sea Research Part I：Oceanographic Research Papers，2020，161.

[20] 罗柏文，卜英勇，周知进，赵海鸣. 基于能量相关搜索法的海底钴结壳微地形探测方法研究[J]. 矿冶工程，2007（1）：21-24.

[21] 张光学，黄永祥，祝有海，等. 南海天然气水合物的成矿远景[J]. 海洋地质与第四纪地质，2002，22（1）：7.

[22] 祝有海，张永勤，文怀军，等. 青海祁连山冻土区发现天然气水合物[J]. 地质学报，2009，83（11）：1762-1771.

[23] 吴昊. 我国首次钻获高纯度新类型天然气水合物[R]. 中国地质调查局，2013.

[24] 何家雄，宁子杰，赵斌，等. 南海天然气水合物资源勘查战略接替区初步分析与预测[J]. 地球科学，2022，47（5）：1549-1568.

[25] 姚伯初. 南海的天然气水合物矿藏[J]. 热带海洋学报，2001（2）：20-28.

[26] 叶建良，秦绪文，谢文卫，等. 中国南海天然气水合物第二次试采主要进展[J]. 中国地质，2020，47（3）：557-568.

[27] 周家作，韦昌富，魏厚振，等. 多功能水合物沉积物三轴试验系统的研制与应用[J]. 岩土力学：卷 41. 2020：342-352.

[28] 杨周洁，周家作，陈强，等. 含水合物泥质粉细砂三轴试验及本构模型[J]. 长江科学院院报，2020，37（12）：139-145.

[29] 韦昌富，颜荣涛，田慧会，等. 天然气水合物开采的土力学问题：现状与挑战[J]. 天然气工业，2020，40（8）：116-132.

[30] Priest J A，Druce M，Roberts J，et al. PCATS Triaxial：A new geotechnical apparatus for characterizing pressure cores from the Nankai Trough，Japan [J]. Marine and Petroleum Geology，2015，66：460-470.

[31] Yoneda J，Masui A，Konno Y，et al. Mechanical behaviorof hydrate-bearing pressure-core sediments visualized under triaxial compression [J]. Marine and Petroleum Geology，2015，66：451-459.

[32] 胡高伟，业渝光，等，松散沉积物中天然气水合物生成分解过程与声学特性的实验研究[J]，现代地质，2008，22（3）：465-474.

[33] 顾轶东，林维正，张剑，等，沉积物中天然气水合物超声检测技术[J]，海洋技术，2005，24

(3)：49-52.

[34] 陈文建，迟泽英，李武森. 天然气水合物相变测试用光纤传感器 [J]，光学学报 2005 34 (12)：1814-1817.

[35] 孟庆国，业渝光，王士财，等，电阻探测技术在天然气水合物模拟实验中的应用 [J]，青岛大学学报，2008，23 (3)：15-18.

[36] Wright J F，Nixon F M，et al，A Method for direct measurement of gas hydrate amounts based on the bulk dielectric properties of laboratory test media [C]. Yokohama：Proceedings of the 4rth International Conference on Gas Hydrates，2002，19-23.

[37] Timothy J. Kneafsey，Liviu Tomutsa，et al. Methane hydrate formation and dissociation in a partially saturated core scale sand sample [J]. Journal of Petroleum Science and Engineering，2007，56：108-126.

[38] 蒲毅彬，邢莉莉，吴青柏，等，天然气水合物 CT 试验方法初步研究 [J]. CT 理论与应用研究，2005，14 (2)：54-62.

[39] 蒋观利，吴青柏，蒲毅彬，等. 利用 CT 扫描对粗砂土中甲烷水合物形成过程中水分迁移特征的分析 [J]. 冰川冻土，2009，31 (1)：96-100.

[40] Shuqiang Gao，Walter G，et al. Application of low field NMR T2 measurements to clathrate hydrates [J]. Journal of Magnetic Resonance，2009，197：208-212.

[41] Bernard A. Baldwin，Jim Stevens. Using magnetic resonance imaging to monitor CH_4 hydrate formation and spontaneous conversion of CH_4 hydrate to CO_2 hydrate in porous media [J]. Magnetic Resonance Imaging，2009，27：720-726.

[42] 田慧会，魏厚振，颜荣涛. 等低场核磁共振在研究四氢呋喃水合物形成过程中的应用 [J]. 天然气工业，2011，31 (7)：97-100.

[43] Parrish W R，Prausnit J M. Dissociation pressures of gas hydrates formed by gas-mixtures [J]. Industrial & Engineering Chemistry Process Design and Development，1972，11 (1)：26.

[44] Handa Y P，D Y Stupin. Thermodynamic properties and dissociation characteristics of methane and propane hydrates in 70-. ANG. -radius silica gel pores [J]. The Journal of Physical Chemistry，1992，96 (21)：8599-8603.

[45] Uchida T，Ebinuma T，et al. Dissociation condition measurements of methane hydrate in confined small pores of porous glass [J]. Journal of Physical Chemistry B，1999，103 (18)：3659-3662.

[46] Seshadri K，Wilder J W，et al. Measurements of equilibrium pressures and temperatures for propane hydrate in silica gels with different pore-size distributions [J]. Journal of Physical Chemistry B，2001，105 (13)：2627-2631.

[47] Anderson R，Llamedo M，et al. Experimental measurement of methane and carbon dioxide clathrate hydrate equilibria in mesoporous silica [J]. Journal of Physical Chemistry B，2003，107 (15)：3507-3514.

[48] Clennell M B，Hovland M，Booth J S，et al. Formation of natural gas hydrates in marine sediments：1. Conceptual model of gas hydrate growth conditioned by host sediment properties [J]. Journal of Geophysical Research B，1999，104，22985-23003，

[49] Henry P，Thomas M，Clennell M B. Formation of natural gas hydrates in marine sediments：2. Thermodynamic calculation of stability conditions in porous sediments [J]. Journal of Geophysical Research B，1999，104：23005-23022.

[50] Clarke M A，Pooladi-Darvish M，et al. A method to predict equilibrium conditions of gas hydrate formation in porous media [J]. Industrial & Engineering Chemistry Research 1999，38 (6)：2485-

2490.
[51] Wilder J W，Seshadri K，et al. Modeling hydrate formation in media with broad pore size distributions [J]. Langmuir，2001，17 (21)：6729-6735.
[52] Wilder J W，Seshadri K，et al. Resolving apparent contradictions in equilibrium measurements for clathrate hydrates in porous media [J]. Journal of Physical Chemistry B，2001，105 (41)：9970-9972.
[53] 颜荣涛，魏厚振，吴二林，等. 粉土中 CO_2 水合物稳定性条件 [J]. 化工学报，2011，62 (4)：889-894.
[54] 颜荣涛，魏厚振，吴二林，等. 一个考虑沉积物孔径分布特征的水合物相平衡模型 [J]. 物理化学学报，2011，27 (2)：295-301.
[55] ZHOU Jiazuo，LIANG Wenpeng，WEI Changfu. Phaseequilibrium condition for pore hydrate：Theoretical formulationand experimental validation [J]. Journal of Geophysical Research：Solid Earth，2019，124 (12)：12703-12721.
[56] WEI Changfu. A theoretical framework for modeling thechemomechanical behavior of unsaturated soils [J]. Vadose Zone Journal，2014，13 (9)：1-21.
[57] 颜荣涛，牟春梅，张芹，等. 考虑沉积物孔隙毛细效应影响的宏观相平衡模型 [J]. 中国科学：物理学力学天文学，2019，49 (3)：92-101.
[58] Waite W F，Santamarina J C，Cortes D D，et al. Physical properties of hydrate-bearing sediments [J/OL]. 2009 (2008)：1-38.
[59] Lingyun Wu，Jocelyn L H，Grozic P. Eng. Laboratory analysis of carbon dioxide hydrate-bearing sands [J]. Journal of Geotechnical and Geoenvironment Engineering，ASCE，2008：547-550.
[60] Winters W J，Dallimore S R，Collett T S，et al. Relation between gas hydrate and physical properties at the Mallik 2L-38 research well in the Mackenzie Delta [J]. Annals New York Academy of Sciences，2000，912：94-100.
[61] Hyodo M，Nakata Y，Yoshimoto N，et al. Basic research on the mechanical behavior of methane hydrate-sediment mixture [J]. Soils and Foundations，2005，45 (1)：75-85.
[62] Masui A，Haneda H，Ogata Y，et al. Mechanical properties of sandy sediment containing marine gas hydrates in deep sea offshore Japan [C]. Proc. 17th Int. Offshore and Polar Engrg. Conf.，Ocean Mining Symposium，Lisben，Portugal，2007：53-56.
[63] Masui A，Haneda H，Ogata Y，et al. Effect of methane hydrate formation on shear strength of synthetic methane hydrate sediment [C]. Proc. 15th Int. Offshore and Polar Engrg. Conf.，Soeul，Korea，2005，364-369.
[64] Lu Xiaobing，Wang Li，Wang Shuyun，et al. Study on the mechanical properties of Tetrahydrofuran hydrate deposit [C]. 18th Proc. ISOPE，Vancouver，2008：57-60.
[65] 张旭辉，王淑云，李清平，等，天然气水合物沉积物力学性质的试验研究 [J]. 岩土力学，2010，31 (10)：3069-3074.
[66] Yun T S，Santamarina J C，et al. Mechanical properties of sand，silt，and clay containing tetrahydrofuran hydrate [J]. Journal of Geophysical Research-Solid Earth，2007，112 (B4).
[67] Lee J Y，Santamarina J C，et al. Volume change associated with formation and dissociation of hydrate in sediment [J]. Geochemistry Geophysics Geosystems，2010，11：1.
[68] Clayton C R I，Priest J A，et al. The effects of disseminated methane hydrate on the dynamic stiffness and damping of a sand [J]. Geotechnique，2005，55 (6)：423-434.
[69] Clayton C R I，Priest J A，et al. The effects of hydrate cement on the stiffness of some sands [J].

Geotechnique，2010，60（6）：435-445.

[70] 魏厚振，颜荣涛，陈盼，等. 不同水合物含量含二氧化碳水合物砂三轴试验研究 [J]. 岩土力学，2011，32（S2）：198-203.

[71] Brugada J，Cheng Y P，et al. Discrete element modelling of geomechanical behaviour of methane hydrate soils with pore-filling hydrate distribution [J]. Granular Matter，2010，12（5）：517-525.

[72] Rutqvist J，Moridis G J，Grover T，et al. Geomechanical response of permafrost-associated hydrate deposits to depressurization-induced gas production [J]. Journal of Petroleum Science and Engineering，2009，67（1）：1-12.

[73] Klar A，Uchida S，Soga K，et al. Explicitly Coupled Thermal Flow Mechanical Formulation for Gas-Hydrate Sediments [J]. SPE Journal，2013，18（2）：196-206.

[74] Iwai H，Kimoto S，Akaki T，et al. Stability analysis of methane hydrate-bearing soils considering dissociation [J]. Energies，2015，8（6）：5381-5412.

[75] Miyazaki K，Masui A，Haneda H，et al. Variable-Compliance-Type Constitutive Model for Methane Hydrate Bearing Sediment [J]. Proceedings of the 6th International Conference on Gas Hydrates，2008.

[76] Uchida S，Soga K，Yamamoto K. Critical state soil constitutive model for methane hydrate soil [J]. Journal of Geophysical Research：Solid Earth，2012，117：3209.

[77] Shen J，Chiu C F，Ng C W W，et al. A state-dependent critical state model for methane hydrate-bearing sand [J]. Computers and Geotechnics，2016，75：1-11.

[78] Miyazaki K，Masui A，Haneda H，et al. Variable compliance type constitutive model for methane hydrate bearing sediment [J]. 2008.

[79] Yu Feng，Song Yongchen，Liu Weiguo，et al. Analyses ofstress strain behavior and constitutive model of artificial methanehydrate [J]. Journal of Petroleum Science and Engineering，2011，77（2）：183-188.

[80] 吴二林，魏厚振，颜荣涛，等. 考虑损伤的含天然气水合物沉积物本构模型 [J]. 岩石力学与工程学报，2012，31（增刊 1）：3045-3050.

[81] 吴二林，韦昌富，魏厚振，等. 含天然气水合物沉积物损伤统计本构模型 [J]. 岩土力学，2013，34（1）：60-65.

[82] 李彦龙，刘昌岭，刘乐乐. 含水合物沉积物损伤统计本构模型及其参数确定方法 [J]. 石油学报，2016，37（10）：1273-1279.

[83] 祝效华，孙汉文，赵金洲，等. 天然气水合物沉积物等效变弹性模量损伤本构模型 [J]. 石油学报，2019，40（9）：1085-1094.

[84] 颜荣涛，张炳晖，杨德欢，等. 不同温—压条件下含水合物沉积物的损伤本构关系 [J]. 岩土力学，2018，39（12）：4421-4428.